1 MONTH OF
FREE
READING

at
www.ForgottenBooks.com

By purchasing this book you are eligible for one month membership to ForgottenBooks.com, giving you unlimited access to our entire collection of over 700,000 titles via our web site and mobile apps.

To claim your free month visit:

www.forgottenbooks.com/free634032

ISBN 978-0-332-61920-0
PIBN 10634032

REALE SOCIETA' ROMANA

DI STORIA PATRIA

ARCHIVIO

della

R. Società Romana

di Storia Patria

—

Volume XI.

Roma

nella Sede della Società

alla Biblioteca Vallicelliana

—

1888

Roma, Forzani e C., tip. del Senato.

Memorie della Vita e degli Scritti

DEL

CARDINALE GIUSEPPE ANTONIO SALA

IUSEPPE Antonio Maria di Gian Domenico Sala e di Antonia Maria Corda, nato in Baceno, comune dell'alto Novarese nella valle Antigorio presso al fiume Toce, il 10 febbraio 1717, si trasferì giovinetto in Roma, dove, conseguito un modesto impiego nella dogana, ammogliossi ad Anna Sacchetti, romana, che fecelo padre di sette figliuoli: tre maschi, Domenico, Giovanni, Giuseppe Antonio; e quattro femmine, Teresa, Maria Caterina, Rosalba, Gertrude.

Nessuna speciale notizia dei due coniugi ho io potuto ritrarre dalle memorie domestiche; ma se è vero che dalla bontà dei frutti si argomenta quella dell'albero, posto mente all'ottima riuscita, che fecero tutti e sette i nominati figliuoli, può con certezza affermarsi che eglino possederono per eccellenza la difficile arte dell'educare. La quale, ancorachè di piccola apparenza, e ordinariamente poco o nulla avvertita, dovrebbe essere tenuta in altissimo pregio dai veraci estimatori delle cose. E se ai maestri delle arti dànno bella fama le figure d'uomini perfettamente dipinte o scolpite; molto maggiore dovrebbero acquistarla ai proprî genitori quei figliuoli, che per una retta e savia educazione divennero compiuti esemplari di virtù morali e civili. E come il merito di qualsivoglia impresa cresce a misura della scarsezza de' mezzi ch'altri s'ebbe a condurla; così al Sala ed alla Sacchetti è da assegnare il maggior vanto di ottimi educatori: da che, sforniti in tutto d'ogni bene di fortuna, con la sola virtù dell'animo riuscirono ad apprestare alla loro prole vita onorata ed agiatissima.

Domenico, nato il 29 maggio 1747, notissimo nella curia sotto la denominazione di abate Sala, per la divisa chericale, che, sebbene non sacerdote, sempre, anche dopo uscita di moda, costantemente indossò; com'ebbe compiuti gli studi di diritto civile e canonico, prese a trattare presso le congregazioni e i dicasteri della Sede romana i negozî ecclesiastici in servizio di monsignor Pier Antonio Tioli, a cui per tale effetto faceano capo le principali diocesi della Germania. Fu questo il suo primo passo in quella splendida e ricca carriera, che, schiusagli da benigna fortuna, egli seppe percorrere con tanta lode. E la fortuna gli fu benigna per questa maniera. Soleva il suo padre sgabellare e condurre in casa al Tioli gli spessi doni, specialmente di vini, che giungeangli da più parti; e poichè in tale faccenda usava diligenza, e facea pruova di onestà, s'acquistò tra breve la stima e l'amicizia del prelato, e ne chiamò sul figliuolo la protezione. La quale cangiossi ben presto in paterno affetto: perchè il Tioli, tiratosi in casa il giovane Domenico, in lui le proprie cose e tutto se stesso abbandonò. E in ultimo, divenuto presso che cieco, avvisando non lontana la sua fine, rinunziategli le proprie clientele, lo instituì erede di tutto il suo avere (1). Frat-

(1) *Testamentum Bo. Me. R. P. D. Petri Antonii Tioli apertum et publicatum die 20 novembris 1796 in Actis Francisci Oliveri Cur. Cap. Not.* Intorno alla vita ed agli studi di questo dotto ed erudito prelato sono da consultare le *Notizie della Vita e delle Miscellanee di Monsignor Pietro Antonio Tioli, nato in Crevalcuore a' 19 maggio 1712, de-*

tanto Domenico, perfettamente addestratosi nel maneggio degli affari ecclesiastici, conseguì nella Dateria apostolica i due rilevanti uffici di amministratore delle Componende, e di depositario dei Vacabili, e poi gli altri di uditore del cardinale pro-datario, di succollettore de' Quindenni e delle Mezze annate, e di sostituto della Via de Curia. Ma più assai che nell'esercizio di tali uffici, se ne valsero per la suprema direzione di quel dicastero i pontefici Pio VI, Pio VII, Leone XII (1), Pio VIII e Gregorio XVI, consigliandosi con lui intorno alle materie di maggiore importanza. Perchè in Roma, ove corresi facilmente alle arguzie (fosse invidia, o meraviglia di così soverchia autorità), veniva soprannominato il *Papa nero* (2). Negli anni 1798 e 1799, durante la cattura di Pio VI, giovò grandemente d'opera e di consiglio monsignor Michele Di Pietro, lasciato in Roma dal papa come suo delegato apostolico con pienezza di poteri per l'amministrazione de' negozî spirituali. Nell'ottobre del 1798 portossi a Firenze, ove era sostenuto il pontefice, per sottoporre al suo giudizio un dise-

funto in Roma a' 20 nov. 1796, Cameriere segreto di S. S. e Segretario della S. C. de' Confini della Stato ecclesiastico, raccolte da Francesco Cancellieri con i cataloghi delle materie contenute in ciascuno·de' 36 Volumi lasciati alla Biblioteca del SS. Salvatore de' Canonici Lateranensi di Bologna (Pesaro, Nobili, 1826, in-8°); scritte e pubblicate per commissione ed a spese di Domenico Sala, secondo è detto a pag. IV e 156 di quel libro.

(1) Leone XII aveagli singolare affetto, e invitavalo spesso con biglietti confidenziali a ber seco il caffè. Possedeva il Sala una vigna fuori della porta Angelica sulla via Trionfale; Leone spesso gliene dimandava; e quegli un giorno risposegli tutto conturbato: – Padre santo, in quel povero mio terreno si è testè cacciata una pestilenza d'animaletti voraci, che mi mangiano ogni cosa. – Il papa smascellò dalle risa; egli stesso avea fatto recare in più sacchi, da non so quale suo podere, gran numero di porcellini d'India, ordinando che si gettassero nella vigna del Sala.

(2) Motteggiavasi pure sul suo cognome, e dicevasi che per giungere al papa, bisognava passar per la *Sala*.

gno di bolla da provvedere, nel caso di sede vacante, alla sicura e sollecita elezione del nuovo capo della Chiesa (1). E quel disegno fu approvato, e la bolla spedita, la quale tra breve riuscì opportunissima. Chè, morto Pio VI, bisognò adunare il conclave in Venezia. E perchè quel caso destava dubbi e incertezze, fu il Sala invitato dal collegio de' cardinali a recarsi colà, per avviare co' suoi consigli le cose a buon fine (2).

(1) BALDASSARRI, *Relazione delle avversità e patimenti del glorioso papa Pio VI*, ecc., 3ª ediz. (Modena, Soliani, 1840-43), III, 148. - G. A. SALA, *Diario Romano*, II, 78 seg.

(2) Due lettere di Domenico Sala a suo fratello Giuseppe Antonio sul conclave di Venezia del 1799:

I.

« Venezia, 7 decembre 1799.

« I cardinali stanno benissimo, e pare che non abbiano sofferto « niente. Ambiscono al papato, alla segreteria di Stato, ecc., come « se fosse 30 anni sono, e veggo che il gran flagello sofferto non ha « prodotto in loro alcun cangiamento. I partiti sono, in 34 cardinali, « quattro o cinque, uno diverso dall'altro, nè sembra che per ora possano avvicinarsi. Si aspetta a momenti il card. Herzan, il quale si « dice partito da Vienna nel dì 28 dello scorso mese. Si vuole ch'egli « porti la parola dell'imperatore, e che alla di lui venuta si determini « l'elezione, ma io non lo spero, seppure non si vorrà ubbidire cieca-« mente alla volontà della Maestà Sua. Il card. Ruffo fa un'ottima « figura, e si conduce come un cardinale che abbia fatti cinque o sei « conclavi. Tutti gli fanno corte, ed egli corrisponde con altrettanta « gentilezza. Egli non pensa neppur per sogno per sè, ma pensa di « fare il piacere dei suoi sovrani, e di dare alla Chiesa un capo de-« gno di esserlo. In tanta divisione di pareri, io non saprei preve-« dere chi sarà. I maggiori voti finora sono per Gerdil. Dopo aver « veduto varie volte alla sfuggita Antonelli, l'altra sera fui da lui. « Il di lui contegno però non piace ad alcuno, essendo appreso da « tutti per un soverchiatore e per un despota. Egli è attaccato al « partito degli Spagnuoli, e per questo motivo ancora è guardato di « mal occhio. Ruffo per altro non gli si mostra disgustato, e non « sarebbe lontano dal dargli il voto, quando altri vi concorressero. « Caprara dice ad ognuno, che non vuole il papato, e sta in ritiro.

Nel decembre del 1799, allorquando i Napoletani ebbero occupato Roma, venne a lui fatto di ricovrare il celebre codice Vaticano 2226 (« Terenzio di lettere maiu-« scole con scolii in lettera longobardica; fu del Bembo; in

« Dugnani fa il disinvolto, ma si crede che la corte imperiale sia
« per lui. Vincenti aspira alla segreteria di Stato, e Antonelli dice che
« non vi è soggetto megliore di lui per un tal impiego. Tutti gli altri
« poi vanno dove son guidati, e forse a lungo giuoco fra i Valenti,
« i Calcagnini, gli Honorati, i Depetris sarà il papa. Intanto però
« che tutti questi porporati smaniano in questa conclusione, non si
« ha sicurezza alcuna della restituzione dello Stato, nè intero, nè in
« parte, non per colpa della corte di Napoli, ma di qualcun'altra, e
« se il papa si facesse oggi, dimani non avrebbe da mangiare. Ruffo
« ha pensato ad un ripiego, ed a me sembra buono e riuscibile. Si
« tenterà, ed avendo quell'esito, che si è proposto, si combineranno
« molte cose, che ora paiono diametralmente opposte. Non ve lo
« confido, perchè vi vorrebbe troppo a spiegarvelo, e perchè non vo-
« glio arrischiarlo in una carta ».

II.

« Venezia, 28 decembre 1799.

« Sono terminate le feste Natalizie, ma non è terminato il con-
« clave, come ci avevano fatto sperare. Ora ci lusingano che non
« passerà la metà di gennaro. Staremo a vedere. Frattanto è curioso
« il sentire che tra i colleghi vi sono impegni e contrasti per le ca-
« riche di segretario di Stato, ed altre. Parimenti si tratta di distri-
« buzione di cariche prelatizie. Oh vedete come stiamo. Il Signore
« ci aiuti. È stato scritto a Vienna per sapere come abbia a rego-
« larsi il trattamento di formalità col nuovo papa, al quale diversi
« buoni cattolici di questi contorni vanno preparando donativi di
« arredi sagri. Lo credereste? ne era venuta un po' di voglia a
« Gio: Francesco, ma poi gli è passata, e per opera di Busca si è
« unito al partito Braschi, il quale avrebbe voluto Chiaramonti, ma
« ha dovuto conoscere di non potervi riuscire. Di Gerdil non si parla
« più. Per Bellisomi non si è conchiuso interamente. Ora per opera
« del Senogalliese si tratta per Mattei, ma sembra che non vi si
« riuscirà, e che probabilmente la faccenda terminerà in Bellisomi,
« avendone Braschi preso molto impegno. Oh vedete il grand'uomo
« che può dar tanto peso ad affare di simil rilievo! In qualunque
« modo seguita a tenersi per certo la stabilita ripristinazione della

« pergamena in 4° - Fulv. Orsinus »), che con altri molti era stato rubato da quelle indisciplinate soldatesche (1).

Nella invasione francese del 1809, mentre affaccendavasi di nascosto a spedire le materie ecclesiastiche presso la delegazione apostolica istituita da Pio VII per fino a che durasse la sua deportazione, venuto in sospetto alla polizia, fu preso e rinchiuso nel forte di Finestrelle (2).

Ricomposte le cose, tornò in Roma, e dicono che, premio a tanta fede ed operosità, gli fosse offerta la porpora cardinalizia, e ch'egli la rifiutasse (3). La qual cosa è assai verisimile, considerata la sua naturale avversione a quanto sentisse di grandigia e di fasto, anche più là di quello s'avvenisse al suo grado e alle sue ricchezze. Delle quali fu sempre dispensatore larghissimo ai bisognosi: cosicchè, dopo la sua morte, tenuto ragione dei pingui asse-

« Compagnia. Eccovi detto tutto in succinto, senza starsi a diffon-
« dere nel raccontare i soliti inutili pettegolezzi. Il maresciallo da
« vari giorni guarda il letto con febre a S. Giorgio, ed ivi al mezzo-
« giorno fa gli onori della casa e della tavola la marescialessa. Non
« ridete, perchè in cose serie non conviene scherzare. Tutti questi
« prelati però, in seguito degli avvertimenti di Scotti, si astengono
« da farsi mai vedere con alcuna signora, e compariscono sempre in
« sola unione fra loro, cosicchè se alcuno frequenta qualche casa
« veneziana, non se ne sa nulla, e almeno si salva l'apparenza ».

(1) Ciò rilevasi dalla seguente nota segnata nell'antiguardo di esso codice: « Furto sublatus mense octob. an. MDCCXCIX. Sed multa « a me diligentia perquisitus beneficio egregii viri Dominici Salae « Bibliothecae restitutus idibus decemb. eiusdem anni. CAI. MARINI *a* « *Bibl. Vat.* ».

(2) BALDASSARRI, op. cit., III, 148, in nota. - PACCA, *Memorie storiche*, ecc. (Roma, Bourliè, 1830), pag. 218.

(3) In un biglietto di monsignor Baccili a Giuseppe Antonio Sala, dei 22 decembre 1815, si legge: « ... ed ho soggiunto che dovea egli « (il card. segretario di Stato) far riflettere al papa i meriti esimi del « sig. abb. Domenico, quali dovevano porsi a carico riguardo alla « vostra persona, subito che il medesimo *non aveva avuto nè voleva* « *quei compensi, che gli erano giustamente dovuti* ».

gni da lui per lunghi anni goduti; dei ricchi proventi delle
agenzie ecclesiastiche, massimamente di quelle delle diocesi
elettorali della Germania; della non tenue eredità del Tioli;
e dei molti e preziosi donativi venutigli sì da lasciti testa-
mentari, e sì dalla munificenza di quei sovrani, coi quali,
dopo il 1814, la Sede romana conchiuse, per gli uffici di
lui, solenni concordati: si trovò dell'ingente patrimonio appena un modesto avanzo, e questo pure per la maggior parte
legato al suo erede a titolo di usufrutto, da ricaderne in
ultimo la proprietà a stabile beneficio di pii instituti (1).

Visse Domenico presso ad 85 anni; morì il 12 febbraio 1832. Il suo corpo riposa in S. Ignazio, avanti l'altare della Vergine, presso alla sepoltura del suo amico e
benefattore monsignor Pier Antonio Tioli (2).

Giovanni, nato il 25 ottobre 1756, fu abilissimo ragioniere (3) e dedito ai traffichi, donde raccolse non mediocre fortuna. Esercitò l'importante ufficio di computista
del Buon governo; amministrò con autorità di viceprincipe
il patrimonio Rospigliosi, cui di scadente tornò floridissimo.
Tolse in moglie Violante Bonasi, e n'ebbe cinque figliuoli,
Luigi, Pietro, Clementina, Teresa, Maria. Visse 78 anni,
morì il 12 gennaio 1835, fu tumulato in S. Maria in Via,
nella sua sepoltura gentilizia.

Delle quattro femmine, Teresa, nata il 19 novembre 1748, e Rosalba, nata l'11 aprile 1754, abbracciarono la
vita monastica: Caterina, nata il 24 settembre 1750, ma-
ritatasi il 7 giugno 1772 a Baldassare di Giacomo Cugnoni,

---

(1) *Breve notizia dell'ab. Domenico Sala scritta dal cardinale Giu-
seppe Antonio Sala suo fratello ed erede fiduciario*, nel vol. IV degli
Scritti di Giuseppe Antonio Sala, pubblicati sugli autografi da G. Cu-
GNONI.

(2) Con questa umile scritta: « Ossa | Dominici · Sala | Vixit · An. ·
« LXXXIV · M. · VIII · D. · XIV | Obiit · Pridie · Idus · Februar. ·
« An. · MDCCCXXXII | Orate · Pro · Eo ».

(3) BALDASSARRI, op. cit. I, 141.

romano, agiato mercatante con legni da trasporto in sul
mare: fu madre di dieci figliuoli(1); visse 82 anni, fu sepolta in S. Marco: Gertrude, nata il 4 gennaro 1759, moglie
a Giovanni Battista Apolloni di Anagni, fu madre di una
sola figliuola, Anna contessa Cimara, e morì in Roma il
13 marzo 1829.

Giuseppe Antonio, che è il principale soggetto di que-

(1) Tra questi Valeriano, il mio santissimo genitore, il quale di
sè e della famiglia mi lasciò scritte le seguenti memorie:
« Io sono figlio di Baldassarre Cugnoni e Maria Catarina Sala.
« Di mio padre, che perdetti nell'età infantile, non posso darne spe-
« ciali notizie, e più perchè un incendio brugiò tutte le carte di fa-
« miglia. Egli esercitava la mercatura, ed aveva molto viaggiato oltre
« mare; era unico di sua casa in Roma, e godeva una stima e re-
« putazione di somma onestà e galantomismo. Morì in età di circa
« 45 anni, e fu sepolto in S. Catarina della Rota, essendo la nostra abi-
« tazione nel palazzo Varese a strada Giulia. Lasciò 4 figli di dieci,
« cioè due femine, che sono morte di fresca età, una monaca, e l'altra
« educanda nel monastero di S. Margarita di Narni. L'altro maschio,
« cioè l'ultimo figlio, anche egli morì di circa 3 anni. Io sono nato
« nell'agosto 1784, battezzato in S. Lorenzo e Damaso.
« Mia madre fu figlia di Giuseppe ed Anna Sala, entrambi di santa
« vita. Aveva 3 fratelli, cioè l'ab. Domenico, che fu poi amministra-
« tore delle Componende, oltre altre molte attribuzioni; Giovanni in
« ultimo computista del Buon Governo, e Giuseppe Antonio, che,
« dopo una carriera laboriosa, fu creato cardinale da Gregorio XVI,
« e morì prefetto dei Vescovi e Regolari nel giugno 1839.
« Questi zii, segnatamente il primo, dopo la morte di mio padre
« si presero cura della mia educazione civile e religiosa; di essi an-
« che nel sepolcro conserverò memoria per le straordinarie obbliga-
« zioni, che loro professo.
« In età di circa 7 in 8 anni fui posto nel seminario di Veroli, che
« molto in allora fioriva, e vi stetti cinque anni e pochi mesi, da dove
« uscii per la chiusura di detto seminario in circostanza della famige-
« rata repubblica romana. Sino circa al termine della medesima stetti
« in Anagni in casa di una zia Geltrude Sala Appolloni. Tornato in
« Roma continuai li studi sino al corso di matematica. Contempora-
« neamente fui fatto scrittore di Minor Grazia, e dopo qualche tempo
« fui nominato cadetto nel corpo del Genio; ma per essere stato de-

ste memorie, nacque ai 27 d'ottobre del 1762. Studiò lettere e filosofia nel Collegio Romano, e teologia nella Scuola domenicana in S. Maria sopra Minerva, donde a 19 anni uscì addottorato. Divenuto sacerdote, attese per qualche tempo, insieme col fratello Domenico, sotto la direzione di monsignor Pier Antonio Tioli, al maneggio de' negozi ecclesiastici, e ne prese tale perizia, da riuscire, tut-

« stinato in Ancona, dovetti rinunziare per riguardo di mia madre,
« ed anche perchè era troppo giovane.

« Nel 1811 fui nominato coadiutore a Francesco Cenciarelli, cap-
« pellano segretario di Minor Grazia.

« Dopo l'invasione francese nel 1814, per esser morto il mio coa-
« diuto, entrai nell'esercizio libero di detto ufficio; inoltre fui nomi-
« nato scrittore apostolico e de' brevi. Nel 1821 fui fatto coadiutore
« di D. Francesco Lavizzari, scrittore di Via Secreta e di Curia, e
« nel 1835, per morte del medesimo, entrai nel libero esercizio di
« detto ufficio.

« Nel 1821 sposai Angela Silvi di Leprignano, dalla quale ebbi
« tre figli. La medesima, dopo cinque anni e due mesi di matrimonio,
« cessò di vivere, dopo breve malattia, il 22 decembre 1826. Non
« occorre dire con qual mio rammarico per le sue buone qualità.
« Fu sepolta in S. Marco.

« Il mio primo figlio Ignazio nacque ai 19 agosto 1822. Il secondo
« figlio Giuseppe nacque il 2 maggio 1824. Il terzo figlio Tommaso,
« nato il dì 7 marzo 1826, nel 1832, il 7 ottobre, cessò di vivere, in
« età di 6 anni, nelle mie braccia, dopo due giorni di malattia inflam-
« matoria nel cervello.

« Restato vedovo, così volli rimanere per occuparmi dell'educa-
« zione de' figli; ed ho procurato di darla loro prima cristiana, poi
« civile. Posso dire che, con la grazia di Dio, mi hanno corrisposto ».

Fin qui il mio padre amatissimo, il quale morì il 5 maggio 1861,
e fu sepolto nel ricinto scoperto tra la via in Velabro e la chiesa di
S. Teodoro, con questa iscrizione: « Valerianus · Balthass. · F. · Cu-
« gnonius | Inter · Sodales · Sacri · Cordis · Jesu | Cognomento · Her-
« menegildus | VII · Id. · Aug. · A. · MDCCCXV · Supra · Numerum ·
« Adlectus | IV · Non. · Mai · A. · MDCCCXXVI · In · Oblatorum ·
« Coetum · Cooptatus | In · Conditorio · Quod · Sibi · Vivens · Com-
« paravit | Depositus · Est · Non. · Mai · A. · MDCCCLXI | Annos ·
« Natus · LXXVII | Requiem · Aeternam | Dona · Ei · Domine ».

tor giovane, uno dei più destri e prudenti ufficiali della curia papale. Perchè molto si giovò del senno e dell'opera sua monsignor Michele Di Pietro allorquando, nel biennio 1798-1799, tenne in Roma, come già di sopra accennai, con pienissima autorità di delegato apostolico, le veci dell'esulante pontefice. E sebbene, pel segreto procedere di quella amministrazione, niun fatto possa addursi in prova della efficacia e della prudenza, onde Giuseppe Antonio vi si adoperò; tuttavia ne rimane non dubbia testimonianza nel seguente paragrafo di lettera, in data 24 settembre 1798, del Di Pietro a monsignor Spina, uno de' compagni d'esilio del papa in Firenze: « Non mi dilungo questa « volta, giacchè nel prossimo ottobre passerà per Firenze « il comune amico (1), e con il medesimo rimarrà più « facile a viva voce con Lei lo schiarimento di qualunque « difficoltà. Ella lo conosce benissimo, pure ad onore della « verità debbo attestare del di lui sincero zelo per la catto- « lica religione, del di lui disinteresse, ch' è veramente « singolare, della di lui onestà, abilità e attività. Debbo « confessare, che se non si fosse costantemente prestato « unitamente al di lui degnissimo fratello canonico pel « disbrigo degli affari, che sono innumerabili, o avrei do- « vuto soccombere, o avrei dovuto arrenarmi. Questa « ingenua confessione, e questo tenuissimo tributo di gra- « titudine, che ora rendo a questi due ben degni ed im- « pareggiabili fratelli, desidererei che lo comunicasse al « S. Padre, giacchè è troppo giusto che si sappia dal capo « della Chiesa chi costantemente ha travagliato e travaglia « con sommo vantaggio per il disbrigo degli affari eccle- « siastici; nè io voglio farmi bello colle penne altrui ». E il 30 dello stesso mese lo Spina rispondeagli: « Ho fatto « risaltare a S. Santità il merito di codesto degnissimo si-

---

(1) Cioè l'ab. Domenico Sala, che, come già dissi, nell'ottobre del 1798 recossi a Firenze.

« gnor ab. Sala, e del fratello canonico, riferendogli alla
« lettera il contenuto nella stimatissima sua. Son persuaso
« che S. Santità gli dà tutto il valore che merita ». E di
nuovo il Di Pietro allo Spina, ai 10 del seguente ottobre:
« Sensibile oltremodo al favore da Lei compartitomi nel
« partecipare al S. Padre i meriti dei due fratelli Sala, vengo
« a contestarle le sincere mie obbligazioni ».

Da questo esercizio, tutto proprio del suo ministero, volgendo talora l'ingegno alla considerazione degli uomini e delle cose, prese altresì nelle faccende civili e nelle amministrative non comune perizia; secondo che può rilevarsi dall'accurato e giudizioso *Diario,* che egli in quel tempo venne scrivendo. Comprende questo l'intiera epoca repubblicana, dalla uccisione del Duphot, seguìta il 28 settembre 1797, sino all'ingresso dell'esercito napoletano in Roma, avvenuto nello scorcio del 1799. Lavoro diligentissimo e, sebbene di sua natura sconnesso, non privo di una certa uniformità, che seppe dargli l'autore, richiamando di continuo il disparato racconto alle norme immutabili del vero e dell'onesto. Per tal modo la narrazione de' fatti viene d'ordinario accompagnata dai giudizî dello scrittore, alla cui perspicacia niente sfugge, che sia degno di nota. E pertanto gli occulti legami degli effetti con le cause, i torbidi aggiramenti delle fazioni, la ragione delle leggi, i processi amministrativi, le probabilità delle guerre e delle paci: tutto egli discute e sottopone allo sguardo dei lettori dal lato più vivo e smagliante. Infiniti gli episodî di ogni genere, dal tragico al comico, dal sacro e maestoso allo scurrile e plebeo. Onde varietà piacevolissima, che compensa la minutezza spesso soverchia del racconto, e che ti rende penoso il doverne sospendere la lettura. Il cronista è tutto odio pe' Francesi, tutto amore pel papa; ma l'odio e l'amore non gli fanno velo al giudizio, nè lo sviano dalla veracità; e spesso loda i nemici, e ancor più spesso biasima gli amici. « Il papa (scrive sotto il 10 luglio 1798), che infelicemente

« non ha attorno, se non se de' familiari buffoni, spedisce
« dalla Certosa di Firenze grazie in abbondanza. Li rescritti
« vengono firmati e muniti di sigillo da quel buon uomo
« di monsignor Odescalchi, nunzio apostolico in Firenze,
« e si fanno delle bestialità dell'ottanta ». E ai 10 del mese
seguente: « Fra le molte disgrazie dell'attuale pontificato
« dee contarsi per principalissima quella di avere il papa
« avuto sempre attorno de' birbanti, o per lo meno de' scioc-
« chi, motivo per cui si fecero tante grazie arbitrarie con
« disdoro del principato e della Chiesa. Una tale disgrazia
« continua anche a Firenze, perchè qualche famigliare di
« Sua Santità seguita ad avere il medesimo influsso, e mon-
« signor Odescalchi, nunzio apostolico, che spedisce e sot-
« toscrive rescritti, è un vero bufalo, che nulla intende di
« tali materie ». In mezzo all'amarezza delle pubbliche tri-
bolazioni, confessa ingenuamente e con enfasi (1) « scor-
« gersi evidentissimamente la verga piena di occhi, che va
« sferzando qua e là. Il principato e la Chiesa avevano bi-
« sogno di grandi riforme, non servivano più puntelli per
« sostenere la fabbrica cadente, e il Signore vuole atterrarla
« del tutto per poi innalzare un nuovo edifizio. Penserà
« egli a scegliere que' materiali, che potranno mettersi di
« bel nuovo in opera, escludendo gl'inutili calcinacci e i
« legnami atti solamente per il fuoco ». E altrove (2):
« Non v'ha dubbio che Dio vuole una generale riforma,
« massime nelle persone a lui consagrate, e sembra che
« forse non giunga ad ottenerla, se prima non si faccia la
« separazione delle paglie inutili dall'eletto frumento ». E
così via via in più luoghi. Nè la risparmia pure talvolta
allo stesso papa, come quando scrive (3): « Si acchiude
« copia delle facoltà accordate dal S. Padre ai vescovi del

(1) 23 marzo 1798.
(2) 1° settembre 1798.
(3) 2 ottobre 1798.

«regno di Napoli. Questa concessione è irregolarissima
«per mille riflessi, ma la cosa è fatta, e non sarà facile il
«tornare indietro». In conclusione, lo scrittore è un catto-
lico romano di buona fede e disinteressato, che si sforza a
tutt'uomo di difendere i grandi principî morali rappresentati
dal papato; e nel furor della mischia avventa i suoi colpi
non meno agli avversari, che ai compagni d'arme, ove ne
ravvisi di dannosi o per tristezza, o per egoismo, o per dap-
pocaggine. Ne venga quel che ne può; egli nulla teme, nulla
spera; e però non saprebbe bramare altro conforto oltre
quello della coscienza d'aver compiuto il proprio dovere.

Con quale intendimento togliesse egli a scrivere questo
Diario, non si potrebbe accertare. Che sebbene per una
parte la diligenza, ond'è condotto, e l'importanza dei documenti inseritivi farebbe supporre nell'autore il proposito
di divulgarlo; per l'altra, la troppo schietta esposizione
de' fatti, la severità de' giudizî, l'acerbità delle invettive,
l'acutezza dei sarcasmi, e soprattutto la liberissima censura
de' personaggi d'ogni fatta e condizione, avrebbero persuaso qualunque uomo, anche mezzanamente prudente, dal
pur mostrarlo a chicchessia. Ma quello, che non potea fare
l'autore, lo avrebbe un giorno potuto far altri; ed egli
stesso l'accenna là, dove toccando dell'anno repubblicano
sostituito per legge al volgare, scrive (1): «Noi però se-
«guiteremo a servirci dell'êra volgare, lusingandoci che
«se questi fogli dovranno un giorno servire a qualche uso,
«sarà ita in allora in oblivione l'êra francese, e quella na-
«zione sarà divenuta l'oggetto dell'esecrazione e dell'ob-
«brobrio di tutto l'universo, che ricorderà perpetuamente li
«mali incalcolabili da essa fatti alla Chiesa e all'umanità».

Alcuni paragrafi di questo *Diario* scrisse pure separatamente in latino, non so se per uso di quella lingua, o
per spedirli a modo di avvisi alla corte papale, o altrove.

_____

(1) 22 settembre 1798.

L'esercizio continuato per oltre due anni di registrare
giorno per giorno la storia di tempi smisuratamente fecondi de' più strani e svariati avvenimenti, come obbliga-
valo ad acuire l'ingegno e il giudizio nella investigazione
e nell'apprezzamento degli uomini e delle cose; così gli fu
d'utile apparecchio a quella vita operosa, a cui naturalmente
portavalo la sua fervida e generosa indole, e nella quale
miselo indi a poco una propizia congiuntura.

Era Giuseppe Antonio, come egli stesso ci fa sapere (1),
stimato assai ed amato da Giovanni Battista Caprara, cardinale « di grandi lumi e di grandi cognizioni politiche » (2).
Per la qual cosa, allorchè questi nel 1801 mosse per Parigi con autorità di legato *a latere,* per mettere ad esecuzione il concordato fra la Santa Sede e la Repubblica
francese, se lo menò seco con ufficio di segretario della
legazione. Sebbene quel concordato fosse già stato concluso, in quanto alla sostanza, per opera specialmente del
cardinale Ercole Consalvi (3); tuttavia avverte il Theiner (4), che la più difficile e travagliosa faccenda fu il
mandarlo ad esecuzione, e che a tanto richiedevasi appunto
l'abilità e l'autorevolezza del Caprara, dottissimo nella
scienza de' canoni, e molto versato ne' maneggi ecclesiastici pel lungo uso avutone come consultore delle varie
congregazioni romane. Sì dunque per la difficoltà dell'impresa, e sì pel grande valore del Caprara, la scelta del Sala
non potè muovere altronde, che dalla fama della dottrina
e della prudenza sua.

Giunto a Parigi il 4 d'ottobre del 1801, vi rimase circa
tre anni, quanti ne andarono per l'avviamento e la conclusione di quel trattato. E sebbene la gloria d'averlo menato

(1) *Diario* in principio.
(2) Ivi.
(3) *Mémoires du card. Consalvi,* par J. CRÉTINEAU-JOLY, I, 291 seg.
(4) *Histoire des deux Concordats de la République Française et de la
République Cisalpine,* I, 314.

a buon fine sia del Caprara, tuttavia il merito e la fatica fu in gran parte del Sala (1). La cui voce nelle discussioni, che sui diversi articoli si venivano a mano a mano facendo tra i rappresentanti del pontefice e quelli del primo console, risonò sempre autorevolissima, anche allora, che, in opposizione alla soverchia condescendenza del Caprara (2), contrapponeasi alle eccessive esigenze del Bonaparte (3).

(1) Da alcuni riscontri fatti da me fare negli archivi nazionali di Parigi (sez. ammin.) risulta: 1° che le più delle lettere, delle consultazioni, dei voti e delle altre scritture relative a quel Concordato, o sono di pugno del Sala, o, se copiate da altra mano, recano in margine la nota « par mgr. Sala »; 2° che nel febbraio 1803, infermatosi il cardinale legato, e poco stante anche l'uditore monsignor Mazio, egli compiè per più mesi consecutivi le veci dell'uno e dell'altro, anco in ordine a materie di sommo rilievo; 3° che in tutto il tempo di quella legazione, vescovi, sacerdoti e regolari delle varie provincie della Francia facevano capo a lui direttamente per la trattazione delle più ardue faccende, e per la soluzione dei dubbi più intricati; 4° che spesso i maneggi di maggiore importanza passavano tra lui ed il ministro Portalis. Così che dal tutto insieme si pare che l'avviamento e la conclusione di quel malagevolissimo trattato fu per la maggior parte opera del Sala.

(2) « Comunemente il Caprara era riputato uomo di molta politica mondana, ma povero di prudenza e fermezza evangelica. Che se Pio VII lo mandò nel 1801 legato *a latere* in Francia, ciò avvenne perchè il Bonaparte fece sapere che tale si era il suo desiderio e volontà. Uno, che appartenne a quella legazione, mi diceva, che quando il cardinale era esortato a mostrar animo forte e costante nel trattare col primo console e suoi ministri, si schermiva rispondendo: *Questi signori sono come le caraffe: se le urtiamo, si rompono* ». (BALDASSARRI, op. cit. IV, 25, in nota). Un esempio del contrapporsi del Sala al Caprara può vedersi nel documento I, pubblicato dal D'HUSSONVILLE a pag. 522 seg. del vol. I dell'opera *L'Église Romaine et le premier Empire, 1800-1814.*

(3) L'ARTAUD (*Histoire du pape Pie VII*, II, 150) così scrive su tal proposito: « Ce cardinal (Caprara) avit eu autrefois auprès de lui monsignor Sala et monsignor Mazio, hommes de beaucoup de talent: ces fidèles sujets du pape s'attachoient à faire exécuter avec régularité les ordres de Rome, et s'opposoient, quand'ils le pouvoient,

Il quale, dicono, talvolta minacciosamente se ne sdegnasse;
come quando, afferrato un calamaio, fece atto di scagliar-
glielo in volto; o percotendo furiosamente col pugno sopra
un deschetto, ne fece balzar via una ricca porcellana; o
additatogli fra due busti di marmo uno spazio vuoto : « lo
riempirò (disse) col tuo capo reciso » (1). Lampi d'ira su-
bitanei senza effetto; ma che pure tanto a Giuseppe Antonio sturbarono il sangue, da fargliene ribollire per la cute
un triste umore, che poi tormentollo per tutta la vita.
Nondimeno Napoleone avealo in pregio per la dottrina e
il pronto ingegno, e talora ingiungeva al Caprara d'andare
a lui in sua compagnia, per averne l'avviso su qualche importante materia, che volesse di per se stesso mettere in
discussione (2). Anche mostravasegli gentile, volendolo
ogni sera a giocar seco, e in segno di familiare affetto con-
traffaceane il cognome, chiamandolo *Scala*.

Cessata quella legazione, fu trattenuto in Parigi da
Pio VII, andato allora a quella corte per incoronare e be-

à ce que le cardinal outrepassât ses pleins pouvoirs dé-jà assez éten-
dus. A Paris, on n'avoit pas tardé à reconnoitre surtout le dévoument
inexorable de monsignor Sala, personage à la fois doué de qualités
aimables dans la société, et d'une habilité éprouvée dans les affaires
graves. Monsignor Lazzarini et M. l'abbé de Rossi avoient remplacé
ces prélats: le Gouvernement français s'applaudissoit d'avoir éloigné
deux austères contradicteurs; mais il en étoit resulté que la confiance
du pape dans le légat avoit été altéré, quoiqu'il reçu encore par
fois de bons conseils de ses nouveaux secretaires ». Veggasi la « Ré-
clamation du cardinal Caprara contre les Articles organiques, adres-
sée à M. de Talleyrand, ministre des affaires extérieures », lavoro in
gran parte del Sala, nell'opera *Étude historique et juridique sur le Con-
cordat de 1801 d'après les documents officiels,* par M. l'abbé JOLY (Paris,
1881), pag. 187 segg.

(1) Una simigliante minaccia di Napoleone è registrata dal Daudet
a pag. 171 dell'opera *Le card. Consalvi* : « Si je ne fais pas sauter la
tête de dessus les épaules de quelques-uns de ces prêtres, on n'ac-
commodera jamais les affaires ».

(2) V. D'HUSSONVILLE, op. e loc. cit.

nedire il Bonaparte, fattosi, di primo console, imperatore. Cosi aggregato al seguito papale, entrò a parte della solenne cerimonia, e nel ritorno fu, per speciale mandato del pontefice, nominato commissario delle grazie spirituali, che lungo quel viaggio si verrebbero dispensando.

Restituitosi in patria, pareva che, in giusta ricompensa di tanto zelo e travaglio, non dovesse mancargli un qualche grado onorifico nella curia, o nella corte; ma fosse la sua natura franca di soverchio e non curante, fosse geloso sospetto di chi in Roma suole fabbricare di simiglianti fortune; fu lasciato con le nere divise, come n'era partito, e senza carica o benefizio di sorta. Nè egli se ne disgustò; e anzi, profittando dell'ozio inaspettato, riprese vogliosamente i suoi studî e le usate occupazioni. Fra le quali quella di scrittore di bolle e di brevi nella Dateria; uffici conferitigli fino dal 1791. E nell'Epifania del 1807, come pro-rescribendario degli scrittori apostolici, presentò al papa, in nome di quel collegio, la consueta offerta di cento scudi d'oro entro pisside d'argento, accompagnando la cerimonia con breve discorso latino (1).

Nell'anno 1809, vedendosi Pio VII stretto ogni dì più e minacciato dalla francese violenza, per porre in salvo ad ogni peggior caso il libero esercizio della potestà spirituale, istituì in Roma una delegazione apostolica. In questa Giuseppe Antonio ebbe l'ufficio di segretario; ma fu breve il servigio, che insieme col fratello Domenico le potè rendere. Imperocchè non appena, deportato il pontefice, la detta delegazione cominciò ad agire, « fummo (egli scrive (2)) « entrambi compresi nel numero delle persone messe in « arresto e destinate a partire per Reims, dove si suppo- « neva che verrebbe fissata la residenza del papa e si sa-

---

(1) *Diario di Roma*, n. 4, 14 gennaio 1807. - MORONI, *Dizionario di erudizione ecclesiastica*, LXI, 311.

(2) *Breve notizia dell'abb. D. Sala*, ecc. cit.

« rebbero aperte le segreterie ecclesiastiche. Ebbimo a pe-
« nare non poco per esentarcene e per rimanere in libertà.
« Aggravandosi vieppiù le circostanze, e vedendoci esposti
« ad ulteriori disastri, fu preso il partito di allontanarsi da
« Roma, rifugiandoci a Cascia. Trascorso però qualche
« mese, e dietro il suggerimento di qualche amico autore-
« vole, il quale scriveva che io non dovevo pensare al ri-
« torno; ma che per l'ab. Sala non vi era che temere, ad
« onta delle persuasioni e preghiere del nostro ospite e
« mie, volle il mio fratello dare ascolto all'amico ».

Durante il soggiorno in Cascia menò vita affannosa e
raminga, sapendosi codiato dalla polizia francese, e insino
una volta, per scamparne, dovè travestirsi da pastore. In
mezzo però a tanta ansia ed incertezza non lasciava di spedire a quando a quando lettere d'informazione a Savona,
dove stava rilegato il pontefice, per tenerlo avvisato di
quanto stimava dovesse maggiormente importargli. E per
evitare ogni inciampo, segnate le lettere con mentite so-
prascritte, mandavale impostare ne' circostanti paeselli da
infiniti accattoni. Finalmente, giudicando maggior sicurtà
l'uscire dello Stato papale, si riparò a Firenze, dove, preso
stanza nella villa Salviati presso a Fiesole, se ne rimase
fino al ricomporsi delle pubbliche cose, cioè per oltre a
quattro anni.

Nella tranquillità di quel lungo ozio compose da prima,
per commissione venutagliene di Francia dal cardinal Michele Di Pietro, una scrittura apologetica in sostegno di
quei cardinali, che si erano testè rifiutati di assistere al
solenne rito, col quale Napoleone, dopo aver ripudiata la
prima moglie, disposossi a Maria Luisa d'Austria. Il quesito, che lo scrittore si propone, è: « Se fosse lecito ai car-
« dinali assistere alla sacra cerimonia del matrimonio ». Per
rispondervi adeguatamente, egli imprende una serie di riflessioni sui « monumenti della storia ecclesiastica relativi
« alle cause matrimoniali dei monarchi », e ne rileva:

1. Che le dette cause « sono state sempre giudicate
« e terminate coll'autorità della Santa Sede, o del papa
« istesso a Roma, o da commissari da lui delegati sul
« luogo » ;

2. « Che il diritto di giudicare definitivamente tali
« cause è stato da tutti, siccome costantemente, così uni-
« versalmente riconosciuto, e primieramente dai monarchi
« stessi » ;

3. Che tale diritto « fu dai romani pontefici non solo
« riconosciuto in se stessi, ma costantemente e gagliarda-
« mente sostenuto, ancorchè in alcuni casi si dovessero alla
« loro saviezza affacciare delle terribili e travagliose conse-
« guenze della loro fermezza » ;

4. Che è evidente « il consenso costante e universale
« dei vescovi, e specialmente de' gallicani, in riconoscere
« questo diritto primitivo della Santa Sede ».

Da queste premesse deduconsi tre conseguenze:

1ª « Che la consuetudine invalsa nella Chiesa di giu-
« dicare dette cause coll'autorità apostolica, primieramente
« è, non solo da un tempo maggiore di ogni memoria,
« quale è richiesto dal gius canonico per passare in legge
« e stabilire un diritto; ma antica di dieci secoli, senza che
« nè prima dell'ottavo, nè durante il corso dei secoli di
« mezzo fino al presente, si trovi alcun accertato esempio
« in contrario » ;

2ª « Che non vi può essere possesso più pacifico di
« quello che da tanti secoli, e senza interruzione, gode la
« Santa Sede di giudicare di simili cause, giacchè i sommi
« pontefici hanno esercitato un simile giudizio anche in
« prima istanza, e per volontaria sottomissione de' monar-
« chi stessi, o certamente senza richiamo di loro, o de' ve-
« scovi » ;

3ª « Che, o si guardi la somma importanza delle
« cause matrimoniali de' monarchi rapporto non meno agli
« Stati che alla religione, o la solennità grande, con cui

« furono ordinariamente giudicate, debbono esse riguardarsi
« come *cause maggiori*, e perciò come spettanti esclusiva-
« mente al papa, secondo i noti principî del gius canonico
« e la dichiarazione di Celestino III nella decretale, ove
« dice, tra le altre cose, parlando del divorzio di Lotario :
« *Nonne hoc negotium de praecipuis, et magis arduis unum*
« *esse dignoscitur, utpote quod inter eximias et regales per-*
« *sonas?* »

Segue poi l'esposizione giuridica, la quale fondasi sul
Tridentino e sull'autorità d'alcuni scrittori posteriori, lon-
tanissimi dal sospetto di parzialità verso la Santa Sede.
Donde risulta la nullità canonica del giudizio del divorzio
in proposito, profferito dalla *uffizialità* di Parigi, dichiarata
competente da una deputazione di pochi vescovi.

« In vista di queste riflessioni (conchiude l'autore) non
« dubitano i cardinali non intervenuti che possa trovarsi
« alcuno, il quale non trovi e fondata e necessaria la loro
« condotta. Malgrado però l'evidenza colla quale essi cre-
« dettero di dovere operare, come han fatto, non intendono
« in alcun modo di erigersi in censori della condotta di-
« versa di quelli fra' loro colleghi, che sono intervenuti,
« essendo questo un giudizio che appartiene al solo capo
« della Chiesa. Nè similmente hanno inteso di mischiarsi
« nel merito intrinseco della gran causa, di cui si tratta, nè
« di farsene essi giudici ».

Dà compimento al lavoro un « elenco delle cause ma-
« trimoniali di monarchi e d'altri principi, delle quali prese
« cognizione la Santa Sede, dal secolo VIII al XVIII ». Il
quale elenco riesce ad una serie di riscontri storici a rin-
calzo delle materie antecedentemente trattate.

Sebbene lo scritto sia di piccola mole, pure è facile indovinare il faticoso apparecchio, che dovette precederlo ;
occorrendo di stabilire un principio intorno ad argomento
non mai fino allora venuto in discussione. La qual cosa
non potea farsi senza una profonda perizia del diritto ca-

nonico, ed una minuta ed esatta notizia di tutta quanta la storia ecclesiastica (1).

Scrittura ben d'altra lena e d'altro pregio, sì per la importanza e la vastità del tema, e sì pel grande possesso, col quale ei seppe condurla, è il suo *Piano di riforma*. Già fino dalla prima occupazione francese, come di sopra accennai, era egli persuaso che « il principato e la Chiesa avevano «bisogno di grandi riforme » (2), « massime nelle persone «a Dio consacrate » (3). E pertanto fin da quel tempo era venuto agitando in mente l'avviluppato e geloso disegno, ad esso rivolgendo, quasi a centro, gl'intendimenti delle sue speculazioni, e i risultamenti pratici della sua operosità. Era questo un continuato lavorio di paragoni fra i principi ed i fatti, dal quale dovea venir fuori, quando che fosse, un tutto compatto ed armonico, senza sdruciture nè ammaccamenti, e tale, da ravvisarsene, non che possibile, necessaria l'attuazione.

Le teoriche di Platone, del Campanella e del Moro doveano essere adunque escluse da uno scritto vôlto unicamente alla pratica, e col quale si tentava di ridonare ad una gloriosa decaduta istituzione lo smarrito aspetto e la natia virtù, acconciandola nella parte mutabile ai sani avanzamenti del viver civile; sicchè il suo rinnovamento non riuscisse nè ad un semplice indietreggiare all'antico, nè ad un riciso accostarsi al novello: ma piuttosto fosse un giusto temperamento dell'una cosa e dell'altra.

Con questi avvisi ed apprestamenti, tostochè previde non lontana la fine della cattività del pontefice, pose mano all'opera, e, sebbene privo di libri, e nella malferma con-

---

(1) Nelle *Memorie sul matrimonio dell'imperatore Napoleone e dell'arciduchessa d'Austria*, pubblicate dal CRÉTINEAU-JOLY (a pag. 416 e segg. delle sopra citate *Mémoires du card. Consalvi*) sono brevemente riportate le principali deduzioni di questo scritto del Sala.

(2) *Diario*, 23 marzo 1798.

(3) Ivi, 1° settembre 1798.

dizione di un vivere incerto e peregrino, tra il febbraio ed il marzo del 1814 ebbela menata a compimento. Spedito il manoscritto al fratello Domenico in Roma, questi, fattolo copiare, glielo rimandò in Bologna (1), dove Giu-

(1) Ciò si raccoglie da alcune lettere scritte nell'aprile del 1814 dal fratello Domenico a Giuseppe Antonio in Bologna. Ecco i paragrafi di esse lettere, i quali a ciò si riferiscono:

« Roma, 19 aprile 1814. - V'informai già di avere ricevuta la « cassettina coi vostri scritti, li quali presentemente si vanno copiando, « ed io li vado gustando di mano in mano, innanzi di darli a copiare ».

« Roma, 25 aprile 1814. - Raccomando il piego all'ottimo Car-« luccio, al quale insieme mando una cassettina con entro... la copia « della metà del volume sulla *Riforma* sino all'articolo riguardante le « monache, cui succederà quello delle congregazioni, che attualmente « si sta copiando... Mando nella cassettina, quando il buon Carluccio « possa inoltrarvela, la metà del lavoro copiato sinora, e non lascio di « insistere perchè si compisca al più presto possibile. Se aveste fretta « di ricevere l'altra metà, bisognerebbe che io prendessi il partito di « farla copiare da due caratteri ».

« Roma, 29 aprile 1814. - Per secondare le vostre premure com-« muni al compagno, vi trasmetto la copia di altri otto quinterni con-« cernenti la *Riforma,* e vado sollecitando il lavoro del rimanente ».

E nella medesima corrispondenza epistolare sono notevoli i seguenti periodi, che si riferiscono all'uno o all'altro articolo di questo lavoro:

« Roma, 19 aprile 1814. - Sembra pure che con facilità qualche « persona laica incominci a rimettere in uso il vecchio suo abito d'a-« bate; onde ve lo avverto, perchè sarebbe necessario impedirlo al « primo momento che se ne abbia libero campo ». (V. nel *Piano di* « *Riforma* l'articolo VII, *Dell'abatismo*).

« Roma, 3 maggio 1814. - Per quello che concerne la riassun-« zione dell'abito d'abate, intesi di suggerire il mettervi qualche osta-« colo quando siasi qui stabilito il Governo pontificio ».

Col XIII articolo del *Piano di Riforma* (*Vescovi e vescovati*) consuona il passo seguente della lettera medesima:

« Osserverò tutte le carte trasmesse dal nunzio di Vienna, sapendo « già che i processi stanno in mano dell'abate Adorni. Mi persuado « però che il padrone (cioè il papa) abbia già adottato e voglia inco-« minciare a mettere subito in esecuzione il necessario sistema di ben « conoscere le personali qualità di ciascun nominato, innanzi di farlo

seppe Antonio erasi di que' giorni recato ad ossequiare Pio VII tornato libero; e quivi a lui lo consegnò.

Di questo suo lavoro, che è come dire un primo ed affrettato abbozzo dell'altro, di cui appresso discorrerò, non

« vescovo; altrimenti si continuerebbe a rimanere soggetti allo stesso
« pericolo di prima, di avere cattivi vescovi con gravissimo pregiudizio
« della Chiesa, giacchè i processi sono pur troppo ridotti a poco più
« di una semplice formalità. Quindi voglio immaginarmi che già il lo-
« dato padrone avrà incaricato, ma con forte premura, il suddetto buon
« nunzio di Vienna a praticare le opportune, diligenti, scrupolose in-
« dagini per assicurarsi di ogni precisa qualità di ciascun nominato,
« E questo sistema sarà indispensabile venga applicato a tutti singoli
« casi, facendo il padrone conoscere chiaramente, che non farà vescovi,
« se non saranno preventivamente a lui cogniti li loro requisiti ».

In ordine alla riforma degli uffici della Dateria e della Cancelleria apostolica, Domenico andava assai più in là di Giuseppe Antonio, e così gliene scriveva:

« Roma, 19 aprile 1814.

« Trattasi di avere a fare un novello impianto per la Dateria e
« per la Cancelleria, e quindi trattasi di una responsabilità di non
« piccola conseguenza; digiuni saranno i nuovi datario, sottodatario
« e *per obitum*: tutti di qua suppongono che io abbia ad indossarmi
« l'intero peso della faccenda, lo che mi rammarica semppreppiù; il
« mio impiego potrebbe riguardarsi come svanito, se non esistono più
« vacabili, li quali producevano due terzi de' miei emolumenti; e se
« non si pagheranno le tasse della Componenda, dal quale ufficio ri-
« tiravo l'altro terzo; e non avendo gran premura del mio interesse
« m'immaginava di aver luogo a tentare di scusarmi da brighe ul-
« teriori, specialmente se avesse a considerarsi come divenuta super-
« flua la carica di amministratore, per la cessazione delle sue con-
« suete incombenze. Voi sapete che di abilità si sta scarsissimi, e che
« d'altronde il principale scopo di ciascuno è di lucrare, e forse anco
« di non contentarsi del poco. Sta a vedere come penserà il nuovo
« superiore del tribunale, e sopra tutto quale sarà la volontà del pa-
« drone. In qualunque modo anderà la faccenda, non dimentiche-
« rommi dell'obbligo di dovere ubbidire sino a quel tempo, a cui sa-
« ranno per giungere le mie forze, se ne otterrò l'aiuto dal cielo.

« Voi conoscete che nella mia bottega regna molta ignoranza non
« disgiunta da ugual pretensione. Nel nuovo impianto sarebbe neces-

posso dare che brevi e scarsissimi cenni; quando l'unico esemplare (quello appunto offerto a Pio VII) rinvenuto lo scorso anno nell'archivio Vaticano; mentre veniasi, con regolare permesso dell' eminentissimo prefetto cardinale Hergenroether, trascrivendo in mio servizio; fu d'improvviso sottratto da un ministro secondario del luogo, senza darmene nè meno avviso. Ne dirò pertanto quel poco che potei raccogliere nel picciol tempo che mi fu dato di esaminarlo. È un volume in forma di 4°, di pagine 226, legato in marrocchino rosso sbiadito, con lo stemma di Pio VII impresso d'oro sul lato anteriore della cartella. Intitolasi « Piano istruttivo di riforma per lo spirituale e « temporale, dedicato a Pio VII ». La prima carta ha una lunga iscrizione latina di dedica al Pontefice (1). È diviso in due parti, la prima per le materie concernenti lo spi-

« sario vi fosse un superiore, il quale si compiacesse dare ascolto, e « poi sostenesse e tenesse forte.

« Ho letto il vostro laboriosissimo lavoro sopra la *Riforma*, dal « quale confido sarete per riportare la lode corrispondente. *In un solo* « *oggetto non combiniamo insieme pienamente, cioè in quello riguarda le* « *tasse. A me sta fitto in testa, che per ripristinare stabilmente il credito* « *della S. Sede sia indispensabile levare affatto di mano ai nemici quel-* « *l'arma dell'interesse, della quale si sono serviti a nostro incalcolabile* « *danno. Quando il sommo pontefice non esiga più un soldo per veruna* « *concessione,* DANDO GRATIS TUTTO CIÒ CHE GRATIS RICEVETTE, *parmi* « *che potrà parlare assai franco, accordare le grazie soltanto a ragion ve-* « *duta, non derogare con tanta frequenza alle leggi della Chiesa, e non* « *temere nè i piccoli nè i grandi. Tal è pure il desiderio di tutti quelli che* « *conoscono il mondo e che s'interessano pel bene della Chiesa* ».

(1) Eccone il tenore: « Pio VII P. O. M. | Orthodoxae Fidei | « Clypeo | Catholicae Disciplinae | Strenuo Servatori | Pietatis Humi-« litatis Patientiae | Sed Et Invictae Constantiae | Hac Tempestate | « Prototypo | Ut Quod Verbo Et Exemplo | Ad Rei Christianae | « Munimen Et Decorem | Ad Utramque Potestatem | Enixe Vindi-« candam | Coepit Opus | Ad Ecclesiae Quoque Universae | Dupli-« cem Reformationem | Ipse Perficiat | Inter Filios Subditos Dioece-« sanos Et Famulos | Minimus | Haec Ocyus Dicare Confidit | Anno « Domini MDCCCXIV ».

rituale, la seconda per quelle risguardanti il temporale. Quella è distesa in **XXXII** articoli, questa in **XLIV**. Le rubriche degli uni e degli altri sono accennate in due separati indici a questo modo:

INDICE
DEGLI ARTICOLI DEL PIANO ISTRUTTIVO SPETTANTI ALLO SPIRITUALE.

INDICE

DEGLI ARTICOLI DEL PIANO ISTRUTTIVO
SPETTANTI AL TEMPORALE.

Che Pio VII, pontefice d'intendimenti rettissimi e conciliativi, non avversasse mai le proposte di ragionevoli riforme così del governo della Chiesa, come di quello dello Stato, non è da mettere in dubbio; soprattutto per la scelta da lui fatta, insin da principio, di Ercole Consalvi a segretario di Stato; uomo destrissimo in ogni più arduo maneggio, ed in quel tempo (come che poscia mutasse d'avviso) promotore prudente di utili mutamenti nella pubblica amministrazione. E già al Chiaramonti, non appena uscito papa dal conclave di Venezia, fu presentato un *Piano di riforma,* che dato da esso ad esaminare al cardinale Leonardo Antonelli, questi ne distese un rapporto assai favorevole. « Giunto il S. Padre a Roma (racconta « il nostro Giuseppe Antonio (1)) mostrossi inclinatissimo

(1) Nel proemio al *Piano di riforma,* ecc.

« all'esecuzione della riforma, e incominciò a scegliere varî
« soggetti, che formar dovevano una particolar Congrega-
« zione per discutere i diversi articoli, da sottoporsi in se-
« guito al giudizio di Sua Santità. Intanto prevalendo gli
« antichi metodi, e radicandosi nuovamente quegli abusi,
« che ognuno sperava di vedere emendati, si frapposero
« alla riforma ostacoli pressochè insormontabili, e succe-
« dendosi ben presto gli uni agli altri affari gravissimi, e
« disgustosissimi, andò affatto in dimenticanza un'opera
« cotanto necessaria e salutare per la Chiesa non meno,
« che per lo Stato ». Ammaestrato il Sala da così triste
esperienza, perchè il suo tentativo non tornasse in nulla,
ben sapendo che il ferro vuol essere battuto mentre ch'è
caldo, non appena tornato in Roma, tolse a riordinare ed
allargare quel suo lavoro da cima a fondo, con animo di
venirlo a mano a mano divolgando per la stampa; ma
presto se ne dovè rimanere (1).

(1) Antonio Coppi, a pag. 72 del *Discorso sul Consiglio e Senato
di Roma*, attribuisce questo lavoro « all'abate Domenico Sala, pro-
« fondo conoscitore delle cose e delle persone romane ». Il quale,
« rinchiuso per alcuni anni a Fenestrelle col card. Pacca, aveva me-
« ditato lungamente con quel dotto porporato sugli antichi difetti del
« governo e sulla necessità di ripararvi. Ed allorquando era immi-
« nente il ristabilimento del pontificio dominio, compilò un vasto pro-
« getto, nel quale, con semplicità evangelica e libertà assoluta, de-
« scrisse gli antichi difetti e propose le opportune riforme ». Ciò in
parte è vero, e in parte no. Non è vero che il lavoro accennato sia
di Domenico; ben però è vero che questi nella prigiona di Fenestrelle aveva meditato lungamente col card. Pacca sugli antichi difetti del governo e sulla necessità di ripararvi. Infatti in una sua
Ossequiosissima relazione di fatti, del 6 marzo 1814, al pontefice Pio VII,
egli così scriveva: « Mi astengo dall'entrare in altri qual si siano
« dettagli; massimechè sono persuaso avrà il degnissimo sig. cardi-
« nale Pacca, secondochè si era proposto, communicati distesamente
« alla Santità Vostra tutti quei lunghi discorsi, che nel biennale spa-
« zio della nostra dimora (in Fenestrelle) erano tra noi stati fatti
« sopra lo sconvolgimento universale delle materie ecclesiastiche in

Del quale venendo io ora a proporre un breve sunto, debbo di necessità ristringermi a quella parte, che ne fu pubblicata; non essendomi avvenuto, per diligenze e ricerche fattene, di trovarne e leggerne la rimanente manoscritta. Nondimeno anche i parziali cenni che posso darne saranno sufficienti al discreto lettore per intendere ed apprezzare il valore dell'opera.

L'esemplare da me veduto (cosa di estrema rarità, per la ragione, che a suo luogo dirò) è in quarto, di pagine 202, senza frontispizio, e comprende, oltre la lettera dedicatoria al pontefice, il proemio e i diciassette seguenti articoli:

I. Necessità della riforma — II. Difetti del nostro sistema — III. Si sciolgono le obiezioni contrarie al piano di riforma — IV. Disposizioni preliminari della riforma — V. Basi della riforma —

« tutta l'Europa; sopra la necessità di prendere cognizioni esatte di « tutto innanzi di por le mani in qualsiasi cosa; sopra le molte av- « vertenze, diligenze ed esami da praticarsi indispensabilmente prima « di procedere alla conferma di alcun vescovo novello; sopra la con- « gruenza di non riassumere la spedizione di qualsivoglia affare, se « non dopo restituitasi Vostra Santità alla sua sede, ripristinata la « Curia romana, e acquistate le corrispondenti notizie; sopra la con- « venienza di far uso sul bel principio di bolle e di brevi, secondo « lo stile, per non pergiudicare al decoro della S. Sede, e all'oppor- « tuna intelligenza delle antiche cartapecore, non omettendo le giuste « istanze per ricuperare gli archivi ecclesiastici trasportati in Fran- « cia entro tante casse sino al numero di quasi tremila, una gran « parte delle quali s'ignora qual destino abbia avuto; sopra il biso- « gno di allontanare ogni vista d'interesse, per così togliere agli « inimici della Santa Sede quell'unica arma, di cui si sono serviti con « tanta malignità (V. la nota a pag. 26-28 in fine); sopra l'avvertenza « di non lasciarsi prendere dalle domande di chicchessia per il peri- « colo, che non avvenisse quello, che non fosse per tornar bene; sopra « lo accettare bensì in ogni luogo qualunque istanza, ma, fuori di « quelle concernenti benedizioni ed assoluzioni, ritenere tutte le altre « per aspettare a disbrigarle opportunamente in Roma; sopra le « molte riflessioni da aversi sott'occhio nella nuova sistemazione del « clero secolare e del regolare di entrambi i sessi; e finalmente « sopra mille altre cose di simil natura ».

VI. Separazione dello spirituale dal temporale — VII. Dell'abatismo — VIII. Cariche — IX. Franchigie — X. Uffizi delle poste straniere — XI. Dritti feudali — XII. Sacro Collegio — XIII. Vescovi e vescovati — XIV. Prelatura — XV. Clero secolare — XVI. Regolari — XVII. Monache.

La lettera dedicatoria e il proemio sono rappiccature fatte allo scritto nel punto di metterlo a stampa, e vi si celebra la liberazione del pontefice. Del quale desideratissimo avvenimento rallegrasi l'autore, e coglie la gaia occasione per offerirgli, in segno della sua esultanza, il « te- « nue parto del suo scarso ingegno. Esso, per l'argomento, « sul quale si raggira, non sarà forse del tutto indegno « de' suoi benefici sguardi, ed è certamente conforme alle « sue mire ». La clemenza di Sua Santità « dia un gene- « roso perdono al suo ardire, e degnisi accogliere la sua « offerta, come il denaro della vedova evangelica ». Egli nel deporla a' suoi SS. piedi l'accompagna colla protesta del gran dottore Agostino: « Haec ad tuam potissimum « dirigo Sanctitatem, non tam discenda, quam examinanda, « et ubi forsitan aliquid displicuerit, emendanda constituo ». Nel proemio si accennano le due ragioni, che indussero l'autore alla pubblicazione dello scritto. E queste sono in primo luogo il debito di gratitudine verso la Provvidenza per l'improvvisa cessazione de' mali, che afflissero la Chiesa e lo Stato. Gratitudine non già di parole, ma di fatti; poichè « poco sarebbe, se, dopo aver fatto risonare « i sacri tempî degli armoniosi canti dell'inno ambrosiano, « divenuto omai un cantico di moda, indegnamente pro- « fanato a questa nostra età..., ci contentassimo di sterili « voci, mettendo in oblio l'ampiezza delle grazie ricevute, « e il debito di corrispondervi più co' fatti, che colle pa- « role ». E questi fatti si riassumono nella « grande opera « di quella universale riforma, che Iddio vuole da noi, e « che tutti i buoni ardentemente sospirano ». Alla quale desiderando egli di concorrere, secondo la sua sufficienza,

mise « a profitto l'ozio del suo ritiro per segnare in questi
« fogli alcune traccie, le quali servir possano di qualche
« norma a chi dovrà occuparsi di proposito di tale impor-
« tantissimo oggetto..., e stimerà abbondantemente com-
« pensata la sua fatica, quante volte serva questa di stimolo
« a sollecitare e a condurre al suo termine quel felice
« cambiamento di cose, che rinnovar deve la faccia del
« cristianesimo, e ricondurre tra i popoli fedeli la perduta
« pace e prosperità ». In secondo luogo, « per secondare la
« inclinazione, che a così fatta emenda ebbe dimostrata sin
« dai primordî del suo pontificato il S. Padre Pio VII. Al
« quale, appena eletto pontefice, fu presentato in Venezia
« un *Piano di riforma* », secondo che testè qui sopra accennai. Il quale per altro messo tra breve in dimenticanza;
da tale trascuratezza « non sarebbe forse temerità l'asserire,
« doversi principalmente ripetere la dolorosa catastrofe dei
« mali, che si sono aggravati sopra di noi, e non essendosi
« per parte nostra esibita alcuna emenda, si è veduta let-
« teralmente avverata la divina minaccia : *Si autem in judi-*
« *ciis meis non ambulaverint : et mandata mea non custodierint :*
« *visitabo in virga iniquitates eorum : et in verberibus peccata*
« *eorum* (1). Iddio con un'ammirabile condotta, mista di
« severità e d'indulgenza, tentò ridurci sul buon sentiero.
« Giunti i nostri demeriti al colmo della misura, *aggravata*
« *est manus Domini* (2) sotto il pontificato della S. M. di
« Pio VI, in tutta quella estensione, che è inutile di qui det-
« tagliare, conservandone ognuno di noi ancor viva la me-
« moria ». In tanta disperazione di cose « ecco che all' im-
« provviso *facta est tranquillitas magna* (3). Per un vero
« prodigio in breve tempo rimane libera l'Italia, si aduna
« il conclave in Venezia, viene dato alla Chiesa il suo legit-

(1) *Psal.* LXXXVIII, 31, seg.
(2) *Judic.* I, 35.
(3) Matth. VIII, 26.

« timo capo... E forsechè questi lieti principî sarebbero stati
« coronati da più felici successi, se in luogo di corrispondere,
« non si fossero messi de' nuovi ostacoli alle divine miseri-
« cordie. Credeva il pubblico ed aspettavano con impazienza
« i buoni, che dopo le dure lezioni avute nel corso della
« democrazia, incomincierebbe un nuovo ordine di cose,
« tanto nel sistema religioso, quanto nel sistema politico.
« L'uno e gli altri però rimasero delusi. Tranne alcune ri-
« forme, più apparenti, che sostanziali, più economiche,
« che ecclesiastiche, ripullularono ben presto gli antichi di-
« sordini, e ve se ne aggiunsero de' nuovi... Gli antichi
« abusi risorsero, e forse anche si accrebbero, nè si volle
« rinunziare a quei sistemi, che contribuivano a fomentarli,
« e che l'esperienza aveva mostrati evidentemente difettosi ».
E toccata alcuna cosa di questi, soggiunge: « Io parlo di
« fatti notissimi... e quantunque li rammemori con estremo
« dolore, non posso tacerli, per non tradire la verità, e per
« non defraudare il mio assunto di quanto può esser con-
« ducente allo scopo, che mi sono prefisso ». Lamentato
poi il deterioramento del costume pubblico, la profanazione
delle chiese, la trasgressione delle feste, gli « enormi ag-
« gravî più a profitto di pochi particolari favoriti, che a ristoro
« dell'esausto erario », conchiude: « che se vennero con-
« dotte a buon termine alcune operazioni giudicate utili,
« come quella del conguaglio della moneta, e l'altra del
« libero commercio; riguardando esse unicamente oggetti
« temporali, aggravano i nostri torti, facendo conoscer sem-
« pre meglio la poca premura per gli oggetti spirituali, che
« sono di molto maggior importanza ».

Nel I articolo (*Necessità della riforma*) inquietalo il
dubbio, che « trattandosi di un'impresa assai vasta ed im-
« barazzante, ed esigendosi in conseguenza cuor grande e
« risoluto per eseguirla, si metta mano all'opera con poca
« energia, e si lasci imperfetta, sia per la scelta de' mezzi
« poco efficaci, sia per l'impegno di provvedere piuttosto

« al temporale, che allo spirituale ». Il qual dubbio, ove si
avverasse, « il suo lavoro sarebbe perduto, e in breve tempo
« si riprodurrebbero tutti gl' inconvenienti di prima ». E
pertanto « ad aggiungere ulteriori eccitamenti, che diano
« l'ultimo impulso ad eseguire l' impresa », avvertito « che
« i mali da noi fin qui sofferti furono un manifesto ca-
« stigo », e « che non cesserà il flagello, e tornerà ben
« presto a scaricarsi sopra di noi, quando non lo allonta-
« niamo con una sincera e stabile emenda »; dimostra la
necessità di « una riforma universale, che incominci dal
« santuario, e si estenda a tutte le classi ». Per lo passato
« si ebbero più in vista i danni temporali, che gli spirituali,
« e allora soltanto incominciossi a pensar di proposito alle
« ferite fatte alla Chiesa, quando si vide imminente la per-
« dita della temporalità. Il ceto ecclesiastico non si prese
« grande premura nè di riformarsi, nè di dare al popolo
« l'esempio di una verace e solida penitenza. A prevenir
« dunque ulteriori castighi, conviene anteporre la gloria di
« Dio e gl'interessi della religione a qualunque umano van-
« taggio; si deve incominciare la riforma dal santuario,
« bisogna correggere i costumi del popolo, e ridurlo ad
« un miglior ordine e ad una stabile emenda ». Aggiungasi
che « l'opinione de' grandi e de' popoli, rapporto a Roma,
« non è più quella di prima. Presso i cattolici delle con-
« trade più remote era un tempo comunissima l'opinione,
« che il dominio pontificio, e Roma singolarmente, fosse
« una terra di angioli », supponendosi « che i papi, per
« l'accoppiamento delle due supreme potestà, riuscir do-
« vessero meglio di qualunque sovrano a rendere i loro
« Stati il modello della religiosità e del buon ordine ». Or,
poichè questa opinione è « vulnerata e diminuita », ci bisogna « per il vantaggio della Chiesa, e per il decoro della
« S. Sede » riacquistarla. Dimostrata così la necessità della
riforma, ne piglia a svolgere e dichiarare il concetto. E
innanzi tutto, per chiudere la bocca a que' curiali di mala

fede, che oltremodo gelosi di certi loro materiali, e spesso abusivi, interessi, si affannano a gridare allo scandalo ogni qual volta sentono parlar di *riforma;* protesta che egli non intende « di parlare dell'edifizio immobile della Chiesa, « contro del quale *portae Inferi non praevalebunt,* essendo « fabbricato *super fundamentum Apostolorum, et prophetarum,* « *ipso summo angulari lapide Christo Jesu* »; sì solo dell'impianto delle cose « romane rapporto alla doppia ammini- « strazione, ecclesiastica e politica ». Alla guisa di abile e savio architetto, non intende egli di gittare tutto a terra l'esistente edifizio, per novamente rifabbricarlo; che anzi ne riconosce « le basi non difettose » nè « vacillanti », es- sendo concorsi « a formarle i canoni de' concilî e le costi- « tuzioni pontificie per gli oggetti ecclesiastici: e per gli « oggetti temporali, leggi e regolamenti, se non « del « tutto perfetti, nel sostanziale però e nel loro complesso « dettati dalla giustizia e dalla vista del pubblico bene ». Egli « soltanto farassi a « considerare parte a parte la fabbrica « su tali basi innalzata, per rintracciare le cause, che, ren- « dendo imperfetta e vacillante la sua struttura, produssero « in fine quel rumoroso diroccamento dell'edifizio, che ar- « recò tanti danni, e costò tante lacrime; e avanzerà poi le « sue idee sulle regole da osservarsi, e sulle cautele da « praticarsi, per erigerne un nuovo più ordinato e più so- « lido ».

Nel II articolo (*Difetti del nostro sistema*) riduce tutti i difetti degl'invalsi pubblici reggimenti ai seguenti:

1. « All'aver confuso il sacro col profano;

2. « Al non aver voluto mai emendare molti sbagli « con quella magra ragione: *Si è fatto sempre così;*

3. « All'aver adottato la massima: *Badiamo di non far* « *peggio,* ed all'averla portata tant'oltre, che meritamente « venne caratterizzata da molti per l'eresia de' nostri tempi;

4. « All'aver perduto o dimenticato la scienza di co- « noscere gli uomini ».

Ne deduce « quindi la conseguenza, che, per non ca-
« dere negli antichi errori, bisogna indispensabilmente:

1. « Separare lo spirituale dal temporale;

2. « Correggere quanto vi è di abusivo, senza arre-
« starsi per de' piccoli pretesti, e segnatamente per la con-
« traria consuetudine;

3. « Bandire affatto, massime nelle cose ecclesiasti-
« che, ogni male appreso timore, e qualunque soverchia
« condiscendenza;

4. « Imparare a conoscere bene a fondo gli uomini,
« e provvedere non le persone, ma le cariche ».

Circa al *separare lo spirituale dal temporale,* osserva che
« il sommo pontefice riunisce in sè la doppia rappresen-
« tanza di capo della Chiesa, e di sovrano temporale
« de' suoi Stati. La prima prerogativa è essenziale ed ine-
« rente al suo carattere. La seconda è accidentale ed ac-
« cessoria. Quella deve spiccare sopra di questa, l'una non
« deve mescolarsi coll'altra. Ne siegue dunque, per legit-
« tima conseguenza, che se tali qualità sono tra loro di-
« stinte, non abbiano insieme a confondersi ».

Del pretesto della *contraria consuetudine* dimostra la fal-
lacia da ciò, che « la Chiesa ha derogato più volte con
« savissima economia all'antica disciplina, anche in punti
« di gravissima importanza », e che non pochi de' presenti
ordinamenti della curia papale non sono poi tanto antichi
« quanto forse si vorrebbe far credere ».

Di « quel sistema di paura e di soverchia condescen-
« denza adottato infelicemente quasi regola invariabile »
negli ultimi tempi, afferma, essere esso un grande errore,
che « ripete principalmente la sua origine da una strana
« confusione d'idee, per cui, adattando agli affari di Chiesa
« i principî della mondana politica, abbiamo, senza avve-
« dercene, cooperato di mano nostra ai disegni de' nemici
« della religione e della S. Sede... Abbiamo anche confuso
« bene spesso lo spirituale col temporale, sacrificando quello

« per la lusinga di sostenere questo, e così perdemmo l'uno
« e l'altro ».

La scienza degli uomini, « essenzialmente necessaria in
« chi presiede, e dalla quale dipende in gran parte il buon
« ordine e la felicità pubblica, come deve interessare qua-
« lunque ben regolare governo; così dev'essere propria in
« un modo specialissimo del governo pontificio, il quale
« abbraccia, oltre gli oggetti temporali, anche i spirituali ».
E questa scienza la considera l'autore sotto due aspetti.
« Il primo consiste nell'escludere tutti i soggetti immeri-
« tevoli e nel prescegliere le persone di merito; il secondo
« nel saper assegnare a ciascheduno il suo luogo. Posti
« questi principî (conclude), a me sembra che già da molto
« tempo si fosse o perduta, o dimenticata la scienza degli
« uomini », e ne adduce in pruova, con liberissime parole,
nomi e fatti recenti.

Nel III articolo (*Si sciolgono le obiezioni contrarie al
piano di riforma*), indovinando le opposizioni, « che o per
« la loro apparente ragionevolezza, o per il peso, che fos-
« sero per attaccarvi le persone impegnate a sostenere gli
« antichi abusi, potrebbero attraversare, e forse anche ro-
« vesciare del tutto l'opera importantissima della riforma »;
le riduce ai seguenti capi:

1. « Tutte le novità sono pericolose, massime in
« materie ecclesiastiche, e molto più in un'epoca, nella
« quale si sono veduti li tristi effetti del rovesciamento
« degli antichi sistemi.

2. « È cosa oltremodo difficile l'indurre gli uomini
« a rinunziare alle vecchie abitudini, segnatamente se sianò
« conformi al loro genio ed ai loro interessi.

3. « Essendo il papa un principe ecclesiastico, ed
« essendo lo Stato, che egli gode, la dote della Chiesa
« romana, non vi è alcun inconveniente che si serva
« ne' diversi rami di amministrazione di soggetti eccle-
« siastici, essendo anzi conforme ai sacri canoni che li

« vescovi ed i chierici amministrino il patrimonio della
« Chiesa.

4. « Il cambiare con forza e tutt'ad un colpo sistemi
« inveterati, urta l'opinione pubblica; l'adoperare rimedi
« troppo forti, è un inasprire la piaga invece di curarla;
« il pretendere l'ottimo ed il perfetto nelle cose umane, è
« una chimera.

5. « Eseguendosi la riforma nel modo, che viene
« progettata, verremmo a confessare pubblicamente da per
« noi stessi i nostri torti, e in varî articoli ci faremmo imi-
« tatori dei sistemi francesi, che sono e saranno in odio
« perpetuo presso tutti quei popoli che ebbero la disgrazia
« di sperimentarli ».

Passando poi a ribattere ad una ad una le cinque opposizioni, scrive: « La prima difficoltà è più apparente,
« che reale. Se si tratti di materie ecclesiastiche, io sono
« alienissimo dal proporre nuovi sistemi. Intendo anzi di
« richiamar le cose agli antichi principî, ogni qual volta
« siano quelli in contraddizione coi più recenti regolamenti.
« Se poi si tratti di oggetti di altra natura, non è mio im-
« pegno di rovesciare le basi del nostro governo, ma di
« consolidarle per mezzo di una più savia amministra-
« zione, e di una miglior scelta d'idonei ministri; non il
« cambiare legislazione, ma il perfezionarla con toglierne
« i difetti, e col renderle quel vigore, che aveva perduto o
« per le calamità de' tempi, o per l'abuso degli uomini.

« Neppur la seconda difficoltà può recare imbarazzo.
« È pur troppo vero che gli uomini difficilmente rinunziano
« alle antiche abitudini, massime quando ne cavano partito
« per i loro vantaggi. Ma è vero altresì, che già vi hanno
« dovuto rinunciare per la forza delle ultime vicende, ed
« è vero egualmente che le abitudini da distruggersi, se
« sono care ed utili a qualche ceto di persone, sono disap-
« provate dal pubblico, e riescono pregiudizievoli ad altre
« classi. Se gli ecclesiastici non continueranno ad esercitare

« certi impieghi, questa privazione sembrerà loro alquanto
« dura ; ma i laici all'opposto ne goderanno, e cesserà la
« doglianza, che li preti vogliono tutto per loro. Se l'erario
« del principe incasserà le sue rendite senza farne ingoiare
« la miglior parte dagli affittuari camerali; gli appaltatori
« grideranno, ma il popolo esulterà nel vedersi libero da
« tante avarie. Se cesserà la collusione dei tribunali, se pe-
« rirà eternamente il regno della sbirraglia, se verranno
« abolite le franchigie ed eliminati tanti altri abusi; è ben
« d'aspettarsi i reclami di chi vorrebbe perpetuare le liti,
« e non pagar mai li debiti, i clamori degl'ingordi satelliti,
« le querele dei diplomatici e de' potentati; ma si udiranno
« in confronto le universali benedizioni per la pronta ed
« imparziale amministrazione della giustizia, per la cessa-
« zione di mille strapazzi ed aggravi a danno de' poveri,
« per veder tolta l'impunità ai delitti e cacciate in bando
« le soperchierie e le prepotenze. Resta decidere se voglia
« preferirsi il privato interesse per non ascoltare doglianze
« passeggiere e irragionevoli di pochi, o non piuttosto
« promuovere il pubblico bene per non opporsi alli giusti
« e perpetui lamenti delle moltitudini.

« Per rispondere alla terza difficoltà è necessario fissar
« bene lo stato della questione. Io credo che passi una no-
« tabilissima differenza tra i patrimoni ordinari delle chiese,
« consistenti in fondi, decime, oblazioni, il di cui prodotto
« serve al mantenimento del divin culto, al sostentamento
« de' vescovi e de' sacri ministri, al sollievo de' pupilli, delle
« vedove e de' poveri; e il patrimonio attuale della Chiesa
« romana, costituito da un dominio temporale, cui vanno
« annesse tutte le prerogative di un'assoluta sovranità. Il
« primo caso è contemplato dai canoni, e riguarda un'am-
« ministrazione nè molto vasta, nè imbarazzante. Il secondo
« caso però non solo è molto diverso dal primo, ma non
« può nemmeno equipararsi all'antico stato della Chiesa
« romana, quando cioè possedeva anche in lontane parti

« vastissimi fondi, senza però avere de' popoli, che le ap-
« partenessero a titolo di sovranità.

« Poche parole sono sufficienti a dileguare la quarta
« difficoltà: imperciocchè li cambiamenti di un inveterato
« sistema allora soltanto urtano la pubblica opinione, quando
« prendono di fronte un ordine di cose o realmente van-
« taggioso, o riputato tale dalla maggior parte. Siccome
« però alla moltitudine poco importa che i giudici siano
« ecclesiastici o laici, purchè venga amministrata la giusti-
« zia; che gl'impieghi vengano assegnati piuttosto agli uni
« che agli altri; che si lasci o si tolga il giro delle cariche,
« quante volte si vegga premiato il merito e promosso il
« pubblico bene; e siccome le persone illuminate conoscono
« i difetti, e ne desiderano l'emenda: così non è a temersi
« alcun urto pregiudizievole. Quanto poi è vero che i ri-
« medî troppo forti inaspriscono talvolta la piaga, invece
« di curarla, altrettanto è certo che i mali invecchiati esi-
« gono bene spesso ferro e fuoco, onde non degenerino in
« cancrene insanabili. I palliativi poco o nulla giovano, ed
« è perciò che io suggerisco di dare alla radice del male,
« affinchè non ripulluli dopo breve tempo.

« Mi spedisco pur brevemente dell'ultima difficoltà. Io
« trovo scritto nei proverbi: *Justus prior est accusator sui*:
« e so che l'ingenua confessione de' proprî errori concilia
« stima ed applauso, anzichè discredito e biasimo. Alla per-
« fine *errare humanum est,* e siccome molti de' nostri sbagli
« sono abbastanza noti, così quando anche avessimo ad
« incontrare delle critiche nel correggerli, sarebbero queste
« più miti e meno durevoli di quelle incontreremmo se ci
« ostinassimo a sostenere gli antichi difetti del nostro si-
« stema. Quanto poi all'imitazione degli altri sistemi, io
« non mi arresto per le difficoltà proposte, e considerando
« le cose in se stesse, senza cercarne gli autori, prendo il
« buono e l'utile ovunque lo trovi ».

Nel IV articolo (*Disposizioni preliminari per la riforma*),

premesso che « il primo mezzo essenzialissimo per ese-
« guire la riforma consiste nella scelta de' soggetti, che
« dovranno occuparsi di questo importante affare », vuole
che per le materie ecclesiastiche sia commesso l'incarico
a sacerdoti « i più distinti per dottrina, per esemplarità,
« per cognizioni pratiche ». Giacchè « una scienza ordina-
« ria non sarebbe sufficiente all'intento; una virtù me-
« diocre non concilierebbe il credito troppo necessario in
« chi.è destinato a promuovere la riforma; e le sole co-
« gnizioni speculative, senza le pratiche, non riempireb-
« bero l'oggetto. Per gli oggetti temporali potranno as-
« sumersi indistintamente ecclesiastici e laici, dotati di
« probità e versati nelle materie legali, politiche ed econo-
« miche ». Per render poi meno malagevole l'attuazione
della riforma, propone di « prevenire immediatamente la
« ripristinazione di alcuni degli antichi abusi, che sarebbe
« poi troppo difficile di estirpare », e suggerisce « varie
« altre provvidenze, che appianino la strada » da battere,
per giungere alla meta.

Nel V articolo (*Basi della riforma*), dopo aver brevemente esposto il disegno del nuovo edifizio, ch'egli accin-
gesi ad innalzare, osserva che, trattandosi di oggetti spirituali, gli si potrebbe opporre « la dottrina di Paolo apostolo:
« *Fundamentum aliud nemo potest ponere, praeter id, quod po-*
« *situm est, quod est Christus Jesus*. E tosto soggiunge: « Ma
« Dio mi guardi dalla sacrilega temerità di toccare questo
« fondamento divino, che rimarrà saldo ed immobile sino
« alla consumazione dei secoli. Siccome però il medesimo
« apostolo soggiunge: *Si quis autem superaedificat super*
« *fundamentum hoc, aurum, argentum, lapides pretiosos, ligna,*
« *foenum, stipulam, uniuscujusque opus manifestum erit: Dies*
« *enim Domini declarabit, quia in igne revelabitur: et unius-*
« *cujusque opus manserit, quod superaedificaverit: mercedem ac-*
« *cipiet. Si cujus opus arserit detrimentum patietur;* così non può
« essere giustamente riprensibile un lavoro diretto ad edifi-

« care sullo accennato fondamento *aurum, argentum, lapides*
« *pretiosos,* e ad escludere dalla nuova fabbrica tutte quelle
« altre materie, che potrebbero essere consumate dal fuoco.
« Si aggiunge che il nostro edifizio, simile ad una reggia,
« la quale, oltre all'abitazione del principe, racchiude tante
« altre parti destinate ad albergare la sua corte, e a molti
« e diversi usi, servir deve a non pochi oggetti o affatto
« estranei, o non essenzialmente connessi con quella fab-
« brica immobile che a niuno è lecito di variare. Dovendo
« quindi il mio piano estendersi ad una serie ben lunga di
« articoli di ogni specie, se troverommi forzato alcuna volta
« a proporre un tal cambiamento di sistema, cosicchè venga
« qualche parte della mistica fabbrica a riedificarsi fino dai
« fondamenti; non per questo potrà condannarsi il mio
« lavoro, e sarà all'opposto esente da ogni censura, e me-
« ritevole di lode, quando concorrano a giustificarlo la ne-
« cessità o l'utilità ».

Fin qui il lavoro è tutto d'apparecchio. Lo svolgimento
ordinato della materia comincia dall'articolo VI, il quale è
dato all'argomento più importante e fondamentale dell'o-
pera, cioè la *Separazione dello spirituale dal temporale.* In
proposito di che, sebbene ravvisi l'autore per « una dispo-
« sizione ammirabile della divina Provvidenza, che il ro-
« mano pontefice riunisse alla dignità di capo della Chiesa
« il grado di principe sovrano assoluto »; nondimeno avverte « che la temporalità non è in alcun modo essenziale,
« anzi è affatto distinta dalla spiritualità ». Donde consegue:

1. « Che gli affari spirituali formar debbono il prin-
« cipalissimo oggetto ed impegnare le cure più assidue del
« romano pontefice, cosicchè non rimangano giammai po-
« sposti agli oggetti temporali.

2. « Che in tutto deve singolarmente risplendere la
« modestia e la gravità ecclesiastica, onde chiaro apparisca,
« che la sovranità temporale si considera come un acces-
« sorio, e si fa servire unicamente al maggior decoro della

« dignità pontificia, senza fasto e senza ostentazione, e al
« maggior vantaggio della Chiesa, senza vista d'ingrandi-
« mento e di altri mondani interessi.

3. « Che per ottenere la bramata separazione dello
« spirituale dal temporale bisogna stabilire la massima, che
« tutte le cariche di loro natura secolari vengano conferite
« ai laici.

4. « Che sarebbe conveniente che negli atti risguar-
« danti la temporalità si procedesse sempre con forme di-
« verse da quelle si adoperano per gli oggetti ecclesiastici.
« Nel *Bollario* s'incontrano tante bolle relative ai pubblici
« dazî, agli statuti di corpi d'arti e collegi, e ad altre cose,
« che nulla hanno che fare collo spirituale. Come ci entra
« qui il titolo: *Servus, servorum Dei*, l'assoluzione dalle cen-
« sure, *Ad effectum praesentium consequendum*, il decreto irri-
« tante: *Indignationem Omnipotentis Dei ac Beatorum Petri et*
« *Pauli Apostolorum ejus se noverit incursurum?* Quando il
« sommo pontefice agisce come capo della Chiesa, parli da
« papa; quando esercita atti di sovranità, parli da principe.
« Così dalle stesse forme estrinseche renderassi manifesto
« che, senza confondere le due potestà, si assegna a cia-
« scuna il suo luogo ».

Nel VII articolo (*Dell'abatismo*) toglie a screditare la
« mascherata dell'abatismo », cioè l'invalsa moda dell'abito
ecclesiastico « abusivamente adottato da tanti laici », la
quale « contribuisce in qualche modo a confondere lo spi-
« rituale col temporale ».

Nell' VIII articolo (*Cariche*) vengono considerate le cariche « sotto due aspetti, cioè in quanto alla diversità loro,
« e in quanto alla scelta de' soggetti che debbono eserci-
« tarle ». Per ciò, che è della loro diversità, riferendosi
questa « alla stabilita separazione dello spirituale dal tem-
« porale, dovrà fissarsi colla possibile sollecitudine quali
« siano gl'impieghi, che rimarranno agli ecclesiastici, e quali,
« che apparterranno ai laici ». E del numero di questi se-

condi dovrebbero essere, per avviso dell'autore, « tutti i
« governi, incominciando da quello di Roma; tutte le
« aziende economiche, non escluso il tesorierato; tutta la
« giudicatura criminale, buona parte della giudicatura ci-
« vile ». In ordine poi « alla scelta dei soggetti che deb-
« bono esercitare » le cariche sì ecclesiastiche e sì laiche,
sebbene l'autore non si faccia a trattarne separatamente in
questo articolo, tuttavia dalla somma del discorso si raccoglie essere suo intendimento, che, attribuite le prime ai
sacerdoti, le più importanti delle seconde vengano conferite ai laici, tenendo ragione non pure della loro idoneità,
ma ancora dei loro natali.

Negli articoli IX, X e XI (*Franchigie - Uffizi delle poste
straniere - Diritti feudali*) si caldeggia l'abolizione degli
odiosi avanzi d'una età barbarica, e, a guarentire la spedi-
tezza e la credenza, massime per le faccende di Stato, del
commercio epistolare, si propugna l'annullamento de' corrieri nazionali, per mezzo de' quali a quel tempo « si fa-
« ceva tutto il carteggio cogli esteri ».

L'articolo XII (*Sacro collegio*) si aggira sulla riforma
dei cardinali, giusta le norme prescritte dai decreti del Tridentino, ai quali « se si fosse tenuto dietro costantemente,
« non si sarebbero commessi degli errori assai pregiudizievoli
« alla scelta dei cardinali, nè sarebbe accaduto che nella
« distribuzione de' cappelli si contemplassero de' soggetti
« poco idonei, se non anche del tutto immeritevoli ».

Similmente nell'articolo XIII (*Vescovi e vescovati*) col-
l'autorità del Tridentino si richiamano in vigore gli antichi
metodi usati dalla Chiesa nell'elezione de' pastori, e minu-
tissimamente si annoverano le rare doti di virtù e di dottrina a questi necessarie.

Argomento del XIV articolo è la *Prelatura*. La quale
« quantunque non formi una classe a parte nell'ecclesiastica
« gerarchia; pure essendo specialmente addetta al servizio
« della S. Sede, e godendo di molte onorificenze e privi-

« legi, deve riguardarsi come un ceto distinto nel clero,
« tanto più che rimane sempre illustrata da buon numero
« di soggetti ragguardevoli per nascita e per merito, ed è
« solita fornire quasi tutti i candidati pel rimpiazzo de' posti
« vacanti nel sacro collegio ». Dei tre modi, pe'quali con-
seguesi il grado prelatizio, cioè: « per compra, per processo,
« per grazia », l'autore vuole « eliminato affatto il primo »,
conservati il secondo ed il terzo; ma in quanto al·secondo
non in modo che « il processo si riduca ad una formalità
« di poco momento », nè che, in ordine al terzo, la grazia
cada sopra persone immeritevoli, « osservando la regola di
« Pio II: *Dignitatibus viri dandi, non viris dignitates* ». Enu-
merate poi le cariche prelatizie, che dovrebbero essere trasformate in laiche, propone de' compensi pel ceto, che ne
verrebbe spogliato. E per ultimo ragiona de' nunzi, della
somma importanza del loro ufficio, e però della molta diligenza, che è da usare nel trasceglierli.

Nell'articolo XV si tratta della riforma del *Clero secolare*,
che l'autore divide « in cinque classi », cioè: « 1. Capitoli
« delle basiliche e delle collegiate; 2. Parrochi; 3. Confes-
« sori e predicatori; 4. Impiegati nelle sagrestie e in altre
« incombenze, che non sono contrarie alla professione ec-
« clesiastica; 5. La residuale turba di quelli, che non avendo
« alcun legame, per cui siano impegnati ad una determinata
« occupazione in servizio della Chiesa, o ne assumono di
« quelle contrarie ai sacri canoni, o passano la loro vita
« senza far nulla ». Annovera di ciascuna classe i difetti e
gli abusi, e ne suggerisce l'emenda. « Si tacciano giusta-
« mente (egli scrive) varî de' nostri capitoli di una soverchia
« precipitazione nel salmeggiare, di una somma negligenza
« nell'esercitare le sacre funzioni, di un indecente contegno
« di assistere al coro ». Nota « quell'aria di dissipamento,
« colla quale alcuni canonici o passeggiano, o parlano, aspet-
« tando il segno del coro »; ne addita « altri sdraiati con
« ributtevole indecenza, altri taciturni nel tempo che dovreb-

« bero cantare, altri occupati in discorrere coi loro vicini,
« altri trascuratissimi nel ministrare all'altare... Nell'affac-
« ciarsi a qualche coro, dando semplicemente un'occhiata
« a quelli che seggono più alto, si direbbe che vi stanno
« come *dominantes in cleris,* e che il grado più distinto e la
« rendita più pingue dànno loro un'esenzione da ogni legge,
« e un diritto di scaricare tutto il peso dell'ufficiatura su
« chi siede più basso. Se la cosa deve andare così, tor-
« nerebbe meglio il riempire li stalli di belle statue vestite
« in abito corale, e l'applicare le rendite ad usi più pii. Ecco
« come sono trattate le funzioni le più auguste, come sono
« edificati i fedeli, com'è servita la Chiesa. Che meraviglia
« poi, se per que'canali medesimi, pe'quali dovrebbero scen-
« dere le celesti benedizioni, si schiudono sopra del popolo
« i vasi della collera divina? »

Vuole i parrochi scelti fra i sacerdoti più dotti ed esemplari, provveduti di sufficienti rendite, e posti in grado « di
« star poco attaccati agl'incerti, e che la loro sussistenza
« non dipendesse in gran parte dagli emolumenti de'batte-
« simi, de'matrimoni e de'funerali ».

Biasima « certi predicatori alla moda, che rassomigliando
« *nubes sine aqua, quae a ventis circumferuntur,* predicano se
« medesimi *in sublimitate sermonum,* in vece di predicare
« *Jesum Christum, et hunc Crucifixum,* e trasformano i per-
« gami in cattedre accademiche, e poco meno che in palchi
« scenici »; e certi altri, che, sebbene « pieni di zelo e di
« buone intenzioni », sono » così scarsi di scienza, e così
« infelici nel dire, che propriamente fanno pietà ».

Scopre tra i confessori « lupi divoratori delle anime », e
vuole bandito da questo ceto chi non abbia « le tre qualità
« desunte dal Salmista, *bonitatem, et disciplinam et scientiam* ».

« Degli ecclesiastici addetti in buon numero alle segre-
« terie delle Congregazioni, o applicati ad altre incombenze,
« che riguardano il servizio della Chiesa, o almeno non
« siano proibite dai sacri canoni », avverte che « sarebbe

« assai meglio, che certe incombenze si abbandonassero in-
« teramente ai laici »: e nota « che in passato a molti fa-
« ceva impressione il vedere un prete nella segreteria de'
« Luoghi di Monte: un altro in quella del Buon governo;
« un altro in quella delle Finanze ».

Dei rimanenti preti, « che senza rendere alcun servizio
« alla Chiesa, eccettuato l'uffizio, che recitano per disobligo,
« e la messa, che celebrano per interesse; o fanno cose,
« che far non dovrebbero, o fanno il grandissimo nulla »,
vitupera l'inutile vita, nega loro ogni benefizio, e giunge
perfino a domandare, se non si abbia ragione « di asserire,
« che il soverchio numero di ecclesiastici reca pregiudizio,
« anzichè vantaggio ». Ad evitare tali disordini consiglia
ai vescovi la severità nelle ordinazioni, e la retta educazione
de' chierici ne' seminari diocesani.

Nell'articolo XVI, destinato alla riforma de'*Regolari*,
dopo una triste pittura della rilassatezza introdottasi ne'
chiostri, stabilisce « due principî: il primo, che li disordini
« delle comunità religiose erano giunti a tal punto, da me-
« ritare che Iddio le annientasse, come in gran parte se-
« guitò (1); il secondo, che siccome sta scritto *iratus es*,

(1) Su questo medesimo proposito scrive nel suo *Diario*, sotto
il 10 settembre 1798: « Per questo tanti servi di Dio hanno asse-
« rito costantemente già da più anni, che sovrastavano grandi flagelli,
« massime per le colpe dei preti, frati e monache ». Le cose esposte
e discusse dal Sala in questo XVI articolo (*Regolari*) e nel successivo XVII (*Monache*) consuonano mirabilmente con quelle, che
Giulio Cesare Cordara venne svolgendo, intorno allo stesso argomento, nel suo scritto *De profectione Pii VI Pont. Max. ad aulam
Vindobonensem*, pubblicato dal P. Giuseppe Boero della Compagnia di
Gesù. Se non che l'editore, (debbo queste indicazioni al mio amico
march. Gaetano Ferraioli) non so se o per difetto dell'esemplare,
dal quale trascrisse, o a bello studio, non ne mise a stampa il
luogo, al quale si riferisce questa mia osservazione, e che però
parmi opportuno di qui trascrivere dal ms. della biblioteca Vallicelliana segnato R. 93: ed è l'esemplare che, offerto da Francesco
Cancellieri a Pio VI, dopo la dispersione della privata biblioteca di

« *et misertus es nobis;* così dobbiamo sperare ch'egli favorisca
« propizio l'impresa della ripristinazione, quante volte nel-
« l'effettuarla si abbia in mira unicamente la sua maggior
« gloria e il vantaggio della Chiesa ». Al quale scopo puossi
giungere per una sola via, quella, cioè, di cercare « d'in-
« dovinare ciò, che farebbero li santi fondatori, se tornas-
« sero al mondo ». E questo sforzasi di fare l'autore con
pieno e minuto discorso.

quel pontefice, acquistato da Ruggero Falzacappa, prete dell'oratorio,
fu da esso, morendo, legato a quella insigne biblioteca. Il luogo si
rappicca alla pag. 145 dell'edizione del Boero, dopo le parole *bene-*
ficiis augendi, ed è come segue:

« At plus nimio excrevisse memoria nostra Franciscanorum, sive
« Observantium, sive Reformatorum, sive quos Cappuccinos nomi-
« nant numerum, sunt qui putant: nec vana, uti reor, eorum opinio
« est. Duplex certe malum inde manat in publicum. Alterum, quod
« sumptu publico alendi sunt, subtrahiturque saepe liberis, aut pau-
« perioribus quod in eos confertur. Alterum, quod agri magnam
« partem sine cultura, artesque ad socialis vitae usum institutae sine
« operis relinquuntur. Non enim in hos ferme ordines nisi proletarii,
« ac capite censi immigrare sunt soliti, ex agricolarum vel opificum
« plerique gente, homines demum ad tolerandam labore vitam nati.
« Ex hoc autem genere hominum nunquam petitores, et candidati
« desunt, qui, si certam pecuniam ferunt, facile admittuntur. Atque illi
« quidem sacram cum petunt tunicam, nihil praeter Dei famulatum,
« vitamque sanctiorem et salutem animae sempiternam praetendunt.
« At ipsa re, vel commodo, vel ambitione plerique ducuntur. Nimirum
« paupertatem voluntariam vovebunt, ea tamen lege, ut panem cum ob-
« sonio nunquam in omni vita desiderent; et paupertatem necessariam
« eamque severiorem relinquent domi. Vestem induent e crasso ru-
« dique panno, nihilo meliorem habituri si viverent inter suos. Com-
« modius ad extremum ducunt nocte concubia consurgere ad psal-
« lendas divinas laudes in templo, quam ardente sole boves exstimulare
« et aratrum in agro ducere, aut laborem assiduum, diu noctuque
« insudare super incudem, aliamve inter sellularios artem exercere.
« Haec fere prima sanctae vocationis causa. Majores etiam illecebras
« habet ambitio. In illo namque sacro ac venerabili amictu instar
« nobilium omnes sunt. Itaque claras amicitias cum potentioribus jun-
« gunt, ac matronarum saepe mensae accumbunt ii, quorum germani

Circa la riforma delle *Monache,* che è la materia del-
l'articolo XVII, ed ultimo della parte del *Piano* stampata,
scrive: « Il primo articolo essenzialissimo è quello delle
« vestizioni. Anche ne' monasteri si offrono delle vittime
« deboli ed imperfette, e quel che è peggio, si consumano
« de' sacrifizi, non già volontari, ma forzati. Una monaca
« senza vocazione è il tormento di se stessa e dell' intera
« comunità. Parrebbe che questo caso fosse quasi impossi-

« fratres aut strigili fricant equos in stabulo, aut caligas in taberna
« consarcinant. Quid vero si quem in coenobio magistratum, si quam
« praefecturam adepti sint? Supercilium tollunt, aequales alios suos
« et consanguineos vix obtutu dignantur. Superbiam hausisse diceres
« in schola humilitatis. Num proinde coenobia supprimenda? Minime
« gentium. At multis partibus minuendum coenobitarum numerum
« prudens quisque facile opinabitur. Habenda ratio utilitatis, quam
« sive sacris ministrandis, sive divino serendo verbo in commune fe-
« runt. At si pauciores idem possunt, cur ita multi sint cum tanto
« civitatis onere, ac reipublicae detrimento? Exiguum Jesuitarum col-
« legium, duodenum, ut summum, capitum, plus fere praestabat po-
« pulo, quam istiusmodi cucullatorum quinquageni, aut eo amplius.
« Cur non ergo certus eorum numerus pro modo cujusque civitatis
« praefiniatur? Id si cum debita auctoritate fiat, nemini credo vi-
« deatur incongruum.

« Jam locus ipse me admonet ut, quando de coenobitis hactenus
« dictum est, nunc etiam de sacris virginibus pauca dicam. Namque
« earum quoque plura coenobia Caesar suppressit. Visum id multis
« inhumanum, in eo praesertim principe, qui sua consilia omnia in
« bonum humanitatis se dirigere profitetur. Et si enim multae e junio-
« ribus ex arcto in apertum perquam libenter exierint, ast aliae senio
« consumptae, atque inter suas auctoritatem adeptae, sive alia in coe-
« nobia, sive paternas in domos migrare cogerentur, rem indignissime
« accepere, contemptui videlicet futurae in posterum, aut magnam
« molestiarum molem laturae, quae pacate hactenus in suo mona-
« sterio nec indecore vixerant. Num vero id etiam, pontifice assen-
« tiente, factum? Incertum: non tamen, si certas conditiones adjicias,
« incredibile. Sane ultra modum multiplicata sacrarum virginum mo-
« nasteria cernimus. Civitatem invenias, ubi capitum millia haud plura
« decem, aut duodecim, monasteria quindennis non pauciora nume-
« rantur. Horum minui tantisper numerum, abs re certe non erat;

« bile ad accadere; eppure accade più di sovente di quello
« che alcuni pensano. Simile disordine non è nuovo, ma
« pure dovrebbe essere cessato dopo gli anatemi fulminati
« dal Tridentino contro coloro, i quali *quomodocumque coe-*
« *gerint aliquam virginem, vel viduam, aut aliam quamcumque*
« *mulierem invitam, praeterquam in casibus a jure expressis, ad*
« *ingrediendum monasterium, vel ad suscipiendum habitum cu-*
« *juscumque religionis, vel ad emittendam professionem; quique*

« modo optio detur virginibus eligendi quod malint, sive aliud in mo-
« nasterium transeundi, sive paternam in domum revertendi, et salva
« singulis honeste vivendi conditio sit. Ipsas enim virgines nimis
« crebro, ac nimis facile sacra inter claustra recipi, atque ad solemnem
« votorum nuncupationem admitti multi putant, utque variabilis est
« Ecclesiae disciplina, nonnihil temperandum hodie ejusmodi consue-
« tudinem arbitrantur. Quid enim? puella annorum vix decem, dum
« sacras inter virgines nutritur, vel amitae cujusdam blanditiis, mu-
« nusculisque capta, vel ipsa socialis, et innocentis vitae hilaritate pel-
« lecta, per causam sacrarum exercitationum, insolita pellente aetate,
« facile pronunciat, velle se quoque vitam coelibem in eodem mo-
« nasterio vivere, idque palam evulgat; quod semel imprudenti exci-
« dit, id postmodum revocare grandiusculae verecundia est. Subit
« interea rei familiaris angustia, honestarum conditionum infre-
« quentia. Quo magis a matrimonio deterreantur, nuptarum saepe
« molestias, et casus calamitosos sibi narrari audit. Quid vis? Ut
« primum per aetatem licet, ne sibi minus constare videatur, nec pa-
« rentum spem eludat, et vota, sacrum velamen suscipit, et cum in-
« genti apparatu solemnibus se votis obstringit. Cunctis videlicet hu-
« manae vitae oblectamentis momento nuncium remittit, seque intra
« angustum ambitum murorum includit ea lege, ut inde pedem ef-
« ferre nunquam in omni vita possit, idque praeter amictum rudem,
« victum tenuem, et severiorem saepe ordinis disciplinam, cui in
« perpetuum se subjicit: legem denique mollis et rerum inexperta
« virguncula sibi imponit, humanis prope majorem viribus, et quae
« miraculi instar haberetur, nisi esset frequens, et quotidie oculis ob-
« versaretur. Quid vero si decursu temporis vitae ejus, et carceris sa-
« tietas subeat? Quid si ardor ille primus pietatis, quo nihil facilius,
« refrixerit? Nullumne locum esse regressui? et idcirco dolore, ac rabie
« misera contabescat? Haec mihi cogitanti, veniebat aliquando in
« mentem opinari, ferendam a pontifice legem, in moresque inducen-

« *consilium, auxilium, vel favorem dederint ; quique scientes*
« *eam non sponte ingredi monasterium, aut habitum suscipere,*
« *aut professionem emittere, quoquomodo eidem actui vel prae-*
« *sentiam, vel consensum, vel auctoritatem interposuerint.* Quanti
« si bevono di queste scomuniche, non escluse le monache!
« Vi sono di quelle, che si affezionano soverchiamente a
« qualche giovane educanda, e cercano d' indurla ad ab-
« bracciare la vita monastica, dipingendolene tutto il buono,
« e nascondendolene tutto l'arduo e tutto l'amaro, che vi
« si trova. La fanciulla, che talvolta uscì di casa prima di
« arrivare agli anni della discrezione, che nulla sa di mondo,
« e che s'immagina che l'esser monaca consista nel portare
« l'abito, nel cantare in coro, e nel mangiar paste; si lascia
« facilmente persuadere, ed eccola già con una vocazione
« decisa, e con un fervore straordinario. Entra in prova, e
« viene trattata con molta indulgenza; incomincia il novi-
« ziato e vi trova una maestra, che la lascia fare a suo modo,
« e se mostrasi malcontenta per qualche poco di rigore, le
« dice, che da professa non avrà più legame, e sarà più
« libera. Nello scrutinio passa a pieni voti, perchè le pro-

« dam, ne qua deinceps puella sese votorum sacramento obligaret,
« nisi ad quinquennium. Hoc evoluto spatio, si constaret animus, ad
« aliud quinquennium vota protraheret, deinde ad aliud, donec annum
« aetatis quintum supra trigesimum esset supergressa, ac tum demum,
« si vellet, se obstringeret in perpetuum. Sic, ajebam, huic fluxae pa-
« riter, atque aeternae earum felicitati provisum iri. Ut minimum non-
« nihil emolliendum existimabam durum illud votum, quo se nunquam
« extra claustrum pedem elaturas spondent. Permittendum ut certa intra
« annum die prodire possint in publicum, circuire templa, consangui-
« neos invisere. Exemplum Urbe praebuit Benedictus XIV, eoque pri-
« vilegio etiam nunc nonnullum monasterium aditur. Cur non etiam
« matrem sororesque identidem, cum bona antistitis venia, ad se intra
« claustrum admittant ? Id satis bonis virginibus ad solatium, ac leni-
« mentum aerumnosae vitae futurum, effecturosque dies paucos, ut toto
« anno vivant sua sorte contentae.Verum de his viderit Summus Pon-
« tifex, cui christiani gregis cura commissa.
    « Ceterum non est, etc. ».

« tettrici la spalleggiano, il monastero ha bisogno di sog-
« getti, ed essendo in fondo una buona ragazza, si spera
« che poi diventi una buona monaca. Così l' infelice pro-
« nunzia li voti solenni, e quando non è più tempo si ac-
« corge di essere stata tradita, e si affligge e si dispera senza
« rimedio. Certe fanciulle poi, immolate dal dispotismo e
« dalla barbarie de' loro parenti, non possono nascondere
« il malcontento e l'angustia, in cui si trovano; eppure
« vengono ricevute ed ammesse alla vestizione e alla pro-
« fessione ». Ad impedire questa carnificina di anime in-
nocenti, vuole l'autore, che « non isdegnino i vescovi di
« esplorare essi stessi le monacande, tutte le volte che pos-
« sono, e trovandosi impediti, ne affidino l' incarico ad ec-
« clesiastici dotti e sperimentati; esclusi sempre quelli, che
« abbiano dei rapporti col monastero, in cui rimangono le
« postulanti. E che in tutti i monasteri, prima de' scrutini
« per le vestizioni e professioni, si leggano tradotti in lingua
« volgare » i decreti del Tridentino risguardanti questa
materia. « Il fulmine delle scomuniche atterrirebbe le mo-
« nache, nè più s'indurrebbero a dare il voto senza piena
« cognizione di causa, e molto meno per umani riguardi ».
Dopo ciò l'autore si fa a discorrere de' mezzi da risvegliare
ne' monasteri lo spirito di osservanza e di fervore, allun-
gando specialmente il ragionamento sulla scelta de' confessori, e sulla severità della clausura.

Tale è in iscorcio la parte stampata del lavoro del Sala.
La quale, come prima fu divulgata, da altri venne messa
in cielo, da altri rabbiosamente maledetta; secondochè
l'affetto alla religione e al pubblico bene, ovvero il privato
interesse gli uni e gli altri diversamente stimolava. E giun-
tone rumore, certo per opera di qualche maligno, insino
a Vienna, dove il cardinale Ercole Consalvi era di que'
giorni a congresso coi deputati delle principali potenze
d'Europa; quegli, alla cui assoluta balìa stavano allora le
cose dello Stato, comandò che senza indugio venisse im-

pedita la diffusione della stampa, e si adoperasse ogni possibile diligenza per ricovrarne gli esemplari già sparsi (1).

(Continua)

G. CUGNONI.

(1) Nell'archivio Vaticano trascrissi da un fascicoletto (nella cui coperta è notato di pugno del Sala: *1814 - Piano di Riforma - Sospensione del proseguimento della stampa, e ritiro de' fogli già distribuiti*) le seguenti lettere, che collegansi con questo fatto.

I.

« 18 luglio 1814. — A. C. — Sua Eminenza (il card. Bartolomeo « Pacca) desidera dentro la mattinata di domani di parlarvi. Mi ha « ordinato perciò di darvene un cenno. Lo eseguisco, vi abbraccio, « e sono di cuore — Aff.mo amico S. Mauri ».

II.

« C. F. — Potete facilmente immaginarvi che anco la mia umanità « non ha potuto non risentirsene. Conviene alzare gli occhi al cielo « e tranquillizzarsi lo spirito col riflesso, che appunto le buone opere « sono compensate dal mondo in tal guisa.

. . . .

« Voi non ignorate che il pensiero del ritiro è in me nato non « adesso, ma dapprima, e forsechè penserò a realizzarlo, se mi riu- « scirà. Rispetto a voi però nelle attuali circostanze non mi sembre- « rebbe opportuno il nudrire simili idee: conviene aspettare il tempo, « che suol dare consiglio.

« Procurate di quietarvi, e nella Congregazione di dimani sera « mostrarvi disinvolto, lasciando correre l'acqua dove vogliono, ba- « standovi il testimonio della buona coscienza ed il desiderio del « bene, che non permette Dio che si ottenga . . . . . Addio, addio — « Li 20 luglio 1814 — (Domenico Sala) ».

III.

« 21 luglio 1814. — A. C. — Ho ricevuto la Raccolta, e la let- « tera acclusami.

« Siate tranquillissimo sul vostro affare. Sono stato dagli E.mi So- « maglia, e Litta. Il primo mi ha detto, che il parlar chiaro giova « all'affare, e non nuoce quando si mantiene il segreto, come è incul- « cato; il med. ha desiderato di non restituir le stampe, e mi ha « detto, che ne avrebbe parlato questa sera col Card. Pacca; il se-

« condo me le ha restituite, e vi assicuro, che si è lodato del vostro
« zelo, ma avrebbe desiderato che la materia non si fosse stampata
« per il timore che possa andare nelle mani dei nostri nemici. Non
« sto a riferirvi quello, che io ho detto. Sicuramente ho corrisposto
« ai sentimenti della nostra amicizia. Non ho potuto andar da Mattei.
« Il Card. (Pacca) mi ha detto che da questo Porporato sarà cura
« sua di ritirar le stampe. Non vi è dubbio che sarebbe stata più
« semplice la via che m'indicate per riaverle nelle mani, ma a que-
« st'ora ci vuol pazienza.

« Amico, scrivo tanto a rotta di collo, che non so quel che scrivo.
« Le faccende dopo l'arrivo di Giovannino (il cameriere del cardi-
« nale Consalvi) mi strozzano. Vi abbraccio. Addio — Aff.mo amico
« V. S. M. (Mauri) ».

EVOLUZIONE DEL TIPO DI ROMA

nelle rappresentanze figurate dell'antichità classica

I.

§ 1. — INTRODUZIONE.

UTTE le antiche rappresentanze simboliche, ed in ispecie le effigie delle divinità, hanno subìto, come era naturale, una modificazione progressiva secondo la modificazione progressiva delle idee e dei sentimenti. Così, per esempio, il tipo di Pallade che noi troviamo nei primordî dell'arte greca immaginato da Omero come la vergine guerriera che gode delle battaglie (1) e nelle sculture corrispondentemente figurata in atto di πρόμαχος, o mentre scaglia il dardo, passa poi, coll'ingentilirsi dell'animo greco, dalla forza fisica alla più nobile espressione della forza intellettuale, diviene cioè protettrice delle arti (2) ed assume per suoi emblemi persino il fuso e la rócca (3).

(1) 'Αθηναίη λαοσσόος: OMERO, *Iliade*, XIII, 128.

(2) Così nel concetto greco, essendo Pallade figlia di Giove, l'arte è quasi nipote a Dio, come nel concetto Dantesco:

Vostr'arte a Dio quasi è nipote.

Inf., XI, 105.

(3) MÜLLER, *Handbuch der Arch.*, § 370.

Ora si poteva ben supporre che anche il tipo di Roma si fosse cambiato secondo il cambiare de' tempi, ed è però importante lo studio di tali trasformazioni. Infatti nel corso di questo lavoro noi vedremo come l'effigie di Roma, che sul principio ha tale rassomiglianza con quella di Pallade, da dover dar luogo a non poche false interpretazioni ed a contestazioni tra gli archeologi, si discosta in seguito da essa tanto da non potersi più affatto dubitare della sua identità; e progredendo ancora si riavvicina di nuovo alla Pallade pacifica, anzi si sostituisce quasi ad essa, e finalmente, dopo il tempo costantiniano, si stacca dalla simbolica pagana, assumendo gli emblemi cristiani. Tutta l'evoluzione completa ci mostra adunque, dirò così, la grande sintesi della storia,. mentre le piccole e direi quasi accidentali deviazioni dal tipo, le quali noi verremo via via notando, ci riportano ai parziali avvenimenti di cui sono immagine fedele. Ma tutte queste osservazioni saranno fatte più distesamente a loro posto: intanto è necessario di fare qualche osservazione generale sul presente lavoro. E primieramente quanto alla sua utilità non è necessario spendere molte parole, essendo fuor di dubbio che la retta intelligenza della storia di un popolo e del suo carattere riceve luce grandissima dallo studio dei monumenti figurati. Si potrebbe piuttosto dubitare se convenga far un tale studio sul tipo di Roma, pensando che altri, assai più valente, ha già trattato lo stesso soggetto. Ed infatti lo stesso pensiero era venuto anche a me, quando, già fatta una parte di questo lavoro, mi capitò l'indicazione di un opuscolo del dotto Federico Kenner intitolato appunto *Die Roma-Typen*. Ma quando, dopo molte ricerche, potei averne una delle ultime copie, essendo l'edizione pressochè esaurita, dovetti convincermi che, non ostante la dottrina dell'autore e le sue acute ed erudite osservazioni, il suo lavoro era deficiente per difetto di materiali e poteva bensì servir di guida allo studio del tipo di Roma, specialmente per ciò che riguarda le origini, ma era

ben lontano dall'esaurire le ricerche che possono farsi su
quell'importante argomento, particolarmente riguardo al-
l'evoluzione di esso tipo durante il corso della storia romana
nel tempo della repubblica e, ciò che è da notarsi assai
più, nel tempo imperiale. Il Kenner, alla p. 4, così si esprime:
« lo studio dei monumenti si pòggia principalmente sulla
« numismatica », e basta questa frase per essere sicuri
che il suo lavoro si basa unicamente sulla numismatica:
io credo invece che si debba certamente tener conto del
materiale monetario, ma primieramente che esso non
debba essere la sola fonte; secondariamente che ciascuna
classe di tipi debba essere giudicata tenendo conto del luogo,
della circostanza in cui fu coniata e della persona che aveva
il maneggio della pubblica cosa al prodursi di ciascun tipo.
Che non debba essere la sola fonte risulta chiaro, se si rifletta che l'impressione di una moneta è cosa puramente
ufficiale, e che perciò la determinazione di un tipo non dipende unicamente dal sentimento dell'artista, ma segue necessariamente, almeno in parte, quello che correva già sulle
monete del tempo precedente. All'opposto, la produzione
artistica è spontanea, senza vincoli di sorta e rappresenta
perciò il modo di sentire dell'artista, che è, specialmente
nell'antichità, interprete di quello del popolo. Potremo perciò
essere sicuri che i cambiamenti di tipo non vanno dalle
monete all'arte figurata, ma da questa alla numismatica, e
per conseguenza, seguendo esse la trasformazione e non
iniziandola, non potranno mai esser preferite ai monumenti
d'altra specie. Ho detto in secondo luogo che le monete
vanno giudicate tenendo conto delle circostanze di tempo,
di luogo e di persona: e qui ritorna lo stesso argomento,
giacchè la moneta, essendo cosa ufficiale, ci darà la indicazione di un fatto, ma non l'apprezzamento che il popolo
portava su di esso. E per citare un esempio, una moneta
di Galba ci rappresenta Roma in ginocchio dinanzi all'imperatore stante che la solleva colla destra; ed intorno v'è

scritto: ROMA RESTIT (1); ora qual valore possiamo noi attribuire a questa rappresentanza se pensiamo che il popolo non poteva davvero credere che Galba fosse il *restitutor Urbis?* Ecco forse la cagione che ha fatto sì che nel lavoro del Kenner la parte che tratta del tempo repubblicano proceda abbastanza bene, mentre nella parte imperiale si è trovato costretto a fare grandi classificazioni della immensa varietà di tipi che si incontrano, aggruppandoli secondo la somiglianza loro e secondo le leggende; sicchè si perde interamente di vista lo svolgimento storico e razionale della figura di Roma. A noi, all'opposto, che vogliamo seguitare questo filo e conoscere qual fu il concetto che il popolo romano ebbe di sè stesso, dai suoi primordî fino alla caduta dell'impero, concetto che forma poi l'addentellato colle idee medioevali e moderne, « a noi » dico « convien tenere altro vïaggio ». Noi adunque considereremo tutte le manifestazioni del pensiero artistico e religioso, senza per questo trascurare le impronte monetarie, ma giudicandole per quel che esse possano valere a dare un'idea del sentimento popolare. Avremo riguardo, cioè, al fatto che può aver cagionato una data impronta monetaria, il quale può essere notevole come circostanza storica speciale, senza costituire perciò da sè solo nel tipo e nell'idea di Roma quel mutamento che è invece il risultato di molti avvenimenti e di molte idee nuove che entrano in circolazione, le quali non possono dar luogo ad una notevole modificazione se non dopo un lungo tratto di tempo. Ma non per tutto il corso della storia romana potremo aver sott'occhio altri monumenti oltre alle impronte monetarie; anzi, per tutto il tempo della repubblica e per alcuni periodi speciali durante l'impero, non abbiamo che quelle; questa mancanza però non porta tanto danno allo studio quanto potrebbe a prima vista sembrare. Infatti, nei primi tempi della repubblica, cioè

---

(1) *Thes. Morelianus,* Num. imp., tav. v, 12.

quando si stabilisce dapprima il tipo di Roma, non v'era una tradizione o consuetudine artistica nè altre cause le quali impedissero che il tipo, qual era nella mente di tutti, a cagione delle comuni leggende, fosse liberamente e fedelmente effigiato con quella ingenuità propria delle civiltà nascenti.

Nella seconda metà della repubblica poi, che prepara la crisi per cui dalla forma libera si passò a quella della monarchia, il tipo si mantiene uguale, come uguali alle precedenti restarono tutte le forme di governo, intanto che però si maturava il rivolgimento che doveva dar luogo alla nuova Roma ed alla nuova costituzione.

Nel tempo dell'impero la consuetudine artistica e l'essersi perduta la fede sincera delle antiche leggende contribuirono a rendere convenzionali o false le impronte monetarie, dando loro da un lato un carattere fisso ed ufficiale per cui non seguivano più la tradizione in tutti suoi atteggiamenti, e dall'altro aggiungendo alla figura determinazioni svariate che erano effetto dell'adulazione o di altre cause estrinseche, invece di corrispondere al sentimento popolare.

Ma se il nostro studio, nella parte che riguarda l'impero, si stacca da quello del già citato Kenner, e pel metodo e pei materiali, nella prima parte non ci potremo contentare di citarlo qua e là, ma dovremo fare una breve ed esatta esposizione delle sue idee e delle sue conclusioni perchè si possa poi più pienamente istituire il confronto in tutti quei punti dove esse sono differenti dalle nostre.

Il Kenner adunque considera in primo luogo la tendenza dei Romani alle astrazioni mitologiche, ed osserva che la più alta di queste astrazioni, cioè il *genius,* era per essi la divinità (1). Il tipo di Roma perciò si sviluppò sotto l'azione di due leggi: 1° il genio dello Stato che rappresentava l'idea astratta di esso; 2° il *momento plastico,* come egli lo chiama,

(1) Op. cit., p. 4.

che dà corpo e vita a questo genio. La prima idea dello Stato, tutta appoggiata alla famiglia, si allarga e si rafforza al tempo delle guerre sannitiche e delle guerre di Pirro. Le virtù domestiche dell'economia e della unione stretta dei varî membri sotto al capo di famiglia, divennero le virtù politiche della sapienza di Stato e della forza guerriera. Finalmente lo Stato romano si fa il centro dei popoli italici, protettore della loro nazionalità contro gli stranieri e stabilisce la sua potenza accentrata strettamente e fortemente in Roma e felice e rispettata al di fuori. A questo si rilega, sempre secondo il citato autore, lo sviluppo dei varî culti di Fortuna, Mens, Concordia, Salus, Honor, Virtus, Victoria, ecc., nelle quali si trova, come diviso fra tutti, il genio dello Stato. L'aver Roma riunito, al tempo di Pirro, insieme ai popoli italici anche i popoli greci fu cagione che ella da questi prendesse la forma colla quale rivestì il suo genio. La Pallade Poliade di Atene e la Corinzia, dopo le ultime trasformazioni subìte dall'arte greca al tempo alessandrino, poterono ben passare ad essere protettrici di città e servire per le impronte monetarie: sicchè per essere il culto di Pallade sparso per la Grecia e per le colonie, le monete delle città della Magna Grecia ebbero nel diritto la testa di Pallade Poliade o sul rovescio la figura di Pallade Corinzia. A questo contribuì anche la tradizione di Ulisse rapitore del Palladio, e di Enea diffusa generalmente per l'Italia e i racconti di Dionigi di Alicarnasso, di Servio, di Festo, ecc. fecero sì che la testa di Pallade Poliade passasse anche sulle monete romane a figurare il genio della città (1). Questa prima effigie dei diritti delle monete non è però da prendere come divinità, ma come segno della città, e perciò,

(1) « Die Romasagen beweisen nun, dass diese mythologische « Form einer Stadtgottheit, nämlich die in Athen organisch entwickelte « und als Vorbild von Stadtgottheiten weithin verbreitete Polias, im « Bereiche griechischer Auffassung auch auf die Roma als Genius « der Stadt Rom, übergegangen sei ». Op. cit., p. 10.

agli occhi del Kenner, essa ha un significato più storico che mitologico ed è perciò nulla più che la città abitata dai Romani. Inoltre le teste poste sui diritti delle monete rimasero più o meno sempre uguali; ma i rovesci, che portavano l'intera figura, presentano molti cambiamenti ed è su questi che principalmente bisogna fermar l'attenzione (1). Fatte poi brevi osservazioni sulle monete barbariche di Spagna e di Gallia, dice che esse portano il medesimo capo sul diritto, perchè la somiglianza colle monete romane dava credito alle loro nei lontani confini. Finalmente osserva che il tempo fra Pirro e le guerre di Sulla è della massima importanza per la rappresentanza di Roma e spiega la scomparsa quasi totale dell'immagine di Roma dalle monete di quel tempo col dire che l'idea dello Stato era rimasta offuscata dietro la confusione e l'agitazione dei partiti, ma era per rinascere con nuove forme e che così il capo di Roma scomparì dalle monete per ritornare più tardi come divinità. Negli ultimi tempi della repubblica le conquiste estese avevano turbato il sentimento di nazionalità italica degli antichi tempi: una monarchia che comprendesse tutto il mondo conosciuto era lo scopo proprio del tempo, e questo scopo, essendo riuscito ai Romani meglio che a qualunque altro popolo, fece sì che alla perdita della nazionalità si opponesse in qualche modo una reazione dello spirito romano fondata sulla forma. Così la rappresentanza di Roma sostituì il mondo delle divinità degli altri popoli. Questo stesso movimento continuato negli ultimi due secoli della repubblica fece cambiare aspetto alla famiglia, la cui importanza fu assai limitata, e fece sparire il partito nazionale. La trasformazione delle città italiche e la plebe, divenuta vero partito, diedero origine ad una nuova divisione della società, nella quale non ebbero importanza che tre classi; senatori, commercianti e soldati. All'amor patrio si sostituì l'interesse personale e per

(1) Op. cit., p. 15.

niun altro scopo si fecero le agitazioni politiche che per salire al potere ed aver in mano i beni dello Stato. Tutto ciò doveva produrre naturalmente una certa noncuranza della costituzione, e perciò far entrare nell'allegoria il *momento ufficiale* (1).

Ma in mezzo a tutto questo rivolgimento essendo rimasto lo spirito guerresco, era naturale che la forma più conveniente della quale fu rivestita l'idea allegorica dello Stato fosse quella di un'eroina contraddistinta da emblemi militari. Tuttavia anche lo spirito guerresco si era cambiato e mentre per l'innanzi era una conseguenza dell'amor patrio e della conservazione della propria indipendenza, divenne poi la guerra un'arte, la vittoria non più del paese ma di un partito ed un obbligo dei soldati. Di qui nacque l'idea di un destino che assicurasse a Roma continui trionfi, ed essendo costante la fortuna dei Romani, e non interrotta la serie delle loro vittorie, la dea di esse 'divenne un *attributo costante* di Roma: finchè quando lo Stato fu riunito nelle mani di un solo, la Fortuna fu tutt'uno col suo governo. Da ultimo le religioni e le divinità di tutti i popoli conquistati, trasportate in Roma ed in certo modo riconosciute ufficialmente, mentre perdettero la loro nazionalità, servirono a stringere sempre più i popoli stessi al dominio romano. Così queste stesse divinità nelle loro rappresentanze partecipavano, per così dire, dell'autorità dello Stato, ciò che attestava che le religioni dei varî popoli erano anche religioni ufficiali, ma attestava ancora che essi popoli erano allo Stato soggetti, e da questa doppia significazione delle allegoriche rappresentanze delle divinità straniere prese le mosse l'*allegoria ufficiale dello Stato e dell'imperatore* (2). Tracciata così a grandi linee la strada percorsa dall'allegoria, torna il Kenner ad esaminare le singole specie di rappresentanze per

(1) Op. cit., p. 19.
(2) Op. cit., p. 21.

dimostrare come esattamente esse corrispondano alle idee da loro simboleggiate. E primieramente egli considera la figura intera di Roma quale apparisce sulle monete : e come ha già dimostrato la connessione che esiste tra il capo di Roma delle monete consolari e quello di Pallade Ippia delle monete greche, così opina che l'intera figura di Roma sia stata presa dalla figura di Pallade Ippia che con varî simboli s'incontra sulle monete delle città rappresentata come divinità eroica. Questa applicazione è resa facile dal fatto che la testa di Pallade, appunto a cagione di questa sua varietà di simboli, aveva finito per perdere il suo significato speciale ed assumere quello di fondatrice di città. Di più gli autori nei racconti delle fondazioni delle varie città confusero le fondatrici con ninfe ed amazzoni, le quali però non erano le stesse che quelle della Cappadocia, ma riunivano in sè stesse lo spirito guerresco di quelle con ciò che rimaneva ancora dei caratteri della Pallade Poliade. In questo modo anche le prime figure di Roma sono prese da queste amazzoni o ninfe, e ciò con tanta maggiore convenienza considerando il carattere guerresco della città e della supposta fondatrice che seguì nella figura il tipo della amazzone di Fidia o di Sosicle.

Considerate così le cose, il Kenner divide le monete della repubblica in due gruppi: alcune non mostrano che una rappresentanza della città; altre si rilegano a memorie storiche. In quelle del primo gruppo è Roma considerata come divinità locale protettrice della città e come tale effigiata, cioè sedente con armi, con corto abito, e colla mammella destra o sinistra scoperta. In quelle del secondo gruppo ci si mostrano invece diversi avvenimenti, poichè secondo i casi Roma apparisce come guerresca, o come vittoriosa, o come pacifica, ecc. Da ultimo lo stesso autore osserva che la figura di Roma, anche nel suo massimo sviluppo, non ebbe mai valore di divinità. La sua superiorità come Stato e come cultura non era ancora generalmente sentita e, poggiando su ciò la divinità di Roma, ne derivò che essa fu solo potenza materiale e superiorità di forza alla quale i popoli necessariamente sottostavano: e perciò fu una divinità meramente terrestre e senza alcuna idealità.

Bastano queste poche parole sul modo che il Kenner ha tenuto nel corso di questa trattazione, per intendere subito che egli prima delinea, per così dire, una storia ideale e razionale delle modificazioni che l'allegoria subì necessariamente secondo le diverse condizioni dello Stato romano e poi procura di mettere d'accordo le conclusioni tratte dalla teoria coi tipi che si incontrano sulle varie monete.

Certamente le idee fondamentali circa il primo sviluppo dell'allegoria presso i Romani e del significato tutto patrio che avevano le prime divinità latine di Mens, Concordia, Honor, Virtus, ecc. non si possono mettere in dubbio: ma non è così di tutto il resto. Abbiamo veduto come il Kenner dica, che la forma onde fu rivestita la prima idea allegorica di Roma fu data dal contatto coi popoli greci (1). Ora questa giusta osservazione è da lui connessa colle altre sulle trasformazioni del tipo greco di Pallade Poliade ed il passaggio che ella fa a significare una divinità protettrice di città: e similmente egli conclude col dire che, in forza di questa mutazione, la testa di Pallade passò a rappresentare Roma sulle prime monete della repubblica, cioè che quella testa fu l'espressione figurata del *genius* dell'allegoria astratta.

La verità di questa conclusione ci sembra assai discutibile, a cagione della incertezza del significato che si deve attribuire alla testa colla galea alata, che forma il distintivo del diritto delle monete romane dei primi secoli e di molte altre monete italiche. Non dissimuleremo la gravità della questione nella quale ci è d'uopo entrare in questo mo-

(1) Op. cit., p. 7.

mento: Olivieri (1), Eckhel (2), Aldini (3), Mommsen (4),
Cavedoni (5), Klügmann (6), Friedlander (7), Zoega (8)
la esaminarono già con risultati differenti, e sarebbe temerità il pretendere di definirla; noi non aspiriamo a tanto:
solo chiediamo che ci sia permesso di esprimere una nostra opinione, la quale, concordando in parte con alcune
delle già espresse, ne differisce solo perchè tende a togliere
alla suddetta testa quel significato preciso e sicuro che
gli archeologi delle due parti le hanno voluto dare. Riassumiamo qui in poche parole la questione secondo che
dice l'Aldini. Dal tempo dell'Orsino, che aveva detto: « Ar-
« genti notae antiquiores fuerunt Romae galeatae imago ex
« una parte et Castorum signa equitantium ex altera », tutti
gli archeologi, sicuri su questa autorità, avevano attribuito
alla dea Roma, ossia al genio della città, la testa muliebre
armata di galea alata ed adorna il collo di monili. Annibale degli Abati Olivieri, trovando questa medesima testa
sopra una moneta sannitica del tempo della guerra sociale,
dubitò che potesse simboleggiare Roma, ma non trasse
nessuna conclusione.

L'Eckhel (9), poi, riprendendo gli argomenti dell'Olivieri ed aggiungendone altri, dichiarò invece che l'effigie
della moneta sannitica, come anche quelle romane, rap-
presentavano Pallade vincitrice. Questa interpretazione,
accettata dal Mionnet (10), dal Sestini (11), dallo Zan-

---

(1) *Saggi accademici di Cortona*, IV, 133.
(2) *Doctr. num. vet.*, V, 84.
(3) *Sul tipo prim. delle mon. della rep. rom.*, p. 201 e sgg.
(4) *Gesch., d. röm. Munzwesen*, p. 287.
(5) *Num. Franc.*, p. 26.
(6) *L'effigie di Roma sui tipi monetali più antichi*, p. 46 e sgg.
(7) *Uebersicht*, p. 185.
(8) *Bassorilievi*, I, 143, n. 5.
(9) Op. cit., proleg.
(10) *Catalogo univ.*
(11) *Catalogo del museo Fontana.*

noni (1), dal D'Ailly (2) e dal Cohen (3), lasciò sospesi tuttavia lo Schiassi (4), il Cavedoni (5) e il Borghesi (6), che abbandonarono l'antica denominazione di testa di Roma galeata, sostituendo ad essa quella di « solita testa con galea alata », invece di quella eckheliana di *caput Palladis galeatum*. Erano a questo punto le cose, quando l'Aldini(7), opponendosi all'Olivieri ed all' Eckhel, credè con argomenti riconosciuti poco convincenti anche dal Kenner, suo stesso fautore (8), poter dimostrare che quella tanto disputata testa fosse invece di Roma. Il Kenner, in una lunga e dotta nota (9), torna a rivangare la questione, stabilendo che, sebbene il capo galeato simboleggi Roma, fu in origine Pallade Poliade. Infatti, se per ispiegare il citato tipo sannitico l'Aldini potè dire che era naturale il capo di Roma su quella moneta, perchè i Sanniti lottavano solo con un partito, che negava loro la cittadinanza (10), non si potrebbe ripetere altrettanto, nè si potrebbe trovare un qualunque appiglio per le monete greche di Turio (11), Metaponto(12), Velia (13), Camarina (14) ed anche di altre città (15), che hanno lo stesso capo di Pallade Poliade, a cui è stata ag-

(1) *Notiz. dei den. trovati a Fiesole.*

(2) *Rech. sur la mon. rom.*

(3) *Descript. gen.*

(4) *Ritrov. di med. cons.*

(5) *Ragguaglio.*

(6) *Osserv. num.*

(7) Op. cit, p. 5 e sgg.

(8) Op. cit., p. 11, n. 3: « Aldini dessen Beweisgrunde dafür « dass dieser der Kopf der Roma sei eben nicht sehr einleuchtend und « uberzeugend sind ».

(9) Op. cit., p. 11, n. 3.

(10) Op. cit., p. 7.

(11) V. Carelli, *Num. It. vet.*, tav. CLXVII, 27.

(12) Ivi, tav. CLVI, 136.

(13) Ivi, tav. CXXXIX, 43-45.

(14) Poole, *Catalogue of greek coins*, p. 40.

(15) Il Kenner cita anche le città di Eraclea Bruttii e Siracusa.

giunta l'ala sull'elmo, cosa che ha fatto subito pensare che sopra quei tipi si modellassero gli artisti che coniavano in Roma (1). Inoltre, lo stesso autore dell'opuscolo *Die Roma-Typen* crede ragionevolmente che l'aggiunta delle ali sull'elmo sia in relazione coll'arte etrusca, già per tanti rapporti corrispondente allo stile corinzio, e nella quale le ali erano segno di protezione divina. Quanto agli altri ornamenti osserva che la Poliade eginetica e quella di Fidia, come anche quella delle monete italiche, essendo considerata come dea protettrice di città, aveva naturalmente tutti quegli ornamenti dei quali i popoli che la toglievano a loro patrona erano vaghissimi, come monili, collane e simili (2). Gli unici cambiamenti essenziali, evidentemente fatti a bella posta, per dare al tipo di Pallade il significato di divinità tutelare (3) invece di quello di divinità olimpica, sono lo sguardo audace e bellicoso dell'effigie delle monete, invece che dimesso e tranquillo di Minerva, e la bocca larga e dura in cambio di quella sottile e sorridente di questa: mentre la vera Pallade rivien fuori, anche sulle monete romane, coll'egida e senza ali sull'elmo. Tutto questo è assai ragionevole, ma dimostra solo che il capo di Minerva sulle monete greche aveva assunto questo significato di dea tutelare della città: ma i Romani, che non avevano assistito alla trasformazione di quel tipo, potevano intenderlo allo stesso modo? Dove sono le prove per dimostrare che sulle monete romane esso passò a significare Roma? O piuttosto, considerando che mai la figura di Roma ebbe elmo alato, e fino a tempi assai tardi non ebbe ornato di sorta, non siamo piuttosto persuasi che quella impronta delle monete greche, trasportata in Roma dovette restare, per dir così, estranea al sentimento del popolo ro-

---

(1) Mommsen, *Gesch. der röm. Munzw.*, IV. Abschnitt, p. 294.
(2) Kenner, loc. cit.
(3) Ivi.

mano ? Alla prima di queste osservazioni, accennata già dall'Olivieri, risponde l'Aldini (1) domandando « dove si « abbiano altri monumenti di scultura romani del quinto « secolo, allorquando fu immaginato quel primo tipo sic- « come proprio e generale alla moneta di argento per la « prima volta fabbricata nella romana repubblica ». Ma c'è bisogno forse di ricorrere alla scultura ? Non vediamo subito appresso alle prime emissioni di quadrigati e bigati venir fuori la figura intera di Roma colla galea senza ali e senza ornamenti al collo? La testa del diritto non ha dunque nulla che fare con quella della figura del rovescio. Ed è anche naturale che il capo colla galea alata venisse ad ornare le monete di Roma, poichè gli artisti greci che le coniarono seguirono il modello che avevano sott'occhio, cioè quelle che essi stessi usavano : ma il popolo che riceveva e si serviva di queste monete, doveva dare a quella testa solo il significato di un puro simbolo monetario. Si potrebbe anzi a questo proposito congetturare che, come le città della Spagna (2) e di altre provincie assunsero più tardi questo tipo, perchè, corrispondendo a quello usato in Roma, dava credito alle loro monete (3), così Roma abbia preso ella medesima alla sua volta la testa della Pallade Poliade delle città greche perchè il *denario* della nascente repubblica acquistasse quella sicurezza e quel credito che aveva quello dei fiorenti empori commerciali della Magna Grecia. È anzi da osservare che le monete di argento furono per la prima volta coniate in Roma nel 486 d. R. (4), cioè dopo la presa di Taranto, quando la repub-

(1) Op. cit., p. 6.

(2) Valentia, Carmo e Sagunto. V. MOMMSEN, *R. G.*, I, 495, II, 280; FLOREZ, *Medallas de las colonias de España*, tav. LXV, 15, LXVIII, 5-8; MIONNET, *Descript. des mon. ant.*, I, nn. 55, 8, 1, 10; ACKERMANN, *Ancient coins Hispania*, p. 113.

(3) Secondo che osserva il KENNER, op. cit., p. 16.

(4) Liv. Epit. XV; PLIN., *Hist. nat.*, XXXIII, 3, 44; MOMMSEN, *Gesch. der röm. Munzw:*, IV, 4, p. 300.

blica romana era in pieno possesso delle città della Magna
Grecia, ed anche per questo riguardo era naturale che da
loro prendesse il suo tipo monetario. Nè vale dire che quelle
città fossero allora in decadenza, perchè così non era di
tutte: Taranto, per esempio, era ancora abbastanza pro-
spera, ed anche qualche sua moneta ha per impronta la
testa coll'elmo alato (1), e se questa è non tanto comune,
ciò non può far difficoltà, dovendosi supporre che i Romani
scegliessero un tipo che non fosse speciale di questa o
quella città, ma comune a quasi tutte, come quello della
Pallade Poliade coll'elmo alato. Inoltre le varie monete
greche che nel diritto avevano così una rappresentanza comune, si distinsero l'una dall'altra pel rovescio, sul quale
si riunirono i significati allegorici e gli emblemi caratteristici di ciascuna città. Mi sembra adunque che nella risoluzione della questione della così detta testa di Roma
sia di grande importanza il tener conto dei rovesci, la qual
cosa non credo che sia stata notata da altri.

Ed invero la relazione intima che corre tra il diritto ed
il rovescio di una moneta non si può negare: così quando
una nota caratteristica od una leggenda non entra più da
un lato, si trasporta sull'altro, come avvenne allo stesso
nome ROMA, che dovette abbandonare il suo vero posto
nel rovescio e fu scritto spesso sul diritto sotto una testa
di Giano o di Apolline. Ora, posta una tal relazione, chi
non vede come il vero emblema allegorico di una moneta
romana, per es. dell' *aes grave,* sia riposto nella prora di
nave e non nella insignificante testa del diritto? Sul rovescio si scrissero i nomi delle città e si incisero tutti i
simboli relativi alla loro posizione geografica, al loro commercio, alla loro ricchezza e così via, mentre il diritto restò
in genere occupato dalla testa delle divinità. Così, nelle monete greche, il delfino, il fascio di spiche, l'eroe TAPAΣ

(1) CARELLI, op. cit., tav. CXVI, 249.

non sono essi segni assai più espressivi di una testa di
Giove o di Pallade? Lo stesso fatto si ripetè ancora sulle
monete romane imperiali, il cui diritto fu intieramente occupato dalla testa dell'imperatore, mentre sull'altro lato
furono effigiati gli avvenimenti principali del tempo: e con-
giarì ed edificazioni di templi e spedizioni militari e am-
bascerie e giuochi nel circo formano, colle loro figure,
importantissime pagine di storia. Se una moneta adunque
di Turio o di Metaponto ci offre sul diritto quella medesima testa che troviamo sopra un denaro romano, potremo noi dare ad essa un significato in qualunque modo
simbolico? Certamente no: Turio, Taranto, Metaponto,
Camarina e le altre, quantunque si distinguano realmente
pei rovesci, essendo tutte città greche, mantengono tuttavia un legame comune nella testa di Pallade Poliade o
di una qualunque divinità loro comune protettrice, che
risalga in certo modo a quella: mentre per Roma non si
può dire altrettanto, sì perchè i Romani sentivano poca o
niuna relazione con Pallade, e sì perchè la vera personificazione della città ed il vero genio di Roma si svilup-
pano poi in modo assai differente e meglio rispondente al
loro sentimento nazionale. E neppur si può dire, come il
Kenner, che quella testa indichi la città abitata dai Romani (1), perchè nessun simbolo topografico indica che
essa sia Roma piuttosto che un'altra città e perchè ad una
originaria immagine di divinità accennano chiaramente le
ali sull'elmo ed il fiero carattere della testa stessa. Dunque
dovremo dire che essa, trasportata sulle monete romane, se
non ha ripreso l'antico significato di Pallade, non abbia

---

(1) « Mochte Roma immerhin den Helm, das Haar, den Schmuck'
« der Pallas haben, sie war deshalb doch nicht mehr in der Auffas-
« sung der Römer, als die Stadt, in der sie wohnten, oder höchstens
« noch die Stadt Rom gegenüber von Italien ». Op. cit., p. 14. Non so
come tragga questa conclusione mentre questa testa non ha nulla di
nazionale, ed è ripetuta anche sulle monete di altre città d'Italia.

avuto alcun significato inteso veramente dal popolo, ma sia stato invece, ripetiamolo ancora, un puro simbolo monetario messo là come conseguenza di una lunga tradizione esclusivamente artistica (1).

Ma ciò che ha tratto in errore gli archeologi si è, a parer mio, l'essersi sviluppata poi la personificazione di Roma colla galea in capo; circostanza che ha fatto loro rilegare due figure affatto differenti; cioè, l'una con elmo alato in capo e con cimiero ed intorno al collo monili ed altri ornamenti, cose tutte che accennano ad un vestiario dell'intera persona corrispondente alla ricca acconciatura del capo; l'altra invece che ha qualche volta il capo scoperto, ovvero coperto con un berretto frigio o con un semplicissimo elmo basso e senza cimiero e vestita poi in modo rozzamente guerriero. Per lo contrario le altre città che nelle loro rare personificazioni non ebbero figura guerriera non fecero venire in mente ad alcuno che potessero avere qualsiasi relazione col capo di Pallade Poliade. Finalmente, anche lo stesso Kenner osserva (2) che le teste dei diritti restarono sempre uguali e che è sulle intere figure del rovescio che bisogna fermar l'attenzione per lo studio dei cambiamenti del tipo di Roma che seguono quelli dell'allegoria e dell'ideale politico del popolo, ed io aggiungo che questo fatto ci dimostra ancora una volta che la testa dei diritti delle monete non rappresenta Roma, tanto più che col progredire dello Stato romano quell'antico capo termina per iscomparire dalle sue monete. Dopo di che, facendo tesoro dell'osservazione dell'autore tedesco, entreremo senza

---

(1) Non istaremo qui a ripetere gli eccellenti argomenti addotti dal Klügmann per dimostrare che la testa coll'elmo alato non può avere la significazione di Roma; ci limiteremo perciò a rimandare alla p. 46 e sgg. del suo lavoro già citato, dove egli esamina la questione con sicurezza e precisione straordinaria.

(2) Op. cit., p. 15.

più a parlare dello sviluppo della figura intera di Roma, delle sue caratteristiche e della sua origine.

§ 2. — ORIGINE DEL TIPO
E SUO SVOLGIMENTO SOPRA I DENARI REPUBBLICANI.

Un fatto abbastanza strano si è quello di trovare dapprima personificata Roma nelle città greche dell'Italia e dell'Asia Minore (1), tra le quali Smirne le aveva già dal 559 di R. innalzato un tempio (2). La cagione di questo fatto mi sembra si possa giustamente attribuire, secondo che osserva anche il Preller (3), all'avere le città greche dell'Asia Minore volto lo sguardo a Roma per averne appoggio, seguendo l'esempio di Rodi e dei re di Pergamo; tanto più che il secondo tempio alzato in onore di Roma da un'altra città greca, Alabanda, fu in seguito ad un'ambasceria spedita a Roma per la guerra che alcune città avevano intrapreso contro Perseo. Quanto alla dedicazione di questi templi, siccome il culto di Roma ebbe poi uno sviluppo sino ai tempi tardi, ne faremo oggetto di un capitolo speciale. Per ora, accontentandoci di questo cenno che è in relazione colla figura di una moneta dei Locri epizefiri che esamineremo più tardi, vediamo qual fosse e donde fosse presa la figura di Roma. È noto che essa fu dapprima personificata sotto le sembianze di una donna con corta tunica succinta che lasciava scoperta una mammella, ordinariamente la destra, con una piccola e semplice galea in capo, parazonio al fianco ed asta in mano. Generalmente seduta, Roma aveva aspetto tranquillo, benchè, come si è potuto

(1) SESTINI, *Descriz. d'alcune med. del princ. di Dan.*, p. XIX, tav. II, 8.

(2) TACITO, *Ann.*, IV, 56.

(3) *Röm. Myth.*, I, 353 e sgg.

vedere, sì le sue vesti che il suo trono, spesso formato da un mucchio di armi, la indichino eminentemente guerriera. Due sono i tipi dai quali si vorrebbe far derivare questa primitiva figura di Roma: l'uno, secondo il Kenner (1), dalla amazzone di Fidia; l'altra, secondo il Cavedoni (2), dalle figure rappresentanti l'Etolia, impresse sulle monete di quella regione al tempo delle ultime sue lotte per l'indipendenza. Esaminiamo ambedue queste opinioni.

Il Kenner crede che la figura di Pallade Ippia, perduto ogni significato speciale tranne quello di fondatrice e protettrice di città, fosse confusa con quella delle ninfe od amazzoni, le quali, anche secondo la leggenda, erano fondatrici di città, e che alla rappresentanza di questo concetto abbia servito di tipo l'amazzone di Fidia, dalla quale derivò così anche la figura di Roma. Ora io non so quale analogia possa avere la Pallade con una eroina essenzialmente umana e come la figura della dea olimpica possa passare poi in quella di un'amazzone, e per quanto sia maggiore la relazione che corre tra questa e la figura di Roma di quella che corre tra Pallade e la stessa figura di Roma, non credo tuttavia che a rigore si possa dire che questa sia derivata dall'amazzone di Fidia. Infatti l'amazzone fidiaca (3) ovvero quella creduta un'imitazione dell'altra di Policleto (4) hanno veramente una corta tunica che non giunge a coprire le ginocchia e nuda la mammella destra, ma, se bene guardiamo, differenti tutte le altre parti del vestiario. L'elmo è più stretto al capo che non quello di Roma, e, mentre questa ha calzari assai alti, le amazzoni non hanno che una piccola cinghia che involge il tallone sinistro per adattarvi lo sprone: nelle armi poi nessuna rassomiglianza: non scudo rotondo come Roma, ma pelta, non asta e para-

(1) Op. cit., p. 22.
(2) *Ragg.*, p. 157; *Spicileg.*, p. 74.
(3) WIESELER, *Atlas zu K. O. Müller Handb.* Taf. XXXI, tomo I.
(4) PIRANESI, *Racc. di statue*, n. 3.

zonio ma scure: la figura poi è sempre in movimento concitato mentre Roma è sempre in riposo. Tutte queste particolarità dell'azione e delle armi sono, è vero, accessorî, ma
tali da cambiare interamente il carattere di una figura. Ed
infatti, se si faccia astrazione da tali accessorî, che cosa resta
di comune nelle due figure ? La sola tunica corta e la mammella scoperta. Ma questa coincidenza dei tipi non basta
per concludere che necessariamente l'uno è derivato dal-
l'altro. Senza bisogno di ricorrere ad alcun tipo anteriore,
gli operai, gli schiavi, i marinai non erano tutti vestiti della
tunica ἐξωμίς ? Vulcano stesso e qualche volta Ercole non
hanno il petto scoperto dalla parte destra ? E qual' altra potrebbe essere la cagione di ciò se non che gli operai e gli
eroi e cosi anche le eroine, avendo continuo bisogno di
agire liberamente colla destra, lasciavano da quel lato di ap-
puntare la tunica sulla spalla ? Nè alcuna difficoltà può fare
che anche le donne usassero di un tal mezzo per rendere
spediti i loro movimenti, giacchè quelle che cosi si rappresentano sono eroine, cioè donne di sentimenti assai virili.
Una tal foggia di vestire è dunque necessario attributo di
chi s'immagina come attivo e guerriero, ed appunto come
tale è immaginata Roma che, lungi dall'aver carattere divino, è invece essenzialmente eroica. Anzi mi parrebbe assai
coerente ai racconti che ci fanno gli antichi di una Roma
figlia di Telemaco o figlia di Ulisse o moglie di Enea o di
Ascanio, immaginata come una matrona guerriera che ha
col suo braccio aiutato lo stabilirsi dei profughi Troiani sul
suolo latino, ha, in una parola, veramente combattuto, e dopo
le vittorie si è tranquillamente assisa sulle spoglie de' vincitori (1). Si potrebbe però opporre che anche Minerva,
benchè abbia carattere essenzialmente guerriero, non ha
mai nè il petto nudo nè la tunica corta e che perciò queste

---

(1) Per altre leggende relative al nome di Roma ed alla vita del-
l'eroina, V. Atto Vannucci, *St. dell'It. ant.*, I, 567 e sg., nota *b*.

non sieno caratteristiche necessarie di una figura guerriera. Ma quest'unica figura di Minerva non segue il tipo generale per molte e potentissime ragioni. E primieramente quanta distanza tra Minerva e Roma! La distinzione che si è fatta di dèi e semidei non risponde forse a qualche cosa di vero nell'intima natura della mitologia greca? Non faremo dunque alcuna differenza tra una delle più potenti divinità olimpiche, figlia dello stesso Giove, ed una eroina tutta terrestre, figlia di un mortale e che pure in istretta relazione cogli dèi acquistò l'immortalità coll'opera del suo braccio? Minerva inoltre è vergine, e come tale le sue vesti, il suo portamento debbono essere essenzialmente modesti. Se poi queste considerazioni sul concetto di Pallade non dessero abbastanza ragione della differenza della sua figura da quella di Roma, altre considerazioni di fatto non saranno di minor peso. Possiamo dire infatti con tutta certezza che Minerva non ha bisogno dell'abito amazzonico perchè, sebbene guerriera ed amante di battaglie, non combatte mai coi mezzi umani. A lei basta di scuotere l'egida e di mostrarla al nemico perchè esso cada; fra le mani di lei l'asta è un puro simbolo di divinità, ma giammai se ne serve per colpire Essa e così tutte le divinità nei poemi omerici sono, per dir così, nel punto più umano della loro evoluzione: da quelli in poi si vanno sempre più divinizzando; ebbene, consideriamo Minerva nell'*Iliade* e vedremo quante volte e come essa combatta.

Pallade, figura principalissima del poema di Omero, è menzionata in esso più di trenta volte: fino dal principio scende non vista e prende per le chiome Achille impedendogli di scagliarsi sopra Agamennone (1) e nello stesso libro è ricordata come colei che, insieme a Giunone e Nettuno, tentò di legar Giove (2): comparisce poi allorchè in-

(1) Lib. I, v. 194.
(2) Ivi, 397.

duce Ulisse ad opporsi ai Greci fuggenti (1) e nel libro IV,
prendendo la figura di Laodoco, persuade Pandaro a rom-
pere i trattati scagliando uno strale a Menelao (2). Fino a
questo punto la dea dalle luci azzurre prende parte all'azione
de' Greci solo come consigliera, ma nel libro V si pone a
fianco di Diomede e gli fa fare prove di valore tali che
l'ἀριστεία del figlio di Tideo si può dire in sostanza che sia
quella di Pallade. La protezione della dea comincia sino
dal principio del canto, là dove si dice che infuse vigore a
Diomede (3) e poi, alle preghiere dell'eroe, gli ridonò l'agi-
lità giovanile: finalmente, non contenta di proteggerlo
dall'alto dell' Olimpo, si presenta a lui sotto sembianze
umane (4) e lo conforta e lo inanimisce a tal segno che
egli ferisce la stessa Venere, di che Pallade poi ride in cielo.
Ma volgendo a male le cose dei Greci, torna di nuovo nel
campo e sale sul carro con Diomede (5). Qui veramente
si potrebbe aspettare che ella vibrasse la sua lancia immor-
tale per abbattere i Troiani e per cacciare dalle loro schiere
l'impetuoso Marte: ma no; Omero ha avuto cura di dirci
che prima di scendere in terra si è gettata sulle spalle la
terribile egida col mostruoso capo della Gorgone (6). Infatti, come avevamo già detto, è con queste prodigiose armi
che ella combatte, e quando Diomede viene alle prese con
Marte, neppur allora ella scaglia l'asta, ma si contenta di
sviare il colpo dell'avversario e di dirigere quello del suo
fedele (7), sicchè il ferito dio, senza che ella abbia tirato
un sol colpo, fugge tostamente all'Olimpo. L'azione di Minerva nel libro VII ed VIII ha luogo in cielo ed è solo

(1) Lib. II, v. 173.
(2) Lib. IV, v. 86.
(3) Lib. V, v. 1.
(4) Ivi, 121.
(5) Ivi, 837.
(6) Ivi, 738.
(7) Ivi, 853.

nel libro XVII (1) che scende di nuovo in terra, ma anche qui per rianimare i Greci onde restino vincitori nella lotta impegnatasi sul cadavere di Patroclo. Finalmente, dopo aver nel libro XIX ristorato con ambrosia Achille, nel libro XX ritorna in terra e vi continua a combattere pe' Greci: ma anche questa volta nel solito modo, cioè sviando il colpo che Ettore aveva scagliato ad Achille (2), e da ultimo ella stessa scaglia addosso a Marte un sasso (3) e colpisce poi colla mano Venere che era andata per soccorrere il caduto dio (4). Sono questi i soli colpi che ella vibra e sempre contro immortali: ed è anzi da osservarsi che le armi non sono che un simbolo della forza di Pallade, perchè non ne usa mai.

Tutta questa digressione sul modo di combattere di Minerva non sembrerà troppo lunga ove si consideri di quale importanza fosse stabilire una differenza tra le ninfe od amazzoni terrestri e la invitta figlia di Giove e che per conseguenza l'essere essa interamente armata ed interamente vestita non può opporsi a ciò che dicevamo per l'innanzi, che, cioè, lo stesso concetto di una persona che solo attenda a menar le mani è necessariamente unito coll'idea di una succinta veste e che lasci liberi i moti della destra.

Quanto all'opinione già accennata del Cavedoni, secondo la quale il tipo di Roma avrebbe preso le mosse da quello dell'Etolia, sebbene tra le due figure si riscontrino parecchie differenze, tuttavia è assai probabile che il monetario romano abbia tratto il suo tipo dalle monete etoliche (5). Su di queste è impressa adunque l'Etolia sedente sopra una congerie di scudi, coll'asta nella destra, il parazonio al fianco, ed una piccola immagine della Vittoria nella sinistra, col

(1) Lib. XVII, v. 544.
(2) Lib. XX, v. 438.
(3) Lib. XXI, v. 403.
(4) Ivi, 424.
(5) KLÜGMANN, op. cit., p. 17.

braccio disteso in atto di incoronare. Le differenze che il Klügmann trova tra questo tipo e quello di Roma sono costituite principalmente dall'essere Roma, dice egli, in atteggiamento più modesto, e dal reggere l'asta colla sinistra ed in modo piuttosto proprio di un pastore che di un guerriero. Ma tali osservazioni possono farsi solo sul denario che egli considera (1), nel quale Roma è figurata con abito piuttosto lungo e perciò non corrispondente a quello dell'Etolia e coll'asta a traverso sul braccio sinistro, ma non sugli altri e specialmente su quelli coniati in Nicomedia da Papirio Carbone (2), i quali ci fanno vedere in quella vece Roma sedente su spoglie con asta nella sinistra e Vittoria nella destra e su moltissime altre del tempo più tardo. La vera differenza che mi sembra che corra tra la figura dell'Etolia e quella di Roma è nella copertura del capo : quella porta la causia, ciò che ha fatto pensare sia un'allusione alla celebre caccia del cinghiale Calidonio : questa invece ha quasi sempre la galea, se si eccettuino alcuni pochi denari nei quali è a capo scoperto. Per ispiegare questa differenza però si può assai facilmente congetturare che in queste prime monete dove Roma è a capo scoperto si sia presa la figura dell'Etolia togliendole la causia non adatta a significare Roma, e che subito dopo vi sia stata sostituita la galea come assai più corrispondente a tutto il carattere guerresco della città ed al resto della sua figura.

Ed ora, considerata l'origine del tipo di Roma, possiamo passare a far qualche osservazione sopra le singole rappresentanze del tempo repubblicano.

La prima che incontriamo, secondo che già abbiamo detto, non è su moneta romana, ma sopra un *didrachmon* dei Locri epizefiri che, secondo il Klügmann, rimonta all'anno 548 di R. (3). In questa moneta Roma è espressa

(1) Riportato anche dal MORELLI, *Num. vet.*, « Fam inc. », tav. I, n. 7.
(2) MORELLI, *Num. vet.*, « Papiria », lett. C, D, E, F.
(3) Op. cit., p. 9.

in modo affatto differente da come fu poi effigiata sui denari romani e dirò anzi che mi par di vedere meno adatta a significare Roma questa figura che le altre. Infatti essa è vestita con un lungo chitone e seduta sopra una sedia presso cui è uno scudo: su questo ella appoggia il braccio destro ed ha al fianco sinistro il parazonio: incontro a lei un'altra donna in piedi le pone in capo una corona: dietro la prima è scritto PΩMH e dietro l'altra ΠΙΣΤΙΣ. Il concetto della figura di Roma in questa moneta il Klügmann lo crede, giustamente mi pare, desunto dal tipo della Minerva pacifica e per questa ragione mi sembra che questo tipo non abbia quella forza e quell'espressione speciale che caratterizza Roma nelle altre rappresentanze. La presenza poi della Πίστις è spiegata assai bene come un attributo dei Romani ricordato anche in quelle poche parole che Plutarco ci riporta (1) dell'inno che i Calcidesi cantarono in onore di Flaminino; così anche Diodoro (2), a proposito dei fatti che forse furono cagione del conio del *didrachmon*, dice che i Locri invocarono τὴν τῶν Ῥωμαίων πίστιν perchè riparassero ai danni loro arrecati da Pleminio (3). A questo tipo si rannodano bene quelle rappresentanze assai più tarde nelle quali Roma ha un carattere più spiccatamente divino; ma lo sviluppo vero della figura di Roma è nei suoi primordî tutt'altro. Già nel secondo periodo monetario, secondo la divisione del Mommsen (4), cioè quello che corre dal 600 al 620 di Roma, comparisce sul rovescio dei denari la lupa lattante i gemelli sotto il fico ruminale, presso l'albero il pastore Faustolo che mira il prodigio appoggiandosi al pedo, e sui rami tre uccelli (5). Questa non

---

(1) *Flam.*, 16.
(2) Lib. XXVII, 5.
(3) Livio (XXIX, 6-9, 16-21) fa dire all'ambasciatore de' Locri al Senato: « ad vos vestramque fidem supplices confugimus ».
(4) *Gesch. der röm. Münzw.*
(5) Cohen, XXXIII, « Pompeia »; Mommsen, op. cit., p. 551, n. 159.

è che una preparazione di una compiuta immagine della leggenda romana, la quale si trova effigiata più tardi sopra alcuni denari anonimi della quarta epoca (640-650 di R.), dei quali abbiamo già dato qualche cenno di sopra. In essi (1) Roma lunga è seduta sopra una congerie di scudi ed è vestita con tunica (2): ha in capo il berretto frigio e regge colla sinistra l'asta alquanto penduta come fosse un bastone pastorale: innanzi ai piedi la lupa colla testa rivolta verso di lei allatta i gemelli e nel campo due uccelli volano in senso opposto verso la figura di Roma. Sebbene sia giustissima l'osservazione del Kenner (3) a riguardo di questo tipo, là dove dice che la lupa è cosa interamente staccata dal resto perchè essa non è che il simbolo del monetario, tuttavia questo uso di porre l'emblema della propria famiglia, già quasi abbandonato nella terza epoca, è stato assai opportunamente richiamato in vigore in questa rappresentanza (4). Così, riguardo ai due uccelli volanti nel campo del denario, il Klügmann (5) li vuole posti là per un fine puramente artistico, cioè per empire quello spazio che altrimenti sarebbe rimasto troppo vuoto: e sia pure così, ma questo è certo tuttavia che non si poteva con maggiore pienezza esprimere in poche figure tutta la leggenda di Roma. Il berretto frigio, la lupa, gli uccelli ed il modo affatto speciale col quale Roma regge qui l'asta ci fanno pensare alla leggenda troiana, al miracoloso allattamento dei gemelli, alla scoperta di Faustolo e finalmente all'augurio di Romolo. Gli scudi poi sui quali è seduta Roma ci continuano, per dir così, la storia e ci

---

(1) Cohen, tav. xliii, n. 14 incerti; Riccio, tav. lxxi, n. 5; Morelli, *Num.*, «Fam. inc.», tav. i, n. 7.

(2) Per la piccolezza del tipo non si può distinguere se abbia il petto nudo.

(3) Op. cit., p. 22, n. 4.

(4) Cf. anche il Klügmann, op. cit., p. 15.

(5) Op. cit., p. 16.

mostrano l'effetto dell'augurio di Romolo, cioè la potenza militare che derivò da quello e fu cagione della gloria di Roma. Anche la lupa (1), sebbene stia per sua mossa consueta col capo rivolto all' indietro, mi fa supporre che non a caso in questo tipo si volga a Roma: poichè, essendo il lupo l'animale sacro a Marte e Roma figlia di questo nume (2), è giusto che la lupa volga a lei la testa, quasi aspettando un comando. A questo tipo si rannoda anche bene ciò che narra Licofrone (3), il quale presenta Roma quasi come una sibilla o profetessa consigliera di Evandro.

Ma, se bene si considera, dalla rappresentanza del *didrachmon* alla presente, anzi che procedere, si è fatto un passo indietro: dalla Roma coronata da Pistis ed alteramente seduta in posizione simile a quella di Minerva, siamo passati ad una semplice figura che non ha superbi emblemi di corone. Niun'altra può essere, a mio parere, la cagione di ciò che l'essere quel tipo coniato da stranieri che cercavano di adulare la potente città e cattivarsene così la protezione, mentre questo, sebbene sia lavorato da mani straniere, dovendo aver corso in Roma stessa, esprime il sentimento grande che il popolo aveva di sè e dei suoi destini, senza pretendere tuttavia di innalzarsi al grado di divinità.

Ma questi destini di Roma si vanno mano a mano avverando: l'una appresso all'altra le città cadono sotto il suo dominio ed ella esce dalla lotta sempre più potente, sempre

---

(1) Tre sono le posizioni della lupa sui monumenti romani: atteggiamento d' indifferenza: atteggiamento di vigilanza: atteggiamento di maternità. Così e più diffusamente il TOMASSETTI, *Musaico marmoreo del principe Colonna*, Roma, tip. della R. Acc. dei Lincei, 1886. *Bull. dell'Ist. Arch.*, v. I.

(2) Cf. per questa idea anche l'inno εἰς Ῥώμην attribuito a Melimno. V. HAINEBACH, *Specimen script. Graec. min.*, p. 9; STOBEO, VII, 13.

(3) *Cassandra*, v. 1253.

più grande: così nelle rappresentanze Roma assume figura ed officio sempre più nobile. Infatti subito appresso al denario anonimo, di cui abbiamo già parlato, troviamo nella stessa quarta epoca il denario di *M. Fourius L. F.* che ha sul rovescio *Phili Roma* ed una donna galeata e stolata che colla destra pone una corona sopra un trofeo di armi galliche mentre colla sinistra regge lo scettro (1). Questo tipo, nel quale Roma fa le veci di Vittoria, serve poi come di passaggio a quelli che seguono. È mirabile pertanto il vedere con quanta gradazione si passi da una rappresentanza all'altra. In un denario della *gens Cornelia* coniato circa alla metà del periodo quinto, Roma è in piedi coll'elmo in capo e la lancia in mano ed è coronata dal genio del popolo romano figurato in un giovane seminudo che colla destra pone l'alloro sulla testa di Roma, mentre nell'altra mano ha il corno dell'abbondanza (2). In questo tipo adunque Roma ha fatto un gran passo: invece di coronare, essa stessa è coronata: non però da Vittoria, ma dal proprio genio. Si potrebbe perciò interpretare questa rappresentanza dicendo che ella in certo modo si incorona da sè. Finalmente nello stesso periodo le famiglie *Caecilia* e *Poblicia* pongono sui denari loro la figura di Roma, quasi riassumendo tutte quelle precedenti, e la rappresentano seduta sopra armi, con elmo in capo e parazonio al fianco, colla lancia e coronata dalla Vittoria (3). Tutte queste rappresentanze, comechè coniate quasi nello stesso tempo, ci fanno vedere come per gradi il concetto di Roma s'andasse aumentando in corrispondenza cogli avvenimenti. Da quando s'era cominciato a coniare l'argento, infatti, s'erano fatti grandi passi. La distruzione di Cartagine, di Corinto, di Numanzia avevano enormemente ingrandito il dominio

(1) MORELLI, *Thes.*, « Furia », III; COHEN, tav. XIX, « Furia », 3.

(2) COHEN, tav. XIV, « Cornelia », nn. 5 e 6.

(3) COHEN, tav. VIII, « Caecilia », n. 4, tav. XXXIII, « Poblicia », nn. 5 e 6.

della repubblica : negli ultimi tempi poi la guerra Giugur-
tina e la gloriosa vittoria di Mario sui Cimbri e sui Teu-
toni avevano compiutamente assodato le conquiste già fatte.
Ma nuove condizioni si erano venute preparando intanto,
le quali dovevano ritardare la dilatazione maggiore della
potenza romana. I rapporti dell'Italia con Roma intorno
a quel tempo erano tali che non era più possibile evitare
una grande lotta. L'Italia che era stata tanta parte della
forza di Roma in tutte le sue ultime vittorie reclamava
pei suoi servigi una giusta ricompensa. Perchè gli alleati,
così chiamati con un nome che mentiva la loro vera condizione di soggetti a Roma, mentre avevano sì grandemente contribuito a ridurre in provincie tanti paesi, non
dovevano avere quella parte che loro spettava nel governo
dello Stato ? Era possibile che il nome ed i diritti di cittadino romano restassero ancora prerogativa solo di una
piccola parte del popolo mentre tutti colle loro forze avevano aiutato Roma nelle conquiste ? Ed essi già, col desiderio e colla sicurezza che dà il diritto, la consideravano
come patria comune e come tale volevano che fosse loro
riconosciuta dal Senato, anche a costo di dover sostenere
le loro ragioni con una guerra. E la guerra infatti scoppiò
feroce, ostinata, terribile più di quelle combattute cogli stranieri, siccome guerra civile. Non è necessario dire che
accenniamo a quel grande rivolgimento italico che fu la
guerra sociale : e non poteva essere a meno che un avvenimento di tanta importanza non si riflettesse anche
nell'arte figurata. Le monete di quel tempo sono piene di
simboli relativi alla lotta: si combatteva con tutto ed il
Morelli stesso esprime quest'idea in quelle parole: « Romani
« non armis tantum sed et nummorum typis contra Italos
« usi sunt atque suam suae omnibus Italiae civitatibus prae-
« rogativam . . . . . expresserunt » (1). Noi ci contenteremo

---

(1) V. Mor., *Thes.*, p. 460. Benchè, a dir vero, egli dica queste pa-

di notare i tipi più cospicui : ed in primo luogo osserviamo
che nelle monete romane, le quali hanno qualche allusione
alla guerra sociale, Roma non indossa più il suo consueto
abito amazzonico, ma è vestita di toga. Non si poteva immaginare una più felice trasformazione del tipo: poichè chi
considera l' importanza che aveva presso i Romani la foggia del vestire (1) e quale stretta attinenza essa aveva,
dirò così, colla condizione giuridica di una persona, s'av-
vedrà di leggieri che lo scopo degli alleati italici nel sostenere la guerra sociale si poteva ridurre alla conquista della
toga. La toga infatti fu, sino a tempi abbastanza tardi, il
distintivo del *civis*: nessun altro poteva indossarla, mentre
per lui era un dovere (2). Il poter portare la toga adunque
significava la possibilità di aspirare alle cariche e di poter
percorrere il *cursus honorum* e perciò di poter prendere parte
al governo della repubblica.

E che cosa chiedevano di più i popoli italici? Ma Roma,
che voleva serbare a sè tutti questi diritti, indossa la toga
nel tempo della guerra sociale per affermarli propri e per
dimostrare ancora che ella combatte appunto per ciò che
abbiano solo i suoi figli la piena *civitas*. Un'altra osservazione importante si può fare sull'essere Roma in questo
tempo rappresentata assai più spesso in piedi, con atteggiamento più fiero e con tutte le armi, cioè elmo, scudo,
lancia e parazonio: circostanze le quali accennano ad un
passaggio dal carattere di tranquilla dominazione ad uno
assai più bellicoso. L' Italia, all' incontro, rappresentata di
solito come una giovane inerme col capo cinto di spiche
ed il corno dell'abbondanza tra le mani, diviene alla sua

role a riguardo di una moneta anteriore alla guerra Marsica, tuttavia
l'idea resta sempre giusta.

(1) Importanza che si è mantenuta sino, si può dire, ai giorni
nostri.

(2) Servio, *ad Aen.*, I, 282; Plin., *Epist.* IV, 11 ; Orazio, *Odi*, III,
n. 5, v. 10.

volta guerriera ed usurpa in tutto la figura di Roma. Non poche monete sannitiche (1) la mostrano seduta su scudi con asta e parazonio e colla galea in capo: d'altronde la leggenda ITALIA non ci lascia dubbio sulla interpretazione della figura. Anche *Libertas* è espressa in modo simile, salvo che col piede sinistro calca un globo, quasi a significare che quella stessa libertà che gli alleati volevano per sè stessi, volevano anche per tutti. Un'altra moneta dei confederati porta impresso un simbolo abbastanza significativo sul rovescio, cioè un bue che colle corna dà addosso ad una lupa gracile (2). Ognun sa come il bue od il vitello siano l'emblema dell'Italia: ora il vederlo in lotta con una gracile lupa ci fa chiaramente intendere quanto fossero consapevoli della loro forza gli alleati italici, i quali così giudicavano che la potenza della lupa, cioè di Roma, perduto il loro appoggio, sarebbesi ridotta a ben poca cosa. Un'altra moneta di famiglia incerta (3) compie il quadro della lotta: in essa Roma in piedi, cinto il capo di galea ed appoggiata all'asta, indossa la toga e col piè sinistro calpesta la gamba di un bue che giace presso di lei:

.....et laevo pressit pede.....
exanimem (4).

Da questa bella composizione che ci mette in mezzo agli odî della guerra (5), passiamo ad altre monete nelle quali con non minore evidenza è rappresentata la conclusione della pace. Sul diritto di queste i capi congiunti

(1) Carelli, *N. V. I.*, « Num. foed. belli Marsici », 25, 26, 27, 28.
(2) Carelli, ivi, n. 2.
(3) Morelli, *Thes.*, « Fam. inc. », tav. I, n. 4.
(4) Virg. *Aen.*, X, 495.
(5) Altre monete ci indicano avvenimenti della guerra stessa: in quella, p. e., pubblicata dal Friedlander, *Osk. Mun.*, p. 84, tavv. 10, 13, due guerrieri che si stringono la mano fanno pensare all'alleanza dei confederati con Mitridate.

dell' Onore e della Virtù, questa armata di elmo, quello adorno di corona d'alloro, sembrano come corrispondere l'una all'Italia, l'altra a Roma (1), le cui figure sono sul diritto: ed insieme forse alludono al tempio innalzato da Mario. Nel diritto adunque delle monete di cui discorriamo è celebrata la Virtù, cioè il valore guerriero di Roma, e l'Onore, cioè il decoro che Roma stessa riceve dall'Italia. Il rovescio di questi denari ce la mostra in forma di una giovane vestita di stola col corno dell'abbondanza in mano e che stringe la destra a Roma, la quale ha ripreso l'antico abito succinto, ha deposto scudo e lancia e tiene nella sinistra uno scettro come simbolo d'imperio (2). Così Roma ed Italia stringendosi in alleanza si promettono un reciproco aiuto: quella assicurando a questa l'assistenza sua forte, e questa concedendole di ricambio tutta la sua ubertosità. Due nuovi simboli però compariscono in questa moneta: dietro l'Italia il caduceo che serve a ribadire l'idea della pace: giacchè, secondo che osserva il Klügmann (3), esso non è solo attributo di Mercurio, ma eziandio della Pace. Sotto il piede destro di Roma poi è disegnato un globo: attributo nuovo, ma che diviene quindi innanzi frequentissimo. Il tempo in cui fu battuto il denario or ora esaminato non si può determinare esattamente, essendo incerto a qual gente appartenessero i due monetali *Cordus* e *Kalenus,* i cui nomi si trovano scritti quello sul diritto e questo sul rovescio della moneta. Tuttavia, dopo una serie di congetture abbastanza probabili, il Klügmann (4) conclude che *Kalenus* potrebbe essere quello stesso *Q. Fufius Q. F. Q. N.,* il quale sarebbe stato triumviro monetale circa nel 681 di R. e tribuno

---

(1) Anche il Visconti osserva che la figura di Roma è la stessa che quella di *Virtus:* ed è realmente così, se non che con altri distintivi diviene *Virtus populi romani.*

(2) MORELLI, *Thes.,* « Fufia », I, « Mucia », I.

(3) Op. cit., p. 34.

(4) Op. cit., p. 30.

del popolo nel 693 di R. e console nel 707 di R. Questa data assegnata al denario non sarà certo troppo recente se si considera che una moneta che spira in tutto pace e concordia non si può supporre coniata se non dopo terminate le guerre civili che furono come un funesto seguito della guerra Marsica. Ora, quanto alla parte formale, giusta mi pare l'osservazione del Klügmann, secondo cui l'idea del globo sarebbe derivata da quello che è attributo costante della musa Urania, la cui statua si ammirava nel palazzo di Pirro. Quanto all'allegoria è assai facile ammettere che, pacificate le cose interne, la repubblica sentivasi forte nei domini di recente acquistati e coll'amicizia di Nicomede III di Bitinia poneva un piede nell'Asia. Inoltre, circa allo stesso tempo, si preparavano le guerre Mitridatiche, colle quali la repubblica si estese su que' regni che erano l'avanzo dell'antico imperio di Alessandro. Essa perciò si sentiva erede di quella vasta monarchia e dominatrice del mondo.

Lentulus P. f. L. n. ha introdotto, forse pel primo, questo segno del globo sulle monete romane, ponendolo però sotto il piede del genio del popolo; ed anche *Cn. Cornelius Lentulus Marcellinus* aveva posto il mondo sul rovescio di alcuni suoi denari in mezzo ad altri simboli (1). Ma l'emissione di questi denari, anche secondo le congetture del Klügmann, cadrebbe circa dal 681 al 683 di R., per essersi trovati alcuni di essi nei ripostigli di Roncofreddo e Frascarolo (2). Una tale frequenza adunque di monete collo stesso simbolo di imperio ci dimostra come questa idea allora nascesse od almeno cominciasse a dominare la mente del popolo, sicchè esso allargò il significato delle tradizioni circa la sua origine divina e i suoi gloriosi destini, congiungendo il sentimento di sè stesso, fatto potente dalle recenti vittorie, all'idea del dominio del mondo. Nè mi sembra che si possa ammettere

(1) KLÜGMANN, op. cit., p. 30.
(2) Ivi, loc. cit.

ciò che dice il Kenner (1), il quale interpreta questo segno del globo come una millanteria, poichè, oltre ad essere ripugnante al carattere positivo de' Romani, non sarebbe stata sanzionata dallo Stato coll'esprimerla sulle monete. La spiegazione storica mi sembra invece assai ,più probabile per la ragione che, sebbene il principio della potenza di Roma sia stata la distruzione di Cartagine, tuttavia, per coloro che erano parte de' fatti, che noi oggi consideriamo come compiuti, la cosa andava in modo assai differente. Essi dovettero aprire gli occhi sulle sorti della repubblica assai tardi, quando, cioè, compiendosi gli effetti di quelle cause che già da tempo erano avvenute, si trovarono d'un tratto potenti in tanti paesi diversi e lontani dall'Italia. Infatti, il globo e la vittoria e lo scettro in cambio dell'asta, tre emblemi che d'ora in poi divengono frequentissimi, accennano chiaramente ad una trasformazione del concetto di Roma, da quello guerriero a quello di dominatrice e regina.

Un'altra caratteristica è il ritorno delle leggende che ci mostra il legame tra la origine divina della città e il suo destino (2). Un denario di *C. Egnatius Maxsumus Cn. f. Cn. n.* ci mostra Roma con tunica e manto e colle solite armi: l'intera figura è disegnata di faccia, in piedi, e colla gamba sinistra sopra una testa di lupo, mentre accanto a lei sta Venere vestita in modo simile, salvo che senza elmo in capo. Questa seconda figura è caratterizzata da Cupido, che è disegnato tra le due e vôlto verso Venere: ai lati esterni poi dell'intero gruppo due remi infissi in prora di nave (3), a riguardo della qual composizione osserva il Klügmann che Roma qui è sostituita a suo padre e perciò

---

(1) Op. cit., p. 24.

(2) Sebbene un poco più tardi del tempo di cui discorriamo, mostrano questo ritorno all'antico anche alcuni denari di Sesto Pompeo (MOR., *Thes.*, «Pompeia», tav. III, n. 5), il rovescio dei quali mostra la rappresentanza della lupa e di Faustolo che abbiamo già considerato.

(3) COHEN, «Egnatia», XVII, 1, 2, 3.

fa le veci di Marte (1). Quanto al remo infisso nella prora di nave potrebbe essere sì un'allusione alle recenti vittorie navali sui pirati come un ritorno all'antico simbolo dell'asse. Il nome di questo monetario è citato da Cicerone ad Attico (2) e sembra che vivesse nel 704 di R. Anche sui denari di *Sex. Nonius Sufenas* Roma comparisce di nuovo seduta sopra una lorica, colle solite armi e le solite vesti, e coronata dalla Vittoria, la quale colla sinistra regge una palma (3). La presenza della Vittoria però ha in questo tipo una importanza differente: poichè, mentre è un attributo di Roma, risponde anche alla leggenda PR. L. V. P. F., concordemente interpretata dal Pighio e dal Mommsen (4) come *praetor ludos Victoriae primus fecit*. S'allude perciò ai giuochi istituiti dopo la vittoria di Sulla alla porta Collina (5) avvenuta nel 672 di R., ma la moneta sarebbe stata coniata circa nel 692 di R. essendosi ritrovata nel ripostiglio di Compito che risale al 696 di R. (6). Ma nel denario qui sopra riportato, forse per gli avvenimenti differenti a cui accenna, mancano gli emblemi del globo e dello scettro che sopra alcuni quinari di T. Carisio (7), circa del tempo di Giulio Cesare, sono rimessi in vigore: sopra altri poi dello stesso monetario (8), il rovescio porta un globo, una decempeda, un timone ed un corno di abbondanza in mezzo ad una corona di alloro. Finalmente nei denari di *C. Vibius Pansa C. f. C. n.* (monetario nel 711) (9) troviamo i soliti

(1) Op. cit., p. 40, oltre il chiaro accenno alla leggenda troiana.
(2) XIII, 34.
(3) COHEN, « Nonia », XXIX.
(4) Op. cit., p. 625, n. 265.
(5) APPIANO, *De Bello civ.*, XCIII, 94; PLUT., *Sulla*, XXIX, 30; VELL. PAT., II, 27.
(6) KLÜGMANN, op. cit., p. 43.
(7) Ivi, op. cit., p. 44.
(8) MORELLI, « Carisia », VI.
(9) Ivi, « Vibia », 2.

attributi dati a Roma incoronata dalla Vittoria volante verso di lei. Quest'ultima forma, usata assai spesso anche con altre divinità, non è che un modo per dare maggior importanza alla figura che deve essere incoronata : poichè, mentre nella forma che abbiamo riscontrato prima, Vittoria rende questo onore a Roma, restando però pur sempre uguale a lei, in quest'ultima maniera si fa di Vittoria una messaggiera spedita da Giove, divinità nicefora per eccellenza (1), per deporre l'alloro sulla testa di Roma. Questa idea della differenza di grado è messa maggiormente in chiaro dall'osservare che presso gli antichi l'eccellenza di un nume sopra i mortali era significata dalla maggiore statura loro o dal maggior loro peso e simili (2). Altre variazioni meno importanti nella figura di Roma si trovano sulle recenti monete autonome dell'Asia Minore e specialmente su quelle di Bitinia, Amiso e Nicomedia, nelle quali ella conserva il suo tipo consueto, ma prende anche alcuni attributi che si potrebbero dire locali. Così, per esempio, alcune monete di Nicomedia e di Bitinia, coniate sotto Papirio Carbone (3), mostrano sul rovescio Roma che intorno alla galea ha una corona d'edera, attributo poco conveniente per lei cui spetta piuttosto la corona d'alloro, ma tuttavia facilmente spiegabile se si pensi al culto speciale che i Nicomedi avevano per Bacco. Infatti il diritto della stessa moneta è occupato dalle teste congiunte di Ercole e Bacco, e

---

(1) La statua di Giove olimpico aveva in mano una piccola Vittoria che faceva atto di incoronarlo: la parola d'ordine dei Greci alla battaglia di Cunassa era ζεὺς σωτὴρ καὶ Νίκη (SENOF., *Anab.*, I, VIII, 16).

(2) Nell'*Iliade*, Marte, caduto, occupa sette jugeri (*Il.*, XXI, 407) e quando Minerva salisce sul carro di Diomede ne fa scricchiolare l'asse (*Il.*, V, 839).

$$\ldots\ldots \text{μέγα δ'ἔβραχε φήγινος ἄξων}$$
Βριξοσύνη δεινὴν γὰρ ἄγεν θεὸν ἄνδρα τ'ἄριστον.

Anche i Dioscuri superano di mezza la persona i loro cavalli.

(3) MORELLI, *Thes.*, « Papiria », C, D, E, F.

mentre questo rappresenta il culto patrio, quello si riferisce assai convenientemente, siccome emblema della forza, alla figura di Roma che campeggia nel rovescio.

Riassumendo ora tutte le osservazioni fatte sin qui in uno sguardo generale, possiamo stabilire i seguenti punti capitali:

I. La figura di Roma si sviluppa prima fuori della città e sotto forme assai vicine a quelle della Pallade pacifera.

II. La personificazione della città prende, per dir così, nuovo nascimento in Roma, conformandosi a tradizioni nazionali, ed assume una figura che ad esse accenna. Il suo tipo adunque ebbe dapprima in Roma un significato esclusivamente mitico e leggendario e tutto alludente alle prime origini del popolo, delle quali fu come una sintesi figurata.

III. Roma, benchè mai in movimento concitato, conservò sempre carattere guerriero e la sua allegoria passò dalla espressione dei vaticinî, che promettevano a lei guerre gloriose e trionfi, all'espressione delle guerre stesse e dei felici loro esiti, rappresentati dai trofei, dalle corone e dal primo apparire di Vittoria insieme con Roma.

IV. Finalmente la riflessione portata sugli avvenimenti stringe ancor più il legame tra le antiche tradizioni e i fatti avvenuti: e questo è mostrato dal tornare per un momento alla espressione delle leggende e poi di nuovo a Roma. Questa riflessione che il popolo romano portò su sè stesso, mentre s'accorgeva della veridicità delle promesse divine insieme coi trionfi degli ultimi tempi della repubblica, diedero nuovo carattere alla figura di Roma. Essa, cioè, restò tuttavia guerriera, ma crebbe a segno tale in dignità che acquistò il maestoso carattere di regina. Ciò fu come la preparazione al futuro suo trasformarsi in divinità: ma sino ad ora però nulla si trova nella sua figura che accenni a qualche cosa di divino: ella non è altro che la personificazione della città e della repubblica.

Quanto alle figure speciali, il Kenner stabilisce due gruppi, l'uno nel quale Roma è divinità locale, l'altro che comprende le allusioni ai varî fatti storici. Ma io credo che si abbia a restringere assai il significato di divinità in questo caso, che, cioè, Roma sia divinità locale, come lo è, per esempio, il Tevere, cioè collo stretto valore di personificazione e come tale riunisca in sè anche l'idea dell'antica eroina progenitrice della schiatta romana. Il gruppo che il Kenner poi dice formato di tutte quelle figure che accennano ad avvenimenti storici mi sembra poi che sia tutt'uno colla personificazione della città. In altre parole, siccome molti avvenimenti formano poco a poco nuove condizioni, sicchè, come loro conseguenza, avviene un qualche rivolgimento che tutte le riassume e le sintetizza, così i varî tipi che alludono ai differenti fatti storici precedono e preparano la formazione del nuovo tipo di Roma vittoriosa e dominatrice.

E poichè siamo tornati a parlare del lavoro del Kenner, quel che egli dice dell'aver il popolo romano perduto il sentimento di nazionalità in seguito alle conquiste (1) mi sembra che s'abbia a trasportare al tempo in cui i popoli già conquistati cominciarono a mescolarsi ed a fondersi in Roma. Così è vero ciò che egli dice della trasformazione della società romana e della perdita degli ideali politici, ma mi sembra affrettata la conclusione che egli ne trae che, cioè, questi rivolgimenti portarono nell'allegoria il *momento ufficiale* (2). Invece mi sembra che la figura di Roma, fino alle ultime che abbiamo considerato, conservi ancora assai di vita e di significato: mentre quella osservazione si può fare giustamente sulle monete del tempo imperiale.

Ed ora, prima di abbandonare questa trattazione, noteremo come la figura che il Kreuzer attribuisce a Roma, per essere troppo comprensiva, non risponde ad alcuna

(1) Op. cit., p. 20.
(2) Op. cit., p. 19.

rappresentanza speciale. Egli la descrive con elmo e spada, sedente sopra i sette colli, con una lupa lattante i gemelli presso di lei e più lungi il Tevere: il qual tipo è come una riunione dei differenti emblemi di molte figure senza essere nessuna di quelle, e per ciò stesso è assai vago ed indeterminato (1).

II.

IL CULTO DELLA DEA ROMA.

Poichè i templi eretti in onore di Roma ebbero una storia, e poichè lo sviluppo di questo culto ha, come è naturale, stretta relazione coi varî mutamenti del tipo che noi ci siamo proposti di studiare, credo opportuno tener parola di esso culto e delle sue manifestazioni in un capitolo speciale. Quanto alla convenienza del porre questa trattazione dopo lo studio sulle rappresentanze repubblicane e prima di quello sulle imperiali, mi hanno indotto a ciò due ragioni. In primo luogo la storia dei templi comincia prima delle più antiche figure sulle monete e termina, si può dire, al secondo secolo dell' êra volgare; perciò è naturale trattare di questo soggetto tra la repubblica e l'impero: in secondo luogo il culto di Roma ha servito per dare alla sua figura un carattere speciale che riunisce in sè quello dei tipi precedenti e forma il passaggio alla figura del tempo imperiale.

Il Kenner, che nella fine del suo lavoro dedica poche parole al soggetto che imprendiamo a trattare, si contenta di enumerare i templi eretti alla dea Roma senza ricercare quali fossero le cagioni di un tal culto e quale importanza

---

(1) *Symbolik und Mythologie*, p. 846.

esso abbia nella storia sì del tipo di Roma e sì del popolo romano.

Il Klügmann nc fa un breve cenno sul principio del suo opuscolo, ma più vi si diffonde il Preller nella sua ci- tata opera sulla mitologia romana. Noi ci restringeremo alle cose di maggior importanza, senza però perder d'occhio il nostro scopo, cioè di conoscere quale influenza ebbe il culto di Roma sulle modificazioni del tipo di essa nelle rappresentanze figurate.

Racconta Plutarco (1) che il console Flaminino diede la libertà alle città greche dell'Asia, e subito appresso sog- giunge (2) che nella città di Calcide si cantava anche ai suoi tempi un inno in onore di Flaminio che terminava colle seguenti parole:

> Πίστιν δὲ 'Ρωμαίων σέβωμεν
> τὰν μεγαλευκτοτάταν ὅρκοις φυλάσσειν
> μέλπετε κοῦραι
> ζῆνα μίγαν 'Ρώμαν τε Τίτον δ' ἅμα 'Ρωμαίων τε πίστιν
> ἰήιε Παιὰν ὦ Τίτε σῶτερ.

Tacito (3), dopo aver parlato delle undici città dell'Asia che si disputavano l'onore di erigere un tempio a Tiberio, dice che quelli che avevano migliori ragioni erano gli Smirnei e i Sardiani: quelli tra gli altri loro meriti adduce- vano « se primos templum urbis Romae statuisse M. Porcio « consule magnis quidem iam populi romani rebus, nondum « tamen ad summum elatis, stante adhuc punica urbe et « validis per Asiam regibus ». Confrontando adunque i rac- conti di Plutarco e di Tacito, non potremo dubitare che il tempio sia stato innalzato dagli Smirnei nell'occasione del fatto di Flaminino.

Nel 582 di R. poi la città di Alabanda nella Caria,

---

(1) *Flam.*, 12.
(2) Ivi, 16.
(3) *Ann.*, IV, 56.

stretta con altre in guerra contro Perseo, mandò un'ambasceria a Roma, e i legati portano come un vanto della loro patria l'aver eretto un tempio alla dea Roma e l'aver istituito giuochi annui in onore di lei (1), i quali saranno assai probabilmente quelli che spesso troviamo menzionati col nome di 'Ρωμαιά (2). Dopo questi templi un'iscrizione del comune dei Lici (3) ora perduta sembra offrire al Senato, a Giove Capitolino e al popolo romano una statua di Roma o qualche altro anatema simile. Altre iscrizioni (4) parlano di onoranze rese al popolo romano, ma poche con tanta precisione ci dicono gli onori fatti a Roma ed al suo simulacro, come quella trovata a Milo presso il teatro (5). Il testo di questa iscrizione merita di essere trascritto:

ΟΔΗΜΟΣΟΜΑΛΙΩΝΕΤΙΜΑΣΕΝ
ΤΑΝΡΩΜΑΝΕΙΚΟΝΙΧΑΛΚΕΑΙ
ΚΑΙΣΤΕΦΑΝΩΙΧΡΥΣΕΩΙ
ΑΡΕΤΗΣΕΝΕΚΑΚΑΙΕΥΕΡ
ΓΕΣΙΑΣΤΑΣΕΙΣΕΑΥΤΟΝ

ΠΟΛΥΑΝΘΗΣ ΣΩΚΡΑΤΕΥΣ
ΕΠΟΙΗΣΕΝ

Da questa adunque sappiamo che la popolazione di Milo pei soliti benefici di Roma le aveva innalzato una statua di bronzo e le aveva dedicato una corona d'oro : e sappiamo ancora che il lavoro fu eseguito da Poliante Socrateo, nome finora ignoto nella storia dell'arte.

---

(1) « Templum urbis Romae se fecisse, ludosque anniversarios « ei divae constituisse ». Livio, XLIII, 6.

(2) Cf. Preller, *Rom. Myth.*, II, p. 354.

(3) *C. I. L.*, VI, 1, 373. Λυχίων τὸ χοινὸν χομισάμενον τὴν πατρίαν δημοχρατίαν τὴν Ῥώμην Διὶ Καπιτολίω χαὶ τῷ δήμῳ τῶν Ῥωμαίων ἀρετῆς ἔνεχεν χαὶ εὐνοίας χαὶ εὐεργεσίας τῆς εἰς τὸ χοινὸν τὸ Λυχίων.

(4) *C. I. L.*, VI, 374.

(5) *Bull. dell' Ist.*, 1860, p. 56.

Il culto di Roma era adunque già tanto fiorente prima di Augusto (1) che il popolo di Milo, non certo tra i primi dei greci, erigeva in onore di lei un sì ricco monumento. In Roma invece neppure la più lontana idea di culto, e così le impronte monetarie rappresentanti Roma cominciano presso i Locri epizefiri, cioè presso Greci. La cagione di un fatto così strano mi sembra si possa assai facilmente ritrovare nelle condizioni dei popoli ellenici in quel tempo.

La caduta delle libertà al tempo di Filippo e di Alessandro, la corruzione dei tempi che seguirono, le lotte, lo stabilirsi delle grandi monarchie bruttate dal fasto orientale, avevano dato ai Greci quel carattere di servilismo che non perdettero più di poi. Finchè essi respinsero i Persiani mantenendosi nei limiti propri, conservarono il loro spirito nazionale; quando invasero le terre orientali e si mescolarono coi barbari e da loro accettarono usanze e modi, ne ebbero quello stesso danno per evitare il quale avevano combattuto Leonida e Aristide e Temistocle; perdettero cioè lo spirito di libertà e quel santo orgoglio di Greci, e furono pronti a genuflettersi innanzi ad un mortale.

Chi non ricorda le basse e vergognose adulazioni di cui furono oggetto Antigono e Demetrio Poliorcete? Il sacro peana trasportato ad onorare un uomo, e il tempio divenuto comune segno del culto per mortali ed immortali. In simili eccessi ancora si intende assai bene come dovessero andare assai più innanzi i Greci d'Asia siccome quelli che avevano sempre avuto più somiglianza cogli orientali. Perciò il culto prestato a Roma dovette fiorire assai presto presso tutti quei popoli sì per l'importanza che aveva per essi l'amicizia di Roma e sì perchè, come dice

(1) Il Mommsen crede che l'iscrizione di Milo sia del tempo della repubblica, perchè se fosse stata dei tempi imperiali avrebbero i cittadini di Milo unito alla statua di Roma quella di Augusto.

il Klügmann, « le idee elleniche si combinavano in modo « singolare col culto monarchico » (1). Ma il grande sviluppo di esso ebbe luogo al tempo di Augusto: allora infinite città eressero templi in onore di Roma, e finalmente ne sorse uno nella stessa capitale dell' impero. La cagione però di questo nuovo movimento non fu solo il servilismo greco, bensì anche il senno politico dell'accorto Ottaviano.

Infatti, allorchè Augusto salì al trono, permise alle città che lo richiedevano già da lungo tempo, di innalzare templi al divo Giulio od a sè, purchè fossero comuni anche alla dea Roma. Questa importante notizia ci è data da Suetonio (2), il quale aggiunge poi che in città fu sempre alieno dal concedere questo permesso. Ecco le parole dello storico: « templa... in nulla provincia nisi communia suo « Romaeque nomini recepit: nam in Urbe quidem perti- « nacissime abstinuit hoc honore ». Non è difficile intendere la cagione di questo suo ostinato rifiuto. Egli che cercava di illudere il popolo dando a credere di voler essere un semplice cittadino, non poteva permettere che gli si erigessero templi in città. Ma per le provincie la cosa era ben differente: là Augusto rappresentava, per così dire, il popolo romano; l'astuto imperatore perciò volle mettere a profitto la servilità greca che gli offriva onori divini, accettandoli solo alla condizione che il proprio tempio fosse il medesimo che quello della dea Roma. Così egli strinse la propria persona alla personificazione dello Stato, ciò che assodava sempre più il suo potere, poichè lusingava l'orgoglio romano facendogli credere che nella persona dell'imperatore si venerasse davvero il popolo stesso che era da quello rappresentato, e nella dea Roma la repubblica alla quale nessuno certo rifuggiva dal tributare i massimi

---

(1) KLÜGMANN, op. cit., p. 7, e cf. anche il PRELLER, op. cit., II, 354.

(2) *Octav.*, 52, e TACITO, *Ann.*, I, 10; IV, 37.

· onori. Fu adunque in seguito a questo sapiente permesso di Augusto che nelle provincie sorsero templi a lui sacri ed alla dea Roma, ed in quelle città dove esisteva già un tempio ad essa fu aggiunto nella cella il simulacro dell' imperatore. Una preziosa iscrizione (1) ci fa sapere che il decreto col quale fu permesso agli Asiani di celebrare il natalizio di Augusto fu fatto da Paolo Massimo, proconsole in quella provincia dopo l'11 a. C., anno in cui era stato console, ed è importante ricordare un tal personaggio che ci richiama alla mente forse il padre di quello di cui parla Orazio con tanta lode (2).

Il permesso di Augusto ebbe subito effetto nella città di Pergamo (3), dove sorse un tempio dedicato Ῥώμῃ καὶ Σεβαστῷ, mentre le monete della città presentano Roma turrita coll' iscrizione ΘΕΑΝ ΡΩΜΗΝ e così più tardi, al tempo di Traiano, sulle monete della stessa Pergamo è rappresentato un tempio con Augusto armato di asta e coronato dalla dea Roma, che ha tra le mani il corno dell'abbondanza ed intorno la leggenda ΡΩΜΗι ΚΑΙ ΣΕΒΑΣΤΩι (4). Dione Cassio racconta che la ·stessa concessione fu fatta ad Efeso e a Nicea, che eressero templi a Giulio ed alla dea Roma, e che gli Asiani potevano tributare onori divini, ad Augusto ed alla dea Roma nel capoluogo della provincia, cioè a Pergamo, e i Bitini a Nicomedia (5). E molte monete, infatti, portano impresso un tempio colle parole *communitas Asiae* (6).

L'esempio di queste fu seguìto poi da quasi tutte le altre città principali delle provincie dell' impero. Milasa (7),

---

(1) *C. I. Gr.* III, 3902 *b*.
(2) Lib. IV, ode I, vv. 10, 11.
(3) Tacito, *Ann.*, IV, 37.
(4) Eckhel, *D. N.*, VI, 101.
(5) LI, 20.
(6) Cohen, « Med. imp. Octav. Aug. », n. 34.
(7) Caylus, *Rec. d'antiq.*, II, 189–190; *C. I. Gr.*, II, n. 2696.

Cuma (1), e poi i Nysacenses (2), e i Cizicieni (3), tutti edificarono templi in onore delle stesse due divinità. Le città di Galazia, cioè, Ancira, Pessinus, Tavium, ecc., chiesero di essere chiamate Σεβαστα*l*, ed il comune dei Galati ebbe il sacerdozio del tempio di Augusto costituito nella loro capitale, cioè Ancira (4), la dedicazione del qual sacrario ebbe luogo circa 9 anni dopo l'êra volgare. A Cesarea poi, Erode fece edificare un tempio assai sontuoso, nel quale Augusto era effigiato sotto le sembianze di Giove Olimpico, e la dea Roma sotto quelle di Giunone argiva (5), ed a questo proposito è da notare il riscontro tra la figura di Ottaviano e quel che racconta Suetonio del padre di lui, che, essendo in Tracia, vide in sogno suo figlio simile in tutto a Giove Olimpico (6). Un altro tempio splendido, di forma rotonda e con un peristilio di 12 colonne, sorse in Atene: esso anzi restò in piedi sino al tempo di Maometto II (7). Nè è da credere che la divinizzazione di Augusto e Roma si limitasse alle città dell'Asia: anzi poco a poco si propagò per tutte le provincie dell' impero e basta dare un'occhiata al *C. I. L.*, per convincersi che la Spagna (8), il Norico, la Pannonia (9), l'Africa muni-

---

(1) *C. I. Gr.*, II, n. 3524 ὁ δῆμος Καίσαρι Ͻεοῦ υἱῷ σεβαστῷ ἀρχιερεῖ μεγίστῳ καὶ Ͻεᾷ Ῥώμῃ, e CAYLUS, loc. cit.

(2) *C. I. Gr.*, II, 2943.

(3) TACITO, *Ann.*, IV, 36; DIONE, LVII, 24.

(4) ZUMPT, *Mon. Ancyr.*, p. 4 e sgg. L'iscrizione diceva: ΓΑΛΑΤΩΝ[Τ]Ο[ΚΟΙΝΟΝ - ΙΕ] ΡΑΣΑΜΕΝΟΝ - ΘΕΩΙ ΣΕΒΑΣΤΩΙ - ΚΑΙ ΘΕΑΙ ΡΩΜΗΙ. *C. I. Gr.*, III, 4039.

(5) GIUS. FLAV., *Antiq. Iud.*, XV, 13; *De Bello Iud.*, I, 21, 7.

(6) *Octav.*, 94.

(7) BEULÉ, *L'Acrop. d'Athènes*, II, pl. 1, p. 206. L'iscrizione di questo tempio è nel *Corpus* del BOEKH., I, n. 278.

(8) *C. I. L.*, II, 750. Questa provincia chiese il permesso a Tiberio. V. TACITO, *Ann.*, I, 78.

(9) *C. I. L.*, III, 3368-5443.

cipale (1) e la Gallia (2) avevano anche esse siffatti templi
e sacerdozi. Sappiamo anzi che a Lugdunio v'era un tempio
per tutta la comunità dei Galli, ed un'ara coll' iscrizione
di 60 popoli; che esso fu dedicato nel 742 di R., e ne fu
fatto sacerdote C. Giulio Vercondaridubio di nazione
Eduo (3): secondo Dione, però, la festa di Augusto cele-
bravasi già da due anni anni a Lugdunio (4). Quanto al-
l' Italia, lo stesso storico dice che Augusto non v'ebbe mai
culto (5). Ma questa notizia è errata, poichè il tempio di
Pola d' Istria, dedicato ROMAE ET AUGUSTO CAE-
SARI DIVI F. PATRI PATRIAE, fu fatto, forse, mentre
egli era vivo (6), ed altrettanto possiamo supporre per
Verona, Pavia, Brescia, Trento (7), Sorrento (8), Ostia (9)
e Terracina (10), delle quali sappiamo che avevano altari e
sacerdoti in onore di lui. A Napoli, anzi, si celebravano
anche giuochi (11), e possiamo ben credere che per l' Italia
si serbasse la stessa legge che per le provincie, che, cioè,
il *caesareum* dovesse avere anche l' immagine di Roma.

Dall'altro canto erra anche Aurelio Vittore, il quale afferma che non solo nelle provincie, ma anche in Roma si

(1) *C. I. L.*, VIII, 1091.

(2) STRABONE, IV, p. m. 292, e SUET., *Claud.*, 2; DIONE, LIV, 32.
Per il culto di Roma ed Augusto nelle provincie v. anche *Ephemeris
epigraphica*, I, 200 e sgg.

(3) STRABONE, SUET. e DIONE, loc. cit., e LIVIO, ep. L, 137.

(4) Questo tempio si vede effigiato sopra una moneta di Lione
e le colonne dell'altare ancora esistenti, segate in due pezzi, servono
ora come pilastri per sorreggere la vòlta del coro nella chiesa di Aisnay.
V. MILLIN, *Gal. mit.*, 664, CLXXXVIII.

(5) DIONE, LI, 20.

(6) ECKHEL, *D. N.*, VI, 135.

(7) *C. I. L.*, V, parte I, n. 5036.

(8) Ivi, X, 688.

(9) ORELLI, 7172-7174.

(10) *C. I. L.*, X, parte I, 6805.

(11) PRELLER, op. cit., p. 355

ebbero templi ad Augusto, vivente lo stesso monarca (1), notizia che è smentita da tutti gli altri scrittori (2).

Morto Augusto, però, si cominciò dal consacrare la casa dove era nato (3), e poi la casa a Nola dove aveva cessato di vivere (4), e Tiberio e Livia gli edificarono un tempio nella regione X (5). Questo sacrario, a somiglianza di quelli delle provincie, ebbe anch'esso le due immagini di Roma e di Augusto? Esso è sempre chiamato *templum Augusti* siccome quelli delle provincie benchè avessero anche la dea Roma, ed è perciò opinione comune che a lui solo forse consacrato, tuttavia è notevole che le medaglie di Tiberio e di Caligola l'uno dei quali cominciò l'edificio e l'altro lo dedicò, hanno un tempio colla scritta ROM. ET AUG. (6). Sappiamo ancora che nell'incendio neroniano, il tempio fu distrutto e poi subito riedificato. Quanto alle persone che vi si veneravano, v'è chi dice che vi fu adorata anche Livia (7) la quale sarebbe stata posta nel tempio da Claudio, ma sul primo ella non fu che sacerdotessa (8). Una moneta di Antonino Pio accenna evidentemente al restauro fatto al tempio di Augusto, mostrando nel rovescio un tempio ad otto colonne con due figure nell'interno ed intorno le parole TEMPL. DIV. AVG. REST. COS. IIII. S. C. (9). Un esemplare del pro-

(1) *Hist. abb.*, parte II, 1, § 6.

(2) In Roma invece i poeti chiamavano nume Augusto (Ovidio, *Ars amandi*, III, viii, 51; Orazio, IV, 5), uso che si perpetuò poi e contro il quale si scagliò Marziale, VIII, 15.

(3) Sueton., *Octav.*, 5.

(4) Eckhel, *D. N.*, VI, 125.

(5) Plin., *Hist. Nat.*, XII, 19; Dio., LXI, 46, 42; Muratori, *Isc.*, p. clxxvii, n. 1; Becker, *Thopographie*, p. 430.

(6) Cohen, I, « Calig. », nn. 18, 19, 20; « Tib. », nn. 39, 40, 41, 42, 43, 44, 45, 46.

(7) Muratori, loc. cit.; Dio., LX, 5.

(8) Eckhel, *D. N.*, VI, 125.

(9) Cohen, II, 797. Antonino in questa moneta ha la XXII potestà tribunizia.

spetto dell'antico tempio lo abbiamo forse in quel rilievo che esisteva altre volte alla villa Medici, e del quale non si vede oggi che una copia gettata in gesso. Esso è composto di una gradinata, sulla quale si innalzano otto colonne corinzie, che sorreggono un timpano ornato ai lati da Vittorie: tra le figure del frontone v'è una Venere che ricorda la famiglia di Augusto (1). Una figura barbata nel mezzo ha fatto credere che si trattasse del tempio innalzato da Adriano, ma quello era decastilo, come vedremo più tardi. Il prospetto di un altro di tali templi, ma posteriore ad Antonino, è rappresentato in un piccolo rilievo edito nella *Archäologische Zeitung* (2), di cui diamo una riproduzione alla tav. I (V. in fine). Esso è annesso alla base di una statua della Galleria delle Statue al museo Chiaramonti (3). Sebbene il lavoro sia pessimo ed accenni appunto ad un'età anche posteriore a quella degli Antonini, l'importanza di questo marmo non è piccola. Sopra una gradinata, indicata da linee, s'innalzano le sei colonne che sorreggono il frontone: nell'interno si vedono i due simulacri posti nelle celle: quello alla sinistra di chi guarda si riconosce subito per Roma, dal capo galeato, dalla corta tunica e dalla mammella destra scoperta: la dea si appoggia colla sinistra sullo scudo e colla destra sull'asta. L'altra divinità è col capo turrito ed il corno dell'abbondanza nella mano sinistra ed è in generale creduta Fortuna; non si potrebbe supporre esser essa Livia sotto le sembianze di una Tyche, ovvero della *Magna Mater?* L'artista per amore di simmetria avrebbe in tal caso sostituito ad Augusto l'immagine di Roma.

Oltre il *caesareum,* che sappiamo essere stato costruito

---

(1) Zoega, app., 381, 37; *Bull. dell'Ist.,* 1853, 141; *Mon. dell'Ist.,* V, 40; *Annali dell'Ist.,* 1852, 358; *Codex Coburgensis,* 467, 38.

(2) Vol. V, p. 49, tav. 4. L'illustratore propone come congettura la interpretazione delle lettere che si vedono ai lati, così: IN HAC AEDe saBINI MATerni luDI LOCANTUr.

(3) La statua è segnata col n. 401.

nel bosco dei fratelli Arvali, troviamo menzionato anche un *templum Romae et Augusti*, ovvero solamente *Romae*, nel fôro, e precisamente facente parte di quel gruppo di tre edifici, che oggi formano la chiesa de' Ss. Cosma e Damiano. Ma questa denominazione di *templum Urbis* sembra che sia assai tarda e non abbia a che far nulla col culto della dea, essendo forse originata dall'essere stata affissa, nei tempi di Severo, sulle pareti di quel monumento la pianta marmorea, i cui avanzi sono oggi al Campidoglio, la quale rappresenta appunto la città ai tempi Severiani (1).

Ma col procedere del tempo la divinizzazione di Roma fece ancora un passo di più: in tutti i templi che abbiamo sinora veduto, essa dea era ancora assai terrena, anzi unita nel culto ad un mortale, mentre più tardi essa divenne una divinità di ordine superiore.

Adriano le innalzò l'ultimo e più magnifico tempio, comune anche alla figlia stessa di Giove, a quella Venere, dalla quale Roma in certo modo ripeteva la sua origine. Di questo splendido edificio, ideato, come credesi, dallo stesso imperatore, rimangono oggi pochi avanzi presso la chiesa di Santa Francesca Romana al Foro. Sarebbe cosa troppo lunga il parlare qui distesamente dell'edificio Adrianeo e perciò, piuttosto che darne qualche cenno generale, rimandiamo il lettore ad un recente ed accurato lavoro di un pensionato dell'Accademia Nazionale di Francia, il signor Laloux, il quale si è nuovamente occupato della restaurazione di quell'importante monumento (2).

De' simulacri che si veneravano in tutti questi templi non ci rimane disgraziatamente nulla, ma sino ad un certo

---

(1) De Rossi, *Boll. d'arch. crist.*, a. 1867, p. 62 e sgg.; Lanciani, *Boll. comm.*, 1882, p. 48 e sgg.

(2) *Mélanges d'arch.*, 1872, III-IV. - V. anche il rilievo che si crede una copia del tempio di Adriano. Canina, *Edifiz.*, II, tav. LII, I, ecc. Un frammento del fregio di questo tempio esiste in Roma presso lo scalpellino Viti.

punto però ci è possibile di fare delle congetture abbastanza fondate.

In primo luogo le immagini che dovettero essere consacrate alla dea Roma nelle città di Smirne e Alabanda sin dal tempo della repubblica assai probabilmente ebbero una figura simile a quella di Pallade, non essendo ancora cominciata una personificazione della città di indole più nazionale. Infatti nel *didrachmon* dei Locri epizefiri, di cui abbiamo già parlato, Roma ha un lungo chitone e siede appoggiando il braccio destro sopra lo scudo in una positura simile a quella che spesso ha Minerva pacifica. Più tardi poi nei templi delle città dell'Asia Minore la dea Roma fu rappresentata variamente secondo i culti locali: sicchè ella ebbe la figura di una Tyche o della *Magna Mater* e persino di Giunone argiva (1). Ma tutte queste rappresentanze ebbero quasi sempre un fondo comune che si riferisce al tipo della moneta di *C. Vibius C. f. C. n. Pansa,* che abbiamo già esaminato. Infatti sulle monete di Papirio Carbone a Nicomedia, Roma differisce da quella di *Vibius Pansa* solo perchè tiene ella stessa in mano la figura della Vittoria e perchè ha sulla galea una corona di edera. Così in quelle monete coniate da C. Cecilio Cornuto ad Amiso, Roma ha la stessa figura del denario di Vibio, salvo che calpesta una galea invece del globo (2) e neppur molta differenza si riscontra in un denario coloniale di Augusto (3). Finalmente una statuetta del museo Pio Clementino illustrata dal Visconti (4) rappresenta la dea Roma nella solita maniera, cioè sedente sopra una corazza con un corto abito e col petto a destra nudo, un piccolo elmo in capo e colla mano sinistra poggiata sul parazonio, mentre colla destra ora so-

---

(1) PRELLER, op. cit., II, 355; GIUS. FLAVIO, loc. cit.
(2) MORELLI, *Thes.,* «Caecilia», B.
(3) Ivi, «Plotia».
(4) *Museo Pio Clementino,* II, 15.

stiene un'asta evidentemente mal sostituita ad una Vittoria
sul globo, come osserva lo stesso Visconti (1). Questa figura,
che concorda così bene colle altre già osservate, mi sembra
che ci possa dare un'idea della immagine di Roma nei templi
dell'Italia e delle provincie occidentali, poichè, confrontando
quella statuetta colla figura del bassorilievo vaticano già citato, le troveremo abbastanza corrispondenti tra loro: perciò,
considerando che ai tempi degli Antonini la personificazione della città aveva assunto forme differenti, come vedremo in seguito, potremo ragionevolmente credere che
in quel rilievo si sia resa l'effigie di Roma come era in qualcuno dei templi suddetti. Anche simile a questa fu probabilmente il *signum reipublicae,* di cui parlano gli storici (2);
anzi, osserva il Klügmann (3), che, come il Giove di
Olimpia aveva in mano una piccola immagine della Vittoria,
riferendosi esso strettamente ai giuochi, così il Giove Capitolino avesse invece quella di Roma, quasi come fosse il
Palladio; alla quale idea accenna anche chiaramente Dione
Cassio.

Ma nel tempio innalzato da Adriano la dea dovette
essere figurata in modo assai differente. L'apogeo a cui era
giunta la potenza romana e l'apoteosi di Roma personificata, che già durando da qualche tempo cominciò necessariamente allora ad essere meglio compresa e più sentita
dal popolo, fecero sì che ella assunse un'apparenza assai
più maestosa. Di questo cambiamento del tipo dovremo
parlare più particolarmente in appresso: per ora basti il dire
che le figure del tempio di Adriano hanno un lungo chitone, il petto coperto, ed invece della piccola galea, un
grande elmo con ricco cimiero e con una specie di stefane
sul dinanzi, che ha l'apparenza di una cinta di torri. In tal

---

(1) Loc. cit.
(2) SUETON, *Octav.,* 94; DIO. CASS., XLV, 2.
(3) Op. cit., p. 9.

guisa è rappresentata nella famosa pittura Barberiniana (1),
la quale, non a torto, si ritiene aver stretta relazione col
simulacro di Roma posto nel tempio del Foro.

Riepilogando ora ciò che è stato detto in questo capitolo, faremo dei templi innalzati in onore della dea Roma
tre classi:

La prima, composta di quelli antichissimi di Smirne e
di Alabanda colla dea simile nell'aspetto a Minerva o meglio alla effigie del *didrachmon* dei Locri epizefiri; e questi
non hanno nessun significato veramente religioso, ma solo
uno scopo politico. Essi, cioè, ci dimostrano non che sincera venerazione fosse sentita per la dea Roma dai popoli
greci, ma piuttosto ci attestano l'uso frequentissimo del-
l'apoteosi con che quelli cercavano, servilmente adulando,
di rendersi benevolo altrui.

La seconda classe è composta di tutti gli innumerevoli
templi sorti nell'età di Augusto e dei suoi primi successori,
Tiberio, Caligola e Claudio. In questa seconda fase le immagini della divinità hanno avuto assai probabilmente comuni le linee generali: cioè corto abito che lascia il petto
ignudo da una parte, alti calzari ai piedi, semplice galea in
capo e lo scettro o il parazonio o l'asta da una mano e la
Vittoria coronante dall'altra. La qual rappresentanza ha abbandonato, come si vede, il tipo del *didrachmon* di Locri,
che non aveva nulla di nazionale, sostituendogli quel tipo
che abbiamo veduto svolgersi poco a poco nel tempo della
repubblica fino ad acquistare la maestà necessaria per essere una figura da porsi in un tempio. Quanto al significato morale di questa nuova classe di templi, abbiamo già
osservato che anche questo è un culto puramente formale
che non corrisponde ad alcuna idealità (2); ma che fu sug-

---

(1) MILLIN, *Gal. Mith.*, 660, CLXXX; BUNSEN, *Beschr. der Stadt.
Rom.*, III, parte II, 436, e così la statua della tav. III, che è pure di
tempo certamente posteriore ad Adriano.

(2) Cf. il KENNER, op. cit., p. 25.

gerito dal senno politico di Ottaviano, il quale profittò del
servilismo dei popoli per stringerli maggiormente alla soggezione della repubblica, e nello stesso tempo legare alla
sua persona il concetto di rappresentante della repubblica
stessa.

Da ultimo l'estrema fase del culto di Roma, dataci dal
tempio di Adriano, ci mostra quanto fosse cambiato il sentimento del popolo, assumendo la figura della dea carattere
più ideale. Sarebbe vano cercare uno scopo politico nella
costruzione del tempio di Venere e Roma, chè anzi esso risponde invece alle nuove idee del popolo. La persuasione
che una divinità in cielo rappresenti, per dir così, la Roma
della terra, domina l'animo di tutti. Essa si collega col
titolo di eterna che allora per la prima volta vien dato alla
città. Questo nuovo appellativo, che ha la sua origine dalla
discendenza divina della dea Roma, trova un bel riscontro
nell'unione del culto di essa con Venere ed è nello stesso
tempo la radice da cui germogliarono poi le personificazioni fatte da Claudiano (1) e dagli altri poeti tardi e le
leggende di cui è pieno il medio evo. Di queste cose converrà tornar a parlare con maggior ampiezza quando trat-
teremo in particolare la trasformazione del tipo al tempo
di Adriano. Ci basta intanto di averle accennate per mostrare il legame che esiste tra questo nuovo tempio e la
figura che noi crediamo più conveniente alle nuove condizioni, cioè una Roma che torna ad essere in tutto assai
simile a Minerva, ma con aspetto matronale, altero ed assai
più fiero di quella.

---

(1) CLAUDIANO, *De laudib. Stilic.*, II, 270 e sgg.

III.

L'IMPERO.

Seguendo il sistema che abbiamo tenuto sinora, converrà innanzi tutto dare un breve cenno del modo che il Kenner tiene nello studio del tipo di Roma durante il tempo dell'impero.

Egli, dopo fatte breve osservazioni sulle mutate condizioni dell'allegoria, col procedere degli anni da Augusto in poi, conclude col dire che la figura di Roma assume tre tipi principali. Il primo di dominatrice (Herrschende), attorno al quale aggruppa tutti i passi di autori che la descrivono come *regina gentium* e tutte le rappresentanze delle monete che similmente le dànno gli attributi della dominazione, cioè l'asta pura, il globo e, secondo la sua opinione, anche la figura di Giunone. Il secondo tipo è di Roma genitrice o nutrice (Nährende), attorno al quale aggruppa nello stesso modo espressioni di molti scrittori che la denominano tale, e fa loro corrispondere le monete imperiali che portano la figura di Roma con alcuno di tali emblemi, come per esempio il corno dell'abbondanza o le spiche. In terzo luogo egli pone il tipo di Roma combattente (Wehrende) che richiama assai da vicino quello dell'epoca repubblicana, cogli stessi attributi e lo stesso aspetto bellicoso. È da notare però che in questa divisione egli non tiene alcun conto delle differenze di tempo e però mette insieme indifferentemente tutte le monete da Augusto fino all'età barbarica, le quali presentano caratteri tali che le facciano corrispondere ad uno ovvero ad un altro dei tipi stabiliti.

Ora, un tal metodo, come si vede, potrà essere utilissimo per ordinare sistematicamente le impronte imperiali che rappresentino l'effigie di Roma, ma non mi sembra che sia il più acconcio per porre in rilievo lo sviluppo e lo svolgimento storico che l'effigie stessa ha subìto. Questo difetto, del resto, è una necessaria conseguenza dell'aver fondato lo studio unicamente sulle monete: e già, come avevamo osservato fin dal principio, per tutto il tempo della repubblica, esse sono sufficienti per formarsi un concetto esatto della rappresentanza di Roma ed anche del suo svolgimento, perchè questo segue più da vicino il progredire delle idee e dei sentimenti del popolo, mentre, nel tempo dell'impero, la varietà e la confusione dei tipi è tale, che sarebbe assai difficile mettervi un ordine, se non ci venisse in aiuto l'arte figurata.

Con un tale sussidio adunque ci proveremo noi di vedere quale è il tipo che predomina in ciascuna età, e quali sono le ragioni per le quali esso meglio corrisponde alle condizioni del tempo.

L'impero, per conseguenza, resterà diviso in tre grandi periodi che rappresentano le tre grandi mutazioni della società romana e corrispondentemente della rappresentanza di Roma. Il primo da Augusto ad Adriano, cioè lo stabilirsi dell'impero e il suo consolidamento; il secondo dagli Antonini a Costantino, cioè il periodo filosofico ed il principio della decadenza; il terzo ed ultimo da Costantino alla caduta dell'impero occidentale, cioè la traslazione della sede, lo stabilirsi della nuova Roma e perciò il nascimento di una nuova personificazione e le ultime trasformazioni della figura dell'antica prima di quelle delle età barbariche e del medio evo.

§ 1. — DA AUGUSTO AD ADRIANO.

La figura della dea Roma comparisce così raramente nelle impronte augustee, che si starebbe a cattivo partito volendosi fare un'idea della trasformazione di quel tipo durante l'accennato periodo di tempo, se non vi fossero altre rappresentanze. Tuttavia la moneta di Amiso, di cui abbiamo già parlato innanzi, ed altre portate dal Morelli (1) ce la mostrano ancora secondo il tipo consueto, cioè colla veste amazzonica e colle solite armi: una differenza però è da notare in ciò, che ella ha in questi tipi quasi costantemente una piccola immagine della Vittoria nella mano. Nella moneta di C. Vibius Pansa la figura della Vittoria era divenuta assai piccola ed incoronava Roma volando; ora è addirittura un suo attributo. La dea Roma adunque prende l'aspetto di divinità nicefora, ciò che la pone subito in un grado più elevato della semplice personificazione della città. Ma questa circostanza sarebbe di ben poco valore, se nel resto la rappresentanza non avesse acquistato una maggiore dignità. Per mettere in chiaro quest'idea ci serviremo di un bassorilievo che si conserva nel cortile del palazzo Mattei in Roma e che fu già pubblicato dal Winckelmann e da Raoul Rochette ed oggetto di vive discussioni. Ultimamente però il Reifferscheid e il Lübbert (2), che se ne occuparono, mi sembra che abbiano posto fine alla controversia.

La rappresentanza di questo rilievo è come divisa in due nel senso della lunghezza. Nel mezzo, in basso, giace una figura di donna seminuda che dorme, verso la quale si avanza da sinistra un giovane, anche esso nudo, coll'elmo in capo: nel fondo il dio del sonno sporgendo fuori, sembra versare da un corno un qualche sonnifero sulla vergine perchè non si desti. Alla destra di questo gruppo, pure in basso, giace la dea *Tellus* volta di spalle e coronata di spiche,

---

(1) *Thes. num. imp.*, tav. XLIII, 19, 20: Testa di Germanico a s. ℞ Roma seduta su trono a s. con Vittoria coronante nella s. e parazonio nella d. con abito succinto *exerta mamma*, tav. XLVI, 4, 5: Testa di Augusto laureata a d. ΣΕΒΑΣΤΟΣ ΚΤΙΣΤΗΣ ℞ ΚΛΑΖΟΜΕΝΙΩΝ; Roma stante galeata con abito amazzonico, scudo nella s. e asta nella d.

(2) *Mem. dell'Ist. di corr. arch.*, II, 143, 464.

e alla sinistra un dio marino generalmente chiamato Oceano. Al disopra di questo siede il Tevere col remo in mano, e all'estremità sinistra il quadro è compiuto da una figura femminile seminuda in piedi. Nella parte superiore poi, una corona di divinità sono come spettatrici del fatto. Per ispiegare il presente rilievo furono tratte in campo naturalmente la leggenda di Peleo e Teti, quella di Marte e Venere e quella di Marte e Rea Silvia. Quest'ultima è sostenuta dal Lübbert (1) ed il Reifferscheid (2) dal genere del lavoro e dalla unione della divinità si fa strada all'idea che il rilievo sia dell'età di Augusto. Alla destra adunque, nella parte superiore, siede maestosa Giunone colla stephane in capo e lo scettro in mano; appresso a lei da sinistra una figura di donna coll'elmo in capo, che non si può scambiare con Minerva (la cui immagine che segue è caratterizzata da un albero di olivo a cui si appoggia e dal serpente) e che perciò è interpretata come Roma. Essa non è solo spettatrice del fatto, ma in certo modo vi prende parte rivolgendosi a Giunone perchè protegga il connubio dei genitori di Romolo. Alla sinistra di Minerva è Vulcano colla exomis e la face ed accanto a lui due figure, d'una delle quali si vede solo la testa, che il Reifferscheid crede *Liber* e *Libera*.

Continuando appresso poi alla sinistra di Marte, Apollo, poi Diana appoggiata ad un albero di alloro in corrispondenza con Minerva, poi Mercurio e Vesta, tutti caratterizzati dai loro attributi. Questa interpretazione, che è quella del Reifferscheid, mi sembra la più probabile ed assai giusta l'osservazione che egli fa sopra l'unione di queste divinità. Egli dice: « Questa riunione di dèi è formata da quelli del «Palatino e quelli dell'Aventino che, insieme col dio Tevere, «ci si offrono come spettatori e testimoni dell'avvenimento «più solenne per la città di Roma ».

(1) *Mem. dell'Ist.*, II, 14?.
(2) Ivi, 464.

Noi aggiungeremo che il vedere Roma tra queste divinità è una particolarità assai nuova e che sorprende grandemente; tuttavia non parrà strano se si pensa che tutti quei numi essendo scesi in terra per proteggere colla loro presenza il congiungimento di Marte con Rea Silvia, è naturale che ad essi si unisca quella Roma che vedemmo già immaginata come moglie di Ascanio e perciò progenitrice di Rea e protettricé di lei, del suo figlio e della città da lui fondata. Ma anche più conveniente si vede essere la figura di Roma in questa composizione poichè tutti quei numi hanno in tal caso semplice carattere di personificazione del Palatino, dell'Aventino e del Tevere e perciò ella stessa resta al grado di personificazione dell'intera città. Quanto all'essere Roma qui completamente vestita, ciò può derivare o dall'averle voluto dare l'artista una figura più maestosa dovendola porre insieme cogli altri numi, ovvero da alcune altre rappresentanze della età di Augusto che ce la mostrano pure interamente coperta perchè figurano Livia sotto le sembianze di Roma.

Tali sono le due preziose gemme del Gabinetto imperiale di Vienna (1), la prima delle quali rappresenta nella parte inferiore fatti allusivi alla vita di Augusto e nella parte superiore Augusto seduto a destra sotto le sembianze di Giove, collo scettro nella mano sinistra ed incoronato dal di dietro da Cibele, presso cui è Nettuno, per indicare così che Augusto signoreggia la terra ed il mare. Alla sua destra siede Livia sotto le effigie della dea Roma col capo coperto di ricco elmo, vestita di lungo chitone, coll'asta nella destra ed il parazonio nella sinistra. Da questa parte segue Germanico in piedi vestito militarmente, poi Tiberio togato sul carro: una figura seminuda che si appoggia al trono dell'imperatore è creduta dall'Eckhel Agrippina. L'altra gemma ci fa vedere le sole due immagini di Augusto e

(1) ECKHEL, *Choix des pierres gravées*, tavv. I, II.

Livia; egli simile a Giove Olimpico col doppio corno nella destra e lo scettro nella sinistra; ella simile alla dea Roma, vestita come nell'altra gemma e colle mani poggiate sopra uno scudo che regge sulle ginocchia. Anche il dotto illustratore del Gabinetto imperiale osserva che l'artista le ha dato qui un abito più decente dovendo ella rappresentare Livia. Che questo costume però non sia stato seguito di poi, ce lo mostrano le altre rappresentanze che si possono assegnare a questo medesimo tempo. Tra le monete dei Cesari quelle che più frequentemente portano sul rovescio la figura di Roma sono le Neroniane. In esse la dea è quale l'abbiamo già veduta in abito succinto, seduta sopra un mucchio di armi e colla Vittoria nella destra (1) ed oltre a queste monete la stessa effigie è posta in un bassorilievo di villa Medici edito dal Bartoli (2). Il soggetto sembra che siano i vicennali di qualche imperatore la cui persona manca. Roma è la figura principale e siede maestosamente volta verso destra, vestita col suo solito costume di amazzone, reggendo colla destra uno scettro sormontato da un'aquila che stringe negli artigli i fulmini. Un'altra figura di donna alla destra del rilievo, intieramente vestita e col capo cinto di torri, sta inginocchiata in atto supplichevole innanzi ad una donna che scrive sopra uno scudo

VOTIS ✹ X

ET XX ✹

la quale è certamente una Vittoria. Alla destra pure del rilievo si allontana un uomo calvo ed imberbe, vestito con una specie di lunga clamide, colla lancia sul braccio sinistro e la destra sul petto: ma di questa figura, che Zoega crede

---

(1) COHEN, « Med. imp. Neron. », nn. 52, 53, 54, 150, 190, 197, 199, 200-203, 219-240, 262, 263, 264.

(2) *Admir. Urbis Romae*, 12, 13; ZOEGA, app., 381, 32.

interamente moderna, assai poco di certo è antico: forse il
collo, la parte inferiore del capo e la lancia colla spalla sinistra: ma quello che è rimasto della testa ci basta per
poter affermare che la rappresentanza è anteriore ad Adriano,
essendo un uomo imberbe. Quanto s'accordi in questo rilievo l'effigie di Roma con quelle che sono sulle monete
di Nerone non è a dire, poichè non solo le vesti, ma eziandio
gli attributi e la posizione e la dignità dello sguardo concordano in tal modo da farci intendere chiaramente esser
questo il vero tipo che si mantenne costante in tutto quel
lungo periodo che corre da Augusto ad Adriano. Ma anche
meglio conviene colle monete Neroniane la statuetta del
museo Pio Clementino (1), della quale abbiamo già parlato.
Questa osservazione, fatta già dal Bunsen nella *Beschrei-*
bung (2), lo porta alla conclusione abbastanza giusta di porre
nella mano sinistra della detta figura una Vittoria o forse
meglio un globo sormontato dalla Vittoria, in luogo dello
scettro di cui l'ha insignita il moderno restauratore.

   Poste le quali cose, ogniqualvolta noi troveremo l'effigie
di Roma in questo aspetto, potremo ascrivere la rappresentanza con grande probabilità ai primi tempi dell'impero,
semprechè il genere del lavoro o qualche altra circostanza
non la dimostri di altra età. Crederei perciò anteriore ad
Adriano il frammento di sarcofago che si conserva nel palazzo Camuccini in Roma. Per quanto mutilato, si può riconoscere un lavoro non cattivo, ma non è possibile interpretare sicuramente l'azione rappresentata, se non forse
essa sia un sacrificio. La figura meglio conservata è anche
qui quella di Roma che siede a destra, questa volta sopra
una roccia (3) colle vesti consuete e lo scettro nella mano
sinistra. Presso di lei un fanciullo con veste barbara, poi

---

(1) Visconti, *M. P. Cl.*, II, 15.
(2) Vol. II, II, 251.
(3) Cf. la moneta di Vespasiano: Cohen, I, 315, nn. 375 a 376.

un avanzo di figura militare forse sacrificante, ed un'altra figura virile con tunica e mantello, di cui mancano pure le estremità. Non è questo il luogo di proporre una restituzione di questo avanzo nel quale la effigie di Roma non ha subìto alcuna modificazione, ma crediamo utile di aver tratto fuori un tal monumento, essendo assai raro il trovare la dea Roma rappresentata sui sarcofaghi, e però allorchè vi si vede, si può concludere con qualche probabilità che il sepolcro abbia chiuso le spoglie di un qualche illustre personaggio, poichè ella di solito trovasi effigiata insieme o coi numi ovvero colle persone della famiglia imperiale.

Un altro monumento che, sebbene manchi di ogni emblema, possiamo ascrivere al miglior periodo dell'arte, è il celebre busto Borghesiano, del quale ammirato oltre ogni credere il Visconti dice (1): «I capelli che si mostrano «sulle tempie fuori della celata sono lavorati con molto «gusto, quasi in quella foggia che osservasi nei lavori di «bronzo. I lineamenti del volto e i contorni tutti sono «disegnati con somma intelligenza e con una certa finezza «che ci fa comprendere non aver fiorito l'artefice in quei «tempi, quando il lusso della capitale ammolliva e cor-«rompeva le arti della vinta ed ammirata Grecia». Che in questa testa sia rappresentata Roma e non Minerva si riconosce chiaramente dalle due lupe scolpite, una per ciascun lato dell'elmo, dallo sguardo fiero e superbo che distingue in modo sicuro l'una divinità dall'altra; ed a questo proposito il Visconti stesso (2) riferisce le idee del Winkelmann e dice che secondo questo autore «i distintivi «del volto di Pallade sono la serietà scevra da ogni de-«bolezza del sesso che sembra aver dominato Amore me-«desimo, una immagine di pudor virginale che dà un

(1) *Mon. scelti Borghesiani*, tav. XXXIII, 257.
(2) *Museo Chiaramonti*, 121.

« certo abbassamento alle luci come chi tranquillamente
« medita, quando Roma, altera dominatrice del mondo, gira
« all'opposto franche le luci e mostra un'aria feroce ».

Terminata la famiglia dei Cesari, l'impero è preso per
breve tempo da Galba, il quale sembra si credesse ripara-
tore dei guasti fatti alla città dall'incendio neroniano e
delle sevizie sofferte dai cittadini sotto il governo dello
stesso Nerone, tanto sono frequenti le monete che ci mostrano al diritto la testa di Galba e dall'altra parte la figura
di Roma inginocchiata dinanzi all'imperatore che la solleva, ed intorno scritte le parole: ROMA RESTITVTA,
ovvero anche con altre rappresentanze, ROMA RENASCES
od anche RENASCENS e spesso in piedi con abito militare (1). Così per la prima volta vediamo Roma in posizione umile: una moneta, in cui si accenna forse quali fossero questi benefici fatti da Galba alla città, la mostra vestita
militarmente colla scritta: ROMA R. XL, che il Morelli
interpreta per *remissae quadragesimae* (2).

Queste stesse rappresentanze restituite da Vitellio (3)
e poi da Vespasiano (4) non sono certo da tenersi in gran
conto: tuttavia è da notare che il tipo tradizionale non si
perde, anzi continua con qualche piccola modificazione
su quelle monete che mostrano Roma seduta, con un ramo
di alloro fra le mani e le parole ROMA VICTRIX (5).

---

(1) COHEN, « Med. imp. Galba », nn. 3, 4, 55-59, 60-64, 65-67.
VICTRIX, nn. 68-71. Così Roma in abito militare e in piedi, nn. 191-
200, ROMA RESTI, n. 201.

(2) MORELLI, loc. cit., III, 3, 4.

(3) MORELLI, op. cit., « Vit. num. arg. et aur. », II, 9; III, 3, 4;
IV, 2, 3.

(4) COHEN, op. cit., « Vesp. », n. 424, ROMA RESURGES S. C.
In questa moneta Roma è presentata a Vespasiano da Minerva.

(5) MORELLI, op. cit., « Galba », v, 15, 16; VII, 20, 23; « Vitellii
num. arg. », III, 9, 10; « ex aere magno », III, 2; « ex aere medio »,
IX, 1; « Vespasiani », VIII, 5, 6; XI, 10; XII, 7, 8.

Ma sebbene la *Roma victrix* posta su questi tipi abbia, come significato storico, ben poca importanza, come anche la *Roma restituta,* pure queste deviazioni dal tipo antico sono da notare perchè servono come di passaggio ad una nuova rappresentanza. Primieramente l'essere Roma in abito militare concorda assai bene cogli imperatori militari che seguirono la famiglia dei Cesari: in secondo luogo la sua figura che abbiamo veduto sinora sedente siccome si conveniva ad una personificazione di città, ora, per circostanze accidentali, ha preso atteggiamenti varî e la vedremo continuare per qualche tempo ad essere rappresentata così. Questo mostra che ella non esprime più solo la città o lo Stato, ma che la sua figura, atteggiandosi con movenze ed atti vari, acquista una vera personalità. Lasciando da parte le monete di Tito che continuano l'antica tradizione artistica, l'arte figurata ci fa vedere questa mutazione della rappresentanza che corrisponde naturalmente ad una maggiore idealità nel concetto. Sull'arco di Tito vi sono due figure di Roma: l'una sulla chiave, dalla parte che guarda l'anfiteatro Flavio, l'altra nell'interno. La prima è stante e coll'asta in mano e non ha per noi grande importanza, essendo una figura di pura decorazione e seguendo perciò il tipo delle monete: l'altra invece, vestita forse anche essa come la prima (1), precede il carro su cui sta Tito trionfante e coronato dalla Vittoria (2). Questa nuova movenza è dunque quella che dà alla figura un significato simbolico nuovo. Quella che conduce il carro del trionfatore non può essere nè la città, nè lo Stato, giacchè sarebbe una assai strana personificazione: nè si potrebbe intendere come la città conduca dentro la città l'imperatore. Dunque la Roma rappresentata in quell'atteggiamento dovrà essere una vera divinità, una Roma celeste che dall'Olimpo regola i destini della

(1) Non si può riconoscere essendo guasta la figura.
(2) ROSSINI, *Archi trionfali,* tavv. XXXVI, XXXIV.

Roma terrestre, ne protegge la vita e la ricolma di glorie e di trionfi. Non possiamo perciò accettare quelle parole del Kenner (1) colle quali egli afferma che durante l'impero ogni aura di idealità sparì dalla personificazione di Roma e ciò perchè l'idea del *genius,* da cui prima ella era animata, passò ad incarnarsi nell'imperatore. E ciò è vero, ma appunto perchè questi divenne il *genius populi romani* anche la personificazione di Roma crebbe in idealità, avviandosi ad essere una vera dea nel sentimento del popolo, come avvenne più tardi. Possiamo dire per conseguenza che, anzi, quanto più il popolo col progredire dell'impero restava escluso dalla vita politica, quanto più la città perdeva la sua fisionomia caratteristica, a cagione della mescolanza dei popoli, ed era soggetta alle dolorose vicende dei continui mutamenti di governanti, tanto più gli affetti si concentrarono su questa Roma ideale che si vagheggiava splendida e felice, maestosamente assisa tra i celesti e che scendeva di quando in quando in terra a far sentire il suo spirito divino aleggiante tra le bassezze umane. Nè questa mutazione del sentimento del popolo poteva osservarsi limitandosi allo studio delle impronte monetarie, giacchè anche i conii di Domiziano (2) e Traiano (3) sono presso a poco uguali agli altri già asservati.

Di quest'ultimo però abbiamo un importante ritorno agli antichi concetti nella restituzione di quel denario repubblicano sul quale è Roma seduta in mezzo ai due avvoltoi e la lupa sul dinanzi (4). E qual valore abbia questa

---

(1) « Nur diese Veränderung ist zu bemerken, die in der Auffas-« sung ihres *(Romas)* Gedankenkreises vor sich ging, dass selbst der « noch so geringe ideale Hauch aus dem Inhalte ihrer mythologischen « Formen entschwand sowie die Idee des Genius auf den Imperator « überging », p. 29.

(2) MORELLI, op. cit., LXVII, nn. 15, 16.

(3) COHEN, « Med. imp. Trajan. », nn. 68, 69, 204, 217, 289, ecc.

(4) COHEN, « Med. cons. », tav. XLV, n. 18, p. 340, n. 13.

figura, ripristinata al tempo di Traiano, cioè nel periodo più felice dell'impero, quando il dominio romano aveva raggiunto la sua massima ampiezza e i vaticinî antichi si erano interamente avverati, ognuno lo può vedere. Così, senza uscire dai tipi fin allora usati, fu rimesso in vigore quello che, dando alla figura di Roma un carattere così mistico, s'accordava in modo singolare col sentimento del popolo.

Anche sugli archi eretti·in onore di Traiano si vede più di una volta effigiata Roma. Il bassorilievo, che finì poi per adornare l'arco di Costantino (1), ci mostra alla destra la battaglia ed alla sinistra la figura dell'imperatore coronato dalla Vittoria, e presso di lui Roma in piedi colla galea in capo e col corto abito succinto. Essa regge colla destra un frammento di asta e colla sinistra un oggetto che il Rossini dice confusamente accennato, mentre il Bellori (2) lo definisce un parazonio. Questo, che è un simbolo tutto militare, l'abbiamo veduto scomparire da che la figura ha assunto come emblemi lo scettro ed il globo: sarebbe perciò abbastanza strano il trovarlo di nuovo in questa rappresentanza: ma siccome in essa Roma sembra scesa in terra ad assistere Traiano nella battaglia, si può supporre che abbia ripreso le antiche sue armi.

L'arco di Traiano in Benevento (3) porta sulla chiave la figura di Roma con tunica e paludamento, col globo nella destra ed asta nella sinistra. Questo emblema del dominio terrestre, che prima era sotto i piedi di lei, ora, posto nelle sue mani, ci fa vedere con quanta maggiore tranquillità ella domina ora il mondo: poichè, invece di tenerlo soggetto a sè colla forza, ne mostra il possesso sorreggendolo colla mano con quella sicurezza di chi si

(1) ROSSINI, op. cit., tav. LXX; gran bassorilievo di Traiano.
(2) BELLORI, *Archi trionfali*, tav. XLII.
(3) ROSSINI, op. cit., tav. XL.

fida della propria potenza divina: e si noti che questo emblema non più si vede sotto di lei. Nello stesso arco il Rossini (1) crede di vedere effigiata Roma sotto la figura di Berecinzia che assiste ad una distribuzione di grani, ma io non riconosco alcun tratto caratteristico in essa che possa farla ravvisare. Ma se anche qui fosse rappresentata Roma, sarebbe necessariamente la divinità ispiratrice del generoso atto all'imperatore.

§ 2. Da Adriano a Costantino.

Giunto al massimo splendore l'impero, anche la rappresentanza di Roma salì al massimo grado di idealità e di magnificenza. Al tempo di Adriano Roma era già divenuta il centro dove tendevano e dove si mescolavano tutte le nazioni della terra; allora si accentuò quella sua caratteristica che la distinse anche ai tempi moderni, che, cioè, se ella non fu madre di tutti gli artisti e poeti, ne fu però la maestra e l'ispiratrice.

Di tutte quelle città che vantavano origine divina nessuna certo era stretta cogli dèi da legami tanto forti quanto Roma, il cui principio si rannodava a Venere e Marte. Di tutte quelle città nessuna era ormai più libera: molte distrutte: nessuna così potente, così illustre, così grande. Di tutte quelle città nessuna aveva verificato in sè in modo così pieno le promesse divine quanto Roma. Essa aveva come data una riprova della sua discendenza da Marte coll'aver soggiogato il mondo: da circa nove secoli il nome romano, prima oscuro e ristretto, si era continuamente andato allargando fino a non conoscere più limiti: nè per questo era scemata l'intensità del potere magico che ella operava sugli

(1) Op. cit., tavv. XXXVIII-XLIII, tav. III dell'Arco.

animi: anzi colla sua grandezza aveva, per dire così, rimpiccolito il mondo:

> « Gentibus est aliis tellus data limite certo
> « Romanae spatium est urbis et orbis idem »

aveva già cantato Ovidio (1) quando si preparava il dominio universale di Roma: ma al tempo di Adriano quel sentimento era di tutti.

L'antichità adunque a cui rimontavano le prime memorie romane e le sue glorie contribuivano a colpire fortemente la fantasia del popolo ed a dare alle cose un certo colorito mistico che portava naturalmente alla venerazione (2).

Intanto però gli uomini avevano poco a poco perduta interamente la fede, sentivano dentro di sè un vuoto terribile. Il nome della patria, gli ideali politici avevano cessato già da molto tempo di far battere i cuori.

Gli dèi dell'Olimpo erano caduti l'uno appresso dell'altro e le misteriose divinità orientali avevano finito per essere esse pure vuoti nomi e non avevano fatto altro che accentuare la tendenza dei Romani alla superstizione. La filosofia aveva invaso le menti di tutti, e stoici e platonici ed epicurei cercavano tutti un ideale, senza però poterlo raggiungere mai. D'altra parte gli uomini avevano bisogno di una fede che tenesse luogo di quella politica e religiosa, ed a ciò, non bastando nè le vecchie tradizioni della mitologia greca nè la filosofia, bastò appunto la superstizione. Perciò, mentre in Roma si accalcavano nuovi riti e nuove forme di culti, la superstizione divenne gigante e divenne

---

(1) *Fasti*, II, v. 683.

(2) Confronta ciò che narra S. Agostino (*De haeresibus*, VII) di una donna della setta carpocraziana che adorava Cristo ed Omero: nè essa comprendeva certamente l'eccellenza poetica del cantore di Troia, ma sì la lontananza del tempo e sì la grandezza delle cose da lui narrate riempivano l'animo di lei di tanta ammirazione verso quell'uomo che ella si piegava naturalmente ad adorarlo.

comune e ferma la credenza della misteriosa predestinazione di Roma.

In questo stesso tempo, quasi come conseguenza degli altri appellativi che ebbero vigore sotto Vespasiano e sotto Tito, vien fuori quello di *Roma aeterna* (1), nome che ci fa vedere che, sebbene fossero dimenticate o derise le antiche favole, ne restavano tuttavia gli effetti. Così ciò che prima era un vago presentimento divenne certezza: oscure e lontane erano le origini di Roma e misterioso e fantastico se ne presentiva l'avvenire: questo però era certo tuttavia che ella non doveva perire. Un soffio divino aveva improntato su di lei un carattere di eternità, ponendola così d'un tratto fuori della legge comune della mutazione e distruzione di tutte le cose. Nel medio evo si disse: « Quamdiu stat Colysaeus stat et Roma: quando cadet « Colysaeus cadet et Roma: quando cadet Roma cadet et « mundus » (2).

Ora questa idea trova le sue radici nella Roma eterna di Adriano, e già Tacito (3), allorchè riferisce l'editto di Tiberio per far cessare il popolo dalle lamentazioni per la morte di Germanico, fa dire all'imperatore: « Principes « mortales, rempublicam aeternam esse ». Lo storico, pieno anche esso della superstizione comune per questa grande idea di Roma, trasporta i tempi di Tiberio ai suoi, e suppone che nelle moltitudini di quella remota età un accenno alla eterna potenza della repubblica avrebbe fatto tanta impressione quanta al tempo in cui egli scriveva.

Roma adunque, che sì nella letteratura che nell'arte aveva dapprima rappresentato la città fondata da Romolo e poi lo Stato, come abbiamo veduto a proposito del *s·-*

(1) PRELLER, op. cit., p. 357. Cf. anche il medaglione del museo Tiepolo coll'epigrafe: « Urbs Roma aeterna ».

(2) GRAF, *Roma nella memoria, nella immaginazione del medio evo*, I, 119-120, n. 31.

(3) *Ann.*, III, 6, e cf. anche il GRAF, II, XXII.

gnum reipublicae di Suetonio, divenne una vera divinità. Così quella Roma che aveva da eroina combattuto a fianco di Romolo, di Camillo, di Scipione e di Cesare, aveva abbandonato la terra e proteggeva dal cielo colla sua mente quello Stato, cui colla forza del suo braccio ella aveva dato la vita. Tale sarebbe stata la leggenda di Roma se i poeti l'avessero cantata, o meglio tale essa fu quale ci è messa innanzi dall'arte; nè si dovrà trascurare di tenerne conto, pensando che è utile conoscere tutte le leggende di un popolo, anche quelle che non si sono completamente svolte, ma di cui possediamo tutti gli elementi. Di più, poichè anche l'arte è una veste particolare del pensiero, si dovranno dire vere leggende anche quelle che non ci sono narrate che dal marmo (1).

Certamente però pei Romani, la cui religione era subordinata alla politica, dovette acquistare un gran valore una divinità che riuniva in sè anche l'idea dello Stato.

Ma mentre gli altri dèi furono dapprima adorati per vero sentimento religioso e terminarono per essere pure forme e puri simboli della religione ufficiale, Roma all'opposto, che cominciò coll'essere solo un'allegoria esprimente la città di Romolo ed il popolo romano, terminò per avere un sincero culto allorchè prese origine la leggenda della sua eternità e de' suoi destini celesti.

La trasformazione di questi sentimenti si riflette nella forma in più modi: ma in generale si può dire che la figura di Roma assume in questo tempo un carattere assai più dignitoso e veramente divino, sicchè si raccosta molto più nelle vesti e nella maestà a Minerva. Due sole cose però la distinguono da lei: l'atteggiamento fiero e superbo

(1) Anche la letteratura però tratta in certo modo la leggenda di Roma assai spesso. LIVIO, I, 6, fa predire da Romolo a Procolo i destini della città; così CLAUDIANO (loc. cit.) e SIDONIO APOLLINARE (paneg. ad *Majorianum*); VIRG., *Aen.*, I, v. 278; SERVIO, ad *Aen.*, IX, v. 188; RUTILIO NUMAZIANO, *Itiner.*, I, v. 133.

del volto ed il carattere matronale della persona. La distingue ancora la foggia speciale dell'elmo che ha sul dinanzi un ornamento simile ora ad un diadema, ora ad una cinta di torri. Le vesti di cui è coperta poi sono quasi sempre tunica talare e manto, e le armi l'asta pura, simbolo di divinità, e lo scudo in luogo del parazonio, simbolo di virtù militare. Finalmente ella siede assai più spesso sopra un trono che sopra un mucchio di armi, come nelle figure dei tempi precedenti. Ed infatti è assai più proprio per lei, divenuta dea, un trono come quello degli altri numi di quello che una congerie di armi che le si addice meglio quando è immaginata come Roma *ergane*.

La figura di Roma era dapprima necessariamente sedente per un significato tutto materiale, non convenendo che una personificazione di città fosse rappresentata in altro modo: in seguito però, staccandosi da questo significato materiale, prese atteggiamenti propri di una persona, ed ora finalmente torna ad essere quasi sempre seduta perchè questa posizione è propria di una divinità superiore.

Potremo prendere come tipo di una tale rappresentanza della dea Roma la famosa pittura Barberiniana. Sarà inutile ripetere la storia del ritrovamento (1) di essa presso il battistero del Laterano, circostanza che diede origine alla opinione che appartenesse al secolo iv: ma il Bunsen pensa che invece debba ascriversi ad un tempo migliore per le arti (2), e così anche il Winckelmann (3) ed il Preller (4), il quale non sembra lontano dall'accettare

---

(1) Avvenuto il 7 aprile 1655, secondo che il Wickelmann vide in una lettera ms. del comm. del Pozzo a Nicolò Heinsio, ed anche secondo ciò che è scritto sulla copia che ne fu mandata a Ferdinando III.

(2) Bunsen, *Beschreibung*, III, ii, 436.

(3) *Storia delle arti*, II, 408.

(4) Op. cit., II, 357, n. 3.

l'idea del von Duhn che suppone la pittura fatta sotto il diretto influsso del tempio di Venere e Roma. È inutile ancora spender parole a descriverla, mentre basta solo dare un'occhiata alle riproduzioni che ne sono state fatte (1) per convincersi che questa pittura, benchè più modernamente restaurata, se non è del tempo costantiniano è certamente posteriore ad Adriano e perciò ci può servire per riconoscere le altre rappresentanze posteriori a quell'imperatore. Infatti parecchie statue presentano tal somiglianza coll'accennato monumento Barberiniano che non si può a meno di riconoscere che debbano appartenere circa al medesimo tempo. Tale è, per esempio, una statua di grandezza naturale posta all'ingresso della villa Medici. Il soggetto del lavoro è certamente la personificazione di Roma: le vesti sono di marmo grigio, mentre le parti scoperte sono di marmo bianco. Ad onta dei numerosi restauri, essendo di lavoro assai buono, ne diamo in fine una riproduzione (2). Nella stessa villa Medici v'è un'altra statua, ma di grandezza colossale, all'estremità della gran piazza che prospetta il casino (3). Lo Zoega dice che questa è l'*unica* statua grande di Roma, poichè le altre, secondo lui, sarebbero invece Minerva a cagione dell'egida (4). Ma in primo luogo più di un'altra rappresentanza, come quella citata di sopra, non ha sopra di sè un tale ornamento, e se sopra alcuna esso si ritrova, ciò non può fare alcuna difficoltà. L'egida essendo passata ad ornare le corazze degli imperatori, poteva benissimo stare sul petto di Roma, e così è che io crederei che il simulacro posto sulla fontana di Campidoglio sia veramente questa dea, mentre questa opinione fu contrastata appunto a cagione dell'egida. In secondo luogo, se anche questo

---

(1) *Archäologische Zeitung*, anno 1885, p. 23, tav. 4.
(2) Tav. II.
(3) Edita dal BALTARD, *La villa Médicis à Rome*.
(4) *Bassoril.*, I, 150.

attributo di Minerva si trova sul petto di Roma, restano sempre le altre caratteristiche che impediscono di scambiare una dea coll'altra. Il Bunsen (1), parlando della statua colossale di villa Medici, chiama inverosimile la supposizione dello Zoega (2), secondo cui esso sarebbe una copia di quello del tempio di Adriano. Ad ogni modo sarebbe una copia assai tarda, ma la posizione stranamente raggomitolata della figura dà ragione al Bunsen. Piuttosto potrebbero credersi tali l'altra già citata di villa Medici o quella che è sotto il portico in fondo al cortile del palazzo dei Conservatori (3), o l'altra semi-colossale che prospetta lo ingresso del palazzo di villa Albani dalla parte interna (4). Anche questa ha le vesti di marmo bigio ed il resto di marmo bianco; ma di queste parti solo la testa sembra antica, e forse neppure essa appartiene alla statua (5). Alle rappresentanze di cui ci siamo or•ora occupati e che non hanno indosso l'egida, conviene contrapporne un'altra che più non esiste in Roma, essendo stata da poco trasportata ad Arsoli. Essa adornava il piazzale della villa Massimo ed era creduta rappresentare la Giustizia, mancandole gli attributi che doveva aver nelle mani. L'insieme di questa figura però non può lasciar dubbio che ella non sia Roma e, per ciò che poco più innanzi abbiamo detto, non può far difficoltà a questa interpretazione la testa di Medusa onde è ornata la corazza di cui la dea è coperta.

Del resto, ciò che riferisce Flaminio Vacca nelle sue memorie (6) non saprei se si debba attribuire a questa od all'altra statua colossale di villa Medici: poichè quel dili-

---

(1) Op. cit., III, II, 602.
(2) *Bassorilievi*, I, 141 e sgg.
(3) Edita dal MONTAGNANI, *Museo Capitolino*, tav. II, 25.
(4) Quantunque di lavoro non eccellente, è migliore di quella colossale edita dal Baltard.
(5) V. tav. III in fine.
(6) N. 41.

gente raccoglitore ci fa sapere che quella che fu trovata sulla piazza del Quirinale fu comperata dal card. di Ferrara, *« che la condusse nel suo giardino presso Monte Cavallo »*. Questo giardino fu poi espropriato da Gregorio XIII per farvi quello annesso al palazzo pontificio, perciò questa statua fu probabilmente allora mandata in dono piuttosto che venduta. Resterebbe perciò a sapere se fu regalata al card. Medici ovvero al card. Montalto che fu quegli che fece fare il piazzale della villa alle Terme e vi fece erigere quel monumento (1).

Le monete di Adriano ci dimostrano ancora una volta come non si debba fidare intieramente sulle loro rappresentanze. Il cambiare di un tipo è cosa di tanta importanza che deve naturalmente accadere con una certa difficoltà. Così è che sulle monete si trova ancora spesso Roma in abito succinto (2) ed inoltre con abito talare, ma con una mammella scoperta (3), circostanza che ci fa subito intendere come, per trasportare sulle monete l'effigie di Roma qual'era data dall'arte, le si aggiungeva il segno del petto ignudo che, richiamando alla memoria l'antico tipo, la rendeva riconoscibile a chiunque. Del resto non mancano anche monete sulle quali Roma ha in tutto e per tutto la figura stessa che abbiamo veduto nelle statue di villa Albani e di villa Medici (4), anzi in alcuni casi ha anche un ramo di ulivo tra le mani, siccome attributo di eternità (5), ovvero l'appellativo di *felix* (6). Resterebbero perciò alcuni pochi tipi nei quali è figurata indubbiamente Roma con

---

(1) MASSIMO, *Notizie istoriche della villa Massimo.* In quel volume è anche edita la statua di cui si parla.

(2) COHEN, op. cit., « Adrian. », nn. 79-84, 95, ecc.

(3) COHEN, « Med. imp. Adrian. », nn. 714, 715.

(4) Ivi, nn. 1097, 1106.

(5) Ivi, n. 1304.

(6) Ivi, n. 714.

abito succinto (1): in due di essi però si capisce subito la ragione del ritorno all'antico tipo, giacchè si celebra il ritorno di Adriano cui Roma va a stringere la destra, e perciò diviene nuovamente la personificazione della città; il terzo poi esce addirittura dalle forme consuete, poichè in esso Roma ha tra le mani il corno dell'abbondanza, attributo rarissimo e che allude in genere a qualche spedizione di grani. Nè si deve credere poi che la trasformazione del tipo sia così generale da non ammettere eccezioni: si intende bene che la varia mente dell'artista od il vario scopo a cui serviva il lavoro poteva modificare in tutto od in parte la figura stessa: così, p. e., il bassorilievo che si conserva nella villa Albani (2) è una di tali eccezioni. Noi però non crediamo opportuno di diffonderci a parlare di quel monumento illustrato già dallo Zoega (3) e del quale pei numerosi restauri è difficile dire con sicurezza qual parte sia certamente antica.

Anche altre figure dei tempi successivi ritornano pure al tipo antico, senza però perdere quella dignità che avevano acquistata coll'accostarsi a Minerva nella recente trasformazione come quella del *musaico marmoreo del principe Colonna* edita ed illustrata del Tomassetti. Un'altra di queste è effigiata sopra una base che si conserva alla villa Pamphili in Roma (4), edita ed illustrata dal Winkelmann (5) e poi in modo più preciso e sicuro dal Köhler (6). Questi, oltre al riconoscere una base in luogo di un'ara, ha poi dato una giusta interpretazione alle figure che vi sono scolpite secondo che si poteva pei guasti loro. L'imperatore Antonino Pio, adunque, togato e coronato d'alloro

(1) Cohen, nn. 79, 95.

(2) Bunsen, *Beschr.*, III, II, 472.

(3) Zoega, *Bassorilievi*, I, tav. 31.

(4) Bunsen, op. cit., III, III, 632.

(5) *Mon. ined.*, parte III, 233.

(6) *Ann. dell'Ist.*, anno 1863, p. 197; *Mon. dell'Ist.*, VI e VII, tav. LXXVI, 1-3, e in modo alquanto differente dal Purgold, *Misc. Capit.*, 1879, 22. Cf. anche Zoega, App., 355.

sorregge colla sinistra una specie di scettro che termina con una piccola mezza figura che il Bunsen crede un penate. Alla sinistra dell'imperatore la figura di Roma rappresentata con abito succinto, coll'elmo in capo, colla metà del petto scoperta e cogli alti suoi calzari ai piedi. Appresso a lei un'altra figura muliebre che il Winkelmann e il Köhler sono pure concordi nel credere *Juno Lanuvina* a cagione della pelle di capra che le ricopre le spalle, dello scudo che ha nella sinistra e, come dice il Köhler, «di una certa rigidezza arcaica nell'attitudine». Dall'altra parte di Antonino segue Marte colla lancia nella sinistra, il parazonio nella destra, la clamide e lo scudo poggiato in terra: dopo Marte, Venere (forse *Venus genitrix*) col diadema in capo e l'asta nella sinistra (1). Dall'altro lato di Venere è una Vittoria colla palma nella mano ed appresso uno spazio vuoto, poi una figura virile imberbe, poi anche un'altra di cui sono rimasti appena i contorni e poi ancora un personaggio togato. Nello spazio vuoto, le traccie rimastevi essendo troppo basse per un uomo, si suppone che vi fosse scolpito un trofeo: le altre persone, poco riconoscibili, specialmente quella di mezzo, sono probabilmente appartenenti alla famiglia di Antonino cioè M. Aurelio, L. Vero e Commodo. Ora se noi ripensiamo l'insieme di questa composizione, non crederemo certo che la figura di Roma abbia perduto di dignità assumendo qui il suo antico costume amazzonico, essendo anzi ella nobilitata dal trovarsi in unione colle maggiori divinità dell'Olimpo. Dirò di più che è naturale che in questo rilievo ella abbia ripreso il suo tipo primitivo, poichè stando insieme con altre effige di numi era necessario che un chiaro segno la distinguesse. Così nell'altro rilievo che abbiamo già accennato della villa Albani nulla toglie alla

---

(1) Winkelmann, *Mon. ined.*, I, 37, parlando di Venere celeste dice che aveva per suo attributo l'asta e che perciò era detta Ἔγχειος.

maestà della figura la veste, essendo ella assisa presso un tempio, evidentemente eretto in suo onore e che, sebbene sia assai restaurato, pure è indicato da un avanzo di colonna che è antico.

Lascio ora da parte un altro bassorilievo di villa Albani, rappresentante un congiario di Antonino Pio (1), perchè in esso la figura che dicesi di Roma è espressa in tal guisa da rendere assai poco probabile quella interpretazione. Essa non ha elmo in capo e sta nell'atto di togliersi il balteo, circostanza che, secondo il Blessig (2), alluderebbero alla pace di cui godette lo Stato romano sotto l'impero di Antonino; ma noi abbiamo veduto che Roma, anche pacificamente rappresentata cogli ulivi, colle palme e colla cornucopia, non depone mai l'elmetto che è la sua caratteristica principale.

Ci resta perciò da esaminare l'apoteosi di Antonino scolpita nella base della colonna a lui innalzata da M. Aurelio, bassorilievo che si conserva nel giardino della Pigna al Vaticano (3). Antonino e Faustina sono portati in cielo da un genio, forse dell'eternità, che ha nella sinistra il globo su cui è scolpito lo zodiaco. In basso a sinistra v'è una figura seminuda che il Visconti assai ragionevolmente crede il genio del Campo Marzio poichè è caratterizzato dall'obelisco per rammentare « il luogo dove si fecero le esequie dell'imperatore ». A destra poi anche in basso Roma quasi giacente poggia i piedi sopra armi di vario genere ed è vestita precisamente come abbiamo veduto sopra qualche moneta di Adriano, cioè coll'abito talare, ma colla metà del petto ignuda.

Questa foggia di rappresentanza è, come abbiamo accennato, una specie di conciliazione tra la vecchia e la nuova

(1) Blessig, *Ann. dell'Ist.*, 1844, p. 115; *Mon. dell'Ist.*, IV, tav. iv.
(2) *Ann. dell'Ist.*, 1844, p. 155; *Mon. dell'Ist.*, IV, iv.
(3) Visconti, *Museo Pio Clementino*, V, tav. 29.

forma. Del resto sulle monete di Antonino Pio Roma (1) ha sempre la lunga veste e qualche volta ha persino tra le mani il palladio, cioè il sacro segno della città (2). Così anche su quelle di Commodo, il quale forse, per la sua pretensione della Roma commodiana, ebbe una predilezione speciale per la personificazione di lei (3). In alcuni tipi quest' imperatore unisce sempre più la propria persona colla dea Roma, ora facendosi da essa consegnare il globo, ora restituendo il tipo adrianeo dell'*adventus Augusti,* nel quale ella stringe la mano dell' imperatore, ora poi alludendo ad una prosperità annonaria che non sembra però fosse molto grande sotto il suo impero. Infatti le monete di Commodo pongono spesso tra le mani di Roma un corno di dovizie, ciò che farebbe credere a grandi opere fatte da quel principe pel benessere della città, mentre Lampridio (4) dice solo che « classem africanam instituit quae « subsidio esset si forte Alexandriae frumenta cessassent ».

Una insigne rappresentanza che ci mostra di nuovo Roma coll'abito di amazzone è quella che figura sul bassorilievo che si trova ora al palazzo de' Conservatori, e che in altri tempi decorava l'arco di M. Aurelio, demolito da Alessandro VII nel 1662 (5). Senza diffondermi a parlare lungamente della composizione di questo rilievo abbastanza conosciuto, noterò solo che anche qui assai opportunamente la figura di Roma riprende il tipo antico. Infatti, secondo

(1) COHEN, n. 1029.

(2) COHEN, «Ant. », n. 934.

(3) COHEN, « Commodo », n. 857. Roma seduta a d. con asta e Vittoria; la Pace incontro, seduta con ramo di ulivo e corno d'abbondanza e in mezzo un tripode su cui Commodo sacrifica velato in piedi a s. Incontro a lui due giovani di cui uno suona la doppia tibia. Vedi anche il n. 513-562. Roma sed. a s. su corazza con scudo accanto regge colla s. una cornucopia e colla d. dà un globo a Commodo stante coronato da Vittoria; al secondo piano Felicità stante a s. con caduceo.

(4) *Commodus,* XVII.

(5) ROSSINI, *Archi trionfali,* tav. XLIX; BARTOLI, *Admir.,* tav. 6.

quel che dice il Bartoli, l'arco fu innalzato quando, per la morte di L. Vero, M. Aurelio restò solo a governare l'impero: e però in quella scultura è il popolo romano che consegna a lui il globo (1).

Dall'altra parte al concetto, non di un'azione fatta dal popolo o dal Senato, ma di un'onoranza resa alla dea, corrisponde opportunamente il tipo di divinità, come vediamo sopra alcuni medaglioni clipeati di L. Vero (2) sui quali a Roma, assisa e vestita di tunica talare, l'imperatore, che rappresenta il popolo ed il Senato, offre, standole in piedi dinanzi, un ramo, mentre a tergo della dea è una Vittoria in atto di coronarla. Da notare è pure che l'imperatore in piedi è appena alto quanto Roma sedente, ciò che potrebbe essere l'espressione della dignità di lei significata, secondo il costume, dalla sproporzione di altezza.

Un tal genere di rappresentanze, che piacquero tanto agli Antonini, si riscontrano ancora sotto Severo e Caracalla: ma per la decadenza dell'arte, che già si fa sentire abbastanza forte, o perchè si andasse perdendo quel certo gusto antico che con ogni figura esprime un'idea, la rappresentanza di Roma diviene confusa ed incerta e prepara in certo modo la strada a quella del tempo Costantiniano. Sull'arco di Settimio Severo ella è effigiata una volta nella chiave (3) con corazza ed elmo alato, strano ritorno a quelle antiche teste repubblicane, ed un'altra volta nel grande bassorilievo che rappresenta la pompa trionfale (4). In questo siede ella col globo nella mano sinistra ed a lei sono condotti tutti gli schiavi barbari che le si inginocchiano

(1) Altri bassorilievi di archi trionfali, che sono al cortile di Belvedere, ripetono il solito concetto di Roma che conduce il carro del trionfatore. V. BUNSEN, *Beschr.*, II, 154.

(2) *Boll. della Com. arch. mun.*, 1877, p. 79, tavv. VI-VII; COHEN, III, 14, n. 92.

(3) ROSSINI, op. cit., tav. LVI.

(4) Ivi, LV.

dinanzi supplichevoli. Orbene, in altri tempi dell'arte la figura di Roma non avrebbe mancato di avere qui aspetto divino ed invece ella ha la corta tunica ed il seno scoperto; ma la decadenza artistica andava sempre più galoppando e l'idea della grandezza di Roma continua ancora ad accrescersi, ma non sono più le sue figure che ce la esprimono, sono invece i titoli che le si dànno.

Abbiamo veduto la θεὰ Ῥώμη dei templi augustei e poi la *Roma victrix* di Galba e Vespasiano e poi la *aeterna* e la *felix* di Adriano ed i titoli votivi in cui ella è posta insieme colle massime divinità, come l'iscrizione di Locri (1): *Jovi opt. max. diis deabusque immortalibus et Romae aeternae.* Ora non poteva venir fuori che un appellativo spiccatamente divino e così avvenne: l'*Urbs sacra Augustorum nostrorum* (2) compì la serie dei titoli dati a Roma e ne portò al massimo l'apoteosi. Questo nome di *sacra* dato alla città fu come il principio di tutti quei titoli che ebbero origine sotto Diocleziano, quando la Corte prese un carattere così orientale che tutto ciò che aveva attinenza coll'imperatore fu detto sacro. Ma la città aveva già da molto tempo ricevuto questo onore, e certo se ancora l'espressione figurata di un'idea fosse stata naturale o possibile, non sarebbe mancata una forma, la quale avesse fissato sulla rappresentanza di Roma questa parola di *sacra,* che conteneva in sè le due idee della divinità e della fatale eternità (3). Ma in

---

(1) Mommsen, *I. N.*, n. 8.

(2) *Boll. della Com. arch. mun.*, 1882, p. 48.

(3) Le monete di Severo e Caracalla (Cohen, « Severo », nn. 605, 610. « Roma col Palladio », n. 613. « Caracalla » nn. 548-552. *Roma aeterna* col Palladio, n. 554) portano la effigie di Roma colla leg genda: *Restitutori Urbis,* che non è vana millanteria, ma una lode che si addice bene tanto a Severo che a Caracalla, secondo quel che dice Sparziano (« Sev. », 23) che « Romae omnes aedes publicae quae vitio « temporum labebantur instauravit, nusquam prope suo nomine ad- « scripto, servatis tamen ubique titulis conditorum ». Nella serie delle monete poi degli altri imperatori merita solo di essere menzionata una

tutto quel tempo che corre appunto da Severo a Diocleziano l'abbassarsi dello spirito della romanità, il sentimento della propria decadenza, attestato anche dagli scrittori là dove raccontano che nel circo spesso si levava un lamento senza alcuna ragione, preparavano la società alle nuove condizioni che dovevano sorgere in seguito al grande rivolgimento costantiniano (1).

Possiamo adunque concludere in generale, riassumendo quello che è stato detto in questo capitolo, che la personificazione di Roma, quando assume la forma di divinità, ha tutti quei caratteri che esprimono un tal grado maestoso, cioè l'abito talare, l'asta pura e qualche volta persino l'egida; quando poi è rappresentata in azione, torna ad essere vestita da amazzone; ma in alcuni casi questa foggia di vestire non toglie nulla alla dignità della figura, la quale invece è nobilitata dal resto della composizione o da qualche altra circostanza.

§ 4. — DA COSTANTINO ALLA CADUTA DELL'IMPERO.

L'editto di Milano fu il segno della caduta dello splendido edificio del paganesimo già da gran tempo preparata: con esso rovinò ancora il sentimento classico che era interamente fondato su quello. Infatti, quando nel rinascimento lo studio dell'antichità portò l'entusiasmo pel classicismo, si ritornò per quanto fu possibile al paganesimo. Al tempo di Costantino adunque la società fu mutata

di Giulio Filippo, il quale, nell'occasione del millenario di Roma, restituisce acconciamente il tipo e la leggenda di *Romae aeternae* (COHEN, « Filippo », n. 164, e la Lupa con Romolo e Remo, n. 177. *Saeculares Augg.*). Degli altri imperatori basterà dire che si trova sulle loro monete Roma rappresentata frequentemente secondo il tipo adrianeo e qualche volta secondo il tipo antico, sebbene un po' contrafatta (V. COHEN, agli imperatori dopo Giulio Filippo).

(1) PRELLER, op. cit., parte II, p. 358 e DIONE CASSIO, LXXII, 15.

dalle basi e si cominciò a prepararne una nuova che rinsanguata poi e rimescolata dai barbari, doveva essere in seguito la società medioevale. È per questa condizione di cose che, se l'arte continuò, nell'ultimo secolo dello impero, ad esprimere idee antiche, usurpò bensì forme classiche, ma senza alcun significato e senza alcuna corrispondenza tra esse e lo spirito sì dell'artista e sì del popolo. Da ciò ebbe origine necessariamente un simbolismo affatto convenzionale per indicare il significato allegorico di una rappresentanza: l'arte cioè divenne una specie di linguaggio geroglifico che per mezzo di segni rappresentò e caratterizzò le varie idee. Questo stesso fatto avvenne, come era naturale, anche alla figura di Roma, e se per l'innanzi la θεὰ Ῥώμη del tempo di Augusto o la *Roma aeterna* di Adriano si riconoscevano, oltrechè dai simboli, anche dall'insieme della persona e dall'atteggiamento, allora essa divenne nè più nè meno che una figura di donna coll'abito e con tutto l'ornato proprio degli ultimi tempi imperiali, caratterizzato da alcuni segni fissi, i quali, se per avventura mancano, è assai difficile riconoscere Roma invece di un'altra figura. Non è meraviglia adunque se, mentre negli ultimi secoli la leggenda di Roma continua sempre, anzi per la decadenza politica e per le tendenze mistiche, resta sempre più separata dalle cose terrene, le rappresentanze abbiano poca relazione con essa. Non tenendo conto adunque di quella base che si conserva al Palatino, illustrata dall'Helbig (1), nella quale la figura di Roma, più delle altre guasta, è poco riconoscibile, l'unica figura di qualche importanza si è quella che adorna la chiave grande dell'arco di Costantino (2). Questa immagine che più di un'altra volta abbiamo trovato come ornamento degli archi, è qui effigiata col tipo più

---

(1) *Abhandl. des München Akad.*, 1880, p. 493, ed edito dalla *Sachs. Ber.*, 1868, tav. IV.

(2) Rossini, op. cit, tav. LXX.

tardo, cioè collo scettro e col globo, in abito talare e sedente, posizione poco adatta per essere la figura posta sulla
chiave di un arco. Questa rappresentanza perciò segue interamente il tipo derivante dalla *Roma aeterna* e niente altro
la pone in relazione con Costantino all'infuori dell'essere
sopra un monumento a lui dedicato.

Ma i due grandi avvenimenti dell'editto del 321 e della
traslazione della sede sono il tratto caratteristico del tempo :
la figura di Roma perciò, priva quasi di significato finchè
non ha relazione con quei due fatti, diviene una completa
sintesi storica di quel periodo quando con essi si collega (1).
Ma sì per la decadenza dell'arte e sì perchè ambedue gli
avvenimenti hanno carattere ufficiale, converrà cercarne il
riscontro sulle monete. Sulle monete di Costantino si trovano bensì emblemi religiosi, ma anche impronte affatto
pagane e la figura di Roma costantemente con aspetto pagano (2). La ragione di ciò è abbastanza chiara. Primieramente il riconoscimento della religione cristiana era troppo
recente per poter d'un tratto trasformare una divinità pagana in una figura cristiana, tanto più essendo l'idea di
Roma ancora assai strettamente collegata colle antiche credenze : secondariamente poi, essendo il pontefice, cioè il rappresentante della religione cristiana, una delle cagioni che
spinsero Costantino a partire da Roma per non trovarsi di
fronte ad una autorità che non si poteva sapere fin dove
sarebbe giunta, non doveva far piacere all'imperatore stesso
di mettere in relazione intima tra loro Roma e gli emblemi
cristiani, con che si sarebbe potuto credere che non solo di
fatto, ma che anche nel diritto Roma fosse abbandonata al

(1) La figura dell'arco come anche l'intero edificio a nulla ac
cennava delle mutate condizioni religiose, poichè le parole QUOD
INSTINCTV DIVINITATIS dell'iscrizione sono state aggiunte dopo
sopra altre, delle quali ancora si vede qualche segno.

(2) COHEN, VI, 121, n. 176, e 77, nn. 1, 2, 3, 4, 5, 6, 7, 8, 9, 10,
11, 12, 13, 14.

pontefice. Tra i suoi successori però il primo che dia emblemi religiosi alla personificazione di Roma è Nepoziano (1) ed anche questo è abbastanza naturale. I figli di Costantino seguono la politica paterna, ma Nepoziano, il cui brevissimo impero non fu che una lotta contro Magnenzio, si servì di quella trasformazione del tipo per metterla in rapporto colla propria causa. Magnenzio infatti era considerato come ribelle, mentre il suo competitore si rannodava alla famiglia di Costantino. Quello sosteneva in certo modo il paganesimo, giacchè le sue monete hanno impronte pagane (2), Nepoziano invece, appunto perchè nipote di Costantino, per contrapporsi all'altro si presenta come campione del cristianesimo: finalmente la lotta non ebbe altro scopo che il possesso di Roma, perciò mentre l'uno mostrava in suo dominio la Roma pagana, l'altro la ostentava sua e cristiana, ponendole in mano il globo sormontato dalla croce.

Tra i successori, più tardi però, la rappresentanza va diventando poco a poco assai più comune e le monete di Valente (3), Valentiniano II (4), Teodosio (5), Valentiniano III (6) e Massimo (7) mostrano Roma figurata come una matrona con tutti gli ornamenti propri del tempo e col solo elmo che resta degli antichi emblemi militari, e che sorregge tra le mani ora il labaro, ora uno scudo sormontato dal monogramma ☧, ora il globo sormontato dallo stesso monogramma ed ora finalmente, benchè ella sorregga il semplice globo, il segno ☧ è posto nel campo della moneta. Questi cambiamenti del tipo ci pongono d'un tratto

---

(1) COHEN, VI, 322, n. 1.
(2) Ivi, 324, n. 41, e sulle sue medaglie spesso il labaro e senza il ☧ .
(3) COHEN, VI, 413, n. 24.
(4) Ivi, 446, n. 35, e VII, 405 addiz.
(5) ECKHEL, *Catalogo*, n. 65.
(6) COHEN, VI, 503, nn. 3, 4, e 506, n. 22.
(7) Ivi, 467, n. 13.

in mezzo al cristianesimo già potente, non solo, ma ancora in mezzo alle leggende che dal cristianesimo sorsero relative a Roma. Infatti, come noi abbiamo considerato la Roma di Adriano siccome espressione dell'indistruttibilità della capitale dell'impero, così questa che sul globo ha posto la croce si collega assai bene con un'altra leggenda che corre parallelamente alla prima per tutto il medio evo e giunge anzi colla sua influenza fino ai tempi moderni, la quale fa di Roma il necessario centro della cristianità. Dante (1) e molti altri scrittori di tutta l'età media accennano frequentissimamente all'essere la città di Romolo predestinata a dominare il mondo perchè poi fosse degna sede del cristianesimo. Ma se con questo fatto religioso si avvantaggiava l'idealità di Roma, coll'altro di natura schiettamente politica la città vera e materiale andava totalmente in ruina: ed il non trovar traccia nelle rappresentanze di questa decadenza ci dimostra che si figurava non la Roma materiale, ma la ideale. Accanto ad essa però, e di un tratto fatta nobile quanto quella, sorse un'altra figura, quella di Costantinopoli. Troppo dovremmo allontanarci dal tema se volessimo parlare minutamente di questa nuova rappresentanza; ma noi ci limiteremo a notare le differenze che distinguono dall'antica la nuova Roma. Questa ha il capo coperto spesso da una cinta di torri, ovvero qualche volta da un elmo, cinto però sempre di torri: la lunga tunica ed il manto, i monili e gli adornamenti come l'altra e finalmente ha quasi sempre sotto i piedi una prora di nave (2). Questo simbolo che abbiamo veduto

---

(1)   La quale e 'l quale a voler, dir lo vero,
                 Fur stabiliti per lo loco santo
                 U' siede il successor del maggior Piero.

                                      (Inf., c. II, 22).

Cf. anche Santa Caterina da Siena, che, scrivendo ad Urbano VI perchè torni in Roma, dice: « qui è il capo e il principio della nostra fede ». V. lett. XXII, capo II.

(2) COHEN, VI, « Med. imp. », 175, n. 1; 176, n. 6.

una volta in una moneta repubblicana era un segno affatto estraneo alla figura e che non aveva relazione se non con qualche fatto accidentale a cui si voleva alludere.

Ma nella personificazione di Costantinopoli invece la prora di nave è quasi una parte integrale e non può avere altro significato che quello di dimostrare la postura della città sedente sul mare e regina di esso. Tali sono le caratteristiche della rappresentanza di Costantinopoli; ma del resto le figure delle due Rome non sono quasi mai separate l'una dall'altra, ma spesso siedono ai lati di uno scudo su cui sono scritti i vicennali dell'imperatore (1). Qualche volta poi a queste due si aggiungono le personificazioni delle altre grandi metropoli dell'impero, cioè Alessandria ed Antiochia.

Così fu fatto su quei pomi di una lettiga ritrovati all'Esquilino nel 1793 (2), nei quali Roma è caratterizzata dall'asta e lo scudo, Costantinopoli dalla cornucopia, altro simbolo frequente nei medaglioni (3) e dalla patera ed in quella vece la prora di nave insieme alle frutta e spiche sono passate ad indicare Alessandria, mentre Antiochia ha la sua solita figura dei medaglioni (4) e delle statue (5) coll'Oronte sotto i piedi. È da notare che di queste quattro personificazioni solo le due Rome hanno l'elmo in capo, mentre le altre due sono turrite; la qual differenza abbiamo già osservato che è costante per distinguere Roma dalle altre città; in questo caso però, trovandosi le due capitali a riscontro di Alessandria ed Antiochia, prendono come simbolo comune l'elmo, il quale non sarebbe in giusta regola proprio altro che di Roma. Il Visconti inoltre nel luogo istesso fa

(1) COHEN, VI, 251, n. 39, e 279, n. 34, ed altrove spesso, ovvero le due Rome reggono uno scudo col ☧ (Ivi, 413, n. 24).

(2) VISCONTI, « Lettera sopra un'antica argenteria », *Opere varie*, I, 226 e sgg.

(3) COHEN, V, 176, n. 6.

(4) Ivi, VI, 365, n. 54.

(5) *Museo Pio Clem.*, III, tav. XLVI.

importanti osservazioni sull'uso delle immagini delle città dell'impero e nota come queste figure facessero parte in certa maniera delle decorazioni ed insegne di coloro che esercitavano le primarie magistrature e cita ancora le miniature aggiunte ai codici della *Notitia dignitatum* la tavola Peutingeriana con Roma, Costantinopoli ed Antiochia (1) simili alle già esposte ed un altro manoscritto che conteneva lo stesso calendario del codice Vindobonense, ma con maggior numero di miniature, tra cui le immagini di Roma, Costantinopoli, Alessandria e Treveri. Ma importanza assai maggiore hanno per noi le figure dei dittici consolari, le quali, quantunque posteriori alla caduta dell'impero, possono servire di congiunzione tra lo studio presente ed un altro che se ne potrebbe fare sulle rappresentanze di Roma nel medio evo.

Nè sarà meraviglia che da Costantino siamo subito passati alla caduta dell'impero, poichè basta guardare le monete di Teodosio (2), di Arcadio (3) e di Onorio (4), per persuadersi che nessuna variazione importante era avvenuta nel tipo.

Poche osservazioni adunque faremo sulle figure dei dittici consolari, essendoci impossibile, senza uscire dai limiti, fare uno studio completo su di essi.

Le figure di Roma e Costantinopoli su questo genere di monumenti non sono che accessori, poichè, generalmente parlando, stanno ai lati del console insignito dei distintivi della sua dignità, cioè *subarmellare tunica palmata, toga picta* e *trabea,* e colla mappa circense tra le mani. Infatti al dare il segno nei giuochi o poco più si erano ridotte le attribuzioni dei consoli. Le figure delle due città non istavano più sedenti, ma in piedi, e Co-

---

(1) DESJARDINS, *Table de Peutinger.*
(2) COHEN, VI, « Teodosio ».
(3) SABATIER, *Monete bizantine.*
(4) COHEN, VI, « Onorio ».

stantinopoli quasi sempre caratterizzata dal corno dell'abbondanza, Roma ora dai fasci consolari, ora dal globo, ora dallo scettro (1). Le loro vesti sono le stesse, a riserva dell'elmo, il quale, quando è sul capo di Costantinopoli, ha un maggior numero di quelle sporgenze che dànno al dinanzi di esso l'apparenza di un diadema. Del rimanente in ambedue le figure lunghe sono le vesti sino ai piedi ed adorne di palme e ricami: il petto ornato di bulle pendenti, ed i capelli e le orecchie ed il collo di ogni sorta di gioielli. In tanta confusione di simboli gli artisti ebbero ricorso alle antiche figure di Roma per far sì che ella si distinguesse dalla nuova, e pur mantenendo il pomposo vestiario, scolpirono la parte superiore di esso, come se fosse tirata su a bella posta per lasciare scoperta una mammella, artificio, se si vuole, poco bello, ma decisivo per distinguere una figura dall'altra.

Così, mentre nelle antiche figure amazzoniche il petto di Roma è da una parte scoperto perchè la tunica non è affibbiata su di una spalla, la quale perciò resta anche ignuda, in queste la spalla è coperta e l'abito sollevato precisamente all'altezza della mammella. Non è a dire però quanto questa circostanza sia ripugnante colla pomposità di quelle goffe immagini.

Sopra uno dei dittici illustrati dal Gori, e precisamente su quello del museo Riccardiano di Firenze (2), merita che fermiamo l'attenzione più in particolare per la inesattezza che mi sembra riscontrare nelle osservazioni del citato autore.

Il dittico è diviso in due parti: a sinistra di chi guarda è una figura muliebre stante con galea ornata di grande cresta e di corona di alloro: è vestita di abito che dalla

(1) Gori, *Dittici*, II, tav. 20; tav. 17, 18 e tav. 2; I, tav. IX; Meyer, *Zwei Antike Elfenbeintafeln*, 20; Meyer, in fine, n. 18; *Boll. dell'Ist.*, 1851, 82.

(2) Gori, *Dittici*, II, 177, III.

vita le scende ai piedi, e di una piccola clamide affibbiata da una borchia con due *uniones* sulla spalla destra e sollevata da un lato per lasciare ignuda la mammella. Ha nella mano destra uno scettro terminante in due pigne e coll'altra sorregge un lembo della clamide sul quale poggia il globo sormontato dalla Vittoria con ramo e corona. L'altra figura alla destra di chi riguarda è turrita, ha un collare al collo e bulle ed *uniones,* un lungo abito cinto sotto il petto da uno strofio da cui pendono pure gioielli ed una veste talare. Nella mano sinistra regge un piccolo scettro e nella destra il corno dell'abbondanza: sulla spalla sinistra poi di questa figura è un amorino.

L'opinione del Gori su questo dittico è che esso sia stato fatto in occasione del natale di Costantinopoli, e ciò non so con qual fondamento; ma quel che è peggio si è che egli chiama Costantinopoli la prima delle due figure da noi descritte e Roma la seconda, dicendo che, sebbene il segno della mammella ignuda sia proprio di Roma, tuttavia non si può dubitare che quella sia Costantinopoli, essendo alla destra dell'altra.

Fin qui mi sembra che per porre le cose nel loro vero essere non si dovrebbe far altro che rovesciare la sua interpretazione, ma c'è ancora di più.

Il Gori dice: « Christianis imperatoribus regnantibus « Victoriae simulacrum omnem exuit superstitionem quod « ut apertius ostenderetur cum ea vel *Dominicam crucem* « vel *labarum Christi monogrammate ornatum* et alia *Christianae religionis* mystica simbola coniunxerunt ». Ma in questo dittico invece non c'è nulla di tutto ciò, anzi la figura della Vittoria ha in tutto gli attributi delle rappresentanze pagane e pagano è anche l'amorino. Di più, l'altra figura, che egli riconosce effigiata come *Fortuna Urbis* e turrita come Cibele, sarebbe, secondo il Gori stesso, quella a cui Adriano innalzò il tempio, e l'amorino alluderebbe alla Venere che era insieme con Roma nel suddetto tempio.

« Igitur inter utramque imaginem magnum vides di-
« scrimen quo Roma heic sculpta est, quia antiqua paga-
« nici cultus tempora designantur Romae imagini conve-
« niunt, omnia vero imagini Costantinopoleos ea aptantur
« ornamenta quae sedi Christianorum imperatorum haud
« dedecere creditum est ». Se osserviamo invece le figure
descritte sono tutte due piene di simboli pagani, quali e
l'Amore e l'acconciatura da Cibele e le palme che partono
dallo scettro e la Vittoria sul globo. Da tutto ciò per
conseguenza mi sembra che si debba concludere che il
dittico sia anteriore agli imperatori cristiani, ed allora la
figura dal petto ignudo potrebbe rappresentare Roma; l'altra,
che non potrebbe più essere Costantinopoli, sarebbe invece
un'imperatrice sotto le sembianze di Cibele. Nè potrebbe
far difficoltà che vi fosse la figura dell'imperatrice e non
quella dell'imperatore, giacchè lo stesso Gori osserva:
« fortasse etiam hoc monumentum antiquius esse potuit
« polyptychon adeoque vel imperatoris vel consulis ima-
« gines praeferre in aliis duabus tabulis quae periere ».
Dall'esame poi dei verticilli che sono rimasti attaccati a
queste due tavole, conclude che, presentandosi esso chiuso,
il primo luogo era tenuto da quella che egli chiama Roma,
e ciò dice che sarebbe cosa naturale perchè seguirebbe
l'ordine della loro fondazione, ed anche questo non solo
non si può ammettere, ma viene a convalidare la nostra
congettura. Infatti, ancorchè le due effigie rappresentassero
Roma e Costantinopoli, questa dovrebbe essere sempre
gerarchicamente anteposta all'altra: e perciò giusto sarebbe
interpretare come noi avevamo detto per Costantinopoli la
figura turrita e per Roma l'altra. Se poi si voglia ammettere in quella effigiata un'imperatrice sotto le forme di
Cibele, anche questo porterebbe di porla al primo posto
ed al secondo Roma.

Diamo ora uno sguardo generale su tuttociò che è
stato detto sin dal principio.

Ricordiamo che la figura di Roma ha origine primieramente su suolo straniero, e perciò senza alcuna relazione
colle tradizioni patrie. Si sviluppò in seguito in Roma, ed
in modo più consentaneo a quelle leggende, ma senza
altro significato che quello di personificazione o di eroina
fondatrice della città. Cominciò poi ad essere coronata
dalla Vittoria e poi a prendere simboli di dominazione,
quali il globo sotto i piedi. A queste rappresentanze segue
una prima divinizzazione al tempo di Augusto (non tenendo conto di quelle anteriori e non nazionali di Efeso
e di Alabanda) e dei suoi immediati successori, che non
ha alcuna corrispondenza coi sentimenti del popolo, ma
che portò come effetto la mutazione di alcuni simboli,
come sarebbe quello del globo tra le mani e della Vittoria
pure posta come attributo: e la sostituzione in generale
degli emblemi di tranquillo dominio a quelli di pura forza.
Dipoi Roma è chiamata *victrix* ed *aeterna,* ed ha luogo
una seconda divinizzazione consentita dallo spirito del
tempo ed il principio del suo significato mistico: in conseguenza ella assume aspetto e simboli di vera divinità.
Ancora più innanzi riceve l'appellativo di *sacra,* e finalmente prende gli emblemi della religione cristiana, divenendo così un essere di natura assai incerta, siccome è
quella di Claudiano e degli altri poeti di quel tempo.

Essa al cadere dell'impero resta una figura che non
può essere più pagana, ma non essendo propriamente cristiana e mantenendo tuttavia tutto il suo carattere mistico,
si va a confondere colle nuove superstizioni, le quali sono
avanzi delle antiche divinità che il popolo non ha ancora
abbandonato, ma ha riadattato, e, per quanto era possibile, conciliato colle nuove idee cristiane.

ALBERTO PARISOTTI.

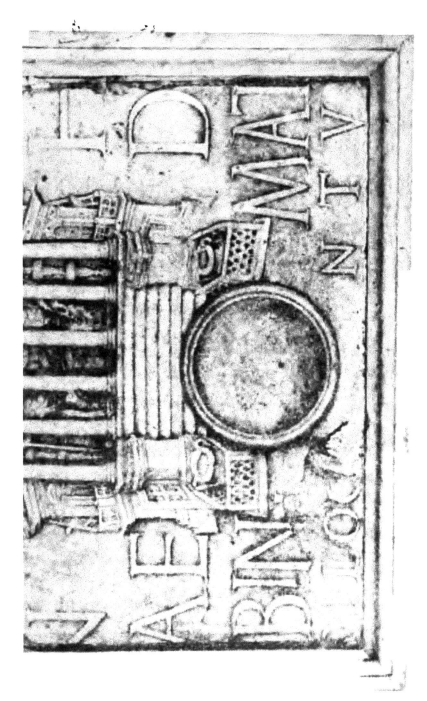

Eliot

DELLA CAMPAGNA ROMANA

(V. vol. IX, pag. 372).

Vie Nomentana e Salaria.

L A illustrazione dei luoghi adiacenti alle vie Nomentana e Salaria significa la storia di quarantacinque
latifondi dell'agro romano e dei territori di *Mentana, Monterotondo* e *Correse* (1). Incomincio col toccar
brevemente di queste vie in generale. La prima è la più
breve, perchè conduce a *Nomento* (18 miglia romane), da
cui prendeva il nome, all'età di Livio, che ce ne tramandò
anche il più antico di *Ficulensis* dalla città di *Ficulea,* alla
quale in origine questa via conduceva (2). Prima di accennare all'errore cui ha dato luogo questo nome *Ficulensis,*
ricorderò le menzioni monumentali della via Nomentana,
che ho trovato nell'antico e nel medio evo. Quantunque
non una della vie maggiori, la Nomentana ebbe, nell'età

(1) Con questa parte del mio lavoro io dovrò toccare il territorio
della Sabina, fino alla regione *Curense;* ma non inoltrarmi, perchè i
limiti topografici da me proposti non mi permettono di farlo. Non
rinunzio tuttavia alla speranza di potere, compiuta che avrò la presente analisi della campagna romana, abbozzare una monografia sulla
celebre regione Sabina, per la quale ho già in pronto parecchie note.

(2) LIVIO, III, c. 52.

imperiale, il suo *curator*; e tale apparisce *Gn. Munatius Aurelius Bassus* in lapide di *Mentana,* ora al Vaticano (1). Altre menzioni di essa sono in bolli figulini (2) perchè parecchie officine doliari sorgevano presso cotesta via, come, ed anche più, vedremo ora nella *Salaria.* Con tal nome passò negli atti cristiani e pontificî (3); coerentemente alle altre fonti topografiche del medio evo (4); e si mantenne immune da corruzioni tentate da qualche sognatore di etimologie (5), finchè riapparve colla sua classica doppia denominazione (6). Nel secolo xv il nome *figulensis* diede causa all'errore che derivasse dalle officine delle figuline (7). L'antica via Nomentana partiva dalla porta *Collina* del recinto Serviano, le cui vestigia furon vedute nell'anno 1872, quando si posero le fondamenta del palazzo delle Finanze (8); e nel posteriore recinto Aurelianèo usciva

(1) *C. I. L.,* XIV, 3955.

(2) Marini G., *Iscriz. ant. doliari,* nn. 375-376 con nota del professore Dressel; *Bull Arch. Comunale,* 1873, p. 247.

(3) *Martirologio,* cod. di Berna, *via Nomentana* in De Rossi, *Bull. Crist.,* 1871, p. 106; diploma di Sergio I in s. Susanna, idem, ivi, 1870, p. 116. Cf. *Liber pontificalis* in *Alexandro*: il miglior testo è *Numentana;* così il Duchesne, *Lib. p.,* p. 127, 323, 332, cioè in *Honorio,* in *Theodoro,* ecc. Del resto è una corruzione ovvia e di nessuna importanza, ma che fu avvertita dal Marini (*Iscriz. dol.,* n. 376).

(4) Regionarii, in Urlichs, *Cod. top. u. R.,* p. 24-25; codice Viennese 85, fol. 58, ivi, p. 51. *Itinerario Einsidlense,* ivi, p. 70 (*via numentana*); *Epitome Salisburgense,* ivi, p. 84 (*via numtana*).

(5) « Numentana via est... a more denominationum portae per « Numam qui clemens fuit, per quam itur ad eum: in qua via invenie- « bantur omnia bona Numae regis ». Anon. Magliabecchiano. Cf. Urlichs cit., p. 152.

(6) Cf. Urlichs cit., p. 45.

(7) Il primo ad errare in ciò fu l'Albertino. Del resto non fa d'uopo insistere su questa opinione già smentita abbastanza; cf. Brocchi, *Stato fisico del suolo di Roma,* p. 96; Marini, *Iscriz. dol.,* ad n. 375, ecc.

(8) Canevari Raffaele, *Notizie sulle fondazioni,* ecc. in *Atti dei Lincei,* serie II, v. II, 1875. Cf. Lanciani in *Bull. Arch. Com.,* 1876,

dalla sua omonima porta, che tuttora esiste sulla destra della porta Pia, cioè di Pio IV. Continuava il suo cammino entro il moderno quartiere, già villa Patrizi, a destra della via moderna, come hanno dimostrato le recenti scoperte del suo lastricato e de' numerosi sepolcri che la fiancheggiavano (1); e giungeva a *Nomento,* donde si volgeva, come ancora al presente, verso la via Salaria, nella quale essa ha fine. Ne appariscono vestigia in più luoghi; ma il tratto più lungo e meglio conservato è sulla metà della strada, presso la tenuta di *Casenuove.*

La via *Salaria,* costruita nella valle intermedia tra il Quirinale ed il colle degli orti (Pincio), ha fasti archeologici e storici degni di nota; ha menzioni epigrafiche del *curator,* ch'ebbe, come una delle maggiori (2), e di luoghi posti vicino ad essa (3); ha memorie singolarissime, incominciando dal nome che ne addita la vetustà, siccome quello che non derivò da un autore, nè da un paese, ma dal commercio del *sale* colla Sabina (4). Un'altra memoria speciale fu quella

---

p. 166 sg., che determina a m. 70,55 la distanza dell'antica Nomentana dalla via *Venti Settembre.*

(1) Alcune prove dell'andamento della via a destra della moderna, entro il perimetro delle mura attuali, veggansi in De Rossi, *Bull. Crist.,* 1869, pp. 94-95. Fuori il perimetro suddetto, cf. *Notizie degli scavi,* 1884, p. 347; 1885, pp. 226, 251, 528; 1886, pp. 52-53, ecc.; *Bull. Arch. Com.,* 1886, p. 156, ecc.

(2) Lapide ostiense di *C. Sabucius Maior Caecilianus... curat. viae Salar.,* ecc. in Wilmanns, 1196. Un altro *Q. Licinius* (Attius) *Modestinus Labeo* è in lapide Veliterna, in *C. I. L.,* XIV, 2405.

(3) *C. I. L.,* VI, 1199 (la iscrizione del ponte Salario di Narsete). Numerose, più che sulla via Nomentana, sono le iscrizioni doliari col nome di questa via. Cf. Marini cit. (indice, p. 542) e specialmente il n. 947 colla indicazione *Julius Felix de via Salaria,* ecc. e un comento del citato autore alla p. 130. Le figline della via Salaria ebbero una grande importanza. Altre menzioni sono in *Bull. Arch. Com.,* 1876, p. 116; 1883, p. 204; in *Archivio di storia patria,* IX, 31, ecc. Un *tabularius viae Salariae* è noto nell'epigrafia (Donati ad Mur., 329, 6).

(4) Festo, *S. V.* Cf. Nibby, *Analisi dei dint. di R.,* III, 632, ecc. Una

del *lucus* tra l'Aniene ed il Tevere, ove i Romani si nascosero dopo la tremenda sconfitta dell'*Allia,* onde *lucaria* furono detti i giuochi che vi si celebravano (1). Varrone assegna un'altra origine a questi giuochi, dei quali i calendarî romani fanno menzione ai 19 di luglio (2). Sulla Salaria fu la tomba di Mario; su di essa sorgevano importanti città; cose che verremo brevemente illustrando nel corso di questo lavoro. La denominazione della via Salaria rimase intatta negli atti cristiani, pontificî ed, in genere, del medio evo fino all'età moderna. Per la qual circostanza, non avendo avuto luogo alcuna corruzione onomastica degna di nota, nè alcuna equivocazione, io posso fare a meno di annoverare le relative fonti, che verrò invece ricordando ai singoli luoghi. L'andamento di essa fu dalla porta Collina del recinto Serviano, attraverso il quartiere ora costruito sulla proprietà già Spithöver, in linea diretta verso la porta Salaria del recinto Aurelianèo, alla quale corrisponde esattamente la moderna; e quindi seguiva quasi la via attuale, pochissimo più sulla destra; procedeva per diciotto miglia romane fino ad *Eretum,* la prima stazione dell'itinerario relativo, e quindi *ad novas* tra *Correse* e *Rieti* e, dopo altre dieci, perveniva ad *Hatria* nel Piceno. Lo esaltare l'importanza strategica e storica di una via, che attraversava la Sabina e tutta l'Italia, in linea quasi retta, mi sembra superfluo (3). Non dovette mai essere in-

recente monografia sulla via Salaria è di CASTELLI GIUSEPPE, *La via consolare Salaria Roma - Reate - Asculum - Adriaticum con carta itineraria del Piceno;* Ascoli Pic., 1886. Egli rovescia il viaggio del sale pei Sabini, che rilevasi dalle parole di FESTO, e sostiene che i Sabini lo traevano dalle saline Picene (p. 11). Aggiungasi alla bibliografia della via Salaria anche lo studio del general FILIPPO CERROTI, *Per una ferrovia Roma-Ascoli-Adriatico,* nella quale si discutono le storiche memorie della via.

(1) FESTO, *Epit.,* p. 119.

(2) VARRONE, *De l. l.,* V, 8. Cf. MOMMSEN in *C. I. L.,* I, 397, che lascia la quistione insoluta.

(3) Della tomba di Mario accenna LUCANO, *Phars.,* 2°, che venne

terrotta la cura di questa via, come rilevo dalla storia ricchissima delle contrade adiacenti; e rammento che nell'anno 1392 s'impiegarono al ristauro della via Salaria le gabelle di Ripa e di Ripetta (1).

Una via molto breve si apre a sinistra della via Salaria, e la dirò via *Pinciana,* come è nominata nella pianta del suburbano del Censo del 1839, perchè vi si'accedeva anche dalla porta omonima, che peraltro non è nota nella letteratura anteriore a Procopio, siccome porta secondaria (2). Nei documenti del medio evo essa ha nome *Pinciana,* come i fondi adiacenti vengono indicati *foris portam Pincianam* (3). Credo che anticamente dovesse nominarsi *Salaria vetus,* via indicata nelle fonti agiografiche e cimiteriali (4), ed il cui

violata per ordine di Silla, il quale fece gittar nell'Aniene prossimo le reliquie del suo nemico (CICERONE, *De leg.,* II, 22; VAL. MASS., IV, II, 1). Della densità dei sepolcri su questa via fa ricordo PRUDENZIO: *densisque Salaria bustis (contra Symm. I in spect.)* e ne facciamo noi dolorosa sperienza, che ci siamo stancati di fare una nota delle epigrafi venute in luce sui margini della Salaria! E che dirò dei fasti cristiani della via? Una scoperta di sepolcri cristiani avvenuta sulla Salaria nel maggio del 1578, nella vigna Sanchez, ha dato origine agli studî del BOSIO, creatore dell'archeologia cristiana. (DE ROSSI, R. S., I, p. 12). Un solo epitafio della martire *Severa* diede campo al LUPI di scrivere, nel secolo scorso, un libro, che è una piccola enciclopedia archeologica. Otto pontefici romani furono tumulati sulla sola via Salaria, ed uno solo (s. Alessandro) sulla via Nomentana.

(1) GREGOROVIUS, *Storia di R. nel m. evo,* XII, c. 4, § 1.

(2) NIBBY, *R. A.,* I, 142.

(3) Nella topografia detta Malmesburiense, URLICHS cit., p. 87, dove si dice che quando *pervenit ad Salariam nomen perdit;* nell'itinerario Einsidlense, idem, p. 67. È certo che il nome *Pinciana,* proveniente dalla *domus* della *gens Pincia* sul colle degli orti, non può essere anteriore al secolo quarto.

(4) Cf. l'indice Chigiano delle catacombe segnalato dal prof. GIORGI IGNAZIO al comm. DE ROSSI (*Bull. Crist.,* 1878, p. 46), ove si legge: « cymiterium basille ad sanctum hermetem via Salaria vetere ». Un'altra menzione in un codice di Pistoia, ecc. Cf. DE ROSSI, *Roma sotterranea,* I, 131. Il NIBBY impugnò già quel nome di *Salaria vetus,*

andamento, tra le vigne, fu indicato nel secolo scorso (1)
dalla porta Pinciana per la vigna de'*Domenicani*, vigna *Pallotta*,
poi *De Rossi*, poi l'antico *clivo del cocomero*, vigne dei collegi
Germanico e Romano (ora del Seminario Romano), e che
giunge da sinistra fino alla Flaminia e dalla destra fino ai
prati del *ponte Salario* (2). Si tratta dunque di un'antica via
che nel primo tronco poteva essere una Salaria primitiva,
cioè fino al sito detto *le tre Madonne*, da un'osteria così
denominata, dove un bivio ci conduce a destra verso il
ponte Salario, a sinistra verso il *clivus Cucumeris* e i *Pa-*

e disse che la sua apertura è contemporanea a quella della porta
Pinciana (nel Nardini, IV, 83); ma ciò è falso, perchè la porta
invece apparisce costruita secondo la obliquità di essa via.

(1) Nel *Giornale de' Letterati*, 1750, in Fea, *Miscellanea*, II, p. 100.
Vi si descrivono monumenti ed iscrizioni scavati allora nella vigna
Del Cinque, dirimpetto all'altra *De Rossi*.

(2) La contrada del *clivus cucumeris*, posta in sito ameno, elevato,
detta perciò anche *capitinianum*, dovette contenere ville, fondi, sepolcri
anteriori ai cimiteri cristiani di s. Ermete e di s. Pamfilo, che quivi
erano sotterra. Infatti vi si trovarono pitture pagane, marmi e iscrizioni. Quivi furono, tra il cinque ed il seicento, la vigna del barbiere
di Giulio III, le vigne *Carosi, Amiani, De Bovis* ed altre, tutte ricche
di monumenti antichi. Questo luogo portò anche il nome *septem co-
lumbas* o *palumbas* indovinato dal De Rossi su falsa lezione dei mar-
tirologi, confermato poi splendidamente dall'indice Chigiano dei
cimiteri suburbani. Tanto questo nome quanto l'altro del *cocomero*
derivarono al certo da marmi antichi adornanti qualche cancello o
qualche monumento. Ardisco anche di definire il *cocomero* per una
pigna od altro ornamento di forma analoga sopra una calotta o tetto
circolare, noto partito artistico degli antichi. E lo deduco da notizie
del medio evo, che ho trovato nel *libro dei compendi* del monistero
di s. Silvestro (Archivio di Stato), cioè in 2 enfiteusi del 1313 e 1314,
ed in una vendita del 1354, riguardanti vigne in TRULLO *cocumeris*
o *cocummario*. Così in quella serie ho trovato una *massa de vestiario
dominico* confinante con *Capitiniano, santa Colomba* e chiesa di s. *Filippo*, tutti nomi storici del sito, anche l'ultimo, ch'è rimasto al
viottolo dei *Parioli*.

rioli (1). Era questa via antica e publica la sola che poteva aprirsi, e si è sempre mantenuta publica, a sinistra
della Salaria (2). Le tracce del lastricato del *clivus,* che

(1) Questo cenno lineare potrà servire di schiarimento a questa
digressione topografica.

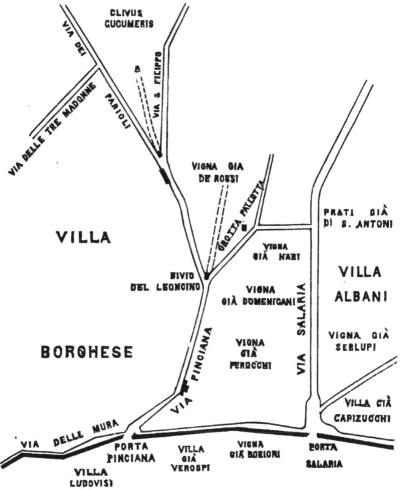

(2) Non mi sembrano solidi gli argomenti letterari e topografici
addotti dal ch. prof. MEUCCI, nella memoria a stampa sulla quistione
della villa Borghese, per provare che il principe Borghese chiuse
una via publica nell'ingrandire la villa. Non potè venire in possesso

fu detto del *cocomero* nella bassa età, si scorgono tuttora nel viottolo dei *Parioli*.

Detto ciò sulle tre vie in generale, riassumerò i fasti delle tre porte Nomentana, Salaria e Pinciana, e quindi uscirò nella campagna già verdeggiante e solitaria; ora, per le nuove costruzioni suburbane, popolata e romorosa.

La porta Nomentana conservò il nome della via, anche nell'età media, come rilevasi dalle fonti relative; ma nell'ultimo periodo acquistò i nomi *de domina,* di *S. Agnese* e di *S. Costanza,* dalle due sante sepolte sulla via (1), di *Cartularia,* di *Viminale,* di *Cornelia* (2). Più officiale restò il nome di *S. Agnese* soltanto, che vediamo in atti del secolo XVI (3), quando mutò nome e posto per munificenza

che di vie campestri consorziali; ma l'unica via publica, la *Pinciana,* fu dai Borghese lasciata libera; ed anzi la villa ebbe sempre il nome di *Pinciana* (cf. la pianta del Nolli) dall'ingresso che se ne apriva su quella via, il quale esiste tuttora; e dall'estendersi della villa lungo il lato sinistro di essa.

(1) *Lib. pont.* in *Innocentio.* Cf. DUCHESNE, II, 223, colla notizia del comm. DE ROSSI sul dazio della porta stessa nel secolo quinto, ceduto dalla proprietaria Vestina ad uso pio. Altre fonti in URLICHS, pp. 70, 88; nella *Graphia* è detta *mõtana,* probabile sinonimia di *collina;* ma io preferisco di crederla errata per *nom̃tana,* ivi, pp. 115, 127. Nella polistoria del CAVALLINI, insieme ad errori popolari cagionati dalla corruzione *numentana,* si trovano i due altri nomi ch'ebbe questa porta, cioè *de domina* e *sanctae Agnetis et Constantiae,* ivi, p. 142. Il nome *de domina* (s. Agnese stessa) anche tradotto, cioè *della donna,* si conservò nel secolo XIV e XV (il castello di *Monte Gentile* è detto *positum extra portam domne* in una sentenza del 1388 dell'archivio di S. Maria Maggiore; ADINOLFI, *Roma nell'età di mezzo,* I, 107). Così pure è chiamata la porta da Antonio Di Pietro in MURATORI, *R. I. S.,* XXIV,, 981. Così nel registro di Ambrogio Spannòcchi tesoriere pontificio del 1454 nell'Archivio di Stato.

(2) Cf. ADINOLFI, op. e l. cit.

(3) Nelle carte del MOCHI, nell'archivio dell'Annunziata, t. 121, f. 94. Nelle piante del BUFALINI porta pure il nome di S. Agnese. Nelle piante anteriori, la porta è segnata col nome *Numentana,* nelle più antiche (secolo XIII), con questo e S. Agnese insieme nelle

di Pio IV (1). Destinata a singolari vicende, questa porta Pia rimase incompiuta, come può vedersi riprodotta nella bella tavola dell'architetto Luigi Ricciardelli (*Vedute delle porte e mura di Roma disegnate ed incise all'acqua forte, l'anno 1832*), e in quella di William Gell (tav. IX: *Le mura di Roma*, ecc.), finchè fu a' giorni nostri fatta compiere da Pio IX con disegno del conte Vespignani. Finalmente ha sofferto un'ultima trasformazione di semplice ristauro nel prospetto esterno, colla remozione delle statue di s. Alessandro e di s. Agnese, dopo i danni ricevuti nella memorabile giornata del 20 settembre 1870, quando sulla sinistra di essa porta è stata aperta la breccia dall'esercito italiano. Nè fu questa la prima breccia di porta Pia. Un'altra, quando la porta era detta *della donna*, cioè nel 1406, fu aperta dai Colonnesi, ma sulla destra di chi esce, dalla parte che guarda il *castro Pretorio*, contro gli Orsini. L'episodio sanguinoso, causato dalla guerra civile provocata dal re Ladislao di Napoli, finì colla vittoria di Paolo Orsini, che ne abusò, facendo mozzare il capo a Riccardo Sanguigni, uno dei capitani fatti prigionieri (2).

posteriori, con *S. Agnese* soltanto nel panorama di Mantova (edizione DE ROSSI, *Piante di Roma*). Noto il nome *Viminalis* segnatovi cogli altri due nella pianta Rediana del 1474 (ivi, tav. IV).

(1) Veggasi il *motu-proprio* di Pio IV in BICCI, *Notizia della famiglia Boccapaduli*, p. 230, dal quale risulta che volle il papa dare alla porta il suo nome, e ne fece custode un conte Ranieri, col permesso di costruirvi un *albergo* a sue spese. Le medaglie, altre particolarità relative a questa porta, e la giusta critica fattane dal Milizia colla menzione della satira di Michelangelo Buonarroti sull'origine del pontefice, veggansi riassunte in NIBBY, *R. A.*, I, 143. La nota delle spese e degli artisti che vi lavorarono è nel protocollo di ser Ottavio GRACCO nell'Archivio di Stato in Roma, ed è stato pubblicato dal GOTTI nella *Vita di Michelangelo*.

(2) Diario di Antonio di Pietro in MURATORI, *R. I. S.*, XXIV, 981. La porta Nomentana ha pure i suoi fasti nell'epigrafia romana, nella lapide dei *sodales serrenses* (*Ann. dell'Istit.*, 1868, p. 387), e nel se-

Della porta Salaria più brevemente dirò, che il nome di essa rimase invariato, tanto negli itinerarî religiosi, quanto nei documenti (1). Notissima quanto infausta è la memoria dell'entrata che per essa fece Alarico nell'anno 410 (2). Per essa fece una vigorosa sortita, con soli 200 soldati, un tal Traiano, uffiziale di Belisario nella guerra gotica famosa (3). Delle due torri del tempo di Onorio, che la difendevano, restava una soltanto e smantellata; dell'altra soltanto uno stilobate rettilineo e un pezzo del corpo, come può vedersi nel disegno del Gell citato (tav. VIII della monografia suddetta). Avendo anche questa porta subìto gravi danni nella giornata del 20 settembre 1870, fu finita di demolire, e quindi ricostruita con disegno del conte Vespignani, nel 1873. In quella occasione tornarono alla luce parecchi antichi sepolcri già incorporati nelle mura di Aureliano (4). Fu con essi, dirò quasi, inaugurata la serie copiosissima delle iscrizioni e delle me-

polcro degli *Haterii,* scoperto dal maggiore austriaco Zamboni nel 1826 sulla destra della porta (*Memorie Romane,* III, p. 456).

(1) URLICHS cit., pp. 71, 87, *quae* (porta) *modo sancti Silvestri dicitur* (nell'itinerario Malmesburiense, che è del settimo secolo), pp. 115, 127, 142 (è il Cavallini che dopo l'etimologia dal *sale,* ne propone una da *solitaria !*), p. 151 (è l'anonimo Magliabecchiano che fa derivare *Salaria* dal fiume *Allia ! !....*) Nelle piante in genere è tracciata col suo nome; in quella del cod. Vat. 1960 è posta dietro il Vaticano, ed è detta *quae vadit ad... Sabenam* (DE ROSSI cit., tav. I); nella Rediana, porta anche il nome di *Quirinalis* (tav. IV) nel panorama di Mantova è notata *porta Salare.*

(2) PROCOPIO, *G. Vand.,* I, 2.

(3) PROCOPIO, *G. Got.,* I, 27.

(4) Alcuni spettavano alla *gens Cornelia;* uno all'undicenne poeta *Q. Sulpicius Maximus,* il cui poema estemporaneo greco, recitato nei certami Capitolini istituiti da Domiziano, è inciso ai lati della sua statua. Si conserva nel museo Capitolino (cf. VISCONTI C. L., *Il sepolcro di Q. Sulpicio Massimo,* ecc.).

morie monumentali di questa via, che formerebbero un ricco volume, ove fossero raccolte ed illustrate (1).

Della porta Pinciana, il cui nome si trova in qualche scrittore medievale attribuito anche alla porta Flaminia (2), ripeterò che dovette la sua fama a Belisario, quantunque il nome procopiano di *Belisaria* voglia da alcuno attri-

(1) Questo corpo dovrebbe incominciarsi col notare i monumenti scoperti sul tronco ora intramuraneo della via, cioè della villa già Bonaparte, già Valenti Gonzga. Quivi sono stati trovati i sepolcri dei *Calpurnii Pisoni Frugi, Liciniani* (*Not. scavi,* 1874, p. 394). Che i Pisoni Frugi possedessero presso questo luogo lo deduco anche da una iscrizione rinvenuta fuori la porta Nomentana che ricorda 19 termini posti da *Scribonianus* e *Piso Frugi ex depalatione T. Flavii Vespasiani arbitri* (Orelli, 3689). Altri Calpurnii giacevano da queste parti. Una lapidetta di due loro liberti si vede murata presso la 10ᵃ torre esterna delle mura, a sinistra dopo la porta. Nella villa suddetta stavano 7 bellissimi sarcofagi scolpiti (*Not.* cit., 1885, p. 43 sgg. (Cf. *Mélanges* della Scuola francese in R., 1885, avril). E che dirò delle vigne di Gabriele Vacca, poi dell'antiquario Flaminio e di Muti nelle sue memorie illustrate (mem. nn. 59, 58), poi Borioni, poi parte della villa Ludovisi; e di questa villa monumentale, ora scomparsa, e superstite ora in un *album* di vedute, donato al Comune di Roma dal suo proprietario principe d. Ugo Boncompagni?

Il comm. Lanciani ha testè provato la esistenza, nel sito della vigna già Vacca, del tempio di *Venere Ericina,* che propone essere tutt'uno con quello di Venere *hortorum Sallustianorum,* nota per monumenti epigrafici (*Bull. Arch. Com.,* 1888, pp. 1-11). Egli osserva che Aureliano non alterò il margine sinistro della via Salaria nel fare il suo recinto; che quivi giungevano gli orti Sallustiani, e che infatti non vi sono stati rinvenuti sepolcri, mentre dal lato opposto ne sono apparsi numerosi. Egli ha ricordato altri titoli epigrafici di *Sallustii* sparsi su questa zona finitima agli orti famosi; e finalmente ha fatto notare che il tratto delle mura tra la porta Salaria e la Pinciana non può essere opera di Belisario, come oggi si crede, ma offre il più conservato esemplare della cinta Aureliana. Del luogo *ad nucem,* delle due vie Salarie e di altre topografiche notizie promette di dare ulteriori e definitive spiegazioni, che attendiamo ansiosamente.

(2) WIDO, *Ferrariensis* in WATTERICH, *Vitae pont. RR.,* I, 462.

buirsi alla Salaria (1). Del resto la porta Pinciana nel secolo ottavo era chiusa (2); anzi fu allora appunto chiusa, perchè nel secolo antecedente venne indicata, quantunque col nome storpiato in *Porciana* e *Portitiana,* dall'anonimo descrittore inserito da Guglielmo di Malmesbury nel suo noto libro (3). Dovette poi essere riaperta, perchè della chiusura non fan cenno scrittori di età posteriore al 1200 (4). Un altro argomento per dimostrarne la riapertura è la continua indicazione che se ne trova nelle note catastali e notarili del secolo xiv, come poi vedremo, di fondi situati fuori di essa. Non solo dalla frequenza della via relativa esterna dovette esser suggerita tale riapertura, ma ancora dal fatto che le *gabelle* della porta del Popolo spettavano al monistero di s. Silvestro; e perciò l'erario publico aveva, presso la riva sinistra del Tevere, questa sola porta. Infatti nell'elenco relativo di Ambrogio Spannocchi tesoriere pontificio dell' anno 1454, ch'è nell'Archivio di Stato, è taciuta la porta del Popolo, e messa la Pinciana come aperta (5). Nell'anno 1808 è stata chiusa (6); ed ora è stata riaperta (7). Finirò col rilevarne il pregio storico,

(1) Cfr. JORDAN, *Topogr. der Stadt Rom,* I, 354, nota.

(2) URLICHS, *Itinerario Einsidlense,* p. 78.

(3) URLICHS, p. 87.

(4) Ivi, pp. 115, 127, 142 (è il Cavallini che deduce il nome da *pignaclum,* cioè pinnacolo: poi accenna alla casa dei Cornelii quivi presso situata). Essa è taciuta nell'anonimo Magliabecchiano, p. 151.

(5) Non dissimulo una difficoltà, che mi si potrebbe opporre, del trovarsi, cioè, talvolta chiamata *Pinciana* la porta del Popolo. Ma questa era una denominazione erronea poco probabile in un documento ufficiale amministrativo, come il registro del tesoriere.

(6) Che sotto Adriano VI era aperta, e ne erano custodi Gio. Batt. degli Ubaldi e Tomaso Guerrieri lo trovo nelle carte del Mochi ell'Annunziata, t. 121, f. 194.

(7) In occasione della riapertura di essa porta, tra i marmi della soglia n' è stato rimosso uno che ha EROTID*i* in grandi lettere; si vede che apparteneva a qualche sepolcro (*Bull. Com.,* 1888, p. 41).

conservando essa la croce equilatera, nella chiave dell'arco, e le sue forme dell'età di Belisario, al quale si riferiva il motto *date obulum Belisario* graffito già sopra una pietra in basso a destra di chi entra, e che spetta ad età moderna, quando si è sparsa la favola della cecità e mendicità del famoso duce bizantino.

Oltrepassate le antiche mura di Roma, dovendo io illustrare il primo tratto della zona già suburbana, ora quasi tutta abitata, voglio liberarmi dalla storia di quella contrada intermedia tra le vie Pinciana e Salaria nuova, ch'è breve, affinchè l'itinerario che segue proceda più speditamente.

(Continua)

G. TOMASSETTI.

ATTI DELLA SOCIETÀ

Assemblea del 30 aprile 1887.

Presenti, signori O. Tommasini, presidente, U. Balzani, A. Corvisieri, G. Cugnoni, B. Fontana, C. Mazzi, E. Monaci, G. Levi.

Letto e approvato il verbale della seduta precedente (30 dicembre 1886) il PRESIDENTE compie il doloroso dovere di commemorare due illustri stranieri, benemeriti degli studi e dell' Italia, il socio barone Alfredo von Reumont, e il dottore Guglielmo von Henzen. Del Reumont ricorda il lungo soggiorno in Italia, e i molti importanti lavori di storia italiana, e l'assidua collaborazione nell'*Archivio storico italiano*, e nell'*Archivio* della Società nostra. Nel Consiglio comunale della capitale del regno vennero commemorati gli altissimi pregi del Reumont verso gli studi italiani; alla sua tomba fu mandato il saluto di Roma, a cui si associa riverente la Società nostra.

Il valore scientifico, l'operosità, le virtù del compianto Segretario dell' Istituto archeologico germanico non hanno certo bisogno di essere ricordate ai convenuti. Una particolar prova di affetto verso questa Società era la cortese premura con cui egli non mancò mai d' intervenire alle riunioni sociali. Il presidente ricorda anche la recente perdita di un egregio cultore della storia in Italia, il prof. Agenore Gelli, direttore dell'*Archivio storico italiano*.

Il PRESIDENTE poi comunica una lettera del socio professore T. von Sickel che ringrazia pel telegramma inviatogli dalla Società in occasione del suo sessagesimo.

Viene infine presentato il consuntivo dell'anno 1886.

Procedutosi alla nomina dei sindacatori di detto bilancio vennero eletti a unanimità i soci signori A. Corvisieri e B. Fontana.

Preparazione del Codex Diplomaticus Urbis Romae.

Nel dicembre 1887 la Presidenza inviò ai soci il seguente schema per la preparazione del *Codex Diplomaticus Urbis Romae*:

In seguito alla deliberazione dell'Istituto storico italiano del 31 maggio 1887 (*Bullettino*, n. 3, p. 31), la R. Società Romana di storia patria è chiamata a preparare la pubblicazione del *Codex Diplomaticus Urbis;* il quale invito, se corrisponde a un antico proposito della Società stessa, l'affida che non saranno per mancare i mezzi per attuarlo.

Desiderando di procedere col concorso di tutti i soci a stabilire le basi e le linee principali dell'opera, il Consiglio direttivo propone alla considerazione dei colleghi i seguenti punti, intorno ai quali è necessario di venire a certa determinazione:

1° TEMPO. Si propone di partire da Gregorio Magno, con riserva di risalire, se le indagini daranno frutto, fino al trasporto della sede dell'Impero a Costantinopoli ;

2° LUOGO. Roma, l'Agro Romano, il *Ducatus,* il *Comitatus et Districtus,* e i comuni collegati con il comune di Roma, salvo a deliberare sull'esatto limite topografico, quando sia raccolto il materiale;

3° OGGETTO. Storia civile e storia ecclesiastica, in quanto la storia della Chiesa sia congiunta direttamente colla storia della città;

4° Per DOCUMENTI STORICI da comprendere nel Codice Diplomatico s'intendono:

a) tutti gli atti pubblici (*documenti storici propriamente detti e giuridici);*

b) quelli privati che hanno attinenze dirette colla storia della città e la genealogia delle famiglie;

c) i monumenti narrativi in quanto diano notizia di documenti storici o di particolari condizioni e vicende della costituzione civile e politica della città;

5° Gli spogli si dovrebbero condurre sopra le fonti edite e le manoscritte. Si sottomette ai soci una nota delle principali opere a stampa, e dei principali fondi manoscritti di archivi e di biblioteche, con preghiera:

a) di dare ulteriori indicazioni di fonti;

b) di indicare se il socio intende di partecipare al lavoro, e in tal caso di determinare quale parte di spogli assuma per sè;

6° Intendendo il socio di collaborare al *Codex Diplomaticus Urbis,* è pregato di dichiarare, se oltre il lavoro di spoglio, sia disposto a far quello della collazione e dell'esame dei singoli documenti.

La preparazione del *Codex Diplomaticus Urbis* darà occasione a predisporre l'*Historia Urbis Diplomatica,* che potrà venir pubblicata come appendice, nella quale si raccoglieranno ancora tutti quegli altri documenti che possono illustrare il costume, l'arte e la coltura della città.

FONTI EDITE.

Regesti Pontifici (Jaffè, Potthast, Berger, Benedettini, ecc.).

Regesti Imperiali (Böhmer, Mülbacher, Stumpf-Brentano, ecc.).

Regesti di Farfa, Subiaco, Tivoli, ecc.

Codici diplomatici (Lünig, Dumont, Leibnitz, Marini, Troya, Huillard-Bréholles, Cenni, Theiner, Funi, ecc., ecc.).

Acta Imperii inedita.

Epistolae Romanorum Pontificum.

Collezioni storiche (Muratori, Bouquet, Pertz, *Chronicles & Memorials,* ecc.).

Vitae Pontificum Romanorum.

Annalisti (Baronio, Rainaldi, Tillemont, Muratori, *Iahrbücher der deutschen Geschichte,* ecc.). Annali Benedettini (Mabillon), Camaldolesi (Mittarelli), Francescani (Waddingo), ecc.

Concilii (Labbè, Mansi, ecc.); Diritto Canonico, *Analecta Juris Pontificii,* ecc.

Patrologia.

Leggi imperiali.

Statuti municipali.

Bollandisti, *Acta Sanctorum,* Storie delle famiglie, dei magistrati, di luoghi pii, chiese, monasteri, ospedali.

Itinera, viaggi ed esplorazioni d'archivi e biblioteche (Montfaucon, Blume, Bethmann, Pflugk-Harttung, ecc.).

Cataloghi d'archivi e biblioteche; Repertori (Potthast, Chevalier, Oesterley).

FONTI MANOSCRITTE.

Archivio di Stato: Carte, diplomi, registri camerali, atti dei notai, statuti, ecc.

Archivio Storico Comunale: Carte e statuti.

Archivio Vaticano: Diplomi, carte, regesti, libri dei censi, conti, ecc.

Archivi d'ospedali, di famiglie romane, di congregazioni, capitoli, corporazioni, ecc.

Biblioteche dello Stato, del Comune, Chigiana, Barberini, ecc.

Biblioteca Vaticana.

Archivi della provincia, dei comuni, notarili, ecc.

Lo schema essendo stato discusso ed approvato nell'assemblea generale dell'8 gennaio 1888, venne diramata la circolare che segue:

In seguito all'approvazione dello schema per la preparazione del *Codex Diplomaticus Urbis*, il Consiglio direttivo della R. Società Romana di storia patria invita i suoi soci a voler dichiarare a tenore dell'art. 5° e 6° dello schema stesso quale parte intendono di assumere del lavoro sia di spoglio, sia di collazione e d'esame de' documenti.

È naturale che ciascuno preferisca quel limite cronologico e quella qualità di ricerche che coincide coll'indirizzo de' particolari suoi studi. Ma necessita che non vi sia nè parte di lavoro inconsapevolmente duplicata, nè parte omessa. E dove è bisognó di larga compartecipazione di opera, sarà bene che questa si consegua indirizzando il corso pratico di metodologia della storia alla preparazione del *Codex Diplomaticus Urbis*.

Si pregano pertanto i soci a far pervenire alla sede sociale, prima del giorno 26 del corrente mese, la dichiarazione che il Consiglio direttivo per sua norma richiede; avvertendo che, dopo la detta dichiarazione, verranno distribuite ai singoli soci le schede apposite, le quali, contraddistinte colle iniziali del socio, saranno testimonio del contributo di ciascuno all'opera sociale, e serviranno anche di fondamento a determinare il concorso che l'Istituto storico italiano accorderà a questa.

(Segue scheda).

A dar sollecito conto della cooperazione dei singoli soci a questa importante impresa d'indole veramente sociale si aprirà nell'*Archivio* una rubrica apposita.

R. Società Romana di Storia Patria.

Prodotti e Spese dell'anno 1886.

PRODOTTI.

Dal Ministero della pubblica istruzione per sovvenzione ordinaria . . . . L.	2,000	—
Dal suddetto per sovvenzione straordinaria	2,000	—
Dal suddetto per incoraggiamento pei *Facsimili e Diplomi imperiali e reali.*	3,000	—
Dal Comune di Roma per sovvenzione	2,000	—
Dai signori soci contribuenti	2,615	25
Interessi sulla Rendita e sul fondo di cassa.	91	40
Valore d'inventario dei libri ricevuti in dono	1,500	—
Simile dei mobili acquistati	100	—
L.	13,306	65

SPESE.

Spese pel personale . . . . L.	766	—
Id. accessorie alle pubblicazioni:		
Stampa . . . . L. 6,114 88		
Spedizione e posta 287 25		
	6,401	43
Spese diverse d'amministrazione.	178	20
Id. per la Biblioteca Vallicelliana	649	55
Mobili e acconcimi	326	—
Spese casuali e di esigenza.	443	15
L.	8,764	33

RIASSUNTO.

Somma dei prodotti . . . . L.	13,306	65
Id. delle spese	8,764	33
L.	4,542	32

Stato attivo e passivo della Società
chiuso al 31 marzo 1887.

PASSIVO.

Credito del conto avanzi e disavanzi per esuberanza at-
tiva della gestione dell'anno precedente . . . . . L.   20,104 05
Creditori diversi . . . .   500 —
Esuberanza dell'entrata sull'uscita 1886 . . . .   4,542 32

L.   25,146 37

ATTIVO.

Debitori diversi . . . .   2,575 —
Titoli di credito . . . .   1,000 —
Mobili . . . .   1,931 —
Biblioteca e deposito delle pubblicazioni sociali . . .   11,984 —
Resto di cassa 7,656 37

L.   25,146 37

Roma, 20 maggio 1887.

I sottoscritti, trovando regolare in ogni sua parte il Consuntivo
della R. Società Romana di Storia Patria per l'anno 1886, ne propongono l'approvazio᷂e.

Firmati : ALESSANDRO CORVISIERI
BARTOLOMMEO FONTANA.

BIBLIOGRAFIA

Dr **Karl Körber**. *Beiträge zur römischen Münzkunde*: I. Ein
römischer Silbermünzen-Fund aus der Mitte des 3 Jahrhunderts n. Chr. — II. Unedierte römische Münzen
aus der städtischen Sammlung in Mainz (Mainz, 1887;
programma ginnasiale).

I.

Nella prima parte (pp. 1-18), l'A. dà notizia di un ripostiglio di
monete romane imperiali rinvenutosi casualmente nell'agosto 1886
dentro la città di Magonza, facendosi lo scavo di un pozzo. Le monete si trovarono contenute in vaso di terracotta, e, rotto il vaso, se
ne numerarono ben 3220; ma, come purtroppo avviene il più delle
volte in tali trovamenti, gli scopritori, per meglio sottrarle ai diritti
del proprietario del fondo, le mandarono a vendere fuori di città, e
così un buon terzo del ripostiglio andò perduto. Il proprietario, signor F. Müller, riuscì nondimeno a ricuperarne n. 1676, e le presentò
al direttore del Gabinetto numismatico di Magonza, sig. Dr Welke,
il quale fu sollecito di acquistarle per quel Gabinetto. Ivi il nostro A.
potè studiarle ed esaminarle, compilarne il catalogo ed aggiunger-
vene anzi altre 195 da lui potute ripescare presso gli antiquari ed i
privati cittadini. Così il catalogo del sig. Körber comprende effettiva-
mente n. 1871 pezzi. Ei divise queste monete secondo le specie in
denari (corona laureata) ed antoniniani (corona radiata), e le classi-
ficò con la scorta della 2ᵃ edizione del Cohen *(Description des monnaies impériales)* seguendo il sistema tenuto dall'Hettner nella descrizione di un simile ripostiglio pubblicata nella *Wesd. Zeitschrift,* VI, 131.
Sono tutte monete di biglione (bianco e nero); i denari sono in
numero di 539 e vanno da Antonino Pio a Gordiano III; gli antoniniani sono in numero di 1332 e vanno da Caracalla, il creatore
della specie, a Gallieno e Postumo. I denari per la più parte appartengono a Settimio Severo (pezzi 55), Elagabalo (pezzi 114) ed Alessandro Severo (pezzi 168); gli antoniniani a Gordiano III (545), Filippo I (289), Filippo II (63), Traiano Decio (101) e Treboniano

Gallo (89). I due antoniniani di restituzione di Traiano e Commodo, meglio che a capo lista, potevano addirittura riferirsi a Gallieno. Per comodo e maggior interesse degli studiosi ho creduto opportuno di ricavare il seguente specchio quantitativo di tutto il ripostiglio:

Imperatori	Denari	Antoniniani
Antonino Pio	2	—
Commodo	2	—
Crispina	1	—
Pertinace	1	—
Didio Giuliano	1	—
Pescennio	1	—
Albino	2	—
Settimio Severo	55	—
Julia Domna	15	4
Caracalla	19	8
Plautilla	2	—
Geta	3	—
Macrino	3	—
Elagabalo	114	7
Julia Paola	4	—
Aquilia Severa	4	—
Julia Soemia	9	—
Julia Mesa	43	1
Alessandro Severo	168	2
Orbiana	2	—
Julia Mammea	31	—
Massimino Trace	33	—
Massimo	1	—
Balbino	—	4
Pupieno	—	6
Gordiano III	9	545
Filippo I	—	289
Ottacilla	—	58
Filippo II	—	63
Traiano Decio	—	101
Etruscilla	—	27
Erennio Etrusco	—	15
Ostiliano	—	3
Treboniano Gallo	—	89
Volusiano	—	63
Emiliano	—	4
Valeriano	—	12
Mariniana	—	1
Gallieno	—	22
Solonina	—	3
Postumo	—	4
Restituzione a Traiano	—	1
Id. a Commodo	—	1
Incuso R. DIANA LVCIFERA	1	—
Incerte	13	2

TOTALE . . . 539 + 1332 = 1871 pezzi.

Le varietà descritte dal signor Körber ascendono a ben 500 numeri. Fra le varietà non descritte nella 2ª ed. del Cohen e segnalate coi numeri similari del Cohen[2] messi, in parentesi quadra, noto: tre denari di Settimio Severo [230, 321, 324]; uno di Caracalla [120]; tre di Elagabalo [50, 101, 109]; uno di Julia Mesa [7]; uno di Alessandro Severo [57]; uno di Massimino Trace [46]; — due antoniniani di Gordiano Pio [98, 98]; uno di Filippo II [86]; uno di Traiano Decio [111]; uno di Erennio [20]; uno di Gallo [67], e uno di Volusiano [48]. Sono tutte piccole varietà di tipo o di leggenda; ma non prive d'interesse.

Il den. IMP ANTONINVS PIVS AVG)(LIBERALITAS AVG II, attribuito dall'A. all'imp. Caracalla (ved. p. 17 sg.), io dubito molto non s'abbia a mantenere piuttosto ad Elagabalo, del quale è noto il corrispondente quinario Cohen[2], *Elagabale* n. 81. Gli argomenti con cui l'A. si sforza di rivendicare a Caracalla questa moneta, e due altre della 2ª liberalità inesattamente descritte dal Vaillant (Cohen[2], *Caracalla* nn. 119, 120), non mi persuadono. Il tipo fanciullesco della testa corrispondente più a Caracalla che ad Elagabalo è il principale argomento dell'A.; ma trattandosi di due imperadori di tratti fisionomici poco diversi, l'uno cugino dell'altro e fatti Augusti l'uno all'età di 10 e l'altro all'età di 14 anni, non mi pare che l'argomento fisionomico possa bastare per istabilirvi sopra tutta una conseguenza storica. Per lo meno sarebbe d'uopo che questa differenza fisionomica nei tipi della 2ª liberalità di Elagabalo fosse confortata da una buona serie di esempî, e non sopra l'eccezione dell'A. Tutte le ragioni analogiche e storiche stanno in favore dell'attribuzione ad Elagabalo.

Il den. VOTA PVBLICA di Elagabalo [n. 306] è ugualissimo a quello descritto dal Cohen[2] al detto numero, per cui non veggo la ragione della parentesi quadra.

Il den. LIBERTAS AVG di Elagabalo messo in dubbio dall'A. mi par più probabile e verisimile appartenga a Caracalla, e sia una varietà del n. 143 Cohen[2].

Quanto agli antoniniani di Gordiano Pio [n. 173] PAX AVGVSTI (10 esemplari) non sono in niun modo diversi da quelli descritti nella 1ª ed. del Cohen, IV, 132, n. 70, e che nella 2ª ed. si si diedero con leggenda errata PAX AVGVST invece di PAX AVGVSTI.

Lo stesso sbaglio si verifica per gli antoniniani di Filippo I AEQVITAS AVGG [n. 9 e 12], che nella 2ª ed. del Cohen sono errati nella leggenda, mentre sono esattamente descritti nella 1ª ed., IV, 176, nn. 8 e 10. .

A tal proposito non posso dispensarmi di mettere in guardia tutti i descrittori di monete imperiali romane, affinchè non sieno facili ad ammettere le varietà nuove, fidandosi della esattezza della seconda edizione del Cohen, edizione la quale in effetto è invece molto meno esatta della prima. Ebbi ad avvedermi di questo imperdonabile difetto studiando testè particolarmente le monete di Traiano (V. nel 2° vol. del *Museo italiano di antichità classica* il mio scritto *Di alcuni ripostigli di monete romane*, p. 316 sgg.), ma pur troppo vado constatando che il difetto si estende a tutta l'opera. Appena si può immaginare di quali e quanti errori nel campo numismatico e storico potrebbe esser fonte la nuova edizione dell'unico nostro grande repertorio delle monete romane imperiali, se il solerte suo attuale curatore non affida a collaboratori competenti e coscienziosi la revisione dell'intera opera, e ritarda la pubblicazione del desideratissimo *errata-corrige* (1).

Ritornando al nostro A., piacemi dichiarare che egli, con la pubblicazione del ripostiglio di Magonza ha per certo reso un segnalato servizio alla scienza numismatica; una scienza la quale è diventata più degna emula dell'epigrafia e più utile ancella della storia dal giorno in cui Cavedoni e Mommsen hanno insegnato al mondo di quali e quanti risultati storici può esser fonte e scaturigine un semplice ripostiglio di monete. Per questa scienza è certamente più importante la descrizione di un ripostiglio nuovo che non quella di molti pezzi inediti e rari; ma acciocchè i risultati che si traggono dall'esame di un ripostiglio sieno sicuri e fecondi convien che il descrittore sia accurato fino allo scrupolo, e non dimentichi due principali avvertenze. Prima avvertenza è quella di assicurare che le monete di un dato ripostiglio non sono andate mescolate con altre sporadiche: seconda avvertenza è quella di annotare diligentemente lo stato di conservazione dei pezzi ed il loro stato relativo di freschezza.

Il nostro A. non ebbe la prima avvertenza, perchè non distinse nel suo catalogo le 195 monete che egli rinvenne in possesso di alcuni antiquari, da quelle spettanti al gruppo originale ricuperato dal sig. F. Müller. Sulla origine di quelle 195 monete è sempre lecito avere qualche dubbio, mentre le altre, costituenti la massa principale, presentavano una sicura garanzia che fossero appartenute tutte senza eccezione al ripostiglio di che si tratta. Non ebbe la seconda avvertenza al punto da non far nemmeno cenno dello stato di freschezza delle ultime monete del ripostiglio. Se l'A. avesse riguardato allo stato di freschezza dei pezzi spettanti ai due ultimi imperatori del ripostiglio, Gallieno e Postumo, egli avrebbe avuto modo di controllare efficacemente e stringentemente la sua stessa opinione circa la data probabile del nascondimento del tesoretto. Questa data egli a p. 5 la ricava dall'esame delle monete di Postumo, e segnatamente dall'ant. Cohen ² n. 261 recante il cos. III (TR P COS III PP) e di data estensibile dall'anno 260 al 266. Egli si ferma preferibilmente all'anno 261, vista la scarsità delle monete di Postumo in un trovamento dove si era in diritto di aspettarsele abbondantissime; ma l'os-

---

(1) È da sperare che la I. Accademia di Berlino, la quale ci ha liberato una buona volta dagli errori del dilettantismo epigrafico col *Corpus inscriptionum*, vorrà por mano a liberarci altresì dai non meno gravi errori del dilettantismo numismatico col promessoci *Corpus nummorum*.

servazione del Mommsen (*Geschichte d. römische Münzwesens*, p. 775, nota 809) relativa alla incetta ed alla scelta che si faceva nel sec. III delle specie monetarie meno scadenti per parte dei tesoreggiatori, lo fa rimanere perplesso e titubante anche verso questa data.

In tale incertezza è chiaro che potrebbe vincere il dubbio o far pesare la bilancia appunto l'osservazione intorno allo stato di freschezza delle ultime specie tesoreggiate. Se, per esempio, si potrà constatare che le ultime monete di Valeriano (nn. 36, 71, 208) riferibili agli anni 257-260 (Cf. Brock, *Zeitschr. f. Num.*, 1876, pp. 5 e 101) corrispondono per il grado di freschezza alle più fresche monete di Gallieno e Postumo, ecco che si avrebbe una bella prova in favore della conclusione cronologica cui arriva il nostro A.; ma se le ultime monete di Gallieno (nn. 751, 936, 940, 1173, 1309) e quelle di Postumo fossero invece relativamente usate e non mostrassero in niun caso l'asprezza o le sbaveggiature del conio recente, avremmo per converso un assai attendibile argomento per ricondurre la data del ripostiglio verso il 267, che è l'anno dell'assedio di Magonza, operato dallo stesso imperatore Postumo contro il nuovo usurpatore Leliano (Eutr., IX, 9). In tal caso il tesoretto di Magonza verrebbe a coincidere con un fatto storico speciale, e la ragione del suo nascondimento non sarebbe più da cercare in qualche ignoto avvenimento politico o militare.

Confido che il nostro A., il quale si è reso benemerito delle ricerche storiche pubblicando un così notevole ed interessante ripostiglio di monete, avrà modo ed agio di sopperire agli osservati difetti di descrizione, e potrà ancora fornirci il catalogo riveduto del ripostiglio, accompagnato dalle desiderate note di freschezza. Intanto, dovendo rimanere nel dubbio, posso persuadermi che, anche in principio del burrascoso e contrastato regno di Postumo, non fossero mancate in Magonza, come su tutta la strada di Cologna, occasioni ripetute di panico e di terrore per la guerra che Gallieno fu costretto di dichiarare all'usurpatore delle Gallie e suo competitore.

II.

Nella seconda parte del suo scritto (pp. 18-23) l'A. descrive una bella serie di monete romane imperiali esistenti nel Gabinetto di Magonza e non descritte nella 2ª ed. del Cohen. La descrizione è fatta col medesimo sistema, cioè riportando le leggende in cui si osserva qualche differenza e rilevando le divergenze di tipo. La descrizione è generalmente esatta, e niuna particolarità degna di nota parmi essere sfuggita al vigile suo occhio.

Le monete descritte in questa seconda parte cominciano da Augusto e finiscono con Massimiano Erculeo: sono ben 141 varietà che l'A. segnala come mancanti nella detta edizione del Cohen; ma, al solito, c'è da temere che alcune differenze dipendano dalle inesattezze del testo curato dal Feuardent, nè io ho agio di farne per intero la verifica. Fra le monete descritte dal sig. Körber ve ne hanno parecchie che io stesso verificai mancanti al Cohen, sia nel mio *Ripostiglio della Venèra* pubblicato negli *Atti della R. Accademia dei Lincei*, vol. IV, sia nel più recente mio scritto: *Di alcuni ripostigli di monete romane* citato di sopra. Quasi tutte le monete che il Körber riporta come inedite da Aureliano in poi furono da me pure descritte nel *Ripostiglio della Venèra*, un ripostiglio composto di ben 46,442 pezzi (V. la giunta nel *Mus. Ital.*, II, 115), tutti appartenenti alla seconda metà del sec. III d. C. e che il sig. Feuardent non si curò altrimenti di spogliare per la nuova edizione dei tomi V e VI dell'opera del Cohen. Del pari i denari di Vespasiano, che il Körber aggiungerebbe alla pag. 375 del vol. II Cohen², sono descritti anche da me fra le monete del ripostiglio di Roma, *Mus. Ital.*, II, 43, nn. 51-4, 43, n. 50.

Relativamente alle altre varietà descritte dal Körber trovo degne di speciale attenzione le seguenti:

1° Un dupondio od asse di Augusto insignito di doppia contromarca, quella di Tiberio: TIB AⅤG, e quella di Nerone: IMP N.

— Intorno a tali contromarche vedansi le mie osservazioni nel *Mus. Ital.*, II, 57 sgg. Oltre gli scritti ivi citati, si confronti De Saulcy: *Les contromarques monétaires à l'époque du haut empire*, nella *Revue numismatique*, 1869-70, p. 300.

2° Tutte le monete di Traiano, specialmente dopo lo studio storico e cronologico cui le assoggettai nel *Mus. Ital.*, II, 81 sgg.

— Il den. simile al n. 394 Cohen² con COS VI merita conferma! Sarebbe il primo tipo del *Bonus Eventus* apparso dopo quelli battuti per l'occasione delle guerre daciche (V. op. cit., p. 105).

— Il medio bronzo IMP CAES NER TRAIANO OPTIMO AVG GER etc. SENATVS POPVLVSQVE ROMANVS SC con due insegne dell'esercito, particolarmente interessante perchè non era finora conosciuto nessun tipo del bronzo degli anni 113-114 col tipo militare delle insegne (V. op. cit., p. 83 e p. 92).

3° Una moneta ibrida di Giulia Domna (IVLIA AVGVSTA) col tipo del rovescio: PRINC IVVENT

4° Un sesterzio di Massimo (MAXIMVS CAES GERM) col rovescio preso da un sesterzio di Alessandro Severo (Cohen², n. 441).

5° Un antoniniano di Volusiano, col nome del gentilizio errato: VIⱵ *(sic)* invece di VIB. La terza lettera sbagliata, rovescia e capovolta, farebbe per poco sospettare l'uso delle lettere mobili nella monetazione del secolo III, se in questo tempo non fossero frequenti errori monetari anche più strani. Parecchi errori simili sulle monete di Probo furono segnalati dal Missong (V. *Numismatische Zeitschrift* di Vienna, IX, anno 1877, pp. 1-20, estr.: *Stempelfehler und Correcturen auf Münzen des Kaiser Probus*, Taf. IV).

(Firenze).

LUIGI A. MILANI.

Heim (Baurath) und **Velke** W. *Die römische Rheinbrücke bei Mainz* nel *Festgabe der Generalversammlung des Gesammtvereins der deutschen Geschichts und Alterthums-Vereine zu Mainz am 13 bis 16 Sept. 1887*, p. 169 sgg.

Il Governo tedesco diede ordine, nell'anno 1880, che venissero rimosse le pile dell'antico ponte romano giacenti nel fondo del Reno fra Magonza e Kastel. Si prevedeva da tutti gli archeologi un buon risultato di notizie e di oggetti da cotesto lavoro; nè le loro speranze sono rimaste deluse. In questa monografia del ch. HEIM abbiamo una dotta relazione tecnica su tali scoperte, nella quale, riassumendo le cognizioni che si avevano sul ponte fino dal 1847, e componendole colle attuali, egli ne forma un lavoro, quantunque breve, abbastanza completo. Incomincia egli col ricordare la falsa opinione, formatasi dopo il 1855, che attribuiva quell'insigne monumento all'età carolingia. Descrive poi il metodo adoperato nelle lavorazioni subacquee, ed in tre tavole, in calce allo scritto, ne porge una eccellente grafica riproduzione. I piloni del ponte erano undici. Ora l'autore riferisce le particolari scoperte avvenute in ciascuno, colle misure esattissime, come, p. e., i numeri incisi sui pali rotondi di quercia, ond'erano formate le grandi palizzate dell'undecimo pilone (p. 174). Singolari, sotto l'aspetto epigrafico, vi sono le cifre IICXXI e ꓔXXIKI. In un palo del decimo pilone v'è il numero ƷXVII; in uno del sesto vi è IIIX, che a noi sembra scritto a rovescio per XIII; in uno del quinto pilone v'è IXXIꓘ.

Importantissime scoperte sono: un mazzuolo di quercia trovato nel settimo pilone, nel quale si legge: L . VALE . LEG . XIII; e un sigillo di ferro con LEG . XXII . ANT*oniniana*.

Passa l'autore a mostrare la costruzione dei fondamenti delle pile (p. 187) colla fedeltà indispensabile in una tecnica descrizione.

Accenna quindi alle cose quivi rinvenute (p. 196). Vi sono pietre quadrate, alcune scritte, alcune anche ornate di rilievi decorativi, rinvenute, la maggior parte, presso le testate del ponte. Vi sono, oltre i sigilli già ricordati, alcune ascie, alcune monete di bronzo, uno scalpello ed un pezzo di catena.

Segue, nella seconda parte di questo lavoro, la relazione del signor W. VELCKE, la quale riguarda la parte archeologica e storica delle scoperte avvenute. Essa forma una pregevole monografia in complemento di ciò che il Lehne, il Grimm, lo Schneider ed il Pöllniz hanno scritto sul ponte romano di Magonza. Accurati disegni litografici degli arnesi e dei sigilli descritti in questa monografia ci permettono di possederne gli esemplari. Fra le pietre scritte noteremo quella col titolo ansato, che ha:

LEG · XIIII
G · M · V
·ꓕ· G· VELSI · SECV

edito già dal Keller e dall' Hübner (*gemina, martia, victrix* è notissima appellazione della XIV legione). Oltre la nota delle sculture e degli oggetti rinvenuti, il Velke porge breve ed importante esame sulla cronologia del ponte, manifestando la ben fondata opinione, che precisamente tra gli anni 70 e 100, se ne facessero le fondazioni ; che sotto Domiziano fosse costruito dalla legione XIV, non dalla XXII, come pensò l' Hübner. Seguendo la storia delle guerre romano-germaniche sotto i Flavii, egli dimostra questa successione di epoche. Spiega come vi si trovi una menzione della legione XVI, cioè perchè spettante all'epoca delle fondazioni di un ponte primitivo anteriore a Caligola (stando sotto i primi Cesari quella legione a Magonza), ed infatti rinvenuta in luogo profondo e intermedio ai piloni. Prova finalmente che alla legione XXII, dell'età di Caracalla (Antoniniana) non deve attribuirsi che un' opera di riparazione. Le sette tavole che illustrano i due lavori dell' Heim e del Velke sono precedute da una riproduzione di un piombo edito dal Fröhner, rappresentante il ripetuto ponte romano, colle due città di Magonza e di Castellum sulle due opposte rive del Reno.   G. T.

Keller d.^r **J.** *Die neuen römischen Inschriften des Museums zu Mainz. Zweiter Nachtrag zum Becker' schen Katalog.* (In *Festgabe der generalversammlung der deutschen Geschichts- und Alterthums-Vereine zu Mainz an 13 bis 16 Sept. 1887.* Mainz, von Zabern, 1887).

Come apparisce dal titolo della monografia stessa, il signor dottor prof. Keller porge in essa un catalogo delle iscrizioni romane pervenute nel museo di Magonza, dopo la pubblicazione della prima appendice al catalogo del Becker, la quale fu edita nel 1883. Precedono la nuova appendice alcune osservazioni e rettifiche alla prima. La nuova pertanto contiene 38 lapidi e un diploma militare (in bronzo), ordinate per classi conforme al catalogo originale. Ciascheduna iscrizione è accompagnata dalla relativa *lezione,* e da qualche sobrio e ponderato comento. Per non avere adoperato tipi epigrafici è stato obbligato l'autore ad aggiungervi anche taluni schiarimenti sulle lettere connesse o irregolari. Vi abbondano le lapidi della legione XXII, molte militari, dedicatorie in onore degl'imperatori e di divinità. Alcune hanno singolare importanza epigrafica, sì per le cose in esse ricordate : p. e. *legioni xxii ... honoris virtutisq. causa civitas Treverorum in obsidione ab ea defensa* (p. 142), come per le formole epigrafiche, p. e.: *honori aquilae legionis XXII,* ecc. La maggior parte di queste epigrafi spetta alla legione XXII, ch' era di presidio a Magonza. Vi sono parecchie date consolari, che arrecano pregio a questa serie, degli anni cioè 205, 213, 214, 242, ecc. Alcune di queste date dànno luogo a ricerche; come, p. e., quella del 205 ci sembrerebbe piuttosto spettare al 206. Importantissimo è quel console per la terza volta *A. Didius Gallus* (p. 134) nella tavola di bronzo votiva a *Nemetona*, insieme colla consorte indicata epigraficamente: *Attica ejus.* Noto nella storia come uomo ricoperto d'onori (*copia honorum* in Tacito, *Agric.* 14 - come *curator aquarum* in un cippo aquario di Roma, *Bull. dell'Istit.* 1869, p. 213) sarà ora registrato nella serie dei consoli dell'età di Tiberio. Un frammento di lezione e di restituzione difficile ci sembra quello trovato nel febraro 1887 (p. 143) dell'età degli Antonini, come rilevasi dalla residua parola NIAN giustamente supplita in *Antoni*NIAN*ae,* come soprannome della legione suddetta.

Delle iscrizioni sepolcrali presentate in questa pregevole monografia, è ragguardevole il cippo di *C. Faltonius Secundus,* milite della legione stessa XXII, di Tortona, la cui figura è scolpita nel cippo medesimo, in singolarissimo abito civile, con due servi, forse come il Keller osserva (p. 146), l'uno *vestiarius,* l'altro *tabellarius.* Una riproduzione eliotipica di questo bel monumento adorna il volume nel principio.

Noteremo finalmente la singolare coincidenza del diploma militare *(tabulae honestae missionis)* del solito tipo, che chiude la serie di cui parliamo (p. 157), poichè in esso fu riconosciuta la seconda tavoletta di quello già esistente a Worms (cf. Mommsen nella *Ephemeris epigraphica,* V, 632). G. T.

Tommaso Sandonnini. *Della venuta di Calvino in Italia e di alcuni documenti relativi a Renata di Francia.* — Torino, fratelli Bocca, 1887, p. 1-33. (*Rivista storica italiana,* IV, III, anno 1887).

Il Sandonnini avendo veduto che coloro i quali hanno studiato l'episodio di Renata di Francia hanno promesso più lunghi lavori, ma si sono limitati a brevi pubblicazioni, pubblica anch'egli alcune notizie sulla Renata. Ma egli, ricordando le pubblicazioni dell'*Archivio* della Società Romana di storia patria, e avvertendone l'importanza, dichiara insieme, che dalle promesse di scrittori, che si limitarono a pubblicare brevi e staccate memorie, fu distolto da un lavoro che aveva vagheggiato.

Sull'importanza dei nostri documenti non sembra cadere disputa. Ma il Sandonnini prima di pubblicare i suoi, usciti da Modena come molti dei nostri, si prova a demolire le nostre conchiusioni con un seguito di ragionamenti, dai quali sembrerebbe ch'egli non tien ragione della grande opera del *Corpus reformatorum,* in cui tutti sono confutati, contro coloro che per primi li produssero. Non ispenderemo adunque molte parole, rimandando ai Prolegomeni di quell'opera chi avesse vaghezza di conoscere il valore degli argomenti risuscitati dal Sandonnini (1). Chè la questione principale si risolve nel sapere, se

(1) *Corpus reform.,* tom. 29, Prol. caput II, fol. XXIII.

Il titolo del capitolo secondo è questo : « Editionem institutionis latinam anni 1536 omnium primam fuisse demonstratur ».

È contro questa serie ordinata che deve disputare il Sandonnini, prima che contro di noi.

l'edizione della *Istituzione della religione cristiana* del 1536 fosse o no l'edizione prima, o ve ne fossero altre anteriori. Se ve ne furono altre anteriori certamente le nostre conclusioni vacillerebbero in qualche parte, non però in tutte; ma poichè il Sandonnini afferma di avere molte prove di ciò, noi diciamo, che, come prove, nè egli, nè altri, non ne produssero neppure una finora di buona lega.

È inesatto, intanto, ciò che afferma il Sandonnini, che l'edizione del 1536 porti per data della prefazione il 1535. Non può essere dubbio che non sia stata scritta nel 1535, ma in quell'edizione l'anno è stato omesso. È del tutto erroneo che « le altre edizioni fatte mentre era « ancora in vita l'autore corrispondevano tutte più o meno a quella « del 1536» (1). L'edizione immediata del 1539 è già più lunga: la prima edizione occupa nel *Corpus* 252 colonne; le sei edizioni successive, cioè fino al 1554, composte in una, ne occupano 900; quella del 1559 ne occupa 1118. La prima edizione adunque, di 252 colonne, è un vero *enchiridion*. Se poi il Sandonnini pensa che avanti la edizione latina del 1536 (egli non lo dice, ma lo dicono gli autori ch'egli può avere consultato) ve ne sia una francese, Calvino stesso, nell'edizione del 1541, dice, che tradusse il suo lavoro, per non defraudarne coloro che di latino non sanno. Non arriviamo a capire come egli interpreti dalle parole *quum nemo sciverit me authorem esse,* che l'edizione del 1536, essendo la prima, dovesse essere anonima; e non troviamo chi più vi si fermi. *Martianus Lucanius,* od *Espeville* che Calvino si chiamasse, mette il suo vero nome sull'edizione del 1536 e si allontana da Basilea: qual necessità di allontanarsi se l'edizione fosse stata anonima ?

Ma queste cose sono tutte dette. Quanto al viaggio di Calvino, che il Sandonnini nega, al Masi, essere stato fatto per le Alpi dei Grigioni, egli lo fa procedere verso la valle di Aosta, per induzioni tutte sue. Nell'archivio modenese da cui il Sandonnini ha tratti i suoi principali documenti, a noi non ignoti, sta la prova e la riprova, che gli ambasciatori estensi, quelli di Venezia, quelli di Toscana e quelli di Urbino non battevano quella via, durante la guerra, per recarsi, vuol saperlo dove il Sandonnini ? a Lione. Figurarsi poi a Basilea e ad Argentorato, andando e tornando, se non era più comodo (diremo anche per dove passavano) per Peschiera e per la Bernina.

Nega il Sandonnini la presenza di Calvino a Ferrara, dove noi l'abbiamo messa. Per quanto fermissima ipotesi, la nostra, e avvalorabile da nuovi argomenti, è sempre cosa facile l'opinamento contrario, e spesso fa ciò il Sandonnini. Ma egli erra di sicuro col Marot, quando dice che « allude certamente al Marot il dispaccio 4 ottobre 1536 « del residente estense a Venezia » (2): il segretario era il Cornillau e allusioni al Marot da Venezia non ve ne sono, se tutti non abbiamo visitato quei dispacci, che crediamo di sì. Il Marot è annunziato al

(1) SANDONNINI, loc. cit , 5.
(2) Id., ibid., 11.

venire a Ferrara, e al ritorno a Ginevra: sul soggiorno a Venezia silenzio completo.

Ci dispiace poi ch'egli muti i termini delle nostre conchiusioni: noi non abbiam mai scritto che Calvino « arrivasse a Ferrara il 23 marzo « e ne ripartisse il 14 aprile del 1536 » (1) come ci fa dire il Sandonnini. Noi abbiamo concluso che entro quello spazio di 22 giorni vi si doveva`trovare; arrivasse prima, o partisse dopo, ciò poco importa. Il mettere becco sulla fuga di un francese, col designarlo per Giovanni Soubise, è ameno, poichè v'è certa notizia ch'egli rimase ancora a Ferrara: ma noi troppo dovremmo fermarci a cogliere inesattezze: prendiamo per quel che vale la sua pubblicazione, e, se constateremo qualche documento che non possediamo, gli saremo ben grati. Quanto al lavoro completo, che fu promesso col nostro saggio, s'egli vuol credere alla nostra parola, per tutta quell'epoca è fatto.

B. Fontana.

E. Stevenson. *Topografia e monumenti di Roma nelle pitture a fresco di Sisto V della biblioteca Vaticana.*

Il quinquennio del pontificato di Sisto V è per la città di Roma così pieno d'opere arditamente concepite e frettolosamente eseguite, che lo storico è tratto a domandarsi che cosa non avrebbe divisato e fatto il pontefice Peretti se giovane, e non già grave di sessantaquattro anni, avesse assunto il governo dello Stato ecclesiastico e indirizzato i tramutamenti della città di Roma. « Se avesse vissuto pochi altri « anni noi avremmo la basilica (di s. Pietro) non a croce latina e « colla fronte del Maderno, ma a croce greca e colla facciata di Michelangelo ». Così scrive lo S. (a pp. 22-3), e questo non sarebbe stato piccol vantaggio. Ma la vera grandezza e lo squisito gusto dell'arte che i pontefici del rinascimento avevano potuto aggiogare alla loro signoria era venuto meno. « Cesare Nebbia e Gio. Guerra - annota altrove l'au- « tore - favoriti dal pontefice per la rapidità colla quale lavoravano, « prendevano in certo modo l'appalto delle pitture; nei conti delle « spese essi soli figurano, mentre agli artisti che li aiutavano è dato il « nome di soci ». Così la nuova fabbrica da lui divisata a congiungere le due grandi gallerie che vanno dal palazzo pontificio al Belvedere, non serve, come le opere de' tempi di Sisto IV, di Paolo II, d'Innocenzo VIII, di Giulio II e di Leone X, ad eccitare la fina ammirazione delle persone che sono al culmine della cultura; bensì colpisce la moltitudine grossa coll'aspetto della mole, dei colori smaglianti, cogli effetti che possono sperarsi da opere frettolose e date in appalto. Ma .lo S. non entra in considerazioni artistiche per questo rispetto: bensì con solerte dottrina si fa a raccogliere quanto è possibile da quelle pitture per la conoscenza topografica del Vaticano antico, e per la

---

(1) Sandonnini, loc. cit., 7.

storia della biblioteca, integrando i dotti lavori del Müntz e del De Nolhac. All'opera sono annesse cinque tavole fototipiche, non tutte riuscite egualmente bene. La prima rappresenta la facciata dell'antica basilica Vaticana, e l'A. la illustra alle pp. 8-11: « La piazza scorgesi parata a festa; arazzi e drappi pendono dalle finestre e dai palchi eretti « per gli spettatori: suonano le tube (?) e tuonano le artiglierie, mentre « la turba del popolo assiste plaudente. Accanto al vetusto ingresso « della basilica s'innalza il trono del pontefice entro uno steccato, al « cui ingresso è una specie di arco trionfale (?) decorato di festoni « collo stemma di Sisto V ». Nella tavola II riproduce, da un affresco del Vasari nel palazzo della Cancelleria di Roma, l'immagine dei luoghi e dello stato dei lavori quali si trovavano quarant'anni prima, sotto Paolo III. La tavola III offre in una delle vedute il trasporto dell'obelisco; e presso la torre campanaria ben riconosce lo S. rappresentata nella parte superiore d'un edifizio parte del musaico giottesco della navicella che ornava l'antico quadriportico. Descritte le vicende che alterarono il monumento, altrove trasferito e restaurato più volte, lo S. offre nel n. 4 della tavola V un elemento assai antico e pregevole per ricostituirne il primitivo aspetto, tratto da un disegno della biblioteca Ambrosiana. « L'occasione - scrive l'autore - mi induce a divulgare un frammento di musaico attribuito a Giotto che « è serbato a Bauco, nelle vicinanze della Badia di Casamari, in una « cappella privata », quantunque sull'autenticità dell'angelo giottesco non si avventuri a pronunziare giudizio. E questo, e la testa di Gregorio IX, ch'era pur essa nel musaico sotto al timpano all'ingresso del quadriportico; e la testa d'Innocenzo III, la cui figura era nella conca dell'abside ed ora si trovano nella cappella della villa già Conti, ora Torlonia, presso Poli, costituiscono i tre frammenti di decorazioni musive scampati alle distruzioni, che lo S. divulga per la prima volta nella tavola V del presente scritto. Nella parte inferiore della tavola III è anche figurata la piazza Colonna, colle umili baracche e co'pergolati che fanno così misero contrasto colla grande colonna di Marco Aurelio restaurata da Sisto V. La tavola IV riproduce, nella parte inferiore, una lunetta con la veduta del patriarchio lateranense e degli annessi edifici, divulgata già dal Rasponi e dal Rohault de Fleury; nella superiore, la pianta prospettica di Roma indicante il piano regolatore della città a'tempi di Sisto V; ad illustrazione della quale lo S. reca fra le altre notizie quella della data certa della « desfattura della scola di Virgilio houer Settezonio », le cui spese figurano nei conti alla data de' 15 maggio 1589. Ora, tali registri de'conti che rivelano preziosi ragguagli intorno alle basiliche cristiane ed agli antichi monumenti di Roma, non pare che fossero cogniti al Tempesti, furono trascurati dall'Hübner, e lo S. li usò primo e ne dette indicazione.

Emmanuel Rodocanachi. *Cola di Rienzo* - Histoire de Rome de 1342 à 1354. — Paris, A. Lahure, imprimeuréditeur, 1888.

Cola di Rienzo è tal figura storica che non può non esservi in tutti i tempi chi si lasci attrarre da essa potentemente. Non è solo fra gli artisti o i romanzieri che certi antichi nomi, certi episodi, certi periodi storici trovano, a preferenza di altri, simpatie più vive; anche fra gli studiosi e fra i severi eruditi, per i quali tutto dovrebbe valere ugualmente quanto si può chiamar fatto documentato, v'han certi tèmi, cui per bisogno inconsciente dello spirito la rigida ricerca obiettiva si volge con più intelletto d'amore. Mal giudichiamo i freddi esploratori del passato, figurandoceli quasi atrofizzati dalle carte ingiallite e dalle logore pergamene: eglino comprendono, invece, come per certi fatti, per certi rivolgimenti, per certe figure del passato il lavoro loro non è se non l'umile compagno di quello che spetta al filosofo, al politico, allo psicologo. Di qui la straordinaria attrattiva di certi argomenti.

Tale si presenta quel periodo della storia medievale di Roma che va dal 1342 al 1354, nel quale la figura dell'ultimo tribuno domina e campeggia sovrana, anche quando dobbiamo andarla a ritrovare nella solitudine di monte Maiella o nel triste carcere di Raudnitz.

Ben venga adunque questo nuovo volume del signor Emanuele Rodocanachi su Cola di Rienzo, che s'aggiunge così alla biografia di Felice Papencordt, sintesi felicissima di tutto quanto erasi anteriormente scritto su la storia del tribuno. Questa Società di Storia patria ha ormai riunito e s'accinge a pubblicare l'epistolario di Cola, ed è questa una ragione di più per accogliere con schietta soddisfazione il presente lavoro, che serve, se non altro, a ravvivare l'attenzione del pubblico colto per quel memorabile decennio di storia romana.

Se dicessimo che l'opera del Rodocanachi porta agli studî un contributo veramente nuovo, non saremmo nel vero e sorpasseremmo forse gli stessi intendimenti dell'A. Fonti nuove, oltre quelle, manoscritte ed a stampa, già utilizzate dal Papencordt, non è venuto fatto all'A. di scoprire, e noi non gli moviamo di ciò il benchè minimo rimprovero: fondamento principale della narrazione resta sempre la *Vita* dell'anonimo contemporaneo, sussidiata non tanto da varie cronache di città italiane e da qualche annalista ecclesiastico, quanto dalle lettere di Cola a noi pervenute e già in buona parte, benchè assai male e sparsamente, pubblicate.

Questo il materiale che servì agli anteriori biografi e che per la via di essi, e, abbiam motivo di credere, non per la via dei manoscritti, venne a conoscenza del Rodocanachi. È ad aggiungere però ch'egli ebbe primo l'aiuto, mancato agli altri, della nota raccolta del Theiner: *Codex diplomaticus dominii temporalis Sanctae Sedis,* stampata nel 1862, della quale opportunamente si valse a meglio chiarire i rapporti del tribuno colla Curia pontificia. Ciò solo basterebbe a farci riconoscere tutt'altro che inutile il libro, del quale un breve e sommario esame potrà, crediamo, non riuscire discaro agli studiosi.

La prima parte del volume comprende i primi anni di Cola, l'ambasciata ad Avignone, la fondazione del *buono stato*, la politica interna ed esterna del tribuno e la sua prima caduta.

L'A., dando maggiore sviluppo ad alcune parti della narrazione non interamente sviluppate dai precedenti biografi, rifà con forma brillante la storia di quei sei mesi in cui la potenza di Cola andò aumentando con una rapidità uguale a quella con cui s'operò la sua prima caduta. Intorno ai rapporti fra i Romani e la Curia d'Avignone, pare all'A. (e giustamente) di poter stabilire, su la testimonianza d'una lettera del papa pubblicata dal Theiner (t. II, n. CXXX), che le ambasciate a Clemente VI furono due e che della prima non fece punto parte Cola di Rienzo, il quale soltanto posteriormente venne inviato ad Avignone (1). Cola fu più fortunato di Stefano Colonna e de' suoi colleghi: il 27 gennaio dell'anno 1343, Clemente pubblicò la bolla « Unigenitus Dei Filius » e formulò i doveri imposti ai fedeli che si sarebbero recati a Roma pel giubileo nel 1350. Rienzo approfittò delle simpatie incontrate in Avignone per parlare con grande veemenza contro i baroni romani e per dipingere al papa coi più tristi colori la loro licenza e la loro crudeltà. I senatori di Roma, Paolo Conti e Matteo Orsino, se ne risentirono aspramente, e decretarono contro Cola le misure più rigorose.

Fu allora che intervenne il papa colla lettera sopra ricordata, nella quale difendeva il giovane ambasciatore da ogni accusa e lo raccomandava alla benevolenza dei suoi concittadini. Così Rienzo potè tornare a Roma al sicuro dalle rappresaglie dei suoi nemici.

Ad Avignone il futuro tribuno conobbe, com'è noto, il Petrarca, e da allora cominciarono le relazioni fra l'uno e l'altro. Il Rodocanachi scrive: « Il semble probable que Pétrarque et Rienzo lièrent « connaissance dès cette époque; animés tous les deux d'une égale « passion pour l'Italie, ils durent s'entretenir sans doute plus d'une « fois de leurs pensées et de leurs espérances sur son avenir ». Alle quali parole, assai scarse in verità, tenuto conto degl'intendimenti del volume, o noi c'inganniamo o la forma dubitativa, usata dall'A., toglie gran parte di valore. Ci sia lecito pertanto notare come il Petrarca dia principio ad una sua lettera (*Lett. senza titolo,* 7), scritta dopo la partenza di Cola da Avignone, appunto ricordando un lungo colloquio avuto con lui dinanzi all'antico tempio di Sant'Agricola. « Quando « ripenso - scrive il poeta - a quella nostra conversazione, mi sento « pieno di fuoco e d'entusiasmo ». Niun dubbio quindi che durante la dimora di Rienzo ad Avignone (1343) si stabilisse l'affettuosa amicizia tra Cola ed il Petrarca.

(1) Ecco il luogo preciso della lettera papale: « Cum autem per aliquos ipsius Ni-« colai emulos vobis, ut asserit, suggestum extiterit, licet falso, eumdem Nicolaum dixisse « coram nobis aliqua, que in vestrorum et eiusdem Romani populi ambassiatorum DUDUM « missorum ad nostram presenciam preiudicium ac vituperium redundabant, etc. ».

A quest'amicizia, che esercitò senza dubbio un'influenza non piccola su l'indole dei rapporti stabilitisi dipoi tra Cola divenuto arbitro di Roma e papa Clemente VI, il Rodocanachi consacra un intero capitolo, dov'è opportunamente esaminata la corrispondenza epistolare tenuta fra il Petrarca e il novello tribuno. « Ce fut probablement « vers cette époque - aggiunge l'A. - que dans son premier mouve-« ment d'enthousiasme le poète composa en l'honneur de Rienzo la « canzone célèbre connue sous le nom de *Spirito* (sic) *gentile* ». E riporta una traduzione francese della canzone, fatta dal signor Esménard du Mazet. Delle lunghe e spesso anche dotte discussioni cui diede luogo l'incertezza del destinatario di quelle strofe, il Rodocanachi mostra di non essere affatto informato, per quanto il nome dei letterati che presero parte alla disputa, come il Carducci, il Bartoli, il D'Ovidio e molti altri, avrebbe dovuto non fargliela ignorare. L'A. invece non giunse più oltre dei ragionamenti tenuti quarant'anni fa da Zeffirino Re, dichiarando che dopo la sapiente discussione di questo erudito non si può più mettere in dubbio che la canzone fosse realmente indirizzata a Cola di Rienzo. Ora, noi non contestiamo al Rodocanachi il diritto di ritenere una tale opinione, sostenuta da validissimi argomenti; ma non è davvero Zeffirino Re che, tra i propugnatori di essa, abbia detto l'ultima parola. A buon conto, un codice Ashburnhiano, scoperto e segnalato dal Bartoli in questi ultimi anni, reca in capo alla canzone il nome di Bosone da Gubbio, e in questo nuovo fatto molti letterati valenti, fra i quali il D'Ovidio, han veduto una prova di più della tesi già sostenuta dal Carducci, che cioè il nome di Cola di Rienzo fosse venuto in campo soltanto posteriormente per opera degli eruditi del cinquecento. Bisognava quindi, . una volta entrati nella disputa, ribattere con nuove ragioni (e ce ne sono!) questa opinione.

Per ciò che riguarda i preparativi della rivoluzione popolare e lo stabilirsi del buono stato, i capitoli IV e V del presente volume nulla aggiungono all'opera del Papencordt, che seguono abbastanza da vicino. La politica esterna del tribuno e le sue relazioni col resto d'Italia (cap. VIII e IX) vengono esposte dall'A. con molta chiarezza. Non fa d'uopo ricordare ne' suoi particolari il piano di Cola: egli voleva istituire un'assemblea, nella quale tutte le principali città italiane dovevano essere rappresentate con egual numero di voti, per discutere e risolvere tutte le querele delle città confederate, esaminare le questioni d'interesse generale e rappresentare l'Italia di fronte ai paesi stranieri. In questo grande consiglio egli avrebbe trovato modo di dare a Roma il primato e la preponderanza. Con tale intendimento inviò in sulla fine di giugno al comune di Firenze una speciale ambasceria, munendo i suoi legati d'una lettera credenziale che conservasi, insieme a varie altre, in copia sincrona, nell'Archivio di Firenze (*Capitoli del Comune,* vol. XVI) e che fu già pubblicata dal Gaye *(Carteggio inedito d'artisti).* Da questo documento risulta che gli ambasciatori furono quattro, e non cinque, come dice il Rodocanachi (pag. 110), e cioè: Pandolfuccio di Guido de' Franchi, Matteo de' Beccari (non *de' Beanni*, come scrive il nostro), Stefanello de' Boezi e Francesco de' Baroncelli (1). Il 2 luglio del 1343, due degli ambasciatori parlarono, a nome del tribuno, avanti alla Signoria. I discorsi di costoro - avverte l'A. - si trovano nel codice 557, *fondo italiano*, della biblioteca Nazionale di Parigi, conosciuto dal Papencordt sotto l'antica segnatura (7778 della biblioteca Reale), ma da lui non potuto consultare (2): occorre però aggiungere ch'essi trovansi, tradotti in italiano, anche nella cronaca di Giovanni Villani (Firenze, 1823; vol. VIII, p. cxx e sgg.). Il Rodocanachi omette questa citazione, e dà in francese qualche passo dei discorsi. Primo parlò Pandolfuccio (cod. 557, c. 79), poscia il Baroncelli (cod. 557, c. 80), e, il giorno seguente, alla *proposta* di Tommaso Corsini rispose ancora Pandolfuccio (cod. 557, c. 81 r.).

Risultato dell'ambasceria fu, com'è noto, l'invio da parte della Repubblica fiorentina di cento cavalieri, e la partenza di suoi rappresentanti alla volta di Roma. Poco dopo, giungevano a Rienzo ambasciatori anche da Siena, da Arezzo, da Todi, da Spoleto, da Rieti, da Pistoia, da Foligno, da Tivoli, da Velletri: i signori del Nord d'Italia gli offrivano doni preziosi; la regina Giovanna sottoponeva al giudizio di lui la sua lite con Luigi d'Ungheria, e perfino Giovanni Paleologo entrava in amichevoli relazioni col capo del popolo romano. «Per tal modo - conclude il Rodocanachi - Cola seppe inte-« ressare alla rivoluzione che s'era compiuta in Roma tutti i popoli « d'Italia e i sovrani d'Europa. E mentre Crescenzio, Arnaldo da « Brescia, Stefano Porcari, pur animati dallo stesso amore di libertà, « videro la loro fama e i loro sforzi circoscritti dalle stesse mura della « città, il tribuno, appena arrivato al potere, si vide trattato da pari « a pari dai più potenti monarchi».

Ma all'esteriore potenza mal corrispondevano in Cola le qualità psichiche: certamente, la rapidissima ascensione alla gloria meno sperata apportò nel suo spirito uno squilibrio, che non può sfuggire a chi, dopo cinque e più secoli, cerchi penetrare la storia intima di quell'anima. E a questa storia, non meno interessante di quella esteriore del tribunato, parecchie fra le lettere di Cola servono assai bene. Ci basti ricordarne una (3) ch'egli diresse il 15 luglio 1347 a un suo amico in Avignone, e in cui con grande famigliarità apre tutto l'animo suo. Già il Papencordt ne citò un brano, che ora anche

---

(1) Ecco il relativo passo della lettera:

«.... quedam, que corde gerimus, vobis oretenus exponenda, nobili et strenuo viro « Pandolfutio Guidonis de Franchis, domino Macteo de Beccariis causidico et providis « viris Stephanello de Boetiis et Francesco de Baroncellis, dilectis civibus et ambaxatori-« bus nostris, exibitoribus harum, plena fide commisimus.... ».

(2) Cod. cartaceo della fine del secolo xiv, con legatura del secolo passato in marocchino rosso, di 108 carte. Contiene anche un'assai nota lettera di Cola a' Viterbesi. La prossima edizione dell'epistolario di Rienzo, che la Società Romana di Storia patria sta curando, darà l'indice del contenuto di questo importante manoscritto.

(3) Cod. D, 38 della biblioteca Nazionale di Torino; carta 175.

il Rodocanachi riporta tradotto in francese, traendolo evidentemente dal precedente biografo di Cola. Noi lo diamo nel testo latino, quale trovasi nell'unico codice che ce lo ha conservato.

« Et novit Deus - scrive Cola all'amico - quod non ambitio di-« gnitatis, officii, fame, honoris vel aure mondialis, quam semper « aborrivi sicut limus, sed desiderium comunis boni totius reipublice « huiusque sanctissimi status induxit nos colla submittere jugo adeo « ponderoso attributo nostris humeris non ab homine, sed a deo, qui « novit si officium istud fuit per nos precibus procuratum, si officia, « beneficia et honores consanguineis nostris contulimus, si nobis pe-« cuniam cumulamus, si a veritate recedimus, si nobis vel heredibus « nostris facimus compositiones, *si in ciborum dulcedine aut voluptate* « *aliqua delectamur,* et si quidquam gerimus simulatum. Testis est « nobis Deus de iis que fecimus et facimus pauperibus, viduis, or-« phanis et pupillis. Multo vivebat quietius Cola Laurentii. quam « Tribunus ». .

Fin qui il Rodocanachi, che più oltre non poteva andare, serven-dosi del Papencordt anziché del codice torinese. Ma la lettera appare importante anche in altre sue parti. Sembra che l'amico avesse scritto a Cola che si diceva ch'ei cominciasse già ad aver paura del suo nuovo stato: e Cola a smentire la falsa voce: « Ad id autem quod « scribitis audivisse quod incepimus iam terreri; scire vos facimus « quod sic Spiritus sanctus, per quem dirigimur et fovemur, facit ani-« mum nostrum fortem, quod ulla discrimina non timemus: vero si « totus mundus et homines sancte fidei cristiane et perfidiarum he-« braice et pagane contrariarentur nobis, *non propter ea terreremur* ». E più sotto: « Sed frustra tumescunt maria, frustra venti, frustra ignis « crepitat contra hominem in domino confidentem, qui, sicut mons « Sion, non poterit commoveri ». E chiude invitando l'amico a tor-nare in Roma, dove gli ha destinato un onorevole ufficio.

Quest'altèra sicurezza di sè stesso venne naturalmente accresciuta in Rienzi dai fatti che seguirono, e specialmente dal successo ch'ei riportò nella lotta contro quel Giovanni di Vico, che pareva assolu-tamente invincibile. Ond'è che a lui sembrò facile sbarazzarsi d'un tratto dei principali baroni romani e che preparò loro il noto agguato in un celebre banchetto, del quale parla con efficace e bonaria sin-cerità la *Vita* dell'anonimo. A spiegare quella veramente impolitica vendetta di Cola, il Rodocanachi parla d'un sicario, cui i baroni avreb-bero dato mandato d'assassinare il tribuno, e che invece fu scoperto e imprigionato. L'assassino, messo alla tortura, avrebbe svelata la con-giura e i più potenti baroni si sarebbero trovati compromessi. Da questo fatto il tentativo di Rienzo sarebbe abbastanza spiegato. Ma noi non sappiamo su quali fondamenti e da quali fonti l'A. abbia nar-rato tali particolari, dei quali la *Vita* non fa parola. C'è anche per-venuta una lettera di Cola a Rainaldo Orsini, notaio del papa (Hoc-semius, *Gesta pont. Tungr.,* II, 496), nella quale ei si scusa dell'avere a tradimento incarcerati i baroni, e afferma d'averlo fatto soltanto per

indurli a confessare le loro colpe. « A questo fine - egli scrive - il
« 15 di settembre mandai ai baroni nel carcere alcuni frati, i quali,
« ignorando la mia finzione, e credendo ch' io avrei usato la maggior
« severità, dissero loro: Il tribuno vi danna a morte. Ed essi allora,
« credendo imminente la morte, si confessarono colle lacrime agli
« occhi. Io invece li trassi in presenza di tutto il popolo, li perdonai e li
« colmai d'onoranze ». Non c'è facile scoprire se tanta clemenza fosse
già da prima nell'intenzione di Cola, o se non piuttosto gli fosse
imposta (come pare) dai più influenti cittadini: certo è però che,
qualora il tradimento del convito fosse stato provocato da una con-
giura, antecedentemente ordita a fine di assassinare Rienzo, egli non
avrebbe davvero omesso di dirlo in una lettera ch'è appunto dettata
in sua discolpa e per frenare il prevedibile sdegno di Clemente VI.

Ma gli umori divenivano ad Avignone sempre più contrari a Cola:
il capitolo XIV del volume del Rodocanachi parla appunto dell'in-
tervento della Curia pontificia nelle cose di Roma, dopo il quale la
rivolta degli Orsini di Marino e il combattimento di porta San Lorenzo furono pel tribuno come gli ultimi lampi di gloria, che resero
più dolorosa la sua caduta.

Veniamo così alla seconda parte del volume. Qui la figura di Cola
assume un carattere più mistico, l'uomo d'azione si fa asceta, e celato tra i fraticelli della Majella pare che altro non cerchi se non
d'essere affatto dimenticato. Nel 1350 – anno del giubilèo – egli de-
cide di recarsi in Terra Santa, ma la paura ne lo distoglie (p. 267).
Intanto le esortazioni di fra Michele di Monte Angelo tornano a com-
moverlo di nuovo e a convincerlo che l'opera sua è più che mai
necessaria al rinnovamento del mondo. Ma ad intendere l'influenza
che esercitarono sull'animo di Rienzo le predizioni del santo eremita,
bisognerebbe che a questa parte fosse dato sviluppo maggiore che
non le dia l'A.: le profezie, ripetute dal frate, si trovavano ad essere
già popolari nel mondo medievale ed erano quelle che Cirillo, generale dell'ordine carmelitano (1192), aveva ricevute, secondo la leggenda, in tavole d'argento e che circolavano per tutto l'occidente com-
mentate dall'abate Gioacchino e da Gilberto Cistercense (1280).

Il Rodocanachi, sorvolando su tutto questo nucleo d'idee, che pur
rappresentano un portato così caratteristico del pensiero medievale,
non solo non ne tenta una critica esposizione o comparazione, ma
s'accontenta di tradurre semplicemente una lettera di Cola a Carlo IV,
pubblicata già dal Papencordt, nella quale le profezie di fra Angelo
sono ricordate.

Incitato dalla parola del santo eremita, ecco Rienzo arrivare improvvisamente a Praga, presentarsi incognito all'imperatore, e implo-
rare la sua protezione. Ma Carlo IV doveva in gran parte la sua elezione al papa, e non poteva permettere che s'attaccasse, come faceva
Cola, impunemente la persona stessa del pontefice: ritenne quindi
prigioni, come eretici, Cola e i suoi compagni di viaggio. Il periodo
della prigionia (cap. XXI, XXII, XXIII) ci è specialmente rappresen-

tato dal carteggio di Rienzo coll'arcivescovo di Praga e con Giovanni di Neumark, canonico di Breslavia e di Olmütz e poscia cancelliere dell'Impero: le lettere dirette da Cola a questi due alti personaggi furono già nella massima parte fatte conoscere dal Papencordt. Ma le accuse d'eresia portate contro Cola impedivano tanto all'uno quanto all'altro dei due ecclesiastici d'intercedere per lui; laonde egli pensò di dirigere all'arcivescovo una lunghissima memoria, che intitolò: *Verus tribuni libellus contra scismata et herrores*. Il documento fu già stampato dal Papencordt, e il Rodocanachi non fa che riassumerne i punti principali. Qui lo stile di Cola si fa più che mai contorto e involuto, cosicchè l'interpretarne il pensiero riesce spesso difficile; merita quindi d'essere scusato l'egregio A., se non sempre intende a dovere il linguaggio dell'esaltato scrittore. Veggo infatti che la chiusa della lunga lettera non è bene interpretata dal Rodocanachi. Dopo essersi difeso dalle molte accuse d'eresia, Cola torna a citare la profezia di Cirillo, dove si parla appunto d'un rigeneratore che, dopo essere stato esaltato alla maggior gloria, sarebbe imprigionato nell'anno del giubileo; ma la profezia è poscia illustrata e commentata con sì oscuri e prolissi ragionamenti, che indussero il Papencordt a risparmiare la trascrizione di questa parte del manoscritto. Quindi Cola prosegue: « Non so come stamane mi venne fatto d'intrattenervi « su questa profezia: me ne mancava il tempo, non avevo nè in- « chiostro nè penna adattata, e perciò scrissi con carattere grossolano « e con grossolano stile. *Se avessi avuto dinanzi il testo della profezia*, « l'avrei esposta meglio di qualsiasi glossatore . . . . ».

Non sembra dunque giusta l'interpretazione del Rodocanachi, che riassume questo punto così: « En terminant, il s'excuse de n'avoir « pu mieux écrire *par suite du manque de livres* et de la mauvaise qua- « lité de l'encre ». Questa dichiarazione di Cola si riferisce soltanto all'esposizione della profezia di Cirillo, non potendosi assolutamente l'espressione: *si textum haberem* tradurre: *se avessi avuto dei libri*.

Ma intanto seguitavano le trattative fra la Corte di Praga e quella di Avignone per rimettere Cola dinanzi ai giudici ecclesiastici. Carlo IV esitava, e il pontefice, poco abituato a veder l'imperatore resistere alla sua volontà, reclamava sempre più imperiosamente il prigioniero. Un'ambasciata fu finalmente spedita da Carlo a Clemente VI per accordarsi su la partenza di Rienzo, e ne fu capo lo stesso arcivescovo di Praga. Questo fatto, non segnalato dagli storici e biografi antecedenti, vien dato come certo dal Rodocanachi, e a noi manca il tempo di controllarlo, tanto più che nel relativo luogo del volume non si trova nessuna citazione.

Il ritorno degl'inviati troncò gl'indugi, e tutto fu disposto perchè il prigioniero di Raudnitz fosse tradotto alla Curia papale. E qui il Rodocanachi apporta un'importante rettifica all'opinione finora generalmente accolta intorno alla data della partenza di Cola da Praga per Avignone.

Una ben nota lettera del Petrarca a Francesco di Nello, scritta il 12 agosto 1352, contiene le seguenti parole: « Venit ad curiam « *nuper,* imo vero non venit, sed captivus ductus est, Nicolaus Lau- « rentius » ecc. Cola, dunque, doveva essere probabilmente giunto ad Avignone nel luglio del 1352, come porterebbe anche a credere un breve passo della Cronaca di Alberto Argentinese (1).

Tuttavia, dacchè il cronista non diceva se intendesse parlare del luglio 1352 o del luglio 1351, il Papencordt e altri con lui si pro- nunziarono pel '51, non lasciandosi troppo convincere da quel *nuper* del Petrarca, espressione - scrive il Papencordt - assai vaga e inde- terminata. Per contrario, egli sosteneva la sua tesi colle seguenti con- siderazioni: La lettera del Petrarca (12 agosto 1352) è scritta indub- biamente quando il processo contro Rienzo era già terminato, e quindi, se Cola arrivò in Avignone ai primi di luglio, bisognerebbe conclu- dere che il processo non occupasse più di cinque o sei settimane: il che, secondo il Papencordt, è inverosimile. Se invece ammettiamo che l'andata da Praga in Avignone avvenisse nel luglio del 1351, tutto combina perfettamente, perchè, prima che l'esame finisse colla sentenza, dovè trascorrere quasi un anno. L'argomentazione del Pa- pencordt appare già debole per sè stessa, dacchè nulla ci obbliga a ritenere indispensabile una così lunga durata del processo, senza dire che difficilmente il Petrarca avrebbe potuto chiamare *recente* un fatto avvenuto un anno prima. Ma il Rodocanachi tronca addirittura la que- stione, citando una lettera di Clemente VI, in data del 24 marzo 1352, nella quale il papa dà incarico a Giovanni di Spoleto, a Raimondo di Molendinuovo ed a Ugo di Carluccio di farsi consegnare dall'ar- civescovo di Praga il prigioniero Cola di Rienzo, onde trasferirlo da Raudnitz alla Curia d'Avignone. Probabilmente non poterono subito i tre incaricati eseguire il mandato, a cagione forse delle tergiversa- zioni dell'imperatore Carlo IV; quindi Cola non arrivò ad Avignone se non ai primi di luglio. Certo è, ad ogni modo, che ai 24 di marzo 1352 egli trovavasi ancora a Raudnitz, prigioniero dell'arci- vescovo Ernesto. Adunque, la rettifica del Rodocanachi va accolta definitivamente: soltanto egli avrebbe potuto o trascrivere intera la lettera di Clemente VI, o citare almeno la fonte da cui ne trasse la notizia.

Ma questa nostra osservazione si collega in certa guisa al giu- dizio complessivo che si voglia dare del sistema seguito dall'autore riguardo alle citazioni delle opere a stampa utilizzate. Esse sono ri- cordate soltanto in principio del volume, in una brevissima e som- maria bibliografia, e poscia, nel corso dell'opera, non più citate, anche quando se ne traggano testualmente lunghi brani. Ora, un tale sistema, mentre lascia assai spesso insoddisfatto il lettore (come nel caso su- enunciato della lettera di Clemente VI), induce anche l'autore in qual- che non lieve omissione. E valga un esempio: a pag. 233, il Rodo- canachi riporta, tradotta in francese, una lettera diretta dal tribuno

(1) « ... Quem postea de mense julii Carolus rex papae transmisit ».

alla comunità di Aspra in Sabina il 2 dicembre 1347, e non dice donde l'abbia tratta. La lettera fu pubblicata nel tomo XI della vecchia rivista *Biblioteca italiana,* la quale non è punto citata nella bibliografia sommaria premessa al volume: ecco dunque che il lettore, anche volendolo, non può sapere la fonte d'un documento utilizzato dall'A.

E giacchè siamo su la via del censurare, noteremo qua e là qualche citazione inesatta di nomi, come quella di *Bertrando De Deulx,* ch'è invece *De Deux,* e di *Ernesto di Pardubiz,* ch'è invece *di Parbubitz;* qualche nota ingenua od inutile, come quella spesa a dirci che Assisi si trova in Umbria; qualche osservazione che o noi c'inganniamo o può sembrare inopportuna in un lavoro d'indole storica, come quella a p. 285, dove, a proposito della predizione di Cola che gli avvenimenti da lui annunziati si sarebbero avverati fra un anno e mezzo, l'A. avverte: « C'est aussi le case de M. Auguste Comte, qui indi- « quait dans ses ouvrages l'époque précise à laquelle devait s'accom- « plir la rénovation du monde ».

Il capitolo XIV narra la dimora di Cola in Avignone e l'esito del processo che gli fu intentato. Dalla sua nuova residenza Cola scrisse una lettera ai Romani, che comincia: « O quam profana dicta sunt « contra te, civitas Babylonis l », dov'egli, collo stile più ampolloso, si paragona a un grand'albero che per la sua stessa altezza è più facilmente scosso dai venti: « Arbor eminens, multis fecunda ramusculis « ultra pondus ipsorum, prona est ventorum procella recipere et everti l » Questa lettera sembra all'A. doversi ritenere come apocrifa, per quanto egli (p. 325) non dia ragione alcuna di questa supposizione. La lettera si trova in un importante Codice miscellaneo, contenente in gran parte documenti di storia medievale romana, e che conservasi nella biblioteca Feliniana di Lucca (Capitolo della Metropolitana), Pluteo VIII, 545. Il manoscritto è tutto di carattere della fine del quattrocento. Il Rodocanachi non conosce, dacchè non la cita, la sede del documento, e afferma soltanto ch'esso è da ritenersi come apocrifo. Ma noi non possiamo acconciarci così facilmente all'opinione dell'egregio autore.

Ad Avignone, il processo di Cola finì, com'era a prevedersi, con una condanna capitale; ma il noto movimento di simpatia sorto nella città intorno a Rienzo per essersi diffusa la voce ch'egli fosse un grande poeta (vedi la lettera del Petrarca a Francesco di Nello), fece differire l'esecuzione fino a tanto che, morto Clemente VI, successe a lui Innocenzo VI, al quale parve che di Rienzo avrebbe potuto ancora efficacemente valersi la Santa Sede per i suoi interessi in Italia. Di qui la missione del cardinale Albornoz, la partecipazione di Cola a quella missione, la sua nuova e fugace potenza in Roma e la sua tragica fine: dei quali avvenimenti trattano con sufficiente larghezza gli ultimi capitoli (XXVI-XXIX) del libro del Rodocanachi.

Giunti così alle fine del volume, non muta l'opinione che esprimevamo in principio, quando, pur facendo buon viso al lavoro del Rodocanachi, poco o nulla dicevamo di trovarvi, che s'aggiungesse alla storia di Cola o la modificasse in qualche guisa. Ci correva però l'obbligo di giustificare, come che fosse, il nostro giudizio, e a tale scopo furon dirette le poche cose che siam venuti dicendo, mentre molte altre dovemmo ometterne per brevità. Comunque, a far perdonare all'A. la leggerezza di qualche affermazione, la condotta talvolta superficiale delle ricerche, la non raggiunta perfezione del metodo potrebbero ragionevolmente invocarsi i suoi pregi di scrittore efficace e di brillante narratore.

ANNIBALE GABRIELLI.

Zdekauer L. *Statutum potestatis comunis Pistoriensis anni MCCLXXXXVI.* Milano, Hoepli, 1888, p. LXV-343.

Merita sincero plauso l'autore di questa pubblicazione, condotta con buoni criteri e soda erudizione. Lo Zdekauer ha creduto opportuno di limitare l'oggetto della prefazione all'esame del codice, e a raccogliere così dai statuti stessi che pubblica, come da altri documenti pistoiesi tutte le tracce della legislazione statutaria in Pistoia dal secolo XII a XIII, mostrandoci così come essa si sia venuta formando. Si astiene di proposito da una illustrazione intrinseca dello statuto, segnalandone le difficoltà. « Ingens comparationum series, ut « fiat, necesse est ad interpretanda quae propria et peculiaria unius « urbis esse videntur ». Lo Zdekauer ad ogni modo mostra di avere un esatto concetto di che cosa voglia essere l'illustrazione di uno statuto, mentre ha corredato il suo lavoro di copiosi ed accurati indici analitici, quanto indispensabili altrettanto troppo spesso trascurati in altre recenti edizioni. Merita anche di esser ripetuto il voto che l'A. fa nel dar ragione di aver ommesso il glossario. L'Italia non può nè dovrebbe ormai contentarsi di fare addizioni o continuazioni al glossario del Ducange, formato specialmente su fonti francesi. Occorre un'opera completamente originale sulla latinità medievale italiana, « linquenda semita, - com'egli dice – ut viam consularem assequamur ».

I limiti di questa recensione non ci permettono che di riassumere assai succintamente la bella prefazione, che movendo dai frammenti pistoiesi del secolo XIII editi dal Muratori, dallo Zaccaria e dal Berlan, mostra che ben 24 di essi hanno lasciato traccia di sè nello statuto Angioino, mentre una rubrica anteriore, anche anteriore a detti frammenti (1152), ci è conservata da Dino di Mugello. Indi abbiamo leggi del 1191, 1206, 1213, 1217, 1219 relative alla pace di Pistoia con Bologna conchiusa dal card. Ugolino d'Ostia e così via fino ad uno statuto *de casis non alienandis* del 1260. Il trionfo di parte guelfa sotto Carlo d'Angiò modificò grandemente l'anteriore legislazione, massime quanto al diritto pubblico, e lo Zdekauer crede che una redazione angioina che riferisce all'anno 1267 abbia servito di base a quella pervenutaci del 1296. Il prof. Schupfer (Rendiconti dei Lincei, 18 marzo 1888) non trova che gli indizi raccolti dall'A. per stabilire la data del 1267 siano sufficienti, ed inclina invece per il 1272, trovandosi un frammento di carta pistoiese del 1321, che comincia così: « Hoc « statutum noviter factum correctum et emendatum per constitutarios « comunis Pistorii tempore dei et regis gratia honorabilis potestatis « Pistorii a. d. 1272 ». Ma forse nemmeno questo documento è decisivo, mentre gli statutari dovevano intervenire anche per riforme di singole leggi. Ne abbiamo la prova nelle deliberazioni che precederono e promossero lo statuto appunto del 1296, e per le quali fu data balìa al comune di Firenze di riformare la città e popolo di Pistoia. Questi statuti ed ordinamenti sono gli uni « facta et condita per Gherardum « Guidi, preconem comunis Pistorii » ; un altro successivo « per Cion-« dorum Lanfranchi preconem et statutarium comunis Pistorii », dove cotesti banditori convertiti in legislatori hanno l'aria di comparse, tanto per rispettare la lettera della legge.

All'autorevole recensione dello Schupfer rimando chi desideri più ampia notizia dell'opera, e ivi troverà importanti notizie sugli *ordinamenta sacrata et sacratissima* che Pistoia ebbe da Bologna, e che sono ciò che Firenze chiamò gli *ordinamenti di giustizia*. Tali ordinamenti già vigevano in Pistoia quando eravi a podestà Giano Della Bella, di cui lo Zdekauer pubblica un importante documento (1294, marzo 16). Come esso opportunamente rileva l'importante rubrica (III, XXIII) sulle fazioni dei Bianchi e Neri, così forse ricordando il nome di Giano Della Bella veniva in acconcio un cenno sulle molte rubriche relative al clero, verso i quali lo statuto mostrasi abbastanza severo per far dubitare che alcun poco in esse siavi traccia della mano del Della Bella, persecutore dei falsi chierici. Opera adunque del comune di Firenze lo statuto del 1296 è naturale che molto s'accosti a quello fiorentino, come appare dal confronto di molte rubriche.

G. L.

NOTIZIE

Il signor A. DE WAAL, rettore del campo santo teutonico di Roma, ha preso a pubblicare una rassegna trimestrale, ad illustrazione delle antichità cristiane, dal titolo: *Römische Quartalschrift für christliche Alterthumskunde und Kirchengeschichte.*

È uscito in Milano il 1° fascicolo della *Rivista italiana di numismatica,* diretta dal dottor SOLONE AMBROSOLI, nata a sostituire il *Bullettino di numismatica e sfragistica per la storia d'Italia,* che ha cessato le sue pubblicazioni.

A Bordeaux è venuto in luce un 1° volume in-4, di pp. 616, d'*Inscriptions romaines de Bordeaux,* raccolte da CAMILLE JULLIAN.

Nell'adunanza del 18 marzo la R. Deputazione di storia patria per la Toscana, l'Umbria e le Marche approvava la pubblicazione di un *Codice diplomatico pistoiese* proposta dal dottor L. Zdekauer. Sono in corso di stampa, a cura della Deputazione, il *Libro di Montaperti* di C. PAOLI, e i *Documenti dell'antica costituzione fiorentina fino al 1250* pel prof. PIETRO SANTINI.

Il fascicolo 8 del tomo II dei *Registres d'Innocent IV* contiene un importante studio del signor E. BERGER sulle relazioni tra la Francia e la Santa Sede sotto il pontificato di quel papa.

Il tomo VIII dei *Monumenta Germaniae historica, Scriptores antiquissimi,* contiene gli scritti di Sidonio Apollinare, pubblicati da CH. LUETJOHAN; il tomo I, p. I, delle *Epistolae* del registro di Gregorio I dà i libri 1-4, editi dal compianto nostro socio P. EWALD.

Il 13° fascicolo della nuova edizione dei *Regesta pontificum roma-*
norum del JAFFÈ comprende gli anni 1184-1193 (n. 15297-11038).

In occasione del giubileo sacerdotale del pontefice, il personale
superiore addetto all'Archivio pontificio ha fatto omaggio al papa
d'un fascicolo di *Specimina palaeografica regestorum pontificium ab In-*
nocentio III ad Urbanum V. — Sottoscrivono alla dedica il cardinale
Hergenröther, l'abate Tosti, monsignore Delicati, il p. Denifle, il
Carini, il Wenzel, il Palmieri e Fr. Hergenröther. Sono sessanta tavole
di bellissime eliotipie eseguite dal Martelli; precede un breve proemio e una succinta illustrazione di ciascuna tavola. Il nostro *Ar-*
chivio terrà particolare ragione di questa pubblicazione importante.

PERIODICI

(Articoli e documenti relativi alla storia di Roma)

Anzeigen (Göttingische Gelehrte). 1887, n. 18. — Soltau, Prolegomena zu einer römischen Chronologie (Prolegomeni ad un sistema di cronologia romana).

Archiv für österreichische Geschichte. Vol. LXXI. —W. Hau-thaler, Aus dem Vaticanischen Regesten, vornehmlich zur Ge-schichte der Erzbischöfe von Salzburg bis zum Jabre 1280 (Dai registri Vaticani. Scelta di documenti e regesti, precipuamente per la storia dell'arcivescovato di Salzburg, sino all'anno 1280), pp. 211-296. — Vol. LXXII. B. Schroll, Urkunden-Regesten zur Geschichte des Hospitals am Pyrn in Oberösterreich. (Registri di documenti per la storia dell'ospedale a Pyrn nell'Austria superiore, 1190-1417). - Brevi di Celestino III (nn. 7-8), d'Innocenzo IV (28).

Archivio storico dell'arte. Fasc. I. — A. Venturi, Il Cupido di Michelangelo. (L'articolo è principalmente rivolto a combattere le conclusioni del Lange che il Cupido michelangelesco possa esser ravvisato in quello del museo di Torino o nella collezione Obizi del Cataio). - E. Müntz, L'oreficeria a Roma durante il regno di Clemente VII (1523-34). (L'ill. A. si propone di far conoscere il gusto di Clemente VII e l'estensioné dei sacrifizi che s'imponeva per l'arte dell'oreficeria; di fornire nuovi particolari biografici sopra orefici toscani, lombardi, romani, già cogniti dalle memorie di Ben-venuto Cellini; e di completare la storia degli orefici di Roma). - D. Gnoli, Le opere di Donatello in Roma. (L'A. conclude che opere certe del D. non rimangono in Roma che due: il ciborio di S. Pietro e la sepoltura del Crivelli all'Aracoeli). — Fasc. II. A. Rossi, La casa e lo stemma di Raffaello. - D. Gnoli, Nota all'articolo precedente (a conferma dell'opinione emessa dal Gnoli nella *Nuova Antologia*,

1887, fasc. XI). - CORRADO RICCI, Lorenzo da Viterbo, pittore. - E. MÜNTZ, L'oreficeria sotto Clemente VII. (Continuazione).

Archivio storico italiano. Tom. XX, fasc. 3°, anno 1887. — G. SFORZA, Episodi della storia di Roma nel secolo XVIII. Brani inediti dei dispacci degli agenti lucchesi presso la corte papale. - G. STOCCHI, La prima conquista della Britannia per opera dei Romani. - *Rassegna.* - *Bibliografia.* - *Notizie varie.*

Archivio storico lombardo. Anno XV, fasc. 1°. — C. C., Diari di Marin Sanudo. - F. CALVI, Il poeta Giambàttista Martelli e le battaglie fra classici e romantici. - *Varietà.* - *Bibliografia.*

Archivio storico per le provincie napoletane. Anno XII, fasc. 4°. — N. BARONE, Notizie storiche tratte dai registri di cancelleria di Ladislao di Durazzo. - M. SCHIPA, Storia del principato longobardo in Salerno. - V. SIMONCELLI, Della prestazione detta *calciarium* nei contratti agrari del medio evo. - B. CAPASSO, I registri angioini dell'archivio di Napoli, che erroneamente si credettèro finora perduti. - *Rassegna bibliografica.*

Archivio veneto. Tomo XXXIV, parte 2ª. — A. DELLA ROVERE, Dell'importanza di conoscere le firme autografe dei pittori. - G. GIURIATO, Memorie venete nei monumenti di Roma. - *Aneddoti,* ecc.

Atti della Società ligure di storia patria. Vol. XVIII. Genova, 1887. — Il secondo registro della Curia arcivescovile di Genova trascritto da L. BERRETTA e pubblicato da L. T. BELGRANO. (Contiene qualche lettera pontificia e sentenze di giudici delegati dalla corte romana). — Vol. IX, fasc. I. CORNELIO DESIMONI, Regesti delle lettere pontificie dai più antichi tempi fino all'avvenimento d'Innocenzo III, raccolti ed illustrati con documenti (26 lettere inedite da Gregorio VII a Innocenzo III).

Bibliothèque de l'école des chartes. XLVIII, fasc. VI, p. 725. — Alexandre III et la commune de Laonnois. (Ripubblica la lettera pontificia in data de' 4 agosto 1179 indicata col numero 13460 nella nuova edizione dei « Regesta pontificum romanorum », secondo l'originale che già appartenne alla raccolta del signor Baylé e fu venduto recentemente a Parigi, notando come il testo datone dal Brial nel *Recueil des historiens de la France,* XV, 967, sia molto scorretto.

Bulletin d' histoire ecclésiastique et d'archéologie religieuse des diocèses de Valence. A. VII, fasc. 4-5. — Dottor FRANCUS, Note sulle commendatorie degli Antoniniani a Aubenas (pp. 143-52, 169-75).

Bullettino della Commissione archeologica comunale di Roma. XVI, fasc. 3. — R. LANCIANI, Il campus salinarum romanorum. - L. BORSARI, Del pons Agrippae sul Tevere fra le regioni XI e XIIIJ. - L. CANTARELLI, Osservazioni onomatologiche. - G. GATTI, Trovamenti risguardanti la topografia e la epigrafia urbana. - C. L. VISCONTI, Trovamenti di oggetti d'arte e d'antichità figurata. - R. LANCIANI, Notizie del movimento edilizio della città in relazione con l'archeologia e con l'arte.

Bullettino di numismatica e sfragistica per la storia d'Italia. Vol. III, n. 4. — M. SANTONI, Un giulio inedito ed unico del pontefice Leone XI. - M. SANTONI, F. RAFFAELLI, La zecca di Macerata e della provincia della Marca.

Centralblatt für Bibliothekwesen. IV, 1887. — Drei italienische Handschriftenkataloge, pp. XIII-XV (Catalogo dei mss. della chiesa di S. Andrea della Valle; cf. F. NOVATI, *Giorn. stor. di letter. ital.*, X, 413-414).

Giornale ligustico di archeologia, storia e letteratura. A. XV, fasc. 1° e 2°. — L. DE FEIS, Una epigrafe rituale sacra a Giove Beheleparo.

Giornale storico della letteratura italiana. Vol. X, fasc. 3°. — L. BIADENE, I manoscritti italiani della collezione Hamilton nel R. museo e nella R. biblioteca di Berlino. - *Varietà*.

Jahrbuch des kaiserlich deutschen archäologischen Instituts. 1887, vol. II, pp. 77. — M. MAYER, Amazonengruppe (Battaglia delle Amazzoni, gruppo nel museo della villa Borghese). - E. LÖWY, Zwei Reliefs der Villa Albani (Due rilievi della villa Albani, Asclepios, Hygieia e un adorante).

Jahrbuch (Historisches) im Auftrage der Görres-Gesellschaft. IX, 1 e 2. — ST. EHSES, Die päpstliche Dekretale in dem Scheidungsprozesse Heinrichs VIII (La decretale pontificia nel processo di divorzio d'Enrico VIII), pp. 28-48. - K. v. HÖFLER, Ein Gedenkblatt auf das Grab A. von Reumont (Commemorazione di Alfredo di Reumont), pp. 49-75. - Recensioni delle opere: del Geigel F., « Das italienische Staatskirchenrecht » (Il diritto politico-ecclesiastico italiano), Muny, Kirschheim. 2ª ediz.; dello Scaduto Fr., 1. Guarentigie pontificie e relazioni tra Stato e Chiesa; 2. Stato e Chiesa secondo fra Paolo Sarpi; 3. Stato e Chiesa sotto Leopoldo I granduca di Toscana; 4. Stato e Chiesa nelle Due Sicilie, dai Normanni ai giorni nostri.

Mittheilungen des Instituts für österreichische Geschichtsforschung. Vol. IX, fasc. I. — H. BRESSLAU, Papyrus und Pergament in der päpstlichen Kanzlei bis zur mitte des 11 Jahrunderts (Papiro e pergamena nella Cancelleria pontificia sino alla metà del secolo XI), pp. 1-33. L'articolo è un complemento ai lavori dell'Ewald, (*N. A.*, VI, 392; XI, 327 e sgg.) e del Delisle (*Bull. histor. du Comité des travaux historiques*, n. 2). In appendice pubblica una bolla di Giovanni XVIII dall'Archivio de la Corona de Aragon a Barcelona, integrato con una carta di S. Cucuphati. - F. WICKHOFF, Die « Monasteria bei Agnellus » (I « Monasteria » in Agnellus), pp. 34-45. - A. RIEGL, Die Holzkalender des Mittelalters und der Renaissance (I calendari di legno del medio evo e del rinascimento). - *Piccoli comunicati*. - E. MÜHLBACHER, Due diplomi Carolingi inediti. (L'uno di Carlo III alla chiesa di Châlons-sur-Marne, n. 886, 22 nov. L'altro di Zuenteboldo re alla chiesa di Cambrai, 898, oct. 3. Hörchingen). - L. v. HEINEMANN, Heinrichs VI, angeblicher Plan einer Säcularisation des Kirchenstaates (Supposto piano di secolarizzazione dello Stato ecclesiastico di Enrico VIII; interpretazione d'un passo dello « Speculum ecclesiae » di Giraldo Cambrense, dist. IV, c. 19).

Moyen âge (Le). Bulletin mensuel d'histoire et de philologie, fasc. 3°. — G. PLATON, Recensione dell'opera dello Schupfer « L'Allodio, studi sulla proprietà dei secoli barbarici ». — Fasc. 4°. A. MARIGNAN, Recensione dell'opera del Ficker « Die Darstellung der Apostel in der altchristlichen Kunst » (Le rappresentazioni degli Apostoli nell'antica arte cristiana).

Palestra Aternina. Vol. VI, 1888, fasc. I. — MOSCATI, Il medio evo e i papi.

Quartalschrift (Theologische). — WEIMANN, Ueber die Pilgerfahrt der Silvia in das heilige Land. (Sulla pubblicazione del Gamurrini « S. Hilarii tractatus de mysteriis et hymni et S. Silviae Aquitanae peregrinatio ad loca sancta »).

Review (The english historical). — BALZANI U., Recensione della pubblicazione: « Gesta di Federico I in Italia », edite da E. Monaci.

Revue des questions historiques. XXIII, fasc. 85. — DELARC, Le pontificat d'Alexandre II. - VACANDARD, Saint Bernard et le schisme d'Anaclet II en France.

Revue historique. — Nel *Bulletin historique* si discorre del « Manuel des institutions romaines » del Bouché-Leclerq; della traduzione dell'Humbert, del « Manuale » del Mommsen e Marquardt; del « Précis des institutions politiques de Rome » del Morlot; delle note di Léon Renier sull' « Épigraphie romaine »; della « Description historique et chronologique des monnaies de la république romaine vulgairement appelées consulaires » del Babelon; delle « Mélanges d'histoire du droit et de critique, droit romain » di A. Esmein. — Fasc. 2, pp. 398 e sgg. Recensioni lusinghiere delle opere del gesuita P. Pierling: « La Sorbonne et la Russie », Paris, Leroux, 1882. - ANT. POSSEVINI, Missio moscovitica, id. ibid., 1882. - Rome et Moscou, id. ibid., 1883. - Préliminaires de la trève de 1582, id. ibid, 1884. - Le Saint-Siège, la Pologne et Moscou, id. ibid., 1885. - Un arbitrage pontifical au XVIᵉ siècle (par MÉTHODE LERPIGNY), Bruxelles et Paris. - BATHORY et POSSEVINO, Documents inédits publiés et annotés, Paris, Leroux, 1887.

Revue (Nouvelle) historique de droit français et étranger. XII, fasc. I. — FOURNIER, La question des fausses décrétales. (A sostegno dell'opinione emessa dal Simson, accettata dal Duchesne e dall'Havet, persevera a provare che l'opera dei falsificatori di Mans, nell'interesse del vescovo Aldrico, e le compilazioni isidoriane portano l'impronta dell'officina medesima; e che gli operai dell'officina appartenevano al gruppo dei chierici che contornavano Aldrico). - - Recensione dell'opera dell'Humbert « Essai sur les finances et la comptabilité publique chez les Romains ». — Fasc. II. A. ESMEIN, Le serment promissoire dans le droit canonique.

Rivista storica italiana. Anno IV, fasc. 4°. — G. PAOLUCCI, L'idea di Arnaldo da Brescia nella riforma di Roma.

Studies (Johns Hopkins University). Serie V, XII. — A. WHITE, European schools of history and politics (Scuole europee di politica e di storia). Pag. 18 parla dell'università di Roma.

Studi e documenti di storia e diritto. Anno VIII, fasc. 3°
e 4°. — I. Alibrandi, Osservazioni giuridiche sopra un ricorso de'
monaci di Grottaferrata al pontefice Innocenzo II. - G. Tomassetti,
Note storico-topografiche ai documenti editi dall'Istituto Austriaco
(Campagna romana). - C. Calisse, id. (Patrimonio di S. Pietro in
Tuscia). - De Nolhac, Les correspondants d'Alde Manuce. Maté-
riaux nouveaux d'histoire littéraire. - *Cenni bibliografici.* C. Nocella, Le iscrizioni graffite nell'escubitorio della settima coorte dei
Vigili. - L. Duchesne, Notes sur la topographie de Rome au moyen-
âge. - P. Allard, Les dernières persécutions du III° siècle d'après
les documents archéologiques. - Karl Zangemeister, Theodor
Mommsen als Schriftsteller. Verzeichniss seiner bis jetzt erschienenen
Bücher und Abhandlungen (Indice de' libri e delle dissertazioni
finora pubblicate dal Mommsen). - *Documenti.* G. Gatti, Statuti
dei mercanti di Roma. (Compimento della Prefazione e dell'intero
volume).

Taschenbuch (Historisches). 1888. — Noeldechen, Tertullian
und die römische Kaiser (Tertulliano e gl'imperatori romani). -
Maurenbrecher, Le deliberazioni del concilio di Trento.

Zeitschrift für katholische Theologie. 1887, fasc. IV. — Grisar,
Paralipomena zur Honorischen Frage (Paralipomeni sulla questione
dell'eresia di papa Onorio). - Kolberg, Verfassung, Cultus und Di-
sciplin der christlichen Kirche nach den Schriften Tertullians (Amministrazione, culto e disciplina della Chiesa cristiana secondo gli
scritti di Tertulliano). - Ehrle, Controversie sull'origine dell'ordine
francescano.

Zeitschrift für romanische Philologie. X. — Pakscher, Aus
einem Katalog des F. Ursinus (Da un catalogo di Fulvio Orsino).

Zeitschrift (Historische). XXIII, fasc. I. — Simson, Die Entstehung der pseudo-isidorischen Fälschungen in Le Mans (L'origine
delle falsificazioni pseudo-isidoriane in Le Mans). - Altmann, Die
Wahl Albrechts II zum römischen Kaiser (La elezione di Alberto II
a imperatore romano).

PUBBLICAZIONI

RELATIVE ALLA STORIA DI ROMA

1. ADAMS H. C.   The history of the Jews from the War with Rome to the present time.   *London, Religious Tract. Society,* 1887.

2. ADEMOLLO A.   Corilla olimpica.
Firenze, tip. C. Ademollo e C., 1887.

3. ADEMOLLO A.   I teatri a Roma nel secolo decimosettimo. Memorie sincrone, inedite o non conosciute di fatti ed artisti teatrali, librettisti, commediografi e musicisti, cronologicamente ordinate per servire alla storia del Teatro italiano.
Roma, L. Pasqualucci editore, 1888.

4. ALBUM CARANDO J.   Sépultures galloises, gallo-romaines et mérovingiennes de la ville d'Ancy, Ceyenil, Maast et Violaine.
Saint-Quintin, Poette, 1887.

5. ALOYSIUS.   Souvenir d'un voyage à Rome et en Italie.
Annecy, Abry, 1887.

6. AMALFITANO F.   Delle relazioni politico-religiose fra gli abbati antichi e moderni del monastero dei Ss. Vincenzo ed Anastasio alle Acque Salvie di Roma e la comunità di Orbetello; e dell'emolumento al predicatore della quaresima nella pro-cattedrale dell'abbazia. Memoria.   *Grosseto, tip. F. Perozzo,* 1887.

7. ANGELETTI F.   I gladiatori. Roma e Giudea.
Roma, Perino, 1887.

8. ARMELLINI M.   Le chiese di Roma dalle loro origini sino al secolo XVI.   *Roma, tip. edit. Romana,* 1887.

9. BALAN P.   Clemente VII e l'Italia dei suoi tempi. Studio storico (estratto dalla *Scuola cattolica,* anni 1884-1885-1886 e 1887.
Milano, tip. di Serafino Ghezzi, 1887.

10. BAUMGARTEN H.　Römische Triumphe (Trionfi romani). (Costituisce la 2ª dispensa delle *Flugschriften des Evangelischen Bandes*).
Halle, Strien, 1887.

11. BERGSOÉ G.　L'amphithéâtre des Flaviens.
Poitiers, Oudin, 1887.

12. BERSEZIO V.　Roma, la capitale d'Italia. Disp. XX, pp. 457-480.
Milano, fratelli Treves, 1888.

13. BERTOLINI.　I *Celeres* ed il *Tribunus celerum*. ·
Roma, Loescher, 1887.

14. BERTOLOTTI A.　Divertimenti pubblici nelle feste religiose del secolo XVIII dentro e fuori le porte di Roma; ricerche nell'archivio di Stato romano. (Estr. dal giornale *Il Buonarroti*, serie III, vol. 2º, quad. X-XI, 1887).

15. BERTRAND A. C.　Conduite du pape vis-à-vis de la France et de l'Allemagne. Discours.　*Tours, impr. Bertrand*, 1887.

16. BEYSCHLAG W.　Der Friedensschluss zwischen Deutschland und Rom (La conclusione della pace tra la Germania e Roma).
Hallen, Strien, 1887.

17. BIRTH T.　De Romae urbis nomine sive de robore romano.
Marburg, Elwert's Verlag, 1887.

18. BLANCARD L.　Théorie de la monnaie romane au IIIe siècle après Jesus Christ.　*Marseille, impr. Barlatier-Feissat*, 1887.

19. BLUMMER H.　Technologie und Terminologie der Gewerbe und Kunste bei Griechen und Römern (Tecnologia dell'arte e dei mestieri presso i Greci e i Romani). Vol. 4º, sez. 2ª.
Leipzig, Teubner, 1887.

20. BOCKER F.　Damme als der mutmassliche Schauplatz der Varusschlacht, sowie der Kämpfe bei den « Pontes longi in Jahre 15 und der Römer mit den Germanen am Agrivarierwalle in Jahr 16 » (Damme; probabile luogo della sconfitta di Varo, ecc.)
Koln, Bachen in Comm., 1887.

21. BONANNI T.　Le legislazioni dell'antico diritto romano (amministrativa-finanziaria-giudiziaria) poste in relazione con le legislazioni napoletana ed italiana; relazione archivistica dell'anno 1886-1887.　*Aquila, stab. tip. Grossi.*

22. BORGEAUD C.　Histoire du plébiscite. Le plébiscite dans l'antiquité. Grèce et Rome.　*Genève, Georg*, 1887.

23. BOSIO G.   Roma intangibile.
    Roma, tip. dell' istituto Gould, 1887.

24. BRUCHT H.   Geschichte der catholische Kirche in 19 Jahrhundert (Storia della Chiesa cattolica nel secolo XIX). I. Gesch. d. cath. Kirche i. Deutscht.   *Magonza, Kircheinn.*

25. BRUNS C. G.   Fontes juris romani antiqui, edidit C. G. Bruns. Editio quinta, una Theodori Mommseni.
    Friburgi in Brisgavia, 1887.

26. BUDINGER M.   Zeit und Schicksal bei Römern und Westariern (Tempo e fato presso i Romani e gli Arii occidentali); studio di storia universale.   *Wien, Gerold's Sohn in Comm.*, 1887.

27. BUET C.   Notre sainte-père le pape Léon XIII.
    Tours, librairie Mame et fils, 1887.

28. BUNGENER F.   Pape et Concile au XIXe siècle. Nouvelle édition.
    Paris, Lévy, 1888.

29. CAMPI L.   Tombe romane presso Cles.
    Trento, tip. edit. di Giuseppe Marietti, 1887.

30. CARLE G.   Le origini della proprietà quiritaria presso le genti del Lazio. Nota. (Estr. dagli *Atti della R. Accademia delle scienze di Torino*).   *Torino, stamp. Reale*, 1887.

31. CARR A.   The Church and the roman Empire (La Chiesa e l'Impero romano).   *London*, 1877.

32. CHINIQUY C.   Fifty years in the Church of Rome (Cinquant'anni nella Chiesa di Roma). New edition corrected and revised, wich introductory note by G. R. Badenoch.
    London, Protestant literature depository, 1887.

33. CHOTARD H.   Le pape Pie VII à Savone, d'après les minutes des lettres inédites du général Berthier au prince Borghèse et d'après les mémoires inédites de Al. de Lebzeltern conseiller d'ambassade autrichien.
    Paris, impr. et libr. Plon, Nourrit et C., 1887.

34. CHROUST A.   Beiträge zur Geschichte Ludwigs des Bayerns und seiner Zeit (Contributo alla storia di Ludovico il Bavaro e del suo tempo). Parte 1[a] (Comprende il viaggio di Ludovico a Roma, 1327-29).

35. CIAMPI I.   Opuscoli vari storici e critici (pubblicati dal Castagnola).   *Imola, Galeati*, 1887.

36. CLARETTA G. I Genovesi alla Corte di Roma negl' anni luttuosi delle loro controversie con Luigi XIV (1678-1685). Nota storica ed anedottica. (Estr. dal *Giornale ligustico,* fasc. di gennaio e febbraio 1887). *Genova, tip. Sordo-muti.*

37. Clementis V Papae Régestum ex Vaticanis archetypis SS. D. N. Leonis XIII pontificis maximi iussu et munificentia nunc primum editum cura et studio monachorum ordinis S. Benedicti. Annus sextus. (Regestorum vol. LVIII).
Roma, ex typ. Vaticana, 1887.

38. COGLIOLO P. Manuale delle fonti del diritto romano secondo i risultati della più recente critica filologica e giuridica. Parte 2ª.
Torino, Unione tipografico-editrice, 1887.

39. COOPER A. N. A walk to Rome; being a journey on foot of 741 miles, from Yorskskire to Rome (Passeggiata sino a Roma dall'Yorkshire, 741 miglia). *London, Simphird,* 1887.

40. COSNEAU. De romanis viis in Numidia.
Paris, Hachette et C., 1887.

41. CRISTOFORI. Le tombe dei papi in Viterbo.
Siena, tip. S. Bernardino, 1887.

42. DECKER (DE) P. La Chiesa e l'ordine sociale cristiano. Prima traduzione italiana autorizzata dall'autore.
Firenze, Ciardi, 1888.

43. DERIEGE F. I misteri di Roma. *Roma, Artero,* 1887.

44. DUBOIS C. V. Droit romain: du droit latin; droit français: de la nationalité d'origine. *Paris, impr. et libr. Lefort,* 1887.

45. DUCHESNE L. Le *Liber pontificalis;* texte, introduction et commentaire. T. 1°. *Paris, Thorin.*

46. DUCOURTIEUX P. Découvertes faites sur l'emplacement de la ville gallo-romaine à Limoges en 1886.
Limoges, impr. V. Ducourtieux, 1887.

47. DURUY V. Petite histoire romaine. Nouvelle édition.
Paris, impr. Lahure, 1887.

48. EIDAM H. Ausgrabungen römischen Ueberreste in und um Gunzenhausen (Scavi romani in Gunzenhausen e nei dintorni). (Dalla *Festschrift zur Begrussung, des XVIII Kongresses des deutschen Anthropologischen Gesellschaft in Nurberg*). *Nurberg, Ebner,* 1887.

49. FERRERO E. Di alcune iscrizioni romane nella valle di Susa. (Negli *Atti della R. Accademia delle scienze di Torino*, vol. XXIII, disp. 2ª-3ª).

50. FETGER C. A. Voruntersuchung zu einer Geschichte des Pontifikats Alexanders II (Indagini preparatorie ad una storia del pontificato d'Alessandro II). *Strassb., Diss.*, 1887. *(Heir.)*.

51. FILIPPI G. Il comune di Firenze ed il ritorno della Santa Sede in Roma nell'anno 1367. (Estr. dalla *Miscellanea di storia italiana*, S. II, XI [xxvi], 387). •
Torino, stamp. Reale della ditta G. B. Paravia e C.

52. FLEURY. Pélerinage à Rome en 1869, ou notes sur l'Italie. 5ᵐᵉ édition. *Tours, Mame et fils*, 1887.

53. Flora ou une martyre à Rome. Traduit de l'anglais, avec autorisation exclusive de l'auteur. T. I.
Mayenne, impr. Nezan, 1887.

54. FONTANA I. Les églises de Rome les plus illustres et plus vénérées et recueil des mosaiques de la primitive époque. Vol. I, disp. 1. *Torino*, 1887.

55. FRIEDRICH J. Geschichte der Vatic. Konzils (Storia del concilio Vaticano). III vol. ult. XVI-XVII, p. 1258. *Bonn, Neuger.*

56. GATTINELLI G. Vittoria Colonna e Michelangelo. (Nel *Teatro Drammatico*, vol. II, « Opere postume »). *Roma, Squarci*, 1887.

57. GEBHARDT B. Adrian von Corneto. Ein Beitrag zur Geschichte der Curie und der Renaissance.
Breslau, Preuss e Junger, 1887.

58. GIACCHI V. Amori e costumi latini. Studi. Seconda impressione. *Città di Castello, stab. tip. S. Lapi*, 1887.

59. GOMME L. Romano-british remains (Reliquie romano-britanniche), vol 2.

60. GOURRAIGNE L. G. Histoire romaine, résumés et récits.
Bordeaux, impr. V. Riffaud, 1887.

61. GRETHEN R. Die politischen Beziehungen Clemens VII zu Karl V in den Jahren 1523-1527 (Le relazioni politiche tra Clemente VII e Carlo V). *Hannover, Brandes*, 1887.

2. HARE A. J. C. Walks in Rome (Passeggiate per Roma). 12ª ediz.
London, Smith and Elder, 1887.

63. HARNACH A. Lehrbuch der Dogmengeschichte (Dottrina della storia dei dogmi). Vol. 2°. *Freiburg in Breisg, Mohes.*

64. HARTMANN L. M. De exilio apud Romanos inde ab initio bellorum civilium usque ad Severi Alexandri principatum.
Berlin, Gartner, 1887.

65. HAUTHALER P. Aus den Vaticanischen Regesten (Dai regesti Vaticani). *Wien, Gerold.*

66. HERGENRÖTHER F. (Card). Konziliengeschichte nach d. Quellen bearbeitet (Storia dei concili composta secondo le sue fonti), v. Hefele, fortges. v. VIII. Bd. *Freib. i–B., Herder.*

67. HERTZBERG G. F. Storia della Grecia e di Roma. Disp. VIII.
Milano, L. Vallardi, editore, 1888.

68. HERZOG F. Geschichte und System der römischen Staatsverfassung (Storia e sistema della costituzione romana). 2 vol. Die Kaiserzeit von der Diktatur Cäsars bis zum Regierungsantrict Dioclesians. Parte 1ª. Geschichtliche Uebersicht.
Leipzig, Teubner, 1887.

69. HOCK C. F. Histoire du pape Sylvestre II et de son siècle. Traduite de l'allemand et enrichie de notes et de documents inédits par J. M. Axinger. *Paris, Debécourt, s. a.*

70. HUEBNER (DE) A. Sisto V dietro la scorta delle corrispondenze diplomatiche inedite tratte dagli archivi di Stato del Vaticano, di Simancas, di Venezia, di Parigi, di Vienna e di Firenze. Versione dal francese del p. m. Filippo Gattari consentita dall'autore. Vol. I. *Roma, Salviucci, 1887.*

71. IDEVILLE (D') H. Le comte Pellegrino Rossi, sa vie, son œuvre, sa mort (1787-1848). *Paris, impr. Chaix, 1887.*

72. Imagine (L') di S. Maria di Grotta Ferrata. Memoria storica per il secondo centenario della coronazione.
Roma, tip. poliglotta della S. C. di Propaganda fide, 1887.

73. I sommi pontefici e Lucca. Ricordi storici in epigrafi.
Lucca, tip. arciv. S. Paolino, 1887.

74. JACQUELIN F. Le conseil des empereurs romains en droit romain, la commission départemental en droit français.
Poitiers, impr. Oudin, 1887.

75. JAFFÉ P. Regesta pontificum romanorum ab condita ecclesia ad annum post Christum natum M.C.XCVIII. Ed. II correctam

et auctam auspiciis prof. Guil. Wattenbachii curaverunt S. Loev-
venfeld, F. Kaltenbrunner, P. Ewald. Fasc. 12.
Leipzig, Veit und C., 1887.

76. Janvier. Le culte de la sainte face à Saint-Pierre du Vatican
et en d'autres lieux célèbres. Notices istoriques. 4me édition.
Tours, impr. Juliot, 1887.

77. Kraus F. Z. Kirchengeschichte (Storia della Chiesa).
Treviri, Lintz 1887.

78. Kuhn A. Rom, die Denkmäler des christlichen und des heid-
nischen. Rom in Wort und Bild (I monumenti plastici ed epigrafici di Roma pagana e cristiana). *Einsiedeln, Benziger, 1887.*

79. Lagrèze (De) G. B. Les catacombes de Rome.
Mesnil, impr. Firmin-Didot; Paris, librairie Firmin-Didot, 1887.

80. Laigue (De) L. Constantin-le-Grand et sa mère Hélène. Tra-
duction d'un roman-légende de la décadence latine.
Roma, Forzani e C., 1887.

81. Landucci L. Storia del diritto romano dalle origini fino a Giustiniano. *Padua, Sacchetto, 1886-87.*

82. Largaiolli D. Della politica religiosa di Giuliano imperatore
e degli studi critici più recenti.
Piacenza, tip. Marchesotti e C., 1887.

83. Léotard E. Les guerres Puniques. Leçon d'ouverture du cours
d'histoire romaine. *Lyon, impr. et librairie Vitte et Perrusel, 1887.*

84. Lettre (La) du pape et l'Italie officielle.
Paris, impr. Doumolin A. e C. et librairie Perrin et C., 1887.

85. Liel H. F. J. Die Darstellungen der allerseligsten Jungfrau
und Gottesgebärerin Maria auf den Kunstdenkmälern der Kata-
komben (La rappresentazioue della Beatissima Vergine Maria nei
monumenti artistici delle catacombe).
Freiburg, B. B. Herder, 1887.

86. Langlois E. Les registres de Nicolas IV. Recueil des bulles
de ce pape publiées ou analysées d'après les mss. originaux des
archives du Vatican. *Paris, Thorin.*

87. Lonigo M. Costituzione dell'archivio Vaticano e suo primo
indice, sotto il pontificato di Paolo V. Manoscritto inedito di Michele Lonigo. (Negli *Studi e documenti di storia e diritto*, VIII, fascicoli 1-2. Pubblicato da F. Gasparolo).

88. LERPIGNY M. Un arbitrage pontifical au XVI° siècle.
    Bruxelles et Paris, s. d.

89. LUGARI G. B. Le catacombe, ossia il sepolcreto apostolico del-
    l'Appia descritto ed illustrato. *Roma, Befani, 1888.*

90. MANFRIN P. Gli Ebrei sotto la dominazione romana. Vol. I.
    Roma, fratelli Bocca, 1888.

91. MANNING A. True story of the Vatican council (Storia del
    concilio Vaticano), 3. ediz. *London, Burns and Oates, 1887.*

92. MARCELLINO (Padre) DA CIVEZZA. Il romano pontificato nella
    storia d'Italia. *Firenze, Ricci, 1887.*

93. MARCHETTI R. Sulle acque di Roma antiche e moderne.
    Roma, tip. A. Sinimberghi, 1887.

94. MARÉCHAL E. Histoire de la civilisation ancienne, Orient, Grèce,
    Rome. *Paris, impr. et librairie Delalain, 1887.*

95. MARQUARDT J. L'amministrazione pubblica romana, tradotta
    sulla 2ª edizione tedesca dall'avv. Ezio Solaini. Vol. I. (Organiz-
    zazione dei dominî romani). *Firenze, G. Pellas lib. edit.*

96. MARQUARDT J. und MOMMSEN T. Handbuch der römischen
    Alterthumer (Manuale dell'antichità romana). Vol. III, 1ª parte.
    Römisches Staatrecht. *Leipzig, Hirzel, 1887.*

97. MARTENS W. Die Besetzung des päpstlichen Stuhls unter des
    Kaisern Heinrich III und Heinrich IV (L'occupazione della Sede
    papale sotto gl'imperatori Enrico III ed Enrico IV).
    Freiburg i. B., 1886. (Mohr).

98. MARUCCHI O. Nuova descrizione della casa delle Vestali e degli
    edifizi annessi secondo il resultato dei più recenti scavi.
    Roma, tip. A. Befani, 1887.

99. MASCHKE R. Der Freiheitsprozess im klassischen Altertum,
    insbesondere der Prozess um Virginia (Il giudizio della libertà
    nell'antichità classica e particolarmente il giudizio di Virginia).

100. MAYERHOEFER A. Geschichtlich-topographische Studien uber
     das alte Rom (Studî storico-topografici sull'antica Roma).
     Muncken, Lindauer, 1887.

101. MAZEGGER B. Römer-funde in Obermais bei Meran und die
     alta Maja-Feste (Scoperte romane ad Obermais presso Meran e
     l'antica fortezza di Maja). *Meran, Potzelberyer, 1887.*

102. Memorie sopra la vita e virtù del sac. Pier Filippo Strozzi canonico della' basilica di Santa Maria Maggiore, raccolte da un religioso della Compagnia di Gesù. 2ª edizione.
Roma, tip. Guerra e Mirri, 1887.

103. MERCHIER A. Essai sur le gouvernement de l'Église au temps de Charlemagne. (Estratto dal T. VIII, 4ᵉ série des *Mémoires de la Société acad. de St-Quintin*). *St-Quintin, imp. Poette.*

104. MERLINO G. E. Clemente V e fra Dolcino. (Nel *Museo storico-artistico Valsesiano*, III, 8).

105. MICHELIS F. Die katolische Reformbewegung und das vatikaniscke Concil (Il movimento di riforma cattolica e il concilio Vaticano). Nach der Urschrift d. merewigten. Prof. Dr. Fr. M., herausgegeben v. Dr. Adoph Kohut. *Giessen, Roth, 1887.*

106. MITROVIĖ B. Una lettera di Pio IX a Carlo Alberto.
Trieste, tip. di Giovanni Balestra.

107. MOMMSEN T. et MARQUARDT J. Manuel des antiquités romaines. Tom. I. Le droit public romain. Traduit par. P. F. Girard.
Paris, Thorin, 1887.

108. MONTLÉON (DE) C. L'Église et le droit romain; études historiques. *Bar-le-Duc., impr. Schorderet et C.; Paris, au bureau de l'Association catholique, 1887.*

109. MONTLÉON (DE) C. L'Église et le droit romain; études historiques. *Paris, impr. Devalois; librairie Poussielgue, 1887.*

110. Monumenta Vaticana historiam regni Hungariae illustrantia. Series I. Tom. I, cont.: Rationes collectorum pontificiorum in Hungaria, 1281-1375.'   ' *Budapest, Rath, 1887.*

111. MOSCATELLI A. Le unioni e i figli illegittimi nel diritto romano. Contributo alla storia della famiglia e del diritto romano.
Bologna, tip. Fava e Garagnani, 1887.

112. NACHER J. Die römischen Militarstrassen und Handelswege in Sudwestdeutschland, in Elsass-Lothringen und der Schweiz (Strade militari e commerciali romane nella Germania meridioccidentale, in Alsazia-Lorena e nella Svizzera).
Strassburg, Noiviel in Comm., 1887.

113. NEUHAUS J. C. Die Sagen von den Göttern und Helden der Griechen und Römer (Le tradizioni degli dei e degli eroi de' Greci e de' Romani). 2. Auflage. *Düsseldorf, Schwann.*

114. Nocella C. Le iscrizioni graffite nell'escubitorio della settima coorte dei Vigili. Interpretazione.
Roma, Forzani e C., 1887.

115. Nolhac (De) P. La bibliothèque de Fulvio Orsini. Contributions à l'histoire des collections d'Italie et à l'étude de la Renaissance.
Paris, Vieweg, 1887.

116. Opera Patrum Apostolicorum edidit Franciscus Xaverius Funk. Vol. I, editio nova: doctrina duodecim Apostolorum adaucta. Vol. II. Clementis Rom. epistulae de Virginitate ejusdemque martyrium; Epistulae pseudo-Ignatii, Ignatii martyria tria; Vaticanum a S. Methaphrasta conscriptum, latinum; Papie et seniorum apud Irenaeum fragmenta; Policarpi vita.
Tubinga, .1881-87.

117. O' Relly B. Life of the pope Leo XIII. (Traduzioni anche in tedesco e francese di quest'opera adulatoria e faziosa).
London, Low, 1887.

118. Pignata G. Avventure di Giuseppe Pignata fuggito dalle carceri dell'Inquisizione di Roma. Traduzione e prefazione di Olindo Guerrini. · *Città di Castello, stab. tip. S. Lapi edit.,* 1887.

119. Pilljers (Des) P. La cour de Rome et les trois derniers évêques de Saint-Claude, 6ª edizione. *Chambéry, Menard,* 1887.

120. Pio VII. Motuproprio in data 2 agosto 1822 sul lago Trasimeno e Perugino. (Riprodotto dall'originale stampato in Roma nel 1822 presso Poggioli stampatore della R. C. A.).
Castiglione del Lago, tip. G. Caponi e C., 1887.

121. Piombanti G. Biografie popolari dei papi dedicate agli Italiani.
Livorno, tip. G. Fabbresci e C., 1887.

122. Pinzi C. Storia della città di Viterbo illustrata con note e nuovi documenti in gran parte inediti. Volume I.
Roma, tip. della Camera dei deputati, 1887.

123. Plocque A. Droit romain: de la condition de l'Église sous l'empire romain; droit français: de la condition juridique du prêtre catholique.
Bar-le-Duc, Contant-Laguerre; Paris, librairie Laros et Forcel, 1887.

124. Prou. Les registres d'Honorius IV. Recueil des bulles de ce pape publiées ou analysées d'après le manuscrit original des archives du Vatican, fasc. 1-3. *Paris, Thorin,* 1886-87.

125. Ravioli C. I reduci dell'epoca napoleonica romani o statisti cogniti in servizio o in pensione al redattore delle presenti me-

morie con appendice di un compendio inedito di notizie sulla
morte di G. Murat.   *Roma, tip. Righetti,* 1887.

126. Resoconto delle conferenze dei cultori di archeologia cristiana
in Roma dal 1875 al 1887.   *Roma, tip. della Pace,* 1888.

127. RODOCANACHI E.   Cola di Rienzo. Histoire de Rome.
Paris, Lahur, 1888.

128. ROLLAND.   Rome, ses églises, ses monuments, ses institutions.
Lettres à un ami. 8e édition, revue et augmentée.
Tours, lib. et impr. Mame et fils, 1887.

129. RORAI (DI) S.   I tempi di papa Gregorio VII e i nostri.
Venezia, tip. Gio. Cecchini, 1887.

130. ROZWADOWSKI J.   De modo ac ratione qua historici romani
numeros qui accurate definiri non poterant expresserint.
Cracovia, 1887.

131. SCHAEDEL L.   Plinius d. Jungere u. Cassiodorus Senator. Kritische Beiträge zum 10, Buch d. Briefe (Plinio il Giovane e Cassiodoro senatore. Saggio critico).   *Barien, Darmstadt,* 1887.

132. SCHMIDT M. P. C.   Zur Geschichte der geographischen Litteratur bei Griechen und Römern (Contributo per la storia della
letteratura geografica presso i Greci e i Romani).
Berlin, Gartner, 1887.

133. SCHNEIDER J.   Die alten Heer und Handelswege der Germa-
ner, Römer und Franken in deutschen Reiche (Le antiche vie commerciali e militari dei Romani e Franchi nell'Impero tedesco).
Nach örtlichen Untersuchungen dargestellt. Dispensa 5ᵃ.
Leipzig, Z. O. Weigel, 1887.

134. SCHWARZLOSE K.   Die Patrimonien der röm. Kirche bis zur
Gründung d. Kirchenstaates (I patrimoni della Chiesa romana
sino alla fondazione dello Stato ecclesiastico).   .
Berlino, Koblinsky.

135. SCHWERDT F. J.   Papst Leo XIII. Ein Blick auf seine Jugend
und seine Dichtungen (Papa Leone XIII. Sguardo sulla sua gioventù e le sue poesie).
Ausburg, Schimidt's Sortiment, 1887.

136. SIEMANN O.   The mythology of Greece and Rome. With special
reference to its use in art (Nuova ediz. a cura di G. H. Bronctie).
London, Chapman, 1887.

137. Smith B. Roma e Cartagine. Le guerre Puniche. Traduzione di Teresa Amici-Masi. Con una lettera di Ruggiero Bonghi.
Bologna, Nicola Zanichelli, 1888.

138. Stocchi G. Due studi di storia romana.
Firenze, fratelli Bocca edit. (tip. dell' « Arte della Stampa »), 1887.

139. Sylos L. Gli inizî e le prime vicende del papato temporale.
(Nella *Rassegna Pugliese di sc., lett. ed arti,* vol. V, n.'2, 4 febbr. 1888).

140. Tammasia G. Senato romano e concilî Romani.
Roma, 1887.

141. Tenneroni A. Jacopone da Todi; lo *Stabat Mater* e *Donna del Paradiso.* Studio su nuovi codd. *Todi, Franchi.*

142. Teoli p. B. Teatro istorico di Velletri, insigne città e capo dei Volsci: opera riveduta e corretta coll'aggiunta della vita e del ritratto dell'autore. *Velletri, Bertini edit., 1887.*

143. Thénedat H. Antiquités romaines trouvées par M. Payard à Deneuvre (Meurthe-et-Moselle). (Estratto dal *Bulletin de la Société nationale des antiquaires de France*).
Nogent-le-Rotrou, imp. Daupelcy-Gouverneur; Paris, Klincksieck, 1887.

144. Travaglini G. I papi cultori della poesia.
Lanciano, Carabba, 1887.

145. Turr E. La réconciliation avec le pape.
Paris, Librairie nouvelle, 1887.

146. Urlichs L. V. Thorwaldsen in Rom. Aus Wagner's Papieren (Thorwaldsen in Roma, secondo le carte di Wagner).
Wurzburg, Stahel in Comm., 1887.

147. Vasili P. La société de Rome. Édition augmentée de lettres inédites. Septième edition. *Paris, Nouvelle Revue, 1887.*

148. Villeneuve (De) L. Recherches sur la famille della Rovere. Contribution pour servir à l' histoire du pape Jules II.
Rome, Befani.

149. Warga L. Geschichte der lateinische Kirche (Storia della Chiesa latina), vol. II, Iarospatass.

150 Zeller J. Entretiens sur l'histoire du moyen âge. Deuxième partie: I. Chute des Carolingiens; féodalité et chevalerie; premiers empereurs allemands; premiers rois Capétiens; SylvestreII; Grégoire VII; Urbain II; la Croisade.
Coulommiers, impr. Brodart et Gallois; Paris, libr. Perrin et C., 1887.

Memorie della Vita e degli Scritti

DEL

CARDINALE GIUSEPPE ANTONIO SALA

(Continuazione e fine, vedi pag. 57).

Fino dal 1801 il Consalvi, per occasione del conclave di Venezia, avea preso ad avversare Domenico, il fratello del nostro Giuseppe Antonio, il quale così ne lasciò memoria (1): « I servigi da lui (da Domenico) resi in quella « circostanza (del conclave) avrebbero meritato un premio. « Egli però non cercava nè compensi nè avanzamenti; ma « non doveva mai aspettarsi che il suo zelo dovesse par- « torire frutti amarissimi. Monsignor Consalvi, che fu se- « gretario del conclave, e che mirava ad essere segretario « di Stato e cardinale, come ottenne non molto dopo, es- « sendo quello che si mise alla testa degli affari in Venezia, « e che non istruito abbastanza delle cose nostre, avrebbe « commesso de' sbagli, soffrì di malanimo di avere per « correttore l'abate Sala, e di dover cedere talvolta al sen- « timento di persona a lui inferiore. Concepì quindi un'av- « versione, che si mantenne per lungo tempo, e che por- « tollo a far poco conto di lui, e ad usare nel nominarlo « epiteti e frasi non molto convenienti » (2). Or tale av-

---

(1) *Breve notizia dell'ab. D. Sala* cit.

(2) Nelle citate *Memorie del* CONSALVI *sul conclave tenuto a Venezia* (presso il CRÉTINEAU-JOLY, op. cit., I, 199 seg.) di tutto l'operato da Domenico Sala in quella congiuntura non v'ha fiato, e non se ne ricorda nemmeno il nome.

versione del potente ministro dovevasi naturalmente allargare a Giuseppe Antonio, sì perchè è naturale disposizione del cuore umano il confondere tutte insieme le attenenze dell'oggetto inviso, e sì perchè in lui pure ravvisava, se non il correttore autorevole e palese, certo il privato biasimatore di certi suoi concetti e di alcune sue teoriche in opera di governo civile ed ecclesiastico. « Ecco perchè « (nota altrove Giuseppe Antonio (1)) l'ab. Sala non gli « fu mai accetto, come non lo ero neppur io, parte per ri- « verbero della contrarietà al fratello maggiore, parte perchè « in più circostanze non convenni ne' sentimenti del por- « porato ». Aggiungasi a questo (2) « che il card. Consalvi « all'epoca della liberazione della sa: me: di Pio VII (quando « appunto il Sala divulgava una parte del suo *Piano di ri-* «*forma*) esternava de' sentimenti ben diversi da quelli, che « aveva prima degli antecedenti fatalissimi avvenimenti, e « pienamente conformi alle giustissime massime del S. Padre. « Noi ne facciamo testimonianza di fatto proprio per i di- « scorsi sentiti da lui nel tempo del viaggio di Sua Santità « verso Roma, e segnatamente nei giorni di trattenimento « in Fuligno, da dove il cardinale ripiegò per tornare in « Francia, progredendo in seguito a Londra e a Vienna. « Disgraziatamente questo giro fu causa che, lasciandosi « sorprendere dalla cabala dominatrice, che infestava tuttora « i Gabinetti, concepisse quelle idee, che sviluppò meglio « al suo ritorno, e che prepararono la strada a quei nuovi « dolorosi avvenimenti, che hanno poi sconvolta tutta l'Eu- « ropa, e de' quali risentiamo (scriveva nel 1833) ancor

---

(1) *Breve notizia* cit. Su tale proposito Gaetano Moroni, in una sua del 21 gennaio 1881, scriveami: « Ma l'onnipotente cardinal « Consalvi geloso di alcuni eminenti uomini, o discrepante colle loro « idee (come del p. Cappellari, cui ingiustamente, e contro le inten- « zioni di Pio VII, antepose il p. Zurla poco conosciuto) vivamente « avversò, ecc. ».

(2) *Breve notizia* cit.

« noi i tristi effetti ». Del quale sviamento politico del Consalvi fanno altresì fede certissima le sue *Memorie*. Per entro alle quali egli espone ed afferma appunto que' principî e quelle massime di pubblica amministrazione, che sono, come dire, il centro, attorno a cui si raggira ed agglomera tutto il lavoro del Sala, da quello con tanta furia perseguitato. « La Providence (egli scrive (1)) a permis une se-« conde chute du gouvernement pontifical, onze ans après « son rétablissement. Si cette Providence permettait une « seconde résurrection, il serait à désirer que le nouveau « pouvoir, en trouvant tout changé et détruit derechef, « profitât de ce malheur pour en recueillir plus de fruits « qu'on n'en avait tiré lors de la première restauration. En « maintenant les constitutions et les bases du Saint-Siège, « il faudrait d'une manière victorieuse surmonter tous les « obstacles s'opposant aux changements, et aux réformes « que pourraient avec raison exiger l'antiquité ou l'altéra-« tion de certaines institutions, les abus introduits, les en-« seignements de l'expérience, la différence des temps, des « caractères, des idées, et des habitudes. Il est permis de « formuler les vœux à celui qui ne les exprime point par « mépris des choses anciennes, par amour de la nouveauté « ou par singularité d'idées, mais qui ne souhaite tout cela « que pour le plus grand bien du gouvernement pontifical, « dont il est si fier d'être membre, malgré son indignité. « Gouvernement auquel il reste si profondément attaché, « qu'il sacrifierait pour lui jusqu'à son existence ». Or con questi generali concetti del Consalvi non consuona appunto in tutte quante le sue parti il disegno di riforma del Sala, il quale, come già abbiamo notato, sin dalle prime mosse si protesta, ch'egli non intende « di parlare dell'e-« difizio immobile della Chiesa », ma sì solo « dell'im-« pianto delle cose » romane « rapporto alla doppia am-

---

(1) *Mémoires* cit., I, 239. - DAUDET, *Diplomates et hommes d'État contemporains*, I, 32.

« ministrazione ecclesiastica e politica »? Altrove il Consalvi scrive (1): « En rétablissant l'ancien ordre de choses, il « était facile de tirer un bien de ce mal. Quoique les ins- « titutions du gouvernement pontifical fussent très-sages, « il est cependant hors de doute que certaines d'entre elles « dégénéraient de leur primitive origine. On en avait al- « téré, changé ou corrumpu quelques autres, et il s'en « trouvait qui ne convenaient plus au temps, aux idées « nouvelles et aux nouveaux usages. Les effets et les ten- « dances de la révolution, survivant à la révolution elle- « même, exigeaient des atermoiements et des ménagements, « non moins pour la stabilité du Saint-Siège qu'il fallait « restaurer, que pour l'avantage du peuple. Je pourrais « étendre et développer beaucoup plus au long cette thèse, « mais le peu de calme dont je jouis et les obstacles dont « j'ai parlé plus haut, sans compter d'autres raisons excel- « lentes ressortant de la nature du sujet, s'y opposent abso- « lument. Du reste, ce que j'ai dit suffira à tout lecteur « perspicace pour saisir que de très-légitimes et de très- « justes motifs nous engageaient à profiter de la circonstance « et à différer de quelque temps la restauration des anciennes « formes gouvernamentales afin d'en modifier quelques « parties, du moins les plus urgentes. Cela valait mieux « que de le rétablir de suite tel qu'il était avant la révolu- « tion; et le Saint-Père lui-même émettait ce vœu ». De' quali avvisi il primo articolo del *Piano* del Sala è ap- punto largo e minuto svolgimento. Nè diversamente dal Sala lamenta il Consalvi i falliti sforzi di quella particolare congregazione, che Pio VII istituì ne' primordî del suo pontificato, per discutere i diversi punti di quel disegno di riforma, che, per frapposizione di ostacoli pressochè insor- montabili, andò affatto in dimenticanza. Sul quale proposito scrive il Consalvi (2): « En même temps que cette pro-

(1) *Mémoires* cit., II, 233. - DAUDET, op. cit., 35.
(2) *Mémoires* cit., 235.

« rogation se régularisait, on forma une congrégation com-
« posée de plusieurs cardinaux, de quelques prélats et des
« séculiers les plus instruits et les plus estimés pour leur
« bon esprit et leur conduite. On les chargea de tracer un
« plan pour la restauration du gouvernement, fondé sur les
« bases et sur les constitutions antiques, mais adapté aux
« conditions modernes ainsi qu'à la nature des temps, en
« le dépouillant des vices ou des abus qui auraient pu se
« glisser dans l'ancien peu à peu avec les années, comme
« il arrive à toutes les choses de la terre. La congrégation
« reçut ordre de terminer son travail pour la mi-octobre.
« Le provisoire devait prendre fin le 1ᵉʳ novembre, après
« l'approbation du nouveau plan par le Saint-Père, et alors
« on remettrait l'autorité entre les mains des prélats... (1).
« Pendant ce temps, la congrégation formée pour le réta-
« blissement de l'autorité acheva son travail, qui ne ré-
« pondit point entièrement aux espérances conçues. Ce
« travail indiquait plusieurs changements et certaines mo-
« difications sur divers points, mais il ne réglait pas tout,
« et peut-être même ne régla-t-il pas le plus important.
« S'il est partout difficile de vaincre les vieilles habitudes,
« d'opérer des réformes et d'introduire des innovations, il
« faut avouer que cela le devient bien davantage à Rome,
« ou, pour mieux dire, dans le régime pontifical. Là, tout
« ce qui existe depuis quelque temps est regardé avec une
« sorte de vénération, comme consacré par l'antiquité même
« de son institution. Personne ne prend la peine de re-
« marquer qu'il est souvent faux que telles et telles règles
« aient été établies dans l'origine comme elles apparaissent
« actuellement. Parfois même il arrive qu'elles sont alté-
« rées, soit par les abus dont nulle institution humaine ne
« peut assez se garantir, soit par d'autres vicissitudes, soit
« par le temps lui-même. En outre, ce qui à Rome plus que

(1) *Mémoires* cit., 237.

« partout ailleurs s'oppose aux réformes, c'est la qualité de
« ceux qui, dans ces réformes, perdent quelques attributs de
« leur juridiction ou d'autres privilèges. La qualité dont ils
« sont revêtus fait qu'il est plus malaisé de vaincre leur ré-
« sistence, et, par ces justes considérations, le pape lui-même
« se trouva quelquefois forcé d'y avoir égard. Et c'est pré-
« cisement en vue de telles déférences que je ne puis pas
« longuement énumérer ces obstacles et d'autres semblables
« fourmillant à Rome plus que partout et s'opposant à toute
« espèce d'innovations. Je me tairai donc sur ce point. Je
« me bornerai à dire que le plan de la congrégation amenda
« quelques abus, changea des institutions, en retrancha ou
« en ajouta de nouvelles, selon que le permirent les obsta-
« cles ci-dessus indiqués. Je dois avouer encore que, sans
« l'efficace volonté du Gouvernement, qui insista avec ri-
« gueur pour qu'on se mit à ouvrir la brèche aux réformes,
« rien ne serait fait peut-être, car le Gouvernement ne pou-
« vait pas agir seul. L'opinion publique ne devait point fa-
« voriser les innovations que le Saint-Siège aurait édictées
« de son chef. Ceux, auxquels ces réformes n'étaient point
« avantageuses, et qui, en raison de leur qualité ou à cause
« de leurs rélations, aspiraient à diriger l'esprit public, au-
« raient su les discréditer dans les masses. La récente élé-
« vation du premier ministre, encore jeune et promu à ce
« poste au désappointement de ceux qui l'ambitionnaient,
« la nouveauté du pape lui-même, devaient fournir des ar-
« guties et des prétextes contre les modifications et les
« changements. Il importait de les étayer, du moins en
« apparence, sur les idées, les conseils et les réflexions d'un
« grand nombre, c'est-à-dire d'une congrégation, d'après
« l'usage existant à Rome en pareil cas. Le pape lui-même
« par suite de la douceur bien notoire de son caractère —
« qu'il soit permis de produire respectueusement cet autre
« motif de la nécessité ou l'on était de recourir à une con-
« grégation dans cette affaire — le pape lui-même n'aurait

« peut-être pas pu tenir tête aux opposants et protéger les
« réformes contre les attaques de tout genre auxquelles il
« aurait fallu se résigner, si le Saint-Siège eût agit seul et
« spontanément. Il devint de nécessité absolue de se servir
« d'une congrégation, et une congrégation ne pouvait don-
« ner que ce que l'on obtint. On se vit obligé de s'en con-
« tenter : cela vaut mieux que rien, comme dit le proverbe
« vulgaire. Le pape approuva et sanctionna le plan de la
« congrégation par une bulle intitulée : *Sur le rétablissement*
« *du gouvernement,* et qui commence par ces mots : *Post*
« *diuturnas* ».

Adunque il Consalvi sì per antico rancore, e sì per le
sue mutate opinioni politiche cadde nella contraddizione
di perseguitare nello scritto del Sala i propri concetti e le
proprie persuasioni, e di perseguitarle con tale veemenza,
da impedire vigorosamente la diffusione di quel libro, e da
ordinare, che ne venissero raccattati con minutissima diligenza gli esemplari distribuiti (1). Nel che fu così pun-
tualmente obbedito, che all'istante ne scomparve ogni traccia.
Sicchè io a potere averne per pochi giorni sott'occhi una
copia, dovetti moltiplicare le ricerche per oltre a 25 anni.

Per tal modo il lavoro del Sala, frutto di matura esperienza; risultamento di lunghi ed accurati studi; espressione
sincera e liberissima d'animo profondamente persuaso; rimedio ai passati danni della Chiesa e dello Stato; probabile impedimento dei futuri : appena nato fu spento, non
avanzando all'autore nè meno il compenso di richiamarsi
dell' ingiusto tratto al giudizio del pubblico, e solo restan-
dogli da amaramente lamentare quell' « andamento di cose

---

(1) Questo si desume dalla terza delle lettere superiormente trascritte nella nota a pagina 56. Raccontavami poi su tal proposito Antonio Coppi, che il Consalvi, tornato da Vienna in Roma,
adoperò tutte le arti, dalle cavalleresche alle diplomatiche, per car-
pire di mano a certa gentildonna russa una copia di quella stampa;
ma che la scaltra signora non se ne lasciò punto cogliere.

« (scriveva nel 1833 (1)), che afflisse i buoni, e che stava
« in aperta opposizione alle massime esternate in principio
« dal Santo Padre.... Tema vasto ed affliggente, che basta
« avere toccato di volo, affinchè rammentando la falsa
« strada, nella quale s' impegnò il Governo pontificio, si ri-
« cordi altresì che il vento non spirava propizio per gli uo-
« mini sinceramente attaccati al principe ». Amari accenti,
ma che rivelano una tal quale compiacenza dello scrittore
d'avere antiveduti i tempi, i quali poi, divenendo a mano
a mano più grossi, recarono finalmente, tra il 1847 e il
1849, il tardo, e perciò inutile, trionfo delle riforme concepite e caldeggiate da lui ben 33 anni innanzi.

Della parte inedita di questo *Piano* (la quale, se non
pel dettato, certo per la materia sopravanzava di gran lunga
la stampata (2)) niuno, per quanto io so, ebbe mai notizia
certa e di fatto, salvochè, in sin dalle prime mosse della
sua gloriosa carriera, il Santissimo nostro Padre Leone XIII.
Questi, mentre giovanetto compieva in Roma nella nobile
Accademia ecclesiastica gli studi teologici e legali, recavasi
di frequente al Sala, che amavalo di peculiare benevolenza (3). A costui adunque mostrò egli un giorno il voluminoso manoscritto, e appresso gli consentì pure che lo
leggesse, consegnandogliene a tale effetto con grande cautela ad uno ad uno i quaderni. I quali recatisi in casa il
giovane alunno, non pure leggevali, ma con grande diligenza li ricopiava. E ciò fu doppia ventura: l'una, che i
disegni del grande riformatore venissero a mano di chi un
giorno li avrebbe potuti a suo senno, tenendo conto della

(1) *Breve notizia dell'ab. D. Sala* cit.

(2) Ciò si apprende dai due *Indici* di sopra recati del primo sbozzo
di questo lavoro, e dalle stesse parole dell'autore, il quale nell'articolo VI scrive: « Dovendosi quindi il mio Piano estendersi ad una
serie *ben lunga di articoli di ogni specie*, ecc. ».

(3) BONGHI R., *Leone XIII e l'Italia;* Milano, Treves, 1878, 227,
in nota. - *Civiltà Cattolica*, ser. X, V, 675. - MORONI, *Diz. di erud.
eccl.*, Indice, V, 160.

varietà de' tempi e degli avvenimenti, colorire; l'altra, che,
smarritosi poscia il manoscritto originale dell'opera, ne sia
almeno rimasta una copia autorevole. Come poi quel
manoscritto andasse smarrito, è cosa in tutto misteriosa.
Che esso al tempo della morte del Sala esistesse, non è da
porre in dubbio; quando Niccola Milella, ragguardevole prelato della curia romana, asserisce d'avere caldamente pregato il cardinale Lambruschini, allora segretario di Stato,
perchè, raccattatolo dal luogo ove egli stesso (il Milella),
per ordine del defunto, avealo colle proprie sue mani poco
innanzi collocato, lo ponesse in salvo, come cosa di pregio
inestimabile; e che quel cardinale pochi giorni appresso gli
significò d'averlo riposto nella biblioteca Vaticana. Ma ogni
più diligente ricerca ivi fattane riuscì a nulla; nè meglio
profittarono le indagini usate nell'archivio Vaticano.

Donde viene non lieve impedimento a queste mie memorie, mancandomi così il modo da chiarire il valore di
Giuseppe Antonio ne' maneggi giuridici, politici ed amministrativi, ai quali appunto si riferiva la parte perduta del-
l'opera. Valore certo non comune, come si può argomentare dai primi articoli di essa opera messi a stampa, e
meglio ancora dalla qualità del suo ingegno singolarmente
pratico; che è il sommo pregio di chi pigli a trattare l'arte,
sopra tutte difficile, dell'ottimo governare. Ma oramai basti
di ciò, e riprendiamo il filo dell' interrotto racconto.

Ricomposte adunque nei primi mesi del 1814 le pubbliche cose, mosse Giuseppe Antonio incontro a Pio VII,
che dopo cinque anni d'indegna prigionia tornavasene a
Roma. « Lo raggiunsi (egli scrive (1)) a Bologna, e fui
« graziosamente invitato da Sua Santità a seguirlo nel resto
« del viaggio, che, com'è ben noto, fu interrotto da varie
« fermate, e non tanto brevi in Imola e in Cesena » (2).

----

(1) *Breve notizia dell'ab. D. Sala* cit.

(2) Tenne, durante quel viaggio, l'ufficio di cerimoniere. « Com-
« prendo (scrivevagli il fratello Domenico, il 25 aprile 1814) l'accre-

E in Cesena il pontefice, cui tardava di attestargli la
sua riconoscenza per lo zelo operoso nei giorni della
prova addimostrato, gli diede, per biglietto privato, con
fermato poi in Roma con breve, grado di prelato domestico e divisa di protonotario apostolico (1). Così fu
ad esso aperta quella, che in corte di Roma chiamasi carriera, fuor della quale a niuno, d'ordinario, è concesso di
aspirare agl'importanti uffici, che sono scala al cardinalato.
E come non ragione di sangue o di ricchezza, nè sforzo
d'intrighi vel misero dentro, ma bella fama di virtù e di
dottrina; così egli non vi si affrettò per arti superbe, o per
vili raggiri, ma gloriosamente percorsela col vigore dell'a-
nimo sostenuto e guidato da sapienza. Ancora è da notare,
come delle dignità, alle quali di mano in mano egli venne
innalzato, niuna fu di natura laicale, ma tutte di uffici ecclesiastici. La qual cosa chi si conosca degli usi della curia
papale, dove il salire è per lo più effetto del chiedere, non
recheralla al caso; ma vi ravviserà il suo costante proposito a volere stabilita « la massima, che tutte le cariche di
« loro natura secolari vengano conferite ai laici » (2).

.E in prima ai due modesti ordinari uffici di correttore
e di datario della Sacra Penitenzieria, i quali l'uno dopo
l'altro portò, gli si aggiunse lo straordinario di consultore
di una speciale Congregazione ordinata sopra il ristabilimento degli istituti religiosi annullati tutti dal dominio
francese. Qui tolse con grande animo a propugnare le
massime, che su tal punto aveva ampiamente svolte negli

« scimento dei vostri imbarazzi per dovere supplire anche da cerimo-
« niere, ma spero che il Signore Iddio vi assisterà, e vi darà salute ».

(1) A questo proposito scrivevagli, il 30 aprile 1814, il fratello
Domenico: « L'amorosa vostra dei 22, cui ho trovato annessa la
« copia del grazioso biglietto di decorazione accordatovi dal S. Pa-
« dre, ecc. ... La cosa è valutabile per se stessa, ma io la valuto
« principalmente per la graziosa maniera, e termini con cui è stata
« eseguita ».

(2) *Piano di riforma,* art. VI.

articoli XVI e XVII del suo *Piano di riforma;* sostenendo, doversi restituire soltanto le professioni di prima regola, come quelle, che conformandosi agl'intendimenti de' loro fondatori, ne serbano intero lo spirito e l'indirizzo; laddove le altre di seconda e di terza mano non sono per lo più che rilassamenti e snervamenti di quelle. « Li disordini « delle comunità religiose (son sue parole (1)) erano « giunti a tal punto, da meritare che Iddio le annientasse, « come in gran parte è seguito ». Per ripristinarli a dovere, fa d'uopo « indovinare ciò, che farebbero li santi fondatori, « se tornassero al mondo » (2). Certo a questo effetto era assai propizia congiuntura il trovare distrutta ogni cosa, tanto che a rifabbricare non si avrebbe avuto impaccio da' vecchi ed intristiti ruderi sopravanzati all'universale ruina. Ma nè men questa volta la sua voce non fu ascoltata; e monasteri e conventi risorsero quanti prima, e più di prima; quasi che alla gloria di Dio e ai vantaggi della Chiesa meglio i molti rilassati, che i pochi austeri rispondessero.

Frattanto Pio VII, spaurito dai novelli moti di Gioacchino Murat, che accintosi all'impresa d'Italia s'era cacciato con forte soldatesca nella Marca d'Ancona, fuggì segretamente a Genova con picciol numero di seguaci, e tra questi Giuseppe Antonio (3). Narrano che colà, avvicinandosi la festività dell'Ascensione, il pontefice, pressato da alcuni patrizi perchè in quel giorno volesse assistere alla messa solenne in una delle principali chiese della città, rimettesse la decisione della cosa nel Sala, come in uomo

---

(1) *Piano di riforma,* art. XVI.

(2) Ivi. - Gaetano Moroni (*Diz. d'erud. eccl.,* LX, 239) dice che i lavori fatti dal Sala per la riforma dei corpi morali, furono depositati dopo la sua morte nella segreteria della S. Congregazione dei vescovi e regolari.

(3) Gregorio XVI nel crearlo cardinale fece onorevole menzione di questo suo viaggio.

disimpacciato e prontissimo ai ripieghi; e che questi, ancorchè, pèl difetto degl'infiniti arredi e paramenti all'augusto rito necessari, giudicassela soprammodo difficile; pure confortato dal buon volere e dalle larghe profferte di que' signori, provvide e dispose in brevissimo tempo tutto quanto all'uopo occorreva: di sorte che la solenne cerimonia fu celebrata con sfoggio e magnificenza inaspettata (1).

Appresso a questo tempo fu esaminatore de' vescovi, referendario delle due Segnature, segretario della Congregazione de' riti (2), e di quella de' negozi ecclesiastici straordinari.

Nel 1823 sperimentò di nuovo gli effetti dell'avversione del Consalvi: che « mentre (egli scrive (3)) nella « promozione del 1823, quando, secondo il costume, avrei « dovuto muovermi dalla Segreteria dei riti, e tutti erano « persuasi del mio ascenso a quella del concilio, fui pre- « terito, e si pretese che fosse sufficiente compenso e una « pubblica testimonianza della più marcata fiducia lo avermi « aggiunta una Segreteria tanto importante, quanto quella « degli affari ecclesiastici straordinari, e un canonicato di « S. Maria Maggiore, che nè domandavo nè volevo, avendo « ricusato tanto prima quello di S. Pietro ». Più tardi poi il Consalvi mostrossi pentito dell'indegno tratto. « Non

---

(1) V. la *Relazione del viaggio di Pio VII a Genova* del card. BARTOLOMEO PACCA; Orvieto, Pompei, 1844, 41; e il *Diario di Roma* 13 maggio 1815.

(2) Mons. Baccili, che sin dal decembre del 1814 sollecitavagli dal papa l'importante ufficio di segretario dei Riti, scriveagli ai 22 del detto mese ed anno: « Non lascerò di fare il sollecitatore, onde « evitare, *re infecta,* il ritorno del Politico di Vienna, le cui ultime « lettere a' suoi amici assicurano entro il mese la sospirata ventura « di rivederlo ». Ciò non ostante, la pratica fu trascinata per molti mesi, e nel settembre del 1815 il Consalvi proprio fu quegli che gli partecipò quella elezione.

(3) *Breve notizia dell'ab. D. Sala* cit.

« lascerò per altro (prosegue il Sala (1)) di rimarcare che
« il cardinal Consalvi ne manifestò in seguito il suo ram-
« marico, che si mostrò impegnatissimo per affrettare la
« mia promozione, che se in fondo non mi amava, aveva
« dichiarato più volte di stimarmi, e me ne aveva dato
« frequenti prove, consultandomi in affari di rilievo. Gli
« renderò inoltre la lode, che più volte, quando il mio sen-
« timento fosse contrario al suo, si mostrava pieghevole
« alla forza delle ragioni, e smontava dalla prima opinione ».
Rara e edificante temperanza di discorso dell'offeso circa
l'offensore. Del quale non lascia pure di notare il tardo
imbonire inverso del fratello Domenico, e di toccarne le
lodi. « Quanto all'ab. Sala (egli continua (2)), negli ultimi
« tempi sembrava che fosse divenuto verso di lui meno
« duro; e poichè spesse volte nella trattativa degli affari
« vedevasi il cardinale nella necessità di sentire persone
« esperte, e di aver notizie da uomini, che ben conosces-
« sero le cose nostre, o a suggerimento degli uffiziali della
« Segreteria di Stato, o ben anche di proprio impulso lo
« consultava, e gli scriveva sempre in termini obbliganti.
« Nel breve tempo poi che sopravvisse sotto il pontificato
« di Leone XII, tanto a mio fratello, quanto a me nell'in-
« contrarci accidentalmente, o nel recarci talvolta a visi-
« tarlo, ci fece sempre tutte le buone grazie. Conchiudo
« pertanto, che il card. Consalvi in fondo era un uomo di
« ottime intenzioni, e se per mala sorte non si fosse lasciato
« trasportare dalla corrente, sarebbe stato un egregio mi-
« nistro; che ad onta della diversità di opinione sapeva
« conoscere, e non si ricusava di adoperare le persone ver-
« sate negli affari della S. Sede; che dimostrò abbastanza
« di essersi ricreduto e di voler compensare i disgusti re-
« cati a mio fratello ed a me; e che Dio si sarà voluto

___

(1) *Breve notizia* cit.
(2) Ivi

« servire del di lui mezzo per esercitarci con qualche tri-
« bolazione. Se il desiderio, che mostrò il cardinale di gio-
« varmi, quantunque tardi, rimase senza effetto, io gliene
« professo eguale riconoscenza, e per parte dell'ab. Sala,
« che nulla cercava e nulla voleva da lui, sono persuasis-
« simo che aveva dimenticato e perdonato tutti i disgusti
« antecedenti, e godeva che fossero svanite le antiche ani-
« mosità ».

Leone XII, che da privato avealo sempre avuto in
grande stima ed amore, aprendo, poco dopo la sua elezione, la visita apostolica straordinaria, se lo tolse a con-
visitatore col grado di assessore (1); lo promosse quindi
al segretariato della Congregazione del concilio; commisegli
di condurre il nuovo concordato con la Francia, e di avviare le pratiche con la Corona di Sardegna in ordine agli
assegnamenti delle rendite ai luoghi pii del Genovesato e
del Piemonte (2); lo nominò visitatore di tutti gli spedali
di Roma.

(1) MORONI, *Diz. d'erud. eccl.*, XVI, 288.

(2) V. MORONI *Diz. d'erud. eccl.*, XXXVIII, 75. Di quanta briga
fossegli tale maneggio, può ricavarsi dalla seguente lettera comuni-
catami dall'amico march. Gaetano Ferraioli:

« Roma, 19 aprile 1828.
    « Veneratissimo sig. avvocato,

    « Mi trovo veramente confuso, e smarrito. Fossano ha scritto a
« un cardinale esponendo che rimase estremamente sorpreso nel leg-
« gere gli articoli, e che lei disse che doveva essere o un pasticcio
« del Commissionato, o un estratto del breve fatto da qualcuno dor-
« mendo. Aggiunge che comunque siasi si deve concludere non es-
« sersi qui capito, o creduto quanto fu esposto, e che le infedeltà
« commesse nell'esposizione non potevano dar luogo a tali domande.
« Suppone che il Commissionato partisse senza aver capito affatto il
« Piano, e che non sapendo alle obiezioni contrapporre delle buone
« ragioni, deve averne dette delle cattive, le quali sempre rovinano
« la causa. Confessa che voleva impugnare il riparto delle 20 mila
« lire di fondo, perchè oltre i missionari molte altre corporazioni ave-
« vano rendite per lo stesso titolo; rileva che l'abolizione del rito

Quest' ultimo ufficio, che poi sotto altri nomi, secondo il variare di quelle amministrazioni, portò fino al termine de' suoi giorni, gli diede occasione di esercitare la carità verso de' tribolati. Istituì nell'ospedale di *Sancta Sanctorum,* colla cooperazione della principessa donna Teresa Doria, la Regola delle suore ospitaliere, le quali prestassero alle inferme, cui quello spedale è destinato, ogni maniera di servigi, insino a quelli della chirurgia inferiore. E se n'ebbe

« Augustano porterà dell'inconvenienti assai più gravi di quello si
« crede, e che l'aggiunta al Capitolo d'Asti è buttata. Si duole che
« niente siasi fatto per la povera sede di Ventimiglia, nè per i censi
« inesigibili, nè per tante altre cose. Conchiude che il bene della
« Chiesa esige che siano esattamente conservati gli articoli del rie-
« pilogo della sposizione, e si mostra persuaso che il Governo in
« coscienza non sia obligato a far di più di quello che propone di
« fare in seguito dell'ultima sessione.

« Inserisce un foglio per narrare il risultato di detta sessione, ed
« io ne soggiungo l'epilogo.

« Bisogna dire che il Commissionato mutasse anche il titolo del
« progetto, mentre Fossano lo nota così: — Traccia da servire per
« l'estensione del pontificio breve circa i crediti della Chiesa verso
« lo Stato del Piemonte, ecc. — Suppongo che gli articoli non siano
« stati cambiati, e lei è in grado di verificarlo avendogliene io man-
« dato la copia : ma passiamo all'epilogo.

« Opposizione di alcuni magistrati sulla massima toccante i beni,
« da non potersi ammettere senza pregiudicare ai diritti del Governo,
« sotto la cui dipendenza si è sempre conservata l'amministrazione
« delle Opere pie laicali. L'arcivescovo rammentò che Sua Maestà
« fin da principio aveva esternato essere sua intenzione che si evitasse
« d'entrare in discussione di massime. Lo stesso arcivescovo e il ve-
« scovo di Fossano, attesa la loro qualità, non poterono assoluta-
« mente prender parte nella discussione. Il secondo, dopo la protesta
« che i vescovi, qualora s'intendesse d'impugnare apertamente la
« massima, dovrebbero sostenerla, aggiunse che siccome lo scritto
« veniva communicato al Congresso acciò osservasse se potesse in-
« sorgere qualche difficoltà, poteva questo naturalmente rilevare, che
« l'inserzione di un tale articolo nel breve avrebbe suscitato degli
« ostacoli all'accettazione del medesimo, onde senza esaminare se gli
« ostacoli fossero ragionevoli, o no, poteva benissimo proporre di

in breve così ottima prova, che, pochi anni dopo, Leone XII con *motuproprio* del 3 gennaio 1826 riconobbe solennemente il novello istituto, e ordinò si allargasse agli altri . ospedali femminili della città. Dettò, nel 1835, una proposta di riunione di tutti gli ospedali di Roma, salvo quello di S. Spirito, da effettuarsi « mediante un regolamento, che « leghi fra loro le diverse parti del generale instituto, e che « abbia per base: 1° di conservare a ciascuno ospedale il « suo patrimonio distinto, in modo però che venga ammi- « nistrato con diligente economia, e che trovandosi nello « stabilimento qualche sopravanzo di rendita, serva a ripia- « nare il vuoto di quegli ospedali, che si trovassero in bi- « sogno, evitando così qualunque spesa superflua, non che « il pericolo di nuovi aggravì al pubblico erario: 2° di con-

« prescindere da tale articolo per evitare se non altro le lunghezze « che seco portano ognora gli ostacoli, ancorchè poi in fine si su- « perino. Fu quindi adottato di proporre una tale omissione.

« Non si capirono varie cose degli altri articoli. Per esempio « perchè si dovessero continuare le pensioni ai religiosi rientrati nelle « case dotate : si dovè credere che il senso dell'articolo fosse di non « togliere maggior numero di pensioni di quello cui corrispondesse « l'annuo reddito della dotazione, e quindi si concluse che riunendosi « in qualche convento un numero di pensionati maggiore di quello « che portasse la dotazione assegnata, si provvederebbe colla conti- « nuazione delle pensioni a quei religiosi che formassero l'eccedenza « del numero.

« In ossequio della S. Sede si astenne il Congresso dal fare alcun « rilievo contro la distribuzione delle lire 20 mila, e avendo il vescovo « di Fossano incominciato a combattere la ragionevolezza di tale di- « stribuzione, fu interrotto concludendosi unanimemente che non con- « veniva di fare la menoma osservazione sopra una cosa espressa- « mente gradita alla S. Sede.

« Non si capì l'articolo sulle congrue delle parrochie, trovandosi « già portate a 500 franchi.

« Non si capì neppure perchè si voglia la liquidazione de' residui « Monti ex-gesuitici, qual obligo non passerebbe giammai colle mas- « sime de' magistrati che ne pretendono padrone il Governo, e l'am- « mortizazione di tali residui monti era chiesta in compenso di altre

« servare le amministrazioni particolari, organizzando però
« una deputazione generale incaricata di esaminare i pre-
« ventivi; di sindacare i rendiconti ed invigilare sulle spese
« straordinarie; di tener fermi i regolamenti e le massime
« generali. Questa specie di unione contribuirebbe al per-
« fezionamento di un'opera, che può dirsi della più ampia
« importanza, come quella, che tende al grande oggetto di
« procurare la salute spirituale e corporale de' poveri in-
« fermi ». E proponeva all' uopo le seguenti massime.

1ª « Gli ospedali di Roma, dovendo considerarsi come
« parti, le quali unite insieme completano l'istituto, che ha
« per scopo di prestar soccorso all' umanità languente per
« ogni specie di malattia, conserveranno la divisione delle
« rispettive attribuzioni tanto saggiamente prescritte e san-
« zionate nel breve della s. m. di Pio VIII;

« ragioni a cui il Governo rinunzia, come si è esposto nel Piano. Quan-
« tunque la cosa si lasci alla coscienza del re, ciò darebbe sempre
« luogo a scrupoli per il religioso sovrano. Si è quindi presa la de-
« terminazione di liquidare altre 30 mila lire annue, assegnandosene
« 10 mila ai Gesuiti de' Ss. Martiri, e riservando il resto per prove-
« dere alle domande giunte posteriormente al Congresso.

« Inóltre si è proposto che quando le pensioni regolari saranno
« ridotte ad annue lire 800 mila, si destineranno altre lire 100 mila
« per migliorare la condizione de' parrochi.

« Termina il vescovo dicendo che non ricorda che siasi trattato
« d'altro, e non ha copia nè dello scritto del progetto, nè del processo
« verbale che non ha per anche veduto. Crede però di non aver di-
« menticato cosa alcuna di sostanza.

« Io vado consumando tutto il mio tempo in lettere, e in disbrigo
« degli affari della giornata, nè posso avere un solo giorno di quiete
« per attendere all'ultimazione di quest'affare che mi fa perdere la
« testa. Se Dio non mi aiuta sono perduto.

« Riceva le assicurazioni della costante stima e amicizia con cui
« sono a tutte prove

« D^{mo} Obbl^{mo} servitore e amico

« GIUSEPPANTONIO SALA ».

« Sig. avv. Ant° Tosti, ecc.

    « Genova ».

2ª « Resteranno ferme le deputazioni speciali stabilite
« nel suddetto breve, come pure la separazione de' rispettivi
« patrimoni, scritture, computisterie e ministero. I rinvesti-
« menti sia di lasciti, sia di capitali soggetti a cambiamento,
« sia di sopravanzi che rimangano disponibili, dovranno
« farsi per conto, ed a nome dell'ospedale a cui apparten-
« gono;

3ª « Una deputazione generale avrà cura di assegnare
« in principio d'anno alle deputazioni speciali la somma
« spendibile a norma de' preventivi da essa approvati; di
« sindacare i rendiconti; di provvedere alle spese straordi-
« narie e bisogni imprevisti; di regolare i concorsi per for-
« mare la massa delle famiglie medico-chirurgiche, e dare
« i rimpiazzi e movimenti opportuni; d' invigilare su tutto
« ciò che riguardi gl' interessi comuni degli spedali, e sul-
« l' uniformità ed osservanza delle massime e regolamenti;

4ª « Le deputazioni speciali insieme unite, coll'ag-
« giunta di sei deputati estranei alle deputazioni particolari,
« due ecclesiastici e quattro laici, formeranno la deputazione
« generale, la quale sarà presieduta dal cardinal presidente
« dell'arcispedale del SS. Salvatore *ad Sancta Sanctorum,*
« protettore dell' Istituto delle suore ospedaliere. I due ec-
« clesiastici aggiunti si occuperanno particolarmente di tutto
« ciò che riguarda l'adempimento dei legati pii, l'assistenza
« spirituale agl' infermi, la condotta religiosa e morale delle
« rispettive famiglie; due deputati laici saranno incaricati
« della sorveglianza sull'amministrazione de' beni, sui nuovi
« affitti, sull'escussione de' debitori, sulla regolarità delle ri-
« scossioni e versamenti: gli altri due avranno l'incarico
« di rivedere i preventivi e consuntivi e di esaminare le
« richieste straordinarie che occorrano nel decorso del-
« l'anno;

5ª « Nelle generali adunanze ciaschedun deputato avrà
« voto deliberativo. Trattandosi però gl' interessi di una
« deputazione particolare, i membri che la compongono

«avranno soltanto voto consultivo. La votazione sarà
«segreta;

6ª «Le adunanze della deputazione generale si ter-
«ranno sei volte all'anno, e anche straordinariamente qua-
«lora lo esiga il bisogno, nei giorni da stabilirsi dal car-
«dinale presidente;

7ª «Il segretario generale e assessore della depu-
«tazione, per quelli aiuti di cui possa abbisognare, potrà
«servirsi dell'opera degli antichi impiegati della cessata depu-
«tazione complessiva degli ospedali, che trovansi in riposo,
«e che godendo del soldo in ritiro, sono in obbligo di
«prestarsi senza nuovo appuntamento, secondo gli ordini
«che verranno dati su tal proposito dal cardinale presi-
«dente;

8ª «Le deputazioni speciali prima del cadere del-
«l'anno esibiranno il preventivo delle spesa per l'anno pros-
«simo. I due deputati sindacatori ne faranno rapporto alla
«deputazione generale, la quale stabilirà la somma spen-
«dibile;

9ª «Le deputazioni particolari amministreranno libe-
«ramente la loro azienda entro i limiti del preventivo ap-
«provato. Dovranno però ogni bimestre trasmettere alla
«segreteria generale lo stato di cassa, affinchè la deputa-
«zione complessiva confrontandolo col preventivo sia in
«grado di conoscere se procede in regola, o se vi sia pe-
«ricolo di esaurimento di fondi innanzi tempo;

10ª «Ciascuna deputazione particolare presenterà
«ogni anno il bilancio alla deputazione generale, la quale
«cogli avanzi di uno stabilimento potrà supplire al deficit
«di un altro. Che se restino tuttavia dalle somme libere e
«disponibili, verranno queste erogate a profitto dell'ospe-
«dale, al quale appartengono;

11ª «Di quelli oggetti ch'esigessero speciali provvi-
«denze, il cardinale presidente ne farà relazione alla Santità
«di N. S. Esso unitamente ai presidenti delle deputazioni

« speciali presenterà ogni anno i rapporti e i rendiconti
« delle rispettive amministrazioni;

12ª « Queste disposizioni riguardano gli ospedali *ad*
« *Sancta Sanctorum,* di S. Giacomo in Augusta, di S. Gal-
« licano, della Consolazione e di S. Rocco, i quali forme-
« ranno l' unione, di cui si è parlato negli articoli precedenti.
« In conseguenza non saranno applicabili all'arcispedale di
« S. Spirito e suoi annessi, i quali per se medesimi costi-
« tuiscono un corpo o un'azienda abbastanza vasta, nè al-
« l'Ospizio de' convalescenti, che trovasi unito all'Opera dei
« pellegrini e ad altre opere pie sotto la direzione dell'ar-
« chiconfraternita della SS. Trinità.

« Le surriferite disposizioni, senza punto alterare la so-
« stanza del citato breve della s. m. di Pio VIII, contri-
« buiranno ad ottenere l'esatta esecuzione, principalmente
« in quella parte, che ha rapporto all' uniformità dei rego-
« lamenti *quae in valetudinariorum bonum invecta sunt,* non
« che ad assicurare il buon andamento delle rispettive am-
« ministrazioni, e a fornire un mezzo facile e pronto per
« accorrere ne' casi straordinari al bisogno, in cui possono
« trovarsi gli ospedali per il momentaneo rimpiazzo de' pro-
« fessori ».

A dar mano a questo disegno avealo infervorato lo
stesso papa, dacchè « nell'occasione di umiliargli (scriveva
« egli, il Sala, all'avv. Stolz il 28 settembre 1835) il ren-
« diconto dello stralcio degli ospedali ebbi campo di ram-
« mentare gli artifizi che furono adoperati per indurre la
« s. m. di Pio VIII a distruggere l'opera de' suoi imme-
« diati antecessori: ed esposi le conseguenze dell'attuale
« isolamento, rilevando in particolar modo i disordini del-
« l'ospedale di S. Giacomo e l'errore commesso da mon-
« signor Fabrizi col lasciarlo in mano all'abate Acquari.
« Mostrossi il S. Padre persuaso della solidità de' miei ri-
« lievi, e propenso a prendere qualche misura, per riallac-
« ciare l' unione, in modo però che le amministrazioni con-

« tinuino ad essere separate. Domandai se Sua Şantità mi
« avrebbe permesso di umiliarle qualche progetto, ed ebbi
« risposta affermativa ».

Or come il Sala in ogni cosa guardava principalmente
alla pratica; così, a facilitare che il suo disegno venisse colorito, minutò perfino la bolla, con la quale il papa gli
desse sanzione (1). Ma sopravvenuti fra questo tempo i
timori e le minacce della pesta colerica, bisognò rivolgere
gli studî e le cure ad altri apparecchi: perchè la proposta
del Sala fu messa da banda. Più tardi però fu riassunta
dal pontefice Pio IX e mandata ad effetto (2).

Oltre questo lavoro generale, ne fece altri speciali per
le amministrazioni separate degli ospedali di S. Spirito, di
S. Giovanni *ad Sancta Sanctorum,* e di S. Gallicano (3).

A questi provvedimenti radicali e duraturi aggiungeva
una continua ed esatta vigilanza sul governo dei malati.
Al qual uopo mostravasi d'improvviso, quando in uno e
quando in altro ospedale, nell'ora del mangiare, ed assag-
giava le vivande; e dove non le trovasse buone e nutri-
tive, ne rampognava acremente ed in pubblico i provve-
ditori e i soprastanti. Egual modo tenea co' medici e co'
chirurgi, sorprendendoli di sovente nell'atto della visita, per
accertarsi della loro puntualità. Per le quali sue diligenze
avveniva che i meschinelli, ammalando, non abborrissero
dagli ospedali, quasi da ricoveri tristi e spietati; ma anzi
di buona voglia vi si lasciassero recare come a stanze con-
fortevoli ed agiate (4).

---

(1) « SS.mi D. N. Gregorii Div. Prov. Papae XVI Literae Apo-
« stolicae quibus nosocomiorum Urbis administrationi prospicitur:
Almae Urbis », ecc.

(2) Moto proprio della S. di N. S. papa Pio IX sulla Commissione degli ospedali di Roma, esibito negli atti dell'Argenti segretario
di Camera il giorno 18 settembre 1850. Roma, tip. della R. C. A., 1850.

(3) Moroni, *Diz. d'erud. eccl.,* LX, 239.

(4) In qual pregio avessclo Leone XII per questa sua operosità

Degno altresì di memoria è il caso della restituzione
del vescovato di Ginevra, occorso sotto il pontificato del
Della Genga, e menato a buon fine dalla prudenza del Sala.
L'abate Vuarin, un parroco di Ginevra, stimando opportuno agl'interessi religiosi del luogo che il cantone di
Ginevra, sottratto alla giurisdizione del vescovo di Losanna,
venisse eretto in sede vescovile; ne fece proposta al pontefice. La riuscita del maneggio, per le difficoltà che ne
sarebbero naturalmente insorte da parte del diocesano e da
quella del Governo locale, mostravasi dubbia oltremodo e
malagevole. Fu all'uopo ordinata una Congregazione, composta dei cardinali per senno e per dottrina più ragguardevoli;
e furono Severoli, Della Somaglia segretario di Stato, Zurla
vicario, Castiglioni penitenziere maggiore e Pacca. A questi
vennero aggiunti don Mauro Cappellari, che fu poi Gregorio XVI, come consultore teologo, e monsignor Sala
quale mediatore fra i cardinali e il pontefice, e fra questo
e il Vuarin. Stimava la Congregazione, che si dovesse
adoperare in modo con quel vescovo, da indurlo a spontaneamente rassegnare il suo grado: era d'opinione il Vuarin,
che decretato senz'altro della Santa Sede quello smembra-
mento, se ne desse notizia al vescovo con invito di acco-
glierne sommessamente la sentenza. Il Sala, entrato nell'avviso del parroco, riuscì con rara destrezza a farlo prevalere.
Sicchè il papa, notificata per breve a quel vescovo la presa

nell'amministrazione ospitaliera, si può ricavare dai due seguenti biglietti, scrittigli dal fratello Domenico:

A) « Il Cardinale (Pacca) ha riparlato per tentare di stringere,
« anco perchè gli sarebbe commodo un abile Segretario. Il Papa ha
« continuate le lodi e si è mostrato in angustie *per non aver di chi*
« *valersi nell'oggetto Spedali,* ed insieme ha mostrato rammarico se non
« aderisce alle premure del Cardinale ».

B) « Il Papa ha interrogato il Cardinale (Pacca), il quale ha
« risposto proponendo voi. Il Papa ne è convenuto e ne ha parlato
« con lode. Ha soggiunto però di trovarsi sospeso, perchè crederebbe
« che fosse meglio deputarvi *Presidente degli Ospedali* ».

decisione, non pure non l'ebbe avverso, ma anzi coope-
ratore (1).

La dignità cardinalizia ritardatagli per gli accennati contrasti del Consalvi, non gli fu conferita nè da Leone XII,
nè dal costui successore Pio VIII: e sebbene l'uno e l'altro
ne avessero fatto disegno, non giunsero però in tempo da
porlo ad effetto (2).

Pio VIII, legato a lui per antica amicizia, appresso alla
sua esaltazione lo spedì a Cingoli, sua patria, per recare a'
suoi congiunti la lieta novella (3); e alla chiesa cattedrale di quella città (4), e al santuario Lauretano (5) fece
tenere, per suo mezzo, ricchi donativi.

Toccava omai il settantesimo anno, quando Gregorio XVI, nel suo primo concistoro del 30 settembre 1831,
lo creava cardinale dell'ordine de' preti, magnificandone i
meriti, ed esaltandone le virtù (6). La grandezza del nuovo

(1) Del Vuarin V. MORONI, *Diz. d'erud. eccl.*, XXX, 144-246.
V. BRESCIANI A., *L'Ebreo di Verona*, cap. LVI, *Suor Clara*.

(2) Il fratello Domenico, il 6 febbraio 1830, scrivevagli: «.... Dal
« medesimo (cardinale De Gregorio) avrete saputo che il Padrone
« (Pio VIII) facendo molti elogi, dichiarò ieri mattina al Card. Pacca,
« e ier sera allo stesso Card. De Gregorio, che vi riserverà in petto,
« perchè questa volta non può fare più di tre Cardinali ».

E tre giorni appresso scrivevagli: « Il Card. Pacca è venuto a
« dirmi che ha avuto il permesso di manifestare che siete riservato
« in petto ».

Ed egli stesso, Giuseppe Antonio, ringraziando per iscritto il pontefice Gregorio XVI, non sì tosto ne ebbe avviso, della destinatagli
dignità cardinalizia, così notava: « Se i servigi da me debolmente
« prestati alla S. Sede fecero concepire ai due immediati suoi Ante-
« cessori l'idea di decorarmi della S. Porpora; nè l'uno, nè l'altro
« giunse ad eseguire i suoi disegni ».

(3) MORONI, *Diz. d'erud. eccl.*, LX, 238.

(4) Ivi, XIII, 174.

(5) Ivi, XXXIX, 260.

(6) *Sanctissimi D. N. Gregorii div. prov. Papae XVI Allocutio habita
in Concistorio secreto die XXX septembris MDCCCXXXI; Romae, eod.*

stato non gli guastò l'animo, nè punto lo distolse dalla sua consueta operosità. E oltre alla continua faccenda, che s'aveva di studiare le infinite e svariate materie di molte sacre Congregazioni (1), le cui adunanze costantemente frequentava, recando nelle discussioni tale lucidezza d'idee e vigorìa di discorso, che il suo parere prevaleva sempre su quello degli altri; era di sovente adoperato dal papa come suo particolar consigliere intorno a partiti di straordinaria importanza, o come esecutore di commissioni gelose. Fra le quali è da annoverare la pubblicazione dei *Documenti relativi alle contestazioni insorte fra la Santa Sede*

an., ex tip. R. C. A. Nella quale allocuzione così il pontefice del Sala favellò:

« Quibus autem laudibus Venerabilem Fratrem Beryti Archiepi-« scopum, et Apostolicum Nuntium Nostrum (il card. Luigi Lam-« bruschini) prosequuti sumus, iisdem Dilectum quoque Filium Pro-« tonotarium Apostolicum Josephum Antonium Sala Pontificiae « Congregationis Tridentinae Synodi interpretis Secretarium ornamus. « Nam et ipse in rerum Ecclesiasticarum tractatione triginta annorum « spatio scite, indefesseque versatus, dignum se reddidit, quem S. R. E. « Cardinalem renuntiemus. Is enim comes datus Cardinali Caprarae « Episcopo Aesino, quando Legatus a latere a Pio VII Lutetiam Pa-« risiorum missus fuit, Legationis illius perquam salebrosae ac discri-« minis plenae Secretarius; quo ingenii acumine, qua sacrarum rerum « scientia, qua fide, qua animi firmitate eminuerit, nemo Vestrum « ignorat. Nihil igitur mirum Praesulem, de quo agitur, tanti a Summo « Pontifice Pio VII factum esse, ut idem Pontifex nunquam satis lau-« dandus eum itinerum in re trepida a se susceptorum comitem, et « lateri suo adhaerentem voluerit. Congregationum postea Sacris Ri-« tibus ordinandis, extraordinariis Ecclesiae negotiis pertractandis, « Tridentinae Synodo interpretandae gradatim Secretarius, merita « sibi ad sublimem Cardinalatus Dignitatem assequendam, quae la-« borum Sedi Apostolicae insumptorum merces simul et praemium « est, intente cumulavit ».

(1) Le Sacre Congregazioni, fra i cui *E.mi Componenti* venne annoverato, furono quelle del Concilio, degli Affari ecclesiastici straordinari, de' Riti, per la riedificazione di S. Paolo, della Residenza de' vescovi, dell'Indice, di Propaganda, Particolare della Cina.

ed il Governo francese dal 1801 al 1814 (1). Aggiungevansi
a tutto questo i minori, e spesso fastidiosi negozi, che ve-
niangli dai protettorati e dalle presidenze d'ordini regolari,
di municipi, di pii istituti, di confraternite, di accademie (2);

(1) *Documenti relativi alle contestazioni insorte fra la Santa Sede ed
il Governo francese.* S. l., 1833-34, vol. 6.

(2) Fu uno de' *Protettori* dell'Accademia teologica nell'Università
romana; socio delle Accademie degli Aborigeni, de' Quirini, de' Forti,
di S. Luca, Tiberina, di archeologia e della Congregazione de' Vir-
tuosi al Pantheon; aggregato all'Ordine Certosino, e al Benedettino
Cassinese. I municipî di Trevi nell'Umbria (5 ottobre 1814), e di Matelica nelle Marche (26 luglio 1831) lo ascrissero al loro patriziato.
Il municipio di Trevi volle così attestargli la sua gratitudine « per
« avergli ottenuta la grazia di potersi liberare dai tanti mali, che soffre
« dalle devastazioni di questi torrenti » (*Lett. della pubb. Rappresentanza di Trevi*, 11 ottobre 1814). Appresso (marzo 1819) aggiunse il
Sala a quella città altro beneficio. E fu che con suo pieno consenso
vennero, per l'autorità di un breve pontificio del 5 febbraio 1819,
« devoluti al Collegio Lucarini (del luogo) tutti e singoli beni e red-
« diti, sì rustici che urbani e di qualunque altra specie essi siano,
« spettanti al Priorato di S. Tommaso, e tali e quali si godevano da
« S. E. R.ma Mons. Giuseppe Antonio Sala domiciliato in Roma»,
secondo che leggesi in un foglio privato del 1º marzo 1819, con cui
gli amministratori del Collegio Lucarini si obbligarono, in corrispondenza di tale cessione, di pagare al Sala, finchè vivesse, l'annuo canone di ducati 215 fissato nello stesso breve. Del qual fatto è memoria nella seguente iscrizione, dipinta in fresco, e omai in parte
scomparsa, sulla fronte di quella chiesa di S. Tommaso, sede di quel
priorato:

« Pio . VII . P. M. | Parenti . optimo | Benignissime . annuenti |
« Atque | Amplissimo . Principi . Julio Card. Gabriellio | Sacrae .
« Congregationis . Concilii . Praefecto | Collegii . Lucarini . Trebii |
« Patrono . praesentissimo | Juvanti | Quod | Per . abdicationem . . . . .
« Josephi . Ant. Sala | Proton. Apost. S. Rit. Congr. A . Secretis |
« Patricii . Trebiatis | Vacans . Simp . . . . Beneficium . Prior. | Tit.
« S. Thomae . Apostoli | Auditis . precibus . ve . . . . Sodalitii | Sa-
« crorum . Stigmatum . S. Francisci . Assisien. | Eiusdem . Collegii .
« Administratoris | Suasiones . seqvvti | Antonii . Mariae . Bovarini .
« patricii . Trebiatis | Collegii . in . praesens . Praefecti . bene . de ·
« patria . merentis | Eidem . Collegio . . . . . . pietate . et . discipli-

ai quali egli, che non era « uno di que' porporati, che
« tutto abbracciano, e poco stringono, e si riducono a pre-
« stare il solo nome » (1), soleva attendere con studiosa
premura.

Ai 12 di febbraio del 1832 mortogli il fratello Domenico, ne prese tristezza indicibile, oltrechè per ragione di
naturale affetto, per i molti obblighi, che gli aveva come
a singolare benefattore e a spertissimo maestro. Ne scrisse
una *Breve notizia* con animo di metterne in chiaro le virtù

« nis | Alendam . cum . canone . temporario | Atq. . onerib . . . .
« adnexum . perpetuo . fuerit | Rescript . . . . Dat . . . . . . | Anno .
« MDCCCXIX | Sodalitii | Prior | Et . Consiliarii | Gratiarum . actio-
« nem | Et . monumentum . lubentes . merito ».

Quali i particolari servigi, onde i Matelicani lo ascrissero al loro
patriziato, non m'è accaduto di rintracciare. Soltanto in un atto della
Congregazione del libro d'oro di quella città trovasi così notatò:

« Matelica, 5 Febraio 1831. — Convocata la Cong.ne del Libro di
« Oro, alla medesima sono intervenuti i nobili signori, ecc., ecc. - Il
« Gonfaloniere propone che il lustro della Città è tanto maggiore,
« quanto maggiore è il numero de' rispettabili patrizi, che sono ascritti
« nel suo albo. - Riflettendo che i Mons.ri Sala Giuseppe Antonio,
« segretario della Congine del Concilio, e Grossi Serafino, Decano
« della Segnatura, se potesse aversi l'onore di ascriverli nel nostro
« Libro di Oro, accrescerebbero lo splendore del nostro Patriziato;
« la Cong.ne ad unanimità prega la Magistratura di avanzare supplica
« al nuovo Sovrano, onde si degni di farne effettuare la descrizione
« nel nostro Libro suddetto ».

(Seguono le firme dei presenti).

Spedita nello stesso giorno al card. segretario di Stato la supplica
da presentare al pontefice, quel cardinale, con dispaccio del 12 febbraio diretto a mons. delegato di Macerata, segnato col n. 90, notificò
la sovrana annuenza; ma o che quel dispaccio non giungesse al suo
destino, o che quel delegato trasandasse di dargli corso; la Magistratura matelicana, con lettera del 19 maggio, tornò a sollecitare dal
card. segretario di Stato la risoluzione della domanda. Rispose il
cardinale il 28 dello stesso mese, e chiarita la cosa, seguì l'ascrizione
del Sala al patriziato di Matelica.

(1) *Appendice al progetto di riunione degli ospedali.*

e il valore, e di proteggerne il buon nome dagl'ingiusti assalti di nemici potenti, e dalle vili suggestioni di codardi. È una serie di memorie alla buona « non destinate alla « pubblica luce, ma che servir debbono unicamente perchè « a qualunque evento se ne possano cavare i materiali a « difendere l'innocenza oppressa e la virtù denigrata » (1). Non mancano però qua e là d'importanza anche sotto il riguardo storico, allargandosi spesso ad esporre ignote ragioni di pubblici fatti, e ad esplorare ed apprezzare l'indole e la condotta di alti personaggi. Alla narrazione poi de' casi del defunto fratello, dalla culla al sepolcro, fa seguito un minuto ragguaglio delle ultime volontà di lui, e della accuratezza con cui lo scrittore erede le mise ad effetto. Giunta non vuota di curiosità, e splendido testimonio della larghezza e della carità di Domenico.

Nel marzo del 1834 fu surrogato al cardinal Caprano nella prefettura della Congregazione dell'indice, e nel novembre dello stesso anno succedette al cardinale Odescalchi in quella della Congregazione de' vescovi e regolari.

Nella primavera del 1837 era in Roma grande sconforto e turbamento per le immense stragi, che il còlera asiatico menava nella Sicilia e nel Napolitano, e temeasi che da un giorno all'altro a noi si avventasse. Era perciò tempo di provvedimenti e di sollecitudini per impedire il disastro, o almeno per scemarne la veemenza. La ordinaria Deputazione di pubblica salute non parve a ciò sufficiente, e si credè più acconcio al bisogno l'istituire una specie di dittatura sanitaria, la quale con sovrano arbitrio operasse franca e spedita. Ma perchè riuscisse a bene, voleasene investire personaggio autorevole, attivo, e soprattutto assai pratico dei reggimenti e dell'azienda degli ospedali. Qualità, che nel Sala, come risulta dai fatti sin qui esposti, soprabbondavano. E pertanto su lui il pontefice riversò l'im-

(1) *Breve notizia dell'ab. D. Sala* cit.

menso carico, nominandolo presidente della Deputazione
straordinaria di pubblica incolumità. Sebbene riavutosi di
recente da lunga e penosa malattia, non rifiutò : e anzi senza
indugio occupato l'ufficio, mise in opera ogni possibile mezzo
per allontanare il crudele flagello ; ma tutto fu indarno, e
d'un tratto la città si riempì di gemiti e di cadaveri. Ciò
non ostante, egli non si smarrì ; ma invece pigliando animo
dalla sventura, è incredibile a dire lo sforzo di vita, nel
quale durò dal mezzo agosto all'ottobre, quando maggiormente la morìa infuriava. Consultazioni, leggi, provvidenze,
ricorsi, ispezioni senza fine nè posa ; a tutto ponea mente,
nulla, per lieve che fosse, trasandava. Recavasi di frequente
ai ricetti degli appestati, e con maravigliosa sicurezza fa-
ceasi loro da presso per spiarne il trattamento. Così, com-
piendo ad un tempo le parti di moderatore e di esecutore,
tenea in offizio i medici e i serventi, e coll'esempio ani-
mavali a non temere.

Dileguatosi d'un tratto il morbo per le acque e le fre-
scure autunnali ; alla guisa che dopo la battaglia suol le-
varsi fra i vinti il rumor grande addosso al loro mal ca-
pitato condottiere ; scagliavansi dai maligni contro al Sala
i biasimi e le querele di mala amministrazione de' capitali,
di crudele abbandono degli appestati, di difetto di medici-
nali, di trascurati nettamenti e purgazioni, e cento altre
accuse di tal fatta ; onde lo sfrenato allargarsi del male non
impedito a tempo, non curato a dovere, non distrutto ne'
suoi effetti. Dicerie pazze e da non curare (1), come poi
pienamente dimostrò la pubblicazione dello specchio di
tutto l'operato in quei giorni dalla Deputazione sanitaria
da lui presieduta (2). E il papa, per attestargli la sua appro-

(1) V. il *Diario di Roma*, anno 1837, numeri 75, 85, 86.
(2) *Statistica di coloro che furono presi dal cholera in Roma nel-
l'anno 1837, umiliata alla Santità di Nostro Signore papa Gregorio XVI
dalla Commissione straordinaria di pubblica incolumità*. Roma, tipografia
Camerale, 1838, in-4°.

vazione, gli conferì la presidenza dell'ospedale di S. Giacomo in Augusta, la quale sebbene brevemente tenesse, tuttavia non fu indarno per l'azienda di quel pio istituto. Pigliando possesso di quell'uffizio, fattiglisi innanzi chirurgi e spedaligni barbuti, domandò, ridendo, se in quei dintorni non fosse chi radesse; e soggiunse: non perseguitare le barbe (ed era la stagione da ciò), ma neppure temerle.

Appresso a questo tempo ingrossatiglisi gli umori, fu preso da uno straordinario fastidio. Inquietavasi d'ogni cosa, fuggiva la conversazione, rifiutava il cibo, non poteva dormire. Durava tuttavia nelle usate occupazioni de' suoi uffici, tra le quali parea non sentisse più il male. Nella primavera del 1839 si portò, per consiglio de' medici, a Civitavecchia, donde, riavutosi alcun poco, recossi a Corneto presso i signori Braschi suoi amorevolissimi. Qui disperatamente aggravatosi, volle tornare in Roma, e vi fu condotto con grande stento, adagiato in una carrozza a modo di letto. Giuntovi ai 20 di giugno, cadde immantinente in profondissimo letargo. Risentitosi sul declinare del 21, chiese e ricevette i sacramenti: poi, detto ai circostanti parole di molta edificazione, perdè il senno, nè più lo riacquistò. Sul mezzodì del 23 cessò di vivere in età di anni presso a 77.

Non appena morto, susurrossi per Roma, prima cagione della sua infermità fosse stato un diverbio avuto col papa per occasione del nuovo segretario assegnato alla Congregazione de' vescovi e regolari da lui presieduta: e contavano perfino, che nel calor del discorso il Sala accennasse alla rinuncia della porpora, e che Gregorio gli rispondesse, che, posto il caso, l'accetterebbe. Del che forse altri potrebbe ravvisare una riprova nel seguente paragrafo di lettera scritta a Giuseppe Antonio dal cardinal Lambruschini il 25 aprile 1839: « La prima medicina è l'astinenza da ogni « mentale occupazione, e perciò mi è rincresciuto, dal piego « che mi ha spedito, di vedere che Vostra Eminenza con-

« tinua ad occuparsi di affari. A suo tempo ci parleremo
« meglio, e fin d'ora le dico nella nostra vera ed antica
« amicizia, che bisognerà sgravarsi di più cose, onde non
« compromettere una sanità veramente preziosa, e che im-
« porta troppo di conservare. Convengo che i patemi
« d'animo logorano assai più la vita, che non la fatica me-
« desima: ma come si fa ? Alzar gli occhi al cielo, e cercar
« di diminuire l'effetto colla rassegnazione. Io che sono di
« fibra assai sensibile, so cosa siano le interne afflizioni e i
« dispiaceri, quelli segnatamente che non dovrebbero aversi,
« e non trovo miglior rimedio di quello accennato di sopra ».
Ma se pure la cosa passò di tal guisa, la vivacità di un diverbio non dovè certo alienare l'animo del pontefice da
chi con tanto studio ed affetto gli si era porto in ogni caso
consigliere fedele, e validissimo aiutatore. In fatti Gregorio,
uditane la morte, se ne commosse altamente (1), ed affermò
con enfasi, che col mancare del Sala era venuto meno
l'*Archivio ambulante della Santa Sede* (2), alludendo per tal
motto all'immensa copia del suo sapere, e alla prontezza,
con la quale ad ogni più nuovo caso faceane l'applicazione.
Chè questa fu la più speciale valentìa di lui, recare ad atto,
senza indugio, i dettami della scienza, e trarre profitto dagli
insegnamenti della storia. Onde fu uomo pratico per eccellenza, e per questo appunto utilissimo alla Chiesa ed allo
Stato, la quale e il quale delle teoriche e delle astrattezze
non saprebbero che si fare. Ma di ciò è già detto abbastanza
nelle presenti Memorie: e ora piuttosto è da volgere il discorso all'indole e ai costumi suoi.

Sortì Giuseppe Antonio da natura ingegno vasto e spedito, cuor generoso e oltre misura sensitivo; e queste naturali disposizioni, già ottime di per sè, col lungo esercizio
perfezionò. Negli studî sdegnava la mediocrità, e sforzavasi

(1) MORONI, *Diz. di erud. eccl.*, LX, 240.
(2) Ivi, XIX, 154; LX, 240.

alla eccellenza, e certo nei sacri la raggiunse. Delle religiose credenze tenacissimo, non però aveva in sospetto il progredire della scienza, nè mai si addisse a metodi e a scole speciali per modo, da non ammettere, che fuori degli uni e delle altre non si potesse investigare e raggiungere la verità. Il perchè, sebbene imbevuto in sin da giovanetto della filosofia tomistica, non tenne il broncio alla novella del Rosmini; ma anzi non appena la vide nascere, e tosto ne ravvisò la convenienza, e ne presentì vantaggi alla fede. Ancorachè dell'arte dello scrivere, colpa della falsa istituzione d'allora, mostrisi in tutto digiuno; pure nel suo dettato trionfa il grande principio Condillacchiano *del più serrato legamento delle idee,* e in niuno scrittore meglio che in lui si avvera il motto, *lo stile esser l'uomo.* In modo dal suo spigliato periodare trasparisce quella schietta candidezza d'animo; onde mai non si sarebbe egli indotto a velare i proprî pensieri, e a non dire le cose altrimenti da quello che le sentiva (1). La quale inclinazione congiunta a viva-

---

(1) Non voglio omettere su tal proposito di qui trascrivere alcuni periodi di una liberissima memoria, che egli fece tenere nel maggio del 1800 al nuovo pontefice Pio VII:

« B.mo Padre,

« Un'anima oltremodo sensibile ai mali gravissimi, che affliggono
« da tanto tempo il principato e la Chiesa, aveva concepito le più
« belle speranze che l'innalzamento della Santità Vostra al soglio
« pontificio segnar dovesse l'epoca fortunata di un nuovo ordine di
« cose. Questa dolce lusinga però non incomincia fin qui a realizzarsi,
« e vi è luogo a sospettare fondatamente, che le buone intenzioni di
« Vostra Santità rimangano vuote di effetto, e che tutto vada di male
« in peggio, quante volte la Santità Vostra non apra gli occhi per
« guardarsi dai lacci, che forse le vengono tesi da quelli stessi, che
« cooperar dovrebbero al comun vantaggio, e alla gloria di Vostra
« Santità. Degnisi pertanto dare un'occhiata a questi brevi riflessi
« usciti dalla penna di chi non arrossisce di parlare il linguaggio della
« verità, e riferisce soltanto per impulso di vero zelo ciò che a tutti

cità di spiriti sovrabbondante, facealo di sovente aspro ed impetuoso nel ragionare (1); ma poi subito se ne pentiva, e a chi avesse bravato raddoppiava i favori; perchè lo dicevano il *burbero benefico*. Alla simiglianza di Giulio Agricola, del quale racconta Tacito, che « fu da alcuni tenuto

« è noto, quantunque probabilmente ignoto in gran parte alla Santità
« Vostra.

« Senza parlare dell'infinite dicerie originate dal sapersi che nel-
« l'ultimo Conclave sono seguiti li soliti pettegolezzi e gli antichi
« maneggi, e che i Cardinali per la maggior parte nulla profittando
« delle grandi lezioni date loro da Dio per mezzo delle passate cala-
« mità, sono in tutto e per tutto gli stessi di prima, si rimarcano di
« volo le seguenti cose.

. . . .

« Le persone dabbene non cessano dai loro pianti, e Roma non
« lascia di mormorare, di rilevare che anco sotto l'attuale pontificato
« li buffoni hanno facile accesso; che il regno de' Braschi continuerà
« come per lo addietro; che le cose anderanno di male in peggio.

« Ecco, Beatissimo Padre, la nuda verità esposta con tanta mag-
« gior confidenza, quantochè si crede che la Santità Vostra ami di
« conoscerla. Non isdegni di valutare questi avvisi, nè dia ascolto agli
« adulatori, o peso agli elogi, che le vengono-tributati. Non vi fu chi
« ne avesse più di Pio VI, eppure è noto quali fossero i clamori, che
« sollevaronsi contro di lui, massime negli ultimi anni del suo ponti-
« ficato. Roma aspetta da Vostra Santità cose grandi: che i comuni
« voti rimangano adempiti; che il vizio sia depresso, che la virtù ed
« il merito abbiano il premio; che venga per sempre chiusa la bocca
« alla menzogna e all'adulazione, e si ascolti soltanto il linguaggio
« della verità ».

(1) Gaetano Moroni in una lettera del 21 gennaio 1881 scriveami:
« Quanto alla *vivacità di spiriti sovrabbondante, che facealo di sovente*
« *aspro ed impetuoso nel ragionare;* nella mia stanza al Quirinale, adia-
« cente alla pontificia, n'ebbi una prova notevole e personale in sul
« punto dello scoppio in Roma del colera, perchè vivacemente soste-
« nendolo avvenuto col calmo cardinal Gamberini, segretario per gli
« affari di Stato interni e preside della Congregazione speciale sani-
« taria di tutto lo Stato pontificio, quel prefetto di quella della S. Con-
« sulta; questi l'impugnava: essendo io solo tra loro, ebbi timore che
« venissero alle mani ! »

« rotto nelle bravate, come piacevol coi buoni, così terribil
« contro a' malvagi: ma dopo nulla di collera gli restava,
« nè era pericolo ch'ei si stesse più grosso: stimando aver
« più del buono l'offendere, che l'odiare ». Tuttochè fornito di mediocre fortuna, cui non potè accrescere coi proventi degli esercitati uffici, perchè tutti « o di tenue, o di
« niun emolumento » (1); pure nello spendere non fu scarso,
nè venne mai meno al decoro del suo grado « e fece sempre
« buona figura, ed invalse l'opinione che fosse uno de' pre-
« lati più ricchi » (2). Magnifico poi era in tutto ciò, che
riferivasi al culto divino, per la qual cosa la sua privata sagrestia d'ori, d'argenti e di preziosi paramenti in singolar
modo risplendeva. Pose insieme un'assai copiosa libreria,
che, morendo, legò ai gesuiti, e che quindi andò incorporata alla biblioteca Vittorio Emanuele. Edíficò il campanile
di Santa Maria della Pace, suo titolo cardinalizio; alla basilica Liberiana, della quale fu prima canonico, e poi cardinale arciprete (3), donò una muta di candelieri di metallo
dorato del valore di quattromila scudi (4), e oltre la metà
del prezzo di un nobile baldacchino del costo di settecento
scudi. Usava larghissima carità ai bisognosi, liberalmente
le offese rimetteva, e facevasi pure talvolta avvocato de' suoi
offensori; come avvenne di certo cameriere, che, rubatogli
ingente somma di danaro, fu per le sue autorevoli premure
sottratto alla galera e messo in temporaneo esilio, durante
il quale sovvenne l'infelice famiglia del ladro con stabile
assegno mensile (5). Piacevolissimo nel conversare, spes-

---

(1) *Breve notizia dell'ab. Dom. Sala* cit.

(2) Ivi. - Abitò signorilmente per lunghi anni, in fino alla morte,
l'intiero palazzo Imperiali nella via de' Barbieri, composto di tre
grandi appartamenti e stanze terrene vastissime.

(3) Moroni, *Diz. d'erud. eccl.*, XII, 133.

(4) Ivi.

(5) Dalla seguente lettera, del 3 agosto 1835, a monsignor Ciacchi,

seggiava in motti ed arguzie, che spontanee gli correano
sul labbro. Vestiva netto ed elegante, e delle foggie del

governatore di Roma, raccogliesi quanto virtuosamente il derubato
si facesse avvocato del ladro.

« Il premuroso interessamento, che V. S. Ill.ma e R.ma mi ha di-
« mostrato nell'amaro frangente del furto domestico da me sofferto,
« e nelle gravi angustie che provai per più mesi, non avendo dati
« sufficienti per rintracciarne l'autore, siccome eccita in me la più
« viva gratitudine; così m'ispira la più estesa fiducia ch'Ella voglia
« prestarmi la sua mano adjutrice per dar termine a questo disgusto-
« sissimo affare.

« Rammenterà V. S. Ill.ma e R.ma che la Santità di N. S. nel
« sentire l'accaduto, e nell'essere ragguagliato della mia dolorosa po-
« sizione, per un tratto singolarissimo di Sovrana Clemenza, le con-
« ferì illimitati poteri per ammettere al benefizio dell'impunità, per
« agire anche in via economica, e per fare tutto quello che contri-
« buisse a sodisfare i miei desideri, e a rendermi la perduta calma.

« Il Reo Giovanni Toccaceli, che da molti anni trovavasi al mio
« servizio in qualità di Cameriere, prima che si procedesse contro di
« Lui, mi fece giungere qualche indizio per mezzo di Lettere anonime,
« e manifestò apertamente in seguito la sua delinquenza al mio Se-
« gretario, e anche a me, facendo poco dopo una eguale Confessione
« innanzi al Giudice Processante.

« Le prove da Lui somministrate fecero conoscere avere Egli solo
« commesso il furto senza alcun aiuto di complici, e così dileguan-
« dosi ogni sospetto su gli altri miei famigliari, s'impedì il loro ar-
« resto, al quale tanto ripugnava il mio cuore.

« Sembra quindi che il Toccaceli in forza delle promesse, ch'erangli
« state fatte, possa godere del benefizio dell'impunità.

« Restava la seconda parte, cioè il discarico del denaro involato,
« e la restituzione della somma tuttora esistente in potere del Reo.
« Non può impugnarsi che sulle prime la sua confessione non fu sin-
« cera, quantunque si prestasse senza difficoltà ad un atto legale, in
« cui enunciò l'intero ammontare del furto, e obbligossi alla restitu-
« zione. La renitenza a manifestare tutto schiettamente produsse il di
« Lui arresto, dopo del quale non tardò a svelare quanto rimaneva
« tuttora in essere, rendendo anche ragione del di più che aveva dis-
« sipato principalmente nel giuoco del lotto.

« Frutto degl'indizi dati dal Reo fu la ricupera di oltre a mille
« scudi, e l'assicurazione di altra somma di poco inferiore alla prima,
« cosicchè verrò io a ricuperare circa la metà del danaro involatomi.

suo grado era piuttosto studioso, e Gaetano Moroni (1) notalo come uno degli ultimi porporati, che indossassero l'abito viatorio cardinalizio. Ebbe mezzana persona, volto virile ed ordinariamente grave, carnagione fresca e tendente al bruno, fronte alta e spaziosa, morati i capelli, che al sopraggiungere della vecchiezza non imbiancarono, folte e prominenti le ciglia, occhio nereggiante, vivissimo. Tutto insieme, allorchè morì, avea apparenza appena di cinquant'anni, sebbene ne contasse settantasette. Il suo corpo, imbalsamato, dopo le consuete solenni esequie in San Carlo

« Io considero questo articolo sotto l'aspetto di un mio privato «interesse, e se protestai fin da principio di esser pronto a ricom-«prare la mia quiete a qualunque costo; è facile persuadersi che non «mi cade neppure in pensiero d'insistere per la restituzione totale, «che d'altronde sarebbe impossibile ad ottenersi.

«Dunque il Fisco per questa parte rimane esonerato da ulteriori «procedure, e se il ritardo dell'intera confessione del Reo fu meri-«tevole di castigo, crederei che fosse punito abbastanza mediante la «detenzione in una segreta, che ha sofferto sin qui.

«Mi avanzo quindi a pregare fervorosamente che il Toccaceli «venga dimesso dal Carcere, e solo ardirei suggerire, che sarebbe «espediente lo allontanarlo da Roma anche per suo vantaggio, mentre «qui non troverebbe come impiegarsi, essendo troppo conosciuto, ed «essendosi troppo divulgato il suo delitto.

«Spero che V. S. Ill.ma e R.ma sia per avvalorare le mie Sup-«pliche, riportando dall'Animo clementissimo del S. Padre la grazia «che imploro, non solo per quello spirito di mansuetudine e di ca-«rità, che tanto conviene al mio carattere; ma ben anche per il mio «proprio interesse, avendo in questo triste avvenimento troppo sof-«ferto il mio spirito, non senza notabile pregiudizio di mia salute. «Ho positivo bisogno di tranquillizzarmi pienamente, e aspetto questo «favore dalla Sovrana benignità.

«Ella nel coadiuvare l'adempimento de' miei desideri aggiungerà «un nuovo titolo a quei sentimenti di distinta stima e di viva rico-«noscenza, con i quali mi confermo nel baciare di vero cuore le mani

« Ser.e Vero
« G. A. Card. Sala ».

(1) *Diz. d'erud. eccl.*, XLII, 157.

a' Catinari, fu deposto in Santa Maria della Pace, suo titolo
cardinalizio, dove poi il nipote erede Pietro Sala gli eresse
dalla destra della porta principale del tempio onorato monumento (1).

(1) Ne dettò l'elogio e la iscrizione sepolcrale il P. G. B. Rosani
delle Scuole Pie nel modo che segue:

« Ellogium · Josephi · Antonii · Sala | S · R · E · Presbyteri · Car-
« dinalis | Plumbeo · tubo · inclusum · et · cum · corpore · conditum |
« Josephus · Antonius · Sala | Presbyter · Cardinalis · titulo · Maria |
« Pacifera.

« Hic . Romae . VI . Kal. Novembr. . Anno . M . DCC . LXII .
« Josepho . Sala . et . Anna . Sacchettia . parentibus . honestissimis .
« ortus . humanjoribus . litteris . ac . philosophicis . disciplinis . in .
« Collegio . Romano . egregie . excultus . Theologiae . lauream .
« Dominicanis . institutoribus . summa . ingenii . laude . meritus . est.

« Sacerdotio . initiatum . et . religionis . studium . unice . anhe-
« lantem . Petrus . Antonius . Tioli . V . C . a . quo . summopere .
« diligebatur . ad . negotia . ecclesiastica . pertractanda . usu . et .
« exercitatione . informabat . Quantum . vero . in . illa . palestra .
« profecerit . comprobavit . eventus.

« An . M . DCCC . I . Adjutor . ab . actis . Card. . Joanni . Bapti-
« stae . Caprara . in . Gallias . Legato . in . re . tam . salebrosa . et .
« plena . discriminis . animo . invictissimo . adeo . perutilem . Eccle-
« siae . Catholicae . navavit . operam . ut . si . natio . illa . civili .
« ab . aestu . resipiscens . avitam . religionem . retinuit . haud . sua .
« laudis . parte . Josephus . noster . fraudandus . sit.

« Reversus . in . patriam . dum . ad majora . vocabatur . sensit .
« tyrannidem . Cyrnaei . hostis . qui . Pium . VII . Romana . Sede .
« exturbaverat . crudeliter . comprehensus . coactusque . exulare .
« inops . errans . gravissimas . maximasque . toleravit . aerumnas .
« Sed . animum . propositi . tenacissimum . nec . blanditiae . nec .
« minae . ab . adjutanda . Ecclesia . et . captivo . Pontifice . Maximo .
« per . epistulas . consulendo . numquam . dimovere . potuerunt.

« Pace . per . Principes. foederatos . An . M . DCCC . XIV .
« feliciter . parta . inter . Antistites . Urbanos . et . Basilicae . Libe-
« rianae . Canonicos . adlectus . difficile . dictu . est . quot . quantos-
« que . exhantlaverit . labores . in . Dioecesum . calamitatibus . re-
« parandis . in . viror. . religiosor. . Ordinibus . restituendis . ac .
« reformandis . in . christianae . reipublicae . rebus . per . Orbem .
« prospere . componendjs . quorum . omnium . pars . magna . erat .

Queste brevi Memorie non saranno vuote di ammae-
stramento per coloro, che dedicarono la vita ai servigi della
Chiesa romana. Modello più acconcio di dottrina, di zelo e
di disinteressatezza difficilmente potrebbe all'uopo immagi-

« ac . moderator . Praeter . alia . quotidiana . extra . ordinem . ne-
« gotia . fuit . a . Secretis . Sacri . Consilii . legitimis . ritibus . co-
« gnoscendis . et . Tridentinis . decretis . interpretandis . Quae . mu-
« nera . praeclarissime . obivit . ac . idcirco . Pio . VII . Leoni . XII .
« Pio . VIII . Pontificibus . Maximis . acceptissimus . probatissimus.
« Tam . eximiis . ornatum · meritis . Gregorius . XVI . P. . M. .
« prid. . Kal. Octobr. . Anno . M . DCCC . XXXI . in . Patrum . Car-
« dinalium . Collegium . plaudente . toto . Orbe . Catholico . coopta-
« vit . At . purpura . fuit . praemium . virtutis . non . arrha . quietis .
« Nullum . ferme . fuit . in . Urbe . Sacrum . Consilium . cui . non .
« addictus . et . in . quo . plurimi . non . habita . sententia . ejus .
« Primum . Sacro . Consilio . Libris . notandis . deinde . Negotiis .
« Episcoporum . et . Religiosorum . Ordinum . expediendis . sapien-
« tissime . praefuit . Valetudinarium . depositorum . sollicitudine . ac .
« vigilantia . refecit . Nosocomium . Joannianum . Lateranense . Col-
« legio . Foeminarum . a . misericordia . adauxit . deditque . leges .
« sanctissimas . Templum . sui . tituli . pretiosa . supellectile . locu-
« pletavit . Cholerica . pestilitate . per . Urbem . grassante . An. .
« M . DCCC . XXXVII . praepositus . publicae . incolumitati . tuen-
« dae . ope . providentia . consilio . fovit . aegrotos . egenos . erexit .
« nemini . defuit.
« Hisce . tam . diuturnis . tam . improbis . laboribus . defatiga-
« tus . cum . pertinax . herpes . quo . jamdiu . laborabat . ex . epider-
« mide . in . interiores . corporis . partes . penitus . recessisset . gravius .
« aegrotare . coepit . Accedente . morbo . regio . frustra . adhibitis .
« medicae . artis . praesidiis . mortem . vitae . consentaneam . pie .
« sancte . fortiter . oppetiit . ingenti . bonorum . omnium . moerore .
« IX . Kal. Jul. . An. . M . DCCC . XXXIX.
« Vir . nihil . ad . assentationem . omnia . ad . veritatem . lo-
« quens . pietate . in . Deum . benignitate . in . egenos . innocentia .
« morum . scientia . divinarum . rerum . spectatissimus . adversis .
« calamitatum . fluctibus . immersabilis . fulgens . intaminatis . hono-
« ribus . in . hoc . unum . semper . intendit . ingenium . cogitationes .
« curas . et . operam . ut . Sedis . Apostolicae . jura . tueretur . di-
« gnitatem . amplificaret.
« Salve . Coelo . recepte . salve . inclyte . Josephe . tuorum . me-

narsi. Non abbracciò già il Salà il sacerdozio come scala a salire; ma sì come arringo faticoso, nè da altra speranza confortato, che di una eterna mercede di là della tomba. Che se anche su questa terra non gli mancarono agi ed onori, egli certo non·li cercò, e anzi si può affermare, che facesse di tutto per non averli. Lontanissimo dal simulare e dall'adulare, le due pessime, più usate e sicure arti degli ambiziosi; disse sempre con cristiano coraggio tutta ed aperta la verità, a costo anche della vita. Non andò mai a' versi de' grandi (1), e fuggì ogni mostra di troppo ligia

« moria . benefactorum . manebit . perpetuo . infixa . animo . nostro .
« et . dum . religio . doctrina . caritas . erunt . in . honore . apud .
« homines . nulla . unquam . de . tuis . promeritis . silebit . posteritas .
    « Epitaphium | Inscriptum . tumulo | Cardinalis . Sala | In . tem-
« plo | Mariae . Sanctae . a . Pace .
    « Qvieti . et . memoriae | Iosephi . Antonii . Salae | S. . E. . R. .
« Presbyteri . Cardinalis | Ingenio . doctrina . religione . pietate . in-
« signis | Qvi virtvtis . ivstitiaeqve . propvgnator . acerrimvs | In .
« Gallica legatione . Card. . Caprarae . adivtor | Apostolicae . Sedis .
« ivra | Eximia . animi . magnitvdine . constantia . adservit | Div-
« tvrnis . laboribus . per . adversa . praesertim . tempora | De . Ca-
« tholica . Ecclesia . egregie . meritvs . est | Plvrimis . vrbanis . va-
« letvdinariis . regvndis . Antistes . datvs | Stvdiosissimam . diligen-
« tissimamqve . praestitit . operam | A . Gregorio . XVI . Pont. Max. |
« In . Patrvm . Cardinalivm . Collegivm . cooptatvs | Archipresbyter .
« Liberianae . Basilicae | omnibvs . fere . Sacris . Consiliis . adscri-
« ptvs | Praefvit . primvm . Sacro . Consilio . libris . notandis | Dein .
« alteri . negotiis . et consult. . Episcopp. . et . Sodd. . Religiosor. |
« Cholerica . pestilitate . Romam . depopvlante | Praepositvs . pro-
« videntissimvs . extra . ordinem | Pvblicae . incolvmitati . tvendae |
« Cvnctis . mvneribvs . honoribvs . sancte . perfvnctvs | Singulari .
« in egenos . liberalitate . enitvit | vixit . a. . LXXVI . m. . VIII . d. .
« XXVI | Decessit . dolor . et . lvctvs . bonorvm . omnivm | IX .
« Kal. . Ivl . Anno . MDCCCXXXVIIII | Hoc . in . templo . sede .
« titvli . sui | Quod . mire . dilexit | Ac . praetiosis . omnis . generis .
« donariis . locvpletavit | Condi . volvit | Petrvs . Sala eqves . pa-
« truo . optimo . B. . M. . P. . C. ».
    (1) Veggasene un esempio a pag. 289 del vol. XLIX del *Diz.*
d'erud. eccl. di GAETANO MORONI. In una lettera dell' 8 ottobre 1831

suggezione, serbando ognora in faccia all'autorità o pregiudicata, o prepotente la dignità dell'uomo e del sacerdote.
E da ciò si chiarisce come un personaggio di così alto valore non fosse premiato con la porpora che settuagenario,
dopo essersi affaticato per più di quarant'anni in pro della
Chiesa e dello Stato, e in negozi di massima conseguenza;
mentre tanti altri, men degni, o disutili, sono pressochè
imberbi portati a volo a quell'altezza. Non fu avido di ricchezze, e non ne ebbe, nè si valse della sua autorità e del
suo credito per fabbricare tumultuari patrimoni ai congiunti (1): e i modesti proventi degli esercitati uffici volse
sempre al decoro del suo grado, ai servigi del culto, al
sollievo del prossimo. Attese con diligenza ed assiduità maravigliosa allo spaccio degl'infiniti e spesso gelosissimi negozi sì ordinari delle sue cariche, e sì straordinariamente
commessigli; non dandoli punto a studiare a consulenti o
uditori; ma di per se stesso esaminandoli e rivoltandoli per
ogni verso: e dove a tale ricerca gli venisse meno il giorno,
proseguivala nella notte, togliendosi dagli occhi il sonno,
del quale ebbe sempre pochissimo bisogno; come fu altresì
del cibo, che prendeva scarsissimo, e non bevea vino. Per
tal modo accadeva, che alle sue determinazioni altri non
potesse far mai censura, e che ne' consigli delle Congregazioni il suo voto sempre prevalesse. Lo che davagli fra i
colleghi una certa autorità universalmente riconosciuta,
della quale però egli non abusava procedendo tronfio e con
aria di protezione, come usano i dappoco fra le pieghe e gli

a mons. Polidori, segretario del Concistoro, così scrive: « Io nella
« mia piccolezza mi glorierò sempre di essere stato negligentato,
« perchè nemico acerrimo dell'adulazione e sostenitore imperterrito
« della verità, a fronte anche de' potentati della terra ».

(1) Del suo modesto patrimonio, oltre ad alcuni legati in danaro
ed in robe a congiunti, amici, famigliari, chiese e pii istituti, chiamò
erede fiduciario, con testamento del 28 ottobre 1833, il suo nipote
Pietro Sala.

svolazzi delle sete paonazze e porporine; ma trattava con tutti alla buona, e spesso scherzevolmente, da parere talvolta per poco rude e disadorno. Sostenuto, ma manieroso, coi suggetti; riservato coi supplicanti, difficilmente prometteva, ma difficilmente pure non esaudiva: e morendo si consolò « che non gli rimordesse la coscienza di niuna vo-« lontaria ingiustizia ».

Così, passando per questa vita, compiè Giuseppe Antonio Sala le parti di sacerdote santo ed operoso, al quale, pel bene della Chiesa, è desiderabile che molti si rassomiglino.

G. Cugnoni.

DOCUMENTI MILANESI

INTORNO A PAOLO II E AL CARD. RIARIO

I. *Cicco Simonetta e papa Paolo II*
(1471).

D**I** CICCO SIMONETTA « per grandezza e per lunga pratica eccellentissimo », come ebbe a proclamarlo il Machiavelli (1), non occorre tessere la biografia, chè ben note sono l'opera sua quale segretario dei duchi Francesco e Galeazzo Maria Sforza e la miseranda fine sugli spalti del castello di Pavia nell'ottobre 1480. Fu uomo dottissimo e d'una fedeltà a tutta prova (2).

È però prezzo dell'opera comunicare una importantissima lettera diretta dal Simonetta, ai 19 febbraio 1471, all'ambasciatore milanese Antonio de' Bracelli in Roma, colla quale si scagiona delle accuse mossegli da papa Paolo II.

La lettera è lunga, ma altrettanto interessante per la franchezza che ne traspira, congiunta a talune particolarità finora rimaste ignote. Porta la firma autografa del celebre segretario calabrese, ma il testo della lettera è calligrafia di qualche addetto alla cancelleria ducale sforzesca.

---

(1) *Ist. fiorentine*, VIII, 405.
(2) VILLARI, *Machiavelli*, I, 39.

I principali appunti mossigli dal papa, e che Cicco ri-
batte, ci sembra vittoriosamente, erano di poca gratitudine
verso Paolo II per i benefici resigli; di scemato interesse
per le cose pontificie, e di eccitamento del duca Sforza a
scrivere in mala parte del papa al re di Francia. Rimprove-
ravaglisi altresì d'essere amico del re Fernando d'Aragona,
qualificandolo degna razza di calabrese, peggiore della napolitana!

I lettori dell'*Archivio* consultino attentamente la difesa del
Simonetta. Il documento gioverà egualmente per la costui
biografia come per quella di Paolo II, morto pochi mesi
dopo dalla data del documento (agosto 1471), e la fine del
quale fu accolta da' Veneziani, suoi concittadini, con gaudio
fuor di misura. « Non si poteria dire quanta festa ha facto
« questa città universalmente de questa morte (scriveva allo
« Sforza il suo oratore in Venezia, Gerardo Colli, ai 2 ago-
« sto 1471) (1), io me ritrovay quà ala sua creatione, ma
« niente fu la alegreza de alora ad quella della morte. *In*
« *soma si havesaro recuperàto Negroponte non haveriano più*
« *gaudio* et ano scripto ad Roma a tutj li lor cardinali amici
« vogliano far capo et ellegere Niceno grecho » (il Bessa-
rione) (2). Ma riuscì Sisto IV savonese.

Ed ecco la menzionata giustificazione di Cicco Simonetta.

Magnifice et prestantissime doctor, tanquam frater honorandissime.
Ritrovandose de presente la Magnificentia Vostra presso la Santità
de Nostro Signore m è parso confidentemente darvi faticha de exponere alla Santità Soa la risposta de alcune cose che quella ha havuto
ad dire con diverse persone, et in diversi tempi, circa li facti mei,
como intendarete qui de sotto. Le quale cose ve sforzareti fargli ben

---

(1) Arch. di Stato di Milano, Potenze estere: *Venezia*.
(2) Per la scissura di Venezia con Paolo II (Barbo) vedi il MA-
LIPIERI (*Annali Veneti*) e gli altri autori. Supponiamo que' fatti a conoscenza di chi ci legge.

intendere, exponendole con quella reverentia et humilità che se convene al Summo Pontifice, et come me rendo certo che per vostra summa prudentia sapereti meglio exponere et dire che non vi saperia mi scrivere, nè ricordare.

El è già bon pezzo che prefata Santità ha dicto che quella è semper stata ben disposta verso mi in compiacerme, et che da ley ho havuto molti beneficij et gratie, et tra le altre cose me haveva compiaciuto gratis de una dispensa matrimoniale, quale non seria facta ad altri per 500 ducati, ma che mì non riconosceva ali bisognij li suoy beneficij, cioè in non essere stato fautore alle cose soe; et che la Santità Soa desijderaria ch io me disponesse ad dare più favore alle cose de Sancta Chiesia et soe, che non ho facto per el passato. Ha etiamdio dicto chio ho dicto male de Soa Santità et che ho confortato questo nostro Ill.ᵐᵒ Signore ad scrivere male de quella alla Maestà del Re de Franza: et con alcuni altri ha havuto ad dire ch io son più affectionato alla Maestà del Re Ferrando che alla Santità Soa; et demum che li Siciliani hanno fama dessere cativi, ma che se impichariano per la golla, se li Calavresi non fuossero più cativi de loro etc. Delle quale cose ne ho preso non pocha admiratione, perchè dicte cose sono edificate et suggeste molto longo da la verità.

Et respondendo prima alla parte che Soa Beatitudine dice haverme facti de molti beneficij, et tra li altri haverme compiaciuto dessa dispensa matrimoniale etc. è vero: vedendo mì in simile caso, como era el mio, che l papa non si rende difficile ad concedere tale dispense, delle quale ne ha compiaciuto et compiace ogni dì ad molti, fu supplicato ad Soa Santità che se dignasse dispensare tale gratia, credendome non dovesse denegare quello che senza difficultà concede ad altri. La Soa Santità me tene in pratica el spacio circa sey mesi, mostrandose alle volte bene disposta, et interdum gli ingeriva delle difficultate che non accadevano ad proposito. Puoy dixe che dovendola fare ne voleva mille ducati, se reduxe deinde alli octocenti, tertio et ultimo alli 500. Ex quo vedendo che ogni dì gli emergeva qualche nova difficultà, fu necessario che li ambaxiatori del Ill.ᵐᵒ Sig.ʳᵉ nostro, che ad quello tempo se ritrovarono lì, ne prendessero caricho. Et sic havendo havuto la cosa in pendente tanto tempo como è dicto, tandem per el mezzo de dicti ambaxiatori me concesse gratis dicta dispensa, la quale per essere stata molto tempo in dilatione, non ha parturito fructo alcuno, immo parturito el contrario del bisognio. Che quando l'havesse facto al principio, come poteva, havria operato l effecto suo. Sichè dove la Beatitudine Soa se credeva haverme facto uno singulare et relevato beneficio, tengo che per la tardità soa me habia facto el contrario.

Appresso che la Santità Soa voglia dire haverme compiaciuto de l abbadia de S.ᵗᵒ Bartholomeo de Pavia per uno de li mei figlioli (1): dico con debita reverentia, che de questo el mio Ill.ᵐᵒ Signore ha supplicato alla Santità Soa, et ad luy quella mha compiaciuta, sichè con bona venia de Soa Santità dico chel mio Signore ne è obbligato ad quella, et io ad Soa Signoria et non ad prefata Santità. Havria ben havuto ad caro et reputato per gratia da Soa Santità quando liberamente me havesse conceduto che dicta abbadia fuosse conferita ad mio figliolo legitimo, como fu supplicato prima, ad che havendo la Santità Soa facto difficultà per rispecto della minorità desso mio legitimo (2), è vero che messer Augustino Rosso l obtenete per Guidantonio mio figliolo naturale, ad questo effecto che Soa Santità puoy da lì ad uno pezzo la conferesse ad dicto mio legitimo. Per il che fu reiterata già mesi xvIIj la suplicatione ad Soa Santità et quella me fece respondere ch io vedesse, che tucto quello che la poteva fare circa ciò, salva conscientia, era contenta de farlo volontieri. Fece fare uno consiglio examinato et sottoscripto de mano de sette sive octo doctori theologhi et canonisti, quali tucti concorreno in questo parere che Soa Santità può dare in commenda ad esso mio figliolo legitimo dicta abbadia, non obstante la minorità, distribuendo in tre parte le intrate dessa abbadia, quale è circa ducati seycento: cioè la terza parte alli monaci per el vivere suo, l altra parte per la fabrica della chiesa et l altra terza parte ad esso mio figliolo. Et non havehdo la Santità Soa fin qui facto altra expeditione circa ciò, non so se de quello che facilmente compiace ad altri, che è de consuetudine et recusa farlo ad me, debba mettere queste cose nel numero de li beneficij che quella dice havermi facti. Confesso ben questo: havere obtenuto uno breve absolutorio da Soa Santità quale ho instato de havere solum pro forma, et npn già per robba che havesse may del

---

(1) Trattasi di Guid'Antonio, figlio naturale del Simonetta, avuto nel 1451 in Lodi da una tale Giacobina.

Dal 1466 al 1479 lo si trova commendatario dell'abbazia di Brembo nel Lodigiano e di quella di S. Bartolomeo in Pavia (Cfr. REDAELLI, « Biogr. di Cicco Simonetta » in *Annali universali di statistica,* di Milano, aprile-giugno 1829, pp. 276-277).

(2) Cicco Simonetta si maritava nel 1452, a 42 anni, con Elisabetta Visconti, figlia di Gaspare, segretario ducale, ed ebbe sette figli in undici anni. Qui trattasi d' uno dei quattro maschi: Gio. Giacomo, Antonio, Sigismondo o Lodovico (Cfr. REDAELLI, loc. cit., p. 277; LITTA, *Famiglia Simonetta).*

altruy illicitamente nè robbato ad homo che vive, nè anche perchè
may commettesse homicidio che fin qui non ho facto, nè è mia intentione de fare, ma de operare bene et vivere como christiano et
catholico. Et benchè de questi se ne facia gratia ad molti, nondimancho
ne resto obligatissimo ad Soa Santità quanto dire se possa; et così
vuy gli ne rendereti condigne gratie da mia parte.

Quanto ad quello che la Santità Soa dica ch ella desyderaria ch io
me disponesse ad dare più favore alle cose de Sancta Chiesa et soe,
che non ho facto per el passato, dico che voluntieri io voria essere
de tale condicione et auctorità, che io potesse fare quello che dice
soa Santità, cioè de giovare ad quella et ad Santa Chiesa, chel faria
voluntiera, como è debito de caduno catholico. Ma essendo la condicione mia minima, non vedo che l accade quello che Soa Santità
dice. Et pure quello poco ch io potesse, potendolo fare con reservatione del honore et debito mio, lo faria volontieri, como è dicto. Ben
debbe pensare la Santità Soa che manegiando le cose ch io manegio
per rispecto al officio mio d essere secretario, che richiede *ut non solum
caream culpa, sed etiam suspicione* et per essere feudatario et che ho
jurato fidelità non una volta ma più volte, così in mane del Sig.re
passato como de questo, sono obstricto per tutti questi vinculi, ultra
la naturale fede et servitù, non dependere da altro luocho che da
qui. Et se io non volesse mutare la natura, me seria admodum impossibile in eterno declinare da quella ch essa mia natura me ha inclynato; et deinde li vinculi et oblighi de la fidelità mia me stringono,
per essere io allevato et instructo sotto quello mio Signore et maestro,
quale fu de quella magnanimità, virtute et prudentia che s è veduto,
che se può dire essere stato splendore de Italiam, da l excellentia del
quale hebbe in instructione et commandamento che io non havesse
may dependentia da persona de questo mondo che da quella ch io
serviva. Et secundum mandatum quod dedit mihi pater, ita feci, et
facio et faciam. Dicendogli ultra ciò quod ego sum Cichus parvulus,
Jhesu Christi servulus et vere sfortianus, confidens semper in verbis
Domini ubi dicit: euge serve fidelis, quia in pauco fuisti fidelis, super
multa te constituam etc. Sichè son vero servitore et schiavo del
Ill.mo Sig.r duca Galeaz, et non son el vescovo da Parma nè messer
Augustino Rosso, nè altri che sà la Santità Soa, che non voglio nominare per più honestà. Et questo basta quanto ad questa parte.

Alla parte ch io habia dicto male de Soa Santità io non son nè
me tengo d essere reputato così lezero, quod auderem ponere os in
celum però chel non fu may mio costume de dire male d homo che
viva et maxime della Santità Soa, quale è vicario de Christo qui in
terra.

Alla parte ch io habia confortato el prelibatò Signore nostro ad scrivere male de Soa Santità al Sig.ʳᵉ Re de Franza, dico così che sicome io non dixe may malo de Soa Santità, nè hebbe may vena che gli pensasse, conoscendo mi la perfectissima dispositione, fede et devotione che de continuo ha portato et porta l exᵗⁱᵃ del Signore nostro verso Soa Beatitudine, molto mancho è da credere chio habia persuaso Soa Sig.ʳⁱᵃ ad scrivere cosa alcuna in mancho d honore de quella perchè questo nostro Ill.ᵐᵒ Sig.ʳᵉ è de tale bontà et grandeza dinzegno, et de tale devotione verso la Beatitudine Soa che frustra laborare esset, quando nè mi nè altri volessimo persuadere el contrario.

Che prefata Santità dica che tutti li Calavresi siano cativi, perchè questo tocha ad mi, respondo così che la Calabria è la più fertile et la megliore provincia che sia nel Reame benchè la sia nel ultima et extrema parte de Italia. Nondimancho in Calabria gli ne sono et de boni et de cativi, como è anchora ad Vinexia, ad Roma, ad Napoli et ad Milano et neli altri luochi: pure io me reputo nel numero de li boni, et credo haverne facto le opre et professione, che ne pono testificare qualche parte. Et quando fuosse licito ad fare comparatione da prelato ad seculare, credo gli siano de tali prelati che quanto al vivere diritamente et bonamente, io non seria stimato in questa parte inferiore, resservando però la sacra et grado spirituale.

Alla parte ch io sia più affectionato al Re Ferrando che ad Soa Santità è vero che Calabria, provintia del prefato sig.ʳᵉ Re per genitura è stato, patria originaria ad messer Angelo mio barba, ad mi, mei fratelli et tutti li altri de casa mia. Ma per essere puoy tucti nuy, barba et fratelli et molti altri de casa nostra allevati usque ab ineunte etate in casa sforzesca et continuati semper et fidelmente ne li servitij suoy, cioè esso messer Angelo per anni l iiij° vel circa, et io circa anni 39 in 40, havemo mei fratelli, et mi, et altri de casa nostra, che siamo de quà, renuntiato ad quella patria nè più intendemo havere affare con quella, perchè la nostra patria è questa dove è la casa sforzesca, in la quale siamo accresciuti et allevati: et lo nostro bene è qui, et ubi bonum ibi patria, ergo etc.

Vivente autem la felice memoria del Ill.ᵐᵒ qd.ᵐ duca Francesco, la Maestà del Re dapuoy chel reame fu reducto ad tranquillità, me volse donare castelle et terre. Io non volse may acceptare tanto che valesse uno soldo, etiam chel prefato sig.ʳ duca Francesco fuosse contento, perchè sicome io era allevo et servitore de Soa Sig.ʳⁱᵃ appresso el quale, vindicato perpetua patria, così etiandio la mia naturale servitù et fermo proposito, me moveva ad non reconoscere beneficio d alcuno altro principe nè persona del mondo che da Soa Signoria, la quale per soa benignità et liberalità me provedete per tale forma che per quello et per la gratia et amore che ho da questo Illmo Principe duca Galeaz suo figliolo me trovo, gratia Dei, havere tante facultate et beni de la fortuna, acquistati con mie extreme fatiche et sudori, che ho da vivere honorevolmente per mi, mei fratelli, mei figlioli et tutti quelli de casa mia.

Essendo aduncha el longo habito convertito in natura, me seria difficile, immo impossibile reconoscere nè havere altra patria, nè altro signore che questo ch io servo de presente: imitando quello proverbio *O serve como servo, o fuge como cervo.* Et quello mio signore passato, et così questo presente, veramente poteva dire: Non inveni tantam fidem in Israel, et tu es Petrus et super hanc petram aedificabo etc. Et non me tribuisco questo ad arrogantia per doctrina nè virtù che habia, ma per una sincerissima fede et integerrima devotione mia, et de tutti li mei verso questa Illma Casa, quali siamo stati, et siamo sinceri et neti et nullus nostrorum unquam venalis fuit etc.

Dal altra parte credo habiati inteso che tucta la provincia de Calabria si è Angiovina, et maxime la casa mia: et lo principe de Rossano per tale sospecto è deponuto da la signoria et da mancho da quatri anni in qua per la parte Angiovina alcuni de li mei ne sono stati privati de qualche suoy beni. Et mentre chel reame de Napoli era posseduto dal re Renato, nuy et tucta la casa nostra semper hebbemo de grande honore et beneficij da Soa Maestà, ne dubito quando quella fuesse richiesta, et gli potesse fare cosa grata et accepta, gli la faria anchora voluntieri et de bona voglia, como ad suoy carissimi servitori che gli sono. Sichè se prefata Santità tene questa opinione de mi, el è tanto da longe dalla verità quanto è da qui in India, et inganase molto del opinione soa. Et se non chel non è lecito nè honesto ad uno mio pare de bassa et infima condicione, come son io, de parlare in alcuno obprobrio de Signori nè grandi Maestri, parlaria taliter del dicto Re che non dubito, se maravigliaria grandemente Soa Santità. Ma per honestà voglio tacere.

De la fede et devotione mia verso la Santità Soa el non è da fare parole perchè l è così cosa minima chel non n è da farne mencione. Ma como bon christiano et bon catholico, dove che me son trovato, ho ricordato sempre el bene et honore de Soa Santità et de Sancta Chiesa presso questo Illmo Sig.^{re} quantunche non è stato necessario, nè che mi nè che alcuno altro che gli staga appresso gli ricordasse questo, perchè da sè stesso, suo instinctu et dispositione, è stato et è dispostissimo al bene et honore de Soa Santità et Sede Apostolica: et lo ha dimostrato con effecto ne le cose de Arimino, perchè se Soa Ex.^{tia} non fuosse stata de quella dispositione che l era et non havesse facta la reparatione che fece, sò come le cose de Sua Santità

et Sancta Chiesa in che ruina sarebbeno andate, et la Santità Soa lo
sa bene anchora ley. Et se questo Sig.^{re} mio fuosse stato figliolo de
Soa Santità o uno de li cardinali suoy, non so come havesse potuto
fare nè operare più in beneficio de quello et de Sancta Chiesa como
fece. Del opra mia nol voglio dire, perchè non me pare molto hone-
sto. Ma perchè spero pure che questo mio ill.^{mo} sig.^{re} qualche volta
se havrà abbochare con Soa Santità lassarò et de questo et de le
cose del re Ferrando, che l Ex.^{tia} Sua come meglio informatissima de
mi ne renderà vero testimonio alla Soa Santità, che son certo quando
l havrà inteso serà de contraria opinione che l è de presenti. Et perchè
quella ha dicto più volte con alcuni che non me sa intendere, dico
quando la Santità Soa havrà inteso tutta questa mia lettera, me rendo
certo che quella restarà chiara et fuori de questo dubio.

Fin qui ho dicto in resposta de quelle cose che la Santità Soa s è
lamentada de mi : hora accadendo assay in proposito, m è parso non
tacere questo che io dirò adesso, non per querela, ma per una infor-
matione et commemoratione. Vivendo la recolenda memoria de papa
Pio, la Santità Soa ad intercessione del prefato Illmo Sig.^{re} passato
duca Francesco, conferite labbadia de Sancto Zohanne de Fiore in
Calabria ad uno mio nepote (1): et fu pronunciato abbate canonice
in pleno consistorio, et per vigore delle bolle fu messo alla possessione, et goldetela pacificamente per el spacio de tri anni. Sublata
autem ex humanis la Beatitudine Soa, dicto mio nepote fu levato de
facto per el presente pontifice da la possessione ad instantia de uno
fra Karlo Sytaro, quale diceva pretendere havere certe rason, benchè
non n havesse alcuna in dicta abbadia, perchè altre volte l haveva im-
petrata falsamente per fiorini cento, donde vale seycento vel circa,
per il chè fu necessitato ad piatire circa anni tri o quatro, facendogli
de molte injurie : non volendo may concedere cosa alcuna, che la
rasone permettesse, et luy et tucti quelli de casa furono scommuni-
cati et interdicti per li grandi favori che faceva Soa Santità ad esso
fra Karlo. Tandem da puoy longo litigio et dispendio è stato de necessità ch esso mio nepote habia redemuto la rasone soa con dinari
dati al adversario oltra el dispendio grandissimo et strage che ha
havuto. Pure ad questo prestò patientia, veduto quello ha facto ad

(1) Il nipote dovrebb'essere Cesare Prothospatharo, di Calabria,
forse figlio di Matteo, fratello di Cicco Simonetta, e che quest'ultimo
ricorda nel suo Diario (ms. all'Archivio di Stato milanese) ai 25 novembre 1473. (V. Redaelli, loc. cit., I, 1829, p. 176 in nota e II,
p. 267).

questo mio Signore che è hormai cinque o sey anni, che ha tenuto in praticha Soa Signoria per labbadia de Chiaravale, che è del Illmo et Rev.^mo monsg.^re Ascanio suo fratello, che non ha anchora potuto havere l expeditione de le bolle de dicta abbadia per supplicatione nè per instantia che habia saputo fare. Sichè havendo prestato patientia Soa Ex.^cia, non pare honesto ad mi de lamentare: el poria però essere che queste cose dicte de sopra sariano facte preter scientiam et voluntatem de Soa Santità, nondimancho quanto al effecto, come voglia se sia, esso mio nepote ha patito tucti questi disturbij, incommodi et dispendij. Ma per certificare la Santità Soa nè per questo nè per veruno altro rispecto, per mi se restarà may ch io non facia l officio de vero et bon servitore, et como deve fare ciascuno fidele christiano et bon catholico verso la Santità Soa et Santa Chiesa, in tucte quelle cose che accaderano in beneficio et honore de Soa Santità per quello pocho ch'io posso, con reservatione del honore et debito mio como è dicto de sopra.

In questa mia lettera poria anche essere che harebbe dicto qualche cosa più che non seria al bisogno. Ma me confido tanto ne la benignità et clementia de Soa Santità et in la prudentia vostra, che sporzareti questa cosa sì saviamente che la prefata Santità acceptarà ogni cosa ad bon fine, alli pedi de la quale me recommandereti humelmente.

Dat. Papie die XVIIII° februarij 1471.

Vester CICHUS manu propria.

† Ihesus autem transiens per medium illorum ibat. †

[*A tergo*]. Magnifico et prestantissimo J. U. doctori et patri honorandi.^ssimo domno Antonio de Bracellis consiliario et....

Rome, cito (1).

(1) *Arch. Milano*, Carteggio diplomatico, cartella n. 331.

II. *La morte del cardinale Riario.*

(1474).

Al pari di quella di Cicco Simonetta, anzi di più, presso gli storici romani, è nota la vita di Pietro Riario, cardinale di S. Sisto e nepote di papa Sisto IV. La di lui morte, come si sa, avvenne ai 5 gennaio 1474, nel bel fiore di sua età, per eccesso di piaceri o per veleno, come altri dissero. Ci sia concesso di non diffonderci oltre intorno al lusso sfoggiato dal Riario nel 1473 in Roma, in occasione del passaggio di Eleonora d'Aragona (1), ed in Lombardia, recatovisi a trovare l'alleato duca Galeazzo Maria Sforza.

Interesserà invece di conoscere una testimonianza sicura, e dell'epoca, del come spirasse il Riario, e chi ce la fornisce, nel medesimo giorno del di lui decesso (lettera 5 gennaio 1474) è l'ambasciatore milanese presso il papa, il protonotario apostolico Sagramoro da Rimini, presente all'agonia del S. Sisto.

Ecco quanto scriveva al suo signore a Milano:

Illmo p. et Exmo Sig.^{re} mio singularissimo. Quando io consydero ala gran perdita che questa matina ale XIIJ hore ha fatto la V. Illma Sig.^{ria} de uno sì sviserato amico et partexano como era

---

(1) Vedi le informazioni curiose offerte dal CORVISIERI in questo *Archivio* (I, IV, 1878 e X, 1887) nel suo lavoro: « Il trionfo romano di Eleonora d'Aragona nel giugno del 1473 ». Diffuso, degli storici dell'epoca, il milanese Bernardino Corio.

Cfr. altresì: *Una cena carnevalesca del cardinale Pietro Riario.* Lettera inedita di Lodovico Genovesi (a Barbara di Brandenburgo, marchesa di Mantova), 2 marzo 1473. Roma, Forzani, pp. 13, in-8º. Opuscolo per nozze Vigo-Magenta.

el nostro Rever.^{mo} cardinale de San Sisto, duro me è parso essere quello che li significhi tal novella. Pur el mio debito vol così.

Il bon signore è morto cum tale contritione usque a l ultimo fiato, che sel fosse vissò (*vissuto*) semper in uno heremo, io non credo che lhavesse possuto farne più. La confessione sùa, Sua prefata Sig.^{ria} non una volta ma omne dì due o tre volte l ha voluta fare, chiamando spesso el veschovo de Viterbo et adomandandoli et pregandolo chel pensasse se cosa alchuna el se recordasse de che luy non havesse così ala memoria. De la comunione non bixogna dire che la tolse cum tale parole chel demostrò reconoscere le gratie havute da Dio et la fragilità de questo mondo: et sel stomacho non fosse stato così mal disposto, omne matina l haveria fatto. Poi vedendosi strengere da la morte chiamò tutta la famiglia et parlò a tutti, domandandoli perdono se Sua Rev.^{ma} Sig.^{ria} may li havesse fatto offensione, et pregandoli che quello amore che haveano portati al corpo, lo volesseno volgere al anima, che li seria più caro. Et disse chel se adaptava volontera ala volontà de Dio, et uxò queste formale parole: « Cupio dissolvi et esse cum Christo ». Solo li pesava el morire per non havere possuto demostrare a tutti li soy amici et a loro servituri gratitudine de la loro fede et fatiche, ma che li lassava in le brazze de N. Signore che facesse quello paresse ala sua bontà. Et ita fecit. Et his dictis chiamolli tutti ad uno ad uno secundum ordinem et baxolli et abrazolli, che per Dio, Signore mio, non fò persona che non li schiattasse el core. Deinde retornò ala croce et racomandandosi a Dio la strengeva dicendo: « Domine miserere mey. Io non so se may più haverò tempo a baxarti ». Postmodum mandò el ditto veschovo a pregare nostro signore che havesse per racomandato el Conte Hyeronimo et che lo racomandasse ala Illma Sig.^{ria}, et tanto più quanto sua prefata Rev.^{ma} Sig.^{ria} non ce seria più. Et le medesime parole ha ditto a mi, dicendo io me ne vò tanto più consolato quanto io spero che l amore del Signore accrescerà verso el conte, manchandoli io, et spero che Sua Ex.^{tia} se recordarà de la mia servitù et affectione verso quelle. Et molte altre cose ha fatto et ditte in questo ultimo suo, che per Dio ha demostro essere altro che quello che l è parso vivente et che altri l ha giudichato. Et fino al ultimo spirito, el disse tre volte *Jesu, Jesu, miserere mey* et siandoli letto el passio, quando el frate che lo legeva diceva quelle parole *et inclynato capite emisit spiritum,* così luy emisit ultimum spiritum. El nostro Varixino (1) ha demostro in questo la

_____

(1) Varesino. Forse Carlo Varesino, famiglio ducale, il cui nome ricorre spesso nei documenti sforzeschi dell'*Archivio Milanese.* Nel

sua fede che may ha lassato Sua Rev.^{ma} Sig.^{ria} et cum tanta fede che veramente l ha fatto prova essere fidele et bono giovene: dicolo per-chè l è stato obediente ali comandamenti che la Excellentia Vostra li havea fatto et in vita et in morte. El povero Conte (1) è moggio, fora de sì, tamen pur fa prova de la sua virtù per non attristare Nostro Sig.^{re} che ne haverà uno colpo excessivo: et ben li bexogna boni conforti etiam da la Sublimità Vostra como scripsi a questi dì che bono seria a farly. Racomandasi el prefato Conte a quella et hammi pregato che io la supplichi che la voglia havere per raco-mandato como è sua ferma speranza. Racomandomi a ley.

Rome v.ª Januarii 1474.

Servulus SACRAMORUS.

[*a tergo*]

. . . . . . principi et Exmo domino, domino

. .·. . . . . domino Duci Mediolani (2).

Aggiungiamo, a titolo di curiosità, l'informazione che, ai 30 dicembre 1473, dava allo Sforza, da Roma, il vescovo Arcimboldi (3) d'una nuova e stupenda cattedra fatta fare dal cardinale Riario. Scriveva:

L altro giorno el nostro mons.^{re} de Santo Sixto ne ha dato un altro disnare non mancho pontificale che l altro, et poy ce monstrò alcune de le sue degne cose che ha. Tra le altre una cathedra che nova-mente ha facto fare, coperta de brochato doro cremesino bellissimo, con li pomi d argento sopradorato, et lavorati dignamente et li piede similiter d arzento dorato a forma de piedi de griffoni con le franze

novembre-dicembre 1476 accompagnava Lodovicó il Moro e il duca di Bari, fratello suo, alla corte di Luigi XI di Francia.

(1) Il conte Girolamo Riario che aveva sposato Catterina, figlia naturale del duca Galeazzo Maria Sforza. Vedi l'elenco delle gioie donate alla sposa dal Riario (20 gennaio 1473) in *Registro Missive*, n. 111 A *(Arch. Milano)*.

(2) *Arch. di Stato Milano*, carteggio diplomatico, cartella n. 401.

(3) Sua lettera in *Carteggio diplomatico*, cartella n. 400 (Archivio Milano)

d oro et setta *(seta)* bellissime, et con li chiodeti in forma de rosete dorate, in modo è una bellissima cosa da vedere, et bastaria ben al papa et l imperatore. Dice che gli è constata ducati. v^c. doro. Et perchè essa cathedra ha un pocho alto el sedere, gli ha facto fare uno scabello tutto coperto de veluto carmesino, per tenirlo sotto li piedi. Un altra ne fa fare in simile mò *(modo),* et de medesimo pretio ma el brochato sarà morello. N ha poy molte altre, coperte de veluto de diversi ·colori in modo è cosa maravigliosa vedere li ornamenti ha per casa.

EMILIO MOTTA.

DELLA CAMPAGNA ROMANA

(Continuazione, vedi pag. 161).

Le memorie antiche del suolo intermedio alle vie Pinciana e Salaria spettano quasi intieramente alla epigrafia; poichè vi si sono scoperte, in ogni tempo, numerose tombe con iscrizioni (1).

Le memorie del medio evo si collegano in parte alle antiche. Infatti, avendo per esempio già veduto le memorie

(1) Sono tutte riportate nel *C. I. L.* nel vol. VI, e son troppe perchè io possa noverarle: stanno adesso in gran parte nel giardino Aldobrandini sul Quirinale. Le vigne Nari, Pelucchi e dei Domenicani furono miniere di epigrafi (Fea, *Miscell.*, I, pp. 148, 149; II, p. 161, Venuti, *Marmora Albana*, p. 37, Ficoroni, *de larvis*, p. 113, etc.; C. cit., 2501 a 2986, 8408, 8516, 7845 a 7986). In quella Nari abbondarono le militari, oltre liberti dei *Vigellii* e degli *Ottavii*, il monumento dei *Palangii* e, nella vigna già Del Cinque, le lapidi dei *Caninii* (C. cit. 7987-7996) Recentemente, nelle moderne fabbricazioni, se ne sono trovate ancora molte (cf. *Notizie degli scavi*, 1886, pp. 160, 328, 364, 420, 454; 1887, pp. 21, 74, 118, 147). Dopo circa 60 metri, in direzione della 3ª torre delle mura a sinistra della porta Salaria, sono apparse le rovine del mausoleo di « M. Iunius Menander « scriba libr. aed. cur. princeps et q. » (*Bull. Com.*, 1886, p. 371). L'esistenza di un *ager Volusii Basilidis ientibus* (sic) *ab urbe parte sinistra* sulla via Salaria è indicata da una iscrizione (Wilmanns, n. 310). Non mancarono in questa contrada epigrafi cristiane, come quella di « Hireneus v. c. et Albinus c. p. » nella vigna dei Domenicani (Settele, mss. presso il conte Aless. Moroni, n° 16).

epigrafiche dei *Cornelii* rinvenute presso le mura di porta Salaria, non ci sarà difficile lo spiegare il nome di *forma Cornella* rimasto nella contrada Pinciana nell'età media, come rilevasi dagli atti di S. Silvestro nell'Archivio di Stato (1). Altri nomi appartengono alle memorie cimiteriali, ossia ai martiri, altri a memorie di famiglie, altri a condizioni del suolo. Sottopongo l'elenco di questi nomi della contrada Pinciana nel medio evo, limitandomi ad annotare qualche menzione diplomatica relativa più singolare :

1. *Canicatorio*	12. *S. Romita*
2. *Capitiniano*	13. *S. Saturnino*
3. *S. Ciriaco*	14. *trullo Cocumero*
4. *S. Colomba*	15. *Valle o lovallo*
5. *fonte Malonome* (?)	16. *Valle dell'oro*
6. *forma Cornella*	17. *Valle Augusta*
7. *forma di S. Silvestro*	18. *Valle Marzaro*
8. *formello de' Tedallini*	19. *Valle Piscina*
9. *Gorgini o Gonchini*	20. *Vangiarola*
10. *Porcari* (vicolo dei)	21. *Zoccoli.*
11. *Pantano di legno*	

Num. 1. Da un atto di S. Silvestro del 1329, nel quale apparisce tra i confinanti del terreno *Antonio de' Te-*

(1) I documenti riguardanti *forma Cornella,* ossia terreni in massima parte vignati, posti in tale contrada, sono degli anni 1312, 1313, 1317, 1322, 1328, 1379. Per brevità ne riferisco due soltanto:

Tino procuratore del mon. di S. Silv. in cap. concede nel 1317 in enfit. perp. da rinnovarsi ad ogni 7 anni col pagam. di 5 soldi provisini per ciascuna rinnovazione a *Maccocio di Pietro Sorice* falegname (falleniame) del rione Colonna una pezza d'orto posto a FORMA CORNELLA conf. cogli eredi di Angelo Peregrino, con Pietro Basilella, cogli eredi di Francesco di Paolo Andrea e colla via publica, col patto di coltivarla a vigna e coll'annuo canone della quarta parte di mosto mondo ed acquato e di un canestro pieno di uva a favore del detto monistero (Arch. S. Silv., fasc. 4).

Suor Giovanna Colonna badessa etc. nel 1379 presta il consenso

dallini ed un *rivo;* ciò che serve ad illustrare anche il num. 8.

Num. 2. *Capitinianum, S. Columba* e *Formellum* sono nomi di luoghi che succedevansi dal declivio dei *Parioli* fino alla pianura del ponte Salario. Il Galletti ne ha trattato perchè li vide nei documenti di Farfa (1), ma non ne discusse il sito, che mi pare evidente, dopo ciò che già ho sopra accennato, in proposito delle *septem palumbae* e del *clivus Cocumeris.* Il documento Farfense 688 determina la distanza di S. Colomba ed annessi *foris pontem Salarium mille ab urbe Roma passuum;* ma deve intendersi del fondo, e per la via Salaria nuova. Associando i nomi Farfensi con quelli che io trovo in un documento di S. Silv. del 1258 (lib. dei compendi), vale a dire: chiesa di *S. Filippo* (superstite ancora nella discesa dei *Parioli*), *S. Columba, fossato, Capitinianum* e *massa de vestiario dominico,* mi convinco che si tratta dello stesso gruppo di fondi, e che essi occupavano tutta la discesa suddetta fino al ponte ed anche forse oltre l'*Aniene.* Sembra opporsi a questa ipotesi il fatto che la chiesina esistente nel bivio dei Parioli è dedicata a S. Filippo Neri; e v'è anche la tradizione, presso quei contadini, che ivi spesso il Neri si recasse a pregare: cosa verosimile perchè il Neri frequentava le catacombe cristiane, e colà ve n'erano. Tuttavia il nome di S. Filippo del documento Silvestrino è di quasi 300 anni più antico del Neri; forse questi andava a venerare l'omonimo antico santo apostolo; e col tempo egli quivi, come altri altrove, ha scacciato il santo vecchio. Ciò che principalmente deve notarsi fin da

alla vendita fatta da Martino di Cola della reg. Colonna a Petro di Giovanni da Tivoli di due pezze di terreno situato in Roma fuori *porta Pinciana* nel luogo detto FORMA CORNELLA. Confini: beni di Sinibaldo del Giudice, di Paolo Panetosto e colla via publica, salvo l'annua corrisposta della 4ᵃ parte di mosto mondo e di un canestro d'uva (Arch. di S. Silv., fasc. 26).

(1) GALLETTI, *Gabio in Sabina,* p. 128.

ora si è la coincidenza dei nomi *Capitignano* e *S. Colomba* in due latifondi assai lontani, confinanti col territorio di *Monterotondo* e di *Mentana,* che vedremo al loro luogo. L'esservi unito anche il nome di *S. Stephanus* dimostra che quel gruppo spettava pure alla chiesa di S. Silvestro, già S. Stefano; ed in tal modo si spiega ancora la ripetizione dei nomi suddetti (1).

(1) Ancora una nota archeologica sulla zona Pinciana dei Parioli. Nell'interno di questa collina scorre l'acqua *Vergine,* che quindi passa nella villa di Giulio III, donde ritorna per *Muro torto* nel monte Pincio. Sappiamo anzi che questo speco romano dei Parioli venne mutato ossia raccorciato da Mario Frangipani e Rutilio Alberini nel secolo XVI (CASSIO ALB., *Corso delle acque antiche,* I, p. 136). I corsi sotterranei delle acque erano dagli antichi additati sopra terra con cippi scritti, distanti un *iugero* tra loro. Nel *C. I. L.* VI sono riportati tre cippi iugerali dell'acqua Vergine, l'uno d'ignota provenienza, l'altro della villa Medici, il terzo a *Muro torto, Vinea Vallaea* secondo il FABRETTI (*Inscr.,* pag. 661). Osservo primieramente che la vigna Valle non era a *Muro torto* ma sui Parioli, vicina a *S. Filippo,* e tuttora può vedersi il nome sul cancello CAROLVS VALLIVS, e corrisponde alla vigna *dei 3 orologi* di S. A. il principe Orsini. Ristabilita questa coincidenza, quel cippo collima benissimo con un altro, sfuggito agli autori del *Corpus,* e che io trascrissi nel 1875 nella parte esterna del muro della vigna ora Telfener, ove tuttora si vede. Lo lessi con molta difficoltà per essere in travertino e molto corroso; e lo pubblico ora più esattamente che l'*Ephemeris epigraphica* (IV, 282).

VIRG
TI·CLAVDIVS
DRVSI·F·CAESAR
AVG·GER░░░░NICVS
PONTIFEX▨MAXIMVS
TRIBVNIC·POTESTAT·IIII
(sic) COS·II\ IMP VIII   P   P
XLV   P·CCXL

m. 0.74

È importante pel numero XLV a sinistra, oltre quello ordinario dei CCXL piedi, ch'è la distanza di un cippo all'altro. Se i cippi ebbero un numero progressivo dalla foce dell'acqua in città il nu-

Num. 3. Deriva dal monistero di S. Ciriaco in via Lata, che vi possedeva parecchi fondi. I documenti relativi risalgono al 1040 (1).

Num. 4. Da un atto di S. Silvestro del 1258, ove si parla del casale *massa de vestiario dominico*.

Num. 5. Da un atto di S. Silv. del 1330: essendovi tra i confinanti il monistero di S. Agnese, suppongo che questo luogo stesse sulla via Salaria, e che il nome di *via Pinciana* vi sia stato apposto erroneamente; perciò vi ho aggiunto nell'elenco il segno dubitativo (?).

Num. 6. Ne ho discorso testè, prima dell'elenco.

Num. 7. Da un atto del 1268, di S. Silv. Sul monte *Parioli* era naturale questa denominazione dal possessore. V'era anche *la grotta di S. Silvestro*.

Num. 8. Da un atto di S. Silv. del 1321. Veggasi il num. 1. Si tratta di nota famiglia romana. Un fondo posto *ad formam ruptam* è ricordato con un altro posto ad *S. Hermetem,* altro nome cimiteriale antico, in una pergamena di S. Silv. del 1172; ed altre vigne *ad S. Hermetem* in altra pergamena del 1198.

Num. 9. L'antichità di questo nome rilevasi dalle bolle di Agapito II e di Giovanni XII (2); e la permanenza di esso da atti di S. Lorenzo in Panisperna del 1284 (n. 214) e di S. Silv. del 1356, del 1388 e del 1400, trovandosi tra gli enfitetui di S. Silv. un Oddone di *Lamentana* possidente in *Gorgini* (lib. dei compendî).

Num. 10. Da documento Capitolino del 1385 (notaio Iacobellus Stephani de Caputgallis) riguardante una vigna

mero 45 non è eccessivo per un cippo quasi alle porte di essa? Invece sarebbe forse conveniente se la numerazione incominciava dalla sorgente. Rimetto la discussione ad altro scritto, come ancora la prova che la data del cippo debba essere l'anno 45 dell'èra volgare.

(1) Cod. Vat. 8048, f. mod. 23, 119; Cod. Vat. 8049, f. mod. 52, 64, 72, 73, 135, 145.

(2) MARINI, *Papiri*, pp. 39, 46.

di S. M. in Campo Marzio *extra portam Pincianam* - *al vicolo delli Porcari*. - Me lo partecipò il ch. signor Leone Nardoni. Non è il solo possesso di questa celebre famiglia in questa parte della campagna romana. Sulla via Nomentana ne vedremo un altro.

Num. 11. Da un atto di S. Silv. del 1236 (lib. dei compendi).

Num. 12. Da un atto di S. Silv. del 1350 (ivi).

Num. 13. Da documento Capitolino (not. Bern. Caputgallis, del 1476 riguardante una vigna di S. Agnese affittata ad un Cola Mansi) comunicatomi dal signor L. Nardoni; e dal testamento di Geronima Pierleoni vedova Cardelli, nell'archivio di S. M. in Campo Marzio, donde rilevasi che Ritozza Pierleoni, sua madre, vi possedette una vigna confinante colla via publica (Pinciana) e che questo luogo *S. Saturninus* non doveva distar molto dalle mura (1).

Num. 14. Luogo già ricordato nel *clivus Cucumeris* delle fonti cimiteriali. Arguisco che fosse, come ho accennato di sopra, derivato da un pinnacolo monumentale, perchè negli atti di S. Silv. del 1312, 1313, 1354 trovo la indicazione *trullum Cocumeris* e *trullo Cocummario* (lib. dei compendi); ed in un documento Capitolino (not. Caputgallis) del 1476, indicatomi dal signor L. Nardoni, lo trovo segnato *turre Cocumero* (è una vendita di vigna dal mon. di S. Agnese ad un Sante Angelucci).

Num. 15. *La Valle* o *lo Vallo,* è indicato in un documento di S. Silv. del 1355 (fasc. 23) e in uno del 1388 (fasc. 26).

Num. 16. Da un atto di S. Silv. del 1255 (lib. dei compendi). Il fondo relativo confinava per tre lati colla via publica.

Num. 17. Da un atto di S. Silv. del 1251 (ivi).

(1) Cf. Cod. Vat. 7931, f. mod. 93 sg.

Num. 18. Da un atto Capitolino (not. Petrus Iaco-
belli de Caputgallis) del 1463 favoritomi dàl signor L. Nardoni. Doveva essere vicina all'*Aniene,* perchè spettava al-
l'ospedale de' *Ss. Sanctorum;* e questo fu proprietario fino ai
nostri giorni della tenuta di *ponte Salario.*

Num. 19. Da più atti di S. Silv. Nel più antico,
del 1168, si legge *piscina de Io. Laviano,* in altro del 1198
è scritto *piscina* soltanto, in uno del 1214 *valle de* piscina (lib. dei compendî). L'origine aquaria del nome è evidente.

Num. 20. In un atto di S. Silv. del 1312 è scritto
Vargiarola, in uno del 1322 *Vangiarola,* in uno del 1370
Dangiarola (Inventario di S. Silv. e fasc. 23).

Num. 21. Da documento Capitolino (not. Petrus de
Caputgallis) del 1455 indicatomi dal signor L. Nardoni.

In conclusione, il suolo Pinciano era nel medio evo
tutto vignato e solcato da rivi e viottoli vicinali, come
rilevo dai documenti; e terminava nella gran pianura del
ponte Salario sull'*Aniene.*

Prima di riprendere l'itinerario dalle due porte Nomentana e Salaria, per le due vie principali, dirò che i fondi
posti su queste vie, i quali appartennero, nel medio evo,
alla Chiesa romana, formavano parte del *patrimonium Sabinense* o *Savinense,* uno dei cospicui patrimoni, ma meno
ricco di quello della *Tuscia.*

Il nome classico della regione Sabina dominò adunque
nell'amministrazione della romana curia per tutto il medio
evo (1). Quali fossero i confini del patrimonio Sabinense,
entro il raggio delle 30 miglia che io mi propongo d'illustrare, non è facile il definire. Le fonti diplomatiche pon-

---

(1) Si mantenne anche nel secolo XVI nelle amministrazioni religiose. In un atto del 1583 dell'archivio di S. Silvestro *in capite,* riguardante la tenuta di *Malpasso* presso il ponte Salario, essa è indicata nel
territorio Sabinese (Archivio di Stato, *lib. instrum. S. Silv.*).

tificie antichissime non esprimono gli estremi geografici con tale accuratezza, che se ne possa ritrarre molta luce. Sembra certo che da questa parte fossero i *patrimonia* suburbani così ordinati :

patrim.		patrim.	patrim.	patrim.	patrim.
Tusciae	T E V E R E	*Sabinense*	*Tiburtinum*	*Labicanense*	*Appiae*

Secondo le lettere di Adriano I (1) e il diploma di Ludovico il Pio, Carlomagno concesse il territorio Sabinense a s. Pietro e successori, e pose i limiti fra i Reatini ed i Sabini (2). Perciò su questa suddivisione dell'antico territorio Sabino io vorrei appoggiare una congettura, che, cioè, nel noto elenco dei patrimoni ecclesiastici dato nel sinodo Ravennate, dopo il *Traiectanum*, il *Theatinum* essendovi la voce *utrumque* che precede il *Sabinense*, questa potesse piuttosto attribuirsi al medesimo *Sabinense* che al *Traiectanum*, come invece sembrò al Zaccaria. Non veggo infatti la ragione per una duplicità del territorio Traiettano, mentre ho ricordato quella del Sabinense (3). Comunque sia stato diviso, era certamente un patrimonio assai ricco nei primi secoli del medio evo; ed oltre a numerosi fondi amministrati dalla curia pontificia,

(1) CENNI, *Monum. dom. pont.* I, p. 384.

(2) ZACCARIA, *De rebus ad hist. eccl. pert. etc.* II, p. 152.

(3) Il GREGOROVIUS (*St. di R. nel m. e.* V, 6, § 1) legge in modo il passo del sinodo Ravennate da intendere compresi i due territori *Tiburtinum* e *Theatinum* dentro il *Sabinense*. Ma ciò mi sembra improbabile, sì perchè converrebbe leggere *Reatinum* invece di *Theatinum*; giacchè non potrebbero associarsi *Tivoli* e *Chieti;* sì ancora perchè v'è di mezzo il *Traiectanum*. Quanto poi alla promiscua intitolazione ch'ebbe la Sabina, nelle lettere pontificie, di *patrimonium* e *territorium*, notata già dal CENNI (l. cit.) dirò che l'una è voce di ordine economico, l'altra di ordine geografico ; ma l'associazione geografica essendo la base dell'amministrazione, deve sempre aversi presente nella inter-

ne conteneva molti di S. Silvestro, di S. Ciriaco e specialmente del famoso cenobio Farfense, le cui memorie ci ser-
vonò di guida in gran parte del nostro viaggio.

Il suolo attiguo alle due vie principali, nell'età antica,
fu occupato da *suburbana,* o luoghi di temporanea dimora,
in gran parte forniti delle consuete tombe, le cui memorie
tornarono e tornano alla luce (1). La *villa Patrizi,* aggregato già di più vigne di privati, che possono vedersi nella
pianta del Bufalini, a destra della via Nomentana; le vigne
a sinistra, già Capizucchi, Lancellotti, Pitoni, Pasquali,
tutte scomparse e trasformate ora in moderni caseggiati,
contenevano ruderi di portici, di sepolcri, di muri d'ogni
età. Le vigne Accoramboni, Ercolani ed Orsi furono compe-
rate dal card. Alessandro Albani, e tramutate in quella splendida non meno che deliziosa signoria, ch' è la sua villa, ora
del principe Torlonia, la sola scampata finora nel rinnovamento
mento generale (2). Ma questo ha servito, in occasione dei

pretazione dei testi. Infatti nello stesso patrimonio Tiburtino abbiamo
una *Massa Sabinensis* contenente otto fondi, il cui nome geografico
si oppone all'economico; ma si spiega facilmente per la vicinanza.
Così troviamo che sotto Gregorio Magno il territorio *Carseolitano* era
compreso nell'amministrazione della Sabina, perchè paese confinante;
ma non si potrebbe dire altrettanto di *Rieti* e di *Traetto.* Così parimenti troviamo che nel secondo medio evo, cioè nel secolo XIV,
quando diminuiva grandemente la importanza statistica e politica
della regione Sabina, che decade insensibilmente sempre, e cresceva
al contrario quella della Tuscia, il rettore del *patrimonium Tusciae,*
ch'era il meno lontano ed il più potente, riceveva l'appello quale
comes Sabinensis (THEINER, *Codex dipl.* II, p. 94 ed altrove).

(1) Ad un trar di pietra della porta Nomentana fu scoperta la
lapide arcaica pregevolissima di *L. Aurelius Hermia lanius de colle
Viminali* (*C. I. L.* I, 1011); poco lungi, il cippo importante di *Cal-
purnia Ilias Eborensis* (*C.* cit. VI, 14234), ov'era la vigna Giani, a
sinistra.

(2) Questa ricchissima raccolta di antichità greche e romane ed
ancora egizie, quantunque in parte impoverita, alla quale ha recentemente il principe Torlonia aggiunto un museo di gessi, per lo studio

lavori necessari, a farci conoscere molte particolarità del suolo antico (1). Di tutte le scoperte avvenute nel primo tratto della via Salaria, nel tempo decorso (2) e nell'odierno, principale si è quella del mausoleo rotondo di *M. Lucilius Paetus,* di 34 metri di diametro, apparso nella *villa Bertone,*

dell'arte antica figurata, è stata illustrata in opere numerose del Winckelmann, del Zoega, del Visconti, del Morcelli e di altri archeologi. Le monografie speciali, che riguardano la collezione Albani-Torlonia, sono:

VENUTI RODULFINO, *Marmora Albana sive in duas inscriptiones gladiatorias,* etc. *conjecturae.* Romae, 1756.

MARINI GAETANO, *Iscrizioni antiche delle ville e de' palazzi Albani, raccolte e pubblicate con note.* Roma, 1785. (Contiene anche le iscrizioni delle altre case Albani).

ANONIMO (FEA CARLO), *Indicazione antiquaria per la villa suburbana dell'ecc.*^ma *casa Albani,* ed. 2ª. Roma, 1803.

BUNSEN in *Beschreibung der Stadt Rom.* Stuttgart und Tübingen, 1838, III b., p. 455 e sgg.

MORCELLI-FEA-VISCONTI, *La villa Albani ora Torlonia descritta,* ed. 2ª. Roma, 1869.

(1) Una via normale alla Nomentana, oltre le tracce di questa, è stata scoperta nell'area già Patrizi (*Not. Scavi* 1886, pp. 52 e 53). Importante vi è stata la scoperta del sepolcro ante-augusteo dei *Rabirii* (ivi, p. 156), di *L. Laevius Asiaticus,* dei *Munatii,* di *C. Clodius Dionysius,* ecc. (pp. 160, 209 e 235). Altre scoperte ivi registrano le *Not.* cit. (1887, p. 328). V'erano anche sepolcri cristiani, noti da qualche tempo (DE ROSSI, *Bull.* 1868, p. 32), e il cimitero di S. Nicomede, che possedette un *horticellum im via Nomentana* secondo gli atti nei Bollandisti.

(2) Tra le lapidi esistenti già nella vigna Gangalandi, poi Della Porta, contigua già alla villa Albani, vi è quella proveniente dal *foro boario* (DE ROSSI, *Ara Massima,* p. 14). Anche di recente si è trovata vicino alla porta Salaria un'importante lapide di provenienza urbana (*Not.* cit. 1885, p. 476). Nei prati già degli Antoniani francesi di Vienne, contigui anch'essi alla villa Albani, poi vigna Carcano, fu scoperto il rilievo di Euripide, ora nel museo Albani. Quivi era il cimitero di Massimo *ad sanctam Felicitatem,* e l'aveva già determinato il De Rossi; e le odierne scoperte l'hanno confermato. Tra queste v'è un dipinto rappresentante S. Felicità coi sette figliuoli (cf. DE ROSSI, *Bull.* 1885, p. 149).

nell'anno 1883, dagli archeologi descritto, ma non ancora pubblicato con disegni (1). Auguriamoci che sia conservato per l'avvenire; poichè per l'età e per la forma esso è degno confronto, nella campagna romana, di quelli di Metella e di Cotta sulla via Appia. Nel coperchio di un sarcofago ritrovato presso il monumento è inciso:

PETRO — LILLVTI PAVLO

che significa aver questo sarcofago servito di tomba ad un *Pietro Paolo Lilluti* nel medio evo (2).

Tra le vie Nomentana e Salaria, in questo primo tronco quasi parallele, si estende una valletta profonda, che si può limitare, verso Roma, dal così detto *vicolo Alberoni,* e verso la campagna dal *vicolo di S. Agnese,* due viottoli che congiungono le due vie da questo punto fino alla valle dell'Aniene. Nel fondo della valletta corre la così detta *marrana di S. Agnese* che sbocca nell'*Aniene* quasi ad egual distanza dai due ponti *Nomentano* e *Salario.* Questa valletta ha pur essa la sua storia: vi si rinvennero vestigia di fortificazioni arcaiche simili a quelle dell'*aggere* di Servio Tullio, e relitti di terrecotte pure arcaiche (3). Da un documento Tiburtino del 982 rilevasi che ebbe nome *ager Velisci,* nome arcaico significante *palude* ed acqua in ge-

(1) Cf. *Not.* cit. 1885, pp. 189, 225 e 253; 1886, pp. 54, 209 e 235. Vi si sono rinvenuti attorno sepolcri numerosi con quasi 200 tra iscrizioni e frammenti di età posteriore all'augustèa, ch'è quella del mausoleo. L'interno di questo si è trovato scavato, adoperato per tombe cristiane e sconvolto in età moderna.

(2) Un'ultima notizia epigrafica su cotesto sito, ov'era nel secolo XVII la vigna Buratti, già dei Gavotti. In un gradino della casa del giardiniere lesse il p. Lupi un importante frammento relativo al *ius monumenti* (*Dissertaz.* ed. Zaccaria, II, p. 167).

(3) Le rinvenne il cav. MICHELE STEF. DE ROSSI nell'orlo di questo cratere (vigna Crostarosa). Cf. *Bull. Comunale* 1883, p. 256. Era dunque un sito fortificato attorno come prossimo tanto alla città, quanto a nemici pericolosi nell'antichissima età.

nère (1). Al qual nome fa egregio riscontro l'altro di *ad capream* dato allo stesso luogo in una iscrizione cristiana relativa al *coemeterium maius*, ch'era costì, e precisamente l'*Ostrianum*, presso S. Agnese, decorato della leggenda *ubi Petrus baptizabat*, perciò principalissimo nelle tradizioni religiose di Roma (2). Altro riscontro rileviamo dalla intitolazione *ad nymphas* (forse anche *lymphas*) del suddetto cimitero nelle fonti storiche relative (3).

Sul margine destro di questa valle, cioè sulla via Nomentana, abbiamo a sinistra la villa già Alberoni, la vigna Nataletti, la vigna Casalini e poi le monumentali chiese di S. Agnese e S. Costanza; a destra la villa Lucernari, ora ridotta a *villini*, la villa Torlonia (già in parte Lucernari) in questo secolo adornata con opere monumentali dall'ora estinto principe D. Alessandro (4), le ville Mirafiori già Lepri, Ferrari e Malatesta, e le vigne Lezzani e De Solis.

---

(1) BRUZZA L. in *Bull.* del DE ROSSI 1882, p. 96.

(2) DE ROSSI in *Bull. Comun.* 1883, p. 224 e sgg. Questa notizia ha servito al De Rossi per abbattere la vecchia opinione, che la *palude Caprea*, ove si disse scomparso Romolo, fosse nel campo Marzio (presso il Pantheon), e per supporla nella valle di S. Agnese. Ci sembra persuasivo il suo ragionamento nel campo letterario, ossia delle fonti. Anche la storia, per quanto oscurata dalle leggende, ci può far balenare uno scontro fra Sabini e Latini sulla via Nomentana, seguito dalla scomparsa di Romolo e dalla elezione del secondo re sabino. Anche la corrispondenza topografica del tempio di Quirino, sul colle omonimo, colla via Nomentana non ci sembra estranea a questo fatto.

(3) DE ROSSI, *Bull. A. Crist.* 1876, p. 150; ARMELLINI M., *Scoperta della cripta di s. Emerenziana*. Roma, 1877, p. 11.

(4) Tra le magnifiche opere dal principe Torlonia fatte eseguire nella sua villa Nomentana si veggono i due obelischi in onore di suo padre D. Giovanni e di Anna Maria Sforza sua madre, fatti tagliare nelle cave di *Baveno*, trasportare per acqua fino all'Aniene, cioè alla prossima riva di *Saccopastore*, coll'opera del comm. Cialdi, nel 1839; ed incisevi le iscrizioni geroglifiche dettate dal p. Ungarelli, finalmente innalzati coll'opera del Carnevali. Cf. PIGNOTTI LEONINI AN-

Sul margine sinistro della valle medesima, cioè sulla via Salaria, abbiamo le vigne già Della Porta e Filomarino, che fronteggiano la villa già Potenziani ora Telfener. Anché in questa parte della via, la contrada è stata ricca di epigrafi sepolcrali, in occasione dei lavori edilizî quivi eseguiti (1). Nel primo medio evo fu abitata questa regione; come rilevasi dalla notizia della basilica di S. Felicità quivi esistente nel secolo quinto, quando veniva da Bonifazio I fornita di suppellettili, e quindi doveva esser frequentata (2).

(Continua)

G. TOMASSETTI.

TONIO, *Gli obelischi eretti nella villa sulla via Nomentana del principe D. Alessandro Torlonia*, Roma, 1842; GASPARONI FRANCESCO, *Sugli obelischi Torlonia nella villa Nomentana, ragionamento stor.-critico*, Roma, 1842. Una medaglia incisa dal Girometti e fregiata di epigrafe dettata dal p. Marchi è pure monumento di questo fatto, che deliziò il popolo romano nell'anno 1840, e fornì occasione a poeti, letterati e disegnatori per farsi onore. Un sonetto del Visconti (Pietro Ercole), amico del principe, porgeva il confronto degli obelischi egizi in Roma, trofei di battaglie, e questi, simboli d'amor filiale:

> In lei (Roma) d'un figlio sol l'amore eguaglia
> L'opre di tanta gloria e tanto impero.

(1) Cf. *Bull. Comunale* 1886, pp. 331, 372 e sgg. Vi si rinvennero le memorie dei liberti degli *Appulei*. Cf. *Not. Scavi* 1885, p. 528; 1886, pp. 364 a 404; 1887, pp. 21, 74, 191, 328 e sgg. Importante v'è stato il sepolcreto dei *curatores* della tribù *Pollia* (*Bull. Comun.* 1887, p. 187, ecc.).

Prima di lasciare questo primo tronco della Salaria ricorderò agli studiosi di epigrafia come da falsa lezione di un epitaffio cristiano il p. Paoli ricavasse un libro, per dimostrare che quivi era sepolto Felice II papa (che invece stava sulla via Portuense). Fu un conflitto serio dell'autore col Marini, Tiraboschi e Oderici, che lo confutarono con ardore superiore al valore della cosa. (Cf. DE ROSSI, *Inscript. Christ.* I, p. 177).

(2) *Liber pontificalis*, ed. Duchesne, in *Bonifatio*, p. 227-228.

VARIETÀ

———

Iscrizioni etiopiche ed arabe di S. Stefano dei Mori.

Nel vol. IX di questo *Archivio* il prof. Guidi, publicando due lettere che si riferiscono alla prima stampa del Nuovo Testamento in etiopico fatta in Roma nel 1548-49, ricordava Tasfa Sion ed altri abissini che dimorarono nel convento di S. Stefano, per cagion loro detto « dei mori » e dei quali si leggono li epitaffi nella chiesa. Di tali epitaffi parte sono in latino, e questi furono già publicati, parte sono in geez ed in arabo ancora sconosciuti. Così mi è parso di fare cosa gradita tanto agli studiosi delle cose orientali quanto agli amatori di curiosità romane publicando queste iscrizioni etiopiche ed arabe ancora esistenti in S. Stefano.

Da assai tempo la chiesa e il convento di S. ·Stefano furon dai papi concessi agli abissini; ma intorno alla data di questa concessione, e, quindi, al nome del pontefice da cui fu fatta non sono d'accordo coloro che scrivono sull'argomento: così l'Alfarano dice che Sisto IV (1471-84) ristorò il monastero e lo consegnò agli abissini; e il Piazza (*Opere pie di Roma,* p. 123) che Clemente VII nel 1525 concesse agli abissini S. Stefano e una casa contigua; e, infine, H. Salt, nel suo *Viaggio in Abissinia* (II, p. 274, n.), ritiene la fondazione del convento per gli abissini in Roma esser avvenuta al tempo del viaggio in Europa di Zaga-Zabo, che partì dall'Abissinia con D. Roderigo de Lima e con l'Alvarez nel 1526; ma nessuna prova è recata a sostegno di queste affermazioni.

Opinione più comune è che l'edificatore dell'ospizio per gli abissini sia stato Alessandro III; e così scrivono l'Alveri (*Roma in ogni stato*), il Nibby (*Roma nel 1838,* p. 726), e il Forcella nelle brevi notizie sulla chiesa di S. Stefano che precedono le iscrizioni (VI, p. 307), e ultimamente anche l'Armellini (*Chiese di Roma,* p. 622).. E questa ipotesi fu fatta la prima volta dal Baronio quando publicò (*ex Rogerii Annalibus Anglicanis*) la lettera di Alessandro III: « Charissimo in Christo filio illustri et magni-« fico Indorum regi sacerdotum sanctissimo.... ecc.». Ma il Ludolf che si occupa di tale questione, tanto nella *Historia* (lib. III, c. 9), quanto nel *Comentario* (ad lib. III, n. 96), dice che il Baronio è in errore quando crede la lettera di Alessandro III diretta al Prete Janni; e asserisce che il tenore della lettera stessa nulla contiene circa la chiesa e il convento di S. Stefano. (1)

Più recentemente l'Assemani, in una importante dissertazione publicata dal Mai nella *Scriptorum veterum nova collectio,* V, riporta l'opinione del Baronio, ma crede « più « verisimile che i monaci abissini non abbiano ottenuta la « chiesa di S. Stefano che da Eugenio IV, dopo il concilio « Fiorentino, a cui vennero da Gerusalemme e dall' Egitto « molti monaci abissini e copti . . . . . », e allo stesso papa Eugenio IV aveva già attribuita tale concessione il Panciroli nei *Tesori nascosti,* p. 546. Il Bruce e il Salt più sopra citato scrivono che, per volontà del re Zara-Ja'qob, Nicodemo, superiore del convento abissino di Gerusa-

---

(1) Anzi R. Basset negli *Etudes sur l'histoire d'Ethiopie* (Parigi, 1882) scrive : « . . . questo documento è probabilmente apocrifo, come « l'ha dimostrato lo Zarncke » (*Commentatio de epistola Alexandri papae III,* ecc.; Lipsiae, 1875).

lemme, mandò l'abate Andrea ed altri religiosi al concilio di Firenze, e il Bruce (1) aggiunge (II, p. 73) che Zara-Ja'qob ottenne il consenso del papa per stabilire a Roma un convento di abissini. Ma qualunque parte abbia avuta in ciò Zara-Ja'qob (del quale il Ludolf dice: « ab Ecclesia « Romana alienum fuisse » (2), è certo che gli abissini vennero al concilio; e se n' ha memoria, oltre che negli atti del concilio, nei versi che si leggono sulle porte della basilica di S. Pietro fatte da Eugenio IV, e in un quadro del Vaticano, nel quale Gregorio, l'amico del Ludolf, « po-« pulares suos agnoverat ».

Ora se anche l' ipotesi del Baronio è da escludersi (come pare veramente) essendo poco fondata, invece si hanno prove della dimora di abissini a S. Stefano non molto tempo dopo il concilio di Firenze, così che sembra ragionevole ritenere che, nell'occasione della venuta degli abissini al concilio, fosse da Eugenio IV il monastero di S. Stefano destinato per sede agli abissini stessi.

Dice il Gibbon: « Circondati da nemici della loro reli-« gione, gli Etiopi stettero circa un millennio dimentichi « del resto del mondo, dal quale essi stessi erano dimen-« ticati »; ma la venuta di religiosi abissini al concilio Fiorentino e le relazioni che i Portoghesi strinsero con l'Etiopia tornarono a stabilire continue comunicazioni fra l' Europa e questo unico Stato cristiano d'Africa. Poi fu intrapresa la conversione dell'Abissinia dalla eresia monofisita alla fede cattolica: così dal principio del xvi secolo si mantennero i monaci abissini (ricevendo anche gli alimenti dal palazzo Apostolico) nel convento di S. Stefano sino verso la fine del secolo xvii.

---

(1) È noto che il Bruce inserì nella narrazione del suo viaggio gli annali d'Abissinia tratti da un testo ge'ez.

(2) Del resto per ciò che riguarda Zara-Ja'qob e i suoi istituti ecclesiastici vedi DILLMANN, *Ueber die Regierung, etc. des Königs Zar'a-Ja'qob.*

Poi, essendo morti quelli che vi erano, e non venendovene altri (1), fu la chiesa data in cura a D. Matteo Naironi maronita. Nel 1705, da Clemente XI fu fatto cappellano e rettore perpetuo di S. Stefano l'abate Campana, il quale morì nel 1729 lasciando la carica all'Em. Ansidei, già destinatogli a coadiutore *con futura successione* fin dal 1724. Frattanto, dice l'Assemani nella *Controversia coptica* già citata, copti ed abissini (chiamati a Roma dalla Congregazione di Propaganda Fide) domandavano di esser reintegrati nel possesso della loro chiesa: e morto nel 1730 l'Ansidei, l'ottennero. Clemente XII confermò la concessione del monastero e gli alimenti, e con breve del 15 gennaio 1731 stabilì che gli abissini di S. Stefano dipendessero in perpetuo dalla S. Congregazione di Propaganda Fide, e deputò a rettore ed amministratore del convento l'Assemani. Nel 1732 altri copti giungevano a Roma e nel 1807 vi arrivava Giorgio Galabbada, che fu l'ultimo ospite di S. Stefano, e vi morì.

In breve: gli abissini, ricevuta, assai probabilmente da Eugenio IV, la chiesa di S. Stefano col convento, vi stettero per circa due secoli; e in loro mancanza la chiesa fu data ad altri, fino a che, nel 1730, ne furono gli abissini, insieme coi copti, reintegrati in possesso.

Sarebbe certo importante publicare tutte le notizie che si possano raccogliere intorno ai religiosi abissini e copti che furono a Roma, e le memorie che di loro rimangono; al quale scopo gioverebbero le postille che si leggono nei

---

(1) Il LUDOLF nel *Coment.*, che fu publicato nel 1691, dice della chiesa: « Hoc tempore alii clerici eam possident, ex quo nulli Habessini amplius Romam venerunt ».

Gli Etiopi che giungevano a Roma venivano spesso da Gerusalemme; tuttavia a lasciare senza ospiti il convento di Roma influì certo anche questo: che l'impresa della conversione degli Etiopi era fallita proprio quando, sul finire del regno di Susnejos, sembrava compiuta.

codd. Etiop. della Vaticana; ma mi limito per ora, come ho detto, a publicare le iscrizioni etiopiche ed arabe di S. Stefano. Le più antiche sono le etiopiche; le arabe sono solamente del secolo scorso, perchè, come è detto più sopra, solo allora dimorarono nel monastero dei copti (1); una sola iscrizione ha una riga di copto.

Le iscrizioni etiopiche contengono qualche errore, ma più numerose sono le inesattezze di scrittura, assai frequenti nei mss. Etiopici (2), e derivate dalla pronuncia del tempo, quali sarebbero:

a) lo scambio delle vocali *ĕ* ed *a*; ad esempio: l'iscrizione I ha *'ʿm* per *'ama*, e subito dopo ha *mahrat* per *mʿhrat*; così le iscrizioni II e III hanno entrambe *ẓʿkarwō* per *ẓʿkʿrwō*:

b) lo scambio delle gutturali *h*, *ḥ* e *ḫ*; per esempio: *warha* per *warḫa* (iscrizione III) e *ḥabta* per *habta* (iscrizione IV);

c) lo scambio di *š* con *s*: *naḫsi* per *nahasē* (iscrizione I);

d) lo scambio di *b* ed *m*: *ẓabana* per *ẓamana* (iscrizione III).

Ecco ora, nella seguente pagina, la più antica delle iscrizioni.

(1) Tuttavia anteriore a questo tempo è l'iscrizione latina di « Musa Franciscus Afferia, filius principis Libiae », morto nel 1626. Essa fu riportata dall'Alveri e dal Gualdi, e da questo la tolse il Forcella.

(2) Nel cod. Et. ms. CLI del British Museum, uno dei monaci di S. Stefano, Habta Māryām, di cui si parla più sotto, dà chiare prove delle scarse nozioni di ortografia che egli possedeva.

(Qui è l'iscrizione latina già pubblicata dall'Alveri e dal Forcella).

I, l. 4. Per *'ama.*   Per *nahasē.*   Per *m'hrat.*

cioè:

Qui è sepolto Tasfā Sion etiope   [sacrifizio
prete: ricordatelo nelle vostre preghiere e nel vostro santo
per Cristo e per la Madre di Gesù - Amen.
morì il 18 di nahasē (*agosto*) nell'anno di grazia 1550 (1).

Tasfā-Sion era monaco dell'ordine di Takla Hāimānōt,
e fu, senza dubbio, il più distinto di quanti abissini dimorarono a Roma. Di lui conservano memoria alcuni codici
Etiopici Vaticani; nel codice XXIX, per esempio, si parla
di una specie di sinodo fatto dai monaci di S. Stefano
sulle regole interne del convento: Tasfā-Sion, che vi prese
parte, è chiamato *mam'h'r 'abā Tasfā S'yōn*.

Paolo Giovio (il quale, come è noto, da lui (2) ebbe
le notizie intorno all'Abissinia che egli pose nel lib. XVIII
della sua storia) lo chiama: « huomo d'honorato et illu-
« stre ingegno » e di lui dice che: « possedendo molte
« lingue, rendutosi frate, in Roma imparò benissimo la

---

(1) Nel computo degli anni dalla nascita di Cristo, gli abissini si
trovano in ritardo di circa sette anni dal computo nostro. Ma chi
scrisse l'epigrafe etiopica di Tasfā Sion adottò il millesimo della iscrizione latina (MDL); e forse volle anche adottarne la data del mese,
che è 28 di agosto, ma per errore scrisse invece 18. Suppongo questo perchè il 18 di nahasē non corrispondeva punto ai 28 di agosto
del calendario Giuliano.

Qui non sarà inopportuna una breve notizia sul calendario etiopico:
L'anno etiopico consta di dodici mesi, di trenta giorni ciascuno, e di
un tredicesimo mese detto *Pāguemēn*, cioè *aggiunto*, il quale ha sei
giorni nell'anno bisestile, che porta il nome di « anno di S. Luca »,
e cinque giorni nei tre anni successivi, che portano i nomi degli altri tre
evangelisti. Nel secolo presente l'anno etiopico comincia il 10 settembre del nostro calendario; ma l'anno che segue a quello di S. Luca
comincia l'11 settembre, perchè, come s'è detto, nell'anno di S. Luca
il mese *Pāguemēn* ha sei giorni.

(2) Ed anche dal comentario che P. Alvaro lasciò scritto del suo
viaggio.

« lingua nostra, e ad alcuni uomini curiosi insegnava
« l'abissina ».

Probabilmente egli ebbe parte nel tentativo di conversione della sua patria, se, come credo, è di lui che parla
il Salt dove dice che «.le istanze di un degnissimo prete
« abissino, chiamato Pietro, condussero Ignazio, il fonda-
« tore della C. di G., ad intraprendere la conversione del-
« l'Abissinia . . . . . . » (II, p. 276); anche lo Harris accenna, senza farne il nome, ad un abissino che in Roma
ispirò al Loyola l'idea della conversione dell'Abissinia. Ma
il maggior titolo ch'egli ebbe ad esser rammentato dai
posteri fu la stampa da lui fatta del Nuovo Testamento
in etiopico, che non dovette essere facile lavoro: le difficoltà che bisognò vincere sono adombrate nelle parole
che stanno in capo al libro, e che il Ludolf riporta:

« O padri miei, o fratelli miei, non vogliate male in-
« terpretare gli errori di questa (edizione): poichè coloro
« che la stamparono non sapevan leggere; e noi non
« sapevamo stampare: così che essi aiutaron noi, e noi
« aiutammo loro come il cieco aiuta il cieco. Perciò per-
« donateceli . . . . ».

E nè pure fu fatica sterile, poichè, dice Paolo Giovio,
gli abissini, che per divozione venivano da Gerusalemme
a Roma, solevano i libri della S. Scrittura stampati in
Roma « per un gran miracolo portare a casa loro ». Certo,
come dice la iscrizione latina, avrebbe Tasfā-Sion fatto più
cose, se non glielo toglieva la morte che lo colse all'età di
soli quarantadue anni.

Dopo l'iscrizione di Tasfā-Sion, per ordine di tempo,
vengono due iscrizioni del 1599 (1).

---

(1) L'iscrizione di « Pater frater Marcus aetiops », morto nel 1582,
è solo latina. Essa fu già stampata dall'Alveri e dal Forcella.

II.

ዘኩ ር ም ፡ በ ጸ ሉ ት ከ

ሙ ፡ ነ ጋ ይ ይ ን ፡ ዝ ይ ፡ ተ

ቀ በ ረ ፡ አ ግ ፡ ይ ዕ ቀ በ ፡

ወ ል ይ ፡ አ ቡ ነ ፡ ኦ ስ ጠ

ተ ኦ ስ ፡ በ ፰ ወ ፭ ፻ ወ ፱

አ 9 ዐ ተ ፡ ል ይ ተ ፡ ል ክ ር ስ ተ ስ

እ ስ ክ ፡ 9 ጓ ሀ ፡ በ ማ ር ቆ

Ricordatelo nelle vostre preghiere
pellegrini - qui è se
polto padre Jaʿqob
figlio del padre nostro. Eustazio (*monaco dell'ordine di Eu-*
nell'anno 1599   [*stazio*)
dalla nascita di Cristo
fino a   in Marco....

Non saprei spiegare le ultime parole di questa iscrizione
se non come facenti parte di una frase simile a quella che
si legge nella iscrizione seguente; e tuttavia la lapide non
mostra di essere stata rotta.

Un Qasis Jaʿqōb, che è probabilmente colui che è nominato in questa epigrafe, è ricordato in postille dei codd.
Et. Vatic. V, VII, XXIV e XXXVI.

II, l. 1. Per *z̄kʷrwō*   5. Per *yōsṭaṭyōs*   7. Per *'amēhā*

In questa iscrizione, e nella seguente, sono nominati i due principali ordini monastici di Abissinia, cioè quello di Takla Hāimānōt e quello di Eustazio.

III.

ዘኽርዎ፡ለአገዊነ፡ነጋ ዴሳን፡በ
ዘየ·ተ ቀጠረ፡ዘ ኻርየ ስ፡እተ የ
ኻየዊ፡ እም ቤተ ፡ የቀ ር፡ወ
ልይ፡እቡነ፡ተ ኽለሃ የመ ና ተ
፡በ እ ᎗ᎬᎮ Ꮁ፡ ᎗Ꭴተ ᎒ም
ህ ሪ ᎗፡እም ልየ ት ፡ኽር ለ ᎗ ል
እ ለ ኽ·ለ ᎚ ᎞፡ ᎐ት ፡በ ዘበ ᎗ ᎙
᎓Ꮀ ᎚፡ ወ ᎗ ᎞ ᎐ ᎚ ᎞፡ በ ወ ር Ꮁ ᎙ ᎓
᎗ ተ

Ricordatelo o fratelli nostri pellegrini
qui è sepolto Zaccaria etio
pe del paese di Dawarō
figlio del nostro padre Takla Hāimānōt
nell'anno di grazia 1599
dalla nascita di Cristo
fino a che morì nel tempo di Marco (*nell'anno di S. Marco*)
evangelista nel mese di maggabit (*marzo*).

III, l. 1. Per *zᵉkᵉrwō*   2. Per *zakāⁱyās*   6. Per *'ᵉmlᵉdata*   7. *ba-zamana mārqōs*   8. Per *bawarḫa maggābit*

IV.

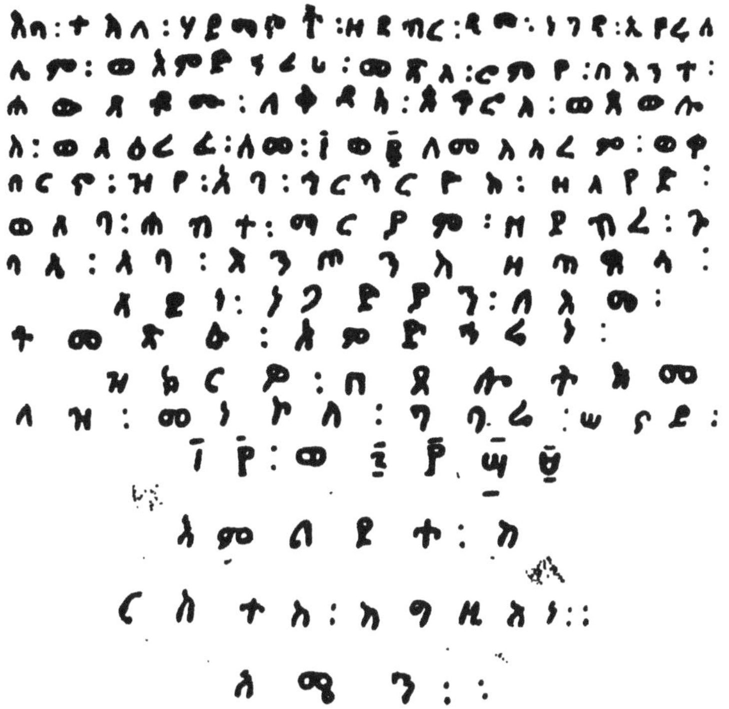

አበ፡ተ አለ፡ ሃይማኖት ፡ዘደብረ፡ ዲማ፡ ንጉደ፡አ � ራ ሰ
ለ ም፡ ወ አም ደ ጌ ሬ ሃ፡ ወ ጸ ለ ፡ ሮ መ ፡ በ አን ጐ ት ፡
ሐ ወ ጸ ጰ መ ፡ ሰ ቅ ደ ህ ፡ አ ጐ ራ ለ ፡ ወ ጸ ወ ሎ
ህ ፡ ወ ለ ዐ ራ ሬ ፡ ለ መ ፡ ሂ ወ ፫ ለ መ አ ለ ራ ም ፡ ወ ቀ
ቦ ር ሞ ፡ ዝ ሞ ፡ አ ን ፡ ንግ ን ግ ሮ ህ ፡ ሀ ለ ሞ ሃ ፡
ወ ለ ን ፡ ሐ ብ ተ ፡ ማ ር ያ ም ፡ ዝ ሞ ደ ብ ረ ፡ ጐ
ባ ኤ ፡ አ ን ፡ እ ን ጐ ን ዮ ፡ ሃ ጐ ቃ ለ ፡

አ ዶ ቀ ፡ ፳ ፪ ደ ፵ ፯ ፡ ለ አ ወ ፡
ት ወ ራ ዶ ፡ አ ጐ ደ ን ሬ ን ፡

ዝ ኀ ር ፡ የ ፡ በ ጸ ሶ ት አ ወ
ለ ዝ ፡ ወ ን ሮ ለ ፡ ን ን ሬ ፡ w ፍ ዶ ፡

፲ ፡ ደ ፡ ወ ፫ ፡ ደ ፡ ፱ ፡ ፱ ፡

አ ም ሰ ደ ት ፡ ከ

ራ ለ ት ከ ፡ ከ ግ ዘ አ ን ፡፡

አ ሜ ን ፡ ፡

Padre Takla Hāymānōt di Dabra Dima pellegrino di Ge-
e dopo di essa venne a Roma per   [rusalemme
visitare S. Pietro e Paolo
e morì il 12 di maskarram (*settembre*)
e l'abbiamo sepolto qui (*noi*) padre Gregorio di Layad
e padre Habta Māryām di Dabra Gūbā'ē
(*e*) padre Antonio di Taqūsā.
Fratelli nostri pellegrini, se
verrete dopo di noi
ricordatelo nelle vostre preghiere
questo monaco dabbene.
      1649
dalla nascita
di Cristo Signor nostro
    Amen.

IV, l. 1. Per *naggādi*   6. Per *ḥabta*   7. Per *anṭōnᵉs*   8. Per
aḫawina   14. Per *krᵉstōs*

Questa iscrizione ha il pregio di recare i nomi di alcuni abissini conosciuti dal Ludolf quando fu a Roma nel 1649.

Il P. Gregorio di questa iscrizione e quello con cui il Ludolf strinse amicizia, che andò poi a trovarlo in Germania, e del cui aiuto egli si giovò per scrivere la sua *Historia,* ecc., sono assai probabilmente la stessa persona, benchè nella iscrizione sia detto *za Layad,* e nel Ludolf invece: '*mbēta 'amḫārā 'mmakāna śʻlāsē.*

Del P. Antonio di Ṭaqūsā dice il Ludolf: « Antonius « d'Andrade, patre Lusitano et matre Habessina, Takuessae « in Dembea natus .... ».

Il P. Habta Māryām pure è ricordato dal Ludolf; e copiato da lui è il cod. Et. ms. CLI del British Museum.

V.

✝

ፕ ሁ፡ፕ ዜ ክ ር፡ ገሕ ፤፡ እገ፡ ሀብ ተ ማር ያ ም፡ ዘ ይ ብ ሬ
ጉ ባ ፰፡ ወ አ ገ፡ ተ ክ ሏ ህ ይ ማ ኖ ት ፡ ዘ ይ ብ ሬ፡ ደ ማ
ጋ ይ ያ ፤፡ ከ ም፡ ለ ዛ ቲ ፡ ቤ ት ክ ር ስ ቲ ያ ን፡ እ ን ተ ፡ ወ
ሀ ቡ ፤፡ ሊ ቃ ፥፡ ጸ ጸ ላ ት ፡ ቀ ደ ማ ወ ያ ፤፡ ሶ በ ሬ ከ ብ ና
ሃ፡ ብ ለ ት ፡ ወ ሞ ዝ ብ ር ተ ፡ ጸ መ ዉ ፥፡ ፐ ቀ በ አ ን ተ
አ ሃ ፡ ወ ሐ ይ ስ ና ሃ፡ በ ወ ር ቅ ፥፡ ዘ ይ አ ክ ል ፡ መ ጠ ዩ ፪ ፻
ወ ፎ ቀ ር ኽ ፡ ኢ ይ ማ ለ ል ክ መ ፡ እ ን ዃ ፤፡ ዘ ገ በ ር ፤፡ ለ
ተ መ ክ ሁ ፡ እ ገ፡ ከ መ ፡ ተ ዝ ክ ሩ ፤፡ በ ጸ ሎ ተ ክ መ ፡፡
በ ፻ ወ ፱ ፻ ሣ ወ ፲ ፱ መ ት ፡ አ ማ ል ይ ት ፡ ክ ር ስ ቶ ስ እ ግ
ዚ አ ነ ዎ ት ፡ ሰ ብ ሐ ት ፡፡ መ ቃ ብ ሬ፡ እ ገ፡ ሀ ብ ት ፡ ማ ፻
ር ም ፡ ዘ ፦ ፻ ዐ ሬ ፍ ት ል መ ፡ ፤ ወ ዐ ሰ ወ ር ፥ ጠ ፻
በ ፻ ወ ፩ ፻ ፻ ፻ ወ ፪ ፱ መ ተ ፡ አ ግ ዜ አ ፦ ፡፡

V, l. 2. L'iscrizione precedente ha *gūbāʾ*   2. L'iscrizione precedente ha *dabra dima*   11. Per *tʻr*

Ecco ricordiamo noi padre Habta Māryām di Dabra
Gūba‘ē e padre Takla Hāymānɔt di Dabra Dimā
pellegrini, che per questa chiesa la quale
ci diedero i papi antichi quando la trovammo
vetusta e rovinosa ci siamo adoperati molto per essa
e l'abbiamo restaurata col nostro denaro, che è circa la
[somma di 400
e 70 piastre. Non crediate, fratelli nostri, che abbiamo
[fatto (*ciò*)
per gloriarci ma perchè ci ricordiate nelle vostre preghiere.
nell'anno 1638 dalla nascita di Cristo
Signor nostro, a lui gloria. Sepoltura di P. Habta
Māryām la cui morte fu il 14 del mese di Ṭer (*gennaio*)
nell'anno 1654 di Nostro Signore.

Vengono ora alcune iscrizioni arabe. La prima riga
della iscrizione VII è scritta in copto.

VI.

Haḏā darîh gād yū'āṣaf min madinet girgî

Questo è il sepolcro di Gad Joasaf della città di Girge.

VII.

Makarios pkigōmanos (1) *ou pimonachōs agibthios*

Macario egumeno e monaco egizio.

'al-qass maqâryûs ra'îs dêr 'as-saydah 'al-mukannā
bibarryat sìhāt 'elladi fîmā ba‘d
ṣār rais dêr mār 'estāfānûs
'al-mukannā bidêr 'al-ḥabaš waqad
tanayyaha fî yôm 27 fî šahr tišrîn 'at-ṭānî
— *1740* — (2)

(1) sic.
(2) Il Forcella legge la data della iscrizione latina così: MDCCXI.

Prete Macario superiore del convento della Vergine, detto
« del deserto di Sceti » il quale di poi
divenne superiore del convento di S. Stefano
detto « convento degli Abissini ». Ed egli
morì il dì 27 del mese di novembre
— 1740 —

Questo P. Macario (chiamato dall'Assemani *Macario
Asmalla*) è uno dei due monaci copti che nel febbraio 1730
furono introdotti nel monastero di S. Stefano. L'iscrizione
latina dice che egli morì in età di anni CVII e mesi VII.

VIII.

'abûnā 'al-qass yūhannā 'al-habašy rāheb mār 'antōnyōs min
　　　　[madīnet dānbyat min mudun 'al-habaš
'atā 'ilā rūmyat fī 'l-yôm 'ar-rāb͑ min šahr tišrīn 'awwal 1749
　　　　[wa'aqāma bihadā 'al-mahall wāhad
watalatīn sanat wašahrain watanayyaha fī 'lyôm 'at-tālat 'ašar
　　　　[min šahr kānūn 'awwal
1780 wakān lahu min 'al-'omr talātat wa sittīn sanat hakadā
　　　　[kataba billātīnī
'al-munsīnyūr 'astafānūs Borġa kātim maġma͑ 'intišār 'l'īmān
　　　　['lmuqaddas.

Padre Giovanni abissino monaco di S. Antonio del paese
　　　　[di Denba (*uno*) fra i paesi d'Abissinia
venne a Roma il dì quattro del mese di ottobre 1749 e
　　　　[stette in questo luogo
trentun anni e due mesi, e morì il dì 13 del mese di di-
　　　　[cembre
1780. Ed aveva l'età di 76 anni. Cosi ha scritto in latino(1).
mons. Stefano Borgia segretario della Cong. di Prop. Fide.

VIII, l. 5. Probabilmente per *kātib' asrār*. L'iscrizione latina ha: *a
secretis*.

(1) Questa iscrizione è preceduta da quella latina già publicata
dal Forcella.

Giorgio Galabbada, morto nel 1845, non ha epitaffio in etiopico: non essendoselo preparato da sè stesso quando viveva, non ebbe poi alcuno che glielo scrivesse. L'iscrizione latina si legge, come le altre, nel tomo VI del Forcella.

F. GALLINA.

Relazione inedita sulla morte del duca di Gandia.

L'omicidio avvenuto in Roma nella notte dal 14 al 15 giugno 1497 impressionò grandemente tutti i contemporanei. Si trattava della morte di un personaggio ragguardevole, di uno dei figli di papa Alessandro VI, Giovanni duca di Gandia, e il delitto era stato perpetrato con tanta circospezione e tanto mistero che ben presto si suppose dovesse esservi sotto un antefatto borgiano nefando. La voce che incolpava Cesare Borgia, prima buccinata in segreto, non tardò ad essere riferita come cosa certa dagli ambasciatori e quindi, affermata dai migliori storici, passò in giudicato (1).

Parecchie sono le ragioni che militano a favore di questa supposizione divenuta affermazione recisa; potentissime fra queste la natura dell'uomo, la sua sfrenata ambizione, il vantaggio che a lui veniva dalla morte del fratello primogenito, il contegno del papa, che dopo essersi

(1) Cfr. GREGOROVIUS, *Storia di Roma*, VII, 474-75; ALVISI, *Cesare Borgia duca di Romagna;* Imola, 1878, pp. 44-45. Il GIRALDI CINTIO è da aggiungersi al novero di quelli che incolparono Cesare del fratricidio. È noto come nella novella 10ª della IX decade degli *Ecatommiti* egli riferisce, sotto falsi nomi di persone e di luoghi, i fatti dei Borgia. Quivi è detto di Timorico, sotto cui si cela il Valentino: « E fra molti segni della sua crudeltà, ne diede uno orri- « bile sopramodo; però che avendo questi un fratello, e parendogli « che Eutico (*cioè Alessandro VI*) lo tenesse in maggior stima, che « lui, fingendo Timorico di amarlo singolarmente, egli, insieme con « alcuni altri malvagi, lo tagliarono crudelmente a pezzi ». Cfr. D'AN-CONA, *Varietà storiche e letterarie*, II, 239.

in sulle prime scalmanato a cercare il reo, finiva col seppellire la cosa nel più tenebroso silenzio.

Ma se queste ed altre ragioni sono forti, indubitato è d'altra parte che a quanti si trovavano in Roma all'epoca del triste fatto non venne dapprima alcun sospetto del fratricidio.

Noi possediamo relazioni sincrone, estese e per ogni rispetto attendibili, quella lunga e piena di particolari che è nel prezioso diario borgiàno di Giovanni Burcardo (1); quella che il residente veneto scrisse il 17 giugno alla Signoria di Venezia, che venne riferita dal Malipiero (2) e con qualche variante dal Sanudo (3); una lettera latina del 16 giugno, parimenti recata dal Sanudo (4); il rapporto del 17 giugno con cui Alessandro Bracci, ambasciatore fiorentino, informava il suo governo dell'accaduto (5); la lettera infine che il cardinale Ascanio Sforza scriveva il 16 giugno al fratello Ludovico il Moro (6). In nessuna di tali relazioni è pure un motto che si riferisca a Cesare, nè diverso è il risultato se consultiamo le cronache del tempo, la napolitana, la leccese, la ferrarese, la fiorentina del Cambi, la modenese del Lancellotti (7). Eppure in tutti è desiderio sommo di scoprire il reo, e varie e discordi supposizioni si fanno. I primi sospetti si aggirarono intorno agli Orsini e al cardinale Ascanio Sforza (8): Alessandro VI rassicurò quest'ultimo, che si era con ra-

---

(1) *Johannis Burchardi* 'Diarium, ed. Thuasne, vol. II; Parigi, 1884, pp. 387-90.

(2) *Annali veneti*, in *Arch. stor. ital.* VII, 1, 489-91.

(3) *Diarii*, I, 658-60.

(4) *Diarii*, I, 657-58.

(5) Documento edito dal Thuasne in *Diarium Burchardi*, II, 669-70.

(6) La trasse dallo archivio di Modena il Gregorovius, VII, 465 n.

(7) Alvisi, op. cit., p. 34 n.

(8) Sanudo, I, 652.

gione impaurito (1), ma trasse in seguito profitto da quelle dicerie per la sua politica contro gli Orsini (2). Più tenace fu la voce che accusava Giovanni Sforza di Pesaro, l'infelice marito di Lucrezia, che in quel medesimo anno 1497 doveva veder sciolto il suo infausto matrimonio. La lettera riferita dal Malipiero reca: « Si dice che 'l signor « Giovanni Sforza, signor di Pesaro, ha fatto questo ef- « fetto, perchè il duca usava con la sorela, sua consorte, « la qual è fiola del papa, ma d'un'altra donna ». Qui vediamo già formarsi quella leggenda degli amori incestuosi di Lucrezia coi fratelli, che trovò poi nel Matarazzo il più grossolano interprete (3). Secondo il Matarazzo, lo assassinio viene commesso in casa di una meretrice per mano di Giovanni Sforza e de' suoi seguaci (4). Nè a queste sole persone si fermavano i sospetti. V'era chi tirava in mezzo il conte Antonio Maria della Mirandola, perchè il duca, che corteggiava una figlia di lui, era stato ucciso non molto discosto dalla casa sua (5), e v'era chi ne faceva carico al principe di Squillace e persino al duca d'Urbino (6). Non uno pensava al Valentino.

Su quali prove di fatto riposa la terribile accusa di fratricidio lanciata contro di lui? D'onde mosse quella per-

(1) Lettera del Bracci in data 23 giugno, pubblicata dal Thuasne, II, 672.

(2) Lettere di Manfredo dei Manfredi, oratore estense a Firenze, del 12 agosto e 22 dic. 1497. Vedi Cappelli, *Fra Girolamo Savonarola*, in *Atti e mem. di Parma e Modena*, IV, 385 e 396.

(3) Vedi in Gregorovius, *Lucrezia Borgia* (Firenze, 1874, p. 105), ciò che deva pensarsi di tali enormità.

(4) *Arch. stor. ital.* XVI, 1, 70-72.

(5) Lettera 17 giugno del Bracci.

(6) Secondo il Sanudo (I, 653), il papa avrebbe detto nel concistoro del 19 giugno: « L'è sta divulgato l'habbi fato amazar el signor « di Pexaro; ne semo certi non esser vero. Del principe de Squilazi « fratello dil prefatto ducha, minime. Dil ducha de Urbino etiam « semo chiari. Idio perdoni chi è stato! »

suasione che fu tanto potente da indurre sette anni dopo i giudici del famigerato Micheletto, sicario di Cesare, a chiedergli conto, tra gli altri assassinî, anche di quello del duca di Gandia? (1) Da dove nacque quella diceria che divenne così presto storia e romanzo? (2) Il Gregorovius, che è pur così alieno dalla leggenda borgiana, è costretto a dire: « Stando all'opinione universale di quel tempo, e « tenendo conto di tutte le ragioni di probabilità, Cesare « fu l'assassino di suo fratello » (3). L'opinione, osserveremo noi, divenne universale soltanto parecchi anni dopo la uccisione del duca; le ragioni di probabilità vi furono e vi sono; ma badiamo bene che esse indussero troppe volte in errore e che i Borgia ebbero sempre giudici poco sereni. Disperando oramai di trovare la prova, noi crediamo che il processo indiziario vada rifatto.

A questo scopo tornerà forse non inutile un'altra relazione sincrona, sino a qui rimasta inedita, che concorda in quasi tutto con quelle sopra citate, sì nella esposizione del fatto, sì nel riferimento delle dicerie che corsero intorno al suo autore. È tratta dall'archivio Gonzaga di Mantova ed è scritta al marchese Francesco dall'oratore mantovano a Roma. La conobbe il Gregorovius e ne recò

(1) Secondo un dispaccio del Giustinian del 31 maggio 1504. Vedi GREGOROVIUS, VIII, 34.

(2) Curiosissima è la narrazione romanzesca che dà del fatto una vita ms. di Alessandro VI citata dal LETI, *Vita di Cesare Borgia;* Milano, 1853, pp. 198-200 n. Quivi Cesare e Giovanni cenano col padre presso Vannozza. Poi Alessandro viene accompagnato alla sua stanza e i due fratelli escono. Avviatisi verso ponte S. Angelo, si fa loro incontro un frate che chiede l'elemosina, a cui Cesare fa segno che il compagno è il fratel suo, e allora il frate gli salta al collo, lo strozza, lo spoglia e lo getta nel vicino Tevere. – La fonte è delle più torbide, ma qualunque sia il tempo in che fu inventata tale storiella, attesta il lavorìo della leggenda.

(3) *Lucrezia*, p. 102.

appena un passo nella *Storia di Roma* (1), designando l'autore col solo prenome di *Joh. Carolus*. Era questi Gian Carlo Scalona, ambasciatore a Roma dal 1495 al 1497, adoperato poi dal Marchese in altre importanti missioni all'estero, e in uffici primari nell'amministrazione interna. Lo Scalona, ne' molti dispacci che di lui si conservano, ci appare un osservatore acuto, diligente, imparziale; e la sua parola ha perciò del valore anche in una faccenda tenebrosa, come questa, nella quale è a desiderare che vengano poste alla luce tutte le testimonianze genuine e dirette.

A. Luzio,
R. Renier.

Ill.mo et Ex.mo signor mio. Mercori p. p. circa le xx hore partirono di pallazo li R.mi monsignori cardinali de Valenza, Borgia et ducha de Gandia, et andoreno de compagnia a cenare ad una vigna de Mᵃ Vanoza, matre del prefato cardinale de Valenza et ducha. Doppo cena sul tardo et quasi nocte, venero in Roma, e gionti presso Ponte S. Angelo il ducha solo prese licentia da li cardinali excusandose haver ordine in certo loco dove havea andar solo. Li cardinali fecero tuto il possibile per non lassarlo andar solo et similiter fecero prova alcuni suoi servitori, unde che non fue remedio che 'l volesse compagnia. Cussì partito, chiamoe un suo staffiero comandandoli che andasse a la camera sua a pallazo a tuor certe sue armature da nocte, cum le quali havesse a venire ad aspectarlo in piaza Judea. Il staffiero come obediente partì ad exequire la commissione del ducha, et in lo andar a pallazo fue asalito, et datoli alcune puncte cum nullo male perchè era forte. Non stette per questo che 'l staffiero ritornoe al luoco ordinato cum le armature ordinate, e stattovi per un pezo non vedendo il patrone tornosene a casa, pensando che 'l ducha, como era qualche volta suo costume, fusse restato a dormire in casa de qualche donna de respecto. Doppo che 'l ducha ebbe parlato a questo suo staffiero, fue visto salirli un in croppa, che era a cavallo a mulla, et questo tale era incapuzato negro, per il che se presume che 'l fusse un ordine dato per trapolarlo come

(1) VII, pp. 463 e 466 n.

hanno facto. Li cardinali stettero più volte ad aspectarlo al ponte, dove havea il ducha promisso de ritornare, et vedendo che 'l non comparea, cum qualche anxietà et dubio de mente andoreno a pallazo; sichè la cosa per tuto heri fin a le xx hore stette cussì sopita, persuadendose ogniuno che 'l fusse restato in qualche loco in apiacere. A le xxi hore il papa domanda instantemente d'esso ducha et manda a le camere sue a sapere che è de lui. Alcuni suoi compagni homini da conto che erano in dicte camere non sapeano che respondere, et chiamati dal papa dubitoreno andare. Unde che Sua Beatitudine mandoe per Valenza et per Borgia, interogandoli cum grandi proteste che li dicessero che era del ducha. Essi apertamente li dissero il tuto come scrivo: hoc audito il papa volsi intendere se l'era morto o non; che se era morto, disse sapeva l'origine et la causa. Loro non sapéro dire altro, se non quello haveano visto et intieso dal staffiero che fue mandato dal ducha a pigliare l'armatura da nocte. — Hoggi, facto giorno, chè la nocte passata non se era facto altro che tramar per ogni via per haverne spia, se intesi per relatione de un schiavone marinaro che era cum lo navilio suo a la ripa del Populo, non troppo distante da la porta del Populo, et era posto per dormire, che 'l merçori circa le quatro hore de nocte per una parte de la nave dove era vide proximarse a la ripa un homo de mediocre statura a cavallo ad un cavallo liardo, che havea in croppa una cosa in forma de uno grande fardello, et che sentite un grande strepito de strapozare ne l'acqua, e intese dire ad una voce formalmente: « creditu che 'l sia andato a fondo? » et quello tale respondere: « signor sì ». Cussì il papa questa mane fin a le xviii hore è facto piscatore del figlio; chè a tal hora è sta' ritrovato involto in un saco cum la gola tagliata et li brazi et cosse ferite in li pessetti mortalmente. È gitato in lo luoco dove se gitano li letami a Roma, da quello canto.

Se fanno varij comenti sopra questo caso ad ogni modo dolendo; chi imputa siano stati Viterbesi per queste seditione loro, che a loro forsi pare de patire per poca provisione o culpa del pontefice; alcuni danno colpa che per essere questi signori alquanto disolti la nocte in voler femine de Romani non sia stato conducto a la trapola da qualchuno iniuriato ne l'honore; chi la dice ad un modo, chi ad un altro.

Per quanto io habia potuto investigare da persone di qualche credito in casa d'esso ducha et de Valenza, la cosa, se non è facta, è facta fare o consultata cum persone che ha denti longi; e questo judicio non se fa senza fundamento et qualche colore. Doppo che Ascanio è convaliuto, sono pur stati alcuni termini fra questi signori,

maxime Valenza et ducha, chè Borgia non intra in simile scara-
muza; e s'è dicto che se Ascanio mancava et fusse morto de veneno non imputava altro che Valenza. Ultra questo havendo Sforcino questa quadragesima passata facto amazare un signore spagnolo
in casa de una femina cortesana, o ferire a morte, sichè se ne morse
in pochi zorni, la cosa stette tanto tacita et cum nulla demonstra-
tione che circa un mese questo ducha manibus proprijs piglioe de
nocte alcuni stafferi de Sforcino et condusseli in presone come quelli
che haveano ferito a morte esso signore spagnolo, et il zorno sequente circa le xx fuoreno impicati a li merli de Torre de Nona
senza alcuno respecto, ancora che Ascanio per mezo de l'oratore
ducale facesse ogni prova presso N. S. per liberarli et camparli.
Come è dicto fuoreno impicati suxo li ochij a l'amico, quale doppo
etiam personalmente se n'è dogliuto, e talmente che 'l papa se è
sforzato reconciliare il ducha cum Ascanio et cum Sforzino, cum
termini dal canto del ducha di chieder venia ad Ascanio, et Sforzino al ducha; tamen se crede per certo che in secreto dal canto
de Ascanio li fusse più pensiero di vendetta che dispositione de re-
mettere.

Se scià poi certo che esso ducha era inamorato et pazzo de la
figlia del conte Antº Maria de la Mirandula et che cum questo mezo
sia stato tirato a la trapola, perchè il loco dove è sta' submerso non
è troppo distante da la casa del conte. E poi lo mercore nocte fue
ritrovata la mulla d'esso ducha voda che erava da la casa del conte
verso casa de Parma; e pigliata da alcuni che passavano et con-
ducta presso la casa del conte, trovose dui armati acostati a li muri
d'esso conte, a li quali fue domandato se la mulla era loro, che
prima dissero sì, ma domandatoli il contrasigno de la mulla non
sapêro dire altro se non che havea la sella picola, e facendo quelli
tali che haveano ritrovato la mulla renitentia de darla per quello
solo signo de la sella, quelli armati resposero che li lassavano la
mulla et si andassero per li facti loro.

Quello tale che salite in croppa al ducha se pensa e presume
fusse uno Jaches de casa de Ascanio, cum lo quale se era per il
passato facto grande instantia che 'l pigliasse per mogliere la figlia
del conte Antonio et mai non havea vogliuto attenderli. E pur in
questo ultimo del caso de Ascanio li furono lassati per testamento
dece mille ducati se la pigliava; casu che non, non havea se non
quattromille.

Fin qua queste sono le più millitante coniecture che siano, benchè ancora se suspichi da qualchuno del signor de Pesaro, et in li
denti del ducha de Urbino.

Il papa per quanto se debbe consyderare è de la pezor voglia che fusse mai, e non se può pensare che non ne succeda qualche grande inconveniente, secondo che la cosa se andarà verificando a la zornata. Se stima, et quasi non può essere altramente secondo il dire di cui l'ha visto morto, che collui che li salite in croppa ama-zasse esso ducha cum lo suo pistorese che l'havea dreto et che 'l non intrasse in casa veruna. Del successo V. Ex. sarà copiosamente advisata. Raccomandome in buona gratia de V. Ex.

Romae, XVI junij 1497.

S.tor
JO. CAROLUS (SCALONA).

___

Corso pratico di Metodologia della storia

_____

Trascrizione d'un rotulo membranaceo contenente un esame testimoniale circa i diritti dell'abbadia di Farfa su Montefalcone.

Lasciato cortesemente in deposito presso la R. Società romana di storia patria un rotulo membranaceo del secolo XIII, noi avemmo agio di trascriverlo, ed ora lo pubblichiamo, non mancando di qualche interesse, perchè si riferisce ad una questione dibattutasi tra una forte città ed una potentissima badia.

Il rotolo consiste di nove fogli di pergamena cuciti insieme, scritti da un sol lato, in carattere minuscolo, tutto di una sola mano.

Esso è nondimeno frammentario e doveva essere molto più voluminoso, a quanto si può giudicare dall'importanza delle due parti e della questione, e dal poco che nel frammento esistente si contiene.

Il testo comprende l'esame di alcuni testimoni in un giudizio tra la badia di Farfa e la città di Fermo sul possesso del castello e della terra di Montefalcone.

La badia di Farfa sin da tempo remotissimo ebbe nelle Marche ampi possedimenti, che costituirono il *Presidato Farfense*. La prima memoria di un possesso nelle Marche risale al secolo VIII, nel qual tempo la badia possedeva già il monastero di S. Ippolito nel territorio di Fermo, dove morì l'abbate Guandelperto o Vandelperto. Sulla fine del secolo IX, per sfuggire alle scorrerie de' Saraceni, i monaci di Farfa, guidati dall'abbate Pietro, si ritirarono nella Marca, sul monte Matenano, dove poi sorse la terra di Santa Vittoria, che prese questo nome quando l'abbate Ratfredo, tornato in Sabina e ricostruito l'antico monastero, mandò in compenso al monte Matenano il corpo di santa Vittoria (1).

Questo abbate Ratfredo, che probabilmente fu in carica dal 929 al 936, acquistò il castello di Montefalcone, « cur- « tem videlicet quae mons Falconis dicitur.... dato pretio « noviter comparavit » (2).

Un atto importante relativo a Montefalcone è quello pel quale Matteo abbate del monastero Farfense, « con- « sentientibus fratribus », concedeva nel maggio 1214 agli abitanti di quel castello, in compenso della loro fedeltà, di eleggersi un Consiglio, il podestà, il giudice, i massari, i notai, di fare statuti pel regolamento del proprio comune (3). Nel 1214 adunque il castello di Montefalcone era in possesso della badia di Farfa. Ma troviamo più tardi una bolla di papa Innocenzo IV a Gerardo Cossadoca, rettore della Marca anconetana, sulla restituzione al comune della città di Fermo del castello di Montefalcone, occupato da alcuni cittadini fermani (4). Questa è datata da Anagni, il do-

---

(1) *Chron. Farf.* nel MURATORI, II, parte 2ª, 343.

(2) Ivi, 455.

(3) V. il n. 57 nel *Sommario cronologico di carte fermane anteriori al secolo* XIV, inserito nel tomo IV dei *Documenti di storia italiana* pubblicati a cura della R. Deputazione di storia patria per la Toscana, Umbria e Marche; nonchè il n. 10 del supplemento al Codice diplomatico di S. Vittoria (COLUCCI, *Antichità picene*, XXXI). Il nome di Matteo dato ad un abbate di Farfa vivente nel 1214 non coinciderebbe col catalogo Muratoriano (VII, parte 2ª, p. 298), secondo il quale dal 1191 al 1235 sarebbe stato abbate Pandolfo. Ma, come vedremo, è molto difficile poter precisare la successione degli abbati in quel tempo.

(4) *Sommario cronologico di carte fermane* nel cit. vol. IV dei *Documenti*, n. 225.

dicesimo anno (1254) del pontificato di Innocenzo IV. Adunque nell'intervallo di tempo fra il 1214 e il 1254 Montefalcone fu occupato dalla città di Fermo, e da essa tenuto in modo da potersi poi rivolgere al pontefice e far constare il proprio diritto per ottenerne la restituzione.

Fermo, che, dopo la sconfitta del marchese Marcoaldo d'Anninuccio nel 1199 (1), aveva cominciato a governarsi a comune, aveva con varia vicenda aderito ai due partiti guelfo e ghibellino, riconoscendo spontaneamente il più forte e sottraendosi in tal modo ai pericoli della resistenza, ottenendo anzi la conferma de' privilegi già avuti ed altri nuovi. Così Fermo nel 1208 riconosceva il dominio di Ottone IV, nel 1214 passava con Aldobrandino d'Este al partito guelfo, nel 1224 si assoggettava spontaneamente al proprio vescovo, nel 1242 riconosceva a signore Federico II (2), e nel 1249 ritornava all'obbedienza de' pontefici (3).

In tal modo, quando nel 1254 Innocenzo IV scriveva al rettore della Marca perchè il castello di Montefalcone fosse restituito ai Fermani, questi da pochi anni erano tornati sotto il dominio della Chiesa; nè dovevano molto rimanervi, chè nel 1258 mandarono ambasciatori a re Manfredi, e ottenutane la conferma de' privilegi, a lui si sottomisero. E di Manfredi abbiamo un atto nel quale egli conferma al comune di Fermo « iura et iurisdicionem quam et quae curia nostra « habet in castro Mariani... castro Montisfalconis... » (4).

Con questi fatti si collega il nostro documento. Come abbiam detto, esso contiene un esame testimoniale: in quel che a noi è pervenuto sono comprese le deposizioni di undici testimoni; del primo però non abbiamo che le risposte agli ultimi sei articoli dell'interrogatorio, e rimane

(1) COMPAGNONI, *Reggia pic.*, p. 79.

(2) Sulla sottomissione di Fermo all'imperatore Federico, veggasi HUILLARD BRÉHOLLES, *Hist. diplom. Frider. II*, VI, 790 e sg.

(3) FRACASSETTI, *Notizie storiche della città di Fermo*.

(4) WINKELMANN G., *Acta imperii inedita saeculi* XIII, I, 414.

ignoto il nome del teste. Le deposizioni degli altri dieci testimoni sono complete.

L'interrogatorio ebbe luogo in vari giorni: nel primo giorno furono raccolte le deposizioni del primo teste, di cui ignoriamo il nome, e dei testi Rainaldo di Benedetto da Force, Berardo cappellano di Santa Maria Nova in Force e Beraldo di Benazano da Settecarpine; in un altro giorno, *die XI martii, VII indictionis*, furono sentiti Mainardo, cappellano di S. Blasio da Teramo, Gualtieri di Enrico da Force e Bono di Meliorato da Teramo; *die XV martii*, furono sentiti Rainoldo monaco di S. Catervo da Tolentino e Giacomo priore di Santa Maria da Offida; *die XVI martii* fu sentito Pietro di Nicola da Monte di Nove, con la cui deposizione termina il frammento.

Le deposizioni furono fatte presenti le parti e innanzi al rettore, che senza dubbio è il rettore pontificio della Marca, ma di questo manca il nome, che certamente doveva essere in testa al manoscritto, perchè al principio di di ogni deposizione troviamo che questa è fatta « coram « rectore prefato ».

Gli articoli dell'interrogatorio sono dodici; e, salvo l'ultimo, tutti mirano a stabilire il possesso del castello di Montefalcone da parte della badia farfense.

Nel primo articolo si domanda chi era in possesso dell'abbazia farfense nella Marca e del castello di Montefalcone prima dell'invasione di Federico II imperatore, come si esercitava questo possesso e per quanto tempo fu esercitato. Su questo articolo le risposte dei testi sono pienamente concordi. L'abbazia farfense nella Marca e il castello di Montefalcone prima dell'invasione di Federico erano in possesso degli abbati, di cui vengono ricordati Matteo di Subiaco, Enrico di Cosseiano, Gentile, Matteo di Arsoli. Di questi abbati non è possibile stabilire con sicurezza la data, perchè regna una grande incertezza su questo periodo di tempo nella storia della badia farfense nella Marca.

Tuttavia si può assegnare, con probabilità di essere
molto vicini al vero, al governo dell'abbate Matteo di Subiaco il periodo di tempo dal 1238 al 1242; all'abbate
Enrico di Cosseiano, dal 1242 al 1243; all'abbate Gentile,
dal 1247 al 1250; all'abbate Matteo d'Arsoli, dal 1250
al 1257 (1). La successione degli abbati non fu sempre
continua; ma dopo la morte di alcuni di essi la carica
rimase vacante. I testi, rispondendo all'undecimo articolo
dell'interrogatorio, depongono concordemente che da oltre
trent'anni e dopo l'invasione dell'esercito imperiale vi furono ad intervalli interruzioni nella successione degli abbati
per un periodo di sette a dieci anni. L'ultimo teste, Pietro
di Nicola da Monte di Nove, ricorda che le vacanze avvennero per la morte dell'abbate Stefano, per la deposizione del-
l'abbate Nicola e per la morte dell'abbate Peregrino. Il governo dell'abbate Stefano può fissarsi tra il 1245 e il 1247,
quello dell'abbate Nicola tra il 1259 e il 1261 (1259-
1260, secondo il Colucci), e quello dell'abate Peregrino
tra il 1261 e il 1277 (1260-1275, secondo il Colucci).

Questa parte delle deposizioni, sulle vacanze dell'abbazia,
sarà utile, come vedremo, per stabilire la data dell'interrogatorio.

Tornando ora alle deposizioni sul primo articolo, abbiamo veduto che queste sono concordi nello stabilire il
possesso degli abati di Farfa sul castello di Montefalcone
prima dell'invasione di Federico. Il possesso era vero dominio pieno ed assoluto sui beni della badia, con giurisdi-

---

(1) Queste date le abbiamo desunte: 1° Dal catalogo pubblicato
dal MURATORI (v. II, parte II, p. 298); 2° Dall'elenco degli abbati
pubblicato nelle « Memorie storiche dell'antica badia di Farfa » (Co-
LUCCI, *Antich. pic.* XXXI); 3° Dagli *Annales sacri et imperialis Mon.
Farf.* di GREGORIO. URBANO, manoscritto esistente nella bibl. Vitt.
Eman. di Roma (fondo Mon. Farf. XXXVII-31), lavoro questo recente, perchè non rimonta oltre la metà del secolo XVII, ma fatto
da un monaco della badia e quindi su materiali abbondanti e sicuri.

zione su tutte le cause civili e criminali. Il dominio era esercitato per mezzo di vicari, come si vede dalle risposte al secondo articolo; e questi erano due, uno per la giurisdizione temporale, ed uno per la spirituale. Al tempo dell'invasione, o poco prima, era vicario per la giurisdizione temporale Fildesmido da Moliano.

Gli abbati possedevano tutta l'abbazia, e gli uomini e i vassalli dell'abbazia e de' castelli soggetti, ne' quali tenevano gastaldi o visconti. La giurisdizione penale si estendeva fino alla pena di morte, «etiam quo ad sanguinem «et capitalis pene impositionem», e taluni testi ricordano vari supplizi corporali, come l'accecamento. E la natura e i limiti del dominio degli abbati e della rappresentanza affidata ai vicari, la quale era amplissima, perchè essi facevano «quod faciunt domini», «que dominus et comes facit in «sua terra et in suis vassallis», formano l'argomento del terzo articolo.

Il quarto articolo tende a stabilire i nomi di parecchi vicari e il tempo in cui esercitarono il loro ufficio. Ricaviamo che Gentile di Attone da Force e Fildesmido da Moliano furono vicari prima dell'invasione; gli altri che vengono nominati da' testimoni lo furono in tempi diversi. Il nome di Fildesmido (o Fildesmindo) di Moliano si ritrova in qualche carta del tempo: così sappiamo che Gregorio IX comandò nel 1230 a Filippo vescovo di Fermo di conoscere e giudicare la controversia tra il comune di Camerino e Fildesmido sopra il castello di Morico (1).

E il Colucci (2) pubblica l'atto di concordia intervenuto il 5 maggio 1247 tra Fildesmido di Moliano e Balignano, Corrado e Giberto di Giovanni sopra il Poggio di S. Costanzo.

Fra i vicari menzionati da vari testimoni vi è Alber-

(1) CATALANI, *Ecclesia Firmana*, p. 178.
(2) *Antichità picene*, XIX, XXVI.

tino figlio del conte Alberto *de Exmirillo*, del quale il teste Brunoro di Silvestro da Force dice che possedeva in Montefalcone *quosdam vassallos* e che *faciebat fidelitatem* all'abate.

Di un altro de' vicari nominati troviamo tracce nelle carte de' tempi, di Arpinello figlio del *quondam* Giberto della Valle, il quale con atto dell' 8 novembre 1258 vendè al comune di Amandola il Poggio, ossia castello delle Valli, e il borgo di detto Poggio, con tutti i vassalli (1).

Il quinto articolo si riferisce al modo pel quale l'abbazia venne privata del suo territorio e del castello di Montefalcone. I testimoni sono tutti concordi nel rispondere che la spogliazione avvenne a causa dell'invasione delle soldatesche di Federico imperatore. Rainaldo d'Acquaviva, nunzio del re Enzo, con forte mano di saraceni e di tedeschi venne al castello di Force, dove era l'abbate Matteo di Subiaco, il quale non volle prestargli obbedienza e dovette fuggire, « recessit de ipso castro plorando »; e così quegli rimase padrone del territorio, « et tunc privatum fuit dictum mo- « nasterium de tota dicta possessione », e gli abitanti « fe- « cerunt mandata eius ». L'imperatore non venne personalmente contro l'abbazia, ma uno de' testi, Gualtiero di Enrico da Force, depone di averlo veduto all'assedio di Ascoli.

Ora noi sappiamo che l'esercito imperiale assediò e prese Ascoli nel 1242 (2), ma il re Enzo aveva già invaso la Marca nel settembre 1239 (3), e nel novembre si trovava nel territorio di Macerata e assediava Montecchio (4).

(1) Appendice diplomatica II della terra di S. Ginesio (COLUCCI, *Antichità picene*, XXIV, p. 20).

(2) RICCARDO DI S. GERMANO (nel MURATORI, VII, 1049-E, 1050-B).

(3) « Henricus rex Gallurae naturalis filius imperatoris in Marchiam « Anconitanam venit, contra quem mittitur a Gregorio papa Joannes « de Columna cardinalis, mense octob. (anno MCCXXXIX) ». RICC. DI S. GERMANO nel MURATORI, VII, 1043.

(4) COMPAGNONI, *Reggia picena*, pp. 102, 103; ove si riporta il testo dell'atto « datum in castris in obsidione Monteclae, 1239, mense

L'occupazione del territorio dell'abbazia farfense, eseguita da una *masnada* (come dice il nostro manoscritto) di tedeschi e di saraceni comandati da Rainaldo di Acquaviva, deve esser quindi avvenuta tra la fine del 1239 é il 1242, mentre era abbate Matteo di Subiaco, come depongono concordemente tutti i testi; e infatti un Matteo, come abbiamo veduto, era abbate nel 1238, e probabilmente lo fu fino al 1242, nel qual anno si trova come abbate Enrico, il quale, non trovandosene altro di questo nome, deve essere l'Enrico di Cosseiano ricordato da' testi nelle risposte al primo articolo.

Siccome però dalla deposizione di Beraldo *domini Bonazani* di Settecarpine rileviamo che Rainaldo era nunzio del re Enzo, la sua invasione nel territorio dell'abbazia si può riferire al tempo in cui il re Enzo entrò nella Marca spingendosi oltre Macerata, cioè all'autunno o all'inverno del 1239(1). E questo ci vien meglio confermato dalla deposizione di Gualtiero di Enrico da Force, che riferisce appunto all'esercito di tedeschi e di saraceni comandato da Enzo l'occupazione dell'abbazia.

Rainaldo d'Acquaviva, dopo aver cacciato dal castello di Force l'abbate Matteo, si diresse lo stesso giorno alla chiesa di San Januario verso il castello di Montefalcone, ed ivi ricevé gli uomini di questo castello a far atto d'obbedienza (deposizione di Brunoro di Silverio da Force).

« novembris » col quale « Henricus Dei et imperiali gratia rex Turium et Galluris et domini imperatoris filius sacri imperii totius « Italiae legatus », conferiva alla città di Macerata alcune immunità e diritti.

(1) Nello stesso anno 1239 Rainaldo era stato compreso fra i baroni abruzzesi ai quali furono affidati da Federico II i prigioni lombardi (HUILLARD BRÉHOLLES, *Hist. dipl. Frider. II*, V, 611). Nel 1240 era inviato come capitano a Viterbo (v. il *Chronicon* di RICCARDO DI SAN GERMANO nel MURATORI, VII, 1028-B; e l'HUILLARD BRÉHOLLES, V, 779); e fu poi potestà di Cremona (HUILLARD BRÉHOLLES, V, 1070).

comune di Fermo, il quale, come abbiamo visto, nel
1242, dopo l'assedio di Ascoli, si era dato alla devozione
dell'imperatore, approfittando certo di un momento in cui
le forze de' Guelfi erano oppresse dagli imperiali, dovette
occupare Montefalcone, e lo tenne, secondo le testimonianze raccolte nel nostro manoscritto, relative all'articolo settimo, per venti anni. Per meglio tenere il castello, i Fermani vi costruirono una torre e un girone, o
recinto di mura; ma non pare che il loro dominio si esten-
desse molto al di là del castello, perchè i « servitia debitalia » furono prestati ancora all'abate.

Ritornata Fermo nel 1249 alla devozione del pontefice,
previa la conferma de' privilegi ottenuti dall'imperatore nel
1242, Gerardo, vescovo di Fermo (1), pose mano tosto
perchè fossero restituiti alla Chiesa i castelli tolti nell'invasione di Federico; insieme al comune di Fermo ricorse a
Innocenzo IV, e questi, il 24 novembre 1251, scriveva al
rettore della Marca di dare aiuto al vescovo e al comune (2).
Fermo però non restituiva alla badia Farfense il castello di
Montefalcone, che anzi, come abbiamo visto, nel 1254 Innocenzo IV scriveva al rettore perchè il castello occupato
da alcuni cittadini fermani fosse restituito al comune, il
quale aveva già concesso la cittadinanza agli abitanti di
Montefalcone nel 1251 (3).

Partito l'abbate Matteo, rimase il monaco Nicola di
Puzzallia come vicario, e, « cum gereret officium vicaria-
« tus », venne un certo Salomone, il quale prese a coman-
dare a nome dell'imperatore, cosicchè Nicola per timore
si allontanò. Questo Nicola fu poi abbate anche lui, dal
1259 fino al 1261, o sino al 1260, secondo il Colucci,

---

(1) Dal 1250 (e forse dal 1251) al 1272 (GAMS, *Series epp.* p. 692).
(2) CATALANI, *De Ecclesia Firmana*, p. 180.
(3) V. n. 186 nel già citato regesto Fermano, pubblicato dal DE
MINICIS.

e perciò nelle deposizioni (che sono, come vedremo, posteriori) si dice di lui *olim abbas*. E durante il vicariato di Nicola il castello di Montefalcone passò al rettore della Marca. Il modo in cui si operò questo passaggio forma l'argomento del sesto articolo dell'interrogatorio. Il castello di Montefalcone era stato occupato dai signori di Smerillo, i quali, sulla richiesta di Nicola di Puzzallia, a lui lo restituirono, e Nicola vi andò personalmente e ne prese possesso.

Dalla deposizione particolareggiata del teste Giacomo, priore di Santa Maria di Offida, parrebbe che quando Nicola ebbe dai signori di Smerillo il castello di Montefalcone, e quando questo fu poi fatto occupare dal rettore della Marca, egli fosse già abbate del monastero. Ma la consegna del castello a Nicola fu anteriore all'occupazione fattane dal rettore, che era Gerardo Cossadoca, e questa non può essere posta oltre il 1254 o 1255, nel qual tempo Gerardo era vescovo di Verona. Nicola invece divenne abbate solo nel 1259, secondo l'attestazione conforme delle tre fonti da noi citate sulla cronologia degli abbati farfensi, le quali portano come abbate in quel tempo (dal 1250 al 1257) un Matteo, che è ricordato dai testi col nome di Matteo d'Arsoli. Ci sembra quindi doversi ritenere che in quel tempo Nicola fosse soltanto vicario per l'abbate nella Marca; ma, essendo poi divenuto abbate, il teste, parlando di lui, gli dà quel titolo, benchè deponga su fatti avvenuti anteriormente alla dignità ottenuta da Nicola.

I signori di Smerillo e di Montepassillo, che qui troviamo citati, erano una nobile ed antica famiglia, il cui castello di Smerillo si trovava nel territorio di Comunanza, sulla vetta di Montepassillo, a poche miglia da Montefalcone. Ai fratelli Giorgio e Albertino di Montepassillo, ricordati nella deposizione del teste Giacomo, priore di S. Maria di Offida, la città di Ascoli accordò nel 1249 la franchigia dalle gabelle, perchè essi promisero di andarvi

ad abitare e comprarvi case e poderi, e si obbligarono a tenere fanti e cavalli in servizio della città, e andare alla guerra
ove occorresse. I figli di Albertino nel 1295 venderono a
messer Nicolò di Emidio di Ascoli il castello per 3600 libbre
ravennati; ma essi continuarono a possedere vasti dominî
nel territorio; e la loro famiglia, che portava il casato di
Nobili, non si spense che al principio del secolo scorso (1).

Anselmo di Smerillo, che troviamo pure nominato nella
citata deposizione, intervenne alle capitolazioni che furono
conchiuse il 15 settembre 1256 tra Anibaldo degli Anibal-
densi della Molara, rettore della Marca, e vari comuni e
signori della Marca per mantenersi nella fede della Chiesa (2).

Rimasto Nicola in possesso del castello di Montefalcone,
a lui restituito pacificamente da' signori di Smerillo, venne
a lui un tal Oddone di Firenze, inviato da Gerardo Cossadoca dei Vicedomini, cappellano pontificio e rettore della
Marca, poi vescovo di Verona (3), a nome del quale si fece
consegnare il castello, il che Nicola fece, protestando però
di farlo per rispetto della Chiesa Romana, salvo e riservato
ogni diritto della Chiesa Farfense.

L'ottavo articolo dell'interrogatorio tende a stabilire i
rapporti tra l'abbazia e gli abitanti delle terre sottoposte ad
essa: i vassalli prestavano giuramento di fedeltà agli abbati
o ai loro vicari, talvolta *per syndicum*, come gli abitanti di
Offida (deposizione di Pietro di Nicola da Monte di Nove),

---

(1) « Descrizione delle terre di Comunanza d'Ascoli » (COLUCCI,
Antich. pic. XXI, p. 5 e seg.).

(2) COMPAGNONI, *Reggia picena*, p. 121.

(3) Dal 1255 al 1259 (GAMS, *Series episcop.*, p. 806). L'occupazione
del castello di Montefalcone deve essere quindi avvenuta non più
tardi del 1255, e dopo il 1252, nel qual tempo era ancora rettore
della Marca l'arcidiacono di Luni, a cui Innocenzo IV scriveva da
Perugia « II Kal. sept. pontific. nostri anno X » (COMPAGNONI, *Reggia
pic.* p. 118), e poi il 29 novembre 1252 (COLUCCI, *Antich. pic.* XXX,
p. 15).

per lo più *singulariter*, pagavano i censi dovuti e rendevano i servizi d'uso.

L'articolo nono riguarda le fortificazioni erette da' Fermani a Montefalcone. I testi riferiscono che i Fermani costruirono una torre e un *girone*, ossia recinto di mura. Essi vi tennero anche un castellano.

Il decimo articolo riguarda l'occupazione della Marca e dell'abbazia da parte delle genti dell' imperatote: e anche su questo punto le deposizioni sono concordi, perchè tutte convengono nel fatto che l'occupazione della Marca e del territorio dell'abbazia, compiuta *hostiliter* dalle genti dell'imperatore sotto gli ordini di Roberto da Castiglione, Giacomo da Morra e Rizardo, fu continuata sotto Manfredi, che mandò i suoi nunzi nella Marca.

L'articolo undecimo riguarda la vacanza della dignità abbaziale che ebbe luogo per qualche tempo; e, come abbiam già visto più sopra, essa si ripetè parecchie volte, per un periodo da sette a dieci anni.

Il duodecimo ed ultimo articolo, che ha un valore puramente processuale, tende a far conoscere se le cose dette dal teste sono pubbliche e notorie, e che cosa egli intende per pubblico e notorio.

Dato così un rapido esame al contenuto del manoscritto, ci resta ad esaminare la data probabile in cui avvenne l'interrogatorio. Nel manoscritto abbiamo tre sole date: *die XI martii, VII indictionis,* nel quale furono interrogati quattro testimoni; *die XV martii,* nel quale ne furono interrogati due; e *die XVI martii,* della qual giornata ci è pervenuta una sola deposizione. Di queste tre date, la sola che possa essere utile è la prima, in cui il giorno è seguìto dall' indicazione dell' indizione. Nella seconda metà del secolo XIII gli anni a cui si adatti la settima indizione sono il 1264, il 1279, il 1294. Ora, fra queste tre date, ci pare facile il poter stabilire che solo la seconda, cioè il 1279, può essere quella alla quale si possa riportare l' interrogatorio. I testimoni sono concordi nello stabilire che l'invasione dell'esercito imperiale avvenne trentasei a quarant'anni avanti la loro testimonianza; ora siccome abbiam visto che re Enzo entrò nella Marca nel 1239 e che molto probabilmente Rainaldo d'Acquaviva occupò il territorio dell'abbazia nell'inverno di quell'anno istesso, fissando nel 1279 la data dell'interrogatorio, questo avrebbe avuto luogo precisamente quarant'anni dopo l'invasione dell'esercito imperiale.

Inoltre, rispondendo all'undecimo articolo, i testi sono concordi nell'affermare che le vacanze dopo l'invasione nella dignità abbaziale avvennero ad intervalli da oltre trent'anni. Essendo avvenute queste vacanze per la morte dell'abbate Stefano, per la deposizione dell'abbate Nicola e per la morte dell'abbate Peregrino, troviamo che tra la morte di Stefano e l'anno 1279 corrono difatti oltre trent'anni, perchè, secondo il catalogo Muratoriano, le citate *Memorie storiche della badia di Farfa* e gli *Annales Mon. Farf.* di Gregorio Urbano, in questo concordi, Stefano era abbate nel 1245 e il suo successore Gentile era abbate nel 1247; ed essendovi stato intervallo tra i due abbati, convien porre la morte di Stefano nello stesso anno 1245, oppure nel 1246.

Crediamo quindi che la data dell'interrogatorio possa riportarsi al marzo 1279; nel qual caso è probabile che a questo giudizio si riferisca l'istrumento « mandati procurae « ad causas » fatto da Morico, abbate farfense, in persona di frate Bernardo da Rieti, « sub anno Domini 1278, «tempore Nicolai papae tertii » (1).

E se l'interrogatorio ebbe luogo nel marzo 1279, il rettore della Marca alla cui presenza fu fatto, e del quale manca nel frammento il nome, dicendosi al principio di ogni deposizione, come abbiam visto, che è fatta *coram rectore prefato,* deve essere Bernardo o Berardo da Monte

---

(1) V. il num. 386 del citato regesto Fermano, pubblicato dal DE MINICIS.

Mirto, abbate di Monte Maggiore d'Arles in Francia. Oltre
la menzione che di questo rettore fa il Compagnoni (1),
abbiamo che l'università e il comune di Fermo fecero
nel 1279 un istrumento « mandati procurae, in personam
« Johannis Massonis, ad comparendum coram domino Ber-
« nardo, abate Montis Maioris, provinciae Marchiae Anco-
« nitanae rectore » per chiedere l'assoluzione di una condanna di quattro mila libre inflitta al comune di Fermo
da Antonio di Montefalco giudice (2).

. . . .

Septimo articulo sibi lecto, dixit quod dictum castrum cum pertinentiis et munitione que tunc erat pervenit ad civitatem Firmanam
et illud castrum habuit et possedit. Sed per quantum tempus dixit se
non recordari.

Octavo articulo sibi lecto, dixit quod homines dicti castri montis
Falconis et homines abbatie prestiterunt et prestare consueverunt sacramenta fidelitatis et hominitia sicut vaxalli prestant suis dominis,
et hoc per tempus .xv. annorum, ut supra dixit in primo articulo.
Interrogatus si interfuit prestationi dictorum sacramentorum, dixit
quod aliquando vidit, sed de paucis. Sed scit bene predicta vera fuisse
auditu et per publicam famam.

Nono articulo sibi lecto, dixit quod commune Firmi fieri fecit post
dictam invaxionem et occupationem in preiudicium dicti monasterii
quandam turrim in capite dicti castri. Interrogatus quomodo scit,
dixit quia vidit et fuit palese toti contrade.

Decimo articulo sibi lecto, dixit quod gens imperatoris Frederici
et nuntii regis Manfredi occupaverunt Marchiam, licet non totam, et
dictam abbatiam et castra hostiliter tenuerunt occupatam per .VIII.

(1) *Reggia pic.* p. 141.
(2) V. il num. 392 del citato *Sommario cronologico di carte fermane,* pubblicate dal DE MINICIS. Il nome dell'abbate Bernardo, o
Berardo, abbate di Monte Maggiore e rettore della Marca, si trova
anche nelle carte segnate ai numm. 383, 384 e 385, dell'anno 1278, nel
citato *Sommario.* Egli era ancora rettore nel 1281, avendosi un suo
atto del 4 marzo di quell'anno (COLUCCI, *Antichità picene,* XXX,
p. 38).

annos. Interrogatus quomodo scit, dixit quia vidit dominationem eorum et audivit.

Duodecimo articulo sibi lecto, dixit quod de predictis de quibus asseruit sunt pubblica et notoria. Interrogatus quid est dicere publicum et notorium, dixit quod que gentes communiter dicunt.

Undecimo articulo sibi lecto, dixit quod a .xxxv. annis citra et a tempore dicte privationis monasterium dictum vacavit abbate per .vii. annos. Interrogatus si dictum tempus septennium fuit continuum vel per intervalla, dixit quod per intervalla. Interrogatus per mortem quorum abbatuum vacavit, dixit quod non recordatur.

Die predicta.

Rainaldus Benedicti de Furce, testis, iuravit presentibus partibus coram domino rectore prefato. Primo articulo sibi lecto, dixit quod monasterium suprascriptum et abbates dicti monasterii qui fuerunt pro temporibus de quibus recordatur, silicet dompnus Herrigus de Coxeiano et abbas Matheus de Sublacu et alii de quorum nominibus non recordatur qui fuerunt duo, habuerunt, tenuerunt et possederunt pro dicto monasterio totam abbatiam positam in Marchia et castrum montis Falconis ad plenam iurisdictionem in solidum et in totum pacifice et quiete et in dicto castro palatium quod erat ibi, et vidit habere gastaldos in ipsa abbatia et in castro montis Falconis, et vidit dominum Rogerium de Rivotino pro ipso monasterio et abbatibus cognoscere de causis civilibus et criminalibus, et vidit eos generaliter omnia et singula facere que dominus et comes faceret et exerceret in sua terra et in suis vassallis, et hoc dicit se vidisse per tempus .xii. annorum usque ad tempus quo imperator Fredericus per suam gentem occupavit Marchiam et abbatiam predictam hostiliter contra Romanam Ecclesiam. Interrogatus si predicti abbates fuerunt personaliter in dicta possessione, dixit quod sic, et quod fuerint abbates dicti monasterii, dixit se scire per voces et publicam famam. Interrogatus quantum tempus est quod predicta occupatio et privatio facta fuit, dixit quod fuit .xxxvi. anni et plus. Interrogatus quantum tempus habet ipse testis, dixit quod .lx. annos ut credit. Interrogatus si fuit presens ipse testis, per tempus .xii. annorum dixit quod fuit in castro Furcis et est de ipso castro.

Secundo articulo intentionis sibi lecto, dixit quod tempore dicte occupationis et invaxionis abbas Matheus de Sublacu erat abbas dicti monasterii. Sed quod dominus Fyldesmidus de Moliano esset vicarius, dixit quod non, sed prius fuerat. Interrogatus quomodo scit, dixit quod vidit.

Tertio articulo sibi lecto, dixit vera esse quod abbas Matheus erat abbas, ut supra dixit, et possidebat dictam abbatiam et castrum montis Falconis et homines et vaxallos ipsius abbatie et erat in possessione vel quasi cognitionis et iurisdictionis plenarie in tota dicta abbatia et dicto castro, et vidit vicarium abbatis Henrici qui prius fuerat, qui vocatus fuit Acto Baracta de Coxeiano, et vidit punitum tunc tem· poris Rainaldum Dionisum de Furcis in oculis, et dicebatur quod dominus vicarius abbatis fecerat fieri eo quod confoderat territorium castri Furcis.

Quarto articulo sibi lecto, dixit quod dominus Gentilis Actonis Mili de castro Furcis, et dominus Fyldesmidus de Moliano, dompnus Nicola de Puczallia, monachus dicti monasterii, fuerunt vicarii in dicta abbatia pro dicto monasterio, silicet dominus Fyldesmidus et dominus Gentilis dicto tempore .xii. annorum de quo asseruit. Sed dompnus Nicola predictus fuit longe post, a pauco tempore citra. In· terrogatus quomodo scit, dixit quia vidit, et plures alios de quorum nominibus non recordatur.

Quinto articulo sibi lecto, dixit quod cum dictum monasterium sic plene possideret dictam abbatiam et dictum castrum cum generali iurisdictione, ut supra dixit, privatum fuit omnibus predictis per oc· cupationem et usurpationem gentis dicti domini imperatoris rebellis tunc et hostis Romane Ecclesie. Interrogatus quomodo scit et quo· modo facta fuit dicta privatio, dixit bene quia vidit dominum Rai· naldum de Aquaviva cum masnada quam habebat de sarracenis et christianis venire ad castrum Furcis in quo erat dictus abbas Matheus et petiit mandata sibi fieri a dicto abbate, qui respondit quod nolebat, et tunc ad certum pactum recessit de castro et tota. contrada, et tunc homines montis Falconis et alii de abbatia fecerunt mandata illius domini.

Supra sexto articulo sibi lecto, dixit se nichil scire.

Supra septimo articulo sibi lecto, dixit quod castrum montis Fal· conis cum gyrone pervenit ad civitatem Firmanam, ut audivit. Sed per quantum tempus possideret, dixit se nescire.

Octavo articulo sibi lecto, dixit quod homines castri Furcis pre· stiterunt iuramenta fidelitatis abbatibus dicti monasterii, et prestare consueverunt, et honorare eos et reverere eis ut dominis, et hoc a tempore recordationis ipsius testis, et de aliis hominibus de abbatia dixit similia auditu et per publicam famam. Interrogatus quantum tempus recordationis ipsius testis, dixit .l. annos et plus.

Nono articulo sibi lecto, dixit quod commune Firmi post ipsam occupationem de dicto castro fecit fieri fortilligium in capite ipsius castri, et si fortilligia ibi esset alia quam illa que erat pro Ecclesia ante dictam occupationem et quod Firmani fecerunt eam, dixit se scire auditu.

Decimo articulo sibi lecto, dixit quod imperator Fredericus, et post mortem eius rex Manfredus, hostiliter occupaverunt Marchiam, et abbatiam et castra ipsius abbatie, et occupatam tenuerunt. Sed per quantum tempus non recordatur.

Undecimo et duodecimo articulo sibi lecto, dixit quod a .xxx. annis citra monasterium suprascriptum vacavit abbate, sed per quantum tempus, dixit se non recordari, et dixit predicta de quibus asseruit notoria esse in tota contrada. Interrogatus quid est dicere publicum et notorium, dixit quod que gentes dicunt.

Eodem die.

Dompnus Berardus, cappellanus ecclesie Sancte Marie Nove de castro Furcis, testis. Iuravit presentibus partibus coram rectore prefato, dixit quod monasterium suprascriptum et abbates dicti monasterii qui fuerunt pro temporibus, silicet dompnus Matheus de Sublacu quem vidit; alios si vidit non recordatur. Qui abbas et dictum monasterium in solidum et in totum habuerunt [et] tenuerunt per se et nuntios ipsius abbatis ad plenam iurisdictionem civilium et criminalium causarum continue et pacifice totam dictam abbatiam sicut audivit. Sed de castro montis Falconis vidit cum gy[rone] et pertinentiis ipsum castrum possideri per dictum abbatem generaliter ad omnia que quilibet dominus facit in suo castro, et hec vidit per .vi. annos et plus, et usque ad tempus et eo tempore quo gens imperatoris hostiliter occupavit Marchiam, sed non totam, et abbatiam suprascriptam et dictum castrum et alia castra ipsius abbatie. Interrogatus quomodo scit quod dictus abbas Matheus fuerit abbas, dixit quod homines de abbatia habebant eum pro abbate et vidit eum recipi et obbediri ab hominibus castri Furcis pro eorum domino sicut abbatem honorifice. Et cum veniebat ad ipsum castrum clerici exhibant obvia ei cum processionibus et alii homines de terra. Interrogatus quantum tempus est quod predicta occupatio facta fuit, respondit quod fuit .xl. anni parum plus aut minus. Interrogatus quot annorum est ipse testis, respondit quod .liiii. annorum et plus. Interrogatus qui sunt fines tenimentorum castri montis Falconis, dixit quod ab uno latere est flumen Asi, ab alio latere tenimenta castri Exmirilli, ab alio latere tenimenta castri Terami cum aliis finibus. Interrogatus si ipse testis est de terra subiecta ipsi monasterio, dixit quod sic, et ipse testis est subiectus monasterio ratione ecclesie sue.

Secundo articulo sibi lecto, dixit quod tempore dicte invaxionis erat abbas dompnus Matheus de Sublacu et [eius vicarius] erat dominus Fyldesmidus de Moliano in temporalibus ut ipse testis audiebat, et dompnus Nicola [de Puczallia], monachus dicti monasterii, erat vicarius supra spiritualibus in tota abbatia et in dicto castro montis Falconis. Interrogatus quomodo scit, dixit quia vidit eum in ipso officio.

Tertio articulo sibi lecto, dixit quod tempore dicte invaxionis dictus abbas Matheus, de quo asserit [visu], et dominus Fyldesmidus eius vicarius, ut asserit auditu, possidebant et habebant totam dictam abbatiam et castrum predictum in omnibus et quoad omnia pro dicto monasterio, ut supra dixit, habendo gastaldum et viscontem in dicto castro montis Falconis. Interrogatus quis fuit viscons, seu gastaldus, respondit quod Rainaldus Gratiani aut Potentis de dicto castro. Interrogatus si vidit ibi puniri aliquos delinquentes per ipsos offitiales abbatis, dixit quod non, sed audivit, de nominibus quorum non recordatur.

Quarto articulo sibi lecto, dixit dompnum Nicolaum de Puczallia fuisse vicarium pro dicto monasterio, et dominum Fyldesmidum, ut supra dixit; de domino Gentile, de domino Albertino dixit se nescire.

Quinto articulo sibi lecto, dixit quod cum dictum monasterium sic plene possideret dictum castrum et abbatiam, ut supra dixit in primo articulo, privatum fuit ipsa possessione per dictam invaxionem et occupationem dicti [imperatoris ho]stis et rebellis Romane Ecclesie. Interrogatus quomodo fuit facta dicta privatio, dixit quod, cum dominus Ra[inaldus] de Aquaviva tunc esset in ducatu masnade plurium sarracenorum et teotonicorum, venit cum ipsa masnada ad castrum Furcis, in quo erat dictus abbas Matheus, et dum homines castri fecissent mandata ipsorum hostium, abbas Matheus aufugit, discedendo de ipso castro et de tota contrada. Interrogatus quomodo scit, dixit quod stetit et presens fuit. Item dixit post hec alii homines aliorum castrorum de abbatia fecerunt mandata ipsius domini Rainaldi, ut ipse testis audivit.

Supra sexto articulo, dixit se nichil scire nisi auditu.

Octavo articulo sibi lecto, dixit quod homines dicti castri Furcis prestiterunt et prestare consueverunt iuramenta fidelitatis abbatibus dicti monasterii, et honorare et recognoscere eos ut dominos per magnum tempus quantum non recordatur. Sed quod alii homines de (1) abbatia fecerint similia credit auditu et per publicam famam. Interrogatus si homines de ipso castro Furcis prestabant sacramenta abbati syngulariter vel per syndicum, dixit quod singulariter, et

---

(1) Nel ms. seguono le parole: *castro Furcis prestabant sacramenta,* cancellate.

quandoque abbati et quandoque vicario eius. Interrogatus si fuit presens predictis, dixit quod aliquotiens fuit presens.

Nono articulo sibi lecto, dixit quod comune Firmi post dictam invaxionem fecit fieri gironem et turrim in dicto castro in preiudicium monasterii dicti, et preter gironem quem prius habebat Ecclesia suprascripta in dicto castro. Interrogatus quomodo scit, dixit bene, quia vidit et audivit.

[Decimo] articulo sibi lecto, dixit quod imperator Fredericus et rex Manfredus post mortem dicti imperatoris [occuparunt] Marchiam seu occupari fecerunt hostiliter, et dictam abbatiam et castra eius in preiudicium [Romane] Ecclesie et dicti monasterii. Sed quanto tempore occupata tenuerunt, dixit de decem et octo annis ut supra.

Undecimo articulo sibi lecto, dixit de vacatione abbatis seu abbatum se nichil scire nisi auditu.

[Duodec]imo et ultimo articulo sibi lecto, dixit quod sunt publica et notoria de quibus asseruit supra. Interrogatus [qu]id est dicere publica et notoria, dixit quod que gentes dicunt comuniter, et dixit quod non fuit doctus.

Eodem die.

Beraldus domini Bonazani de Septecarpine, testis. Iuravit presentibus partibus coram rectore prefato. Primo articulo sibi lecto, dixit quod monasterium suprascriptum et abbates dicti monasterii de quorum nominibus recordatur, silicet abbas Matheus de Arzula, et abbas Herrigus de Coxeiano, et abbas Stephanus, et abbas Gentilis, et abbas Matheus de Sublacu, et alii de quorum nominibus non recordatur, habuerunt, tenuerunt, et possederunt libere et absolute ad plenam iurisdictionem civilium et criminalium causarum, puniendo omnes follias per vicarium et iudices eorum pacifice et continuo totam abbatiam suprascriptam que est in Marchia, et castrum montis Falconis, cuius confinia sunt tenimenta Sancte Victorie, Exmirilli et Terami, et alia et fortillizia in ipso castro per quam faciebat guerram et pacem ad suum sensum, habendo gastaldos in ipso castro, et faciendo puniri malefactores et delinquentes secundum quod faciebant delicta, et vidit eos facere generaliter omnia que [solet?] dominus facere et exercere in sua terra et hominibus pertinentibus ad eos, et hoc vidit per tempus [.xl.] annorum et plus usque ad tempus et eo tempore quo gens imperatoris et regis Ensis hostiliter occupavit et invaxit abbatiam suprascriptam et castrum predictum, sicut aliam Marchiam. Interrogatus quomodo scit predicta, dixit [quod] vidit. Interrogatus quomodo [scit] quod predicti fuerint abbates predicti monasterii, dixit quia vidit eos dominare in ipsa terra sicut supra dixit. Interrogatus si personaliter fuerunt in dicta possessione, dixit quod sic. Interrogatus quot anni sunt [quod] predicta occupatio facta fuit, dixit se non recordari. Interrogatus quot annos habet ipse testis, dixit quod [prope] .c. annos. Interrogatus si per dictum tempus .xl. annorum fuit presens in contrada, dixit quod sic et predicta vidit et audivit.

Secundo articulo sibi lecto, dixit quod tempore dicte invaxionis et occupationis dompnus Matheus de Sublacu erat abbas dicti monasterii, et dominus Fyldesmidus de Moliano erat eius vicarius, et comuniter habebatur vicarius ab hominibus dicte abbatie. Interrogatus quod officium faciebat ibi dictus vicarius, dixit quod puniebat delinquentes et faciebat totam dominationem per abbatem, et faciebat iudicia civilia et criminalia. Interrogatus inter quos faciebat iudicia, dixit quod vidit placitare coram eo dominus Benecavalca cum certis vassallis et alios de quorum nominibus non recordatur.

Tertio articulo sibi lecto, dixit vera esse que in ipso articulo continentur, quia vidit dictum abbatem Matheum esse in possessione dicte abbatie Marchie et dicti castri montis Falconis, quia ipsum castrum erat magis in domanio abbatis quam aliquod aliud. Interrogatus in causa scientie quomodo scit, dixit ut supra in primo articulo. Interrogatus si vidit iudices per abbatem in dicta terra, dixit quod vidit dominum Rugerium de [Rivo]tino et alios de quorum nominibus non recordatur.

Quarto articulo sibi lecto, dixit quod dominus Gentilis Actonis Mili de Furce, dominus Albertinus de Exmirillo, dominus Fyldesmidus de Moliano, dompnus Nicola de Puczallia, monachus dicti monasterii, fuerunt vicarii [dicti] monasterii, et pro ipso monasterio et abbatibus et publice fuerunt habiti pro vicariis ab hominibus dicte abbatie et dicti [castri] per dictum tempus .xi. annorum et plus. Interrogatus quomodo scit predicta, dixit se vidisse quoslibet ipsorum vicariorum in ipso officio.

Quinto articulo sibi lecto, dixit quod cum dictum monasterium sic plene possideret, et quasi totam dictam abbatiam et dictum castrum montis Falconis et homines et vaxallos ipsius, cum dicta cognitione et iurisdictione universali etiam quo ad sanguinem et capitalis pene impositionem, dictum monasterium privatum fuit omnibus predictis per dictam invaxionem dicti Frederici imperatoris rebellis et hostis Romane Ecclesie. Interrogatus quomodo scit, et quomodo facta fuit dicta occupatio et privatio, dixit quod dominus Rainaldus de Aquaviva, sicut nuntius dicti regis Ensis, cum sua masnata et gente ad dictum castrum Furcis, et dictus abbas Matheus de Sublacu erat in ipso castro, et tunc abbas quod noluit iurare fidelitatem eius secessit pro timore de ipso castro, et aufugit et discessit de tota Marchia, et tunc privatum fuit dictum monasterium de tota dicta possessione.

Supra sexto articulo dixit quod cum dompnus Nicola, olim abbas dicti monasterii, post occupationem [predict]am possideret dictum castrum montis Falconis cum pertinentiis et iurisdictione, quidam bonus homo et creditus quod fuerit iudex venit pro parte domini Gerardi Coxadoca, tunc rectoris in Marchia, et accepit tenutam dicti castri contra voluntatem abbatis. Interrogatus quomodo scit, dixit bene, quia stetit et presens fuit. Interrogatus si fuit illata violentia ipsi abbati, respondit quod non alia, nisi quod dictus rector misit pro dicto abbate, et ipse abbas ivit ad eum, et antequam rediret abbas venit ille pro eo, et abstulit castrum, ut supra dixit. Interrogatus quantum tempus est quod predicta fuerunt, dixit se non recordari.

Septimo articulo sibi lecto, dixit quod predictum castrum montis Falconis cum pertinentiis et fortillizia pervenit ad Firmanos, et ipsi firmam tenuerunt per plures annos, de quorum numero non recordatur, et scit quod possederunt in preiudicium monasterii predicti, illam rocchettam, que prius erat ibi, tenebant adeo quod non permittebant intrare aliquos pro monasterio, et dixit quod illa roccha tenetur nunc pro marchione, et scit predicta bene, quia vidit masnadam et sergentes ipsius communis Firmi esse in ipso castro.

Octavo articulo sibi lecto, dixit quod homines castri montis Falconis et homines et vassalli ipsius abbatie prestare consueverunt et prestiterunt sacramenta fidelitatis abbatibus dicti monasterii, honorando et recognoscendo eos ut dominos suos, et hoc vidit per tempus .XL. annorum et plus. Interrogatus si omnes homines dicti castri prestiterunt predicta sacramenta, dixit quod sic. Interrogatus si iurabant fidelitatem per syndicum vel synguli, dixit quod tam ipsi quam alii de abbatia iurabant singulariter, et non per syndicum. Interrogatus quibus abbatibus prestiterunt predicta, dixit quod abbatibus Matheo, abbati Herrigo et aliis de quibus asseruit in primo articulo. Interrogatus si fuit et erat presens quando ipsa sacramenta prestabant, dixit quod sic. Interrogatus in quibus locis vidit dicta sacramenta prestari, dixit in castro Furcis, in monte Falcone et in aliis castris abbatie, quia ipse erat et fuit familiaris ipsorum abbatuum.

Nono articulo sibi lecto, dixit quod commune Firmi fecit fieri in dicto castro unum turronem postquam habuerunt dictum castrum et in preiudicium Ecclesie Farfensis, preter fortillizia que erat prius ibi. Interrogatus quomodo scit, dixit bene, quia erat in ipso castro montis Falconis quando Firmani murabant dictum turronem.

Decimo articulo intentionis sibi lecto, dixit quod imperator Fredericus et rex Manfredus post mortem dicti imperatoris occupaverunt Marchiam et abbatiam, et castra eius, et occupata tenuerunt hostiliter per tempus .xx. annorum per gentes et vicarios quos mittebant in Marchiam. Interrogatus quomodo scit, et si fuit presens in contrada, dixit quod fuit presens et scit bene, quia ibat cum masnata dictorum dominorum per Marchiam per magnam partem dicti temporis.

Undecimo articulo sibi lecto, dixit quod a .xxx. annis citra et plus dictum monasterium vacavit abbate bene per .x. annos. Interrogatus quomodo scit, dixit bene, quia fuit in contrada abbatie Marchie, et quando dicti abbates eligebantur in monasterio veniebant in Marchiam, et quando vacabat abbate dicebatur in contrada dicte abbatie. Interrogatus per mortem quorum abbatuum fuit dicta vacatio, dixit se non recordari. Interrogatus si dicti .x. anni fuerunt continui, dixit quod non.

Duodecimo articulo sibi lecto, dixit quod de his quibus testificatus est supra sunt publica et notoria in dicta contrada et manifesta. Interrogatus quid est dicere publica et notória, dixit quod que gentes communiter, et dixit quod non fuit doctus.

Die .XI. martii, .VII. indictionis.

Dompnus Mainardus, cappellanus Sancti Blasii de Teramo, testis. Iuravit presentibus partibus coram rectore prefato. Primo articulo sibi lecto, dixit quod monasterium suprascriptum et abbates qui fuerunt, silicet abba[s] Matheus de Arzulo, et abbas Herrigus de Coxeiano, et abbas Stephanus, et abbas Matheus de Sublacu, nomine dicti monasterii in solidum et in totum habuerunt et possederunt ad plenam iurisdictionem omnium civilium et criminalium causarum et spiritualium et temporalium totam abbatiam suprascriptam in Marchia, et castrum montis Falconis spetialiter sicut cammeram eorum cum fortillizia et pertinentiis, ut quis possidet suum, habendo in tota dicta abbatia et in dicto castro gastaldos et baiulos, et vidit eos cognoscere et facere cognosci de omnibus causis per iudices suos, et generaliter omnia facere que facit quilibet dominus et comes in sua terra, et plus quia in spiritualibus et temporalibus, sed alii domini in temporalibus tantum, et hoc vidit continue et pacifice per tempus .xxx. annorum, antequam imperator fecisset occupari Marchiam et dictam abbatiam et etiam eo tempore occupationis. Interrogatus quomodo scit, dixit bene, quia vidit eos personaliter in dicta possessione et vidit dominari eos in dicta abbatia. Interrogatus si vidit eos possidere dictum castrum montis Falconis cum fortillizia, dixit quod sic, quia erat et fuit ibi scolaris ad discendum scribere per duos annos, et de aliis scit per publicam famam. Interrogatus quantum tempus est quod dicta possessione [privatum est] monasterium, dixit se non recordari. Interrogatus quot annorum est ipse testis, dixit quod nonaginta. Interrogatus si per dictum tempus nonaginta annorum fuit continuus in contrada, dixit quod sic in contrada Marchie.

Secundo articulo sibi lecto, dixit quod tempore dicte invaxionis dompnus Matheus de Sublacu erat abbas dicti monasterii, sed quod dominus Fyldesmidus de Moliano fuerit eius vicarius non recordatur. Interrogatus quomodo scit, dixit quia vidit dictum dompnum abbatem dominari tunc in tota dicta abbatia et in dicto castro, et dominus Rainaldus de Aquaviva cum sua gente venit ad castrum Furcis, et intravit et cepit castrum in quo erat tunc dictus abbas qui recessit de ipso castro plorando, ut ipse testis audivit. Interrogatus si tunc discessit de tota contrada abbatie, dixit se non recordari.

Tertio articulo sibi lecto, dixit vera esse que in ipso articulo continentur, excepto quod de domino Fyldesmido non recordatur vel fuerit vicarius eo tempore. Quesitus in causa scientie, dixit in omnibus et per omnia ut in primo et secundo articulo dixit et testificatus est.

Quarto articulo sibi lecto, dixit quod vidit dominum Albertinum comitis Alberti de Exmirillo vicarium abbatis in dicta abbatia. Sed de domino Fyldesmido, domino Gentili Actonis Mili et dompno Nicolao de Puczallia audivit, sed non quod viderit eos in vicariatu. Interrogatus quantum tempus est quod predicta fuerunt, dixit se non recordari.

Quinto articulo sibi lecto, dixit vera esse contenta in eo, quia supra retulit sic esse, et in causa scientie dixit ut supra.

Sexto articulo sibi lecto, dixit se de eo nichil scire.

Septimo articulo sibi lecto, dixit quod castrum montis Falconis cum gyrone superiori pervenit ad civitatem Firmanam. Sed quod pervenit ad Firmanos totum castrum cum iurisdictione, dixit se nescire, quia servitia debitalia reservata fuerunt abbati, ut audivit. Interrogatus per quantum tempus possederunt ipsum gyronem, dixit se non recordari, et dixit quod modo curia tenet dictum gyronem, ut audivit.

Octavo articulo sibi lecto, dixit quod homines montis Falconis et alii homines de abbatia, sicut audivit per publicam famam, prestiterunt sacramenta fidelitatis et prestare consueverunt dicto monasterio, et honorando abbates ut dominos suos, et hoc per tempus .xxx. annorum ut audivit.

Nono articulo sibi lecto, dixit quod commune Firmi fecit fieri turrim in gyrone et castro montis Falconis, quam turrim ipse testis vidit a castro montis Paxilli in preiudicium monasterii suprascripti et contra voluntatem abbatis. Interrogatus quomodo scit, dixit quod vidit.

Decimo articulo sibi lecto, dixit quod ea que in ipso articulo continentur credit, ut audivit per publicam famam, sed aliter nescit.

Undecimo articulo sibi lecto, dixit se de contentis in eo non recordari.

Duodecimo articulo sibi lecto, dixit quod de omnibus quibus testificatus est supra, et reddit causam scientie, sunt publica et notoria in contrada, et quia castrum montis Paxilli confiniat cum castro montis Falconis. Interrogatus quid est dicere publicum et notorium, dixit id quod gentes dicunt manifeste et publice. Interrogatus si fuit doctus, dixit quod non, et non fuit rogatus, sed dixit ipse testis ex corde suo ut meminit.

Die eodem.

Gualterius Herrici de Furce, testis. Iuravit presentibus partibus coram rectore prefato. Primo articulo sibi lecto, dixit quod monasterium suprascriptum et abbates dicti monasterii, silicet abbas Herrigus de Coxeiano et dompnus Matheus de Sublacu et alii de quorum nominibus non recordatur, in solidum et in totum habuerunt et tenuerunt et possederunt pro suo ad plenam iurisdictionem omnium civilium et criminalium causarum pacifice, quiete et continue totam dictam abbatiam suprascriptam et castrum montis [Falc]onis de abbatia predicta, cum suis pertinentiis, tenimentis, fortillizia, munitionibus et palatio, [qu]od castrum est in Marchia, iuxta tenimentum Sancte Victorie Terami et Exmirilli, et [alia] latera, habendo in dicta abbatia et dicto castro gastaldos et baiulos et cognoscendo de [omnibus] causis civilibus et criminalibus, puniendo et condepnando homines et vassallos dicte abbatie et dicti castri, secundum natura et qualitas delicti requirebat, et generaliter omnia facere, que quilibet [domi]nus et comes facit in sua terra et in suis hominibus, et hec dicit fuisse per tempus .xv. annorum ante occupationem et usque ad tempus occupationis facte per gentem imperatoris seu regis Ensis cum venerit hostiliter contra Ecclesiam Romanam, et occupavit Marchiam, et abbatiam et dictum castrum montis Falconis. Interrogatus quomodo scit quod predicti fuerint abbates dicti monasterii, dixit quia habebantur pro abbatibus et homines terrarum dicte abbatie obbediebant eis. Interrogatus si predicti abbates fuerunt personaliter in dicta possessione, dixit quod sic, sed quanto tempore fuerit quilibet eorum non recordatur. Interrogatus quantum tempus est quod predicta occupatio facta fuit, respondit quod a .xxx. in .xl. annos ut credit. Interrogatus quot annos seu quanti temporis erat ipse testis tunc temporis, respondit se nescire, sed scit bene, quia tunc portabat iam arma, et erat robustus iuvenis. Interrogatus si fuit presens in contrada continue, vel absentavit se de provinzia eo tempore quo dixit monasterium possedisse predicta, et abbates ipsius monasterii, respondit quod fuit presens in contrada per dictum tempus, et non absentavit se de Marchia.

Secundo articulo sibi lecto, dixit quod tempore dicte invaxionis dompnus Matheus de Sublacu erat [abbas] dicti monasterii, et dominus Fyldesmidus de Moliano erat eius vicarius et pro suo vicario habe[batur]. Interrogatus quomodo scit quod dominus Fyldesmidus predictus fuit vicarius, dixit bene, quia fuit presens in monasterio Sancti Salvatoris de Aso ubi factus vicarius fuit in tota abbatia a dicto abbate de Sublacu. Interrogatus quod officium faciebat ibi dictus vicarius, dixit quod precipiebat et faciebat que faciunt domini.

Tertio articulo sibi lecto, dixit quod dictus abbas et dominus Fyldesmidus faciebant tempore dicte invaxionis ea que supra dixit et possidebant totam abbatiam et homines et vassallos ipsius abbatie et dicti castri ad plenam iurisdictionem, et erant in possessione cognitionis plenarie in tota dicta abbatia et dicto castro, habendo in ipsis castris gastaldos seu viscontes. Interrogatus quomodo scit predicta, dixit ut supra in primo dicto. Interrogatus qui fuerunt viscontes in ipso castro, dixit se non recordari de nominibus, sed in castro Furcis fuerunt dominus Moricus de Nirano, Rainaldus Benedicti. Interrogatus si vidit iudices eo tempore pro abbate in dicta abbatia, dixit quod vidit dominum Rugerium de Ruvetino, sed de aliis non recordatur, quem iudicem vidit ibi iudicare causas civiles et criminales et inter homines dicte abbatie. Interrogatus que fuerunt cause et qui fuerunt iudicati, dixit se non recordari.

Quarto articulo sibi lecto, dixit quod dominus Gentilis Actonis Mili de castro Furcis, dominus Albertinus comitis Alberti, dominus Fyldesmidus de Moliano et dompnus Nicola de Puczallia monachus dicti monasterii fu[erunt] publice habiti vicarii in tota dicta abbatia pro dicto monasterio et ab hominibus totius abbatie [et dicti] castri montis Falconis. Interrogatus quomodo scit, dixit quod vidit predictos in ipso officio vicariatus. Interrogatus per quantum tempus quilibet ipsorum fuit vicarius, dixit se non recordari.

Quinto articulo sibi lecto, dixit quod cum dictum monasterium sic plene possideret dictum castrum et aliam [abbatiam] in pace de qua nullam litem habebat, dictum monasterium fuit privatum omni possessione predictorum per adventum gentis imperatoris. Interrogatus quomodo scit, dixit quod vidit. Interrogatus quomodo fuit facta dicta privatio, dixit quod gens regis Enzis venit cum exercitu magno cum Sarracenis et Theotonicis ad castra ipsius abbatie, et vidit eos venire ad castrum montis Falconis, et homines ipsius castri fecerunt eorum mandata, et tunc abbas recessit de contrada. Interrogatus si imperator venit personaliter in dictam abbatiam, dixit quod non, sed vidit eum in obsscessionem super Asculum.

Supra sexto articulo, dixit quod dompnus Nicola abbas monasterii dicti post occupationem predictam possidebat dictum castrum totum sicut homo habet suum. Et tunc marchio qui erat misit quosdam nuntios ad dictum castrum, et tunc abbas reliquit eis castrum, sed non voluntarie. Sed quod aliam violentiam fecisset non vidit, et tunc predicti nuntii asscenderunt roccham et tenuerunt. Interrogatus quomodo scit, dixit quia presens fuit.

Supra septimo articulo, dixit quod postquam fuit id quod dixit supra sexto articulo, commune Firmi tenuit dictum castrum. Interrogatus quomodo scit, dixit bene, quia vidit sergentes pro commune Firmi tenere roccham ipsius [castri. Sed] quanto tempore tenuerit dixit se nescire.

[Octavo] articulo sibi lecto, dixit vera esse que in ipso articulo continentur. Interrogatus quomodo scit, dixit quod [vidit predicta], et ipse testis multotiens fecit. Interrogatus per quantum tempus vidit predicta, dixit quod tempus .xv. [annorum] et plus.

[Nono] articulo sibi lecto, dixit quod commune Firmi fieri fecit cassarum in ipso castro in capite [dicti] castri muratum undique. Interrogatus quomodo scit, dixit quia vidit preter fortilliziam que prius erat ibi pro ecclesia suprascripta. Interrogatus si hec facta fuerunt in preiudicium monasterii, dixit quod sic. Interrogatus quomodo scit quod fuisset in preiudicium monasterii, dixit bene, quia monasterium non potuit fructare castrum sic ut prius.

Decimo articulo sibi lecto, dixit quod imperator Fredericus et post mortem eius rex Manfredus hostiliter occuparunt Marchiam et occupata tenuerunt abbatiam et castra eius de Marchia per .xx. annos. Interrogatus quomodo scit, dixit quod vidit et audivit et fuit in contrada. Interrogatus si absentavit se de Marchia, dixit quod non. Interrogatus si contra Romanam Ecclesiam, dixit quod sic.

Undecimo articulo sibi lecto, dixit quod a .xxx. annis citra dictum monasterium vacavit abbate per dictum tempus et plus, sicut credit, et nescit aliter, nisi quia vidit abbatie Marchie sine abbate per dictum tempus, sed quod fuerint abbates in monasterio vel non, dixit se nescire.

Duodecimo articulo sibi lecto, dixit quod de omnibus quibus testificatus est supra et reddidit causam scientie sunt publica et notoria in contrada. Interrogatus quid est dicere publicum et notorium, dixit quod que gentes publice dicunt, et non fuit doctus.

Eodem die.

[Br]unorus Silveri de Furce, testis. Iuravit presentibus partibus coram rectore prefato. Primo articulo sibi [lect]o, dixit quod monasterium suprascriptum et abbates dicti monasterii qui fuerunt pro temporibus, silicet dompnus Matheus de Arzulo, [dompnus] Henrigus de Coxeiano, et abbas Oderiscius, dompnus Matheus de Sublacu et alii de quorum [nomini]bus non recordatur, nomine dicti monasterii et pro ipso monasterio habuerunt, tenuerunt et possederunt totam [abba]tiam et castrum montis Falconis ad plenam iurisdictionem cum pertinentiis et gyrone, quod castrum positum est in Marchia, iuxta tenimenta castri Furcis, Exmirilli et fluminis Asi et alios fines, et vidit eos habere gastaldos et viscontes in ipso castro, et aliis de abbatia, et iudicem qui cognoscebat de omnibus causis civilibus et criminalibus et condepnabat in pecunia et in personis, et vidit eos generaliter omnia facere que quilibet dominus et comes facit in sua terra et in suis vaxallis, et hec dicit se vidisse per tempus .xxx. annorum, usque ad tempus et eo tempore quo imperator et rex Ens per suos nuntios hostiliter occupaverunt Marchiam, abbatiam et castrum predictum montis Falconis. Interrogatus quomodo scit, dixit bene, quia vidit eos habere et tenere, ut supra dixit. Interrogatus quomodo scit quod predicti fuissent abbates dicti monasterii, dixit quia vidit homines abbatie facere eis obbedientiam et fidelitatem. Interrogatus quantum tempus est a dicta occupatione citra, dixit se non recordari. Interrogatus quot annos habet ipse testis, dixit quod octuaginta annos et plus. Interrogatus si fuit presens in contrada et non absentavit se de Marchia, dixit quod presens fuit per tempus illud .xxx. annorum et non absentavit se de Marchia. Interrogatus qui fuerunt gastaldi seu viscontes in dicto castro montis Falconis et aliis castris dicto tempore pro ipsis abbatibus, dixit quod in dicto castro montis Falconis fuit Marsilius Paracasei, Rainaldus Gratiani, et alii quos non cognovit nomine; et alii fuerunt in castro Furcis [dominus] Acto Albrici, dominus Moricus de Nirano et Giso Actonis Todini et magister Phylippus Herradi Let[onis], qui fuerunt pro illis temporibus et eo tempore.

Secundo articulo sibi lecto, dixit quod tempore dicte occupationis dompnus Matheus de Sublacu erat abbas dicti monasterii et dominus Fyldesmidus de Moliano erat eius vicarius in tota abbatia marchie. Interrogatus quomodo scit predicta, dixit quia vidit. Interrogatus quis fecit vicarium dictum dominum Fyldesmidum, dixit quod non interfuit ordinationi eius vicariatus, sed vidit quod homines dicte abbatie obbediebant sibi ut vicario dicti abbatis. Interrogatus quod erat officium eius, dixit quod in omnibus, quia abbas comictebat sibi vices suas in temporalibus.

Tertio articulo sibi lecto, dixit vera esse ut in dicto articulo continentur, et in causa scientie dixit ut in primo articulo sui dicti testificatus est. Interrogatus si vidit offitiales dicti abbatis in ipsa abbatia et iudices eo tempore, qui iudicarent et punirent, dixit quod sic. Interrogatus qui fuerunt dicti iudices, dixit quod dominus Phylippus de Coxeiano, et dominus Rogerius de Rivotino, et dominus Arnolfus de Coxeiano, et alii de quorum nominibus non recordatur, et vidit aliquos punitos in oculis, silicet Rainaldum Dionisii, Petrum Albertucii, Venturam Carradi et Cambium Morici Mattelle, quos dicebant homines punitos esse per dictos iudices, et ipse testis vidit exire illa die qua fuerunt orbati de gyrone Furcis.

Quarto articulo sibi lecto, dixit quod dominus Gentilis Actonis Mili de Furce, dominus Albertinus comitis Alberti de Exmirillo, dominus Fyldesmidus de Moliano et dompnus Nicola de Puczallia monachus dicti monasterii et dompnus Tebaldus monachus dicti monasterii fuerunt vicarii pro ipso monasterio in dicta abbatia et in dicto castro montis Falconis. Interrogatus quomodo scit, dixit quia vidit predictos in vicariatu.

Quinto articulo sibi lecto, dixit quod tunc monasterium possidente dictam abbatiam et dictum castrum ut supra dixit, privatum fuit possessione ipsa. Interrogatus quis privavit monasterium ipsa possessione et quomodo scit, dixit quod dominus Rainaldus de Aquaviva tunc nuntius imperatoris venit cum sarracenis et militibus multis ad castrum Furcis, et tunc dictus ‘abbas Matheus erat in ipso castro Furcis, et cum nollet facere mandata ipsorum recessit de dicto castro, et homines ipsius castri Furcis fecerunt mandata ipsius domini Rainaldi, quia non potuerunt aliud. Et eadem die ivit ipse dominus Rainaldus versus castrum montis Falconis ad ecclesiam Sancti Ianuarii, et ibi recepit homines montis Falconis ad mandata. Interrogatus quomodo scit, dixit bene, quia stetit et presens fuit et erat ipse testis torresiarius et custos gyronis dicti castri Furcis.

Supra sexto dixit quod post dictam occupationem abbas Nicola cum possideret dictum castrum montis Falconis, audivit dici per publicam famam quod dominus Gerardus Coxadoca rector marchie tunc misit suos nuntios ad castrum montis Falconis et fecit auferri castrum, sed non quod ipse testis aliter sciret.

Supra septimo dixit quod commune Firmi apprehendidit rocham dicti montis Falconis, et eam tenuit per plures annos, sed per quot annos tenuit non recordatur. Interrogatus quomodo scit, dixit auditu.

Octavo articulo sibi lecto, dixit quod homines abbatie et dicti castri montis Falconis prestiterunt et prestare consueverunt iuramenta fidelitatis abbatibus dicti monasterii obbediendo eis sicut dominis eorum et recognoscendo eos ut dominos. Interrogatus quomodo scit, dixit se vidisse quasi per omnia castra abbatie, quia abbates ducebant ipsum testem pro eorum familiare, quilibet eorum de quibus dixit suo tempore. Interrogatus per quantum tempus vidit predicta, dixit a tempore sue recordationis, excepto tempore quo imperator tenuit terram, ut supra dixit.

Nono articulo sibi lecto, dixit quod commune Firmi fecit fieri in capite dicti castri montis Falconis post dictam occupationem unum receptum preter fortillizia seu palatium quod abbas prius habebat ibi. Interrogatus quomodo scit, dixit quod a longe videbat quando fiebat dictum receptum, et dicebatur quod Firmani faciebant fieri.

Decimo articulo sibi lecto, dixit quod imperator Fredericus, et post mortem ipsius imperatoris rex Manfredus, occupaverunt Marchiam et dictam abbatiam et tenuerunt occupatam; sed per quot annos non recordatur. Interrogatus quomodo scit predicta, dixit quia vidit.

Undecimo articulo sibi lecto, dixit quod a .xxx. annis citra vacavit abbatia abbate in istis partibus Marchie bene per .vii. annos, ut credit et sibi videtur, et aliter nescit.

Duodecimo articulo sibi lecto, dixit quod ea que supra testificatus est et reddit causam scientie sunt publica et notoria in contrada. Interrogatus quid est dicere publicum et notorium, dixit quod que gentes communiter dicunt, et quod non fuit doctus neque rogatus.

Eodem die.

Bonus Meliorati de Teramo, testis. Iuravit presentibus partibus coram rectore prefato. Primo articulo sibi lecto, dixit quod monasterium suprascriptum et abbates qui fuerunt pro temporibus, silicet abbas Gentilis et abbas Iacobus, abbas Philippus, et abbas Herrigus de Coxeiano, et abbas Matheus de Sublacu et alii de quorum nominibus non recordatur, nomine dicti monasterii, et pro ipso monasterio in solidum et in totum habuerunt, tenuerunt et possederunt ad plenam iurisdictionem totam abbatiam et castrum montis Falconis pacifice et quiete et continue, ponendo ibi baiulos et gastaldos seu viscontes in tota dicta abbatia et in dicto castro, et generaliter vidit eos omnia facere iustificando homines, et per iudices et vicarios eorum sicut facit dominus et comes in sua terra et intra suos homines; et hec vidit per tempus .xxx. annorum et plus usque ad tempus quo imperator sive gentes ipsius imperatoris hostiliter occupavit Marchiam et abbatiam predictam et dictum castrum. Interro-

gatus quomodo scit predicta, dixit se vidisse, et quod per visum non
habuit per publicam famam scivisse. Interrogatus quomodo scit quod
predicti fuerint abbates dicti monasterii, dixit quia vidit eos obbediri
et honorari ab hominibus dicte abbatie et sicut honorantur abbates.
Interrogatus quantum tempus est quod predicta fuerunt, dixit se de
numero annorum non recordari. Interrogatus quantum tempus habet
ipse testis, dixit .LXXX. annos et plures. Interrogatus si fuit presens per
dictum tempus .XXX. annorum in contrada [et in] provinzia Marchie,
dixit quod sic.

[Secund]o articulo sibi lecto, dixit quod dompnus Matheus de
Sublacu erat abbas dicti monasterii tempore [inv]axionis predicte,
et dominus Fyldesmidus de Moliano erat suus vicarius in dicta abbatia, et communiter homines [ab]batie habebant eum pro vicario.
Interrogatus quomodo scit, dixit quia vidit. Interrogatus quod
officium faciebat [dictus] vicarius in dicta abbatia, dixit quia omnia
faciebat et iustificabat et rationem requirebat ab offitialibus [cell]a-
rariis et baiulis qui erant in abbatia predicta, et omnia faciebat in
temporalibus, quod dicti abbates per se faciebant dum erant presentes.

Tertio articulo sibi lecto, dixit quod tempore dicte invaxionis
predicti dompnus Matheus abbas dicti monasterii, et dominus Fyldesmidus eius vicarius, nomine dicti monasterii habebant et possidebant
pacifice et quiete totam dictam abbatiam et castrum montis Falconis
et homines et vassallos ipsius abbatie et castri montis Falconis etiam
tamquam homines et vassallos ipsius monasterii et ad plenam iurisdictionem, tempore dicte invaxionis et occupationis erant in possessione vel quasi possessionis cognitionis et iurisdictionis plenarie
exercende in tota dicta abbatia et castro montis Falconis in pecunia,
et in membris, et in persona, faciendo etiam eosdem homines et
vassallos delinquentes suspendi et decapitari, secundum quod requirebat natura et qualitas delicti. Interrogatus qui fuerunt viscontes et
gastaldi in ipso castro montis Falconis [et in aliis ca]stris, dixit quod
in castro montis Falconis vidit Rainaldum Gratiani primo viscontem
et post eum cellararium eo tempore, et Moricum Tofani qui fuit
gastaldus. Interrogatus si vidit ibi iudices, dixit se non recordari. Interrogatus qui fuerunt puniti seu condepnati in persona eo tempore
in ipsis locis, dixit se non recordari.

Quarto articulo sibi lecto, dixit quod dominus Gentilis Actonis
Mili de Furce, dominus Albertinus comitis Alberti, dominus Fyldesmidus de Moliano, dompnus Nicolaus de Puczallia monachus dicti
monasterii fuerunt vicarii dicti monasterii pro dicto monasterio et
ipsorum abbatuum, et publice habiti sunt pro vicariis in ipsa abbatia.

Interrogatus quomodo scit, dixit quia vidit. Interrogatus si dominus Albertinus aliquid possedit in castro montis Falconis, dixit quod habuit quosdam vaxallos, et audivit quod dictus dominus Albertinus faciebat fidelitatem abbati.

Quinto articulo sibi lecto, dixit quod cum dictum monasterium sic plene possideret et quasi totam dictam abbatiam et dictum castrum montis Falconis, et homines et vassallos ipsius, cum dicta cognitione et iurisdictione uni[versali] etiam quo ad sanguinem et capitalis pene impositionem, dictum monasterium privatum fuit omnibus predictis per dictam invaxionem et occupationem dicti Frederici imperatoris rebellis et hostis Roniane Ecclesie. Interrogatus quomodo facta fuit dicta privatio, dixit se non recordari, sed scit predicta auditu et per publicam famam.

Supra sexto articulo, dixit nichil scire aliud nisi auditu et per publicam famam.

Supra septimo articulo, dixit quod Firmani abstulerunt dictum castrum montis Falconis et tenuerunt ipsum castrum prope .xx. annos, et vidit eos ibi facere turrim.

Octavo articulo sibi lecto, dixit quod homines et vassalli ipsius abbatie et homines ipsius castri consueverunt prestare et prestiterunt sacramenta fidelitatis abbatibus dicti monasterii, qui fuerunt pro temporibus, eos honorari et revereri sicut dominos eorum ab eis, et hec vidit a tempore recordationis ipsius testis, excepto tempore quo monasterium caruit possessione ipsa per dictam occupationem. Interrogatus a quot annis citra recordatur ipse testis, dixit quot a .LX. annis citra. Interrogatus si fuit presens prestationi ipsorum sacramentorum, dixit quod multotiens et in pluribus locis abbatie ipsius, et scit per auditum et per publicam famam.

Nono articulo sibi lecto, dixit quod postquam commune Firmi habuit dictum castrum fieri fecit a capite ipsius castri unum gyronem preter guardiam que erat ibi prius. Interrogatus quomodo scit, dixit quia vidit et audivit sepius, et vidit ibi Iohannem de Barlecta castellanum pro commune Firmi.

Decimo articulo sibi lecto, dixit quod imperator Fredericus et rex Manfredus occupatam tenuerunt Marchiam et abbatiam hostiliter contra Ecclesiam Romanam per .xx. annos. Interrogatus quomodo scit, dixit quod vidit pro magna parte et audivit. Interrogatus si discessit de provinzia per dictum tempus, dixit quod non.

Undecimo articulo sibi lecto, dixit supra eo nichil scire nisi auditu et per publicam famam.

Supra duodecimo articulo, dixit quod sunt publica et notoria ea que testificatus est supra. Interrogatus quod est dicere publicum et notorium, dixit se nescire. Interrogatus si fuit doctus vel rogatus hoc testimonium facere, dixit quod non.

Die .xv. martii.

Dompnus Rainaldus, monachus Sancti Katervi de Tolentino, testis. Iuravit presentibus partibus coram rectore prefato. Primo articulo sibi lecto, dixit quod monasterium suprascriptum et abbates qui fuerunt, silicet abbas Matheus de Arsulo, abbas Herrigus de Coxeiano, et post eum in tempore non continuo quod sibi recordetur abbas Stephanus, et abbas Oderiscius, et post istos abbas Matheus de Sublacu, nomine dicti monasterii in solidum et in totum habuerunt, tenuerunt et possederunt quo ad plenam iurisdictionem civilium et criminalium causarum pacifice, continue pro suo, sicut abbates tenent suam terram, totam dictam abbatiam suprascriptam et castrum montis Falconis et abbatiam predictam, cum suis pertinentiis et tenimentis, et cum domo que erat in capite castelli. Quod castrum est in Marchia, cuius confinia sunt ista: castrum Sancte Victorie, tenimenta castri Exmirilli, castri Terami et flumen Asi; habendo in ipsa abbatia tota gastaldos et viscontes et in ipso castro et in tota abbatia, cognoscendo de causis civilibus et criminalibus, et per iudices eorum vidit aliquos homines plures puniri in pecunia et in personis, et vidit eos et omnia et singula facere que quilibet dominus et comes facit in sua terra, et plus quia in spiritualibus dominabantur. Et vidit predicta per tempus .xL. annorum usque ad tempus et eo tempore quo rex Enz filius imperatoris intravit Marchiam et usque quo occupavit provinciam totam et dictam abbatiam et dictum castrum montis Falconis. Interrogatus quomodo scit predicta, dixit quia vidit et interfuit. Interrogatus quomodo scit quod predicti fuerint abbates in dicta abbatia et in ipso castro, respondit quia homines vocabant ipsos abbates, et ipsi faciebant ea que faciunt abbates in dicta abbatia et in ipso castro. Interrogatus quantum tempus est quod predicta fuerunt, dixit se non bene recordari. Interrogatus quantum tempus habet ipse testis, dixit .Lxxx. annos et plus, ut ipse credit. Interrogatus si predictum tempus .xL. annorum fuit presens in provinzia Marchie, et in dicta contrada, dixit quod sic, excepto quod una vice ivit in Lombardiam ad abbatem Stephanum predictum qui erat in Lombardia, in eundo morando et redeundo transierunt .xx. dies. Interrogatus in qua terra dictus testis fuit ortus, dixit in monte de Nove, quod est castrum subiectum ipsi abbati et dicto monasterio.

Secundo articulo sibi lecto, dixit quod tempore dicte occupationis dicte provinzie et dicte abbatie dopnus Matheus de Sublacu erat abbas dicti monasterii et dominus Fyldesmidus de Moliano erat eius vicarius in dicta abbatia. Interrogatus quod erat officium dicti vicarii, dixit quod ordinabat et faciebat pro ipso abbate que spectabantur ad temporalia et publice habebatur pro vicario ab hominibus dicte abbatie, et ipse vicarius et pro eo dominus Rogerius iudex de Rovetino, quem vidit eum iudicem pro domino Fyldesmido, et Meliorem de Brunforte, et dominum Uguiczionem filium naturalem dicti domini Fyldesmidi, qui fecerunt iudicia plura in delinquentibus, de quorum nominibus non recordatur.

Tertio articulo sibi lecto, dixit vera esse et fuisse que in ipso articulo continentur, hoc adiecto etiam, quod vidit viscomtem in quolibet castro dicte abbatie. Quesitus in causa scientie, dixit in omnia et per omnia ut supra in primo articulo dixit.

Quarto articulo sibi lecto, dixit quod dominus Gentilis Actonis Mili de Furce, dominus Albertinus comitis Albertini de Exmirillo, dominus Fyldesmidus de Moliano et dopnus Nicolaus de Puczallia. Item et Arpinellum domini Giberti de Valle, dopnum Latrentium perusinum, dopnum Berardum de Montenigro, dopnum Nicolaum de Toffia vidit vicarios pro abbatibus qui fuerunt pro tempore in monasterio dicto. Interrogatus quomodo scit predicta, dixit se vidisse.

Quinto articulo sibi lecto, dixit quod cum dictum monasterium possideret dictam abbatiam et castrum montis Falconis et vassallos ipsius cum iurisdictione plenaria, ut supra dixit, monasterium fuit privatum omnibus predictis. Interrogatus quomodo scit et quomodo facta fuit dicta privatio, respondit quod cum exercitus imperatoris et gens eius cum rege Entio ad partes illas venirent, videlicet ad castra ipsius abbatie, et castra facerent mandata eorum, quia gens illa erat excomunicata, et abbas timebat, aufugit et exivit de ipsa terra.

Sexto articulo sibi lecto, dixit quod audivit dici quod Gerardus Coxadoca, rector in Marchia, fecit sibi dari castrum montis Falconis, et dicebatur quod de mandato domini abbatis fecerat.

Septimo articulo sibi lecto, dixit quod castrum montis Falconis pervenit ad civitatem Firmanam, et illud castrum habuit et possedit per .xx. annos et plus in preiudicium dicti monasterii et contra ius et in detrimentum animarum suarum, et nunc possidet licet nomine Romane Ecclesie teneatur. Interrogatus quomodo scit, dixit quia audivit, et est in publica fama. Interrogatus quale preiudicium fit monasterio, dixit quod Firmani faciebant ibi pontem et dominantur castrum, exceptis domaniis et debitalibus.

Octavo articulo sibi lecto, dixit quod homines et vassalli dicte abbatie et dicti castri prestiterunt et prestare consueverunt sacramenta fidelitatis abbatibus qui fuerunt pro temporibus in dicto monasterio, honorando et recognoscendo eos ut dominos suos, faciendo debitalia et usualia servitia et hoc a tempore recordationis ipsius testis, excepto tempore quo dictus imperator tenuit terram. Interrogatus quomodo scit predicta, dixit quia vidit pluries et pluries et multotiens interfuit prestationibus dictorum sacramentorum et servitiorum a dicto sue recordationis tempore. Interrogatus si sacramenta predicta prestabantur singulariter per homines dicte abbatie et dicti castri vel per syndicum, dixit quod singulariter.

Nono articulo sibi lecto, dixit quod commune Firmi fecit fieri in preiudicium dicti monasterii in capite dicti castri montis Falconis unum gyronem, non quod ipse testis interfuit quando fuit factum, sed vidit post, et per publicam famam scit quod Firmani fecerunt ipsum.

Decimo articulo sibi lecto, dixit quod imperator Fredericus, et post mortem eius rex Manfredus, per nuntios eorum cum exercitum òccuparunt Marchiam, totam abbatiam et dictum castrum, et dominus Herrigus de Aquaviva cum exercitu imperatoris advenit in Marchiam et in dictam abbatiam, et tempore regis Manfredi vicarii eius occupans dictam provinciam et abbatiam hostiliter contra Romanam Ecclesiam et in preiudicium dicti monasterii, et occupatam tenuerunt per .xx. annos et plus, ut credit.

Undecimo articulo sibi lecto, dixit quod monasterium suprascriptum a .xxxv. annis citra vacavit abbate aliquando, [u]t credit; sed per quantum tempus nescit.

Duodecimo articulo sibi lecto, dixit quod ea supradicta de quibus testificatus est et reddidit causam scientie sunt nota et publica hominibus de contrada et manifesta, et dixit quod non fuit doctus, neque rogatus dictum testimonium.

Die predicta.

Dopnus Iacobus prior ecclesie Sancte Marie de Ofida, testis. Iuravit presentibus partibus et coram rectore prefato. Dixit quod monasterium suprascriptum et abbas Matheus de Sublacu, nomine dicti monasterii et pro ipso monasterio, de aliis abbatibus precedentibus in tempore dictum abbatem Matheum, excepto abbate Herrigo de Coxeiano quem recordatur in abbatia predicta et tempore cuius ipse testis receptus fuit monachus dicti monasterii, qui abbates habuerunt, tenuerunt et possederunt in solidum et in totum pro ipso monasterio ad plenam iurisdictionem causarum civilium et criminalium continue dictam abbatiam et castrum montis Falconis de ipsa abbatia cum pertinentiis et domibus que erant in ipso castro, pro ipsis abbatibus; et vidit eos habere gastaldos et baiulos in dicta abbatia et castro predicto, et vidit eos cognoscere de causis civilibus et criminalibus per eorum vicarios et iudices, et vidit eos generaliter omnia facere que dominus et comes facit in sua terra et in suis vassallis, et plus quia in spiritualibus dominabantur; et hec per tempus .x. annorum et plus usque ad tempus et eo tempore quo rex Enzis intravit Marchiam et occupavit abbatiam totam et sicut aliam terram. Interrogatus quomodo scit predicta, dixit se vidisse, quia vidit dictos abbates possidere, et alios erant pro eis sicut supra`dixit. Interrogatus quomodo scit quod predicti abbates fuerint, dixit quod vidit eos haberi pro abbatibus, et scit bene, quia fuit de ipsorum familia. Interrogatus quantum tempus est quod predicta fuerunt occupata ut supra dixit, dixit se non recordari. Interrogatus si dominus imperator venit personaliter ad dictam abbatiam et dictum castrum, dixit quod non, sed vidit gentem regis Enzis venire in exercitu super Ofidam, et gentes publice dicebant quod predictus erat ibi, et tunc dictus abbas qui tunc erat et vicarius eius recesserunt de abbatia pro timore. Interrogatus si per tempus dictorum .x. annorum de quibus annis asseruit fuit presens in contrada, dixit quod sic. Interrogatus de qua terra fuit oriundus dictus testis, dixit quod de castro de monte de Nove de dicta abbatia.

Secundo articulo sibi lecto, dixit quod tempore dicte occupationis erat abbas dicti monasterii dopnus Matheus de Sublacu, sed quod dominus Fyldesmidus de Moliano esset vicarius eius non recordari. Et vidit dominum Rugerium filium dicti domini Fyldesmidi et dominum Uguiczionem filium naturalem eius et Bonsaltum de Moliano esse in dictu vicariatu, et dicebant homines eos stare pro dicto domino Fyldesmido.

Tertio articulo sibi lecto, dixit vera esse que in ipso articulo continentur, excepto quod dominum Fyldesmidum non vidit in vicariatu, ut supra dixit, sed vidit dictos filios eius, et Bonsaltum familiarem eius cognoscere et punire delinquentes, et vidit eos facere torqueri Rubertum Rainucii et Iacobum Berardi de monte de Nove pro eo quod dicebantur furtum commisisse de blado in nocte. Interrogatus quomodo scit predicta, dixit quod erat in terra et castro montis de Nove, et vidit bladum portari per illos quibus dicebatur substractum fuisse furtive quod deberet eis reddi, non quod viderit eos torqueri, sed quia publice dicebatur per terram.

Quarto articulo sibi lecto, dixit quod alios vicarios quorum nomina in ipso articulo continentur non vidit, sed vidit dopnum Nicolam de Puczallia, monachum dicti monasterii, vicarium pro dicto monasterio in dicta abbatia. Interrogatus per quantum tempus vidit, dixit per .x. annos. Interrogatus quomodo scit quod fuerit vicarius, dixit bene, quia vidit licteras privilegii vicariatus ipsius, in quibus continebatur quod homines abbatie deberent ei obbedire in temporalibus et spiritualibus.

Quinto articulo sibi lecto, dixit quod cum dictum monasterium sic plene possideret, ut supra dixit in primo, dictam abbatiam et dictum castrum montis Falconis dictum monasterium privatum fuit dicta possessione per occupationem et invaxionem prefatam. Interrogatus quomodo scit, dixit quod cum dictus abbas Matheus iam recessisset de ipsa abbatia timore gentis dicti regis, ut dixit in primo articulo, et dopnus Nicola predictus remansisset et gereret officium vicariatus, venit quidam dominus Salomon, et dicebatur quod pro inperatore venerat et pro domino in contrada illa, et cum inciperet dominari, dictus dopnus Nicola recessit pro timore, quod predictus dominus Salomon minabatur ei, ut ipse testis audiebat. Interrogatus quomodo scit et ubi fuerunt predicta, dixit quod in castro montis de Nove vidit dictum dominum Salomonem sic se habere ut supra dixit.

Supra sexto articulo dixit quod cum dopnus Nicola abbas olim dicti monasterii esset in terra Ofide misit dominum Gentilem de monte Sancti Poli, et cum eo ipsum testem, ad castrum montis Falconis predictum, ad petitionem dominorum de Exmirillo, qui tenebant dictum castrum, qui cum pervenissent ad ipsum castrum, domini de Exmirillo qui ibi erant, seu dominus Anselmus et nepotes de Exmirillo, et dominus Georgius, et dominus Albertinus [de] monte Paxillo, qui cum relaxari sibi peterent et dicerent pro parte dicti abbatis, qui deberent readsignari ipsum castrum dicto domino abbati, dicti domini responderunt eis: « veniat dominus abbas et readsignabimus sibi castrum, quia suum est ». Et sequente die cum dictus abbas properasset ad ipsum castrum, predicti domini readsignaverunt ipsi abbati ipsum castrum, dicentes: « ecce, readsignavimus vobis dictum castrum quia vestrum est ». Quibus dominis recedentibus de ipso castro, remansit dictus abbas cum familia et comitiva que secum erat, et comisit ipsi testi claves portarum dicti castri, et post dictum tempus cum dominus Gerardus Coxadoca esset rector Marchie, misit quemdam dominum Oddonem de Florentia ad dictum castrum, et cum prius precepisset ipsi quod dictum castrum montis Falconis deberet adsignare ipsum castrum nuntiis eius qui abbas quamquam invitus accessit ad dictum castrum, et dicto iudici Oddoni adsignavit dictum castrum dicendo et protestando: « ego volo obbedire marchioni pro honore Ecclesie Romane, salvo et reservato iure monasterii et Ecclesie suprascripte, quod hoc non fiat in preiudicium monasterii ipsius ». Interrogatus quomodo scit, dixit bene, quia fuit presens omnibus predictis et vidit et audivit.

Septimo articulo sibi lecto, dixit auditu se scire quod predictum castrum montis Falconis pervenit ad civitatem Firmanam, sed quanto tempore tenuit, dixit se nescire.

Octavo articulo sibi lecto, dixit quod homines abbatie et castri predicti prestare consueverunt sacramenta fidelitatis abbatibus qui fuerunt pro tempore in dicto monasterio, et honorare et recognoscere eos ut dominos. Interrogatus per quantum tempus, dixit per .xx. et .xxx. annos et plures. Interrogatus quomodo scit, dixit bene, quia stetit et presens fuit et vidit multotiens et pluries. Interrogatus si dicta sacramenta prestabantur per syndicum vel singulariter, dixit quod per syndicum in aliquibus castris et pro maiori parte singuli prestabant sacramenta homagii et fidelitatis abbatibus ipsis.

Nono articulo sibi lecto, dixit quod commune Firmi post occupationem et perventionem dictam fieri fecit in ipso castro turrim et palatium preter domos que erant ibi prius et in preiudicium dicti monasterii. Interrogatus quomodo scit, dixit se vidisse postquam Firmani habuerunt castrum illud heddificium factum per eos, quod non erat ibi tempore quo fuit ipse testis ibi, ut asseruit supra in .vi. articulo.

Decimo articulo sibi lecto, dixit quod computato tempore quo imperator et rex Manfredus tenuerunt Marchiam per nuntios eorum cucurrerunt .xx. anni. Interrogatus quomodo scit, dixit bene, quia stetit continue in provinzia.

Undecimo articulo sibi lecto, dixit quod a .xxxv. annis citra monasterium suprascriptum vacavit abbate per .x. annos. Interrogatus per mortem quorum abbatuum, dixit se non recordari.

Duodecimo et ultimo articulo sibi lecto, dixit predicta de quibus asseruit publica et notoria esse in contrada abbatie predicte. Interrogatus quid est dicere publicum et notorium, dixit quod est illud quod multis est notum et publicum. Interrogatus si fuit doctus, dixit quod non, et predicta non dixit odio, pretio, prece, amore, vel timore.

Die .xvi. martii.

Petrus Nicole de monte de Nove. Iuratus presentibus partibus coram rectore prefato, primo articulo sibi lecto, dixit quod monasterium suprascriptum et abbates quos ipse testis vidit pro dicto monasterio, silicet abbas Matheus de Arzulo, abbas Herrigus de Coxeiano, abbas Oderiscius et abbas Matheus de Sublacu, et alii quos personaliter non vidit, scit tamen auditu, predicti quos vidit pro dicto monasterio habuerunt, tenuerunt et possederunt pro suo ad plenam iurisdictionem causarum civilium et criminalium pacifiçe et continue totam dictam abbatiam et castrum montis Falconis, cuius confinia sunt flumen Asi, tenimentum castri Sancte Victorie, castri Exmirilli, et alia latera cum fortillitiis et tenimentis, ut quis possidet suum, habendo gastaldos et baiulos in ipso castro et in aliis dicte abbatie, et vidit vicarios et iudices eorum cognoscere de causis criminalibus et civilibus et punire malefactores delinquentes in persona et in pecunia, et generaliter omnia facere que quilibet dominus et comes facit in sua terra, et dixit se predicta vidisse per tempus .xxx. annorum et plus usque ad tempus et eo tempore quo rex Ensis filius imperatoris prius intravit Marchiam et occupavit tunc predictam terram per forziam ipsius abbatie et dictum castrum. Interrogatus quomodo scit predicta, dixit quod vidit et presens fuit. Interrogatus si predicti abbates fuerunt personaliter in dicta possessione, respondit quod sic, predicti quos vidit. Interrogatus qui fuerunt pro eis gastaldi seu viscontes, respondit quod in ipso castro montis Falconis vidit magistrum Rainaldum Pettenarii viscontem et Rainaldum Gratiani, et baiulos alios de quorum nominibus non recordatur, et in aliis castris vidit alios quos asseruit in testimonio perhibito per eum in causa cum Ecclesia Romana. Interrogatus quantum tempus habet ipse testis, dixit octuaginta annos et plus. Interrogatus si ipse testis absentavit se de provinzia eo tempore quo dixit monasterium possedisse predicta, dixit quod non. Interrogatus si ipse testis est vassallus monasterii, dixit quod sic quantum ad quedam.

Secundo articulo sibi lecto, dixit quod tempore dicte invaxionis et occupationis dopnus Matheus de Sublacu erat abbas dicti monasterii, et dominus Fyldesmidus de Moliano erat vicarius ipsius abbatis in dicta abbatia et homines ipsius abbatie comuniter habebant pro vicario. Interrogatus quod officium faciebat ibi dictus vicarius, dixit quod omnia faciebat ibi temporalia, habendo ibi iudicem suum, seu dominum Rogerium de Rovitino, qui cognoscebat de omnibus causis civilibus et criminalibus. Interrogatus quantum tempus est quod dictus dominus Fyldesmidus fuit in dicto offitio, dixit quod sunt bene .xxxvii. vel .xxxviiii. anni.

Tertio articulo sibi lecto, asseruit vera esse que in ipso articulo continentur, affirmando ea que dixit supra in primo articulo, que videntur sibi eadem cum his que sunt in tertio. Interrogatus si vidit tempore dicto per officiales ipsorum abbatuum puniri aliquos, dixit quod sic. Interrogatus de nominibus, dixit quod in castro Furcis fuerunt orbati Rainaldus Dionisii, Cambius Morici Matthelle de ipso castro, et in castro montis Falconis vidit post ipsum tempus Potentem occasione prodictionis facte per eum de ipso castro, condepnatus fuit per abbatem Nicolam in omnibus bonis eius et perpetuo exbanitus.

Quarto articulo sibi lecto, dixit quod dominus Gentilis Actonis Mili de Furce, dominus Albertinus comitis Alberti de Exmirillo, dominus Fyldesmidus predictus et dopnus Nicola de Puczallia fuerunt vicarii ipsius abbatie et publice habiti pro abbatia vicarii abbatuum qui fuerunt pro temporibus, et hec per' tempus supra assertum per eum. Interrogatus si dictus dominus Albertinus possedit per se aliquid in dicto castro montis Falconis, dixit quod non, sed habebat ibi aliquos vassallos a dicta ecclesia suprascripta.

Quinto articulo sibi lecto, dixit quod cum dictum monasterium sic possideret, ut supra dixit, ipsam abbatiam et dictum castrum et ipse abbas esset in castro Furcis, dominus Rainaldus de Aquaviva cum sua gente christianorum et sarracenorum, et post hec dictus abbas venit ad castrum montis de Nove, et coadunatis hominibus ipsius vicinantie et contrade, predicavit ibi, et monuit eos ut starent fideles in serviciis Romane Ecclesie, et si non possent aliud, non paterentur destructionem et facerent quam melius possent, et recessit tunc de contrada, et post hec venit dominus Salomon quidam (1) pro parte regis Ensis, et recepit sacramenta per violentiam, quia faciebat cavalcata et incendia contra illos et in terra eorum qui nolebant facere mandata et gentis sue, et tunc privatum fuit monasterium possessione predicta.

Sexto articulo sibi lecto, dixit quod cum dompnus Nicola, olim abbas dicti monasterii, post dictam occupationem possideret dictum castrum montis Falconis cum pertinentiis suis, quidam iudex de Florentia venit pro parte domini Gerardi Coxadoca tunc rectoris in Marchia, et pro parte dicti domini petiit castrum ab abbate, et ipse abbas pro bono pacis contrade adsignavit sibi castrum, salvis et reservatis omnibus iuribus ipsius monasterii. Interrogatus quomodo scit, dixit quia vidit et presens fuit.

Septimo articulo sibi lecto, dixit quod commune Firmi abstulit rochetam que est in capite castri montis Falconis et ipsam rochetam habuit et possedit commune Firmi per .xx. annos et plus. Interrogatus quomodo scit, dixit quod vidit commune Firmi ire, et abstulit dictam rochetam in preiudicium monasterii.

Octavo articulo sibi lecto, dixit quod homines dicti castri et alii ipsius abbatie prestiterunt et prestare consueverunt sacramenta fidelitatis dictis abbatibus et aliis qui fuerunt post dictum tempus, videlicet abbati Nicole, abbati Iacobo, abbati Peregrino, abbati Gentili, et vidit eos honorari, recognosci et obbediri ab hominibus ipsius abbatie et dicti castri. Interrogatus per quantum tempus vidit fieri predicta, dixit per dictum tempus .xxx. annorum, et excepto tempore quo imperator tenuit terram dum vixit, et rex Manfredus aliis temporibus, vidit predicta fieri abbatibus supra nominatis. Interrogatus

(1) Dopo la parola *quidam* si trovano le parole *in terra eorum,* rinchiuse fra tre linee in segno di cancellazione.

si predicti homines de abbatia in castris eorum prestabant dicta sacramenta singulariter an per syndicum, dixit quod singulariter et personaliter, excepto castro Ofide in quo prestabatur sacramentum per syndicum. Interrogatus qui fuerunt syndici, dixit se non recordari.

Nono articulo sibi lecto, dixit quod commune Firmi fieri fecit in ipso castro montis Falconis in rochetta in capite castri montis Falconis unam turrim, ut ipse testis audivit et scit bene; quia dicta turris facta fuit postquam ipsi habuerunt castrum et fecerunt fieri alios muros, et in preiudicium monasterii. Interrogatus si sunt ibi hedificia que erant prius preter illa que fecit fieri commune Firmi, dixit quod sic. Interrogatus si dictum monasterium fecit de ipso castro aliquam concessionem alicui, dixit quod non, ut ipse sciat.

Decimo articulo sibi lecto, dixit quod inter regem Enzium, Rubertum de Castellione, Iacobum de Morra et comitem Rizardum, tempore imperatoris, et post mortem eius nuntii regis Manfredi, contra Ecclesiam Romanam tenuerunt Marchiam occupatam bene per .x. annos aut .xii., et plures. Interrogatus si se absentavit de provinzia illis [temporibus], dixit quod non. Interrogatus si vidit predictos personaliter in provinzia, dixit quod sic.

Undecimo articulo sibi lecto, dixit quod monasterium predictum vacavit abbate bene per .x. annos a .xxxv. annis [citra]. Interrogatus per mortem quorum abbatuum, dixit per mortem abbatis Stephani et per depositionem abbatis Nicole, et per mortem abbatis Peregrini. Interrogatus quantum tempus fluxit per syngulas vacationes, dixit se non recordari.

Duodecimo et ultimo articulo sibi lecto, dixit quod predicta de quibus asseruit sunt publica et notoria in contrada. Interrogatus quid est publicum et notorium, dixit quod que communiter gentes dicunt, et dixit quod sunt predicta vera......

G. B. CAO-MASTIO
D. FELICIANGELI.

BIBLIOGRAFIA

Atto Paganelli, *La Cronologia rivendicata per d. A. P. monaco vallombrosano, offerta a Sua Santità Leone XIII nella fausta occasione del suo giubileo sacerdotale.* — Milano, tip. pontificia di San Giuseppe, 1887, in-f° grande.

La cronologia è un ramo degli studi storici che ebbe sue vicende particolari. Ma è d'uopo avvertire che non si deve intendere questa parola nel senso in cui è presa ora abusivamente. Ora si denominano cronologie le opere che riassumono la storia secondo le date. Intesa la cosa a questo modo, riesce difficile comprendere come la cronologia possa essere per sè stessa un ramo di studio, quali ne sieno gli elementi e le difficoltà. Cronologia è lo studio comparativo dei diversi sistemi di computo del tempo, per accertare le date degli avvenimenti storici.

Questo studio sorse infatti quando, raccoltesi già molte notizie della storia di diversi popoli, si sentì il bisogno di ordinarle. E ciò accadde presso i Greci dopo le conquiste d'Alessandro il Grande. Ma speciale impulso ai confronti cronologici provenne poi, nei primi secoli del cristianesimo, dal bisogno di dimostrare l'autorità della Bibbia come storia del mondo fin dalla sua origine. La storia allora conosciuta si limitava ai popoli di cui i Greci avevano conservate notizie e di cui ne conteneva la Bibbia: una ristretta orbita, se si giudica colle idee d'oggi, nella quale trovavano posto soltanto i paesi che furono sottomessi da Alessandro Magno. Questi furono, ad ogni modo, i limiti della *Storia universale* allora e per molti secoli dopo, fino quasi ai nostri tempi. L'India, la Cina, allora sconosciute, ne rimasero sempre bandite.

Nuovo impulso alle comparazioni cronologiche provenne nei secoli XVI e XVII dalle dispute religiose. L'argomento era estraneo alle controversie tra cattolici e protestanti; ma l'attenzione era richiamata su esso dagli studi che gli uni e gli altri dovevano fare della Bibbia. E allora vennero alla luce voluminose opere così di cattolici (i gesuiti Petau, Riccioli) come di protestanti (Usher, Scaligero). I canoni cro-

nologici da esse forniti furono poi seguìti sempre fino al nostro secolo, quando la condizione delle cose mutò per scoperte di nuovi
materiali storici, che modificavano profondamente le cognizioni che
s'avevano della storia antica.

Un'opera di piccola mole pubblicata mezzo secolo fa in Germania
col modesto titolo di *Manuale della cronologia tecnica e matematica* (1)
ci aveva divezzati dai pesanti volumi in-foglio dei secoli xvi e xvii,
pur soddisfacendo alle esigenze di qualunque più scrupoloso ricercatore di cronologia. Alla economia del lavoro s'aggiungevano, per
conciliare favore a quest'opera, una grande semplicità, correttezza e
chiarezza d'esposizione, e l'autorità che proviene da vaste cognizioni
di astronomia, di filologia, di storia, e da un metodo rigorosissimo.
L'Ideler non si propose di farla da teologo, ed evitò le questioni di
carattere meramente teologico; ma su tutte le altre controversie agi-
tate fra i precedenti cronologi versò tanta luce, che ha dissipato tutti
i dubbi che si potevano dissipare.

La *Cronologia rivendicata* del P. Paganelli ci riconduce ora ai pesanti volumi in-foglio, ed al genere di studi dei cronologi antiquati.
L'operetta dell'Ideler, benchè conosciutissima, è rimasta a lui sconosciuta. Pare che la sua ambizione sia stata destata dai vecchi allori
appassiti del P. Petau (Petavio), e contro lui ha preso ad armeggiare.

Diremo subito che in tal genere di ricerche il successo dipende
in buona parte dalla fiducia che l'autore riesce ad ispirare. È necessario che questa sia intera, perchè le sue conclusioni non possono
esser controllate se non rifacendo tutto il lavoro. E tale fiducia si
ispira con un metodo di ricerca rigoroso e con molta cultura. E non
si ispira invece quando le conclusioni appariscono precipitate, quando
apparisce che non si conoscono tutti i materiali a gran pezza, e quando
ognuno s'accorge che all'autore non furono accessibili nè i testi nelle
loro lingue originali, nè le opere moderne in lingue straniere.

E che questo secondo sia il caso dell'opera dèl P. Paganelli si
scorge a prima vista. L'A. ha avuto cura di mettere in mostra nelle
prime pagine sei lettere, che gli furono dirette da persone il cui giudizio doveva, a suo avviso, conciliargli la fiducia di chi apre il volume. Ma, ohimè! un po' per lo stesso contenuto di quelle lettere,
un po' perchè questo singolare modo di procedere par troppo attendere dalla prevenzione, l'espediente non produce l'effetto desiderato.
Che anzi nasce subito il sospetto che chi fa ciò non sia un erudito
semplicemente infervorato della sua scienza. Per decoro degli studi
italiani giova sperare che l'esempio non abbia imitatori nè fra gli
ecclesiastici nè fra i laici.

Per dare un qualche ordine a questi appunti, ci fermeremo un
momento a considerare di questo lavoro:

1° La condotta generale;

(1) L. IDELER, *Handbuch der mathematischen und technischen Chronologie*, vol. 2 in-8°,
1ª ed., Berlin, 1825-26; 2ª ed., invariata, Berlin, 1883.

2° I materiali adoperati per le ricerche;
3° Alcune conclusioni.

L'A. ha segnato in 123 tavole o pagine la serie progressiva degli anni secondo varie ere. Ciascuna pagina è divisa in tante colonne quante sono le ere. Dapprincipio si incontrano solo le ere che cominciano più da antico; man mano, accanto a queste prendon posto le altre ere: sicchè, mentre le prime pagine contengono solo tre colonne, le ultime ne hanno fin 25. Tra gli anni qua e là son segnati, all'anno corrispondente, alcuni fatti storici di cui l'A. volle accertare la data. Tutto ciò nella pagina a destra del libro. Nella pagina a sinistra sono segnate le citazioni dei testi antichi che servono di prova, e qualche osservazione dell'A. Questo lavoro si estende per 4750 anni, cioè dall'a. 4713 av. E. V. all'a. 36 dell'E. V.

A queste tavole furono premesse nove dissertazioni, denominate *conferenze* perchè sono discussioni tenute con un *esaminatore deputato* a quest'ufficio dal card. Massaia, patrocinatore dell'opera. Il quale esaminatore è il P. Gabriello da Guarcino, cappuccino, che occupa in Vaticano varie cariche ecclesiastiche, e che ha in fatto di cronologia tutta la competenza che può avere un teologo.

Si capisce come in queste conferenze l'esaminato ha buon giuoco d'un esaminatore che non è della partita; e quindi la pesantezza dell'argomento non gli toglie il buon umore. Questo dialogo non sarà, questo no certo, un modello di tal genere letterario, perchè la giovialità vi è mantenuta ben spesso a spese della convenevolezza ed anche della grammatica; ma per l'indole degli scherzi e la potenza della dialettica trasporta facilmente il lettore nella compagnia dei due ecclesiastici interlocutori. Talora il cronologo, udita l'obbiezione, « guarda sorridendo », « scuote il capo leggermente sorridendo », sicchè l'esaminatore esce a dire: « che maniera è questa? forse mi canzona? » In realtà però l'esaminato non canzona l'esaminatore; e glielo dimostra profondendogli riverenze senza risparmio. E quanto dovette ammirarlo l'esaminatore, quando gli confessava che nel corso delle sue lucubrazioni « gli bolliva la testa fuor di maniera, e qualche volta la sentiva andar via quasi da per sè! »

Alle obbiezioni risponde ragionando e spiegando le tavole. « Alla lett. (*h*) vi (*sic*) troviamo il perchè Antioco, avendo nel settembre del più volte ricordato anno 585 di Roma.... dovuto buttar giù quella pillola amara a lui apprestata da Popillio legato de' Romani, se n'andasse, per digerirla un po', a rifarsene co' Giudei a Gerusalemme, quali pasta più morbida, secondo il parer suo, per i propri denti » (pag. 16, col. 2). « Pur tuttavia per farle dono d'un altro fiorellino, affinchè se ne formi un mazzetto, la condussi all'a. 691 ecc. » (pag. 27, col. 2).

Finalmente la conferenza giunge al termine, non per volontà del cronologo, ma perchè l'esaminatore è chiamato dal campanello ad altre occupazioni: « tutto ad un tratto ne fui distolto da quel solito amico, che con quel suo *tintilin-tintilin* richiamava altrove la nostra attenzione » (pag. 16, col. 2).

Se si tolga l'importunità di queste e simili piacevolezze che infio-rano il dialogo, è d'uopo riconoscere che il P. Paganelli è riuscito generalmente nella sua esposizione chiaro e vivace, e gliene va dato elogio.

Sopratutto poi il P. Paganelli mostra una singolare attitudine gra-fica. Il concetto di raccogliere graficamente la cronologia in tavole è molto lodevole, perchè agevola grandemente la ricerca delle date storiche. E questo concetto fu da lui attuato con molta felicità.

I materiali sono quelli medesimi di cui si servivano i cronologi dei secoli XVI e XVII; ed identica è la mira cui l'A. intende. « La « mia cronologia adunque, rilevata dalla Santa Scrittura, intendo dire « unicamente dalla Volgata, unita che s'è storicamente ed astronomi-« camente con tutte le altre ere più note, facendo con esse allora un « sol corpo, addiviene quel tutto che ne piacque chiamare la *Crono-« logia rivendicata* » (pag. 2, col. 2). Dunque, la cronologia che ricava dalla Bibbia è l'asse intorno a cui si volge tutto il sistema : ad essa vien coordinata la cronologia che deduce dagli scrittori greci e latini.

Della Bibbia segue « unicamente » la versione volgata. Così sia. S'intende che tutte le opere di cui la Bibbia si compone hanno per l'A. la stessa indiscutibile autenticità ed autorità : Pentateuco, Re, Da-niele, Esdra, Maccabei, tutte valgono ad un modo, cioè alla lettera. Le discussioni che si fanno a questo proposito l'A. le ignora ; e deve ignorarle. Per vero dire, così si faceva nei secoli XVI e XVII ; ma ora si dovrebbe fare alquanto diversamente. Non già che il cronologo debba entrare in quelle discussioni ; ma dovrebbe tener conto del ru-more che fanno, ed esserne avvisato che, per giovare davvero alla cronologia ed alla storia, bisogna battere altre vie. Che se si tratta solo di lavorare per i teologi, allora è inutile rifare il già fatto, che ha servito egregiamente finora, e continuerebbe a servire egualmente bene per l'avvenire.

Quanto agli scrittori greci (tradotti) e latini utilizzati, son pochini davvero ; i soliti d'una volta, e neppur tutti. Ove poi abbia omesso Clemente Alessandrino, Eusebio, Giorgio il Sincello perchè non dà loro importanza, allora è bene che lo dica per nostra norma.

E tutti i materiali egiziani, e tutti i materiali assiro-babilonesi ve-nuti in luce da mezzo secolo in qua? Appena è se menziona due iscrizioni cuneiformi persiane, di cui ebbe notizia dalla *Civiltà Catto-lica!* (pag. 37, col. 1-2). Egli si limita a fare il seguente voto : « Un voto del mio cuore consistente nel desiderare che i signori assirio-logi si degnino tentare in questo medesimo senso..... i monumenti di quelle regioni là, affin di vedere se essi pure concordino, come io lo ritengo fermamente, con questi intimi e reconditi veri, sì della Sacra Scrittura, che della medesima storia profana » (pag. 7, col. 1). Se sapesse per quanto diversa via camminano i signori assiriologi!

Pensi a questo solo, che tutta la serie dei re medi, per ricostruire la quale egli s'affanna tanto sulla scorta di Ctesia e d'Erodoto, e che è una chiave di volta del suo edifizio, è da essi riguardata come una pura leggenda di cui non s'occupano neppur più. E v'è anche di peggio! Han torto essi; ma del suo voto non se la daranno per intesa. Sa come deve fare per tirarli a bene? Non si contenti di udir parlare di loro come d'abitatori della luna; esamini i loro scritti, e li emendi. E si rammenti anche degli egittologi; poichè anche questa piaga esiste, che gli è rimasta nascosta.

Devesi però tener conto all'A. d'aver spinto la sua industria fino a consultare la tavola delle eclissi del Pingrè, che tutti conoscono poichè trovasi nell'*Art de vérifier les dates,* la quale cita quattro o cinque volte. E poi che due egregi astronomi, il Respighi ed il Celoria, dietro sua richiesta d'un giudizio sulla *Cronologia rivendicata,* si limitarono a dichiarare esatta la tavola del Pingrè senza voler entrare nell'argomento della *Cronologia,* l'A. si vale delle loro due lettere per accrescere autorità al suo volume, e le pubblica nella prima pagina, ove il Respighi ed il Celoria si trovano nella compagnia di cinque o sei dignitari ecclesiastici i quali, questi sì, lodano senza reticenze l'opera del P. Paganelli.

Intorno alle conclusioni non si può spendere troppe parole, perchè questa rassegna non consente spazio. Ma se si mostrerà come ne sono tratte alcune, s'avrà un criterio sufficiente per giudicare il valore di tutta l'opera.

‹ Ma veggasi prima come interpreta i testi.

Censorino dice: « Primum tempus sive habuit initium, sive semper « fuit, certe quot annorum sit non potest comprehendi ». E l'A., citandolo, spiega per « primum tempus » il « tempo antidiluviano ».Va poi da sè che l'A. non ammette che vi sieno difficoltà a spiegare quanto abbia durato il tempo preistorico (tav. VI, nota *b*).

Giustino dice: « Assyrii qui postea Syri dicti sunt ». E l'A. v'aggiunge: « Che gli Assiri vengano come nazione primitiva da quel-« l'Assur....., lo ritengo fermamente; ma che poi essi si sieno con-« vertiti in Sirii, non lo reputo vero; perchè questi nacquero da « Camuel, figlio di Nácor, fratello d'Abramo..... Per il che quell'in-« ciso di Giustino non dice la verità, essendo stati sempre, secondo « la Sacra Scrittura, gli Assirii ed i Sirii due nazioni differenti » (tav. XX, nota *b*). Occorre altro per mostrare che han torto tutti coloro che ritengono che il nome greco di « Siri » provenga dall'originario « Assiri » ?

Erodoto, citato in latino, dice: « Omnibus namque eum (Cheo-« pem) templis obserratis, ante omnia Ægyptiis ne sacrificarent inter-« dixisse ». Orbene, dopo « Ægyptiis », l'A. mette una parentesi in cui scrive: « ma qui si legga Hebraeis » (tav. XLIX, nota *c*). E perchè? Questa è marchiana davvero! E continua dopo imperturbabilmente ad applicare agli Ebrei il racconto che Erodoto dedica agli Egiziani.

E poi che Erodoto, parlando dei lavori che il re Cheope imponeva spietatamente ai suoi sudditi per fabbricare la grande piramide, dice: « Aliis (hominibus), ut lapicidinis arabici montis saxa exciperent », il nostro A., dopo « arabici montis », mette una parentesi in cui scrive « che è il Sinai, dove tuttora vi (*sic*) esistono le iscrizioni in caratteri « ebraici antichi ». Ma che necessità vi era di questa sciagurata parentesi che contiene tali spropositi? Che ha che fare la catena dei monti arabici dell'Egitto col Sinai? Che han che fare qui le iscrizioni ebraiche? E dove sono queste iscrizioni ebraiche del 1530 av. E.V.? Questa data 1530 non si creda messa qui ad arbitrio; è dell'A.; il quale, da quanto racchiude in questa nota, argomenta che gli Ebrei erano in Egitto ai tempi dei re Cheope e Micerino, circa il 1530 av. E. V. Vi è di che far raggrinzare la pelle a chiunque conosca anche solo i primi elementi di storia dell'Egitto. Poichè Cheope e Micerino appartengono alla IV Dinastia, e verso il 1530 av. E.V. regnava la Dinastia XVIII: la dimora degli Ebrei in Egitto poi non ha che far nulla nè coll'una nè coll'altra. Vedasi in che baratro è precipitato l'A. per quel grillo di voler leggere « Ebrei » dove Erodoto non s'è neppur sognato di scriverlo.

Queste licenze d'interpretazione dei testi non sono in alcun modo scusabili. Si trattasse di testi biblici, allora l'A. potrebbe addurre la ragione che adduce a pag. 2, col. 2, che « altrimenti non se ne cave-« rebbe costrutto nessuno: e la parola di Dio non deve esser vota, ma « piena di senso ». Ma qui non ne è il caso. E poi, questi testi hanno un senso chiarissimo.

E quindi, come fidarsi delle conclusioni che l'A. va preparando?

Ancora un'osservazione merita d'esser fatta, per formarsi un criterio dell'autorità che meritano tali conclusioni.

Il nostro cronologo crede sinceramente che le ere siano state istituite l'anno da cui il loro computo incomincia. Varie volte dice che le olimpiadi « furono istituite l'a. 777 av. E.V. » (pag.VIII, col. 1; pag 28, col. 1). Poichè egli non sa che le olimpiadi sono una cosa, ed i giuochi olimpici ne sono un'altra; e poi che il P. Petau non ha fatto tal confusione, lo trova confuso da non potersi intendere (pag. 28, col. 1-2; pag. 35, col. 1). Ed ecco come ragiona dell'istituzione dell'èra volgare: « Che Dionigi il Piccolo abbia inventato l'èra volgare « nel 532 dell'èra volgare medesima, per me implica tale contraddi-« zione in termini, che ogni volta che mi vien messa davanti son « proprio costretto a riderci sul Imperocchè se Dionigi il Piccolo « scrivendo produceva i suoi studi nel 532 dell'èra volgare, segno è « che questa la correva già da 532 anni prima che egli scrivesse » (pag. 26, col. 1). Lasciamolo ridere: uomo allegro il ciel l'aiuta. Poi prosegue: « Dionigio adunque, gliene concludeva io, non inventò « quest'èra nostra volgare, giova ripeterlo; perchè usata già da tanto « tempo prima di lui in tanti registri, e seguìta da popoli cristiani, da « molte chiese, ed in un modo più che speciale poi tenuta in gran « conto dai nostri *comuni*, i quali, con piccolissima differenza, la di-

« cevano: " ab Incarnatione domini „ o " a Nativitate „ e gli altri " ab
« anno reparatae salutis „, ma da tutti era seguita ». Oh quanta prudenza usò qui l'esaminatore P. Gabriello da Guarcino, per ascoltare
tutto ciò, e tacere! Un altro avrebbe chiesto che citasse qualche esempio; che almeno indicasse qualcuno dei nostri *comuni* prima dell'a. 532
dell'E. V.: e forse l'esaminato avrebbe scoperto qualche novità che
tutti gli storici hanno finora ignorato. Ma rispettiamo le ragioni per
cui il P. Guarcino tacque. Certo, argomentando da questi esempi, si
deve credere che l'A. consideri l'èra di Adamo, di cui egli si serve,
come istituita da Adamo o da un suo contemporaneo.

Quanta fiducia meritano le conclusioni preparate da un cronologo che ha un concetto sì inesatto delle ere, cioè dei computi del
tempo, che sono i principali ferri della sua arte?

Prendiamo ora tra le mani alcune di queste sue conclusioni, e
vediamo quanto valgano.

Lasciamo in disparte tutte quelle che riguardano i tempi per i
quali l'A. si giovò solo della Bibbia, non conoscendo altre fonti. Colla
scorta della Bibbia ha creato una sua propria èra di Adamo, che comincia dall'a. 4093 av. E. V. Alle cento e più ere del mondo che già
furono escogitate ha voluto aggiungere ancora questa; e si serva.
Tutti i computi che istituisce per illuminare la Storia Sacra furono già
istituiti le migliaia di volte, e sempre si trovò chi ritornava daccapo.
Chi vi si accingerà dopo lui a rifare il lavoro forse scioglierà meglio
la difficoltà dell'età d'Esdra, cui egli accenna a pag. 19 con questi
termini: «è certo però, che se anche ai giorni nostri da taluno si
« arriva per in fino ai 100 anni, e da tanti altri si oltrepassano an-
« cora...., quale difficoltà vi sarebbe, che un uomo di que' tempi
« lassù, e poi com'era Esdra, non potesse aver campato ancora 125
« o 130 anni? » Nessuna, risponderemmo noi. Ma chi rifarà il lavoro
domanderà forse: e che uomo era dunque Esdra? E vorrà sapere
« per in fino » che tempi fossero « que' tempi lassù » avvolti in sì solenne mistero; tempi che corrispondono in sostanza alla metà del
v secolo av. E. V., e quindi punto misteriosi. Ma noi ci fermeremo
sulla cronologia profana.

L'A. mena grande scalpore contro il P. Petau, perchè contando
gli anni dell'E. V. comincia subito coll'a. 1, invece di cominciare
coll'a. 0; ossia perchè colloca l'a. 1 dell'E. V. all'a. 4713 del Periodo
Giuliano, mentre egli sostiene che va collocato all'a. 4714 (Conf. VII).
Questa non è una discussione da cui scaturiscano conseguenze gravi
per la storia. Basta intendersi. Chi sa come furono formate le ere è
arrendevole intorno al modo di servirsene.

Alla storia importa invece sapere se sono fondate le conclusioni
dell'A., che la battaglia d'Arbela, con cui finì l'impero persiano, sia
avvenuta l'a. 326 av. E. V., e non l'a. 331 come si è sempre ammesso; e se Alessandro il Macedone è morto l'a. 318 e non l'a. 323
av. E. V. Ora dai testi che egli cita, e dai ragionamenti che vi ag-

giunge (pag. 32), si ricava cosl poco, che davvero non si è rassicurati.

A questa conclusione, e ad altre di cui si dirà dopo, egli fu tratto nel seguente modo. Egli ha tracciato la serie dei re persiani con quei sussidi di testi che gli somministra lo scarso repertorio dei suoi materiali. Secondo essa, l'ultimo re persiano, Dario Codomanno, cominciò a regnare l'a. 334 av. l'E. V.; e poi che si sa che regnò 8 anni, dunque la sconfitta finale da lui toccata ad Arbela nella guerra contro Alessandro cade l'a. 326.

Quanto alla data della morte d'Alessandro, qualche indicazione tratta da Q. Curzio, contrapposta a quelle di Giustino, convalidata colla conclusione già accennata, riguardante la data della vittoria d'Arbela, e non occorre altro per rovesciare tutta una falange di storici e cronologi, da Arriano ed Eusebio, che l'A. ha trascurato, fino ai dì nostri.

Ma la conclusione più grave è quella che forma argomento speciale della conferenza IX, oggetto della quale è di « dimostrare che « chi mandò i suoi eserciti contro i Greci a Maratona fu Astiage re « dei Medi, e non il re persiano Dario d'Istaspe »; e chi li condusse a Salamina « fu il re Ciro e non il re Serse; e che Erodoto fu la « cagione di questa confusione dei nomi ». Come si vede quest'enunciato è gravissimo; è un'accusa solenne contro tutti i cronologi e gli storici, specialmente contro Erodoto, il padre d'un errore che si perpetuò poi, per ignoranza ed ignavia di tutti gli scrittori seguenti, fino a Don Atto Paganelli eccettuato.

La chiave dell'enigma è questa, per dirla in breve. L'A. trova che Alessandro Magno tolse l'Egitto ai Persiani quando rovesciò l'impero persiano colla battaglia d'Arbela sopra menzionata, nell'a. 326 av. l'E. V. secondo lui, 331 secondo tutti gli altri. Trova scritto che il re persiano che aveva conquistato l'Egitto era stato Cambise padre di Dario. Trova scritto che i Persiani hanno dominato in Egitto 120 anni. Dunque 120 anni prima della battaglia d'Arbela, cioè nel 446, od anche 451 av. E. V., regnava in Persia Cambise, e non è possibile che suo figlio Dario regnasse al tempo della battaglia di Maratona, che accadde l'a. 490 av. E. V.; come non è possibile che regnasse Serse, figlio di Dario, al tempo della battaglia di Salamina, che accadde l'a. 480 av. E. V. Pertanto, o spostare Dario e Serse, o spostare Maratona e Salamina. Nel bivio egli prese il secondo partito.

Come si vede, la spiegazione calza che non fa una grinza. Un solo dubbio potrebb'esservi: i 120 anni conducono proprio fino al termine d'ogni dominazione persiana in Egitto? Veramente le notizie che si hanno intorno all'Egitto negli ultimi tempi della dominazione persiana sono scarse e confuse. Sarebbe da vedere come interpretano la cosa i cultori speciali della storia egiziana, Lepsius, o Mariette, o Maspero: ma dove si va a pescare qualcuna di queste opere ignote? Bando al dubbio dunque: siam pronti.

Ora si badi che, nelle serie delle dinastie egiziane, quella dei re persiani che comincia con Cambise è la XXVII secondo alcuni, la XXVIII secondo altri; e che quella cui appartiene il re persiano spodestato da Alessandro Magno è la XXXI. Tra l'una e l'altra vi sono due o tre dinastie di re nazionali; poichè l'Egitto ricuperò l'indipendenza, poi venne risottomesso dopo circa 65 anni dai Persiani, che vi dominarono nuovamente per nove anni, fin che furono spodestati da Alessandro.

Se il P. Paganelli avesse tenuto conto dei 65 anni d'intervallo, e dei 9 della seconda dominazione persiana, eran bell'e trovati i «75 anni» che gli mancavano nel conto generale degli anni trascorsi dal principio della dominazione persiana in Egitto con Cambise, alla conquista d'Alessandro: poichè $331 + 120 + 65 + 9 = 525$; laddove egli ha $331 + 120 = 451$. Maratona poteva dunque continuare a stare con Dario all'a. 490, e Salamina con Serse all'a. 480, come han fatto sempre. Si richiedeva così poco per vederlo!

Preso un granchio, l'A. ne pigliò dopo una retata. Così si spiega come dovette credere d'aver fatto un atto meritorio separando i nomi di Dario e Serse da quelli di Maratona e Salamina. E quindi l'accusa contro Erodoto; il quale dovrebb'esser stato lui il grande ignorante, poichè quasi contemporaneo a quelle battaglie sì gloriose per i Greci, avendo conosciuto molti che vi si erano trovati, non seppe i nomi dei re persiani nemici.

E poi, veniamo alle corte. Abbiamo un testimonio oculare, ed è Eschilo, il quale si trovò ad entrambe le battaglie, e nella sua tragedia *I Persiani* introduce fra i personaggi Atossa, vedova di Dario e madre di Serse, e parla spesso di Salamina e della sconfitta ivi toccata da Serse, che forma appunto l'argomento della tragedia.

Da questa sola conclusione del P. Paganelli, che è la più clamorosa di tutta l'opera, si può argomentare quanto valga la sua *Cronologia rivendicata*.

Ecco qua, pertanto, un enorme volume, che s'annuncia nella dedica al papa come *con somma pazienza e pertinace applicazione composto a rischiarare tutta l'antica cronologia,* che vien tratto fuori con massima pompa e lusso di stampa, e che non serve a nulla. A ciò conduce un metodo inane di studi: a brancolare nel vuoto.

A. ROLANDO.

L. **Duchesne.** *Le Liber Pontificalis, texte, introduction et commentaire;* tome premier. — Paris, Thorin, 1886.

Una dimostrazione di grata accoglienza non deve mancare in questo *Archivio* alla nuova edizione che il signor abbate Duchesne vien pubblicando del *Liber episcopalis in quo continentur acta beatorum pontificum urbis Romae.* È un'edizione profondamente ed ampiamente ragionata ed illustrata, un'edizione critica come non era mai stata intrapresa per innanzi. Testo e varianti derivano questa volta non solo dalla scoperta, sotto certi *Compendi,* di un primo strato, per così dire, di *Liber Pontificalis,* ma da un instancabile spoglio di tutti i manoscritti conosciuti e da un esame accuratissimo del loro valore rispettivo. Commento analitico al contenuto di questa storia, introduzione sintetica, che è storia veramente magistrale di questa storia, derivano questa volta dalla piena coscienza che il *L. P.* studiato a dovere, e dentro e fuori, può dare e ricevere molta luce intorno all'essere suo. Tutto l'insieme, questa volta, deriva da un raro ingegno, da un raro tatto, da una rara attività, da una rara dottrina, ma anche da un raro carattere.

Un commento al *L. P.,* pubblicato in Parigi nel 1680, incominciava con questa dedica a Michele Le Tellier: « Cancellarie illu- « strissime, notas et observationes in Anastasium De vitis romanorum « pontificum non uno titulo tibi offero. Scio qua reverentia et reli- « gione spectes Romanam Ecclesiam, Sedemque Apostolicam, et omnia « quae ad eam colendam pertinent, benevole et devote legas et audias. « Italiam a Longobardorum iugo armis Pipini regis et Caroli M. « ereptam, simul et Patrimonium D. Petri, regum nostrorum bene- « ficium verius quam Constantini esse, non sine suavi animi sensu « leges. Fidei Gallicanae vestigia a primis clara temporibus, sacrae et « prophanae antiquitatis quae ibi occurrunt, monumenta observare « non pigebit » (1). Degli affetti espressi in queste ottantasei parole, la « reverentia », la « religio » sta sicuramente nell'animo dell'abbate Duchesne, ma il suo libro non conosce altro programma all'infuori di quello che può tradursi colle undici parole ultime. « Quanto all'in- « tendimento col quale sono concepite e proseguite queste ricerche « (scriveva il Duchesne nel 1876), esso non può essere che quello « dell'esattezza e il desiderio di chiarire le origini d'un documento in- « teressante per la storia e l'archeologia cristiana. Il lettore può cre- « dere che l'onore della Chiesa Romana e de' suoi pontefici non è per « me cosa indifferente, e che se io non esito a sacrificare tutto ciò che « è falso ed apocrifo nei documenti che ci si danno come loro storia, « sono ben lungi dal confondere la causa coi cattivi argomenti che « si è preteso invocare per difenderla. Questi sentimenti non mi « avranno fatto deviare, lo spero, dal rigore necessario in simile di- « scussione; altro è la probità scientifica, altro è l'indifferenza » (*Ètude sur le L. P.,* 1877, p. IV). Ma poichè la nuova edizione mi ha fatto cercare, tra gli altri, il vecchio volume dell'Altaserra, e poichè è bello osservare il carattere non solo nel D. storico, ma nel D. erudito, piacemi notare come più ·d'un problema od enigma nel testo (2), egli segnali sì, ma senz'altro, e contrapporre alle fantasie ed ai pruriti di

---

(1) Antonii Dadini Altiserrae *Notae et observationes in Anastasium De vitis romanorum pontificum;* Parisiis, M . DC . LXXX.

(2) Eleutheria (p. 298, l. 6), luculos... respectoribus (p. 372, l. 16), scevrocarnali (p. 373, l. 4), Botarea (p. 391, l. 13), lecticaria (p. 502, l. 22), Vagauda (p. 507, l. 11), ecc.

altri commentatori, la sistematica resistenza del D. al demone della congettura.

Ma parmi più che superfluo dar lode ad un uomo al quale è stata ed è resa giustizia da coloro che hanno avuto od hanno una parte personale ed onorevole nello studio del *L. P.* Ho testè udito dire dall'illustre Mommsen che dopo i Maurini la Francia non aveva avuto un dotto pari al Duchesne. Neppur mi sembra conveniente descrivere, qui in Roma, un libro che in Roma dev'essere ed è tutto giorno fra le mani degli studiosi. Mi vo' restringere a quello che posso fare, curiosando qua e là nel *L. P.* in proposito della nuova edizione. 177,7: « donum quod obtulit Constantinus Augustus beato Petro apo- « stolo per diocesem Orientis: in civitate Antiochia: ... domuncula « in Caene ... cellae in Afrodisia ... balneum in Cerateas...». Al D. che tratta con giusta predilezione e illustra con molta cura (p. CXLIX segg., *Étude*, p. 146) il gruppo di notizie intorno alle do- tazioni di chiese, guidandoci queste ad una fonte sincera ed archivi- stica del *L. P.*, piacerà senza dubbio sapere che il desiderato riscontro esiste anche pel *Cerateas* di Antiochia. È in Procopio, *Bell. pers.* II, 10: τὸ λεγόμενον κερατᾶιον. 178,2: « per Aegyptum, sub civitatem Ar- menia (*var.* Armeniam A[1]: Armentam C[1]): – possessio Passinopo- limse (*var.* Passinapolimse A[1]: Passinopolimre B[1]: Passinopolim- semper C[1]: Passinopolimpse C[4]), praest. sol. DCCC, charta decadas CCCC, ... linu saccus C, ... papyru racanas mundas I; – possessio quod do- navit Constantino Aug. Hybromius (*var.* Hybrion A[1]: Hybrimon a[1]: Ypromius B[6]: Ubromius C[1]: Ymbromius C[2]: Ybromius C[4]: Bro- mius D: Hybromias E) ». *Armenia* può pretendere sicuramente di stare nel testo (cfr. p. CCXXIX), ma fuori del testo non merita tanti riguardi, la si può discutere (cfr p. CCXIII). Or mentre in Egitto un'Armenia non c'è (p. CXLIX), c'è invece l'*Arment* degli Arabi, *Ar- month* dei Copti, *Hermonthis* dei Greci (Quatremère, *Mém. géogr. et hist. sur l'Ég.* I, p. 272), che nella gara dei manoscritti e lor varianti dà la palma all'*Armenta* di C[1], manoscritto eccellente (p. CCXX), *Passinopolimse, Hybromius*: due proprietari ermontiti, del terzo o quarto secolo (p. CL), de' quali è curioso che i nomi, passando per tante bocche e tante penne forestiere, da Hermonthis ad Alessandria, a Costantinopoli, a Roma, e in Roma dalle stanze episcopali a quelle dei chierici minutanti del Laterano, abbiano pur conservato così rico- noscibilmente la loro aria nativa (cfr. Parthey, *Aegyptische Personenna- men*, 1864, p. 93: *Psan-, Psen-, Psin-, Pson-*; p. 100, 103: *-mse, -mpse*, p. 27: *Bromius*). *Papyru racanas*: non compariscono nel Commento e neanche nell'elenco a p. CL dell'Introduzione. Altra volta, con altro testo, si credeva necessario o prudente distinguere (Du Cange s. v.) queste *racanae* del *L. P.* dalle *racanae* (genus vestis) di Papia, Gre- gorio M., ed Ennodio. Oggi l'identificazione è (credo) agevolata dal testo nuovo. D'altra parte *papyru* (che qui non può avere il senso di carta, poichè la *charta* è già segnata nella lista), non essendo nè qui nè altrove (p. 179, l. 9) seguito, come tutti gli altri prodotti, da cifra, non può stare da sè, va congiunto alla parola che segue, *papyru racanas*, come *linu saccus* (p. 178, l. 5; p. 179, l. 9). Ora in Teofrasto (*Hist. plant.* 4, 8, 4) si legge: ὁ πάπυρος πρὸς πλεῖστα χρήσιμος... Ἐχ τῆς βίβλου... πλέχουσι... καὶ ἐσθῆτά τινα. 179,4: « basilicae (beati « Pauli apostoli) hoc donum (Augustus Constantinus) obtulit: ... sub « civitate Aegyptia (*var.* Egyptia C³: Aegypti E): possessio, etc. »: dunque nel territorio (cfr. p. CXLIX) di una *civitas* (pp. 177-180) chiamata *Aegyptus*. Verrebbe voglia di protestare. Eppure è un fatto, *Aegyptus* è anche nome di città, è nome di Memfi, nella *Cosmografia* del Ravennate (ed. Pinder e Parthey, 1860, p. 135) e in un Vocabolario copto presso Champollion (*L'Ég. sous les Phar.* I, 91). 389,13 « misit suprafatus imperator (Justinianus) ad Constantinum pontificem « sacram per quam iussit eum ad regiam ascendere urbem. Qui san- « ctissimus vir iussis imperatoris obtemperans illico navigia fecit pa- « rari, quatenus iter adgrederetur marinum. Et egressus a porto Ro- « mano ... Veniens igitur Neapolini ... Siciliam perrexit; ubi Theodorus « patricius et stratigos ... occurrens pontifici » (confesso che non arrivo a capire la nota del D.: « probabilmente egli incontrò il papa « a Palermo, dappoichè questi, continuando il suo viaggio, ebbe a « passar per Reggio ») « ... inde egredientes per Regium et Cotronam « transfretavit Callipolim ... Dum vero Ydronto moras faceret ... Unde « egressi partes Greciae, coniungentes in insula quae dicitur Caea, « occurrit Theophilus patricius et stratigos Caravisianorum, cum « summo honore suscepit; et amplectens ut iussio continebat, iter « absolvit peragere coeptum. A quo loco navigantes venerunt ... Con- « stantinopolim ». È interessante vedere questo itinerario del *L. P.* presentato in correlazione ad altri nel Bröndsted, *Voy. dans la Grèce*, 1826, p. 3 seg. (île de Zéa): « ... bel porto, senza dubbio, uno dei « migliori dell'arcipelago ... frequentato in ogni tempo ... a causa del « suo ancoraggio, dai navigli partiti di Levante che si dirigevano « verso le coste occidentali del Mediterraneo, o che provenendo da « questo mare volevano guadagnare le acque della Grecia. Così ... « Sesto Pompeo approdò a Ceo nel primo secolo della nostra èra, « allorchè partitosi da un porto d'Italia faceva vela per l'Asia Minore « (Val. Max. II, 6, 8). Al principio dell'VIII secolo, all'anno 710, il « papa Costantino, ecc. ». 417,5: « Hic (Gregorius III) concessas sibi « columnas VI onichinas volutiles (*var.* volubiles A C¹ G: volutiber « C²) ab Eutychio exarcho, duxit eas in ecclesiam beati Petri apo- « stoli ». Nel *volubiles* di A C¹ G c'è, se non m'inganno, la vera lezione, anzi un'aggiunta da farsi ai vocaboli latini di architettura. *Volubilis* applicato nell'aurea e nell'infima latinità agli attortigliamenti degli uomini, alle spire dei serpenti, ecc. (Ovid. *Metam.* 3, 41; Du Cange s. v.) si adatta benissimo a colonne torte, attortigliate. Vien fatto di ragguagliare sotto questo aspetto uomini e colonne; per lo meno venne fatto al Settembrini nelle sue *Lez. di lett. ital.*, 5ª ediz., 1879, II, p. 391: « Voglio dirvi una mia fantasia. A me pare che la « colonna sia fatta a somiglianza dell'uomo ... La bizantina a spire

« mi ha somiglianza ai Greci degenerati, pieghevoli, astuti ... ». Del resto ancor oggi i botanici chiamano *volubili* quelle piante (convolvolo, fagiolo, lupo, ecc.) il cui fusto sale a spire. 509,21: « Cymite-« rium ... Sanctae Felicitatis via Salaria, una cum ecclesiis Sancti Si-« lani martyris et Sancti Bonifacii confessoris atque pontificis, uno « coherentes solo » (in altri termini, come ha spiegato il commendator De Rossi, *B. A. C.*, 1884-85, p. 174 segg.: « ecclesiis Sancti Bo-« nifacii confessoris atque pontificis *sursum* et Sancti Silani martyris « *sub terra deorsum* »). Al testo del *L. P.* e forse alla dimostrazione del De Rossi (giacchè Alessandria era per metà *sub terra*), va raccostato Amm. Marcell. 22, 11, 6 che alcuni vorrebbero correggere contro l'autorità dei codici: « dicebatur (Georgius) id quoque maligne do-« cuisse Constantium, quod in urbe praedicta aedificia cuncta *solo* « *cohaerentia,* a conditore Alexandro magnitudine impensarum publi-« carum exstructa, emolumentis aerarii proficere debent ex iure ».

L'accurato D. meriterebbe di non essere mai tradito dal tipografo, neppure in cose da nulla, come numeri, da testo a nota, sbagliati (pp. CLXXV, CCXXXVI), o mancanti (pp. 117, 129, 155), o intestature spostate (p. CCXLVII), o simili inezie (p. CCXXXVII: *s'était;* p. CCXXXIX: *se à rendre*). Il « comte Cardenas de Vorlanga (?) », a p. CLXXV, n. 2, infatti, non può essere. L'amico comm. Promis mi dice che i De Cardenas sono di *Valenza* sul Po e conti di *Valleggio:* due varianti a *Vorlanga,* tra le quali bisogna scegliere. Ma è meglio rivedere la nota annessa a quel manoscritto torinese.

GIACOMO LUMBROSO.

Pressutti P. *Regesta Honorii papae III ex Vaticanis archetypis aliisque fontibus;* vol. I. - Romae, ex typ. Vaticana, 1888.

Il signor abbate Pressutti deve essere molto riconoscente al pontefice, che, volendo a sue spese rifatta e proseguita la pubblicazione dei regesti di Onorio III, ha offerto modo all'autore di riparare a quanto la critica trovò di meno perfetto nel primo saggio edito nel 1884. Mi affretto a dichiarare che le mende più gravi sono infatti state riparate, e il lavoro appare condotto con maggiore diligenza. È da lamentare però che l'autore non abbia creduto di tener conto, non dico delle critiche, ma dell'esempio autorevole di quanti lo precederono nella compilazione dei regesti Vaticani, compresi i padri Benedettini, e non sia rimasto pago dei regesti Vaticani, e abbia voluto aggiungervi anche lettere estranee ad essi, *aliisque fontibus.* Ma queste altre fonti, come mostrammo parlando della prima edizione, si riducono, salvo rarissime eccezioni, a quelle indicate dal Potthast. Or essendo tutt'altro che esaurite le indagini di lettere pontificie del secolo XIII, disseminate per gli archivi e biblioteche del mondo, non mai cercati dall'abbate Pressutti, questa appendice che egli pone ai regesti Vaticani non fa che accrescere inutilmente la mole del volume. L'impresa della pubblicazione dei regesti è di tale lunga lena, che occorrerebbe in chi l'imprende la maggiore economia di tempo, di fatica ed anche di spesa, non pensando solo alla munificenza di chi fornisce i mezzi, ma anche agli studiosi che devono acquistare i volumi. Il Pressutti fa precedere al regesto la prefazione premessa al primo saggio, senza altro ritocco che la soppressione della nota 1 a pag. LV della prima edizione, e alcuna più ampia notizia dei regesti di Onorio, ed è singolare che rinnovi (p. XLI) l'errore del Kaltenbrunner dicendo, che quel *Floretus copiavit* scritto in margine del primo foglio indica lo scrittore del regesto originale, mentre alla pagina precedente ha citato la memoria del Denifle, che ne ha dato la giusta interpretazione. Della prefazione non occorre dir altro, e possiamo concedere al Pressutti che continui, poichè così gli piace, a far cominciare l'epopea del papato medievale da Gregorio VII; vorrà dire che S. Gregorio I, Giovanni VIII, Giovanni X non sono figure epiche per lui. Ma un'appendice affatto nuova è la pubblicazione ed illustrazione della bolla concistoriale di Onorio a favore della basilica Lateranense, secondo l'originale dell'archivio di quella chiesa, raffrontato col testo che se ne ha nel regesto. Opportuna la pubblicazione così raffrontata della bolla; erudita l'illustrazione e particolarmente pregevole per copia di documenti inediti tratti dall'archivio Lateranense e da quelli delle case Orsini, Caetani, Cesarini e Colonna (veramente, invece dell'archivio Colonna, cita una Miscellanea presso di sè, e si riferisce al Gregorovius quanto all'esistenza degli originali). Ma l'A. avrebbe meglio provveduto all'economia dell'opera stampando a parte o in altra sede cotesto ampio commento storico-topografico dei principali possessi della basilica di San Giovanni, fra i quali Carpineto, patria del pontefice. Accenniamo i principali documenti inediti attinenti alla storia di Roma:

9 aprile 978. Giovanni abbate di Sant'Andrea in Selce, nel territorio di Velletri, concede in enfiteusi a Crescenzio di Teodora Castelvecchio (CXVIII).

15 ottobre 988. Giovanni e Crescenzio, figli di Crescenzio di Teodora e di Sergia, *illustrissima femina,* donano all'abbate Alberico la detta chiesa di Sant'Andrea in Selce (CXIX).

27 dicembre 1106. Pasquale II designa i confini della parrocchia Lateranense (LXVII).

26 maggio 1122. Simile bolla di Calisto II (LXIX).

7 maggio 1128. Bolla di Onorio II a favore dell'ospedale Lateranense (LXIII).

20 giugno 1138. Simile bolla di Innocenzo II (LXIV).

10 agosto 1179. Alessandro III obbliga alla chiesa Lateranense « possessiones de lacu » e quattro mulini « pro 294 libris prov. quas « ad eas recuperandas Petro Pandulfi, Alierotio et Alierotio (*sic*) Ro- « manis civibus et judicibus et advocatis nomine nostro solvisti et « pro sexaginta quattuor quas pro aqueductu reparando expendistis » (p. LXVI). Evidentemente il pegno è dato dal pontefice perchè il Ca-

pitolo Lateranense aveva redento detta possessione da quei giudici
romani, anteriori creditori del papa, e non, come interpreta il P., perchè
avesse « imprestato denari a cittadini romani » (LXVI).

7 novembre 1216. Onorio III conferma la sentenza pronunciata
quando era cardinale a favore della chiesa Lateranense, dichiarando
comprese nella parrocchia San Bartolomeo e San Daniele (LXX).

13 giugno 1370. Urbano V, avendo assegnato alla Mensa vescovile di Montefiascone i beni ivi posseduti dalla basilica di Laterano,
indennizza questa coi beni della *scola cantorum*, soppressa « quia dicta
« ecclesia scole cantorum et eius domus adeo sunt destructe quod vix
« earundem ecclesie et domorum appareat vestigia, propter quod ipsum
« collegium deinceps inutile seu supervacaneum reputetur » (LXXII).

Quanto alla compilazione del regesto, sebbene notevolmente mi-
gliorata, si può ancora raccomandare in parecchi casi maggior brevità, omettendo formule consuete e inutili, e maggior cura nel
porre in evidenza gli accenni storici. Ad esempio, nei seguenti sunti
potevano omettersi le parole che pongo in corsivo. N. 430: « Pre-
« posito Caminensi. Villas, clusuras et redditus de Lubri *cum omnibus*
« pertinentiis suis ad preposituram spectantibus ipsi eiusque ecclesiae con-
« firmat »; n. 480: « concedit usum mitrae et anuli *quibus uti possit in*
« processionibus, synodis et precipuis festivitatibus »; il n. 1278 è più diffuso, senza aggiungere nulla di più al sunto del Potthast 5750. Anche
nel 1187 si poteva essere più breve, e non omettere invece la clau-
sola « relaxatione Maguntini archiep. non obstante ». Qua e colà si
avverte anche qualche inesattezza: nel n. 1359, in luogo di « colli-
gant », andrebbe detto: « assignent comiti Hollandiae ». Così al n. 1723
non è chiaro che la scomunica era stata pronunciata dall'arcivescovo
di Treviri. Al n. 1789, non si sa se sia errore del regesto o del trascrittore *decanatu* invece di *ducatu*: ma era facile correggerlo col raffronto
del n. 1791 e coll'edizione del Rodemberg; dal quale pure poteva
desumere che il *negotium* « haud sane in regesto nominatum » del
n. 821 deve concernere le trattative per il conferimento del ducato
di Spoletó. Al n. 253 non sarebbesi dovuto trascurare l'accenno che
il nipote del re di Boemia era crociato; e così al n. 548 quanto al
re d'Inghilterra. Al n. 594 è omessa la facoltà di imporre la croce.
Insufficiente pure il sunto n. 654; non meno del n. 670 (epistola tuttora inedita), nel quale si omette di ricordare il passaggio in Inghilterra di Luigi, figlio del re di Francia e del conte di Olanda. Lodevole è riferire esattamente i nomi di luogo secondo il testo dei
regesti; ma pur converrebbe, ove occorre, aggiungere la forma corretta ed usuale. Parrà minuzia di critica questa, ma a che ser-
virebbe un regesto se allo studioso non è dato di potervi attingere
con piena sicurezza?

GUIDO LEVI.

NOTIZIE

Il fascicolo 4° del *Bullettino dell'Istituto Storico Italiano* contiene :
L'organico per i lavori dell'Istituto; una comunicazione del presi
dente sopra la proposta di pubblicazione di documenti Colombiani;
le relazioni delle regie Deputazioni e Società di storia patria sui lavori pubblicati negli anni 1886-87 ; relazione del prof. V. FIORINI
sulla ristampa delle *Cronache bolognesi,* e del prof. F. NOVATI sull'*Epistolario di Coluccio Salutati.*

Il fascicolo 5° è interamente dedicato all'inventario delle *lettere
a stampa di L. A. Muratori,* per A. G. SPINELLI, lavoro preparatorio
per una edizione dell'*Epistolario* intero, a cui da tempo si è accinto.
« Ne risulterà una ponderosa serie di volumi, nei quali si troverà la
« schietta cognizione di tutte le fatiche poderose e sapienti di questo
« padre della storia italiana e la genesi, il parallelo commento, il co-
« rollario delle opere tutte di lui, e insieme la più diretta e schietta
« manifestazione della complessa e multiforme sua attività ».

In occasione del giubileo papale gli archivi Vaticani hanno pubblicato: *Specimina palaeografica regestorum Romanorum Pontificum ab Innocentio III usque Urbanum V,* collezione di 60 tavole, eseguite in eliotipia dall'ing. A. Martelli, e 58 pagine di testo. Ne daremo conto nel
prossimo fascicolo.

Il signor Auvray dell'*Ecole française,* mentre sta attendendo alla
compilazione dei regesti di Gregorio IX, ha preparato uno studio
critico sulle antiche Vite di questo pontefice.

Con regio decreto 18 maggio 1882, a proposta di S. E. il ministro della pubblica istruzione, fu stabilito che « sarà pubblicata nella

« solenne ricorrenza del quarto centenario della scoperta dell'Ame-
« rica (1892), per cura ed a spese dello Stato, una raccolta degli
« scritti di Cristoforo Colombo, di tutti i documenti e di tutti i mo-
« numenti cartografici i quali valgano ad illustrare la vita ed i viaggi
« del sommo Navigatore, la memoria ed i tentativi dei suoi precur-
« sori e le successive trasformazioni dell'opera sua pel fatto di altri
« navigatori italiani.

« Tale raccolta dovrà essere seguìta da una bibliografia degli scritti
« pubblicati in Italia sul Colombo e sulla scoperta dell'America dai
« suoi primordi fino al presente ».

Ad ordinare la raccolta ed a curarne la pubblicazione fu istituita
una Commissione speciale.

PERIODICI

(Articoli e documenti relativi alla storia di Roma)

———

Archeografo triestino. Nuova serie, vol. XIV, fasc. 1°. — F. SWIDA, Miscellanea (Documenti di Pio II, estratti dagli archivi di Roma).

Archiv für Literatur- und Kirchen-Geschichte des Mittel-alters. Vol. IV, fasc. I-II. — EHRLE, Die Spiritualen, ihr Ver-hältniss zum Franciscanerorden und zu den Fraticellen (Gli Spi-rituali e loro relazione con l'ordine Francescano e i Fraticelli, con importanti documenti sui Fraticelli in Roma). - Der Constantinische Schatz in der päpstlichen Kammer des 13. und 14. Jahrhunderts (Il tesoro di Costantino nella Camera pontificia del XIII e XIV secolo).

Archivio storico dell'arte. Anno I, fasc. 3-5. — A. VENTURI, Gian Cristoforo romano. - C. RICCI, Lorenzo da Viterbo. - E. MÜNTZ, L'oreficeria sotto Clemente VII. - E. DE PAOLI, Donazioni di Mi-chelangelo a Francesco Amatore detto Urbino e ad Antonio del Francese suoi domestici. - N. BALDORIA, Un avorio del museo Vati-cano. - D. GNOLI, Il banco d'Agostino Chigi.

Archivio storico italiano. Serie V, tom. I, fasc. 1°. — C. GUASTI, Ricordanze di m. Gimignano Inghirami, concernenti la storia eccle-siastica e civile dal 1378 al 1452. — Fasc. 2°. P. VILLARI, Nuove questioni intorno alla storia di G. Savonarola e dei suoi tempi. — Fasc. 3°. L. ZDEKAUER, Lavori sulla storia medievale d'Italia in Ger-mania; 1880-87. - F. TOCCO,¦ Due documenti intorno ai Beghini d'Italia.

Archivio storico lombardo. Anno XV, fasc. 2°. — L. FRATI, La contesa fra Matteo Visconti e papa Giovanni XXII, secondo i documenti dell'archivio Vaticano (pubblica l'indice del codice 3937 [antica segnatura]).

Archivio storico per le provincie napoletane. Anno XIII, fasc. 1°. — N. BARONE, Notizie raccolte dai registri di cancelleria di re Ladislao di Durazzo. - Elenco delle pergamene Fusco (N. 114, Ep. di Innocenzo III: 19 febbraio 1212).

Bibliothèque de l'école des chartes. XLIX. — L. CADIER, Les archives d'Aragon et de Navarre.

Bollettino della Commissione archeologica comunale di Roma. Serie III, anno XVI, fasc. 4°. — R. LANCIANI, Notizie del movimento edilizio della città in relazione con l'archeologia e con l'arte. - G. GATTI, Trovamenti risguardanti la topografia e la epigrafia urbana. — Fasc. 5°. C. HUELSEN, Vedute delle rovine del Foro Romano, disegnate da Martino Heemskerk. - G. GATTI e R. LANCIANI, Notizie del movimento edilizio della città in relazione con l'archeologia e con l'arte. - G. GATTI, Trovamenti risguardanti la topografia e la epigrafia urbana. - C. L. VISCONTI, Trovamenti di oggetti d'arte e di antichità figurata. — Fasc. 6°· L. CANTARELLI, Intorno ad alcuni prefetti di Roma della serie Corsiniana. - E. PETERSEN, Penelope. - G. GATTI, Trovamenti risguardanti la topografia e la epigrafia urbana.

Bollettino della Società geografica italiana. Serie III, vol. I, fasc, 3-5. — F. PORENA, La geografia in Roma e il mappamondo Vaticano.

Bollettino dell'Istituto di diritto romano. Anno I, fasc. 1°. — V. SCIALOJA, Nuove tavolette cerate pompeiane. - I. ALIBRANDI, Sopra una tavoletta cerata scoperta a Pompei il 20 settembre 1887. - V. SCIALOJA, Libello di Geminio Eutichete. - C. FERRINI, Ad Gai, 2, 51. - C. FADDA, Sul così detto *pactum de jurejurando.* - P. BONFANTE, *Res mancipi* o *res mancipii?*

Giornale ligustico. Anno XV, fasc. 5-6. — L. DE FEIS, La Bocca della Verità in Roma e il Tritone di Properzio. - A. N., Un mazzetto di curiosità (contiene lettere di Celso Cittadini, del poeta pisano Ippolito Neri e dell'abate Lorenzo Mehus, con accenni a cose romane). — Fasc. 7-8. G. REZASCO, Del segno degli Ebrei.

Giornale storico della letteratura italiana. Vol. X, fasc. 4°. — E. Costa, Marco Antonio Flaminio e il cardinale Alessandro Farnese.

Journal of archaeology (The american). Vol. III, n. 1-2. — E. Babelon, Rivista di numismatica greca e romana. - Recensione dell'opere: G. B. De Rossi, « De orig. bibloth. Sedis Apost. », « Santo Stefano Rotondo » ; E. Müntz, « La bibliothèque du Vatican ».

Mittheilungen des Instituts für österreichische Geschichtsforschung. Vol. IX, fasc. I. — H. Bresslau, Papyrus und Pergament in der päpstlichen Kanzlei bis zur Mitte des XI. Jahrhunderts (Il papiro e la pergamena nella Cancelleria pontificia fino all'XI secolo).

Quartalschrift (Römische) für christliche Alterthumskunde und für Kirchengeschichte. Anno II, fasc. 2. — I. P. Kirsch, Beiträge zur Geschichte der alten Peterskirche in Rom (Contributo alla storia dell'antica chiesa di S. Pietro in Roma). - Pater Germano, Das Haus der hh. Martyrer Johannes und Paulus (La casa dei martiri Giovanni e Paolo). - D.ʳ G. Brom, Einige Briefe von Raphael Brandolinus Lippus. Zur Zeitgeschichte des Papstes Alexander VI (Lettere di R. Brandolino Lippi. Per la storia dei tempi di Alessandro VI). - J. P. Kirsch, Die Cömeterien des Salarischen Strasse in XIII. Jahrhundert (I cemeteri della via Salaria nel XIII secolo). - Saaerland e De Rossi, De coemeterio Priscillae Romae invento in cunicularibus anno 1578. - Prof. Battifol, Das Archiv des griechischen Colleg's in Rom (L'archivio del collegio greco in Roma).

Review (The english historical). N. 10. — I. R. Seely, Paul Ewald and pope Gregory I (Paolo Ewald e papa Gregorio I). - C. W. Boase, Lettera di Clemente VII a Enrico VIII d'Inghilterra. - Recensione dell'opere: W. F. Skene, « On the traditionary accounts of the death of Alexander III » (Sui racconti tradizionali circa la morte di Alessandro III); G. Schmidt, « Päbstliche Urkunden und Regesten » (Documenti e regesti pontifici).

Revue des questions historiques. XXIII, fasc. 86. — E. Vacandard, L'histoire de saint Bernard, critique des sources - G. Du Fresne de Beaucourt, Charles VII et la pacification de l'Église (1444-1449). - Georges Digard, Un nouveau récit de l'attentat d'Anagni. - Pierling, Une rectification à l'article sur le mariage d'un t'sar au Vatican. - Recensioni dell'opere: J. N. Murphy, « The chair of Peter»; Allard, « Les dernières persécutions du IIIe siècle »; G. Chevallier, « Histoire de saint Bernard »; Mandalari, « Pietro Vitali ed un documento inedito riguardante la storia di Roma ». — XXIII, fasc. 87. P. ALLARD, Dioclétien et les chrétiens avant l'établissement de la Tétrarchie. - Recensione di L. Pastor, « Histoire des papes depuis la fin du moyen âge » (trad. francese).

Revue historique. XXXVII, fasc. I-II. — Recensioni dell'opere: Aem. Jullien, « De L. Cornelio Balbo maiore » ; W. Irne, « Storia di Roma »; F. Knoke, « La spedizione di Germanico in Germánia » ; Felten, « Papa Gregorio IX » ; W. Altmann, « L'elezione di Alberto II a re dei Romani », « Ludovico il Bavaro a Roma ».

Revue (Nouvelle) historique de droit français et étranger. XII, fasc. 3. — ALPHONSE RIVIER, L'université de Bologne et la première renaissance juridique. - M. A. ESMEIN, Le serment promissoire en droit canonique. - Recensioni dell'opere: P. Guiraud, « Les assemblées provinciales dans l'Empire romain »; H. Daniel-Lacombe, « Le droit funéraire à Rome ».

Rivista italiana di numismatica. — F. GNECCHI, Appunti di numismatica romana. - A. ANCONA, Il ripostiglio di S. Zena in Verona città.

Rivista storica italiana. Anno V, fasc. 1°. — A. COEN, Vezio Agorio Pretestato.

Studi e documenti di storia e diritto. Anno IX, fasc. 1°. — R. AMBROSI DE MAGISTRIS, Note ai documenti editi dall'Istituto austriaco relativi alla storia della Campania. - S. TALAMO, Le origini del cristianesimo e il pensiero stoico. - A. PARISOTTI, Ricerche sull'introduzione e sullo sviluppo del culto di Iside e Serapide in Roma e nelle provincie dell'impero in relazione colla epigrafia. - P. CAMPELLO DELLA SPINA, Pontificato di Innocenzo XII. Diario del conte Giovanni Battista Campello.

Zeitschrift für katholische Theologie. III, fasc. 1888. — H. GRISAR, Sammlungen älterer Papstbriefe und deren theologische Verwerthung (Le raccolte di lettere degli antichi papi: esame dei nuovi bollari, della nuova edizione del Jaffé; Thiel, card. Pitra, Löwenfeld, Pflugk-Harttung, Friedberg, Denzinger).

PUBBLICAZIONI

RELATIVE ALLA STORIA DI ROMA

151. ALLARD P. Les dernières persécutions du IIIe siècle (Gallus, Valérien, Aurélien) d'après les documents archéologiques.
Mesnil, imp. Firmin-Didot, 1887.

152. AMABILE L. Frà Tomaso Campanella nei castelli di Napoli, in Roma ed in Parigi, vol. I. *Napoli*, 1887.

153. ARNDT W. Schrifttafeln zur Erlernung der lateinischen Palaeographie, 1. Heft (Tavole grafiche per apprendere la paleografia latina). 2ª ediz. *Berlin, Grote*, 1887.

154. ARNOLD C. F. Studien zur Geschichte der Plinianischen Christenverfolgung (Studi circa la storia della persecuzione dei cristiani ai tempi di Plinio). *Königsberg, Hartung*, 1887.

155. ASSIRELLI P. L'Agro romano et sa colonisation. (Estratto dalla *Reforme Sociale*). *Paris, Lève*, 1887.

156. AUDIAT L. Fouilles dans les remparts gallo-romains de Saintes.
Pons, Texier, 1887.

157. Ausführliches Lexicon der griechischen und römischen Mythologie (Lessico completo della mitologia greca e romana). Disp. 11-12. *Leipzig, Teubner*, 1887.

158. BAETHGEN E. De vi ac significatione galli in religionibus et artibus Graecorum et Romanorum.
Göttingen, Wandenhoeck und Ruprecht, 1887.

159. BAUMEISTER A. Denkmäler der klassischen Alterthums zur Erläuterung des Lebens der Griechen und Römer in Religion, Kunst und Sitte (Monumenti dell'antichità classica a dichiarazione

della vita dei Greci e dei Romani, nella religione, nell'arte e nei costumi). Disp. 31-34. *München, Oldenbousg,* 1887.

160. BERCHTOLD J. Die Bulle « Unam sanctam », ihre wahre Bedeutung und Tragweite für Staat und Kirche (La bolla « Unam sanctam », la sua vera importanza e il suo valore per lo Stato e per la Chiesa). *München, Kaiser,* 1887.

161. BERTOLOTTI A. Notizie e documenti sulla storia della farmacia e dell'empirismo a Roma. (Estratto dal *Monitore dei farmacisti*). *Roma,* 1888.

162. BIRTH T. Zwei Satiren des alten Rom. Ein Beitrag zur Geschichte der Satire (Due satire dell'antica Roma. Contributo alla storia della satira). *Marburg, Elwert,* 1888.

163. BISSINGEN K. Funde römischer Münzen im Grossherzogthum Baden. I. (Trovamento di monete romane nel granducato di Baden. I.). 1887.

164. BLUNT H. W. The causes of the decline of the roman Commonwealth (Le cause della decadenza della Repubblica romana). *Oxford, Blackwell,* 1887.

165. BOYER E. Les consolations chez les Grecs et les Romains. *Montauban, Granié,* 1887.

166. BRASSIER P. Pèlerinage à Rome, Assise, Lorette, etc. *Rennes, Oberthur,* 1888.

167. BRUGI B. L'*ambitus* e il *paries communis* nella storia e nel sistema del diritto romano. *Città di Castello, Lapi,* 1887.

168. — Disegno di una storia letteraria del diritto romano dal medio evo ai tempi nostri con speciale riguardo all'Italia. *Padova, Drucker,* 1888.

169. BRUNN. H. Denkmäler griechischer und römischer Sculptur in historischer Anordnung, unter Leitung von H. B. (Monumenti della scultura greca e romana, disposti in ordine storico e pubblicati sotto la direzione di H. Brunn). Disp. 1ª. *München,* 1888.

170. BUZELLO I. De oppugnatione Sagunti, quaestiones chronologicae. *Könisberg, Koch et Reimer.*

171. CAILLE E. Du colonat en droit romain. *Poitiers, Oudin,* 1887.

172. CAMPI V. Il ragioniere sotto la repubblica romana e sotto
l'impero. *Roma, Reggiani,* 1887.

173. CAVARO R. Les costumes des peuples anciens. Deuxième
partie: Grèce, Étrurie, Rome. Vol. 2. *Paris, Menard,* 1887.

174. CASOLI P. B. Cronistoria della vita e del pontificato di
Leone XIII sino a mezzo il 1887.
Modena, tip. della Concezione, 1887.

175. CESARE (DE). Il conclave di Leone XIII, con documenti.
3ª ediz. *Città di Castello, Lapi,* 1887.

176. CIMETO D. Dante in Roma. *Roma, Loescher,* 1887.

177. CIPELLETTI A. Quo tempore et consilio Sallustius *Bellum Ca-
tilinarium* scripserit. III Kal. novembris MDCCCLXXXVII. Dissertazione di laurea. *Pavia, Bizzoni,* 1887.

178. CLARETTA G. Sulla legazione a Roma dal 1710 al 1714 del
marchese Ercole di Priero. Studio storico-biografico.
Genova, tip. Sordo-muti, 1887.

179. COCCHIA E. I Romani alle Forche Caudine. Questione di topografia storica. *Napoli,* 1888.

180. COMMODIANI Carmina recensuit et commentario critico in-
struxit B. Dombast. (Fa parte del *Corpus SS. Eccles. latin.,* edito
dall'Accademia delle scienze di Vienna).
Wien, Gerold's Sohn, 1887.

181. COXE A. C. Institutes of christian history (Istituzioni di storia
cristiana). *London, Trubner,* 1887.

182. COZZA-LUZZI G. Le chiavi di S. Pietro; memoria storica.
Roma, tip. Tiberina, 1887.

183. DESIMONI C. Regesti delle lettere pontificie riguardanti la Liguria dai più antichi tempi fino all'avvenimento d'Innocenzo III.
Genova, tip. dei Sordo-muti, 1887.

184. DIETRICHS VON NIEHEIM. *Liber cancellariae apostolicae* von
Jahre 1380 und der *stilus palatii abbreviatus.* Herausgegeben von
G. Erler (Il *Liber cancellariae apostolicae* dell'anno 1380 e lo *Stilus
palatii abbreviatus* di Teodorico da Nieheim. Pubblicato da
G. Erler). *Leipzig Vat und C.,* 1888.

185. Disegni e descrittioni delle fortezze e piazze d'armi, artiglierie, armi, monizioni da guerra, soldati, bombardieri pagati, milizie scelte di cavalleria e fanteria dello Stato ecclesiastico. (Copia di un codice cartaceo esistente nella biblioteca Vaticana, presentato a S. S. Clemente XI dal suo ministro D'Aste).
Roma, tip. della Buona Stampa, 1888.

186. DORSCH E. De civitatis romanae apud Graecos propagatione.
Breslau, Koeler.

187. DOUBLET. Leçons d'histoire ecclésiastique. 2ᵉ édition.
Bar-le-Duc, Constant-Laguerre, 1888.

188. DRUFFEL A. Monumenta Tridentina. Beiträge zur Geschichte des Concils von Trient (Contributo alla storia del Concilio di Trento).   *München, Franz,* 1887.

189. DUHAMEL L. Le tombeau de Jean XXII à Avignon.
Avignon, Seguin, 1887.

190. DURUY V. Histoire des Romains depuis les temps les plus reculés jusqu'à l'invasion des barbares (mort de Théodose). Nouvelle édition.   *Paris, Lahure,* 1887.

191. — Traduzione tedesca di G. Hertzberg della « Storia dell'impero romano dalla battaglia d'Azio e dalla conquista d'Egitto fino all'invasione dei barbari ».   *Leipzig, Schmidt und Gunther,* 1887.

192. FALTIN G. Ueber den Ursprung des zweiten punischen Krieges (Sulla origine della seconda guerra punica).
Neu-Ruppin, Kuhn, 1887.

193. FAVARO A. Documenti per la storia dell'Accademia dei Lincei nei mss. Galileiani della biblioteca Nazionale di Firenze; studi e ricerche.   *Roma, tip. delle Scienze matematiche e fisiche,* 1888.

194. FELSBERG OTTONE. Beiträge zur Geschichte des Römerzuges Heinrichs VII. Innere und Finanzpolitik Heinrichs VII in Italien (Contributi alla storia della spedizione di Enrico VII a Roma. Politica interna e finanziaria di Enrico VII in Italia). In-8°, p. 80.
Leipzig, Gustav Fock, 1886.

195. FELTEN W. Die Bulle « Ne pretereat » und die Reconciliations-Verhandlungen Ludwigs des Bayers mit dem Papst Johann XXII (La bolla « Ne pretereat » e le pratiche di conciliazione di Lodovico il Bavaro con papa Giovanni XXII).   *Trier,* 1887.

196. FERRERO E. La strada romana da Torino al Monginevro descritta. *Torino, Loescher, 1888.*

197. FISHER G. P. History of the Christian Church (Storia della Chiesa Cristiana). *London, Hodder and Stoughton, 1887.*

198. FONTEANIVE R. Guida per gli avanzi di costruzioni poligone, dette ciclopiche, saturnie o pelasgiche, nella provincia di Roma. *Roma, Sciolla, 1887.*

199. FRATI L. La legazione del card. Benedetto Giustiniani a Bologna. *Genova, tip. Sordo-muti.*

200. GABOTTO F. Appunti per la storia della leggenda di Catilina nel medio evo. *Torino, Roux, 1887.*

201. GAZEAU F. Histoire romaine, revue, corrigée et complétée. 13e édition. *Angers, Lachese, 1887.*

202. GERATHEWOHL B. Die Reiter und die Rittercenturien zur Zeit der römischen Republik (I cavalieri e le centurie dei cavalieri al tempo della Repubblica romana). *Munich, Ackermann.*

203. GILBERT O. Geschichte und topographie der Stadt Rom im Altertum. 2. Theil (Storia e topografia della città di Roma nell'antichità. Seconda parte). *Leipzig, Teubner, 1885.*

204. GIOVAGNOLI F. Leggende romane: Il marchese del Grillo; Gaetanino Moroni. *Roma, Perino, 1888.*

205. GIOVANNI ALBINI LUCANO. De gestis regum Neapolitanorum ab Aragonia. *Napoli, 1888.*

206. GRADENWITZ O. Interpolationen in den Pandekten. Kritische Studien. *Berlin, Weidmann, 1888.*

207. GUANELLA L. Da Adamo a Pio IX, o quadro delle lotte e dei trionfi della Chiesa universale. Vol. 3. *Milano, tip. Eusebiana, 1887.*

208. GUARDUCCI C. Annibale e la colonia di Spoleto; studio storico. *Firenze, tip. Cooperativa.*

209. GUIGNARD L. Blois gallo-romain. *Nancy, Berger-Levrault et C., 1887.*

210. GUIRAUD P. Les assemblées provinciales dans l'Empire romain. *Paris, imp. Nat., 1887.*

211. HOFFMANN G. Der römische *ager publicus* vor dem Auftreten der Gracchen. I. Thl. Allgemeines (L'*ager publicus* romano prima dei Gracchi. Parte I. Generale). Programma ginnasiale di Kattowitz, 1887.

212. HUMBERT G. Essai sur les finances et la comptabilité publique chez les Romains. *Paris, Thorin, 1887.*

213. INGE W. R. Society in Rome under the Caesars (La società in Roma sotto i Cesari). *London, Murray, 1888.*

214. JUNGMANN B. Dissertationes selectae in historiam ecclesiasticam. VII. *Ratisbona, Pustet.*

215. KLOTZEK J. Die Verhältnisse der Römer zum achäischen Bunde von 229 bis 149 (I rapporti dei Romani con la lega Achea dall'anno 229 fino al 149). *Brody, Rosenheim, 1887.*

216. KRÜGER H. Geschichte der « capitis diminutio » (Storia della « capitis diminutio »). Vol. 1°. *Breslau, Koebner, 1887.*

217. LEA H. C. A history of the Inquisition of the middle ages (Storia dell'Inquisizione nel medio evo). *New-York, Harper.*

218. Le bienheureux Urbain II. Notice biographique.
Rheims, Armand Lefèvre, 1887.

219. LECRIVAIN C. Le Sénat romain depuis Dioclétien à Rome et à Constantinople. (*Bibliothèque des écoles francaises d'Athènes et de Rome*, fasc. 52). *Paris, 1888.*

220. LEE F. G. Reginald Pole, cardinal archbishop of Canterbury : an historical sketch (Reginaldo Polo, cardinale arcivescovo di Canterbury. Schizzo storico). *London, Nimmo.*

221. LEMONNIER H. Étude historique sur la condition des affranchis aux trois premiers siècles de l'empire romain.
Caulommiers, Brodard et Gallois, 1887.

222. LENEL O. Palingenesia iuris civilis. Iurisconsultorum reliquia, quae Iustiniani digestis continentur ceteraque iurisprudentiae civilis fragmenta minora secundum auctores et libros. Fasc. 1.
Leipzig, Tauchnitz, 1888.

223. Lettres de la reine de Navarre au pape Paul III, publiées par P. De Nolhac. *Versailles, Cerf et fils, 1888.*

224. LÖWE UGO. Die Stellung des Kaisers Ferdinand I zum Trienter Konzil vom Oktober 1561 bis zum Mai 1562. Inauguraldissertation (L'atteggiamento dell'imperatore Ferdinando I verso il Concilio di Trento dall'ottobre 1561 fino al maggio 1562. Dissertazione inaugurale). *Bonn*, 1887.

225. LUPI A. La benedizione de li cavalli a Sant'Antogno (usanze de Roma). *Roma, Cerroni e Solaro*, 1888.

226. MANDALARI M. Pietro Vitali e un documento inedito riguardante la storia di Roma (sec. XV); studio. *Roma, Bocca*, 1887.

227. MARINI N. L'azione diplomatica della Santa Sede e il beato Nicolò Albergati, vescovo e cardinale. 2ª edizione.
Siena, tip. S. Bernardino, 1887.

228. MARIN ORDOÑEZ I. El pontificado. Vol. 2. *Madrid*, 1887.

229. MARTENS W. Heinrich IV und Gregor VII nach der Schilderung von Ranke's Weltgeschichte. Kritische Betrachtungen (Enrico IV e Gregorio VII secondo la esposizione fattane nella *Storia universale* del Ranke. Considerazioni critiche).
Danzig, Weber, 1887.

230. MAURER MARCO. Papst Calixte II. Theil I. Vorgeschichte. Inaugural-Dissertation (Il papa Calisto II. Parte I. Introduzione storica. Dissertazione inaugurale, pag. 82).
München, Christian Kaiser, 1886.

231. MEISER K. Ueber historische Dramen der Römer (Sui drammi storici de' Romani). *München, Franz Verlag*, 1887.

232. MENGE R. e PREUSS S. Lexicon Caesarianum. Fasc. IV.
Leipzig, Teubner, 1887.

233. MEVS W. Zur Legation des Bischofs Hugo von Die unter Gregor VII (La legazione di Ugo da Die sotto Gregorio VII).
Greifswald, Scharf Nachfolger, 1887.

234. Monumenta Germaniae, etc. Epistolae saeculi XIII e regestis pontificum romanorum selectae per G. H. Pertz. Edidit Carolus Rodenberg. Tom. II. *Berlin, Weidmann*, 1887.

235. — Epistolarum tom. I, pars I. Gregorii I papae registrum epistolarum. Tom. I, pars I, lib. I-IV. Edidit Paulus Ewald.
Berlin, Weidmann, 1887.

236. MUIRHEAD G. Storia del diritto romano dalle origini a Giustiniano. Trad. dall'inglese di L. Gaddi, con prefazione di P. Cogliolo. *Milano, Vallardi*, 1888.

237. MUHLBAUER W. Thesaurus resolutionum S. C. Concilii, quae consentaneae ad Tridentinorum pp. decreta prodierunt usque ad a. 1885. *München*, 1887.

238. NATALI E. Il ghetto di Roma. Vol. I.
Roma, tip. della « Tribuna », 1887.

239. NISPI-LANDI C. Storia dell'antichissima città di Sutri.
Roma, Desideri-Ferretti, 1887.

240. OHLENSCHLAGER F. Die römische Grenzmarch in Bayern (La frontiera romana in Baviera).
München, Franz 1887.

241. PELLISON. Histoire sommaire de la littérature romaine.
Paris, Bourloton, 1887.

242. PESCATORI G. G. La legislazione decemvirale. *Torino,* 1888.

243. PINZI C. Storia della città di Viterbo illustrata con note e nuovi documenti in gran parte inediti.
Roma, tip. della Camera dei deputati, 1887.

244. PLATINA B. The lives of the popes, from the time of our Saviour Jesus Christ. Written originally in latin and translated into english, edited by W. Benham (Le storie dei papi del Platina tradotte da W. B.). *London, Griffith and Farran,* 1888.

245. PRESSUTTI P. Regesta Honorii papae III iussu et munificentia Leonis XIII pontificis ex Vaticanis archetypis aliisque fontibus edidit P. P. Vol. I. *Roma, tip. Vaticana,* 1888.

246. RAMORINO FELICE. I commentarii de bello civili di C. Giulio Cesare illustrati. *Torino, Loescher,* 1888.

247. RANKE L. Weltgeschichte, 8. Theil: Kreuzzuge und päpstliche Weltherrschaft (XII. und XIII. Jahrhundert) (Storia universale, parte 8ª: Le Crociate e il dominio universale dei papi nei secoli XII-XIII). *Leipzig, Duncker und Humblot,* 1887.

248. REURE. La vie scolaire à Rome: les maîtres, les écoliers, les études. *Lyon, Schneider frères,* 1887.

249. Ribbeck W. L. Annäus Seneca, der Philosoph, und sein Verhältniss zu Epikur, Plato und dem Christenthum (Il filosofo L. A. Seneca e i suoi rapporti con Epicuro, Platone e il Cristianesimo). ` *Hannover, Norddeutsche Verlagsanstalt,* 1887.

250. Richter W. Die Spiele der Griechen und Römer (I giochi dei Greci e dei Romani). *Leipzig, Seemann,* 1887.

251. Richou L. Histoire de l'Église. 3e edition. *Paris, Lethielleux.*

252. Rose D. Popular history of Rome under the kings, the republic, and the emperors, from the fundation of the city, B. C. 753, to the fall of the Western Empire A. D. 476 (Storia popolare di Roma sotto i re, la repubblica, gl'imperatori, dalla fondazione della città fino alla caduta dell'Impero d'Occidente).
                    · *London, Ward and Lock,* 1887.

253. Rossi G. C. Alcuni cenni sopra ignote suppellettili sacre d'argento e d'oro appartenute ai primissimi secoli della Chiesa.
                    Roma, Pallotta, 1888.

254. Rothenberg. Die häusliche und offentliche Erziehung bei den Römern (L'educazione domestica e pubblica presso i Romani). Programma ginnasiale di Prenzlau, 1887.

255. Roussel N. Roma pagana; raffronti storico-religiosi tradotti da R. De Schroeter. 3ª ediz.   *Firenze, Claudiana,* 1888.

256. Salkowski C. Lehrbuch der Institutionen und Geschichtè des römischen Privatrechts für den akademischen Gebrauch (Manuale di Instituzioni e di Storia di diritto privato romano. Per uso accademico).   *Leipzig, Tauchniz,* 1887.

257. Schiller H. Geschichte der römischen Kaiserzeit. II. Bd. (Storia dell'Impero romano, vol. 2°).   *Gotha, Perthes,* 1887.

258. Schroeter (De) R. Vedi: Roussel N.

259. Schuchardt U. Romanisches und Keltisches (Romani e Celti).   *Berlin, Oppenheim,* 1887.

260. Schultze E. De legione Romanorum XIII gemina. Dissertatio inauguralis.   *Kiel, Lipsius und Tischer,* 1887.

261. Schultze V. Geschichte der Untergangs des griechisch-römischen Heidentums. I. Staat und Kirche im Kampfe mit dem Heidentum (Storia della caduta del paganesimo greco-romano. I. Stato e Chiesa in lotta col paganesimo).   *Jena, Costenoble.*

262. SEIDEL E. Montesquieu's Verdienst um die römische Geschichte (I meriti di Montesquieu in ordine alla storia romana).
Leipzig, Fock, 1887.

263. SEIGNOBOS C. Histoire de la civilisation ancienne. Orient, Grèce, Rome. *Corbeil, Creté,* 1887.

264. SEIPT O. De Polybii olympiadum ratione et de bello punico primo quaestiones chronologicae. *Leipzig, Fock.*

265. SERRE. Études sur l'histoire maritime et militaire des Grecs et des Romains. *Paris, Baudouin,* 1887.

266. SFORZA G. Papst Nicolaus V. Heimat, Familie und Jugend. Deutsche Ausgabe von Hugo Th. Horak (Il papa Nicolò V. La sua patria, la sua famiglia e la sua gioventù. Edizione tedesca per U. T. H.). *Innsbruck, Wagner,* 1887.

267. Specimina palaeographica regestorum romanorum pontificum ab Innocentio III ad Urbanum V.
Romae, ex archivio Vaticano, 1888.

268. STEINHAUSEN G. De legum XII tabularum patria. Dissertazione di Greifswald, 1887.

269. STOFFEL. Histoire de Jules César. Vol. 2.
Paris, imp. Nationale, 1887.

270. TAGGI C. Della fabbrica della cattedrale di Anagni. Saggio archeologico-storico in omaggio a Leone XIII nel suo giubileo sacerdotale. *Roma, Propaganda,* 1888.

271. TAMASSIA G. I *celeres.* *Bologna, Garagnini,* 1888.

272. — Bologna e le sue scuole imperiali di diritto (estratte dall'*Archivio giuridico,* vol. XL, fasc. 1-2).
Bologna, Fava e Garagnani, 1888.

273. TERRENO G. A. Compendio di storia romana. 5ª ediz.
Torino, Salesiana, 1888.

274. TERRINONI T. I sommi pontefici della Campania romana, con notizie storiche intorno alla città e luoghi più importanti della medesima provincia. *Roma, Cuggiani,* 1888.

275. THIAUCOURT C. Étude sur la conjuration de Catilina, de Salluste. *Paris, Hachette,* 1887.

276. Tommasini Oreste, Il registro degli officiali del comune di Roma esemplato dallo scriba del Senato Marco Guidi. (Estratto dagli *Atti dell'Accademia dei Lincei*). *Roma, tip. dei Lincei*, 1888.

277. Tordi D. La pretesa tomba di Cola di Rienzo; due memorie e una lettera del sindaco di Roma. (Estratto dal giornale *Il Buonarroti*, serie III, vol. III, quad. II-III).
Roma, tip. delle Scienze matematiche e fisiche, 1888.

278. Tosti L. Prolegomeni alla storia universale della Chiesa.
Roma, tip. della Camera dei deputati, 1888.

279. — Storia del Concilio di Costanza.
Roma, Pasqualucci, 1887.

280. Trincheri T. Studi sulla condizione degli schiavi in Roma.
Roma, 1888.

281. Vaglieri D. Le due legioni adiutrici.
Roma, Pasqualucci, 1888.

282. Vicchi L. Vincenzo Monti, le lettere e la politica in Italia dal 1750 al 1830 (sessennio 1794-1799). *Roma, Forzani*, 1887.

283. Vigneaux. Essai sur l'histoire de la *Praefectura urbis* à Rome; suite de l'*Auditorium* du *Praefectus Urbis*. (Dalla *Revue générale du droit*, luglio-agosto, 1887).

284. Vine F. T. Caesar in Kent, and account of the landing of Julius Caesar and his battles with the ancient Britons. With some account of early British trade and enterprise (Cesare a Kent. Racconto dello sbarco di Cesare e delle sue battaglie cogli antichi Brettoni). 2ª edizione. *London, Stock*, 1888.

285. Volpini S. L'appartamento Borgia in Vaticano descritto ed illustrato. *Roma, tip. della Buona stampa*, 1887.

286. Voss W. Die Verhandlungen Pius IV mit den katholischen Mächten über die Neuberufung des Tridentiner Concils im Jahre 1560 bis zum Erlass der Indictionsbulle vom 29 November desselben Jahres (Le trattative di Pio IV colle potenze cattoliche per la riconvocazione del Concilio di Trento nel 1560 fino alla promulgazione della bolla d' indizione del 29 novembre dello stesso anno).
Leipzig, Fock, 1887.

287. Waterwort Th. The canons and decrees of the sacred and oecumenical Council of Trent celebrated under the sovereign pon-

tiffs Paul III, Julius III, and Pius IV (Traduzione dei canoni e decreti del Concilio di Trento tenuto sotto i pontefici Paolo III, Giulio III e Pio IV, e saggi sulla storia interna ed esterna del Concilio). 2ª edizione.   *London, Burn and Oates,* 1888.

288. WEHRMANN P. Zur Geschichte des römischen Volkstribunat (Per la storia del tribunato del popolo romano). Programma ginnasiale di Stettino, 1887.

289. WITHROW W. H. The catacombs of Rome and their testimony relative to primitive Christianity (Le catacombe di Roma e le loro testimonianze intorno al Cristianesimo primitivo).
                                        London, Hodder and Stoughton, 1887.

L'EPISTOLE DI COLA DI RIENZO

E L'EPISTOLOGRAFIA MEDIEVALE

'Istituto Storico Italiano, dietro proposta di questa Società di storia patria, si prepara a pubblicare tra breve una completa raccolta delle lettere di Cola di Rienzo.

Pare pertanto opportuno che, quasi parallelamente all'edizione dell'Epistolario, si riassumano in un breve scritto i resultati delle ricerche fatte intorno alle lettere di Cola e ai manoscritti che ce le hanno tramandate.

Ma lo studio dell'epistolario d'un personaggio storico come Cola di Rienzo non poteva non indurre chi l'ha tentato ad allargare lo sguardo eziandio a tutto il complessivo sviluppo che venne prendendo nel medio evo la forma epistolare, così generalmente diffusa e così copiosamente illustrata da tutta quella curiosa letteratura che è costituita dai *Dictamina* e dalle *Summae* medievali. Perocchè, nel riandare la nostra istoria letteraria e nel passarne in rassegna i generi più comunemente trattati, a nessuno può sfuggire il fatto della speciale e simpatica predilezione con cui gl'Italiani sempre si volsero alla forma della lettera. I numerosi trattati medievali di epistolografia, dove le regole s'alternano cogli esempi, la teoria s'accoppia alla pratica, sparsi in gran numero per tutta l'Italia, presentano alle odierne ricerche un campo quasi affatto inesplorato, dal quale potrebbe non solamente venir fuori un sussidio prezioso alla nostra storia civile, ma anche discoprirsi una faccia interamente nuova della vita del medio evo. Eppure, a questo argomento, così essenzialmente nostro, così schiettamente italiano, gli studi italiani s'indirizzarono fino ad ora con assai mediocre operosità.

Queste considerazioni mi trassero a reputare non inutile che a quella parte del presente scritto, dove più specialmente si discorre dell' Epistolario di Cola, un'altra ne andasse innanzi, che riassumesse gli studi finora intrapresi su l'epistolografia del medio evo, e servisse sopratutto a questo scopo: dar modo a chi legge riunite le lettere del tribuno di vedere quali tra gli elementi già acquisiti all'anteriore coltura italiana ancora vi sopravvivano.

Lo stesso ordine naturale del nostro tèma richiede che prima si passino rapidamente in rassegna i principali *dictatores* italiani (della Francia s'avrà a parlare soltanto *per incidens*), e poscia s'esponga sinteticamente il contenuto comune a tutti i trattati d'epistolografia medievale.

I.

Uno scritto che voglia, per così dire, coglier l'essenza di quella caratteristica forma letteraria che fu *l'epistola* nel medio evo, non può prescindere dalla relazione in cui essa trovavasi non solo colle altre parti dell'insegnamento di quel tempo, ma con tutta la coltura generale dei secoli xi, xii e xiii. Ora, chi a questa ponga mente, non può non riconoscere, appena sul principio dell'xi secolo, il progresso che s'andava operando nello spirito umano, quando accanto alla scienza divina, alla teologia, che teneva il primo posto nell'insegnamento delle scuole, cominciavano a trovar luogo più onorevole quelle cognizioni semplicemente umane, che, quale retaggio dell'antichità latina, s'andarono aggruppando sotto le famose denominazioni di *Trivio* e di *Quadrivio*.

Tutto il sapere adunque (lasciando da un lato la teologia, e dall'altro l'aritmetica, la geometria, l'astronomia e la musica, che costituivano il Quadrivio) riassumevasi allora nelle tre scienze del Trivio: grammatica, retorica e dialettica. Ma (e questo è il fatto più notevole) ecco che il campo da principio assai ristretto, che queste tre discipline comprendevano, viene di mano in mano allargato per opera della scuola, la quale, pur non uscendo dalla tradizionale divisione del Trivio, estende i confini del sapere e v'introduce elementi nuovi.

E invero, se ci proponessimo guardare alla dialettica, vedremmo la sua importanza penetrare grado a grado in tutti i rami del sapere, non esclusa la stessa teologia. Già prima del secolo XII, più che mai spiccata si manifesta negli spiriti la tendenza all'argomentazione e alla disputa: un cambiamento quasi radicale di metodo e di terminologia s'opera nelle scuole: Aristotele, nuovo oracolo, vi stabilisce illimitato il suo impero. Così lo spirito umano, pur restando nell'ambito delle sette scienze tradizionali, sottostanti all'*alta scienza* (come allora dicevasi), alla *scientia divinarum rerum,* fa un passo notevole in avanti, e getta come le basi d'un'istruzione secolare.

Ma, anzichè il cammino della dialettica, a noi importa seguire quello delle altre due scienze a lei compagne. Grammatica e retorica s'andavano anch'esse, quasi parallelamente alla dialettica, ampliando e sviluppando, ed anzi in alcune parti d'Europa la retorica pigliava addirittura il sopravvento su la scienza del disputare e del ragionare. Ciò appunto avveniva in Italia; e che v'avvenisse parrà ben naturale sol che si pensi come presso di noi lo studio

del diritto non fosse mai cessato del tutto e come gloriosamente l'università di Bologna stesse a capo di quel-
l'insegnamento. Ora, che allo studio del diritto andasse
per antichissima tradizione letteraria più specialmente legato quello della retorica, è cosa che non occorre ripetere
e tanto meno dimostrare. Basti solamente notare come di
quella connessione si può trovar prova sin dal secolo x,
se si ricordi quel Sigifredo, che, quale *iudex sacri palatii*
in Pavia, congiungeva tra il 974 e il 1104 l'esposizione
e lo studio del diritto alla retorica (1).

In seguito, questa felice commistione degli studi letterari coi giuridici viene sempre meglio fissata dal meravi-
glioso sviluppo dell'*ars notaria*, che raggiunge in Bologna
il suo massimo fiore (2). A mano a mano che il notaio
medievale dal suo umile ufficio primitivo saliva ad occupare nella vita sociale quell'importantissimo luogo a cui
potè pervenire; a mano a mano che l'azione di lui s'andava estendendo, e mutavasi e rinvigorivasi la sua coltura;
sempre più appariva la necessità ch'ei sapesse anche di
retorica e di grammatica, e così queste due scienze s'andavano nel medio evo ognor più avvicinando alla giurisprudenza, colla quale finivan quasi per fondersi. E chi
misuri l'altezza, cui nel paese nostro arrivò da un lato la
retorica, che Boncompagno qualificava « liberalium artium
imperatrix et utriusque iuris alumna », e dall'altro il diritto,
non sa se maggiore debba ritenere la gloria venutaci da
questo o da quella.

Sotto la denominazione di retorica vennero, com'è
noto, a collocarsi molte discipline secondarie, che ad essa

(1) MERKEL, *Appunti per la st. del Dir. Long.* III, 31 e 32 (trad.
di E. BOLLATI), in appendice al SAVIGNY, *St. del Dir. Rom. nel M. E.*;
Torino, 1857.

(2) Cf. il cap. III del recente lavoro di FRANCESCO NOVATI, *La
giovinezza di Coluccio Salutati* (Saggio d'un libro sopra la vita, le
opere, i tempi di C. S.); Torino, Loescher, 1888.

in qualche guisa si ricongiungevano; ma tutte, si può dire, furono sopraffatte dall'*ars dictandi* o *pratica dictatoria*, riguardata per secoli qual parte principale degli studi retorici. Scienza non nuova certamente pel medio evo era questa dell'epistolografia; ma fu senza dubbio portato nuovo dei secoli XI, XII, XIII tutta la riduzione a sistema ch'essa ebbe a subire.

Agli scrittori medievali riuscì straordinariamente cara la forma epistolare. Antichissima era la tradizione dell'*epistola* e rimontava, si può dire, a Sidonio Apollinare. E dopo di lui, che lunga serie di scrittori, ai quali questa parve la forma più adatta alla sincera espressione del pensiero! Alcuino, Eginardo, Servato Lupo, Fulberto Carnotense, Ivo Carnotense, Lanfranco, Ildeberto Cenomanense, Pietro il Venerabile, San Bernardo, Giovanni Sarisburiense, tutti questi ed altri molti lasciarono lettere, che, o trattassero di affari privati, o di cose pubbliche, andavan sempre, ugualmente celebrate, per le mani di tutte le persone còlte di que' secoli.

Ma questa lunga tradizione letteraria sarebbe forse stata insufficiente a produrre così rigogliosa fioritura dell'*ars dictandi,* se non v'avesse concorso, quale cagione anche più diretta e immediata, il fatto che l'arte dello scriver lettere scaturiva da un bisogno urgente della vita sociale del medio evo. L'opera del *dictator* era cercata dovunque e largamente retribuita: non solo le cancellerie, e specialmente l'imperiale e la papale, sentivano ogni dì più la necessità di *dictatores,* ma, anche tra i privati, ogni uomo d'una certa levatura doveva aver sempre a lato il suo *scriba,* il suo *clericus* o, come dicono i tedeschi, il suo *Pfaff.* Poi vennero i comuni, e con loro quel gran numero di notai che dallo scriver lettere, dal redigere note ufficiali traevano non soltanto i mezzi di sussistenza, ma gloria ed onori insperati. A chiunque fosse in condizione di saper comporre lettere sui più svariati argomenti non mancava mai una posizione elevata, e sovente toccàvano le più ambite fortune.

Di questi futuri impiegati delle varie cancellerie, semenzaio copioso erano sopratutto le scuole, dove la compilazione d'*epistole* fu esercizio quotidiano e usuale fino dai tempi di Carlo Magno. È noto infatti ciò che narra la cronaca del monaco di San Gallo (1): che, cioè, quell'imperatore, visitando di persona le scuole, voleva che gli si mostrassero tutti i *compiti* degli scolari. E che cosa, secondo la cronaca, gli veniva sempre posto sott'occhio? Sempre: *epistolas et carmina.*

Dinanzi a una forma letteraria così popolare, così amorosamente accarezzata dagli scrittori, così strettamente connessa alla vita, come l'*epistola*, non poteva non affermarsi più che mai viva quella tendenza, tutta propria delle menti medievali, a ridurre ogni parte dello scibile a formule fisse, a sistematizzare quasi meccanicamente il sapere.

Alla copiosa letteratura epistolare segue così un'altra letteratura, più curiosa e più caratteristica, che in certa guisa si rifà sulla prima, e la studia, e ne trae norme e precetti, cominciando dalla definizione (2) dell'*epistola* e terminando a prefiggere ad essa le regole più minute, a enumerarne le singole parti, a dar certi speciali metodi atti a formarla. E non al solo insegnamento teorico limitavasi la *Summa*: essa presentava anche formule già bell'e fatte, esempi di lettere adattate alle più varie circostanze della vita.

(1) Lib. I, cap. III.

(2) Tra le infinite definizioni dell'epistola che potrebbero citarsi, scelgo quella ch'è forse la più antica del medio evo e che si legge nell'*Ars dictandi* d'ALBERICO DA MONTE CASSINO:

« Est (igitur) epistola congrua sermonum ordinatio ad exprimen-
« dam intentionem delegantis instituta. Vel aliter epistola est oratio
« ex constitutis sibi partibus congrue ac distincte composita, dele-
« gantis affectum plene significans ».

Vedi anche la definizione di Boncompagno Fiorentino nel codice C, 40 (f. 13) della biblioteca Vallicelliana.

Invece di persone e di luoghi veri, ora troviamo semplicemente delle iniziali, ora una o due *N;* talvolta uno o più punti, altra volta un *talis* o *tale* o *de tali,* ecc. Perfino certe simulate note imperiali o papali eran compilate dai *dictatores* sulla base di fatti già noti, che si utilizzavano opportunamente nei modelli redatti per favorire la pigrizia dei numerosi epistolografi d'allora.

Di tutta quest'attività, scuola e notariato ci appaiono due massimi fattori. Le *Summae dictaminum* venivansi moltiplicando accanto ai formulari notarili, e l'*ars dictandi* e l'*ars notaria* si sviluppavano parallelamente, spesso incontrandosi e l'una penetrando nell'altra.

« Sono – scrive il Novati (1) – come due correnti che, sgorgate dalla medesima fonte, dopo aver corso per alvei separati e discosti, si vennero poi di nuovo ravvicinando, e finirono per occupare il medesimo letto, senza confondere però del tutto le loro acque ».

II.

Il Rockinger, che dottamente ragionò dell'*ars dictandi* in una sua breve e succosa memoria (2), non dubita di ritenere che tutta quest' interessante letteratura dei *Dictamina,* la quale accompagnò e seguì lo svolgimento dell'*epistola* medievale, sorgesse propriamente in Italia. Egli è infatti con Alberico da Monte Cassino che la teoria dell'*ars dictandi* s'annunzia per la prima volta quasi completa e assume tutti i principali caratteri che poscia le rimasero.

Alberico ci appare come un vero caposcuola. La sua *Ars dictandi* è come la guida della scienza *dictatoria* del medio

---

(1) Op. cit. p. 72.
(2) *Die Ars dictandi in Italien* in *Sitzungsberichte der könig. bayer. Akademie der Wissenschaften,* 1861, I, Heft. I; Monaco, 1861.

evo, e costituisce il fondo comune a pressochè tutte le *Summae* che con questo o con nome simile produsse in seguito l'Italia. Poche modificazioni vennero infatti recate alle teorie d'Alberico dai *dictatores* che seguirono presso di noi. E che lunga e gloriosa schiera se n'ebbe! E quanti nomi in essa si ritrovano, notissimi anche a chi non s'occupi del nostro tèma! Noi entreremmo senz'altro a ricordarne almeno i più illustri, se non ci occorresse prima accennare allo sviluppo che l'*ars dictatoria,* nata in Italia e quasi fissata da Alberico da Monte Cassino, andò prendendo anche in Francia, dove una scuola particolare sorse e si contrapose alla tradizione italiana.

Il costituire, come abbiamo detto, l'arte epistolare la principal parte della retorica, portò per conseguenza che dall'Italia essa passasse in Francia nel tempo stesso che vi trasmigrava eziandio la scienza del diritto. Ecco pertanto apparire accanto alle *Summae* dei maestri italiani quelle di maestri francesi, e fiorire già prima del secolo XIII gran numero di *dictatores* ultramontani, i quali esclusivamente dedicavansi a insegnar l'arte dello scrivere lettere, e ai loro trattati attribuivano il miracoloso potere di far d'un analfabeta il più abile redattore d'epistole!

Tutti questi maestri di Francia facevan capo ad Orléans, dove s'andò formando quasi una scuola-madre dell'arte epistolare. Ma Orléans non era per loro un gran centro di coltura, e null'altro: quella scuola divenne anche, per così dire, un posto di combattimento. E la lotta ardeva specialmente contro l'università di Parigi, al cui sistema di studi i maestri d'Orléans s'opponevano con bell'ardimento. A Parigi infatti imperava, signora assoluta, la teologia, e la filosofia aristotelica e la logica le tenevan bordone: a Orléans, per contrario, il dominio spettava alla retorica e alla grammatica. *Inde irae* e gelosie e satire e dispettucci e ingiurie tra studenti d'Orléans e di Parigi, e questi dare ai loro emuli dei *Gomeriaux,* e quelli, alla lor volta, porre in burletta la logica e chiamarla collo strano appellativo di *Quiquelique...* (1). Tutta insomma una guerricciola incessante, pettegola, così bizzarramente rappresentata da quel curioso *fablieaux* ch'è *La bataille de sipt arts* (2) dell'ironico Rutebeuf. Ivi il poeta ci mette innanzi la Grammatica e la Logica, la dominatrice d'Orléans e quella di Parigi, che si muovon guerra accanita. Ciascuna di esse forma un'armata de' suoi vassalli: l'esercito d'Orléans non ha che poeti antichi e qualche prosatore contemporaneo; per contrario, quello di Parigi conta fra i principali combattenti Aristotele e Platone; ma nell'uno e nell'altro campo l'ironico Rutebeuf non tralascia di porre qualcuno degli insegnanti più celebri del tempo. Quanto più s'avvicina il giorno della battaglia, tanto più i due eserciti si van rinvigorendo: all'armata di Parigi, oltre i due simbolici combattenti, Trivio e·Quadrivio, s'unisce anche l'Alta scienza o Teologia; ma a questa il poeta attribuisce, in cambio dell'armi ben affilate, una voglia matta di vino buono.

> Madame la Haute-science
> A Paris s'en vint, ce me samble,
> Boivre les vins de son celier,
> Par le conseil au chancelier,
> Ou elle avait moult grant fiance,
> Quar c'ert le meillor clerc de France (3).

Il combattimento è bizzarramente descritto nell'allegro *fablieaux*... Fra i primi che rimangono a piedi, ci si mostra nientemeno che il povero Aristotele: un valoroso manipolo, composto da Persio, Vergilio, Giovenale, Omero, Lucano ed altri poeti lo schiaccerebbe, se in suo aiuto non

---

(1) « *Quiquelique, Quiquelikike*: le cri du coq, pour désigner quelque « personnage impertinent » (ROQUEFORT, *Dictionnaire de la langue romane*).

(2) A. JUBINAL, *Œuvres complètes de* RUTEBEUF, *trouvère du* XIIIe *siècle;* Paris, Duffis, 1875, vol. III.

(3) Versi 79-86.

sopravvenissero tutte le sue opere, rappresentate come altrettanti guerrieri. Dopo altre strane vicende, la povera Logica, stanca dal menar colpi a destra e a manca, se ne fugge impaurita verso la cittadella di Montlhery, accompagnata dall'Astronomia; ma i guerrieri della Grammatica la inseguono senza tregua.

Qui però il poeta ci fa assistere a un ben strano spettacolo: la Retorica, anzichè aiutare la Grammatica, viene in soccorso alla Logica. E la battaglia si fa sempre più ardente:

> Les dames ont les langues lasses,
> Logique fiert tant en sa main
> Qu'ele a mis sa cotele au pain.
> Coutele nous fet sanz alemele,
> Qui porte manche sanz cotele
> De ses braz nous fet aparance,
> Lors le cors n'a point de substance.
> Rhetorique li vait aidant,
> Qui a les deniers en plaidant.
> Autentique, Qode, Digeste
> Li fet les chaudiaus por la teste;
> Quar ele a tant d'avocatiaus
> Qui de lor langues font batiaus
> Por avoir l'avoir aus vilains,
> Que toz li pais en est plains (1).

. . . .

Una volta assediata nel castello dall'esercito della Grammatica, la Logica manda a chieder pace; ma il messo da lei scelto all'uopo conosce tanto poco le regole del linguaggio e parla così goffamente, ch'è rimandato senza manco essere udito. Ma ecco all'improvviso operarsi il più impreveduto mutamento: Astronomia, alleata di Logica, scaraventa sugli assedianti una terribile folgore, che brucia le tende, disperde le schiere e le mette in fuga.

(1) Versi 357-371.

Da quel giorno:

> Versifières li cortois
> S'enfui entre Orliens et Blois;

Poesia, cortese ed altèra, non s'aggira più per la Francia, là ove domina la sua rivale. Ma, conclude il poeta, le cose non andran sempre così, e tra qualche anno la nuova generazione farà della Grammatica il conto che deve:

> Seignor li Siècles vait par vaines:
> Emprès forment vendront avaines,
> Dusqu'à XXX anz si se tendront,
> Tant que noveles genz vendront,
> Qui recorront à la Gramaire,
> Ansi com l'on soloit faire
> Quant fu nez Henri d'Andeli
> Qui nous tesmoigne de par si
> C'on doit le cointe clerc destruire
> Qui ne set la lecon construire;
> Quar en toute science est gars
> Mestres qui n'entent bien ses pars (1).

Dopo ciò, è inutile notare che anche quella parte della retorica, che concerneva la *pratica dictatoria,* veniva appena coltivata alle scuole di Parigi e posponevasi alla teologia, alla filosofia, alla dialettica.

Specialisti adunque, come diremmo oggi, dell'arte epistolare restavan sempre i maestri d'Orléans. Ma, pur nel ristretto campo della sola epistolografia, alla più insigne scuola di Francia se ne contrapone un'altra, che trova la sua natural sede in quella stessa Italia, dove le teorie dell'*ars dictatoria* si erano fissate la prima volta, e precisamente nella cancelleria papale.

La curia romana non aveva molto tardato a formarsi un *usus,* uno *stylus* suo proprio, contrasegnato da speciali caratteristiche. Ciò è mostrato da una serie non breve di

---

(1) Versi 450-461.

attestazioni, che va dal *Liber diurnus pontificum* (1) (sec. VIII), fino a quella dataci dal fatto che sui primi del secolo XIII un papa dichiarava false certe lettere pervenutegli, solo perchè - diceva - si discostavano *a dictamine* e *a stylo* della curia pontificia (2).

La duplice tendenza, che da un lato metteva capo ad Orléans e dall'altro a Roma, ci si mostra sempre più accentuata pochi anni dopo, quando il battagliero Boncompagno Fiorentino, nella prefazione del suo *Liber X tabularum,* scrive così: « Divisi autem librum istum per tabulas, ut « omnes quibus placebit et precipue viri scholastici, *qui per* «*falsam et supersticiosam doctrinam Aurelianensium hactenus* « *hac arte abutebantur,* tanquam naufragantes ad eas recur-« rant et formam sanctorum patrum, *curie romane stylum* « in prosaico dictamine studeant imitari » (3).

Ancora: della scuola d'Orléans, quale contrapposto a quella della curia romana, trovo fatto cenno, a proposito del *cursus* o *numerus,* nel *Candelabrum* di Bene di Firenze, contenuto nel codice Chigiano I, V, 174, del quale dovrò occuparmi più innanzi (4). Appare qui pure manifesta la differenza tra la forma epistolare d'Orléans e lo *stylus* della cancelleria papale. Ecco ciò che si legge nel codice Chigiano (c. 47 v°): « Artificialis est illa compositio, que le-

(1) *Liber diurnus pontificum* opera et studio IOANNIS GARNERI; Vienna, 1762.

(2) « ..... Literis ipsis diligenter inspectis, ipsi rescripsimus eas « tam ex dictamine quod a stylo cancelleriae nostrae discrepabant, « omnino falsas esse » (Innocenzo III [1198–1216], XIV, ep. 137).

(3) Biblioteca Nazionale di Parigi, ms. lat. 8654, fol. 125 v. (Cf. più innanzi il presente scritto, p. 406 e sgg., dove discorresi di Boncompagno di Firenze).

(4) È anche contenuto, ma senza nome d'autore, nel ms. 906 (Fº S. Victor) della Nazionale di Parigi. (Cf. C. THUROT, *Notices et extraits de mss. latins pour servir à l'histoire des doctrines grammaticales au moyen âge,* in *Notices et extraits des mss.* tomo XXII, par. II; Parigi, 1868).

« pidam orationem reddit..... Sed hoc aliter ab Aurelia-
« nensibus, aliter a Sede Apostolica observatur. Aurelia-
« nenses enim ordinant dictiones per ymaginarios dactilos
« et spondeos..... *Nos vero secundum auctoritatem Romane*
« *curie procedemus,* quia stylus eius cunctis planior inve-
« nitur ».

Il determinare i singoli punti nei quali esplicavasi questa
differenza di scuola non sarebbe difficile; ma ci menerebbe
a lunghe e minute analisi delle singole teorie, che troppo
ci distrarrebbero dal nostro tèma. Al quale, del resto, bastava segnalare in generale il fatto della duplice tendenza
che dicemmo.

Piuttosto, è curioso notare che fra i molti maestri di
epistolografia formati dalla scuola d'Orléans (conosciutis-
simo quello Stefano, che fu prima abate di Santa Genoveffa e poi vescovo di Tournai) (1), se ne contarono alcuni che, nonostante l'antica opposizione di scuole, andarono, sulla fine del secolo XII, a prestar la loro opera, come
segretari e compilatori d'epistole, alla cancelleria pontificia.
Segretario, per esempio, d'Alessandro III fu un Giovanni
d'Orléans (*Iohannes Aurelianensis*), del quale ci lasciò memoria una lettera a lui diretta dal sopra nominato Stefano
vescovo di Tournai. In essa lo scrivente invita l'amico a
tornarsene ad Orléans, dicendo che, per chi nacque a Orléans, il dimorare nell'estate a Roma dev'essere un vero
supplizio; d'altra parte, senza farsi illusioni, prevede che
l'amore dello stipendio seguiterà a tenere Giovanni inchio-
dato al lucroso ufficio suo nella curia (2). Un'altra let-

(1) Cf. *Histoire littéraire de la France,* tomo IX (discorso d'AN-
TONIO RIVET: *État des lettres en France dans le* XIIᵉ *siècle*).

(2) « Dilecto suo Iohanni Aurelianensi, domini papae scriptori,
« Stephanus de Sancta Genovefa rogat ut petitiones suas ad effectum
« perducat. Natis sub Aurelianensi aere et Ligeris aqua perfusis aestivo
« tempore Romae morari nihil aliud est quam mori: facilius est aurea
« paupertate frui cum salute, quam periculosam corrogare pecuniam,

tera del medesimo Stefano c'indica altri due scolari della scuola d'Orléans, impiegati, sotto Lucio III (1181-1185), alla cancelleria papale: Guglielmo e Roberto. Dopo aver confessato che il dispiacere della partenza dei due giovani epistolografi alla volta di Roma gli viene lenito dal pensiero del grande vantaggio ch'essi possono trarne, il buon abate di Santa Genoveffa raccomanda loro alcune petizioni da lui mandate al pontefice, affinchè o egli o il suo cancelliere ne prendano sollecitamente cognizione (1).

« quae et sollecitudine pulset animum et corpus agitet cum labore.
« Inde est quod ad reditum te hortarer, si tua te contentum fortuna
« crederem, si ad maiora, quam habeas, successus pristinos tibi prae-
« sumerem non blandiri. Interim dilectionem tuam rogo, ut petitiones
« nostras ad effectum perduci facias, si potueris, et maxime super
« confirmatione excomunicationis communiae Meldensis, quoniam
« episcopum eorum in excommunicatione sententiae, a bonae me-
« moriae Iohanne Carnotensi episcopo in prefatam comuniam latae,
« negligentem experti sumus et mandati apostolici contemptorem.
« Quere, si potes, domini papae literas ad ipsum, ut, sicut praedictus
« Carnotensis episcopus excommunicavit auctores communiae, ita
« et ipse in ecclesia sua excommunicatos denunciet. Pro latore prae-
« sentium, familiari meo et amico nostro, tibi supplico, ut in negotiis
« suis quantum potueris eum iuves. Valete ». (*Magistri* STEPHANI TOR-
NACENSIS, *abbatis S. Genovefae Parisiensis, tunc episcopi Tornacensis, Epistolae;* Parigi, 1682, LXV, 84).

    (1) « Charissimis suis Guillelmo et Roberto, domini papae scripto-
« ribus, frater Stephanus de Sancta Genovefa aget de negotiis seris
« in Romana curia promovendis. Comune vobis commonitorium
« offero, congaudens peregre *profectis*, si *profectio* vestra *profectum*
« vobis pariter pariat *et provectum*. Utrumque vobis facile compa-
« rabant duae divini palatii virgines, humilitas et honestas; si vel
« alter vel uterque vestrum alterutram excluserit, quisquis ille fuerit,
« excludetur. *Solent plerique Aurelianensium aurei inter alienos esse, qui
« nec argenti fuerant inter suos.* Metalla morum metior, quamvis non
« mentiar, si de pecunia faciam mentionem. Augeat vobis Deus gra-
« tiam suam, ut qui in curia sunt, gratos vos habeant, et nos de
« vobis faciant gratulantes. Quasdam petitiones nostras Herveo de
« Rocchis commisimus, Ecclesiae nostrae negotia continentes. Rogo
« vos ut per vos et amicos vestros, quanta sedulitate et sollecitudine

Così anche fuori di Francia s' imponeva l'autorità della scuola d'Orléans. Tanto era il prestigio di cui essa godeva, che i maestri francesi d'*ars dictandi* venivano indistintamente chiamati *Aurelianenses*. Tutto il meglio che, in fatto d'*epistole*, si scrivesse, specie sugli ultimi del secolo XIII, si presumeva *a priori* prodotto da quella scuola.

Di là era venuto il primo e più antico trattato d'epistolografia che avesse avuto la Francia, la nota *Summa dictaminis aurelianensis,* composta, secondo il Rockinger, che l'ha in buona parte pubblicata (1), circa il 1180 d. C. da un anonimo insegnante d'Orléans (2). Da allora, sempre più viva si va facendo l'attività di quell' importante centro letterario, e, appena sei anni dopo, ecco apparire un'altra *Summa dictaminis per magistrum Dominicanum Hispanum,* che, secondo la storia dei Benedettini (3), conservavasi alla biblioteca della cattedrale di Beauvais. E ancora un gruppo d'altri tre importanti trattati d'epistolografia, pure usciti da Orléans, fu segnalato da Leopoldo Delisle in una sua breve memoria su le scuole d'Orléans nei secoli XII e XIII (4).

« poteritis, opem et operam impendatis quatinus petitiones illae no-
« strae a domino papa aut a domino cancellario et exaudiantur be-
« nevole et benefice compleantur. Si de retributione cogitetis, pa-
« ratus sum, loco et tempore, praestito mihi beneficio respondere ».
STEPHANI TORNAC. *Ep.* già citate, LXXXV, 126.

(1) V. *Briefsteller und Formelbücher des eilften bis vierzehnten Jahr-hunderts,* bearbeitet von LUDWIG ROCKINGER in *Quellen und Erörte-rungen zur bayerischen und deutschen Geschichte,* Band IX; Monaco, 1863 e 1864 (95-114).

(2) La *Summa* è contenuta nel ms. 1093 della biblioteca Nazionale di Parigi (fol. 55-73). Il codice è del secolo XIII, ma i nomi che figurano nei modelli epistolari mostrano l'opera composta precisamente nel tempo assegnatole dal Rockinger.

(3) *Histoire littérarie de la France,* XIV (1859), 377.

(4) *Les écoles d'Orléans au XIIe et au XIIIe siècle* nell'*Annuaire-bulletin de la Société de l'histoire de France,* vol. VII (1869).

1ª *Summa,* probabilmente incompleta, contenuta nel già citato ms. 1093 della biblioteca Nazionale di Parigi (fol. 81-82). Tra i

Parimenti è ad Orléans che ritroviamo forse il più popolare, se non il più dotto, *dictator* di Francia, il noto Ponzio Provinciale, fiorito tra la prima e la seconda metà del secolo XIII.

Aveva dapprima, l'ambizioso maestro, ammaestrati nell'epistolografia i giovani a Tolosa e a Montpellier, finchè, cresciuta la rinomanza di lui, non era pervenuto all'agognata meta d'Orléans. Documento pieno di curiosità e d'interesse è quella specie di proclama, che, dando principio al suo insegnamento, egli indirizzò ai dottori e agli scolari d'Orléans. Dice in esso il nostro *dictator* che la retorica gli si è presentata sotto la forma d'una giovinetta bellissima e gli ha dato sette chiavi per aprire a chi ne lo richiede le sette porte della grande città che si chiama la *Pratica dello stile epistolare (Pratica dictatoria)*. « Vengano dunque a me - egli esclama - tutti coloro che vogliono in

modelli, che si rapportano quasi tutti a giovani studenti d'Orléans, curiosissima è una letterina che due scolari scrivono ai genitori per chieder loro un po' più di danaro:

« Paternitati vestre innotescat quod nos, sani et incolumes in ci-
« vitate Aurelianensi, divina dispensante misericordia, commorantes,
« operam nostram cum affectu studio totaliter adhibemus, conside-
« rantes quia dicit Cato: " Scire aliquid laus est, etc. ". Nos enim
« domum habemus bonam et pulcram, que sola domo distat a scolis
« et a foro, et sic pedibus siccis scolas cotidie possumus introire.
« Habemus etiam honos socios nobiscum, hospicio vitaque et moribus
« comendatos; et in hoc nimium congratulamur, notantes quia dicit
« Psalmista: "Cum sancto sanctus eris, etc. ". Unde, ne, deficiente
« materia, deficiat et effectus, v. p. duximus deposcendam quatinus...
« denarios nobis ad emendum perchamenum, incaustum, scriptoriam
« et alia nobis necessaria... velitis trasmittere copiose...».

2ª *Summa*, contenuta nel ms. 8653 dell'antica biblioteca Imperiale di Parigi, scritta nella prima metà del XIII secolo da un maestro Guido, da non confondere col nostro Guido Faba.

3ª *Summa*, contenuta nel ms. 18595, colla data (fol. 16) del 1259. È un rimaneggiamento della *Summa* di Ponzio Provinciale, ad uso degli scolari d'Orléans.

poco tempo diventare esperti *dictatores;* io ho le chiavi, e son qui pronto ad usarle » (1).

Ma chi credesse che nella Francia soltanto ad Orléans, e non anche altrove - sebbene con assai minore intensità di lavoro - si coltivasse questa geniale arte epistolare, non sarebbe nel vero. Maestri insigni d'epistolografia e trattati

(1) Il curioso proclama, contenuto per intero nella terza delle tre citate *Summae* indicate dal Delisle, merita, a parer nostro, d'essere ancora qui trascritto:

« Universis doctoribus et scolaribus, Aurelianis studio commoran-« tibus, Poncius, magister in dictamine, salutem et audire mirabilia « que secuntur.

« Cum ego Poncius irem sollicitus per montes et planicies et « convalles, inveni quandam virginem, in amore cuius fui statim me-« dullitus sauciatus: nec fuit mirum, quoniam ipsius virginis decoro « capiti flava cesaries, auro multo splendidior, inherebat. Generosa « frontis planities non calcata, nive candidior, hinc capillis erat, hinc « superciliis circumfulgens ..... Mentis nobilitas faciei sic partibus « conformatur, ut nec postremum medio, nec primo medium videatur « in aliquo decidere. Sic cetera membra, que vestis oculit, nec patent « oculis meis, conformia predictis arbitror vel etiam meliora. His « igitur Poncius ego factus attonitus, prostratus cecidi ad pedes vir-« ginis, et extendens brachia, velud eger ad medicum, exclamavi: " O « virgo preclarissima, ecce morte defficiam in brevi tempore, nisi tua « misericordia me in suum recipiat servitorem ". Et ait tunc virgo, re-« spiciens oculos subridentes: " Si quod invenisti, tenueris custodire ". « Et me capit per manum dexteram et surrexit, et ostendit michi pul-« cherrimam civitatem et immensam, dicens: " Civitatem istam nul-« lus ingreditur, nisi transiverit septem portas ". Et postmodum ad pri-« mam portam venimus, et ibi fuerunt salutationes, benedictiones et « oscula secundum gradum et distinciones personarum superiorum, « mediocrum et minorum; et ibi erant scripta nomina transeuntium « universa, et omnes, qui transibant per dictam portam, variis et di-« versis vinculis ligabantur. Et ad secundam portam accessimus, et ibi « erant antiqui proceres, circumspecti et providi, quorum erat offi-« cium atque virtus inter homines seminare benivolentiam et nutrire, « et futura predicare. Et ultra procedentes ad tertiam portam venimus, « et ibi erant de omni genere linguarum nuncii expediti et succinti « breviter et veloces, et omnia, que in toto orbe fiebant, referebant.

di *pratica dictatoria* se ne trovano anche sparsi qua e là in altri luoghi di Francia. Si ricorda, per esempio, nel 1216, un *Dictamen* che, quantunque d'evidente provenienza francese, si vede non compilato ad Orléans, nè da uno di quella scuola, nè ad uso di quegli scolari (1). Esso è composto da Trasmondo, abbate di Chiaravalle, e poscia, come indica

« Et ad quartam portam ultra processimus, et ibi erant due scale
« longissime, quarum gradus vix possent per aliquem numerari: et in
« una scala erant omnes clerici, et in alia omnes laici; in superiori
« gradu huiusmodi scale sedebat summus pontifex, et sub illo alii
« pontifices et prelati, per gradus debitos, usque ad ultimum clerico-
« rum, et in gradu superiori scale alterius sedebat imperator, et sub
« ipso reges et comites, at alii gradatim descendentes usque ad ulti-
« mum laicorum ..... Et ecce ad quintam portam venimus, et ibi
« erant mulieres antiquissime, et erant tante scientie quod de omnibus
« dicebant negotiis, si fierent vel non fierent, quod et quale inde co-
« modum eveniret. Et ecce ad sextam portam venimus, et ibi erat
« homo antiquissimus et barbarus, vestitus tamen vestes varias et de-
« coras, et loquebatur transeuntibus tribus linguis. Et accessimus ad
« portam septimam, et ibi fuerunt multi lascivi iuvenes, saltantes et
« currentes velociter. Et sic intravimus in civitatem. In civitate ista
« erant .XVIII. palatia hedificata lapidibus preciosis, et erat ordinatum
« qui et quales et quo tempore et quibus negociis deberent in quolibet
« palacium invenire. Et cum hec vidissem omnia, dixi predicte vir-
« gini: " O virgo speciosissima, dic mihi nomen tuum et cuius est
« ista civitas et quo nomine nuncupatur ". Et ipsa respondit: " Ego
« vocor Rhetorica. Ista civitas appellatur Pratica dictatoria. Et quam-
« vis soror mea Gramatica se dicat fore in hac civitate mea pro-
« porcionariam, ego tamen obtineo principatum. Et quoniam paucos
« bonos habitatores habeo, tibi claves accomodo, tali federe quod
« .VII. portas, per quas tota doctrina epistolaris dictaminis figuratur,
« aperias benigne volentibus ". Ad me veniant igitur qui esse desi-
« derant in brevi tempore optimi dictatores. Ego enim sum qui claves
« habeo, et sum paratus quibuscumque ydoneis aperire. Valete ». DE-
LISLE, scritto citato, p. 150 e segg.

(1) È contenuto nel cod. 585 (F° Mazzarino) e nel cod. 13688 della biblioteca Nazionale di Parigi. Cf. N. VALOIS, *De arte scribendi epistolas apud Gallicos medii aevi scriptores*; Parigi, 1880.

eziandio l'esordio dell'opera sua, notaio papale (1). Un amico lo aveva, a quanto sembra (2), pregato di raccogliere *in unum corpus* le lettere da lui indirizzate a ogni specie di persone e per i più svariati negozi, ed egli cede, *sed timide,* a quel desiderio, e ci dà una breve collezione di lettere, facendola precedere da regole e da precetti su lo stile epistolare. Quest'operetta di Trasmondo acquista una singolare importanza dal fatto che l'autore non era un professore che pomposamente insegnasse dalla cattedra, ma un modesto *scriba,* cui il dovere dell'ufficio obbligava a penetrare tutti i segreti della tecnica dell'*ars dictandi.*

Delle molte altre *Summae* provenienti da scuole e da *dictatores* francesi trattò con sufficiente larghezza il dottore Natale Valois (3), e noi non dobbiamo, per questa parte, che rimandare al suo lavoro. D'altronde, la Francia non rientrava nel nostro tèma, se non in quanto rapportavasi all'opposizione esistente tra la scuola d'Orléans e lo stile epistolare della cancelleria papale.

Aggiungeremo soltanto l'osservazione che l'*ars dictandi,* anche all'infuori delle scuole laiche e delle cancellerie, visse

---

(1) « Incipiunt introductiones magistri Transmundi, Apostolice « Sedis notarii, de arte dictandi ».

(2) « Rogastis me multociens et vestris michi literis supplicastis, « ut cedulas meas pauperes exeuntes de pera paupere et personis « variis pro variis negociis destinatas, sive ad experientiam tantum- « modo ingenioli mei oppositas, quas nec purpura sententiarum nobi- « litat, nec coloris rethorici picturata loquacitas floribus compositionis « adornet, in unum corpus redigens, sarcinarem, vobisque ipsas celeri « sub festinatione transmitterem, putans in eis aliquid invenire dul- « cedinis, quod vestrum placidum pectoris appetitum delectet, et ad « sui lectionum curam continuam vestri desiderii gustum proprie di- « ctionis onata provocet et invitet. Faveo, sed timide, petitionibus « vestris, ne laudabilis vestri cordis cupiditas, gustibus informata non « placidis, vane spei penitus expectatione fraudetur, et pro frumentis « lolium capiat ».

(3) Op. cit. VI, p. 39 e segg.

e fiorì nei conventi e negli ordini monastici: tanto essa era strettamente collegata a qualsiasi condizione sociale. Basterebbe ricordare, su la menzione fattane dal Le-Clerc (1), Elia de Boulhac, abbate di San Marcello nella diocesi di Cahors, il quale compose nel 1378 un copioso formulario di lettere dedicato ai suoi fratelli Cisterciensi e da servire esclusivamente al loro uso: *Formularium valde utile epistolarum toto ordine servandum* (2).

Dopo ciò, volgiamo per poco lo sguardo all'Italia.

III.

Un'accurata rassegna dei più insigni cultori d'*ars dictandi* che fiorirono nel paese nostro darebbe al nostro studio assai maggiore estensione che non ci siamo proposti. Basteranno, quindi, intorno ai principali *dictatores* italiani, quegli accenni generali che servono, più che altro, a tracciare la linea non interrotta della nostra tradizione epistolare.

Dell'importanza che ha per l'epistolografia medievale la produzione d'Alberico da Monte Cassino (1075-1110) abbiamo già fugacemente toccato (3). Vero capo-scuola per i *dictatores* posteriori, egli sta, colla sua *Ars dictandi* (4), quasi a cavallo fra il secolo XI e il XII, e a lui, si può dire, fanno capo le compilazioni di tutti i maestri che seguirono. Scrittore fecondo e immaginoso, di lui conosciamo anche

(1) *Histoire littéraire de la France au* XIVe *siècle - Discours sur l'état des lettres,* par VICTOR LE-CLERC; Parigi, Lévy, 1865, vol. I, p. 465.

(2) DE-WISCH, *Bibliotheca scriptorum sacri ordinis Cisterciensis,* 1856; p. 101.

(3) V. sopra, p. 387.

(4) Pubblicata in gran parte dal ROCKINGER, cit. *Quellen und Erörterungen etc.* I Abth. pp. 1-46.

due opere minori, che s'intitolano: *Flores rethorici* o *Dictaminum radii* e *Breviarium de dictamine*. Ma degno per noi di speciale attenzione sembrami l'esordio dell'opera sua maggiore: « Cogimur - egli scrive - erudiendorum sedu-
« litati de ratione dictandi quedam summatim perstringere.
« Sed ea rogamus ne dictandi peritus irrideat, ne emu-
« lorum lividus dens corripiat, ne ignarus artis abhorreat,
« quoniam etsi lima perfectionis non assit, non ideo tamen
« in omni parte erit inutile. Quapropter simpliciter edita
« simplices simpliciter audiant, et audita intelligant, et in-
« tellecta in cordis arcula tenaciter fingant. Et in eadem
« arte promoti aliquos in aream de suis manipulis gratia
« excutiendi grani adiiciant ».

A chi alludevano quelle aspre parole d'Alberico: «ne aemulorum lividus dens corripiat » ?

La risposta non è difficile, se si ricordino i *dictatores* che fiorirono, a lui contemporanei, dopo il 1100.

Ora, tra questi, a non parlar del suo scolare Giovanni di Gaeta, poi divenuto papa col nome di Gelasio II, a non parlare d'Alberto d'Asti, d'Aginulfo e di altri men noti, rifulgono specialmente Alberto di Samaria e Ugo di Bologna. Si sa del primo che viveva sotto il pontificato di Pasquale II (1099-1118) e che conobbe Alberico di Monte Cassino, già in età molto avanzata. Un suo scritto, del quale una parte fu riportata dal Rockinger, mostra essere appunto questo Alberto uno degli emuli cui Alberico alludeva. Egli infatti non si fa alcuno scrupolo di biasimare acerbamente quelle ch'ei chiamava le nenie (*naenias*) d'Alberico, e di condannarlo quando, per esempio, ei vuole stabilire « qualiter per indicativum ceterosque modos et « impersonalia fieri decet epistolas ». Secondo l'inesorabile critico, « tales barbaras inusitationes sapientes et nostri se- « culi potentes spernunt ». Deve invece tenersi di mira soltanto la *constructio* di Prisciano, adottarsi l'*usus* e lo stile epistolare di Cicerone e studiarsi Macrobio e Boezio, che

Alberto dice d'avere, dal canto suo, cercato d'imitare, sempre che gli è stato possibile (1).

Ammiratore sincero d'Alberico è invece Ugo di Bologna (2), il quale dice del vecchio maestro : « In epistolis « scribendis..., non iniuria creditur ceteris excellere » (3), e biasima la nuova e indisciplinata dottrina (*temeritatem et indisciplinatae doctrinae novitatem*) d'Alberto di Samaria.

S'andavano dunque fin da allora accendendo, fra questi nostri gravi *dictatores,* quelle ire erudite, che son parte così caratteristica della nostra storia letteraria! E neanche in mezzo a loro venne tanto presto alzata bandiera bianca; vedremo anzi tra breve come ai tempi dell'arguto Boncompagno la discordia si facesse anche più acuta. La lotta non era soltanto fra persona e persona, ma fra città e città, fra scuola e scuola; chè già quell'Alberto rappresentava lo studio di Pavia e quell'Ugo lo studio di Bologna, rivali l'un contro l'altro armati, e disputantisi il primato nella retorica.

E procedendo oltre il secolo XII, c'incontriamo sui primi del XIII in quel Goffredo di Vinesauf che fu tra i più celebri insegnanti di Bologna, e, oltre una *Poetria* dedicata a Innocenzo III (1198-1216), scrisse un'*Ars dictaminis*, della quale tanto il prologo quanto l'epilogo son composti in esametri. *Veste pudoris abiecta,* egli dice:

> .... vobis referam quo sidere vestrum
> Dictamen lucere queat, quo clausola possit
> Lascivire gradu, quis sit dictaminis ordo,
> Que partes; ubi fessa suum distinctio sistat

(1) V. ROCKINGER, scritto cit. in *Sitzungsberichte der Ak. der Wiss.* di Monaco, p. 124.

(2) V. le sue *Rationes dictandi,* pubblicate dal ROCKINGER, cit. *Quellen und Erörterungen,* I Abth. pp. 47-94.

(3) V. la prefazione a un suo scritto di *ars dictandi,* dedicato a un giudice palatino di Ferrara (ROCKINGER, scritto cit. in *Sitzungsberichte der Ak. der Wiss.* p. 125).

Vel renovetur iter, que sint connubia vocum,
Et quibus auxiliis verbi redimatur egestas (1).

E contemporaneo a Goffredo, ecco presentarcisi maestro Bene di Firenze, del quale già ci è occorso (2) nominare il trattato: *Candelabrum seu Summa recte dictandi,* contenuto nel codice Chigiano (del principio del secolo XIII),
segnato I, V, 174, ̊nel quale non sai se maggiore sia
l'interesse storico o il paleografico. È noto come, dietro
un'erronea induzione del Muratori, fosse questo *dictator*
identificato con Boncompagno Fiorentino; ma l'errore del
grande storico venne subito emendato dal Tiraboschi (3),
che conosceva l'opera di Bene per averne veduto un ms.
nella biblioteca dei Padri Domenicani di San Giovanni e
Paolo in Venezia. Si ha poi sicura attestazione del giuramento di fedeltà, prestato da maestro Bene all'università
di Bologna, nonchè della nomina di lui a cancelliere del
vescovo di quella stessa città (anno 1226). Morì non vecchio, e la sua perdita era amaramente deplorata da Pier
della Vigna.

Così comincia l'opera di Bene nel codice Chigiano,
di cui io mi sono servito per la conoscenza di questo epistolografo: « Incipit Summa perfecte dictandi, a doctore,
« qui Bonum dicitur, ordinata ».

Il perchè dell'altro titolo di *Candelabrum* ci è fatto
noto dallo stesso autore (c. 42): « Presens opus Can-
« delabrum nominatur, quia populo dudum in tenebris
« ambulanti lucidissimam dictandi peritiam cognoscitur
« exhibere ».

---

(1) S. F. HAHN, *Collectio monumentorum veterum et recentium ine-
ditorum;* Brünsvich, 1724, vol. I, n. V. Cf. ROCKINGER, scritto cit.
in *Sitzungsberichte der Ak. der Wiss.* p. 134.

(2) V. sopra, p. 392.

(3) *Storia della letteratura italiana,* vol. II, libro III, cap. V, p. 190
(ediz. di Milano, Bettoni e Comp. 1833: *Biblioteca enciclopedica italiana,* vol. XXII, XXIII, XXIV e XXV).

E alla fine dell'opera, in una *Oratio finitiva opus dilucidans quod processit*, dichiara: « Opus inçhoatum iam ad
« finem desideratum perducitur, divina gratia largiente, in
« quo ars dictatoria continetur. Licet clara Florentia nos
« genuerit, fructum tamen scientie vel saltem alicuius bo-
« nitatis a Bononia contrahentes, ipsam precipue, matrem
« nobilium studiorum, debemus et volumus semper ma-
« gnifice honorare » (c. 55).

Ma contributo anche maggiore che non desse all'epistolografia del secolo XIII Bene di Firenze, portò Guido
Faba (1), come quei che sempre meglio sviluppò nella
Summa la parte pratica, formata dagli innumerevoli
esempi di lettere, dispose con più armonia il materiale, e
spesso, accanto ai modelli in latino, altri ne collocò in
lingua volgare. Le sue opere, tra cui sono le principali
la *Summa dictaminis* e i *Dictamina rethorica*, portano i titoli seguenti: *Arengae* (2), *Gemma purpurea*, *Summa de virtutibus et vitiis* e *Doctrina ad inveniendas, incipiendas et formandas materias et ad ea que circa huiusmodi requiruntur.*

La *Summa dictaminis* e i *Dictamina rethorica*, le due
opere, cioè, che più c' interessano, trovansi nel codice I,
IV, 106 della biblioteca Chigiana (sec. XIII), che è forse,
tra i parecchi manoscritti che le contengono, il più importante. Precede in esso (3), com'era uso costante, la parte
teorica (*Summa dictaminis*), terminata da una *Epistola laudis
commendationis*, ch'è una specie di dedica che l'autore fa

(1) ROCKINGER, cit. *Quellen und Erörterungen etc.* I. Abth. pp. 175-
200, e cit. scritto in *Sitzungsberichte der Ak. der Wiss.* p. 137.
(2) È un'assai caratteristica collezione d'esordî da preporsi alle
varie lettere, secondo le più varie circostanze. Gli esordî chiamavansi comunemente appunto col nome di *arengae.* V. cod. Chigiano
I, IV, 106 (c. 49): « Incipiunt arenge magistri Guidonis ad Dei
« laudem et decus et decorem studentium sub compendio annotate,
« que tanquam prefationes preponuntur ».
(3) Cc. 1-25.

del proprio lavoro ad un alto personaggio: « A Domino
« – scrive Guido Faba – factum est istud, cuius gratia summa
« vivimus, et ad honorem, gloriam et laudem magnifici
« viri ac feliciter triumphantis, cuius praeconia mirificae
« bonitatis nec silere possum nec stylus invenitur sufficiens
« ad dicendum, quoniam de ipso iam loquitur omnis terra
« et omnes gentes, nationes et populi magnificant sua gesta
« tanquam militis strenuissimi et praeclari, cuius fama lu-
« cidissima militarem gloriam decorat et totam illuminat
« parentelam ... ». E conclude : « Accipe nunc praesentem
« libellum, egregie potestas, laudabili manu dextera, etc. ».

Se tra Guido e questo Aliprando Faba (1) corresse
parentela, non sappiamo stabilire con certezza. Possiamo,
per contrario, affermare che il nostro *dictator* vestiva l'abito
ecclesiastico, e che fors'anche, con qualche ufficio chieri-
cale, viveva a Bologna (2).

Alla *Summa dictaminis* seguono nel codice Chigiano i
Dictamina, una lunga e curiosissima serie di modelli epistolari, dove trovano applicazioni le regole esposte dal *di-*

(1) D'un tal podestà di Bologna sappiamo solamente ciò che ne è
detto nella *Cronica di Bologna*, pubblicata dal MURATORI, *Rer. Ital.
Script.* XVIII, 256: « Messere Aliprando Fava fu podestà di Bolo-
« gna. A dì 4 di settembre (1229) i Bolognesi andarono a campo
« a San Cesario, e combatterono il detto castello, e lo presero. E
« tutti gli uomini che vi erano dentro furono presi in numero di 520.
« E disfecero il castello, malgrado de' Modenesi, de' Parmigiani e
« degli Ariminesi e di que' di Pavia, ch'erano tutti col carroccio di
« Parma nella campagna di S. Cesario. Dipoi l'oste de' Bolognesi
« con pochi loro amici combatté co' predetti della parte di Modena
« nella detta campagna, e dall'una parte e dall'altra molti ne furono
« morti e presi. A dì 10 di dicembre il vescovo di Reggio e un
« frate ch'avea nome Guala fecero tregua tra i Bolognesi e i Mo-
« denesi e co' seguaci di cadauna delle parti per nove anni, e tutti
« i prigioni furono lasciati, e andarono alle loro città ».

(2) Infatti più d'una volta egli si nomina: « Magister Guido fi-
delissimus clericus et devotus », e in qualche luogo anche aggiunge: « Sancti Michaelis Bononiensis ».

ctator nell'opera precedente: « Incipiunt dictamina a magi-
« stro Guidone composita, quae celesti quasi oraculo edita
« super omni materia suavitatis odorem exhibent literalis,
« quia de Paradisi fonte divina gratia processerunt ». Ogni
lettera, presentata come modello, ha la corrispondente risposta: si trova così, per esempio: *Ep. de filio ad parentes*
e subito appresso: *Responsiva parentum;* *Ep. de sorore ad
fratrem* e *Responsiva ad predictam,* e così di seguito. Ma sul
Chigiano I, IV, 106, che meriterebbe da solo un'ampia illustrazione, le proporzioni del nostro lavoro non ci consentono di soffermarci più oltre.

Volgiamoci piuttosto a quello che, fra gli epistolografi
del secolo XIII, meglio incarna il tipo caratteristico del *dictator,* a quel bizzarro Boncompagno di Firenze, che fu, nel
campo dell'*ars dictaminis,* un vero innovatore (1). Professore dei più illustri allo studio bolognese e a Bologna coronato solennemente di lauro, scrisse con instancabile fecondità buon numero di opere retoriche, delle quali l'elenco
ci fu lasciato da lui stesso (2), per quanto non tutte sieno
in quella enumerazione ricordate. È dunque colla scorta di

(1) TIRABOSCHI, *St. della lett. ital.* IV, 463; ROCKINGER, cit. *Quellen
und Erört.* I, 115-174, e cit. scritto in *Sitz. der Ak. der Wiss.* p. 134.

(2) Trovasi inserito in un curioso dialogo tra *Liber* e *Auctor,* premesso al trattato che s'intitola: *Boncompagnus,* ed. dal ROCKINGER in
Quellen und Erört. già cit. I, p. 133. Scrive dunque Boncompagno:
« Libri quos prius edidi sunt .XI. quorum nomina hoc modo spe-
« cifico, et doctrinas, que continentur in illis, ita distinguo: Quinque
« nempe tabule salutationum doctrinam conferunt salutandi. Palma
« regulas initiales exhibere probatur. Tractatus virtutum exponit vir-
« tutes et vicia dictionis. In Notulis aureis veritas absque mendatio
« reperitur. In libro qui dicitur Oliva privilegiorum dogma continetur.
« Cedrus dat notitiam generalium statutorum. Myrra docet fieri testa-
« menta. Breviloquium doctrinam exhibet inchoandi. In Ysagoge epi-
« stole introductorie sunt conscripte. Liber amicitie viginti sex ami-
« corum genera distinguit. Rota Veneris laxiva et amantium gestus
« demonstrat ». Cf. TIRABOSCHI, *St. della lett. ital.* vol. II, lib. III,
cap. V, p. 187, ediz. citata.

Boncompagno medesimo che possiamo registrare le seguenti opere di lui:

1ª *Quinque tabule salutationum,* volte a disciplinare e a regolare la *salutatio* della lettera. Ho potuto vedere queste *tabulae* in un bel codice della Vallicelliana, segnato C, 40 (1). La prima tavola dà le *salutationes* da usarsi dal papa, prima *per omnes christianos* (2), e poi, via via, per l'imperatore, l'imperatrice, il re di Francia, i patriarchi, gli arcivescovi, i vescovi, ecc.; la seconda, le *salutationes* di tutti questi alti personaggi al pontefice; la terza, le *salutationes* vicendevoli tra i potentati laici; la quarta quelle fra gli ecclesiastici di tutti i gradi gerarchici; la quinta finalmente quelle tra i laici o *saeculares* (3).

(1) Cod. pergam. del sec. XIII, composto di cc. 205. Contiene: (cc. 1-73) *Boncompagni opuscula;* (cc. 74-138) *Magistri Alani de diversis vocabulorum vocationibus;* (cc. 139-140) *De ordine iudiciorum* d'autore incerto; (cc. 141-205) i tre scritti di Sant'Agostino: *Enchiridion, Liber de decem chordis, Sermo de iuramento.* Alla fine dei *Boncompagni opuscula* trovo, della stessa mano, questa nota: «Iste liber est monasterii « Sancti Bartholomei de Trisulta Carthusiensis ».

(2) « .... Primiter vicarius Christi et magister catholice fidei « summus pontifex generaliter salutat omnes christianos in hunc mo- « dum: Celestinus, servus servorum Dei nomen recipiens, salutem « et apostolicam benedictionem ».

(3) Null'altro che una nuova redazione o un'amplificazione delle *Quinque tabulae salutationum* è il *Liber X tabularum* dello stesso Boncompagno. Ivi alle cinque antiche *tavole* egli ne aggiunse altre cinque, nelle quali « continebuntur omnes modi componendi ·epistolas, ser- « mones, privilegia, orationes rethoricas et testamenta ». Nella prefazione della sua nuova opera l'A. medesimo si riferisce all'opera antecedente. « Presens opusculum, - egli scrive - quod in civitate « Regina nuper inceperam pertractare, de quo solummodo .v. saluta- « tionum tabulas perfeceram, quibus ad presens in civitate Bononia « multa superaddidi, easque diligentiori lima correxi, gratis vestre « offero universitati, socii peramandi, eruditionem vestram humiliter « deposcens, ut quod gratis datum est, gratis curetis impartiri.....

2ª *Liber qui dicitur Palma* (cod. Vallic. C, 40; c. 13 r°),
dove si tratta dell'epistola in generale e dei testamenti.

3ª *Tractatus virtutum,* ove s'espongono i pregi dello stile
e i vizi contrari (cod. Vallic. C, 40; c. 7 v°).

4ª *Notulae aureae* (cod. Vallic. C, 40; c. 11 r°), che formano,
per confessione dello stesso Boncompagno (1), come
un'appendice al *Tractatus virtutum.*

5ª *Liber qui dicitur Oliva* (cod. Vallic. C, 40; c. 17 v°), che
tratta dei privilegi ecclesiastici.

6ª *Cedrus* (cod. Vallic. C, 40; c. 33 v°), che tratta degli statuti (2).

7ª *Myrra* (cod. Vallic. C, 40; c. 35 v°), che discorre dei testamenti.

8ª *Breviloquium* (cod. Vallic. C, 40; c. 38 v°), che tratta della
composizione degli esordî.

9ª *Ysagoge* (cod. Vallic. C, 40; c. 58 r°), che torna a parlare della introduzione dell'epistola.

10ª *Liber amicitiae* (cod. Vallic. C, 46; c. 42 v°), nel quale
l'A., entrando tutt'a un tratto in piena filosofia, tratta, a
imitazione di Cicerone, dell'amicizia, distinguendo, come
al solito, anche in questo tèma, la bagatella di ventisei
generi d'amici.

11ª *Rota Veneris,* che potrebbe dirsi una specie *d'ars ama-*
toria (cod. Vallic. C, 40; c. 53 r°).

« Liber siquidem iste dicitur liber .x. tabularum, quia, sicut in .x. pre-
« ceptis continebatur omnis perfectio veteris Testamenti, ita et in
« istis .x. tabulis omne complementum prosaici dictaminis contine-
« tur ». Ms. latino 8654 della Nazionale di Parigi, f. 125. Cf. DE-
LISLE, cit. scritto nell'*Annuaire-bulletin de la Soc. de l'hist. franç.* appendice VI, p. 152.

(1) Cod. Vallic. c. 11 : « In *Tractatu virtutum* non dicere omnia
« potui, que ad scientiam dictaminum pertinebant. In hiis autem [no-
« tulis] prout potero supplebo ».

(2) È il solo scritto di Boncompagno pubblicato per intero dal
ROCKINGER, cit. *Quellen und Erört. etc.* I. pp. 121-127.

A questi scritti sono da aggiungere le *Arengae*, una serie d'esordî simile a quella di Guido Faba, pure contenuta nel sopracitato codice Vallicelliano (c. 68 r°), e le due opere che Boncompagno compose ultime, cioè l'*Antiqua* e la *Novissima rethorica*, dove più s'appalesa il suo ardire d'innovatore.

Del resto, da tutta la produzione di Boncompagno Fiorentino non potrebbe esser meglio reso il tipo del cultore medievale di *ars dictandi*: grammatico e giurisperito, uomo di lettere e uomo di legge, e fin qualche volta, come nel libro *De amicitia* e nella *Rota Veneris*, filosofo a tempo perduto! Colla stessa facilità, onde scolasticamente distingueva e divideva e suddivideva le parti dell'*epistola* e ne dava le regole e ne compilava gli esempi, l'arguto maestro, nella *Rethorica novissima*, si faceva a ricercare stranamente e ad esporre a suo modo l'origine del diritto, intitolandone appunto: *De origine iuris* il primo libro, ed enumerando nientemeno che quattordici *ordines iuris*, dei quali il primo si ritrovava *in coelis*, il secondo *in paradiso deliciarum*, il terzo in Adamo, e così via di seguito fino al decimoquarto, del quale « iniu-« riosa et damnabilis origo fuit tempore Mahometti, qui, « dum iumentos et asinos custodiret, se transtulit in prophe-« tam, et quandam legem detestabilem adinvenit, quam su-« spendit super cornua tauri viventis et ipsam insipientibus « populis praesentavit » (1).

Quale figura potrebbe, più spiccatamente che non faccia questa dell'allegro derisore di Giovanni 'da Vicenza, deli-neare a' nostri occhi il cerchio in cui si muovevano questi omniscienti maestri d'epistolografia e di retorica? E chi più genialmente di Boncompagno rappresenta il legame, che era nell'organismo delle scuole, tra retorica e diritto?

Come poi all'ingegno di Boncompagno debba riconoscersi una certa autonomia, e come a lui ripugnasse la fredda

---

(1) Cf. ROCKINGER, scritto cit. in *Sitzungsberichte der Ak. der Wiss.* p. 140 e segg.

e scolastica imitazione, è, sembrami, specialmente dimostrato dall'esordio della sua *Palma*. Ivi egli confessa con
sincerità, fors'anche soverchia, di non ricordarsi d'aver mai
letto Cicerone, sebbene (troppa degnazione!) non l'abbia
mai del tutto sconsigliato a chi voleva studiarlo. Manco
male che non si dissimula il rischio di poter essere per ciò
giustamente biasimato! Infatti, egli dice, la mia audacia
non può non recar meraviglia, dal momento che Aristotele
affermò nessun'arte nuova potersi inventare *naturaliter* e
senza ricorrere all'esempio di coloro che ci precederono.
Come dunque - ei sente domandare - potè costui trovare una
rethorica novissima, quando una retorica era già fino da Cicerone stabilita e fissata ? Che cosa avrà potuto dire di
nuovo ? Ed egli risponde, giustificandosi : « Dividere, deffi-
« nire vel describere, dare praecepta et semper iubere, nihil
« aliud est quam emittere tonitrua et pruinam non largiri ».
Siate più pratici! sembra ch'ei voglia dire; e dichiara: « Re-
« thorica compilata per Tullium Ciceronem iudicio studen-
« tium est cassata, quia tanquam famula vel ars mechanica
« latentius transcurritur et docetur ».

Un tale spirito di ribellione doveva necessariamente·
acuire gli sdegni degli avversari, cosicchè, in moltissimi
luoghi degli scritti di Boncompagno, sempre crescenti si dimostrano le irose guerricciole tra i maestri d'allora. Invano
Goffredo di Vinnesauf aveva augurato :

> Tabescens igitur livor marcescat in aevum
> Nec praesens corrodat opus, nec clara lituret
> Dictis dicta suis, nec verbum verba venenent (1);

la maldicenza e la calunnia continuavano a dominare tra
gli uomini di lettere, e Boncompagno, preludendo alla sua
Palma, doveva fare agli studiosi questa raccomandazione:
« Rogo illos, ad quorum manus hic liber pervenerit, qua-

(1) Hahn, op. cit.

« tinus ipsum dare non velint meis emulis, qui, raso titulo,
« me quinque salutationum tabulas non composuisse dice-
« bant, et qui mea consueverunt fumigare dictamina, ut per
« fumi obtenebrationem a multis retro temporibus compo-
« sita videantur, et sic mihi sub quodam genere meam glo-
« riam auferrent ».

Pochi, io credo, avranno mai pensato alla potente arma
di guerra... letteraria che questa interessantissima attestazione di Boncompagno ci scopre usarsi assai facilmente nel
medio evo. I mezzi della diffamazione erano, come si vede,
spesso disonesti, e i detrattori punto scrupolosi! Ed anche
altrove, annunziando il proposito d'unire in un sol corpo i
due libri *Cedrus* e *Myrra*, Boncompagno così s'esprime:
« Obtestor demum invidos, ut libros istos per fumum te-
« nebrare non velint, sicut quidam fecerunt de quibusdam
« tractatibus meis ... Coniuro per Omnipotentem furtivos
« depilatores, ne, abrasis titulis, ipsos excorient, sicut quidam
« meos alios libros turpiter excoriarunt ».

Boncompagno, che la superiorità dell'ingegno faceva
principal bersaglio alle invidie dei mediocri, segna come il
culmine dello sviluppo a cui l'*ars dictandi*, qual'è rappresentata nelle *Summae* e nei *Dictamina*, arrivò nel secolo XIII.

Quell'arte s'era andata intanto sempre più immedesi-
mando colla pratica notarile, elevata oramai a dignità di
scienza ufficialmente insegnata.

Troviamo, infatti, a Bologna alcuni insegnanti, *specialisti* di *ars notaria* (1), ed altri che, come Pietro Paolo
de' Boatterii (2) nel principio del secolo XIV, v'insegnavano
a un tempo *ars dictandi* e *ars notaria*.

---

(1) Sarti, *De claris archygimnasii Bononiensis professoribus a saec.* XI
usque ad XIV; Bologna, 1769, tom. I, par. I, p. 421 e segg.

(2) Questo insigne maestro è specialmente noto come quegli che,
mentre continuò le belle tradizioni dei *dictatores* anteriori, compose
anche il più celebrato commento alla famosa opera sull'arte notarile di Rolandino de' Passagerii. Morì P. Paolo de' Boatterii poco

Data una così fatta affinità dell'*ars dictandi* coll'arte notarile, e poichè le collezioni pratiche di modelli prodotte dall'una
finivano per servire così facilmente anche all'altra, appare
ben naturale che, fra le numerosissime collezioni di lettere
pervenute fino a noi, molte ve ne siano che non hanno propriamente quell'indole dottrinale e scolastica che fin qui
v'abbiamo riscontrato, che non provengono da maestri e
da insegnanti all'uopo destinati, ma scaturiscono più direttamente dalla pratica della vita, dagli eventi di tutti i
giorni.

È tutto un gruppo di raccolte epistolari, aumentatosi
specialmente nella seconda metà del secolo xiii, dove, anzichè la grave teoria della scuola, voi ritrovate la manifestazione appassionata della vita pubblica, l'operosità giorna·
liera delle cancellerie, massime della papale e dell'imperiale,
la vita libera del comune; grossi e fitti zibaldoni, nei quali
gli stessi scrittori, ch'erano dal loro ufficio obbligati a comporre lettere in servizio ed a nome del signore o del comune, andavano (a mano a mano che venivano redigendole) a trascriverle e a raccoglierle insieme, perchè poi
servissero altrui d'esempio e di modello.

Ogni città libera ha il suo *dictator*, al quale spetta dar
forma solenne alla volontà popolare, e la cancelleria pontificia sta come a capo di questa numerosa schiera di notai,
sparsi per tutta Italia. Ma come discorrere in poche pagine
d'un soggetto così attraente, ma pur così vasto? Basterà
ricordare di volo le lettere papali raccolte da Tommaso di
Capua, cardinale di Santa Sabina e notaio pontificio, e
scritte tutte da lui medesimo: collezione celebrata quant'altra mai nei secoli xiii e xiv, e proposta come eccellente
modello di stile epistolare. Il *Dictator epistolarum* (1) (così

' dopo il 1321. Cf. ROCKINGER, cit. scritto in *Sitzungsberichte der Ak. der.
Wiss.* pp. 150 e 151; NOVATI op. cit. cap. III.

(1) Pubblicato dall'HAHN, op. cit. I, v.

Tommaso di Capua intitolò la sua raccolta) indicato al suo tempo qual tipo dello stile curiale romano (*ad nativam Romani styli indolem*), mentr'è ancora una prova del carattere speciale ch'ebbe lo stile cancelleresco della curia pontificia, riesce anche importante per ciò: che le lettere del pontefice finiscono per rappresentarvi il minor numero, di fronte a quelle scritte in nome proprio dall'autore... Curioso fatto, e non unico tra questi epistolografi ufficiali; in cui sovente l'ambizioncella dell'uomo sopraffà la *burocratica* rigidezza del cancelliere! E son lettere d'ogni genere e d'ogni misura, dove Tommaso ora avvisa ad un amico, troppo pigro a rispondere, di non esser solito a ripetere due volte una preghiera (1); ora invita un altro a farsi vivo in persona, e non con epistole soltanto (2); una volta annunzia a un seccatore l'inesorabile dilazione d'un sussidio richiesto (3); un'altra volta accompagna con brevi parole il regalo d'un cavallo, già appartenuto ad un prete... (4). È insomma un vero uomo di mondo, questo dotto segretario di Gregorio IX! (5) E accanto a lui come non ricordare

---

(1) « Scripsistis super eo quod scitis; sed cur non exaudivistis « preces nostras? Non est nostri moris vilescere in precibus iteran- « dis ». HAHN, op. cit. I, 335.

(2) « Quia solent esse, que apprehenduntur visibus hominum, no- « tiora, de statu vestro me aliosque nostros de curia certificare cu- « retis, non per epistole vel nuncii missionem, sed per exhibicionem « presencie corporalis ». HAHN, op. cit. I, 342.

(3) « Venturus ad colloquium principis, pecuniam expetis in subsi- « dium expensarum. Verum, cum adhuc incerta sit summa, usque « ad reditum poterit differri peticio, ut ex certitudine sumptuum sub- « sidii certitudo formetur ». HAHN, op. cit. I.

(4) « Mittitur equus, qui et palefridum gressus placentia et dexta- « rium persone statura presentat. Sane quod clerici erat, recepit a « clerico. In reliquo vero, si quid forte defuerit, adiectio suppleat ex- « perientie militaris ». HAHN, op. cit. I, 366.

(5) Fu egli probabilmente che, delegato da Gregorio IX a trattare, insieme con Giovanni vescovo di Sabina, la nota pace del 1230 tra

un'altra collezione epistolare, che circolava per tutto il mondo
còlto di quel tempo ?

Intendo la raccolta di Pier della Vigna, di questo massimo tra i notai medievali, ch'ha in pugno la sorti non d'una
sola città, ma d'un regno, e che tanto bene incarna il tipo
dell'antico cancelliere, quale lo vagheggiavano gli uomini
dei secoli XIII e XIV. Con Tommaso di Capua, il segretario
di Federico II stette anche in corrispondenza (1), e il commercio epistolare di questi due uomini, di questi due ar-
denti meridionali, che la politica non era riuscita a dividere, c' inspira oggi una schietta simpatia.

E dopo la collezione di Pier della Vigna, eccone altre
tenerle dietro, e primeggiare quella di Berardo di Napoli (2),
notaio della cancelleria papale sotto Urbano IV (1261-1264)
e Clemente IV (1265-1268). Egualmente dotto in retorica

il papa e Federico II, scrisse la famosa lettera all'*amatissimo nostro
figlio*, che comincia :

« Si Anna, discessum Tobiae filii sui non sustinens patienter, mox
« lacrymis effluebat; si, morae impatiens, quotidie circuibat omnes,
« per quas reditum anxie praestolabatur, vias, et tandem in supercilio
« montis sedens, viso de longinquo filio redeunte, inexplicabili gaudio
« exultavit; quanto nunc tripudio hilarescat Mater Ecclesia, quae filium
« excelsum prae regibus terrae ad se recepit redeuntem ! ». RAY-
NALDI ODERICI *Annales ecclesiastici,* anno 1230, n. x.

(1) Ecco, come saggio, una lettera brevissima, un vero *biglietto*,
indirizzato dal segretario di Federico II, a nome dell'imperatore, a
Tommaso di Capua:

« Equum hispanum gratanter accepimus, ab experto probatum.
« Quem tanto chariorem habemus, quanto gratiora sunt munera sa-
« cerdotum ». *Epistolarum* PETRI DE VINEIS *libri VI;* Basilea 1566,
libro III, lett. XIX.

(2) Cito i due testi più notevoli in cui riscontrasi il nome di Berardo. Una lettera d'Urbano IV (PERTZ, *Archiv,* V, 449) ricorda:
« Magister Berardus de Neapoli, subdiaconus et notarius noster ».
Clemente IV, a dì 1º novembre 1265, si scusa di non poter inviare
il suo notaio Berardo alla corte della regina di Francia. (POTTHAST,
n. 19407).

e in giurisprudenza, anch'egli trascriveva e riuniva le sue lettere, che, raggruppate in collezioni adattate ai bisogni così delle scuole come delle cancellerie, erano alle une e alle altre proposte qual modello di stile epistolare.

Il Delisle (1) indicò nella biblioteca Nazionale buon numero di raccolte epistolari certamente a lui dovute. Anch'egli, come Tommaso di Capua, inseriva spesso lettere proprie tra quelle scritte in nome del papa e che formavano il fondo della collezione; nei suoi *Dictamina* (2), una specialmente ne va menzionata da lui diretta al re di Napoli. Nel ms. 761 della biblioteca di Bordeaux, illustrato dal Delisle (scritt. cit.), si trovano anche altre tre lettere composte da Berardo in nome proprio, una delle quali, indirizzata a Gregorio X, felicita quel papa per la sua recente elevazione alla sedia papale. Finalmente, le *Epistolae notabiles* (3), di Berardo pur esse, contengono parecchie lettere d'altri illustri personaggi di quel tempo.

Ma chi affermasse che col graduale modificarsi dello spirito medievale sia quasi cessato il culto dell'*ars dictandi* in Italia, non sarebbe nel vero. Se noi estendessimo la nostra rapida rassegna anche ai primordi del Rinascimento, vedremmo facilmente come quest'*ars dictandi,* avente il suo caposaldo nelle lettere di Cicerone e di Plinio, uscita per breve tratto dall'insegnamento, venga poi, quando gl'Italiani ritornano all'adorazione dell'antichità classica, a rientrarvi qual parte ragguardevole delle *humaniores literae.*

Ma qui ci trattengono i limiti imposti allo studio nostro.

(1) *Notices sur cinq manuscrits de la bibliothèque Nationale et sur un manuscrit de la bibliothèque de Bordeaux contenants des recueils épistolaires de Berard de Naples* in *Notices et extraits des mss. etc.* tomo XXVII, parte I; Parigi, 1885.

(2) Bibl. Naz. di Parigi, mss. lat. 8581 e 14173.

(3) Bibl. Naz. di Parigi, ms. lat. 4311.

IV.

I trattati epistolari di cui ci è occorso far cenno fin qui, hanno già dato modo di vedere come ciascuno di essi comprendesse due parti distinte: teorica l'una, ed esposta in forma affatto dottrinale, ed era l'*ars dictandi* propriamente detta; l'altra, per contrario, tutta pratica, e costituita dalle formule e dai modelli epistolari, ed era quella che chiamavasi la *summa*. Ma, dovendo preporre il titolo a una compilazione, si pigliava il tutto per la parte e s'usava indifferentemente l'una o l'altra delle due denominazioni.

Quella duplice forma però non manca mai nelle opere dei *dictatores*, e con essa i *Dictamina* costantemente si riproducono, ripetendosi, copiandosi e rassomigliandosi in tal modo, che pur da un materiale assai limitato (1) non riesce difficile trarre le teorie più generali e più largamente accolte. Ed è appunto questo contenuto comune ai numerosi trattati d'epistolografia medievale che, secondo l'ordine dato alla nostra esposizione, ci conviene ora presentare nelle sue linee principali; cercando di stabilire come la tradizionale autorità dei maestri volesse formata l'epistola, quante e quali parti le prescrivesse, quali ornamenti di stile consigliasse, quali escludesse; che forma, insomma, assumesse, uscendo da una scuola di retorica, una lettera del XII o del XIII secolo.

---

(1) Mi corre l'obbligo di notare che allo studio dei *Dictamina* già a stampa per opera specialmente del Rockinger, m'è sembrato sufficiente pel mio lavoro, d'indole affatto generale, aggiungere solamente il contributo che mi veniva dai citati codici: Vallicelliano C, 40, Chigiano I, IV, 106 e Chig. I, V, 174, i quali tuttavia non sono se non piccola parte del materiale che può opportunamente servire al nostro argomento.

Una stabile e sicura distinzione delle parti, nelle quali debba dividersi la lettera medievale, non si ritrova prima d'Alberico di Monte Cassino, che fu, sembra, il primo a enumerarle. Sui passi di lui camminarono i *dictatores* che vennero poi, cosicchè, tranne lievi modificazioni, la teoria delle scuole rimase per questa parte tal quale qui la riassumiamo.

Cinque parti, possiamo dire, doveva contenere l'*epistola*: la *salutatio*, l'*exordium* o *benevolentiae captatio*, la *narratio*, la *petitio* e la *conclusio*. A queste, qualche trattato aggiunge la *valedictio* e la *data*, che, insieme alla *salutatio*, vengon chiamate *estrinseche*, mentre *intrinseche* sono dette le altre. Ma il maggior numero dei maestri italiani non riproduce una così fatta distinzione.

È anche da notare che qualche altra enumerazione (come una, per esempio, che vuole le parti dell'*epistola* distinte in *salutativa, motiva, progressiva* e *conclusiva* (1)) non è in fondo differente se non per la variata dizione, potendo sempre in essa rientrare le cinque parti più generalmente adottate.

La *salutatio* ha specialmente sviluppo nelle lunghe serie di modelli che se ne davano. La semplice e piana formula classica: « Alcuinus Theophilo salutem » si trova alterata e amplificata fino dal IX secolo. E già a quel tempo ci occorre una *salutatio* come questa: « Optimo Theophilo, bis binae « evangelicae veritatis discipulo et sanctarum quadrigae vir- « tutum, fidelium quadriga amicorum, plena charitatis nave, « trans alpinas aquas dirigit salutem ». Con non minore ar-

---

(1) La parte *salutativa* « personas nominatur et debitum charitatis « exsolvit »; la *motiva* « fundamentum est persuasionis, fulcimentum « intentionis, incitamentum affectionis, causam concipiens efficacem « ad propositum obtinendum »; la *progressiva* tratta il negozio principale; la *conclusiva* « sicut fidelis obstetrix, fructum ab aliis clau- « sulis generatum receptare conatur ». Ms. latino 14357 della biblioteca Nazionale di Parigi, illustrato dal VALOIS, op. cit. VI, 51.

tificiosità i *dictatores* dei secoli XII e XIII danno, a seconda
della persona cui la lettera è diretta, la formula di saluto
già bell'e fatta, e, usando talvolta anche certi prospetti o
tavole sinottiche, insegnano con quali parole si debbano
salutare i vescovi, gli abbati, gli studenti e ogni sorta di
persone (1), sempre tenendo fisse le due grandi categorie
in cui dividevasi la società medievale: *laici* ed *ecclesiastici,*
e ciascuna di queste due grandi classi distinguendo nei tre
gradi: *supremus, medius, infimus.*

A questo formalità della *salutatio* si stava rigorosamente
attaccati, e i maestri davano ad esse una singolare importanza. D'altra parte insegnavano che, a differenza di qualche
altra parte dell'*epistola,* che potevasi omettere, la *salutatio*
era d'obbligo, qualunque fosse il tèma della lettera.

L'esordio (*exordium*) era detto anche *proemium* o *proverbium,* e tale denominazione venivagli dall'essere, secondo
il consiglio dei *dictatores,* generalmente formato da una sentenza o da un motto tolto ora dai pochi scrittori classici
studiati, or dalla Bibbia e ora dagli scrittori sacri più favoriti.

Di questa parte tuttavia l'epistola poteva anche mancare: non era, a ogni modo, necessario aver sempre alla
mano il motto o *proverbium* (2) con cui aprire la lettera.

---

(1) Sebbene già riportate dal VALOIS (op. cit. p. 56), ci piace
trascrivere ancora, a modo di saggio, le seguenti formule di *salutatio,*
che si trovano nei manoscritti, appartenenti al *dictator* Transmondo,
da noi già sopra citati (p. 398). Dice adunque quello scrittore che,
scrivendosi alle sante vergini, così devesi salutare: « Virginibus
« sacris talis cenobii, talis persona, salutem et veniente sponso ha-
« bere succensas lampadas oleo sanctitatis ». E scrivendosi a studenti:
« Salutem et facundiam consequi tullianam », oppure: « In sacris ca-
« nonibus gratiam promereri »; od anche: « Iustinianum iuris pru-
« dentia imitari ». E ad un usuraio: « salutem et de lucro captando
« et crastino cogitare », oppure: « tantis abundare successibus, ut
« universitas invideat vicinorum ».

(2) « Si dictator non habet proverbium ad manum . . . . . ad id

V'erano, del resto, a risparmiar la fatica delle ricerche, lunghe serie di *proverbia* già raccolti e raggruppati dai maestri per uso degli scriventi; troviamo, per esempio, nei *Dictamina*: *Proverbia Salomonis, Proverbia de libro Ecclesiasten, Proverbia de libro Iesu, Proverbia Senece, Proverbia de libris decretalium sumpta*.

Per i casi in cui non si volesse esordire con un motto o con una sentenza già nota, s'han moltissime altre serie d'*exordia* già formati dai maestri e adattati alle più varie circostanze.

Ed uno li dispone per ordine alfabetico, secondo, cioè, l'iniziale della prima parola, e ne presenta dieci per ogni lettera; un altro li ordina secondo il verbo che v'è adoperato, e così via. *Arengae* son chiamati questi esordî da Guido Faba (1) e da Boncompagno Fiorentino (2), che entrambi ne danno serie abbondanti e interessantissime.

Su la *narratio* mi par curioso notare questo ben strano precetto, quasi costantemente ripetuto dai maestri: - Si dee narrar sempre qualche cosa, anche quando nulla realmente vi sia da narrare. - La cosa, però, non è difficile a spiegarsi: essi avevano appreso da Cicerone essere la *narratio* una parte essenziale dell'orazione, e ciò che a proposito di questa insegnò Marco Tullio, avevano, senz'altro, esteso anche all'*epistola*, genere pur tanto diverso di scrittura!

Anche la *narratio* doveva sempre cominciare con talune espressioni fisse e immutabili, le quali sono, si può dire, riassunte tutte da una specie di prospetto compilato da Ponzio Provinciale e stampato opportunamente dal Va-

---

« quod intendit captet benevolentiam auditoris ». (Biblioteca Nazionale di Parigi, ms. latino 994. Cf. VALOIS, op. cit. VII, 59). Di qui s'intende facilmente come l'esordio venisse assai comunemente chiamato dai maestri: *benevolentiae captatio*.

(1) Cod. Chigiano I, IV, 106, c. 48 v°. V. sopra, p. 404 del presente scritto.

(2) Vedi sopra; p. 409 del presente scritto.

lois (1). Lo scrittore cominciava, per esempio: « Insinua-tione praesentium discretioni vestrae clareat venerandae quod », e qui seguiva l'esposizione dei fatti.

La *petitio* era l'unica parte, che, secondo gli stessi *dicta-tores*, non poteva disciplinarsi con regole fisse.

La *conclusio* finalmente veniva così definita: « Con-« clusio est extrema clausula epistolaris eloquii, que sermo-« nem terminat materiamque consummat, in qua maxime « curandum est ut, que superius dicta sunt, digna et recepta-« bilia comprobentur, et quedam abreviato compendio reci-« pientis animo profundius infigantur ».

Dopo la distinzione delle cinque parti, i trattati episto-lari indicano gli ornamenti di stile (*ornamenta*), onde la let-tera va abbellita.

Abbiamo già accennato come per designare il *numerus,* di cui parla Cicerone nell'*Orator*, s'usava dalle *Artes dicta-*

(1) Op. cit. p. 62. Lo riportiamo qui integralmente:

	praesentium	dominationi		
		discretioni		
		nobilitati		
Reseratione	praesentis paginae	strenuitati	clareat	venerandae
Declaratione	huiusmodi paginulae	paternitati	pateat	honorandae
Insinuatione	istius cedulae	sinceritati	liqueat	metuendae
Demonstratione	huiusmodi petitorii	probitati	appareat	peramandae
Significatione	scripti huius	sanctitati	clarum fiat	excellenti
Indicatione	praesentium literarum	honestati	vestrae / vel / tuae	declaretur	praecellenti
Tenore	istius scripti	benignitati	manifestetur	divulgatae
Apertione	scripturae istius	religioni	insinuetur	apertissimae
Notificatione	istorum apicum	caritati	significetur	generosae
Enucleatione	praesentium	pietati,	notificetur	provulgatae
	ista litteratoria	mansuetudini		nominatae
	praesentis paginulae	societati		
		dilectioni		

minum la parola *cursus* (1), e quelle regole d'armonia consigliate da Cicerone all'arte oratoria e volte a governare le cadenze del discorso forense, applicavano anche al genere epistolare. Sembra che in ciò i primi maestri d'Orléans fossero molto parchi, e del *numerus* facessero conto sì, ma senza regole troppo rigide, e solo badando, ad orecchio, a certa musicalità del periodo. L'esempio dell'esagerazione venne ai Francesi dall' Italia, e specialmente, fin dai primi del secolo XII, dai notai pontifici, i quali andarono formulando regole 'd'ogni genere, massime intorno ai suoni onde dovevano finire gl'incisi (2). Già d'un tale artificioso ornamento abusavano i notai d'Onorio II (1124-1134); ma negli anni che seguirono, venuto in moda il così detto stile gregoriano, al *cursus* s'attribuì un' importanza addirittura soverchia dalle cancellerie d'Eugenio III (1145-1153), d'Anastasio IV (1153-1154) e d'Adriano IV (1154-1157). Invece, fuori d' esse, gli scrittori non si lasciarono, sembra, pigliar troppo la mano dal nuovo artificio, e rimasero più strettamente fedeli allo stile di Cicerone, « stylo videlicet Tulliano, in quo non esset observanda

---

(1) « Appositio, que dicitur esse artificiosa dictionum structura, « ideo a quibusdam *cursus* vocatur, quia, cum artificiose dictiones lo- « cantur, currere sonitu delectabili per aures videntur cum benepla- « cito auditorum ». BONCOMPAGNO, ms. 8654 della Nazionale di Parigi. Cf. cit. *Notices et extraits des mss. etc.* XXII, parte II, 1868; cit. lavoro di C. THUROT.

(2) « Pedes autem, secundum cursum Romane curie, taliter ordi- « nabis. Debes enim incipere tuam clausulam ab uno spondeo et di- « midio, vel a pluribus, a dactylo nunquam, nisi sunt coniunctiones, « ut: *ideo, igitur*. Punctum vero facies vel super duos spondeos, « dactylo precedente, ut hic: *latorem presentium mitto vobis*, aut super « dactylum, ut hic: *noscat vestra discretio presenti pagina*. Finis epi- « stole fit quatuor modis, aut super duos spondeos, aut super tres, « aut super tres et dimidium, aut super quatuor ». PONZIO PRO-VINCIALE, *Summa dictaminis*, ms. 8653 della Nazionale di Parigi, f. 6 v°, descritto nelle cit. *Notices et extraits des mss. etc.* XXII, parte II, p. 38.

« pedum cadentia, set dictionum et sententiarum colo-
« ratio » (1).

Lo stile gregoriano adunque mostravasi, nel *cursus*, più
artificioso, secondo le attestazioni che ci vengono dalla
cancelleria pontificia. Molti scrittori però seguivano la tradizione della scuola d'Orléans: più spigliata semplicità,
meno bavagli di dattili e di spondei, e solo quella garbata
coloratio dictionum et sententiarum, che Giovanni Anglico
raccomandava. Tuttavia, a cotesta forma più libera e franca
s'opponeva, tra gli altri, Maestro Bene di Firenze in un
luogo notevole da noi già citato (2), schierandosi coi segretari papali contro i maestri d'Orléans. I quali - se s'ha
a credere a Boncompagno - non guardavan troppo pel sottile alle brevi e alle lunghe, e poco lusingavano l'orecchio
delicato di coloro, che rimanevano più attaccati ai precetti
della cancelleria pontificia.

Un'infinità d'altre regole, attinte da Cicerone, da Quin-
tiliano, da Isidoro di Siviglia, s'aggiungono a governare
lo stile nelle *Artes dictandi;* ma tutte non sono meno applicabili all'*epistola* che a qualsiasi altro genere di scrittura. Si
può dunque senza danno lasciare questa parte, e citare
piuttosto qualche norma dittatoria che si riconosca essere
un portato nuovo della coltura medievale, e non una necessaria conseguenza dell'antica tradizione classica.

Ma, una volta messi per questa via, quante sottigliezze,
quanti bizzarri artifici, quante vane distinzioni e suddistin-
zioni non dovremmo faticosamente seguire! Eppure, tali
regole, al tutto meccaniche ed esteriori, che potente aiuto
ci prestano a scoprire i diversi atteggiamenti che prendeva il pensiero degli uomini del medio evo!

---

(1) *Poetria magistri* Iohannis Anglici *de arte prosayca, metrica et
rithmica,* pubblicata in gran parte dal Rockinger, cit. *Quellen und
Erörterungen etc.* I Abth. pp. 485-512.

(2) V. sopra, pp. 392, 393.

Dicevano, per esempio, che il vocativo non doveva porsi mai in principio d'una data sentenza, ma in mezzo od in fine. Invece il nominativo, se trovavasi in una frase insieme con casi obliqui, doveva a questi posporsi; e ciò per riuscire all'opposto di quel che avveniva nella declinazione, dove il nominativo si preponeva. Se poi occorrevano più casi obliqui, dovevano sempre collocarsi nello stess'ordine ond'essi seguivansi nella declinazione; così, per esempio: « Trium puerorum (gen.) laudibus (dat.) hymnum debitum (acc.) voce consona (abl.) persolvamus ».

Fra tutti i casi, il genitivo riscuoteva le maggiori e più spiccate simpatie. A moltiplicare quanto più potevasi le occasioni d'usarlo, i *dictatores* consigliavano di mutare il nominativo in genitivo, sostituendo al nome, che dal primo caso erasi trasportato al secondo, un altro nome. Così, per esempio, invece che: « Vestra agnoscat probitas », meglio si scriveva: « Vestrae probitatis agnoscat discretio ». E tutto ciò per dire: Sappiate!

Discorrevano poi a lungo del luogo ove fosse da porre il verbo, prevedendo tutte le possibili combinazioni.

S'usassero, insegnavano, più parole che fosse possibile, ad esprimere il proprio pensiero; cosicchè l'abbondar nei vocaboli superflui non solo era lecito, ma costituiva un peculiar pregio dello stile. Non si risparmiassero avverbi, dove e quando potevasi, e di preferenza s'usassero: *quidem, equidem, sane, profecto, quippe, scilicet, videlicet* e *utique,* e non soltanto se efficaci o necessari, ma « sola ornatus et « bonae sonoritatis causa ». Insomma, l'*epistola,* massime se composta a particolare gravità, tanto più era pregevole, quanto più riuscisse *ornata et prolixa,* scritta con enfasi, ripiena di metafore e di traslati... E a raggiungere questa pretesa perfezione, le *Artes dictaminum* davano già preparati i mezzi.

Questi, a ogni modo, non sono che accenni; il copioso materiale esplorato si presterebbe a uno spoglio paziente, lungo, minuzioso, del quale il poco ch'abbiam detto costituirebbe appena una piccolissima parte. Quel poco è tuttavia sufficiente a disegnare le caratteristiche generali dell'*ars dictandi*.

Dopo ciò, se, rifacendoci presente quanto s'è venuto notando sui *dictatores* e sull'opera loro, ci volgiamo per poco – nella seconda metà del secolo XIV – al modesto *scriba* di Roma, che ne divenne poi il supremo signore, e attirò sopra di sè gli sguardi di tutt'Italia, occorre spontanea la domanda: Fino a qual punto quest'abbondante letteratura degli epistolografi, perfezionata, più che altro, nelle scuole medievali di retorica, potrà rispecchiarsi dalla lettera appassionata di uno che, come Cola di Rienzo, non fu certo, nel senso dato fin qui alla parola, un epistolografo? Vero è che negli anni giovanili Cola esercitò la professione di notaio: ma che cosa rimase dell'antico tabellione nel novello tribuno del popolo romano?

Studiare con cosifatti intendimenti le lettere di Cola di Rienzo è coglierne l'aspetto più singolare e più curioso; e un tale aspetto non può essere del tutto trascurato da chi, come noi, si prepari a discorrere dell' Epistolario di Cola.

V.

Cola di Rienzo è tal figura storica, che non può non attrarre potentemente chi si faccia a studiarla. Oggimai non è più soltanto fra gli artisti e i romanzieri che certi periodi storici, certi episodi, certi antichi nomi trovano, a preferenza di altri, simpatie più vive. Anche la rigida ricerca obbiettiva si volge con maggiore intelletto d'amore a quelle figure del passato, le quali si possano in ogni loro lato studiare sotto punti di vista così differenti e molteplici, che, accanto al ricercatore erudito, lavorino anche,

ognuno per la parte sua, il filosofo, lo storico, il politico, lo psicologo.

Tale è, sembraci, il caso di Cola di Rienzo, intorno al
quale gli studi moderni hanno ancora tutto un lungo lavoro
da compiere. Perocchè - è bene notarlo subito - ciò che si
scrisse di lui nei tempi andati è, per universale giudizio,
ben povera cosa, e si può ormai riassumere in poche
parole.

Il maggior nucleo di notizie su Cola pervenne ai vecchi
eruditi italiani della nota *Vita* dell'Anonimo, riprodotta in
un grandissimo numero di manoscritti (1), e, oltre che
dal Muratori (2), stampata più volte anche a parte (3).
Ad essa sono poi da aggiungere le *Istorie pistolesi* (Muratori, *Rer. Ital. Scr.* XI), la *Cronaca* di Giovanni Villani, il
Chronicon Estense (Muratori, *Rer. Ital. Scr.* XV, 418), il *Chronicon Mutinense* (Muratori, *Rer. Ital. Scr.* XV, 108) e pochi
altri scrittori che toccano per incidenza della storia di Cola.

Ancora: alla storia, per quanto grossamente narrata,
del tribuno servirono alcuni annalisti ecclesiastici, come il
Bzovio (4), il Rainaldo (5), l'Hocsemio. Quest'ultimo anzi
- come notò già il Papencordt - ci ha pure tramandate
alcune lettere di Cola.

Così andò formandosi il fondo delle notizie per i biografi che vennero poi; ma bisogna pur riconoscere che

(1) Solamente alla biblioteca Vaticana, una fugace esplorazione
da me compiuta m'ha segnalato otto manoscritti della *Vita:* « Ot-
tobon.1511 »; « Ottobon. 2568 »; « Ottobon. 2615 »; « Ottobon. 2616 »;
«Ottobon.3183 »; « Cappon. 241 »; «Cappon. 242 »; «Vatican. 5522 ».
Anche alla Casanatense ho potuto vedere una copia della *Vita* nel
ms. E, IV, 21.

(2) *Antiq. Ital.* III, 249.

(3) Per la storia esterna di questo curioso scritto e per le dispute agitatesi intorno alla sua genuinità, rimando al PAPENCORDT,
Cola di Rienzo und seine Zeit; Amburgo, 1841, p. 318 e sgg.

(4) *Annales ecclesiastici,* t. XIV.

(5) *Annales ecclesiastici,* t. XVI.

alcuni di essi, lasciando da parte le altre fonti, s'atten-
nero semplicemente alla *Vita* dell'Anonimo. Solo per obbligo impostoci dal tèma, ci occorre ricordare i vecchi
lavori del padre Du Cercau (1), di Tommaso Gabrini (2),
di Zeffirino Re (3), di Francesco Benedetti (4), rimaneg-
giamenti abbastanza affrettati, e privi d'un qualunque valore critico.

Altri storici intanto, come il Sismondi (5) e qualche
altro, eran tratti, dagli avvenimenti stessi che narravano,
a discorrer di Cola, mentre studiosi come il De Sade (6)
e il Levati (7), illustrando la vita del Petrarca, s'occupavano anche per necessità del tribuno di Roma.

Questi erano i libri apparsi su Cola di Rienzo, allorchè
Felice Papencordt pubblicò il suo geniale e notissimo
volume.

Dopo il dotto storico tedesco, niun altro forse si volse
di proposito alla vita di Cola di Rienzo, se si eccettuino
lo Zeller (8), l'inglese Schmitz (9) e, ultimo per ordine di
tempo, il signor Emanuele Rodocanachi (10). Ma la breve
compilazione dello Schmitz non ha lasciata traccia dure-
vole nel campo degli studi, e il volume del Rodocanachi,

---

(1) *Conjuration de Nicolas Gabrini;* Parigi, 1733.

(2) *Osservazioni storico-critiche su la vita di Cola di Rienzo;* Roma,
1806.

(3) *Vita di Cola di Rienzo;* Forlì, 1828; ristampata recentemente
dal Le Monnier, Firenze, 1854.

(4) *Vita di Cola di Rienzo* nelle *Opere* di F. BENEDETTI, per cura
di F. S. ORLANDINI; Firenze, Le Monnier, 1858, vol. II.

(5) *Histoire des républiques italiennes;* Parigi, 1818.

(6) *Mémoires pour servir à l'histoire de Pétrarque,* 1764-1767.

(7) *Viaggi del Petrarca;* Milano, 1820.

(8) *Les tribuns et les révolutions en Italie;* Parigi, Didier, 1874.

(9) *Cola di Rienzi Rom's Tribun;* Londra, 1886.

(10) *Cola di Rienzo, histoire de Rome de 1342 à 1354;* Parigi, A. Lahure, 1888. Cf. l'*Archivio della R. Società Romana di storia patria,*
XI, 181 e sgg.

secondo gl'intendimenti stessi dell'A., non va oltre i limiti d'una narrazione abbastanza brillante e d'una biografia discretamente accurata.

In conseguenza, non è punto scemata la necessità di tornare, guidati da mire alquanto diverse, sull'argomento, e, anzi tutto, di porre fuori d'ogni discussione il documento più attendibile sul quale si fonda la storia del rivolgimento politico promosso in Roma da Cola di Rienzo: intendo i frammenti di storia romana, scritti in romanesco nel secolo XIV e pubblicati dal Muratori, i quali comprendono in sè anche la sopra citata *Vita* dell'antico tribuno. Un'edizione critica di questo libro, comparso finora in pessime edizioni, è tra i più vivi *desiderata* degli studiosi.

Or nulla meglio dell'Epistolario di Cola può spianare la via a questa ristampa, e completare nel tempo stesso la *Vita* in quelle parti dov'essa più scarseggia di notizie; e tale fu il motivo principale, da cui venne consigliata la nuova edizione delle lettere di Cola.

Questo l'interesse dell'Epistolario in rapporto alla storia di Roma. Ma, come il lettore avrà già notato, lo studio riassuntivo, che noi abbiamo fatto precedere all'illustrazione delle lettere di Cola, ci addita anche un altro curioso aspetto, per il quale esse debbono necessariamente attirare l'attenzione degli studiosi. Egli è che, colla scorta dell'Epistolario, l'antico tribuno si presta ad essere considerato nella sua peculiare qualità di scrittore di lettere, e l'*epistola*, quale fu da lui concepita e redatta, ad essere esaminata nella struttura, nello schema, nella composizione, in tutta insomma la sua parte formale ed esteriore.

Un tale studio ci pare opportuno per più riguardi, e assai utilmente, a nostro avviso, può precedere le brevi considerazioni, che poscia esporremo, sul contenuto delle lettere, sui fatti che vi si accennano, sulle persone a cui sono dirette.

Il problema da porre è assai semplice: — Per quanto

lontane da qualsiasi pretesa dottrinale, continuano esse in qualche parte, le lettere di Cola, la tradizione dotta dell'epistolografia medievale ?

Nessuno certo al suo tempo sognavasi di vedere, nelle lettere del tribuno, dei modelli scolastici, come, per esempio, nell'accennate collezioni di Tommaso di Capua o di Pier della Vigna : ma esse non avevano minor diffusione di quelle composte dai due celebri cancellieri. Basta ricordare l'attestazione di Francesco Petrarca : « Unum sane - « scriveva egli a Cola (1) - an scias, an cogites, an ignores « nescio, litteras tuas, que istinc ad nos veniunt, non exti- « mes apud eos quibus destinantur permanere, sed confe- « stim ab omnibus tanta sedulitate describi tantoque studio « per aulas pontificum circumferri, quasi non ab homine « nostri generis, sed a superis vel antipedibus misse sint ». Ben altro però che didattici erano i motivi, per i quali ogni cólta persona, e primo il Petrarca, ricercava con crescente interesse quasi ogni parola scritta da quest'uomo, che parlava sotto l'impulso della passione, parlava di cose che accadevano mentr'ei le narrava, di fatti di cui era egli stesso il protagonista !

Riconosciuto alle lettere di Cola un tale carattere, riesce subito facile immaginarsi se esse potevano sempre rispondere alle regole formulate dalla scuola, consacrate nelle *Summae,* prefisse all'epistola medievale da una tradizione letteraria non interrotta.

Eppure anche Rienzo, mentre talvolta s'adattava assai male a quell'esagerato formalismo, molte altre volte non si sottraeva interamente alle tendenze letterarie del tempo suo. Se, per esempio, consideriamo nelle *epistole* di Cola la distinzione delle note cinque parti, in più d'una di esse non la troviamo riprodotta con quella rigidezza che prescrivevano le *Artes dictandi ;* ma in parecchie altre vediamo

(1) DE SADE, *Mémoires,* tomo III, *Pièces justif.* XXXI.

vediamo le parti nettamente divise. E queste si prestano alle seguenti osservazioni, che riassumerò brevemente.

A cominciare dalla parte introduttiva dell'*epistola* - la *salutatio* - noto che la soverchia ampollosità di stile, propria (come vedemmo) alle *salutationes* delle lettere medievali, non si riscontra in Cola quasi mai: egli si mostra in generale assai parco tanto nel pensiero quanto nell'espressione. La *salutatio* a lui più usuale è la seguente: « Auctore « clementissimo Domino nostro Iesu Christo »; e qui segue il nome dello scrivente: « nobili viro » o « nobilibus et po-« tentibus viris »; e qui il nome del destinatario o dei destinatari: « salutem et cum reconciliatione Dei pacem et « iustitiam venerari » (1). Talvolta la *salutatio* è anche più semplice e più breve, come, per esempio, questa: « Auctore « clementissimo Domino nostro »; segue il nome dello scrivente: « magnificis viris »; segue il nome dei destinatari: « salutem et plenitudinem gaudiorum » (2); tal'altra allude ai doni dello Spirito Santo, dal quale Cola si riteneva inspirato: « salutem et dona Spiritus Sancti suscipere iustitie, « libertatis et pacis » (3). Quando la persona, alla quale la lettera era destinata, fosse, per condizione sociale, superiore allo scrivente, la consuetudine epistolare imponeva piuttosto alla *salutatio* la forma del vocativo; e questa infatti si vede adottata da Cola tutte le volte che scrive al papa o all'imperatore Carlo IV, sempre da lui salutati così: « Sanctissime pater et clementissime domine », e « Sere-« nissime Caesar Auguste ». Del resto, anche indirizzandosi a un amico di Avignone (che non sappiamo con certezza chi fosse), Cola usa la forma del vocativo: « Amice karis-« sime » (4). In questi casi il nome dello scrivente, anzichè

(1) *Epist.* lett. II e VI.
(2) *Epist.* lett. XIV.
(3) *Epist.* lett. XVI.
(4) *Epist.* lett. XII.

far parte, al modo classico, della *salutatio,* vien posto in fondo all'*epistola,* ora semplicemente enunciato, ora nella forma: «Vester servulus Nicolaus recomendat» (1), ovvero: «Nicolaus recomendat in oratione» (2). Nel periodo della prigionia a Raudnitz e ad Avignone, quando l'uomo d'azione s'è fatto asceta solitario e la figura di lui ha assunto un carattere mistico di veggente, egli seguita a sottoscriversi: «Cola Rentii tribunus», come se quelli non fossero che anni di riposo volontario per l'esaltato dominatore di Roma.

L'esordio, nel maggior numero delle lettere di Cola, obbedendo alla regola consacrata nella *Summae,* costituisce una parte a sè, distinta e separata dalle seguenti. A prova di ciò basterebbe ricordare le lettere al papa del 5 agosto, del 15-31 agosto e dell'11 ottobre 1347, nonchè quelle ai Fiorentini del 5 e del 20 agosto 1347. Ma non solamente l'*exordium* doveva formar parte a sè: i maestri davano anche le regole per comporlo, e spesso presentavano essi medesimi bell'e fatte quelle lunghe serie di *arengae,* che già abbiamo menzionate, traendo di preferenza il *proverbium* dai libri più in uso nel medio evo. Cola, nel cui spirito l'inspirazione biblica era cresciuta vivissima fin dagli anni giovanili, e nella cui coltura la Bibbia aveva così notevole parte, ci dà più d'una volta esordî tratti dai libri sacri e specialmente dai Salmi. Così nella lettera del 20 novembre 1347, diretta in un esemplare a Rinaldo Orsini e in un altro, pressochè simile, ai Fiorentini (3), per annunziare la sua vittoria sui Baroni a porta San Lorenzo, esordisce colle parole di David: «Haec est dies quam fecit «Dominus; exultemur et laetemur in ea» (4). Pure un'altra

---

(1) *Epist.* lett. XXXVI.
(2) *Epist.* lett. XXXVII.
(3) *Epist.* lett. XXVII e XXVIII.
(4) *Liber psalmorum,* CXVII, D, 24.

lettera al popolo romano, contenuta in un importante codice miscellaneo della biblioteca Feliniana di Lucca (capitolo della Metropolitana, pluteo VIII, 545) e pubblicata già dal Mansi (1), comincia col noto versetto: « Popule « meus, quid feci tibi ? aut in quo contristavi te ? responde « mihi » (2). Un'altra lettera a Clemente VI (3) comincia anch'essa: « Ne dolosarum linguarum astutia, a quibus « propheta supplicat liberari, vestra Clementia..... suspe-« ctum teneat, etc. », e si riferisce evidentemente al versetto: « Sepulcrum patens est guttur eorum, linguis suis « dolose agebant, iudica illos, Deus » (*Psalm.* V, C, 11).

Si vede tuttavia a ogni piè sospinto che le rigide norme dei *Dictamina* sono per il Nostro più una necessità che subisce inconsapevolmente, che un'emanazione del suo spirito e dell'indole sua. Fatta loro appena quella parte che

(1) STEPHANI BALUZII *Miscellanea,* opera ac studio IOHANNIS DOM. MANSI LUCENSIS (Lucca, 1762), tom. III.

(2) Del resto, non soltanto negli esordî Cola ha frequenti citazioni bibliche, ma anche nel corpo di qualche lettera. In una, per esempio, da Raudnitz all'arcivescovo di Praga (*Inc.* « Recepi hoc die »), scrive così: « ..... In titulorum assumptione... me alias excusavi, et « dignum, dixi, et bonum est, quod *humiliasti me, Domine, ut discerem* « *iustificationes tuas* » (*Psalm.* XXVII, D, 19). E poco dopo, nella lettera medesima: « .... Dicere possim: *Castigans castigavit me Do-* « *minus, et morti non tradidit me* » (*Psalm.* CXVII, C, 18). Ancora in un'altra: « Et sic vere, illo die Penthecostes, impletum extitit ver-« bum illud, quod eadem die decantatur: *Exurgat Deus et dissipentur* « *inimici eius et fugiant* (*Psalm.* LXVII, A, 2). Et iterum: *Mitte Spiritum* « *Sanctum tuum et renovabis faciem terre* » (*Psalm.* CIII, D, 30). Nella stessa già citata lettera all'Orsini e ai Fiorentini ci occorre il passo: « Deus noster.... digitos nostros, quos ad calamum ars ipsa docuerat, « docens ad bellum, etc. », che si rapporta al versetto: « Benedictus « Dominus Deus meus, qui docet manus meas ad proelium, et digitos « meos ad bellum » (*Psalm.* CXLIII, A, 1): ed è anche reminiscenza biblica il passo della stessa lettera « ..... confidimus in Deo, qui fecit « mirabilia magna solus ». Ma gli esempi potrebbero continuare in grandissimo numero.

(3) *Epist.* lett. XXII.

vuole la pratica epistolare, la forma è nelle sue lettere come sopraffatta dal contenuto: egli si sente incalzato dagli eventi, ch'or gli preme di narrare al papa, ora alle città vicine, ora agli amici più autorevoli, affinchè (dice Cola) « l'eco non ne giunga alterata dalle male lingue, e se ne sappia piuttosto il vero della penna medesima di chi n'è l'attor principale ».

Quindi, minuziose e prolisse narrazioni occupano le lettère di lui, e specialmente quelle scritte nel primo e più fortunato periodo della sua autorità in Roma; e la *narratio*, che i *Dictamina* volevàno costituisse quasi la parte centrale della lettera, esce sempre dalla penna di Cola sviluppata nei più minuti particolari.

« Sappiate » – comincia egli a dire –, « non resti ascoso alla « vostra Paternità » che le cose andarono così e così; « vi « facciamo sapere », « desideriamo che sappiate », « signi- « fichiamo alla vostra amicizia » che questo e questo è av- venuto . . . . . I quali modi di dar principio alla *narratio* (« Vestram non lateat Sanctitatem » o « Clementiam « quod etc. » (1), « Noverit vestra Paternitas » o « Sancti- « tatis vestre benignitas » (2), « Scire vos facimus » o « cu- « pimus », « Vos cupimus non latere » (3), « Amicitie vestre « significamus » (4)) erano già inalterabilmente prescritti dai *dictatores*, come abbiamo di sopra notato.

Poco o nulla è da dire su la *petitio* e su la *conclusio*. In questa Cola usa assai di rado il *vale* o *valete*, che, secondo l'arte epistolare, non era sempre opportuno aggiungere. « Et superabundanti tamen – scrive un maestro « de' più autorevoli – a quibusdam subiungitur *valete*, quod « non tamen in omnibus literis ponere est oportunum ». Piut-

---

(1) *Epist.* lett. VIII, XVI, XXII.
(2) *Epist.* lett. VIII e XXII.
(3) *Epist.* lett. XII.
(4) *Epist.* lett. XIV.

tosto, egli offre a colui, cui la lettera è indirizzata, i suoi servigi nella forma che troviamo in una lettera al Petrarca (1): « Nos autem prontissimi sumus ad singula, que vestrum « respiciunt comodum et honorem ».

Quanto allo stile (del quale vedemmo distinguersi due maniere: la *naturale* e l'*artificiale,* e questa costantemente consigliarsi a preferenza di quella), molti e non brevi passi di grande chiarezza potrà, chi legga l'Epistolario di Cola, porre accanto a periodi contorti, a lunghi brani intricati ed oscuri. Nondimeno, anche là dove lo stile appar gonfio ed enfatico, si ritrova sovente una non comune efficacia d'espressione. Non si può, per esempio, negare certa spontanea vigoria a molti tra i luoghi, nei quali il tribuno difende l'opera sua: « Novit Deus - scrive « egli all'amico d'Avignone - quod non ambitio dignitatis, « officii, fame, honoris, vel aure mondialis, quam semper « aborrivi sicut limus, sed desiderium comunis boni totius « reipublice huiusque sanctissimi status induxit nos colla « submittere iugo adeo ponderoso attributo nostris hu- « meris non ab homine, sed a Deo, qui novit si officium « istud fuit per nos precibus procuratum, si officia, bene- « ficia et honores consanguineis nostris contulimus, si nobis « pecuniam cumulamus, si a veritate recedimus, si nostris « heredibus facimus compositiones, *si in ciborum dulcedine* « *aut voluptate aliqua* delectamur, et si quidquam gerimus « simulatum. Testis est nobis Deus de iis que fecimus et « facimus pauperibus, viduis, orphanis et pupillis. Multo « vivebat quietius Cola Laurentii quam tribunus » (2).

Sembra che l'amico, a noi ignoto, avesse scritto a Cola correr voce ad Avignone ch'ei cominciasse ad aver quasi paura del suo nuovo stato, e Cola a smentire la falsa diceria: « Ad id autem quod scribitis audivisse, quod ince-

---

(1) *Epist.* lett. XV.
(2) *Epist.* lett. XII.

« pimus iam terreri, scire vos facimus quod sic Spiritus
« Sanctus, per quem dirigimur et fovemur, facit animum
« nostrum fortem, quod ulla discrimina non timemus: vero
« si totus mundus et homines sancte fidei christiane et per-
« fidiarum hebraice et pagane contrarientur nobis, *non propter*
« *ea terreremur* ».

E più sotto: « Sed frustra tumescunt maria, frustra
« venti, frustra ignis crepitat contra hominem in Domino
« confitentem, qui, sicut mons Sion, non poterit commo-
« veri ».

Efficace è anche in molte parti - tenuto conto del
gusto letterario del tempo - l'ultima lettera scritta ai
Romani, nella quale Cola li apostrofa così (1): « Que
« fella, que canina rabies fecit vos bibere sanguinem, in-
« quam, mundum, sanguinem commaternum, et iisdem
« pedibus, quibus paulo ante virum hunc repetistis, leta-
« lius letaliter impetistis, et eodem ore, quo: *Vivat, vivat*
« cantaveratis, eidem: *Moriatur, moriatur* proclamastis, et
« iisdem manibus, quibus in resumptione plaudebatis ipsius,
« eum transfodistis, distraxistis, membratimque cesis (*sic*)
« cecidistis ? »

Incitando Clemente VI a negare ogni fede a' suoi detrattori, dice che, mercè sua, lo Spirito Santo aveva dalle
fauci leonine di costoro tratto il popolo *semiglutitum* (2),
e, scrivendo a Carlo IV, si paragona a un grand'albero,
che l'impeto dei venti abbia privato dei rami e delle
fronde (3). Ma, aggiunge, a provar chi egli sia, resta sem-

---

(1) Biblioteca Feliniana di Lucca, pluteo VIII, 545.

(2) *Epist.* lett. XVI: « Dignemini non credere illis, a quorum
« faucibus et ore leonico semiglutitum populum Spiritus Sanctus
« traxit per me ». Questo passo trova certo riscontro in quest'altro
della lettera XXXI a Carlo IV: « Nulla adhibeatis fiducia verbis meis,
« donec veritas sit *masticata* mature maturius et digesta... ».

(3) *Epist.* lett. XXX : « Factus sum sterilis usque ad tempus, sicut
« arbor ventorum austeritatibus denudata ». Anche nella cit. lettera

pre il suo glorioso passato: la sua figura seguita a dominare, alta e maestosa, come un vecchio castello solitario su la vetta d'un monte (1).

Tal era l'uomo: e dove ritrovate fin qui lo scrittore di lettere?

Ma ecco, di nuovo, l'influenza della retorica e dell'*ars dictatoria* tornare ad affermarsi in certe particolarità di stile, che il Nostro prendeva e appropriavasi dalla tradizione epistolare d'allora. Così è, ad esempio, per le espressioni: *purae dilectionis affectus* (2), *sincerae dilectionis affectio* (3), *zelum amoris* (4), usate costantemente per *amore, benevolenza* e simili, al modo stesso che pel verbo *amare* adoperavasi spesso dagli scrittori medievali: *zelare amorem* (5). Ancora, un tributo al vezzo del tempo sono, nelle lettere di Cola, espressioni come: *audivi auditum vestrum* (6), *facere facta vestra, videre videor* (7), *letalius letaliter, maturius mature* (8), le quali tutte ricorrono assai frequenti nel latino dei secoli XII e XIII.

Importantissimo riuscirebbe uno spoglio minuto delle forme più accette al nostro scrittore, dei vocaboli quasi esclusivamente proprii all'epistolario di lui. Noto, per limitarmi solo a qualche esempio:

al popolo romano, che trovasi alla Feliniana di Lucca, si paragona, usando lo stile più ampolloso, a un grand'albero, che per la sua stessa altezza è più facilmente battuto dai venti: « Arbor eminens, « multis fecunda ramusculis, prona est ventorum procellas recipere « et everti ».

(1) « Quis ego sim occultari non potest, tamquam civitas sita « super montem ».

(2) *Epist.* lett. XX.

(3) *Epist.* lett. VI.

(4) *Epist.* lett. XIV.

(5) *Epist.* lett. XVI.

(6) *Epist.* lett. XXV.

(7) *Epist.* lett. XXXI.

(8) *Epist.* lett. XXX.

a) *existere* usato costantemente invece di *esse* (1);

b) *intendamus* e simili invece d'*intendimus* (ital. *inten-diamo*).

c) *huiusmodi* quasi sempre sostituito ad *huius* (2);

d) *terminus* declinato qual sostantivo della seconda declinazione; esempio: « elapso prefato termino » (3);

e) parole latine affatto medievali, come: *stantale* (4) (bandiera, insegna), *disrobatio* e *disrobare* (spogliare) (5), usate soltanto da Pier della Vigna, *liga* (alleanza) (6), *re-laxare* nel significato di *scarcerare* (7), *intonare* e *intonizare*, nel senso che ha la frase: « Orbem intonizare processibus » (8); oppure parole di bassa e corrotta latinità, quali *offendiculum* (9), usato la prima volta da Plinio, *damnificare* (danneggiare) (10), di Cassiodoro, *affectare* per *procurare, cercare con insistenza* e simili, come nel passo: « pro vestre desi-« derio libertatis, quam affectamus » (11).

Più facilmente che in questa minuta analisi di forme isolate, ci è dato vedere la relazione fra Rienzo e l'*ars dictandi* degli anteriori epistolografi in certi strani ornamenti di stile, che ricorrono incessantemente nei modelli dei *dictatores*. Rammentiamo, per esempio, la cosidetta *agnominatio,* per la quale essi studiavansi di riunire artificialmente in una frase parole di suono al tutto simile, e le alternavano e le ripetevano e le intrecciavano variamente. Ecco qualche

(1) Veggansene specialmente esempi nelle lettere XVIII e XXI dell'*Epistolario.*

(2) *Epist.* lett. I.

(3) *Epist.* lett. XXIV.

(4) *Epist.* lett. XVIII.

(5) *Epist.* lett. XXVI.

(6) *Epist.* lett. XXIV.

(7) *Epist.* lett. XVI.

(8) *Epist.* lett. XV.

(9) *Epist.* lett. XVII e XVIII.

(10) *Epist.* lett. XVIII.

(11) *Epist.* lett. XXIX.

esempio: « Traxisti miserando, trahe beatificando. O
« anima miserabiliter mirabilis, mirabiliter miserabilis, ve-
« nerabiliter amabilis, amabiliter venerabilis! »; «Felix con-
« ventus, felix concentus, ubi aquilo non fiat ventus »;
« Mittimus vobis hominem plenum melle, sine felle; plus
« enim habet mellis, quam fellis, plus amoris quam hor-
« roris; simpliciter prudentem et prudenter simplicem; tur-
« turem cum castitate et columbam cum simplicitate » (1).

Or bene, di questo genere d'ornamento Cola usa con
discreta parsimonia, in confronto di coloro, dai quali gliene
veniva l'esempio: niun'altra applicazione io credo potrebbe
scoprirsene nell'Epistolario, fuori che nei tre luoghi seguenti.

Una volta, all'abate di Sant'Alessio, scrive: « Peto pati
« quecumque Dominus passus et quecumque placuerint
« Domino pro me passo » (2). Dice un'altra volta al solito
amico in Avignone: « Si ad literas non respondimus, pro-
« cessit ex diversitate ardua et arduitate diversa negotio-
« rum » (3). E infine nella chiusa d'una lettera al figlio:
« Benedictus Benedicti benedictionem eternam » (4).

Si noti anche, fra le stranezze di stile, il seguente esempio d'un curioso bisticcio o giuoco di parole: « Dicitur -
« scrive Cola - quod *pueriliter* agimus: respondemus quod
« verum est quod *pure* agimus, quod per *pueritiam* denota-
« tur; et Deus mandat quod *pueri* laudent ipsum » (5).

Altri invece fra i tanti *ornamenta*, enumerati dalle *Artes
dictaminis*, veggonsi usati dal Nostro con insolita frequenza;
come, ad esempio, la quasi costante sostituzione delle parole: *mea parvitas, mea humilitas* e simili al semplice *ego*,
o la straordinaria profusione degli avverbi: *quidem, equidem,*

---

(1) Cf. VALOIS, op. cit. cap. III.
(2) *Epist.* lett. XLI.
(3) *Epist.* lett. XII
(4) *Epist.* lett. XLIII.
(5) *Epist.* lett. XXIII.

quippe, sane, profecto, scilicet, utique, videlicet, adoperati « sola « ornatus et bonae sonoritatis causa ».

Come dunque nelle lettere di Cola si rispecchiano e il culto singolare per l'antichità classica e lo studio non interrotto della Bibbia e le attente letture dei classici più ben accetti al medio evo (1), vi si scorge anche indubbiamente (pur tenendosi alle sole e scarse osservazioni che abbiamo, come saggio, presentate) l'influenza non piccola della scuola e della tradizione epistolare anteriore. Conclusione questa che ognuno prevederebbe *a priori,* ma che non sarà sembrato inutile avvalorare con qualche prova.

VI.

Allo studio intorno alla parte esteriore, formale, scolastica dell'Epistolario potrebbe seguirne un altro, più fine e sottile, che cercasse di cogliere nelle lettere di Cola le successive fasi per cui andò passando e modificandosi a grado a grado lo spirito di lui: dai primi tempi del *buono stato* – quando con mirabile lucidezza d'intendimenti egli sa concepire, se non attuare, la nuova lega delle città italiane – ai giorni tristi di Praga – quando la sua mente, perduto a mano a mano l'equilibrio altre volte serbato, ci sembra talvolta addirittura quella d'un allucinato. Egli allora

(1) Basterà citare due soli esempi di classici citati da Cola. La lettera XXXI dice : « Quapropter imperiali supplico Maiestati qua-« tenus non patiatur nomen meum bonum ...... contaminari ...., « nam, ut Boetius noster ait, *que miseri patiuntur, creduntur ab homi-« nibus meruisse* ». (BOEZIO, *Philosophiae consolationis libri V;* Lipsia, Teubner, 1871, I, 4, 149). E la lettera XXXVIII: « Et ideo, quanto acrius « neronizat in me, tanto tucior ad patiendum impetus iniusticie pro-« ficiscar. Nam, ut obmittanus allegationes sacras, sub quibus ple-« rumque ypocrisis delitescit, Salustius noster ait *immunditias mulie-« ribus et viris labores convenire,* et Titilivius: *fortiter agere et fortiter « pati Romanum est* ».

si dice e si contradice, si difende e si accusa, oggi super-
bamente sdegnoso, domani in umile atto di pentimento
dinanzi ai suoi persecutori. Un'onda sempre crescente di
misticismo lo invade tutto, e paralizza in lui qualsiasi altra
attività del pensiero, e diventa credulo e pauroso come un
bambino: « Se un fanciullo, - dice egli medesimo - incon-
trandomi per via, mi dicesse : *Tribuno, domani morrai,* un
immenso terrore s'impadronirebbe di me, e temerei che
proprio dallo Spirito Santo venisse quel triste avviso » (1).
Tratti come questo sarebbero un sussidio davvero prezioso
alle ricerche dello psicologo che volesse esaminare le lettere nei riguardi della propria scienza.

Ma fermarci su tali considerazioni non è lecito a noi
che assai più modesto compito ci siamo proposto, e che
solamente vogliamo seguire l'Epistolario nei più importanti
fatti che gli porgono occasione.

Per poco che si rivada col pensiero la vita di Cola di
Rienzo, apparirà naturale la divisione delle sue lettere in
due principali gruppi, che corrispondono a due ben distinti ·
periodi della sua vita.

Tutto pieno d'avvenimenti incalzantisi senza posa, ci
si mostra nella storia di Roma l'anno 1347; ma è appena
cominciato il 1348, che già Cola è scomparso dalla vita
politica. Così chiudesi per il tribuno il primo e brevissimo
periodo d'attività. Passano due anni, e nessuno forse pensa
più al povero Cola, chiuso nella contemplativa solitudine
della Maiella: quand'ecco le esortazioni d'un santo romito smuoverlo d'improvviso dalla sua inazione e richiamarlo dalla vita ascetica del convento alle lotte dell'uomo
politico. Cola lascia il ritiro dell'Abruzzo, si pone in viaggio

---

(1) *Epist.* lett. XLII: «.... Et sum adhuc talis semplicitatis et
« tante, quod si parvulus unus puer transeunti mihi per viam diceret :
« Tribune, cras procul dubio morieris, ego an Spiritu Sancto verbum
« illud existeret, formidarem... Sed vos, domini sapientes, estis ita
« animo excellentes, quod formidatio huiusmodi non subintrat ! ».

per la Germania, presentasi a Carlo IV in Praga e gli espone i voleri di Dio. Così per l'antico tribuno comincia un periodo nuovo d'attività, rappresentatoci dalle lettere a Carlo IV, all'arcivescovo di Praga, al cancelliere Neumark, nelle quali si rispecchiano i moti intimi dell'anima sua, si ripercuotono le sue sofferenze, si riflette insomma tutta la non lieta storia della sua prigionia, ch'ebbe fine, insieme col relativo processo, nel 1352.

La morte di Clemente VI fu, com'è noto, la salvezza di Cola. Innocenzo VI, divenuto papa nel dicembre 1352, non solo cessa di perseguitare il tribuno di Roma, ma si serve anzi di lui, quando invia il cardinale Albornoz a riconquistare il patrimonio della Chiesa. Cola, rimasto dapprima a fianco del cardinale nella guerra contro il Di Vico, ritorna poscia da Perugia a Roma, non più tribuno, ma senatore. Può questo dirsi l'ultimo bagliore della gloria di lui, e noi non possiamo ripensarvi senza deplorare che nessuna luce getti su di esso l'Epistolario.

Basta dunque fermarsi unicamente alla distinzione nei due primi gruppi. Quale differenza fra le lettere del 1347. e quelle del 1350! Quale mirabile chiarezza di concepimenti nelle prime, dirette a Governi e a signori d'Italia, al papa, ad altri personaggi della corte avignonese! E che vivo e strano contrasto esse presentano colle posteriori del 1350!

Tutte le lettere del primo gruppo appartengono al 1347, tranne una, che Cola scrisse al popolo romano nel 1343 per dar conto della sua ambasceria presso Clemente VI (1). All'infuori di questa, non ci è pervenuta alcun'altra lettera che il Nostro abbia composta prima della sua elevazione al tribunato. In conseguenza, l'Epistolario non dà, e non può dare, particolari di sorta intorno ai mezzi coi quali Cola andò preparando il rivolgimento che meditava.

(1) *Epist.* lett. I.

. La prima letterà scritta da Cola nella qualità di tribuno porta la data del 24 maggio 1347, quindi, di soli tre giorni dopo quello memorabile di Pentecoste, in cui egli fu acclamato nuovo signore di Roma. Per mezzo di essa, Cola dà egli medesimo, indirizzandosi al comune di Viterbo, notizia del nuovo stato instauratosi nella città (1). Due settimane appresso, scrive le stesse cose ad altri Stati e città d'Italia, come può vedersi nelle lettere del 7 giugno. Rivestono queste la forma, nel medio evo molto frequente, di circolare, e a noi non pervennero che negli esemplari destinati ai Governi di Firenze, di Perugia e di Lucca (2). Quello che venne tramandato dal *Chronicon Mutinense* (3) è soltanto un riassunto della circolare, diretta anche ai Modenesi. Sappiamo però con certezza che le stesse cose, in forma pressochè uguale, furono scritte a 'Todi, a Siena, a Pisa, a Mantova e fors'anche ad altre città italiane (4), nonchè agli Estensi in Ferrara e ai Visconti in Milano. Dal duca Gonzaga, già assai potente in Mantova, Cola si contentò d'invocare una parola di raccomandazione, affinchè la lettera da lui indirizzata alla comunità fosse accolta benevolmente (5).

Subito in queste prime lettere comincia a disegnarsi il progetto concepito da Cola, ed esso veramente ci appare anche oggi d'un uomo di genio. Trattavasi di costituire un'Assemblea italica, nella quale le nostre principali città

---

(1) *Epist.* lett. II.

(2) *Epist.* lett. III, IV, V.

(3) MURATORI, *Rer. It. Scr.* XV, 108.

(4) Intorno all'esistenza di questa lettera interrogammo successivamente le Direzioni degli archivi di Siena e di Todi, di Mantova e di Pisa. Gli archivisti comunali di Siena di Todi risposero, l'uno il 23 gennaio, l'altro il 17 febbraio 1888, che dopo attente ricerche non avevano punto rinvenuto la circolare richiesta ; e la mancata risposta degli archivisti di Mantova e di Pisa fa supporre, anche per questi altri due esemplari, un resultato ugualmente negativo.

(5) *Epist.* lett. VI.

dovevano essere tutte rappresentate con ugual numero di voti, e che doveva discutere e risolvere le querele dei singoli Stati della penisola, esaminare le questioni d'interesse generale e rappresentare l'Italia di fronte ai paesi esteri. In questo grande Consiglio - si vede chiaro - Cola voleva trovar modo di dare alla sua Roma la preponderanza e il primato.

Mentre il nuovo tribuno va così delineando quella che oggi diremmo la sua politica estera, non lascia di metter sott'occhio alle città italiane, cui si dirige, i notevoli miglioramenti operati nell' interno della città, consistenti, secondo lui, specialmente nella quasi miracolosa cessazione dell'intestine discordie e nella sicurezza riacquistata dalle strade che solevan percorrere i pellegrini nel recarsi a visitare la tomba degli Apostoli. A questo proposito, si noti come quest'uomo, sulla cui azione politica non cessò mai di pesare straordinariamente l'influenza d'una fede religiosa viva e ardentissima, non trovava motivo, che, a parer suo, fosse più acconcio di quello addotto a procurargli il favore di tutta l'Italia: e c'insisteva, e ci tornava su ad ogni occasione con mal celato compiacimento.

Ma più ancora che l'amicizia degli altri governi italiani, importava a Cola, per molte ragioni, acquistarsi quella dei Fiorentini. A questi pertanto ei non si tien pago d'aver diretta la suaccennata circolare, ma, verso la fine di giugno, invia pure quattro ambasciatori romani coll'incarico d'esporre a voce il suo pensiero (1). La credenziale, con cui questi erano accreditati presso la Signoria, è data per intero dall'Epistolario (2).

Tali i primi atti di Cola, sui quali il corpo delle sue

---

(1) Gli ambasciatori furono quattro, e non (come altri disse) cinque. Cf. il mio scritto pubblicato nell'*Archivio della R. Società Romana di storia patria*, XI (1888), 183.

(2) *Epist.* lett. VII.

lettere sparge non poca luce. Ma, in mezzo a così repentini mutamenti operatisi in Roma, non poteva il tribuno celarsi gli obblighi, che il *nuovo stato* a lui creava verso la corte d'Avignone, nè trascurare i rapporti fra il papa e la nuova repubblica. Che le preoccupazioni di Cola sotto questo riguardo fossero in principio assai vive, com'è attestato dalle fonti indirette della storia di quel periodo, così è ripetutamente comprovato dalle lettere di lui.

Riferendoci, entro i limiti del nostro scritto, solamente a quest'ultime, dobbiamo dire anzitutto che la corrispondenza tra Clemente VI e Cola di Rienzo non cominciò colla prima lettera che di quest'ultimo ci sia pervenuta, diretta al papa l'8 di luglio (1). Già Clemente VI aveva, il 26 di giugno, mandata al tribuno e al proprio vicario Raimondo, vescovo d'Orvieto, un'*epistola* cumulativa, la quale fu tosto seguìta da un'altra, indirizzata il 27 di giugno al popolo romano (2). Anche Cola, come si desume dall'esordio della citata sua lettera al pontefice, aveva, prima che con quella, con un'altra missiva notificato a Clemente VI il *nuovo stato* sórto in Roma. Ad ogni modo, la lettera dell'8 luglio è, tra le non molte pervenuteci, la prima, dove i rapporti del tribuno colla curia trovino una quasi completa illustrazione.

Bene intende Cola per quale via riesca a lui più facile guadagnarsi l'animo del papa, e indovinando la soddisfazione, con cui Clemente avrebbe appreso che, mercè il nuovo regime, le più baldanzose e potenti famiglie patrizie di Roma avevano, loro malgrado, abbassata la testa, si ferma in modo speciale su questo punto. E in realtà, fin dai primi giorni del nuovo stato, i più illustri baroni, e primo il vecchio Stefano Colonna, avean dovuto lasciare la città e ritirarsi nel contado. Poscia, chiamati alla presenza del

---

(1) *Epist.* lett. VIII.
(2) Pubblicate entrambe in: PAPENCORDT, op. cit. doc. III e IV.

nuovo tribuno, gli avevano giurato obbedienza sul corpo di Nostro Signore, obbligandosi a non combattere mai contro di lui, a non dare asilo a masnadieri, a star sempre pronti al suo comando. Le leggi, che seguirono poco appresso, contro i nobili sono abbastanza note. — Decretai - dice Cola nell'accennata lettera - « quod nullus Romanus « deinde auderet aliquem, nisi solum Sanctam Ecclesiam « Sanctitatemque vestram in dominum nominare, ut co- « gnoscat Romanus populus se alii quam Deo Sanctaeque « Ecclesiae ac summo pontifici non subesse; et quod nul- « lam armorum picturam Ursinorum, Columnensium, Sa- « bellensium et aliorum quorumcumque magnatum, quibus « singulae Romanae domus erant inscriptae, haberent in « domibus suis, deferrent in scutis, nisi solum arma Sanctae « Ecclesiae Sanctitatisque vestrae et Romani populi » (1). Nel tempo stesso, per far fronte alle spese, Cola, fra i primi atti del suo governo, ordina un notevole aumento nella tassa focatico (2).

Questi ed altri fatti del mese di giugno, già segnalatici da altri documenti, vengono con sufficiente estensione ricordati dalla citata lettera dell' 8 luglio a Clemente VI, e confermati da quella seguente, che Cola dirigeva, ai quindici dello stesso mese, al già ricordato suo amico, residente in Avignone (3). Qui però si annunziano anche altre leggi da mettere fra le prime del tribunato, quali, ad esempio, l'assoluta proibizione del giuoco dei dadi, le pene sancite contro la bestemmia, i mezzi di repressione del concubinaggio. Insomma, per quanto riguarda le prime manifestazioni della politica di Cola, le due lettere ricordate hanno un'eccezionale importanza e servono così a dar notizie nuove, come a controllarne di già date dalla *Vita* dell'Anonimo e dalle diverse fonti indirette.

(1) *Epist.* pp. 21-2.
(2) *Epist.* lett. VIII.
(3) *Epist.* lett. XII.

· Frattanto, gl' ideali e le speranze, che agitavansi entro lo spirito esaltato di Cola, lo portavano naturalmente a vagheggiare la solennità di quella ben nota incoronazione, ch'egli annunziò alle città italiane con lettera dei 9 di luglio, della quale soltanto le versioni indirizzate a Firenze, a Lucca ed a Mantova sono pervenute fino a noi (1).

Agli strani e curiosi concetti, che nei secoli XII, XIII e XIV s'eran venuti formando sul conferimento delle corone, quale, secondo l'opinione del medio evo, s'usava nell'antica Roma, non poteva sottrarsi l' immaginosa ed entusiastica natura di Cola (2). Doveva a lui sembrare indispensabile che alla sua *promozione a cavaliere,* annunziata per il primo d'agosto, seguisse la solenne incoronazione col tribunizio alloro. L'una e l'altra solennità viene pertanto da lui annunciata nel tempo medesimo e nella medesima lettera.

Or giudicherebbe assai male chi nella *promozione* di Cola volesse quasi vedere la prova di un innegabile disquilibrio nelle sue facoltà intellettuali. Ognuno che abbia studiato nei principali suoi aspetti la vita del medio evo, riconoscerà facilmente che, intitolandosi cavaliere dello Spirito Santo, Cola di Rienzo seguiva semplicemente delle costumanze già da molto entrate nella civiltà medievale. Nè è un'innovazione del romano tribuno quel carattere mistico e religioso ch'egli diede alla cerimonia, perchè non da allora soltanto il cristianesimo erasi infiltrato nel cerimoniale dell'antica cavalleria e v'aveva lasciata la sua impronta.

I vari e ben noti atti, onde si compose la solenne *promozione,* nulla contengono in sè, che esca o si discosti da usanze già invalse. La *Vita* e le cronache narrano che la notte precedente al primo d'agosto Cola dormì nella

(1) *Epist.* lett. IX, X, XI.
(2) V. PAPENCORDT, op. cit. p. 118.

chiesa di San Giovanni in Laterano; ma già da un secòlo la veglia dell'armi era negli usi cavallereschi. Quando accanto al rito laico, col quale creavansi i cavalieri, s'introdusse parallelamente, e con maggior fortuna, il rito ecclesiastico, questa veglia fu forse la più importante innovazione del nuovò cerimoniale (1), se pure innovazione può chiamarsi, quando si ponga mente che, a prescindere dalle grandi veglie liturgiche di Pasqua e di Pentecoste, già un notissimo testo dei primi anni del secolo XII (2) parla di lunghe veglie, dove si cantavano le gesta degli eroi e le vite dei santi.

Lo stesso è a dire del famoso bagno, che Cola prese nella vasca di San Giovanni in Laterano, dove, secondo la leggenda, Costantino fu battezzato e mondato dalla lebbra. Un tale uso, secondo un'assai verosimile opinione (3), nulla aveva in sul principio di simbolico, ma era un vero atto d'igiene; in seguito, però, la sua somiglianza col battesimo non tardò a imprimergli un carattere affine al primo sacramento della religione cristiana.

Dopo la veglia del nuovo cavaliere, spuntata appena l'alba, il cerimoniale prescriveva che si celebrasse la messa e quindi avesse luogo un solenne banchetto. Anche in ciò la *promozione* di Cola di Rienzo riproduce l'uso comune, e prima egli assiste alla messa, celebrata dal vescovo Raimondo d'Orvieto, poscia si asside con lui al rituale banchetto.

Nello stesso giorno (1° d'agosto), Cola fa pubblicamente la nota dichiarazione dei diritti che competono al popolo romano e la citazione agli imperatori e agli elettori (4): il 2, consegna rispettivamente ai rappresentanti

---

(1) L. GAUTIER, *La chevalerie;* Parigi, 1884.
(2) *Vita S. Willelmi (Acta Sanctorum maii,* VI, 811).
(3) GAUTIER, op. cit.
(4) Cf. RE, op. cit. p. 217.

di Perugia, di Firenze, di Siena e di Todi uno stendardo (*stantale*) figurato, pegno della sua immutabile amicizia (1).

Infine, il giorno dell'Assunta (15 agosto) ha luogo la coronazione (2).

Intorno a questi fatti notissimi, le varie biografie di Cola dànno sufficienti particolari, tratti dalle fonti sincrone. Ma, meglio che dagli altri biografi, queste venrfero utilizzate dal Papencordt, nel cui libro la pittura di quei caratteristici quadri, che solo il medio evo può darci, appare abbastanza viva e colorita. Nei riguardi dell'Epistolario di Cola, rimane soltanto ad aggiungere che la più importante lettera, in cui egli parli del *bagno sacro,* è indirizzata a Clemente VI (3). Il tribuno aveva cominciato a comporla avanti il primo d'agosto; ma obbligato a tardarne l'invio «propter nuncii tarditatem», aggiunge a ciò che aveva scritto il 27 luglio, l'annuncio dell'avvenuta sua promozione a cavaliere e della consegna degli stendardi alle varie città.

Ancora dopo la festa dell'Assunta, Cola torna a scrivere al papa, giustificando il suo operato e dicendo che soltanto i suoi nemici potevano metterlo in mala vista presso Clemente VI. La lettera, infatti (4), ha questo esordio: «Ne dolosarum linguarum astutia ..... Vestra «Clementia ..... suspectum teneat, de cognitione meae «puritatis auditum praesens litera Sanctitati vestrae trans-«mittitur, veri nuncia, mendacii inimica et dolo obvia «alicuius, qui ex acuta lingua, ut gladio in iaculatum sa-«gittarum, nititur in occulto ..... ». Si vede dunque come fin d'allora Cola nutrisse il timore di destare gravi sospetti nella curia, mostrataglisi nei primordi del tribunato abbastanza benevola.

---

(1) V. *Chronicon Estense;* PAPENCORDT, op. cit. p. 133 e sgg.; RODOCANACHI, op. cit. p. 156.

(2) PAPENCORDT, op. cit. p. 137.

(3) *Epist.* lett. XVI.

(4) *Epist.* lett. XXII.

Ma per tornare, colla guida dell'Epistolario, ai più notevoli avvenimenti del luglio, ci occorre rivolgere per poco
la nostra attenzione alle lotte che Cola affrontò nel Patrimonio in difesa del nuovo regime. Domati i baroni romani, egli diede opera a debellare i due più ostinati e potenti avversari che resistevano al suo governo. Uno di
questi era il forte e fiero Giovanni Di Vico.

Sull'importanza che quest'antica famiglia ha nella storia
di Roma medievale richiamò già l'attenzione degli studiosi il dott. Carlo Calisse (1), nè giova ora spender su
ciò altre parole. I Di Vico non furono soltanto signori po-
tentissimi in quella parte del territorio, che si chiamò Patrimonio di San Pietro in Tuscia, ma rivestirono anche,
quasi per trasmissione ereditaria, la carica di prefetti urbani in Roma. In questa famiglia si perpetuò, come per
diritto acquisto, la prefettura, che, restaurata dagli Ottoni,
stava a rappresentare in Roma l'autorità imperiale. Necessariamente, « la cupidigia di regnare trasse i Di Vico a
« star sempre in armi, or contro i papi, or contro il co-
« mune di Roma, che non cessavano, gli uni e l'altro, per
« ragioni diverse, di rivendicare a sè la signoria dell'antico
« ducato romano. E per sostenersi nella lotta ineguale, i
« Di Vico usarono di accomunare la causa loro a quella dei
« nemici della Chiesa o del Campidoglio; quindi fautori di
« scismi, seguaci d'antipapi, ghibellini, nemici di ogni de-
« mocrazia, pronti sempre a trar vantaggio dal disordine,
« che spesso a ragiòn veduta provocavano » (2).

Giovanni Di Vico, succeduto nella prefettura urbana
a Manfredi Di Vico (1337), ci appare, più degli altri suoi
antecessori, avido di dominio e di gloria. Aveva cominciato col prendere Viterbo; poi s'era acquistato Vetralla,

_____

(1) *I prefetti Di Vico*, nell'*Archivio della R. Società Romana di storia
patria*, X (1887).

(2) CALISSE, op. cit. p. 7.

Toscanella, e gran parte del Patrimonio. Il papa da Avignone lanciava scomuniche, ed egli proseguiva noncurante il suo cammino. Poteva dunque l'altèro prefetto piegarsi dinanzi alla nuova signoria di Cola di Rienzo?

Già nella prima lettera al papa, da noi ricordata (1), il tribuno scriveva d'aver dichiarato il Di Vico decaduto dall'ufficio di prefetto per non aver egli risposto all'intimazione fattagli, di restituire al popolo romano la fortezza di Rispampani, posta fra Toscanella e Vetralla. Quindi, anche dopo l'8 di luglio (data della lettera sopra detta), Cola continua ad informarci colle sue parole delle vicende per cui passa la guerra contro il prefetto: la lettera XII è scritta appunto nel tempo che l'esercito del tribuno teneva assediata Viterbo, dov'eransi ridotte le forze di Giovanni.

Per quest'impresa, abbastanza grave, Cola s'era procurato, oltre le cittadine e le mercenarie, anche milizie alleate. Già la citata lettera VII, colla quale s'accreditano quattro ambasciatori presso la Signoria, aveva lo scopo di persuadere i Fiorentini a mandare aiuti alla Repubblica romana. Ma quelli non si mostrarono troppo solleciti a rispondere all'invito, e la guerra del luglio contro il prefetto sembra che fosse compiuta senza le milizie fiorentine. Solo Giovanni Villani (2) dice che Cola ottenne dalla Signoria cento cavalieri, e promesse di nuovi soccorsi. Sappiamo però con certezza che Perugia gli mandò centocinquanta cavalieri, Siena cinquanta per tre mesi (3), ed altri gliene somministrarono Corneto, Narni, Todi (4).

Nel novero delle lettere dirette a Firenze, la nota credenziale è ben presto seguita da un'altra lettera del 19 lu-

---

(1) *Epist.* lett. VIII.
(2) *Cronaca,* lib. XII, cap. 90.
(3) *Cronaca Sanese* in MURATORI, *Rer. It. Scr.* XV, 118.
(4) *Vita,* I, 16.

glio (1), in cui Cola prega i Fiorentini di non concedere il passaggio sul loro territorio a talune milizie, che il Di Vico aveva assoldate in Lombardia; ma, prima forse che questa lettera giungesse alla propria destinazione, già il prefetto era vinto. La lettera a Firenze del 22 luglio 1347 (2) non è che il lieto annunzio della tanto sospirata vittoria. Il tribuno invita i Fiorentini ad allietarsi e a partecipare della sua gioia, ma non lascia di soggiungere: « Gli aiuti di soldati, che generosamente m'avete offerto, piacciavi inviarli ugualmente, giacchè dovrò servirmene per sottomettere altri audaci ribelli ».

Con tali parole Cola alludeva evidentemente a Nicolò Caetani, conte di Fondi, contro il quale, liberatosi del Di Vico, rivolse le armi. Prima, però, gli prefisse un termine di sei giorni, entro il quale egli doveva presentarsi in Campidoglio; altrimenti, sarebbe stato dichiarato ribelle, e si sarebbe proceduto a mano armata contro di lui. Questo scriveva Cola il 27 di luglio (3) ed evidentemente durante il periodo dei sei giorni concessi al Caetani.

Il conte di Fondi non si piegò all'intimazione, e una lettera del 5 agosto al comune di Firenze (4) ed un'altra del 6 a quello di Todi (5) dimostrano che Cola intendeva abbatterlo coll'aiuto delle milizie mandategli dalle due città. Ma i soldati di Firenze e di Todi protestarono di non potere, a seconda del mandato avuto, uscire in campo fuori di Roma; laonde il tribuno, in una specie di *postscriptum*, prega i respettivi Governi di revocare, se mai lo avessero dato, quell'ordine.

La guerra contro Nicolò Caetani presentavasi non meno difficile dell'altra già intrapresa contro il prefetto, e

(1) *Epist.* lett. XIII.
(2) *Epist.* lett. XIV.
(3) *Epist.* lett. XVI.
(4) *Epist.* lett. XVIII.
(5) *Epist.* lett. XIX.

l' Epistolario dà modo di seguirne abbastanza da presso gli eventi. Quasi tutto l'agosto si passò nell'aspettazione, mentre i soldati fiorentini persistevano nel rifiuto di combattere fuori della città, e Cola per altre due volte – il 20 (1) e il 27 (2) – scongiurava la Signoria d'obbligarli ad ubbidire. Ma questa par che fingesse di non intendere un così fatto latino.

Tuttavia verso la fine d'agosto Cola scrive al papa (3) che un esercito, comandato da Giovanni Colonna, sta combattendo con buon esito contro il conte di Fondi, e che Angelo Malebranca ne devasta le terre. Sermoneta, rôcca dei Caetani, era attaccata dalle milizie di Cola, le quali costringevano eziandio il nemico a levar l'assedio da Frosinone, che faceva parte del Patrimonio della Chiesa. Poco dopo, anche Gaeta spontaneamente s'arrendeva: Nicolò e Giovanni Caetani domandavano pace. Così è che ai 17 di settembre Cola può affermare il Caetani essere vinto e ridotto ad obbedienza (4). Ma la vittoria fu di breve durata: nell'ottobre il conte di Fondi riprendeva le ostilità.

A misura che le nuove di Roma erano andate giungendo ad Avignone, gli umori della curia riguardo a Cola eransi venuti peggiorando, e già nella seconda metà del settembre si raccoglievano gli argomenti per muovergli un severo processo (5). Possediamo un' importante lettera al

---

(1) *Epist.* lett. XX.

(2) *Epist.* lett. XXI.

(3) *Epist.* lett. XXII.

(4) La lettera XXIII, dalla quale ci viene questa notizia, è diretta a Rinaldo Orsini, e comincia così: « Post conculcationem Fundorum « comitis, quam fecit virtus Spiritus Sancti *absque effusione sanguinis* « et aliquo ictu ensis, etc. ». È chiaro però come l'espressione *absque effusione sanguinis* non debba riferirsi che ai soli Caetani, intendendosi che ad entrambi fu serbata la vita e la libertà.

(5) « Miror equidem si Clementie vestre prudentia... flecti se pa- « titur dolosis suggestionibus, fraudibus et astutiis malignorum ad ali-

papa (1), nella quale il tribuno si difende dalle principali accuse rivoltegli. « Sono accusato – egli dice – con tanto accanimento, perchè ho preso il *militare lavacrum* nella conca dove fu battezzato Costantino; ma o che forse ciò che fu lecito ad un pagano, il quale mondava se stesso dalla lebbra dell'antico errore, non sarà concesso ad un cristiano che ha mondato un'intera città dalla lebbra della tirannide? O che forse quella pietra è più santa del tempio in cui essa si trova, e nel quale fu sempre lecito il penetrare? E mentre un uomo, pentito dei suoi falli, può sempre ricevere il corpo del Signore, non potrà costui entrare in un battisterio, quasi che questo fosse più nobile del corpo di Gesù? » (2).

Appaiono, insomma, fin d'allora gli stessi argomenti all'incirca che Cola ripeterà due anni dopo, quando, prigioniero a Praga, tornerà sul suo passato politico, e cercherà difendersi da accuse più che mai vivaci. Questo tuttavia si può affermare con certezza: che le due celebri giornate del primo e del 15 agosto avevano più specialmente contribuito a peggiorare le disposizioni di Clemente VI riguardo al tribuno, e a mutare in severità la primitiva benevolenza.

Cola intanto si lasciava sempre più blandire dalle lusinghe della sua apparente fortuna. L'Epistolario nella citata lettera XXV dà notizia di quello che parve a Cola uno dei

---

« quid praeter verum, et contra vestram humillimam creaturam mo-
« verit dictum, et inchoasse processus » (*Epist.* lett. XXV).

(1) *Epist.* lett. XXV.

(2) « Et si in Pelvi, in qua baptizatus extitit Constantinus, lava-
« crum militare suscepi, unde redarguor, numquid [id] quod mundando
« a lepra pagano, christiano mundanti Urbem et populum a lepra ser-
« vitutis tirannice non licebit? Et numquid lapis existens in templo,
« in quod intrare licitum extitit et debitum, est sanctior ipso templo,
« quod conferret lapidi sanctitatem? Numquid homini confesso et
« corde contrito, cui licet pro salute sumere corpus Christi, non li-
« cebit intrare concham lapideam, que etiam pro nihilo propter desue-
« tudinem habebatur, quasi increpantibus huius sine devotione factum

suoi più brillanti successi, cioè dell'ambasciata speditagli dal re d'Ungheria. Non senza celare la baldanza che ne traeva, il tribuno osserva che quegli ambasciatori non solo sottomisero al suo giudizio la quistione dell'assassinio d'Andrea, ma gli chiesero anche di permettere la discesa di re Luigi in Italia, e gli proposero una formale alleanza (*liga*). Ora, quanto all'uccisione d'Andrea, Cola rispose che, domandandosi a lui giustizia, ei non pòtea negarla; ma nulla disse intorno alla seconda richiesta, e, quanto alla formale alleanza, assicurò bastare la semplice amicizia.

Dall'11 ottobre al 9 novembre nessuna lettera del tribuno ci è pervenuta, la quale concorra ad illustrare gli avvenimenti operatisi in quel breve periodo. Tra questi, specialmente uno, ricordato dalla *Vita* e da molte altre fra le fonti contemporanee, ebbe una seria influenza su le sorti del *buono stato,* e fu l'arrivo del cardinale Bertrando De Deux. Infatti, il legato pontificio, venendo da Napoli a Roma in atteggiamento chiaramente ostile al tribuno, dava a vedere quale ormai fosse la linea di condotta fissata dalla curia. Da quel momento la lotta fra Cola e la corte d'Avignone, dapprima latente, assunse il carattere di guerra aperta e dichiarata. Tanto più adunque si deve deplorare che non una lettera ci conceda di scoprire il pensiero di Cola intorno alla nuova attitudine di Clemente VI. Tale lacuna è probabilmente causata dal fatto che in quel tempo Cola rimase quasi continuamente lontano da Roma, occupato a guerreggiare contro i Colonna e gli altri baroni, radunati nel contado. Quindi è che neanche dell'episodio più interessante di quella guerra – la presa di Castelluzzo – ci è dato apprender nulla dalla penna medesima di Cola.

« introitum videatur concham nobiliorem esse ipso corpore Domini
« nostri Iesu Christi...? Et si dicor auxisse nomina mihi et titulos
« ampliasse, coronasque varias assumpsisse, quid refert fidei antiqua
« officiorum romana nomina cum antiquis ritibus renovasse? » (*Epist.*
lett. XXV).

In qual modo si comportasse il tribuno, venuto alla chiamata del legato papale, non occorre ricordare qui, dove non s'ha a narrare la storia del tribunato, ma solo indicare i più notevoli fatti cui le lettere si rapportano. Cola, partito di nuovo da Roma e tornato all'assedio di Marino, non ci si rifà innanzi con lettere sue, se non quando s'accorge che la lotta stancava ormai soverchiamente i Romani e che doveva esser condotta a termine al più presto. Ecco infatti, il 9 di novembre, una sua nuova lettera ai Fiorentini (1). Egli è specialmente indotto a scrivere dal fatto che i baroni armavano più attivamente che mai in Palestrina, e di là si preparavano a invadere colle loro genti la città: mandassero perciò i Fiorentini nuovi aiuti, i quali, quanto più presto fossero giunti, tanto più sarebbero stati graditi (2).

Come rispondessero i Fiorentini a quest'ultima richiesta non sappiamo con certezza; probabilmente, secondo avevan fatto altre volte, non ne tennero alcun conto. Nella lettera immediatamente successiva (3), dove il tribuno dà loro notizia della famosa vittoria da lui conseguita a porta San Lorenzo (4), non v'è accenno di sorta a soldati fiorentini che per avventura militassero tra le file che sconfissero i baroni. La stessa *epistola,* che servì per i Fiorentini, fu anche inviata in Avignone ad un uomo che fin da principio erasi mostrato per Cola assai benevolo: al cardinale Rainaldo Orsini, arcidiacono di Liegi, il quale doveva parteciparla al pontefice (5). L'Orsini, che fu il nono cardinale della

(1) *Epist.* lett. XXVI.

(2) «... amicitiam vestram requirimus et rogamus quatenus ali-« quid, et prout vobis est habile, gentis nobis subsidium impertire: « *quod quanto fiet celerius, gratius tanto erit* » (*Epist.* lett. XXVI).

(3) *Epist.* lett. XXVII.

(4) Veggasi il racconto di questa battaglia, cavato dalle attestazioni delle fonti, in PAPENCORDT, op. cit. p. 177 e segg., e RODOCANACHI, op. cit. XVI, 210.

(5) *Epist.* lett. XXVIII.

sua casa (1), copriva nella curia la carica di notaio papale. Estraneo alle vicende della casa Orsini in Roma e vivendone lontano, aveva accolto con favore il tentativo di Cola di Rienzo, il quale già nei primi giorni del tribunato, scrivendo all'ignoto amico d'Avignone (2), lo pregava di communicare anche al cardinale il contenuto delle sue lettere.

Così anche stavolta Cola informa l'Orsini della vittoria, e questa lettera è una tra le più significanti manifestazioni della mistica esaltazione cui abbandonavasi lo spirito di Cola, tutta piena di reminiscenze bibliche, di sogni, di profezie, di visioni.

Ma (è superfluo il notarlo) dalla sua stessa natura Cola era tratto da un eccesso all'eccesso opposto. Già fu da altri segnalata (3) quella specie di trasformazione che l'ultima vittoria produsse in lui, e com'egli, riconoscendo per il primo e quasi ingrandendo i propri errori, fosse preso da quella morbosa e infantile pusillanimità, che due anni dopo non si peritava di confessare sinceramente (4). Il tribuno voleva tornare sul suo passato, portarvi rimedio, emendarlo dove ancora poteva.

Questo brevissimo periodo di reazione alla troppo spinta baldanza dei mesi scorsi ci è nell'Epistolario rappresentato dalla lettera XXIX, dove, oltre ad essere da Cola medesimo accennati gli umili e rimessivi atti compiuti a quei giorni, annunziasi ancora la prossima venuta in Roma del legato, ch'egli aveva di nuovo eletto suo collega nel governo. La città di Aspra, insieme con Tarano, Torri, Collevecchio, Stimigliano, Santo Polo e Selci, si era data spontaneamente al tribuno; ma questi, temendo ora il danno che da ciò

---

(1) Sansovino, *L'historia di casa Orsina;* Venezia, 1565.
(2) *Epist.* lett. XII. Vedi sopra, p. 444.
(3) Papencordt, op. cit. pp. 190, 191.
(4) *Epist.* lett. XXXV.

poteva venire all'autorità del pontefice e volendo prima intendersi con Raimondo vescovo d' Orvieto, richiama da Aspra il luogotenente che v'aveva mandato e ch'era un Giannotto di Enrico.

Ma Cola non è ormai più in tempo ad arrestare il corso degli avvenimenti, e la data di questa lettera - ch'è l'ultima di questo periodo - segna il principio della vertiginosa discesa, per la quale precipitò il tribuno del popolo romano. Il racconto delle vicende di Cola, a principiare dal giorno della sua fuga da Castel Sant'Angelo, è troppo noto, perchè occorra rifarlo nel caso presente.

Succede il secondo periodo della vita di Cola, e, dopo un intervallo di più che due anni, s'entra nel secondo gruppo delle lettere sue, dal quale la figura del tribuno vien su quasi al tutto diversa: non più l'antica baldanza, non più l'altèra sicurezza di sè, ma l'attitudine umile d'un povero perseguitato che lavora con ben poca fortuna a riconquistare l'alto luogo tenuto per l'addietro. Due anni trascorsi nella solitudine d'un convento perduto fra i monti non possono non aver modificata in qualche modo la fisonomia morale del tribuno: gran parte delle qualità proprie al suo talento ci si mostrano affievolite o scomparse del tutto il giorno che lo ritroviamo impetrante grazia e protezione dall' imperatore Carlo IV di Boemia. Il carteggio ch'egli tenne, durante il suo forzato soggiorno a Praga, coll' imperatore, col suo cancelliere Giovanni di Neumark e coll'arcivescovo di Praga, riflette interamente lo strano e invadente misticismo che ormai informava la vita dell'antico signore di Roma: le lettere, più che segnalare fatti nuovi, presentano tutta una serie di considerazioni teologiche o morali, ora fondate su la Bibbia, ora inspirate alle credenze e alle profezie che a quel tempo circolavano in Francia, in Germania, in Italia, e che annunziavano prossimo il tanto aspettato regno dello Spirito Santo.

La fede in un prossimo principio del regno di Dio, dal

quàle il mondo sarebbe uscito rinnovato, fu quasi il fondamento del Cristianesimo, e anzichè scemare, s'afforzò poi
di secolo in secolo. Anche dopo il mille, quel nucleo d'idee
che aveva prodotto gli ascetici entusiasmi dei millenari,
seguitò ad animare migliaia e migliaia di credenti, e, assunte
forme ed atteggiamenti diversi, trovò nel secolo XII il suo
più celebre apostolo in Gioacchino di Fiore:

> Il calavrese abate Giovacchino,
> . Di spirito profetico dotato (1).

Quel povero monaco, che con picciol numero di seguaci
erasi ridotto ad abitare poche e misere capanne su le falde
del Sila, ma che aveva pur predetta la morte al Barbarossa
e fatto tremare Riccardo Cuor di leone, apparve al medio
evo come il suo nuovo oracolo, come il suo profeta. Tosto
la leggenda s'impadronì di lui, e narrò come l'olio che ardeva su la sua tomba bastasse ad oprar miracoli d'ogni genere (2). Il nome di Gioacchino di Fiore diventò quasi il
simbolo, sotto il quale, benchè il monaco calabrese non
fosse stato in realtà che un teologo abbastanza ortodosso,
fu combattuta la guerra contro la curia romana. Il grande
movimento francescano scaturì direttamente, se non dal-
l'azione personale, certo dall'influenza di Gioacchino di
Fiore. Or chi non sa che quel tentativo, ascetico in apparenza, celava alti fini politici e sociali? Quando si predicava
la povertà essere il sommo e l'unico bene, e s'additava
all'uomo una perfezione ben diversa da quella, di cui la
Chiesa ha il segreto, non si diceva implicitamente che la
Chiesa doveva finire e far posto a una società nuova?

Mentre ancora Gioacchino viveva, la fama di lui era
giunta fin nell'Oriente, e di là un eremita del monte Car-
melo, Cirillo, dotato anch'esso di spirito profetico, gli scri-

---

(1) DANTE ALIGHIERI, *Parad.* XII, 140-141.
(2) GERVAISE, *Histoire de l'abbé Joachim*; Parigi, 1754.

veva per sapere il significato d'una visione da lui avuta (1).
Avvenne pertanto assai naturalmente che, in seguito, si as-
segnasse all'abate calabrese un precursore in questo Cirillo,
che morì molto prima di Gioacchino.

Così le profezie di questi due eletti di Dio, a misura
che la schiera dei gioachimisti andava ingrossando, erano,
insieme a molte altre, addotte in testimonio per dimostrare vicina la sostituzione d'una Chiesa povera e monastica
alla Chiesa ufficiale. S'aggiungevano inoltre le numerose
attestazioni della Sacra Scrittura, e tutte le più vive immagini dei libri santi erano prese a prestito per dipingere a
foschi colori i prossimi castighi che preparavansi ai prelati
empî e mercenari. Gli abusi del potere temporale della
Chiesa erano insomma perseguitati con tale violenza da farci
credere che le cause d'una rivoluzione religiosa esistevano
latenti già fino dal secolo XIII.

Nel secolo XIV, anche dopo le condanne di varii papi
e specialmente di Bonifacio VIII, le idee gioachimiste seguitarono, a traverso la formazione delle tante altre sètte
affini, ad agitare e ad appassionare gli spiriti : la certezza
della vicina êra dello Spirito Santo rimase ugualmente fissa
nelle menti e nei cuori.

Il soffio di tutte queste idee era forse appena arrivato a
Cola di Rienzo prima ch'ei prendesse stanza tra i *fraticelli* di
monte Maiella, i quali ne erano naturalmente apostoli caldi e
instancabili. Ma quanto più tardi le generali aspirazioni vennero a conoscenza di Cola, tanto più dovettero invaderne lo
spirito, trovando nella natura sua il terreno più adatto che
mai si possa immaginare. Da una parte si gridava al tribuno : guerra alla corte avignonese ; dall'altra gli si annunziava vicino un nuovo regno dello Spirito Santo. Come
non accogliere lietamente quel primo invito? E come
non pensare che a lui, al salvatore di Roma, all'inviato

(1) GERVAISE, op. cit. II, 383.

di Dio, non dovesse nella nuova êra toccare la parte principale ?

Quando dunque frate Angelo si fece a richiamarlo alla vita del secolo e a significargli le grandi cose che doveva compiere, Cola trovavasi già apparecchiato ad accettare il consiglio. « Il regno dello Spirito Santo s' avvicinava: egli era chiamato a fondarlo ». Questa l' idea che ormai domina Cola e che lo conduce a Praga ; questo il concetto che informa pressochè tutte le lettere del secondo periodo. Ogni volta che scrive all' imperatore, al papa, a' prelati, Cola di Rienzo non è più che una voce del suo tempo ; ciò che noi leggiamo non è che la ripetizione di quanto cento altri, mille altri uomini andavano proclamando d'ogni parte. I nomi di Gioacchino di Fiore, di Cirillo, di Merlino, che ricorrono assai di frequente nelle sue lettere, sono sufficiente attestazione delle idee, dalle quali egli era dominato. « Iddio voleva fino dal tempo di san Francesco punire gli uomini degeneri, ma l' intercessione del poverello d'Assisi e di san Domenico fermò la sua mano onnipotente. Ora però la divina vendetta sta per iscoppiare, e l'êra dello Spirito Santo è vicina. Un uomo sarà chiamato, *una cum electo imperatore*, a riformare il mondo ». Così dicevano le profezie.

E le stesse cose scrive Cola, appena giunto a Praga (1), nella prima sua lettera a Carlo (2). Ma questi non risponde,

_____

(1) L'arrivo di Cola in Praga è posto sotto due date diverse : il *Chronicon Argentinense* ritiene la data della seconda quindicina di luglio ; la *Vita* invece assegna la data del 1º agosto. Noi crediamo da preferire alla seconda la prima data, perchè altrimenti, dal 1º al 15 agosto, troppi avvenimenti sarebbero accumulati. Difatti, il 17 agosto già il papa rispondeva alla lettera colla quale Carlo IV gli comunicava l'imprigionamento di Cola, e che doveva quindi essere stata scritta almeno il 7 o l' 8 di agosto. S' aggiunga che l'espressione di Cola medesimo: « ... dum *per menses triginta* quadam arta vita laborassem » (*Epist.* lett. XXX) porta a credere che trenta mesi giusti siano corsi dalla fine del tribunato all'arrivo in Praga.

(2) *Epist.* lett. XXX.

e lo mette sotto custodia. Torna egli allora a scrivere (1),
narrandogli la nota storia della propria origine imperiale(2),
e stavolta l'imperatore risponde che su questa non poteva
dare alcun giudizio; che alle addotte profezie egli non prestava alcuna fede; che se i·vicari ecclesiastici mandati in
Italia ogni dì più la sgovernavano, non ispettava a lui il
punirli (3). Cola ritenta la prova in una terza lettera (4),
ma Carlo IV, che doveva in gran parte al papa la sua elezione e la cui politica s'era sempre più accostata a quella
d'Avignone, non se ne dà per inteso. E invero la prigionia
di Cola, anziché all'imperatore, dovevasi a Clemente VI
e agli ecclesiastici che lo dirigevano.

Alle antiche accuse, riflettenti gli atti compiuti da Cola
durante il tribunato, venivano ora ad aggiungersene delle
nuove e più gravi, provocate dalle opinioni eterodosse che
Cola esprimeva. Se quelle idee avessero soltanto rappresentato le utopie d'un esaltato, forse la curia non se ne
sarebbe data pensiero. Ma la Chiesa andava combattendo
così fatte aspirazioni da più d'un secolo, e doveva necessariamente vedere con sospetto farsene eco un uomo che
così considerevole parte aveva rappresentata nella politica
di quel tempo. Di qui le persecuzioni contro Cola, nelle
quali una cosa sola si nota con certa meraviglia: ch'esse
non siano state assai più aspre e violente.

Cola citava Gioacchino di Fiore e gli altri più diffusi
scrittori di profezie, e la curia non cessava di dichiararli
falsi e mendaci. «Assai mi meraviglio – scrivevagli l'arcivescovo di Praga – che tu dia così illimitata fede a profezie apocrife, delle quali un vero cristiano non può, senza
grande temerità e senza pericolo per l'anima sua, affer-

---

(1) *Epist.* lett. XXXI.
(2) PAPENCORDT, op. cit. p. 64.
(3) PAPENCORDT, op. cit. doc. XIV.
(4) *Epist.* lett. XXXII.

mare la veridicità. Su ben altre fondamenta tu dovresti elevare la tua difesa! » (1).

Tutto ciò non è nuovo: Cola da un lato, e dall'altro l'arcivescovo di Praga non ci rappresentano se non un certo momento d'una lotta da gran tempo accesa e prolungatasi.

Ma l'Epistolario presenta anche un altro lato che dovrebbe, a parer nostro, studiarsi di proposito e contraporsi alle costanti tradizioni della curia: si dovrebbero, cioè, tenere nel dovuto conto i concetti meramente politici che Cola di Rienzo propugna in questo secondo gruppo delle sue lettere. Noi ci contenteremo d'accennarvi fugacemente.

A che mirino tutte le lettere scritte da Cola in Praga, occorre appena ricordare: egli chiedeva a Carlo IV di potere, colla stessa autorità avuta in passato, presentarsi di nuovo al popolo romano. Ma già il titolo, che Cola domandava d'assumere, era ben diverso: non doveva esser più il tribuno che scongiurava il papa a lasciare Avignone e a tornare in Roma, ma solo un vicario dell'imperatore, con imperiale plenipotenza. E anzi, Cola suggeriva a Carlo IV di farlo partire occultamente, prudentemente, senza strepito, cosicchè il suo ritorno in Roma riuscisse una vera sorpresa.

Basterebbe, forse, un tal fatto a dimostrare come il concetto ghibellino si fosse fatto strada nell'animo del tribuno; ma una ben più sicura conferma ne dànno molti luoghi delle lettere a cui ci riferiamo. Infatti, le teorie ghibelline, che vanno dall'ossequioso riserbo del *De monarchia* alle audacie del *Defensor pacis,* e che diventate, da filosofiche, politiche, erano state dalla curia dichiarate eretiche dopo il famoso libro di Marsilio da Padova e dopo la lotta con Ludovico il Bavaro, fanno apertamente la loro comparsa negli scritti di Cola. Per questa ragione il tribuno aveva trovato un alleato potente anche nel Petrarca, sebbene questi,

(1) Papencordt, op. cit. doc. XVIII.

in realtà nè guelfo, nè ghibellino, s'inspirasse a un concetto eminentemente italico ed eminentemente nazionale. Egli pertanto diede a Cola il suo appoggio, finchè le idee di lui si rivolsero alla restaurazione di Roma e d'Italia, e l'abbandonò quando il tribuno volle spingersi eziandio oltre le Alpi.

Nella prima lettera indirizzata a Carlo IV (1), Cola offre all'imperatore il proprio aiuto, nel caso che voglia recarsi in Roma, e promette d'acquistargli il favore di quegli stessi fra gli Stati d'Italia, che più si mostravano avversi all'impero. E anche più chiaramente s'esprime nella lettera XXXI: « Destati adunque – egli scrive all'imperatore – e impugna validamente la tua spada, perchè, come non devi esser tu il *clavigero* (*clavigerus*), così non deve il pontefice esser l'*armigero* (*armigerus*): la spada, che fu data a Cesare, fu negata a Pietro ».

Così il concetto della divisione tra la spada e il pastorale trova in Cola un sincero aderente. Ma nella medesima lettera egli aggiunge: « Or mentre tutti gli altri Stati godono pace e tranquillità, le provincie rette da uffiziali ecclesiastici sono dalla inerzia e dalla cattiveria di costoro trascinate di male in peggio ... Quanto meglio sarebbe che ciò ch'è di Dio, si desse a Dio, ciò ch'è di Cesare, si desse a Cesare! ». E continua ad accusare il papa e i cardinali, che proclamano giusto ciò che fa loro comodo, ingiusto ciò che non li soddisfa nell'illegittime aspirazioni, e che, dovunque si veggono contrariati, stan pronti col fulmine delle scomuniche. Per tal modo, approvano oggi ciò che condannarono ieri! (2).

Opinioni di tal fatta, espresse con franca parola, spiegano come Cola non riuscisse ad ottener nulla neanche dal Neumark e dall'arcivescovo di Praga, ai quali si diresse dopo che vide inutile lo sperare nell'imperatore.

(1) *Epist.* lett. XXX.
(2) *Epist.* cit. lett. XXXI.

La vita di Giovanni di Neumark, l'alto luogo da lui tenuto nella corte di Boemia, le sue relazioni con Carlo IV e col Petrarca, offrirebbero tèma a un'interessante monografia. Il Papencordt, accennando all'importanza ch'ebbe quel personaggio nella politica d'allora, prometteva di pubblicarne varie lettere inedite, e la promessa sarebbe certo adempiuta ormai da gran tempo, se l'immatura morte non avesse troncato gli studî del geniale storico tedesco. Così, ora, chi non intenda d'imprendere studî affatto speciali, s'accontenta, quanto al Neumark, di ricordare come, al tempo della dimora di Cola in Praga, sebbene non peranco cancelliere dell'impero (1), ma semplicemente canonico di Breslavia e di Oltmütz, egli tuttavia potesse, se voleva, occuparsi con frutto della sorte del tribuno.

La prima lettera, colla quale Cola si volse al Neumark (2), rivela nello scrivente una perfetta conoscenza così dell'uomo al quale s'indirizza, come delle tendenze e dei gusti di lui... E intendo gusti *letterari*, dacchè il canonico era fra i dilettanti della letteratura e degli studi d'allora. Cola gli scrive in tal forma, ch'è brutto esempio della più roboante ampollosità di stile, usata a dire le cose più semplici, e che trova nella risposta del Neumark (3) degno riscontro. Questi infatti con istraordinaria enfasi porta a cielo i meriti del tribuno; ma, al punto di rispondere qualcosa di meno vaporoso, non sa far altro, che consigliare a Cola di tacere e obbedire ai voleri di Cesare. Dopo ciò, nuova lettera del prigioniero (4); ma da tutto quel retoricume vien sempre meglio dimostrato il risultato affatto negativo delle preghiere fatte al futuro cancelliere di Carlo IV.

---

(1) Tuttavia, un atto della cancelleria di Carlo IV, pubblicato dal Winkelmann (*Acta Imp. ined.* 764) e colla data del 1350, reca la seguente firma: *Per dominum regem Johannes Noviforensis.*

(2) *Epist.* lett. XXXIII.

(3) Papencordt, op. cit. doc. XVI.

(4) *Epist.* lett. XXXIV.

Anche su l'arcivescovo di Praga, Ernesto di Pardubitz, nè le antiche storie della Boemia (1), nè opere più recenti dànno notizie particolareggiate. A costui, qual rappresentante della giurisdizione ecclesiastica, sotto la quale Cola più direttamente ricadeva, il tribuno si fece innanzi la prima volta, meglio che con una semplice lettera, con una prolissa memoria, intitolata: *Verus tribuni libellus contra scismata et errores* (2); ma la risposta dell'arcivescovo (3), oltre a respingere, come già di sopra notammo (4), le argomentazioni fondate su le profezie, condanna con severità assai maggiore il concetto politico, dal quale Cola era stato mosso durante il tribunato. E si capisce: come poteva, ad esempio, il Pardubitz mandar buona la teoria, messa innanzi da Cola, che l'elezione dell' imperatore spettasse, quasi per diritto storico, al popolo romano ? « Cuius legis auctoritate, – egli scrive « al tribuno – seu qua potestate, inter caetera iura et officia, « in Urbe dudum abolita, quæ posse reassumere Romanum « populum declarasti, etiam quod monarchiam eligere posset « et deberet sanxisti ? »

Ma non s'acqueta Cola di Rienzo, e altre lettere dirige al Pardubitz; ora mostrandosi, insolitamente per quel periodo della sua vita, audace e coraggioso (5), ora invece tentando di far vibrare la corda del sentimeuto e di commuovere l'arcivescovo colla narrazione delle proprie sofferenze. E una volta dice che il carcere è privo affatto d'aria e di luce, freddo ed angusto: un'altra che neanche ha un po' di fuoco per riscaldarsi; e sempre domanda che almeno s'affretti un aperto esame del suo operato.

In tutte queste lettere, simili fra loro per tanti riguardi, Cola si dà a vedere occupato da una sola, costante, irrefre-

---

(1) AENEAE SILVII PICOLOMINI *Historia bohemica;* Amburgo, 1592.
(3) *Epist.* XXXV.
(2) PAPENCORDT, op. cit. doc. XVIII.
(4) V. pag. 460.
(5) *Epist.* lett. XXXVII

nabile preoccupazione: quella d'esagerare i meriti propri, di vantare l'inspirazione e l'aiuto venutogli dallo Spirito Santo, di amplificare i benefizi recati al popolo romano dal tribunato, di magnificare il valore non perituro del suo tentativo.

Seguono altre lettere al suo antico aderente, l'abate di Sant'Alessio sull'Aventino, al cancelliere del Comune di Roma, a un fra Michele di Monte Sant'Angelo (1), nelle quali Cola esorta tutti costoro a non iscoraggiarsi e a sperar bene della sua sorte.

Anche notevole è nel presente periodo la lettera (unica, a nostra notizia) al cardinale Guido di Boulogne. Era questi da poco tornato alla corte d'Avignone, reduce da quel suo quasi trionfale viaggio in Italia, che tanto aveva a lui conciliato l'affetto del Petrarca (2). I servigi resi al pontefice, non solo in quella legazione, ma anche nell'altra antecedente presso il re Luigi d'Ungheria; la duplice parentela colle case di Francia e di Lussemburgo; lo spirito dolce e conciliante: tutto ciò dava alla voce del cardinale un'autorità maggiore che a qualsiasi altra. È dunque a quella veramente simpatica figura d'ecclesiastico che, memore della benevolenza ottenutane nel suo primo soggiorno in Avignone, Cola si rivolge fidente, e da Praga gli scrive una lunga e minuziosa lettera, cercando d'indurlo a intercedere per lui presso Clemente VI (3).

Ma la speranza, che le lettere antecedenti mostrano ancora viva nel tribuno, sembra quasi perduta del tutto in quella diretta al figlio suo, Lorenzo (4): qui pare che Cola non s'aspettasse più che o la morte o la prigionia perpetua.

Ma, a dire il vero, tutt'altro che feroce spiegavasi la persecuzione della corte boema. Carlo IV, benchè amico a

---

(1) *Epist.* lett. XXXIX, XL, XLI, XLIV.
(2) DE SADE, citate *Mémoires*, III, 52-75.
(3) *Epist.* lett. XLV.
(4) *Epist.* lett. XLIII.

Clemente VI, che aveva conosciuto in Francia ne' suoi anni
giovanili, benchè obbligato verso di lui da promesse scritte,
stipulate nel momento della sua incoronazione, temporeg-
giava, e le trattative fra Praga e Avignone, onde rimettere
l'antico tribuno ai giudici ecclesiastici, procedevano piuttosto lentamente. Un'ambasciata sembra che fosse mandata
dall'imperatore a Clemente VI (1) al fine d'accordarsi su
la partenza di Cola di Rienzo. Tornata questa, Cola finalmente lasciò la Boemia, e può quasi con certezza (2) ritenersi che giungesse in Avignone ai primi del luglio 1352.

Poco dopo il suo arrivo, e precisamente nell' agosto,
il tribuno diresse una nuova lettera - tutta pentimento ed
umiltà - al Pardubitz (3), ed è questa l'ultima che ci sia
pervenuta del periodo della prigionia.

In seguito, le fasi del processo sono abbastanza note,
e si sa eziandio come dapprima la strana voce diffusasi
che Cola fosse un grande poeta, e poscia la morte di Clemente VI cambiasse interamente le sorti del prigioniero.
Del resto, questo periodo della sua vita si sottrae naturalmente al nostro tèma pel fatto che dall'agosto del 1352
all'agosto del 1354 l'Epistolario presenta una lacuna, che
non sarà, credo, colmata mai.

La lettera ai Fiorentini del 5 agosto 1354 (4) ci mette
innanzi il tribuno nella nuova ed ultima fase della sua potenza: ci pare, leggendola, d'essere tornati alle tante altre
somiglianti scritte a' bei tempi del tribunato! E infatti, la
curiosa illusione d'Innocenzo VI, che aveva creduto ancora
utile alla Santa Sede valersi di Cola di Rienzo e che lo
aveva per ciò dato compagno all'Albornoz, fece vagheggiare alla mente esaltata dell' *inviato dello Spirito Santo*

---

(1) Vedi RODOCANACHI, op. cit. p. 315.
(2) Vedi il nostro scritto nell'*Arch. della R. Soc. Rom. di st. patria*,
XI, 188.
(3) *Epist.* lett. XLVI.
(4) *Epist.* lett. XLVII.

un'êra nuova di fortuna e di gloria. Ed eccolo a Roma, non più tribuno del popolo, ma senatore. Il sogno però dura ben poco; e quei due mesi d'effimera potenza si direbbero fatti apposta per rendere più drammatico il quadro della caduta finale!

L'Epistolario riflette quest'ultimo e brevissimo periodo a traverso le lettere dirette al povero Giannino di Guccio (1), riguardanti gli strani casi di lui. Per il racconto di questi, ci basterà rimandare al Papencordt (2), che ne discorre con sufficiente larghezza. Ma non sappiamo trattenerci dal rilevare come anche tutta quella strana leggenda, e la parte quasi puerile rappresentatavi da Cola di Rienzo, non potrebbe più efficacemente darci l'immagine del decadimento intellettuale che s'era operato nell'uomo. Così l'interesse delle lettere sue non si restringe solo ai fatti da esse registrati o raffermati, ma s'estende a tutta la sua fisonomia morale, a tutta la sua vita interiore, a quella specie di parabola che descrisse la sua mente e il suo spirito.

VII.

Resta che brevemente diciamo dei manoscritti, nei quali le lettere ci furono conservate (3).

Il Papencordt, che enumerò (4) le fonti per la storia di Cola, distinte in *Notizie di scrittori contemporanei* e *Lettere di Cola* medesimo, usò senza dubbio l'una e l'altra serie di esse con acuto discernimento. Ma, vincolato, com'egli era, dal carattere espositivo del suo lavoro, al modo stesso

---

(1) *Epist.* lett. L-LIII.
(2) Op. cit. pp. 296 e sgg. 349 e sgg.
(3) Per questa parte cf. anche la *Prefazione* al volume delle *Lettere di Cola di Rienzo*.
(4) Op. cit. pp. 318 e sgg.

che le testimonianze dei contemporanei non potè che ristampare, non pubblicò se non alcune delle lettere, la cui esistenza era pur nota. Di qui l'opportunità, nello stato attuale degli studî su la storia romana medievale, di dare riunite in un sol corpo le lettere del tribuno, tanto perchè servano come di controllo al già scritto intorno a lui, quanto perchè vengano a chiarire alcun punto meno considerato della sua vita.

L'ideale di chi imprende un'edizione di questo genere sarebbe il poterla, almeno in gran parte, condurre su manoscritti originali; ma pur troppo non sempre al desiderio risponde la realtà delle cose. Tale il caso dell'Epistolario di Cola di Rienzo. Infatti, nonostante l'appello rivolto a biblioteche, ad archivi, a studiosi d'Italia e di fuori (1), altre lettere originali non possiamo annunziare, all'infuori di quelle già note (2) e segnalate dal Papencordt.

Ma alla mancanza dei testi originali ha provvidenzialmente supplito il fatto che tale apparisse ai contemporanei ed ai posteri più a lui vicini l'opera di Cola, da indurli a conservare per mille guise le sue lettere. E già abbiamo ricordato ·come il Petrarca si rallegrasse della religiosa attenzione ond'esse venivano lette e custodite (3). Così è che possediamo ancora oggi più d'una raccolta, dove le lettere del tribuno sono accuratamente trascritte e sopra cui si può con discreto frutto condurre un'edizione.

Codesti manoscritti vogliamo, com'è obbligo nostro, enumerare brevemente, non senza dire che, in generale, ciascuno di essi venne già da altri utilizzato o in una o in altra sua parte.

---

(1) Vedi nell'*Arch. della R. Soc. Rom. di st. patria* (X, 1887, p. 323) l'« Elenco delle lettere di Cola di Rienzo » e l'annessa circolare, che la Società si die' cura d'inviare dovunque potessero supporsi esistenti scritti del tribuno di Roma.

(2) *Epist.* lett. VI, XI, XXIX.

(3) Vedi sopra p. 428.

Un primo codice si conserva alla biblioteca Nazionale di Torino, segnato H, III, 38 (1). Se ne servì già l'Hobhouse (2), traendone parecchie lettere di Cola; ma così piena d'errori presentasi la trascrizione di lui, che la nostra non ha potuto menomamente avvantaggiarsene. Conobbero anche questo manoscritto il De Sade, il quale ne cavò l'unica lettera di Cola al Petrarca che ci sia pervenuta (3), e il Levati, che di questa stessa lettera fece una traduzione italiana (4).

Una particolareggiata esposizione del contenuto del codice sarebbe superflua, dacché tutti i documenti, che vi si leggono, riflettenti la storia di Cola di Rienzo, furono già, secondo l'ordine onde vengon dati dal manoscritto, enumerati dal Papencordt (5).

Una seconda collezione di lettere e documenti attinenti alla vita di Cola fu indicata dal Pelzel, che su la fine del secolo passato scrisse la storia di Carlo IV di Boemia (6). Quest' importante codice del secolo XIV era anch' esso noto al diligentissimo Papencordt; ma, nonostante le più

---

(1) Cod. cartaceo (tranne le cc. 1-6 in pergamena), dimensione 280 × 205, appartenente alla fine del secolo XIV e al principio del XV: antica segnatura E, II, 18: di carte 201 e due di guardia. Contiene, oltre i documenti relativi a Cola di Rienzo, molte lettere dei secoli XII e XIII, e specialmente di Federigo II, di Pier della Vigna, di Gregorio IX e Innocenzo IV, tutte riflettenti la contesa tra l'Impero e la Curia; varie lettere di Coluccio Salutati, una di San Girolamo, alcune *arengae* e discorsi d'indole politica; e tutti questi documenti raccolti senz'alcun ordine e come venivan sotto mano. Il cod. è evidentemente scritto da 'mani diverse. (Cfr. PASINI, *Codices manuscripti bibliothecae regii taurinensis athenaei;* Torino, 1799, II, 257.

(2) *Historical illustrations of the fourt Canto of Childe Harold;* Londra, 1818.

(3) Citate *Mémoires*, III, *Pièces justificatives*, XXX.

(4) Op. cit. II, 448.

(5) Op. cit. 319.

(6) *Kaiser Karl der Vierte*; Praga, 1780.

accurate ricerche, egli confessa di non averlo potuto rinvenire. Dovette adunque contentarsi d'una copia fattane eseguire dal Pelzel medesimo; ma la trovò così irta d'errori, da dover ritenere impossibile il ristabilire quel testo senza avere sott'occhio il codice autentico.

Egli tuttavia non esitò a trarre intanto da quella cattiva copia la maggior parte delle lettere contenutevi e a stamparle, tali quali erano, fra i documenti aggiunti alla biografia di Cola. Ne rimanevano però sempre alcune inedite, di cui egli diede semplicemente un breve sunto (1).

Noi siamo stati più fortunati dell'illustre storico, dacchè il tanto desiderato codice abbiamo rinvenuto all'archivio Vaticano, dove non sappiamo quali vicende lo abbiano condotto (2). Così l'Epistolario conterrà il testo delle lettere senza le lacune e gli errori lamentati nella copia del Pelzel.

Il contenuto del codice, tranne la cambiata numerazione dei fogli, è lo stesso della copia esplorata dal Papencordt, che ne diede un ordinato indice (3). A lui, dunque, senz'altro, possiamo rimandare.

Questi sono, come a dire, i due capisaldi dell'edizione. Ma un altro codice – e questo il Papencordt non conobbe – si conserva nella Feliniana di Lucca (4), alla quale provenne dal cardinale Nicolao d'Aragona (5). Il codice è ivi segnato: pluteo VIII, 545; membranaceo, di

(1) Sono, nell'*Epistolario*, le lettere XXXII e XXXIV.

(2) Ce ne diede cortese indicazione il rev. Don Pietro Palmieri, custode nell'archivio Vaticano, cui rendiamo grazie pubblicamente.

(3) Op. cit. pp. 321 e sgg.

(4) Questa biblioteca – per chi ami ricordarlo – è quella del Capitolo della Metropolitana, chiamata anche Feliniana, perchè dono in gran parte di Felino Sandei, notissimo canonista e vescovo di Lucca (+ 1503).

(5) Debbo questa notizia ed altre intorno al codice al chiaro S. Bongi, direttore dell'Archivio di Stato in Lucca.

carattere della fine del secolo xv o del principio del xvi, contenente un'importante miscellanea di documenti riguardanti la storia di Roma medievale. Fra questi, ai fogli 359-364, leggonsi due lettere di Cola, senza data, al popolo romano, precedute da altre di Clemente VI a Carlo IV.

Noi diamo dal manoscritto lucchese le due lettere, che, del resto, furono già edite, benchè malamente, nelle *Miscellanee* del Baluzio (1).

Accanto alle sopra dette raccolte, d'indole in certa guisa letteraria, sono da porre le copie redatte dalle varie cancellerie e conservate negli archivi d'alcuni tra i Governi, coi quali Cola ebbe relazione. E ricordiamo anzi tutto l'archivio di Firenze, dove, al volume XVI dei *Capitoli del Comune*, conservansi in copia sincrona ben dodici lettere di Cola, dieci delle quali furono pubblicate dal Gaye (2), una fu per la prima volta edita dal Papencordt (3), e un'altra – l'ultima – vede la luce nell'odierno Epistolario (4). Anche nell'Archivio di Stato di Lucca, il manoscritto n. 55 (5) della *Serie degli Anziani avanti la libertà* (6) contiene un esemplare delle due lettere del 7 giugno e del 9 luglio 1347 (7), che appariscono simili ad altre

---

(1) STEPHANI BALUZII *Miscellanea*, opera ac studio IOHANNIS DOM. MANSI Lucensis; Lucca, 1762, vol. III.

(2) *Carteggio inedito d'artisti dei secoli* XIV, XV, XVI; Firenze, 1839, vol. I.

(3) Op. cit. doc. XXXIV.

(4) *Epist.* lett. XXVIII.

(5) Nell'antica distribuzione segnato: *Armadio 5, n. 26.*

(6) « Liber literarum missarum et receptarum ex officio dom. An-
« tianorum Lucani comunis, factus, compilatus et ordinatus pro
« anno N. D. .MCCCXLII. incipiendo in kal. ianuarii dicti anni,
« existente cancellario dictorum dom. Antianorum provido viro ser
« Cecho Ghiova de Luca not. et scriba dicte cancellarie prefatorum
« dom. Antianorum, me Aytante filio Vannis Aytantis not. civ. luc. ».

(7) *Epist.* lett. V e X.

dirette, in forma di circolare e colle stesse date, a Firenze, a Perugia, a Mantova. L'archivio di quest'ultima città ci ha pure conservata, oltre quella del 9 luglio, una seconda lettera a Guido Gonzaga (1), l'una e l'altra nell'originale. A queste due, in conseguenza, e a quella mandata al Comune di Aspra (2), si riducono le lettere, che ci è dato leggere nell'originale, anziché nelle copie.

Dopo le fonti manoscritte, che per le lettere di Cola rappresentano il maggior numero, van ricordate le fonti a stampa, delle quali è pur forza tenersi paghi nella deficienza dei codici. Ma queste, nel caso nostro, si riducono soltanto alle note *Gesta pontificum Tungrensium* dell' Hocsemio, dove due lettere sono inserite per intiero (3), e al volume II delle opere del Petrarca (edizione di Basilea), che contiene la lettera al cardinale Guido di Boulogne (4). E si noti, quanto al secondo dei due documenti datici dall' Hocsemio, com'esso si presenti pressoché simile alla lettera XXVII, scritta nello stesso giorno ai Fiorentini e conservata, come già dicemmo, tra i *Capitoli del Comune;* cosicché la ricostituzione dell'un testo trova nell'altro un efficace controllo e un valido sussidio. A ogni modo, la provenienza delle tre citate lettere resta sempre un problema insoluto, che noi sottoponiamo all'attenzione degli studiosi.

Tali le fonti di tutta quella serie di lettere che va dal 1343 al 5 agosto 1354 (5). Oltre a questa data, non resta se non il curioso carteggio con Giannino di Guccio, per il quale ci soccorre un gruppo di manoscritti affatto staccato e distinto. Ma di tali fonti sarà detto qui solamente quel tanto che strettamente occorre al nostro tèma, spet-

---

(1) Papencordt, op. cit. doc. 1; *Epist.* lett. VI.
(2) *Epist.* lett. XXIX.
(3) *Epist.* lett. XXIII e XXVIII.
(4) *Epist.* lett. XLV.
(5) Questa è la data dell'ultima lettera diretta ai Fiorentini. *Inc.* « Mirabilis virtutem dominus ».

tando piuttosto a chi imprenda un'edizione critica dell' *Historia di Giannino* parlarne di proposito.

Agli studiosi non può riuscir nuovo il fatto che la leggenda di Giannino di Guccio è a noi stata tramandata per via di molteplici codici. Ed è parimenti superfluo l'avvertire come appunto da quel testo si ricolleghino le lettere indirizzate a Cola a quella misera larva di pretendente, e come in conseguenza esse si veggano riprodotte in una pressochè identica versione italiana, se non da tutti, dalla maggior parte dei manoscritti dell' *Historia*. Basterà segnalare i due ben noti dodici della biblioteca Comunale di Siena, C, IV, 16 (1) e A, III, 27 (2) e il Barberiniano XLV, 52 (3). In questo però, ch'è tenuto pel più antico e autorevole, al racconto dell'avventura non segue la trascrizione delle lettere che vi si riferiscono. E pure (tranne che per cotesta parte epistolare) sono copie del

(1) Codice miscellaneo, cartaceo, proveniente dalla libreria d'Uberto Benvoglienti, scritto nel secolo XVIII, la massima parte da una stessa mano: di carte 312 (nuova numerazione), di cui alcune bianche.

La *Historia o leggenda del re Giannlino* è ivi contenuta da c. 197 a c. 286. Seguono (cc. 287 r-292 r) altre notizie raccolte dal copiatore della leggenda, relative a Giannino di Guccio e ad alcuni suoi discendenti.

(2) Cod. miscellaneo, cartaceo, composto dalla riunione di mss. diversi dei secoli XVI, XVII e XVIII, con un quaderno di minor formato, inserito tra le cc. 153-176, che credesi scritto nel sec. XIII (se non è piuttosto una contrafazione); di cc. 335 (numerazione moderna).

Della *Leggenda* non contiene che la parte epistolare, cioè due lettere di Cola a Giannino, e una d'Antonio romito a Cola; la scrittura di questo frammento è del secolo XVIII, ed esso è una copia materiale fatta dalla *Leggenda* completa, contenuta nel sopra·citato codice C, IV, 16.

(3) Cod. cartaceo, del secolo XV, con legatura modernissima, di cc. 61; dimensioni 228 × 160: con fregio alla sola iniziale della prima pagina, e intitolazione in rosso.

Barberiniano il codice della biblioteca Nazionale di Parigi
«Ital. 393» (1) e il Chigiano Q₁, I, 27 (2).

A foglio 219 del codice parigino (3), dove comincia
il testo delle lettere di Cola, si trova scritto da mano diversa
dalla solita: *Lettres de Nicolas de Rienzi*, e subito dopo:
« Les nombres marqués à la page extérieure se rapportent
« aux pages et aux numéros des *Osservazioni di Girolamo*
« *Gigli sopra la storia del re Giannino*». Vedesi dunque
chiaramente che questa trascrizione non può essere anteriore ai primi anni del secolo scorso, dal momento che
il trascrittore aveva innanzi le *Osservazioni* composte su la
leggenda di Giannino da Girolamo Gigli (4).

(1) Cartaceo, di fogli 234, con legatura modernissima in marocchino rosso. A c. 2 (precede il foglio di guardia) si legge la seguente intitolazione: *Historia del re Giannino di Francia, copiata dal-
l'antico manoscritto, che fu in mano del signor Celso Cittadini, nobile
senese, et hora si trova alla biblioteca Barberiniana;* dal che evidentemente risulta essere il manoscritto parigino una copia del Barberiniano.

(2) Cod. cartaceo, di cc. 140. Contiene, oltre l'*Historia* di Giannino (cc. 1-60), un estratto delle *Historiae Senarum* di Sigismondo
Tizio. Sul frontespizio si legge (come nel citato codice parigino):
Historia etc. *tratta dall'antico ms. che fu in mano del signor Celso Cittadini, nobile senese, et hora si trova nella biblioteca Barberiniana, 1662.* La
leggenda di Giannino manca, anche in questo codice, del cap. XXIII,
che appunto, negli altri manoscritti, contiene l'*epistole* relative al
curioso episodio.

(3) I fogli dal 4 al 218 sono occupati dal racconto; quelli dal 219
al 234 dalla corrispondenza.

(4) Giova ricordare come queste *Osservazioni* fossero state ideate
dal Gigli quasi ad illustrazione dell'edizione, ch'ei proponevasi di
condurre a termine, dell'*Historia di Giannino di Guccio*. Egli infatti
ne discorreva nel suo *Diario Sanese* (Lucca, 1723), dove registrava per
ordine cronologico gli avvenimenti di Siena. « Noi non parleremo
« qui - egli scriveva - di questo principe sventurato, perchè abbiamo
« promessa questa curiosa istoria a tutti i letterati, e stiamo ormai
« per pubblicarla, non solo per mettere alla luce un illustre perso-
« naggio finora quasi a tutti ignoto, ma per aggiungere un ottimo

Parimenti, da qualcuno fra i codici italiani dell'*Historia* sono tratte le copie del secolo passato, nelle quali la biblioteca Reale di Parigi possedeva le lettere di Cola che vennero trascritte e poi messe a stampa dal Monmerqué (1). Che anzi, secondo il parere di quest'ultimo, chi avrebbe, durante una lunga dimora in Italia, redatte quelle copie, sarebbe precisamente il De la Porte du Theil, erudito insigne del settecento.

Ma sì rispetto alle fonti genuine, sì rispetto a quelle adoperate dal Monmerqué, l'autorità del codice Barberiniano rimane sempre maggiore, ed è veramente a deplorare che in esso manchi proprio quella parte che più serve al caso nostro.

A questo punto però dobbiamo ristare un momento dinanzi al fatto notevole della parallela lezione latina, in

« testo di lingua toscana agli altri del buon secolo. Promettemmo
« questa edizione a' giornalisti di Venezia, che nel primo giornale ne
« parlano, colle note dell'insigne letterato m^r Giusto Fontanini;
« ma avendo egli avuto alle mani cose di maggior rilievo, le com-
« pilammo per noi medesimi, e ne lasciammo un originale nella
« libreria del Collegio Romano con altri manoscritti sanesi in osse-
« quio all'eminentissimo card. Giov. Batt. Tolomei, nostro gran
« benefattore » (*Diario*, I, 138).
Quest'*originale* della trascrizione e dell'illustrazioni del Gigli esisteva infatti, in tre volumi segnati 8, d, 1-3, alla biblioteca del Collegio Romano, quando il Papencordt, che ne fa cenno (op. cit.
p. 349), preparava il suo *Cola di Rienzo*. Ma, alla biblioteca Nazionale, i tre codici, del pari che la maggiore e miglior parte del fondo
gesuitico, non sono, com'è noto, pervenuti. Una copia però, tanto
del testo, quale avevalo preparato il Gigli, quanto dell'*Osservazioni*
di lui si trova alla Chigiana, in due volumi segnati: Q$_1$, I, 28 e
Q, I, 29.
    (1) *Dissertation historique sur Jean Ier, roi de France et de Navarre*,
par M. Monmerqué; Parigi, Tabary, 1844. Anche il Rodocanachi
(op. cit.) ristampò recentemente queste lettere; ma egli, che ignorava
la pubblicazione del Monmerqué, si servì del codice A, III, 27 della
Comunale di Siena.

cui i medesimi documenti ci sono stati tramandati nella *Storia di Siena* di Sigismondo Tizio (1), che conservasi manoscritta alla Chigiana ed è l'unica fonte che ce li dia in quella forma. Quivi leggiamo le stesse epistole, che i codici sopra citati contengono nella lezione italiana.

Or donde trasse il Tizio queste lettere? Nulla egli ce ne dice: e soltanto della *Dichiarazione* del 4 ottobre 1354 (2) afferma d'aver veduto l'originale. Dal Tizio trasse il Papencordt questa *Dichiarazione* e la mise a stampa in fine al suo *Cola di Rienzo* (3).

Ma, tre anni dopo ch'era apparso il libro del Papencordt, il già ricordato Monmerqué trovò la *Dichiarazione* in una pergamena del secolo XIV, che è probabilmente la stessa veduta dal Tizio. Essa infatti faceva parte dell'archivio della casa Piccolomini di Siena, e nel catalogo della vendita, dalla quale pervenne al Monmerqué nel 1842, era appunto annunziata fra i *titoli* di quella casa.

Il Monmerqué, oltre la ristampa del testo, diede del documento un buon fac-simile (4), ch'è quello appunto utilizzato nell'Epistolario. Quanto poi alle altre tre lettere (5), non si poteva uscire dalla trascrizione del Tizio, che pare, del resto, abbastanza accurata.

Ora, data questa duplice lezione delle lettere, un problema si presenta spontaneo: - in quale delle due forme esse uscirono dalla mente di Cola? - Alcune parole, che il Tizio fa precedere alla lettera di quel frate Antonio, dal quale fu

---

(1) Per le opportune notizie intorno alle *Historiae Senenses* del Tizio, rimandiamo al PAPENCORDT (op. cit. p. 353).

(2) *Epist.* lett. LII: « Hic est modus et tenor declarationis in « omnibus et per omnia compilatus qualiter fuit subalternatus filius « regis Luygii et regine Clementie tempore nativitatis filii prefati ».

(3) Doc. XXXVII.

(4) Allegato alla citata *Dissertation* etc.

(5) *Epist.* lett. L–LIII.

segnalata a Cola l'esistenza di Giannino (1), spargono una certa luce su la questione. « Antonii autem literarum - scrive « il Tizio - transmissarum ad Senatorem, tenor huiusmodi « fuit, a nobis hic in latinum conversus his verbis », e qui segue la lettera sopraddetta. Ma avrà il Tizio tradotte egli anche le lettere di Cola di Rienzo ? E perchè il tribuno avrebbe, in questo caso speciale, fatta un'eccezione al costume cancelleresco, da lui sempre seguìto per l'innanzi, di scrivere in latino ? E se la pergamena conosciuta dal Monmerqué è redatta in latino, perchè gli altri documenti lo sarebbero in volgare ? E perchè Cola avrebbe rotta in tal guisa una tradizione così radicata ? Noi non sappiamo farci persuadere dalle poche parole di Sigismondo Tizio; ma richiamiamo sull'interessante problema l'attenzione degli studiosi.

Dalla brevissima rassegna fatta dei manoscritti, che servono alla stampa delle lettere, il lettore ha già potuto vedere come non si presenti quasi mai la simultanea esistenza d'una medesima lettera in due o più manoscritti: dal che il lavoro dell'editore viene di molto semplificato.

La più rilevante eccezione a questa, che può dirsi la regola generale, è costituita dalla citata lettera al Comune di Viterbo (2). Anche di essa abbiamo una duplice lezione, latina e italiana; ma, mentre la prima si trova soltanto nel noto codice della Nazionale di Torino (ed è certamente in tal forma che il documento uscì dalla cancelleria romana), la seconda (3) è contenuta in più d'un codice, tra le più diffuse *epistolae* che circolavano nel medio evo, come quelle, ad esempio, di Dante ad Arrigo VII e di Morbosiano, principe dei Turchi, a Clemente VI. Sembra insomma

---

(1) Vedi la narrazione del Papencordt (op. cit. pp. 296-302) e lo *schiarimento* di lui: *Ueber Gianni di Guccio* (op. cit. pp. 349-354).

(2) *Epist.* lett. II.

(3) *Epist.* Appendice, I.

che la lettera ai Viterbesi fosse di preferenza destinata, fra tutte quelle composte da Cola, a rimanere nel medio evo la più generalmente nota, la più tipica, la più popolare.

Dei codici che contengono la detta lettera citiamo i tre più importanti, cioè i Laurenziani XL, 49 (1) e XLII, 38 (2), e il cod. 557 (fondo italiano) della Nazionale di Parigi (3), sul quale abbiamo condotto la ristampa del documento.

Discorrere dei criteri, coi quali l'edizione è stata condotta, in un caso come il nostro, in cui ad ogni documento corrisponde costantemente un'unica fonte, sarebbe completamente ozioso. E non è neanche a dire che i manoscritti enumerati, nè nuovi, nè esaminati ora la prima volta, traggano seco di necessità la trattazione di qualche grossa questione preliminare. Le note, che accompagnano il testo

(1) Cod. cartaceo della fine del sec. XIV o del principio del XV; legato in pelle rosso-cupa, con fregi impressi e con borchie portanti in rilievo l'arma medicea. Sur un tassello di carta, in capo al r° della coperta: *Canzoni di Bindo Bonichi, di Dante et prose di diversi*. Misura 0,285 $\times$ 0,210: fascicoli 15, quasi tutti quinterni (il X è quaderno, il XIV e il XV sesterno). Scrittura minuscola rotondeggiante del secolo XV, con iniziali a inchiostro rosso, fregi in capo a ogni componimento, e le iniziali di ciascun verso colorate in cromo. A c. 121: *Pistola di Cola di Rienzo al Comune et a retori della città di Viterbo*.

(2) Cod. cartaceo, sec. XIV, carattere gotico; legato al modo stesso del precedente; misura 0,280 $\times$ 0,210; di carte 32 modernamente numerate. A c. 14: *Pistola di Cola di Rienzo al Comune et rettori di Viterbo*.

(3) Corrisponde al cod. 7778 della Biblioteca del re, citato dal BALUZE (*Vitae paparum Avenionensium*, Parigi, 1693, I, p. 884, col. II) e indicato dal PAPENCORDT (op. cit. p. 325) come terza fonte delle lettere di Cola. Ma, contrariamente a quanto supponeva il Papencordt medesimo, che non aveva punto visto il manoscritto, esso non contiene, oltre la lettera ai Viterbesi, alcun altro documento riflettente la vita di Cola. È un cod. cartaceo del secolo XIV, carattere tondo dell'epoca, legatura in marocchino rosso, di carte 108. A c. 78: *Pistola di Cola di Rienzo al Comune e rectori della città di Viterbo*.

dell' Epistolario, risolvono, volta per volta, tutte le questioni minute, alle quali esso possa dare occasione, e, quanto ai codici adoperati, la Prefazione alle lettere dice brevemente tutto ciò che non ha potuto trovar luogo nel presente scritto, d'indole sintetica e generale.

A noi dunque rimane solamente a sperare che tanto il ravvicinamento qui tentato fra l'epistolografia del medio evo e la produzione letteraria di Cola di Rienzo, quanto le osservazioni fatte intorno ai caratteri e al contenuto delle sue lettere, traggano gli studiosi a sempre meglio riconoscere l'importanza della pubblicazione proposta dalla Società Romana e intrapresa dall'Istituto Storico Italiano.

ANNIBALE GABRIELLI.

Il Diario di Stefano Infessura.

STUDIO PREPARATORIO

ALLA NUOVA EDIZIONE DI ESSO

NELLA sua adunanza plenaria dell'8 aprile 1886 l'Istituto Storico Italiano approvava all'unanimità che si procedesse alla ristampa del diario di Stefano Infessura (1). Il presente saggio intende a dichiarare quali furono gli studî che precedettero e i criterî che servirono di base alla nuova edizione.

È noto che primo a pubblicare questa fonte di storia fu già nel 1723 Giovan Giorgio Eckhart, amanuense del Leibnitz, poi professore di storia ad Helmstädt (2). Egli l'incorporò al secondo volume del suo *Corpus historicorum medii aevi,* dandolo in luce da un manoscritto della biblioteca Reale d'Hannover, riscontrato con un altro codice Berlinese (bibl. Reale it. fol. 37) che, a quanto sembra, conobbe dopo (3). Nel 1730 il nostro Muratori scriveva al Marmi: « Il diario dell'Infessura l'ho anch'io nell'Estense

---

(1) *Bullettino dell' Istituto Storico Italiano,* I, 65-66.

(2) Vedi intorno all'Eckhart il von WEGELE, *Geschichte der deutschen Historiographie,* Lipsia, 1885, p. 638 e sgg.

(3) ECCARDI *Corpus historic. medii aevi,* Lipsia, Gleditsch, II, col. 1863-2016. V. *Pref.* n. XVII.

« e pensava di darlo fuori io il primo (1). Il signor Ec-
« cardo (così latineggiato compariva il nome dell'Eckhart
« nella repubblica delle lettere), il signor Eccardo intanto
« l'ha pubblicato nella Raccolta de' suoi Scrittori Germanici;
« con tuttociò penso di ristamparlo » (2). Nè l'idea del
Muratori era men che buona; dacchè il diario dell' Infessura interessa troppo più la storia italiana e romana, che
non la tedesca; e se l'edizione italiana fosse riuscita migliore, avrebbe fatto dimenticare per certo quella che in
ordine di tempo era stata la prima. Ma il Muratori trasse
il suo testo solo da un codice del secolo XVII, ora conservato nella biblioteca dell'Archivio di Stato in Modena, diverso da quel che servì all'Eckhart, ma non migliore; e
per quanto il Muratori sapesse ch'altri manoscritti ne stes-
sero alla Vaticana, non gli era facile allora averne copia.
Anzi, dopo che la prima edizione dell'Eckhart aveva fatto
conoscere intero il testo del diario, citato prima a spizzico
e dove giovava, seguì che l'amore dell' Infessura alla libertà comunale di Roma, e l'animo acerbo da lui mostrato
verso pontefici che la spensero, fecero ritrosi gli storici,
in tempi non liberi e non sinceri, ad occuparsi di esso, e
più ritrosi ancora gli archivisti e i bibliotecarî in conce-
derne i manoscritti allo studio.

Anzi, il Muratori stesso, ripubblicandolo, ebbe bisogno

---

(1) Questa lettera basta a mostrare quanto ben s'apponesse il
teologo Frantz, quando accintosi a purgare dalle gravi accuse la memoria di papa Sisto IV, armeggiando contro il diario dell' Infessura,
che insieme colle lettere del Filelfo e cogli scritti di Luigi XI gli
sembrava costituire « das Hauptarsenal der Angriffe gegen Sixtus IV »,
scrisse: « Muratori trug mit Recht Bedenken, sie der Sammlung seiner
« *Scriptores Rer. Ital.* einzureihen und entschloss sich nur deshalb
« dazu, weil Eccardus dieses Tagebuch bereits den " Gelehrten "
« zugänglich gemacht hatte ». Cf. G. Frantz, *Sixtus IV und die Republik Florenz*, Regensburg, 1880, p. VI e sgg.

(2) Vedi Lud. Ant. Muratori, *Lettere inedite scritte a Toscani*,
Firenze, Le Monnier, p. 322.

di attenuare con considerazioni difensive il fatto suo, sopprimendo qualche brano, rimandando chi avesse desiderato di più all'edizione tedesca (1); a lui bastando che un testo di tanta importanza non fosse escluso dalla sua grande raccolta italiana.

Per l'innanzi maraviglia invece che precipuamente dalla scuola storica ecclesiastica sia da ripetere il credito e la diffusione che conseguì il diario di questo scribasenato. Del qual fatto è da ripetere l'origine un po' dalla materia e un po' dalla forma dell'opera di lui. Dacchè tra molti notamenti in cui egli adombra, più spesso che non dichiari, la storia comunale di Roma, n'à di quelli che grandemente interessano la Chiesa. Dove egli, per esempio, accredita una reliquia, o attesta un miracolo, o registra una canonizzazione, o dà relazione d'un conclave, o allega un particolare del cerimoniale, l'autorità di lui parve preziosa. Quindi il Panvinio (2), il Bosio (3), il Martinelli, il Ni-

---

(1) MURATORI, *Rer. It. Scr.* III, par. 2ª, c. 1110, pref.: « pauca mihi « placuit expungere, quae foediora mihi visa sunt atque indigna, quae « honestis auribus atque oculis offerantur. Qui eiusmodi sordibus de- « lectatur, editionem Eccardi adeat ».

(2) Cf. le sue *Vite di Sisto IV e d'Innocenzo VIII* scritte in continuazione alle *Vitae pontificum* del Platina. Il POUGET, le cui note « ex « chronicis bibliothecae Colbertinae » riferisce il MONTFAUCON (*Bibl. biblioth. mss.* c. 1151), a proposito del ms. Colbertiano dell'Infessura osserva: « De Sisto IV, quem tamen laudat Onuphrius, horrenda « narrat, nec quibusdam aliis pontificibus parcit », senza rilevare quanto appunto il Panvinio stesso accatta dall'Infessura.

(3) F. MARTINELLI, *Primo trionfo della Sᵐᵃ Croce*, 1655, c. 64; IAC. BOSIO, *La trionfante e gloriosa croce*, Roma, 1610, nella stamperia del signor Alfonso Ciacone, p. 62; Ho. NIQUET, *Titulus S. Crucis*, Parisiis, 1698; i quali autori citano il brano dell'Infessura « die « prima mensis februarii anni 1492 ». SORESINI, *De Capitibus Ss. App. Petri et Pauli in sacrosanta Lateranensi ecclesia asservatis*, Romae, 1673, pp. 53, 54, 59, 106, 107, 115. Delle citazioni del Rainaldi e degli annalisti terrò più particolare proposito altrove. Il Niquet lo allega « ex antiquo rerum Romanae urbis diario a Laelio Petronio, Paulo

quet, il Rainaldi, lo Chacon (Ciaconius), il Vittorelli,
l'Oldoini, il padre Casimiro, il Marini, il Severani, il Soresini, il Gattico, il Garampi vi si riferirono con certezza,
taluni anche segnalandone i manoscritti in buon numero,
per sino a che l'edizioni non ne diffusero il testo; di
guisa che può sembrare non estraneo all'ultima forma di
compilazione che il *Liber pontificalis* assunse nel secolo xv (1), e quasi un anello di congiunzione tra l'effe-
meridi della storia civile di Roma, che col secolo xv muore,

« de Magistris et Stephano Infessura conscripto, quod manuscriptum
« habetur in bibliotheca Fulvii Archangeli Balneoregiensis ». Il p. CA-
SIMIRO (*Storia d'Araceli*, pp. 416, 418, 424, 468, 469) ne cita i mss.
Chigiano 1226, Vatic. 6389, 5394, un ms. « presso il signor marchese
« Pompeo Frangipane » e quello « presso il signor Francesco Vale-
« sio ». MARINI, *Archiatri*, II, 200, n. 14; G. SEVERANO, *Memorie sacre
delle sette chiese di Roma*, Roma, 1630, pp. 162, 511, 520, 574. GAT-
TICO, *Acta selecta caeremonialia S. R. E. ex variis mss. codicibus et
diariis saeculi* xv, xvi, xvii, Romae, 1753, cita l'Infessura a c. 366,
e nella prefazione (pp. xiv-v) osserva: « Illa autem ipsa causa, quae
« me ad Burcardi excerpta huic collectioni inserenda permovit eadem
« multo magis impulit ut ex aliis Libris Diariis Romanarum Rerum,
« quos in Archiviis inveni, fragmenta aliquot eruerem; licet ipsorum
« aliqui inter Scripta Rerum Italicarum collocati fuerint » ....
« Idem Muratorius iterum edidit Diarium Romae scriptum a Ste-
« phano Infessura Scriba Senatus populique Romani, quod antea alibi
« fuerat editum, licet lucem non mereretur publicam ob acerbitatem
« mordacissimam, qua sine debita maioribus reverentia, quorumdam
« acta proscindit. Ab isto Diario, cuius varia inveni mss., vix unum
« alterumve fragmentum erui, cum ferme tantum exorta dissidia et
« contentiones inter Romanos proceres narret, quae penitus aliena
« sunt a meae Collectionis scopo ». GARAMPI, *Saggio di osservazioni
sul valore delle monete pontificie*, App. pp. 79-80, 163-64, 171-72, ecc.

(1) DUCHESNE, *Étude sur le Liber pontificalis*, p. 217; LAEMMER,
Zur Kirchengeschichte des xvi. *und* xvii. *Jahrhunderts*, p. 140. A pro-
posito dei *Diaria Sixti IV, auctore Bartholomeo Platina*, osserva: « Die
« Abhängigkeit Sacchis von Infessuras Tagebüchern steht ausser
« Frage; sein Standpunkt, ist aus den *Vitae Rom. Pontificum* bekannt
« und hier nicht verleugnet ».

e la serie dei diurnisti della curia che col secolo XVI (1) s'iniziano.

Il Contelori, il quale non lo allega nè nella sua *Vita Martini V,* nè nell'*Elenchus S. R. E. cardinalium ab anno 1294 ad annum 1430* (si ponga mente a quell'anno che è comune punto di partenza e pel Contelori e per l'Infessura), nè lo cita nella *Genealogia familiae Comitum,* dove pur citò il

(1) Il Gregorovius rimproverò al Ranke d'aver confuso coi cerimonieri pontifici l'I. il quale fu invece scribasenato e podestà ad Orte. L'abbaglio parve nell'edizione del 1874 della *Geschichte der romanischen und germanischen Völker,* Appendice *zur Kritik neuerer Geschichtschreiber,* p. 98: « Infessura's tagebücher sind immer als eine Einleitung « zu Burcardus betrachtet worden, und voll schöner Notizen ». GREGOROVIUS, *Gesch. d. St. Rom.* VII, 606, scrive del nostro diarista: « Sein hochverdienstliches Werk wurde vielfach benutzt. Selbst Bur-« ckhard welcher Bischof von Horta und wol mit Infessura befreundet « war, Schrieb ihm für das Jahr 1492 stellenweise aus ». Cf. ms. Vat. 9136 del Suares, c. 39 e sgg. e Vat. 9026, apografo del Marini, a c. 267: « *Suaresii, De Diariis et Actibus Concistorialibus,* ex orig. in BB ». In questo si citano: 1° « *Diaria ab obitu Bonifacii 8 ad Alexandrum 6* « in B B, Vaticana, n. 5622, codice seu *Ephemerides* », notando in margine: « italice »; 2° « *Diarium dictum Mesticanza,* collectum e qui-« busdam Diariis olim apud Gentilem Delphinum at incerti auctoris « ab Urbano V^to ad Gregorium XII^um ab anno 1379 ad 1427 in B B « et in archivio Vaticano e libris Card. S^tae Susannae Cobellutii »; 3° « *Diaria Stephani Infessurae civis Romani a tempore Curiae Romanae* « *e Gallis reductae in Urbem ad Alexandrum VI Pont. sive ab a. 1314* « *ad 1493 rerum romanarum suorum temporum* ». E cita in margine: « Codex Vatic. 5299 partim italice, partim latine, incipit: *pontifical-* « *mente, et disseli : piglia tesauro* italice ». E annota a c. 269: « Omnes « Codices Diariorum Caeremonialium reconditi fuerunt in Biblio-« thecis Farnesiorum cardinalium Alexandri et Rainutii exemplati ut « adnotat p. 4, d. 1 diar. Io. Paulus Mucantius ad ann. 1590 ». Nel ms. Vat. 4909 si citano a p. 21 fra i mss. di cui si giovò l'autore della *Storia della Serenissima Nobiltà dell'alma città di Roma,* libro apocrifo di Alfonso Ceccarelli, i « *Diarii di Stefano Infessura delle cerimonie Ecclīe* (!) « quali sono manuscritti in tutto foglio nella libraria del signor Fran-« cesco Mucante maestro delle ceremonie di N. S. ».

Diario del Notaio dell'Antiposto (1), lo conobbe per certo,
ne possedè un manoscritto, e un codice nel museo Britannico (add. mss. 8433) ce ne fornisce la prova. Tutti i cultori della storia civile e di quelle discipline che le valgono
di sussidio, come la topografia, la genealogia, la numismatica, ne invocarono l'autorità. Tutte le combriccole letterarie che in Roma tennero successivamente il campo, da
quella di Fulvio Orsini, del cardinal Delfini e del Sirleto,
a quelle della regina di Svezia, del barone de Stosch,
degli Albani, del Valesio, del Cancellieri, tutte ne fecero
conto (2).

Se non che il diario di Stefano Infessura fu creduto
sulla parola assai più che esaminato; della persona sua bastò
conoscere quelle notizie che negli appunti cronici diè di
se stesso: bastò l'appunto, che sì spesso ricorre in principio
ai manoscritti del diario, ch'egli, cioè, fu podestà ad Orte
nel 1478 (3). Ricerche originali non si fecero, o non si
potè; non si raccolsero quelle sparse ne' libri a stampa. Il
Valesio e il Cornazzani, pur giovandosene per la storia e
la genealogia di casa Colonna, non videro come l'influenza
di casa Orsina erasi provata a intorbidare la fonte loro; il
Cancellieri, che pur ricorse a lui per stabilire l'origine del
mercato di piazza Navona, le solennità dei possessi pontifici, financo il « sonare a gaio » delle campane di Campido-

(1) CONTELORI, *Genealogia familiae Comitum*, p. 26. Non lo nomina
espressamente, ma lo designa: « in Diario Italica lingua scripto quod
« incipit ab anno 1481 ».

(2) DE NOLHAC, *La bibliothèque de Fulvio Orsini*, Paris, 1887, passim; JUSTI, *Leben Winkelmanns*, II, 229; Id. *Antiquarische Briefe des
Baron Philipp von Stosch*, p. 22 e sgg.; VALESIO, *Istoria di casa Colonna*, ms. archivio Colonna, cred. XIV, t. 26, pp. 80, 171, ecc.

(3) Lo JÖCHER (*Allgemeines Gelehrten Lexikon*) lo chiama « ein Se-
« cretarius des Raths zu Rom, war erst Stadt-Richter zu Orta ». 1
mss. che, secondo le sigle indicate in seguito, lo danno come potestà
di Orte, sono A, O¹, R, S, V¹. — S¹ in due note diverse lo dà « po-
« testas Ostiae » e « p. Ortae ».

glio (1), della famiglia dell' Infessura non aggiunse verbo; nè la storia dello studio romano sospettò che dovesse apparire il nome del nostro diarista fra quelli de' suoi professori. Di guisa che, sino a questi ultimi tempi, in cui la critica si è esercitata in ogni maniera d'indagini e di rappresentazioni, il valore. storico, la struttura e la compagine intrinseca degli scritti dell' Infessura rimasero intentati.

Qualche dubbio sulla giustezza d'alcuna delle sue date affacciarono il Muratori (2), il Giorgi, il Papencordt. Il Gregorovius, pieno di simpatia pel nostro scribasenato, affermò, ripetè, congetturò, ma non provò nulla sul conto di lui (3);

(1) CANCELLIERI, *Le campane di Campidoglio*, p. 42.

(2) MURATORI, *Annali d' Italia* ad ann. 1458, 1464, 1488; GIORGI, *Vita Nicolai V pont. max. ad fidem veterum monumentorum*, p. 159; quantunque altrove (p. 169) scriva: « at dubitare non sinit inscriptio « nunc allata, atque Stephani Infissurae testimonium »; PAPENCORDT, *Geschichte der Stadt Rom im Mittelalter*, pp. 471, 476.

(3) GREGOROVIUS, *Geschichte der Stadt Rom*, VII, 605: « Zu wir-« klicher Bedeutung erhebt sich unter diesen römischen Journalisten « erst Stefano Infessura. Das Leben dieses Mannes ist unbekannt, « ausser dass man durch ihn selbst weiss, er sei im Jahre 1478 praetor « in Horta gewesen, dann Schreiber der Senats geworden. Er ver-« fasste ein Diarium der Stadt Rom teils in italienischer, teils in la-« teinischer Sprache, dessen Anfang nur fragmentarisch ist; denn er « beginnt mit 1295, springt dann zu 1403 über, gibt die Geschichte « der ersten Hälfte des xv. Jahrhunderts wie im Auszuge aus anderen « Chronisten, und wird darauf selbständig und reichhaltig namentlich « von Sixtus IV an. Offenbar führte Infessura einen grösseren Plan nicht « aus (?!). Er ward wie Burckhard ohne humanistische Bildung. Vom « wissenschaftlichen und künstelrischen Leben in Rom nam er nicht « die geringste Notiz. Im Hofbeamten Burckhard wagt sich nie der « Mensch hervor; in dem rechtlichen Infessura aber schlägt das Herz « und urteilt der Verstand eines freimütigen Bürgers. Er zeigt sich « als praktischen Mann von einfacher und rauher Art, als echt römi-« schen Patrioten, Republicaner aus Neigung und Princip, als Feind « der Papstgewalt, daher er sich offen als Bewunderer Porcaro's be-« kennt. Deshalb frägt er bei seinem Tadel über die Päpste, namentlich « den ihm so tief verhassten Sixtus IV, die grellsten Farben auf. Fäl-

il Reumont male lo dipinse come il rappresentante vero
dell' inesauribile maldicenza romana (1), quantunque avesse
ragione d'affermare che per i Liutprandi del secolo xv
si voglia critica non meno acuta che per quei del x; al
Creighton non s'intende ben chiaro se talvolta l'origina-
lità di lui parve più preziosa o sospetta (2); il Pastor, finalmente, dopo averlo rappresentato come un violento avversario della dominazione papale, dopo averlo censurato,
andando sulle orme del Giorgi, per cronologica inesattezza,
promette poi di provare nel secondo volume della sua
storia de' papi, e di provare *funditus*, che l'Infessura, secondo
lui, non merita fede (3). La quale promessa non trattiene
l'esame scientifico, libero da preconcetti aggressivi ed apo-
logetici, dal saggiare una buona volta la compagine di

« schung der Geschichte sind ihm nicht nachzuweisen. Da er das
« Papsthum durchaus von seiner weltlichen Seite darstellt, gab ihm das
« Nepotenwesen zu moralischer Entrüstung und bettern Ausfällen
« Grund genug. Nur ist er einseitig; von dem Guten was Sixtus IV
« geschaffen hat, weiss er kaum ein Wort zu sagen. Man kann ihn
« den letzten Republicaner der Stadt Rom nennen; einen Mann der
« tüchtigsten Gesinnung, voll bürgerlichem Ehrgefühl. Das öffentliche
« Leben zur Zeit von Sixtus und Innocenz VIII lehrt er am besten
« kennen; dafür ist er Hauptquelle. Sein hochverdienstliches Werk
« wurde vielfach benutzt ». Nelle partigiane *Geschichtslügen*, Paderborn
und Münster, 1887, non trovandosi menzione dell'Infessura, vuol dire
che o non s'ebbe come un « Gegner des Papsthums » o non parve
uno storico mendace.

, (1) Il REUMONT, *Geschichte der Stadt Rom*, III, par. 1ª, p. 367: « der
« ächte Repräsentant der unverwüstlichen römischen Medisance ».

(2) CREIGHTON, *A history of the papacy*, II, 510: « (Infessura's diary)
« grows more connected as it approaches his own time, but has some
« information, not given elsewhere, of the events of the years 1431
« and 1434 ».

(3) 'PASTOR, *Geschichte der Päpste, seit dem Ausgang des Mittelalters*,
I, 342, in nota: « Infessura, ein heftiger Feind der päpstlichen Herr-
« schafft »; p. 433, nota 2: « ..... Auf die Unglaubwürdigkeit Infes-
« sura's wird der zweite Band dieses Werkes noch näher eingehen
« müssen ».

questo diario, l'autore del quale di molte delle cose che racconta fu senza dubbio testimonio di veduta. Fino a che punto fosse egli in condizione di vedere il vero, come lo raccontasse, quanto lo colorasse del suo umore personale, quanto accettasse da' contemporanei, se l'opera sua ci pervenisse schietta o a quali alterazioni andasse soggetta nel tramandarcisi, queste sono le ricerche che sembra necessario di premettere, prima di poter portare coscienzioso giudizio della fede che merita.

È cosa certa che, se non fosse pel diario di Stefano, oramai non resterebbe più memoria del nome e della casata degl'Infessura (1). Di tanti documenti a lui anteriori in cui s'incontrano lunghe liste di cittadini romani, come, ad esempio, nelle tante convenzioni d'accordo e transazioni tra il Comune di Roma e i pontefici, quali furono pubblicate e dal Vitale e dal Theiner, il cognome degl'Infessura non capita mai; nè capita in documenti privati a stampa, o in altre cronache, se si eccettua quella manoscritta, assai sospetta, di cui fa parola il Bicci (2), che già si conservava nell'archivio dei Boccapaduli. In questa, tra gl'intervenuti ad una festa di Testaccio, si citano « vestuti « all'antica... li riformatori dello studio che erano Luca « Antonio Boccapadura et l'aitro Matteo Infesura ». Pure non è dubbio che la casata degl'Infessura fu, tra le popolari, delle più spettabili, e basterebbe l'autorità di Marcan-

(1) Nei *Registri del camerlengo della Camera di Roma* (Arch. di Stato) il nome di lui apparisce notato nelle seguenti forme: 1° Stefano in fessura; 2° infessura; 3° inffessura; 4° infusura; 5° Infusurj; 6° de ynfixuris.

(2) M. Bicci, *Notizia della famiglia Boccapaduli*, Roma, 1762, p. 25, in nota. La cronica, per quanto riferisce il Bicci, fu scritta « in Roma « nello rione delli Monti per Nardo Scocciapile nell'anno 1372 del « mese di agosto per santa Maria ». Di questa cronica il Bicci dà un lungo estratto fra i documenti (pp. 589-595). Sembra scritta con preconcetti genealogici e ad esaltazione specialmente della famiglia dei Maddaleni.

tonio Altieri a rendercene testimonio. Era delle romane
natie e s'andava assottigliando e nascondendo fra le romane
fatte (1). Le memorie manoscritte che se ne raccolsero,
risalgono sino all'anno 1397, cioè sino all'avo del nostro
Stefano; ma prima della metà del secolo XVII si rabbuiano
e il nome, l'eredità e le carte della famiglia trapassano di-
sperdendosi in casate commemorate per censo largo e relazioni profittevoli colla curia (2).

Nel 1397 Lello degli Infessura comparisce arbitro tra
Lorenzo di Cecco Palochi e Ludovico de' Papazzurri, sen-
tenziando in una questione di loro orti contigui per la
distruzione d'una fratta. Egli ebbe ad essere pertanto, secondo ogni probabilità, dottore di legge. Nel 1408 assistè alla

(1) M. A. ALTIERI, Li *nuptiali*, ed. Narducci, p. 15: « Roma, già
« regina et dea universale,..... vedese al presente tanto nihilata che
« per romani naturali terriase obscurissima et solitaria latebra. Prin-
« cipiando dalli Monti et per Cavallo, per lo Treio et per li Conti,
« mancatice Cerroni, Novelli, Paparoni, Petrucci, poi Salvetti, Nisci,
« Cagnoni, Lupelli, Pirroni et Vennettini, Dammari, Foschi, Pini,
« Masci, Capogalli, Mantaci, Carvoni, Palocchi, Acorarii, Pedacchia
« et Valentini; Palelli, Arcioni, Migni, Capomaiestri, Subbattari,
« Negri; et poi Mancini, li Scutti, li Infessura, etc. ».

(2) Nel testamento d'Agnese Branca, rogato dal notaio Buccio
di Paolo di Buccio di Angeli, in data de' 12 gennaio 1401, esistente
nell'arch. di S. Spirito, e citato dall'ADINOLFI (Roma *nell'età di mezzo*,
II, 26, in nota), si descrive una casa che confina colla « domus here-
« dum condam Petri de Columna, ab alio latere tenet L e l l u s F e-
« s u r e, retro est locus qui dicitur la Sede, et locus qui dicitur la
« Mesa ». Gl'Infessura s'imparentarono coi Giovenali e i Ghislieri.
Le loro carte passarono da queste casate nei Simonetti e da questa
poi nella famiglia dei conti Savorgnan di Brazzà, che con grande
cortesia mi concessero di averle a studio. Rendo grazie in quest'occasione alla colta e gentile signora contessa di Brazzà, anche per
altri schiarimenti verbali che mi favorì rispetto all'archivio domestico. Le pergamene degl'Infessura fino a' tempi dell'archivista Aro-
matari furono vedute nell'archivio Brazzà; poi scomparvero. Vedi in
App. n. 1 le *Notizie relative alla famiglia Infessura e documenti che la
riguardano*.

lettura e alla conferma de' capitoli della società del Santissimo Salvatore. Poi Giovan Paolo, suo figliuolo, aromatario o speziale della regione di Trevi, è de' caporioni nel 1428; non risulta con cui s'ammogliasse, ma ebbe buona figliuolanza; la Vannozza, maritata ad un Benedetto di Felice de Fredis, di Valmontone, antenato di quel de Fredis che diventò famoso per aver ritrovato, scavando in una sua vigna presso le Sette Sale, nel 1506, il gruppo del Laocoonte; poi Lello, il nostro Stefano, Lorenzo, Antonio, Domenico e Ceccolo che fu celebrato come uom faceto e « da supplire ogni defecto » (1). Ma non sembra che costoro godessero di numerosa prole o vivessero a lungo. Lello era già morto nel 1483. E appunto in quest'anno Stefano, curatore d'Antonina, figlia di lui e sua nipote, comparisce come « eximius iuris utriusque doctor », e stipula patti dotali fra lei ed Antonio, figlio di Giovan Battista della Pedacchia. La *subarratio* seguì « in regione Trivii in domo « habitationis dicti d. Stephani ». La dote era di 400 fiorini, da pagarsi metà subito in contanti, metà fra un anno, dando ipoteca su d'una casa del « q. Lelio de Infessuris « in regione Trevi cui ab uno latere tenet Laurentius de « Infessuris ipsius d. Stephani et q. Lelii germani fratris ». Lo sposo in pegno dotale costituì una casa paterna posta « in loco qui dicitur la Pedacchia ». Le nozze si fecero in Ss. Apostoli; testimoni spettabili intervennero all'atto solenne. Ceccolo aveva pur egli già nel 1516 lasciato vedova la sua Maria, rimasa con due figli: Teofila e la Lucrezia che andò a marito ne' Patrizi. Figlia della Vannozza, Maddalena de Fredis sposò Pietro di Iacovo « condam do- « mini Galeotti de Normandis olim de regione Columpne « et nunc de regione Trivii ». Così gl'Infessura s'imparentarono coi discendenti di quel Galeotto Normando che re Ladislao fece cavaliere a San Marcello nel 1404, e cui

---

(1) M. A. ALTIERI, *Li nuptiali,* loc. cit.

cinque anni dopo, a' 21 di giugno, la fazione orsina ed ecclesiastica tagliò la testa. E Stefano ammogliatosi a Francesca, vedova già d'un Paparoni, ebbe pur esso due soli figliuoli: Marcello e Matteo. Quest'ultimo nel 1505 era già morto; quasi fosse destino che cittadini amanti della libertà dovessero ormai vivere vita agitata e breve.

E agitata ebbe a menarla nella sua giovinezza anche il nostro Stefano. Si trovò a' rumori e alle giustizie della cospirazione di Stefano Porcari; si trovò a vederlo appiccato al torrione di Castel Sant'Angelo: « e veddilo io - « esclama - vestito di nero in iuppetto et calze nere pennere « quell' huomo da bene, amatore dello bene et libertà de « Roma » (1). Egli e suo padre e tutti i fratelli ebbero brighe con Gasparraccio della Regola, brighe che nel 1470 si terminarono con atto di securtà e di pace solenne (2), ma che prima dovettero turbare non poco la pace della famiglia.

L'anno in cui Stefano nacque non ci risulta da documenti. Sappiamo che nel gennaio del 1500 era morto, dacchè appunto in quel mese Marcello e Matteo suoi figli convengono col camerlingo della chiesa di S. Maria in Via Lata, promettendo al Capitolo un'annua cavallata di mosto in compenso d'una messa alla settimana in giorno di lunedì, da celebrare in perpetuo a suffragio de' morti nella cappella di S. Nicola, di cui Stefano Infessura sin dal 1481 aveva acquistato il diritto di patronato per la famiglia sua e pe' discendenti. Ma Stefano aveva costituito vincolo sopra una vigna che aveva acquistato per la corrisposta alla chiesa della cavallata di mosto annuale; e

---

(1) Questo passo leggesi nelle edizioni d'Eccardo e del Muratori assai guasto. (E): « e viddelo io vestito di nero in vipetto et calze « nere le perdete quell'huomo da bene ». - (M) : « e lo vidi io ve- « stito di nero in giuppetto, e calze nere. Perdette la vita quell'uomo « da bene, ecc. ».

(2) Vedi in App. n. 1 : *Notizie relative alla famiglia Infessura e documenti che la riguardano.*

poichè questa vigna era fatta deserta e non dava frutto, i figliuoli convennero nel 1500 coi canonici in altro modo per la soddisfazione del debito. È probabile che Stefano circa a quell'anno uscisse di vita e fosse sepolto nella tomba gentilizia della medesima chiesa, dove già nel 1483 era stato deposto suo padre.

Ora, se egli nel 1500 era morto; se nel 1478 si trovava pretore ad Orte, e doveva per lo meno aver compiuto i trent'anni d'età; se ricorda d'aver visto pendere il Porcari appiccato, è da credere ch'egli probabilmente nascesse circa all'anno 1440. Innanzi al 1471 era già rinomato per la sua perizia nel diritto (1), giacchè nel primo libro *De gestis Pauli II*, Gaspar Veronese ricorda come in una pressa della folla sul passaggio di quel pontefice, che non visse oltre al 1471, mentre dal Vaticano si recava al palazzo di San Marco o al Laterano, egli e Stefano Infessura, « iuris peritissimus », ebbero per due volte a correr pericolo. È singolare che Stefano nulla riferisca di tale accidente, mentre Gaspar Veronese conta che questo fatto « bis accidit », si verificò due volte. Nel rarissimo libretto delle lettere d'Agapito Porcio o Porcari, dedicato a Luca de Leni, che morì nel 1486, pubblicato senza nota d'anno o nome di stampatore, una ne à, e lo afferma il Marini che vide l'opuscolo, diretta dal Porcari a Stefano Infessura (2). E questo documento ce lo mostra in relazione viva anche colla famiglia Porcari. Fu inoltre lettore

(1) MARINI, *Archiatri*, II, 183, *App. di docum.*: « cum aliquotiens « ex Sancti Petri sacratissimo templo discederet ad Sancti Marci, aut « Sancti Iohannis Lateranensis, tanta erat eius videndi unicuique cu- « piditas et ardor, ut esset hominum mirabilisque pressura, et tanta « laetitia et gaudium, ut nonnulli in fletum solverentur; quod Ga- « spari Veronensi illius Compatri et Stephano Enfesario, iuris peritis- « simo, bis accidit ». Il Marini che stampò « Enfesario », probabilmente dove era a leggere « Enfesurio », riconobbe in esso l'Infessura nostro.

(2) MARINI, *Archiatri*, I, 177, II, 200.

in civile nella università di Roma; e ne' pochi registri della Depositeria della gabella per lo studio che ci rimangono all'Archivio di Stato (1), capita il nome di lui non infrequente e vi s' incontra compagno con quello di Mario Salomonio, e di colui ch'esso e i contemporanei chiamarono

(1) Archivio di Stato in Roma, *Registro della Depositeria della gabella dello studio*, anni 1481-82: c. 40 v: « Alla ditta a dì ditto f. do- « dici romani per mandato de' dì .XXIIII. di giungnio a missore Stefano « de Infiuris *(sic)* lettore civile per la III*ª*. » — c. 44: « Alla ditta a dì « detto [23 gennaio] f. quaranta romani per mandato de dì .XX. di di- « cembre a missore Stefano de Ynfixuris lettore in ditto studio in iuris « per la prima tersaria . . f. .XVIIII. sc. 42 ». Ibid.: *Registro di « Nico-* « *laus Calameus depositarius pecuniarum gabelle studii Alme Urbis* » degli a. 1482-1484: c. 11: « Alla gabella dello studio a di 30 di maggio « f. venti romani per mandato de di 25 d'aprile a missore Stefano « Inffessura condotto in iure civili la sera per le meta della sua se- « conda terzeria porto ecc. f. .XX. » — c. 16: « A la detta a di detto « [11 di novembre] f. venti a missore Stefano Infusura per resto della « seconda terzeria conti allui f. .XX. » — c. 19 v: « A la detta a di « detto [14 di marzo] f. quaranta per mandato de di primo di luglio « a missore Stefano Infusuri in detto studio condotto in iure civili « per la sua ultima terzeria dell'anno passato conti allui f. .XX. » — c. 22: « A la detta a di detto [.XXVIII. giugno] f. cinquanta per man- « dato de di .XXII. de diciembre a missore Stefano Infesura per la « sua prima terzeria del presente anno f. .L. » — c. 28: « A la detta « a di detto [18 di marzo] f. trentacinque per mandato de di .XXIII. « di deciembre a missore Stefano Infesura per parte della sua prima « terzeria del presente anno f. .XXXV. » — c. 28 v: « A la detta a di « detto [20 di marzo] f. trentacinque per mandato de di .XXVI. marzo « a missore Stefano Infesura per parte della sua seconda terzeria « dell'anno passato f. .XXXV. ».

Questi Registri non furono cogniti, per quanto sembra, al DE- NIFLE (*Die Universitäten des Mittelalters bis 1400*, p. 314 e sgg.), che non si sarebbe altrimenti tenuto pago alle notizie e al ruolo dei professori del Marini, e alle affermazioni del Renazzi, del Carafa e del Moroni. Ad ogni modo la sola presenza di Pomponio Leto e l' influenza grande che v'esercitò non sembra che corrobori l'affer- mazione del Denifle, p. 314: « Die Hochschule war zwar auch nach « Eugens Tod manchen Wechselfällen ausgesetzt, ja unter Sixtus IV « hätte ihr bald wider der Untergang gedroht, allein sie blieb nun-

« messer Pomponio » e che fu il grande Pomponio Leto (1). A' 17 di marzo 1487 sottoscrive una delle tanti leggi suntuarie del Comune.

Queste relazioni rintracciate ci spiegano già la ragione di parecchi notamenti e l'indole speciale del suo diario; ma avremo occasione di doverne anche altre riconoscere in seguito, senza le quali non si riuscirebbe a intendere come e perchè certi episodi di leggende si siano potuti introdurre nella narrazione di lui.

Ma, oltre che del diario, egli fu autore anche d'altro libro in cui probabilmente si sfogava e concentrava tutta la sua pratica delle leggi, tutta la sua perizia nella casistica del diritto. L'opera s'intitolava: *Liber de communiter accidentibus ;* fu della biblioteca del cardinale Slusio ; scomparve con questa (2). Ora ne rimane appena ne' cataloghi la memoria.

« mehr doch fortbestehen ». A meno che intenda di alludere a quel decadimento che veniva non da minor bontà o numero de' professori, ma in seguito di quello stato di cose che l'Infessura riferisce e che probabilmente sperimentò.　　　　　•

(1) IACOPO GHERARDI, il Volterrano, nel suo diario, lo chiama: « Pomponius Romanus, princeps sodalitatis literariae ». Archivio di Stato in Roma, *Gabella dello studio, Depositario,* 1482-84: (1481-82), c. 43 v: « Alla detta gabella f. sessantasey ⅓ romani per mandato a « dì .xx. di dic. a Pomponio lettore in rectoriche per sua provisione « della p. ⅓. f. .XXXII. d. 46. o. — Ibid. (1482), c. 14 r: « A la detta « a di detto [30 giugno 1482] f. trentatre b .x. den. 12 per man- « dato de' dì 25 daprile a m. Pomponio condotto in rettoricha per « resto della sua sᵈᵃ terzeria p. Guliano suo ». — Ibid. c. 15 v : « A « la ghabella dello studio a dì .v. dottobre f. sessantasei e due terzi « per mandato de di .II. di q° per m. Pomponio in detto studio con- « dotto in rettoricha per la sua terza et ultima terzeria conti allui « f. .LXVI. sc. 23 d. 8 ». — Ibid. (1483), c. 22 v : « A la detta a di detto « f. ottantuno e uno terzo per mandato de' dì .XXII. di dicembre a « m. Pomponio per la sua prima terzeria del presente anno ».

(2) Cf. *Bibliotheca Slusiana sive librorum catalogus quos ex omnigena rei literariae materia Ioannes Gualterus Sanctae Ro. Eccl. card. Slusius leodiensis sibi Romae congesserat Petri Aloysii baronis Slusii fratris iussu, labore ac studio Francisci Deseine Parisiensis digesta et in quinque partes*

Ma il culmine cui arrivò nell'esercizio de' suoi civili uffici è segnato dalla dignità di scribasenato, a cui non fu per certo levato per intromissione papale (1). Egli certamente non fu, come ser Marco Guidi (2), deputato all'ufficio suo in grazia di un breve; nè vi durò più del termine stabilito dall'elezione. Quale fosse l'origine e la natura di tal magistrato dicemmo altrove, indicando le particolari attribuzioni che in principio gli spettarono e quella cui venne riducendosi a mano a mano. Dall'essere pertanto la loquela « amplissimi « Senatus et metuendi populi romani », quando il Senato si stremò nella persona d'un solo e il popolo non fu più metuendo, lo scribasenato rimase ritto come un vecchio titolo, e più come scheletro che come simbolo del passato. Di lui gli statuti della città facevano appena qualche piccolo cenno, dissimulandone, piuttosto che determinandone le attribuzioni, malvolentieri accusandone la sopravvivenza, e dando appena sentore dell' importanza antica coll'accenno a privilegi di libero arbitrio, come dicevasi, che si cautelavano non potesse aver comuni col Senatore.

distributa, Romae, 1690; BLUME, *Iter Ital.* III, 197. Il fondo della Slusiana entrò nella biblioteca Imperiali, e fu disperso con questa. Sul card. Slusio v. MABILLON, *Iter Ital.* p. 96.

(1) In qualità di scribasenato, l'Infessura comparisce nei seguenti documenti: Arch. di Stato in Roma, *Registro del camerlengo della Camera di Roma*: « Anno 1487, a dì .x. di ienaro. In questo libro se « scriverano per me Baptista Barapta camerlengho della Camera « tutte le spesse che se farano per Ieronnimo p° p° lo mio compa- « gno ». — (c. 2, lin. 3): « Item più pacavo a misere Stefano Infe- « sura carl. doi cioe d. o t. 15 » — (c. 2 v, lin. penult. et ult.): « per « la nocta dello contratto nostro a misser Stefano Infesura carlini « cinque, cioè d. o t. 37 1/2 ».

Nell'archivio storico Comunale, cod. membranaceo degli *Statuta A. U. Rome* (cred. IV, t. 88, n. 0335, p. 191) firma « die .xvii. martii « 1487 » le « Reformationes, constitutiones et statuta super dote, io- « calibus, acconcio et ornatu ac nuptiis mulierum et super exequiis ».

(2) V. *Atti e Mem. della R. Acc. dei Lincei*, III⁴, p. 173 e sgg. il *Registro degli Officiali di Roma esemplato dallo scribasenato Marco Guidi:*

I due scribasenato, del resto, insieme col notaio della Camera della città, assistevano ai consigli generali del Comune, ne scrivevano le proposte, ne stendevano i verbali (*dicta et arrengationes consiliariorum*), ne registravano le risoluzioni (*statuta*) e le riforme. Spettava ad essi di sottoscrivere diplomi di cittadinanza, di far lettura in publica forma, nel giorno di sabato o di mercato, delle sentenze di diffidazione o raffidazione di cittadini, traendone stabilite propine. Recentemente Ottone de Varris, soprannominato Otto Poccia, protonotario, aveva ridotto il salario loro, per una riforma fatta « de mandato pape ». Ad essi appartenevasi di far quegli estratti delle pubbliche lettere, che rendevano certa e stabile la tradizione degli affari in mezzo alle magistrature elettive e mutabili. Rilevammo altrove come i notai avevano maggior incitamento a tener dietro a' pubblici avvenimenti e registrarne memoria ne' loro protocolli per la straordinaria condizione di diritto in cui erano posti dagli statuti stessi, essendo i soli che non avessero divieto di rielezione a quelli officî pe' quali particolarmente necessitasse un notaio (1). Lo scribasenato inoltre aveva allettamento ed occasione più ampia a farsi storico de' suoi tempi. Gli « scribae, qui nobiscum in rationibus monumen-« tisque publicis versantur », aveva osservato Cicerone ai tempi suoi che non lasciavano « obscurum suum iudicium « decretumque » (2), solo che volessero.

<hr />

(1) Cf. il *Registro di M. Guidi*, citato negli *Atti e Mem. della R. Acc. dei Lincei*, III⁴, p. 176. Stefano Cafari, notaio, cominciava nel 1438 il suo diario con queste parole: « In isto quinterno continentur « multa et diversa in diversis codicibus nostris et « diversis annis et temporibus sparsa et hic suc-« cincte descripta, ne per varia volumina quis habeat inqui-« rere ». Cf. *Arch. della R. Soc. Rom. di st. patr.* VIII, 559. Questo brano del Caffaro non è di poca importanza per la conoscenza dell' istoriografia medievale di Roma.

(2) CICERO, *Pro domo sua*, XXVIII.

L'occasione dunque non mancava all'Infessura nella stessa sua professione e qualità a farsi storico de' tempi suoi. Registrare ne' protocolli la memoria di fatti ch'erano in relazione coll'ufficio, o recavano una nuova maniera di datazione de' pubblici atti, o colpivano la vita civile, come gli straordinari processi, l'esecuzioni di giustizie, il caro delle derrate, le vicende di Campidoglio, quelle del pubblico studio, la morte dei pontefici, la loro elezione, era naturale effetto della condizione sua rispetto alla città. Ma forse non gli mancavano intrinseche disposizioni dell'animo all'ufficio di storico; e chi consideri gli scuciti frammenti ora volgari ora latini di cui consta il suo diario, non dubita di ravvisare tra le diverse parti di esso identità di natura, differenze di forma e d'intendimenti che lasciano far congettura legittima non già di un più grande disegno, come parve al Gregorovius, ma di una diversità d'origine e forse di fine nell'opera di lui.

Se non che, prima di discutere la compagine di questa, non è inutile di tener proposito dei manoscritti, secondo i quali è giunta sino a noi; mondandola dell'imbratto che i tempi diversi poterono lasciarvi sopra, per scrutarla nella sua forma più prossima all'originale primitivo.

E innanzi tutto: fu chi vide mai l'autografo dell'Infessura? Il Valesio, dalla raccolta del quale è pervenuto il codice all'archivio storico Capitolino, di cui più oltre terremo parola, annota alla seconda carta non numerata del codice stesso: « extat autograph. ms. in Archiv.° Vatic.° signat. « n. CXI ». Questo ms. CXI è evidentemente il medesimo che si allega negli *Annali* suoi dal Rainaldi col n. 111, reso per le stampe con un III (1). Un altro ms. del museo

(1) Però potè prendere abbaglio l'Eccardo stampando nella pref. all'edizione sua che il Rainaldi lo indica nell'arch. Vat. « sub numero III ». Nel ms. Vallicelliano S, 21 (n. m. 01688), che contiene *P. Raynaldi monumenta pro Annalibus ab ann. 1433 ad 1439*, t. XVII, alla c. 3 il Rainaldi cita: « Steph. Inf. IXI »; ibid. a c. 15: « ms. Vat. signat. nu. 111 »;

Britannico, che reca la segnatura odierna P, 1051, ed è del
secolo XVII, offre la nota identica a quella che s' incontra nel
citato ms. del Valesio. Ora, noi non sappiamo se il Valesio vedesse l'allegato ms. dell'archivio Vaticano; probabilmente non lo vide e non vide che il cod. 6389 della biblioteca Vaticana, che egli e il ms. sopradetto del museo
Britannico citano insieme. Ma quello che risulta certo si è
che il Rainaldi, il quale se ne servì per primo citandolo e
pubblicandone brani, non lo diede mai per autografo; e che
ad ogni modo il codice citato con quel numero e dal Rainaldi e dal Valesio, nell'archivio Vaticano e nella biblioteca non esiste più, nè se ne raccapezzano tracce. E poichè
dai signori archivisti P. Wenzel e G. Palmieri mi fu sempre facilitata nell'archivio Vaticano ogni ricerca con grandissima cortesia, di che rendo loro pubbliche grazie, ed ò
ogni ragione di credere alla lealtà delle loro affermazioni,
convien dire che quel codice del quale sino al 1701 rimaneva memoria, sia dopo quel tempo scomparso.

Ora ecco quanto dalle citazioni del Rainaldi si può raccogliere intorno a quel codice.

Il Rainaldi la prima volta, fra le sue autorità indicate
in margine, allega il *Diarium Steph. Infissurae* con quello
di Paolo di Benedetto all'anno 1433, in occasione della
pompa per l'incoronazione dell' imperatore Sigismondo in
Roma, e non, come scrive l'Eckhart, « ab anno 1484 usque
« ad annum 1494 » (1); e lo cita, come dicemmo, dal « ms.
« arch. Vat. signat. nu. 111 ». Ripete un'altra volta la medesima citazione all'anno stesso, e prosegue a citarlo per

---

nel ms. S, 23 (n. m. 01690), *Monum. pro Annalib. 1448 ad 1456,* t. XX,
c. 154: « ms. Vatic. sig. n. IXI, pag. 12. Steph. Infis.»; ibid. c. 166 v:
« Steph. Infiss. ms. Vatic. sig. nu. 111 »; ibid. c. 170 v: « Steph. Infiss.:
« arch. Vat. sign. nu. IV (corretto sopra IX) »; ibid. c. 205: « Steph.
« Infiss. in ms. Vatic. sign. IXI nu. 111 »; nel ms. S, 24 (n. m. 01691)
« c. 44 v: Steph. Infissura m. s. arch. Vatic. signat. nu. 111 ».

(1) ECCARD. pref. ed. cit.

gli anni 1434, 1436, 1438, 1440, 1447, 1449, 1450, 1452 nel modo medesimo. Una volta, pure all'anno 1452, cita: « Steph. Infiss. m. s. arch. Vat. signat. n. 4 ». Riprende la segnatura consueta pel 1453, 1455, 1464, 1467, 1468. Al 1471 indica: « ms. Vatic. arch. sign. n. 11 ». È svista, o errore di stampa, o segnatura vera d'un diverso codice? (1). Al 1473 poi torna a indicare il n. 111 come « cod. m. s. Vat. » dando luogo a dubitare se si tratti d'un codice dell'archivio segreto o della biblioteca Vaticana; ma presso a quella citazione aggiunge di soprappiù l'altra « et « m. s. Vallic. bibl. », che ci rivela come fin da quel tempo esistesse nella Vallicelliana un manoscritto dell'Infessura (2), e come il Rainaldi ebbe luogo a farne raffronti col codice Vaticano perduto. Segue poi a citare il nostro diario all'anno 1475, 1476, 1480, nel quale ultimo allega con l' Infessura anche Iacopo Volterrano, come se anche il diario di questo si comprendesse nel medesimo manoscritto 111. Per gli anni 1481 e 1482 s'aggiunge all' indicazione solita, quella « ex m. s. arch. Vat. sign. n. 49 », e l' Infessura si accompagna con « alii vetustorum diariorum auctores », fra i quali esplicitamente all'anno 1494 si menziona quello di « Sebastiano Branca ». Nel 1492 e negli anni seguenti capita di veder notato « m. s. arch. Vat. sign. n. 111 et aliud « ms. sign. eod. num. ». Dunque il ms. dell'archivio segreto citato dal Rainaldi ebbe, per quel che pare, a consistere di due tomi segnati collo stesso numero; in questi due tomi dovevano comprendersi, oltre quel dell' Infessura, i diarî di

---

(1) Anche all'anno 1480 (n. 10) s'incontra la citazione: « Steph. « Infess. m. s. Vat. sign. n. 121 » che dà luogo alle stesse interrogazioni, senza possibilità di certa risposta.

(2) È quello segnato I, 74 (n. m. 00833) con una postilla nel margine superiore esterno della prima carta, di mano del Rainaldi stesso: « Extat in m. s. archivii Vatic. signat. n. III, p. 127 etc. ». Fu trascritto per commissione del p. Cesare Beccilli; e però innanzi la prima metà del secolo XVII. Nell'ediz. questo ms. è designato colla sigla S[1].

Sebastiano di Branca di Tedallini, di Iacopo Volterrano e del Burcardo, che il Rainaldi cita in seguito sotto il numero medesimo. Se non che niuno dei mss. dell' Infessura o degli altri diaristi indicati che si trovano nell'archivio Vaticano, risponde alle condizioni espresse nelle citazioni del Rainaldi; non il codice dell'armario IX ord. 1. r. proveniente dall'archivio di Castello; non quello dell'arm. XV, n. 61; non quelli in cui si contengono frammenti del nostro diarista; al quale non sembra che mai toccasse opposta fortuna a quella del Burcardo che, com'è noto, dalla biblioteca Vaticana fu fatto trapassare nell'archivio segreto (1). Infatti niuno tra i molti mss. dell' Infessura che si trovano in quella biblioteca apparisce che sia quivi derivato dall'archivio. Ben è vero che di fatti consimili che poterono col volgere del tempo intervenire non si à alcuna nota a registro in nessuna delle due sedi Vaticane, per quanto mi venne fatto di sapere; ma ad ogni modo il cod. Vat. 1522, che è il solo il quale, diviso in due tomi, insieme col diario dell'Infessura contiene parecchie altre scritture, non risponde affatto pel resto del contenuto alle indicazioni desunte dalle citazioni del Rainaldi. Al codice 111 convenne pertanto di rinunciare, dopo averlo anche vanamente ricercato nell'archivio dei Ceremonieri pontificî; e il danno parve meno sensibile, dacchè per le cortesi cure di monsignor Stefano Ciccolini, vicebibliotecario della Vaticana, mi fu possibile di rinvenire almeno in questa il codice 6389 citato dal Valesio e dall'indicato ms. del museo Britannico, del quale pure i cataloghi vaticani non lasciavano alcun sentore. Ben fu ritrovato sull'inventario antico e, coll'aiuto di questo, ritratto a luce.

E fu vera fortuna dacchè, per quanto la copia ch'esso ci dà non sia ottima e non vada immune da grossi errori, pure questi medesimi mettono sulla via di riconoscere che l'a-

---

(1) *Arch. della Soc. Rom. di st. patr.* I, 243-44.

manuense dovette aver sott'occhio un ms. degli ultimi del secolo xv o dei primi del xvi, perchè molte delle avarie nella lezione nascono appunto dalle cattive interpretazioni di voci e nomi che erano famigliari a tutti in quei tempi, da cattive interpretazioni d'abbreviature e segni che tra gli scrittori di quei tempi erano appunto più in uso.

Ma di questo avremo agio a parlare più particolarmente, quando sarà il luogo di descrivere i manoscritti di cui ci giovammo per la nostra edizione. Ora continuando a tener ragione di quelli che anticamente furono cogniti come esistenti in librerie di privati o veduti in mano a studiosi, ricorderemo quello che Alfonso Ceccarelli « dice d'aver visto in tutto foglio nella libreria del signor Francesco Mucante, maestro delle ceremonie di N. S. », e che pertanto non potè essere posteriore al secolo xvi; l'« antico manoscritto che era in mano del signor Angelo Rovellio da Camerino », da cui fu trascritto il codice Chigiano G, II, 62; quello menzionato in un codice dell'archivio dei Cerimonieri come esistente « nella libreria Rosi » (1); l'altro visto dal Mandosio « apud Io. A. Moraldum » (2); quello citato dal Niquet nella biblioteca di Fulvio Arcangeli da Bagnorea (3); l'Annoveriano e il Berlinese dell'Eccardo (4); l'Estense che servì al Muratori e a cui pure l'edizione di lui non si tenne

---

(1) Arch. dei Cerimonieri pont. ms. A I. Nell'archivio stesso non si trovano più quei mss. dell'Infessura che dal FORMICHI, *Ristretto delle principali indicazioni dell'arch. dei Cerim.*, vengono designati coi numeri 353 e 354.

(2) MANDOSIO, *Letter. Rom. Cent.* 2ª, n. 62.

(3) NIQUET, *Tit. S. Crucis*, 140. Nel manoscritto da lui indicato si trovavano insieme col diario dell'I. quello di Lelio Petroni e di Paolo dello Mastro.

(4) Vengono da noi nell'edizione contradistinti colla sigla E, con cui si designa non solo la lezione dei codici, ma quella data nell'edizione sua dall'Eccardo, che talvolta scade per inesatta lettura dei mss.

sempre fedele (1); il Vaticano 5394 e quello del Valesio, citato da fra Casimiro (2); poi quelli descritti da bibliografi come il Montfaucon, il Fabricius (3). Ma fu cosa impossibile il riandar sulle tracce di codici appartenuti a librerie private, delle quali niente si potè accertare, neppure quando e come cessassero. Forse qualcuno di quei codici entrò nelle biblioteche pubbliche; forse gli avemmo alle mani, ma mancò ogni mezzo a riconoscerli e costatarne l'identità. Per quelli poi che le pubbliche librerie conservarono, fu facile aver notizie e raffronti di passi dubbî o caratteristici, segnatamente per via di circolari e di lettere che indirizzammo a' bibliotecari d'Italia e d'Europa, e per cortese corrispondenza d'amici e compagni di studî, ai quali professiamo viva e cordiale riconoscenza (4).

(1) Il codice Estense di cui si servì il Muratori è quello conservato nella biblioteca dell'Archivio di Stato in Modena.

(2) Fr. Casimiro, *Storia di Aracoeli*, pp. 416-18, cita i mss. Chigiano 1226; Vat. 6389, 5393; quel del Valesio, ora nell'arch. Capitolino, e (a p. 424) il codice « presso il signor marchese Pompeo « Frangipane ». Il catalogo della biblioteca della rinomata famiglia Frangipane fu pubblicato in Roma dal Monaldi nel 1787. L'anno susseguente andò venduta all'asta.

(3) Montfaucon, *Bibl. bibl. mss.* col. 1151; Fabricius, *Bibl. lat. med. et inf. aetatis*, V, 503.

(4) Rendo pubbliche grazie in questa occasione ai signori bibliotecari, archivisti, colleghi ed amici che contribuirono colla loro dottrina e pazienza a vantaggio delle mie ricerche, e particolarmente ai signori cav. Fr. Carta, già bibliotecario della Vallicelliana, cav. I. Giorgi della biblioteca Vittorio Emanuele di Roma, prof. G. Cugnoni della Chigiana, prof. C. Schiaparelli della Corsiniana, dott. Guido Levi dell'Archivio di Stato in Roma, mons. Stefano Ciccolini della Vaticana, mons. P. Wenzel è G. Palmieri dell'arch. Vatic., monss. Cataldi e Sinistri per l'arch. dei Cerim. pontifici, prof. G. Tomassetti, archivista della casa Orsini, sig. L. Simeoni, archivista della famiglia Colonna, pur troppo mancato ai vivi, al cav. Carlo Padiglione della Brancacciana di Napoli, al prof. A. Bellucci della Comunale di Perugia, al cav. B. Podestà della Nazionale di Firenze, al cav. Alessandro Gherardi del R. Archivio di Stato in Firenze, al cav. A. Li-

Or ecco l'elenco dei mss. dei quali ci potemmo giovare nell'ordinare la critica del testo da noi stabilito:

ROMA. — Arch. Vaticano, arch. di Castello, armar. IX, ord. 1 r. Ms. cartaceo, sec. XVI (0,350 × 0,250), rilegato in pergamena; sul dorso: « Infessurae Historiæ »; di carte 217 numerate nel retto: *Historie . avanti . che . la . corte . gisse . in . Franza | Manca il principio.* Tra le linee del titolo e nel margine: « Delle quali se ne « tratta brevemente nella prima, et seconda pagina. Seguita il me- « desimo Stefano la sua historia da Gregorio XI insino ad Ales- « sandro sesto inclusive ». E sull' altro margine interno: « Ste- « phano Infessura | cittadino romano | fu potestà ad Orta | sotto « Xysto IIII, c. 37 ». Inc. (c. 1): « Pontificalmente et dissegli ». Expl. (c. 165 v): « per andare a campo a Ostia ». Il ms. presenta due scritture di mano diversa; l'una va sino alla carta 104 v, e alla linea: « gentes Ecclesiae et comes Robertus ibique stragem « quum volebat facere ». Indi è notato nel margine inferiore interno: « Istam clavem invenies infra pag. 112, versu 17. Sequitur enim « Deinde intendebat ». E della stessa mano nell'alto del foglio 105 r: « Quae sequuntur ab ista pagina 105 usque ad paginam 112 repe- « riuntur. Sunt enim descripta supra a pag. 95 usque ad pag. 104 v ». E dalla carta 105 in poi l'acido dell'inchiostro à sovente corroso o macchiato il foglio. Seguono carte bianche dalla 166 alla 169, nella quale comincia: *S^{mo} Dno Nro | Sixto Papae Quinto | Summarium Diariorum fel: rec: Sixti | Papae Quarti ab anno 1479 usq. | ad annum 1484 . cum Indice.* È un sommario del *Diario di Iacopo Volterrano.* Expl. (c. 188 r): « Augustinensis erant ». Seguitano *Estratti ed appunti storici,* l'ultimo de' quali (a c. 213 r) reca: « Notanda. 1534. Alli 23 di marzo Clemente VII per sua sentenza

sini e signor Fr. Bandini Piccolomini dell'Archivio di Stato in Siena, al cav. Foucard dell'arch. di Modena, al prof. A. Fabretti in Torino, al cav. Carlo Castellani, prefetto della Marciana di Venezia, all'ill. signor L. Délisle, e sig. Élie Berger per i mss. delle biblioteche di Parigi, a lord Carlthorpe che mi concesse d'aver le varianti richieste dal ms. della sua biblioteca d'Yelverton, e al prof. M. Creighton che volle con squisita cortesia recarvisi per favorirmele, al sig. dottor O. Hartwig bibliotecario dell'università in Halle, all'amico Ugo Balzani, che ovunque, nei suoi viaggi, prevenne le mie preghiere, comunicandomi notizie e riscontri.

« consistoriale dichiarò valido il matrimonio tra Catarina, et En-
« rico Ottavo regi d'Inghilterra ». Seguono carte bianche sino al
fine. **A**

Arch. sudd. arm. XV, n. 61. Ms. cartaceo, sec. xvii (0,250
✕ 0,190). Sul dorso della rilegatura a lettere dorate è impresso:
Infestur Diaria. Consta di carte 222 non numerate. Inc. (c. 1):
« Nell'anno 1294 nella vigilia di Natale ». Expl. (c. 222 v) : « per
« andare a campo ad Ostia ». La carta 62 v è bianca. Riprende
a c. 63 : *De bello commisso inter | Sixtum et Robertum de | Arimino*
« *ex una et Regem | Ferdinandum Ducemque Ca | labriae ex alia parte,*
« *et de mor | te dicti Roberti | anno 1400 2.* Inc. (c. 63) : « Cum tempore
« Sixti quarti ». Expl. (c. 80 v) : « et verisimile iam est ». A c. 81 :
« .MCCCCLXXXIV. faccio recordo io Stefano » e seguita sino al termine (c. 222 v) : « per andare a campo ad' Ostia ». Manca il ms.
di due carte, interrompendosi la lezione dall'ultima linea della
c. 10 v, alle parole: « accompagnati da molti cittadini. Dell'[anno
« 1407] » sino a : « [e per questa cascio]ne le moniche di San Sil-
« vestro et tucti li cittadini romani ». Il ms. à un'altra lacuna considerevole dopo il notamento: « Deinde mense martii sequentis
« anni 1485 », dopo le cui ultime parole: « dimiserunt et retroces
« serunt », salta al notamento: « die 20 iulii dominus Prosper de
« Columna etc. ».   **A¹**

Bibl. Barberini. Ms. LIV, 51 (num. ant. 3160). Cartaceo, secolo xvii (0,271 ✕ 0,210), di carte 314 non numerate, delle quali
la tre prime e le due ultime sono bianche. Contiene: *Stefani·In-
fessurae | civis romani | Diaria | rerum romanarum suorum tempo-
rum | post curiam romanam | ex Galliis | ad Urbem reversam usque |
ad Alexandri papae Sexti | creationem.* Inc. (c. 4): « Nell'anno del
« Sig^re 1294 nella vigilia di Natale ». Expl. (c. 289 v): « per andare
« a campo d'Ostia ». Segue poi (c. 290): *Aggiunta de' papi che | man-
cano nelli Diarii dell' Infessura | mentre stettero in Francia.* Inc.
(c. 290): « Nell'anno 1316 fu in Provenza ». Expl. (c. 312 v):
« Dell'anno 1404 Bonifatio 9 ultimò i giorni suoi ». Segue: « Qui
« si ripigliano i Diarii in questo tempo dell'Infessura correvano ».
Recente compilazione di niun valore.   **B.**

Bibl. sudd. Ms. LIV, 52 (num. ant. 1087). Cartaceo, in-fol. secolo xvii (0,290 ✕ 0,210), di carte 277 numerate. Contiene: *Stephani
Infessurae | Civis romani Diarium rerum romanarum | Post Curiam
romanam ex Galliis ad Urbem | reversam usque ad Alexandri papae |
sexti creationem | Vi manca il principio.* Inc. (c. 1): « Pontifical-
« mente et dissegli ». Expl. (c. 142 v): « per andare ad campo ad
« Ostia ». La c. 143 è bianca; a c. 144 seguitano *Conclavi* di Cle-

mente V, Niccolò V, Calisto III, Pio II, Paolo II, Pio III, **Mar-**
cello II, Paolo V, Clemente VIII, Gregorio XV.   **B¹**
   Bibl. sudd. Ms. LV, 5. Cartaceo, in-f. sec. XVIII (0,290 × 0,210),
di carte 234 non numerate. *Diario | della | Città di Roma | da |*
Papa Bonifacio Ottavo | fin ad | Alessandro Sesto. Inc. (c. 1): « Nel-
« l'anno Domini mille ducento novanta quattro ». Expl. (c. 234 v):
« per andare a campo ad Ostia ».   **B²**
   Bibl. sudd. Ms. LV, 56. Nella risguarda: « Nº Aᶜᵒ (mancava).
Legato nel 1831 ». Cartaceo, in-fol. sec. XVII (0,325 × 0,227),
di carte 198 numerate. *Diario | Overo Istoria di Stefano Infessura*
la | qual comincia da Bonifatio VIII & | continua fino ad Alessan-
dro VI | Dove si descrivono cose diverse concernenti | lo Stato della
città di Roma | per lo spatio di 200 anni in circa | Manca il prin-
cipio. Inc. (c. 1): « Pontificalmente e' dissegli ». Expl. (c. 197 v):
« per andare a campo a Hostia ». « Ex libris Franᶜⁱ de Fucciis »
sul frontispizio.   **B³**
NAPOLI. — Bibl. Brancacciana. Ms. 11, F, 10. Cartaceo, in-4, sec. XVII
(0,260 × 0,198). Miscellaneo. Contiene: *Osservationi fatte in alcune*
chiese di Roma et in particolare nella basilica Vaticana (cc. 1-17 nu-
merate nel retto). Segue: *Stephani | Infetsurae Civis Romani Diaria*
Rerum Roma | norum suorum temporum post Curiam Roma- | nam ex
Galliis ad Urbem reversam ad | Alexandri Papae VI creationem (cc. 1-293
numerate nel retto). Inc. (c. 1): « Nell'anno Domini 1294 ». Expl.
(c. 292 b): « per andare ad campo d'Ostia ». Indi segue dopo una
linea tracciata ad inchiostro e la nota marginale: « qᵃ è postilla »:
« quale hebbe finalmente in suo potere il cardˡᵉ Sᵘ Pietro in
« Vincula passo in Francia ove stette tutto il pontificato di Alexan-
« dro 6º li fu da s. Franᶜᵒ di Paola chiamato in quel tempo in
« Francia da Ludovico XI predetto il pontificato che lo conseguì:
« et si chiamò Giulio secondo fu pontefice di gran cuore et di
« grandissimo valore; addumò i Francesi et i Venetiani in gran-
« dissima maniera, ritrovandosi sempre in persona sotto li Padi-
« glioni, et nelli exerciti per difesa, et recuperatione dello Stato
« Eccᶜᵒ et della giurisditione di Sᵗᵃ Chiesa & ».   **B⁴**
BERLINO. — Königl. Bibl. Cod. Berl. ital. fol. 37. Lib. 36 delle così
dette *Informazioni politiche.* Cartaceo, in-4, sec. XVII (0,000 × 0,000)
(acquistato nel 1699. Cf. WILKEN, *Gesch. d. Berliner Bibl.* p. 53.
È quello citato dall'ECCARDO, loc. cit. II, pref. § XXVII). A c. 5:
Stephani Infessurae Civis Romani | Diaria Rerum Romanarum usque
ad Alexandri Papae Sexti Creationem. Vi manca il principio. Vi
è premessa un' aggiunta di 4 fogli, scritti d'altra mano in corsivo: *Diario della Città di Roma di Lelio Petronio, Stefano Infessura e*

suoi antenati. (Donde fosse l'Eccardo ebbe ansa a congetturare del Petroni e di Paolo dello Mastro: « omnes tres successive scribas « Senatus populique romani fuisse verosimile est »). Inc. (c. 2): « Nell'anno Domini mille dugento novantaquattro ». Expl. (c. 4): « regnò otto anni nel papato ». Inc. (c. 5): « Pontificalmente et « dissegli ». Expl.: « per andare a campo ad Ostia ». B^5

BOLOGNA. — Bibl. Universitaria. Ms. n. 848, in-4 (1). Cartaceo, secolo XVII (0,197 × 0,260), rilegato in pergamena, di carte 245 numerate. A c. 1 r è il titolo: *Stephani Infesturae, Civis Romani, Diaria rerum Romanarum suorum temporum, post Curiam Romanam ex Galliis ad Urbem reversam usque ad Alexandri Papae Sexti creationem.* Inc. (c. 2 v): « Nell'anno del Signore mille ducento novantaquattro » (2). Expl. (c. 245): « per andare a campo ad Ostia ». B^6

ROMA. — Ms. cartaceo del sec. XVI (0,307 × 0,210). *Stephani Infessurae | Civis Romani Diaria rerum Romanarum | suorum temporum | Post Curiam Romanam ex Galliis ad Urbem reversam | usque ad Alexandri Papae Sexti creationem | Vi manca il principio.* Inc. (c. 1): « Pon-« tificalmente e dissegli ». Expl. (c. 218 v): « per andare ad campo « ad Ostia ». Dalla p. 100 appariscono vestigi di numerazione antica, che giunge coll'ultima carta n. 199. Proviene dalla biblioteca Gentili del Drago, venduta in parte al libraio Payne, in parte al comm. Corvisieri, che acquistò con altri cartacei questo ms. a me ceduto. La scrittura n'è buona, ma l'acido dell'inchiostro à roso spesso la carta lungo le linee, spandendole attorno di colore giallognolo scuro, più particolarmente verso le ultime carte. Offre in genere assai buona lezione; conserva molte forme del volgare romanesco, e anche dove l'amanuense non fu esatto o fu men felice interprete delle abbreviature, dà agio a congetturare la condizione del testo più antico da cui fu trascritto. C

Bibl. Chigi. Ms. G, II, 62. Cartaceo, sec. XVI (0,307 × 230), rilegato, col dorso in cuoio giallo e le coste di tavola. Consta di carte 262 numerate, ad eccezione delle tre ultime, cominciando la numerazione dalla c. 37 e terminandosi alla 296 bianca. Sulla copertina: « La presente Istoria è copiata da un antico mano-« scritto, ch'è in mano del s. Angelo Rovellio da Camerino ». Inc. (c. 38): « *Historia | In forma di Diario di Stefano | Infessura*

---

(1) Nel cod. 519: *Conclavium Acta ab Eugenio IV ad Gregorium XIII* è inserita quella parte del diario dell'Infessura che va dal 9 agosto al 29 novembre del 1484.

(2) Il copista aveva scritto: « cinquantaquattro ». La correzione sembra di mano sincrona.

Cittadino Romano : « Pontificalmente, et dissegli ». Expl. (c. 295 v) : « per andare ad Campo ad Ostia ».   **C¹**

Bibl. sudd. Ms. G, II, 61, cartaceo, sec. XVII (0,257 ✕ 0,190), di carte 461 numerate. *Stephani Infessurae | Civis et Scribae | Populi Romani | Opera | cum suis Indicibus | Locupletissimis.* Nel foglio successivo distingue le opere nelle seguenti parti: *Memorie Historiche dal 1294 sino al 1484* (p. 1). - *De Bello commisso inter Papam Sixtum iiij et Ferdinandum Regem Neapolis Liber unicus - Diaria suorum temporum - Fragmenta latina et italica Pontificatus Alexandri VI.* Inc. (c. 1): « Nell'anno Domini 1294 ». Expl. (c. 452 v): « et egli si chiamò Giulio 2° ». Il ms. distingue i frammenti di cui è composta l'opera dell'Infessura come tante parti indipendenti. Il copista vuol essere spesso anche un racconciatore, che tende a far scomparire le lacune, e, dove non può dare unità formale alla storia, ne presenta i brani come indipendenti l'uno dall'altro. Chiude ogni parte con un *Index | Rerum memorabilium* o con un *Indice delle cose più singolari,* secondo che questo seguita ad un frammento latino od italiano (cc. 172-188, 227-234, 406-426 r, 455-461 r). E come incorpora il principio che si trova in R, aggiunge in fine la postilla dopo il comune expl.: « per andare a « campo ad Ostia, quale hebbe finalmente in suo potere. Il car- « dinale di S. Pietro in Vincoli passò in Francia, e vi stette tutto « il pontificato d'Alessandro VI, e li fu predetto il pontificato che « conseguì poi da s. Francesco di Paola chiamato in quel tempo « in Francia da Ludovico XI; et egli si chiamò Giulio 2° »; similmente racconcia le forme del volgare e del latino secondo grammatica.   **C²**

Bibl. Corsini 1344, segn. 38 E, 21, cartaceo, secolo XVII, di carte 515 (0,197 ✕ 0,149). *Sommario di Diarii | d'alcuni pontefici | dall'anno 1294 sino al 1494 | autore | Stefano Infissura | et Pauli Magistri | civium Romanorum cum Compendio Vitae Alessandri 6 | Il Compendio non l'ho messo perchè non l'ho stimato bene.* Inc. (c. 1 r): « Nell'anno del Sig^re 1294 ». Expl. (c. 214 v): « per porvi il campo « ad Ostia ». Lo scrittore non solo compendia, ma sopprime non di rado, con animo d'apologista ecclesiastico. Più spesso ancora amplifica da ceremoniere, assumendo anche particolari dal diario di Paolo dello Mastro:

LEZIONE COMUNE.	Cod.
« Dell'anno 1475 a dì 6 di iennaro re Ferrante venne ad Roma allo perdono ».	« 1475. Fu il p° anno santo che si celebrasse di 25 anni, ordinato da Paolo 2° e cominciato da Sisto 4 a dì 6 gennaro venne il re Ferrante, ecc. ».

« E lo papa colli cardinali lo receperono nelle scale di Santo Pietro, e collo detto imperatore deretto a lui ci giva la imperatrice sua sposa figliuola del re di Portogallo, iovane polita e bella, tanto quanto si potesse dire, con molte donne e damicelle, et dopo lo imperatore fu collocato in quello palazzo che sta sopra le scale di Santo Pietro ».

« (1464) fo fatto papa Paolo II cardinale di S. Marco nipote di papa Eugenio venetiano ».

« ... e andorno alle scale di S. Pietro, a capo delle quali stava il papa con i cardinali, e l'imp^re gli andò a baciare i piedi. Poi l'imperatrice che era bella oltremodo e circondata dalle sue dame e damigelle s'inginocchiò avanti al papa, gli baciò il piede e la mano, e poi assise a canto all'imp^re quale dopo fu collocato in quel palazzo che sta sopra le scale di S. Pietro ».

« ... fu fatto papa mons. di San Marco venetiano nepote d'Eugenio, e si pose nome Paolo II quale concesse la berretta rossa ai cardinali ».

Nel notamento dell'anno 1478, « die quarta maii morse ms. « Pietro de Cesis senatore di Roma », manca la menzione dell'autore del diario che si trova in tutti gli altri codici: « et in quel « tempo io Stefano Infessura stava per podestà di Orta ». Ma la vera caratteristica di questo ms. è l'esser tutto volgare, trovandovisi recato in italiano il *Bellum Sisti IV* e tutte le altre parti che trovansi latine negli altri manoscritti. E non fu senza utilità averlo a riscontro, giacchè non di rado servì a raddirizzare qualche lezione di nomi propri che nei testi latini si presentavano assai guasti. **C³**

Bibl. Casanatense. Ms. XX, VI, 7, cartaceo, secolo XVIII (0,261 × 0,191), di carte 445 numerate, più tre in principio (I, II, III), sulla prima delle quali è il titolo: *Stephani Infesture Civis Romani Diaria | Rerum Romanarum suorum temporum post Curiam | Romanam ex Gallis ad Urbem reversam usque | ad Alexandri Papae Sexti Creationem.* Inc. (c. 1): « Nell'anno Domini mille ducento novanta-« quattro ». Expl. (c. 442 v): « per andare al campo di Ostia ». **C⁴**

HANNOVER. — Bibl. Reale (Königl. Biblioth.), arm. V, 5 (cf. *Archiv*, I, 467): *Diario della città di Roma di Stephano Infessura, e suoi Antenati, Scriba del popolo e Senato Romano dove si vede li maggiori successi della suddetta città di Roma e di tutta Europa in tempo delli infra scritti pontefici, Bonifacio VIII, Benedetto XI, Clemente V, Urbano V, Gregorio XI, Urbano VI, Bonifacio IX, Innocentio VII, Gregorio XII, Alessandro V, Giovanni XII detto XIII, Martino III detto V, Eugenio IV, Nicolao V, Calisto III, Pio II, Paulo II, Sisto IV, Innocentio VIII, Alessandro VI.* Inc.: « Nell'anno Domini mille dugento « novanta quattro ». Expl.: « per andare a campo ad Ostia ». È il testo pubblicato dall'Eckhart, alla cui edizione mi riferisco nel citarne le lezioni, sembrando quella condotta con grande fedeltà, quantunque salti non di rado agli occhi qualche svarione soprat-

tutto rispetto all'interpretazione dei nomi proprî e delle abbreviature. L'Eckhart nella prefazione (t. II, § XVII) cita un « codex
« Berolinensis, quem postea nacti sumus » del quale si giovò insieme coll'Hannoveriano per l'edizione sua. Evidentemente è il
medesimo citato nell'*Archiv*, VIII, 852, n. 37.   **E**

FIRENZE. — Bibl. Naz. Cod. CXXVII Gino Capponi, cartaceo, del secolo XVIII, in-fol. (0,260 × 0,190), di carte 92 numerate. È il quinto
tra sei volumi di diarî compresi sotto il medesimo numero. Contiene il *Diario di Antonio de Petris* (1404-1413). Segue (c. 58):
*Diarii delle cose succedute | nella città di Roma attribuiti à Stefano
Infessura | Dall'Anno 1294, sino all'Anno 1389.* Nel retto della c. 61:
*Altro principio di Diarii di Stefano Infessura come sta nel Codice Vati-
cano 6823 pa. 38.* Inc. (c. 58): « Pontificalmente e disseli ». Expl.
(c. 60): « e morì a Peroscia, lo quale & ». Indi è notato: « Se-
« guita come addietro in mezzo alla facciata terza ». Seguono
bianche le cc. 61 v e 62. A c. 63: *Diarii di Stefano Infessura | Delle
cose succedute nella città di Roma | doppo il ritorno della Corte da
Avignone | sino alla creazione di Papa Alesandro Sesto | Diario in
lingua Volgare dall'anno | 1403 all'anno 1487.* Segue (c. 153 r): *D:
bello commisso etc.* Expl. (c. 153 r): « per andare a campo ad Ostia ».
Seguono: *Annali Romani dal 1422 al 1484 di Paolo de Magistris, di
Paolo Petrone, del Notaio dell'Antiportico* (sic), *di Sebastiano di Branca
de Tellini,* ed altri copiati dal cod. Vat. 6823.   **F**

  Bibl. sudd. (sezione Magliabechi). Ms. II, III, 422, Magl. XXXVII,
3, 61, cartaceo, sec. XVI, in-fol. (0,280×0,210), di carte 365 non
numerate: *Historia | In forma di | Diario | di | Stefano Infessura Cit-
tadino | Romano.* Inc. (c. 1): « Pontificalmente et dissegli ». Expl.
(c. 365): « per andare a campo ad Ostia ».   **F¹**

  Bibl. Riccardiana. Ms. 1182, cartaceo, in-4 (0,280×0,210), del
sec. XVIII, di carte 510 numerate di diversa scrittura; posteriore
nelle cc. 1-365 inclusive; anteriore nelle cc. 367-510, con qualche
quaderno del sec. XVII e XVI. Sul retto della carta che serve di
guardia è scritta la seguente nota: « Si averte il cortese lettore
« che in questo libro vi sono moltissimi errori, o sieno dell'autore,
« o dello scrittore ». Nella prima carta è il titolo: *Stephani Infes-
sure | Civis Romani Diariorum Romanorum | suorum temporum | Post
Curiam Romanam ex Galliis ad | Urbem reversam usque ad Alexandri
Papae Sexti Creationem.* « Vi manca il principio ». Inc. (c. 1 r):
« Pontificalmente et dissegli ». Expl. (c. 510 r): « de quo adhuc
« sub iudice lis est | de praecedentia inter eos nondum decisa
« fol. 222 ».   **F²**

ROMA. — Bibl. Ferraioli. Ms. cartaceo, rilegato in pergamena,

sec. XVII (0,240×0,186); à scritto sul dorso : « INFE. 324 »; di carte
210 non numerate. Contiene: *Diarii di Stefano Infessura Cittadino
Romano delle | Cose di Roma de' tempi suoi dopò il ritorno di | Francia
della sedia a Roma fino alla | Creatione di papa Alessandro 6*. Inc. (c. 1 r):
« Nello anno del Sig.^{re} 1294 nella vigilia di Natale ». Expl. (c. 162 v):
« per andar a campo ad Ostia ; finis. finis ». Segue della stessa
mano: *Diario del viaggio fatto dal Sr Card.^e Pietro Aldobrandino | nel-
l'andar a Fiorenza legato di N. S.^{re} per la celebratione delle | nozze della
Regina di Francia | e di poi in Francia per la Pace*. Segue similmente
(c. 175 r): *Ragioni de' Pretendenti a i Ducati di Mantova e Mon-
ferra | to per via di successione*. Il ms. altera le caratteristiche del
volgare, adattando il testo alle forme grammaticali. Sopprime le
parole in lode del Porcari all'anno 1453; reca la versione della
fazione orsinesca all'anno 1404; non à rubriche marginali.   **F³**

Bibl. sudd. Ms. cartaceo, sec. XVII (0,280×0,200), rilegato
in pergamena; à notato sul dorso: *H. H. Diart diversi;* di
carte 156 numerate nel retto; assai guaste dall'umidità dalla 141
in poi. Le prime otto carte sono bianche e non numerate. Segue
un'altra carta non numerata in cui sì à la *Tavola de quello sta
Inquesto | libro*. A c. 1 : *Ex tribus Antiquis Paginis cuiusdam Diarii |
Gentilis Delfini ab Archiepiscopo Columna datis | Incertis Autoris*.
« Questa scrittura io la hebbi dal Sr Fabritio Boccapadula quale
« la copio nel medemo modo come lo trovato da lui et prima ».
(Cf. Muratori, *SS*. III², 842-846). Segue la *Mesticanza di Paolo
di Liello Petroni*. Inc. (c. 5): « So certo che ve recordate ». Expl.
(c. 28 r): « fo chiamato monsignor de Bologna ». Segue (c. 28 v):
Memoria de occorrense alla giornata. Inc.: « A dì .xxv. de iugno
« .MCCCCLXXXII. morì papa Pavolo secondo ». Expl. (c. 33 r):
« 1524. Circa il principio de 9bre retorno lo re de Francia nello
« Stato de Milano ». Segue (c. 33 v): *Da un diario o manoscritto quale hebbi dal S. Curtio Muti. Comincia così:* « Roma
« caput mundi. Nel tempo de papa Calisto terzo. Nel 1457 a dì
« 9 8b^{re} et fo de lunedì ». Expl. (c. 38 r) : « et a dì 14 se partì
« per Napoli » (Frammenti pubblicati nel *Diario di Paolo dello
Mastro* (Cf. *Buonarroti*, 1875, X², 114-166). Segue (c. 39) : *Da un
altro diario o quinternetto avuto pure dal S: Curtio Mutti trovo
così:* « Nel tempo che in Avignone la corte Romana faceva
« residenza ». Expl. (c. 43 v) : « scindici 2 » (Cf. Muratori, *A. I.* II,
856-861). Segue d'altra mano con nuova numerazione (c. 1) :
Historie avanti che la Corte gisse in Francia. « Manca lo principio ».
Inc. (c. 740): « Pontificalmente et dissegli ». Expl. (c. 74 v) :
« per andare a campo a Ostia ». Segue (c. 75) il *Diario di Seba-*

stiano di Branca de Talini. Expl. (c. 93 v): « questi gentilomini
romani ». A c. 94 segue: « Gennaro .MCCCCLXXXI. A dì 30 ia-
« nuarii suspensus fuit Colutia » (*Diario del Notaio del Nantiposto*).
Expl. (c. 111 v): « alli 25 luglio morì papa Innocentio ». Seguono
(ibid.): *Annali di Viterbo copiati*. Inc. (c. 111 v): « Erano detti
« viterbesi arditi ». Expl. (c. 117 v): « guastando tutti li beni de fori
« poi detto imp^rᵉ etc. ». Segue postilla: « Non trovo più scritto
« in questo libro prestatome da Hipolito Sasso et Fulvio de Ar-
« cangeli a me Gio. P^ro Cafarello questo presente anno 1602
« et da me copiato de mia mano tutto ». Allo estremo interno
del foglio: « De libro ultimo Bullarum messo in altro loco ».
Seguitano tre carte bianche rôse da tarli. Indi (c. 121): *Copiato
questo diario de verbo ad verbum conforme stava scritto in un libretto
longho de foglio piegato coperto in carta turchina avuto dal s: Ale-
sandro Orsino che sta con Il Car^lᵉ Odoardo Farnese quale haveva
avuto dal Sr Agnelo Colei* (sic) *che se presopone fosse fatto da uno de
casa loro*. Inc. (c. 121): « Mecordì a dì p° Xbre 1521 fu de dome-
« nicha ». Expl. (c. 155 v): « e calonici con la vardia a cavallo ».
Dalla c. 126 sino al fine i fogli son guasti e disfatti dall'umido.
In fine si trovano alcuni fogli scuciti, che contengono compilazione di notizie relative alle famiglie de' Frangipani e Benzoni.
Com'emerge dalla postilla citata alla c. 117, questo codice fu scritto
di mano di Giovan Pietro Caffarelli e nella famiglia de' Caffarelli
conservato. Appartenne poi a Pietro Ercole Visconti (1).   **F⁴**

ROMA. — Bibl. Naz. V. Emanuele. Ms. 304, XVIII, fondo Gesuiti,
cartaceo, sec. XVII e XVIII (0,275×0,205), di carte 193 numerate.
Contiene: *Monaldeschi Lud. Annali* (cc. 1-12 v); *Giovan Pietro
Scriniario, Cronica sive hist. rer. not. Romae* (cc. 15-26 r); *Steph. Infessurae Civis Romani Diaria rerum romanar. suorum temporum post curiam romanam ex Galliis ad Urbem reversam usque ad Alexandri papae
sexti creationem*. « Vi manca il principio ». Inc. (c. 27): « Pon-
« tificalmente et dissegli ». Expl. (c. 114 v): « Die sexta augusti
« card^es omnes intraverunt conclave quod erat apud... ».   **G**

LONDRA. — Museo Britannico. Additional Manuscripts 8431. Manoscritto cartaceo in-8 grande, del fine del XVII secolo (0,277×0,205).
È intitolato: *Infetsurae Civis Romani | Diaria rerum Romanarum
suorum | temporum post curiam Ro | manam ex Galliis ad | Urbem
reversam usque | ad Alexandri Papae Sexti | creationem*. Inc. (c. 1 r

---

(1) Fu acquistato recentemente dal sig. march. Gaetano Ferraioli, che per
somma cortesia, precorrendo ad ogni mia domanda, me lo inviò a studio. L'altro
codice F⁸, anche da lui cortesemente trasmessomi, fu recente acquisto. Appartenne
prima al sig prof. Gennarelli.

secondo la numerazione presente, ma c'è una numerazione antica contemporanea al ms. che comincia colla carta 127 r): « Nell'anno Domini mille duecento novanta quattro ». Expl. (c. 294 r della numerazione moderna e 422 della numerazione antica): « per andare a campo ad Ostia ». Segue il diario del Monaldeschi.   **L**

Mus. sudd. Additional mss. 8432. Manoscritto cartaceo in picc. quarto, sec. XVII (0,297×0,194): *Stephani Infesturae | ciu. Rom. | Diaria Rer. Romanarum post Aulam | Pontificiam ex Galliis ad Urbem reversam usque ad Alexandri | PP. VI creationem.* Inc. (c. 1 r): « Nell'anno 1294 nella vigilia di Natale ». Expl. (c. 366 r): « per andare a campo ad Ostia ».   **L¹**

Mus. sudd. Add. mss. 8433. Manoscritto cartaceo, secolo XVII (0,280×0,200). Il ms. contiene il diario dell'Infessura e *Le famiglie nobili dell'Arenula* di Castallo Metallino. Il diario dell'Infessura non è completo. È intitolato: *Annali | di | Stefano Infessura Dottore et | Cittadino Romano delle co | se fatte in Italia e specialmente a Roma. Dall'anno di Christo .MCCC. | fin'al anno .MCDXCII.* Inc. (c. 2 r): *Historie avanti che la Chiesa gisse in Franza.* « Manca « il principio ». Inc.: « Pontificalmente et dissegli ». Expl. (239 r): « die 4 februarii venerunt ambasʳᵉˢ Turcorum et dictum est Ma- « gnum Turcum in Constantinopoli mortuum esse ». Sulla prima carta, ossia 2 r, a margine si legge: « *Felix Contelorius* » di mano contemporanea del Contelori stesso: il nome è scritto per traverso. Nel frontispizio, dopo le parole « fin'al anno MCDXCII » e alquanto più in basso, è scritto di mano diversa la postilla « dal 1378 ». A c. 2 r, a margine accanto all'incipit, si legge la postilla: « Ste- « fano Infessura | Cittadino Romano | fu Podestà ad Orta | sotto « Sisto IIII, 1, 37 » e sempre a margine accanto alla parola « Pon- « tificalmente » si legge la postilla: « di Bonifatio 8ᵛᵒ ». Non pare sicuro che queste postille siano della stessa mano che scrisse il diario. Il nome « Felix Contelorius » è di mano diversa.   **L²**

Mus. sudd. Additional mss. 8434. Manoscritto cartaceo del secolo XVII (0,315×0,215). Contiene: *Diario | della città di Roma | di Lelio Petronio, Stefano Infessu | ra e suoi Antenati | scriba del Popº e senato Romano. Dove si vede li maggⁱ successi della sud.ᵃ Città | e di tutta Europa in tempo dell' Infratti | Pontefici Bonifatio VIII... Nicola V.* Inc. (c. 2 r): « Nell'anno Domini 1294 ». Expl. (c. 198 v): « per andare a campo ad Ostia ». Seguono poi della stessa mano e come se fossero notamenti del diarista medesimo (c. 199 r): « A dì primo decembre 1521 fu de dome- « nica a cinque hore e tre quarti, morì papa Lione ». Il ms. ter-

mina colle parole (c. 233 v.): « Il mese di novembre (1561) furono
« levati tutti li depositi delli corpi morti, in alto delle chiese ». **L³**

Mus. sudd. Ms. 26, 802. Manoscritto cartaceo del sec. XVII
(0,308×0,205), di carte 191 numerate: *Stephani Infessurae | civis
romani Diaria | Rerum Romanarum suorum temporum | Post Curiam
Romanam ex Galliis ad | Urbem reversam usque ad Alexan | dri pape
sexti creationem.* « Extat autographum in arch° Vatic. 12° CXI. In
« Bibliotheca Vaticana, èod. 6389 ». Inc. (c. 2 r): « Vi manca il prin-
« cipio. Pontificalmente e dissegli piglia thesauro ». Expl. (c. 191 r):
« per andare a campo ad Ostia ».   **L⁴**

MODENA. — Bibl. dell'Archivio di Stato. Sezione Mss. Cod. cartaceo,
sec. XVII (0,254 × 0,191), di quaderni numerati 54, scritto in una
sola colonna. Inc.: « Nell'anno Domini mille ducento novanta-
« quattro ». Expl.: « per andare a campo d'Ostia ». È il codice su
cui condusse la sua edizione il Muratori (*SS*. III, 2ª, 1110-1252). **M**

Bibl. del marchese G. Campori. Ms. cartaceo in-4, sec. XVIII
(0,270 × 0,208). *Stephani Infessurae Civis Romani Diaria rerum Romanorum suorum temporum.* « Manca il principio ». Inc.: « Pontifical-
« mente, et dissegli ». Expl.: « con le altre artiglierie per andare
« a campo ad Ostia ».   **M¹**

VENEZIA. — Bibl. Marciana. Ms. Ital. App. cl. VI, n. CXLIX, cartaceo
in-fol. picc. Proviene dalla biblioteca di S. Michele di Murano,
quivi notato col n. 39. Nel catalogo di S. Marco fu attribuito al
sec. XV; affermazione ripetuta nell'*Archiv* (IV, 164). Il Mittarelli
(*Biblioth. codd. mss. monasterii S. Michaelis Ven. prope Murianum*,
p. 526) l'ascrisse al sec. XVI; forse è degli ultimi di questo secolo
o de' primi del sec. XVII. Inc. « Manca il principio. Pontifical-
« mente et dissegli ». Expl.: « per andare ad campo ad Ostia ». **M²**

ROMA. — Arch. de' Cerimonieri pontifici. M. 4. Sul dorso: *Stefano |
Infessu | Diario*, vol. CCCLI, t. 1°. Ms. cartaceo, sec. XVI (0,340
× 0,250). In fine vi è inserto, scucito, l'*Annale de lo anno 1475 di
Ludovico Monaldesco da Orvieto*. Inc.: « Pontificalmente et dissegli ».
Expl.: « per andare a campo ad Ostia ».   **M³**

Arch. sudd. Ms. A 1. Cartaceo, del sec. XVIII (0,298×250),
di carte non numerate. Sul dorso: *Volume CCCLII. Tomo II
Diarj. Diario d'Infessura | Annali Monaldeschi. | Relaz. di Roma | Tie-
polo.* Nell'interno: *Stephani Infessurae | * | Civis Romani Diaria
Rerum | Romanor. | suor. | temporum | post Curiam Romanam ex
Gallis | ad Urbem reversam usque ad | Alexandri papae Sexti crea-
tionem.* Da altra mano nel margine esterno è annotato: « con le
« apostille in | lettera più formata | di un certo male | contento
« de' Romani ». Inc.: « Nell'anno Dñi mille ducento novanta

« quattro ». Expl.: « per andare a campo ad Ostia ». Nella risguarda si trovano le seguenti note: « Authorem memorat Ciaccon.
« in Vit. Pontif. in Vita Sixti IV, fol. 1272, litt. C, in Vita Innocen-
« tii VIII, fol. 1316, litt. f. *Diario di Stefano Infessura dell'anno 1294*
« *sino all'anno 1494.* V'è n'un nella libraria Rosi et de su lessi il
« p° d'aple 1642 al quale manca il principio ». *Annali di Lodovico*
Monaldeschi dall 1327 sino al 1340. - Relazione di Paolo Tiepolo sopra
Pio 4 Pio V e card.li. « Un sepolchro della famiglia Infessura si
« vede nella chiesa di S. M.ª in Vialata avanti d'arrivare alla porta
« della sagrestia con l'arme infrancta se mal non mi ricordo ». E
segue il disegno cognito. « Il diario di Monaldeschi dal 1324 al 1340
« è in fine del presente volume ». Questo ms. à singolare importanza, perchè presenta come nota marginale di postillatori alcun
inciso che in altri mss. entrò a compenetrarsi nel contesto. **M⁴**

NAPOLI. — Bibl. Naz. Ms. X, D, 25, cartaceo, secolo XVII (0,307
$\times$ 0,222), in-fol. Nel retto della c. 1 è il titolo: *Stephani | Infes-*
sura Diaria | Rerum Romanorum | post Curiam a Gallis reversam |
usque ad | Alexandri papae VI | Creationem. Inc. (c. 2r): « Nel-
« l'anno Domini mille ducento cinquanta quattro ». Expl. (c. 144 v):
« per andare a campo d' Ostia ». Seguono (a c. 217): *Diario di*
Ludovico Monaldesco. - Relazioni delle differenze tra Paolo V e Venezia
al 1605. - Lettera del card. di Parma sull'accomodamento tra Paolo V
e Venezia. - Discorso delle differenze tra Paolo V e Venezia. In fine è
la nota: « Delli manuscritti del signor Mauritio d'Asti s'è otte-
« nuta questa copia nel 1660 ». **N**

ROMA. — Bibl. Vat. Ms. Vat. Ottob. 1116, cartaceo, sec. XVIII (0,304
$\times$ 0,202), di cc. 190 non numerate. *Stephani Infessurae | Civis Romani*
Diaria rerum Romanarum | suorum temporum | post Curiam Roma-
nam ex Gallis ad Urbem | reversam usque ad Alexⁱ papae | sexti crea-
tionem. « Vi manca il principio ». Inc. (c. 1 r): « Pontificalmente e
« dissegli ». Expl. (c. 189 v): « per andare a campo ad Ostia ». I
titoli delle rubriche marginali, in cui i popolani di Roma son
più spesso chiamati romaneschi, appartengono all'amanuense. Per
es.: « Insolenze de Romaneschi - Romaneschi a Marino - ... ca-
« stigo de' Romaneschi – ... libertà de' Romaneschi ». Talvolta
l'amanuense postilla. Il consiglio d'acconciare Castello dato a Bonifacio IX vien notato come « conseglio savio ». Nell'ultima parte
del diario si trovano insinuazioni che non appaiono in mss. più antichi e sono manifeste interpolazioni del Burcardo. A c. 165, ad esempio, parlando del cardinal Farnese, fatto cardinale da Alessandro VI,
vien chiamato: « consanguineum Iuliae bellae eius concubinae,
« quin imo erat fr. dicte Iuliae et fuit postea papa Paulus 3ᵘˢ ». **O**

Bibl. sudd. Ms. Ottob. 2626, cartaceo, sec. XVII (0,230 × 0,350).
(Provenienza Philip. de Stosch L. B.). *Annali | di Stefano Infessura
Dottore et Cittadino Romano | delle cose fatte in Italia et specialmente a
Roma | dall'anno de Christo* . ∞CCC. *fino all'anno* | . ∞CDXCII. Le
carte ànno doppia numerazione. La più antica va dal n. 125
al 275. La più moderna dall'1 al 166 v, proseguendo per ordine
anche dove l'antica, per quattordici carte, è interrotta. Inc.: « Pon-
« tificalmente, et dissegli ». Expl.: « per andare a campo a Ostia ».
In margine al principio si legge: « Stephano Infessura cittadino
« romano fu potestà ad Orta sotto Xysto IIII ». Nella lezione il
ms. presenta molta analogia con O; coincide con questo nei passi
caratteristici; è più scorretto. Nell'interpolazione relativa al card.
Farnese (c. 165) questi vien detto: « consanguineum Iuliae bellae
« eius concubinam ». La scrittura è di due qualità: la prima va sino
alla c. 293 v. Comincia l'altra alla c. 240 r e va sino al fine. O¹
PARMA. — R. bibl. Ms. HH, III, n. 1086, cartaceo, della fine del
sec. XVI (0,200 × 0,280), in-4 gr. À due parti; la prima va dalla
c. 1 alla 353. Dopo la 354 bianca, ripiglia con nuova numera-
zione da 1 a 173. Nella prima comprende l' *Historia in forma |
di | Diario | di Stefano Infessura Cittadino Rom°.* Inc. (c. 1): « Pon-
« tificalmente et dissegli ». Expl. (c. 353): « per andare a campo
« a Ostia ». Segue: *Diario | dell'Istoria | del | Concilio di Tren | to
libro | primo.* Inc. (c. 1): « Giulio 2° attese più all' armi ».
Expl. (c. 173): « et il papa se ne lassiò intendere ». P
PARIGI. — Bibl. Naz. Ms. lat. 8988, sulla risguarda: *Codex Col-
bertinus 234, Regius 9920-2,* legato in marocch. rosso colle armi
di Colbert. Nel dorso: *Diarium Stephani Infesturae.* Ms. cartaceo,
secolo XVII (0,355 × 0,235), di carte 391: *Commentarii rerum
Urbanarum ab anno* .MCCCLXXVI. *usque ad tempora Alexandri VI
auctore Stephano Infestura cive Romano* .MDCLXVIII. Inc. (c. 1): « Nel-
« l'anno Domini mille ducento novantaquattro ». Expl. (c. 391): « per
« andare a campo ad Ostia ». Non sembra corrispondere alla descrizione data dal Montfaucon, desunta dalla nota del Pouget « ex
« chronicis bibliothecae Colbertinae » (*Bibl. bibl.* Mss. Col. 1151). P¹
Bibl. sudd. Ms. lat. 13733 (ancien Saint-Germain français,
Gèvres, 116), cartaceo, sec. XVII (0,250 × 0,186), di carte 503 (1006
facce) numerate. Il volume è legato in pergamena, tinto in rosso
sul taglio. Nel 1° foglio à uno scudo senza stemma, circondato da
diversi accessori e sormontato da un cappello, sotto a cui è
scritto il titolo: *Stephani | Infesturae | civis romani dia | ria rer.
romanarum | suorum temporum | post curiam romanam | ex Galliis
ad Urbem re | versam usque ad Alexandri | pape sexti creationem.*

Inc. (c. 2 r): « Nell'anno Domini mille ducento novanta quat-
« tro ». Expl. (c. 503 r e v): « per andare a campo ad Ostia ». **P²**
PERUGIA. — Bibl. Comunale Podiani. Mss. A, 30, sec. XVII (0,290
×0,210), cartaceo, di fogli 151 numerati, con alcune carte non
numerate. *Stephani Infessurae | diaria | Rerum romanarum suorum
temporum | post Curiam Romanam ex Galliis ad Urbem reversam |
Usque ad Alexandri papae Sexti Creationem.* Inc. (c. 1): « Nel-
« l'anno Domini milleducento novantaquattro nella vigilia di Na-
« tale ». Expl. (c. 897): « de futuro bello timetur ».   **P³**
   Bibl. sudd. Mss. E, 7, sec. XVIII (0,260×0,187), cartaceo di
pagine 897. È di mani diverse : l'una va dalla c. 1 alla 151, l'altra
sino alla c. 163. Dalla 164-167 incl. carte bianche : grande incuria e studio di compendiare. Dalla 167-173 si osserva una
terza mano. A questa carta s'interrompe il diario : seguono
quattro carte bianche. Sul 1° foglio di guardia è scritto il titolo ; sull'altro una nota del Vermiglioli : « è pubblicato dal Mura-
« tori, *Rer. It. Script.* ». Inc. (c. 1): « Nell'anno Domini milleducento
« novantaquattro nella vigilia di Natale ». Expl. (c. 173): « adeo
« quod incontinenti ».   **P⁴**
PARIGI. — Bibl. Naz. Ms. latino 12541, cartaceo, sec. XVII (0,266 ×
0,195), di pp. 357 numerate, legato in pergamena (S. Germain 932).
Inc. (p. 1): « *Historie avanti che la corte gisse in Francia.* Manca
« il principio. Pontificalmente e dissegli ». Expl. (p. 357): « Ma-
« gnum Turcum in Constantinopoli mortuum esse ».   **P⁵**
   Bibl. sudd. Ms. latino 13732, cartaceo, sec. XVII (0,250×0,188),
di carte 465 numerate, legato in pergamena (Gèvres 109). Inc.
(c. 24): « Nell'anno Domini mille duecento novanta quattro ». Expl.
(c. 429 v): « per andare a' campo ad Ostia ». Seguita il *Diario di
Lodovico Monaldeschi.*   **P⁶**
   Bibl. sudd. Ms. ital. 670-671, cartaceo, sec. XVII (0,245 ×0,190),
due tomi di 235 e 241 carte numerate, legati in cuoio. Inc.
(n. 670, c. 1): « Nell'anno mille ducento novanta quattro ». Expl.
(n. 671, c. 197 v): « per andare a campo d'Ostia ». Segue (c. 202)
il *Diario di Lodovico Monaldeschi da Orvieto* (Cf. Mazzatinti, *Mss.
it. delle bibl. di Francia,* p. 127).   **P⁷**
   Bibl. sudd. Ms. ital. 672, cartaceo, sec. XVII (0,248×0,200), di carte
301, legato in marocchino rosso coll'arme di Filippo di Béthune.
Inc. (c. 1 r): « *Stephani Infessurae | Diaria rerum Romanarum suorum
« temporum.* Vi manca il principio. .... pontificalmente et dissegli ».
Expl. (c. 301 r): « per andare a' campo ad Ostia » (Cf. Mazzatinti, op. cit.).   **P⁸**
   Bibl. sudd. Ms. ital. 193, cartaceo, del sec. XVII (0,257×0,185),

di carte 448 numerate, legato in cuoio colle armi di Louis Henry de
Loménie. Inc. (c. 2 r): « Nell'anno Domini mille ducento cinquanta
« quattro ». Expl. (c. 448): « per andare a campo ad Ostia ».   P⁹
Roma. — Archivio storico Comunale. Cred. XIV, to. 5. Ms. car-
taceo, sec. XVII-XVIII (0,200✕0,228). *Stephani Infissurae | civis ro-
mani | Diaria | rerum romanarum | ab a. .MCCXCIV. ad a. | .MCCCCXCIV.*
Alla seconda carta, non numerata, si trova l'annotazione : « Extat
« autograph. ms. in archiv° Vatic° signat. n. CXI et in bibliot.
« Vatic. cod. sign. n. 6389 ». Inc. (c. 1) : « pontificalmente et dis-
«segli ». Expl. (c. 200): « per andare a campo ad Hostia ». Alla
c. 261 seguono quattro correzioni notate alle cc. 156, 192, 128, 139.
E dopo cinque carte bianche la *Notizia della famiglia Infessura,* che termina al verso del foglio, in cui è disegnato a
penna lo stemma della famiglia, che è di un elmo nell'alto di
un'asta confitta sopra tre monti. A lato è la firma : « Franc.ᵉˢ
« Valesius 1701 ». Il testo segue generalmente il ms. dell'archivio
Vaticano (A), ma aggiunge le forme dialettali non conservate
nel testo precedentemente trascritto, e insinua le correzioni che
s'incontrano nel testo del ms. bibl. Vat. 6389. A c. 3, dopo l'in-
testazione: *Stephani Infessurae | Civis Romani Diaria rerum Ro-
manarum suorum | temporum post Curiam Romanam ex Gallis | ad
urbem reversam usque ad Alexandri | VI creationem,* riprende l'ag-
giunta : « Nell'anno Domini 1294 » e va sino a c. 5: « et fuit
« Benedictus undecimus ».   R
   Bibl. Vaticana. Ms. Vat. 6389, cartaceo, secolo XVII (0,264
✕ 0,200). Contiene: *Castallus Metallinus.* Sotto v'è notato: « F.
« Abraham Bzovius S. T. Mgr. Ordis praed.ᵐ Bibliothecae Va-
« ticanae dd. 1626. m. ppa. » dalla qual nota è fatta certa l'origine
e l'età del ms. Inc. (c. 1 r) : « Civis romanus unus de tresde-
« cim ». Expl. (c. 25 r): « fede severa ». A c. 26, Leggende ro-
mane: *Prologo Et primo capitolo dove se demostra la | rascione
per la quale questa opera | fatta fu.* « Dice lo glorioso mis-
« sore etc. ». Seguono 28 capitoli sino a c. 87 v : « li fu tagliato
« la testa a Roma come ve dicerao ». Indi è annotato: « Qui in
« uno manoscritto che fu del S. Cardinal Slusio | seguiva la Vita
« di Cola di Rienzo sino a tutto il cap. 3 del libro 2 come si |
« dice nell'indice de' capitoli in principio di questa istoria ».
Segue a c. 88: *Historie avanti la corte gisse in Francia | Manca
lo principio.* Nel margine superiore esterno: « videtur esse |
« Stephani Infessu | rae Vide Cod. n. 5522 | fol. 1 ». Inc. (c. 88):
« Pontificalmente, et disseli ». Expl. (c. 226 v) : « Magnum Turcum
« in Constantinopoli mortuum esse ». È annotato in fine: « In

« Cod. Vat. 5522 subiunguntur nonnulla idiomate italico de Re-
« gni Neapolitani rebus ut videre est. fol. 276. | Finis ». Segue
a c. 227 il *Diario di Sebastiano de Branca de Talin.* Inc.: « Conce
« sia de cosa che essendo discordia tra papa Alessandro sesto ».
Expl. (c. 272 r): « Gentilhuomini romani ». Segue (cc. 273-355):
Diario d'Antonio Petri. A c. 355 v: *Ex quibusdam Diariis incerti
Auctoris olim apud Gentilem Delphinum existentibus.* « Desunt
« aliqua ». Inc.: « Con dicisette migliara di cavalli ». Expl.
(c. 359 v): « et presence li castellani ». Segue (ibid.): *Pauli Lelli |
Petroni diarium | alias Mestican | za.* Inc.: « Dell'uscita delli Ro-
« mani anno. MCCCCXXXIII. so certo che ve ricordate ». Expl.
(c. 383 v): « fo chiamato mons. Bologna ». In margine: « qui
« finisce | il Petronio | nel cod. dell' | Archivio secreto | che è il
« megliore | di tutti in 4° | Et anche nel Vat. n. 5522 | f. 387 ».
Segue (ibid.): *Memorie d'occorrenze alla giornata.* Inc.: « A dì
« 25 de iugnio 1481 morì Paulo II ». Expl. (c. 387 r): « nello
« Stato de Milano ». Nota alla c. 388 v: « Dell'autore del retro-
« scritto diario »: « È citato questo Liello Petrone nell'indice de'
« libri allegati da frat. Onofrio Panvinio nelle Vite de' Pontefici
« agiunte a Platina. Venne in luce questo fragmento della li-
« braria di Gentile Delfino Rom.° dottissimo et ricco di molte
« belle cose di curiosità et antichità » (1). Segue a c. 388 il *Diario
del Notaio di Nantiposto*: « Iennaio .MCCCCLXXXI. ». Inc.: « a dì
« 30 ianuarii suspensus fuit Colutia ». Expl. (c. 420 v): « alli 25 lu-
« glio morì papa Innocentio ». A c. 421: *Diario di Cola Colleine.*
Inc.: « a dì primo Xbre 1521 fu de domenica ». Expl. (c. 442):
« in alto delle chiese ». Questo ms. conserva meglio degli altri
codici le forme dialettali affini a quelle dei *Fragmenta historiae
romanae,* quali sarebbero il dittongamento, malgrado la posizione,
della vocale tonica breve *e* od *o, ll* per *ld,* ecc. La parola « mis-
« sore » usata sino all'anno 1484 si trova primieramente in un
notamento di questo anno mutata in « missere »: « missere Liello
« e Iacouo della Valle », forse per scioglimento d'abbreviatura
fatta dal copista. Inoltre le inesattezze e gli errori stessi dell'amanuense autorizzano la congettura che esso abbia avuto innanzi un
manoscritto abbastanza antico, da porgere le caratteristiche della
scrittura degli ultimi del secolo XV e de' primi anni del secolo XVI.
Così tal volta il 4 è preso per 9, e si à, per esempio, 1469, dove

---

(1) Circa a queste provenienze dalle collezioni del Delfini è da aver presente
quel che annota il DE NOLHAC *La bibliothèque de Fulvio Orsini,* p. 85: « Je
« n'ai pas retrouvé ceux qui venaient de Delfini; ils ne portaient sans doute point
« d'*ex-libris* ».

correttamente altri mss. dànno 1464. Quando, all'anno 1443, gli altri mss. parlando della pace tra Eugenio IV e l'imperatore Sigismondo notano: « ad essere uniti », R^I reca: « hance uniti », con manifesto errore d'interpretazione per parte del copista che male intese l'abbreviatura « ad essere ». Nè per quanto il Valesio abbia fatto collazione del testo dell'archivio Capitolino con questo Vaticano, la lezione dei due manoscritti manca di divergenze. All'anno 1405, dove R^I reca: « santo Marco delle letanie », R dà solo: « santo Marco ». All'anno 1407, dopo la notizia dell'elezione a pontefice del cardinale di Costantinopoli « lo quale se « chiamò papa Gregorio 12 », queste parole che si trovano in R^I, mancano in R. Dove R, nel 1413, nota: « a dì 26 di settem-« bre », R^I con C, M, E nota: « a dì 16 di settembre ». Nel 1420, dove R^I legge: « romipeti », R à: « romei ». La morte di Martino V è posta in R: « a dì 19 februarii », in R^I: « nel detto « anno e mese », senza la menzione del giorno. Si riscontra invece concordanza più frequente con S^I. All'anno 1404 R^I omette per incuria la rubrica de' dì 24 del mese d'agosto che si trova in tutti gli altri codici. Invece all'anno 1448 reca un notamento che si trova solo in questo ms. È probabile che il ms. C sia derivato da un apografo condotto sullo stesso archetipo di R^I, meno scorretto. Qualche brano che manca in C, manca pure in R^I; come, ad es., quello che riferisce la morte del cardinale di S. Sisto « del 1474 a dì 5 de iennaro ». Altrove, all'anno 1452, i due codici dànno:

R.	C.
« et dopo lo seguente di lo .x. de marzo lo imperatore anco la detta sposa andò alla messa... ».	« et dopo lo seguente di lo .x. de marzo lo imperatore arrò la ditta sposa depò la messa ».

R^I

Bibl. Vallicelliana. Ms. I, 75 (n. m. 00834), cartaceo, sec. XVI (0,270 × 0,200), di carte 134 numerate. *Historiae | et | Diaria | suorum Temporum | Stephani Infessurae | civis Romani, | qui fuit Potestas Ostiae sub Sixto IV | summo Pontifice.* Inc. (c. 1): « Manca « il principio | Pontificalmente, e dissegli ». Expl. (c. 134 v): « per andare a campo ad Ostia ». Segue d'altro carattere la nota: « Vedi il restante d.^{a} relazione nel manoscritto delle opere « del med.^{o} Infessura ove è la lettera I, num.^{o} 74, pag. 147 ». A c. 98 v, lin. 8, dopo le parole: « et ne deficerent angu-« stiae in Urbe », manca l'episodio della morte di Bèrnardo Sanguigni, sia che il copista l'abbia omesso di proposito, sia che per una svista, riprendendo il lavoro intermesso, abbia incominciato a trascrivere dove occorrevano più sotto le parole stesse: « Et ne undique deficerent angustiae dictum et quidem « affirmatum fuit in Urbe regem Ferdinandum », ecc. Similmente è omesso (c. 111 v, lin. pen.) il lungo episodio di Falcone de' Sinibaldi a' dì 4 di settembre 1489 (Cf. Muratori, *Script.* III, par. 2ª, col. 1227-28; ECCARD, *Corpus Script. m. aevi*, II, 1989-91). Nel notamento « die 19 8bris 1489 » manca tutto il brano: « Demum dicitur praefatum D. Francischettum » sino alle parole: « non reddere servo » (Cf. Muratori, loc. cit. 1230, lin. 4-31; Eccard, loc. cit. 1992, lin. 48; 1993, lin. 8).   **S**

Bibl. sudd. Ms. I, 74 (n. m. 00833), cartaceo, sec. XVI e XVII (0,278 × 0,210), di c. 257 di diversa scrittura. *Historiae | et | Diaria | suorum temporum | Stephani Infessurae | Civis Romani | Qui fuit Potestas Ostiae sub Sixto IV | summo Pontifice | * | Accedunt | Alia Diaria | Sebastiani Brancae Felini* (sic) | *Ab anno Dni 1495. ad ann. 1517. | * | item | Diaria aliar. rerum | quae Romae et alibi acciderunt ab anno | 1481 ad annum 1492 | * | Annales Viterbii ab anno D. 1169. ad annum Dni 1242.* A c. 1: *Historie avanti che la Corte | gisse in Francia.* Annotato nel margine superiore esterno di mano del Rainaldi: « Extat in M. S. Archivii Vatic. signat. n. 111, « pag. 127 &c. ». E sopra d'altra mano: *Annali di Stephano Infessura, dottore e cittadino Romano delle cose fatte in Italia et spezialmente a Roma dell'anno de Christo 1300 sin a l'anno 1492.* Più sotto, nel margine interno: « Stephano Infessura cittadino romano fu « podestà ad Orta sotto Sixto IV. I, 37 ». Inc. (c. 1): « Ponti-« ficalmente; et dissegli ». Expl. (c. 147): « per andare a campo « a Astia », quantunque nel verso della c. 146, ove ricomincia la parte volgare, innanzi alle parole: « Conciosia cosa che essendo « discordia » sia il titolo: *Diario di Sebastiano Branca de Telini*, con manifesto errore, in vece che alla carta 147 v. Alla c. 146 v, nel margine esterno, accanto al testo è la nota, di mano del Rainaldi: « Così sta nel d.º Cod. M. S. segn. n.º 111 ». E similmente è sua scrittura quella che segna nel margine esterno inferiore della c. 147 r, ove termina ·il testo: « Qui finisce la d.ª « historia anche nel d.º Cod. M. S. Archivio Vatic. segnato « n. 111 ». Dove per errore è dato il titolo del diario di Branca de' Telini è apposto un richiamo nel margine superiore esterno al « M. S. biblioth. Card. Barber. sign. nu. 1103 ». È pure di mano del Rainaldi la postilla nel margine esterno a c. 73: « Nell'istessa maniera sta nel d.º Cod. Vatic. n.º 111 ». Segue *Diario di Branca de Telini*, da c. 147 v a c. 192 v. Segue c. 193 in bianco. A c. 194 r: « Gennaro 1481 | a dì 30: suspensus fuit

« Colutia » (*Diario del notaio dell'Anteposto*). A c. 240 v: *Annali di Viterbo* (di Lancillotto). Inc.: « Erano detti Viterbesi ». Expl. (c. 246 v) ad ann. 1243 : « poi detto imperatore ». In fine è la nota : « Io Gio. Ant.° Iannarelli ho ricevuto dal M.^{to} Rev.^{do} P. « Cesare Beccilli sc. 11 m.^{ta} quali sono per pagamento di questa « scrittura ».   S¹

TORINO. — Bibl. Naz. Ms. n. II, 49 (segnatura antica nel catalogo stampato del Pasini LXXII, l. II, 29), cartaceo, sec. XVI (0,460 × 0,300), di carte 195, rilegato in pergamena. Sull'antiporta reca il titolo: *Historia di Stefano Infessura cittadino romano.* « Manca il « principio » : Inc. (c. 2 v): « pontificalmente, et dissegli ». Expl. (c. 194): « per andare ad campo ad Ostia ».   T

ROMA. — Bibl. Vat. Ms. Vat. 5294, cartaceo, sec. XVI (0,300 × 0,210). Sulla rilegatura in pergamena, lo stemma del Braschi. Numerato nel retto delle carte sino alla 163 ; seguono tre carte bianche. Sull'alto del primo foglio, non numerato : « guarda non sia del « C. Sirl. Est Ext^a rer. Romanar ». *Diarium Stephⁱ Infissurae* 5294. Inc. (c. 1): « manca il principio. pontificalmen^{te}, et dis- « segli ». Expl. (c. 1630): « dictum est Magnum Turcum in Con- « stantinopoli mortuum esse ». E segue l'annotazione di mano recente: « Sequuntur nonnulla alia in Cod. Vat. n. 5522, fol. 276 ». Come apparisce dalla nota del primo foglio, si dubita che abbia appartenuto al card. Sirleto.   V

Bibl. sudd. Ms. Vat. 1522, cartaceo, sec. XVI in fine, diviso in due parti, rilegate in pergamena collo stemma del Braschi, con- tenenti varie scritture, alcune degli ultimi del sec. XVI, altre del XVII (0,170 × 0,230). La parte prima, di carte 278 numerate nel retto, contiene: *Historie avanti che la Corte gisse in Franza.* E nel margine esterno superiore: « Stefano Infissura Cittad.° Ro. « fu podestà ad Orta sotto Sixto IIII, c. 37, 45, 70, pag. 96, 129 ». « Manca il principio ». Inc. (c. 1 r): « Pontificalmente et dissegli ». Expl. (c. 277 v): « per andare a campo ad Ostia ». Segue nel tomo II° (c. 279 r): *Alcune historie di Fiorenza dove si fa men | tione di molti Cardinali et Papi | Et sono dall' anno 1406 | fin al 1438 | Sunt aliqua Alex. V Iulii 2 Leon 2 Leon X.* E nel margine su- periore esterno: « edidit Muratorius, t. 19, p. 950 v ». Inc.: « Memoria che a dì .VIIII. d'ottobre 1406 ». Expl. (c. 329 v): « con più di σ̇υ̇υ̇ cavagli ». La c. 330 è bianca. Segue a c. 331: *De Anibaldo de Ceccano Carle Io XXII:* « Anibaldus familia de « Ceccano nobilis Ro: creat. Car.^{lis} ēpus. Tusculan. a Io. pp. 22 « die 15 cal. Ianuarii an. D. 1327 Avinione, pontificatus eius « anno 12° cum esset archiepús neapolitan. De hoc car^{li} ita scriptú

« legitur in quodam libro historiar Ro: lingua vernacula: Correvano
« año Dñi 1350 quanno papa Chimento ». Expl. (c. 336): « se-
« cunno debitã figuram sopito. » Ibid. segue: *De Ioã Car^li Co-
luña sub Clem. VI.* « Molto concepeo papa Chimento ». Expl. (ibid.):
« camera de Roma ». Ibid. v: *De Egidio Card. Hispañ. sub Innoc. VI*:
« Papa Innoc. VI la p^a cosa che se puse in core ». Expl.: « Iañi
« de Vico prefetto de Vitervo » (*Frammenti delle Istorie romane*).
Segue a c. 337: *Chronica senensis de Greg.° XII.* « Venne con gente
« d'arme in num° di 400 ». Expl.: « e di lì a Arimini ». A c. 338:
Del med.° Greg.° XII tratto da certe altre chroniche: « Nel anno 1406
« nel dì s. Andrea fu creato pp. Gregorio XII ». Expl.: « se ne
« rifuggì a Rimini ». Seguono dopo la c. 339 sino a 346 carte
bianche. A c. 347: *Pavolo dello Mastro, 1422. Memoriale de Pa-
volo de Benedetto de Cola | dello Mastro, dello Rione de Ponte.* Inc.
(c. 385): « Inundatio Tiberis ». Segue bianca la c. 386. A c. 387:
Della cecità dei Romani. Inc.: « Son certo che vi ricordate ». Expl.
(c. 431 v): « et poi fu chiamato monsig.^r di Bologna » (*Mesticanza di Paolo di Lello Petroni.* Cf. Muratori, *Script.* XXIV, 1005).
Bianco il foglio 432. Segue a c. 433: « Anno Dñi III Herodes oc-
« cidit ». Expl. (c. 440 v): « ad nutum Urbani ppe VI definitum ».
A c. 441: *Vita di Cola de Rienzi*: Inc.: « Cola de Rienzi fu de
« linaio vasso ». Expl. (c. 564 v): « secuño debita figura supino »
(*Frammenti delle Historie romane*).   V^1

Bibl. sudd. Ms. 6823, cartaceo, sec. XVI (0,264 × 0,202), di
carte 267 numerate nel retto, macchiate e chiuse in carta vegetale. Contiene (c. 1 r): *Lettera di M. Francesco Petrarcha a Cola
de | Rienzo Tribuno di Roma | et al Popolo Romano* (c. 1-10 r). Segue
(c. 11 r): *Lettera di M. Francesco Petrarcha al Popolo Romano | per
Cola de Rienzo prigion del Papa | in Avignone* (c. 11-18 r). Segue
(c. 19 r): *Al signor Horatio Farnese duca di Castro a Viterbo | sopra
un caso occorso in Roma | a tempo di Paolo terzo* (c. 19-22 r). Segue
(c. 23 r): *Ordine e Magnificenza dei Magistrati romani | a tempo che
la corte del papa | stava in Avignone* (c. 23-30 r). È la scrittura stam-
pata dal Muratori, *A. I. II,* 856-861. Seguono (c. 30 v) il cap. V
e il XVII degli *Statuta Bobacteriorum* del 1407. Seguono (c. 31-33 v)
appunti sulla dignità del *Cancellarius Urbis* e una bolla di Martino V:
De officio et dignitate Confalonieratus per Petro de Astallis. Seguita
(c. 34-39 r): « Ex tribus antiquis paginis cuiusdam Diarii | Gen-
tilis Delphini, ab Archivio Columna | datis » (edito dal Muratori,
SS. III², 842-846). Segue (c. 40 r-77 v) la *Mesticanza di Paolo di
Lello Petroni.* Segue (c. 78 r): *Historie avanti che la Corte gisse in
Francia.* « Manca il principio ». È notato nel margine esterno da

mano più recente: « Stef.° Infessu | ra Vide | cod. ms. Vat. | 5522
« p. 1. Inc. (c. 78): Pontificalmente, e dissegli: ». Expl. (c. 221 v):
« per andare a campo a Ostia ». Segue il *Diario del Notaio del-*
l'Anteposto.   V²

LONDRA. — Bibl. Yelverton. Ms. cartaceo del sec. XVI in fine (0,260
× 0,200), condotto di bella scrittura italiana, rilegato in pergamena, di fogli 135 (pp. 270): *Stephani Infessure Civis Romani Diaria*
Rerum Romanarum suorum temporum post Curiam Romanam ex Galliis
ad Urbem reversam usque ad Alexandri Pape sexti creationem. « Vi
« manca il principio ». Inc. (c. 1): « Pontificalmente e dissegli ».
Expl. (c. 270): « per andare ad campo ad Ostia » (Cf. *Archiv*,
VII, 103).   Y

Chi gitti appena uno sguardo su tutta questa serie, si
avvede che un primo criterio di raggruppamento e di distinzione fra i molteplici manoscritti è dato dalla diversa
maniera secondo cui principiano. In alcuni, e sono i più
antichi o evidentemente derivati dai più antichi, l'inizio
parte da un frammento di leggenda che non à perduto, neppure ne' più corrotti, le tracce dell'antico volgare romano.
Altri codici invece danno evidente l'assetto secondo grammatica, e l'avvicinamento del periodo al tornio della narra-
tiva, magari a costo di parere una stonatura col resto del
diario, in cui l'elemento del volgare romano, non ostante
l'azzimatura e l'arbitrio degli amanuensi, trapela sempre
d'ogni parte. Secondo la diversità del principio abbiamo
pertanto la prima distinzione de' codici a questo modo:

Cominciano (cl. 1ª): « pontificalmente, e disseli piglia tesauro » : A, B¹,
            B³, C, C¹, F, F¹, F², G, L², L⁴, M¹, M², M³, O,
            O¹, P, P⁵, P⁸, R, R¹, S, S¹, T, V, V¹, V², Y.
Cominciano (cl. 2ª): « Nell'anno del Sʳᵉ 1294 nella vigilia di Natale » :
            A¹, B, B²ᵣ B⁴, B⁵, B⁶, C², C³, C⁴, E, L, L¹, L³,
            M, M⁴, N, P¹, P², P³, P⁴, P⁶, P⁷, P⁹.

Ma noi vediamo in questa prima distinzione aggrupparsi
nella medesima classe M ed E, ossia il testo del Muratori
e dell' Eckhart, come se non avessero intrinseche e gravi

divergenze tra loro. Pure il Muratori stesso ebbe a darne
sentore in una nota dell'edizione sua, paragonando il testo
da lui dato a luce con quello comparso in Germania: Or
ecco le due lezioni:

Ed. Mur. (1) (lez. A).	Ed. Ecc. (2) (lez. B).
« Dell'anno 1404 del mese di settembre die primo morì papa Bonifatio nono et lo popolo di Roma si levò a rumore per rivolere la libertà et fu sbarrata Roma et tutto dì si combatteva alle sbarre: li Ursini et la Ecclesia da una parte et li Colonnesi per lo popolo..... et furono morti parecchi da parte a parte; et molti feriti et molti cavalli morti et furono sconfitti li Colonnesi che quasi sempre si havevano la peggio; se bene buona parte dello populo seguitavano li Colonnesi ».	« Dell'anno 1404 del mese di settembre die primo si morio papa Bonifatio nono et lo popolo di Roma si levò a rumore per rivolere la libertate et fu sbarrata tutta Roma et tutto dì si combatteva alle sbarre; li Ursini d'una parte et la Ecclesia, et li Collonnesi per lo pòpulo..... et furo morti parecchi da parte a parte; tra li quali ne fu morto Poncelletto Ursino, et molti feriti et molti cavalli morti et furo sconfitti li Ursini et tornarosene a Monte Iordano et sempre ne havevano la peio li Ursini et la maiore parte dello populo setavano li Colonnesi ».

Qui, com'è evidente, non si tratta solo di divergenza,
ma di opposizione diretta e determinata da interessi gen-
tilizi, da opposizione di clientele che nascondevano avversione di fazioni e di parti cittadine, le quali toglievano nome
dalle due famiglie sovrastanti nella città, interessate a seguitare o il popolo o la fazione ecclesiastica. E secondo
queste due opposte lezioni si distinguono pertanto nova-
mente i mss., raccostandosi o separandosi nelle seguenti
categorie:

(1) Muratori, *Script.* III², col. 1116.
(2) Io. G. Eccardo, *Corpus hist. med. aevi*, II, col. 1867

Di parte Orsina (lez. A): A^1, B, B^2, B^4, B^6, C^1, C^3, C^4, F, L, L^1, L^3, M, M^4, N, P^1, P^2, P^3, P^4, P^6, P^7, P^9.

Di parte Colonnese (lez. B): A, B^1, B^3, B^5, C, C^2, E, F^1, G, L^2, L^4, M^1, M^2, M^3, O, O^1, P, P^5, P^8, R, R^1, S, S^1, T, V, V^1, V^2, Y.

Ragguagliando tra loro le due serie, ci è dato ravvisare che la classe 2ª e la lez. A, la classe 1ª e la lez. B quasi si corrispondono. Le discrepanze son minime: tre codici (B^5, C^2, E) della classe 2ª sono acquisiti alla lez. B; due della classe 1ª (C^1, F) scendono alla lez. A. Donde possiamo indurre che l'alterazione determinata da partigianeria gentilizia fu anteriore, com'è naturale, a quella introdotta per preconcetti di forma.

Ora, niente è più ovvio e certo di questo: che essendo l'Infessura di parte popolare e de' più affezionati alla famiglia Colonna (1), la lezione colonnese fu l'autentica nel diario di lui, e l'altra la falsificata; che essendo quella l'autentica, si trova appunto sui manoscritti più antichi o derivati dai più antichi. Ma non è quel solo passaggio che dà sentore d'un raffazzonamento di parte orsina nel testo del cronista nostro. Altri ve n'ebbero, ispirati alla parzialità me-

(1) Egli chiama la parte popolare e dei Colonna « la parte nostra » e in un notamento dell'anno 1484, ove il Muratori (ed. cit. 1165 b, 32-41) legge secondo il suo codice: « et in quella scaramuccia vi morirono « parecchi uomini dall'una parte e dall'altra », l' Eckhart legge male (1920 b, 28-37): « vi morsero quattro huomini della parte nostra « dell' Ecclesia », dacchè è evidente in quell'inciso la soppressione di un *et*: « et dell' Ecclesia ». Circa la partigianeria ecclesiastica degli Orsini, basti citare il seguente passo nella *Oratio quam habuit in funere Latini card. Ursini in aede S. Salvatoris* (ms. Vat. lat. 5626, f. 71-86) Giovanni Gatti vescovo di Catania: « protulit hec amplissima « domus pontifices maximos, praestantissimos cardinales, quampluri-« mos Ecclesie antistites, dignissimos et in rebus bellicis [peritis]simos « duces consulares et triumphales viros et quod omnibus praestan-« tius est Ecclesiam Romanam idest Christi Ecclesiam sin-« gulari observantia prosecuti sunt ».

desima, ma non corrotti colla stessa audacia del passo recato sopra, in cui il cliente baldanzoso volta a dirittura il
fatto in contrario, con offesa spudorata della logica e della
storia (1). In molti casi questa parzialità si limita a sopprimere l'inciso che pregiudica la parte amica, o che favorisce
l'avversa. Così, per esempio, nell'edizione dell' Eckhart (2)
s'incontra un brano in cui son raccontate odiose crudeltà
degli Orsini, che nel Muratori comparisce già mutilo, che
manca in C^1 e che si trova aggiunto posteriormente in R,
in seguito alla collazione che fece il Valesio di questo codice coll'altro R^1 della Vaticana. E talvolta, quand'anche
le edizioni dell'Eckhart e del Muratori o concordano o
poco distano tra loro, i manoscritti apertamente discordano e le alterazioni appaiono determinate dal motivo medesimo o gentilizio o apologetico per la Chiesa:

Ecc. (1922, l. 32-33).
Mur. (1167, L 23-24).

C^1.

« si dovesse collegialmente andare per li Officiali e per lo popolo al papa, al quale si dovesse
supplicare che daesse pace alli
detti signori Colonnesi & a noi,
attento che loro fino a mo non
hanno peccato in niente ».

« si dovesse collegialmente andare per li Officiali et per lo popolo al papa, al quale si dovesse
supplicare che daesse pace alli
detti signori. Colonnesi ».

(1) Altri esempi di faziosa corruzione del testo:

Ed. Ecc. 1932, lin. 3-5.
• Mur. 1176 • 7-8.

C^1, R.

• quelli della parte contraria della Ecclesia ne pigliarono la meglio •.

• quelli della parte contraria della Ecclesia ne pigliarono la peggio •.

Similmente :

Ecc. (1937, lin. 45-48) e ms.

Mur. (1181, lin. 28-30), C^1, R.

• de gentibus Ecclesie circa octoginta
fuerunt reperti vulnerati et mortui et
abstulerunt tentoria et quidquid intus
erat, et cum magna laetitia reversi fuerunt ad dictum castrum •.

• de gentibus Ecclesiae circa octuaginta
fuerunt reperti vulnerati et mortui e t
de Columnensibus longe maio-
res qui tristes reversi fuerunt ad dictum castrum •.

(2) Eccardo, loc. cit. col. 1918, lin. 28-40 : « Item furono messe
« a sacco » ... « come di sopra ». - Muratori, loc. cit. col. 1164,
lin. 4-16.

Così tutto il resto del periodo nel ms. è soppresso; e altrettanto si osserva in R, ove, per effetto del solito riscontro col codice Vaticano, si trova poi aggiunto in margine. Similmente, tanto il Muratori (1163, lin. 30) quanto l'Eckhart (1917, lin. 41) riferiscono presso a poco con eguali termini il brano relativo agli insulti fatti da Girolamo Riario al protonotario Colonna nella sua presura:

« e lo protonotaro sotto la fede del detto Virgilio fo menato allo papa in iupetto, avvenga che dopò li fosse prestata una cappa nera, e quando se menava lo conte Hieronimo li disse: ' ah ah traditore, che come ionge che t'impicco per la gola'. E lo signore Virgilio li rispose: ' signore, impiccarai inanti me che colui '; e più volte cacciò lo conte Hieronimo lo stocco et ammenollo per volerlo occidere et lo detto signore Virgilio sempre si contrappose e non volse mai che li facesse male, et così la domenica a sera fu menato dinanti allo papa ».

Ma in C¹ tutto questo passaggio diviene:

« e lo protonotaro sotto la fede del detto Virgilio fo menato allo papa in iupetto, et così la domenica sera fu menato dinante allo papa ».

Ed R, quantunque pur esso sopprima nel contesto il brano medesimo, ne accenna alcùne frasi in noterelle marginali e interlineari della pagina stessa, e poi lo riporta intero al notamento primo c. 133. È chiaro pertanto che l'amanuense ecclesiastico, pur di togliere la memoria d'atti brutali di dosso alla famiglia pontificale dei Riari, sagrificava anche la menzione d'un po' di lealtà soldatesca in pro di Virginio Orsini (1).

(1) Altra consimile soppressione nel ms. C¹ del brano contenuto nell'ed. Ecc. (col. 1930, lin. 53-58) e Mur. (col. 1174, lin. 21-26). Lo spirito di clientela verso la casa Conti, ligia agli Orsini, cagionò la soppressione del passaggio in cui si raccontano le dimostrazioni crudeli fatte dal cardinale de' Conti per la strage dei Colonna che gli erano nipoti carnali e figli di una sorella (cf. ed. Ecc. 1931, lin. 21-26; Mur. 1175, lin. 31-36).

Altro esempio : cedutosi Marino alla Chiesa, si manda un bando per rassicurare il contado e nelle persone e nelle robe. Paolo Orsini, malgrado il bando, fa gran preda d'uomini e d'animali. Ma questa ruberia -all'amanuense orsinesco, cui è dovuta la redazione C[1], parve meno indegna a registrare della riscossa che Prospero Colonna e Antonello Savelli in breve ne fecero (1).

E nel passaggio che segue, dove le due edizioni e i mss. più autorevoli consentono, la primitiva redazione di R, corretta poi a c. 136, n. XVI, e quella del testo chigiano, che rappresenta il tipo più pieno del raffazzonamento di parte orsina e della politica ecclesiastica, leggono :

M, E.	R, C[1].
« Et insuper questo signor Prospero et Antonello con lor gente roppero et sbalisciorono le genti della Ecclesia et più presto loro guadagnaro della robba di costoro della Ecclesia, che questi di quelli (2); et in quella battaglia vi furono morti quindici huomini, et circa a centocinquanta feriti gravemente di questi della Ecclesia et di quelli di là molto pochi ».	« Et insuper questo sig[r] Prospero et Antonello s'incontrarono con le gente della Chiesa, et tra loro seguì una gran battaglia, dove che si morsero molte persone da una parte et l'altra con assai feriti ».

Alcune volte è adoperata una perifrasi ambigua per tu-

---

(1) Ed. Ecc. col. 1929, lin. 6-12; Mur. col. 1173, lin. 24-31. In C[1] si omette tutto il brano: « et finalmente rescossero tutta la « preda et li presoni, eccetto sei bovi, li quali quando si combatteva « forono menati in qua ». Queste due ultime parole lascian supporre che l'I. allora si trovasse a Marino: ma il testo C surroga invece: « et finalmente non li riuscendo il disegno furono costretti a ritirarsi « con qualche perdita loro ». Idem in R (c. 117) che rimanda, per la correzione, a c. 136, n. XVI.

(2) Ecc.: « che di questi e di quelli ».

telare la fama della casata cui il raffazzonatore si sente addetto (1).

Talvolta apparisce ancora il vestigio di una malignità compendiosa, a cui per detrarre basta il tacere e il sopprimere:

Ms., ed. Ecc. (col. 1929, l. 24-31).	Mss. e Mur. (col. 1174, l. 10-11).	C¹, R.
« ... era stato fortemente tormentato per li quali tormenti lui haveva detto alcune cose le quali non erano vere. Et depò quando, ecc. ».	« ... era stato fortemente tormentato, dolendosi extremamente della sua cattiva sorte, per li quali tormenti egli aveva detto molte cose le quali non erano vere. E dopo quando, ecc. ».	« ... disseli come lui era stato fortemente tormentato dolendosi extremamente della sua cattiva sorte, et doppo quando, ecc. ».

Tal'altra capita sott'occhi l'indizio d'un tentativo di reazione colonnese, sorta forse sotto lo stimolo dell'adulterazione orsinesca, a volgere la sincerità della narrazione dell'I. con scapito della verità, in tutto vanto dei Colonna. E quantunque non ce ne paia che un solo esempio, ed anche un po' incerto, pure si vuol segnalarlo, perchè non sembri

---

(1) Ed. Ecc. (col. 1962, l. 61-63) Ms. C, C².	Ed. Mur. (col. 1202, l. 67-71)	C¹.	R, S, S¹.
« Et interim gentes Ecclesiae, animalia omnia Ursinorum quae versus Galeram et partes maritimas erant depraedatae sunt ».	« Interim gentes Ecclesiae abduxerunt animalia omnia Ursinorum quae versus Galeram et partes maritimas erant. Similiter et Ursini animalia omnia Romanorum quae in partibus Latii erant depradati sunt ».	« Interim gentes Ecclesiae abduxerunt animalia omnia Ursinorum quae versus Galeram et partes maritimas erant. Et hi qui in civitate erant similiter animalia Romanorum quae in partibus Latii erant depradati sunt ».	« Et interim gentes Ecclesiae animalia omnia Ursinorum quae versus Galeram et partes maritima (*) erant depraedatae sunt; et hi qui in civitate erant similiter vecturas et alia animalia Romanorum quae in partibus Latii erant similiter depraedati sunt ».

(*) S: « ex parte maritima ».

che abbiamo avvisato il male star tutto da un lato, o che le
fandonie possano esser sembrate utili ad una parte sola:

Ed. Ecc.
(col. 1929, lin. 6-12)
MUR.
(col. 1173, l. 24-31).

	C¹.	R.

« Le genti dell'Ecclesia furono sbarasciati (1) e rotti e de' loro uccisi circa a dieci intra fanti et huomini d'armi, e feriti circa cinquanta, e fuggendo lo resto per quello tempo, quantunque di poi si rifecero e pigliaro li dì seguenti contro volontà di quelli della terra ».

« Le genti della Chiesa furo ributtate et rotte con qualche loro mortalità, et quantunque di poi si rifecero et pigliarono Ripi lo dì seguente ».

« Le genti della Chiesa furono sbarrisciate et rotte e de' loro uccisi circa a dieci intra fanti et huomini d'armi e feriti circa sessanta, et fuggendo lo resto s e r e t i r a r o et non p o s s e r o p i g l i a r e l o d° c a s t e l l o ».

Rifletterebbe pertanto in questo caso un bagliore di partigianeria colonnese in opposizione alla redazione orsinesca. E qui è da osservare inoltre come l'amanuense infedele che raffazzonò il testo del ms. chigiano C¹ si agiti per sue preoccupazioni, ma si senta già del tutto fuori dell'orizzonte storico del secolo decimoquinto e dei primi decenni del decimosesto; in cui dieci morti, tra fanti e cavalli, e cinquanta feriti sembravano strage bastevole per una grande battaglia; quando le guerre « si cominciavano « senza paura, si trattavano senza pericolo e si finivano senza danno », come scriveva il Machiavelli (2); e però, non sembrandogli che quel numero determinato e piccolo di feriti e di morti fosse dicevole all'architettata dignità della storia, pieno di compassione pel cervello piccino del cronista con-

(1) Ed. MUR. « sbaragliate ».
(2) MACHIAVELLI, *Storie fiorentine*, lib. V, introd. *Principe*, XII.

temporaneo e fedele, lo mutò nell'espressione generica e, secondo lui, dignitosa di « qualche loro mortalità ». A tante piccole insidie il testo dell'I. soggiacque! alcune delle quali non furono per verità premeditate.

Infatti non è maraviglia che le rubriche capricciose de' postillatori entrassero col tempo a far parte del testo del diario; che vi s'insinuassero noterelle di testimoni quasi contemporanei agli avvenimenti. Questa è ventura comune di tutti i manoscritti che passano per buon numero di copisti. Nè sono i copisti inetti che recano i guasti più gravi.

Della varietà delle rubriche da loro introdotte demmo saggio, a quando a quando, tra le varianti delle lezioni. L'insinuazione più disinteressata e rimarchevole ci parve quella che s'infiltrò anche nel testo del Muratori, a proposito del cadavere della bella giovinetta, ritrovato intatto, morbido, imbalsamato, olezzante di neri profumi, adorno di splendide vesti e di monili, esposto agli occhi del popolo meravigliato in Campidoglio, ne' primordi del pontificato d'Innocenzo VIII. Chi fosse quella giovinetta così bella, sepellita con tanto amore da chi le sopravvisse, fu allora domanda di tutti che la rimiravano, a cui pareva che qualcuno dovesse poter rispondere. Per la bellezza l'avrebbero reputata una santa; ma la Chiesa non aveva ragione di riconoscerla; e, in mancanza di questa, gli archeologi d'allora furono chiamati a divinarla:

Ed. Ecc. (1951, lin. pen.).

« Cumque Conservatores in eodem pilo locum iuxta Cisternum in reclaustro cuiusdam Palatii posuissent, a dicto Innocentio iussi in locum incognitum de nocte extra portam Pincianam in quodam vico vicino eius in quadam fovea proiecta fuit, reportaverunt, ibique eam sepeliverunt. Et illis primis diebus, quibus inventa est,

Ed. Mur. (1193, lin. 15).

« Quumque Conservatores in eodem pilo ad locum iuxta Cisternam in reclaustro eiusdem Palatii posuissent, a dicto Innocentio iussi in locum incognitum de nocte extra portam Pincianam in quodam vico vicino eius ubi fovea defossa fuerat reportaverunt, ibique eam sepelierunt. Et creditur fuisse corpus Iu-

ad dictum Palatium inducta fuit, tantus erat concursus homĭnum eam videre cupientium, ut passim in platea Capitolii vendentes olera et alia ad instar fori reperirentur ».

liae Ciceronis filiae. Et illis primis diebus quibus inventa et ad dictum Palatium inducta fuit, etc. ».

Il Muratori, che divulgò la lezione, che l'indica come la figliuola di Cicerone ed erroneamente le dà nome di Giulia, la trasse dal suo codice Estense (M). Degli altri manoscritti cogniti ve n'ha due soli che la riferiscano alla stessa maniera; il Londinese del museo Britannico (add. ms. 8433, segn. od. P, 1052³), da noi contraddistinto colla sigla L³, e il Barberiniano LV, 5 (B²). Tutti gli altri ne tacciono, ad eccezione del ms. A, 1 dell'archivio dei Cerimonieri pontificî, nella nostra serie indicato colla sigla M⁴, il quale, al passo sopracitato, riferito secondo la lezione dell'Eccardo, aggiunge la postilla marginale: « corpus q. « Iuliae | Ciceronis filiae | fuisse creditur ». È evidente che quello « Iuliae » fu mal trascritto da « Tulliae » o « Tul- « liolae ». Stando ad Alessandro degli Alessandri, chi rischiò la matta divinazione ebbe ad essere Pomponio Leto (1); ma

---

(1) Nella lettera di Bartolomeo Fonti a Francesco Sassetti, pubblicata dallo JANITSCHEK, *Die Gesellschaft der Renaissance in Italien*, 1879, p. 120, si dice apertamente: « et genus et aetas latet huius tam in- « signis et admirandi cadaveris ». — « Molti credono sia stato morto « degli anni 170 », scrive il NOTAIO DEL NANTIPOSTO (MUR. *Rer. It. Scr.* III², 1094. Per contro si legge in ALEXANDER AB ALEXANDRO, *Genial Dier.* III, 2, p. 208: « Memini, dum Romae agerem, in vetustis « sepulchris quae in via Appia plurima visuntur, inter aedificia hor- « tosque interque coagmenta lapidum erutum cadaver fuisse, multo « aevo vetustum, adolescentulae mulieris facie, capillo, oculis, naribus « et reliquis lineamentis prorsus integris et incorruptis; nisi quod ve- « stigia liquaminum et unguentorum quibus delibutum fuerat, appare- « bant, recenti specie, inscriptione nulla, qua nomen defunctae inno- « tesceret. Pomponius tamen vir, ut in ea aetate, veterum litterarum « impense doctus, Tulliolam Marci Tulli Ciceronis filiam, de cuius

probabilmente il dotto umanista, interrogato da chi chiedeva un battesimo scientifico a quella bella reliquia che la Chiesa rifiutava e temeva, si limitò a ricordare le lettere di Cicerone a Servio Sulpicio o la *Selva* di Stazio sulla morte di Priscilla. Il volgo poi fece il resto, e sbagliò forse e diffuse lo sbaglio del nome prima ancora che un incolto postillatore lo notasse a margini del diario del nostro Stefano. Da' margini ebbe ad entrar nel testo, ma tardi, e dopo che molti altri errori vi si erano già infiltrati. E similmente nei margini dell' indicato M⁴ si leggono altri notamenti di chi sopravvisse all' I., che pure entrarono col tempo a far maligno corpo nel suo diario (1). Che quei notamenti debbansi ripetere per la massima parte dai piccoli Procopî della curia, registratori delle cerimonie e delle maldicenze, si desume dalle loro stesse parole: « ut per

« obitu ad Servium Sulpicium sunt epistolae, aut Priscillam Aba-« scantii de qua *Sylva* Papinii extat, fuisse augurabatur. Id quibus « argumentis asseveret, cum nulla inscriptionis vestigia extarent « prorsus nescimus ». Cf. MATARAZZO, *Cron. di Perugia*, II, 180; RICCY, *Pago Lemonio*, 112; TOMASSETTI, *Camp. rom. Via Latina*, p. 50.

(1) Fra le altre note relative ai cardinali creati da Alessandro VI si legge: « Item unum de domo Farnesia consanguineum Iuliae « Bellae eius concubinae, etc. ». E di Cesare Borgia: « Caesar Borgia « monstrum infame truculentissimum ex Vannozia catalana susce-« ptus ». Consimili postille s' incontrano anche in C¹. In C, C² E, la interpolazione si ritrova nel testo, ove si aggiunge a proposito del cardinale Alessandro: « de domo Farnesia, quin immo erat frater « dictae Iuliae et fuit postea papa Paulus III ». E nei mss. stessi è insinuata l' interpolazione seguente: « Et huius Iuliae imaginem u t p e r « t r a d i t i o n e m m a i o r u m n o s t r o ̣r u m d i d i c i m u s, in palatio « apostolico, in loco qui a nepotibus inhabitari solet in magno quodam « articulo turris Borgiae toto depicto ac inaurato (et a quodam... di-« viso in...) super quadam ianua videre liceret. Omnibus enim patet. « In eo enim repraesentatur beata Virgo cum Infantulo in brachiis ac « pontifice Alexandro ante ipsam genuflexo ». Le parole in parentesi mancano in C².

« traditionem maiorum nostrorum didicimus ». Quanto spesso non tradisce anche la tradizione !

Dopo queste discrepanze, che furono effetto di tendenze più o meno manifeste dei trascrittori, i quali più o meno volontariamente raffazzonarono il testo del diario (1), seguitano quelle che derivarono da negligenza dei copisti che saltarono spesso da un inciso all'altro, dove ricorreva, più o men prossima, la parola medesima. Basti un esempio per molti.

Ed. Ecc. (2010, lin. 29), C, C².

« ... adeo quod noluit amplius redire ad Urbem, sed remansit in arcem dictae Ostiae ».

Ed. MUR. (1245, lin. 47) C¹, P, R, S, S¹.

« ... adeo quod, ut fertur, iratus recessit et per mare ad Ostiam, et cardinales S. Petri ad Vincula cum eo; qui, ut dicitur, ex eo quod favit dicto regi, factus fuit inimicus papae, adeo quod noluit amplius redire ad Urbem, sed remansit ... etc. ».

Se non che la forma estrinseca del diario ebbe pur essa ad incitare coloro che, essendo o credendosi qualcosa meglio che copisti, vennero con esso alle prese. E di questo abbiamo argomento non tanto dai manoscritti, quanto dai frammenti de' manoscritti di esso (2).

(1) V. le descrizioni dei mss. B⁴, C².

(2) Ecco la nota di quelli che ci furono cogniti:

ROMA. — Archiv. Vat. Pio, 7 (to. LII). Ms. cartaceo, sec. XVIII, (0,275 × 0,190), rilegato in pergamena. Nella risguarda « Ex « bibl. Piorum 1753 ». A. c. 16: *Ex Diariis Stephani Infes | surae Civis Romani | Xysti iiij Papae Obitus | Conclave, et creatio | Innocentii VIII | pontificis | Maximi | 1484.* Inc.: « Die nona augusti P. « Iacobus de Comitibus ». Expl. (c. 46): « in die sancti Stephani · « elegit ». **a**

Archiv. Vatic. Ms. cartaceo, sec. XVI (0,300 × 0,205). *Politica varia*, tom. IV, c. 189: *Ex Diariis Stephani In | fessurae civis Romani | Xysti iiij, Conclave, et creatio Innocentii viij, | Pont. Max.* Inc.: « Die nona augusti dominus Iacobus de Comitibus intravit

Le parti diverse del diario parvero presentarsi come sconnesse tra loro: mancava il principio; cominciava in italiano, anzi in volgare; seguitava in latino; spesso sgrammaticava e nell'uno e nell'altro idioma. C'era pertanto un bèl campo da mietere: rifargli il principio mancante; ridurlo tutto ad una lingua e che fosse la buona; ordinarlo secondo grammatica; e o distinguer bene tra loro le parti diverse o riconnetterle.

Il principio si rifece, ordinandolo ad essere un rappicco possibile col primo capo di cui si aveva il titolo: *Quando la corte era in Francia*, quando cioè fu fatto papa « l'arcivescovo di Bordella ». Niente era pertanto più naturale, se non che si facesse esordio regolare alla cronica

« Romam ». Expl. (c. 205 r): « Prefectum Urbis id est nepotem « Xiśti, ac fratrem cardinalis S^{ti} Petri ad Vincula in capitaneum « generalem in die sancti Stefani elegit ».   b

Archiv. sudd. arm. III, 121. Ms. cartaceo, sec. XVII (0,290 × 0,130): *Memorie diverse di Roma*. Nella c. 1: « Ex libris Congr. « S. Mauri Romae ». Segue l'indice di mano del Torrigi. A c. 254: *Diario di Stefano Infessura Cittadino | Romano ridotto in-Compendio volgare | mancando il principio, e | parte in latino copiato | nel 1647.* Inc : « Il conte Romano Orsino venne con giente mandato dal « re Roberto ». Expl. (c. 269 v): « Nel 1478 a dì 27 d'aprile fu « ucciso ». Traduzione e compendio sono inesatti.   c

Archiv. sudd. Ms. C, XVI: *Memorie diverse di Roma*, III, 121. A c. 244 v: *Diario di Stefano Infessura cittadino | romano ridotto in compendio volgare | mancando il principio, e | parte in latino copiato | nel 1647.* Inc.: « Il conte Romano Orsino venne con gente ». Expl.: « Nel 1478 a dì 27 d'aprile fu ucciso... ».   d

Archiv. sudd. 32 t. 36. *Bullae diversorum et alia varia*, sec. XVI. A c. 96: *Historie avanti che la Corte gisse in Francia.* Nel margine superiore interno: « Stephano Infessura | cittadino Ro-« mano | fu podestà ad Orta | Sotto Xisto iiij .1. 37 ». Inc.: « ...pon-« tificalmente, et dissegli piglia tesauro ». Expl. (c. 98 r): « perchè « voleva occidere Lodovico Colonna et non li venne fatta ». Frammento del diario dell'I. di sole 5 facce. Passa da' notamenti dell'anno 1378 a quelli del 1416 del mese di agosto.   e

TORINO. — Codice miscellaneo di mano di Girolamo Baglioni, vis-

dall'anno in cui fu fatto papa « il cardinale di San Mar-
« tino in Monte », quello che aveva lottato con Francia e
inaugurato un contrasto da cui pareva dovesse uscire la
servitù di Francia o della Chiesa. E s'incominciò così:
« Nell'anno Domini mille duecento novantaquattro, nella vi-
« gilia di Natale ». Ed ebbe così origine tutto il brano, dato
dall' Eckhart (col. 1863-64), e dal Muratori (col. 111-13),
e che nella prima edizione finisce alle parole: « regnò otto
« anni nel papato »; nell'altra alla linea 23: « e fu seppel-
« lito in S. Pietro ».

suto nella metà del sec. XVII, come si ricava da una postilla ricordata da A. FABRETTI (*Cronache della città di Perugia*, II, 105),
che ora possiede il ms., il quale ne parla nella prefazione al vol. 2°
di dette cronache, ed ebbe la cortesia di fornirmi altre da me desiderate notizie. Il ms. misura 0,265 × 0,195. Inc. (f. 29 n. m. 61):
« e torricelli e le porte di Roma, massime quella di Testaccio »
(ad an. 1451). Expl. (f. 40, n. m. 183): « sed de his conditionibus
« pacis nihil aliud visum fuit, nisi quod Ursini steterunt in do-
« mibus eorum et d. Rubertus recessit. Et pax ut sequitur quae »
(ad an. 1486).   **f**

ROMA. — Bibl. Vatic. Ms. Vat. 7838, p. 2ª, c. 177 (n. a. 434): *Ex
Stephani Infessurae Civis R. Diario | rer. Roman. suorum temporum
post curiam | Romanam ex Galliis ad Urbem reversam | usque ad
Alexandri 6 creationem.* « Si conserva anco m.s. nella libraria Va-
« tic. | Manca il principio ». Inc. (c. 177): « Il conte Romano Or-
« sino venne con gente mandata dal re Ruberto ». Expl. (c. 183 v):
« si redire non posset et ». Scrittura pessima di mano del Tor-
rigi; à un frego sopra ogni faccia. È compendio inesatto.   **g**

Bibl. sudd. Ms. Capp. 181, cartaceo, sec. XVII (0,140 × 0,205),
rilegato in pergamena. Nella risguarda è la data: « 7bre 1737 ».
Contiene: *Diario historico d'alquanti semiantichi successi | di Roma.*
Inc. (c. 1): « Mentre hebbe Francia la sedia del papato ». Expl.
(c. 30 v): « ridusse al porto la navicella di Pietro ». Segue (c. 31):
Quando fu perduto lo Stato da Papa Eugenio IV. Inc.: « Del anno
« Domini 1434 ». Expl. (c. 59): « doppo fu lasciato senza alcun pa-
« gamento ».   **h**

Bibl. Barberini. Ms. (1088 n. ant.) XXXV, 37. Citato dal MA-
RINI, *Archiatri*, I, 199, cartaceo, sec. XVII, descritto più oltre.   **i**

Se non che a niuno che paragoni questo principio regolare con quello che è mutilo, sfugge ch'esso riposa sul
frammento sincero del diario dell' I., non come membro
rotto le cui parti siano disposte a risaldarsi insieme, ma come
un cappello qualunque gittato sopra una testa di statua che
non à modo di scuoterlo, ma cui non s'adatta per alcun
verso. Chè mentre non è facile andare alla fonte o spiegar
la genesi della leggenda fantastica e frammentaria con cui
l'autentica narrazione incomincia, non si trova difficoltà a
riconoscere i materiali con cui il fittizio esordio regolare
è composto. Poco Villani, poco della Vita di Bonifacio VIII
di Bernard Gui, poco di Tolomeo da Lucca; pochi appunti
degli *Acta consistorialia* e de' registri de' Cerimonieri basta-
rono. Il dettato poi è di chi sa tornir periodi e rannodarli
con espedienti di grammatica, non di chi segue il semplice
impulso del pensiero, di chi volle racconciare, non di chi
scrisse il diario. Dei mss. che ce lo tramandano non n'è
alcuno che offra sentore o vestigio del dialetto in cui fu
scritto tutto il resto volgare, del quale nessun manoscritto
à potuto interamente purgarsi, per quanto l'amanuense
l'abbia causato a studio o per negligenza. Le varianti
stesse fra i codici che dànno l'esordio nuovo sono limi-
tatissime di numero e di natura, e si riducono per lo più
a errori di lettura o di trascrizione. Si capisce che dove
l'Eckhart à «Quieti», il Muratori legga «Rieti», e «Ricciardo senese» in luogo di «Recciardo Segese»; che il ms. A
possa leggere «Agamense» ed R «Aponense» dove il
Muratori e l' Eckhart stamparono: «il vescovo Apamense».
Ma queste differenze intrinseche ed estrinseche fra l'esordio
e il resto del diario, fra il modo per cui ci si tramanda il
testo di quello e di questo, indussero la persuasione che le
due parti non àn ragione da costituire tutto un corpo; nè
si convenga però di darle per tali. Collocammo quindi la
fittizia introduzione solo in fine nell'edizione nuova, come
appendice; e ci rassegnammo, secondo la nota dei mss. più

autorevoli alla convinzione che del nostro diario « manca
« lo principio ».

Per quel che concerne il tentativo di ridurre tutto il
testo ad una lingua sola, due manoscritti rimangono a testimonio delle opposte prove: l'uno, il Corsiniano C³, in
cui tutti i notamenti son fatti volgari, anzi italiani; l'altro,
un codice Barberiniano, in cui non si à che un frammento
del diario stesso, e in cui precisamente la parte italiana si
trova parafrasata nel così detto buon latino delle scuole.
Il ms. fu cognito al Marini, e, per la citazione di lui, al
Fabricio. Ma il Marini lo conobbe male. Lo allegò come
« *Diarium ms. in bibl. Barber.* cod. 1088, p. 215; il qual
« non è altro che quello dell'Infessura fatto latino, ed in
« alcuni luoghi, siccome in questo, più pieno ». Se non che
tutto il più pieno è nel ripieno, e della parte che mancava
o il Marini non s'avvide o non diè notizia.

Ora, questo codice, che è il Barberiniano XXXV, 37
(n. a. 1088), e corrisponde colla segnatura alle indicazioni
del Marini perfettamente, è un cartaceo del secolo XVII
incipiente. Contiene dalla p. 1-106: *Acta | in longissimo
omniū schismate | Incipiente sub Clemente VI* (1) | *anno Dni
1378 deprompta | ex libro quodam.* Seguitano poi facciate bian-
che sino alla 115, in cui principiano: *Diaria | sub Bonifatio
Nono et Innocentio VII.* Nel margine destro occorrono, a
somiglianza degli altri mss. del diario, note marginali;
come: « eclypsis maxima in hieme », « populus tumultuat
« sub Columnensibus et Ursinis, sede vacante »; ed è
questo il noto passo caratteristico sopra segnalato, che il
traduttore rende in tal modo:

« Anno 1404 mense septembris Bonifatius Nonus diem suum
clausit, et Romanus populus tumultum excitavit libertatis recupe-
randae causa et tota Urbs repagulis referta est, quotidie dimicantibus
Ursinis ex una pro Ecclesia, ex altera Columnensibus pro populo.

(1) Sopra, a lapis: « Urbano et ».

Interim Capitolium et turris noncupata del Mercato defecerunt ad favorem populi; quo cognito Ursini: eadem die Vesperi in Urbem per portam Castri Sᵗⁱ Angeli ingressi sunt ut Capitolio suppetias ferrent, erant enim a multis Romanis comitati, qui Ecclesiae partes sequebantur et dum pervenissent ad domum illor. de Rubeis, Columnenses cum populo illis occurrerunt et praelium ibi factum est in quo utrinque perierunt non pauci, inter quos Pancellottus Ursinus, sed tandem victores remanserunt Columnenses a maiori populi parte sequuti, quare Ursini se contrahere coacti sunt ad Iordanum Montem ».

Il passo relativo alla morte del Porcari è poi latineggiato in guisa da sopprimere ogni menzione dell' I., che nel testo volgare si afferma testimonio di veduta:

P. 178 v, lin. 10: « Die 9 ianuarii die Martis suspensus est Stephanus Porcarus in Arce Sᵗⁱ Angeli uni pinnarum turris quae destorsum (sic) est dum intras. Hic Stephanus fuit vir bonus, amator pacis et libertatis Urbis, quare ut patriam liberam redderet dum desperatus propter indebitam eius relegationem proditionem praefatam machinaretur, seipsum et animum suum labefactavit et perdidit. Fertur ille humatus in Traspontina ecclesia seu in flumen proiectus. Eodem die suspensi sunt in furcis Capitolinis absque sacramentis Ecclesiae Angelus de Mascio et Clemens eius filius, qui ne patrem suspensum videret, petiit ut pileus sibi ante oculos superponeretur; quod factum fuit; laqueo etiam occubuit Savus Octaviani et alii multi, quorum numerus novenarius fuit, mortis eorum causa in sententia lecta, fuit huiusmodi, quia Stephanus Porcarius pontificem Nicolaum et aliquos cardinales captivos facere tentaverat ut multas postea diriperet domos et stupra committerent ».

Nè parimenti, ove al luogo ben cognito l' I. accenna alla sua potesteria di Orte, nel 1478, si fa menzione alcuna di lui. La frase poi corre a tal guisa. Dove si accenna alla porta S. Paolo, il traduttore volge: « Trigemi-« nam idest S. Pauli »; per la porta del Popolo, « per flu-« mentaneam portam »; dove verrebbe alle prese col volgare e colle corruzioni dei mss.: « si ruppe lo arrizzatore » (1), à « auditorio fracto » (!). Ecco poi saggi dello stile:

(1) Mss. E, S: « accrizzatore »; C, M: « accrizatore »; R: « aggrezzadore »; S: « assidatore »; R¹: « accidatores »; C¹: « adrizzatore ».

Ed. Mur. (col. 1118, lin. 56-8).	Ms. p. 124 v., lin. 15.
« E rimase Paolo Orsino al soldo di Santa Chiesa insieme col legato sopradetto ».	« Et sub Ecclesia merebat Paulus Ursinus apud eundem legatus ».
« e devoli Maritima et Campagna per cinque anni ».	« et ad quinque annos Maritimae et Campaniae illum praefecit ».
	P. 225, lin. 13.
« Eodem anno a dì 12 di iuglio se partì lo papa et tornò ad Bracciano, et a dì 29 del ditto mese scorì lo sole, et fo la ecclisse per un hora vel circa, et depò a dì 16 de settembre lo papa tornò a Roma ».	« Die 11 iulii papa Roma discessit et Braccianum petiit. Die 29 eiusdem sol obscuratus est, et defectus apparuit ad horam; die vero 16 septembris pontifex ad Urbem rediit ».

Insomma l'odor del latino gesuitico di Famiano Strada o del Cordara in tutta questa versione si fiuta mille miglia lontano. Termina alla pag. 225 colle parole: « pon-« tifex ad Urbem rediit. Reliqua diariorum Sixti quarti « videas in vol. cui tit.: *Relationes variae et Diaria Sixti* « *Quarti* ».

Dell'azzimatura più completa, con acconcia separazione di parti e ricchezza d'indici per ciascuna di esse, e abbondanza di rubriche rimane esempio il manoscritto Chigiano C², il quale mostra tutto quel che la critica storica nel tempo in cui venne ordinato poteva, raffazzonando secondo suoi criterî il testo, anzi che tentare di ricondurlo, per quanto è sperabile, alla originale schiettezza.

Ora, accingendoci a tentar la compagine del diario e a trarne poi la caratteristica dell'autore, non ci sembra superfluo di riassumere anzitutto in uno specchio complessivo le note croniche di cui è contesto (1):

(1) Indichiamo con numero romano i mesi, secondo il loro ordine progressivo dall'I al XII, cominciando dal gennaio. Le cifre arabe dopo queste indicano i giorni dei mesi. I puntolini dopo il numero romano significano che manca nel diario l'indicazione del giorno

(1) (1303), X 8 (2).
1358, ...
1376, ...
1314, ... (3).
1361, VIII 21.
1378, VII 16, X ...
1379*, XI 9.
1389*, ...
1404, I 1, III 17, IX 1, X 10, 15.
1405, IV 25, VIII 2, 3, 5, 6, 20,
    21, 23, 26, IX 1.
1407*, III* 13, XI 7*, 14, XII 1.
1408, IV 18, 21.
1409, IV 25*, VI 19*, 21, 27.
1410, X ..., XII 27, 30.
1411, ..., IV 2*.
1413, VI ..., III 13, VII ...
1414, IX 13 (15), 16, X ...,
    XII 9*.

1416, VIII ..., XII ...
1417, ..., VIII 28*, XI 11*.
1420, IX 28, (29).
1422, XI 30.
1423, V ...
1424, VI 2*, 16, VII 21, 8*.
1431, II* 12, 19, 20, III 1, 3*,
    11*, 16*.
1432, IV 15*, 23*, VI 3, 20*,
    VII 17*, X 22, VI 4*.
1433, IV 7 (8), 17, V 21*, 31,
    VI 17, VIII 25, XII 5.
1434*, X 5, V 29, V 31, VI 14,
    20*, X 27.
1436, III 20, V 19, VI 3, VIII ...
1437, IV ..., VII ...
1438 ....., IV 12, VIII 22*, IX 4,
    XI 8, 2, 4.
1439, V ..., XI ..., III 19, IV 2.

nel mese; dopo il numero dell'anno, che manca ogni indicazione particolare. I numeri in parentesi son quelli che, desunti dal contesto, non si trovano esplicitamente determinati nel diario. Nel pseudo principio s'incontrano le date 1294, XII 24; 1295, XI 30.

(2) Data erronea, originata probabilmente dall'aver l'I. interpretato doppiamente male il testo latino di Bernard Gui: « obiit Romae .v. id. oct., sequenti vero die fuit in tumulo, quem sibi vivens « praeparari fecerat, tumulatus in eccl. S. Petri ». È ovvio che l'I. pose anzitutto per inavvertenza gl'idi d'ottobre ai 13, come i mesi comuni del calendario, e non ai 15 dl, e che dopo errò anche d'un giorno il computo. Gio. Villani (Cron. VIII, 63) ponendo la morte di papa Bonifacio a' dì 12, sbagliò pur egli probabilmente nel tradurre la data dal latino. Quanti errori consimili non ànno forse la causa istessa !

(3) Alcuni mss. ànno 1324, altri 1314. L'equivoco della cifra 1 per 7, del 6 per 9, del 9 per 2, la sostituzione di cifre arabiche o di parole a numeri romani o viceversa àn dato luogo a frequenti discrepanze dei mss. e ad errori delle edizioni e degli storici che vi si sono affidati. Notiamo con asterisco le date intorno alle quali vi à discordanza nei mss.

1440, V (26).

' 1442, XII, 15.

1443*, V 27, IX 28, (29), XII 8*.

1444*, IX 12.

1446, VII* 5.

1447, I 9, II 12, 23, III 4, 6*, 18, VI 8, 24*.

1448, IV 25, V 23*, VIII 29, IX ..., X 23, XI 4, XII* 20*.

1449, IV 23, 27.

1450, XII 19*.

1451, ...

1452, III 8*, 9, 10, 18*, IV 22.

1453, I 5, 9*, 12*, 30,·31, VII 8.

1454, X 12, 13*.

1455, III 11*, 24*, IV 8, VI 29, XI 21*, 23.

1456, VII ..., 24, VIII 22, XII 24*.

1457, XII 24.

1458*, II ..., X* 1*, VII*, 13*, VIII, 6, 14*, 19, IX 3, XII 22.

(1459), I 22; 1459, III ...*, V 16, 25, X 5, 29, (30).

1461, III 27*, (VI 29).

1462, IV 12, V 4.

1464*, VI 19, (VIII) (1), 14, 28*, 30, IX 3, 16, XI 6*, 11*, XII 10*.

1465, IV 22, VI 2*, IX 14*, 20, XI 25.

1467, VII 8*, IX 18, 29, XI 20*.

1468, XII 24*, (31).

1469, I 1, 9, 23.

1470, V 18, VI 26, XI 3, VII 8.

1471, IV 1, VII 25, VIII 6, 9, 25, XII ...

1472, I ..., II 27*, V 28.

1473, I 23, IV 29, V (2), 7, (8, 9, 10), VI 29.

1474, I 5.

1475*, I 6, XI 11,...

1476, IV 30, I 8, IV 25, VI 10*, 12, 13, VII 6, XII 17, 26.

1477, III 15, VI 23, 26, VIII 21, IX 3, XII ... 15.

1478, IV 27, V 4, 12, VII 12*, 29, IX 16.

1479, XI 1.

1480, I 8, V 17*, VIII 2, IX 8.

1481, III 3, V 28*, IX, 13*.

1482, IV 4, 14, V 21, 22, VI 2, 3, 5, 6, VII 12, 8, 13, 16, 21, 27*, 20*, VIII 1, 8, 12*, 15, 16, 19, 22, 24, 30, IX 15, XII 27, 30.

1483, V 27*, XI 15.

1484, V 30, VI 1, 2, 4, 5, 7, (11), (13), 18, 20*, 23, 25, 27, 29*, 30, VII 2, 4, 16, (17), (18), 20, 23, 24, 27, 30, 31, VIII ..., 5, 6, 9*, 10, 11, 12, (13), 14, (15), (16), 17, (18), 22, 24, 25, 26, 29, XI 22.

---

(1) Quantunque l'edizione Muratori (col. 1139, lin. 59) legga in questo luogo: « eodem anno a dì 14 di agosto si morì lo detto papa « Pio II », i mss. da me riscontrati e l'edizione d'Eckhard non recano alcuna menzione del mese.

(2) Il Muratori corregge: « mense iunii » ed a ragione; ma i codici da me riscontrati dànno: « mense may ». Lasciammo però l'inesattezza all' I.

1485, I 6 (1), III ..., VI (23), (24), VII 14, 20, 21, X 16*, 19 ..., XI ..., (30), XII 10, 15, 16, 28.

1486, I 4, 5, 6, 7, 21, II 20*, III 17*, V⁷..., 30, VI (9) (2), (12), ..., 19, (24), 28*, 29, VII 2, 13, 17, 19*, 26, 28, VIII 4, 11*, 12, 14, 15, 24*, IX ...

1487, V ..., VI 20 (3), 26, 29, VII 5, VIII 9, 17*, 18*, 25, X 15*.

1488, I 1, IV 7, V 1, VI 2, 13, VII 8*, 15.

1489, III (21) (4), VI 13, 14, 30, IX 4, X 19, 27, XI 15.

1490, ..., V 7, IX 27, 28, X 26, XI 20, 30, XII 28, 29*.

1491, VI 1, 18, 6, 9, VIII ..., 23, 24.

1492, II 1, IV (19), (22) (5), V 27, 31, VII* 16, 22, 25, 26, 28, VIII 1, 6, 30*, 11, 26*, IX 3, 4, XII ...

1493, IV 25, VI 10, 11, 12, 29*, VII 3, (7), 23, 24, 28, 20, X 21, 27.

1494, I 20, II 4, IV 22.

Da questo prospetto vien fatto, innanzi tutto, di rilevare il gran numero di date intorno alle quali i manoscritti discordano; poi la relativa scarsezza dei notamenti del diario, se si eccettuino quelli degli anni 1482, '84, '85, '86, '92, '93; poi la rarità delle note croniche ne' singoli anni, che s' incomincino dal gennaio; e finalmente la lunga distesa di tempo, per mezzo alla quale saltuariamente procede; e soprattutto i molti anni e lontani fra cui si trascorre nell' introduzione.

Ora, da quelle date rispetto alle quali si à poca concordanza dei manoscritti, sorge tosto il difficile compito d'in-

(1) La data « .xxii. novembris 1884 » si trova intercalata dopo questa.

(2) Il testo à: « prima hebdomada iunii die Veneris ». Deve pertanto intendersi o il 2 o il 9 del mese. Così interpretammo il 12, dal dato: « die lunae proxima tunc futura ».

(3) Il testo à: « die vigesima vel circa ».

(4) Il testo à: « mense martii in die qua itur ad Ierusalem », cioè la domenica *laetare*.

(5) I mss. ànno: « die dominica, videlicet die pasquae et secunda « die dicti mensis ». E così le edizioni; ma parve naturale di supplire « vigesima et secunda dicti mensis », restituendo colla parola sfuggita agli amanuensi la data vera della pasqua di quell'anno.

vestigar le cause dell'aberrazioni, più che non emerga la possibilità di facile fede rispetto a quelle intorno a cui si à il consenso dei codici. Infatti, i codici convengono, per esempio, a porre l'elezione di Bonifacio IX nel 1382; ma chi non vede in questo caso l'ovvio tramutamento del 9 nel 2 che diè luogo, probabilmente, ad una universale deviazione dall'autografo? In altri casi, per converso, è una duplice lezione, sempre errata e diversamente errata, che ci conduce a ristabilire la giustezza del presunto testo originale. L'I., come sogliono tutti i cronisti del medio evo, indica assai spesso il giorno dell'anno dalla festa del santo che ricorre nel calendario ecclesiastico; e talvolta accoppia anche questa indicazione colla data astronomica. Ora, il calendario pone, per esempio, la festa di san Leonardo a' dì 6 di novembre. Questa festa era tra le più cognite e certe in Roma, dove il nome di Nardo occorreva comune nell'uso del popolo. Dicendo pertanto l'I. nel 1464: « lo dì di santo Lo- « nardo », egli sapeva benissimo di dar ad intendere la data che corrispondeva alla festa, cioè il dì 6 di novembre. E aggiungendo in seguito l'accenno di « doi dì seguenti », era chiaro che determinava anche il dì *otto* del novembre medesimo. Se non che i manoscritti fecero qui un gran garbuglio. Alcuni posero accanto all'indicazione della festa ecclesiastica la data « a dì 5 »; chi copiò omise forse l'asta del numero romano « a dì .VI. » nel trascrivere la data stessa in cifre arabiche; e aggiunse di soprappiù per trasandatezza « doi dì sequenti che fo a dì 17 ». Altri poi, come R', per non saltare di piè pari dodici giorni in luogo di due, avvertito della seconda trascuraggine piuttosto che del primo errore nella datazione dal calendario ecclesiastico, pose la festa « a dì 15 », ma i due dì seguenti ai 18; onde è lecito di congetturare che dovette ben esistere un buon testo primitivo che dava la lezione corretta: « a dì .VI. » e « doi dì sequenti che fo a dì .VIII. »; ma questa fu poi guasta da chi avanzò il fatto di dieci giorni, secondo due maniere diverse di corruzioni, che appena ora si possono raccapezzare e medicare, ragguagliandole insieme.

Con tutto ciò non è a credere che della inesattezza delle note cronologiche sia da attribuire tutta la colpa a trascuraggine d'amanuensi. Pur troppo, anche rispetto ai fatti di cui fu testimonio contemporaneo, l'I. non è sempre registratore preciso.

Del convito d'Eleonora d'Aragona, in cui fu profusa tanta dovizia da provocare l'ironica esclamazione di lui : « in qualche cosa bisogna che si adoperi lo tesauro della « Ecclesia! », ei sbaglia la data, ponendola sbadatamente, come vedemmo, nel maggio, anzi che nel giugno, quantunque la designi pur giustamente secondo i giorni della settimana. E la stessa incertezza si rileva nella determinazione degli anni, sia ch'egli stesso abbia notato « eodem « anno » come alla prima annotazione dell'anno 1449 « a « dì 23 d'aprile », dov'era necessario di segnare invece a margine l'anno nuovo; sia che la nota marginale sia sfuggita agli amanuensi, o che, pe' tempi anteriori a' suoi, egli, attingendo a fonti che noveravano gli anni *ab incarnatione,* abbia fatto male la riduzione, o mal tradotto dal latino in volgare. È certo che, secondo lo stile romano, ei chiama il primo di gennaio « lo dì di capo d'anno » (1) ; ma non è men vero che assai di rado le note annali ch'egli registra cominciano prima del terzo mese. Può essere effetto di caso; può essere che tardi egli abbia raccolto, come il notaio Caffari, « multa et diversa in diversis codi- « cibus diversis annis et temporibus sparsa » ; può essere che questo tardo raccozzamento di date sparse spieghi anche l'intercalamento delle date anteriori dopo le posteriori, non infrequente. Ma quel che salta agli occhi subito è che i due nuclei principali del diario sono il brano *de bello commisso inter Sixtum et dominum Robertum de Arimino ex una, et*

(1) INFESSURAE *Diar.* ad ann. 1469.

regem Ferdinandum ducemque Calabriae ex altera parte e la narrazione della presura e morte del protonotario Colonna, tutti e due composti con gran sentimento di affetto romanesco e di clientela verso la popolare famiglia dei Colonnesi (1). Tutto il resto è ravvicinamento di cellule più o meno vaghe, richiamate da parti diverse, senza continuità, senza proporzionata importanza, ma ordinate insieme tuttavia, come in servizio di un medesimo sistema d'idee, non tanto soggettivo e individuale, quanto popolare e pubblico; donde risulta il pregio principale all'opera dell' I.

Se non che, se abbiamo già avuto luogo a discernere come male egli si dibatta colle relazioni di tempo, non però armeggia meglio con quelle di spazio. Prescindendo dagli svarioni degli amanuensi che manomisero i nomi dei luoghi e fecero del Monte degli Orsini, « M. Ursin », « Mar-« cici », « Marini » e peggio (2), che scambiarono Sulmona con Sermoneta, Troia con Stura (Astura), Mazzano e Nazzano con Genazzano, Genazzano con Genzano, Teano con Ceccano, Capua con Mantova, prescindendo dagli svarioni o equivoci che fecero comparire Antonio Caldora per Antonio da Pontedera, Baltasar de Rivo per Baltasar da Offida, noi vediamo l' I. confondere Basilea con Costanza

---

(1) Cf. *Diar.* ad ann. 1404. Come la Chiesa, che avea stretto col popolo di Roma il patto di Giacobbe con Esaù famelico, considerasse i Romaneschi, veggasi nel *Libro della vita et delle visioni della beata Francesca altramente delli Ponziani*, di prete GIOVANNI MATTIOTTI, ed. Armellini, Roma, Monaldi, 1882, p. 113: «... poni bene cura alli spiriti « romaneschi, non so cica liali, et sono vili e tristi, se lassano in- « gannare alli proprii siei, alla superbia naturale che li fa vergognare ». Questa edizione è peraltro tanto inesatta, che chi vuol servirsi di questo prezioso monumento della letteratura dialettale del sec. xv come termine di ragguaglio, deve ricorrere al ms. dell'archivio Vaticano, fondo di Castel S. Angelo, XII, I, 23.

(2) SOUCHON, *Die Papstwahlen von Bonifaz VIII bis Urban VI*, p. 29: « der schlechte Druck liest *Mercici* ».

e i due concilî che nelle due città si tennero; confusione
che è tutta sua, e che mostra com'egli non andasse colle
sue nozioni geografiche molto oltre le porte di Roma.
Che anzi le stesse menzioni topografiche dei luoghi e
monumenti della città additano com'egli si tenesse ancora
più presso alle fantasie e tradizioni del popolo registrate
dal Muffel (1), suo contemporaneo, che alle critiche ed
erudite instaurazioni del Biondo da Forlì e alle divinazioni
di Pomponio Leto e della sua Accademia, pur essi, vanamente, contemporanei suoi. Chè, se anche per le designa-
zioni topografiche è a mondarlo delle scorie degli amanuensi, e restituire, ad esempio, « pel aviello » in vece di
« pelacciello », « porta Accia » in vece di « porta Avia »,
« lopa de metallo », la famosa lupa Capitolina al Laterano,
invece dell' « opera de metallo » (2), passata malamente

---

(1) Cf. N. MUFFELS, *Beschreibung der Stadt Rom, 128te publication
des litterarischen Vereins in Stuttgart, 1876.*

(2) Questa lezione originò, come è ovvio, dalla cattiva interpretazione della voce « lopa » da parte degli amanuensi e degli editori.
Questa « lopa », che altro non è se non la lupa di bronzo, ora nel
museo Capitolino e che, non ostante le affermazioni autorevoli in
contrario, è lecito dubitare che sia monumento romano dell'età antica repubblicana, nella edizione della *Mesticanza* di PAOLO PETRONI,
diventò « la lepa di metallo » (Cf. MURATORI, *SS.* XXIV, col. 120).
I copisti che non intendevano le ragioni dialettali che nella regione
romana facevano « lopa » della *lupa* e « Montelopo » di *Montelupo* (per
Monteluco) credettero poi di sciogliere la voce « lopa » e d'interpretare
l'omissione di una abbreviatura nel *p.*, d'onde trassero « l'opera ». Da
questa erronea trascrizione ebbe ad originare la lezione a stampa.
La cosa più singolare è che il ROHAULT DE FLEURY (*Le Latran au
moyen âge,* 498), pubblicando estratti del catasto della basilica Lateranense compilato da Agostino delle Celle nel 1450, stampò: « casa
« una posta in nela piaza de Sancto Ianni dove sta la lopa et opera
« de metallo », mentre invece nel codice, che per cortesia del reverendissimo Capitolo potemmo osservare, a c. xx v si legge indubi-
tamente: « dove sta la lopa et Marcho de metallo », cioè Marco Aurelio.

nelle edizioni, riman sempre a suo carico la «colonna' «Adriatica», ch'egli indica al modo stesso del Prospettivo milanese (1).

Dapoichè una cosa è a riconoscere: che dell' I. bisogna dire quel che altra volta dicemmo del Godi e del Bripio (2). Egli vive immezzo alla cultura del Rinascimento come un uomo del medio evo; sa di giure e si ravvoltola nell'esercizio della sua pratica, ma la fonte gliene riman torbida e immota. L'onda classica bensì lo lambisce, ma non lo vivifica; l'accademia gl'inocula, come un pregiudizio di più, la triste passione dei distici messi a servizio de' pettegolezzi e dell'odio; ma il latino di lui non è mai quel del Valla, bensì quello che s'andava travolgendo in curia nel gergo dei cerimonieri; quello, a un dipresso, dell'autore delle *Gesta Benedicti XIII* (3), dove le *matelacia*, le *scutellae sive plati*, le *taxeae*, i *picherii* invadono, colle necessità barbariche del linguaggio vivo, la rigida e pulita immobilità della lingua morta. Così l' I. scrive: «pro bono foro» per «a buon mercato»; «in capite quinque dierum» per «a capo a cinque giorni» ed «erexit se in pedes» per «si levò in piedi», e poi: *magazena, furnarii, fortelicia, barilia, botiglios, butiglionem, petias drappi imbrocati, artellaria, tendae et padigliones, partisciana, sotolare*. Questo latino del diario suo non sarà diverso da quello dell'altro libro che gli si attribuisce: *De comuniter accidentibus;* ma che distanza da questo a quel del Biondo, del Valla, di Poggio e del Bruni! Del resto i contatti dell' I. col mondo classico non paiono nè molteplici nè frequenti. Egli cita una volta Ovidio (4); una volta Giovenale (5); ma l'allusione, quantunque strana,

---

(1) PROSPETTIVO MILANESE, *Antiquarie prospettiche romane* in *Atti d. R. Acc. dei Lincei*, III² par. 3, p. 51.

(2) Cf. *Arch. della Soc. Rom. di st. patria*, III, 85 e sgg.

(3) MURATORI, *Script*. III, 777 e sgg.

(4) Cf. ediz. MURATORI, loc. cit. col. 1225.

(5) Cf. ediz. cit. col. 1230, lin. 30-31.

alla Tulliola di Cicerone vedemmo che non gli appartiene;
è amico di messer Pomponio, raccoglie pasquilli contro
Sisto IV, Innocenzo VIII, Alessandro VI, ma solo perchè
la curia e la città ne 'rigurgitano; e non è da credere che
il brutto epigramma, soppresso nell'edizione del Muratori,
riferito in quella dell'Eckhart (1), gli spetti come ad
autore (2). Allega una volta il Platina (3) come autorità
storica; un volta un versetto di salmo, per malignarvi
intorno alla fecondità di papa Cibo, giovane e genovese (4);
altra volta come *dictum Apostoli* una sentenza (5) che nè
nelle lettere, nè negli Atti degli Apostoli si trova certo;
ma di queste inesattezze di citazioni negli scrittori del secolo xv non è penuria nè maraviglia. Bensì la vera autorità che lo domina e gli pervade lo spirito, l'autorità che gli
sostiene il senso morale ferito, che gli nudrisce l' ironia e
la speranza civile è quella della profezia.

Il calabrese abate Giovacchino
Di spirito profetico dotato,

che Dante (6) pose immezzo ai campioni dell'esercito di
Cristo, nell'alto del Paradiso, l'unico profeta che in tutta

(1) Ed. ECCARD, loc. cit. col. 1949, lin. 21 e sgg. Cf. *Pasquilli*,
Eleutheropoli, 1544, pp. 5, 76-78.

(2) Le parole che precedono immediatamente l'epigramma indi-
cato variano secondo i mss. L'Eccardo legge, insieme con i codici
B⁵, F², P⁸: « ego tamen *suscepi* carmina infrascritta ». A, *a*, *b*, B¹,
B³, F⁴, G, L², M³, M⁴, O, O¹, R¹, S, V, V¹: « ego tamen *scripsi* carmina
« infrascripta » (B³ omette poi l'epigramma). A¹, B, B², B⁶, C¹, C⁴, F¹,
L, L¹, L³, L⁴, M, P, P²: « carmina infrascripta *inscripsi* ». F, F³, N:
« crimina infrascripta inscripsi ». S¹: « *subscripsi* carmina infrascripta ».
P¹: « infrascripta carmina *condidi* ». Omettono l'epigramma e le pa-
role che lo precedono B³, C², C³, V².

(3) Ed. MURATORI, loc. cit. col. 1216, lin. 52: « ut legitur in Pla-
« tina tempore dicti Iohannis papae undecimi ».

(4) *Diar.* ad. ann. 1484, *psal.* 128, v. 3.

(5) Ad ann. 1489: « de male acquisitis non gaudebit tertius haeres ».

(6) *Paradiso*, XII, 140.

l'êra cristiana egli conobbe dopo gli Apostoli, è anche per l'I. un lume lucente che accerta il passato e il futuro. È lui che « scripsit de pontificibus futuris usque ad nostra « tempora »; è lui che « visse a' tempi di san Cataldo », del quale ultimo pur si dissotterra nel 1492, a terrore di re Ferdinando, una profezia novella (1). Quando Bonifacio VIII muore come un cane, nella leggenda con cui incomincia il diario, egli non fa che finire « la sua profetia: intrabit « ut vulpis, regnabit ut leo, morietur ut canis » (2). E tutto quel viluppo di dettami profetici che pigliavano nome dalla Sibilla, da Merlino, dall'abate di Fiora, da Cirillo, le cui tavole argentee esercitarono già tanta potenza sulla fantasia di Cola di Rienzo (3), quelli di Telesforo da Cosenza sopra d'ogni altro, tale un predominio avevano preso sull' immaginazione del popolo da sostenere colla speranza nei mutamenti, che le profezie promettevano, la fede dei cristiani scossa nel veder la già unica Chiesa divisa dallo scisma, portata via dalla sede tradizionale ed eterna di Roma, marcia per la potenza mal goduta, per le ricchezze mal profuse del clero, per la povertà evangelica dimenticata (4). E se si

---

(1) INFESSURA, *Diar.* ad ann. Cf. *AA. SS. Boll.* 10 maii, II, 570-578; VII, 679; UGHELLI, *It. sacra*, IX, 121.

(2) Questa forma della profezia s'incontra in FR. PIPINI *Chronicon*, *SS. It.* IX, 741, nell'*Aquila volante* di LEONARDO ARETINO, V, cxxv (ed. Venezia, 1508): « Et così è verificata in lui la prophetia de Mer- « lino, la quale dicia così: intrabit ut vulpis, etc. ». Nelle Io. ABATIS *Prophetiae*, Vatic. VI, la profezia à forma diversa.

(3) Cf. DÖLLINGER, *Der Weissagungsglaube and das Prophetenthum in der christlichen Zeit*, p. 339; PAPENCORDT, *Cola di Rienzo und seine Zeit*, p. 228 e sgg.; RENAN, *Nouvelles études d'histoire religieuse*, p. 308; TOCCO, *L'eresia nel medio evo*, p. 291 e sgg. Il DENIFLE, *Das Evangelium aeternum und die Commission zu Anagni*, nell'*Archiv für Litteratur- und Kirchengeschichte des Mittelalters*, I, 90-8, dà notizia della tradizione manoscritta delle opere dell'abate Gioacchino.

(4) DÖLLINGER, loc. cit. « In der Zeit der grossen Kirchentren- « nung (1378-1455) stand das Prophetenwesen in voller Blüte ».

tollerava l'aspetto di pontefici studiosi delle basse utilità della terra, della cheresia corrotta, della fede schernita come cose che non fossero, come contingenze passeggere e destinate a sparire, era per fiducia che sarebbe venuto il « cle-« ricus absque temporali dominatione », il papa angelico, scevro del temporale dominio, intento solo alle cose celesti, « qui solum vitam animarum et spiritualia curabit » (1); per la speranza nell'èra del Santo Spirito, che doveva seguire a quella del Padre e del Figliuolo, le cui colonne sarebbero state l'abate Ioachim, san Fancesco e san Domenico, come nel principio della nuova alleanza erano stati Zaccaria, Giovanni Battista e Gesù (2). Per questo il profeta di Fiora era stato da Dante collocato coi due gloriosi istitutori di ordini frateschi, che, come notò il Machiavelli, ritrassero il cristianesimo verso le origini sue (3). E il commovimento profetico che agitando i luminari del secolo scende da questi sino alle infime plebi, come freme nel veltro dantesco (4) e nella cronaca di fra Salimbene, parla in quella del nostro scribasenato. Quell'onda d'odio, che, come scrive il Renan (5), sono le predizioni ioachimistiche contro a Bonifacio VIII, dal diario di Stefano, rimbalza ancora entro la storia di lui, narrata dal Tosti (6). Se l'I. accoglie la

---

(1) INFESSURA, *Diar.*, ad ann. 1491.

(2) GIRARDINO DA BORGO SAN DONNINO, *Introductorius* in DUPLESSIS D'ARGENTRÉ, *Collectio iudiciorum*, I, 163.

(3) MACHIAVELLI, *Discorsi*, III, 1.

(4) Cf. BONGIOVANNI, *Prolegomeni del nuovo Comento*, p. 257. DÖLLINGER, *Akademische Vorträge*, p. 94, citando il passo di Armannino da Bologna : « Ma, come dice Merlino, tutte finiranno poi per la caccia « di quel forte Veltro, che caccerà quell'affamata lupa, onde sorge « tanta crudeltade », annota : « also hatte sic im Volksmunde bereits « eine merlinische Weissagung, die sich den Dante' schen Veltro « aneignete, gebildet ».

(5) E. RENAN, *Joachim de Flore et l'évangile éternel, Nouvelles études d'histoire religieuse*, 1884, p. 308, in nota.

(6) TOSTI, *Storia di Bonifacio VIII*, VI, 195 : « Ecco l'huomo

leggenda della morte di Benedetto XI « attossiçato in un fico », è pel vaticinio ioachimistico che la predice (1). Se al mancare dell'imperatore Federico III, nel 1493, annota « et cum eo perierunt omnes prophetiae », egli è appunto perchè vede cadere a vuoto tutte le predizioni guelfe che avevano dipinto co' più foschi colori quel qualsiasi Federico tedesco, che fosse venuto dopo il secondo, dopo l'Hohenstaufen tanto detestato dalla Chiesa, persino nella memoria, col quale avrebbe dovuto esser perito l'impero (2). Pertanto, sino al tempo in cui l'I. chiude la sua cronica, dopo la morte cioè dell'imperatore Federigo tanto profeticamente formidabile, quanto storicamente alla Chiesa innocuo, è campo a vedere, come i contemporanei facessero continuo riscontro colle profezie ai fatti della storia. Ma i tentativi a procedere oltre col sistema medesimo cadono poco appresso scoraggiati e sterili in Italia (3), dove l'ultimo ba-

---

« della progenie di Scarioto... neronicamente regnando, tu morirai « sconsolato... perchè tanto desideri il babilonico principato? ecc. ». È notevole il seguente brano della storia del Tosti che par proprio ispirato dalla fantastica narrazione dell'I.: « Seguivalo Napoleone « degli Orsini cardinale, il quale, il pontefice, a dar segno che vera- « mente lo avesse perdonato, umanamente convitò a mensa. Ma il sel- « vaggio uomo osò con superbi modi parlargli: essere ormai tempo « che dovesse accogliere in grazia i Colonnesi ».

(1) IOACHIMI ABATIS CALABRI Vaticinium VII: « Haec est avis « nigerrima corvini generis, nigra Neronis operam dissipans, subito « morietur in terra petrosa, c u m v i d e b i t f r u c t u m p u l c h r u m, « ad vescendum suavem, tunc e n u t r i e t i n g e m m a q u i s i b i « p r i n c i p i u m m i n i s t r a b i t m o r t i s ».

(2) DE LEVA, *Dante qual profeta*, relazione estratta dagli *Atti del R. Istituto veneto di scienze, lettere ed arti*, t. VI, serie VI, p. 14.

(3) Se ne scorge traccia nel manoscritto della biblioteca Boncompagni di Roma, segnato E, 7, nel quale in seguito alle *Notabilia temporum* del notaio de Tummulilli, edite dall'Istituto Storico Italiano, si contengono profezie che giungono per insino ai tempi di Niccolò V, Calisto III, Pio II e Paolo II. Ma prescindendo dalla scorrettezza del testo, lo stile loro à perduto quell'enfasi apocalittica, quel « bom-

gliore di fuoco profetico par che si spenga col rogo di Girolamo Savonarola.

E dopo l'influenza dei dettami profetici, quello del sentimento popolare e colonnese è il più caldo e cospicuo del diario di Stefano. La catastrofe di papa Bonifacio, con cui la cronica di lui sembra che incominciasse, sta come segno della vendetta di Dio contro chi s'attenta a colpire la virtuosa casa dei Colonna; e i Riario dovevano meditare l'esempio. L'esilio babilonico, il trapasso della Sede pontificia in Avignone, da cristiani e da Romani si considerava come la principale iattura per la Chiesa e per la città; e il primo principio di tale iattura il popolo voleva ripeterlo da casa Orsina. Così l' I. racconta che fu Napoleone degli Orsini da Monte Giordano che «ruppe li cardinali» esitanti a coronare Clemente V fuori di Roma; «e givosene in Francia «et tutti li altri lo seguitorono et all'hora fu coronato». Ed oggi se la storia imparziale riduce a più stretto limite

«bastischer Ausputz», come lo chiama il DÖLLINGER (loc. cit. p. 336), che è il carattere precipuo del vaticinio ioachimistico. Invece nel codice Vaticano Regin. 580, membranaceo, del secolo XV, si à proprio l'esempio di quel nucleo di profezie che si riflette nel diario dell' I. Dopo i vaticini di Merlino, ne' quali l'ultimo riscontro si ferma alla c. 11 v. con: «Dᶰᵘˢ Gabriel (Condolmario) de Venetiis, deinde Euge-«nius pp. IIII ellectus Roma .n. die martii 1431», segue a c. 18. v. il *libellus fratris Thelofori presbiteri et heremite simul auctoritates supra-scriptorum prophetarum et verarum cronicarum de causis statu cognitione ac fine presentis scismatis et tribulationum futurarum, maxime tempore futuri Regis Aquilonis vocantis se Federicum Imperatorem etiam usque ad tempora futuri pape vocati Angelici pastoris et Karoli regis Francie futuri imperatoris post Federicum Tertium supradictum. Item de summis ponti-ficibus Romane Ecclesie ac status universalis Ecclesie a tempore et per tempus dicti ultimi antixpi ac post mortem ipsius usque ad extremum Dei iudicium et finem mundi.* Le rappresentazioni figurate che accompagnano il testo aggiungono pregio ed importanza al codice. Ad ornamento della nuova edizione del diario dell'I. saranno riprodotte quelle che rappresentano il «pastor angelicus» e la venuta di Federico III a Roma.

la responsabilità dell' Orsini, non però lo scagiona del tutto (1).

Similmente, se nel diario di Stefano vien commemorato l' infelice Andrea Zuccomakeh, quel domenicano « archiepi-« scopus de Cranea » (2) che gl' Italiani chiamarono Zuccal-maglio, è solo perchè « multa mala dixerat de Ecclesia Dei, « potissime de mala vita Sixti et comitis Hieronimi, et de « inhonesta vita omnium praelatorum »; e perchè ai Fio-rentini, alla lega, non meno che ai Colonnesi, quel

(1) Cf. SOUCHON, *Die Papstwahlen von Bonifaz VIII bis Urban VI und die Entstehung des Schismas 1378*, Braunschweig, 188, p. 29. Cf. ibid. app. II, *Napoleonis de Ursinis cardinalis epistola ad Philippum, regem Fran-corum, de statu Romanae Ecclesiae post obitum Clementis V*, p. 183 e sgg. In essa l'Orsini dice apertamente: « et quondam cum multis cautelis « quibus potuimus hunc, qui decessit, elegimus, per quem credeba-« mus r e g n u m e t r e g e m magnifice exaltasse ». E poco oltre: « Pro « certo, domine mi rex, non fuit nec est intentionis meae sedem « mutare de Roma nec Apostolorum sanctuaria facere remanere de-« serta, quia in fundamentis fidei sedes universalis Ecclesiae Roma « est stabilita ». Bensì riconosce che « vobis domino nostro et m i h i « d e v o t o v e s t r o et ceteris dominis Italicis, q u i s o l o i n t u i t u « r e g i o defunctum elegimus, praemissa a d s c r i b u n t u r m a l a et « mundo non ventura ».

(2) Il BURCKHARDT, *Erzbischof Andreas von Krain und der letzte Con-cilsversuch in Basel*, nelle *Beiträge z. vaterl. Gesch. z. Basel*. V, 25, lo dà per arcivescovo di Strigonio, st. Gran, ¦in Ungheria. Ma dalle serie del GAMS (*Series epp.* 380) sembra che sino all'anno 1482 di quest'ultima sede fosse titolare Giovanni Peckenschlager. Invece, il FRANTZ, *Sixtus IV und die Republik Florenz*, Regensburg, 1880, p. 435, lo fa arcivescovo della Carniola, gli dà per residenza Laibach e ri-tiene che dovesse il suo arcivescovato all'alta posizione politica che godeva presso Federico III imperatore. Il Burckhardt trae dai docu-menti dell'archivio di Basilea molta luce intorno al tentativo di con-vocar un nuovo concilio in quella città per citarvi papa Sisto IV, ad istigazione dell'arcivescovo Andrea; e trova che la notizia data dall'I. della carcerazione fatta di lui dal conte Girolamo e della deposizione fattane dal papa è per lo meno « ein an unrechter « Stelle angebrachtes Einschiebsel im Juli 1482, da Andreas schon « längst in Basel war ».

« Crania » potè parere, quale Baccio Ugolini lo descrisse:
« un huomo per fare ogni cosa, purchè e' tuffi el papa e
« el conte » (1); per le speranze che i « conciliisti » d'Italia
riposero in lui.

Ma all'infuori di queste influenze del pensiero popolare
che s'insinua fra i notamenti dell'I. e l'inducono a registrare anche l'insediamento dei fraticelli eremiti in San Giovanni al Laterano come un trionfo del popolo (2), non
mancano argomenti per riconoscere qua e là anche l'elemento personale e soggettivo nelle narrazioni e nelle regi-
strazioni sue.

Egli naturalmente partecipa a non pochi dei fatti di cui
rende testimonianza; ma di non tutti ragguaglia contem-
poraneamente all'accaduto. Qualche volta anzi par che
rilegga, dopo certo intervallo di tempo, l'appunto suo e
vi supplisca nuove notizie o commenti.

Uno degli appunti personali che copisti e bibliografi
furono solerti a raccogliere, è quello in cui nel 1478 egli
si dà come potestà ad Orte. Ma precisamente in quello
ci si attesta che il notamento non fu contemporaneo (3).

---

(1) FABRONI, *Laurentis Medicis Magnifici Vita,* II, 227 e sgg. Lettere di Baccio Ugolini da Basilea « a dì 20 e 30 di septembre 1842 »
e « a dì 25 oct. ».

(2) V. nel *Diario* all'anno 1440: « et foro rimessi in Santo Ioanni
« li fraticelli, et questo fu del mese di iugno, et colla processione,
« et foro ad accompagnarli li Conservatori et caporioni novi et
« vecchi, etc. ».

(3) *Diar.* ad ann.: « et in quel tempo io Stefano Infessura
« stava per podestà de Horta ». Vanamente ricercammo nell'archivio
Comunale di Orte alcun documanto risguardante la potesteria del-
l'Infessura. Per cortesia del sindaco signor Filiacci, vi consultammo
quanto interessa la storia del secolo decimoquinto. Ci parve meritare
importanza l'inventario cominciato: « Die xxiiij novembris. In no-
« mine dñi amen. Anno dñi ab eiusdem saluberrima nativitate mille-
« simo quatrigentesimo sectuagesimo tertio indictione sexta tempore
« pontificatus santissimi in xpo patris dñi dñi nostri Sixti divina pro-

Sotto la data del « 10 giugno 1476 » in cui pone la partenza del pontefice, aggiunge la nota: « tornò a dì 27 di « dicembre ». Chi non vede l'interpolazione posteriore? tanto più che dopo seguita a narrare fatti del giugno; di guisa che il Muratori, considerando l'interpolazione come estranea all'autore, la volle espungere dal suo testo. Il Porcari ei « l o v i d d e » pendere, quantunque poi delle altre giustizie susseguite alla cospirazione di lui ponga la data « in « questo anno ». Del protonotario Colonna, della cui presura ed uccisione riferisce tanto minuti particolari, registra la risposta fatta ai Conservatori di Roma « etiam me prae- « sente », ma poi scrive: « et io Stefano scrittore di queste « historie con li miei occhi lo viddi et con le mie mani lo « seppellii »: Egli scrive, cioè, quando il fatto è già abbastanza remoto da lui. Nel riferire l'assalto dato dai Turchi a Rodi (1480) nota: « come fo ditto ». Conta a' dì 6 d'agosto del 1482 della rovina della torre del palazzo di San Marco « prout nunc oculata fide videri potest ». E anche nell'accennare alle fortificazioni che Alessandro VI fa di Castel Sant'Angelo e al corridoio che conduce dalla fortezza al Vaticano, « prout nunc videtur » scrive; cioè dopo che il lavoro è compiuto. Pure nel 1484, quando Cave assediata crudelmente si rende alla Chiesa, avvisa: « li quali patti

« videntia dignissimi pp. quarti die veri supradicto. Hoc est inven- « tarium factum tempore magistratus ser Marii Leonardi consiliarii « Petri Nardi, Cencii Finochi et Mactei Stefani dominorum priorum « civitatis Ortane, vigore reformationis et decreti Consilii generalis « populi civitatis Ortane rerum et scripturarum ac librorum tam « civilium quam criminalium spectantium et pertinentium tam ad « Comunitatem predictam quam ad particulares cives in ordine ut « infra ». Nel detto inventario s'indicano: « Item uno rescripto che « da pena de .Ita. ducati che non se dia stendardo ad alcuno potestà ». E più oltre: « Item uno quinterno contenente uno processo de cip- « tadini condempnati in tempo d'Eugenio per materia di Stato ». Seguita poi l'inventario dei libri de' malefici e quello dei danni dati; manca la parte relativa all'anno 1478.

« mo' veramente non si possono sapere, perchè chi dice in « un modo et chi in un altro; credo doppo si saperà la « verità ».

In questa condizione di cose, accade spesso agli scrittori che la morale coscienza dei fatti prenda, malgrado la migliore sincerità dell'animo, il posto della certezza risultante da argomenti estrinseci, e che quella morale coscienza non di rado venga in cozzo con questa. Gli scrittori d'autobiografie ne danno frequente e manifesta riprova. Ma pel critico uno spostamento di date, una voce riferita, che non trovi facile conferma in documenti scritti, una insinuazione di leggende può far luogo ad avvertenze e ad indagini, non scemare il complessivo valore d'una fonte di storia.

Ora, il nostro I. non reca in mezzo facilmente nel suo racconto i documenti che vede. Se si eccettua una lettera del conte Girolamo Riario al pontefice di cui dà il tenore ma sembra non guarentire la sostanza (1); un proclama notificato dal duca di Calabria ai Conservatori, che per lo meno traduce in latino (2); del resto allega « unam cedulam » in cui si contenevano grazie e reintegrazioni di diritti del popolo romano, giurate dai cardinali nel conclave di Innocenzo VIII; una cedola, la cui importanza, dopo la pubblicazione del registro degli Officiali di Roma dello scribasenato Marco Guidi, è più agevole di rilevare, e che troppo duole di non veder incorporata secondo il suo testo autentico nel diario. Similmente, registra il giuramento di papa Cibo rilasciato in scritto ai Conservatori a piè di certi capitoli (3) ch'egli stesso vide « in palatio »; ma non registra disgraziatamente i capitoli formali, dei quali riferisce appena quanto il papa violò o deluse. Pur

(1) INF. *Diar.* ad ann. 1384: « Comes Hieronimus scripsit pon- « tifici litteras huius substantiae » e poi ne reca il contenuto.

(2) INF. *Diar.* ad ann. 1484: « eadem die (26 iulii) ».

(3) INF. *Diar.* ad ann. 1484: « intra quae erat verbum huius « tenoris vel substantiae ».

non di meno, l'elemento personale medesimo quando **entra
nelle** notizie che dà, ne corrobora la fede. Sapendolo lettore in civile e temporaneo scribasenato (1), s'intende che,
fra le promesse del sacro collegio, dia importanza a quelle
che mallevano: «observare ad unguem bullam studii, remo-
«vere Officiales ad vitam»; s'intende che tra le più forti
accuse lanciate sul feretro di Sisto IV sia quella d'aver
promesso e frodato «lectoribus qui in studio romano pu-
«blice legerunt salaria statuta;... et eos insolutos dimittere
«et pecunias debitas ad illud exercitium ac per eum saepis-
«sime promissas illis denegare et in alios usus convertere».
E i regesti Vaticani provano che questa accusa di Stefano
è vera (2), e che non infondate son quelle d'aver ridotto

(1) Nell'arch. Vatic. *Reg. diversor. Innoc. VIII*, n. 44, c. 274,
questo pontefice nomina scribasenato per un quadriennio e due mesi
Giovan Pietro «de Spiritibus» cittadino romano, in sostituzione di
Lorenzo di Martino Evangelista de Lenis, dimissionario «dat. Rome
«in Cam. ap. die .XIII. octob. 1486 a. tertio». A' 16 di marzo del
1490 poi, conoscendo che gli si devono «ducatos centum et viginti
«auri de Camera ratione cuiusdam domus ... in Urbe et foro Capi-
«tolii site pro ampliatione platee dicti fori de mandato S.mi d. n. et
«Cam. aplice demolite», concede a lui e al figliuolo ed eredi p e r d i e c i
anni l'ufficio di scribasenato, comandando «Ill.mo dño Alme Urbis
«Senatori et dominis Conservatoribus sub pena arbitrii nostri et suc-
«cessores tuos durante dicto decennio in predicto officio scribese-
«natus eiusque libero exercitio manuteneant et conservent» (*Divers.
Inn. VIII*, t. 47, p. 117).

(2) Arch. Vat. *Reg. divers. Cam. Sisti IV* (t. 59), c. 211 v: «Sp.
«v. dño Migliaduci Cigala pecuniarum Camere Alme Urbis deposi-
«tario salutem in Dño. Auctoritate etc. vobis harum serie mandamus
«quatenus de summa illorum centum et vigintiquinque floren. de
«Camera quos his diebus ex ordinatione nostra retinuistis seu reti-
«nere debuistis ex salariis omnium doctorum in studio prefate Urbis
«legentium hoc anno solvatis et numeretis ven. viro dño Nicolao
«de Gigantibus flor. de Cam. sexaginta quinque dandos magistris
«qui laborant in dicta fabrica, in deductionem eorum salariorum,
«quos etc. Dat. etc. die .VIII°. februari 1475, p. n. a. quarto». Cf. ibid.
c. 217: «Pro magistro Paulo de Campagnano die. XXXIIII. feb. 1475».

tutte le pene a danaro, violando il tribunale del Senatore
e gli statuti, e d'aver fatto incetta di grani col suoi genovesi (1). Ed è cosa maravigliosa come con pochi tratti
incisivi il nostro scribasenato riesca a far rilevare i passaggi e le mutazioni che si succedon rapide e spiccate tra
i pontificati brevi e avventurosi del veneziano Barbo, in cui
la curia è veneta e parla di « zoie » e di « piezarie »; e

Ibid. c. 222 v: « pro Iuliano Gallo, 1475, die .ii. mensis aprilis ». Ibid.
c. 238 v: « de pecuniis gabellae studii » siano pagati ai banchieri Pazzi
e compagni « quingentos florenos pro fabrica pontis Sixti, a. 1475,
« die .xxi.ᵃ iulii ». Ibid. c. 241 v: ai medesimi « fior. 633 de pecunia ga-
« bellae studii pro fabrica pontis Sixti, die 22 sept. 1476, anno quinto ».
Ibid. c. 244: « de pecuniis gabelle studii Sabbe de Porcariis flor.
« de Camera ducentossexagintaquatuor pro totidem expensis in eva-
« cuatione et emendatione aqueductus fontis Trivii ». Ibid.: « flor. auri
« de Camera in auro ducentos et quinquaginta pro expensis in strata
« matonata qua itur eundo a Castro S. Angeli ad palatium Aposto-
« licum ». Ibid. c. 245 v: altri due mandati da pagare « de pecuniis
« gabelle studii Urbis » pel lastrico di ponte S. Angelo, per le cor-
nici di ponte Sisto a Francesco Mei scarpellino da Firenze. Ibid.
c. 261 v, ibid. c. 327, ibid. cc. 336, 339 v: « pro reparatura acqueductus
« Trivii ». E finalmente (*Divers. Camer.* lib. VI, t. 41, c. 220) il breve
a Nicolò Calcagni: « gabelle studii 'ac Camere Alme Urbis generali
« vicedepositario, etc. » in cui gli concede: « liceat tibi tam presentia
« et penes te existentia quam futura emolumenta predicta in tuos
« tuorumque proprios usus et utilitatem convertere, nec ad redden-
« dum de eis computum a quoquo compelli aut coarctari possis.
« Anno 1484 die mensis ianuarii, p. n. a. .xiii. ».

(1) Per l'incetta di fromento: V. arch. Vat. *Sisti IV* (*Divers.
Cam. 1472 ad 1476*, lib. 3), n. 38, c. 184: « Licentia emendi certas
« quantitates fromenti et ordei ex patrimonio pro Exᵐᵒ carˡⁱ Man-
« tuano ». Ibid. c. 191 v: « Commissione ad Angelo da Corneto ».
Ibid. c. 227 v: « Tracta ex portu Tiberis de modiis 81 grani pro Be-
« nedicto Gallo de Monelia noclero ». Ibid. c. 257 v: « pro domina
« Angela de Ursinis ». E finalmente (*Sisti IV divers. Cam. 1479-1482*,
lib. 5, t. 49, c. 40): « Patens. Universis et singulis presentes litteras
« inspecturis sal. etc. Ut necessitati Alme Urbis nostre que in presen-
« tiarum maximam grani penuriam sustinet consulamus, fecimus emi
« in provincia nostra Marchiae Anconitane certam frumenti quanti-

quella dei Riario, dei Cibo e dei Borgia, in cui genovesi e catalani sfruttano la vigna del Signore, e gli uffici ne vanno ai marrani e i favori cedono a vaghezza di donne.

Pallido per contrario e quasi senza impronta corre il pontificato del Piccolomini per l'I. Pure ei fu benefico ai Colonna; di quella casata innalzò a prefetto di Roma Antonio, principe di Salerno; fu alacre e giusto pontefice, e a Stefano non sarebbero mancate cagioni di celebrarne le gesta. Invece egli appena ce lo fa vedere di sfuggita, in lettica, fiacco. La breve e troppo ironica o troppo grulla risposta che il papa dà alla legazione del re di Francia in concistoro, non è neppure accennata da lui (1). Gli episodî stessi dell'Innamorato, di Tiburzio, di Bonanno Specchio, gittati là quasi non altrimenti che germi di novelle, ci comparirebbero ben diversi per l'importanza e il significato loro, se egli li avesse fatti precedere da alcun di· quei cenni che pur non mancano nel *Memoriale* di Paolo dello Mastro e nelle *Cronache* del Della Tuccia. « Certi gio- « veni romani - scrive il primo all'anno 1460 - se levarono « su, e non volevano stare a commannamento dello Reggi-

« tatem, que ad ipsam Almam Urbem nostram a dilecto filio Hiero- « nymo de Ridolfis mercatore florentino mittitur. Intendentes autem « granum huiusmodi nostrum quantocius et sine aliquo impenso vel « molestia comportari, nos omnes et singulos hortamur in Domino, « et nihilominus stricte mandamus, quantum gratiam nostram ca- « ram habetis, ut per omnia loca et passus granum huiusmodi simul « vel separatim libere et absque alicuius datii vel gabelle solutione « seu exactione vehi et deferri permittatis. Itaque merito commen- « dari valeatis. Dat. ut supra (21 nov. 1477). L. Grifus ». E veggansi: *Capitula super tractis grani et dohanieratus salis provinciarum Patrimonii et Maritime* (ibid. c. 164 v), i quali cominciano con questo preambolo: « Quia ex multiplicibus subditorum nostrorum querelis intel- « leximus per dohanerium tractarum et salis officium suum non recte « administrantem non levia damna et incomoda Camere nostre Apo- « stolice et ipsis subditis inferri », scaricando sul capo del doganiere i rammarichi de' mercanti.

(1) Cf. DE TUMMULILLIS, *Notabilia temp.* p. 97.

« mento e di continuo portavano l'armi, e facendosi beffe
« delli officiali, lo Reggimento aveva paura di questi. Capo
« delli compagni era Tiburzio di. m. Angelo de Mascio »
(un figliuolo di colui che fu appeso come complice nella
cospirazione del Porcari) « e Filippo Soattaro, e dicevasi
« ch'era grande compagnia de iovini, e fu fatta una com-
« messione generale fino a questo dì 25 de maggio che as-
« signaro Santa Maria Rotonna e ne andò lo banno per
« Roma » (1). « Si levò fra quei tempi in Roma - registra
« il Della Tuccia - una gran brigata di giovani di cattiva
« condizione, e fèro setta per due Romani che avevano briga
« insieme. Facevano assai ribalderie di furare femine, uc-
« cidere uomini e rubare, per modo che nè il Senatore nè
« altro officiale potevano tener ragione nè far giustizia, e
« sotto mantello erano favoreggiati da molti cittadini ro-
« mani » (2). Stato di cose deplorevole e naturale: i pontefici avevano malamente uccisa la libertà del Comune; gli
officiali di questo non più eletti, non più tratti, ma deputati
dal papa e razzolati nell' ingorda e bassa turma dei devoti
alla signoria ecclesiastica, mancavano non meno d'autorità
che di coraggio. La gioventù pertanto che non aveva più
campo onorato ove esercitare vigorosamente le forze sue,
dispettosa d'un governo che voleva parer tollerabile colla
fiacchezza, s'era sviata nell'anarchia e raccolta nelle tenebre
delle sètte, da cui sperava assicurarsi per ingiurie quella potenza
che, perduta la libertà, non poteva più aspettare dal giure.

Come notammo adunque, qui l' I. sembra che smar-
risca il criterio storico, sia che gli sfugga la necessità di
collegar l'episodio, come un effetto colla causa sua; sia
che il nesso gliene paia così ovvio pei posteri come lo era
pei contemporanei; sia che dell'episodio stesso esageri l'importanza a sè stesso.

---

(1) PAOLO DELLO MASTRO, *Diario*, loc. cit. p. 116.
(2) DELLA TUCCIA, *Cronaca di Viterbo*, p. 261 e sgg.

Se non che, a tal punto, convien proporci nettamente
la questione: presiedette o no criterio storico alla composizione del diario di Stefano ? fu questo meditato con un
intendimento unico, o sorse dall'aggruppamento delle note
disperse in protocolli da notaio o in registri di scriba ?

Da quanto premettemmo, ecco quel che ci sembra non
inadeguato di concludere: i due brani, *De bello Sixti* e il
Ricordo della presura e morte del protonotario Colonna, ebbero a nascere probabilmente indipendenti l'uno dall'altro;
furono scritti però in diverso idioma ed ebbero occasione
dall'aver lo scrittore assistito come testimonio oculare alle
vicende narrate, ed impulso dalla simpatia o clientela di
lui per la famiglia Colonna. Il resto poi si raccolse intorno
a questi due nuclei, accozzando appunti dispersi, attingendo
da notamenti forse non tutti precedentemente registrati
dallo stesso I. Forse il monco principio del diario accenna ad
un lavoro giovanile, frutto d'una naturale tendenza di Stefano a raccontare le vicende del Comune romano, ispira-
tasi alla fantasiosa maniera delle *Istorie dello filosofo* (1), ad

---

(1) Designamo con questo titolo gl' *Historiae romanae Fragmenta*
editi dal MURATORI (*Antiq. It.* III, 251-548), che nei molteplici mss.
vengono intitolati: *Historia di N. filosofo romano incominciando dal-
l'anno 1300 sino al 1355.* V. bibl. Chigi, ms. N, 31, sec. XVI e XVII, a
c. 6. È notevole che il ms. incomincia a c. 1: *Morte | miserabile e ca-
lamitosa | di papa Bonifatio 8 | nell'anno 1303.* Inc.: « Havendo lo re
« di Francia preso sdegno ». Expl. (c. 4 v): « arrabbiò di dolore e di
« quello morio. E così fue adempito quello che si trovava scritto
« nella elettione de papi, che diceva così: *Intrabit ut lupus, regnabit
« ut leo et morietur ut canis* ». La *Historia di N. filosofo romano* termina
a c. 128: « secundum debitam figuram supine ». Altro ms. Chigiano
(G, IV, 103, sec. XVI-VII) contiene pur esso frammenti dell'*Historia di
N. filosofo romano* (capi 3°, 5°, 18°). Ibid. ms. G, II, 63, cartaceo, sec. XVI.
Inc. (c. 1): « Dice lo glorioso missore s. Isidoro ». Expl. (c. 143 r):
« Como Cola de Rienzi morio ».—Bibl. Barberini, ms. LIV,10(n.a. 922),
cartaceo, sec. XVII. Contiene in principio lo stesso *Chronicon incerti
auctoris italico idiomate antiquo conscriptum*, fol. 1-301. Notato al mar-
gine destro superiore: « Chronicon. In codice Vaticano quod a.° 1626

uno stile di narrazione volgare che arieggia quello della
Mesticanza del Petroni. Pure anche in quel lavoro giovanile, l'elemento personale e lo spirito romanesco di clientela verso i Colonnesi, a chi ben lo disamina, si lascia di
leggieri sorprendere, e non consente dubbio che anche quella
parte di leggenda debba attribuirsi a lui.

Ne accennammo già i motivi più remoti; ora ne svele-
remo i più prossimi, scrutando i punti essenziali della leggenda stessa. Questi si riducono a due: la difesa della memoria di Bonifacio VIII innanzi a Clemente V e al re di
Francia; l'incendio della camera della regina e il salvamento di lei, operato con meravigliosa difficoltà e coraggio
da Pietro e Stefano Rosselli.

Circa al primo punto è facile ravvisare come la narrazione di Stefano entri assolutamente in quella cerchia di

« d.ʳ Abrah. Bzovius donavit, et in codice D. Cassiani Putei haec
« extant ». — Bibl. Vat. ms. Vat. 6880, cartaceo, sec. XVI: *N. philoso-
phi Romani* | *historia suorum temporum* | *ab anno* .MCCC. | *usque ad an-
num* | *1355.* Ms. di carte 73 numerate nel retto e incollate tra carta
vegetale. Inc. (c. 1): « Come Iacovo Saviello senatore fu cacciato di
« Campituoglio ». Expl. (c. 73 r): « secundum debitam figuram su-
« pino ». E nel verso: « Questi mancano ». E seguono alcuni titoli
di capitoli, parecchi dei quali sono e in più e diversi da quelli recati dal
MURATORI (loc. cit. p. 548). — Un altro ms. delle *Istorie dello filosofo romano* è nell'archivio Vat. (arm. II, n. 69). Qual esser si possa questo
filosofo romano, non vien fatto di poter affermare in modo alcuno.
Non sembra ch'ei si possa identificare con quel « quidam cogno-
« mento philosophus homo facinorosus et exul » di cui parla il PLA-
TINA nella Vita di Paolo II (*De vitis pontiff.* ed. 1529, p. 174) come di
un accusatore dell'Accademia. Forse ebbe ad essere un astrologo
a' servigi del Comune di Roma, atteso che gli astrologi solevano più
spesso nell'età di mezzo chiamarsi filosofi, com'erano stati chiamati
matematici nell'antichità classica. Nei citati *Notabilia temporum* del
TUMMULELLI (cap. 199, p. 179) si reca in mezzo un presagio d'astrologi a nome d'un « magister Ieronimus philosophus Eufordie et omnes
« alii philosofi concordantur ». Ad ogni modo è desiderabile che una
nuova edizione preceduta da un diligente studio critico di questi
Fragmenta historiae romanae vegga presto la luce.

leggende intorno a papa Bonifacio e al suo successore che trova nel Villani, in Ferreto Vicentino, nell'autore del *Pecorone*, in quello degli *Excerpta ex chronicis Urbevetanis*, nell'*Aquila volante* attribuita all'Aretino la traccia sua (1). È facile ravvisare come il soffio fiorentino di Giovanni Villani gli sia entrato più particolarmente nell'animo; come dalla *Cronica* di lui abbia preso le mosse; poichè dove questi, nel concilio di Vienna in Borgogna fa difendere la memoria di papa Bonifacio « per misser Ricciardo da Siena cardinale « e sommo legista, e per messer Gianni di Namurro per « teologia, e per misser fra Gentile cardinale per decreto, e « per messer Carroccio e messer Guglielmo « d'Ebole catalani, valenti e prodi cavalieri per ap- « pello di battaglia, per la qual cosa il re e' suoi ri- « masono confusi », Stefano invece fa confondere non già il re, ma il pontefice da due cavalieri, italiani e non già di Catalogna. E il sentimento che anima queste leggendarie finzioni, destituite di realtà storica, rivela tuttavia una condizione storica e morale verissima : la collera, cioè, di Spagna e d'Italia al vedere, col trasporto della sede ad Avignone, essere grettamente infrancesata la Chiesa cattolica; e chi fra i moderni gitta via come mondiglia queste fiabe foggiate dal commovimento popolare (2), solo perchè contrastano con computi positivi di calendari e registri, dimentica che la storia vive d'altra cosa, oltre che di mappe e di date, e che, come la vera musica non si batte a metronomo, così la morale coscienza dei popoli traversa il tempo resistendo a' cronometri.

Ma come mai i due cavalieri italiani si personificarono poi dall'I. in Pietro e Stefano Rosselli? donde trasse

---

(1) Cf. M. LANDAU, *Beiträge zur Geschichte der italienischen Novelle*, Wien, 1875, p. 29 e sgg.; GASPARY, *Gesch. der italienischen Literatur* II, 72; V. gli *Excerpta ex chronic. Urbev.* nei *Beiträge zur politischen Kirchlichen und Cultur-Gesch.* del DÖLLINGER, III, 317-353.

(2) Cf. SCHOTTMÜLLER, *Der Untergang des Templers Ordens*, p. 686.

egli la storia dell'abbruciamento della camera della regina
e del salvamento operato da loro? nelle croniche o nelle
leggende di Francia o d'Italia esiste alcun fondamento positivo alla fantasiosa narrazione di lui? Queste domande ci
proponemmo, travagliandoci nell'indagine per ogni guisa.
Che se tra le fonti storiche d'Italia sembrò che la *Cronica*
del Villani stesse a base della narrazione di Stefano, tra le
croniche francesi non rilevammo alcuna analogia, anzi, come
era naturale, una antilogia completa, siccome in Godefroy
de Paris (1). Niuna traccia di cavalieri che difendessero col-
l'armi contro « Guillaume de Longaret » la memoria di
Bonifacio; niuna memoria d'incendio nella camera della
regina; niuna negli *Historiens de France;* niuna nei *Praeclara*

---

(1) GODEFROY DE PARIS, *Chronique métrique,* ed. Buchon; Paris, 1827, p. 124.

> En cel an mil trois cens et six
> Fu le pape Clyment requis
> De Guillaume de Longaret;
> Et ce fut ce qu'il requeret
> Que le pape qui ot esté,
> Boniface, feust geté
> Tout hors de Saint-Pierre de Rome,
> Car pas n'avoit esté tel homme
> Que la sépulture éust;
> Ains requéroit que il féust
> De là jetez et sans respite,
> Les os ars comme d'un hérite
> Ainsi cil si bien se maintint
> A la court du pape, et soustint
> Contre Boniface maint cas,
> Dont il fu au derrenier cas,
> Et cassé par droite sentence,
> Et se ne fu le roy de France
> Autrement le fust avenu;
> Mais par le roi fu soutenu.
> Par sentence fu cil Guillaume
> Condampné de France et du royaume,
> Por ce qu'au pape avoit mesfet,
> Et por ce que le roi le fet,
> N'avoux pas que fait avoit
> Biax sire Diex! qui vit trop voit.

Francorum facinora; niuna nella *Cronica* (1) di Jean Golein: la regina stessa di Francia e di Navarra, « la très sage «Jeanne» era morta sin dal 1305 (2). Nè ci ristemmo di leggieri dalla ricerca dei Rosselli tra i cavalieri vissuti a quel tempo alla corte francese; anzi solo quando una voce autorevole ci scoraggiò dal poterveli rintracciare, volgemmo la ricerca ad altro indirizzo (3).

Evidentemente, se il fondamento alla leggenda in documenti sincroni francesi mancava, questo aveva a sorgere posteriore e interessato da motivo domestico; e assai probabilmente genealogico o « antropologico », come si disse a' tempi, in cui le maggiori bugie s'architettarono per amor della schiatta. Ora l' interesse più forte, e più da sospettare, parve dover avvisarlo subito nella famiglia dei Roselli stessi; non già di quel Niccolò Roselli, che fu cardinal d'Aragona (4), e autore delle *Vite de' pontefici;* ma in un' altra, romana e per qualche modo connessa di relazione con

(1) Cf. fra le *Notices et extraits des manuscrits,* XVVII, DELISLE, *Notices sur les manuscrits de Bernard Gui,* p. 226 e sgg. Le *Croniche* di frate Jean Golein consultai nel ms. Vat. Regin. 697 membranaceo in-4, sec. XIV, che chiude appunto col ritratto di Filippo V e della regina Giovanna (a c. 129 v).

(2) GODEFROY DE PARIS, op. cit. p. 114.

(3) Consultato da me l'ill. PAUL MEYER, nel 1886 scrivevami su questo proposito: «J'ai le regret de vous informer que les recher-« ches que j'ai fait immédiatement dans les documents imprimés que « nous avons dans notre bibliothèque sur le règne de Philippe-le-Bel « n'ont amené aucun résultat. Je ne sais si on serait plus heureux « en consultant des documents inédits; mais j'en doute fort. Si un «Roselli avait figuré à la cour du roi, il est assez probable qu'il se-« rait mentionné dans l'un des derniers volumes des *Historiens de* « *France,* dont les tables sont remarquablement détaillées, et où du « reste vous avez probablement cherché avant moi. Le fait auquel se « rapporte le récit du *Diario* me paraît d'une authenticité fort con-« testable ».

(4) Cf. MURATORI, *Script.* III¹, 368; SOUCHON, *Die Papstwahlen,* app. p. 179.

Avignone e con Francia. Ora, una famiglia romana dei Rosello o « Roscello » è memorata dall'Adinolfi insieme con quelle de' Sinibaldi, de' Corte, de' Mattuzzo, dello Schiavo, de' Petrucci, le quali avevano tombe in S. Quirico e Giulietta (1). Inoltre nei prolegomeni al regesto di Clemente V si riproduce dagli editori un breve del 1441 di papa Eugenio IV, già precedentemente pubblicato dal Theiner, a un Rosello de' Roselli, chierico di camera, il quale con Bartolomeo dei Brancaccio, nobile avignonese, ebbe commissione di ritirare dal cardinale Pietro de Fuxo in Avignone i privilegi, le reliquie, le insegne, gli ornamenti, i regesti che già dagli archivî del Laterano e di S. Pietro « ad partes Avinionenses » furono recati (2). Non si ànno notizie, scrive il Gachard, circa il successo della missione del Brancaccio e del Roselli; quello che è certo si è che una gran parte degli archivî ch'era nel palazzo d'Avignone non fu allora riportata in Roma (3). Ma per noi, per la leggenda di cui studiamo l'origine e le

(1) ADINOLFI, *Roma nell'età di mezzo*, I, 63. Cf. bibl. Vatic. 1621-42; *Repertorio Iacovacci*, fam. Roselli, p. 342.

(2) Cf. *Regesti Clementis V* Proleg. XLIV-V; THEINER, *Codex dipl. Ap. Sed.* III, 849, doc. CCXCV. Cf. GACHARD, *Les archives du Vatican*, p. 7.

(3) Vi fu riportata invece a tempo di Urbano VIII e il Contelori ripose nell'archivio Vaticano insieme cogli altri libri tornati da Avignone anche il diario dell'Infessura. Nel cod. Vat. 9026, p. 267 v si legge : (*Suaresii de diariis et actibus consistorial.*) « In libris, qui « Avinionensis palatii ex archiviis translati in Urbem fuere sub Ur- « bano 8° S^me Mem^rie PP. complures erant provisionum et obliga- « tionum, quos Ill^mus Contelorus bo. me. intulit archivio Vat^no vir « industrius et laboriosus. 1. *Diaria ab obitu Bonifacii 8 ad Alexan- « drum 6* in BB, Vaticana n. 5622 Codice seu Ephemerides. 2. *Dia- « rium* dictum *Mesticanza*. 3. *Diaria Stephani Infessurae civis Romani « a tempore curiae romanae e Galliis reductae in Urbem ad Alexandrum VI « pontifice sive ab anno 1324 ad 1493 rerum Romanorum suorum tempo- « rum* ». E in margine annota : « Codex Vatic. 5299 partim italico « partim latine; incipit: pontificalmente ».

fila, non è poco aver rintracciato un primo rappicco tra Avignone e la famiglia dei Roselli nel secolo decimoquinto. Questo Rosello dei Roselli dalla sua dimora di Francia ebbe forse a recare con sè la lusinga che taluno dei suoi antenati, valente in armi, seguitando alcuno dei cardinali italiani in Francia, si trovasse in corte del re o del papa; può anche aver foggiato a conto suo la storiella, e cercato o goduto che altri per lui la spacciasse in Italia. In Roma poi, dove l'istoriografia volgare sbucciava dalla novella o s'andava appena staccando da questa, dove l'*Historia* di Castalio Metallino (1), le *Historie dello filosofo*, la *Mesticanza* de' Petroni, il *Libro Imperiale* stesso composto « per passare tempo et rubare alla fortuna li ac- « cidiosi pensieri » e ad esaltazione e derivazione da Cesare dei prefetti Di Vico e de' Colonnesi (2), provano come gli scrittori acconciassero la fantasia al racconto, e come il racconto potesse involgere domestici intendimenti abbarbicati alla tradizione classica; la leggenda dei Roselli ebbe a parer modesta e a trovare facile accoglienza e diffusione. Nel ciclo della clientela colonnese ebbe il Roselli stesso a trovarsi compreso, quando Eugenio IV, nimicando i Colonna, fin dal secondo anno del suo pontificato, lo deputò governatore di Riofreddo, di Vallefredda e Roviano, e delle

(1) Il CECCARELLI, nel ms. Vat. 4909, a p. 21 scrive: « L'*Histo-* « *ria* di CASTALLO METALLINO *delle famiglie del Rione de la Regola*, il « cui originale anticho è in mano del s^r Cesare Giovenale et una « copia presso all'Illmo sig^r Giovangiorgio Cesarino et l'altra presso « el s^r Fulvio Archangeli ». Cita ancora ibid. l'« *Historia del'origine* « *della Famiglia de Palosci et de Normanni* che sta insieme coll'*Historia* « del Metalino in 4° foglio del s^{or} Fulvio Archangelo ». Allega poi le « *Historie* di Francesco Bandinotto Fiandrese in tutto foglio, tom. due « havuti dall'archivio del n. s. Monaldo Monaldeschi della Cervara ». Non sarebbero queste le *Istorie* che Giacinto Manni « reperit in ms.to « codice nobilis magnatis Caesaris Baldinotti Ducis » e che pubblicò il Muratori (*Ant. It.* III)?

(2) Cf. *Arch. della Soc. Rom. di st. patr.* V, 34 e sgg.

terre possedute da Antonio Colonna di Riofreddo (1). La
guerra con questo ramo dei Colonnesi non durò a lungo;
e probabilmente se Antonio da Riofreddo, un anno dopo,
ebbe ·mandato ·di trattare accordo col papa anche in nome
di Prospero, Edoardo, Gianni Andrea e Corradino d'An-

(1) Archivio Vatic. *Regesta Eugenii IV* (Secret. lib. XI), n. 370,
fol. LXXXXV v: « Eugenius etc. Dilecto filio Mag^ro Rosello de Rosellis
« aplicae Camere clerico terrarum Rivifrigidi, Ruviani, Vallamfrede
« Tiburtine dioc. ac nonnullarum terrarum et locorum diversarum
« dioc. ad dilectum filium Antonium de Rivofrigido de Columna,
« quem cum ipsius terris et locis sub nostra et Romane Ecclesie tu-
« tela et proteccione suscepimus, pertinencium et spectancium nostro
« et .Romane Ecclesie nomine gubernatori salutem etc. Dum onus
« universalis dominici gregis superna nobis disposicione iniunctum
« diligenter attendimus, videntes quod circa singula per nosmetipsos
« exolvere non valemus debitum apostolice servitutis, viros notabiles
« et insignes sciencia et virtute pro benegerendis negociis nostris et
«.dicte Ecclesie deputamus, ut ipsorum cooperatione iniunctum nobis
« a Deo ministerium facilius exequi valeamus. Sane licet cunctorum
« christifidelium statum pacificum intenta mentis acie attendamus,
« tamen terras Rivifrigidi, Ruviani et Vallamfrede Tiburtine dioc. ac
« nonnullas alias terras et loca ad praefatum Antonium de Rivofri-
« gido de Columna spectantia et pertinencia cum omnibus habitato-
« ribus et incolis eorumdem singulari caritatis et benivolencie af-
« fectu intuemur. Attendentes itaque quod tu quem in magnis et
« arduis eximia virtute et scientia probatum graciarum Dominus mul-
« tifariam insignivit, praefatas terras et loca divina assistente gracia
« circumspecte et fideliter gubernabis, te in praefatis terris et locis
« gubernatorem pro nobis et dicta Ecclesia in temporalibus gene-
« ralem auctoritate apostolica ex certa sciencia usque ad nostrum
« beneplacitum facimus, constituimus et eciam deputamus, tibi nichi-
« lominus nostro et eiusdem Ecclesie nomine praefatas terras et loca,
« incolas et singulares personas cuiuscumque status vel condicionis
« fuerint nobis et dicte Ecclesie rebelles ad nostram et eiusdem Ec-
« clesie obedienciam et devocionem reducendi, recipiendi nec non
« terras et loca praefata, habitatores et incolas dicto nomine refor-
« mandi, regendi, gubernandi et administrandi ac in eis iurisdictionem
« omnimodam exercendi, civiles et criminales causas per te vel alium
« audiendi et examinandi ac exequendi atque in praefatis terris et
« locis potestates, iudices et officiales constituendi, suspendendi et re-

tiochia, e se l'accordo riuscì (1), forse il governatore Roselli non ne andò senza merito.

· Stabilito per tal modo il vincolo di relazione probabile tra i Roselli e la Francia, tra i Roselli e i Colonnesi, nella clientela de' quali l'I. viveva, si rende men difficile il congetturare per qual guisa la leggenda che li riguarda trovò posto nel diario di esso; sia che egli medesimo l'abbia foggiata, sia che l'abbia raccolta per primo. Certo che se essa arieggia, come dicemmo, lo stile dei *Fragmenta historiae romanae,* certe caratteristiche filologiche la mantengono stretta al tempo in cui visse l'I. Quando Stefano dei Roselli mise mano alla spada e il pontefice voleva gli fosse

« movendi, treugas et vindicias inducendi et firmandi, occupataque
« iniuste ab illorum detentoribus eripiendi et recipiendi, processus
« quoque, condempnaciones diffidaciones et finas criminales latas tol-
« lendi, cassandi et eosdem reaffidandi, ac eciam contra omnes et
« singulos hostes et dictarum terrarum pacis inquietatores et turba-
« tores exercitus et auxilia indicendi et congregandi, et demum omnia
« alia et singula quae ad huiusmodi gubernatoratus officium eiusque
« liberum exercitium pertinent de consuetudine vel de iure, aliena-
« tione tandem rerum immobilium ac propterea mobilium dumtaxat
« excepta, et que ad quietem et pacificum statum dictarum terrarum
« et locorum, habitatorum et incolarum predictorum cedere videris,
« etiamsi mandatum exegerint speciale, faciendi, mandandi et exequendi
« plenam et liberam concedentes harum serie potestatem. Mandantes
« omnibus et singulis praedictarum terrarum et locorum officialibus,
« castellanis, stipendiariis quoque tam equestribus quam pedestribus
« in prefatis terris et locis ad dicti Antonii stipendia militantibus nec
« non incolis et habitatoribus supradictis quod tibi plene pareant et
« intendant. Alioquin processus, finas et penas quos et quas per te
« proferri contigerit ratas habebimus ac faciemus auctore Domino
« usque ad satisfactionem condignam inviolabiliter observari. Tu igitur
« ipsius gubernatoratus officium tibi a nobis ut premittitur iniunctum
« sic exercere studeas sollicite, fideliter et prudenter quod ex lauda-
« bilibus operibus tuis propter nostram et dicte Ecclesie graciam a
« largitore munerum superiorum beatae vitae praemia tribuantur.
« Dat. etc. .vi. id. iulii anno secundo ».

(1) Cf. THEINER, *Codex dipl. Ap. Sed.* III, 322 e sgg.

tagliata la testa, «lo re di Franza. lo domandò per «homo morto et habbelo», la qual frase sa dei tempi delle milizie mercenarie (1); e muore non appena i mutati costumi della guerra non più la mantengono nell'uso.

Del resto, non è questa la sola leggenda accolta dall'I. con quella confidente indifferenza ad appurarne l'origine che nasce all'udir cosa creduta e ripetuta dal popolo a dubitar della quale manca la necessità o l'impulso. Ad altro punto del diario, nell'agosto del 1482, dopo la vittoria di Roberto Malatesta a Campomorto e la disfatta del duca di Calabria, Stefano racconta la morte di lui, trionfatore, seguìta improvvisamente a Roma per febbre, appena quindici giorni dopo il segnalato trionfo. I maligni sospettarono che Roberto, la cui potenza dava ombra a chi ne aveva goduto, fosse stato tolto di mezzo col veleno. « Sunt qui dicunt « veneno necatum – scrive l'I. – cui papa fecit magnum

---

(1) È significazione che i dizionari non registrano. A noi pare chiara la relazione dell'*uomo morto* con quella delle *paghe morte*, proprio della milizia mercenaria. In una lettera di Iacopo d'Appiano al concistoro di Siena « ex Plombino die .XXVIII. decembris .MCCCCXXXIII.», ringraziando il Comune d'aver prolungato di alcuni giorni la vita a « Cacciaguerra suo uomo d'armi, in considerazione sua e del cardi-« nale di Mantua », aggiungesi: « de novo per le presenti c'e parso « suplicare quelle se voglino degnare farcenne un presente come « de homo morto, del che li restaremo ultra alli altri oblighi « obligatissimo ». (Arch. di St. in Siena, *Lett. concist.* ad ann.).

Questa locuzione non si trova più nella redazione della leggenda quale è presentata dai mss. c, d, g, in cui è data nel modo seguente: « Il re di Francia pregò il papa che dovesse restituire al cardinalato « Pietro e Giacomo e che ardesse l'ossa di Bonifacio 8 come ere-« tico. Et perchè non fu vero papa, non ti poteva far arcivescovo. « Et Pietro et Stefano delli Roselli misse mano alla spada e disse: « chi vuol dire che le ossa di Bonifatio non si ardino, mente come « traditore. Il papa lo fece pigliare e volle gli fosse tagliata la testa; « ma il re glielo chiese in grazia per haver salvato la regina circun-« data dal foco in sua camera; perchè Stefano e Pietro andaro per « un trave e là se la presero in collo, e liberarono. Il papa cedè ».

« honorem eiusque corpus sepelivit in ecclesia Sancti Petri
« cum marmorea memoria singulari quae ibi videtur. Sunt
« qui dicunt quondam Senenses auxilio cuiusdam (la mag-
« gior parte dei mss. reca erroneamente *eiusdem*) (1) magni
« capitanei fuisse liberatos ab oppressione Florentinorum.
« Traditur quod Senenses ipsi erant maximopere obligati
« et quotidie cogitabant quid possent ei dare dignum me-
« ritis pro tanto munere, quod acceperunt ab eo; et tan-
« dem iudicabant se impares tanto beneficio; etsi fecissent
« eum dominum illius civitatis, adhuc non esset satis. Et
« stantibus illis in hac altercatione, quadam die in concilio
« generali, quod pro ista re quotidie faciebant, quidam Se-
« nensis surrexit, et dixit se invenisse praemium meritum
« dignum tali viro, et quod de facili posset dictus populus
« facere vel concedere; et imposito silentio fuit ei iussum
« ut diceret quidnam esset istud praemium, et dixit: occi-
« damus eum, et deinde adoremus eum pro sancto et pro
« nostro protectore perpetuo, et ita factum fuit ».

Per raffigurare l'occasione e l'origine di questa storiella
senese introdotta dal nostro scriba nella sua cronica, bisogna
risuscitare per un momento le circostanze vive della città
e del Campidoglio, nel momento in cui il nostro cronista
scriveva. Ciò era sui primi dell'anno 1483, quando Lorenzo
Lanti, che già si trovava in Roma oratore di Siena sua
patria, fu assunto all'officio di Senatore (2). Egli aveva con

---

(1) Dei codici da noi avuti a continuo riscontro per l'edizione
recano « eiusdem » C, C¹, C², E, R, S, S¹; « cuiusdam » soli M, R¹.
Che debbasi poi leggere « cuiusdam » e non altrimenti vien poi stabilito anche dal fatto che, per quanto consta dai documenti del-
l'archivio Senese, Roberto Malatesta non ebbe mai condotta dalla
città di Siena.

(2) Arch. Vat. *Registro di Sisto IV, Offic.* 659, a. c. XLVIIII:
« d. f. n. v. Laurentio de Lantis, equiti ac doctori Senen. A. U. n.
« Senatori. Datum Rome, a. .MCCCCLXXXIII. quarto kal. aprilis, p. n.
« a. decimo ». È deputato « pro semestri incipiendo immediate post fini-

sè in compagnia un suo fratello, che uccellato poi da' forusciti di Siena, convenuti in Roma a causa de' tumulti dei
Noveschi (1), gli fu cagione di compromessa non piccola.
Aveva con sè la sua brigata senese; e di Senesi poi formi-
colava la città, dacchè i forusciti bramavano coll'appoggio
del papa e del conte Girolamo Riario rovesciare, al solito, il governo della patria loro. Le condizioni di messer
Lorenzo Lanti, per quanto savio e avveduto egli fosse, eran
dunque tutt'altro che facili, e le lettere di lui, conservate
nell'Archivio di Stato in Siena, ne dànno fede. Il suo epistolario pertanto riesce di grande utilità storica, poichè le
lettere del Senatore di Roma, fonte vivo di storia, valgono
di riscontro mirabile alle affermazioni dello scribasenato.
Ne feci però numerosi estratti, e ne pubblico le parti più
considerevoli in appendice a questo scritto, aggiungendovi
alcune lettere di Guidantonio Vespucci, orator fiorentino,
perchè non si dubiti che Senatore e scribasenato si tengano
vicendevolmente il sacco.

Stabilita ora la ragione di contatto fra i Senesi e l' I.,
tra l' I. e Lorenzo Lanti, è a congetturare che quegli, allo
spettacolo delle ostentate essequie di Roberto Malatesta, sepolto a San Pietro in Vaticano con tanta pompa, presente
il papa, ragguagliato nell'epitaffio a Cesare, morto non senza
gioia dei prelati (2), udisse da qualche senese novellare

« tum officium d. Ludovisi Vorsi militis forliviensis ». Arch. di Stato
in Siena, *Lett. al Concistoro* ad ann. « Laurentius Lantius orator et
« Senator Urbis, ex Capitolio .xii. aprilis 1483: hieri con bona gratia
« del pontefice ricevei la bacchetta et possessione dell'offitio del Se-
« nato ».

(1) Pecci, *Memorie storico-critiche di Siena*, I, 17 e sgg.

(2) Ia. Volaterrani *Diar. Script.* XXIII, 179; Guicciardini, *Storia
di Firenze*, cap. vii. La scritta della sua tomba fu: « Veni, vidi, vici,
« lauream pontificis retuli, mors secundis rebus invidit ». Il Volterrano, che rappresenta le opinioni della curia, scrive: « Creditum est
« a plerisque (ut est in omnibus liberum iudicare) Roberti obitum
« magis usui quam detrimento fuisse rebus Ecclesiae; erat namque,

d'un altro capitano, condotto già a gran prezzo dalla repubblica di Siena, per averne salvezza; e di cui la repubblica ebbe invece paura; tanto che quando la paura e il sospetto soperchiarono, si consultò in comune che cosa fosse da fare. E fu chi diede avviso di levarlo di mezzo e compiè l'opera con gran gioia del concistoro. Ma non appena fu morto poi, che come un santo ebbe onori, splendore di essequie, luminaria e tumulo in duomo. L'allusione alla morte di Gisberto da Correggio (1) sembra in tal caso assai proba-

« ut ii dicebant, tam a natura quam a tam recenti victoria ita animo
« elatus, ut nunquam pro his, quae egerat, extimasset sibi a summis
« pontificibus satisfieri potuisse; non oppida Ariminensia cum appen-
« dicibus, non Fanensis civitatis et Senogalliae vicariatum digna suis
« meritis credidisset. Itaque non tam pro obitu dolendum quam
« quod non convaluerit mirifice laetandum ».

(1) Intorno a Gisberto da Correggio vedi nell'*Arch. stor. it.* serie IV,
t. IV; BANCHI, *Il Piccinino nello Stato di Siena*, p. 224 e sgg. Le
Croniche di GIO. BISDOMINI, ms. nell'Arch. di Stato in Siena, cc. 333-4,
ànno: « a' 8 di 7bre in sabbato el sig.r di Correggio venne in
« Siena, e subbito in palazzo de' Sig.ri. Essendo a ragionamento in
« concestoro, gli fu mostro che esso haveva mancato del debito e
« de la fede e che era truffatore. E alterandosi e venendosi in ira,
« fu gittato d'una fenestra a capo la porta del Sale, e così morì. E
« fugli fatto un bello ecsequio con cento para di torce, e fu
« sepolto in duomo appresso al campanile ». E ibid. nelle *Croniche sanesi*
attribuite a TOMMASO FECINI, a c. 228: « di settembre in sabbato
« il signore di Correggio venne in Siena, e subbito andò in palazzo
« de' Signori, accompagnato con più cittadini, et essendo a ragiona-
« mento nella sala del papa colla Balìa, li fu mostrato per la Balìa
« ch'esso non aveva fatto il debito, e che egli era truffatore; e mo-
« strandoli lettere, le negava, e venendo in ira, li fu mostrato sue
« lettere più vere, in modo che lui voleva uscire fuore, m. Ludo-
« vico Petroni sedendoli a lato, lo prese per le stringhe del braccio
« e fello stare: sonossi il campanello, uscirono fuori alcuni, che lo
« gettarono per le finestre della porta del Sale, e morì. Inde a un
« ora gli fu fatto uno bello esequio con 100 para di torce e
« fu sotterrato in duomo appresso al campanile ». Ma ecco il verbale
autentico, quale occorre nell'Arch. di Stato in Siena, *Balìa, Delibe-*

bile e l'unica che soccorra a spiegare l'allusione e l'episodio recato in mezzo dall' I.

Ma è tempo di far epilogo delle cose esposte. Intorno all'autore del diario raccogliemmo quelle notizie che potemmo per dimostrarne la certezza e la condizione di fatto, che gli rese agevole il farsi testimonio dei tempi suoi. Intorno all'opera di lui esercitammo il nostro esame, indagandone l'origine, il nucleo primitivo, i modi del successivo svolgimento, le necessarie discrepanze di forma che ne fu-

razioni lib. I, c. 65. Il notaio è ser Antonio di ser Giovanni: « Die « sabbati .VI. septembris (1455).

« Leonardo priore   . . . .

. . . .

« Dicta die de sero inter .XX. et .XXI. horam dicti magnifici « domini de Balia habentes notitiam qualiter dictus dominus Gili- « bertus intravit civitatem Senarum et se contulerat ad mansionem « suam in domo Laurentii de Mareschottis, transmiserunt ad eum « plures spectatissimos cives dominum Francischum de Aringheriis, « dominum Nicolaum de Saracenis et Dinum de Martiis secre- « tos (*), et alios cives sociatos cum pluribus rotellinis palatii, qui « omnes ad domum praefatam in qua dictus dominus Gilibertus « moram trahebat et ipsum de dicto loco ad palatium magnifi- « corum dominorum priorum cum honore et pacifice sociati fuerunt. « Et intrans palatium adscendendo schalas se conduxit in capella « palatii, in qua aliquantulum requievit. Et paulo post intrans sa- « lam seu cameram pape in qua dicti domini officiales Balie resi- « debant, in qua et cum eo intravit dominus Lucha de Parma suus « cancellarius, in qua ab ipsis officialibus honorifice receptus et inter « eos, videlicet inter priores sedendo positus, multa colloquia simul « habuerunt. Interea dum hec fiebant, ordine dato, fuit ianua princi- « palis palatii obserata, cum omnibus aliis hostiis opportunis in pa- « latio, usque ad cappellam, transmissis postea omnibus familiis ipsius « dñi Giliberti qui eum sociaverunt in sala dele Balestre, obserata

(*) Questi nomi sono stati studiosamente cancellati dal cancelliere e le lettere attraversate da altri segni per confonderne la lettura; ma la confusione non è tale che non si venga a capo di leggerli e di riconoscere coloro che si prestarono complici a sì bell'opera. Esprimo la mia riconoscenza al cav. A. Lisini, benemerito direttore dell'Archivio Senese, per avermi cortesemente aiutato ad interpretare i nomi sopraindicati.

rono effetto, l'unità di pensiero che bastò a mantenerne il complesso; la parte che in essa è riflesso del tempo e delle circostanze, quella che è dovuta ai sentimenti e alle relazioni personali dello scrittore. Certo, l' I. non fu un umanista; pure un critico odierno, che della società del rinascimento in Italia à giudicato assai bene, potè trarre solo dagli scritti di lui una pittura vivace della vita romana nel secolo xv (1). L' I., ardente della più pura fede cristiana, rinfocolato dalle profezie ioachimistiche, inesorabile coi pontefici mal cristiani di cui visse contemporaneo, fu dagli apologisti della Chiesa a tutt'oltranza trovato testimonio incomodo, ma da non escludere (2). Scrisse

« cappella cum custodibus, magnificis dñis in consistorio existen
« tibus. Et quum antea in cancellaria parva camere pape intromissi
« fuerunt aliqui robusti et validissimi iuvenes, cum armis opportunis,
« et in cursu consistorii aliqui pedites et robusti iuvenes cum armis
« bene muniti, post multa colloquia dicti iuvenes intra cameram pape
« existentes, dato signo, prout sic ordinatum fuerat, foras exeuntes,
« eumdem dominum Gilibertum cum armis aggressi sunt, eumque
« pluribus vulneribus percussum ʿinterfecerunt. Et dum hec fiebant
« alii pedites e consistorio exeuntes, in camera pape cum armis suis
« intraverunt, et nil aliud fecerunt quia iam mortuus erat. Capto tamen
« corpore extra fenestram in campo fori proiecerunt. Capti sunt do-
« minus Lucas de Parma et Guerrerus Senensis eius cancellarii cum
« pluribus aliis suis familiis, et post predicta Iohannes de la Gatta eius
« cancellarius, et in custodia mancipati. Verum corpus suum ho-
« norifice in cathedrali ecclesia sepultum et tumulatum est.
« Et totus populus clamabat hoc bene factum esse ».

(1) BURKHARDT, op. cit. in *Beiträge zur vaterländischen Geschichte in Basel*, V, 19-20.

(2) Ecco a qual modo giudicava delle condizioni della Chiesa, ai tempi dell' Infessura, un testimonio non sospetto, il card. PAPIENSE, *Epp.* « Francisco Gonzagae card. Mantuano » (c. 272 r): « Adde « publicum odium merito ex tanta insania in nos comparatum. La-
« mentari ecclesias vides, quod his cumulis egenorum panem eri-
« pimus: dolere populos quod veneranda pastoribus loca plaena nunc
« mercenariis vident: indignari principes quod nullis accessionibus
« nostra ingluvies saturatur. Clamant non esse nos memores pauper-

volgare da trivio e latino da curia; ma quando ad Anton
di Pietro era bastato confessare « multa essent scribenda quae
« dimitto in calamo » (1), e il Papiense consigliava al Volterrano di non propagar notizie « ne videremur nimium cu-

« tatis antiquae ; propter quam crevit Ecclesia : non videri discipulos
« Christi, qui de crastino vetuit esse sollicitudinem; et duas vestes
« habentem dari alteram non habenti praecipit. Omnia ad privatam
« pompam luxumque referri. Quodque multorum esse oporteret
« iniusta dispensatione ad unum aliquem redigi. Animae autem tam
« esse curam exiguam quam magna est corporis. His indignationibus
« perniciosa de nobis aliquando ineuntur consilia; inque Apostolicam
« Sedem nationes tumultuantur. Id autem ut plurimum accidit; ut
« possessum nobis ire prohibitis aut indignis precibus cogamur quod
« datum est assequi, aut turpi cessione triumphare de nobis princi-
« pes doceamus ». Nel ms. Vallicelliano S, 21 (n. 01688), *P. Raynaldi*
Monumenta pro annalib. ab anno 1433 ad 1439, t. XVIII, il RAINALDI
scrive (an. 1484), c. 417 r, presso alle parole del testo : « Recrudescit in
« Urbe seditio Columnenses inter et Ursinos ». (In margine è notato :
« Stefano Infessura imbroglia poca cosa; ma Rafaelo Volaterrano,
« p. 678, col 2ª in medio, si vede che le armi pontificie furono ri-
« volte contro Lorenzo Colonna protonotario ribelle a cui fu tagliata
« la testa. Id affirmat ms. diarium, p. 29). Compulsusque est pontifex
« adversus illos pacis leges detrectantes arma expedire, Hieronymi
« Riarii nepotis sui opera usus. — Bisognerà vedere Panvino che hora
« non mi trovo havere. De eisdem factis agunt etiam Brutus erga
« pontificiam partem aequus et Stephanus Infessura iniquissimus qui
« malevolentia in Sixtum suffusus invidiam ipsi confictis mendaciis
« conflare nunquam cessat, in sinistrumque sensum pontificia consilia
« gestaque retorquet. — Si potrà copiar di lui ciò che si indica nel
« diario di Lorenzo Colonna, decapitato e la presa della Cava fatta
« da Girolaº Riario cui ea re vicario gratulatus est (Lib. brev. anni 13,
« inter literas non. iuli) ipsum summis laudibus efferens quod man-
« suetudinem egregie usus pulcherrimam eam censuisset victoriam
« esse, qua a captivis hostilique sanguine abstinuisset ». — Le lettere
del Lanti e del Vespucci provano poi come l'I. nel riferire dei fatti
di papa Sisto non mettesse niente del suo e non gonfiasse bugie.
Nè il Rainaldi copiò del resto ciò che Stefano raccontò di Lorenzo
Colonna decapitato.

(1) ANT. PETRI *Diar.* passim in *Script. It.* XXIV, 974 e sgg.

« riosi » (1), Stefano invece notò coraggiosamente quel che ascoltava e vedeva. « L'antiqua casa Colonna, e spetial- « mente quella di Pellestrina, che sempre fo nimica della « Chiesa e del popolo nostro di Roma » (2), maledetta da Paolo Petroni, fu da lui benedetta, rappresentata giusta- mente come popolare, e servita con fede. Quando Roma tumultuò gridando da un lato: *Chiesa e Orso, Orso e Cre- scenzi,* e dall'altra: *Valle e Colonna,* Stefano non pur compiè fedele l'officio suo di scribasenato, ma quello d'amico af- fezionato e devoto presso la salma tormentata di Lorenzo Colonna, l'infelice protonotario; mentre il notaio dell'Anti- posto alle guerre si contentò di mettere « doi carratelli alla « porta carichi de sassi et pontellare molto bene » (3).

Nota individuale, se si eccettua a quando a quando qualche sprazzo d'acre ironia, manca agli scritti dell'I.; però, mentre sembra che s'addentelli, in sul principio della cronica, colle narrazioni leggendarie di Roma, verso il fine tanto s'accosta alla maniera dei diaristi cerimonieri, che una parte del diario suo potè incorporarsi in quella del Burcardo (4). Con tutti gli scrittori di diarî e di croniche a lui anteriori e contemporanei à comune il difetto d'insinuar nel racconto più quello che lo tocca, che quello che à impor- tanza effettuale; di saltare a piè pari avvenimenti di prin-

(1) Card. Papiensis, *Epp. et Comm.* Milano, 1506, Ep. 625: « Papiensis Volaterrano ».

(2) Paolo Petroni, *Mesticanza* in *Script.* XXIV, 1114.

(3) Cf. *Diar.* in *Script.* III², 1088.

(4) Il Thuasne (*Ioh. Burchardi Diarium,* III, xxii, Paris, 1885) accennando ad una lacuna del Burcardo avverte: « Pour combler « cette lacune, les copistes ont interpolé la partie correspondante du « journal d'Infessura dont la relation s'arrête au mois d'avril 1494; « ils ont eu le soin, d'ailleurs, de signaler en marge le nom de l'é- « crivain auquel ils avaient fait l'emprunt et répondu d'avance à ceux « qui, par des motifs intéressés, chercheraient à discréditer ces deux « journaux, en objectant leurs points de ressemblance et en jétant « le doute sur l'authenticité du texte de chacun d'eux ». Lo stesso

cipale rilievo e commemorare bazzecole; ma pure la storia di Roma del secolo decimoquinto mancherebbe d'un materiale prezioso, se il diario dell'I. non le fosse stato serbato. I documenti d'archivio coi quali si à agio di ragguagliarlo non fanno che saggiarne e assodarne il valore; le opere d'arte, cui allude e che sopravanzano, confermano le affermazioni sue; ma molto più delle notizie che esplica, son pregevoli quelle che racchiude implicite e che si dichiarano all'occhio di chi le analizza e raffronta col lume dei documenti sincroni.

Resta finalmente che si accenni al sistema seguito per ristabilire il testo e al modo della pubblicazione.

S'incominciò, com'era naturale, dal far comparazione delle due edizioni del Muratori e dell'Eckhart, preso a fondamento il testo d'un codice del secolo decimosesto, il quale conservando in molta parte intatte le forme del volgare romanesco e la grafia medievale del latino, e non presentando nè sovrabbondanza di rubriche nè indice, dava a sperare d'esser rimasto immune da arbitrarie alterazioni di copisti e d'aver avuto ad esempio una buona lezione più antica. Questo codice fu designato nell'elenco colla sigla C. Parve indispensabile ragguagliarlo col Vaticano 6389 (R') e col Capitolino (R), già collazionato e corretto dal Valesio; e la comparazione tornò tutt'altro che superflua, mettendo a nudo le discrepanze originali tra i due mss. e quelle che vi rimasero poi, a collazione fatta. Del resto, se R' offre il gran pregio di non alterar mai la lezione per preconcetto dell'amanuense, se la presenta migliore per essere di certo condotto sopra miglior codice e però, anche

Thuasne (op. cit. II, 78-86) incorpora nella sua edizione un lungo passaggio dell'Infessura, tratto da manoscritti in cui, siccome indicammo a p. 534, si trovarono bensì intercalate posteriori insinuazioni, ma senza dubbio è autentico, e pel consenso dei migliori mss. e per ragioni intrinseche spetta al diario del nostro scriba-senato.

dove erra, rimette non di rado sulla via di raccapezzar la forma vera del testo, guasta attraverso le graduali trasformazioni d'errori nei trascrittori; il manoscritto R, segnatamente nella parte latina del diario, presenta rettificazioni grammaticali che più spesso sembrano risultare dall'aver sciolto senza errore l'abbreviature di cui ebbe ad esser irto l'archetipo, che dal proposito di correggere per dar garbo al dettato, con intendimento di critico. Inoltre, nella scrittura dei numeri, serba traccia dell'uso più antico, sia notandoli in caratteri romani, sia mescendo caratteri e cifre (1). Segna bensì le date giornaliere più spesso in numeri arabi, e talvolta dimostra a quali corrompimenti del testo potè gradatamente dar luogo quella promiscuità di pratica.

Furon poi tenuti a costante riscontro, per l'opportunità, i manoscritti Vallicelliani S, S¹; e questo secondo, che già servì al Rainaldi e porta note di lui, come vedemmo, parve concorrere coll'altro codice Vaticano per supplire al danno dell'autografo smarrito. I due codici Chigiani C¹, C² e il Corsiniano C³ rappresentarono ciascuno una tendenza pregiudicata della critica rispetto alla schiettezza del testo, che era conveniente di non perdere di vista mai. Dacchè il primo offriva le alterazioni indotte nel diario dallo studio di parte Orsina; l'altro, tutte le azzimature nel dettato, di che poteva esser capace quel tal secentista dei *Promessi sposi* che considerando la istoria come una «guerra illustre contro il «Tempo, imbalsamava co' suoi inchiostri le imprese dei «prencipi»; e però ristringeva in canaletti, secondo lui, scevri di melma, l'onda libera e qualche volta o manchevole o torbida del nostro scribasenato. Finalmente, il codice Corsiniano, dando tutto il testo italiano, potè soccorrere per l'interpretazione di quelle forme dialettali, corrotte

---

(1) Per esempio: $\frac{x}{15}$. All'anno 1436 « diè 15 augusti » fa succedere: « mane deinde sequenti .XII. augusti ». È evidente l'erronea lettura del 15 per 11 nella prima data.

nelle edizioni, incerte e multiformi nei codici; ed offerse talvolta, alla comparazione delle date storiche, qualche elemento di più. E con diligenza raccogliemmo poi nella collazione de' codici ovunque fosse residua e superstite la forma del volgare romano, restituendola al testo. Nei passaggi poi che ritenemmo caratteristici, fu procurato il ragguaglio di tutti i manoscritti che ci furono a conoscenza.

Resta poco ad aggiungere delle norme seguite per la stampa, le quali sono precipuamente quelle determinate nell'organico per i lavori dell'Istituto Storico Italiano (*Bull. dell'Ist. St. It.* IV, 8). Al capriccioso impiego delle maiuscole e alla punteggiatura secentistica dell'edizioni precedenti e di non pochi codici, non demmo peso; nè importanza paleografica al promiscuo uso dell'*u* vocale e consonante. Nelle varianti relative alla lezione, indicammo i codici secondo le sigle con cui vennero contradistinti in questo scritto, curando che ne venisse conservata la serie alfabetica, ogni volta che non fu necessità di ordinarle in altra guisa, per dare ad intendere come da progressiva alterazione della forma schietta si potè arrivare all'estrema corruzione del testo, o, per l'inverso, come, paragonando le progressive alterazioni dei manoscritti, fu possibile di risuscitare la forma prima ed originale.

O. Tommasini.

APPENDICE

I.

Notizie relative alla famiglia Infessura
e documenti che la riguardano.

I registri del *Camerlengo della Camera di Roma*, quelli della *Depositeria della gabella dello studio*, il codice Capitolino dello statuto vecchio, come vedemmo, fanno ampia testimonianza della vita di Stefano Infessura. I *Pacta et conventiones cum filiis domini Stefani de Infessuris* (doc. n. v) ci determinano il tempo in cui era morto. Del padre e dei fratelli suoi certifica l'atto di pace del 1471 (doc. n. i). Da un rogito del 1520 (arch. Stor. Comun. di Roma) sappiamo che sua moglie ebbe nome Francesca, ch'ei la sposò già vedova d'un Paparoni; e che, morto lui, si rimaritò con Marco Antonio de' Martinelli. Oltre i numerosi documenti sparsi in molti archivî di Roma, oltre le reliquie delle carte domestiche che rimangono ancora per discendenza e retaggi presso la famiglia Savorgnan di Brazzà, si ànno notizie della famiglia Infessura negli spogli di Alfonso Ceccarelli (bibl. Vat. ms. Vat. 4911), nel *Repertorio* dello Iacovacci (bibl. Vat. ms. Ottob. 2550), in quello del Magalotti (bibl. Chigi, ms. G, V, 139 e G, V, 144), e nel manoscritto Casanatense delle famiglie romane dell'Amayden. Anche il Valesio ne raccolse in fondo alla sua copia del diario di Stefano (arch. Stor. Capit. t. V, cred. xiv). Sulla tomba gentilizia in S. Maria in Via Lata era lo stemma consistente in un bacinetto piantato sopra tre monti. Nel ms. M⁴ si

annota che la detta tomba si trovava « avanti d'arrivare
« alla porta della sagrestia con l'arme infrancta » (V. sopra a
p. 515). Facemmo ricerche accuratissime, col cortese aiuto del
parroco della chiesa; ma quella lapide più non esiste. L'arme
trovasi delineata nel ms. R, nel ms. Vat. 8253, p. 354 v,
e in altro ms. autografo di Antonio Caffarelli, *Repertorium*,
a c. 138, presso il signor comm. C. Corvisieri, dai quali
due ultimi la riproducemmo, dacchè in essi meglio sembra
rispondere alla descrizione data dal Magalotti (ms. Chigiano
G, V, 144): « hanno per armi un elmo chiuso sopra tre monti
« d'oro in campo rosso ». L'elmo chiuso diventa solo « un
« elmo » nella descrizione dell'Amayden (ms. Casanat. cit.
p. 283) ed elmo aperto comparisce a dirittura nel disegno
del Valesio e nell' incisione data dall'Adinolfi (*Roma nell'età
di mezzo*, II, 292). La sagoma dello scudo poi in queste
ultime due rappresentazioni par del tutto cervellotica ed
arbitraria. L'epigrafe riportata nel ms. Vaticano 8253, II,
c. 354 v, dal Gualdi che la vide, è descritta a questo modo:
« lapide sepulcrale con tassello quadro, arma tre monti
« uguali, un morione antico sopra un palo sopra i tre monti,
« lettere delineate : *Sepulcrum D. Io. Pauli Infesura filiorum ex
« suor. de familia descendentium obiit anno Dni.* .MCCCCLXXXIII.
« mar. VI. ». Il Martinelli (*Primo trionfo della S^{ma} Croce*, Roma,
MDCLV, p. 180) dà già diverso il testo dell'epigrafe e
dello stemma non parla; ma in S. Maria in Via Lata accenna : « In terra è il sepolcro dell'Infessura diarista con
« quest'epitaffio, ecc. ». Attingono a lui il Valesio e il Magalotti. Quest'ultimo (ms. G, V, 144) scrive in vece di Giovan
Paolo « Sepulcrum Ioannis Petri » e trae così in errore il
Marini (*Archiatri*, II, 200). Il Galletti (*Inscript. Rom. inf. aevi*,
III, 421) dà alla scritta la disposizione e il garbo classico ; da
lui copia il Forcella (*Iscriz. delle chiese di Roma*, VIII, 389).
Nel ms. di Tommaso Landuzzi (arch. Capit. di S. Maria
in Via Lata), *Lapideae inscriptiones et memoriae quae nunc
extant in parietibus et pavimento insignis eccl. Virginis Ma-*

tris ad Viam Latam, anno .MDCCCXIX. la scritta non è registrata; non esisteva più. Lo Iacovacci nel suo *Repertorio* citato rimanda al ms. Vat. 4911, che comprende il *Terzo tomo della serenissima nobiltà dell'Alma città di Roma* del noto falsario Alfonso Ceccarelli; intorno a cui annota il Contelori: « in toto opere plurima sunt falsa, aliqua etiam « vera ». E il Ceccarelli pone gl'Infessura fra i nobili per averli trovati «in registro nobilium familiarum urbis Romae « facto a Nicolao de Cerrinis » e tali gli cita ancora (fol. 208) « ex catalogo nobilium familiarum urbis Romae Romani de « Calvis ».

Noi diamo la serie cronologica dei documenti che sopravanzano relativi alla casata degl'Infessura, distinguendo con asterisco quelli che pubblichiamo poi per intero, e accennando, quando ne sia il caso, colle iniziali quelli indicati nelle raccolte dell'Amayden, dello Iacovacci, del Magalotti, del Valesio:

1397. « Compromissum inter nobilem virum Laurentium Cecchi Palochi de regione Montium et dominum Lodoycum de Pappazuris in personam discreti viri Lelli Infessurae die 9 decembris 1397. Iacobellus Stephani de Caputgallis notarius in quinternulo ». Arch. di Stato in Roma, *Notai Capitolini*, n. 477, c. 2423. (A. I. M. V.)

1408. Nel *Catasto S^{mi} Salvatoris:* « Lellus Infessurae de regione Trivii nominatur praesens ad lecturam et confirmationem capitulorum societatis die 8ª februarii 1408 ». (I. M. V.)

1428. Lello Infessura, caporione di Trevi. (M.)

1463. Nel detto *Catasto S^{mi} Salvatoris:* « Blasius Mutii Nanny alias dictus Lampa sepultus est apud ecclesiam S^{tae} Mariae inter Treyo pro quo habuit Stephanus Iannelli camerarius per manus Iohannis Pauli de Infessura, ut patet in libro dicti camerarii, florenos .x. ». (I.)

1471 *. Sicurtà e pace, tra Giovanpaolo di Lello Infessura a nome suo e de' figliuoli Stefano, Lello, Renzo e Ceccolo assenti con Gasparaccio dell'Arenula, « die .XVIII. martii ». (Roma, arch. Notar. Gom. *Protocollo di Evangelista Bistusci*, a. 1470-71, c. 61 r.)

1471. Immissione in possesso fatta da « Iohannes de Buccamaciis de regione Trivii marescallus Curie Capituline et domini Senatoris commissarius » a favore di « Paulus Iohannes Infesura aroma-

tarius de Regione Trivii de quibusdam domibus dirutis et rui-
natis ac discopertis positis in reg. Montium, in contrada que dicitur Caballus marmoreus, inter hos fines ab uno latere tenet res
heredum Luce Iohannis Iacobi... ab alio res Iohannis de Marcel-
linis, retro tenet ecclesia Sancti Saturnini, ante est via publica,
die 8 iunii ind^{ne} 4ᵃ ». (Roma, arch. Notar. Com. *Protocollo Bistusci,*
loc. cit. c. 70 r.)

1472. Fidanze e patti sponsalizî « inter dominam Vannotiam filiam
Iohannis Pauli de Infessuris de reg. Trivii, uxorem condam eximii
legum doctoris Benedicti Felicis de Fredis olim de Vallemontone,
matrem Madhalene eius et dicti q. dñi Benedicti filie et Iacobum
condam domni Galeotti de Normandis olim de regione Columpne
et nunc de reg. Trivii, pater Iohannis Galeotti... cum dote quingentorum florenorum currentium in Urbe ad rationem .XLVII. solid.
provisinorum Senatus pro floreno et cum aliis... quingentis flor.
pro acconcio, ornatu et rebus iocalibus ipsius Madhalene ». Giovan Paolo Infessura appare come fideiussore della figlia Vannozza. Il pegno dotale è « unam domum terrineam et solaratam
et tectatam cum scalis, cameris et coquina supra se, cum tinello
subtus se, cum orto post se, cum porticali columpnato ante se...
positam in reg. Montium inter hos fines, cui ab uno latere tenent
res ecclesie S. Lorensoli de reg. Montium, ab alio res Pauli magistri Petri; ante est via pubblica ». (Roma, arch. Notar. Com.
Protoc. Bistusci, a. 1472-73, cc. 75 r.–76 r.)

1474. « Lellus Ioannis Pauli de Infessuris de regione Trivii » accede
come testimonio in due atti risguardanti due legati fatti da Bar-
tolomea moglie di Giovanni Tucci e da Antonina moglie di
Gio. Battista Matuzzi all'immagine del Salvatore ad Sancta Sanctorum a'di 8 d'ottobre. (Roma, arch. Com. *Atti orig.* vol. 57,
p. 68.)

1481 *. Vendita di due pezze di vigna fatta « eximio legum doctori
domino Stephano Io. Pauli de Infessuris de regione Trivii » da Pa-
lozza moglie di Domenico di Pietro de Zizi « de regione Columne ».
(*Protoc. Bistusci* cit.)

1481 *. Quitanza per dieci fiorini « qui fuerunt et sunt residuum
quatraginta florenorum similium pretii cuiusdam vinee vendite per
dictum Dominicum et dominam Palotiam dicto domino Stephano » a' dì 30 ottobre. (*Protoc. Bistusci* cit.)

1483 *. « Fidantiae inter eximium I. U. D. Stephanum de Infessura
curatorem (1) honestae puellae Antoniae filiae q. Lelii fratris

_____
(1) Lo I. legge: « socerum ».

germani ipsius Stephani ex una et Antonium filium Iohannis Baptistae della Pedacchia ex alia, die 19 maii 1483. Iohannes Matthias de Taglientibus notarius ». (I. M. V.) Arch. di Stato in Roma *Not. Capit.* n. 1730, cc. 100-101.

1483. Epitaffio in S. Maria in Via Lata: « Sepulchrum Io. Pauli Infessurae filior. filiar. et alior. descendent. ex eor. familia. Obiit a. D. 1483 die 6ᵃ mart. » (1). (A. I. M. V.)

1487. Stefano Infessura firma le « Reformationes, constitutiones et statuta super dote, iocalibus, acconcio et ornatu ac nuptiis mulierum et super exequiis die .XVII. martii ». (Arch. Stor. Com. di Roma, cred. IV, vol. 88, p. 191.)

1496. « Locatio molendini minoris dicti « la mola piccola » extra portam Lateranensem ad unum milliare ad tertiam generationem facta Matthaeo de Infessuris pro responsione ducatorum 13 et lib. 3 piperis. Bernardus de Caputgallis notarius ». (I.) Arch. Capit. Lateranense.

1500 *. « Pacta et conventiones inhite cum filiis dñi Stefani de Infesuris pro Capitulo S. Mᵉ in Via Lata ». (Arch. di S. Maria in Via Lata, *Protoc. instrum.* ab anno 1495 ad 1514, c. 16 v.)

1505. Nel catasto del Sᵐᵒ Salvatore: « Dña Perna de Cinciis et uxor quondam Matthaei Infessurae sepulta est in ecclesia Stⁱ Thomae de Mercanello (2), pro qua soluti fuerunt floreni quinquaginta per dictum Matthaeum dⁿᵒ Gabriello camerario». (I. M. V.)

1508. Luca Antonio « de Infesuris » si obbliga a pagare 15 ducati a Pietro Vizerro, notaio della Rota, per funzioni legali, a' dì 31 maggio. De Toro Ferd. not. (Arch. Notar. Com. di Roma, *Atti originali,* vol. 434.)

1513. Copia « Instrum. dotalis D. Hierᵐᵃᵉ de Iuvenalibus de anno 1513 die .XI. augusti ». Rogano i notai Gerolamo de Branchini e Agapito Susanna. Giovan Gerolamo e Giovan Battista del q. Biagio Giovenale de Manetti in vece e nome di Girolama loro sorella promettono « de rato et ratihabitione », col consenso e la presenza di Giuliano di Giovenale de Manetti loro zio e tutore, di contrarre matrimonio col « nobilem virum Matheum q. Stefani de Infesuris regionis Trivii » e: « cum dote et nomine dotis sexcentorum ducatorum de carlenis monete veteris cum duobus aliis similibus ducatis ducentis pro acconcio et ornatu dicte d. Hieronime ». Ma i predetti: « Io. Hieronimus et

---

(1) Il Magalotti lo reca due volte: l'una nel ms. Chig. G, V, 139, p. 224; l'altra in G, V, 144, in cui pone « Ioannis Petri » in luogo di « Io. Pauli ».

(2) Così in I. M.: « s. Toma di Murcianello ». V. che cita M.: « s. Tommasso in Mercatello ».

Io. Baptista cum consensu praedicti pro quingentis similibus ducatis parte dicte dotis, ex nunc dederunt et consignaverunt eidem Matheo presenti et legitime·stipulanti in fundum dotalem et pro fundo dotali tantam quantitatem et portionem in duabus partibus de quinque portionibus medietatis unius tertiae partis casalis et sui tenimenti vulgariter noncupati Sto Abrocolo iunctum pro indiviso cum aliis consortibus etc.; ex qua parte et quantitate dictus Matheus recipiat et recipere possit in reditibus, caseo, terraliis et omnibus aliis computatis duc. .xx. quolibet anno pro fructibus et non ultra ad computum quatuor ducatorum pro quolibet centenario ». E gli altri cento ducati gli vengon pagati in danari. (Roma, arch. Brazzà, *Carte della famiglia Infessura* cit.)

1516. « Emptio domus in regione Montium e conspectu ecclesiae S. Basilii facta per Petrum Tragalli (1) de Atana a dña. Maria relicta q. nobilissimi Ceccholi de Infessuris, romana matrona, die 21 augusti 1516 (2). Theodorus de Gualteronibus not.'». La detta Maria vende col consenso dei suoi propri figli Lucrezia e Teofilo e di Cristofora « relicta q. Io. Bapte de Lianoris de Bononia romana ». (I. M.) Arch. di Stato in Roma, *Not. Capitol.* n. 899, c. 248.

1520. Matteo del q. Stefano « de Infessuris » e suoi fratelli e Paolo « de Paparonibus », fratello di madre, essendo debitori di Nicola e Ludovico del q. Marco Antonio de' Martinelli, figli anche ed eredi di Francesca « de Infessuris », per la somma di 380 ducati di carlini vecchi, per residuo di dote e acconcio materno, dopo lunga lite, considerati ducati 152, di cui Matteo era debitore, dànno in pagamento ai detti Martinelli, con patto di riscatto, cinque rubbia del casale detto Palocco del valore di 150 ducati. L'atto è de' 29 dicembre, rogato da Ercole de Grengolis, pubblicato da Giovanni Nichelchin, scrittore dell'arch. della R. C. (arch. degli Scrittori della R. C. vol. 64, *Diversorum,* c. 48. Vi si legge: « Cum sit quod nobiles viri dñi Nicolaus et Ludovicus quondam dñi Marci Antonii de Martinellis et filii et heredes quondam dñe Francisce de Infessuris eorum matris fuerint et sint creditores pro residuo dotium et accontii ipsius q. dñe Francisce in summa et quantitate tricentorum octuaginta ducatorum de carlenis ad rationem decem carlenorum monete veteris pro quolibet ducato, dominorum Mathei de Infessuris et aliorum eius fratrum et

---

(1) Così l'autogr. I. : « Marselli ».
(2) Il M. pone l'atto nel 1515.

etiam Pauli de Paparonibus ipsorum de Infessuris etiam fratris ex latere matris etc. »).

1527. « Testamentum D. Mariae relictae quondam Ceccholi de Infessuris, die 20 februarii. Alexius de Peregrinis notarius ». Lascia erede il figlio Teofilo (1): vuol esser sepolta in Araceli: a Lucrezia, sua figlia, « uxor d. Baldaxaris de Patritiis », una casa nel rione Monti e una vigna « infra moenia Urbis, in loco qui dicitur Vinneto ». (I.) Arch. di Stato in Roma, *Not. Capit.* n. 1259, c. 202.

1530. « D. Mattheus de Infessuris patruus Marii f. et her. q. d. Io. Pauli de Infessuris civis Ro. promisit per se ac vice et nomine dicti Marii... abbatisse et monialibus Ste Cecilie in regione Transtyberim tradere, ad vitam sanctimonialem ducendam, Franciscam, Virgiliam et Bartolomeam sorores carnales d^i Marii cum dote medietatis casalis Palochii pro indiviso cum alia medietate quam d^s Marius dedit monasterio S. Xisti pro dote Lucide, Iustine, et Livie sororum dicti Marii ad presens monialium S^ti Xisti. Die 8 ianuarii ». (Arch. di Stato in Roma, *Archivio di S. Cecilia in Trastevere*, a c. 55; ibid. *Atti relativi*, cc. 56, 98, 101, 105, 490.)

1530-31. « Mattheus de Infessuris, consiliarius pro regione Montium ». (Arch. Com. di Roma, cred. I^a, vol. 16, cc. 1-8, 13.)

1543. « Mattheus de Infessuris, consiliarius ut sup. ». (Arch. Com. di Roma, cred. I^a, vol. 17, c. 102.)

1550. « Testamentum Lucretiae de Infessuris relictae quondam domini Baldaxaris Patritii de Urbino ». Lascia erede Maria sua madre: vuol esser sepolta in Araceli. « Ioannes Bapt. Amodeus notarius ». (I.) Arch. di Stato in Roma, *Not. Capit.* n. 27, c. 46.

1559. « Testamentum honestae matronae dominae Hieronymae de Iuvenalibus relictae q. dñi Matthaei de Infessuris, die 14 novembris. Curtius Saccoccius notarius ». Lascia erede il figlio Domenico: mille scudi a Claudia sua figlia: seimila a Bartolomeo, figlio della q. Flaminia sua figlia: vuol sepoltura nella chiesa degli Apostoli. (I. M.) Arch. di Stato in Roma, *Not. Capit.* n. 1517, c. 569 v.

---

(1) In una *Copia di censimento* fatto a Roma a' tempi di Paolo III, posseduta dal comm. Corvisieri, apparisce notata « per cinque bocche » nel rione Monti « Teofile Infessura (putana) ». — L'archetipo di quel censimento è a Londra, ove fu portato dal Payne, che ne fece acquisto insieme con altri mss. dell'archivio Gentile del Drago. Autore di quel registro apparisce un tal « Iacobo Hellin lo quale ha scritto el presente libro ». Manca alla copia la parte del rione di Trevi, ove gl'Infessura avevano casa. La cortigiana del rione Monti comparisce col nome di chi le faceva le spese; dacchè nel registro dell'Hellin si nota solo ed appena il nome del capo della casa e le bocche che mangiano in quella.

1561. Domenico de Infessura, « consiliarius pro regioni Montium ». (Arch. Stor. Com. di Roma, cred. I, vol. 21, c. 73.) 1564. « Consiliarius, ut supra ». (Ibid. vol. 22, cc. 34-35.) 1569. Id. (Ibid. cred. I, vol. 4, c. 25.) 1572. Id. (Ibid. cred. I, vol. 25, c. 202.) 1574. « Caput regio pro regione Campi Martii ». (Ibid. cred. I, vol. 26, c. 194.) 1577. « Consiliarius pro reg. Montium ». (Ibid. cred. I, vol. 27, c. 132.) 1581. « Consiliarius ut supra ». (Ibid. cred. I, vol. 28, c. 61 e vol. 5, c. 16.) 1588. « Consiliarius ut supra ». (Ibid. cred. I, vol. 29, c. 197.) 1593. « Ut supra ». (Ibid. cred. I, vol. 39, p. 107.)

1563. « Aliud testamentum n. d. Hieronymae de Iuvenalibus relictae q. dñi Matthaei de Infessuris, die 10 martii 1563. Curtius Saccoccius not. ». Lascia erede il figlio Domenico: alla figlia Claudia settecento scudi: al nipote Bartolomeo un legato. (I. R.) Arch. di Stato in Roma, *Not. Capit.* n. 1521, c. 195.

1567. Domenico vende una casa nel rione Monti a dì 8 marzo. Curzio Saccocci not. (M. V.) Roma, arch. Capitol.

1570. « Fidantiae inter d. Io. Iacobum (1) de Ostia patrem et legitimum administratorem d. Catherinae eius filiae relictae q. Stephani de Auria (2) ex una, et mag.^cum d. Dominicum de Infessuris no. rom. ex altera, die 13 novembris. Curtius Saccocci not. ». La dote è di scudi duemila. (I. M.) Arch. di Stato in Roma, *Not. Capit.* n. 1534, cc. 356 v-352 r.

1583. Attestazione di atto di procura « die vigesima novembris 1583 » fatta dal notaio Domenico Stella: « Fidem facio ego not^a pub. infrascriptus qualiter die .XIII. maii 1518 in me personaliter constituta d. Caterina q. Iacobi Magne et uxor mag^d dñi Dominici de Infessuris nob. Ro. de Hostia quae sponte ratificando in primis et ante omnia omnia acta et actitata per d. Dominicum q. Matthei de Infessura eiusdem procuratorem maritum quomodolibet facta, etc. ». (Roma, arch. Brazzà, *Carte della famiglia Infessura*.)

1592. Domenico Infessura affitta a m^ro Giovanni Antonio del q. Domenico Antonini e a m^ro Alessandro del q. Giovanni Bortucci una cava di pozzolana esistente nella sua vigna alle Terme nel luogo detto « Vivaro » per scudi quindici al mese, 13 maggio, Arconi Gerolamo notaio. (Arch. Com. di Roma, *Atti originali*, vol. 10, c. 261.)

1593. Caterina, moglie di Domenico (Infessura) (3), morta nel rione

---

(1) I. ed M. anno: « Iacobum de Ostia ».
(2) M.: « Tauria ».
(3) Archivio Brazzà, *Carte della famiglia Infessura*. In una scheda: « Dom^co Infes-

de' Monti, sepolta in S. Maria in Via Lata. (M.) Roma, bibl. Chigi, ms. G V, 144, p. 224.

1604. Giacomo Goggi fiorentino vende a Giovanni Franchino Taviani una vigna di circa venti pezze « in loco dicto Termini seu Vivario » per scudi tremila e cento, vendutagli già da Domenico Infessura romano, per atto rogato da Pietro Arcangelo Roberti, notaio dell'A. C., in data 1° settembre 1599. A dì 22 aprile, Gaspare de Angelis not. (Arch. Stor. Com. di Roma, *Atti originali,* vol. 266, lib. II, c. 437.)

1605. Concordia tra Domenico del q. Matteo « de Infessuris » e di Girolama « de Iuvenalibus » e Giacomo Tolomei nepote ex filio di Mario Tolomei e di Concordia « de Iuvenalibus » circa il Casale di S. Procolo (S. Abrocoli) fuori di porta S. Sebastiano confinante con Leone de' Massimi, i signori De Victoriis e Fabrizio de' Massimi « die 2ª octobris ». Gaspare de Angelis in solidum con Biagio Cigni notai. (Arch. Stor. Com. di Roma, *Atti originali,* vol. 266, lib. II, c. 455. *Copia* anche nell'archivio Brazzà, loc. cit.)

1605. Domenico « de Infesuris » dichiara di aver ricevuto da Giacomo Goggi come padre ed amministratore di Alessandro e dalla signora Girolama « de Infesuris » scudi mille per l'acquisto di alcuni beni in quel di Nepi, come risulta dall'istromento fatto da Pietro Arcangelo Roberti, notaio dell'A. C., a dì 13 novembre. Gaspar de Angelis not. (Arch. Stor. Com. di Roma, *Atti originali,* vol. 266, c. 459.)

1608. Istrumento di concordia tra Domenico Infessura e Iacopo Tolomei di terreno della tenuta detta Muratella. « Cum versae fuerint lites et differentiae ab antiquo tempore inceptae inter q. d. Hieronymam Iuvenalem et q. d. Mattheum Infessuram eius maritum ex una, et q. d. Concordiam Iuvenalem uxorem q. d. Marii Tholomei ex altera partibus, et successive continuatae inter ill. d. Dominicum Infessura filium et heredem d. q. Hieronymae, et q. d. Petrum Antonium Tholomeum, filium et heredem d. q. Concordiae, et post eius obitum inter ill. d. Iacobum Tholomeum, filium eiusdem q. d. Petri Antonii, etc. Die 12 iulii Antonius Angeletti not. Capitol. ». (Roma, arch. Brazzà, *Carte della famiglia Infessura* cit.)

1614. Mandato « de manutendo » simile al seguente « die 17 octobris ». (Roma, archivio Brazzà. *Carte* cit.)

1616. Mandato a favore di Domenico Infessura perchè possegga « pro

« sura alli 13 maggio 1595 prese moglie la Vᵛᵃ Fausta Vipereschi et in dote hebbe la
« di lei robba per istromento di Gio. Grillo not. del vᵒ sotto ».

indiviso» cogli altri creditori del q. Iacopo Tolomei in pacifica
e quieta quasi-possessione ‹ ac possessione fructuum redditus et
proventus percipiendi rubiorum viginti octo casalis noncupati « la
Moratella» positi in agro Romano extra portam Ss. Pauli et Se-
bastiani cui ab uno sunt bona M. de Victoriis, ab alio latere
d. Leonis de Maximis et ab alio Illmo et Exc^{mo} d. Iuliani Cesarini, nuncupati « Piano di Frasone », ab alio tenutam Ardee, ab
alio via publica tendens ad Ardeam, etc. die 28 maii ». (Roma,
arch. Brazzà, *Carte* cit.)

1619. Domenico Infessura, morto di anni 70, a' 26 febbraio, sepolto
in S. Maria in Via Lata. (M.)

Archivio Notarile Comunale.

1471. *Protocollo di Evangelista Bistusci,* anno 1470–71.

Yesus.
Indictione quarta mensis martii die .xviii.

In presentia mei notarii etc. Egregius vir Iohannes Paulus condam Lelli de Infesura, aromatarius de regione Trivii, pro se ipso
et suo proprio nomine, sponte et ex certa eius scientia et non per
errorem, pro se ipso et suo proprio nomine ac ut pater et legitimus
administrator ac vice et nomine eximii legum doctoris domini Stephani, Lelii, Laurentii, Ceccholi, Antonii et Dominici eius filiorum
absentium pro quibus et eorum quemlibet dictus Iohannes Paulus se
et bona sua principaliter obligavit et promisit de rato et rati habitione et se facturum et curaturum, ita taliter et cum effectu quod
dicti eius filii et quilibet ipsorum infrascriptam perpetuam securitatem
et omnia et singula infrascripta perpetuo ratificabunt, omologabunt,
acceptabunt et observabunt, rata, grata et firma habebunt, tenebunt
et observabunt, et contra non facient, dicent vel venient aliqua ratione, iure, modo, titulo sive causa, sponte promisit et convenit Gaspari condam Baptiste Iacoboni, alias dicto Gasparraccio, de regione
Arenule, absenti tanquam presenti, et michi notario ut publica persona presenti, recipienti et legitime stipulanti pro dicto Gasbare ac
omnium quorum nunc interest vel in futurum poterit quomodolibet
interesse quod ipse Iohannes Paulus pro se nec dicti eius filii nec
alter eorum per sese ipsos, alium vel alios eorum nominibus et pro
eis non offendent nec offendi facient supradictum Gasparem in persona vel bonis, sub pena et ad penam quingentorum ducatorum
auri et legis tollenda et applicanda dicta pena pro medietate Camere
Urbis et pro alia medietate dicto Gaspari, tollenda et applicanda to-

tiens quotiens per ipsum Iohannem Paulum vel eius filiorum seu altero eorum fuerit contrafactum, me notario ut publica persona presente, recipiente et legitime stipulante vice et nomine dicte Camere et pactis, renumptians dictus Iohannes Paulus pro se et quibus supra nominibus capitulo statutorum Urbis loquente de penis conventionalibus non exigendis, cum hac provisione et protestatione quod presens perpetua securitas non valeat nec teneat nisi fuerit per partem adversam prestita similis securitas et quod non intelligatur fracta nisi eo modo et forma quo pax frangitur secundum formam statutorum Urbis. Et ad hec precibus et rogatu dicti Iohannis Pauli pro se et dictis eius filiis et eorum quemlibet providi et discreti viri Paulus Mancini et Antonius condam Laurentii de Persona, ambo de regione Trivii, ipsi et quilibet ipsorum in solidum sponte promiserunt et convenerunt michi notario ut publica persona presenti, recipienti et legitime stipulanti ut supra quod dictus Iohannes Paulus nec dicti eius filii nec alter ipsorum per sese ipsos, alium vel alios eorum nominibus et pro eis non offendent nec offendi facient dictum Gasparem in persona vel bonis ad pénam predictam tollendam et applicandam ut supra. Cum provisionibus et protestationibus predictis pro quibus omnibus et singulis observandis et plenarie adimplendis tam dictus Iohannes Paulus pro se et dicti eius filii quam dicti eorum fideiussores et quilibet ipsorum in solidum obligaverunt et pignori posuerunt michi notario ut publica persona presenti, recipienti et legitime stipulanti ut supra, sese et omnia eorum et cuiusque ipsorum bona mobilia et immobilia, presentia et futura. Et voluerunt pro predictis posse cogi etc. Renumptiarunt etc. Et maxime dicti fideiussores renumptiarunt epistole divi Adriani beneficio nove constitutionis et omni beneficio fideiussorum. Et generaliter etc. Et ad maiorem cautelam omnium et singulorum predictorum tam dictus Iohannes Paulus quam dicti eius fideiussores iuraverunt etc. Que quidem etc. Rogaverunt me notarium etc.

Actum Rome in regione Trivii, in apotecha spetiarie dicti Iohannis Pauli, presentibus, audientibus et intelligentibus hiis testibus Nicolao Petri Pauli et Nicolao Iannutii, ambo de regione Columpne, testibus etc.

1481. *Ibid.* **1429-83.**
Yesus.

Iu nomine Domini. Amen. Anno Domini .M°.CCCC°.LXXXI. pontificatus Sanctissimi in Christo patris et domini nostri domini Sixti divina providentia pape quarti, indictione .xv. mensis octobris die ultimo. In presentia mei notarii et testium infrascriptorum ad hec

specialiter vocatorum et rogatorum discretus vir Dominicus condam
Petri de Zizi de regione Colupne, cum consensu, presentia, verbo
et voluntate et assensu honeste domine Palotie eius uxoris ac etiam
dicta domina Palotia cum consensu, presentia, verbo et voluntate
dicti Dominici eius viri unus alteri et alter alteri consensiendo, et
que domina Palotia primo iuravit ad sancta Dei evangelia in manibus mei notarii infrascripti etc. contra infrascripta omnia et singula perpetuo non facere, dicere vel venire, nec non quo ad hec
renumptiavit auxilio Velleiani senatusconsulti autentice: si qua mulier et omni suo iure dotali, donationis propter nuptias, alimentorum,
parafernorum relictorum, legi Iulie de fundo dotali etc. quod et que
in favorem mulierum sunt introducta certificata dicta domina Palotia
per me notarium infrascriptum de dictis legibus auxilio autentica et
iuramento quid sint, quid dicant et quid important de verbo ad
verbum materno sermone expositum ad omnem ipsius domine plenam et claram intelligentiam etc. Et generaliter etc. unus alter et
alter alteri consensiendo eorum propriis et spontaneis voluntatibus
et non per errorem, renumptiaverunt, quietaverunt et refutaverunt
et per pactum de ulterius et perpetuo non petendo remiserunt eximio
legum doctori domino Stephano de Infessuris de Urbe, de regione
Trivii, presenti etc., videlicet omnia et singula iura, nomina et actiones
reales et personas utiles et directas, tacitas et expressas etc., que,
quas et quod dicti Dominicus et domina Palotia eius uxor et quilibet ipsorum habent vel habere possunt etc. sibique conpetunt et
conpeteri eis possent quomodolibet in futurum contra dictum dominum Stephanum et eius bona pretextu, causa et occasione decem
florenorum currentium in Urbe ad rationem .XLVII. sollidorum provisinorum Senatus per florenum, qui fuerunt et sunt residuum quatraginta florenorum similium pretii cuiusdam vinee vendite per dictum
Dominicum et dominam Palotiam dicto domino Stephano, de qua
venditione patet manu mei notarii infrascripti, et generaliter de omni
alio eo quod dicti domina Palotia et Dominicus eius vir et quilibet
ipsorum ab eodem domino Stephano petere et exigere possent oc-
casionibus predictis, ita quod presens refutatio et quietatio sit generalis et generalissima, specialis et specialissima, et si ea venisse in-
telligantur que hic expressa non sunt, ac si de illis esset facta mentio
specialis. Hanc autem refutationem et quietationem et omnia et
singula que dicta sunt et infradicentur fecerunt dicti Dominicus et
dicta domina Palotia, et quilibet ipsorum ut supra eidem domino
Stephano presenti, etc. Eo quia dicti Dominicus et domina Palotia
supradictos decem florenos residuum pretii vinee predicte ab eodem
domino Stephano presentialiter, manualiter, numeraliter et in con-

tanti in monetis argenteis habuerunt et receperunt; post quam manualem receptionem supradicti Dominicus et domina Palotia et
quilibet ipsorum de dictis .x. florenis residuo .predicto sese bene
contentos, quietos et satisfactos vocaverunt et renumptiaverunt exceptioni non habite etc. Et generaliter etc. Et promiserunt dicti Dominicus et domina Palotia unus alteri et alter alteri consensiendo
ut supra et quilibet ipsorum in solidum etc. eidem domino Stephano
presenti etc. quod dicta iura supra renumptiata et refutata erant
et sunt ipsorum Dominici et Palotie, et quod ad ipsós et quemlibet
ipsorum spectant et pertinent pleno iure dominii vel quasi, et quod
non sunt alteri vendita, data, donata, cessa, concessa, obligata, pi-
gnorata, nec aliquo alio modo alienata, alienationis largo modo
sumpto vocabulo, et quod de eis seu ipsorum parte cum aliqua alia
persona etc. factus non est nec factus apparet nec apparebit aliquis
alius contractus etc., et si contrarium aliquo tempore appareret,
voluerunt teneri et obligati esse eidem domino Stephano et suis heredibus et successoribus de evictione etc. in forma iuris valida etc.
et ad refectionem omnium damnorum, expensarum et interesse etc.
Pro quibus omnibus et singulis observandis et plenarie adimplendis
tam dictus Dominicus quam dicta eius uxor et quilibet ipsorum in
solidum obligaverunt et pignori posuerunt eidem domino Stephano
presenti etc. sese ipsos et omnia et singula eorum bona etc. Et
voluerunt pro predictis posse cogi etc. Renumptiaverunt etc. Iuraverunt etc.

Actum Rome in regione Trivii, in domo solite habitationis dicti
domini Stephani, presentibus, audientibus et intelligentibus hiis, videlicet Antonio Sancto Antonii Iuliani aromatario de regione Arenule, et Cola de Montanariis de regione Colupne, testibus etc.

1481. *Ibid.* 1479-83 c. 82 r.

Yesus.

Indictione .XIIII. mensis iunii die tertia.

In nomine Domini. Amen. In presentia mei notarii etc. Honesta
domina domina Palotia uxor Dominici condam Petri de Zizi de regione Colupne. Que domina Palotia primo iuravit ad sancta Dei
evangelia, manibus tactis per eam corporaliter scripturis, in manibus
mei notarii infrascripti contra infrascripta omnia et singula perpetuo
non facere, dicere vel venire aliqua ratione, iure, modo, titulo sive
causa, nec non quoad hec renumptiavit auxilio Velleano senatuscon-
sulto autentice: si qua mulier et omni suo iure dotali donationis, propter
nuptias, alimentorum, parafernorum, relictorum, legi Iulie de fundo
dotali, falcidie, trebelleanice, debito iuris nature, quod et que in fa-

vorem mulierum sunt introducta, et generaliter omnibus et singulis
aliis legibus, legum auxiliis iuris canonici et civilis etc., quibus contra
predicta vel aliquod predictorum facere, dicere vel venire, et se
quomodolibet iuvare, tueri et defendere posset, certificata prius dicta
domina Palotia per me notarium infrascriptum de dictis legibus
auxilio autentica et iuramento et de eorum effectibus, quid sint,
quid dicant et quid important materno sermone expositum de verbo
ad verbum, asserens se de illis plenam notitiam ac claram habere
scientiam, cum consensu, presentia, verbo et voluntate dicti Dominici eius viri presentis, volentis, consensientis, et infrascriptis omnibus
et singulis suum consensum prestantis, ac etiam dictus Dominicus
cum consensu, presentia, verbo et voluntate dicte sue uxoris, unus
alteri et alter alteri consensiendo ipsi et quilibet ipsorum tam con-
iunctim quam divisim, omni meliori modo, via, iure et forma quibus
magis, melius et efficacius facere possunt, eorum propriis bonis et
spontaneis voluntatibus et non per errorem vendiderunt, dederunt,
cesserunt et concesserunt, transtulerunt et mandaverunt in perpetuum
eximio legum doctori domino Stephano Io. Pauli de Infesuris de regione Trivii presenti, ementi, recipienti et legitime stipulanti pro se
suisque heredibus et successoribus, et cui vel quibus dictus dominus
Stephanus vel eius heredes et successores vendere, dare, donare, ypo-
thecare vel alienare voluerint, et ementi de suis propriis pecuniis,
presente dicto Io. Paulo eius patre, et sic esse verum confitente et
affirmante, videlicet duas petias vinearum cum vitibus et arboribus
fructiferis et infructiferis in ea existentibus, plus vel minus quanta
est, cum certa parte vasche, vascalis et tini et statii siti in vinea
ipsius domini Stephani, cum iuribus et pertinentiis suis positis extra
portam Pincianam, inter hos fines, cui ab uno latere tenent et sunt
res Matthie de Normandis, a duobus aliis lateribus sunt res ipsius
emptoris, ab alio sunt res Iacobi Laurentii Nutii Iacobutii vel si
qui etc., positis sub proprietate cappelle Sancti Nicolai site in ecclesia Sancte Marie in Via Lata, ad respondendum perpetuo dicte
cappelle unam caballatam musti ad mensuram Senatus Urbis ad va-
scam tempore vindemiarum more romano liberam et exemptam ab
omni alio onere servitutis redditi sive census, cum omnibus et singulis suis iuribus etc., introitibus et exitibus universis ad dictas res
venditas quomodolibet spectantibus et pertinentibus tam de consuetudine quam de iure, ad habendum, tenendum, possidendum, ven-
dendum, donandum et alienandum, et de dictis rebus venditis perpetuo faciendum et disponendum ad libitum voluntatis ipsius emptoris
et suorum heredum et successorum. Item eodem titulo venditionis
prefati venditores et quilibet ipsorum vendiderunt, dederunt, cesse-

runt et concesserunt prefato domino Stephano emptori presenti, etc.
omnia et singula iura etc. que, quas et quod dicti venditores et
quilibet ipsorum · habent, habuerunt vel quomodolibet in 'futurum
habere possent eisque conpetunt, conpetierunt vel quomodolibet
competere possent in dictis rebus venditis et ipsarum occasione,
contra quascunque personas, universitates vel loca, nullo iure etc.
eisdem venditoribus, in, de et super dictis rebus venditis quomodolibet de cetero reservatis, volentes et mandantes dicti venditores quod ipse emptor pro dictis iuribus et actionibus suo proprio
nomine agat, petat, exigat etc., utilibus et directis actionibus utatur,
fruatur et experiatur in iudicio et extra iudicium, ac de illis faciat
et disponat quemadmodum dicti venditores et quilibet ipsorum de
dictis rebus venditis facere, agere, petere, exigere, recipere et di-
sponere poterant ante presentem contractum venditionis, ponentes
eundem emptorem presentem etc. in predictis in locum, ius et pri-
vilegium ipsorum venditorum, constituentesque eundem emptorem
in predictis procuratorem et verum dominum, sicut in rem suam
propriam. Et per discretum virum Colam dello Roscio testem infrascriptum de regione Trivii presentem et acceptantem, quem dicti
venditores eorum constituerunt procuratorem, investiri etc. prefatum
emptorem de dictis rebus per eum emptis voluerunt ac iuxerunt, ad
quam quidem possessionem apprehendendam et deinceps sibi ipsi
retinendam absque ipsius emptoris iurium lesione et alicuius curie vel
iudicis licentia vel mandato vel decreto dicti venditores eidem emptori
presenti etc. auctoritate propria plenam contulerunt facultatem et
auctoritatem. Et donec etc. Hanc autem venditionem, dationem,
cessionem et concessionem, et omnia et singula que dicta sunt et
infradicentur fecerunt dicti domina Palotia et Dominicus et quilibet
ipsorum ut supra eidem domino Stephano emptori presenti etc.
pro pretio et nomine pretii quatraginta florenorum currentium in
Urbe, ad rationem .XLVII. sollidorum provisinorum Senatus per florenum, de quibus quatraginta florenorum pretio predicto supradicti
venditores et quilibet ipsorum habuerunt et manualiter receperunt
in contanti a dicto domino Stephano emptore presente et solvente
de suis propriis pecuniis, dicto eius patre presente, et sic esse verum
confitente et acceptante florenos triginta ad rationem predictam
manualiter, numeraliter et in contanti in monetis argenteis capientes
dictam sumam .xxx. florenorum, reliquos alios decem florenos supradicte emptionis promisit solvere et satisfacere eisdem venditoribus
in vendemiis proximis futuris. Et de inde etc. cum omnibus damnis,
expensis et interesse etc. Postque manualem receptionem supradicti
venditores et quilibet ipsorum sese de dictis .xxx. florenis per eos

receptis bene quietos, contentos et satisfactos vocaverunt et renumptiaverunt exceptioni non habite etc. Et generaliter etc. Et si plus
dicto pretio quatraginta florenorum supradicte res vendite valent,
valerent vel in futurum valere possent, sive fuerit parva sive magna
quantitas, etiam si excederet dimidiam iusti pretii, eidem emptori
presenti etc. inter vivos irrevocabiliter et in perpetuum dederunt,
cesserunt et concesserunt, quia sic sibi bene facere placuit. Et promiserunt dicti venditores eidem emptori presenti etc. quod dicte
res vendite erant et sunt ipsorum venditorum etc. et quod non
sunt alteri vendite, date, donate etc. nec aliquo alio modo alie-
nate, etc. Et quod de eis factus non est nec factus apparet nec apparebit aliquis alius contractus etc. in preiudicium presentis contractus et contentorum in eo et dicti emptoris. Et promiserunt huic
contractui venditionis facere consentire omnem personam etc., et
specialiter dictam ecclesiam, dominam et proprietariam etc. Et pro-
miscrunt insuper dicti venditores eidem emptori presenti etc. in, de
et super dictis rebus venditis litem non inferre nec inferenti quomodolibet consentire, quin ymmo ipsum emptorem eiusque heredes
et successores defendere etc. ab omni molestante persona etc.
omnemque litem, causam, questionem et omnem iudicium ac omnem
libellum in dictis rebus venditis movendum, in sese ipsos eorumque
heredes et successores suscipere et defendere ab omni molestante
persona etc. cum propriis advocatis et procuratoribus a principio
litis usque ad finem omnibus sumptibus et expensis ipsorum venditorum et suorum heredum et successorum etc. Et nichilominus
voluerunt teneri et obligatos esse eidem emptori presenti etc. de
evictione dictarum rerum venditarum in forma iuris valida, etc. Et
ad refectionem omnium dannorum et expensarum et interesse etc.,
de quibus stare et credere voluerunt soli et simplici sacramento
dicti emptoris etc. Et precibus et rogatu dictorum venditorum, et
pro eis providi et discreti viri Iacobus condam Laurentii Nutii Iacobutii de regione Trivii, et Iohannes condam Luce Cornamusa de
regione Colupne, scientes se ad predicta non teneri nec obligari,
sed teneri et obligati esse voluerunt ipsi et quilibet ipsorum in solidum sponte etc. fideiusserunt et fideiussionem fecerunt pro dictis
venditoribus penes et apud dictum emptorem presentem etc. Et
sese facturos et curaturos ita, taliter et cum effectu promiserunt
quod dicti venditores omnia et singula per eos ut supra promissa
observabunt etc., et quod dicte res vendite [non] sunt alteri vendite etc. et [quod] facient consentire omnem personam etc. et
quod sunt ipso[rum] venditorum etc. Aliter ipsi fideiussores et quilibet ipsorum in solidum voluerunt teneri et obligati esse eidem

emptori presenti etc. ad omnia et singula ad que dicti venditores vigore presentis contractus venditionis obligati existunt, et in omnem casum, causam et eventum evictionis omnium et singulorum predictorum et dicte evictionis, pro quibus omnibus et singulis observandis et plenarie adimplendis tam supradicti principales venditores quam dicti eorum fideiussores et quilibet ipsorum in solidum obligaverunt et pignori posuerunt eidem emptori presenti etc. sese ipsos et omnia et singula eorum bona etc. Et voluerunt pro predictis posse cogi etc. Renumptiantes etc. Et specialiter dicti fideiussores renumptiaverunt epistole divi Adriani beneficio nove constitutionis et omni beneficio fideiussionis, et generaliter etc. Et iuraverunt etc.

Actum Rome in regione Trivii, in studio domus solite habitationis dicti emptoris, presentibus, audientibus et intelligentibus hiis testibus, videlicet Dominico Cola de Roscio de regione Montium, et Petro condam Iuliani de Bonsignore de regione Trivii, testibus, etc.

ARCHIVIO DI STATO IN ROMA.

1483. Notai Capitolini, n. 1730, c. 100-1.

In nomine Domini. Amen. Anno a nativitate Domini nostri Iesu Christi millesimo .CCCC°LXXXIII. pontificatus S^{mi} in Christo patris et d. nostri d. Sixti divina providentia pape quarti, indictione prima mensis maii die .XVIIII. In presentia providi viri Mariani Scalibastri et mei Iohannis Macthie Petri notariorum et testium infrascriptorum ad hec specialiter vocatorum et rogatorum. Hec sunt fidantie date, habite, tractate et firmate in Dei nomine etc. inter eximium legum doctorem d. Stephanum de Infessuris, curatorem honeste puelle Antonine eius neptis et filie quondam Lelii ipsius d. Stephani germani fratris, de qua curatoria patet manu Pauli Stephanutii publici notarii, presentis et fidem facientis; pro qua se et bona sua principaliter obligando promisit de rato et rati habitione etc. ex una, et Antonium filium Iohannis Baptiste della Pedacchia de regione Pinee, cum consensu, presentia et voluntate dicti Iohannis Baptiste sui patris presentis etc., et qui promisit contra infrascripta omnia et singula non facere, dicere vel venire ratione sue minoris etatis .xx. seu .xxv. annorum restitutionemque in integrum non petere principaliter vel incidenter etc. ex altera partibus. Hinc est quod dictus d. Stephanus sponte etc. promisit etc. dicto Antonio presenti etc dare et assignare sibi dictam eius neptem cum dote et nomine dotis quadrigentorum flor. in Urbe currentium ad rationem .XLVII. solidorum pro quolibet flor. et cum tricentis similibus flor. expendendis de comuni ipsorum partium voluntate pro ornatu et acconcio dicte Antonine, et prout et sicut apparet in quodam contractu scripto manu mei Mariani notarii infrascripti. Et versa vice dictus Antonius, cum consensu dicti sui patris, sponte etc. promisit et convenit dicto d. Stephano presenti etc. et nobis notariis presentibus etc. et stipulantibus pro dicta Antonina etc. dictam Antoninam recipere et habere in eius legitimam uxorem cum dote et acconcio predictis, et prout apparet in dicto instrumento scripto manu mei Mariani notarii infrascripti, et promisit tempore receptionis dicte dotis curare super bonis stabilibus dicti Iohannis Baptiste sui patris presentis et acceptantis sufficienter pro dicta dote et donatione propter nuptias cum fideiussione de evictione partis, de lucranda et restituenda dicta dote et lucranda donatione propter nuptias, clausulis et cautelis in talibus in Urbe consuetis et sapientis dicte Antonine. Quam parentelam promiserunt dicte partes ducere ad effectum infra terminum octo dierum proxime futurorum, ad penam et sub pena ducentorum ducatorum auri applicanda pro medietate Camere Alme Urbis et pro alia medietate parti ˙fidem servanti, nobis notarii etc. Et pro maiori firmitate predictorum prestiterunt ad invicem osculum oris, pro quibus omnibus et singulis observandis etc. obligaverunt dicte partes ad invicem sese et omnia et singula eorum bona etc. Et voluerunt pro predictis posse cogi etc. Renunciantes etc. Et generaliter omnia et singula eorum bona etc. Que quidem etc. Et ad maiorem cautelam omnium predictorum etc. iuraverunt etc.

Actum Rome in ecclesia Sanctorum Apostolorum de Urbe, presentibus hiis testibus: nobilibus viris d. Lelio de Subattariis et d. Agapito de Capriolis de regione Pinee, et Christofero de Novellis de regione Campitelli, ac nobilibus et egregiis viris Iohanne de Buccamatiis capite regionis Trivii, d. Sancto de Craparola legum doctore de regione Pontis, Francisco de Marganis de regione Campi Martii et Alto de Nigris de regione Trivii, ad predicta vocatis etc.

In nomine Domini, eadem die, loco et testibus, et statim post predicta. In presentia nostrorum notariorum etc. Dictus Antonius filius dicti Iohannis Baptiste, cum consensu, presentia, verbo et voluntate dicti Iohannis Baptiste sui patris presentis, volentis et consensientis etc. sponte etc. obligavit et in pignus dotale ac loco pignoris et ypotece dotalis posuit dicto d. Stephano presenti etc. et nobis notariis presentibus et stipulantibus pro dicta Antonina etc. idest quamdam domum ipsius Iohannis Baptiste terrineam, solaratam et tegulatam, et cum loviis in ea existentibus, et cum duobus ortis et cum claustro retro eam, et cum puteo in dicto claustro existenti et cum aliis dictis membris suis universis, positam in regione Pinee, in loco qui dicitur La Pedacchia, inter hos fines, cui ab uno tenet d. Sabina uxor q. Iohannis Cossa, ab alio tenent res d. Sancte.... retro sunt res ecclesie S. Marie de Araceli, ante est via publica. Item etiam quamdam aliam domum dicti Iohannis Baptiste terrineam et solaratam, sitam in regione Pinee, in loco qui dicitur La Scesa, inter hos fines, cui ab uno tenent res Dominici magistri Pauli Calzolarii, ab alio tenent res Aloysii Falconerii, ante est via publica. Item quamdam aliam domum dicti Iohannis Baptiste terrineam tantum, sitam in dicta regione Pinee, in loco qui dicitur La Pedacchia, cum parte putei retro eam existentis, inter hos fines, cui ab uno latere tenent res heredum q. Caroli de Mutis, ab alio tenet Dominicus Pauli Nutii Laurentii Petri, et ab alio tenet Christoferus ser Nardi, ante est via publica. Item etiam quamdam vineam ipsius Iohannis Baptiste sex petiarum inter vineam et cannetum cum duabus vaschis et tinis, positam extra portam Apie, in loco qui dicitur La Valle daccia, inter hos fines, cui ab uno tenet Marianus Principato, ab alio tenent res dicti Ioh. Baptiste, et ab alio rivus aque Apie, vel si qui alii sunt vel esse possunt ad dictas domos et vineam plures aut veriores confines antiqui vel moderni, et nomina ac vocabula veriora liberas etc., et generaliter omnia et singula ipsius Iohannis Baptiste et Antonii bona etc. que nunc habent et in futurum acquisiverint dum hoc pignus et obligatio perdurabunt. Hoc autem pignus et hanc obligationem dotalem fecit dictus Antonius, cum presentia, consensu et voluntate dicti Iohannis Baptiste sui patris presentis, volentis et consensientis, pro quadringentis florenis in Urbe currentibus dote sibi Antonio promissa per dictum d. Stephanum pro dicta Antonina sua nepte, de quibus nunc manualiter dictus Antonius cum consensu dicti sui patris habuit et recepit florenos ducentos, de quibus ducentis florenis post dictam manualem receptionem se bene quietum etc. vocavit etc. et renunciavit exceptioni non habitorum etc. ceterisque aliis exceptionibus etc. Reliquos ducentos florenos de dicta dote dictus d. Stephanus curatoris nomine ipsius Antonine promisit dicto Antonio solvere et pagare cum effectu infra terminum unius anni proxime venturi, et deinde ad omnem ipsius Antonii solam et simplicem petitionem etc. cum omnibus et singulis dampnis etc. Et pro dictis ducentis florenis obligavit dicto Antonio presenti etc. quamdam domum dicti q. Lelii sui fratris et patris dicte Antonine, terrineam, solaratam et tegulatam........ positam in regione Trivii, inter hos fines, cui ab uno latere tenet Laurentius de Infessuris ipsius d. Stephani et q. Lelli germani fratris .... ante via publica, vel si

qui etc., liberam etc., cum pactis dotalibus infrascriptis, videlicet
inter dictas partes solempni et legitima stipulatione interveniente,
firmatis, videlicet: quod si contingat dictam Antoninam premori dicto
Antonio suo futuro viro sine legitimis et naturalibus filiis ex eis et
eorum comuni matrimonio nascituris, quod tunc et in dicto casu
promisit et convenit dictus Antonius cum consensu dicti sui patris
dictos ducentos florenos nunc manualiter receptos et alios ducentos
restantes, si tunc recepti reperirentur, reddere et restituere d. Hieronime matri dicte Antonine, si tunc vixerit, aut cui lex dederit, in
pecunia numerata et non in alia re vel specie infra spatium dimidii
anni a die obitus dicte Antonine computandi. Si cum filiis, tunc et
in dicto casu dictus Antonius dictam dotem lucretur ad usumfructum
toto tempore vite sue, proprietatem vero pro comunibus filiis con-
servanda secundum formam iuris et statutorum Urbis. Si vero contingat dictum Antonium premori dicte Antonine tam cum filiis quam
sine filiis ex eis et ex eorum comuni matrimonio nascituris, tunc et
in dicto casu promisit et convenit dictus Antonius per se suosque
heredes et successores reddi et restitui facere dicte Antonine dictos
ducentos nunc receptos et dictos alios ducentos, si tunc recepti reperirentur, in pecunia numerata et non in alia re vel specie infra
terminum dimidii anni a die obitus ipsius Antonii computandi, et sic
per suos heredes et successores restitui voluit etc. Et quia omnis
dos data et recepta meretur donatione propter nuptias secundum
formam iuris et statutorum Urbis, pro tanto dictus Antonius cum
consensu dicti sui patris etc. donavit propter nuptias dicte Antonine
sue future uxori Domino concedente super dictis bonis superius obli-
gatis florenos centum, redducendos ad .xxv. flor. pro quolibet cen-
tinario, secundum formam statutorum Urbis, cum pactis infrascriptis,
videlicet: quod si contingat dictum Antonium premori dicte Antonine sine legitimis et naturalibus filiis ex eis comuniter nascituris,
quod tunc et in dicto casu dicta Antonina dictam donationem propter
nuptias lucretur ad proprietatem ad faciendum et disponendum de
ea pro suo libito voluntatis. Si cum filiis, quod tunc et in dicto
casu dictam donationem lucretur ad usumfructum toto tempore vite
sue, proprietatem vero pro comunibus eorum filiis conservando secundum formam iuris et statutorum Urbis, quia sic actum etc. Et
quando predicta fuerint adimpleta, tunc hec carta nulla sit; alias liceat
dicte Antonine et eius heredibus et successoribus propria auctoritate
intrandi etc. Et promiserunt dicti Iohannes Baptista et Antonius
huic presenti obligationi et pignori dotali facere consentire d. Ste-
phaniam uxorem dicti Ioh. Baptiste et matrem dicti Antonii et omnem
personam adiacentem ad omnem petitionem etc. dicte Antonine.

Item promiserunt in solidum quod dicte domus et vinea supra obligate sunt ipsius Iohannis Baptiste et ad eum spectant et pertinent pleno iure etc. Quod si contrarium aliquo tempore appareret etc. voluerunt in solidum teneri' et obligatos esse de evictione etc. et ad omnia dampna, expensas et interesse etc. Et ad hec, precibus et rogatu ipsorum, et pro eis discreti viri Iohannes de Sciarra de regione Montium et Petrus Pauli Cole Rubei de regione Trivii et quilibet ipsorum in solidum sese et eorum bona principaliter obligando fideiusserunt etc. Et versa vice dictus d. Stephanus, curator prefate Antonine, promisit etc. dicto Antonio presenti etc. supradicte obligationi dicte domus facte pro dictis ducentis flor. consentire facere omnem personam adiacentem etc. ad omnem petitionem dicti Antonii. Item promisit quod dicta domus est hereditas quondam Lelii sui fratris et patris dicte Antonine, et ad dictos pupillos spectat et pertinet etc. Pro quo et eius precibus et rogatu nobiles viri Petrus Stephanutii et Paulus Stephanutii eius germanus frater et quilibet ipsorum in solidum etc. sese et eorum bona principaliter obligando fideiusserunt etc. Pro quibus omnibus et singulis observandis etc. dicti Iohannes Baptista et Antonius et eorum fideiussores ex una et dictus d. Stephanus et eius fideiussores ex altera partibus singula singulis comode referendo obligaverunt etc. una pars alteri et altera alteri se et omnia et singula eorum bona etc. Et voluerunt pro predictis posse cogi etc. Citra etc. Et generaliter etc. Et specialiter dicti fideiussores epistole divi Adriani etc. Que quidem etc. Et ad maiorem cautelam predictorum iuraverunt etc.

Actum ut supra et presentibus dictis testibus.

Eodem die et coram dictis testibus, et statim post predicta. In presentia nostrorum notariorum etc. Dictus Antonius sponte etc. subarravit dictam Antoninam in suam legitimam uxorem per verba: de presenti vis volo, anulique subarratione ut moris est, cum verbis etc.

Actum Rome in regione Trivii, in domo habitationis dicti d. Stephani, presentibus supradictis testibus. Ego Marianus Iohannis Scalibastri, civis romanus, publicus notarius, de predictis rogatus una cum supradicto Iohanne Macthia notario meo collega ad fidem etc.

ARCH. S. M. IN VIA LATA

1500. Prothocoll. instrum. ab anno 1495 ad 1514, a c. 16 v.

Pacta et conventiones inhite cum filiis domini Stefani de Infesuris pro capitulo Sancte Marie in Via Lata.

In Dei nomine. Amen. Anno Domini 1500, pontificatu domini Alexandri pape sexti, indictione 3ª mensis ianuarii die .XXVI. In presentia mei notarii etc. Viri nobiles Marcellus et Mactheus quondam domini Stefani de Infessuris germani fratres, patroni cappelle sancti Angeli site in ecclesia beate Marie in Via Lata de Urbe, pro sese ipsis ac vice et nomine aliorum fratrum pro quibus de rato promiserunt in forma, et venerabilis vir D. Andreas de Clementinis, canonicus et camerarius prefate ecclesie vice et nomine capituli et dominorum canonicorum eiusdem pro quibus et de rato promisit in forma, parte ex altera, quin prefatus d. Stefanus pater et auctor dictorum fratrum reliquit dicte cappelle unam caballatam musti anno quolibet supra quandam vineam que nunc deserta est, et ex ea nulli fructus percipiuntur. Ideo pro bono et evidenti utilitate dicte cappelle sponte etc. devenerunt ad infrascripta pacta et convenerunt ad hoc ut dicta cappella in divinis deserviatur in hunc modum, videlicet quod domini prenominati Marcellus et Mactheus promiserunt et convenerunt prefato domino Andree presenti, stipulanti pro se et prefatis dominis canonicis et capitulo, in vindemiis proxime futuris huius presentis anni dare et satisfacere eisdem dominis canonicis et capitulo unam caballatam boni et puri musti ad mensuram Senatus Urbis, videlicet dominus Marcellus tria barilia musti et dominus Matheus barile unum, et elapsis dictis vindemiis facere et curare cum effectu ac reperire unum fundum sive proprietatem terrarum vinearum supra quibus ipsi teneantur et debeant emere et acquirere eorum suptibus dictam responsionem unius caballate musti pp° dicte cappelle ex dictis terris et proprietate annuatim tempore vindemiarum debitam. Et versavice prefatus dominus Andreas nomine quorum supra promisit dictis prenominatis fratribus presentibus et stipulantibus pro dicta cappella et aliis successoribus. In ea quidem dicti domini canonici et capitulum facient in effectu celebrare unam missam singulo quoque die lune qualibet edomeda pro anima vivorum et defunctorum ipsorum. Quia sic actum etc. Pro quibus omnibus obligarunt sese dicti fratres et d. Andreas proprio nomine ac bona omnia etc. in ampliori forma etiam cum clausulis et constitutione procuratorum et omni potestate extendendi etc. Et iuraverunt et rogaverunt me notarium.

Actum Rome in regione Trivii, in domo mei notarii, presentibus his, videlicet viro nobili Dominico de Casalibus eiusdem regionis et Io. Piccinino de Caballis regionis Columne, testibus. Bernardus Petri de Caput gallis not.

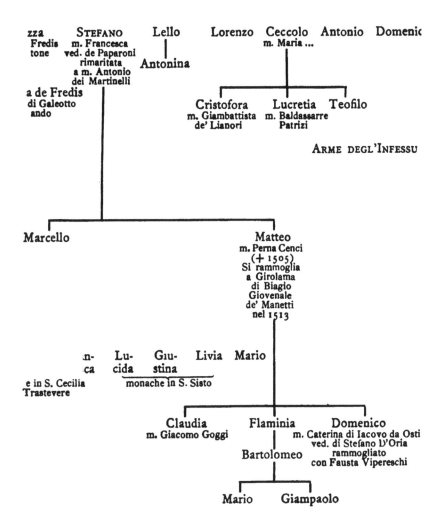

Lello Infessura

Ioan Paolo
aromatario nel rione di Trevi

zza   STEFANO   Lello   Lorenzo   Ceccolo   Antonio   Domenic
Fredis   m. Francesca   m. Maria ...
tone   ved. de Paparoni
         rimaritata   Antonina
         a m. Antonio
         dei Martinelli
a de Fredis
di Galeotto
ando

                          Cristofora   Lucretia   Teofilo
                       m. Giambattista   m. Baldassarre
                       de' Lianori   Patrizi

                                       ARME DEGL'INFESSU

Marcello   Matteo
                              m. Perna Cenci
                              (+ 1505)
                              Si rammoglia
                              a Girolama
                              di Biagio
                              Giovenale
                              de' Manetti
                              nel 1513

        n-   Lu-   Giu-   Livia   Mario
        ca   cida   stina
e in S. Cecilia   monache in S. Sisto
Trastevere

               Claudia   Flaminia   Domenico
          m. Giacomo Goggi   m. Caterina di Iacovo da Osti
                                  ved. di Stefano D'Oria
                  Bartolomeo   rammogliato
                                 con Fausta Vipereschi

                  Mario   Giampaolo

II.

Archivio di Stato in Siena, *Balia,* Lettere ad ann.
ed estratti da lettere.

Lettere di Lorenzo Lanti (1)
e di Guidantonio Boninsegni.

Magnificis dominis dominis Balie civitatis Senarum, Patribus et dominis meis singularissimis. Ex Urbe .xxiiii. augusti 1482, ora prima noctis.

Magnifici domini Patres et domini mei singularissimi post ecc. Scrissi a li .xxii. per maestro Nicola quanto allora si poteva intendare de la rocta data al duca di Calabria. Di poi per molti sono

---

(1) Intorno a Lorenzo Lanti veggasi Ugurgieri, *Le pompe senesi*, p. 321, le cui notizie non sono scevre d'errori. Dal dotto sig. cav. Lisini, direttore dell'Archivio di Siena, riconosco inoltre le seguenti notizie. fu Lorenzo Lanti figlio d'Antonio, cavaliere e dottore di medicina, e di Lisabetta di Francesco Malavolti senese, che condusse in moglie l'anno 1475 con dote di fiorini mille e cento (*Denunzie di gabella,* a c. 33). Non è noto l'anno in cui Lorenzo nascesse. Fu tra le persone più autorevoli dell'Ordine o Monte del popolo; però quando i fuorusciti Noveschi, che gli dettero tanto cruccio a Roma mentre e dopo ch'ei vi fu Senatore, nel 1487 ritornarono in Siena, nel far, come al solito, le vendette contro tutti i principali cittadini degli altri Ordini, perseguitarono il Lanti fra i primi (Cf. Allegretti, *Diari senesi* in *Script.* XXIII, col. 823, anno 1488). Nei libri di *Deliberazioni della Balia,* vol. 34, c. 7, si legge: « 1488 agosto 14. « Messer Lorenzo Lanti paghi ducati trecento et non escha di prigione: che paghi et sia « confinato a Napoli et di longha a Napoli miglia .xl. per tempo d'anni quindici o dia « securtà di ducati mille di observare el confino ». (Ibid. c. 20): ai 5 di settembre modificarono la condanna, dichiarando che, invece di ducati, dovevano intendersi fiorini di lire 4 l'uno. Ai 16 di settembre (ibid. c. 22) si legge: « Dominus *Laurentius Lantus* « deliberaverunt quod possit et sibi liceat vendere per se vel eius procuratorem sua ca- « pitalia Montis (Monte del sale, specie del Debito pubblico), idest omnia sua capitalia « prout sibi videbitur, non obstantibus quibuscumque ». E a' 19 dell'istesso mese (ibid. c. 22): « Dominus Laurentius Lantus propter non solvisse eius condepnationem in « tempore, sit absolutus a pena capitali et eidem proroghaverunt terminum unius mensis « ad eundum ad confinia sibi ordinata ». Ai 22 del medesimo settembre gli officiali di Balia deliberano: « quod d. Laurentius Lantus in isto mense et quousque vadat ad con- « finum, stet in domo et non possit exire domum sub incursu etc. » (ibid. c. 24). Nel 1502 tornò Senatore di Roma sotto Alessandro VI (Vendettini, *Serie cronologica de' Senatori di Roma,* p 100; Vitale, *Storia dipl. del Sen. rom.* II, 490). Non si anno altre notizie di lui: sembra che morisse fuor della patria.

venuti di là et per le lectare s'è affermato el medesimo. Di poi s'è inteso meglio el numero et le qualità de li pregioni de li quali mando la lista inclusa in la presente cioè d'alchuni signori condoctieri e altri oltre a li homini d'arme che erano in numero più che .ccc. Dipoi sono arrivati hiersera alchuni del signor Roberto, li quali dicano poi fatta la lista predetta da li villani del paese: sachomanni et altri sono andati cerchando hanno trovati per boschi, machie, valloni e altri luoghi più che cento altri homini d'arme che si erano aschosi: ne sono arrivati qui in Roma che sono venuti come amici e sono stati conosciuti e presi et per le campagne di Roma in più loci e bono numero. La persona del duca vedutosi superare, fuggì mentre si faceva el fatto d'arme e con bona compagnia verso li boschi li quali sono longo la marina et fu seguito circha .IIII. miglia, tanto entrò nel boscho, et fuggendo fu più volte quasi postoli le mani addosso et per grande aiuto haveva da quelli l'achompagnavano fuggì: li quali continuo andavano ritenendosi et scharamucciando per dare tempo a la fuga del duca lo quale dicano fu ferito in quella fuga: una volta li caschò el cavallo nel passare uno fosso: el luogo del fatto d'arme dicano era lontano dal mare circha .VIII. migla. Per infino a hiersera non era nuova alchuna in palazo se el duca fusse morto o vivo. Disse el cancelliere del capitano haveva mandato a tutti li loci vicini per sapere dove el duca fusse arrivato e non se ne trovava cosa certa.

Questa mattina è venuto el sindico e camarlingo di Civita divina (1): dicano el duca per certo essare a Neptunno che è in sul mare et quasi solo. De le genti sue dicesi non si sa se ne sia salvate in loco alchuno, excepto la squadra con la quale el duca di Malfi era andato via per schorta de li carriaggi prima si cominzasse el fatto d'arme un pezo. Et però dicano el duca si voleva levare dinanti a costoro: ma furo soliciti agiognarlo in campo in atto di partire. Dicano che li Aragonesi si portorno benissimo di quello potevano, taliter che dell'una parte e dell'altra sono morti più che .MCC., feriti numero grandissimo, morti cavagli assai. Però dicano alchuni essare morti pochi di quelli del papa. San Piero ad Vincula dice el contrario et questa victoria fuit cruetissima con perdita di molti homini: in lo intrare si fece in campo, che si passò per bocha de le bombardarie, dicessi quasi tutti li ianizari, perchè non vanno con molta arme, furo amazati. Questa mattina mentre era el pon. a Sancta Maria in Populo a la messa sono venuti li sindici di Marino a portare le

(1) Così il ms. È Civita Lavinia, che l'Infessura chiama « Civita Innivina » e « Civita « Nevina ».

chiavi, ieri essendo esciti li villani li serrorno le porti et sonosi dati al papa. Civita divina ha fatto el simigliante. Dicesi le bombarde del duca erano a Civita divina: non hebbe tempo a levarnele, l'à perdute. Stimasi se durasse la fortuna del mare ch'el duca non si posse imbarchare sarà piglato là dentro in Nettuno. Fu ferito el conte di Petiglano, non però gravemente.

Hieri venne cavallaro di Lombardia con nuova certa de la presa di Rovigo e tutto el Polesine. Qui è fatta grande festa et io per parte de le S. V. col pontefice et altri s^ri car. ho fatto el debito in rallegrarmi de la felicità di Sua B. cioè con li suoi cardinali quali sono contenti de la victoria. Questi,de la lista entraranno domane in Roma: dicesi saranno menati per li loci di Roma frequentati et con molto strepito a mostrarli al popolo.

Mentre scrivevo la presente sentii .uno grande strepito verso Campo di Fiore. Mandai a vedere. Era il conte Girolamo che menava con lui el duca di Melfi con alchuni di quelli de la lista. Di lì a uno pezo arrivò cavagli e fantaria in bona quantità li quali ordinatamente andavano a due, uno de la Chiesa et uno pregione per la mano, tutti a piei che fu el numero de li homini d'arme pregioni secondo mi fu riferito .CCLX. in circa, li feriti gravemente sono rimasti. Di poi veniva lo stendardo del duca strascinandosi per terra: diretro a lo stendardo era el resto di quelli de la lista et più altri infra li quali è Nicolò Petrucci. Tutta questa turba fu menata in palazo al pon. Dirietro a tutti erano parechie squadre per guardia di costoro. Di nuovo non c'è altro per ora: basti questo poco. Molto a V. S. mi rac. Ex Urbe .XXIIII. augusti 1482 ora prima noctis.

E. D. V.

Servitor Laurentius de Lantis.

[*In un foglietto aggiunto*]: Duca di Melfi   Rossetto da Capua D. Maticello   S. Baptista da Colalto   S. Aloysi da Capua S. Vicino Orsino   S. Hieronimo da Mugnano   D: Iacobo della Mottella   Iacomo Caldora   Georgino Dassarrara   D. Pietro Pavolo de la Sassetta   El maior domo   Antonello Pancoli Iohanni de la Vada   Ferrante ciciliano   El barone   Quialetta   Bisballe   Rainiro da Lorgnino   Molti gentilomini de la guardia del duca di Calabria et molti homini d'arme assai in modo sonno più di .CCC. 300

Concistoro, Lett. ad ann. 1483. *Laurentius Lantus dñis prioribus gubernatoribus comunis et capit. ppli civit. Senar.* Rome .XVII. ianuarii 1483, ora .III. noctis.

. . . .

El prefecto non è perancho conducto con li Fiorentini secondo oggi ma decto el card. di Sanpiero ad Vincula. Lo quale si lamenta tanto delle S. V. che non lo potrei dire nè scrivare, nè vole accettare excusazione alchuna, et che la fama d'essare condotto da le S. V. ha fatto che la liga nolo ha voluto condurre. Invero si muove senza ragione: per me li furo offerti .VI. ducati giatanti mesi quando le S. V. melcomandaro con quelli modi etc. Et lui non volse accettarli che ne voleva .XII. per .LXXX. coraze come scrissi. E se la lega lo volesse condurre quella ombra non li faria danno. Altra cagione lo move. In effecto ce'lo habbiamo perduto. Così oggi me ha ditto, che non faccino caso le S. V. più di sua benivolentia. Io a tutto sempre ho modestamente risposto, tamen rimase corrucciato. Quello che si sia sappino le S. V. chel conte e Sangiorgio sono el tutto. lui po fare poco male e poco bene. Questo è in effetto e questo ho da buon loco; pure ho voluto advisare le S. V. del tutto. Le quali per gratia questa parte terranno in bon secreto.

Ibid. id. eisd. Ex Urbe .XXIII. ianuari 1483.

. . . .

El card. di Rovano stanocte passò di questa vita ale .VII. ore. La robba andò in casa del conte excepto che per lo cielo dela chiesa li fu entrato in uno suo riposticolo secreto et levato oro et argento chi dice .XXXX. et chi .LX. duc. La cosa non si sapeva. Tiensi per certo sia stato uno canonico de Maximi, uno prete spagnolo et uno fameglio del prete di quella chiesa. La robba andò a Venetia già più dì sub colore chel canonaco andava a Padua a studiare. La casa sua è data a Sangiorgio, li benefitii en parte distribuiti. El camarlengato a Sanpiero a Vincula et a Sangiorgio per ancho nolo certo.

Ibid. id. eisd. Ex Urbe .XXV. ianuarii 1483.

. . . .

El cardinal di Sangiorgio è creato camerlingo. Qui si dicano delle cose assai e che la cita nostra habbi hauto garbuglo questi dì passati: io ignaro di queste cose non so che rispondare a chi mi domanda e talvolta sto in casa per dubio di non essare domandato di quello non saprei rispondare.

Qui è carestia grande di tutte le cose.

Lettera di Guidantonio Boninsegni oratore alla Balìa di Siena. Ex Urbe die .XVII. martii 1484.

·Apresso sabato passato la Sta del papa essendo in uno suo giardino prese un poco di freddo el quale li de alteratione et non pichola, cioè collica et frebbe. Del che ne seguì che essendo stato affermato qua da uno certo astrologo che sua Sta doveva morire mezedima a di 16 del presente, quasi per tutti si teneva et giudicava che Sua Sta il dì doveva morire. Et alcuni fondaghi di genovesi a Ripa sgombrarono et redussero le robbe a luogo salvo. Il cardinale di S^{co} Pietro a vincola fe alcuna provisione in Castello Sancto Agnolo. Li Orsini anno preso ponte Molle et due altri ponti in sul Teverone et due porti di Roma. In monte Giordano è gente assai et bene aordine. Tutte però gente romana, partegiani delli Orsini inmodo che per tutti si stima che, seguendo la morte sua, qui haverebbe a essere scandali et non picchioli; perchè se sene dubbitò al tempo dela morte del pontefice passato, molto più sene dubbita hora, perche a quel tempo li Colonnesi erano deboli sfavoriti, hora si sono alquanto riavuti, favori assai di tristi et malcontenti in modo che, quando seguitasse la morte del pontefice, si dubbita assai non fusse più scandali hora che allora. Questa mattina per molti si afferma la Sua Sta non havere troppo male, ma pure iersera havere havuto intramento di febbre che pure ne da suspitione perchè si afferma, oltre al primo termine che fu ieri datoli da questo astrologo, essergline dati due altri; uno per tutto questo mese; l'altro per tutto maggio.

Balìa. Laurentus Lantus dñis prioribus gubernatoribus comunis et capit. ppli civit. Senar. Carteggio, 1884. Ex Capitolio .XIIII. aprilis 1484.

.... Sappino le V. S. ch'el papa ha posto el tutto in lo governo del conte et Sangiorgio: el temporale, spirituale, denari et ogni cosa, et non mancharia iudice che desse la sententia al modò loro. Ora che lo pare havere conclusione di pace minacciano ogni homo........

.... Misser Nicolò da Castello è venuto e così le cose di là si possano mectare per composte et assectate. El prothonotaro colonnese hieri concluse con costoro la restitutione de li contadi; et a lui e fratello si rende li denari. Virginio Orsino si pigla quelli contadi d'Albi et Tagliacozzo.

Ibid. id. eisd. Ex Capitolio .XIIII. mai 1484.

A me è fadiga assai a cavalchare spesso, perchè quando el Senatore esce di casa mena circha cento fra cavagli et a piedi.

Ibid. id. eisd. Ex Capitolio .XXII. maii 1484.

El signor Paolo Orsino non è più condocto. Ecci el s. Virgino. La materia di Taglacozo et Albi tra loro e Colonnesi è più intrigata che mai: Antonello Savello co le spalle de Colonnesi a questi dì assaltò li alloggiamenti del s. Paolo et li tolse molti cavagli vicino a Lamentano. Iernotte prese una terra di casa Conti. Si chiama Torichia vicino a Velletri. Le cose stanno qui sollevate assai........

Di poi scrissi insino a qui, veduto fare preparatione di gente et d'arme a Monte Giordano casa deli Orsini, li Colonnesi si posero a ordine per modo che tutta la nocte passata di venardì, venendo el sabato, Roma è stata in arme, ogniuna de le parti proveduta; et perchè hieri era deliberato mandare a recuperare Torricchia et ponare a ordine li Orsini, la cosa è bollita per modo che stimo el papa ci vorrà pensare meglo. El carle Colonna non è in Roma. Ecci el prothonotario da Marino, Savello et tanti deli loro che bastano per fare ogni pericolo.

Ibid. id. eisd. Ex Capitolio .XXIX. maii, 1484.

Roma, perchè cole spalle de Colonessi fu tolto Torichio a li Conti amici degli Orsini, sta tutta in arme et dubitasi non si facci un dì qualche grande tramazo. Li fuorusciti nostri si sono achostati con quelli dela Valle che sono Colonnesi e minaciano ognomo.

Ibid. id. eisd. Ex Capitolio ultimo mai 1484.

Mag[ci] dñi Patres et dñi mei humili recommendatione. Vedendo el pontifice le insolentie si facevano per lo s. Antonello Savello, el s. Lucido et molti altri, ac etiam la' poca obedientia del populo di Roma, deliberò hieri havere in poter suo el prothonotario di Colonna sig.^re di Marino, Cavi et più altri loci; lo quale con li soi partegiani si fe' forte in casa del cardinale Colonna, lo quale era absente. El che sentendo ditto prothonotario conli suoi partegiani mandò a ochupare una de le porti di Roma, cioè porta Maiore, et mandò a dire a li frategli et altri s^ri de la sua factione che venissero a Roma da li castelli loro assai vicini, cioè Colonnesi et Savelli. El papa sapientissimo volse prevenire. Convocate le genti d'arme sue et fantarie con tutto lo sforzo di casa Orsina, andò el conte a la ditta casa de Colonnesi in squadre ordinatamente. Et subito assaltaro dicta casa verso la montagna et dale coste. In lo primo impeto furo morti et feriti di tuttedue le parti. Et durò el facto d'arme circha unora e terza: tandem li Colonnesi furo venti. El prothonotario preso et menato in Castelsanctagnolo al colchare del sole. Fu ammazzato lo s. Giovanfilippo Savello et più altri, circha .XXX. in tutto: presi alquanti loro partegiani li quali si crede capitaranno male: la casa posta a sacho et poi arsa. La porta si recuperò. Questa notte li partegiani loro principali in bona parte si sono assentati e naschosti. Questo ponto si combatte in Trastevare certe case di loro partegiani. Et una nell'isola d'uno Renzo Francescho vanno posto fuoco. Et stimasi saranno guaste parecchie case et molti appichati. Per insino aora è fatto assai. Dirò una cosa per bene che non la tengo molto certa.

Uno fuoruscito, non deli picholi, vedendo attachato questo romore, hieri dolendosi de la fortuna, disse chel s. Paolo Orsino haveva preso licentia, et non haveva preso soldo dal papa, per venirsene a Siena a rimectargli in casa et che a tutto era fatto bono provvedimento, se questa cosa de Colonnesi non havesse turbato. Le parole decte tenete per certe sopra di me. Se è vero non so. Per mio debito ho voluto dare questo adviso: le V. S. discerneranno el vero et anch'io starò a vedere li andamenti. Non si vole havere paura nè temere: ma aprire li ochi.

A li .x. di giugno a Dio piacendo fornirò l'offitio mio. Et Dio volesse che mai lo havessi principiato, per le molte adversità ho sostenute. Et maxime di non essare pagato. Per l'amore di Dio S^ri miei recommandatemi per lectare efficaci come ho più volte suplicato. Tutti li fuorusciti lavorano contra di me. Et hanno deliberato che le V. S. non ci tengino oratore et minacciano, finito l'offitio, tormi la vita. Prego le V. S. non mi abandonino in questo pericolo.

Maestro Ambrosio di Sancto Austino presente latore è stato qua più dì per alchune sue faccende apartenenti all'Ordine. Et per quanto habbi inteso non s'è travaglato con persone suspecte al Reggimento

In omnibus lo recomando a le S. V. a le quali molto mi raccomando.
Ex Capitolio ultimo maii 1484.

Servitor Laurentius Lantus
Senator Urbis.

Ibid. id. eisd. Ex Urbe .XVIII. iunii 1484.

Magnifici dñi Patres et dñi mei sing. hūli rᵐᵉ. Non si maraviglino le S. V. se dapoi scrissi la novità et presura del prothonotario di Colonna, non ho molto frequentato lo scrivare. Enne suto cagione le molte ochupationi et cose ochorse dipoi per servitio del pontefice in havere l'ochio che li altri Colonnesi di fuora et di dentro, che li tre quarti di Roma si dice essere Colonnesi, non havessero fatto qualche nuovo scandalo. Anchora non è ochorso dipoi cosa notabile.

Come per altra scrissi, el campo de la Chiesa andò contra Marino et si fermò a Grottaferrata, vicino a Marino mancho d'uno miglo: et al Borgecto lì presso, quegli di Marino assaltaro ochultamente Grottaferrata in aurora. Fu preso m. Sinolfo commissario, menato a Marino et subito relassato. Leone da Montesecho morì d'uno passatoio: furo amazati assai cavagli ale mangiatoie. El s. Paolo Orsino si salvò in lo campanile. Dipoi si sono fortificati di gente et ripari tale che ognuno si sta a casa. Li Colonnesi hanno scritto al pontefice sono boni figliuoli di Sua Stᵃ, et non hanno colpa alchuna. Se el prothonotario loro ha errato, ne facci iustitia. Et invochano sempre el nome de la Chiesa, non di meno voglano lo Stato per se. El pontefice ha decto li vole disfare per ogni modo. Fanno conto havere in campo squadre .XVI. fanti 800. Dicesi li Colonnesi si partano da Marino, et fannose forti in Rocha di Papa. Le V. S. pregino Dio che duri la guerra. In caso s'aconciasse queste cose, di che dubito per molti respecti, questo umore si porria voltare in paese: et dico a le S. V. haviamo da regratiare Dio. Non mi extendo più perchè sto a sindacato et costoro mi tengano le mani ne capegli: da lunedì in là sarò mio homo, a Dio piacendo; sarà finito et allora alzarò la visiera. Ho conferito tutto con . . . . . Et dico che bisogna tenere li ochi aperti.

De la materia d'Orvieto farò quanto V. S. mi comandano et gia ho parlato con alchuni de la Camera. Al camarlengo et a chi è bisogno farò tutto intendare. Nec plura. Molto a V. S. mi r. Ex Urbe .XVIII. iunii 1484.

E. D. V.

Servitor et orator
Laurentius Lantus.

Ibid. id. eisd. Ex Capitolio .xx. iunii 1884.

Scrissi la ruina de Colonnesi. Dipoi è seguito chel papa ha mandato el campo a Marino. Per ancho non se acostato. Sta a Grottaferrata. Continuo cresce la Chiesa, cioè fantaria, et mectano a ordine questi Orsini. Dicesi che lo s. di Camerino, lo quale è soldato de li Venitiani, aiutava li Colonnesi. Per ancho non se scuperto alchuno in loro favore. . . . .
. . . . . . È stato taglato la testa al s. Iacomo de Montefortino perchè era in casa de Colonnesi el dì de la novità.

Ibid. id. eisd. Ex Roma .xxvi. iunii 1484.

. . . . dipoi è seguito che havendo in tucto deliberato el pontefice di fare punire el prothonotario Colonna, di levargli la testa, proseguir la impresa contro quella casa, essendo carichi molti carri di bombardaria et artaglarie che ne vidi .xii. innanti Castello Sanctagnolo et altre preparationi a la destructione loro, è nata praticha dachordo: la cosa si porta molto secreta. El papa voleva Marino, Rocha di Papa et Ardea. Li Colonnesi le volevano ponare in potere del collegio: come si sia, hieri vennero quattro statichi di Marino. Questa mattina in palazo et per tutta Roma è ditto che Marino è assegnato al commissario del papa. Pare sia dato principio a lo achordo. Alchuni dicano non è per achordo tanto strecto.   •

Ibid. id. eisd. Rome ultimo iunii 1884.

Scrissi sabato per lo procaccio quanto ochoriva et quello sentivo del trattamento dela concordia. Dipoi è successo che non volendo li Colonnesi consegnare Roccha di Papa et Ardea al pontefice et in suo proprio potere, questa mattina ale .viiii. ore fu taglata la testa al prothonotario Colonna: li carri et artaglarie continuo creschano: el papa ha deliberato disfare li Colonnesi: la dicta executione fu fatta in Castello di Sancto Agnolo. Non s'è mosso alchuno. Chi ha male suo danno. Chi è vittorioso usando la prudentia dà legge ad altri. El populo bolle umpoco e poi tace. Così hanno fatto costoro. Non so che seguirà apresso: Marino è in potere del papa. Alchuni dicano li Colonnesi nol potevano tenere, però lo lassano per redursi al più forte, cioè a Rocha di Papa, Nectuno, Cavi et altri loci: alchuni dicano per placare la mente del pontefice persuasi da cardinali et cittadini de Roma. Dicesi che questa notte partiranno questi carri et artaglarie, per che loco non si può sapere et forse non è deliberato: chi stima a Rocha di Papa et chi ad Ardea. Per li Colonnesi non s'è scuperto alchuno per quanto s'intenta.

. . . .

Come per altra scrissi finii loffitio. Fui sindicato et absoluto. Solicito le polize e pagamenti. Ho contraria la dispositione delli tempi, nè ancho trovo molto favore..... La peste fa danno assai per tutta Roma.

Ibid. id. eisd. Rome .II. iulii 1484.

In questo ponto che sono le .VIIII. ore passa el conte Girolamo con le squadre qui dinanti a casa et va fuore la porta di Sangiovanni contra li Colonnesi. A che loco in particulare non so: le carra de le bombardarie, secondo sento, andaranno apresso. El populo di Roma secondo le voluntà parla variamente. Molti laudano et molti biasimano. Credesi li Colonnesi faranno male, perchè non è scoperto alchuno in loro favore.

Ibid. id. eisd. Rome .II. iulii 1484.

Scrissi la morte del prothonotaro Colona. Poi la partita del conte in campo. Oggi li carri de le bombarde et tutte artagliarie sono partite con la fantaria verso le terre deli Colonnesi. In questo ponto è suto decto chel campo si pone in mezo tra Paliano et Cavi. Tutto con favore di casa Orsina si fa, et gridasi *orso orso*. Li contadi di Taglacozzo et Albi sono in potere del s. Virginio. Stimasi universalmente li Colonnesi capitano male questa volta. In questo ponto uno di Marino, lo quale mi ha venduto orzo, ma decto la cagione de l'arrendersi Marino: fu perchè li homini di quello loco non volevano perdere la ricolta, et per questo li Sri presero partito di lassarlo, et che facessero li fatti loro lo meglo potessino. Si li Aquilani non eschano in difesa deli Colonnesi, per ch el conte di Montorio è loro parente, le cose loro passano male.

Ibid. id. eisdem. Rome .VIII. iulii 1484.

Roma non potrebbe essare peggio contenta. La ricolta è stata robbata, buona parte più daglamici che da li inimici. Et Orsi e Colonna ogni homo ha perduto di qua da Tevare.

Ibid. id. eisdem. Ex Roma .XI. iulii 1484.

Scrissi di quanto era ochorso li preteriti giorni. Et tandem la partita del campo con le artaglarie et bombarde. Dipoi non c'e altro se non che si sono accostati a Cavi, fanno li ripari per piantare le bombarde et hanno presa una torre di guardia, era fuore di Cavi circha uno miglo. Per ancho nullo si scuopre in favore de li Colonnesi. È vero si praticha lo achordo et questo molto piaceria al re. El pontefice si mostra duro: chi stima di sì et chi del no: li Colonnesi hanno impegnata una loro terra al conte di Fondi; hannone riceute parechie migliara di ducati. Dubitasi con quegli haranno fanti dal Aquila e così potrebbe abonazare la cosa et nasciare achordo.

Ibid. id. eisd. Rome .XVIII. iulii 1484.

..... non è successo altro doppo la mandata de le bombarde et artaglarie, se non che hanno cominzato a trarre a Cavi. Ne si sente però habbino fatto lesione notabile. Dicesi che dentro in Cavi sono circha 80 Romani partegiani di quelli Colonnesi homini di bassa mano li quali molto stanno intenti a la difesa con circa .cc. fanti forestieri e che danno molestia assai al campo. El capo loro è el s. Antonello Savello ribello del papa. Sento Cavi è situata in modo che non si può assidiare. Vero è le bombarde la possano guastare quasi tutta perchè sta in una costiera relevata. È suto ditto lo s. Cola Gaetano è andato vicino a Ianazano per sochorrare con .xxxx. homini darme et fanti. Non trovo però la cosa vera. Molti parlano secondo el desiderio. Per ancho di vero non s'intende habbino aiuto scoperto da alchuno potente. La cosa passa mezanamente. Stimasi che li homini desperati di sochorso vedutosi guastare le case et le possessioni pigliarano partito. Et essendo Cavi loco principale et più forte, in caso piglino partito, li altri faranno el medesimo; et così la guerra potrebbe finire presto.

Ibid. id. eisd. Ex Roma .XXIIII. iulii 1484.

..... hieri venne al pontefice uno auditore del conte lo quale disse che la rocha di Cavi era per terra in modo che al campo non poteva fare lesione alchuna et che le mura de la terra vicino la rocha erano per terra taliter vi si può entra in squadra, e da la rocha non si può ricevare lesione in lo intrare, in tal modo è ruinata. Mostrava essare venuto per intendare se la S.tà del pp. si contentasse volerla a patti o che si ponesse a sachomanno: et affirmava ditto auditore a più cardinali presente me essare in libertà del conte pigliarla a che modo si contenta. Alchuni altri dicano essarvi dentro grande fantaria e non si dimostra: aspectano si dia la battaglia per coglare el campo in disordine. La terra anchora è molto ruinata da le bombarde, et più volte è stato tempo da scuprirsi se vi fusse gente forestiera, sì per assaltare e ripari come per altre oportunità. Nè si sente vi sia aiuto forestiero. Del s. Cola Gaetano et del conte di Montorio non fu cosa vera. La più parte giudica che Cavi sia spacciata. È vero li Colonnesi hanno lo Piglio, Ianazano, Rocha di Papa et Neptuno, loci da fare resistentia come Cavi o più.

Questa sectimana due cardinali si sono parlati col cardinale Colonna in uno loco si chiama la Maglana. Dicesi per ordine del pp. et ch el cardinale preditto sachorda col pontefice. Se fusse vero restaria a fare poco. Et così la guerra saria finita perchè le cose forti restanti sono sue quasi tutte.

Ibid. id. eisd. Rome .xxviii. iulii 1484 a ore .xxiiii.

...... Questa nocte passata venne nuova di campo al pon. dal conte et a li oratori del cancelliere del s. Lodovico Sforza è là col s. conte come hiersera li Sri di Cavi rendero quella terra in potere del conte come capitano di Sancta Chiesa, salve le persone et robbe, et cosi li Sri et lo sre Antonello Savello e frategli vennero in campo a baciare la mano al capit° et andarosi con Dio ad altre terre vicine acompagnati etc. Dicessi è suta opera del prefato s. Antonello, lo quale è acconcio lui et li frategli in questo achordo col duca di Milano con buone conditioni. Et questo è vero. Manchando a Colonnesi el prefato sre che faceva el tutto et era capo de limpresa, si può mectare questa cosa de Colonnesi al parere di molti expedita. Maxime come per altra scrissi el car.le Colonna vole essare dachordo col papa: ho voluto indutiare insino a questa sera lo scrivare per havere la cosa più certa. . . . .

..... Sonmi ingegnato et per via del prefato oratore (1) et per altri mezi intendare che sia la cagione che le cose publiche nostre et ancho deli privati cittadini nostri hanno tanto malo recapito in questa corte: intra li quali so io. Emi dicto che il conte e Sangiorgio hanno tanto grande sdegno che non furo compiaciuti deli grani domandaro a le S. V. che non lo possano dimenticare. Et dicano con ciaschuno non potere havere piacere alchuno da questo presente stato. Et volontieri vi rendarebbero cambio.

Ibid. id. eisd. Rome .iii. augusti 1484.

..... El campo andò alla torre di Piscoli come per altra scrissi (2). Nuova non c'è hoggi che habbi fatto: seguitasi contra li Colonnesi.

---

(1) Fiorentino.
(2) Questa lettera manca.

Dellachordo se ne ragiona. Peró l'oratore fiorentino dice non crede si faccia per ora et chel conte mostra volergli spacciare in tutto et stima havere quello Stato per se.

Ibid. id. eisd. Ex Roma .XIII. augusti 1884.

Questa nocte a le tre ore piacque al Nostro S^{re} Dio chiamare a se el papa. Requiescat in pace. La sua infermità è stata gocciola: hieri a ora di terza fu in pericolo. La nocte ne cavò le mani.

Ibid. id. eisd. Rome .XIIII. augusti 1484.

Hieri per Pachanino advisai le V. S. de la morte del pontefice et volsi prima vedere che scrivare. Dipoi fu corso a furore di populo a casa del conte, saccheggiata, guasta, porti, finestre, ferrate, giardino, et se non fusse la diligentia deli conservatori et altri offitiali di Roma era abruciata. Oggi el conte è venuto a ponte Molle colla gente d'arme da .x. squadre et circha 800 fanti cole spalle deli Orsini. Stimasi per molti faranno prova di fare papa per forza ala intentione loro. Sono stati sacheggiati li magazeni di Ripa deli Genovesi. La terra è tutta in arme. Li fuorusciti nostri atti a ciò, sono armati a la casa del camerlengo. La città è tutta in arme e Castelsanctagnolo si tiene per lo conte.

Ibid. id. eisd. Rome XVI. augusti 1484.

Magnifici domini Patres et domini mei singularissimi humili rec. etc. Scrissi sabato quanto per insino alora era ochorso. Dipoi el collegio si congregò in casa del camarlingo et deliberò in primis havere la possessione di Castello Santo Agnolo. Mandaro al castellano lo quale è el veschovo di Narni, lo quale rispose essare vice del conte. Mandato al conte fece risposta havere hauto el castello in guardia dal papa et promesso conservarlo al successore et così intendeva volere fare: li cardinali congregati un'altra volta udite tali risposte consultaro tra loro: li pareri sono stati diversi et tandem con poco achordo si partiro. Dunde è seguito che lo Orsino, Conti, vicecancelliere e Sangiorgio si sono strecti insieme et raunatisi a lo loco già detto, dove qualche volta v'è andato Novara, Milano, Girona et Agri o alchuno di loro: San Pietro ad Vincola, Molfecta, Parma e San Chimento non si sono voluti mai più congregare. Dunde è iuditio di molti che li predecti quattro s'intendano col conte, cioè San Giorgio e compágni decti, a fare papa el vicecancelliere o quello de Conti per mantenimento del conte, casa Orsina e de li seguaci loro: et questo tacite mi ha confessato San Piero ad Vinchula e qualche altro, per la qual cosa aspectano San Marco, Siena, Foschari, Santagnolo, Ragona e Colonna. Savelli venne hiersera con grande stuolo di gente, 500 o più: Colonna s'aspecta d'ora in ora con molto maiore e tutti questi signori Colonnesi e Savelli con molta gente maxime fanti. Di cavagli si dice hanno circha .c°. homini d'arme. Del popolo di Roma li tre quarti. Et in effecto hanno deliberato havere el Castello a petitione del collegio prima si venga a lectione del pon. et non si voglano raunare più a tale effecto. Così ciaschuno solda gente e empiesi la casa. Questi cardinali danno tre ducati el mese e le spese. El conte era venuto co le genti come scrissi fece deliberare tra quegli cardinali potè congregare che nullo barone potesse entrare in Roma. E così lui entrò in castello. El campo col s. Virginio andò a le terre sue più proxime: exceptuo tre squadre che sono a Roma. Questi altri baroni non observano tale decreto. Ogni homo è in arme. La cosa sta in modo che si stima si farà una spartitura prima che si facci papa. Alchuni cardinali si vanno mectendo di mezo, Napoli, Agri e simili: nondimeno el conte sta fermo e vole co la parte decta restare grande. Li adversarii non voglano comportare e così si stima venuti saranno quest'altri si farà co le mani e dubitasi di cose strane che Dio cessi se è per lo meglio per noi. Fu vero che li usciti per lo trattato havevano cominzato ad aviarsi. Li fanti forestieri volevano essare chiari et denari innanci. Messer Cino e compagni non furo d'achordo a lo sborsare e contentarli e così con discordia si partiro chi qua e chi là. A Foce era la fusta di Piombino, la saectia di Civita Vechia, el brigantino di Corneto per levargli secondo dice l'amico. Marchione Zocho havendoli aspectati in quelli mari, veduto non venivano, venne a Ostia. El castellano havendo saputo la morte del papa a quello incognita, lo prese e tolsegli le galee e così lo tiene pregione. Increscemi non havere possuto usare una cortesia a quello che revelò, che è danno e vergogna.

Li Colonnesi hanno recuperato Cavi, Marufa, la Torre e tutto et hanno guadagnata quasi tutta l'artigliaria e bombardaria.

Roma è tutta in arme. Stanocte si sono già afrontati e feritosi molti. Ogni homo si vendica, robba, fura e ogni male si fa, ogni ribaldo ha libertà. Io escho di casa con grande pericolo per li esciti chè sono soldati di San Giorgio: se mi amazassero saria poco honore. Al publico bisogna havere la scorta de li amici li quali non ho, così ogni volta bisogna vorrei ora essare ogni dì co li cardinali come li altri oratori che vanno bene accompagnati e recomandare, trattare, maneggiare etc. e che paressemo vivi non morti, intendare, advisàre etc. Non lo posso fare, non ho denaro e mi sarà forza tacitamente venirmi con Dio se le V. S. non provedano; è serrato ogni cosa, non si trova a comprare per li contanti, li cavagli si morano di fame, io stento: mai fu vista maiore penuria. Non può andare una bestia carica che non sia tolta. Non so più che dire, la forza mi caccia di qua.

Ho visitati li cardinali nomine publico, condolutomi et offerto come è solito. Hanno accectato et rengratiato le V. S. a le quali mi rec. Rome .xvi. augusti 1484.

E. D. V.

Servitor Laurentius Lantus.

Ibid. id. eisd. Rome .xviii. augusti 1484.

Magnifici domini Patres et domini mei singularissimi humili rec. etc. Scrissi li .xvi. di questo quanto era ochorso in sino alora. Agiongo che el conte entrò in Castello Santagnolo et poi si tornò a le genti d'arme con Virginio Orsino et si redussero a l'Isola e la Storta, luoghi vicini a Roma. Di poi entrò el cardinale Colonna, el s Prospero, el s. Fabrizio Colonna con più altri caporali. Cavagli non molti ma grande fanteria, et è in Sancto Apostolo col car. di San Piero ad Vincula. Hieri fero mostra di fanti 4000 per chi si trovò a vedere. Aspectano lo s. Antonello Savello e li fratelli con buona quantità di homini d'arme et continuo scrivano fanti et mandano de li comandati per le terre loro. La città maxime verso Capitolio, San Marco, Pellicciaria secondo ho veduto questa mattina si sbarra et dicesi per tutto oggi ogni homo si vole sbarrare, fare ripari e fornirsi. Li cardinali hanno fornite le case loro come castegli di gente et artaglarie. Le genti d'armi di Lombardia vengano et sono arrivate le squadre del s. Iacomo Conte e del fratello del vescovo di Massa et sono entrate in Roma parte alloggiate ne li Monti et parte ho visto stamattina in Borgo presso a Sancto Spirito da quella parte di drietro. Ogniuna de le parti si guarda, dicano che aspectano la venuta di questi altri cardinali. Questa mactina a lo exequio del pon. che si cominzò hieri vi fu el vicecancelliere, Napoli, Novara, Madiscone, Conti, Sanclemente, Racanate, Parma, Camarlengo et Orsino. Li altri non vi vanno. San Pietro molto fornito la chiesa di soldati, pochi altri v'erano. Ò visitati li cardinali e confortati a fare questa electione quieta, iusta et secondo el solito. Rispondano bene et che aspectano questi altri per piglare buono et salutifero partito. El camarlengo e compagni fecero Iacomo Conte guardiano di Roma a provedere che non si robbi etc. La cosa è tanto scorsa che ogni homo straccorre a robbare e fare ogni ribaldaria, per modo non si può mandare e cavagli a bere nè muli fuori di casa. Non c'è tribunale alchuno che ministri iustitia et ciaschuno che può se la fa co le mani. Chi leva suo danno, chi ha buono mantel lo lassa a casa. Li meglo cittadini robbano li forestieri senza riguardo. La casa dove habito è in mezo de le sbarre e non vi posso fare venire soma nè bestia carica: stiamo assediati. Non si potrebbe credare come le cose vanno stranamente: ciaschuno arma la casa per paura de la vita et de la robba.

Mentre scrivevo la presente sentii uno grande romore verso piaza Iudea. Mandai a vedere, là erano parechie centonara de homini Orsini e Colonnesi a le mani. Durò la questione assai et tandem li Conservatori li spartiro per mezo del s. Mariano Savello lo quale retrasse e Colonnesi. Intesi vi erano morti .VI. persone e feriti assai.

El s. Antonello Savello in questo ponto m'è referito entra in Roma con buona compagnia di homini d'arme e cavagli. Li Conservatori praticano achordo tra li cardinali et che si facci la electione del pon. in la Minerva.

Come per l'altra scrissi non ho modo a andare acompagnato nè a stare secondo saria conveniente a l'onore de le S. V. Piacci a quelle provedere. El pericolo non può essare maggiore che andare per Roma male acompagnato: bisognaria a la staffa parechi buoni compagni. Molto a V. S. mi rec. et non voliate consentire sia morto per mano di questi ribaldi. Rome .XVIII. augusti 1484.

E. D. V.

Servitor Laurentius Lantus
orator.

Ibid. id. eisd. Rome .XX. augusti 1484.

Magnifici domini Patres et domini mei singularissimi humili rec. etc. Scrissi li .XVIII. di questo quanto era ochorso. Dipoi la sera arrivò qui Siena et San Marcho et invero secondo la expectatione era di loro S. R^me penso la cosa harà buono assecto. Qui era venuto lo s. Cola da Sermoneta in favore de li Colonnesi dicesi con tre squadre. Le cose si scaldavano molto et si vedeva el pericolo manifesto di grande uccisione et robbarie. Hiermattina a lo exequio si congregaro li cardinali excepto Colonna, Savello, Sanpiero ad Vincula, Malfecta et Milano che è infermo e l'Orsino che era andato per commissione del collegio al conte e altri signori Orsini. Doppo lo exequio si congregaro in la sacrestia ove stectero parechie ore. Non si potè sentire altro se non li ragionamenti fatti di componare queste discordie. Hieri mon. S. nostro assai andò travagliandosi. Questa

mattina similiter li cardinali convenero a lo exequio et Orsino era
tornato; di poi in sacrestia là venne uno cancelliere del conte. Stectero
meno di due ore. Al tornare a casa mon. S. nostro mi disse come
el conte rimecte el Castello in le mani del collegio e sarà obediente
a le voluntà di quello. Similiter disse essare dato buono indirizo a
concordare le differentie di Collonesi et Orsini et spera, al tempo debito, di buono achordo saranno in conclavi et la electione sarà libera.
Io come è debito ogni dì ho accompagnata Sua S. R^{ma}, visitati questi
altri che sono venuti, offerto, recomandato et cet. nomine pubblico;
et così visitarò Ragona che è venuto e li altri se alchuno ci restarà.
È fatiga maravigliosa, le sbarre impacciano lo andare a cavallo, a
piedi per lo caldo e polvere e la città grande è cosa da morire. Non
lassarò però a fare ogni possibile.

Dice mon. S. nostro che si licentiarà questa gente d'arme et pensa
che per adventura ne mandarano per lo Patrimonio vicino a voi.
Che le V. S. non piglino admiratione; ho ricordato come ci potiamo
poco fidare del conte et sarìa bene non achostargli a noi per bene
sùa ancho lui in travaglo'; et così m'ingegnarò operare o che non vi
sd ne mandi o che sieno lance spezate senza capitano suspecto.

Lo s. Nicola di Sermoneta nomine publico mi visitò et offerse
ogni sua fortuna a li piaceri et comandi de le S. V. Rengratiai et
offersi io anchora come era conveniente.

Le cose di Roma doppo la tornata di questi cardinali R^{mi} si sono
assai racquetate, le brigate cioè questi baroni si guardano le case loro,
per la città non traschorrano più così in grosso, li ladroncegli si vanno
rimenando e fassi de mali. Io vo a riguardo acompagnato lo più che
posso: li amici miei mi hanno facto scorta et ancho la borsa. Ricordo
a V. S. proveghino che non ho più denaio et Dio sa come ci posso
stare.

De le cose de la pace di Lombardia non ho che scrivare, li capu-
tuli non sono venuti, qua per la morte del pon. s'attende ad altro.
Eccene assai che vorrebbero essare papa. A uno tocharà se non si fa
scisma, el che non credo. Questi dì passati se n'è dubitato.

Nec plura. Molto a V. S. mi rec. Rome .xx. augusti 1484.
E. D. V.

> Servitor Laurentius Lantus
> orator.

Ibid. id. eisd. Rome .XXII. augusti 1484.

Magnifici domini Patres et domini mei singularissimi humili rec.
Per una vostra del dì 17 ho inteso quanto era ochorso per la diffe-

rentia suta tra Matheo et Marco et stato bene imponare silentio a tale caso. Et meglo saria temperare le cose che non ochorissero simili errori perchè la brigata di fuore giudica lo stato vostro non essare consolidato nè fermo. Li amici vostri ne piglano diffidentia et mala opinione et chi ha malo animo ne ingagliardisce. So bene che mi dice l'oratore fiorentino, et basti per ora. Li usciti nostri hanno al parere mio costì imbasciadori et corrieri. Per quanto posso comprendare hebbero l'adviso quando io o prima et già havevano cominzato a seminare che eravate in arme, et più cardinali me n'avevano già domandato. Ho facto intendare tutto dove bisogna. El corriere ne sa qualche cosa che si trovò tale nuova passata innanti a lui. Et adviso le V. S. per essare morto Sisto non bisogna adormentarsi. La materia del trattato di che scrissi fu verissima et io per decto di più di questi esciti, che doppo la morte del papa ne hanno ragionato, et molti di costoro s'erano adviati verso el paese vostro. Se ochupassero alchuno de li loci vostri non saria senza alteratione. So certo le V. S. haranno provisto e cassari, mutate chiavi, mutate le persone suspecte. A chi vuole fare male non mancha aiuto.

Ceterum questa mattina secondo mi dice Mon. S^re nostro R^mo è concluso dare 8000 ducati a la gente d'arme, li quali prestano alchuni cardinali; Castello Sanctagnolo si pone oggi in potere del collegio liberamente. Al conte prestano parechie squadre et uno prelato, per acompagnarlo securo in le terre sue et subito deve partire. El conclavi si farà in palazo dove è solito. Li Colonnesi et Orsini fanno tregua per uno mese doppo la creatione del pont. Et danno securtà l'una parte a l'altra, comenzando oggi, tutte le genti d'arme eschano di Roma.

Scrivano el s^re Lodovico el duca di Calabria che Deifebo et uno di casa Savello si partano di Lombardia et vengano con gente d'arme per racquistare lo Stato fu del conte Adverso; et per tale cagione el collegio manda gente d'arme a quello Stato per defensione. Così Mon. S^re nostro dice, e che a le V. S. non sia suspittione di questa mandata. Le V. S. credo intendaranno el camino di quelle genti et con li S^ri fiorentini provedaranno che passino largo da li paesi vostri, che non faccino danno et ancho danloli passo et ricecto non saria senza scandolo et forse contra li capituli de la lega havete con la Chiesa, et daria al nuovo pont. causa di malignare. Le V. S. sono prudentissime.

Le pratiche di fare el nuovo pon. sono frequentissime. Come le V. S. per loro prudentia comprendano, li pareri sono secondo li apetiti. Comunamente da la corte et altri non passionati per utile de la Chiesa sono desiderati Siena e San Marco. A Siena favorisce el re

e lo Stato di Milano dicesi per contrapeso di San Marco. El vicecancelliere non lassa che fare per se; Conti, se lo tiene per certo
essare, parechi altri col collo torto; ogni homo adopera li ferri suoi
et suo ingegno. Dio cel dia buono, credo non potiamo altro che me-
gliorare.

Postremo io tengo le V. S. prudenti e memoriose, havendo tante
volte scritto la mia necessità et che non posso più stare per non
havere hauto mai uno denaro del mio servito nè havere più che
vendare o impegnare et maxime essendo advisato di costì che le
V. S. non fanno pensiero alchuno di mandarmi denaro nè per le
spese nè altro. Mi pare superfluo noiare più le S. V. a le quali fo
noto sarò necessitato fra pochi dì venirmi con Dio, non per non volere servire ma per non potere. Solo che le V. S. havessero provisto
a le spese in questo grave bisogno non mi sarei partito, non havendo
facta provisione nè volendola fare come harò solo el basto per con-
durmi verrò a le V. S. et più presto voglio patire costì ogni sup-
plicio che perdare l'onore mio qui, dove so stato senatore e oratore
con buona gratia di tutti. Con la gratia di Dio mi difesi dal papa,
San Giorgio et conte Girolamo li quali, per essare quello che so, al
presente Reggimento mi volsero fare fallire in costregarmi a pagare
ogni debito et loro mi ritenero mille duc. Ora mi vedo entrare in
uno altro maiore laborinto per non havere più denaro. Non voglio
andare in pregione nè havermi a fuggire. Le S. V. mi perdonino a
le quali mi rec. Rome .XXII. augusti 1484.

E. D. V.

Servitor Laurentius Lantus.

Ibid. id. eisd. Rome .XXVI. augusti 1484.

Magnifici domini Patres et domini mei singularissimi humili
rec. etc. Per lo.Rosso fameglio de le V. S. scrissi la concordia (1) fatta
per lo collegio de li cardinali. Di poi ho supraseduto lo scrivare per
havere visto vacillare le cose. El primo capo de la concordia fu, ri-
ceuti li .VIII. ducati per la gente d'arme e due prelati con tre squadre
per sua secureza, el conte si dovesse recto itinere per le terre de la
Chiesa andare a le terre sue. Li denari furo pagati lunedì. La contessa era in Castello. El collegio si fidò del camarlengo lo quale disse
et giurò havere fornito el Castello secondo el desiderio loro, remossi
conestabili et ogni altro sospetto, aggionto al veschovo v'era prima,
ms. Francesco fratello suo, et fatto quanto lo collegio haveva ordinato.

(1) Ms. « concorda ».

Furo deputati el vescovo di Nola et di Caiaza per compagnia, dato reca
pito al bisogno per lo andare loro. Fu detto la contessa essare al
quanto indisposta et però era supraseduta la partita sua di Castello.
Et fu talmente creduto a San Giorgio che tutti li cardinali hieri furo
a lo exequio et posmodum in concistorio, che sono .xxv. compu
tato Milano e Girona sono infermi. Questi giorni continuo el castello
ha atteso a fornirsi di vittuaglia. Questa nocte vi sono entrati 150 fanti
del conte; questo ho da uno cardinale, et fecero gran festa dipoi furo
entrati per modo che la brigata si tiene giontata et questa mattina
è stato lo ultimo offitio o vero exequio; non vi è venuto cardinale
de la factione contraria a li Orsini et sono tanto sdegnati che hanno
mandato a sollicitare fanti aspectano da l'Aquila et Norcia per infino a 1500; credano avergli questa nocte et deliberano non essare
nè ingannati nè forzati. Li Conservatori hanno di nuovo fornito el
palazo loro. Ciaschuno si mecte in ordine. Li caporioni hanno comandato si rimettino le sbarre dove erano levate et che si stia pro-
veduto. Li cardinali rimasero in palazo, li oratori si partiro et ho
da buon loco che lo Stato di Milano ha presó cura de lo Stato del
conte, et fornitolo di genti, per modo che lui sta securo. Se in le
cose di Roma tengano mano ad aiutarlo non intendo bene; ciaschuno
lavora soctacqua et parla poco. Se li tradimenti, simulationi et in-
ganni fussero perduti, qui si ritrovano in questi giorni. Havendo scritto
hiersera infino a qui, tornò el mio spenditore e mi referì essare in
Castello Sanctagnolo 8 cardinali; fui a cavallo e andai là. Li detti
otto cardinali mandati dal collegio fecero partire la contessa e tutti
li fanti detti forniro el Castello per lo collegio e così la cosa pare
quietata. In questo ponto cavalcho a palazo dove si dee dire la messa
del Spiritusancto e poi entrare in conclave. Dio cel dia buono, a me
è suto notificato stanocte che mi tocha a guardare el conclave in
nome de le S. V. a le quali mi rec. Rome .xxvi. augusti 1484.
  E. D. V.
Servitor Laurentius Lantus.

Ibid. id. eisd. Rome .xxvii. augusti 1484.

  Magnifici domini Patres et domini mei singularissimi humili
rec. etc. Per altra scrissi come giovedì doppo la messa delo Spirito
Sancto li cardinali tucti di buono achordo entraro in conclavi. Dove
io con cinque altri oratori so deputato a la guardia del conclavi e
così stiamo dì e nocte in palazo a nostre spese. Questa mattina ce
suta nuova che Deifebo ha hauta la rocha di Ronciglione in la quale
era uno da Ymola che l'à venduta. Lo Stato di Milano come per altra

scrissi ha preso cura de lo Stato del conte Geronimo, fornitolo di
tutto el bisogno per modo che lui si sta a piacere, al parere mio,
aspectando la creatione del pon. Itaque non si può errare havere
l'ochio a le cose vostre, che costoro non si fichassero, cioè li fuorusciti, in qualche loco de li vostri et col nuovo pon. si trovassero
con qualche cosa in mano. Nec plura: molto a V. S. mi rec. Rome
.xxvII. augusti 1484.

E. D. V.

Servitor Laurentius Lantus.

Ibid. id. eisd. Rome die .xxvIIII. [augusti] 1484 a ore .xIIII.

Magnifici domini Patres et domini mei singularissimi humili rec.
Come per altra scrissi giovedì, decta la messa de lo Spirito Sancto,
li cardinali tucti entraro in conclavi di buono achordo in la capella
secondo è solito. Oggi col nome di Dio a ore .xIIII. hanno publicato havere electo el cardinale di Malfecta in summo pontefice. Dio
lo disponga al bene dê la patria nostra. Piaccia a le V. S. dare al
portatore di questa arrivando in .xxIIII. ore ducati .x. per la sua fatiga. Molto ad V. S. mi rec. Rome die .xxvIIII. 1484 a ore .xIIII.

E. D. V.

Servitor Laurentius Lantus.

Ibid. id. eisd. (1). Rome .1. sectembris 1484.

Magnifici domini Patres et domini mei singularissimi humili
rec. etc. Advisai le V. S. per due cavallari de le porte di Milano de
la electione facta del pon. Innocentio VIII et statim post creationem
fui intromisso con li altri oratori stati a la guardia del conclave ad
obsculum secondo è solito. Di poi per la frequentia de cardinali li
quali per diverse cagioni hanno continuato el palazo non ho possuto prima di questa mattina havere colloquio con Sua B. a cui
recomandai per parte de le V. S. la città e stato di quelle, congratu-
landomi per parte di V. S. in primis de la felicità de la Stª Sua, mostrando a quelle essare stata iucundissimo, extendendo le parole secondo mi parse conveniente. Sua Stª molto benignamente ascoltò et
poi commemorò con quanto amore et reverentia fu da le S. V. ri-
ceuto, visitato et facto cittadino; el che disse esserli suto carissimo et
acettissimo et per molti respecti havere sempre amata la città vostra
et disse queste formali parole: Scrivete a quelli vostri Sri che stieno

---

(1) D'altra mano e presso l'indirizzo è stato scritto: « faciamus ei statuam auream ».

di buono animo, li portamenti nostri verso quella comunità saranno tali che comprendaranno ci ricordiamo essare loro buono cittadino. Accectai con debita reverentia l'offerta et rengratiai secondo mi parse convenirsi mostrando le Vostre S. havere unica speranza in la Sua B. presa licentia partii. Poi visitando el cardinale nostro R^{mo} ho inteso da Sua S. come hiersera Deifebo resignò Ronciglone el cassaro in mano del pon. et si remisse totaliter a la clementia di quello. De le due altre terre haveva ochupate che sia da farsi è rimesso in Mon. S. nostro et tre altri cardinali. Deifebo è stato qui dal dì de la creatione del pon.

Lo oratore fiorentino ha solicitato a Fiorenza faccino prova di expedirsi di Sarezana prima che el pon. habbi ordenate et consolidati le cose sue. Dubita non facesse pensiero per impedire dare qualche molestia a le cose vostre: per divertare potrebbe essare deliberasseno volere fare la impresa. Le V. S. prudentissime haranno cura de le cose loro maxime a li confini et so certo in ogni caso si portaranno co la solita prudentia taliter che non si scupriranno nè si provocaranno el papa, anzi conservaranno et acresciaranno la benivolentia.

La città di Roma è posta in assecto, deposte le armi la brigata torna a bottega con quiete e tranquillità. Li fuoresciti frequentano el palazo perancho non hano hauta audientia starò attento intendare li andamenti loro.

Come per altra scrissi, finiti questi pochi denari verrò a le V. S. Io maxime che ho intesa la electione fatta de li oratori, el che è stato bene e forse saranno li primi a venire. Per ora qui non sarà che fare; è vero però che li oratori hanno già cominzato a ponare innanti la materia de la liga et capituli da farsi e già si maneggiano le cose. Per mentre starò (che sarà poco) sarò col fiorentino e operarò per le V. S. quanto sia bisogno. Molto a quelle mi rac. Rome .1. sectembris 1484.

E. D. V.

Servitor Laurentius Lantus.

Ibid. id. eisd. Rome .v. septembris 1484.

Magnifici domini Patres et domini mei singularissimi humili rec. Vedendo io li esciti nostri frequentare el palazo et vedendoli acharezare da qualcuno, dubitando che socto spetie di carità non fusse mostro al pon. cosa facesse a qualche proposito di Sua B. per bene e conservatione de la libertà vostra con utile e comodo de li exciti predecti, come dimostrava in parole Sixto bone memorie per paura

de la troppa amicitia et confidentia diceva noi havere in li vicini
vostri etc. Le S. V. bene m'intendano. Questa mattina havendo
buona comodità di poter riposatamente parlare col pon. come da
me stesso feci cadere al proposito di parlare di questa materia et
con acomodato modo li dimostrai li continui suspecti in che ci
teneva Sixto pon., le versutie et pratiche del conte, li favori si facevano a li exciti, li disfavori si dimostravano contra la città vostra
publice et privatim, contra li cittadini in tutte le cose. Li apparati
de le genti, le opere si davano a ochupare de le cose vostre. Per
tractati si maneggiavano per li exciti predetti. Inducevano per forza
li animi vostri a ficharvi socto a cui pensavate potere in tali necessità
essere aiutati per necessità et quanto erano maggiori li suspecti e continui, bisognava più obligarsi per essare aiutati vedendo la necessità.
Commemorai la V. Rep. sempre essare stata obsequientissima a questa
Sedia, le S. V. havere hauto inextimabile dolore in non havere possuto
havere quella speranza in la Sede apostolica a tempo di Sixto come
per lo passato et che da le V. S. non era mai manchato volere essare
buoni et amorevoli figluoli di Sixto pon. Ma che Sua S⁺ᵃ istigato
da altri non vi haveva voluti, ancho date le provisioni a costoro et
mantenutoli etc. Le quali cose ero certo non farà nè permectarà
Sua B. per bene costoro si vantino del contrario e così la città vostra ne tornarà a continuare la solita filiatione, amore e reverentia
con Sua S⁺ᵃ padre e cittadino nostro, extendendo le parole quanto
mi parse convenirsi. Magnifici S. miei, sua S⁺ᵃ mostrò havere
carissimo fussero achaduti questi ragionamenti e udì benignissima-
mente. Poi rispose che Sua S⁺ᵃ come cittadino fu sempre affectionato a quella patria et oggi più che mai e li effecti lo dimostraranno
et che Sixto bone memorie l'aveva mandato costì et Sua B. v'era
venuta volentieri per bene et comodo di quella dove haveva trovati
li animi de li principali bene disposti, et che Sua B. per certo harebbe
facto buono fructo se el papa havesse lassato fare a lui. Ma el conte
et messer Lorenzo da Castello havevano voluto sapere troppo et
guidare le cose per altra via per modo che loro furo cagione di
quello successe, et di poi continuando in li suoi disegni el conte era
suto causa de ogni inconveniente et factovi obbligare etc. con le in-
telligentie et pratiche teneva con li esciti et amici loro, affermando
essare verissimo quanto dicevo et disse che Sua S⁺ᵃ mostrarà che el
pensiero suo è essare padre di tutti li cristiani, actendarà a quello sia
honore de la Sede apostolica et di simili cose, come è trame di fuorusciti, non s'impacciarà mai come quello che non ha posto el pensiero a fare grande nissuno nè porrà solo actendare a trarre quello
sia offitio di bono pon. et de li vostri fuorusciti le S. V. vedranno

che Sua S.^tà non s'impaccierà mai nè lo darà favore nè fomento alchuno nè di loro s'impacciarà in niun modo, excepto quando ne fusse richiesto da le V. S. In tale caso come cittadino e padre offerirà in ogni vostro comodo volersi amorevolmente travagliare in tutte le cose fussero augumento de la città vostra: et che le V. S. ne piglino securtà e lo trovaranno bene pronto a li comodi et honore de la città vostra, et intorno a questa parte de li usciti parlò tanto aperto quanto sia possibile. Del buono amore et affectione·vostra la quale dissi più amplamente le V. S. per li nuovi oratori faranno intendare etc. Accectò amorevolmente et ringratiò dicendo saranno li benvenuti et li vedremo molto volentieri. Accectai el bono animo di Sua S.^tà et rengratia' et dissi tutto farei intendare a le S. V. per lectare; ore tenus, quando sarò a li piei de le S. V. le quali di sua optima dispositione sono certissime. Sua S.^tà per sua clementia mi bacciò in faccia. Così da li suoi sacri piedi mi partii e dissi che Giovanni di ser Lazaro scrivevo (1) di Sua S.^tà, lo quale è qui con quella, bene informato anchora lui de la devotione e desiderio del populo vostro, a le giornate di tutto potrà più particularmente dare piena notitia a Sua S.^tà. Ho conferito poi con Giovanni predicto, mostrogli el bisogno, et mi farà offitio di buono cittadino e sarà continuo apresso el pon. suo familiare di casa, et so giovarà in ogni cosa. Tutto ho facto con buona fede per amore porto alla patria et come ho decto per guastare e disegni et per fare. advertente el papa a non dar lo provisione nè travagliarsi di loro. Se ho facto cosa grata a le V. S. so molto contento. Quando havessi errato le V. S. imputino tutto al mio buono animo, che harei facto errore per non conosciare più, non posso altro che errare, domando perdono. Molto a V. S. mi rac. Rome .v. septembris 1484.

E. D. V.

Servitor Laurentius de Lantis.

Ibid. id. eisd. Rome .XIII. septembris 1484.

Magnifici domini etc. Hieri col nome di Dio si fece la coronatione del pon. con grandissima tranquillità, con tutte le solenità oportune, in modo si consumò tutto el giorno: et Mon. S. nostro R.^mo fu l'ordenatore del tutto et è stato molto commendato. Oggi Sua S.^tà ha dato audientia solo a cardinali. Frequentarò el palazo per la licentia et se la Sua S.^tà mi volesse dire alchuna cosa come parse accennare dicendomi che doppo la coronatione tornassi a quella. Ancora pigliarò licentia da li cardinali come è solito et poi mi conferirò a le

---

(1) Così il ms., benchè non n'esca chiaro il senso.

V. S. Sabato la nocte morì el cardinale di Madiscone francese, era
degno s^{re}, requiescat in pace. Li fuoresciti erano a Napoli non sono
anchora venuti. Questi di qui si vanno travagliando assai: per ancho
non sento habbino facto cosa alchuna col pon. Penso aspectino quegli
altri. Nec plura. Molto a V. S. mi rac. Rome .xiii. septembris 1484.
E. D. V.   .

Servitor Laurentius Lantus.

Ibid. id. eisd. Rome .xxi. septembris 1484.

Magnifici domini Patres et domini mei singularissimi humili
rec. Scrissi sabato quanto ochorriva. Di poi a nulla altra cosa ho
dato opera excepto che a domandare licentia al pon. la che non ho
hauta per non havere possuto impetrare gratia d'audientia. Trovo
tutta la fameglia del papa intorbidata et hieri mi furo facte parechie
ribuffate, sono quasi tutti Genovesi, con dirmi che le V. S. hanno
hauto poco reguardo al pon. et a li Genovesi in havere prestati a li
Fiorentini li carri da condurre le bombarde contra Pietrasancta et
altre artagliarie, et fui minacciato che inanti passi troppo ci sarà fatto
intendere che aviamo errato, con molte parole ampollose, et qui
commemorano le cose di Siena quando el pon. allora cardinale fu
costì et dicano cose assai taliter da parecchi dì in qua mi pare essare tornato al pontificato di Sisto et ricomenzare a trovare quelle
difficultà, taliter che qualche volta m'è venuto volontà di partirmi
senza licentia. Non di meno per intendare l'animo di Sua B. ho deliberato parlare con quella et intendare destramente se queste cose
sono di mente di Sua S^{tà}. Io non sapendo altro ho excusato lo meglio
posso et decto sono male informati, et loro tanto più si riscaldano
affermando el sì. Le V. S. sono prudenti, non posso stimare che
senza grande cagione si ponessero in tali inimicitie et ora più che
mai: a ogni modo o vero o no ricordo con ogni reverentia il tenere
le cose vostre marittime e di frontiera bene guardate. Secondo le
parole di costoro hanno mala intentione. A me non pare potere vivare tanto che mi levi di questi travagli et malinconie. El s^{re} Iacomo
Conte è senza inviamento; desidera servire le S. V. et quando vi pe-
sasse tutta la spesa, offerisce condursi con le S. V. et con li Fiorentini insieme: è s^{re} da farne stima in le armi come a le V. S. è noto.
Hammi pregato ve scriva, parendo a le S. V. fare risposta a questa
parte per adviso et eo maxime in caso non facesse per voi; et se fusse
al proposito vostro, molto più che costui è homo che sa el mestiero.
Attendo con ogni solicitudine per la licentia et giuro a Dio so condotto a termino che non posso restare nè partire con mio honore,

per non havere denari che mai più fui tanto di malavoglia et mi pare le V. S. poco se ne curino e tanto più mi duole el male mio. Non restarò mai di fare offitio di buono e leale cittadino mentre harò lo spirito. Molto a V. S. mi recomando. Rome .XXI. septembris 1484.

 E. D. V.

        Servitor Laurentius Lantus orator.

Ibid. id. eisd. Rome 1° octobris 1884.

..... Le cose di Roma stanno quietissime et tranquille quanto mai fussero. A questo pont. dali Romani è prestato obedientia grandissima, deposte le armi, assectate le brighe. La iustitia è rigorosa in modo la brigata s'assecta a bene vivare. Le forche stanno fornite in modo li ribaldi sono spaventati.

ARCHIVIO DI STATO IN FIRENZE.
Dieci di Balia. Carteggio. Responsiva.

LETTERE DI GUIDANTONIO VESPUCCI ORATORE IN ROMA.

Rome .XXX. maii 1484.

Scripsivi per la mia de .XXVIII. come el sig. Virginio si era resoluto volere andare ad pigliare li contadi per forza, veduto ch' el prothonotario Colonna non mecteva ad executione alcuna delle sue promesse. Hieri el conte mi dixe come omnino voleva acordare questa cosa et fare il tucto perchè non si venisse all'arme, et che 'l prothonotario li havea mandato a dire che si voleva rimettere nelle mani di N. S. et del Revmo camarlingo: et a questo effecto, per acozarsi con il prefato prothonotario, hieri a hore .XXI. el camarlingo si partì di palazo et venne ad casa sua et mandò per il prothonotario che andasse ad casa S. Revma S., el quale recusò l'andare, allegando che gli era stato detto che lo volevano ritenere et che lo credeva perchè sapeva di certo casa Orsina si armava, et per questo sospetto, questa nocte passata e Colonnesi et Orsini continuo sono stati in arme, et similiter tutta questa terra e la guardia di N. Sig°; et così sono stati tutto dì d'hoggi non altrimenti che se fussino nella bataglia: et ecci tra luna parte et laltra tra cerne et fanti forestieri et romaneschi armati de le persone di più di $\overset{m}{VI}$ et circa dugento cinquanta homini d'arme, de' quali el maggior numero de li homini d'arme et cerne et forestieri hanno li Orsini: de' Romaneschi e Colonnesi. Per ancora non sono venuti alle mani, perchè N. Sig^e et questi conservadori di Roma molto si sono affatichati di posar questa cosa in pace et fare ch'el prothonotario si rimetta in N. Sig^e, ma a questa hora, che siamo a hore .xxii., non si è fatto conclusione alcuna et dubito se costoro s'azufono, oltra el grande homicidio che potrebbe uscire di tal zuffa, che questa terra non vada ad sacco. È cosa di mala natura al iudicio mio et pel pubblico et pel privato, perchè intendendosi per li nimici queste discordie, diventeranno più insolenti et animosi, et faranno di nuovi pensieri. Dio sia quello che provegga al bisogno.

El conte tutto dì si è stato a palazo et dimostrasi con le genti de la guardia in favore di questi Ursini.

Post scripta. A hore .xxii. et mezo questi Orsini ed il conte in persona, con la guardia del papa, sono iti ad trovare questi Colomnesi ad casa loro con una bella gente: et tandem doppo una grande uccisione d'homini hinc inde, hanno preso la casa del cardinale et prothonotario Colomna, et messola a saccomanno: et continuamente la spianano: el prothonotario si dice essere scampato: del cardinale Colonna non vi scrivo altro perchè non è in la terra.

In questo punto, che siamo a hore .xxiiii., è passato dinanzi l'uscio mio el prothonotario Colomna preso abbraccio col sig. Virginio, con un mantelletto paonazo, in sur uno cavallo leardo magro: quel seguirà apresso darò notitia a Vostre Magn^tie.

Ibid. id. eisd. Rome, die .i. iunii 1484.

Magnifici dñi priores honorandi, commendatione premissa etc.

Per la mia de' .xxx. detti notitia a V. M. come lo illmo sig. conte con le genti della guardia di N. Sign^re, il sig. Virginio con le sue genti d'arme e i suoi partigiani havevano assaltato el prothotario Colonna, et tandem lo haveano preso, et saccomannato la casa sua et del cardinale Colonna, et fere tutta bruciata. In decta battaglia morì di homini di nome el sig. Filippo Savello per la parte del prothonotario; per la parte Orsina uno gentilhomo napoletano et sette overo octo altri: fu menato el decto prothonotario la sera medesima al conspecto di N. Signore, el quale chiamandolo continuo bestiolino et cervellino, ripetè tutto quello havea operato contro Sua Beatitudine nella guerra passata: et come tutto li havea perdonato et rendutoli tutto el suo Stato: et quanto S. B. havea humanamente tractato questo caso de' contadi per ridurre la cosa dacordo: et come il prefato prothonotario, poi che havea ridocto el sig. Virginio a fare quanto esso voleva, molte volte contra le promesse facte per lui di depositare decti contadi, havea beffato e dileggiato Sua B^{ne}, et ultimo loco, uon havea voluto ubidire a Sua Santità quando havea mandato per lui, nè degnatosi di venire sotto la fede di Sua B^{ne}, immo si era ribellato da lui et cercato di mectere sottosopra Roma, et preso una porta della terra, et facto ragunata di genti con dire che Dio havea permesso quod omnino ubidisse di venire al cospecto di Sua Beatitudine, et che de li demeriti suoi bisognava meritassi qualche pena. Et a questo effecto comandò che lui fossi menato in Castello et detenuto lì come quelli vi sono per la vita. El prothonotario con poche parole, non scusando el passato, dixe, come tucto quello haveva fatto al presente era per sua sicurtà, essendoli stato messo in testa che S. B^{ne} lo voleva detenere andando a quella: et che mai havea pensato ribellarsi da Sua Santità nè machinare nulla contro a quella. Et replicando N. S. che da lui non voleva se non ubidientia, li fu levato dinanzi, et menato in Castello, secondo havea comandato.

La mattina seguente el magnifico messer Io. Agnolo et io andamo ad casa el sig. conte dove lo trovamo molto allegro: et con lui ci rallegramo de la victoria hauta: di che prese Sua Sig^{ia} piacere et gloria assai: et dixeci come sua intentione era in su quel punto impiccarlo, se non fussi ch'el sig. Virginio li obviò dicendo el prothonotario essere suo prigione, et che lo voleva menare da N. Sig^e, et che li pareva omnino da tenerlo vivo per molti buoni rispecti: et che a questo effecto lo havea campato; dicendo el prefato conte esserne contentissimo non lo havere morto, con dire che omnino voleva assicurarsi di questi Colonnesi et havere le loro fortezze et terre nelle mani, videlicet del prothonotario et de' fratelli: et che se non l'haveva lo impiccherebbe: et in nostra presentia commise a un maziere di quelli del papa che andassi ad Marino et a laltre terre del prothonotario et fratelli, et comandassi li homini di quelle terre, che non dessino più obedientia a decti Colonnesi, et mandassino le chiavi et giurare fidelità a N. Sig^e: et dimostrò nel suo parlare el conte che credeva in octo dì, quando decte terre facessino repugnantia, farle venire per forza ad ubidienza. Demonstrando questa cosa essere molto favorevole per la comune impresa: perchè, se non si fusse assectata, el sig. Virginio, nè S. Sig^a sarebbono potuti ire in Lombardia. Hora, hauto che haranno decte terre et li contadi (le quali cose sperava avere in brevi), et l'uno et l'altro saranno presti. Questa ultima parte credo toccassi S. Sig^{ia}, o perchè credessi così essere il vero, aut per tagliarci le parole, che noi non havessimo cagione di sconfortarlo di questa impresa: perchè essendo implicato di qua, non potrebbe con tutte le forze unite attendere a la comune impresa. Et quamvis per noi si cognoscessi questo parlare essere facto a questo effecto, nihilominus non si cessò di dimostrarli che quando questa impresa non riuscisse così facile come Sua Sig⁴ mostrava, non era da attendere a questa per obmettere quella di Lombardia: et maxime lo andare di S. Sig⁴ et del sig. Virginio, mostrandoli quanto era di riputatione et di utile a la comune impresa lo andar loro. S. Sig⁴ʹa questa parte niente altro rispose se non che si voleva assicurare et che non dubitava spacciare questa impresa in otto dì.

. . . .

Per remuneratione di quanto havea facto lo illmo. sig. conte contro a Colomnesi, la Sanᵗᵃ del papa, in su l'hora del mangiare la mattina, mandò a donare a S. Sigⁱᵃ due coppe bellissime d'ariento, di valuta più che cinquecento ducati, le quali furono del sig. Gostanzo. Et furono di quelli arienti che Sua Beatᵉ hebbe per la investitura de quella illma Madonna di Pesaro: et uno rinfrescatoio di cristallo con molti ornamenti d'oro et ariento, di valuta di ducati mille, o più, el quale S. Beatᵉ hebbe in dono dal vescovo di Castres francioso.

In questa città era una famiglia che si chiamano Della Valle, e quali hanno briga mortale con un'altra famiglia di qui chiamata Da Santa Croce. La prima era adherente con casa Colomna: la seconda con casa Ursina. L'una et l'altra era ritenitore di quanti sbanditi et ribaldi erano in questa città, et stavano in modo forti in casa, che sanza grande sforzo non si sarebbono potuti cacciare dalla città. Questi Della Valle, veduto preso il prothonotario Colomna, la nocte sgombrorono la città con tutti e loro partigiani, et similiter sgombrorono la casa, non lasciato in casa se non certe vecchie. N. Signore per extirpare tutte le radice ha comandato si gittino in terra le loro case: et così continuo si gittono.

Hiersera al tardi vennono .vii. homini da Marino, castello de' Colonnesi, et portorono le chiavi di decto castello, et col mandato del Comune giurorono fedeltà a Nostro Signore.

Ibid. id. eisd. Rome .ii. iunii 1484.

Magnifici domini priores honorandi commendatione premissa etc.

Per la mia del primo advisai V. M. quanto era successo nel caso de' Colonnesi: di poi ci fu hieriṣera al tardi, come el duca di Cavi, fratello del prothonotario, era in Marino con alquante gente d'arme et fanti, et havea mandato ad raccomandarsi a Nostro Signore, con dire che de la persona et de la robba sua poteva disporre a suo beneplacito.

Questa mattina la Santità di N. S., sotto el governo del sig. Paolo

Orsino et di Lione da Monte Seccho, ha mandato circa octanta homini d'arma et circa secento fanti per dare el guasto a Marino et le altre terre di questi Colonnesi in caso che non si arrendino: et per questo si iudica che lo extirpare affatto questi Colomnesi harà pure qualche difficultà, come per la mia del primo vi scripsi. Di che mi è parso dare notitia a Vostre Magnificentie.

Ibid. id. eisd. Rome .IIII. iunii 1484.

E' Colomnesi si tengono pure forti a Marino: et dove nell'ultima mia dixi essere in Marino el duca di Cavi, voleva dire el sig. Prospero. Parmi N. Sig. facci venire qui quelle genti havevano e Baglioni da Perugia per seguitare decta impresa contro e Colomnesi. Qui nella terra a tutti e loro partigiani è stato tolto gli officii che havevano in corte et sono perseguitati, chi con disfarli le case, et chi con farli ricomperare qualche somma di danari. El prothonotario è stato examinato con darli la stanghetta, nè da lui s'è cavato cosa di fondamento: non se gliè dato corda per cagione d'una ferita ha nella mano. A me pare che se a questi Colonnesi è dato tempo, che questa habia a essere non meno pernitiosa cosa per la lega, che si sia la guerra del reame, se li inimici danno qualche auxilio di danari a li predecti Colomnesi, et è la cosa in luogo che con sicurtà et con honore di N. Sig^e mal si può ritirare indrieto. Dio sia quello che provegga al comune bisogno.

El sig. Virginio, questa nocte, con alcune gente d'arme è ito a pigliare la possessione de li contadi: et di quello seguirà ne darò notizia a Ve Magnificentie a le quali mi raccomando.

Ibid. id. eisd. Rome .VIII. iunii 1484.

Magnifici dñi priores honorandi, commendatione premissa.

Per la ultima mia de' .III. advisai Ve Magn.^{tie} come el sig. Virginio era ito con alcune gente a pigliare et contado d'Albi et Tagliacozo per forza: per noi non s'intende di poi quello sia seguito.

Le gente ecclesiastiche ch'erano ite ad campo ad Marino si sono tirate indrieto, et per la maggior parte si sono inviate drieto al sig. Virginio: nè credo prima si offenda a Marino che la impresa de' contadi sia finita. Quelli di Marino attendono ad segare et riporre el mietuto in Marino: et N. Sig. et il conte attende arragunare gente insieme per quella impresa: et stimasi ragunerà circa .XVI. squadre. Isto interim per la madre del prothonotario si tracta accordo con N. Signore e col conte e quali non se ne mostrano alieni: pure o non ci presto fede, atteso la offesa grande a la natura di chi ha offeso,·et dubito non sia praticha per adormentare. Per noi, con quel dextro modo si può non si obmette cosa alcuna perchè decto accordo habbi luogo, quamvis el conte con noi pocho o niente conferisca di questa praticha. La forma de lo accordo che si tracta ho intexo variamente, et per questo, usque io non habbia la cosa con fundamento, non ne darò altro adviso a V. M.

Per altre mie vi advisai come el sig. Virginio havea depositati per dare al prothonotario circa .xiiii.^m ducati,.e quali vanno al presente alla Maestà del re. Sua Celsitudine li havea deputati per le prestanze del sig. di Rimino et di Pesaro et Feltreschi: parmi la intentione del sig. conte sia che sien dati al duca di Calabria: pure usque nunc, per quello intendo, nè luna cosa nè laltra ha hauto effecto: et di quello seguirà quamprimum ne darò notitia a Vostre Sig^{ie}.

El prothonotario, dopo la stanghetta ha hauto le stecche alle dita et a lunghie et il dado ali nodi del braccio, et arrandellatoli con una corda la testa: non s'intende quello si habbia confessato, et molto segreto sta el suo processo. La madre li è ita ad parlare et per quanto lei habbia hauto a dire, el prothonotario non ha confessato di preiudicio alcuno.

Ibid. id. eisd. Rome .xi. iunii 1484.

Magnifici domini priores honorandi commendatione premissa etc.

L'ultima mia fu de .viii. et per quella advisai Ve Magn^{tie} quanto era seguito de la impresa de' Colomnesi. Dipoi mercholedì nocte è successo che essendo parte de le gente ecclesiastiche in Grottaferrata, che è una badia in fortezza del rev.mo S. Pietro in Vincula, presso a Marino circa tre miglia, quelli di Marino uscirono fuori, et due hore innanzi di con scale et per una certa fogna entrorono in decto luogo et trovorono quasi ognuno in lecto che dormivano: amazorono nelle stalle circa .xxv. cavalli, par la maggior parte del sig. Paolo, et furono ale mani con li Ecclesiastici. Tandem furono ributtati di fuori. Nientedimeno fu morto nella mixtia delli Ecclesiastici Leone da Monte Secco, homo di capo et molto amato dal conte, et era fratello di Giovan Battista da Monte Secco. La morte sua si dice variamente; chi dice di una freccia di quelle larghe nella gola; chi dice di uno scoppietto nel petto. Fu etiam preso m. Sinolfo da Castelloctieri cherico di Camera et commissario di N. Sig^{re} in questa impresa, et menato prigione a Marino. El sig. Paolo Orsino et il sig. Hieronymo di Tuttavilla si rifuggirono nel campanile, la qual fuga fu lo scampo loro. N. Signore immediate hieri

fece fare trecento fanti, et non solum che per questo non si sia
sbigottito, ma demostra essere molto più irritato contra decti Colomnesi, et più gagliardo nella impresa. Ha mandato Sua Beat⁰ pel
sig. Virginio, che, lasciato la impresa de' contadi, se ne venga ad
Marino, dove continuo si raguna gente ecclesiastice per potere cam-
peggiare con le bombarde. Et fassi per li Ecclesiastici questa
impresa molto facile; che così piaccia a Dio che sia per il bene
publico. In Marino, in favore de' Colomnesi è venuto fanti Aquilani,
et stimasi sia presidio che venga dal conte di Montorio el quale è
molto obbligato a casa Colomna per li gran beneficii ricevuti da
papa Martino. La Santità di N. Sig⁰ per obviare a questo presidio
ha scripto al prefato conte che si debbi contenere di non dare adiuto
a Colomnesi, aliter procederà contro a lui con le censure et in tutti
quelli modi potrà: et similiter ha scripto alla Maestà del re che
debba scrivere alla comunità de l'Aquila et al predecto de Montorio
che non prestino alcuno adiuto a Colonnesi sotto pena de la di-
sgratia etc. Che se per questa via si togliessi a' Colonnesi quel favore, potrebbe essere la impresa sarebbe facile come dice N. Sig. et
il conte: aliter la iudico molto dura. Di che m'è parso dare adviso
a Vostre Magnificentie.

Ibid. id. eisd. Rome .XVI. iunii 1484.

Dimostrano dubitare Vostre Magn⁰ che per queste novità de' Colomnesi non si habbino a ritardare o diminuire li provedimenti di
Lombardia: et ideo m'imponete ch'io faccia ogni istantia che sia
possibile, con quella dextreza ricerca la materia, di volgere l'animo
di N. Signore et del conte al sedare queste discordie per qualche
modo da cordo: et quando questo non si possa, non si habbi perciò
per tale cagione ad ritardare o diminuire e provvedimenti in Lombardia. A che vi dico el dubio di V⁰ Sig¹⁰ essere molto ragionevole: et ideo intendendo noi oratori questo inanzi a la ricevuta de
la vostra, et de luna cosa et de laltra, et di per se et insieme, ne ha-
biamo facto parole et ogni pruova con la Exc. del conte: et quanto
a la prima parte circa l'acordo, S. Exc. inanzi succedesse la morte
di Lione da Monte Seccho ci prestava orecchi, come per altra vi
scripsi: doppo decta morte, ritoccho da noi più volte, non solum
non ci ha prestato horecchi, ma se n'è molto crucciato, adeo che
dopo la ricevuta de la vostra, consultato insieme tra noi oratori se
era bene parlargliene più, havendo hauto simile adviso el mag⁰ dño
Anello, fu intra noi concluso che non era de directo buono ad ra-
gionarne, sed incidenter, quando si vedessi el tempo et l'aptitudine

che a proposito potessino cadere tali ragionamenti, al' hora ciascuno di noi exeguisse la sua commissione. Si che circa questa parte, non ho altro che rispondervi se non che veggo indurato el chore del pontefice et del conte ad seguitare la impresa, et li Colomnesi più tosto essere disposti ad volere perdere lo Stato loro honorevolmente tutto, che cederne una parte dacordo. Quanto a la seconda parte, Sua Sig.ia ha risposto non volere nè differire nè diminuire del numero de le genti che è obligato per li presidii de la S.ma Lega, excepto che de la persona del sig. Virginio. Et credo veramente mancherà pocho de li oblighi suoi: perchè queste gente che N. Sig.e adopera in questa impresa quà, excepto el sig. Virginio, non erano nella lista de le gente ecclesiastiche, et per quanto ho inteso hoggi dal secretario del sig. Lodovico, N. Sig.e di nuovo ha conducto Iovan Baptista Savello con cinquanta homini d'arme, el quale al presente è con la Sig.ia di Vinegia; et ha S. Exc.a mandato e danari per li fanti. Et continuo più animosamente si dimostra voler fare a quanto è obbligato: et molto più, finita questa impresa de' Colomnesi.

Ibid. id. eisd. Rome .xx. iunii 1484.

Magnifici domini priores honorandi, commendatione premissa etc.
Hiersera al tardi venne nuova come el sig. Virginio haveva hauti tutti li contadi, excepto la roccha di Cervara, la quale quamvis sia de le cose apartenente al sig. Virginio, nichilominus non è de li contadi; et per questo ha licentiato si paghi a la M.tà del re e .x.m. ducati depositati per dare al duca di Calabria, promettendo darli 4.m più fra il tempo convenuto con el sig. conte: et a questo effecto si spaccia costì una staffetta con lectere di cambio a Filippo Strozzi che paghi e decti .x.m. ducati; che è optimo rinfrescamento a Sua Excellentia.

Ibid. id. eisd. Rome .xxv. iunii 1484.

Magnifici domini priores honorandi, commendatione premissa etc.
Per la vostra de' .xxi. V. M.ie mi exortano ad adiutare per ogni via si può, se fusse possibile si potessi piglare qualche forma da cordo tra la Santità di N. Sig.e et questi Colomnesi: ad che vi dico che per tucti questi oratori insieme con mecho, et di per se, quando veggiamo il tempo, non si cessa di battere questo chiovo: nichilominus insino a hora s'è facto pocho proficto: et hierisera venne mess. Matheo da Furlì, el quale per altre mie vi scripsi essere Commissario in campo, con certi homini da Marino per tractare accordo di dare quella terra. Non so che fructo si faranno, perchè volendo

col dare quella terra sola, liberare le altre, sono certo faranno pocho fructo: con ciò sia che io, avendone qualche accenno da la madre del prothonotario, la proferissi al conte: Sua Sig⁰ per niente ci volle prestare orecchi. Ingegnerommi d'intendere quello seguirà, et di tucto ne adviserò V. M.

Ibid. id. eisd. .xxvi. iunii 1484.

E Colomnesi, inteso che uno figliolo di Iacomo Conte era andato in Campagna con alcuni homini d'arme et fanti; et dubitando dì non perdere quello Stato hanno quivi, et maxime Ghinazano; et vedendo di non potere tenere Marino, quello hanno abandonato et li homini di Marino si sono dati alla Santità del papa. Et questa mattina Sua B⁰ ne ha mandato a pigliare la possessione; che è una buona nuova per questi Romani, che dubitavano che tucto el Latio, che è il granaio di questa terra, non potessi sicuramente fare le sue ricolte.

Intendesi anchora, ma non lo affermo per certo, che e decti Colomnesi sgombrano le case loro che hanno in Rocha di Papa; che pare segno, o di volerla abandonare, aut di non credere potere resistere alli Ecclesiastici.

Ibid. id. eisd. .xxx. iunii 1884.

..... Questa mattina fu tagliato la testa in Castello al revdo prothonotario Colomna, cuius anima requiescat in pace. In su la terza con quattro doppieri fu cavato di Castello in una cassa et portato in una chiesetta quivi apresso al Castello: non si poteva perciò vedere il corpo. Et fu messa decta cassa nel mezo di decta chiesetta, coperta d'un panno nero, publice, che ognuno vi poteva andare ad vedere. Dicesi, la madre et i parenti che sono qui anderanno pel corpo per honorarlo: nichilominus non lo so certo; di quello seguirà ve ne darò notitia.

Tornò tre dì fa el sig. Virginio da li contadi con gran festa de la parte sua: et fra due dì si stima insieme col conte usciranno in campo. Non si lasciano bene intendere se anderanno a Roccha di Papa, terra dei fratelli del prothonotario Colomna, aut ad Neptunno dove si trova il revmo cardinale Colomna, aut ad Cavi, dove si truovano al presente e fratelli del decto prothonotario. Tosto se ne doverebbe essere chiaro di loro intentione, de la quale darò notitia a V⁰ Signorie.

. . . .

Post scripta. Sono stato con lo illmo sig. conte in lungo ragionamento, nè altro ho tracto da la S. Sig^{ia} degno di vostra notitia nisi chel suo andarè in campo sarà a dì 2 di luglio: et che la morte del prothonotario Colomna è stata senza partecipare niente col sig. Virginio: la qual cosa io credo che sia più tosto decta per iscarico del sig. Virginio, che il vero sia così.

. . . .

In questo punto si è sepellito el revdo prothonotario con mancho che mediocre honore.

Storia esterna del Codice Vaticano

DEL

DIURNUS ROMANORUM PONTIFICUM

L'ORIGINE e le vicende del prezioso codice che contiene il *Diurnus Romanorum pontificum,* appartenuto un tempo alla biblioteca Sessoriana di S. Croce in Gerusalemme e custodito ora nell'archivio segreto Vaticano, sono ancora involte in un'oscurità che le indagini dotte e pazienti dell'ultimo editore, Eugenio De Rozière (1), non riuscirono a dissipare completamente. Raccogliere notizie intorno ai possessori del codice, riunire le indicazioni lasciate dai dotti che lo studiarono e le annotazioni dei bibliotecari che lo segnarono nei loro indici, e, risalendo così nel passato, cercare di avvicinarsi, per quanto è possibile, alla origine del codice e di determinarne la storia; ecco lo scopo del presente studio. E poichè dalla storia del codice non può disgiungersi quella degli studî fatti direttamente su di esso, così, servendomi delle traccie tuttora esistenti o di cenni e racconti di alcuni eruditi, tenterò di ricostituire la serie degli studi fatti su quel codice, siano stati essi realmente eseguiti o si siano arrestati ad un punto

---

(1) *Liber diurnus ou recueil des formules usitées par la chancellerie pontificale du* v^e *au* xie *siècle....* par E. DE ROZIÈRE; Parigi, 1869. Veggasi la nota alla p. 689.

più o meno avanzato di preparazione. Questo studio, diretto principalmente a chiarire le questioni lasciate insolute nella magistrale prefazione del De Rozière, ho impreso per consiglio e coll'aiuto dell'illustre prof. Teodoro von Sickel di Vienna. Il quale avendo ripreso il disegno di una nuova edizione del *Diurnus,* lasciato interrotto dal compianto dottor Diekamp, e saputo che io mi occupava della storia dei manoscritti Sessoriani di S. Croce, volle, con cortesia pari alla dottrina, lasciare a me le ricerche sulla storia esterna del codice. Io gliene ho comunicato le conclusioni, ch'egli ha riferito nei *Prolegomena* (1) premessi alla nuova sua edizione; qui ne espongo distesamente il cammino e lo sviluppo.

I.

Cominciando la promessa rassegna a ritroso dai tempi nostri in dietro, tralasciando di parlare degli studi recentissimi del Diekamp e del Sickel, de' quali si troveranno ampi ragguagli nei citati *Prolegomena* e nella nuova edizione, di quelli del De Rozière, che non potè vedere il codice e quanto potè sapere espose nella sua prefazione, di quelli del cardinal Pitra, il quale ha riprodotto l'edizione Garnier del *Diurnus* nel vol. CV della *Patrologia* del Migne (2) e ne ha trattato brevemente nei suoi *Analecta novissima* (3); fra i dotti che studiarono il codice del *Diurnus* troviamo primi i nomi del Daremberg e del Renan. Incaricati dal Ministero d'istruzione pubblica di Francia di fare, insieme ad altri studi,

---

(1) *Prolegomena zum Liber diurnus I.* von TH. R. v. SICKEL nel vol. CXVII delle *Sitzungsberichte der kais. Akademie der Wissenschaften in Wien. Philosophische-historische Classe.*

(2) Tom. CV, col. 9-187.

(3) PITRA, *Analecta novissima, Spicilegii Solennensis altera continuatio,* I, 103-108.

una collazione del testo del *Diurnus* dato dal Garnier sul codice già Sessoriano, essi vennero in Roma nel 1850. Credevano che il codice, appena soppressa l'edizione dell'Holste, fosse stato tolto dalla biblioteca di S. Croce per ordine di Alessandro VII, e che nessuno, meno il Mabillon, l'avesse più veduto. Sapevano in modo vago che stava in Vaticano, ma dove precisamente, ignoravano. Si rivolsero, come era naturale, ai monaci di S. Croce in Gerusalemme e là dal bibliotecario D. Alberico Amatori seppero che era conservato nell'archivio segreto Vaticano (1).

Che i due dotti francesi, non avendo fatto studî speciali sulla storia del codice, lo supponessero trasportato in Vaticano subito dopo soppressa l'edizione Holsteniana, è cosa che fino ad un certo punto si comprende, e si può pur comprendere come, fermi in quell'idea, non ponessero mente alle parole del Mabillon, il quale, sebbene non lo dica apertamente, fa intendere abbastanza bene che il ms. si trovava sempre in S. Croce al tempo del suo viaggio a Roma (2). Ma è strano com'essi, che certamente conoscevano l'*Archiv* del Pertz così ricco di notizie sui fondi di mss. italiani, anzichè cercare lì la notizia del luogo dove era custodito il *Diurnus,* e ve l'avrebbero trovata, come vedremo fra breve, si rivolgessero all'Amatori. Il quale penso che non potesse dar loro subito l'indicazione desiderata,

___

(1) *Archives des missions scientifiques et littéraires,* I, 243 e sgg. Il primo volume degli *Archives* è divenuto ormai introvabile. In Roma, ch'io sappia, solo il sig. marchese Gaetano Ferraioli ne possiede alcuni fascicoli e debbo alla inesauribile cortesia di lui se ho potuto servirmi della relazione Daremberg e Renan.

(2) Riavvicinando il passo nel quale MABILLON (*Iter Italicum,* p. 75), narrando di aver potuto finalmente trovare il codice del *Diurnus,* dice ch'esso aveva appartenuto ad Ilarione Rancati, col breve cenno che dà a p. 90 della Vita del Rancati stesso e de' codici da lui raccolti in S. Croce, l'idea che si presenta prima alla mente è che, come realmente avvenne, egli trovasse il *Diurnus* nella biblioteca di S. Croce.

perchè deve aver creduto fino allora che il *Diurnus* si trovasse nella biblioteca e non nell'archivio Vaticano. In una lista di codici Sessoriani perduti dal tempo del cardinal Besozzi, ch'è unita alla sua *Bibliotheca membranacea manuscripta Sessoriana*, l'Amatori nota per ultimo il *Diurnus* e lo dice esistente nella biblioteca Vaticana (1).

Oltre la collazione del codice, Daremberg e Renan fecero in Roma altre ricerche intorno al *Diurnus*. Videro a S. Croce una copia dell'edizione Holsteniana (2) del celebre formulario e copiarono la seguente nota scritta di mano del card. Besozzi su quell'esemplare: I. Ioachim Bessossi, « abbatis S. Crucis, ex dono illustrissimi abbatis Compa-« gnoni heredis cardinalis Maresfusci. — Liber iste Diurnus « Romanorum pontificum rescriptus furtive fuit unius noctis « termino, ex codice huius nostrae bibliothecae Sanctae « Crucis, cum eodem Lucae Holstenio commodasset P. ab-« bas dom. Hilarius Rancatus.

« Rarus est, quoniam exemplaria huius libri, ne publi-« carentur, fuerunt suppressa. Notandum tamen quod in « codice nostro desunt quae capite primo ab Holstenio prae-« mittuntur circa *Suscriptiones,* quorum tamen in mutilis pri-« mis paginis aliqua vestigia reperiuntur, sicuti et quod codex « formulas absque ullo ordine fere continet, cum tamen Hol-« stenium (*sic*) easdem per materias ordinaverit. Unde Hol-

(1) *Liber diurnus Romanorum pontificum, ex quo Lucas Holstenius suam vulgavit editionem ab Abate Hilarione Rancato comodato olim in hac nostra Bibliotheca reperiebatur, modo vero asservatur in Bibliotheca Vaticana.* Bibl. Naz. Vitt. Eman. cod. Sessor. 534, c. 285 r.

(2) La copia dell'edizione di Holste donata al cardinale Besozzi dall'abate poi cardinale Mario Compagnoni Marefoschi e dal Besozzi lasciata a S. Croce non è pervenuta alla Vittorio Emanuele. Questa biblioteca ha una copia di quell'edizione, proveniente dalla biblioteca del Collegio Romano ed appartenuta al p. Pietro Lazzeri. Posseggono questo raro libro anche la Vaticana, l'Angelica e la Casanatense di Roma, la Palatina di Parma, la Fabroniana di Pistoia, la Guarneriana Fontaniniana di S. Daniele del Friuli.

« stenius sumpserit laudatas superscriptiones, ipse non dicit
« et ego ignoro ».

Senza dire di alcuni errori di trascrizione grossolani e
quasi incredibili, poichè, ad esempio, non è da supporre
che il Besozzi non sapesse scrivere il proprio nome e quello
del card. Marefoschi, v'è un'osservazione da fare. Se Daremberg e Renan copiarono dall'esemplare dell'edizione
Holsteniana di S. Croce la nota autografa del Besozzi,
come mai non s'accorsero ch'era pure di mano del Besozzi
l'altra importante nota : « Pretiosissimus est iste codex, etc. »
che sta innanzi al codice e che fu ugualmente copiata da
loro ? Eppure la scrittura grossa e inelegante del dotto cardinale è così caratteristica che non si può non riconoscerla
da chi l'abbia vedúta anche una sola volta.

Non so di altri studiosi che prima del 1850 e fino al 1832
abbiano consultato il *Diurnus* nell'archivio Vaticano. Nei
primi giorni del 1823 Giorgio Enrico Pertz, che da due
anni percorreva l'Italia cercando materiali e notizie pei *Monumenta Germaniae*, potè penetrare nell'archivio Vaticano e
cominciarvi le sue ricerche. Merita d'esser riferita la breve
ma esatta notizia che il dotto tedesco dà del *Diurnus* nel
volume V dell'*Archiv* (1): « Der zweite und wenn ich rich-
« tig urtheile für die Geschichte wichtigere Theil des Ar-
« chivs sind die Handschriften oder Urkundenbücher von
« denen ich unter andern den *Liber diurnus Romanorum
« Pontificum* sah, und die Handschriften des Cencius be-
« nutzte. Jener ist, Pergament in octav, aus dem 8ten Jahr-
« hundert, in seinen ersten Blättern sehr verletzt, und ver-
« dient eine sorgfältige Vergleichung mit den Drucken, um
« so mehr, als in diesen, die einzelnen Bruckstücke der
« ersten Blätter willkurlich zusammengesetzt zu seyn schei-
« nen ».

(1) *Archiv der Gesellschaft für ältere Deutsche Geschichtskunde*, V,
27-28.

II.

Coi primi anni del secolo presente cominciano i tempi oscuri per la storia del *Diurnus*. Il De Rozière, abbandonata giustamente l'ipotesi ch'esso fosse trasportato in Vaticano per ordine d'Alessandro VII dopo la soppressione dell'edizione di Holste, crede che il codice seguisse la sorte degli altri mss. di S. Croce trasportati alla biblioteca Vaticana in virtù del decreto di Napoleone I del 3 settembre 1811, e non fosse restituito a S. Croce dopo la restaurazione di Pio VII. Allora, soggiunge il De Rozière: « son caractère « diplomatique détermina sans doute le souverain pontife « à le conserver dans ses archives » (1). Tale congettura, a mio credere, s'avvicina alla verità e quasi, dirò così, le gira intorno, ma non la raggiunge.

A questo punto, in cui qualunque indizio, sebbene apparentemente insignificante, può dar molta luce, è necessario descrivere minutamente l'aspetto esteriore del codice.

Il codice del *Diurnus* è membranaceo di carte 99 intere e 5 frammentarie, di 0^m 170 $\times$ 0^m 110 senza la legatura, 0^m 180 $\times$ 0^m 115 colla legatura. Questa si compone di un pezzo di pergamena ritagliato da uno più grande che prima deve aver servito a ricoprire qualche altro volume, come sembrano indicare due piegature che corrono nel senso della larghezza attraverso alle due coperte e al dorso. Nella parte esterna della prima coperta è scritto:

N 5

H h h h h 97

Ex Capsula X

(1) DE ROZIÈRE, *Introduction*, p. CLVIII.

Sul dorso nella parte superiore fu scritto da prima di mano frettolosa e trascurata *Diurnus,* la qual parola è ora allo scoperto, per·essere lacero e consunto negli orli un cartellino in carta rossastra che vi fu appiccicato sopra posteriormente. Sul cartellino, in caratteri stampatelli maiuscoli e minuscoli tracciati a mano, è una scritta della quale resta quanto segue :

Code | ⌢CCX | I | ꟾiurnu | ⟍om P | ific

Nella parte inferiore del dorso è scritto di mano recentissima: XI . 19. Sopra un primo foglietto di guardia in carta forte sono le seguenti annotazioni :

« *Codex 138* | *Diurnus* | *Romanorum Pontificum* | Pretio-
« sissimus est iste Codex scriptus | Longobardorum tem-
« pore fortassis inter | septimum et octavum seculum ».

« Pagina 69 sexta synodus que habita | est anno 681
« dicitur nuper celebrata | ex quo inferri potest codicem
« scriptum | vel septimo seculo vel inchoante 8° ».

L'ultima carta del codice, di cui non resta che un frammento, ha nel verso la segnatura : D 117.

Ragionerò separatamente di ciascuna di queste indicazioni :

1. *XI . 19.* È la segnatura presente del codice apposta di mano dell'attuale sottoarchivista D. Gregorio Palmieri. Corrisponde al catalogo compilato da Pier Donnino De Pretis custode dell'archivio Vaticano (1827-1840). L'annotazione del catalogo De Pretis è: *Armario XI 19. Holstenius Diurnus Pontificum* (1).

2. *N 5, 3. H h h h h 97, 4. Ex Capsula X.* Queste tre sono pure segnature d'archivio. Della prima non ho trovato riscontro in nessuno dei cataloghi ed indici dell'archivio

---

(1) La segnatura XI, 19, e l'annotazione del De Pretis, *Holstenius Diurnus Pontificum,* si riferiscono ad un esemplare stampato dell'edi-

Vaticano. La seconda corrisponde ad un indice cronologico dei documenti di quell'archivio compilato dall'archivista De Bellini intorno al 1850. Il De Bellini registra così il *Diurnus*:

« H h h h h *Diurnus Romanorum Pontificum quem Lucas*
  97   *Holstenius typis mandaverat contra votum*
           Cardinalis Bona, D. Garnerius edidit ».

La terza è pure una segnatura d'archivio, e il prof. Sickel crede sia stata scritta di mano di Gaetano Marini. Si riferisce all'*Index diplomatum bullis aureis munitorum* dell'archivio Vaticano.

   5. *Pagina 69 sexta synodus, etc.* È annotazione di uno studioso che ha potuto esaminare tranquillamente il codice quando era ancora nell'antica sua sede in S. Croce. È di mano del dotto abate Gian Colombino Fatteschi, cisterciense anch'esso, che deve aver avuto famigliarità grande coi suoi confratelli di S. Croce, poichè lasciò gran parte dei suoi mss. all'abate di S. Croce D. Sisto Benigni.

   6. *Code | CCCX | I | Yiurnu | \om P | ific.* È una segnatura dei mss. della biblioteca Sessoriana sicuramente posteriore alla morte del card. Besozzi (1755), il quale aveva dato a quei mss. un'altra numerazione. Quale fosse questo numero romano, ora in parte illeggibile, possiamo sapere per altra via. Quando, sulla fine del secolo scorso, era in uso questa numerazione in cifre romane, un bibliotecario di S. Croce compilò una lista dei mss. col titolo: *Codices bibliothecae Ste Crucis in Ierusalem antiquiores et pretiosiores.* E fra questi è notato: « CCCXVI membranaceus in 12

─────────────

zione di Holste, non al codice. E forse l'esemplare a stampa era quello col frontespizio di mano di Holste, di cui parla ZACCARIA (*Bibliotheca ritualis*, II, II; *Dissertatio*, p. CCLIII) dicendolo appartenuto al Marini. Probabilmente, smarrito o spostato il volumetto impresso, il posto e la segnatura di esso sono stati attribuiti al codice.

« charactere longobardico inter VII et VIII saeculum exa-
« ratus in principio et in fine tineis et antiquitate corrosus.
« Est Diurnus Romanorum Pontificum. Vide 15 A » (1).
Tutto infatti corrisponde. In un prospetto topografico della
collocazione de' codici Sessoriani, compilato, sempre sulla
fine del secolo passato, dal bibliotecario Cipriano Treve-
gati, è notato che il palchetto A dello scaffale 15 era occupato dai codici numerati CCIC-CCCXXXVI. Com'è naturale, il primo e più alto palchetto (A) conteneva tutti codici
di piccolo formato come il *Diurnus,* e la maggior parte di
quei codicetti si trovano ancora nel fondo Sessoriano della
Vittorio Emanuele, anzi alcuni d'essi hanno ancora i car-
tellini rossastri simili a quello del *Diurnus* e portanti numeri
fra il CCIC e il CCCXXXVI. Ma in qual tempo, dopo
la morte del card. Besozzi, sia stata data ai mss. Sessoriani
tale numerazione in cifre romane non può esattamente
determinarsi. Nel codice CCCIII – uno di quelli del palchetto A dello scaffale 15 – è notato che fu donato a
S. Croce dall'abate Ripamonti il 26 aprile 1783; e così,
salvochè fosse stato fatto uno spostamento per far luogo
al ms. donato dal Ripamonti, è da credere che la numerazione sia posteriore al 26 aprile 1783. Inoltre, in un rozzo
e incompleto indice alfabetico dei testi contenuti nei mss.
Sessoriani, al tempo in cui essi avevano questa numerazione in cifre romane, scritto dalla stessa mano dell'elenco
dei *Codices antiquiores et pretiosiores,* è notata una miscellanea contenente scritti riguardanti cose politiche *eventusque
qui Romae contigerunt* (2). Con queste sole indicazioni non
m'è riuscito d'identificare la miscellanea, la quale doveva
portare il numero CCLXXII; ma se, com'è probabile, essa

---

(1) Bibl. Naz. Vitt. Eman. cod. Sessor. 490, c. 214 r.

(2) *Miscellanea continens nonnulla ad Rom. Ecclesiam, summum Pontificem eventusque qui Romae contigerunt spectantia* 272. Bibl. Naz. Vitt.
Eman. cod. Sessor. 490, c. 194 v.

conteneva una raccolta di scritti sugli avvenimenti che precedettero la prima Repubblica Romana, salvo sempre il caso di spostamenti e sostituzioni, la numerazione romana cui appartiene la segnatura CCCXVI del *Diurnus* deve attribuirsi agli ultimissimi anni del secolo passato. E questo si accorda perfettamente colla forma della scrittura dell'indice e dell'elenco dei *Codices antiquiores et pretiosiores* che appartengono sicuramente a quel tempo.

Potrebbe osservarsi che il codice del *Diurnus* registrato nell'elenco dei *Codices antiquiores et pretiosiores* non è notato nell'indice alfabetico sommario che precede l'elenco. Ma questo – ne son convinto – non vuol dire che il *Diurnus* sia stato portato via da S. Croce nel tempo che corse fra la compilazione dell'elenco degli *antiquiores* e la compilazione dell'indice. L'elenco e l'indice sono scritti della stessa mano sulla stessa carta, l'indice prima, l'elenco poi in alcuni fogli rimasti bianchi dopo scritto l'indice. E mentre l'indice, opera frettolosa e trascurata di persona poco pratica di simili lavori, ha imperfezioni e omissioni non poche, l'elenco degli *antiquiores et pretiosiores* è un lavoro amministrativamente se non bibliograficamente compiuto che ha vero valore di documento.

7. *Codex 138*. 8. *Pretiosissimus, etc.* Gioacchino Besozzi, abate di S. Croce, poi cardinale, uomo dotto e assai benemerito della biblioteca Sessoriana, scrisse queste due note. Nel fondo dei mss. Sessoriani, che aumentò di molti e pregevoli, il Besozzi fece tre lavori. Stabilì una nuova numerazione, non potendo più servire l'antica forse per le lacune sopravvenute. E compilò due cataloghi illustrativi, uno di 142 de' più insigni mss. tanto membranacei che cartacei, l'altro di 38 mss. di minore importanza e quasi tutti di nuovo acquisto (1). Ma nessuno dei due cataloghi contiene

(1) Uno è il Cod. Sessor. 488 intitolato: *Notae centum quadraginta duo in Sessorianos codices*, l'altro è il cod. Sessor. 486 intitolato:

una sola parola intorno al *Diurnus*. Nè è difficile immaginare la ragione per la quale l'opera del Besozzi sul *Diurnus* si limitò ad apporvi il numero 138 e la nota *Pretiosissimus, etc.* Il Besozzi, bibliotecario diligentissimo, non poteva lasciare senza il numero nuovo un codice così insigne, e con quella nota volle avvertire i suoi successori del pregio singolarissimo di esso, ma non volle comprenderlo in alcuno dei due cataloghi, e non senza ragione. Avrebbe dovuto parlare diffusamente, com'era suo costume, del contenuto e dell' importanza del codice, delle edizioni dell'Holste e del Garnier, delle cause per le quali la prima era stata soppressa, e, quello che è più, in uno scritto destinato ad andare per le mani degli eruditi, parlare dell'esistenza d'un codice che la Sessoriana doveva custodire come un tesoro, ma sul quale è certo non doveva piacere ai monaci di richiamare di nuovo l'attenzione degli studiosi. Su questo punto è pur da osservare che la massima parte dei mss. Sessoriani, siano o no compresi ne' due cataloghi del Besozzi, portano nei fogli di guardia numeri e annotazioni simili di mano di lui.

9. *Diurnus Romanorum Pontificum.* Questo titolo non è di mano del Besozzi, che anzi la nota *Pretiosissimus* v'è stata scritta appresso da lui come illustrazione del titolo stesso. Non è di mano dell'abate Ilarione Rancati o dell'abate Franco Ferrari, i quali, come si vedrà in seguito, chiamarono costantemente il codice *Formularium Pontificum.* Dev'essere stato scritto negli ultimi anni del secolo XVII, probabilmente dopo la visita del Mabillon a S. Croce.

10. *D. 117.* È la numerazione che portava il codice al tempo del Rancati, e il trovarla scritta nel verso del frammento dell'ultima carta, prova che allora il codice era privo di legatura. Della storia del codice al tempo del Rancati

---

Notae chronologicae, historicae et criticae in manuscripta Sessoriana. Sono ambedue autografi del Besozzi.

parlerò in seguito; frattanto giova stabilire che la lettera *D* non è un' abbreviazione della parola *Diurnus* sconosciuta al Rancati, ma rivela un' incertezza nell'apporre la segnatura. I codici del Rancati eran divisi in due serie, una di 138 segnata con numeri, l'altra di 34 con lettere; probabilmente al *Diurnus* sarà stata assegnata prima una lettera, poi il numero che ritenne in seguito.

Da quanto ho detto intorno a questi segni esteriori, mi pare si possa concludere sicuramente che il codice si trovava ancora a Santa Croce negli ultimi anni del secolo XVIII. È da vedere se il tempo del trasporto all'archivio Vaticano possa essere determinato con maggiore esattezza. Per ciò il De Rozière, come ho accennato, prende come punto di partenza il decreto imperiale del 3 ottobre 1811 (1). Sebbene quel decreto non riguardi le biblioteche, certo è che i mss. Sessoriani sotto l'amministrazione francese furono trasportati alla Vaticana; ma certo è pure che al tempo del trasporto già fra essi non si trovava più il *Diurnus*. Nella prefazione ai *Regesti di Clemente V*, è stata stampata recentemente la relazione di monsignor Marino Marini, nipote e successore di Gaetano Marini, intorno alla riconsegna e al viaggio di ritorno a Roma dell'archivio segreto Vaticano, il quale, com'è noto, era stato trasportato per intiero a Parigi per ordine di Napoleone I e fu restituito dopo la restaurazione. Ora fra i cimeli più importanti de' quali vanta la ricuperazione il Marini nel suo rapporto, è il *Liber diurnus* (2). Il quale, dunque, è evidente, faceva parte dell'archivio segreto Vaticano prima che questo andasse in Francia. Così il tempo del trasporto del *Diurnus* all'archivio Vaticano deve limitarsi fra gli ul-

(1) Il decreto dei 3 settembre 1881 inserito nel *Bulletin des lois* (serie IV, n. 390, decr. n. 7218) si riferisce agli archivi delle corporazioni soppresse nei dipartimenti di Roma e del Trasimeno.

(2) *Regesta Clementis V*, I, CCXLIX.

timissimi anni del secolo XVIII, epoca in cui esso compare
ancora fra i *Codices antiquiores et pretiosiores* di S. Croce,
e il 1810, anno del trasporto dell'archivio a Parigi. Ma è
ancora possibile una più precisa determinazione di tempo
e di circostanze, se si rifletta, che, secondo ogni probabilità, fu autore o consigliatore del trasporto del *Diurnus*
Gaetano Marini. A lui, come a tutti gli eruditi del suo
tempo, doveva esser nota in genere l'importanza del *Diurnus*, e v'ha di più il fatto ch'egli, versatissimo in tutto ciò
che riguardava la storia del papato, conosceva o possedeva (1) la copia dell'edizione Holsteniana, che aveva appartenuto allo stesso Holste, e nella quale si trovava il
frontespizio di mano di lui e il giudizio autografo del cardinal Bona, che provocò la soppressione. Di più, il Marini
aveva posto quella copia a disposizione dell'amico suo Francesco Antonio Zaccaria, e questi se n'era largamente servito per la dissertazione sul *Diurnus*, pubblicata nel vol. 2°
della *Bibliotheca ritualis*, cosicchè egli doveva essere perfettamente al corrente delle ragioni per le quali fu soppressa
l'edizione di Holste. L'importanza intrinseca e l'antichità
del codice, la lunga storia delle controversie ch'esso aveva
suscitato e della soppressione, l'interesse che doveva avere
la Santa Sede a custodire essa l'unico codice antico superstite dell'antichissima raccolta di formole della cancelleria pontificia, i pericoli che in quegli anni di rivolgimenti
politici correvano i libri e i manoscritti delle chiese e dei
conventi, sono ragioni più che sufficienti per render probabile la congettura, la quale, se non erro, è confermata

---

(1) Malgrado l'asserzione, del resto non troppo esplicita, di ZAC-
CARIA (*Dissertatio*, p. CCLIII), mi pare assai più verosimile che il prezioso esemplare a stampa col frontespizio autografo di Holste e il
giudizio del card. Bona appartenesse all'archivio Vaticano anzichè
al Marini. Si ricordi l'annotazione del catalogo De Pretis e quella
più significativa del catalogo De Bellini, le quali, a parere del Sickel
e mio, si riferiscono a quell'esemplare.

da un appunto scritto dal Marini sulla sopraccoperta d'una lettera esistente ora alla c. 982 del cod. Vaticano 9114. Il Marini annota: « Ho veduto ed esaminato il L. diurno « che stava in S. Croce... ed ora è dell'archivio Vaticano ». Certo non dice d'averlo fatto trasportare esso, ma questo non è strano in un appunto d'uso personale, scritto in fretta da un uomo della modestia del Marini. Nel diritto della sopraccoperta è l'indirizzo: « Al cittadino abbate Gae- « tano Marini, bibliotecario ed archivista vaticano », cosicchè se, com'è più probabile, la noterella è stata scritta poco dopo ricevuta la lettera cui apparteneva la sopraccoperta, il tra- sporto del *Diurnus* in Vaticano verrebbe a cadere precisa- mente nel breve periodo della prima Repubblica Romana, cioè dal 15 febbraio 1798 al 30 settembre 1799. Il Ma- rini, che salvò l'archivio di Castel S. Angelo, traspor- tandolo in un giorno in Vaticano, pose in sicuro, io credo, forse nel tempo stesso il *Diurnus*, provocando una riso- luzione per la quale fu trasportato da S. Croce nell'archivio Vaticano (1).

(1) Alla p. 107 del suo *Commentario degli aneddoti di Gaetano Marini*, MARINO MARINI fa merito allo zio del ritrovamento della copia del *Diurnus* « scritta di mano dell'Olstenio in una sola notte ». La cosa gli sarebbe stata narrata dal can. Battaglini cui l'avrebbe più volte ripetuta il card. Zelada e confermata Gaetano Marini stesso. E, non contento di queste testimonianze, cita, male a propo- sito, i passi di Zaccaria relativi all'esemplare impresso del *Diurnus* col frontespizio autografo di Holste e alle note pure autografe di Holste possedute dal Zelada. Ma è chiaro che Marino Marini, ignaro della non facile bibliografia del *Diurnus*, confonde stranamente le cose e non comprende ciò che dice Zaccaria. Vedremo più tardi se è possibile che Holste copiasse in una notte il *Diurnus*, ma ad ogni modo, fatta o no in una notte, l'esistenza della copia autografa di Holste è un fatto nuovo e della più grande inverosimiglianza. Se in tanta confusione è lecito avanzare una congettura, i racconti del Battaglini, del Zelada e di Gaetano Marini stesso si riferiscono al trasporto del codice del *Diurnus* da S. Croce all'archivio Vaticano.

III.

Sebbene custodito con cura tanto gelosa da far credere che si volesse dissimularne l'esistenza, pure il codice del *Diurnus*, prima del trasporto in Vaticano, non rimase così celato nella lontana e poco accessibile biblioteca di S. Croce, che di tratto in tratto non riuscisse d'esaminarlo e studiarlo a dotti, specialmente ecclesiastici, di gran fama e di nota prudenza.

Non è possibile che il Marini non lo abbia esaminato anche prima del trasporto in Vaticano; certo deve averlo studiato e probabilmente collazionato per intero l'amico di lui Francesco Antonio Zaccaria, il quale aveva preparato una nuova edizione del *Diurnus*, che poi non si decise a pubblicare, e di cui resta solo la prefazione generale nella dissertazione inserita, come ho già accennato, nel vol. 2° della *Bibliotheca ritualis* edito nel 1781. Per un'altra edizione, che poi rimase allo stato di disegno, fu collazionato il codice sul principio del secolo XVIII: quella che si proponeva di fare il gesuita francese Daville. Giusto Fontanini e Domenico Passionei lavorarono insieme alla collazione pel Daville (1); dell'opera loro è rimasta qualche traccia nel cod. Ottobon. Vat. 3142, che contiene pochi passi e qualche variante del *Diurnus*, preceduti, alla c. 84 r. dalla seguente nota di mano del Passionei: « Alcune varie lezioni del diurno che « si trova ms. nella libreria di S. Croce in Gerusalemme in « Roma. — Il libro suddetto fu intieramente collazionato « da me insieme coll'abate Fontanini e lo diedi a un'certo « padre Diauille, giesuita francese, affinchè lo stampasse, « ma egli *immortuus est operi*. Questi sono pochi fogli

---

(1) GALLETTI, *Memorie per servire alla vita del cardinale Domenico Passionei*, Roma, 1762, p. 19; *Éloge historique de M. le cardinal Passionei*, La Haye, 1763, p. 9.

« perchè la collazione fu fatta sullo stesso libro stampato
« dal Garnerio. 1706 ».

Dopo il Fontanini e il Passionei deve avere esaminato
il codice anche Daniele Schoepflin, a quanto si può argomentare dai brevi cenni premessi al confronto dell'edizione
di Holste con quella di Garnier, stampata da lui nelle
Commentationes historicae et criticae (1).

Di larghi studî fatti sul codice del *Diurnus* per un'altra
edizione, rimasta anch'essa ineseguita, rimane la prova nel
codice Vaticano 6818 e in un codice della biblioteca Comunale, già dei Minori Riformati, di Castelgandolfo (2).
Questo sconosciuto lavoro, il più importante che sia stato
fatto sul *Diurnus* dai tempi dell'Holste, del Garnier e del
Baluze fino al De Rozière, merita d'essere esaminato
alquanto diffusamente.

Il codice Vaticano 6818, cartaceo, di $0^m 270 \times 0^m 202$,
della fine del secolo XVII, contiene il testo del *Diurnus*
preceduto da un *Ordo diurni,* che è un indice delle formole,
e dal titolo:

DIVRNVS PONTIFICVM

sive vetus

FORMVLARVM LIBER

quo sancta Ro. Ecclesia

ante annos mille utebatur.

---

(1) Io. DANIEL SCHOEPFLIN, *Commentationes historicae et criticae;*
Basilea, 1741. Nelle *Observationes* premesse alla sua collazione dell'ed.
di Holste con quella di Garnier, pp. 499-501, Schoepflin non afferma
esplicitamente d'aver consultato il codice; ma poichè dice di esso:
« Est ille membranaceus venerandae antiquitatis, scriptus forma quam
« vocant octavam, extatque adhuc hodie inter codices Cistercienses
« S. Crucis sodalium Romae », e narra d'aver veduto a Roma un
esemplare della Holsteniana presso il Fontanini e uno presso il
Vignoli, è assai probabile che lo abbia esaminato.

(2) Debbo alla cortese mediazione del presidente della Società

Il codice contiene inoltre il testo: *AVXILII PRESBY-TERI pro Formosi Papae eiusque ordinationum defensione LIBER.*

Il codice di Castel Gandolfo, segnato M. V. 9, appartenuto un tempo al card. Giuseppe Maria Tommasi, è cartaceo, di 0ᵐ 267 ✕ 0ᵐ 191, di più mani della fine del secolo XVII o dei primi anni del XVIII. Contiene:

1° (c. 1 r) Un frammento della tavola delle formole secondo l'edizione di Holste (form. XXXIV-LXVI);

2° (c. II r) Un brano di note al *Diurnus* consistenti in richiami alla collezione di canoni di Deusdedit, alle lettere di Gregorio I e Gregorio II e ad Origene;

3° (c. III r) L'*Index formularum codicis manuscripti antiquissimi*, copia incompleta dell'indice mandato da Holste al Sirmond;

4° (c. 1 r) Il titolo DIVRNVS PONTIFICVM etc. in tutto simile, salvo qualche lieve variante ortografica, a quello del codice Vaticano 6818;

5° (c. 2 r) L'*Ordo diurni*, indice delle formole alquanto diverso da quello del codice Vaticano 6818;

6° (c. 6 r) Il testo delle formole;

7° (c. 93 r) Le note illustrative.

La parentela fra questi due manoscritti è evidente: non è inutile indagare in che precisamente concordino e in che differiscano.

Il titolo, eguale in ambedue, differisce da quello che Holste voleva dare all'edizione sua per la sostituzione delle parole *Formularum Liber* alla parola *Formularium*. La successione delle formole tanto nell'*Ordo diurni* che nel

---

nostra, comm. Oreste Tommasini, e al benevolo concorso del prefetto di Roma e del sindaco di Castel Gandolfo la comunicazione di questo codice che il De Rozière conobbe solo per un brevissimo cenno datone dal TROYA nel suo *Discorso della condizione de' Romani vinti da' Longobardi*, Milano, 1844, p. 75.

testo è quasi uguale nei due manoscritti : le prime 30 formole si seguono in ambedue coll'ordine stesso dell'edizione
Holsteniana, colla sola differenza che il Vaticano esclude
e quello di Castel Gandolfo include le formole 8, 26, 27
di quell'edizione; circostanza notevole, perchè quelle formole, non esistenti nel codice di S. Croce, furono prese
la prima da Deusdedit, le altre due dalle lettere di Gregorio I e inserite da Holste nella sua edizione. In ambedue i manoscritti vengono appresso 22 formole, non secondo l'ordine di Holste, ma secondo quello del codice
di S. Croce; poi dalla formola *Episcopo de ordinando presbi-
tero* fino alla fine si riprende in ambedue l'ordine dell'edizione di Holste. Così il ms. Vaticano 6818 ha 106 formole,
mancandovi le tre sopradette; l'altro di Castel Gandolfo,
che contiene quelle tre, ne ha in tutto 109, numerate erroneamente 108 perchè, per una svista, è rimasta senza
numero la formola *de altare dedicando*.

Non è nell'indole di questo studio una minuta analisi
del testo delle formole nei due mss. che è pressochè uguale;
dirò solo che da alcuni confronti eseguiti qua e là risulta
ch'esso è stato fissato prendendo per base il codice di
S. Croce e adottando per qualche lacuna o per qualche
dubbio la lezione di Holste. Un particolare notevolissimo
e che prova lo studio posto nel riprodurre, per quanto era
possibile esattamente, il testo del codice antichissimo, lo
troviamo nelle parole finali dell'ultima formola (XCIX
dell'ed. De Rozière). Quantunque nelle poche copie del-
l'Holsteniana messe in circolazione sotto Benedetto XIII
l'ultima formola non sia la XCIX dell'ed. De Rozière colla
quale l'Holste voleva chiudere l'edizione, pure sappiamo
con certezza che di quella formola incompleta, perchè il
codice di S. Croce è mutilo, l'Holste non leggeva più
in là delle parole *quae regulariter*. Invece nel ms. Vaticano 6818 le parole *quae regulariter* son seguite dalle altre:
in psalmis… deo salvatori… vigilias excubias; nel ms. di

Castel Gandolfo da queste: *in psalmis et hymnis Domino Deo salvatori nostro decantandis vigiles excubias agunt.* Tutto ciò si spiega agevolmente esaminando il codice di S. Croce. Colle parole *quae regulariter* finisce la c. 101 v.; della carta 102 resta solo un frammento scritto da ambe le parti e che l'umidità, la quale consumò il rimanente della carta, rese quasi illeggibile. Eccone la lettura più probabile:

[c. 102 r].	[c. 102 v].	
in psalmis	vel cuncta con	
deo saluatori	sa in unum per	
uigiles excubias	deo laudes persolue	
lentiis exterioribus	sicut a deo sibi	
iugiter ualeant piis	uit s.. iugiter per	D iij 7
ficia in eccl ill ex[1]	at... que sub uno ab	
constat tua rel	[1]oca constituta	
uilegii apostol	nec qui	
postular	tur uen	
tiones	sibi re	
que h	uel	
te	nas	

Il ms. Vaticano 6818 e quello di Castel Gandolfo ci dànno un tentativo simile di lettura del frammento. Nel primo s'aggiunsero le prime parole leggibili, notando con puntolini le lacune, ma leggendo *vigilias* invece di *vigiles*. Nel secondo invece si volle fare di più: si osservò più attentamente il frammento, si lesse rettamente *vigiles*, e le lacune si cominciarono a colmare con ingegnose restituzioni.

Un'altra singolarità degna di osservazione è che nelle prime pagine del ms. Vaticano 6818 la nota abbreviazione *ill.* del codice di S. Croce è spiegata *illustris*, errore abbandonato però ben presto in seguito e che non si ritrova affatto nel codice di Castel Gandolfo.

In questo ms. le note illustrative son dirette a ricercare nella storia l'uso delle formole del *Diurnus*; il loro merito principale sta nella sobrietà del discorso e nell'abbondanza dei documenti. L'autore, certo assai dotto negli studî dell'antichità ecclesiastica, e a cui dovevano esser famigliari tutti i grandi depositi romani di manoscritti e specialmente la biblioteca Vaticana, con mano esperta e sicura ha posto a contributo le lettere dei pontefici, la raccolta di canoni di Deusdedit, il regesto di Farfa, ecc.

Dopo questo rapido esame del contenuto dei due mss. non può dubitarsi ch'essi abbiano uno stesso autore e che rappresentino due diversi stati di preparazione di una nuova edizione del *Diurnus*. Il Vaticano 6818 che non ha note, che non contiene le tre formole estranee al codice di S. Croce, che ha nel principio l'erronea spiegazione dell'abbreviatura *ill.*, che ha un tentativo di lettura del frammento finale più imperfetto e senza supplementi, è evidentemente un primo abbozzo; quello di Castel Gandolfo, col suo ricco apparato illustrativo, colle tre formole già introdotte da Holste nell'edizione sua, con ulteriori miglioramenti nel testo, è una posteriore e più elaborata preparazione.

Ora è da cercare chi, sulla fine del seicento o sui primi del settecento, può aver pensato e condotto così innanzi senza pubblicarla una nuova edizione del *Diurnus*. Su questo punto non posso che esporre una mia congettura.

L'autore dei due mss. ebbe a mano e studiò tranquillamente e a lungo il codice di S. Croce e l'edizione di Holste. Il fatto d'aver potuto aver comunicazione del codice antichissimo così gelosamente custodito mostra che egli non era il primo venuto: ma anche più significativo è l'uso di un esemplare della Holsteniana. Era certo un esemplare anteriore alla rimozione del sequestro e al frettoloso completamento fatto nel 1724, perchè la scrittura dei due mss. è anteriore. Se poi si pensi che l'autore dei due mss. fece suo, con un lievissimo mutamento – *Formularum liber* invece di *Formularium* – il titolo immaginato da Holste e che trovavasi manoscritto in fronte all'esemplare presentato da lui per ottenere l'approvazione della curia; poichè non sembra possibile che a molta distanza di tempo due persone differenti potessero, senza intendersi, escogitare ambedue lo stesso titolo, conviene concludere che l'autore dei due mss. abbia avuto a sua disposizione l'esemplare a stampa col titolo manoscritto, presentato da Holste. Ma non è possibile che la Congregazione dell'Indice, negli uffici della quale doveva trovarsi quell'esemplare, lo consegnasse ad altri che a persona degna della più assoluta fiducia e preferibilmente ad uno de' suoi consultori. E a questo punto il nome che mi si affaccia subito alla mente è quello del padre, poi cardinale Giuseppe Maria Tommasi. Chi meglio del dotto teatino, insigne specialista nello studio dell'antica liturgia, aggregato alla Congregazione dell'Indice fino dal 1673, nominato esaminatore apostolico da Innocenzo XII, poteva accingersi ad una nuova edizione del *Diurnus?* Forse il giudizio severo del cardinal Bona pesava alla Congregazione, la quale doveva desiderare che, dopo l'edizione soppressa di Holste e quella disapprovata di Garnier, un così venerando monumento fosse pubblicato di nuovo in una edizione approvata dalla curia e quasi ufficiale. E il nome del Tommasi, cui certamente ha appartenuto, si legge per ben quattro volte nel ms. di Castel Gandolfo.

A parer mio dunque il ms. Vaticano 6818 e quello di Castel Gandolfo, sebbene lavoro materiale di più copisti, rappresentano due stati diversi della preparazione di una nuova edizione del *Diurnus* curata dal Tommasi. Se questa congettura è giusta, non è nemmen difficile determinare approssimativamente i limiti di tempo entro i quali il Tommasi deve aver fatto il suo lavoro e immaginare le circostanze in mezzo alle quali può esser sorta l'idea della nuova edizione.

Nel 1713, poco dopo il suo innalzamento alla dignità

cardinalizia, morì il Tommasi, nè credo che il disegno di
ripubblicare il *Diurnus* gli sorgesse in mente prima dei
colloqui che ebbe col Mabillon nel 1685 e nel 1686. Il
grande benedettino nel suo viaggio d'Italia si trattenne in
Roma dal giugno 1685 al marzo 1686, allontanandosene
solo nell'ottobre e nel novembre per visitare Napoli, Cava
e Montecassino. Fin dai primi tempi della sua dimora
chiese notizie del codice del *Diurnus* usato da Holste, e
dopo molte ricerche potè consultarlo, nè credo che alle
ricerche e al ritrovamento fosse estraneo il Tommasi.
Mabillon aveva in grande estimazione il Tommasi, che
chiama « amicus noster in primis, modestia et pietate
« non minus quam doctrina et scriptis commendandus » (1),
e per una singolare coincidenza le due menzioni che fa
di lui nell' *Iter Italicum* (2) sono immediatamente vicine
ai passi nei quali parla della biblioteca di S. Croce in
Gerusalemme, quasichè il pensiero del dotto monaco francese associasse o almeno riavvicinasse il ricordo del Tommasi con quello della Sessoriana di S. Croce e de' codici
ivi studiati. Certo il Mabillon aveva gran desiderio di vedere l'antichissimo codice del *Diurnus* studiato da Holste,
« cuius exemplar invenire magnopere avebamus » (3), e
lo cercò a lungo e seppe ch'esso si trovava nella Sessoriana da un dotto in Roma, « ab homine docto accepi-
« mus » (4). Il dotto non è nominato, e si comprende la
delicata riserva del Mabillon; ma non è improbabile che
questi fosse l' « amicus noster in primis », il Tommasi. Il
lavoro cominciato dal Tommasi verosimilmente dopo il 1685
dovette trascinare in lungo, ritardato da altri studi e occupazioni. Lui morto, per qualche anno nessuno pensò più

(1) MABILLON, *Iter Italicum*, p. 90.
(2) MABILLON, *It. Ital.* pp. 90, 132.
(3) MABILLON, *It. Ital.* p. 75.
(4) MABILLON, *It. Ital.* p. 75.

al *Diurnus,* finchè nel 1724 alcune copie dell' edizione Holsteniana ritrovate in Vaticano furono, com' è noto, frettolosamente e malamente completate.

IV.

Avanzandoci sempre verso i tempi più antichi, giungiamo al periodo che corse fra il governo dell'abate Gioacchino Besozzi e quello dell'abate Ilarione Rancati, fondatore della biblioteca Sessoriana (1724-1626). In altro luogo racconterò la storia di quella biblioteca e specialmente dei manoscritti che, raccolti dal Rancati, rimasero dopo la morte di lui a S. Croce; qui basterà accennarne quanto è necessario per la storia del nostro codice.

Il milanese Ilarione Rancati (1), per tre volte abate di S. Croce in Gerusalemme, uomo dottissimo che ebbe in Roma al tempo suo influenza e riputazione grandi, raccolse una ricca biblioteca della quale era parte assai pregevole ùn gruppo di codici provenienti da diversi monasteri cisterciensi d'Italia: da Nonantola, da S. Salvatore di Settimo presso Firenze, da S. Martino de' Bocci presso Parma, da S. Maria di Casamari presso Veroli. Esiste ancora un elenco sommario di 138 de' migliori codici del Rancati compilato mentre esso viveva e forse da lui stesso (2): dei medesimi 138 codici e di altri 34 ch'erano sparsi per la biblioteca esiste una più larga descrizione che, per ordine di Alessandro VII, compilò, dopo

---

(1) Cf. MACEDO, *Fr. R. P. N. abbatis domni Hilarionis Rancati in eius exequiis praesente corpore ad Sanctae Crucis in Hierusalem habita laudatio;* e A. FUMAGALLI, *Vita del P. D. Ilarione Rancati,* Brescia, 1763.

(2) *Index manuscriptorum antiquorum bibliothecae P. abbatis D. Hilarionis quo unice utebatur.* Fra le carte di F. Ferrari nel cod. Ambrosiano C. S. V. 11.

la morte del Rancati, il cisterciense Franco Ferrari, compagno di studî al Rancati negli ultimi anni della vita (1).

Nell'elenco sommario di cui, fra le carte del Rancati conservate nell'Ambrosiana di Milano, esiste ancora la copia adoperata dal Rancati finchè visse (2), il *Diurnus* è notato: *N. 117 Formularium Pontificum*. Nella descrizione più larga del Ferrari, sotto lo stesso n. 117, il *Diurnus* è descritto così: « 117 in-4° pergam. *Formularium pontificum*. « Plura perierunt tam in principio quam in fine, ideoque « exordium sumit a formula scribendi epistolas episcopo, « praesbiteris, diaconibus et plebi his verbis: Per charissi- « mum nostrum etc., et finit in formula cuiusdam privilegii, « cuius hoc est initium: Cum in exarandis Dei laudibus, et « quod nihilominus truncum est et explicit una cum codice « his verbis: quae regula. Hic codex conscriptus fuit Longo- « bardorum tempore. Colligitur ex formula privilegii cuius- « dam pro confirmatione donationis patrimonii Alpium Co- « tiarum S. R. E. in qua fit mentio de quadam regina « eiusque filiis tamquam pro tunc viventibus, quae regina « alia esse non potest ab ea quam Luitprandus rex Longo- « bardorum non multo post dictam donationem ab eo factam « uxorem duxit ut scribit Paulus Diaconus lib. *6 De gestis* « *Longob*. cap. 43, licet ipse illam Gualtrudam nominet « filiam Baioariorum ducis. Porro talis donatio a Carolo « Sigonio, *Regni Italiae* lib. 3, refertur in annum 716 ideo-

---

(1) Cod. Chigiano R, II, 64. È l'esemplare presentato dal Ferrari ad Alessandro VII. Una copia di questo catalogo, appartenuta un tempo alla biblioteca di St-Germain-des-Près, si trova ora alla biblioteca Nazionale di Parigi ed è il n. 13075 del fondo dei mss. latini. Da quella copia cavò il Montfaucon la lista di codici di S. Croce inserita alle pp. 193 e 194 del tomo I della *Bibliotheca bibliothecarum*.

(2) È l'*Index* esistente nell'Ambrosiana fra le carte del Ferrari citato alla p. precedente, nota 2, e si trova riprodotto innanzi al catalogo del Ferrari nel codice Chigiano R, II, 64.

« que circa ea tempora videtur scriptus codex iste, in quo
« insuper sexta synodus dicitur nuper celebrata in formula
« professionis sive indiculo episcopi et etiam Romani pon-
« tificis; synodus autem sexta fuit absoluta anno 681 et in
« indiculo episcopi de Longobardia habetur expresse quod
« liber scriptus fuerit tempore Longobardorum. Habet fol.
« n. 99 ». Lo stato attuale del codice, guasto in principio
e in fine per modo che delle prime quattro carte e del-
l'ultima restano solo piccoli brani, è presso a poco qual'era
a quel tempo; basterebbe a provarlo la segnatura D. i i7
apposta nel verso del frammento dell'ultima carta. Di nuovo
non v'è che la rilegatura e la carta di guardia aggiunta
sulla fine del seicento.

Ed ora eccoci ad uno dei punti più importanti, ma più
oscuri della storia del codice. Intorno al 1641 (1) Luca
Holste trova a S. Croce presso il Rancati il codice, lo tra-
scrive, e prepara su di esso quella edizione di cui vivo non
potè ottenere l'approvazione, e che fu soppressa dopo la
sua morte. Sulla scoperta dell'Holste, e sulla comunicazione
ch'esso ebbe del codice dal Rancati corse una specie di
leggenda, raccontata da tutti (2), posta in dubbio dal solo

---

(1) Il De Rozière crede che Holste scoprisse il codice a S. Croce
verso il 1644 o il 1645; il Sickel invece stima di poter riportare
la scoperta al 1641; ed io convengo in quest'opinione. Holste aveva
molte occupazioni e con facilità grande concepiva disegni di lavori
che poi per la forza delle cose era costretto a condurre innanzi
lentamente o a lasciare incompiuti. Così è verosimile che assai
prima del 1644 egli vedesse per la prima volta il codice. Nel 1641
cominciò il secondo governo abbaziale del Rancati in S. Croce, e
· a quel tempo le relazioni personali e letterarie di lui con Holste
erano già intime, come lo prova la commendatizia del Rancati che
riferisco alla p. 667.

(2) MABILLON, *Iter Italicum*, p. 75; *Museum Italicum*, I, 35; BESOZZI,
nella nota ms. inserita nell'esemplare dell'edizione Holsteniana che
esisteva un tempo a S. Croce (*Archives des missions scientifiques*, I,
243, nota 1); FUMAGALLI, *Delle istituzioni diplomatiche*, I, 113. Anche

Baluze (1), da nessuno esaminata seriamente. Secondo
questa leggenda, narrata la prima volta dal Mabillon nel-
l' *Iter Italicum*, l'Holste, riconosciuta l'importanza del codice, avrebbe chiesto al Rancati di prestarglielo (2); questi
avrebbe consentito, ma solo per pochissimo tempo, e a
quanto pare, per consultarlo semplicemente, non per co-
piarlo. L'Holste, *furtim, furtive, contro la fede data,* avrebbe
in una sola notte copiato tutto il codice egli stesso o fatto
copiare da altri, da Leone Allacci, dicono alcuni (3). Osservò il Baluze e riconobbe anche il De Rozière essere
materialmente impossibile che il codice sia stato copiato
in una notte, ma nessuno ha spinto più in là l'esame di
questo racconto.

nell'esemplare dell'edizione di Holste esistente nell'Angelica (H, 9, 2)
è una nota ms. che comincia così: « Liber diurnus Romanorum
« pontificum huius editionis per Lúcam Holstenium fuit ab isto unius
« noctis spatio furtim descriptus ex antiquissimo codice bibliothecae
« monasterii S. Crucis in Ierusalem quem celebris P. D. Hilarion
« Rancatus eiusdem monasterii abbas ipsi Holstenio legendum com-
« modaverat. Rara est haec editio etc. ».

 (1) DE ROZIÈRE, XLI, nota 24.

 (2) « Studio igitur incensus exscribendi Libri (Holstenius), cuius
« praetium nemo erat, qui penitius nosset, a Rancato petiit, ut sibi
« praestantissimum codicem utendum ad brevissimum temporis spa-
« tium daret. Rancatus nonnihil repugnans tandem se amici doctis-
« simi precibus dedidit. Holstenius autem librum, ut Mabillonius
« aliique passim narrant, una notte describendum curavit ». ZACCARIA,
Dissertatio, CCLII.

 (3) Che la copia del *Diurnus* in una notte sia stata fatta dal-
l'Allacci e non da Holste è una variante della leggenda che s'appoggia, come mi ha fatto giustamente osservare il prof. Sickel, sopra
un errore di stampa incorso nella prima edizione (1687-89) del *Museum
Italicum* e corretto nell'edizione del 1724. Invece di stampare « quod
« Holstenius commodato cum accepisset » si stampò « quod Allatius
« commodato cum accepisset ». L'errore riprodotto pel primo dal CAVE
nell'*Historia literaria* (I, 621) è stato poi ripetuto dal FABRICIO nella
Bibliotheca med. et inf. aetatis (II, 454) e dal GINGUENÉ nel breve cenno
della vita dell'Allacci inserito nella *Biographie universelle* del MICHAUD.

Il Rancati, teologo e canonista di gran valore, consultato e ascoltato come un oracolo durante i pontificati di Gregorio XV, di Urbano VIII, di Innocenzo X e di Alessandro VII, era l'amico dei dotti e dei letterati del suo tempo (1). Delle relazioni d'amicizia che correvano fra lui e l'Holste è testimonio la lettera seguente di raccomandazione del Rancati per l'Holste. In essa, caso singolare, si tratta di codici che l'Holste desiderava di vedere a Camaldoli e dei quali il Rancati stesso gli aveva dato l'indicazione (2).

Rev^{mo} P^{re} Prone mio Col^{mo}

Il sig^{re} Luca Holstenio gentilhuomo e bibliothecario del sig^{re} card^{le} Barberino per la sua singolare eruditione stimatissimo in questa Corte se ne viene a Camaldoli per vedere in cotesta libreria alcuni manoscritti, de' quali io li ho dato notizia. Prego la V. P^{tà} Rev^{ma} acciò con particolare carità e cortesia, oltre a quella che con tutti si suole abbondantemente usare in cotesto luogo, li voglia essere liberale dell'hospitio et ogni altra commodità per il tempo che gli occorrerà dimorarvi, che oltre al beneficio che ella farà alle buone lettere obligarà sommamente ancor me, il quale porto singolar osservanza e venerazione a questo gentilhuomo. Nè occorrendomi altro la riverisco. Di Roma li 26 giugno 1641.

Di V. P^{tà} Rev^{ma}

Devotiss° Ser^{re}
D. HILARIONE RANCATI.

Al Rev^{mo} P^{re} Prone mio Col^{mo}
Il P^{re} maggiore di Camaldoli.

(1) Narra il Ferrari in una notizia biografica di lui che trovasi nel codice Ambrosiano B. S. VI. 10 (vol XIX delle carte del Rancati) ch'esso avesse due voti nel conclave in cui fu eletto Alessandro VII, e che gli antiquari, o come diremmo noi i ciceroni, gli conducessero i principi stranieri « per la curiosità di veder un huomo tanto nomi-« nato ». E il FUMAGALLI, nella citata *Vita* del Rancati (p. 144), riferisce sulla fede di Raimondo Besozzi che, udito della morte del Rancati, Alessandro VII esclamasse: « Extincta est lucerna Urbis et Orbis ».

(2) Ho trovato una copia di questa lettera nella biblioteca Vallicelliana, nel vol. CLIV delle carte dell'Allacci.

Questa lettera prova, non solo l'amicizia del Rancati per l'Holste, ma l' impegno che il primo metteva per aiutar l'altro nelle sue ricerche erudite. Ora si può credere che il Rancati, il quale tanto s'adoperava per aprire al dotto tedesco amico suo le porte delle altre biblioteche, gli chiudesse in faccia quella della propria ?

Il prestito dei codici era allora cosa abbastanza comune, cosicchè non si può pensare ch'egli avesse difficoltà di privarsi per qualche tempo del *Diurnus* per favorire l'amico suo. Piuttosto è da cercare se non possano esservi state ragioni speciali per negare o limitare quanto al tempo e al modo la comunicazione del codice. Il punto difficile è qui. Nel 1641 poteva il Rancati avere intorno ad una futura edizione del codice i sospetti, i dubbi e le difficoltà che sorsero verso il 1650 e determinarono tanti anni dopo la soppressione? Non lo credo.

Nell'elenco sommario del Rancati, nel catalogo più largo del Ferrari il codice è chiamato sempre *Formularium Pontificum. Raccolta delle formole che usavano anticamente i pontefici romani* (1), chiama il dotto gesuita Sirmond l'altro codice, ora perduto, de' gesuiti del collegio parigino di Clermont. L'applicazione del nome di *Diurnus* o meglio l'identificazione del testo contenuto nei codici di S. Croce e di Clermont colla raccolta ufficiale citata nelle collezioni canoniche col nome di *Diurnus* è opera dell' Holste (2) o deve

---

(1) In una lettera al P. Terenzio Alciati della C. d. G. dei 14 agosto 1635, che si trova a p. 681 del vol. IV delle opere del SIRMOND.

(2) È questo un punto assai importante, forse il più importante della storia degli studî sul *Diurnus*. Il Sirmond conosceva il formulario pel codice che ne possedeva la biblioteca domestica dei gesuiti del collegio di Clermont e aveva concepito e partecipato al cardinale Cobelluzzi il disegno di pubblicarlo, ma non sapeva che fosse la raccolta ufficiale citata dai canonisti col nome di *Diurnus*. Solo all'Holste, il quale s'era occupato di Deusdedit, potè balenare

datare dal tempo degli studî di lui sul codice di S. Croce. E da quel tempo cominciano le diffidenze: prima d'allora nulla. Nel 1616 il Sirmond promette al cardinale Cobelluzzi (1) un'edizione delle formole del codice di Clermont; nel 1635 il Sirmond stesso scrivendo al P. Terenzio Alciati parla senza ritegno del celebre passo relativo alla condanna d'Onorio che motivò poi la soppressione dell'edizione di Holste (2). Ma più tardi è dallo stesso Sirmond che cominciano gli scrupoli e i dubbi, quando il formulario, di cui si

il pensiero della identità del *Diurnus* coi formulari contenuti nei codici di Parigi e di Roma. Quanto fermo fosse Holste nella persuasione di questa identità lo prova la lettera seguente colla quale egli inviò a Pietro De Marca, arcivescovo di Tolosa, alcuni fogli del *Diurnus*. Il De Rozière parla di quest'invio, ma non conosce la lettera di cui io ho trovato la minuta autografa alla Barberiniana (cod. XXXI, 64) e una copia più recente nella Vallicelliana fra le carte dell'Allacci (vol. CLIV). La lettera non ha data, ma dalla risposta del De Marca, esistente pure in copia in quel volume delle carte Allacciane e che è dell'ottobre 1660 e allude al ricevimento della lettera di Holste nell'aprile, è certo che fu scritta anch'essa nel 1660. Holste scrive così al dotto arcivescovo, col quale entrava allora in corrispondenza: « Mitto etiam « veteris formularii quod nunc excuditur capita nonnulla ex quibus « perspicies inter quotidianas et frequentes literarum pontificiarum « formulas monasteriorum quoque exemptiones comprehendi. Diur- « nus ille solemnis olim Ecclesiae Romanae liber Gregorii M. tem- « pora antecedit cuius literae complures hac forma scriptae extant, ut « videre est lib. 8, ep. 63 et lib. 4, epist. 20 et 21, ubi in fine ad- « ditur *et cetera* secundum morem. Earum autem epistolarum for- « mulae integrae in hoc libro extant. Privilegia autem monasterio- « rum eidem libro adiuncta Gregorii aetate in usu fuisse scriniariis « Ecclesiae Romanae testantur formulae quae marmori insculptae « nunc quoque in ecclesia SS. Ioannis et Pauli atque alibi supersunt. « Verum haec prolixe in observationibus ad librum illum explico quas « nunc excudi curo et brevi ad te mittam. Ioannis IV decretum ad « rem tuam facturum existimavi. De aliis similibus proxime copiosius « scribam, ne desiderium tuum inani dilatione nunc suspensum te- « neam. Vale ».

(1) SIRMOND, *Opera*, IV, 651-652.
(2) Lettera del Sirmond citata alla p. precedente, nota 1.

poteva prima discutere se fosse o no ufficiale, è stato identificato col *Diurnus Romanorum pontificum* citato da Deusdedit. L'Holste che a Parigi doveva aver già veduto il codice di Clermont (1), trovato e copiato il codice Rancati, scrive e fa scrivere dal cardinal Barberini al Sirmond (12 e 19 novembre 1646) (2) pregandolo di supplire con quel codice alle lacune di quello del Rancati, del quale gli manda l'indice delle rubriche. Pregato in tal modo, il Sirmond risponde al cardinal Barberini (6 decembre 1646) (3) che mandava e manda di fatto a Roma all'Holste il codice di Clermont. Però nella lettera stessa colla quale partecipa al cardinale l'invio del codice soggiunge: « iamque cum « sororis eius filio (P. Lambeck) qui hic est condixeram ut « Romam pergens ad avunculum deferret, sed ea lege ut « ad me postea, quod facturum confido, re confecta, hoc « est peracta collatione, remittat. Neque enim eam men- « tem D. Holstenio esse puto ut in lucem edat ». Cosicchè se da una parte abbiamo l'atto generoso e cortese dell' invio immediato del codice, dall'altra si tradisce il timore di una possibile pubblicazione di esso.

In un' altra lettera diretta dal Sirmond all'Holste e che

(1) DE ROZIÈRE (Introd. XLII) crede che Holste avesse notizia del codice di Clermont da Pietro Lambeck suo nipote, ma è più probabile l'opinione del SICKEL (*Prolegomena*, I, 46, nota 1), il quale non trovando traccia di ciò nella corrispondenza finora nota fra Holste e Lambeck, ritiene che ne avesse conoscenza già da prima. Holste era già stato a Parigi ed era in strette relazioni coi dotti francesi. Veggasi intorno a queste relazioni la interessante memoria del mio dotto amico LÉON G. PÉLISSIER, *Les amis d'Holstenius*, nei *Mélanges d'archéologie et d'histoire publiés par l'École française de Rome*, tom. VIII.

(2) Lettera di Holste al Sirmond nella raccolta del BOISSONADE: LUCAE HOLSTENII *Epistolae ad diversos*, n. LXXVII. Lettera del cardinale Barberini al Sirmond nel vol. IV, p. 685, delle *Opera* del Sirmond.

(3) Lettera del Sirmond al card. Barberini al vol. IV, p. 686.

deve appartenere a tempo alquanto posteriore, la premura del dotto gesuita per impedire un'edizione del *Diurnus* è anche più palese. In questa non cela la maraviglia e la preoccupazione sua nel vedere ricordata la condanna di Onorio nella formola di professione di fede del pontefice nuovamente eletto, e dichiara che per questa sola ragione s'astenne egli stesso dal farne la pubblicazione promessa al card. Cobelluzzi. « Haec una me potissimum causa de-« terruit » (1).

Questi scrupoli e questi timori nascevano dalla condizione speciale in cui si trovava il Sirmond per gli studi fatti e pel possesso del codice di Clermont. A Roma, invece, nessuno a quel tempo poteva aver difficoltà o far riserve per lo studio di quel codice sconosciuto di formole, molto meno il Rancati, il quale era amico dell'Holste e, come lo prova il lunghissimo elenco de' suoi scritti e la sua corrispondenza, non s'era mai occupato delle formole della cancelleria pontificia. Il racconto dunque della riluttanza del Rancati a prestare il codice all'Holste, della concessione di studiarlo per poche ore e della copia in una notte è una storiella domestica messa fuori per salvare la responsabilità del Rancati quando del permettere o no la pubblicazione dell'edizione Holsteniana si fece a Roma una vera questione.

A tanta distanza di tempo e dovendo giudicare solo da sparsi frammenti di corrispondenze (2) le relazioni di quei

---

(1) Lettera del Sirmond ad Holste senza data, pubblicata da ZACCARIA, *Dissertatio*, p. CCLXXII. Il De Rozière la crede contemporanea all'invio del codice: io la ritengo d'alquanto posteriore, poichè dal contenuto non pare sia un'accompagnatoria del codice.

(2) Io credo che la cautela di coloro che ebbero l'incarico di ordinare gli scritti e le corrispondenze degli eruditi cattolici del secolo XVII dopo la loro morte, e la riservatezza anche maggiore degli antichi editori dei loro epistolari, ci abbia privato forse per sempre dei migliori documenti intorno alle questioni più delicate della loro vita e della loro operosità scientifica. E poi il formalismo dominante nel

dotti, non è possibile asserire nulla con certezza; ma io credo che le difficoltà le quali finirono per determinare la soppressione vennero, non da Roma, ma da Parigi e furono suggerite dallo stesso Sirmond. Il quale vedendo che malgrado i suoi consigli si preparava l'edizione del *Diurnus*, deve aver dato l'allarme e svegliati i sospetti della curia.

Il tramite pel quale si diffuse la leggenda della copia in una notte dev'essere stato il racconto del Mabillon, e questi non può averlo avuto da altri che dai monaci di S. Croce. Quando Mabillon andò a S. Croce l'Holste e il Rancati eran morti da più anni, ma il ricordo della soppressione dell'edizione di Holste durava, anzi s'era ravvivato per la disapprovazione con cui la curia aveva accolto la nuova edizione del *Diurnus* fatta dal Garnier sul codice di Clermont. Era dunque spiegabile la gelosia dei cisterciensi nel

seicento, il sentimento religioso, il rispetto profondo per la suprema autorità della Chiesa e i vincoli di amicizia che esistevano fra molti di quegli eruditi dovevano legar loro le lingue e le penne, e intorno a certe questioni imporre molti riguardi e reticenze. Holste, Sirmond, il cardinal Bona, autore del giudizio pel quale fu soppressa l'edizione Holsteniana, Rancati, erano in strette relazioni letterarie e personali fra loro e cogli altri dotti d'Europa; ma nelle loro lettere, almeno in quelle che ci son pervenute, si cercherebbero invano notizie esplicite intorno all'andamento di cosa così delicata come la soppressione del *Diurnus*. Oltre agli epistolari a stampa del Sirmond, dell'Holste e del Bona, ho consultato i manoscritti e le lettere di Holste esistenti alla Barberiniana e alla Chigiana, quelli sparsi nelle carte dell'Allacci conservate nella Vallicelliana, ho esplorato minutamente i grossi volumi della corrispondenza del Rancati che sono all'Ambrosiana di Milano, ma ben poco m'è riuscito di trovare oltre i documenti già noti al Zaccaria e al De Rozière. Speravo bene da una ricerca nell'archivio del Collegio Austriaco dell'Anima in Roma dove Holste morì e nella chiesa del quale ebbe sepoltura, ma alle replicate richieste fatte per me dal prof. Sickel si è sempre risposto che l'archivio non conteneva alcun ms. di Holste o documento relativo ad esso.

custodire e quasi nell'occultare il codice (1) e l'artifizio di mettere in bocca al Mabillon, che l'avrebbe diffusa per tutto il mondo erudito, la strana storia che scagionava la memoria del Rancati da ogni accusa d'imprudenza.

V.

Colle ricerche precedenti ho tentato di rifare la storia moderna del codice; ora è da indagare da dove proveniva quando venne nelle mani del Rancati. E questa non è la parte men difficile delle mie indagini.

Verso l'anno 1641 il codice si trova già fra i mss. posseduti dal Rancati. Il catalogo illustrato di que' mss. compilato nel 1664 dal Ferrari ne registra 172, notando le provenienze di alcuni, ma non dice nulla di quella del *Formularium pontificum* che è al n. 117 (2). Dalle poche indicazioni delle antiche provenienze date dàl Ferrari e più da una osservazione minuta dei segni esteriori dei mss. di S. Croce che furono già del Rancati, si può stabilire che essi venivano da cinque monasteri: 1º S. Silvestro di Nonantola, 2º San Salvatore di Settimo (Firenze), 3º S. Martino de' Bocci (Parma), 4º S. Maria di Casamari (Veroli), 5º S. Anastasio *ad Aquas Salvias* (Roma). I codici venuti da S. Anastasio e da Casamari son pochissimi di numero e non antichissimi; quelli di S. Martino de' Bocci, alquanto

---

(1) Si rammenti la riserva del Mabillon nel parlare del modo con cui rinvenne il codice romano del *Diurnus* e la frase della lettera di D. Michel Germain a Claudio Bretagne citata dal DE ROZIÈRE (Introd. CLIII) e pubblicata dal VALERY nella *Correspondance inédite de Mabillon et de Montfaucon avec l' Italie* (I, 205): « Nous avons « pris tout ce que nous avons voulu à Sainte-Croix en Jérusalem, « où nous avons trouvé TRÈS SECRÈTEMENT un *Diurnus romanus* an- « cien de huit cent ans où il y a huit ou neuf pièces nouvelles ».

(2) Veggasi a p. 664 la descrizione del codice data dal Ferrari.

numerosi, son tutti d'epoca relativamente recente. I codici
di Settimo sono 9 e vanno dal IX al XIV secolo: ma nella
storia, del resto poco nota, di quel monastero (1) non v'ha
nulla che possa aver relazione colla presenza là di un codice
così singolare come il *Diurnus*. Poichè non v'è probabilità
alcuna che il *Diurnus* possa appartenere ad una di queste
quattro provenienze, rimane da cercare se può esser venuto
da Nonantola.

I codici che nel principio del secolo XVII trovavansi
ancora in quel celebre monastero passarono pressochè
tutti (2) nella raccolta Rancati, della quale costituirono
il nucleo principale e più importante. Ve n'era tra essi un
buon numero di preziosi per l'antichità e pel contenuto, e
non pochi di quel gruppo scampati alle posteriori dispersioni e rimasti fino ai giorni nostri a S. Croce sono ora
custoditi nella biblioteca Nazionale Vittorio Emanuele. Cosicchè v'è già una ragionevole presunzione per credere che il
Diurnus appartenga alla stessa provenienza degli altri codici
antichi e preziosi della raccolta Rancati. Tale presunzione
non può acquistare valore di prova se non è accompagnata
da indizi più sicuri; questi sono da cercare nella storia della
badia Nonantolana.

Nell'anno 885, narrano gli annali di Fulda (3), il pontefice Adriano III, invitato a recarsi in Francia dall'imperatore
Carlo il Grosso, il quale, come ne corse la fama, voleva
servirsi dell'autorità di lui per deporre alcuni vescovi e per
far dichiarare erede del trono il figlio Bernardo natogli da
una concubina, partì da Roma e, passato il Po, venne a morte
e fu sepolto a Nonantola. Nel *Liber Pontificalis* manca affatto

(1) Cf. Nic. BACCETII *Septimianae historiae libri VII*; Roma, 1724.
(2) Oltre qualche codice liturgico, restò a Nonantola, dove tuttora
si conserva, il codice miscellaneo che contiene la *Vita Adriani I*,
della quale parlerò in seguito.
(3) *Annales Fuldenses*, par. V, p. 402 (nel vol. I dei *Mon. Germ.
hist.*).

la vita di Adriano III, ma in quella del successore Stefano VI si dice che questi fu eletto « defuncto recordandae « memoriae Hadriano papa super fluvium Scultenna in villa « quae Viulzachara nuncupatur». Dagli scarsi cenni di queste due fonti si ricava così che verso l'agosto dell' 885 Adriano III, il quale era in viaggio verso la Francia, morì a Viulzacara, nome longobardo del borgo chiamato ora S. Cesario, presso il fiume Panaro, ed ebbe sepoltura nel vicino monastero di Nonantola (1).

Di questo avvenimento, del quale però ignoriamo quasi tutti i particolari, era naturale che s'impadronisse presto la leggenda. Era già singolare il caso che i funerali di un pontefice venissero celebrati lontano da Roma e dalla basilica Vaticana dove riposavano quasi tutti i suoi predecessori; più singolare ancora era che il pontefice, il quale veniva a chiedere a Nonantola l'ospitalità del sepolcro, portasse il nome stesso di quell'Adriano I che aveva cooperato alla fondazione di Nonantola, concedendole le reliquie di S. Silvestro (2) e confermando coll'autorità sua le concessioni del re Astolfo per le quali la badia Nonantolana non tardò a divenire la più ricca e magnifica d'Italia. L'uguaglianza del nome, le relazioni dei due Adriani con due imperatori franchi che ebbero nome Carlo, la fama dei miracoli e il culto che ebbero ambedue condussero, e presto, a scambiare Adriano III con Adriano I. È naturale che l'immaginazione dei monaci, sempre avida di quello che tornava a più grande onore del monastero, non s'accontentasse di credere che il pontefice Adriano sepolto nella basilica Nonantolana fosse il III, che ebbe pontificato così breve e così scarso d'avvenimenti

---

(1) Veggasi la carta topografica del territorio del monastero Nonantolano unita al vol. I della *Storia dell'augusta Badia di S. Silvestro di Nonantola* del TIRABOSCHI.

(2) Cf. la *Vita Anselmi abbatis Nonantulani* a p. 567 e segg. degli *Scriptores rerum Langobardicarum et Italicarum saeculi* VI-IX nella serie in-4° dei *Mon. Germ. hist.*

degni di memoria da esser quasi dimenticato dal *Liber Pontificalis*. Perchè non avrebbe dovuto essere invece Adriano I, che ebbe regno così lungo e così ricco di fatti memorandi, che era venerato come un santo e che, per soprappiù, era stato singolare benefattore di Nonantola?

Sorta così nell'immaginazione dei monaci e fermata negli animi loro e degli abitatori de' luoghi vicini la credenza che il papa Adriano sepolto a Nonantola e venerato da loro come santo fosse Adriano I, non si doveva tardar molto a dar forma letteraria a quella domestica e popolare leggenda. Infatti già in un codice Nonantolano dell'xi secolo (1) – nè è improbabile che ne esistessero in altri più antichi – troviamo due pretese vite di Adriano I, una in prosa, che è quella pubblicata dal Mabillon nel *Museum Italicum* (2), l'altra in versi, che fu edita in parte dall'Ughelli (3). La vita poetica è un rozzo panegirico pieno di generalità e non contiene nulla che non si ritrovi in quella in prosa; questa, formata in gran parte di documenti, è un testo veramente notevole e che ha, a parer mio, non poco interesse per la storia del *Diurnus*. Ne espongo il contenuto.

Dopo l'intitolazione: *Incipit vita et textus epistolarum Adriani I papae antiquae Romae,* la vita comincia colla breve notizia: « Adrianus igitur natione Romanus ex patre Theo- « doro et regione... Via Lata sedit annos .xxiii. men- « ses .x. dies .xvi. Hic igitur domno Stephano papa rebus

---

(1) Veggasi la descrizione di questo codice in una nota alla prefazione della *Vita Anselmi* citata ora e nell'*Iter Italicum* dal Pflugk-Harttung, p. 65.

(2) I, 38.

(3) *Italia sacra*, II, 92. Intorno a queste due vite e allo scambio di Adriano III con Adriano I veggasi il Tiraboschi a p. 76 del vol. I della *Storia di Nonantola*. Egli riassume quanto avevano detto prima di lui su quell'argomento l'Ughelli, il Pagi, il Muratori e il bollandista Sollier.

« humanis exempto ad ordinem episcopatus communi con-
« cordia omnium clericorum ac populorum electus est sicut
« eorum decretum demonstrat quod ita se habet » : seguono,
tratti dal *Diurnus,* il *decretum* che è la formola LXXXII
dell'ed. De Rozière, e, ricollegati da brevi frasi narrative,
l'*indiculum* (form. LXXXIII), la prima professione di fede
(form. LXXXIV) e la seconda (form. LXXXV). A queste
formole succedono una succinta relazione delle molestie
recate da re Desiderio alla Santa Sede, della chiamata di
Carlo Magno, della caduta del regno longobardo, dell'o-
rigine dell'eresia degl'iconoclasti e del secondo concilio
Niceno, riferendo a proposito di questo la *divalis sacra* di
Costantino e d'Irene ad Adriano I e la risposta di questi.
La vita si chiude con questo passo, che riferisco testualmente perchè costituisce la parte veramente originale del
racconto :

Hic etiam cum ad regem Carolum pergeret, ut veterum pandit
memoria, in locum qui Spinum-Lamberti vocatur, vitam finivit. vIII. id.
iulii, et ad ecclesiam monasteriumque beati Silvestri, quod Nonan-
tula dicitur, perductus, honorifice sepultus est: ubi etiam usque hodie
miraculis coruscare dignoscitur. Cuius morte Carolus Francorum rex
audita, nimium condoluit, diuque se in lamentis dedit. Nam ab ipso
Romanorum patricius constitutus fuerat, regnumque Italiae ipso fa-
vente susceperat. Cantores etiam doctoresque ecclesiae ab eo susceperat, et in Metensium urbe constituerat, cuius ecclesiae cantores
usque hodie Romanae Ecclesiae plus ceteris Gallis in cantu concordant.
  Sepulto itaque summo pontifice et universali papa Adriano apostolicis infulis involuto, uti mos est Romanum sepelire episcopum,
in praedicto Nonantulo monasterio, sicut superius praelibati sumus,
septem de iam dicto coenobio diaconi et monachi stolidissimum
consilium repererunt dicentes: quid huic sancto et animae defuncti
prodest, quod tantae pulcrae vestes marcescunt terreno humore?
Melius certe esset, si haec sancta ecclesia illis honorem haberet.
Ideo hac veniente nocte omnes simul ad sepulcrum eius pergamus,
et lucidis ac coruscis vestibus eum exuamus et vilioribus vestibus
induamus. Luce igitur discedente, et tenebris terram obumbrantibus
omnes ad monumentum euntes, eum cum silentio desepelierunt, et
vestimenta eius arripuerunt. Et ut lucidius et apertius hoc ab omnibus

credatur, adhuc unam pulcram planetam, quam crassantes ei abstulerunt, in nostro monasterio habemus. Sed ut animi similium de tali
facinore contabescant, hoc in veritate scimus, quia nullus evasit im-
punitus. Omnis namque ille furiosus tumultus in eodem anno suae
vitae finivit cursus, nisi tantummodo unus.

Di quali fonti principalmente si sia servito il monaco
Nonantolano il quale compilò questa Vita non è difficile
fino ad un certo punto di stabilire. L'esordio è tratto dal
Liber Pontificalis o da un catalogo di pontefici con cenni
biografici presi dal *L. P.;* le quattro formole dal *Diurnus;*
il breve racconto della chiamata di Carlo Magno e della
fine del regno longobardo dalla *Vita Karoli* di Einhardo;
la lettera di Costantino e d'Irene, la risposta d'Adriano e
tutto quel che riguarda gl' iconoclasti dagli atti del secondo
concilio di Nicea; i cenni intorno alla morte, ai funerali e
alla profanazione della tomba dalla tradizione locale mista
di storia e di leggenda.

Che alla compilazione dell'esordio abbia servito il *Liber
Pontificalis* nel suo testo intero, ovvero un catalogo di pontefici, è una questione legata a quella della buona o cattiva
fede del compilatore. Se questi aveva sott'occhio la breve
notizia biografica d'Adriano I contenuta in un catalogo di
pontefici, l'uso fattone può conciliarsi perfettamente col-
l'assunto preso in buona fede di dar forma letteraria alla
tradizione domestica, riunendo insieme tutte le fonti di cui
poteva disporre. Se però aveva a mano il testo intero
della Vita di Adriano I quale si trova nel *Liber Pontificalis,*
la mala fede è evidente e inescusabile. Come poteva as-
serirsi che Adriano I fosse morto a Spilamberto e sepolto
a Nonantola da chi aveva innanzi la lunga Vita del pontefice nella quale è detto chiaramente che esso morì a
Roma e fu sepolto in San Pietro?

Io inclino a credere che il compilatore abbia adoperato
un catalogo e sia stato in piena buona fede. Oltrechè nei
diversi inventari dei codici di Nonantola non appare, che

io sappia, un *Liber Pontificalis*, – e questo non sarebbe argomento decisivo come dimostrerò in seguito parlando del *Diurnus* – pel racconto della chiamata di Carlo e della sconfitta di Desiderio non sarebbe stato costretto a ricorrere ad una fonte straniera, la *Vita Karoli* scritta da Einhardo.

Dell'uso fatto dall'anonimo compilatore degli atti del secondo concilio di Nicea non è qui il luogo di parlare; che il cenno relativo a Carlo Magno e a Desiderio sia un conciso riassunto del più lungo racconto di Einhardo è chiaro dal confronto dei due testi (1); della profanazione della tomba avrò occasione di parlare ora, trattando, come fonte della *Vita Adriani,* del *Diurnus* che è l'oggetto di questo studio.

Al *Diurnus* l'anonimo ha attinto più largamente che alle altre fonti. Delle dieci formole che contiene riguardanti l'elezione e l'ordinazione del pontefice, quattro ne ha introdotte nella *Vita*: il *decretum,* l'*indiculum* e le due professioni di fede, escludendone, come osservò già il Mabillon, le sei lettere all'imperatore, all'esarca e agli altri dignitari ravennati, il che mostra com'egli sapesse che al tempo d'Adriano I eran cadute in disuso le formole le quali ricordavano il vincolo di soggezione della Chiesa

(1) Il compilatore della *Vita Adriani* ha preso da Einhardo, abbreviandolo, quel tanto che gli serviva per la narrazione sua. Metto a confronto il passo nel quale il sunto dell'anonimo riproduce frasi e parole di Einhardo:

<table>
<tr><td align="center">EINHARDO
(*Mon. Germ. hist. Script.* II, 445).</td><td align="center">*Vita Adriani*
(MABILLON, *Mus. Ital.* I, 39).</td></tr>
<tr><td>« Karolus vero post inchoatum a se bellum non prius destitit quam et Desiderium regem quem longa obsidione fatigaverat in deditionem susciperet... Finis tamen huius belli fuit subacta Italia et rex Desiderius perpetuo exilio deportatus et filius eius Adalgisus Italia pulsus et res a Langobardorum regibus ereptae Adriano Romanae Ecclesiae rectori restitutae ».</td><td>« Qui etiam Carolus non prius destitit donec Desiderium bello fatigatum perpetuo exilio damnaret et filium eius Italia pelleret, resque direptas Adriano papae restitueret ».</td></tr>
</table>

Romana all' impero d'Oriente. L'anonimo ebbe certamente a mano un codice del *Diurnus* e da esso tolse il testo delle formole che supponeva fossero state adoperate in occasione dell'elezione di Adriano I.

Ma di qual codice si sarà egli servito ?

Del *Diurnus,* formulario il quale non poteva servire che all'uso quotidiano del pontefice e della cancelleria pontificia, i codici non possono essere stati mai molto numerosi. Son noti la rarità e il pregio dei codici dell'alto medio evo. La produzione di essi bastava appena ai bisogni della liturgia, della coltura e dell'amministrazione: chi poteva pensare a sottoporsi all'inutile fatica di moltiplicare le copie di un libro inutile per tutti, eccettochè per gli ufficiali della curia pontificia ? Tenuto pur conto delle distruzioni e dispersioni di libri avvenute in ogni tempo, può calcolarsi che, salve alcune eccezioni, il numero dei codici di ciascun testo giunti fino a noi deve star sempre in una certa proporzione colla diffusione, la ricerca e la voga del testo stesso e colla frequenza con cui venne copiato. Per questa ragione, non solo nei cataloghi moderni dei manoscritti, i quali si può dire che rappresentino gli avanzi d'un naufragio, ma anche nei cataloghi antichi originali abbondano i testi dei quali l'uso e la ricerca erano più frequenti e per conseguenza più larga la produzione. Ora di copie antiche del *Diurnus* giunte fino ai tempi moderni non si conoscono che due, il codice di S. Croce, ora Vaticano, e quello che fu già dei gesuiti del collegio parigino di Clermont, perduto da circa un secolo. Nessuno degli antichi cataloghi di codici registra un *Diurnus* o un altro codice sotto il titolo del quale possa supporsi nascosto un testo del *Diurnus.* Da ciò io non intendo concludere che i codici di questo formulario fossero ugualmente rari tra il x e l' xi secolo, epoca approssimativa della compilazione della *Vita Adriani,* ma certo l'esistenza fra il x e l'xi secolo di un codice del *Diurnus* a Nonantola, da dove poi nel secolo xvii furon presi i codici più antichi della raccolta Rancati, nella quale troviamo un *Diurnus,* è un fatto che sorprende e che merita d'essere attentamente considerato. Soprattutto è da esaminare se intorno a questa singolare coincidenza venga ad aggrupparsi qualche altro indizio il quale confermi l'idea che ci si offre spontanea alla mente dell'identità del codice adoperato dall'anonimo compilatore della *Vita Adriani* con quello di S. Croce che appartenne al Rancati.

Un indizio importante e, a mio credere, decisivo ci è dato dal testo medesimo delle formole inserite nella *Vita.* Il codice di S. Croce e il codice di Clermont, alquanto differenti pel numero e per la successione delle formole, ci dànno delle formole stesse testi somiglianti, ma non perfettamente identici; e qui giova ricordare che il testo del codice perduto di Clermont ci è stato conservato fino ad un certo punto dall'edizione del Garnier e con assai maggiore esattezza dal Baluze per l'edizione che ne aveva preparata e della quale il De Rozière riferisce le varianti. Ora, un minuto confronto istituito fra il testo delle quattro formole inserite nella *Vita,* e quello delle formole stesse nel codice di S. Croce e nel codice di Clermont, ci dà che le quattro formole della *Vita* hanno tutte le lezioni per le quali il testo del codice di S. Croce differisce da quello del codice di Clermont. Le poche lezioni per le quali le formole della *Vita* differiscono dal testo del codice di S. Croce non coincidono col testo Claromontano, ma sono lievi differenze nuove, errori di lezione, sinonimie e varietà ortografiche facilmente spiegabili con una certa libertà e con una certa ignoranza dell'anonimo compilatore (1).

Tutto dunque induce a credere che l'antichissimo codice, poi Sessoriano di S. Croce ora Vaticano, si trovasse

---

(1) Veggasi il minuto confronto che fa dei due testi il SICKEL nei *Prolegomena II.*

a Nonantola e che l'anonimo nonantolano, compilatore della *Vita Adriani,* ne togliesse di peso le quattro formole, sostituendo, com'era necessario, al luogo dell'abbreviazione *ill.* (1), il nome d'Adriano e del predecessore Stefano, e aggiungendo in fondo al *decretum* la data « mense februa- « rio indictione .x. », che egli trasse forse dallo stesso catalogo di pontefici che gli aveva fornito le indicazioni del- l'esordio.

La parte veramente originale della *Vita Adriani* ci rivela pure in quale occasione il codice del *Diurnus,* di cui doveva esser sede naturale la libreria privata del pontefice o lo scrinio del Laterano, fu portato a Nonantola.

Ho già detto come allo scambio di Adriano III per Adriano I desse occasione il fatto vero della morte di Adriano III e del trasporto e seppellimento di lui a No- nantola. E la *Vita* compilata, per così dire, di maniera e su documenti presuntivi, sulla fine serba ancora qualche ri- cordo dell'avvenimento storico, il quale diede origine alla leggenda. E questo è il racconto, di cui ho già riferito il testo, della morte e dei funerali d'Adriano e della rapina delle vesti preziose di lui fatta da alcuni monaci di Nonan- tola. Se Adriano III morisse a Viulzacara, come asserisce il *Liber Pontificalis,* o a Spilamberto, come vuole la *Vita,* è una questione estranea allo scopo di questo studio; forse

---

(1) L'esame del modo col quale l'anonimo ha sostituito l'abbre- viazione *ill.* delle formole suggerisce al SICKEL un'acuta osserva- zione (*Prolegomena II*). Nulla di più facile pel compilatore che met- tere ai debiti luoghi i nomi di Stefano e d'Adriano, nè difficile pure dovè essere per lui aggiungere la data in fondo al *decretum;* ma dove trovare il nome del notaio che aveva dovuto scrivere l'*indiculum Pontificis?* Il compilatore se l'è cavata con una ingenua gherni- nella. Ha raschiato il luogo che doveva essere occupato dal nome e ha scritto sopra alla rasura la parola *illum,* sciogliendo così in un pronome poco compromettente la nota abbreviatura *ill.* del for- mulario. E anche questa è una prova di più in favore delle nostre conclusioni.

però è più attendibile l'ultima versione che s'appoggia alla tradizione domestica. Quello che mi sembra avere tutti i caratteri della verità, e che difficilmente si sarebbe potuto inventare, è il racconto del disseppellimento e della spoliazione del cadavere, confermato dall'esistenza a Nonantola della ricca pianeta ai tempi dell'anonimo, e tanto più credibile in quanto che, come è detto esplicitamente, la rapina degli abiti sacri del defunto non aveva per movente la cupidigia personale privata, ma il desiderio d'arricchire di splendidi paramenti la chiesa del monastero. Era un'esagerazione colpevole del sentimento, del resto generale nel medio evo, che spingeva monaci e abati a procurare sopra ogni altra cosa l'ingrandimento, la ricchezza e lo splendore dei loro monasteri. E se al cadavere di Adriano III l'altezza della dignità e la venerazione popolare non risparmiarono la profanazione e la rapina, tanto meno è da credere che i monaci nonantolani avessero cura di rinviare a Roma i libri e le altre suppellettili del defunto pontefice. Tutto o quasi tutto dovè rimanere a Nonantola; specialmente i libri che il pontefice aveva recato seco per servirsene durante il viaggio, de' quali i Nonantolani arricchirono la loro biblioteca, più specialmente il *Diurnus,* di un codice del quale sarebbe altrimenti inesplicabile l'esistenza e l'uso in quel monastero (1).

(1) È mia ferma convinzione che il *Diurnus* non sia il solo codice appartenuto ad Adriano III, rimasto a Nonantola e passato nella raccolta Rancati. Se quella raccolta fosse stata conservata intatta a S. Croce e fosse passata intera nella biblioteca Nazionale di Roma, un esame minuzioso di tutti i codici più antichi ci potrebbe portare – chi sa? – a ricostituire il catalogo della biblioteca da viaggio di Adriano III. Ma anche fra i più antichi codici attualmente superstiti del gruppo Rancati è da credere si nasconda qualche reliquia di quella biblioteca. Il codice 55, che contiene una ricca raccolta di testi ascetici e omiletici scritta in caratteri semionciali del VI secolo, il codice 63, che contiene la raccolta di canoni Dionisio-Adriana, ed altri testi giuridici preceduti da un catalogo di pontefici, appar-

Nè si può dubitare che Adriano III possedesse e usasse un codice del *Diurnus*. Pochi atti ci restano di quel pontefice che ebbe un regno così breve, ma in parecchi di quei pochi non è difficile riconoscere qua e là l'uso delle formole del *Diurnus*. Specialmente notevole è un privilegio concesso da Adriano III al monastero di S. Maria di Grasse in Francia. L'esordio di esso è tolto di peso dalla formola LXIV; la chiusa contiene frasi prese dalle formole LXXXVI e LXXXIX (ed. Sickel) (1). In questi passi il testo coincide perfettamente, e quasi sempre anche nella forme orto-

tennero, io credo, del pari che il *Diurnus,* ad Adriano III. Particolarmente notevole è il codice 63, scritto tutto in caratteri del tipo chiamato così impropriamente longobardo nel IX secolo. Nel catalogo dei pontefici che ha innanzi, solo una parte è scritta dalla mano del resto del codice e questa si arresta a Leone III; il resto è aggiunto di mano più recente. E quello che è più singolare è il rimaneggiamento che il catalogo ha subìto a Nonantola. Con inchiostro d'un rosso più vivo è stato ripassato il nome di S. Silvestro patrono della badia Nonantolana, e anche l'antica scritta relativa ad Adriano I è stata abrasa e riscritta col nuovo inchiostro rosso in caratteri più spiccati, di forma più recente, naturalmente, e con una iniziale maiuscola più grande delle altre. La scritta dice: « Adrianus sedit « annos .XXIII. menses .X. dies sedecim ». Ora, mentre il *Liber Pontificalis* e gli altri cataloghi conosciuti hanno « dies decemseptem », questo e la *Vita Adriani* hanno « dies sedecim ». Segno evidente che il compilatore della *Vita* e il monaco il quale ripassò il catalogo dei pontefici attinsero alla stessa fonte. Così anche quest'altro codice di Adriano III avrebbe servito alla glorificazione del suo omonimo!

(1)

Bolla di Adriano III per N. D. di Grasse (Bibl. Nazion. di Parigi, fonds lat. cod. 5455).	*Diurnus* (ed. Sickel). Form. LXIV.
« Convenit apostolico moderamini pia religione pollentibus benivola compassione succurrere. Et poscentium animi alacri devotione impertiri assensum. Ex hoc enim lucri potissimum praemium a conditore hominum Domino promeremur dum venerabilia loca opportune ordinata ad meliorem fuerint sine dubio	« Convenit apostolico moderamini pia religione pollentibus benivola compassione succurrere et poscentium animis alacri devotione impertire assensum; ex hoc enim lucri potissimum premium a conditore omnium Deo procul dubio promeremur, dum venerabilia loca oportunae ordinata ad meliorem fuerint sine

grafiche, col testo del codice di S. Croce. Argomento non lieve per ritenere che il pontefice Adriano possedesse precisamente quel codice che dopo la morte di lui dovè rimanere a Nonantola.

In mezzo a tanta concordia di prove e d'indizî sorge una difficoltà: nessuno degli antichi cataloghi di codici Nonantolani registra un *Diurnus,* un *Formularium* o un altro codice che possa supporsi contenesse il testo del *Diurnus.* Di questa difficoltà, certo non lieve, non conviene nè dissimulare nè esagerare il valore.

Della biblioteca Nonantolana esistono parecchi cataloghi: uno inedito del principio dell'xi secolo dei libri « adquisiti tempore domni Rodulfi abbatis primi (1002-1033) « per Petrum monachum Ardengum » (1), uno del 1166 (2)

statum perducta. Igitur reverentia vestra postulavit a nobis quatenus . . . ».

« Statuentes apostolica censura sub divini iudicii obtestatione et anathematis interdictum ut nulli umquam . . . ».

« Si quis autem (quod non optamus) . . . ».

« sciat se anathematis vinculo innodatum et a regno Dei alienus existat ».

dubio statum perducta. Igitur quia petisti a nobis quatenus . . . ».

Form. LXXXIX.

« Statuentes apostolica censura . . . sub divini iudicii obtestatione et anathematis interdictum ut nulli umquam . . . ».

Form. LXXXVI.

« Si quis autem, quod non optamus . . . ».

Form. LXXXIX.

« sciat se anathematis vinculo esse innodatum et a regno Dei alienum . . . ».

In questi passi è pochissima la differenza fra il testo dei due codici. Noto le lezioni *interdictum* e *innodatum* particolari del codice Vaticano, mentre il codice Claromontano, se qui il Garnier è fedele, leggeva *interdicto* e *innodatam*. Debbo alla cortesia del ch. Michel Deprez, conservatore dei manoscritti nella biblioteca Nazionale di Parigi, la copia della bolla d'Adriano III per N. D. di Grasse.

(1) Questo catalogo esistente in un codice della biblioteca Universitaria di Bologna m'è stato comunicato dal mio dotto amico il prof. Augusto Gaudenzi. Lo pubblicherò nella prefazione al mio catalogo dei manoscritti Sessoriani della Vittorio Emanuele.

(2) Il catalogo del 1166 si trova alla c. 62 v del codice Sessoriano 31, dal quale lo pubblicò il MAI (*Spicilegium Romanum,* V,

edito dal Mai e riprodotto dal Becker (1), uno del secolo xiv, due del secolo xv (2). Nè nei due primi che ho attentamente studiato io stesso, nè nei tre più recenti che a richiesta del prof. Sickel ha cortesemente consultato per me il ch. dott. Donabaum è notato alcun codice che possa credersi contenesse il *Diurnus*. E così dinanzi ad una serie di fatti e d'indizî i quali provano l'esistenza a Nonantola nell' xi secolo d'un codice del *Diurnus*, starebbe l'assenza di esso nei cataloghi di codici Nonantolani dall' xi al xv secolo. È un argomento negativo di cui vale la pena di discutere il valore.

Che il *Diurnus* non si trovi fra i codici acquistati da Pietro Ardengo al tempo dell'abate di Nonantola Rodolfo I è naturale e conferma la mia opinione che, cioè, non per acquisto e in tempo molto anteriore il codice pervenisse a Nonantola. Sembra strano invece ch'esso non debba trovarsi nell'elenco del 1166, risultato di una *inquisicio* intesa a ricercare e fissare in carta quali fossero allora i codici posseduti dal monastero. Ma certo è che la *inquisicio* non fu troppo diligente e che quell'elenco non rappresenta esattamente la biblioteca Nonantolana qual'era nel 1166. Infatti, sebbene la identificazione dei codici su quell'elenco non sia facile cosa, e lo prova il tentativo infelice che ne ha fatto il Mai, si può assicurare che la biblioteca Nazionale di Roma possiede ora fra i Sessoriani alcuni codici che nel secolo xii dovevano trovarsi certamente a Nonantola e che pure non sono notati in quell'elenco. Tali sono, ad esempio, il codice 63 del ix secolo contenente la *Collectio canonum* Dionisio-

---

218-221), però con aggiunte e divisioni che lo sfigurano. Anche quel catalogo sarà da me riprodotto secondo il codice nella prefazione sopra annunziata.

(1) *Catalogi bibliothecarum antiqui*, pp. 220-223, n. 101.

(2) Tiraboschi, *Storia della Badia di Nonantola*, I, 187.

Adriana e il codice 55 del VI secolo contenente una grande raccolta di testi omiletici e ascetici. Del primo è certa, del secondo probabilissima la provenienza nonantolana, eppure ambedue non figurano nell'elenco del 1166.

Restano i cataloghi dei secoli XIV e XV: quanto a questi non sarà inutile qualche considerazione più generale.

Non è registrato a catalogo: dunque non esiste in biblioteca; è prova negativa di dubbio valore, specialmente se si tratti d'identificare manoscritti negli antichi cataloghi. Il mio studio sui due cataloghi Nonantolani più antichi, quello del dott. Donabaum sui più recenti ci fanno certi che in quei cataloghi non è registrato alcun codice col titolo *Diurnus* o *Formularium* o con altro titolo che, a giudizio nostro, possa nascondere un testo del *Diurnus*. Ma, qual diligenza o quale acutezza di divinazione può assicurarci che in quei rozzi elenchi il *Diurnus* non sia stato realmente registrato con un titolo fantastico? Si noti che il codice, a notizia nostra mutilo in principio e in fine da più di due secoli, poteva aver subito qualche guasto in principio fin da quando pervenne alla biblioteca di Nonantola, ed è naturale che per trovare un nuovo titolo ad un codice il quale ne mancava, un monaco dell'XI e del XII secolo potesse spaziare quanto voleva nei campi dell'immaginazione e della propria coltura.

Ma ammesso pure che il *Diurnus* non appaia assolutamente e non sia stato notato di fatto in quegli elenchi, non è argomento bastevole per dubitare dell'esistenza di esso a Nonantola provata da altri fatti. Una collocazione in luogo separato, ovvero fra le reliquie del pontefice Adriano venerato come santo spiegherebbe l'assenza. E anche senza ricorrere a questa ipotesi, v'ha una condizione di fatto che potrebbe spiegarla. Oltre i codici già noti, il Rancati possedeva un gruppo di frammenti aggiunto alla copia dell'elenco sommario che è nell'Ambrosiana col titolo

Fragmenta codicum (1) e formante ora una miscellanea. Il *Diurnus* mutilo e guasto in principio e in fine e privo di legatura può esser rimasto inosservato in mezzo a quei frammenti. Il Rancati separandolo da quei brani e inserendolo nel suo elenco può avergli restituito quella qualità di libro a sè e, direi quasi, quella individualità che, per lo stato suo esteriore, gli era stata negata e gli aveva impedito di figurare nei cataloghi Nonantolani.

Non sarebbe difficile trovare anche altre plausibili spiegazioni dell'assenza del *Diurnus* in quei cataloghi. Spiegare in un modo o in un altro la cosa è una questione secondaria; più importante è fissare il canone critico che il non trovare registrato un codice nei cataloghi di una biblioteca monastica del medio evo o del rinascimento non è la prova assoluta che il codice non si trovasse in quella biblioteca.

Da quanto ho esposto fin qui mi pare di poter concludere che il codice antichissimo del *Diurnus* è quello stesso che appartenne alla biblioteca da viaggio del pontefice Adriano III e che, rimasto dopo la morte di lui a Nonantola e adoperato dall' anonimo compilatore della *Vita Adriani I*, fu poi nel secolo XVII, insieme cogli altri codici Nonantolani, portato a Roma a S. Croce in Gerusalemme dall'abate Ilarione Rancati, e sulla fine del secolo XVIII collocato nell' archivio segreto Vaticano. È così accertata l'esistenza di una reliquia della biblioteca domestica pontificia del IX secolo nel codice del *Diurnus*, e non solo s'ha un altro argomento per ritenere ch'esso sia stato scritto a Roma (2), ma si può ragionevolmente sup-

---

(1) Quest'annotazione si trova in fine della copia del catalogo Ferrari, fra le carte del Ferrari stesso, nell'Ambrosiana, al vol. C.S.V, 11. I *Fragmenta codicum* vi sono notati colla segnatura N N immediatamente successiva a quella dell'ultimo codice della seconda parte segnato M M.

(2) SICKEL, *Prolegomena I*, 18 e sgg.

porre che provenga dallo scrinio Lateranense. Se è così, come io credo, non è da lamentare che il codice prezioso sia stato separato dagli altri di S. Croce. sulla fine del secolo nono e chiuso nell'archivio Vaticano. Dopo circa nove secoli d'esilio, quasi per diritto di postliminio, il *Diurnus* veniva così restituito alla sua sede naturale; reliquia isolata, e per questo più veneranda, di una serie ricchissima di libri e documenti che l'opera distruggitrice del tempo e degli uomini ci ha rapito per sempre (1).

I. GIORGI.

(1) Sul punto di licenziare per la stampa queste mie ricerche, il prof. Sickel ha pubblicato la nuova e aspettata edizione sua del *Diurnus*. È intitolata: *Liber Diurnus Romanorum Pontificum. Ex unico codice Vaticano denuo edidit Th. E. ab Sickel, consilio et impensis Academiae Caesareae Vindobonensis* (Vienna, Gerold, 1889). Grazie all'usata cortesia del prof. Sickel, io aveva potuto giovarmi di questa edizione veramente definitiva anche prima che fosse pubblicata, specialmente pel confronto del testo delle formole LXIV, LXXXVI, LXXXIX colla bolla di Adriano III per N. D. di Grasse.

VARIETÀ

—

Il socio prof. Castellani, prefetto della biblioteca Nazionale di S. Marco, ci ha trasmesso un documento importante estratto dal codice Marc. 174, classe X dei Latini. È la lettera originale, per verità molto servile, indirizzata dai Conservatori di Roma ad Alessandro VI per rendere conto al pontefice del modo com'eglino avevano eseguita la commissione del ricevimento di Carlo VIII nella città. E il Castellani aggiunge in proposito le seguenti notizie:

Livio Podocatharo Capriotto, arcivescovo di Nicosia (Leucosia), nipote al cardinale Lodovico Podocatharo, vescovo di Benevento, trovandosi in Roma addetto alla corte pontificia nei giorni del sacco della città dalla parte degl' imperiali (1527), potè in quel trambusto impossessarsi di molte carte preziose custodite in quella corte, tra le quali un considerevole numero d'atti e lettere tutte autografe indirizzate da principi, alti dignitari della Chiesa, da magistrati e letterati e infin da santi ai pontefici Sisto IV, Innocenzo VIII ed Alessandro VI, e con esse si trasferì a Venezia, dove morì nel 1556, sepolto onorevolmente in S. Sebastiano, dove tuttavia s'ammira lo stupendo monumento erettogli da Iacopo Sansovino. La repubblica prese allora possesso di quelle carte e le depositò nella Segreta di Stato, donde nel 1787 furono trasferite nella « Libraria pubblica » ora Marciana, e ivi ora si conservano in cinque codici, segnati coi nn. 174-178 della classe X Latini.

Il Castellani promette continuare lo spoglio dei codici suddescritti e comunicare nuovi documenti se corrispondenti al carattere di questa pubblicazione.

Beatiss.^me Pater et Clementiss.^e Dñe post pedum oscula beator. humiliter cõmendatis etc. Non miretur V. S.^tas si ei antehac haud scripserimus: occupationes enim rerum, ante et post adventum regis Francorum providendarum, continuo nos detinuerunt. Omnia tamen, que per V. S.^tem nobis mandata fuerunt summa cum diligentia, una cum R.^mis Dnis legato et gubernatore vestro dignissimo communicavimus et expedivimus. Nam et ipsi regi oratores cives misimus. Qui Sue M.^ti nuntiarent, qualiter V. S.^tas nobis in suo discessu expresse mandaverat, ut Suam M.^tem leto animo et honorificentissime reciperemus, et deinde pridie eundem ad domum visitavimus. Verum cum hoc mane, circa tertiam diei horam, ex Urbe cum omnibus suis discesserit, omnes V. B.^is felicem redditum tanquam optimi domini et patris summo cum desiderio et hilaritate cupidi expectant. Quam ob rem eidem V. B.^i ex parte totius sui devotissimi et peculiaris populi Romani humiliter et devote, ac ex ipso corde supplicamus ut ad hanc suam Almam Urbem quam primum comode potuerit reddire dignetur. Quod nobis et toti vrõ prefato Romano populo ac omnibus curialibus erit gratissimum ac periocundum: et ad amplissimum decus perpetuamque gloriam V. B.^is adscribetur et nobis precipere velit que in posterum facere debeamus. Nam suis mandatis tanquam veri servuli et obedientiss.^i filii perpetuo ut tenemur obtemperantes erimus, nullis parcentes laboribus ac sudoribus prout hactenus effecimus pro felici statu S.^tis V. que feliciter valeat. Cui nos et hunc vestrum fidelem populum semper humiliter commendamus. Ex vestra Alma Urbe die tertia iunii .MCCCCLXXXXV.

E. V. B.^is

Fidelissimi servuli Conservatores Cam.^e
v.re Alme Urbis.

[*ab extra*] † Sanctiss.^me et clementiss.^me D. N. pape.

ATTI DELLA SOCIETÀ

Seduta del 9 gennaio 1888.

Soci presenti, i signori O. Tommasini, presidente, R. Ambrosi De Magistris, D. Carutti, G. Coletti, A. Corvisieri, C. Corvisieri, G. Cugnoni, E. De Paoli, B. Fontana, I. Giorgi, I. Guidi, C. Mazzi, A. Monaci, E. Monaci, G. Navone, E. Stevenson, G. Levi, segretario.

La seduta è aperta alle ore 3 30 pom.

Il Segretario legge il processo verbale della seduta precedente, il quale viene approvato.

Il Presidente commemora una perdita grave e dolorosa fatta dagli studi e dalla Società per la immatura morte del socio Paolo Ewald, venuto meno quando stava per raccogliere il frutto di lunghi studi, diligenti e sagaci intorno alle lettere di Gregorio Magno. A questo lavoro, di così capitale importanza per la storia di Roma, rimarrà collegato il nome di lui, caro a quanti dei soci ebbero la ventura di apprezzarne le personali qualità nei vari soggiorni da lui fatti in Roma.

I soci sindacatori A. Corvisieri e B. Fontana propongono l'approvazione del conto consuntivo 1886, che è approvato all'unanimità senza discussione.

Il Segretario legge il processo verbale dello spoglio delle schede pervenute alla presidenza per proposte di nuovi soci. In conformità di esso, a termini dello statuto, si procede allo scrutinio segreto sul nome del prof. Domenico Comparetti, che risultò eletto a socio con l'unanimità de' suffragi sopra sedici votanti.

Procedutosi alla elezione del segretario, il socio Levi risultò eletto con 13 voti sopra 16 votanti.

Il Presidente propone quindi alla discussione lo schema già distribuito ai soci per la compilazione del *Codex diplomaticus Urbis,* che corrisponde ad un antico voto della Società, reso ora di più agevole esecuzione per l'incoraggiamento e offerta di aiuto da parte dell'Istituto Storico Italiano. In un lavoro così capitale per la storia di Roma e di natura veramente sociale, confida nel concorso di tutti i soci.

Il socio De Paoli vivamente approva la proposta e come soprintendente agli Archivi romani, dichiara che comunicherà alla Società tutti quei documenti che sia in originale, sia in copia, sia in sunto si trovino nell'archivio di Stato. La maggior parte delle serie dell'archivio non va al di là del secolo xv. Oltre però che dalla collezione delle pergamene, e dagli indici di S. Silvestro in Capite, S. Cecilia, ecc., può sperarsi di raccogliere buon numero di documenti anche per i secoli anteriori al xv dai sommari aggiunti ai processi. Quanto allo schema lo approva; solo chiede se, come gli sembra, tra le fonti da esplorare non siano da comprendersi gli epistolari e le iscrizioni.

Il Presidente risponde che non v'à dubbio che anche gli epistolari e le iscrizioni siano da comprendersi tra le fonti pel *Codex diplomaticus Urbis,* quando contengano notizie di documenti o diplomatici. o relativi alla costituzione della città; mentre quelle sole relative alla storia del costume, ecc., potranno servire per la *Historia Urbis diplomatica,* come nello schema è notato. L'elenco delle varie categorie di fondi da esplorare, aggiunto allo schema, non devesi del resto considerare come una completa e tassativa enumerazione.

Il socio barone CARUTTI DI CANTOGNO applaude alla nobile intrapresa, che dice degna dell'Italia nuova. L'Istituto Storico Italiano non poteva meglio auspicare l'opera sua che promovendo questo lavoro. Egli come presidente della Deputazione di storia patria per le antiche provincie, ringrazia la Società Romana che pronta e coraggiosa risponde all'invito e s'accinge a compierlo. Desidererebbe conoscere con quali criteri è stato determinato il termine cronologico da cui incominciare il *Codex*.

Il PRESIDENTE risponde che nell'atto di compilare lo schema fu riconosciuta la difficoltà, allo stato attuale delle ricerche, di stabilire un limite cronologico. Perciò parve di non porre alcun termine *ad quem,* mentre fino a che si ànno atti relativi alla vita giuridica e civile del Comune di Roma, questi dovranno trovar posto nel *Codice.* Quanto al termine *a quo* non volendo pregiudicare la questione se si debba cominciare dalla cessazione dell'impero o dal trasporto di esso a Costantinopoli, e volendo lasciare libero il campo alle indagini, si propone di cominciare dal tempo di Gregorio Magno, termine intermedio da cui si può prendere le mosse così per discendere come per risalire fin dove le ricerche e i documenti lo consentiranno.

I soci DE PAOLI e CARUTTI ringraziano degli schiarimenti.

Nessun altro chiedendo la parola, il PRESIDENTE pone a votazione lo schema, avvertendo che verrà aperta apposita rubrica nell'*Archivio* per pubblicarvi i lavori preparatorî, e le adesioni relative alla pubblicazione del *Codex.*

Lo schema del *Codex Urbis diplomaticus* è approvato.

La seduta è levata alle ore 5 pomeridiane.

Preparazione del Codex diplomaticus urbis Romae.

(Relazione all' Istituto Storico).

Roma, a dì 20 novembre 1888.

Mi reco a debito di ragguagliare l'Istituto Storico Italiano dell'inizio che questa R. Società Romana di storia patria à dato alla preparazione del *Codice diplomatico di Roma,* in seguito alla deliberazione presa dall'Istituto medesimo nella seduta del 31 maggio 1887.

Grata dell'incarico ricevuto, che corrispondeva ad un antico desiderio dei colleghi, la Società procedeva per mezzo del suo Consiglio direttivo a proporre le basi e le linee principali dell'opera, sottoponendo ai singoli soci uno schema, in cui s'indicavano i termini di tempo e di luogo e il limite logico rispetto alla comprensione dei documenti da incorporare nella raccolta.

Questo schema venne fatto oggetto di discussione per lettera coi soci lontani, e coi presenti nell'assemblea generale del dì 9 gennaio ultimo decorso, in cui, notificate tutte le osservazioni, lo schema rimase definitivamente approvato nella forma della circolare che mi pregio di accluderle (V. *Archivio,* XI, 64-66).

Le osservazioni d'autorevoli colleghi si erano aggirate e intorno al termine cronologico iniziale, e intorno ai documenti a cui si limitava la comprensione dell'opera, e intorno ai fondi scientifici che si proponevano ad oggetto di esplorazione. I soci barone D. Carutti e W. von Giesebrecht obbiettarono circa l'incertezza del termine *a quo.* Il von Giesebrecht nel febbraio scriveva da Monaco: « Der « Plan, wie er in December vorigen Jahrs in einem Cir- « cular dargelegt ist, scheint mir durchaus zu billigen, nur « möchte ich der Erwägung anheimstellen ob nicht als « Ausgangspunkt der Untergang des abendländischen Reichs « zu vählen sei ». Il comm. dott. E. De Paoli, sopraintendente al R. Archivio di Stato in Roma, proponeva che tra le altre fonti si osservasse se non fosse bene attingere anche ad iscrizioni ed epistolari. Il prof. Villari notava che la storia del Comune di Roma trovandosi più d'ogni altra connessa a quella di tutta l'Italia, le ricerche per le fonti manoscritte bisognerebbe farle non solo nelle biblioteche ed archivi romani, ma anche in quelli del resto d'Italia; nè forse converrebbe escludere del tutto gli archivi stranieri; ed aggiungeva l'invito di tener conto anche delle pubblicazioni periodiche, molte delle quali hanno documenti importanti per la storia costituzionale di Roma.

Alle quali osservazioni la Società rispose accettandole, per quanto concerneva la moltiplicità dei fondi da esplorare, confidando che il R. Istituto Storico Italiano avrebbe determinato, d'accordo colla Società stessa, le modalità secondo le quali è possibile d'incoraggiare e sostenere viaggi, dimore e ricerche di studiosi a quest'effetto. Nell'esame del materiale già edito nulla deve essere omesso o trascurato, essendo tracciate le linee generali dello schema solo per indicare e non già per escludere. Il punto di partenza del *Codice* non venne recisamente determinato perchè, se veramente al cessar dell'impero occidentale si tronca e muta l'antica vita costituzionale di Roma, questa era già infirmata da una serie non piccola di vicende storiche, prima fra le quali l'edificazione d'una seconda Roma sul Bosforo, che rassomigliasse e decapitasse la prima; per cui, stabilitasi la rivalità tra la città dell'oriente e quella dell'occidente, s'aprì la via alle vitali agitazioni del medio evo, fatte più chiare ad intendere, se si parte da quella legge che vedevasi impressa ad una colonna in mezzo allo strategio di Costantinopoli. La questione si riduce pertanto a cominciare il *Codice* o da un brano degli *Excerpta* di Malco (*Script. Biz. Dexippi et alior. fragm.* pp. 235-236) o da un frammento della *Storia ecclesiastica* di Socrate Scolastico (I, 16); la quale determinazione potrà meglio aver luogo nel distinguere quella parte del materiale che per la natura sua dovrà essere incorporato nel *Codice* o nella *Storia diplomatica* di Roma, alla cui compilazione porge naturale e contemporanea occasione la preparazione di quello. Nella *Storia diplomatica* potranno pertanto aver luogo gli estratti da documenti che non avranno ragione d'esser compresi nel *Codice*. La cernita delle schede sarà fatta dalla Commissione che verrà preposta alla redazione definitiva dell'opera. Frattanto sembrò opportuno di ordinare gli spogli preparatori in guisa che i due lavori potessero aver comune l'origine. Fu però distribuito tra i soci un certo numero di schede, di cui si allega l'esempio, curando che rispondesse agli intendimenti sopra enunciati. La scheda stessa fu sottoposta prima all'approvazione dei colleghi: questi vennero invitati a determinare il limite entro al quale, secondo i particolari studi, intendevano di restringere le loro ricerche. Non mancarono adesioni. All'esplorazione dei regesti pontifici editi dichiararono d'accingersi i soci: Ugo Balzani, segnatamente per le lettere di Gregorio Magno; S. Löwenfeld per lo spoglio dei regesti editi dal 604 al 1198; G. Levi per quelli pubblicati dal Potthast e per l'analisi delle *Vitae pontificum Romanorum;* ed esso e Alfredo Monaci offersero ancora di curare l'esame dei regesti mss. dell'archivio segreto e della biblioteca Vaticana, dividendo con opportuno accordo il lavoro; il prof. G. Gatti promise, d'intesa col comm. G. B. De Rossi, di esaminare le raccolte d'iscrizioni, e di mettere a disposizione della Società i suoi appunti intorno alla serie dei magistrati romani; I. Giorgi di curare la collazione dei documenti pubblicati dal Galletti nel *Primicerio* e *Vestiarario,* estendendo, quando sia possibile, ai documenti custoditi nell'archivio Capitolare di S. Maria in Via Lata l'opera sua; il dottor E. Stevenson e l'avv. R. Ambrosi di esplorare alcuni archivi della provincia, comunicando l'uno documenti veliterni, l'altro anagnini; il rev. sig. Leone Allodi di comunicare i documenti membranacei della proto-badia Sublacense, che possono avere importanza pel nostro assunto; il cav. Luigi Fumi di esaminare gli archivi di Toscana, dell'Umbria, e segnatamente di Perugia, Todi, Gubbio, Spoleto, Orvieto, Terni, Narni, Assisi, e di far indagini nell'archivio Vaticano, preferendo fra tutti gli altri atti quelli che si contengono nei registri del Patrimonio di San Pietro non pubblicati da altri; il comm. dottor Enrico De Paoli, come sopraintendente agli archivi romani, di comunicare tutti quei documenti che sia in originale, sia in copia, sia in sunto si trovano nel R. Archivio di Stato; il prof. P. Villari di ricercare gli archivi di Firenze e di fornire la collazione e la copia dei documenti reperti; il prof. Ernesto Monaci di fare lo spoglio delle croniche Muratoriane; il dottor Th. Hodgkin quello delle lettere di Cassiodoro; il sottoscritto di percorrere le collezioni annalistiche e ricercare le fonti inedite, specialmente del decimoquarto e decimoquinto secolo; i signori prof. G. Cugnoni, bibliotecario della Chigiana, C. Castellani, prefetto della Marciana in Venezia, H. Winkelmann, bibliotecario della università di Heidelberg, di contribuire coi preziosi fondi scientifici delle librerie cui sopraintendono a vantaggio del *Codice diplomatico* di Roma.

Necessitando poi di stendere l'esame al maggior numero di collezioni e d'archivi privati e pubblici della nostra regione, fu indirizzata alle più illustri famiglie e alle Amministrazioni civili ed ecclesiastiche principali della città la circolare che segue:

Roma, lì 31 maggio 1888.

On. ed Ill. Signore,

Fin dall'anno 1845 un giornale letterario e scientifico di Roma annunziava con gioia « come alcuni signori e alcuni capi d'Amministrazioni ecclesiastiche in Roma, pregiando la utilità che dalle antiche carte possono trarre la storia ed il foro nella trattazione delle cause civili, decretarono l'ordinamento de' loro archivi domestici o di quelli sottoposti alla loro presidenza ». Il *Saggiatore*, che in quel l'anno pubblicava così bella notizia (an. 2, vol. IV, p. 319), aggiungeva lodi al Carinci, conservatore dell'archivio Caetani e ordinatore del cartulario della Fabbrica di S. Pietro, dell'archivio del marchese Patrizi-Naro e del principe di Piombino.

Ora questa R. Società Romana, che per invito dell'Istituto Storico Italiano si accinge a pubblicare il *Codex diplomaticus Urbis*, reputando che le belle disposizioni d'allora abbiano fruttificato, confida che alla storia patria non verrà meno in questa occasione il cortese contributo delle grandi e generose famiglie e delle potenti Amministrazioni civili ed eecclesiastiche per cui la storia della patria è gloria domestica e chiede che all'alta intrapresa che le è commessa concorra il favore dei singoli, e si conceda pertanto, con quelle malleverie che più sembrano desiderabili e d'accordo coi signori archivisti, che la Società faccia esplorazione, collazione e pubblicazione di quei documenti che è sperabile si trovino in cotesto spettabile archivio, di tale qualità che non debbano mancare a un *Codice* e ad una *Storia diplomatica di Roma*.

La R. Società Romana di storia patria confida che la preghiera che avanza verrà dall'on.^ma S. V. presa in considerazione e sarà lieta di notificare nella rubrica della sua pubblicazione periodica riservata alla preparazione del *Codex diplomaticus Urbis*, quella risposta che all'on. S. V. piacerà di farle pervenire.

Con ossequio, ecc.

Famiglie ed Amministrazioni alle quali fu indirizzata:

FAMIGLIE NOBILI.

Aldobrandini principe don Camillo — Altieri principe — Barberini principe don Enrico — Bolognetti-Cenci principe don Virginio — Borghese principe don Paolo — Caetani duca don Onorato — Capranica marchese Camillo — Cardelli conte Alessandro — Chigi principe don Mario — Colonna principe don Giovanni — Del Bufalo Della Valle marchese — Doria principe don Giovanni Andrea — Gabrielli principe don Placido — Orsini principe don Filippo — Sforza Cesarini duca don Francesco.

CAPITOLI, COLLEGIATE E MONASTERI.

Capitolo di S. Anastasia — di S. Angelo in Pescheria — dei Ss. Celso e Giuliano — di S. Eustachio — di S. Giovanni in Laterano — di S. Girolamo degli Schiavoni — dei Ss. Lorenzo e Damaso — di S. Marco — di S. Maria in Cosmedin — di S. Maria Maggiore — di S. Maria ad Martires — di S. Maria di Monte Santo — di S. Maria in Trastevere — di S. Maria in Via Lata — di S. Nicola in Carcere — di S. Pietro in Vaticano — Monaci Benedettini di S. Paolo.

OSPEDALI.

Ospedale di S. Giacomo — di S. Giovanni — di S. Spirito in Sassia.

ARCHICONFRATERNITE E CONFRATERNITE.

Archiconfraternita degli Adoratori alla Colonna — degli Amanti di Gesù e Maria — di S. Andrea e S. Francesco — di S. Antonio di Padova — dei Bergamaschi — dei Ss. Carlo ed Ambrogio — di S. Caterina da Siena — del SS. Corpo di Cristo — del SS. Crocifisso Agonizzante — del SS. Crocefisso — dei Curiali — di S. Giovanni dei Fiorentini — dei Lucchesi — di S. Maria della Mercede — di S. Maria dell'Orazione e Morte — del SS. Sacramento — di S. Spirito.

Risposero all' invito con singolare cortesia i signori: principe Paolo Borghese, marchese Camillo Capranica, Onorato Caetani duca di Sermoneta, principe Mario Chigi, principe Colonna, principe F. Orsini, duca F. Sforza Cesarini; il rev. abate di S. Paolo, don Francesco Leopoldo Zelli, pel Capitolo di S. Lorenzo in Damaso il chiarissimo monsignor David Farabulini, le Amministrazioni ospitaliere di S. Spirito in Sassia, del Salvatore ad Sancta Sanctorum; l'archivista dei Bergamaschi; ed è luogo a sperare che questi nobili esempi vinceranno altre ritrosie.

Dischiusa la via al lavoro, questo venne incominciato e in apposita rubrica del nostro *Archivio* se ne renderà conto. I contributi dello Stevenson, dell'Ambrosi, dagli archivi di Anagni e di Velletri e quelli dell'Allodi dall'abadia Sublacense vi troveranno immediatamente il loro posto; così in seguito i successivi.

Se non che importa che l'opera sociale sia ben disciplinata così nella preparazione come nella compilazione; e se è desiderabile che, in quella guisa che si reputerà più opportuna da cotesto R. Istituto Storico, si faciliti l'esplorazione d'archivi e di biblioteche, senza la quale sarebbe vano accingersi all'intrapresa, importa pure che un primo saggio della pubblicazione venga circoscritto dentro a ristretti limiti cronologici; dacchè se in tutte le opere il cominciamento è difficile, di questa, che non è lieve, necessita ben fissare l'indole e i modi, acciocchè il principio del fatto sia guida eloquente anche a chi segue ad attendere alle ricerche preparatorie.

Il Presidente
O. TOMMASINI.

BIBLIOGRAFIA

Alessandro Gherardi. *Nuovi documenti e studi intorno a Girolamo Savonarola.* Seconda edizione emendata e accresciuta. — Firenze, Sansoni, 1887 (12°, pp. XII-400).

Merita lode il pensiero del cav. A. Gherardi, di fare una nuova edizione di questo libro, non che l'incoraggiamento dato all'opera dal Ministero della pubblica istruzione ; perchè l'edizione prima stampata a soli 50 esemplari era quasi irreperibile; e chi non poteva, o per doveri d'ufficio o per altro, recarsi ad esaminarla in qualcuna delle principalissime biblioteche del Regno, doveva appagarsi d'argomentarne la grande importanza dalle rassegne e dai libri, che ne parlavano o che facevano tesoro dei documenti e degli studi in quella raccolti.

Questa lode ha da esser poi tanto maggiore, in quanto non si tratta di una semplice ristampa; ma il libro ci si presenta veramente migliorato e accresciuto di molte cose, alcune delle quali d'importanza non lieve. Come sanno quelli, che han visto o questa o la prima edizione, il libro è diviso in tre parti, delle quali la prima, genealogica e bibliografica, ha a fondamento gli studi del compianto cav. Napoleone Cittadella di Ferrara sulla famiglia e sulla casa del Savonarola e su tutte le pubblicazioni, che ne illustran la vita; la seconda, sopra tutte importante, è formata da documenti inediti scoperti in gran parte dal p. Ceslao Bayonne, domenicano studiosissimo delle cose del Savonarola, e qui pubblicati, ordinati, illustrati; la terza contiene la trattazione di certe quistioni cronologiche, alcune delle quali rilevantissime. Or nella presente edizione la parte prima è accresciuta di certe notizie intorno a un amore giovenile del S. per Laodamia figliuola naturale di Roberto Strozzi, la quale non aveva degnato la mano del giovine nato di più umil casata (1); e soprattutto di molte notizie bigliografiche, che hanno indotto il Gh., anzichè a fare un sup-

---

(1) Par. I, § II, pp. 5-8. Le notizie son tratte, parte da un tratto del *Vulnera diligentis* di FRA BENEDETTO, già edito in parte e scorrettamente dal Meier e dall'Aquarone; in parte da qualche nuovo documento, dei quali n'è pubblicato uno a p. 5, n. 1.

plemento alla *bibliografia* del Cittadella e all'*aggiunta* fattavi nella prima edizione, a riunire tutti i vecchi e nuovi materiali in un corpo unico, che è riuscito davvero un bel saggio di bibliografia biografica del frate ferrarese. La parte terza è soltanto trattata con maggiore ampiezza, specialmente richiesta dal modo nel quale erano state toccate quelle questioni nella nuova edizione dell'opera insigne del prof. Villari. Quanto alla seconda, dirò colle parole stesse dell'editore, che « si avvantaggia qui notabilmente sulla prima edizione. « Ventisei sono i documenti nuovi con le opportune illustrazioni... « Basterà ch'io accenni ai principalissimi, che sono: alcuni brani « della *Storia* manoscritta di Piero Parenti, che, insieme con una « lettera di madonna Guglielmina della Stufa, formano il quinto pa-« ragrafo, interamente nuovo; diverse note di spese incontrate dalla « Signoria e dai Dieci per il fatto dell'esperimento del fuoco, e per « la cattura e il supplizio del S. e dei compagni (§§ IX e X); e altri « brani di cronache, pur manoscritte, di due frati minori, che ho posto « tra i documenti relativi alla memoria di fra Girolamo (§ XII) (1). « Anche i documenti delle relazioni del Nostro coi Pratesi, così bene « illustrati dal comm. Guasti, ritornano, con qualche giunta e qua « e là ritoccati, in questa edizione » (2). E su questa seconda parte, che forma quasi tutto il volume del libro, fermeremo particolarmente la nostra attenzione, così sulle aggiunte, come su quel che già nella prima edizione si conteneva, giacchè la sua scarsa diffusione può quasi farla considerare come un'opera nuova; e lo faremo seguendo l'ordine dei dodici paragrafi, nei quali la materia è distribuita, per quanto la qualità degli argomenti di ciascuno lo consentiva, secondo la successione dei tempi.

Contiene il primo, che si riferisce ai primordi della vita religiosa del S., due lettere dell'illustre medico e letterato bolognese Giovanni Garzoni, lettore di filosofia nel patrio ateneo, che nella prima lodava il S. di esser venuto « ad urbem Bononiensem tamquam ad mercha-turam bonarum artium », e gli preconizzava che si sarebbe fatto, alla sua scuola, grande oratore, come altri, che ricordava, ma i cui nomi a noi giungono ignoti (3); nell'altra usava espressioni, che non lo mostrano troppo contento del discepolo (4).

Il secondo è formato da una nota, tratta dalle carte del convento di S. Marco, delle limosine ricevute in vari tempi da esso convento per le prediche del S.; la quale, se pare in se stessa di poco conto, pure mi sembra che possa essere utile a stabilire la cronologia della prima dimora del S. a Firenze, sulla quale è regnata così lunga-mente, e quasi può dirsi fino alla nuova edizione dell'opera del

(1) Veramente dice: § X; ma è un error di stampa evidente.
(2) Prefazione, pp. X-XI.
(3) Doc. 1, p. 38.
(4) Doc. 2, p. 39. Secondo lui il S. aveva dichiarato la guerra a Prisciano e ferito gravemente Apollo. Le lettere sono ambedue senza data.

Villari, che della pubblicazione del Gh. si giovò, così gran confusione(1).

Il terzo contiene i documenti che concernono·alla costituzione della provincia toscana dei domenicani riformati, ossia alla separa-

(1) Vero è per altro, che appunto questi documenti mi condurrebbero ad allontanarmi da quanto il V. scrisse nella nuova edizione dell'opera sua, specialmente intorno all'anno, nel quale il S. venne la prima volta a Firenze, e di cui, per verità, non mi pareva di poter essere interamente sicuro, quando feci una rassegna del volume I di quell'opera (pubblic. nel *Giornale stor. della lett. it.* X, 238 sgg.), senza aver potuto consultare nè riscontrare, per le ragioni che in principio ho accennate, la pubblicazione del Gh. Il quale, nella 3ᵃ parte di questo libro, si occupa appunto di tal questione (§ 1, p. 369 sgg.), ed osserva giustamente: 1° che l'autorità dell'Ubaldini frate di S. Marco, che professò nel 1490, e che nei suoi annali del convento lasciò scritta la data del 1482 accettata dal p. Marchese, non è punto men valida di quella di fra Placido Cinozzi, che professò in S. Marco nel 1496, e che scrisse nella sua *epistola* biografica, a cui attinsero tutti gli altri antichi biografi, la data del 1481, alla quale il V., nella seconda edizione, ritorna; 2° che i biografi, compreso il Cinozzi, nel dar la cagione di questa venuta, parlano della guerra di Venezia contro Ferrara come già mossa e incominciata, e però non vale a sostenere la data del 1481 l'acuta osservazione del V., che se la guerra cominciò nel 1482, « i torbidi, le incertezze, i preparativi erano già assai prima cominciati » (loc. cit. pp. 371-372. Cf. Villari, *La storia di G. S.* ecc. nuova ed. pp. 32, 73-74). Al che, d'altra parte, potrebbe anche aggiungersi che i torbidi e le incertezze furono nel 1481 così veramente incerti, che poco ne poteva trasparire in modo da far temere sicura la guerra, e far prendere ai domenicani di Ferrara il provvedimento di chiuder lo studio, o, come dice il Burlamacchi (*Vita del p. f. G. S.* Lucca, 1764, p. 14), di *sgravare il convento;* i preparativi poi ci conducono senz'altro al 1482. Infatti, anche seguendo soltanto la testimonianza del Navagero (*Storia della R.p. veneziana,* in *R. I. S.* XXIII), che ci riporta più indietro di tutti, perchè fa cominciare i primi screzi fra la Repubblica e il duca nel luglio del 1481, non vi fu vera minaccia di guerra per tutto quell'anno, ma un grande andare e venire d'ambasciatori, con qualche soddisfazione data dal duca alla Repubblica, e con arti sue per tirare in lungo e veder di liberarsi dagli obblighi che aveva con quella. Solo al 3 di novembre, una deliberazione del Senato di Venezia di far fabbricare nell'arsenale tre bastie, da mettersi poi in certi luoghi di confino con alcuni fanti. E più tardi si mandavano genti in certe castella del Padovano, « non già per desiderio di muover guerra al duca di Ferrara, ma per indur quello con questo modo all'accordo ». E il duca, pur tenendo ambasciatori a Venezia, ne mandò ai suoi collegati re di Napoli, Milano e Fiorentini, i quali protestarono presso il papa (e l'udienza ci descrive Iacopo Volterrano, in *R. I. S.* XXIII, col. 258 c) che scrisse ai Veneziani un breve « esortandoli a non turbare la pace « d'Italia », al quale essi rispondevano il 24 di gennaio del 1482. Seguitarono poi ancora le pratiche, ma cominciarono insieme le condotte e gli armamenti, finchè il 19 d'aprile fu licenziato da Venezia l'ambasciator di Ferrara; e nondimeno sei giorni dopo « il cancel-« liero del Visdomino restato in Ferrara, il giorno di S. Marco andò nella processione « solenne collo stendardo di S. Marco spiegato, secondo il solito dei Visdomini ». Pure il 3 di maggio (il Sanuto, *Vitae ducum,* in *R. I. S.* XXII, 1215 c, dice il 2) fu bandita solennemente la guerra a Venezia in piazza di S. Marco (loc. cit. col. 1169-1172). Ma se dovessimo seguire il Diario ferrarese d'anonimo (*R. I. S.* XXIV), più importante al caso nostro pel luogo dove fu scritto, e che in sostanza dal Navagero non discorda, le prime minacce e lagnanze di Venezia al duca furono « da sancto Michaele », cioè alla fin di settembre del 1481 (col. 256 a), e le bastie piantate presso a Rovigo, che intimorirono il duca e lo fecero rivolgere agli alleati ed al papa. « di zenaro » 1482, e soltanto il 5 di aprile, in venerdì santo, una scorreria dei Veneziani verso Codigoro, che dette origine a proteste reciproche (col. 256-257. Cf. Navagero, 1171 c). Certi provvedimenti a difesa aveva cominciati il duca, ma dopo la risposta rassicurante del papa (ivi), alla quale per verità contrastavano un poco i gran favori, che usava ai Veneziani (Navagero, 1171 a. Cf. Iacob. Volaterr. 161 c-e, Sanuto, op. cit. 1214 c), i quali nel marzo, come ne fa fede il Sanuto, che assegna le date precise, incominciarono a soldar gente (loc. cit.

zione della congregazione toscana, o di S. Marco, dalla provincia lombarda; fatto tanto bramato dal S., che lo sperava principio fecondo di riforma e dell'ordine suo, e della vita fiorentina, e di tutta la Chiesa. Al rogito di ser Giovanni da Montevarchi, col quale tutti

1214 *z*). Pure la soluzione, che il Gh., per conciliare le opposte sentenze, propone e che, in sostanza, non è altra che quella del p. Marchese detta con maggiore esattezza, cioè che il S. venisse a Firenze prima del 25 di marzo del 1482, quando secondo lo stile fiorentino durava ancora l'anno 1481, non mi sembra troppo fondata. Oltreché sarebbe un po' strano che l'Ubaldini non seguisse lo stile fiorentino, ma il comune (cosa, d'altra parte, che col raffronto del resto dei suoi annali, chi ha il modo di consultarli potrà agevolmente verificare); se è vero quel che scrivono i biografi (vedine le parole citate dal Gh. a p. 371, n. 2) che quando il S. venne a Firenze la guerra era già mossa, siamo per lo meno nel mese di maggio, quando non c'è più fra i due stili nessuna differenza.

Ma rimarrebbe quell'argomento, che parve a me il più forte di tutti, cioè quello della quaresima predicata in S. Lorenzo, che il Burlamacchi (p. 14), seguendo il Cinozzi, diceva « la prima..., che successe alla sua venuta in Firenze » e che non poteva essere stata se non quella del 1482 (VILLARI, op. cit. I, 73). Or questa lista d'elemosine lo toglie di mezzo. Non apparisce da questa che il S. predicasse a Firenze nel 1482, se non l'avvento nel monastero delle Murate (p. 39); nel 1483, la quaresima nello stesso monastero e in Orsammichele (p. 40); nè questa duplicità di luogo fa difficoltà, perchè la predicazione poteva non esser quotidiana; dopodiché troviamo quest'altra partita del 1484 (ivi): « A dì 23 aprile, lire 39.8 avemmo contanti dal Capitolo di S. Lorenzo, per limosina « delle prediche di fra Girolamo da Ferrara. L. 39.8 ». Ecco il quaresimale di S. Lorenzo (la Pasqua cadde in quell'anno, se non erro, il 18 d'aprile), che non è poi gran fatto se il Cinozzi e dietro a lui chi lo seguì credè, per un facile error di memoria, il primo invece che il secondo dacchè il S. era in Firenze; tanto più che, trasportandolo, come fu, al 1484 sta la predicazione simultanea del S. in S. Lorenzo e di fra Mariano in S. Spirito, che il Villari aveva dovuto rigettare e che i biografi attestano. Nè fa ostacolo la predicazione di S. Gemignano, che si dice fatta nelle quaresime degli anni 1484 e 1485 (VILLARI, op. cit. I, 84), poichè queste date sono state argomentate dalle parole del primo processo del S. (molto malsicure a stabilirvi su una data, perchè ripiene di *circa*, come osserva il Gh. a p. 373) e nell'idea, chiarita falsa dal Gh. nel § 11 di questa terza parte, che nel 1486 si tenesse il capitolo di Reggio, che fu invece convocato nel 1482. Or da quelle parole del processo (poichè non val la pena di citare le testimonianze errata, come altre sue, del p. Marco della Casa, che riferì quella predicazione agli anni 1483 e 1484, in p. MARCHESE, *Avvertimento* premesso alla pubblicaz. delle lettere del S. *Arch. stor. it.* App. VIII, p. 78, n. 5. Cf. p. 80) non apparisce in sostanza se non questo, che a S. Gemignano il S. predicò *due anni* (VILLARI, op. cit. II, p. c l), senza che neppur si possa dire se furono avventi o quaresime. Ma è probabile che fossero le quaresime dei due anni 1485 e 1486, nei quali non apparisce dal registro di cui pubblica gli estratti il Gh. ch'egli predicasse in Firenze, dove invece lo ritroviamo nel 1487, del quale anno è la seguente partita (ivi): « Dalle monache e monastero di Santa Verdiana, a' dì 17 aprile « fiorini 3 larghi, per le prediche di fra Girolamo e di fra Tomaso Busini. L. 18.15 », sia che i due predicatori si fossero alternati, sia, come ci par più probabile, che durante quella quaresima il S. fosse stato richiamato da Firenze in Lombardia, e il Busini avesse seguitato a predicare in sua vece. E così viene ad accorciarsi il tempo della dimora del S. in Lombardia accennato da lui nel processo nel solito modo indeterminato (« dove stetti anni circa i i i j », loc. cit.); ma intorno al quale, salvo il quaresimale di Brescia, nulla affatto han saputo dirci i biografi.

Anche della intricata questione della seconda venuta del S. a Firenze ragiona molto bene il Gh. nello stesso paragrafo della terza parte, dando giusto peso al « Kalendis au- « gusti, die dominico » del *Compendium revelationum*, che porta al 1490 il principio della predicazione pubblica in S. Marco, e pur apprezzando a dovere le testimonianze, che indussero il prof. Villari ed altri a por la sua venuta in Firenze nel 1489; e ponendo innanzi due ipotesi a spiegare la contraddizione, che in quel passo del *Compendium* si riscontra; delle quali, per verità, mi pare la più probabile quella che al Gh. par meno, cioè i frati di S. Marco chiedevano la separazione, protestando di bramarla e chiederla spontaneamente e firmandosi di propria mano (1), e alle lettere generalizie di fra Gioacchino Turriano, che aggregavano il S. alla nuova congregazione (2), e ne lo costituivano provinciale (3), e più tardi vicario generale (4), e la congregazione stessa proteggevano dal mal animo dei frati lombardi (5) e ne estendevano ad altri conventi la giurisdizione (6); altri documenti s'aggiungono qui, che mostrano il gran favore che la Signoria di Firenze dava con zelo premuroso all'opera di fra Girolamo e alla sua diffusione, sia per mezzo del suo ambasciatore a Roma Puccio Pucci (7) e del segretario Antonio da Colle (8), sia scrivendo direttamente al cardinale Oliviero Caraffa, protettore dell'ordine domenicano (9).

Il paragrafo quarto è il più noto e pubblico di tutti, perchè formato dallo studio del comm. Guasti, che fu stampato l'anno 1876 nella *Rivista universale* di Firenze, e ha per titolo: *Il S. e i Pratesi*. Trova qui il suo luogo opportuno, perchè in esso il Guasti, dopo

che il S. scrivesse 1489 secondo lo stile fiorentino, riferendosi ai primi mesi di quell'anno, e poi seguitasse: « quo quidem anno », senza avvertire che, scrivendo in quello stile, l'anno finiva col 24 di marzo. A quel modo non occorre supporre errata la data della lettera da Pavia (dalla quale, giustamente osserva il Gh., non resta provata nè la sua andata a Genova, nè molto meno che egli predicasse tutto il quaresimale in quella città), e si spiega un po' meglio anche quell' « anni circa iiij » del processo citato, specialmente se il S. era sempre a Firenze a principio del 1487.

(1) Doc. 1; p. 42 sgg.

(2) Doc. 3; p. 54.

(3) Doc. 4; p. 56

(4) Doc. 17; p. 66.

(5) Docc. 2, 5; pp. 52, 56.

(6) Docc. 11, 16, 18; pp. 61, 65, 68. Il primo è veramente una lettera del priore di Fiesole, che parla dell'aggregazione a S. Marco dei conventi di Fiesole e di Pisa; il secondo vi aggrega il convento di S. Maria del Sasso; il terzo dà giurisdizione al S. sulle terziarie domenicane di S. Lucia di Firenze. S'aggiunga il doc. 13, col quale il generale dava facoltà al S. di mandar fuori dal convento quanti frati gli piacesse, per trattar questi negozi, p. 63.

(7) Lettera della Signoria, del 2 giugno 1494. Raccomanda d'insistere col card. di Napoli, per ottenere l'aggregazione a S. Marco dei conventi di Fiesole e di Pisa. Documento 15; p. 64.

(8) Lettere della Signoria scritte allo stesso fine, e anche per l'aggregazione del convento di S. Domenico di S. Gimignano, il 28 novembre e il 17 dicembre 1493, l' 11 gennaio e il 7 d'aprile del 1494. Docc. 7, 8, 9, 10; pp. 59, 60.

(9) Lettere della Signoria, scritte allo stesso fine, il 28 novembre 1493, il 15 maggio e il 2 di giugno del 1494. Docc. 6, 12, 14; pp. 58, 62, 63. Dicevano e ripetevano al cardinale: « Nihil nobis facere potes in praesentia gratius ». È assai notevole che tutte queste pratiche si fanno, come si vede, dalla Signoria, prima della cacciata di Piero dei Medici e quando questi poteva molto in Firenze (Cf. anche i documenti pubblicati dal Villari in appendice al volume I dell'opera sua, sotto i numeri XI, XIII, XIV dall'1 al 4) e ne vien confermato quello che il S. disse nel terzo processo, che anche la separazione del convento di S. Marco dalla congregazione lombarda « era suto per mezo di Piero de' Me- « dici » (VILLARI, op. cit. II, clxxxvj). Or questo non mi par senza qualche peso a far ritenere un po' difficile che il S. si fosse scoperto contrario alla politica medicea, dichiarandola tirannica, e intimando perfino a Lorenzo, al letto di morte, di rendere a Firenze la libertà.

accennato il bisogno di riforma che si sentiva così dentro come
fuori dei cenobi nel secolo xv, prende appunto le mosse dall'osservanza introdotta in S. Marco, e dalla separazione della congregazione toscana dalla provincia lombarda (1), per poi venire all'illustrazione di certi inediti documenti, che ci dicono qual fosse il favore
che la riforma trovò in Prato, e come s'unisse alla nuova congregazione
il convento pratese di S. Domenico; come a favorir la riforma si desser
premura insieme e i Difensori di Prato e la Signoria di Firenze, provve-
dendo d'altra abitazione i domenicani conventuali e assicurando gli osservanti dalle molestie di questi (2). Segue poi a dirci l'A. come in
Prato risonasse con gran frutto la voce del S., e come sian da riferirsi
a questa predicazione alcuni fatti, che il Burlamacchi fa avvenuti a
Pisa (3); come i Pratesi in gran numero s'innamorassero della vita
cristianamente costumata e civilmente libera, che il S. predicava, e
v'aderissero con pubbliche soscrizioni, a quanto sembra potersi argomentare da un curioso e notevole documento (4), sebbene non man-
cassero neppur lì al S. e alla vita costumata, ch'egli predicava, dei
nemici (5); come la riforma penetrasse a Prato anche in monasteri
d'altro ordine (6); come perdurasse anche con tutte le persecuzioni,
che seguirono la morte di fra Girolamo (7), e mantenesse vivo lo
spirito santamente liberale del convento di S. Marco, del quale l'A.
ci presenta un esempio, nel ritratto, col quale chiude splendidamente
il suo studio (8), di fra Cipriano Cancelli del Ponte a Sieve, che
fu priore in S. Domenico di Prato, e confortò l'agonia di quel generoso amatore della libertà di Firenze, che fu Pier Paolo Boscoli, e ne
tessè un elogio ispirato a sensi liberi e generosi a Luca della Robbia,
il cui schietto racconto non si può leggere senza fremito e senza
lacrime.

Già altrove abbiamo avuto occasione di rilevare l'importanza del
paragrafo quinto, aggiunto, come abbiam visto, di sana pianta in
questa edizione, per quanto concerne alla parte, che ebbe il S. nella
provvisione del Governo di Firenze, fatta nel marzo del 1495, di con-
ceder perdono e pace universale per le cose politiche del tempo
trascorso, e facoltà d'appellarsi al Consiglio maggiore dalle condanne
capitali pronunziate dalla Signoria o dagli Otto (9). Qui aggiungeremo che la pubblicazione di quel tratto importantissimo della ver-

(1) § 1; p. 69 sgg.
(2) §§ 2, 3; p. 72 sgg.
(3) § 4; p. 83 sgg. Cf. VILLARI, op. cit. III, iv, p. 464, n. 2, dove è spiegato
come nascesse l'errore del Burlamacchi.
(4) § 5; p. 86 sgg.
(5) §§ 6, 8; pp. 91, 95 sgg.
(6) § 7; p. 92 sgg.
(7) § 9; p. 97 sgg.
(8) § 10; p. 104 sgg.
(9) Nella recensione del volume II dell'opera più volte lodata del Villari (nuova edizione), inserita nel *Giornale storico della letteratura italiana* di Torino, XII, 260-61.

bosa cronaca di Piero Parenti non solo ci dà notizia di fatti trascurati dai più dei biografi (1), o ce ne fa meglio conoscere altri da loro travisati o alterati (2); ma soprattutto ci rappresenta in modo vivissimo quel che le carte non registrano, cioè quale fosse la vita di quei giorni in Firenze, la passione che il popolo, quasi trascinato ed affascinato, prendeva alle quistioni politiche, che i predicatori, con forme or più or meno coperte, trattavano dal pergamo, snaturando forse alquanto lo spirito della predicazione, sebbene si protestassero di parlare pel bene morale, e civile, e religioso del popolo. La narrazione del predicar simultaneo di fra Girolamo e di fra Domenico da Ponzo, il quale già anche altrove e con miglior successo aveva trattato di cose di Stato (3), e che ora, forse istigato dal duca di Milano, combatteva dal pulpito di S. Croce la legge dell'appello dalle sei fave, che il S. in S. Maria del Fiore propugnava, ci fa vivere in quell'ambiente, e ci fa comprendere in che cosa consistesse e come si esercitasse l'autorità di quei frati nelle faccende politiche, intorno alle quali deliberavano coloro, che uscivano di chiesa esaltati o atterriti dalla potente parola dell'oratore. Il quadro vien poi compiuto dalla lettera qui pubblicata di madonna Guglielmina della Stufa « la prima - come nota l'editore - che venga in luce d'una di « quelle centinaia, anzi migliaia di donne, che frequentavano le pre- « diche del S. » (4). V'appare l'esaltazione dell'animo accanto alla mitezza dei santi affetti religiosi e domestici; accanto alle espressioni tenere e affettuose pel marito lontano e pel bambino malazzato, v'è come il compendio per sommi capi d'una predica di fra Girolamo, e l'esortazione al marito di fare le mortificazioni che quegli suggeriva, non che, in un poscritto, quella d'imporre silenzio, egli commissario in Arezzo, all'avversario del S., fra Domenico da Ponzo, che in quella città allora predicava (5).

Qui comincia la parte più rilevante di tutto il libro: gli articoli VI, VII, VIII, intitolati: « prima interdizione delle prediche al S. e relative pratiche dei Fiorentini col papa »; « dalla istituzione della congregazione toscana-romana alla scomunica del S. »; « documenti relativi all'ultima predicazione del S. »; chiariscono e compiono e, per certi rispetti, contengono la storia del tempo più notevole della vita di questo, e gettan luce sul fatto, che è in essa massimamente

---

(1) Per esempio della calunnia data al S. d'essersi appropriato dei depositi di cose preziose fatti da più cittadini in S. Marco, nella cacciata di Piero; della qual cosa solo aveva parlato il Perrens, attingendo la notizia da altre fonti (p. 113).

(2) Così la disputa, se così può chiamarsi, fatta in palagio dei Signori fra il S. e fra Domenico da Ponzo e fra Tommaso da Rieti il 18 di gennaio del 1495 (data che risulta appunto dal racconto del Parenti), e che per il Burlamacchi (pp. 68-69) fu un *concilio* di tutti i teologi di Firenze, compreso Marsilio Ficino (pp. 111, 113, 114).

(3) Vedi GIACOMO GRASSO, *Documenti riguardanti la costituzione di una lega contro il Turco nel 1481;* Genova, 1880, pp. 9, 32, 72 (docc. xv, xxxiii).

(4) P. 125.

(5) Doc. 2; pp. 128-129.

importante per la storia, e che fu al fiero domenicano più fecondo di conseguenze funeste, cioè a dire sulla sua contesa col pontefice Alessandro VI, della quale poi nei due paragrafi successivi vediamo notevolmente illustrata la catastrofe.

Nei carteggi degli ambasciatori fiorentini a Roma, che vengono qui pubblicati insieme con qualche altro documento, noi seguiamo veramente a passo a passo lo svolgimento di quel dissidio, che condusse il S. alla condanna e al patibolo; e per non istare a dir tutti i particolari, ci pare che ne risulti dimostrato chiaramente, come in parte fu già osservato da altri (1), che il papa non fu mosso in ciò da odio particolare contro il frate ferrarese, nè da sdegno delle ardite invettive, che questi pronunziava dal pergamo contro i costumi corrotti del clero, ma da cagioni tutte politiche; e che, come scrisse il Guicciardini « tenendo per se stesso poco conto di lui, si era « mosso a procedergli contro più per le suggestioni e stimoli degli « avversari, che per altra cagione » (2). E questi avversari non erano soltanto Piero dei Medici e i suoi fautori, e gli Arrabbiati nemici del Governo del 1495 e però del frate, che quasi poteva dirsene il fondatore; ma anche gli Stati o i principi italiani collegati ai danni del re Carlo VIII, i quali allora potevano molto sull'animo del papa, che era stato fino allora e così si mantenne, finchè Carlo non morì, fieramente avverso ai Francesi. Eletto a dispetto del re cristianissimo, che avrebbe voluto sul trono pontificale Giuliano della Rovere (3), egli, quantunque stretto in una lega poco favorevole al re Ferdinando, con Venezia e col Moro (4), al quale era largo e di danaro e di favori (5), era pur sempre ritenuto « aragonese e ghibellino », anche quando la paura degli apparecchi di Carlo gli consigliava certe tergiversazioni, per le quali a momenti sembrava riaccostarsi a Francia (6); e quando i fatti li mostravano apertamente favorevoli all'impresa del re, non risparmiava minaccie a Lodovico (7), e più che minaccie al cardinale Ascanio, al quale era pur obbligato, come

---

(1) Dal compianto prof. Antonio Cosci, nel suo studio intitolato: *Girolamo Savonarola e i nuovi documenti intorno al medesimo*, pubbl. nell'*Arch. stor. ital.* serie IV, t. 4°, passim.

(2) *Storia d'Italia*, III, vi.

(3) Gregorovius, *Storia della città di Roma del medio evo, ecc.* XIII, iv, 2; VII, 356-357 della traduzione italiana; Venezia, 1875.

(4) Stretta il 25 d'aprile del 1493. V. Buser, *Die Beziehungen der Mediceer zu Frankreich während der Jahre 1434-1494, ecc.* p. 315; Leipzig, 1879. De Cherrier, *Histoire de Charles VIII roi de France*, I, viii, 345; Paris, 1868. Ivi è molto bene apprezzata l'importanza che a questa lega si poteva dare.

(5) Ivi, p. 317. E v. a p. 539 la lettera di Francesco della Casa scritta da Senlis a Piero dei Medici il 1° di giugno del 1493.

(6) Vedi la lettera di Gentile Becchi a Piero dei Medici del 24 dicembre 1493, cit. ivi, p. 544. Per le tergiversazioni del papa, v. passim il cap. viii di quell'opera bellissima; specialmente poi pp. 324, 325.

(7) Ivi, p. 329. E già prima il papa l'aveva rimproverato, e Ascanio ne aveva fatto le scuse. Ivi, p. 323.

a principale autore della sua esaltazione (1). E con tutte le sue incertezze, pure sempre e costantemente rifiutò di dare al re francese l'investitura del Regno, prima a Péron de Basche, che gliene usò contro minacciose parole (2); poi al Brissonet e all'Aubigny (3), che pur ricolmava di paurose carezze umilissimamente (4); infine al re stesso, quando la solita paura e la riluttanza dei Romani a resistergli gliel'avevano fatto ammettere in Roma (5), e con lui trattava e conchiudeva un accordo, coi cannoni francesi puntati a Castel S. Angelo, dove aveva cercato rifugio (6). Con che animo, lo dimostrarono la fuga di Cesare Borgia, e la morte di Zizim, e la sollecitudine, con cui Alessandro annunziava ai signori di Romagna e di Marca la conclusione della lega di Venezia, alla quale aderiva (7), non che il monitorio di depor le armi e non muover più contro gli Stati italiani, ch'egli faceva a re Carlo, dopo la battaglia del Taro (8).

A questa politica s'opponevano oramai in Italia soltanto i Fiorentini, che la speranza di riavere da Carlo Pisa e gli altri luoghi del loro dominio perduti nel 1494, avevano staccati da quell'ostinata unione a casa d'Aragona, che era stata la rovina di Piero dei Medici; e il papa credeva, e non senza buon fondamento, che a questa amicizia per Francia, pur conforme alle antiche tradizioni fiorentine, li avesse indotti e ora ve li confermasse la parola di quel frate, che aveva salutato e rappresentato Carlo VIII come lo strumento scelto da Dio a flagellare colle armi l'Italia e la Chiesa, non che a reintegrare Firenze delle perdite fatte; e che a quest'opera l'aveva confortato e lo confortava non soltanto andando a lui come

---

(1) Lo chiuse anche, come è noto, in Castel S. Angelo. Cf. GREGOROVIUS, loc. cit. e IV, 5, p. 418.

(2) « Non parliamo più della investitura, perchè la spada *sarà* quello che chiarirà la « ragione ». Lettera di Nofri Tornabuoni, da Roma, a Piero dei Medici dell'8 agosto 1493. In BUSER, op. cit. p. 543. Così credo debba leggersi; non *farà*, come lesse e intese l'editore (cf. p. 322).

(3) Il 16 di maggio del 1494. GREGOROVIUS, op. cit. XIII, IV, 5, pp. 401-402. Il De Cherrier dice che questi ambasciatori furono Stuart d'Aubigny, Matharon e Péron de Basche, op. cit. I, VIII, 401. Ma veramente gli ambasciatori furono quattro, cioè i tre rammentati da lui, e con essi il Brissonet. V. CANESTRINI DESJARDINS, *Négociations diplomatiques de la France avec la Toscane*, I, 410, 416; e la lettera dei Dieci di Firenze a Guidantonio Vespucci e Pier Capponi ambasciatosi in Francia, dal 7 maggio 1494, edita dal CAPPONI, *Storia della Rep. di Firenze*, II, 531, appendice, n. VII; Firenze, 1875.

(4) BUSER, op. cit. pp. 333, 334. Ben dice a questo proposito il DE CHERRIER (ivi, p. 403): « Alexandre VI, tout en désirant passionèment de fermer l'Italie aux Français, « voulait éviter d'en venir à une rupture manifeste avec leur roi ». E quando gli ambasciatori furono partiti, si scoprì più risoluto che mai in favor d'Aragona (ivi, p. 404).

(5) GREGOROVIUS, op. cit. pp. 422-423, 435. Cf. pp. 416, 417. DE CHERRIER, op. cit. II, II, 70-74 e 86; e cf. IV, 175.

(6) Ivi, p. 431-432; DE CHERRIER, op. cit. II, II, 84; COMMINES, *Mémoires*, VII, XII, ed. Buchon (Paris, 1836), p. 210.

(7) Con breve del 7 aprile 1495, cit. dal GREGOROVIUS (op. cit. p. 442). La lega era stata conclusa il 31 di marzo. DE CHERRIER, op. cit. II, IV, 160.

(8) Il 5 d'agosto del 1495. GREGOROVIUS, op. cit. p. 447. Il DE CHERRIER (op. cit. II, VII, 291) pone la cosa, in modo un po' diverso, al 15 d'agosto.

ambasciatore della sua patria adottiva, ma scrivendogli anche in persona propria lettere, che parevan dettate da spirito profetico. Indi i brevi del 25 di luglio, dell'8 di settembre e del 16 d'ottobre del 1495, col primo dei quali s'invitava il S. a recarsi a Roma, a render ragione delle cose che egli si diceva profetasse; col secondo gli s'ordinava minacciosamente e sotto pena di scomunica di cessare dalle prediche e andare dove gli comandasse il superiore della congregazione lombarda; col terzo, mite e carezzevole, per effetto della risposta fatta dal S. il 29 di settembre, pur lodandolo di bontà e docilità, si rinnovavano con bel garbo e la proibizione, e l'invito di recarsi a Roma quando che fosse (1).

I documenti qui pubblicati nell'articolo VI, che vanno dal 13 di novembre del 1495 al 23 d'aprile del 1496 e contengono le pratiche fatte dalla Signoria e dai Dieci di Firenze col cardinale di Napoli e con altri, sia direttamente, sia per mezzo dell'ambasciatore mess. Ricciardo Becchi, perchè il papa revocasse l'interdizione e desse licenza al S. di predicare nell'avvento e nella quaresima (2), non che l'ordine espresso fatto al frate l'11 di febbraio di ricominciare le prediche, con la solita formula: *sub pena indignationis dictorum dominorum* (3), e un frammento di consulta che mostra non tutti i cittadini di Firenze essere stati su questo punto soddisfatti e tranquilli (4); ci mostrano in più luoghi come Alessandro VI si movesse contro al frate per suggestioni altrui, com'era comune opinione (5), tanto che egli stesso opponeva alle preghiere fiorentine prima d'ogni altra cosa la contrarietà della lega (6), e poneva l'aderire alla lega come condizione prima di quella e d'ogni altra grazia spirituale, che i Fiorentini volessero impetrare da lui (7). E Ascanio Sforza ci apparisce anche qui fra quelli che più raccolgono e ripetono caldamente il biasimo contro Firenze e contro il frate (8), del quale si diceva ogni male in lettere che venivano da Firenze (9), probabilmente non solo

---

(1) Le date di questi brevi furono messe in sodo dal Gherardi nel § IV della parte terza dell'opera di cui parliamo, dove fu pubblicato anche il testo originale di quello del 16 d'ottobre (p. 390). Della grande importanza di questa determinazione ebbi già a parlare nella citata recensione del vol. I dell'opera del prof. Villari.

(2) Son quattro lettere della Signoria al card. di Napoli, del 13 e 17 novembre 1495 e del 28 gennaio e 5 febbraio 1496; cinque dei Dieci a mess. Ricciardo, e undici di questo a loro.

(3) Doc. 6; p. 133.

(4) Fra gli altri Pier Capponi. Doc. 9; p. 136.

(5) Vedi specialmente i docc. 1, 7, 10, 11, 13; pp. 131, 134, 137, 138, 139. Cf. Guicciardini, *Storia fiorentina*, XIV. 151; Firenze, 1859.

(6) « Dicendomi Sua Beatitudine, la Lega non voleva concedessi a fra Ieronimo potessi predicare, nè a cotesta ciptà facessi gratia alcuna ». Così scriveva il Becchi ai Dieci il 3 di marzo del 1496. Doc. 7; p. 134.

(7) « Insomma, mi dixe, fate intendere a que' Signori, non haranno nulla da noi, se non entrano nella Lega ». Ivi.

(8) Doc. 8; p 135.

(9) Docc. 17, 19; pp. 141, 142.

dai cittadini di parte contraria ai Piagnoni, ma dagli agenti del Moro (1), che cercava per ogni via di condurre Firenze ai suoi fini, e teneva le mani nei capelli al papa, che si era detto ch'egli tenesse come suo *cappellano*. Eppure l'opposizione di Alessandro al S. è in questo tempo assai debole, perchè egli si contenta di manifestare all'ambasciatore il suo disgusto, perchè i Fiorentini gli permettano, anzi gli abbiano ordinato di predicare, per certe dubbie parole del card. Caraffa e senza che l'interdizione sia stata revocata (2); ma nè rinnova il divieto, nè minaccia o fulmina pene, per quanto fra Girolamo non sia meno ardito di prima, nè risparmi sul pulpito le allusioni chiarissime e anche violente ai costumi del tempo e in particolare alla corte di Roma (3).

Ma i fatti, che frattanto avvenivano e in Firenze e fuori eran tali da impensierirlo, e ci rendon ragione dei provvedimenti più severi, coi quali egli cercò poi di strappare il frate da Firenze, poichè le lettere a Carlo VIII (4) e la riforma dei fanciulli (5) e la perduranza dei Fiorentini nell'amicizia francese avevano chiarito inefficace ed insufficiente farlo scender dal pulpito. Carlo VIII, che non depose mai il pensiero di tornare in Italia (6), appiccava pratiche col duca di Ferrara, col marchese di Mantova, col signor di Bologna, e naturalmente anche coi Fiorentini, per ritentare l'impresa del Regno, e macchinava col cardinale Della Rovere il modo d'insignorirsi di Genova (7); e che cosa si pensasse in Italia di queste pratiche e degli

(1) Confrontisi infatti la sostanza delle accuse che si davano a fra Girolamo e ai Fiorentini esposte nella lettera importante del Becchi, del 26 di marzo (doc. 17; p. 141), con le lettere degli agenti ducali pubblicate dal Del Lungo (in *Arch. stor. ital.* nuova serie, XVIII), e in particolare la 5ª accusa, coi docc. III e x di quella raccolta (pp. 7, 11). E quanto alla fierezza ed all'efficacia dell'opera del Moro e del fratello suo contro il S., vedasi il doc. vii, che è una lettera d'Ascanio al duca scritta il 15 d'aprile del 1496.

(2) Vedi specialmente i docc. 8, 10, 22. I nemici del S. poi negavano, per malignità, anche le dubbie parole del Caraffa, e dicevano che la licenza il S. « se la tolle da sè, « dove li è permesso che non li sia devetata ». Così scriveva Franc. Tranchedino al duca da Bologna, il 20 di febbraio del 1496. Del Lungo, doc. vi, p. 9.

(3) Basterà rammentare che il S. faceva allora il quaresimale su Amos.

(4) Di certe lettere del S. a Carlo VIII intercettate dal duca di Milano e da lui mandate a Firenze, e che non è possibile che egli non facesse conoscere a Roma, parla una lettera del Somenzi del 28 di agosto del 1496, che è l'xi dei documenti pubblicati dal Del Lungo. La sostanza di quella somiglierebbe molto a quella delle lettere scritte al re dal S., *post amissionem regni neapolitani*, pubblicate dal Villari (op. cit. I, doc. xxv, pp. cviij sgg.), le quali per altro furono probabilmente scritte assai prima. Ed infatti il S. diceva allora di non avere scritto al re da « molti dì ». Ma ad ogni modo, autentiche o finte che fossero, a Roma dovettero esser date per autentiche; e le relazioni del S. col re di Francia dovevano esservi note, perchè il S. diceva che al re soleva scrivere *pubblicamente* (Del Lungo, doc. cit.).

(5) Villari, op. cit. III, ii. Per lo scalpore, che di questa riforma si fece a Roma, vedi specialmente, fra i documenti editi dal Gh., la citata lettera del Becchi dei 26 di marzo del 1496.

(6) « Et si avoit son cœur tousjours de faire ou accomplir le retour en Italie ». Commines, *Mémoires*, VIII, xviii, 264.

(7) Ivi, VIII, xv, 256, sgg. Cf. Guicciardini, *Storia d'Italia*, III, iii e v.

apparecchi, che poi non approdarono altro che alle vane mosse del
cardinale contro Savona e del Trivulzio contro Alessandria, lo prova
un sonetto importantissimo del Pistoia recentemente pubblicato (1).
Vero è che scendeva d'altra parte ai favori della lega l'imperatore
Massimiliano (2); ma non però mutavano i sentimenti dei Fiorentini,
anzi può dirsi che questi li affermassero con più risolutezza, fidenti
negli aiuti di Francia e determinati a resistere alla lega, che si riteneva
favorevole ai Medici e nemica del governo popolare (3). In favore
del quale la Signoria chiamava il S., riluttante pel divieto di Roma,
a predicare in palazzo, e proprio nella sala del Consiglio maggiore,
il 20 di agosto (4); e due mesi dipoi lo faceva predicar nova-
mente, per rinfrancare il popolo atterrito dal pericolo di Livorno
assediata da Massimiliano e dalle navi dei Veneziani (5). Egli lo fece,

---

(1) Renier, *I sonetti del Pistoia giusta l'apografo Trivulziano*, son. 342; che non mi
par male riportare per intero:

Io vidi l'altro dì dentro a Leone
depinta Italia come un Sebastiano:
il papa senza mitra e sceptro in mano
con Marco in briglia, incatenò il biscione.

Alfea sotto e Marzocco si ripone,
Gena e Partenope in grembo a Vulcano,
Ercol congela in ripa all'Adriano
gran quantità di sal sopra il sabbione.

Vedesi, in Esculapio convertito,
sanar la Esperia a lo stato pristino
il Franco re, a lui dar l'acquisito.

'N un altro lato col capo canino
gli è il gallo coi tiranni incrudelito,
rimettendo gli oppressi a bon cammino.

Poi nel culto divino
riforma più la fede a miglior legge
e dà novo pastor al santo gregge.

Un breve vi si legge,
qual dice: il franco Re, Re de cristiani
tolto ha la cerva umil di bocca a' cani.

È tanto chiaro, e ne apparisce così evidente quale dovesse essere, in tal condizione delle
cose, l'animo del papa, che non occorre aggiungere una parola di commento; seppure non
fosse utile rammentare che a Lione il re teneva il suo campo, e che Ercole d'Este sperava
per suo mezzo liberarsi dal vecchio obbligo di ricevere il sale da Venezia, che era stata
una delle cause della guerra del 1482.

(2) E a questo credo si riferisca (come dicon chiaro i due primi versi, e lo conferma
il luogo, che occupa nell'apografo Trivulziano, dov'è a p. 339) l'altro sonetto del Pistoia:
Ecco il re de romani e 'l re de' galli, che malamente nell'edizione di Livorno 1884 fu riferito alla discesa in Italia di Luigi XII (p. 35).

(3) Oltre la citata consulta, edita in parte dal Gh., e che è anteriore a queste cose, vedansi le lettere del Somenzi pubblicate dal Villari sotto il n. xxxi nell'appendice al
volume I dell'opera sua, e in particolar modo l'ultima, dove questa ragione della contrarietà dei Fiorentini alla lega è detta espressamente (p. cxl).

(4) Villari, op. cit. III, iv, vol. I, 470.

(5) Questa paura dei Fiorentini (*Marzocco già n'è di paura pregno*) e la loro fiducia nel
S. sbeffava il Pistoia nel sonetto: *Morto è Ferrando, Alfonso e Ferrandino*, che è il 340
dell'apografo Trivulziano.

confortando il popolo a sperare più nell'aiuto divino, che nel terreno,
e in particolare nelle fallaci promesse di Francia (1): ma ciò non impedì che l'agente del Moro non interpretasse in tutt'altro senso le
sue parole dandone notizia al suo signore (2), che era quanto dire
anche a Roma. Il mal successo dell'impresa tentata dal re dei Romani riempì naturalmente i Fiorentini di gioia (3), e accrebbe credito al S. e animo ai suoi seguaci e alla parte amica di Francia (4); e allora appunto noi troviamo, che mentre il Moro fa la
strana prova di trarre, per mezzo del suo agente, il S. alla parte della
lega (5), il pontefice, risoluto a levarlo una buona volta di mezzo a
Firenze, spedisce il breve del 7 di novembre, consigliato anche dal
generale dei domenicani e dal cardinale protettore dell'ordine, col
quale si stabiliva una congregazione riunita delle provincie toscana
e romana dell'ordine dei predicatori (6); e che se per un lato estendeva a maggior numero di conventi le regole dei domenicani osservanti, per un altro, costituendo come convento principale e privile-
giato della provincia quello di Santa Maria sopra Minerva, e scemava
importanza a S. Marco, e soprattutto dava modo di levar di Firenze e
di Toscana il Savonarola; il quale ribellandosi, come fece, all'ingiunzione che il breve conteneva, incorreva nella pena della scomunica
in quello minacciata. E poco dipoi, per tentare anche altrimenti
l'animo dei Fiorentini, e indurli a aderire alla lega con quella speranza, che invano ponevano nel re di Francia, egli fa loro l'offerta
della restituzione di Pisa, quasi in pagamento della loro separazione
da quello, e chiede l'invio di un nuovo ambasciatore, col quale pra-
ticar queste cose, e che la Signoria consentì a mandare nella persona
di ser Alessandro Bracci il 4 di marzo del 1497 (7). Notevolissime
sono le parole, che usò con questo il pontefice nel primo colloquio

___

(1) Vedi il sunto di questa predica fatto dal Villari (op. cit. III, v, vol. I, 485).

(2) Vedi la lettera del Somenzi del 28 di ottobre 1496 edita dal Del Lungo (doc. xvi):
« sopra tucto exhortò questo popolo ad volere star saldo alla fede, cioè del re de Franza
« (licet ch'el non la dica), et ha affirmato che tutto quello ha predecto delle cose future
« sarà vero senza mancho », ecc.

(3) Già fin da quando poterono entrare in Livorno i soccorsi mandati da Marsiglia,
il 30 d'ottobre. Vedine la viva descrizione nel Villari, loc. cit. p. 487. Più che mai poi
quando, pochi giorni dopo (il 13 di novembre), Massimiliano doveva partirsi scornato dal-
l'assedio; e lo doveva confessare lo stesso Pistoia, per quanto cercasse di fare anche di
ciò un argomento di lode per l'imperatore alleato e congiunto del Moro:

> Quanto di Maximian sia l'acqua e il foco,
> lo ingegno, che natura e il ciel gli dà,
> Livorno il dice e Marzocco lo sa,
> che al suo partir tra il pianto ha riso un poco.
> (Son. 341 dell'apog. Triv.).

(4) Vedi quel che scriveva il 13 di novembre del 1496 da Bologna al duca Francesco
Tranchedino (Del Lungo, doc. xix; p. 17).

(5) Vedi la lettera del Somenzi del 7 novembre 1496 edita dal Villari, loc. cit, pagina cxxxix.

(6) Vedasi in Villari, op. cit. I, Append. n. xxxiii, p. cxliij sgg.

(7) Gherardi, *Nuovi documenti*, ecc. § vii, pp. 147, 148.

che ebbe con lui, e tali che le avrebbe potute dire un buon Italiano del secolo XIX, e avrebber potuto essere scelte come il verbo della nuova Italia assai meglio di quelle d'altri uomini, che forse non ebbero mai in mente il significato dato ai nostri giorni a certe loro parole. Lamentata la venuta dei Francesi come origine, da cui erano « derivati tucti li mali, tucte le spese et tucti gli affanni, che ha pa-« tito Italia », e rilevata la parte che n'era toccata a Firenze, conchiudeva: « per cognoscere noi che, ritornando di nuovo li Franzesi « in Italia, sarebbe con manifesto pericolo et con intollerabili spese « et danni de' comuni Stati, maxime quando li potentati di quella non « fussino trovati concordi; nostro precipuo studio et intento è, come « sa el nostro Signore Dio, di unire insieme et fare uno intero et me-« desimo corpo di tucta Italia » (1); e detto delle pratiche incominciate per far riaver Pisa ai Fiorentini, vi poneva per condizione « che « voi vi accostiate a noi et siate buoni Italiani, lassando li Franzesi « in Francia » (2), che sarebbe stato « comune beneficio di tucta Ita-« lia; perchè non intendiamo che in Italia Franzesi habbiano alcuna « speranza di ricetto o d'altro; perchè quando se ne vedranno privati, « leveranno il pensiero dalle cose di Italia ». E finalmente a prova della sincerità di quanto asseriva, aggiungeva: « Et noi, perchè siamo « buoni Italiani, benchè, quando manchò il re Ferrando ultimamente, « potessimo con iusto et honesto titolo far venire quel reame nel re « di Spagna; tamen per beneficio di Italia, provedemo succedesse il « re Federigho » (3). Non istaremo a cercare quanta sincerità ci fosse in queste espressioni, forse veramente sincere nel momento in cui venivan pronunziate; pur troppo sappiamo quale abuso si facesse, per tutto il secolo XV e anche dopo, di questo povero nome d'Italia, e come il bene d'Italia fosse via via quel che giovava all'utilità di ciascuno che ne parlasse, tanto da far parere dolorosamente vera quella sentenza del Foscolo:

> Amor d'Italia? A basso intento è velo
> Spesso (4).

Questo medesimo Alessandro VI pensò molto diversamente poco tempo dipoi, pur desiderando anche allora, com'era naturale, tutta l'Italia concorde nel volere di lui (5), quando la ripugnanza onesta e risoluta di Federigo e Carlotta d'Aragona per le nozze di questa col tristo cardinal di Valenza (6), e la speranza di far questo grande e potente in Francia e in Romagna lo condussero a aderire all'infausto primo trattato di Blois e a farsi tutto francese (7). Ma nei tempi

---

(1) GHERARDI, *Nuovi documenti*, § VII, p. 150.
(2) Ivi, p. 151.
(3) Ivi, p. 152.
(4) *Ricciarda*, atto II, sc. III.
(5) VILLARI, *Niccolò Machiavelli e i suoi tempi*, Introduzione, p. 277.
(6) Vedi specialmente GREGOROVIUS, op. cit. XIII, v, 1, p. 492.
(7) Ivi, p. 499.

dei quali ora ci occupiamo egli seguiva in Italia la parte politicamente migliore, ed era veramente il più ardente avversario che i Francesi avessero in tutta la penisola; avversione che ci spiega in tutto la sua condotta verso la Repubblica di Firenze e verso il S., che era per lui, come abbiamo già notato, il principale autore della tenacità fiorentina nell'amicizia francese. Tristi tempi pertanto e peggiori che mai cominciavano ora pel priore di S. Marco. Il suo disprezzo per l'ingiunzione del pontefice, alla quale non obbediva altrimenti, che pubblicando l'*Apologeticus* che la combatteva (1), e risalendo sul pulpito a predicare l'avvento e poi la quaresima, frustrava gli intendimenti politici del papa, che doveva pertanto maggiormente sdegnarsene; e d'altra parte, come dimostrano i documenti dell'articolo VII del libro che esaminiamo, alienava dal S. anche gli animi di coloro, che fino allora l'avevano favorito. Così il generale dell'ordine, così il cardinale Caraffa, che avevano sempre fino allora dato ogni favore e a lui e alle sue riforme, e che nel promuovere la costituzione della congregazione nuova, o non avevano scorto il fine riposto del pontefice, o più probabilmente non n'erano stati scontenti, ma era anzi parso loro un buon modo a togliere il S. da un luogo, dove rimanendo andava incontro a certa rovina, nella quale avrebbe potuto travolgere poi anche la congregazione dei frati osservanti, alla quale essi detter favore anche dopo la morte di lui (2). Checchè si sia di ciò, certo è ad ogni modo che d'ora in poi si trovano anch'essi, e specialmente il cardinale di Napoli, uniti ai nemici del S., i quali si fanno più baldanzosi e più fieri, perchè la disobbedienza di lui dà loro maggior modo di tener desta e aizzare continuamente contro di lui l'ira del papa, come se n'hanno in questi documenti testimonianze continue.

---

(1) VILLARI, *La storia di G. S.* III, II, 493 sgg.

(2) È un fatto, che non troviamo cosa che possa parer mossa da animosità contro il S. nei documenti, che il Gh. pubblica (§ VII, 1, 2) intorno all'istituzione della nuova congregazione; che anzi, il nominar coadiutore del procuratore della nuova provincia il p. Giacomo di Sicilia al S. affezionatissimo (doc. 1; p. 144) poteva addolcire per questo l'amarezza del nuovo provvedimento e della nomina a procuratore del p. Francesco Mei; e l'altra ordinanza del 14 gennaio 1497 (doc. 2; p. 146) per la quale il p. Giacomo di Sicilia doveva deputar dei suoi frati a certi conventi, « et reliquos fratres ibidem moram « trahentes, fratri Hieronymo non gratos, licentiabit », lasciava apparire verso di lui una certa affettuosa deferenza. Quanto ai favori dati dal Torriano, dopo morto il S., alla congregazione toscana dei domenicani riformati, vedi il § 9 dello studio del Guasti, che è il § IV di quest'opera (pp. 98-101). Vero è che egli confermò e ratificò nel marzo del 1499 le severe ordinanze del p. Mei contro i frati, che non solo parlassero delle profezie di fra Girolamo, o ne venerassero le reliquie, o parlassero di Piagnoni o di Compagnacci, ma anche facesser di quelle nuove funzioni e cerimonie dal S. introdotte in San Marco (§ XII, docc. 22, 23, 24, 25); ma questi provvedimenti si dicevan fatti « ad evitandas perturbationes et scandala super loquutionibus et contentionibus dogmatis « et opinionis fratris Hieronymi Ferrariensis » (doc. 23; p. 331), e il generale stesso più tardi condonava ai trasgressori le pene, pur ordinando *in futurum* « quod qui de fratre « Hieronymo cum secularibus vel etiam cum fratribus seminaverit scandalum, incurrat « poenam gravioris culpae » (doc. 26, del 20 luglio 1499; p. 334), e quanto a questa pena rimettendosene, più tardi (il 15 di novembre: doc. 27, ivi), nel priore di S. Marco.

Costoro trovavano anche la materia disposta, pel sospetto che il pontefice aveva dei movimenti dei Francesi in Liguria e in Piemonte, che lo atterrivano assai, e che davano modo agli ambasciatori della lega, e specialmente ai Veneziani, di insinuargli nell'animo sospetti maggiori contro i frateschi ed il frate (1). Quando poi quella duplice impresa fu andata a vuoto, allora se ne imbaldanzirono più che mai, e a Firenze Arrabbiati e Compagnacci, profittando dell'abbattimento dei Piagnoni (2), tanto sepper fare, e colle pratiche e colle violenze, che, col pretesto della pestilenza (3), anche la Signoria proibì a fra Girolamo il predicare; e a Roma Mariano da Ghinazzano, Giovanni da Camerino e altri particolari nemici di lui, profittando anche del tumulto avvenuto il 5 di maggio in Firenze, unendo l'opera loro a quella di Piero e Giovanni dei Medici e dei loro fautori, e aiutati dallo sdegno del cardinale Caraffa per la disobbedienza del S. al breve del 7 di novembre, indussero il papa a fulminare contro di lui la scomunica in quel breve comminata (4). E la scomunica fu pronunziata e fattone il breve il 12 di maggio (5), sebbene non venisse poi pubblicata in Firenze fino al 18 di giugno, come il Gh. nella terza parte rileva (6), per ragioni che da questi documenti appariscono. In questo

---

(1) Vedi specialmente l'importante lettera del Becchi ai Dieci, del 19 di marzo 1496; § VII, doc. 5; p. 155: Gli oratori della lega, e in particolare il veneziano, sconsigliavano il papa dal tener pratiche coi Fiorentini, « non si volendo quegli declarare buoni « Italiani, et di questo assicurare bene la lega; et che horamai Sua Santità gli doverrebbe « cognoscere, et che non danno se non parole; et secondo vanno le cose de' Franciosi, « si fanno inanzi o tiransi indrieto; ... che volete tractenere el papa et dargli parole, « insino veggiate el successo di Lombardia et Genova. Et stimano questa vostra obsti- « natione et dureza tutta procedere da' consigli et persuasioni del frate ... et non cre- « dono ignun modo vogliate pigliare partito et esser buoni Italiani, mentre credete al « frate et che lui governa et sanza lui non si fa nulla ». E infatti il papa, pochi giorni innanzi, aveva detto a ser Alessandro Bracci, a proposito della *gagliardia* dei Fiorentini, che non volevano aderire alla lega: « Noi crediamo bene che la nascha dal fondamento « che voi fate nella prophetia di quello vostro parabolano; ma se noi potessimo parlare « presentialmente a quel vostro popolo, crederremo con le vere ragione che si possono « allegare, persuaderlo et indurlo totalmente al ben suo, et trarlo dalla cecità et errore « in che vi ha indocti el frate ». (Lettera del 15 marzo, doc. 4; p. 153. E cf. la lettera del Becchi del 23 di marzo, doc. 6; p. 156).

(2) Vedi il sommario di una lettera del Somenzi del 2 d'aprile 1497, pubblicata dal Del Lungo (doc. XX, p. 18): « como li seguaci del frate restano scornati, nè sanno più « che dire in favore de' Francesi, veduto che non gli è reussita l'impresa contro lo il- « lustrissimo duca di Milano ».

(3) Lettera dei Dieci a ser Alessandro Bracci, del 6 di maggio 1497, in questo § VII, doc. 9; p. 159.

(4) Lettere del Becchi ai Dieci, del primo (doc. 9; p. 158) e del 18 di maggio (doc. 10; p. 163) e del 30 dello stesso mese (doc. 14; pp. 166, 167); e confrontinsi le lettere che scriveva il Bracci il 27 di maggio (doc. 12, verso la fine; p. 165) e il 14 di giugno (doc. 16; p. 167).

(5) Vedi il breve originale nella *Storia* del VILLARI (vol. II, app. doc. V, p XXXIX).

(6) Nel § V, dove trae argomento dalla citata lettera di ser Alessandro Bracci, del 27 di maggio, ad avvalorare l'autorità del Parenti e del Landucci (pp. 391-392). E con questo terminerò di occuparmi di questa parte terza, avendo accennato a tutti i cinque paragrafi che contiene e rilevatane l'importanza, eccettuato soltanto il III, nel quale il Gh. di-

lungo intervallo la Signoria e l'ufficio dei Dieci fecero più pratiche per mezzo dei loro ambasciatori, per vedere che il papa o revocasse, o non lasciasse pubblicare quel breve, con dire massimamente che egli era stato male informato dei fatti di fra Girolamo (1). E sebbene Alessandro VI mostrasse maravigliarsi e sdegnarsi che « le S. V. lo « reputassino sì leggieri, che si movessi senza giusta cagione, o senza « fondamento » (2); pure non sembrava irremovibile, ed ascoltava tacendo le giustificazioni del frate, o dava parole incerte, che non troncavano ogni speranza, quantunque non iscemassero il timore (3). Anzi la lettera del S. del 22 di maggio l'aveva così rabbonito, ch'egli avrebbe forse gradito, se non altro, di ritardare la pubblicazione del breve (4). Ma i nemici del frate non se ne stavano, nè bastava loro un'incerta vittoria (5): e anche dopo pubblicata la scomunica seguitarono a battere il ferro caldo e a riscaldarlo più che mai, perchè da Firenze venivano a Roma lettere sopra lettere, le quali recavano tali notizie, da far vani tutti gli sforzi dei due oratori (6). Ma il male più grave anche questa volta il S. se lo fece da sè, con la lettera a tutti i fedeli cristiani contro la scomunica surrettizia. Le pratiche incominciate dal Bracci coi sei cardinali riformatori delle cose ecclesiastiche gli facevano sperare almeno la sospensione, se non la revoca della censura; ma il papa lo fece chiamare e alla presenza di altri Fiorentini « fece doglienza che Dio sapeva che di fra Hieronymo havea « cominciato a disporsi bene, commendandolo di alcune epistole havea « ricevuto da' lui a' giorni passati, dicendo averle facte leggere in « consistorio; ma che, havendo veduto una sua epistola, in forma, et « facta dopo le censure, haveva deliberato procedere contro di lui in « tucti li modi permessi da' sacri canoni contra contumaces et re- « belles Sancte Matris Ecclesie; usando intorno a ciò parole molto « passionate » (7).

Pure questa passione non era così costante, nè sempre questo sdegno così fiero, che non desse ancora qualche speranza d'aver a esser placato, o mitigato; e la Signoria di Firenze e l'ufficio dei Dieci non cessarono mai di spender l'opera loro in favore del frate e di far pratiche continue a Roma per impetrarne l'assoluzione, quantunque fosse uno strano praticare; perchè a Roma non

mostra con buone ragioni che deve correggersi in 1491 la data d'una lettera del S. a Stefano da Codiponte, che porta nel codice e nelle stampe quella del 22 maggio 1492.

(1) Vedi passim i documenti di questo paragrafo, dal n. 11 (lett. dei Dieci al Bracci, del 20 di maggio) alla fine.

(2) Lettera del Bracci, del 27 di maggio (doc. 12; p. 165).

(3) Ivi.

(4) Lettere del Bracci del 14 e del 27 di giugno (docc. 16 e 19; pp. 167, 171 sgg.).

(5) « L'absolutione non è per haversi a questi tempi; che chi ha fare non dorme. « Veggo molti preparamenti in contrario, et tutto viene di costì ». Così scriveva il Becchi il 19 di luglio (doc. 21; p. 173).

(6) Vedi la citata lettera del Bracci del 27 di giugno (p. 172).

(7) Ivi.

si negava ricisamente la cosa,. ma vi si poneva soltanto la condizione che il S. si sottoponesse a quel che il breve del 7 di novembre disponeva e si recasse a Roma a giustificarsi, e dai magistrati di Firenze si rispondeva sempre al solito modo, ridicendo il gran bene operato da fra Girolamo nella loro città e il desiderio, che in questa si aveva di udire la sua parola, e schivando di parlare delle condizioni, che Roma poneva, o mostrando che l'esecuzione non ne dipendesse in tutto da loro o dal S., il quale d'altra parte, come si sapeva, a quelle condizioni non avrebbe mai consentito. Così s'andò innanzi lungamente. Tredici lettere scritte a questo fine dai Dieci agli ambasciatori e dalla Signoria al cardinale Caraffa dal 2 di luglio al 2 di decembre del 1497 furono già pubblicate dal p. Marchese (1), ed il Gh. ne pubblica qui in parte altre quattro del nuovo oratore messer Domenico Bonsi, scritte ai Dieci dal 5 al 12 di febbraio del 1498 (2), precedute da un capitolo della commissione a lui fatta il 9 di gennaio, col quale gli s'ordinava di darsi ogni maggior premura « appresso la Santità del papa et del reverendissimo cardinale di Napoli, « et in ogni altro luogo dove fusse necessario, per la integra et libera « absolutione per il venerabile predicatore frate Hieronymo » (3); commissione molto spinosa, a quanto apparisce dalle lettere stesse. Il papa oramai cercava di fare intendere, com'era di fatti, che quella per lui era una quistione di poca importanza, e sfuggiva di parlarne, premendogli di stringere i panni addosso al Governo di Firenze, per condurlo, colla speranza di Pisa, a staccarsi da Francia (4); e se ne parlava, lo faceva per mostrarvisi contrario e dire che molti cardinali « stimavono assai non essere havuto righuardo alle censure » (5). Infatti il Bonsi non s'adoperava presso di questi con maggior frutto; ma doveva scrivere: « Truovoci più difficoltà non vorrei » (6).

Ognuno intende agevolmente se queste difficoltà scemassero o crescessero, quando l'11 di febbraio, domenica di Settuagesima, il S., fidente forse nel favore della Signoria, risalì il pergamo di S. Maria del Fiore e incominciò quelle prediche sull'Esodo, che furono le più fiere ch'egli dicesse mai, e quelle in cui più apertamente parlò delle cose sue, e più liberamente manifestò il suo sentimento sulla nullità della scomunica pronunziatagli contro; quelle in cui usò la famosa espressione del *ferro rotto*, di cui tanto seppe valersi i suoi nemici a incitargli contro più forte lo sdegno del papa, e ardì proferire l'audace scongiuro, che il Signore lo mandasse all'inferno, se egli chiedesse mai assoluzione da quella scomunica (7). Era un dare

---

(1) Pubblicazione cit. Sono i docc. v-xvii (pp. 153-163). La data dell'ultimo di questi documenti è corretta qui dal Gh. (p. 174, 2).

(2) § viii, docc. 2, 3, 4, 5; p. 175 sgg. Sono del 5, 6, 8, 12 febbraio 1498.

(3) Ivi, doc. 1; p. 175.

(4) Docc. 4 e 5; p. 176.

(5) Doc. 4; ivi.

(6) Doc. 5; ivi.

(7) VILLARI, *Storia, ecc.* IV, v, vol. II, 87 sgg.

nuove armi in mano ai suoi avversari, i quali non desideravano di
meglio; e da Firenze, da Venezia, da Milano giungevano alla corte
di Roma informazioni ed eccitamenti, che aggiungevano legna a un
fuoco già grande (1). Allora lo sdegno di Alessandro VI veramente divampò (2), sebbene apparisca dai documenti che allora
più delle prediche del frate lo irritasse la pertinacia dei Fiorentini
a non separarsi da Francia (3). Già si sapeva, dalla lettera del Bonsi
del 17 di febbraio, che cosa avesser detto della cosa il Taverna e
Ascanio Sforza, che pur mostravano a lui di volersi interpor presso
il papa in favore dei Fiorentini (4): c'è da figurarsi che favore potesse essere! Qui viene in luce anche l'opinione e l'opera d'altri, e
in particolare dell'ambasciatore di Venezia, che era nemica di Firenze, perchè bramosa d'aver per sè Pisa in dominio non che in
protezione, e nemica dei Francesi e della parte fratesca che in loro
confidava. Noi lo udiamo continuamente parlare al papa e ai cardinali in odio dei Fiorentini, vituperandoli come discordi e falliti, e
soprattutto come spregiatori della dignità della Sede Apostolica, poichè
lasciano predicar fra Girolamo; e « narrare il contenuto delle pre-
« diche sue, agravando la cosa », benchè pur troppo a sdegnare
Alessandro non occorresse aggravarla (5). E intanto i nemici del
frate e dei Fiorentini prendevano animo sempre maggiore, tanto da
assalire perfino a mano armata la casa del Bonsi (6).

Effetto di tutto questo fu il breve del 26 di febbraio, non meno
severo ed aspro contro i Fiorentini, che contro il S.; nel quale il
papa, riepilogati tutti i fatti pei quali questi si era tirato addosso le
censure, e rilevato quel che negli ultimi tempi aveva più inasprito
la Sede Apostolica, e il favore che molti gli davano, « vobis prohi-
« bitiones nostras scientibus et in illarum contemptum id permicten-
« tibus »; concludeva che il frate gli fosse mandato a Roma, o almeno
tenuto sotto tal guardia, che non potesse conversar con alcuno.
« Quod si forte, quod non credimus, facere contempseritis, signi-
« ficamus vobis quod, pro servanda auctoritate et dignitate nostra
« et huius Sanctae Sedis, civitatem istam vestram, quae hominem ita

---

(1) Vedi specialmente in più parti il doc. 8 (lettera del Bonsi ai Dieci del 25 di febbraio); p. 181.
(2) Ivi; cf. doc. 6.
(3) Vedi la lettera del Bonsi del 22 di febbraio (doc. 6; p. 178), specialmente sul principio. Alle parole dell'ambasciatore « rispose il papa, se expressamente vi volevate obbli-
« gare di opporvi a' Francesi, venendo in Italia »; e poichè quegli gli ebbe risposto in
termini generici e inconcludenti, « allora rispose Sua Beatitudine, che bene conosceva,
« come li haveva decto lo oratore viniziano, che voi non eri per spiccharvi dal re di
« Francia; et che ogni cosa faciavate di suo consentimento. Et a un tracto si levò su,
« non volendo altro udire da me; et uscendo di camera, dove era, mi si volse dicendo:
« Fate pure predicare a fra Girolamo; io non harei mai creduto che così mi havessi tractato ».
(4) Pubblicata dal p. MARCHESE, loc. cit. doc. XVIII; p. 164.
(5) Docc. 6, 8, 11, 12; pp. 178, 181, 185.
(6) Lettere del Bonsi del 22 e del 25 febbraio, e del 16 marzo; docc. 6, 8, 22; pp. 178,
182, 200.

« pernitiosum, excommunicatum et publice nuntiatum ac de haeresi
« suspectum, contra mandata nostra, sustinere presummit, ecclesia-
« stico supponemus interdicto, et ad alia graviora remedia, de quibus
« expedire noverimus, procedere curabimus » (1).

Il colpo era gravissimo, poichè l'interdetto faceva paura e sgo-
mento; e più grave si faceva pel frate, inquantochè la nuova Signoria, tratta appunto in quel giorno, gli riusciva per due terzi
contraria e gonfaloniere Pietro Popoleschi a lui avversissimo (2).
Pure egli non si perdeva d'animo e seguitava a predicare arditissi-
mamente, sebbene si riducesse dal duomo a S. Marco; e, come era
naturale, ne andavano a Roma le nuove, e più accanita si faceva
l'opera dei nemici di lui (3). Appena entrata in ufficio, la Signoria
convocava molti cittadini a consulta, per interrogarli del parer loro
su quel che fosse da rispondere al breve del papa; e in quella consulta, sebbene non fosse troppa la concordia delle opinioni, pure
prevalse assai il numero di coloro, che credevano doversi dare al
papa qualche soddisfazione, pur non concedendogli nè la persona
del frate, nè che questi cessasse dal predicare; ma che dovesse
esser segno bastante d'ossequio alla Santa Sede il suo ritrarsi dal
duomo a S. Marco (4). E i Signori scrivevano il giorno stesso una
lettera al pontefice in questo senso, più ardita e calda di qûelle
scritte in favore del S. da magistrati composti di suoi partigiani,
nella quale non facevano che dirne le lodi e conchiudere che non
potevano obbedire alle ingiunzioni del pontefice (5). Ciò, come parve
ad alcuno (6), per ispirito di moderazione e per riguardo verso fra
Girolamo; o, come sembra al Gh. (7), per deferenza al parere del
maggior numero dei Richiesti chiamati a consulta e specialmente
dei Dieci; o, come ci par molto più probabile, « con arte malvagia
« per irritare il pontefice » siccome scrisse il prof. Villari (8), che ne
adduce una validissima prova, traendola da una lettera di Paolo
Somenzi (9). Certamente se questo vollero l'ottennero. Parve al

(1) Vedasi pubblicato dal Villari, *Storia* cit. vol II, app. doc. xiv, p. lxvj.

(2) Ivi, IV, v, vol. II, 103. E lettera del Somenzi del 2 di marzo, ivi, app. doc. xii, 4, p. liij.

(3) Vedi p. es. la lettera d'Ascanio Sforza al fratello, del 1º di marzo 1498, pubbli-blicata dal Del Lungo (loc. cit. doc. xxix, p. 24).

(4) Vedi la consulta pubblicata dal Lupi in *Arch. stor. ital.* serie III, t. iii, p. 30, doc. iii. E un buon sunto nell'opera più volte citata del Villari, IV, v, vol. II, 103 sgg.

(5) Pubblicata dal p. Marchese, loc. cit. doc. xix, pp. 165-167.

(6) Al prof. Cosci nel suo articolo sopra ricordato, p. 455

(7) Vedi i presenti *Nuovi documenti, ecc.* pp. 186, 201.

(8) *La storia di G. S.* IV, v, vol. II, 107.

(9) Il quale, dandone notizia al suo signore il 2 di marzo, aggiungeva: « Questa « litera se è scripta in nome de la Signoria, et quella ha consentito che si scriva *solum* per « questo effecto, ... acciò la Sua Santità habbi a procedere più ultra in questa cosa; ... « et acciò anchora che epsa Signoria possi poi più iustificatamente procedere contra dicto « frate, senza che gli possa essere dato charicho da persona ». In Villari, loc. cit. p. liv·

papa di esser beffato da quella « trista lettera », per la quale rampognò fieramente gli oratori fiorentini, che glie la presentarono (1); e sollecitato e aizzato da Ascanio Sforza e da altri, avrebbe, a quanto sembra, spedito subito l'interdetto, se non avesse alquanto placato il suo sdegno mons. Podocattaro vescovo di Capaccio suo segretario, e che ebbe più tardi da lui il cappello cardinalizio (2). Si dovè forse ai buoni uffici di questo, se il papa si contentò di rinnovare le sue minaccie in modo più perentorio, ma con un breve scritto forse in forma più rimessa che non si sarebbe aspettato; perchè in esso il papa scendeva quasi a discutere, riconoscendo il bene operato a Firenze da fra Girolamo, e giustificando il proprio sdegno, e dimostrando non potersi dire la Santa Sede male informata dei fatti del frate. Tornava in fine a minacciar l'interdetto, se non si ottemperasse alle condizioni già poste; ma quasi pregando di non esser costretto a lanciarlo, per l'amore che egli portava a Firenze, ed esprimendo il desiderio d'una resipiscenza del S., che potesse davvero procacciargli l'assoluzione (3).

I Dieci intanto, prima che questo breve giungesse a Firenze, ma quando già erano informati per lettere del Bonsi dello sdegno del papa, non sapevano fare altro, che scrivere all'ambasciatore una delle solite lettere fiacche e inconcludenti, nella quale dicevano di maravigliarsi che il papa si fosse *alquanto risentito* per la risposta della Signoria, e che veramente nulla era che potesse irritarlo nelle prediche del frate, quando si interpretassero « secondo il vero loro senso, come « veramente si debbono le chose che si scrivono allegoricamente et « con gran misterio et fondamento »; sicchè vedesse egli d'indurre

(1) Vedi· la lettera, che scrisse il Bonsi ai Dieci, il 7 di marzo; pubblicata dal p. MARCHESE, loc. cit. doc. xx, p. 168; e quella, per vero molto meno importante, ch'egli scrisse alla Signoria, edita qui dal GH. doc. 18; p. 192.

(2) Vedi la lettera del Bonsi alla Signoria, del 9 di marzo, edita qui dal GH. (doc. 19; pp. 192-193). E per l'opera d'Ascanio Sforza, vedi la lettera, che gli scriveva il duca il 25 di marzo; pubblicata dal DEL LUNGO (loc. cit. doc. xxxIII, p. 28).

(3) Il GH. pubblica qui (doc. 20; pp. 194, sgg.) il breve, dall'originale, che esiste nell'archivio di Firenze, in una lezione molto diversa da quella, nella quale fu edito dal PERRENS (op. cit. doc. xI), che lo trasse da una copia della biblioteca Marciana, identica a un'altra scoperta dal Villari nel cod. Riccard. 2053. Egli suppone che queste due copie (senza intestazione nè data) sieno tratte da una bozza fatta stender dal papa, prima che le parole del Podocattaro lo riducessero a più miti consigli, e che il breve in quella forma non fosse spedito mai (p. 191). La quale ipotesi (seppure non si tratta anche qui di una di quelle parafrasi allora tanto comuni, e che il prof. Villari ammette, per esempio, a proposito della lettera del S. al papa del 13 marzo 1498 nella versione che ne pubblicò il RUDELBACH. Vedi op. cit. II, 130, in nota) ci sembra molto probabile, essendo quasi assurdo l'invio simultaneo, o quasi, di due brevi così diversi intorno alla medesima cosa. Quanto alle parole di G. A. Vespucci che diceva, nella consulta del 14 marzo, questo breve meno imperioso di quel primo, non vedo perchè non potessero alludere al breve del 26 di febbraio, come oppone il Villari (op. cit. pp. 115-116, n. 2), il quale ritiene che ambedue i brevi fossero spediti a Firenze; perchè e dal sunto stesso che ne abbiamo fatto e soprattutto dalla lettura dei brevi, apparisce chiaro che il breve del 26 di febbraio fu nella forma assai più *imperioso,* che questo del 9 di marzo.

il papa a concedere alla Repubblica tutti i desiderati favori (1). Era davvero troppa semplicità o troppa sfrontatezza; e il Bonsi era stanco oramai di dover mostrarsi partecipe anch'egli o dell'una o dell'altra, tanto che rispose con una lettera, che al Gh. sembra singolarmente ardita (2), sebbene in altri tempi anche più ardito linguaggio avesser tenuto talora, coll'ufficio dal quale dipendevano, gli ambasciatori fiorentini (3). Nella quale, insegnato loro a intendere a dovere le sue lettere, come essi volevano insegnare al papa a intender le espressioni del S., mostrava che egli ne sarebbe *beffato et ributato*, se volesse andare dicendo le solite parole in difesa di quelle prediche, che andavano stampate per Roma ed esacerbavano gli animi di tutti; e che il papa era indignatissimo, e più si sdegnerebbe, se non vedesse da Firenze risposta non di parole, ma di fatti; infine chiedeva licenza del ritorno, perchè vedeva l'opera sua a Roma inutile per la Repubblica e a sè pericolosa (4). Non pare che i Dieci se ne commovessero troppo, nè che mutassero opinion rispetto al S., almeno a giudicare dalla lettera colla quale risposero al Bonsi, sebbene mostrassero, per ossequio alla Santa Sede, d'aver consentito all'inibizione del predicare fatta al S. dalla Signoria (5). Il contegno della quale in tutto questo mese, in apparenza benignissimo a fra Girolamo, pare a me che giustifichi sempre più l'opinione del Villari, fondata, come abbiam visto, sulla notevole affermazione del Somenzi. I Signori, che sapevano l'animo del papa e che importanza avesse per lui la risposta che al suo nuovo breve si farebbe, procedevano con singolare lentezza. Dopo essersi indugiati tre giorni, chiamarono a consulta, sia per rispetto alle consuetudini della Repubblica, sia per perder più tempo e sdegnare il papa ognor più, un grandissimo numero di cittadini, i quali manifestarono, come era da aspettarsi, pareri molto discordi, sebbene alquanti si mostrassero favorevoli al S. e alcuni usassero parole molto forti contro il pontefice, ma i più consigliassero di dargli qualche soddisfazione (6). Lasciarono quindi passare altri tre giorni, e poi chiamarono a praticare 19 cittadini scelti fra quelli della precedente consulta, i quali presentarono una relazione, in conseguenza della quale si decretava « persuadendum esse fratri Ieronymo ut omnino a pre- « dicatione cessaret; sicque satisfieret pontifici. Cetera autem que li- « teris apostolicis petebantur indigna iudicata sunt Reipublice; sicque

(1) Lettera del 10 di marzo, doc. 21; p. 197.

(2) P. 197.

(3) Vedi, p. es., le lettere che scrisse talora ai Dieci messer Rinaldo degli Albizzi, e in particolare quelle che scrisse dal campo contro Lucca, dov'era commissario, il 17 di gennaio e il 16 di marzo del 1430. *Commissioni di Rinaldo degli Albizzi pel Comune di Firenze*, pubblicate da CESARE GUASTI, III, 306, 486.

(4) Lettera del 16 di marzo, doc. 22; pp. 198-201.

(5) Lettera del 24 di marzo, doc. 28; p. 207; e vedi la lettera del 18, scritta prima di ricever quella del Bonsi, doc. 25; p. 202.

(6) Consulta del 14 di marzo, pubblicata dal LUPI, loc. cit. doc. v, pp. 33 sgg.; citata e riportata in parte dal VILLARI, op. cit. IV, VI, vol. II, 116 sgg.

« ad oratorem qui Rome erat dominum Dominicum Bonsium litere
« date sunt » (1). Al S. veniva quest'ordine notificato quella sera,
ed egli obbediva, e faceva il 18 di marzo del 1498 l'ultima sua
predica mesta, ma pur risoluta e minacciosa (2). Ma la risposta a
Roma si mandava con tanta lentezza, che non vi giungeva prima del
dì 22 (3), e non si faceva direttamente al papa, ma all'oratore (4),
che non era una prova di far troppo conto del breve di quello. Il
cui sdegno si veniva pertanto accrescendo, tanto più che seguitavano a venire con assai maggior prontezza altri avvisi da Firenze
atti a irritarlo più che mai (5). E convocati alcuni cardinali, fra
i quali fu, naturalmente, Ascanio Sforza, n'aveva avuto parere di non
chieder più la sospensione delle prediche del frate, « ma di vo-
« lerlo a ogni modo qui nelle mani; et che non solamente proce-
« dessi allo interdecto, ma facessi porre le mani addosso a questi
« della natione nostra che sono qui, et tenere le loro robe al sicuro;
« et di poi richiedere le S. V. che li mandino fra G. infra uno ter-
« mine prefixo; et non lo faccendo voi, mettere detti della natione
« in Castel Sancto Agnolo et le robe confischare alla Camera Apo-
« stolicha » (6). Così scriveva il Bonsi, al quale forse la cosa era stata
riferita con qualche esagerazione, e forse per intimidire il Governo
di Firenze; ma intanto i mercanti fiorentini che erano a Roma ne
scrivevano anch'essi alla Signoria, tutti sgomenti, supplicandola ad
ovviare e dare al papa la richiesta soddisfazione (7). Ma la Signoria
non si mostrava per nulla impensierita e lasciava che a Firenze, se
fra Girolamo taceva, predicassero fra Domenico da Pescia e fra Mariano degli Ughi, certo non con temperanza maggiore; e perchè il
papa se n'era lagnato col Bonsi, quando questi fu ad annunziargli
la sospensione delle prediche di fra Girolamo (8), rispondevano in
modo, che par giustamente al Gh. assai singolare (9): « che altri
« frati di S. Marco predicano in vilipendio di Sua Sanctità, noi in-
« formatoci non ritragghiamo cotesto da nessuno » (10). Così quanto

---

(1) Pratica del 17 di marzo, pubblicata c. s. doc. v; pp. 53-54.
(2) VILLARI, *Storia* cit. IV, VI, vol. II, 125 sgg. e in particolare p. 128.
(3) Vedi la lettera del Bonsi del 24 di marzo, edita qui dal GH. doc. 31; p. 210. E cf.
quelle del 16, del 19, del 20, nelle quali quella risposta sollecitava (docc. 22, 25, 27;
pp. 199, 204, 207).
(4) Vedi il poscritto della lettera dei Dieci al Bonsi del 18 di marzo (doc. 23; p. 203),
e la loro lettera del 24 (doc. 28; p. 207) fatta per mostrarsi al papa (vedi il doc. 29;
p. 208).
(5) Vedi la lettera del Bonsi del 23 di marzo (doc. 30; p. 209). Il papa aveva già
saputo cose nuove da una lettera del 19 di marzo prima d'avere la risposta fattagli fare
dalla Signoria il 18.
(6) Lettera del Bonsi del 18 di marzo, doc. 24; p. 204.
(7) La lettera dei mercanti è pure del 18 di marzo; edita qui al n. 26, pp. 205-206.
(8) Vedi la citata lettera del Bonsi del 23 di marzo.
(9) P. 208.
(10) Vedi la lettera dei Signori al Bonsi, scritta il 31 di marzo, nella raccolta del p. MAR-
CHESE, doc. XXII; p. 171.

al non essersi degnati di rispondere direttamente al breve, della qual
cosa Alessandro aveva mostrato rincrescimento, allegavano, nella
lettera, colla quale finalmente risposero il 31 di marzo, un pretesto
di assai poco valore, dicendo di non potere scrivere a un papa « sine
« decreto collegarum nostrorum, qui singulis horarum momentis con-
« gregari non possunt » (1). Altro che *singulis horarum momentis*, con
una dilazione di venti giorni! Nondimeno il papa pareva in questo
tempo assai calmo; ma chi gli era attorno pensava ad aizzarlo col
dirgli un fatto nuovo e grave. Sia che veramente, come fu nar-
rato, ma pare al Gh. poco probabile pel silenzio dei carteggi (2), a
Milano s'intercettasse e dal Moro si mandasse al papa una lettera
del S. a re Carlo VIII per incitarlo a convocare un concilio e deporre Alessandro (3); sia, come suppone il Villari (4), che la lettera intercetta fosse una di Domenico Mazzinghi, scritta col medesimo scopo e per ordine di fra Girolamo a Giovachino Guasconi,
ambasciatore in Francia; sia che qualche voce imprudente o traditrice
uscita di S. Marco, o qualche invenzione calunniosa della corte di
Milano avesser messo di tale cosa il sospetto nell'animo del papa;
certo è che questi alla fine di marzo non si contentava più che il S.
tacesse. Temeva, come apparisce soprattutto dal terzo processo, che
le ripetute minaccie del frate di *dar volta alla chiavetta* avesser fondamento in pratiche appiccate da lui o con cardinali poco amici del
papa, o con principi d'Italia o di fuori, per radunar un concilio, che
seguisse l'esempio dato da quello di Costanza e malamente rinnovato a Basilea. E s'intende però com'egli, aderendo finalmente in
parte ai consigli datigli il 17 di marzo, dicesse il 31 al Bonsi d'aver deliberato di mandare a Firenze un prelato, « il quale ricerchassi per-
« suadere fra Ieronimo che si disponesse al venire qui, solo per mo-
« strarsi obsequente alla Sua Santità, e a questa Santa Sede; et che
« venendo non gli sarebbe fatta alcuna lesione » ecc. (5). A questo
l'ambasciatore si era opposto recisamente, allegando più ragioni; ma
ormai era avvenuto, e ne giungevano a Roma le notizie, quel fatto
che doveva dar mano a togli er via questo nuovo dissidio fra il papa
e la Signoria ed a chiarir senza dubbi l'avversione di questa al S.
Il 25 di marzo, come apparisce da una lettera di Girolamo Beni-
vieni pubblicata dal Gh. (6), Francesco di Puglia, predicando in Santa

(1) Raccolta del p. MARCHESE, doc. XXIII; p. 172.
(2) P. 211.
(3) BURLAMACCHI, op. cit. p. 86.
(4) Op. cit. IV, VI, vol. II, pp. 135-136. C'è veramente una difficoltà, perchè il
Mazzinghi disse, nel processo, d'avere avuto la risposta. (Ivi, p. cclxiiij, e la risposta
dell'11 d'aprile è riportata alla pagina seguente); ma il V. cerca d'eliminarla, supponendo
che la lettera fosse mandata duplicata, o che il Moro l'avesse lasciata andare al suo destino dopo averne fatto fare una copia; che non mi pare ipotesi troppo probabile. (Ivi,
p. cclxiv, n. 1).
(5) Lettera del Bonsi del 31 di marzo, doc. 33 (ultimo del § VIII); p. 212.
(6) § IX, doc. 1; p. 216.

Croce, aveva lanciato quella sfida, che fu l'ultima rovina del frate ferrarese. I commenti che son qui pubblicati nel § IX sono importanti soprattutto a mostrare la contrarietà risoluta che incontrò a Roma la proposta della barbara prova, che duole veder tanto favorita e sollecitatane la licenza dall'oratore della Signoria (1); ma gli animi erano allora a Firenze così potentemente agitati, che la cosa non pare fuori del naturale. Sia che il papa, come capo della Chiesa, non volesse, o che non volessero i cardinali accordar essi una cosa che allo spirito della Chiesa ripugnava; sia che Alessandro temesse, come i Piagnoni supposero (2), che da quella prova il S. avesse ad uscire vittorioso e accresciuto di credito e d'autorità; sia che, volendo a ogni costo il S. a Roma, non curasse d'approvar tutto quello che potesse ritardare o impedir quest'effetto, o non volesse che il frate, morendo, avesse a portar con sè nella tomba i segreti che a lui premeva di strappargli; certo è che papa e corte furon sempre all'esperimento contrari, nè ebber risposta le richieste d'approvazione o di licenza della Signoria e dei frati di S. Marco, se non in quelle disapprovazioni, che il Bonsi sentiva darsi fin tre giorni dopo quello dell'esperimento, del quale non era peranco giunta a Roma la nuova (3).

Che se poi Alessandro VI fece scriver lodi alla Signoria, e fu largo coi Fiorentini d'assoluzioni e indulgenze, e spedì un breve gratulatorio e laudativo ai frati di S. Croce; lo fece quando, insiem colla notizia della prova fallita, gli fu giunta quella del confino e poi della cattura del S. e dei due suoi compagni (4), che l'assicurava da ogni

---

(1) Vedi i docc. 2–7 del § IX passim.

(2) BURLAMACCHI, op. cit. p. 123.

(3) Lettera del Bonsi ai Dieci del 10 d'aprile 1498 Doc. 1 del § X: « Stamane, essendo io col card. di Perugia, m'affermò, non obstante che havesse lecto la lettera de' frati diligentemente, essere del medesimo proposito; benchè li paresse grave cosa il consentimento di tanto numero »; p. 226. La lettera dei frati, che è del 3 d'aprile, è il doc. 5 del § IX (pp. 219-220). E così due giorni avanti parlando l'oratore di questo al medesimo cardinale ed al papa, « l'uno et l'altro di loro entrarono in su questo caso dello experimento del fuocho, dannandolo molto. Et subiunse il papa, che si maravigliava che costì si attendessi a tali cose, et che e' sarebbe bene levarle via » (doc. 7, lettera del Bonsi del 19 di aprile; p. 221, e cf. più sotto a p. 222). E il disgusto di lui appare nelle prime parole, che fece al Bonsi, quando questi per la prima volta glie ne parlò: « Vedete dove queste cose si conducono! » (Lettera del B. del 4 d'aprile, doc. 3; p. 217).

(4) Del confino seppe il papa dal Bonsi la mattina del 10 d'aprile, « et ne monstrò essere bene contento.... monstrò esserli molto accepto la vostra buona dispositione verso la Sua Santità: della quale mi dixe assai per sua parte ve ne ringratiassi; et che era paratissimo ad ogni vostro beneficio operarsi come per suoi buoni figliuoli. Monstrò etiamdio piacergli assai la speranza che per epsa vostra ne date di comporre bene et a pace et unione tucta la città ». (Lett. del B. del 10 d'aprile, § X, docc. 1 e 2; p. 227). La seguente mattina si recò subito l'oratore a dargli notizia di quel che era avvenuto poi; ed egli « monstrò non solo essergli grato et acceptissimo la captura di questi tre frati, ma con molte amorevoli parole se ne ringratiò sommamente, d'ogni opera intorno acciò facta: comendandovene grandissimamente, et dicendo che non è cosa circa a' chasi di Pisa e altri sì grande, che lui non desideri mectere in beneficio vostro », ecc. (Lett. dell'11 aprile, doc. 3; pp. 227-228).| E soltanto il giorno di poi (12 d'aprile) partivano da

timore ch'egli potesse avere dell'opera loro, e gli mostrava chiaro il gran rivolgimento che s'era fatto nelle opinioni a Firenze, che sperava non sarebbe senza effetto sulla politica di quella città; e a chi, bene o male, era stato strumento a procurar tali effetti, che a lui tornavano utili, mandava lodi e rallegramenti, sebbene per l'innanzi avesse ben altrimenti stimata l'opera loro.

Nè però cessava in lui la brama d'avere a Roma il S. (1); e di questa brama, di cui ci offrono ad ogni passo testimonianze i documenti pubblicati qui sotto il numero X, disse ben la ragione il p. Marchese, quando, annotando la lettera della Signoria al Bonsi del 5 di maggio, scriveva: « Temeva il pontefice che le trattative « del concilio avessero avuta intelligenza con alcuni del sacro col- « legio, i quali desideravano la deposizione di Alessandro VI, come « il cardinal Della Rovere e alcuni cardinali francesi » (2). Lo provano e lo confermano quel che la Signoria stessa, in termini molto coperti e delicati, scriveva al pontefice il 6 di maggio (3), e le parole che il Bonsi scriveva ai Dieci l'11 d'aprile, in una lettera che viene in luce nella raccolta del Gh. (4); non che il fatto che appunto con interrogazioni su questi particolari incominciava e in gran parte poi s'aggirava il processo fatto al S. dai commissari apostolici (5). Ma se il papa aveva le sue ragioni per volere a Roma fra Girolamo, i Fiorentini avevano le loro per non farselo uscir dalle mani, e questa soprattutto, che non volevano, come apertamente scrivevano

---

Roma i noti brevi al vicario generale dei minori osservanti e a fr. Francesco di Puglia (in data del dì 11) e un altro al Capitolo di S. M. del Fiore, ed uno alla Signoria, non che una bolla d'indulgenza plenaria per l'ottava di Pasqua (lett. del B. alla Signoria, del 12 d'aprile; doc. 5; p. 230). Il breve alla Signoria è pubblicato qui (doc. 6; p. 231). Non ci par dunque da consentire col Villari che le disapprovazioni del papa dichiara *finzioni*, argomentando appunto dalla spedizione di questi brevi (op. cit. IV, vii, vol. II, pp. 145, 149); nè col Cosci, il quale aderendo a quel che scrisse il Burlamacchi, che Alessandro VI disapprovasse l'esperimento per paura che in questo i domenicani vincessero, soggiunge che se veramente egli avesse voluto impedire che l'esperimento si facesse, l'avrebbe facilmente potuto, prosciogliendo da qualsivoglia censura il S. (loc. cit. pp. 454-455). Che questo potesse mettere innanzi il Bonsi, per tentare ogni cosa affin di condurre il papa a quel che pareva si volesse a Firenze (lett. del 4 aprile, doc. 3; p. 218, in fine), s'intende; ma che altri possa dirlo ora a mente quieta e pensando che l'esperimento era proposto soprattutto per far prova della validità d'una scomunica fulminata dal papa, par quasi impossibile.

(1) Fu subito espressa dal papa, appena il Bonsi gli ebbe notificata la cattura dei frati (lett. del Bonsi dell'11 d'aprile, § x, doc. 3; p. 228).

(2) Pubblicaz. cit. p. 187.

(3) « Si forte, ut decet optimum pastorem, ad consulendum rebus Ecclesiae intelli- « gere aliquid ab eo cuplat Sanctitas Vestra ». (Ivi, doc. xxxvii; p. 189).

(4) « Richiesemi poi con instantia grande che in questa examine Vostre Signorie do- « vessino ricerchare se detti frati havevono qui con persona praticha o intelligentia al- « chuna, et che del ritracto me ne advisassi. Et oltra a di questo con grandissima instantia « mi richiese che facto decta examine, quelle volessino concedere a Sua Beatitudine decti « tre frati », ecc. (Lett. cit. p. 228).

(5) Vedasi pubblicato in appendice al vol. II dell'op. cit. del VILLARI, doc. xxvi, 3: specialmente in principio, e pp. cxciij-cxciv.

a Roma, e come il Bonsi aveva fino da principio fatto intendere
al papa, che certe cose interne della loro città s'avessero a risapere
e pubblicar fuori (1); e però continuamente si rifiutarono di con-
ceder tal cosa, sia espressamente, sia cercando di guadagnar tempo
col tacere, sebbene il papa ne li ricercasse con insistenza grandissima, e ne facesse una condizione necessaria dei favori materiali
e spirituali, che essi gli chiedevano (2). Tanto che alla fine toccò
a lui a cedere, e contentarsi che i tre frati venissero interrogati a
Firenze da qualche suo commissario mandatovi « per intenderne
« una cosa più che un'altra attinente » (3) alla Sua Santità; o facessè
questo perchè la piega che le cose prendevano a Firenze gli avesse
oramai tolto ogni paura dell'animo, o perchè avesse inteso dai sunti
dei processi comunicatigli che non c'era da cavarne nulla, che potesse gravemente compromettere alcuno della curia. Ed è cosa
assai curiosa quella che rileva il Gh., che questa soluzione non fu
dal papa proposta e dalla Signoria accettata, nè viceversa, perchè
un giorno prima che la lettera del Bonsi giungesse a Firenze, una
pratica aveva consigliato lo stesso partito, e secondo il consiglio
di quella n'era stato scritto all'oratore (4).

Nè ci mostrano questo soltanto i documenti pubblicati in questo
paragrafo; ma anche l'effetto, che la notizia di questi fatti produsse
fuori di Firenze, e in particolare in Francia e a Milano, così sui
capi degli Stati (5), come sugli ambasciatori fiorentini, i quali, in
quei due luoghi, appartenevano alla parte del frate, e non nascosero il loro dolore e il loro disgusto, tantochè all'uno di loro, Francesco Pepi, i Dieci rimproveravano la passione con cui scriveva (6),
e se non lo richiamavano, mandavano almeno un altro oratore di
ben altri sentimenti, Guidantonio Vespucci, col pretesto d'informar
meglio il duca Lodovico delle cose presenti (7). La lettera poi del

---

(1) Lett. cit. del Bonsi dell'11 d'aprile; e lett. cit. della Signoria al Bonsi del 5,
e al papa del 6 di maggio (p. MARCHESE, docc. XXXVI e XXXVII, pp. 187, 189). Nelle
quali troviamo detta anche un'altra ragione, che fa dispiacere : « Accedit huc etiam quod-
« dam desiderium totius populi videndi supplicium eius, quo tot annis vanis pollicitatio-
« nibus delusi sunt ».

(2) Vedi specialmente le lettere del Bonsi dei 17, 19 e 25 d'aprile edite qui ($ X, docc. 13
e 22; pp. 239 sgg. 256). E fin nei brevi delle sue concessioni il papa insisteva su quel
punto. V. i brevi del 12 e del 17 d'aprile pubblicati qui dal GH. (docc. 6 e 14; pp. 231, 242).

(3) Lett. cit. del Bonsi del 3 di maggio, edita qui (doc. 27; p. 262).

(4) P. 261.

(5) Il doc. 9 (p. 235) è una lettera di larghissima lode e congratulazione scritta alla
Signoria l'11 d'aprile da Lodovico il Moro, che contrasta un po' col modo nel quale s'era
espresso, scrivendo il giorno innanzi alla Signoria stessa, l'ambasciatore Francesco Pepi
(doc. 8; p. 234). Il doc. 12 è una lettera dei Perugini, del 12 d'aprile, che contiene assai
profferte, ma nessuna congratulazione, anzi rammarico del tumulto avvenuto e neanche
il ricordo del frate.

(6) Lett. del 23 d'aprile, edita qui (doc. 19; p. 251).

(7) Lett. del 21 d'aprile, c. s. (doc. 18; p. 250). La ragione la diceva chiara il Somenzi, scrivendone al duca l'11 d'aprile. Vedi DEL LUNGO, pubbl. cit. doc. XLI, p. 36.

Guasconi ambasciatore in Francia (1) è anche per altro importante, perchè, insieme coi passi d'altri inediti documenti, coi quali il Gh. l'illustra da par suo (2), rettifica quanto s'argomentava dalla lettera di Luigi XII alla Signoria di Firenze scritta il 4 di giugno e pubblicata dal p. Marchese (3), cioè che quel re s'adoperasse ai favori del S. soltanto quando questi era già morto; poichè apparisce di qui com'egli già avesse saputo i casi di Firenze il 21 di aprile, e da altri prima che dall'ambasciatore, e come per quelli mandasse a Firenze Niccola Alamanni, il quale non potè far nulla, per trovar la materia troppo mal disposta. Così ci mostrano altri di questi documenti come parecchi di quelli che erano al frate devoti da lui s'alienassero (4), e come lo rinnegassero perfino i più intimi fra i suoi frati (5), ingannati dalle false dichiarazioni dei processi, che altri documenti vengono a dimostrare palpabilmente in che modo si facessero, e come in quelli la parzialità e l'arbitrio fosser l'unica regola dei giudici, che compirono colla condanna dei tre frati una svergognata ingiustizia (6). Non si può senza una certa commozione e un senso di dolore e di sdegno percorrere questa parte del libro, nè gran parte dei documenti raccolti nel paragrafo XII, sotto il titolo: « Documenti relativi alla memoria di fra Girolamo » (7); quelli in particolare, nei quali vediamo farsi detrattore del S. un suo vecchio maestro (8), e scrivere contro di lui ancor vivo e carcerato un'aspra e feroce invettiva diretta alla Signoria di Firenze (9) Ugolino Verino, poco innanzi tanto suo de-

---

(1) È del 21 d'aprile (doc. 17; p. 248).

(2) P. 246-247.

(3) Loc. cit. doc. XL, p. 192.

(4) Fra gli altri il Bonsi; quantunque più che dalla sua raccomandazione per Francesco del Pugliese (edita qui, doc. 21; p. 254) si possa argomentare il suo mutamento dalle lettere che scriveva da Roma anche prima della caduta del S. E forse anche il pievano di Cascina Francesco Fortunati, che temeva d'avere a essere implicato nel processo (p. 258).

(5) Fino fra Niccolò da Milano, a cui il S. aveva fatto far le minute delle lettere ai principi. Vedi la lettera sua agli esaminatori « pseudoprophetae fratris Hieronymi de Ferraria » del 22 d'aprile, edita qui, doc. 20; p. 252. Quanto agli altri frati, vedi le due lettere del Bonsi ai Dieci e alla Signoria, del 25 d'aprile (docc. 22, 24; pp. 256, 258); e la lettera loro al papa, edita dal PERRENS (*Jérôme Savonarole*, App. doc. XVII, pp. 429 sgg. della 3ª ediz.).

(6) Vedine una nuova prova nelle due lettere di Pierfrancesco dei Medici al pievano di Cascina, che vengono in luce per la prima volta in questa seconda edizione (§ X, docc. 25 e 26; pp. 259, 260).

(7) Non istò a far parola del § XI, nel quale il Gh. ha raccolto tre lettere inedite del S., di non grande importanza, il testo originale d'un'altra, di cui si conosceva soltanto una traduzione, e una diligentissima e spesso importantissima collazione delle lettere edite, delle quali, menochè di una sola, son qui soltanto riportate le varianti dalle lezioni pubblicate.

(8) Il Garzoni più sopra ricordato (§ XII, docc. 2 e 3; pp. 309, 310). La seconda e più acerba di queste lettere del G., che è del 3 di luglio 1498, viene in luce ora per la prima volta. L'altra del 14 di giugno era anche nella prima edizione.

(9) Ivi, doc. 1; p. 303.

voto, da aver sottoscritto l'attestazione in suo favore fatta da molti cittadini di Firenze l'anno 1497, e da avergli dedicato un poemetto latino, che il Gh. qui pubblica: *De christianae religionis ac vitae monasticae felicitate* (1). Negli altri apparisce in tutta la sua acerbità, che giunse talora a cose quasi stolidamente ridicole (2), la persecuzione contro la memoria del Ferrarese, mossa così dai suoi nemici reggenti il governo di Firenze, sia che fossero repubblicani Arrabbiati (3), sia che fossero Palleschi o duchi di casa Medici (4); come dai superiori dell'ordine domenicano, che fino un secolo dopo ch'egli era morto, vietavano a tutti i frati e a tutte le monache di tenerne ritratti e fin di pronunziarne il nome (5). E apparisce insieme il perdurare in mezzo a tante persecuzioni della devozione quasi popolare al nome e alla memoria di lui, che si manifestò fino a un secolo e mezzo fa in una fiorita, che si faceva in piazza della Signoria nel giorno anniversario della sua morte (6), è attestata dalle stesse condanne pronunziate contro chi la propagava (7). Nè era solo di persone volgari, perchè rimangono uffizi propri latini composti per lui, uno dei quali viene appunto qui pubblicato (8). D'altra parte poi è noto che, sbolliti i primi furori e cessate le paure e le passioni, che avevano mosso quella persecuzione, la cosa mutò; e santi della Chiesa e pontefici ebber quasi

---

(1) P. 295 sgg. E vedi la lettera, che gli aveva mandato innanzi, a p. 290 sgg.

(2) Tale ci pare il confino della campana *piagnona* nel campanile dei frati minori di S. Miniato al Monte, intorno al quale il Gh. aggiunge qui tre deliberazioni dei Signori (docc. 8, 9, 10; p. 313) a quelle già edite dal VILLARI (op. cit. II, app. n. XXXII, p. CCXCJ); e altri otto documenti (docc. 11-18; pp. 315 sgg.) sullo scalpore grande, che si fece per questa cosa, finchè la campana non fu tornata a S. Marco il 6 di giugno del 1509.

(3) Vedi, oltre i già citati nella nota precedente, i docc. 4, 5, 6 di questo paragrafo. Sebbene i documenti 7 (p. 312) e 21 (p. 327) mostrino che la persecuzione non fu diuturna, com'era d'altra parte assai naturale, perchè potevano pur giungere al supremo magistrato di quelli che erano stati sinceramente amici del frate, come fu di Giovacchino Guasconi, che fu gonfaloniere per settembre e ottobre nel 1499.

(4) V. doc. 31 (p. 338. Deliberazione degli Otto del 16 marzo 1533). Ma la persecuzione più fiera contro i frati di S. Marco fu quella del duca Cosimo I, che li cacciò da quel convento con decreto del 31 d'agosto 1545, ma dovè poi rinsediarveli per volere del pontefice Paolo III il 5 di dicembre di quell'anno medesimo; con quanta sua stizza apparisce dalle lettere del carteggio mediceo, che qui pubblica il Gh. (docc. 32-38), poichè egli s'era messo a questa cosa con una risolutezza ed una baldanzosa ostinatezza singolari (vedi specialmente le prime tre lettere; p. 342 sgg.), allegando «che la origine «di tutta questa materia nasce dalla falsa dottrina et mali costumi che fra Girolamo «Savonarola insegnò a' suoi frati di Santo Marco» (lett. del 14 d'ottobre, all'ambasciatore Alessandro Del Caccia, doc. 33; pp. 343-44). Il Gh. pubblica qui inoltre anche una narrazione del fatto, che si trova in una cronaca latina manoscritta del convento di S. Marco (p. 340 sgg.).

(5) Doc. 39; p. 350. Ordinanza del generale dei domenicani Sisto Fabbri del 5 d'aprile 1585. E cf. i docc. 22-30 (pp. 329-337), alcuni dei quali abbiam già ricordati.

(6) Vedi doc. 44; p. 367; e l'illustrazione, che lo precede.

(7) Doc. 31 cit. (p. 338).

(8) Doc. 41; pp. 358 sgg. Un altro ne pubblicò, com'è noto, il conte Carlo Capponi, e vi fece un proemio Cesare Guasti (Prato, 1860).

per santo il Savonarola (1): i miscredenti lo denigrarono (2), i cattolici lo esaltarono; e soprattutto l'ordine, che avanti dell'estremo supplizio lo rigettò dal suo seno, se ne gloriò poi e se ne gloria e ne cercò e ne cerca l'esaltazione con cura amorosa (3); e n'è bella testimonianza, oltre la Vita, che scrisse nel secolo passato il p. Barsanti e soprattutto gli studi importanti e bellissimi del p. Marchese, anche il presente libro, ispirato e in gran parte composto dallo studio amoroso del p. Bayonne. Al qual proposito, per altro, non possiamo posare la penna, senza tributare una giusta e grandissima lode al Gh., per la modestia veramente singolare, colla quale egli, nella prefazione, dà in sostanza il maggior merito nella composizione dell'opera al p. Bayonne e al cav. Cittadella (4). Anche senza considerare quanto di proprie ricerche egli avrà aggiunto alle loro, certamente per un lato la faticosa collazione, per un altro e soprattutto il modo com'egli ha saputo ordinare e illustrare questi documenti, non son cose da farne poca stima; perchè rivelano un' intelligente operosità e un'erudizione soda, sicura e vastissima, quali se le possono augurare tutti gli studiosi di cose storiche.

F. C. PELLEGRINI.

Prolegomena zum Liber Diurnus I von **Th. R. von Sickel** wirkl. Mitgliede der Kais. Akademie der Wissenschaften. Mit einer Tafel. [Sitzungsberichte der Kais. Akademie der Wissenschaften in Wien. Philosophische-Historische Classe. Band CXVII.]

L'illustre direttore dell'Istituto austriaco di studi storici, prof. Teodoro von Sickel, attende da alcuni anni a preparare una nuova edizione del *Diurnus Romanorum pontificum*. Il testo della celebre raccolta di formole accompagnato da una *Praefatio* e da un *Index rerum et verborum* uscirà fra poco: frattanto in questa prima parte dei *Prolegomena*, presentata alla classe filosofico-storica dell'Accademia Imperiale di Vienna, il Sickel comincia a pubblicare tutte quelle ricerche e quegli studi sul *Diurnus* che lo hanno condotto alle conclusioni enunciate nella prefazione, tutto quell'apparato, in-

---

(1) VILLARI, *La storia, ecc.* Conclusione. II, 256. E in questo volume lo studio citato del Guasti, parte II, § IV, p. 94; e nell'*Arch. stor. ital.* nuova serie, XII, 168, la rassegna fatta da Gino Capponi della citata pubblicazione dell'uffizio proprio del S.

(2) Vedi il principio della prefazione del prof. Villari alla prima edizione del suo libro sul S.

(3) Anche da questi documenti, pur lasciando quel che apparisce dalle lettere di Cosimo I, e specialmente da quella al Del Caccia citata, si vede come due secoli or sono si facesse gran conto in S. Marco di quel che a lui avesse appartenuto e si tenesse come reliquia (Vedi i docc. 42-43 del 1685; p. 364 sgg.).

(4) Vedi la prefazione, in principio, e a p. VII.

somma, che non era strettamente necessario all'intelligenza del testo
e, unito alla prefazione, ne avrebbe ingrossato di troppo la mole.
In questa prima parte dei *Prolegomena* tratta dei due manoscritti antichi del *Diurnus* e dei gruppi di formole contenuti in ambedue;
nelle altre, che usciranno in seguito, discorrerà del tempo in cui fu
redatto il *Diurnus* e dell'uso fatto di esso dal compilatore della *Vita
Adriani I Nonantulana* e da Deusdedit nella sua collezione di canoni.

Il capitolo riguardante il codice Vaticano si apre con una minutissima descrizione. La composizione e lo stato del codice, le differenti qualità della pergamena, la disposizione, la specie e alcune singolarità della scrittura; tutto è osservato con squisito acume critico.
Un risultato importante è quello che l'autore trae da alcune differenze riscontrate esaminando la scrittura che a primo aspetto pare
uniforme: quelle differenze corrispondono alla divisione ch'egli darà
più tardi dei tre gruppi di formole che concorsero a formare il
Diurnus Vaticano. E ne conclude non essere lo scrittore del codice
Vaticano che ha unito in un sol corpo i tre gruppi; egli li ha trovati già uniti in un codice, ma scritti da mani differenti. Com'è
naturale, la copia riproduce qua e là alcune particolarità grafiche
degli archetipi primitivi.

Anche le indagini sull'età del codice confermano i risultati degli
studî ulteriori dell'autore sul tempo cui appartiene la serie di formole contenuta in esso. Raccolte e discusse le opinioni dei dotti
che hanno giudicato dell'età del codice, dal Mabillon al Delisle,
enumerati i codici di scrittura minuscola con data certa vicina a
quella cui s'attribuisce comunemente il codice Vaticano del *Diurnus*,
notate le differenze per le quali si distinguono le scritture anteriori
alla riforma carolina e alla scuola di Tours da quelle posteriori,
giunge a stabilire che il codice fu scritto sotto Adriano I. A pro-
varne poi l'origine romana, oltre alla qualità del testo che, secondo
ogni verosimiglianza, non poteva essere scritto che a Roma, adduce
il fatto dello sviluppo e dell'uso in Roma di una minuscola preca-
rolina figlia della scrittura semionciale e la somiglianza della scrittura del codice Vaticano con quella del codice 409 di Montpellier
ch'egli, per ragioni storiche e filologiche, ritiene pure di provenienza
romana. Ad un minuto esame delle abbreviazioni che lo conferma
nell'opinione che il *Diurnus* Vaticano sia stato scritto prima della
riforma carolina, segue uno studio più speciale dell'abbreviazione *ill.*
usata in ambedue i manoscritti del *Diurnus* ed in altri codici di formole, e adoperata anche da coloro che più tardi, nell'undecimo secolo, introdussero in altre compilazioni formole tratte dal *Diurnus*.
L'ultimo paragrafo del primo capitolo è dedicato alla storia di questo
codice dal XVII secolo in poi, che il Sickel ricostruisce tenendo conto
di tutti i segni esteriori esistenti nel codice e fissando di ciascuno il significato e il valore.

Intorno al codice, ora perduto, che appartenne alla biblioteca dei gesuiti del collegio di Clermont a Parigi, chiamato dal Sickel *Codex Claromontanus*, riassume quanto era stato già narrato dal De Rozière. Raccoglie e valuta le descrizioni che ci son rimaste di quel codice e i giudizi pronunziati sull'età di esso dai dotti che lo esaminarono. Confrontando questi giudizi col contenuto, noto per gli studî del Baluze che ne aveva preparata una nuova edizione, stabilisce che l'epoca più remota cui si può attribuire il codice di Clermont è il principio del nono secolo, poichè la redazione del *Diurnus* dataci da esso deve collocarsi intorno al tempo dell'elezione di Leone III e della ricostituzione dell'impero di Occidente.

Col capitolo sulla redazione del testo dei due codici finisce la prima parte ora pubblicata dei *Prolegomena*. Bisognerebbe riprodurre testualmente, poichè non è possibile riassumerli, gli argomenti interni ed esterni coi quali il Sickel prova la preesistenza e la fusione nei due codici di tre gruppi di formole. Chi osservi la prima tavola di concordanza dell'edizione De Rozière e paragoni la successione delle formole nel codice Vaticano con quella del codice di Clermont vede già disegnarsi nettamente le tre serie. La prima, che il Sickel chiama *Collectio I*, comprende le formole I-LXIII; la seconda, che chiama *Appendix I*, le formole LXIV-LXXXI; la terza, che chiama *Collectio II*, le formole LXXXII-XCIX del codice Vaticano. Dall'altra parte il codice di Clermont riproduce quasi esattamente la *Collectio I*, ma fonde in una serie, ordinata diversamente, l'*Appendix I* e la *Collectio II* del codice Vaticano, aggiungendo altre formole che il Sickel chiama *Appendix II*. Il capitolo si chiude coll'esame delle formole supplementari estranee ai due codici antichi introdotte nelle edizioni del *Diurnus*. Il Sickel disapprova queste inserzioni colle quali gli editori anteriori hanno pensato di completare la raccolta; parlando della formola 107, dell'edizione De Rozière, dimostra ch'essa è stata fabbricata dal Garnier alterando il testo di una *Epistola vocatoria* colla quale l'arcivescovo invitava il clero e il popolo di una diocesi soggetta ad intervenire all'ordinazione del vescovo da loro eletto.

Con un'analisi così completa e così felice nei risultati il Sickel ha lasciato a gran distanza da sè tutti coloro che antecedentemente s'erano occupati delle questioni intorno al *Diurnus* trattate in questa prima parte dei *Prolegomena*. E nel cammino non breve nè facile delle sue indagini ha accennato a fatti ed ha enunciato opinioni che possono fornire argomenti a nuovi ed interessanti studî. Le ragioni che adduce per provare l'esistenza di una scuola grafica romana anteriore alla riforma di Carlo Magno meriterebbero d'esser prese come traccia e programma di tutta una serie di ricerche dirette ad investigare e accertare quali altri codici ci siano rimasti di quella scuola, dell'esistenza della quale non è più possibile dubitare.

I. G.

Specimina palaeografica regestorum Romanorum pontificum ab Innocentio III ad Urbanum V. Romae, ex archivo Vaticano, 1888.

Tra le pubblicazioni che ebbero origine dal Giubileo sacerdotale di Leone XIII questa dei facsimili dei regesti pontifici merita sincero plauso per l'indole serenamente scientifica, e per l'importanza e opportunità sua. Mentre numerosi studiosi si affaticano sui detti regesti sia con intento storico sia con intento diplomatico, riesce di sommo vantaggio e sussidio una compiuta serie di facsimili, scelti con piena conoscenza così dei singoli volumi dei regesti come dei vari aspetti sotto i quali vanno considerati e dei vari quesiti che essi offrono. L'impresa non potevasi meglio condurre che dai solerti custodi dello stesso archivio Vaticano, che alla dottrina e perizia paleografica congiungono per ragione dell'ufficio estesa consuetudine del materiale affidato alle loro cure. Sono sessanta tavole eseguite in eliotipia dell'ing. Augusto Martelli, corredate di una sobria prefazione di 14 pagine, e delle illustrazioni dei singoli facsimili, nelle quali si dichiarano e descrivono i facsimili stessi e i volumi dai quali sono presi, notandone le particolarità riguardanti la paleografia o attinenti alla diplomatica o alla consuetudine della cancelleria pontificia, con opportuni accenni e riferimenti agli altri volumi dei regesti.

Nella prefazione si tratta particolarmente il quesito se la trascrizione delle lettere papali nei regesti venisse eseguita sugli originali o sulle minute. L'attento esame de' regesti, e il raffronto con bolle originali, recanti nel dorso l'annotazione della eseguita registrazione conducono a conchiudere che almeno dal secolo XIII in poi, di regola, la registrazione facevasi sugli originali. Parecchie delle bolle citate appartengono all'archivio Capitolare di S. Pietro, la cui custodia è pure affidata ad uno degli egregi collaboratori della presente opera. Non si trascura però di indicare vari casi in cui eccezionalmente la copia del regesto deriva evidentemente dalle minute. La prefazione chiude indicando quali regesti si possono considerare con certezza o con molta probabilità per archetipi; e ne vengono anzi tutto esclusi quelli di Innocenzo III per motivi già esposti dal Delisle e dal Denifle, uno dei redattori delle illustrazioni.

Basteranno pochi cenni a convincere lo studioso della bontà dei criteri seguiti nella scelta delle pagine facsimilate. Come è noto, la serie dei regesti pontifici conservati comincia con quelli di Innocenzo III. Ad essi appartengono le prime 8 tavole, di cui la 2ª offre la forma più arcaica di scrittura, altre sono notevoli per alcune grafiche illustrazioni, la 8ª riproduce dal *regestum imperii* un privilegio di Ottone IV con la imitazione del monogramma.

Tra quelle di Onorio III figurano molto opportunamente i primi fogli del regesto 11; la tav. 11 contiene l'ep. al cardinale legato

in Terra Santa con varie aggiunte fattevi per rendere più compiuta
l'enumerazione delle somme erogate dal pontefice per la Crociata;
l'altra contiene la stessa lettera nel nuovo primo foglio del regesto,
rifatto in conseguenza di dette correzioni. E come nella collezione
fu dato posto anche ai volumi dei regesti conservati nella biblioteca
Nazionale di Parigi, così con molta opportunità furono pure consacrate due tavole giudiziosamente scelte (15 e 16) al registro della
legazione del cardinale Ugolino d'Ostia. Tra i facsimili di Gregorio IX la tav. 17 rappresenta l'indice più antico di un regesto,
mentre la tav. 20 reca il più antico esempio della distinzione delle
lettere in curiali e comuni. La 21 (Innocenzo IV) è notevole per
un'epistola appartenente ad altro anno inserta per errore ed annul-
lata con la parola *va-cat*. Tra i regesti di Urbano IV è notevole il
26° *regestum de literis beneficiorum*, con annotazioni marginali recanti il
giudizio degli esaminatori sui chierici ammessi al beneficio. Le tavole 27, 28, 29, 30, 37, 40, 42, 43, 47 e 49 (Urbano IV - Clemente V) pongono in evidenza una particolare serie di regesti (parecchi della biblioteca di Parigi), quella cioè dei regesti camerali di
indole ed uso amministrativo, di lettera meno elegante, di più piccolo
formato, senza lettere miniate e sovente nemmeno rubricate.

Dal regesto di Clemente IV è trascelta tra l'altre la pagina (tav. 31)
in cui è memoria della sottrazione di esso avvenuta nel fortunoso
momento della morte di Bonifacio VIII. Il primo foglio del regesto
di Gregorio X (tav. 32) presenta un tipo particolare di scrittura, mentre
il fregio rettangolare che racchiude l'*Incipit* ricorda per avventura
l'ornato iniziale dei libri greci, facendo pensare all'Oriente donde
Gregorio fu chiamato al soglio pontificio.

La tav. 41 di Nicolò IV contiene in margine una lettera di
anno anteriore, ivi registrata d'ordine del papa per identità del soggetto. Dei regesti di Bonifacio VIII la tav. 45 riproduce il verbale dei
notai della curia che, a tempo di Clemente V, operarono l'abrasione
della nota lettera contro il re di Francia; la tav. 46 il testo della
bolla *Unam sanctam* e il principio della detta abrasione; la tav. 47
è data ad uno speciale registro (*liber parvulus*) contenente le lettere
dirette al cardinale legato Nicolò Boccasini.

Con la tav. 49 si passa ai regesti dei papi avignonesi, che si
suddividono in due serie: gli originali che, ad eccezione del primo
anno di Clemente V, sono cartacei, e le copie di essi eseguite su pergamena. Anche per questi si è avuto cura, nella scelta dei facsimili e
nelle illustrazioni, di porre in evidenza i caratteri speciali delle due
serie, i rapporti che intercedono tra loro e le notazioni marginali che
le rivelano. I regesti cartacei, fatti per tenersi al corrente nella spedizione dei crescenti affari, sono scritti con minore accuratezza e
quasi in corsivo.

La copia in pergamena, in forma più elegante e calligrafica, cominciò ai tempi di Giovanni XXII a farsi lenta e interrotta, sicchè

dai conti della Camera si ha la prova che i regesti degli ultimi anni di quel pontificato furono trascritti sotto Benedetto XII. Dopo questo papa cessò l'uso di tale seconda copia membranacea.

È noto come Urbano V, venendo a Roma, ordinò la copia dei regesti anteriori, che non volle porre ai rischi di un viaggio; e come sotto di lui gli stessi regesti antichi furono corredati di indici. La tav. 59 riproduce una pagina del regesto di Innocenzo III così copiato: e la tav. 60 offre un saggio dei detti indici.

G. L.

NOTIZIE

—

Il fascicolo 6 del *Bollettino storico italiano* contiene le relazioni dei professori D'ANCONA e MEDIN sulla raccolta di rime storiche del sec. XV, fatta « dall'infaticabile annalista veneziano Marino Sanuto » dal cod. autografo della Marciana; dell'avv. BRANDO BRANDI sulle *Constitutiones S. M. Ecclesiae* del card. Egidio d'Albornoz; *Glosse Preaccursiane* che il prof. Pietro Cogliolo ha tratte da frammenti di codici membranacei esistenti nell'Archivio di Stato; la relazione su *Gli statuti delle Società delle armi e delle arti in Bologna* del prof. GAUDENZI; una *Confessione di vassallaggio a Rainone di Sorrento* (1182) edita da I. GIORGI e il *Quaternus Adamati Conti expensarii*, che ci dà il consumo giornaliero del pane in un castello dell' Emilia nel sec. XIII, a cura dello stesso GIORGI; *Gli antichi statuti del comune di Bologna* del GAUDENZI.

I Benedettini di Monte Cassino hanno iniziata la pubblicazione del *Codice diplomatico Cassinese*: il 1° volume contiene il *Codex dipl. Caietanus*, pars I (787-1053).

Il volume V del *Codice diplomatico della Vestfalia*, edito da quella Società storica e archeologica, contiene i documenti pontifici a cura del dottor H. FINKE: *Die Papsturkunden Westfalens bis zum Jahre 1378*.

La Società Napoletana di storia patria ha dato in luce un volume di cronache, che contiene: *Ignoti monachi cisterciensis S. Mariae de Ferraria chronica et Riccardi de Sancto Germano chronica priora* a cura del prof. GAUDENZI.

Il signor GIOVANNI FILIPPI nella pregevole illustrazione su l'*Arte dei mercanti di Calimala in Firenze ed il suo più antico statuto* (Torino, Fratelli Bocca, 1889) ha raccolto una buona serie di documenti, fra i quali una lettera di Matteo Rosso « de filiis Ursi » e Nicolò de' Conti senatori di Roma (1273) al Comune di Firenze per ottenere che Paolo figlio di Nicolò de Rainerio non sia impedito dal poter tingere del panno da lui portato a Firenze dall'Inghilterra, nonostante contrario statuto dell'arte di Calimala.

Il 16 dicembre dell'anno testè decorso morì il conte Paolo Riant a Saint-Maurice nel Vallese. Fu membro dell'Accademia delle iscrizioni e belle lettere di Francia; fondò la *Société de l'Orient latin* e la sostenne in gran parte colla operosità e colla generosità sua. Nel 1884 fu eletto a membro della R. Società Romana di storia patria.

Ci giunge la triste nuova della morte di Cesare Guasti, segretario della Crusca, sopraintendente all'Archivio di Stato in Firenze, vicepresidente della R. Deputazione Toscana di storia patria.

Si è cominciato a pubblicare a Tolosa, sotto il titolo di *Annales du Midi*, una nuova rivista trimestrale d'archeologia, storia e filologia, e si annuncia imminente la pubblicazione in Friburgo di una *Deutsche Zeitschrift für Geschichtswissenschaft*, la cui redazione è affidata al dottor L. Quidde. Questa rivista si propone anche in parte di sostituirsi alle cessate *Forschungen zur Deutschen Geschichte*.

L'edizione del *Liber diurnus Romanorum pontificum* curata dal Sickel, è comparsa in questi giorni, coi tipi del Gerold di Vienna.

Col titolo di *Bibliotheca bibliographica italica* i signori Fumagalli ed Ottino hanno pubblicato un manuale per la bibliografia italiana simile a quelli che per la bibliografia in generale erano stati ordinati dal Petzholdt e dal Vallée. Questo manuale « offre la completa sinossi di tutti gli scritti bibliografici italiani, dandosi a ciascuna parola di questa frase la maggiore estensione possibile ». Considerevole è il numero delle indicazioni che vi si trovano per la prima volta raccolte; l'ordinamento delle materie è chiaro e abbastanza pratico: diligentissima ci sembra la esecuzione di tutto il lavoro, e non si può dubitare della molta sua utilità per gli studiosi. Il tema dell'opera era stato messo a concorso dal Ministero della pubblica istruzione, ed è a questo libro dei signori Ottino e Fumagalli che toccò meritamente il premio.

PERIODICI

(Articoli e documenti relativi alla storia di Roma)

———

Archiv für Literatur- und Kirchen-Geschichte des Mittel-alters. Vol. IV, fasc. 3. — DENIFLE, Die älteste Taxrolle der Apostolischen Pönitentiarie (Il più antico ruolo delle tasse della Penitenzieria apostolica). - Urkunden zur Geschichte der mittelalterlichen Universitäten (Documenti per la storia delle università nel medio evo). - Der plagiator Nicolaus von Strassburg (Il plagiario Nicolò di Strasburgo). - Ursprung der Historia Neminis (Origine dell'Historia Neminis). - Zur Geschichte des Cultes Urbans V (Per la storia del culto di Urbano V).

Archivio storico dell'arte. Anno I, fasc. 6-10. — D. GNOLI, Le demolizioni in Roma. Il palazzo Altoviti. - I. TIMARCHI, La R. Calcografia in Roma. - D. GNOLI, Un nuovo documento sulla casa di Raffaello. - FUMI, Gli alabastri nelle finestre del duomo d'Orvieto. - D. GNOLI, Disegni del Bernini per l'obelisco della Minerva in Roma. - VENTURI, Di un antichissimo candelabro pel cero pasquale (Cori).

Archivio storico italiano. Serie V, tom. II, disp. 5ª. — ANTONIO GUASTI, Alcuni brevi di Clemente VII sulle ferite e la morte di Giovanni de' Medici. — Disp. 6ª. A. ZANELLI, Lettere inedite di Ludovico Antonio Muratori al card. Angelo Maria Querini.

Archivio trentino. Anno VII, fasc. I. — A. PANIZZA, I processi contro le streghe.

Archivio veneto. Tomo XXXV, parte 1ª. — E. SIMONSFELD, Sulle scoperte del dottor Roberto Galli nella cronaca Altinate. — Parte 2ª. G. GIURIATO, Memorie venete nei monumenti di Roma. -

G. Pietrogrande, Di Michele Lonigo archivista. — Tomo XXXVI, parte 1ª e 2ª. F. Cerone, Il papa e i Veneziani nella quarta crociata.

Atti della Società ligure di storia patria. Vol. XIX, fasc. 2.— Desimoni, Nuove giunte e correzioni ai regesti delle lettere pontificie riguardanti la Liguria.

Atti e memorie della R. Deputazione di storia patria per le provincie di Romagna. Terza serie, vol. VI, fasc. 1-3. — G. Ferraro, Viaggio del card. Rossetti fatto nel 1644 da Colonia a Ferrara, scritto dal suo segretario Armanni Vincenzo. - C. Albicini, Le origini dello studio di Bologna.

Bibliothèque de l'école des chartes. XLIX, fasc. 2 e 3. — E. Molinier, Inventaire du trésor du Saint-Siège sous Boniface VIII. — Fasc. 4 e 5. P. Fournier, Une forme particulière des fausses décrétales, d'après un ms. de la Grande-Chartreuse.

Bollettino della Commissione archeologica comunale di Roma. Serie III, anno XVI, fasc. 7. — G. Gatti, Di un sacello compitale nell'antichissima regione Esquilina - O. Marucchi, Le recenti scoperte presso il cimitero di San Valentino sulla via Flaminia. - G. B. De Rossi, Del « praepositus de via Flaminia ». - C. L. Visconti, Trovamenti di oggetti d'arte e di antichità figurata. — Fasc. 8. E. Stevenson, Il settizonio Severiano e la distruzione dei suoi avanzi sotto Sisto V. - G. Gatti, Trovamenti risguardanti la topografia e la epigrafia urbana. - C. L. Visconti, Notizie del movimento edilizio della città in relazione con l'archeologia e con l'arte. - G. Gatti, Scoperte recentissime. — Fasc. 9 e 10. G. Ghirardini, Di una statua d'efebo scoperta sull'Esquilino.- L. Cantarelli, Anabolicarii. - G. Tomassetti, Notizie del movimento edilizio della città in relazione con l'archeologia e con l'arte. - G. Gatti, Trovamenti risguardanti la topografia e la epigrafia urbana. — Fasc. 11. G. Gatti, Trovamenti risguardanti la topografia e la epigrafia urbana. - C. L. Visconti, Trovamenti di oggetti d'arte e di antichità figurata. - I. Guidi, Bibliografia. — Fasc. 12. Marucchi, Recenti scoperte presso il cimitero di S. Valentino sulla via Flaminia. - Elenco degli oggetti di arte antica scoperti nel 1888.

Bollettino storico della Svizzera italiana. Anno X, fasc. 7. — Curiosità di storia italiana del sec. xv. - Lettera sull'inondazione del Tevere nel 1476.

Giornale ligustico. Anno XV, fasc. 9-10. — G. Rezasco, Del segno degli Ebrei. — Fasc. 11-12. F. Sforza, Il viaggio di Pio VI a Vienna nel 1782.

Jahrbuch (Historisches) im auftrage der Görres-Gesellschaft. Vol. IX, fasc. 3 e 4. — Funk, Der Papstkatolog Hegesipps (Il catalogo dei Papi di Egesippo). - F. v. Pflugk-Harttung, Über päpstliche Schreibschulen der älteren Zeit (Sulle scuole pontificie di scrittura dell'epoca più antica). - Schnuerer, Die politische Stellung des Papstums zur zeit Theoderichs der Grossen (La condizione politica del papato al tempo di Teodorico il Grande). - Kirch, Die Annaten und ihre Verwaltung in der 2. Hälfte der 15 Jahrhundert (Le annate e il loro valore nella seconda metà del sec. xv).

Journal of archaeology (The american). Vol. IV, n. 3. — A. L. Frothingham Ir., Documenti: Donazioni di papa Nicolò III alla basilica di S. Pietro in Vaticano (1280). - Apertura della tomba di papa Bonifazio VIII nella basilica Vaticana nel 1605. - Donazioni del cardinal Francesco Tebaldeschi nel 1378 alla stessa basilica.

Mittheilungen des Instituts für österreichische Geschichtsforschung. Vol. IX (1888), fasc. 2-3-4. — P. Scheffer Boichorst Kleinere Forschungen zur Geschichte des Mittelalters (Piccole ricerche per la storia del M. E.). - H. Hoogeveg, Der Kreuzzug von Damiette 1218-1221 (La Crociata di Damiata) - F. Thaner, Zur rechtlichen Bedeutung der päpstlichen Regesten (Valore giuridico dei regesti pontifici). - H. V. Sauerland, Rede der Gesandtschaft der Herzog Albrecht III von Oesterreich an Papst Urbain VI bei der Rückkehr der Länder der Herzogs Leopold III unter die römische Obedienz, verfasst von Heinrich Hembuche (Discorso dell'ambasciata del duca Alberto III d'Austria a Urbano VI per il ritorno dei paesi del duca Leopoldo III all'obbedienza della Chiesa Romana, composto da Enrico Hembuche). - H. Ammann, Herzog Leopold III von Oesterreich und Papst Gregor XI im J. 1372 (Il duca Leopoldo III d'Austria e papa Gregorio XI nell'a. 1372).

Quartalschrift (Römische) für christliche Alterthumskunde und für Kirchengeschichte. — I. P. Kirsch, Ort des Martyriums des Apostels Paulus (Il luogo del martirio di Paolo apostolo). - Nurnberger, Documente zum Ausgleich zwischen Paul V und der Republik Venedig (Documenti sul trattato tra Paolo V e la Repubblica veneta).

Revue de l'histoire des religions (Annales du musée Guimet), XVIII, fasc. 1. — G. LAFAYE, Bulletin archéologique de la religion Romaine (1887). - G. LAFAYE. Un nouveau dieu Syrien à Rome.

Revue des questions historiques. XXIII, fasc. 88. — CH. DE SMEDT, L'organisation des églises chrétiennes jusqu'au milieu du troisième siècle. — XXIV, fasc. 89. VACANDARD, Saint-Bernard et le schisme d'Anaclet II en Italie. - BATTIFOL, La Vaticane depuis Paul III. - DE CIRCOURT, Le duc Louis d'Orléans, frère de Charles VI, ses entreprises en Italie (1392-1396).

Revue historique. XXXIX, fasc. 1. — PAUL VIOLLET, La politique romaine dans les Gaules après les campagnes de César.

Revue (Nouvelle) historique de droit français et étranger. XII, fasc. 3. — J. TARDIF, Les nouvelles tablettes de cire de Pompéi. — Fasc. 4. SALEILLES, Le domaine public à Rome et son application en matière artistique.

Rivista italiana di numismatica. I, fasc. 3. — F. GNECCHI, Appunti di numismatica romana.

Rivista storica italiana. Anno V, fasc. 2. — A. COEN, Vezio Agorio Pretestato. - G. DE LEVA, La politica papale nella controversia dell'Interim di Augusta. - Recensioni di: L. Holzapfel, Römische Chronologie; G. Schepps, Priscillian; P. Villari, La storia di Savonarola.

Studi e documenti di storia e diritto. IX, fasc. 2-3-4. — I. F. GAMURRINI, S. Silviae· Aquitanae peregrinatio ad loca sancta, annis fere 385-388. - TALAMO, Le origini del cristianesimo ed il pensiero stoico. - P. DE NOLHAC, Les correspondants d'Alde Manuce. - V. SCIALOIA, Di una nuova collezione delle « Dissensiones dominorum ». - G. BOSSI, La guerra annibalica in Italia da Canne al Metauro.

Zeitschrift für katholische Theologie. XII, fasc. 4. — H. KELLKER, Die römische Statthalter von Syrien und Judäa zur Zeit Christi und der Apostel (I governatori romani della Siria e Giudea al tempo di Cristo e degli apostoli).

290. ABRAHAM F. Tiberius und Sejan (Tiberio e Sejano).
Berlin, Gaertner, 1888.

291. AFZELIUS. Studier till rätts-och statsphilosophiens historia. I. Ciceros rätts-och statsphilosophi, jemte ett tillägg om den romerskakratten och rätt svetenskapen (Studi per la storia della filosofia politica e giuridica. I. La filosofia giuridica e politica di Cicerone, con un'appendice sul diritto e sulla scienza del diritto a Roma). *Upsala,* 1887.

292. AMADORI C. Roma sotto i patrizi e della dittatura; studi monografici. *Alessandria, Jacquemod,* 1888.

293. ANDRÉ I.-I. Études sur le XIVe siècle. Histoire de la papauté à Avignon. 2e édition revue et corrigée par l'auteur.
Avignon, Seguin, 1888.

294. ARNOLD F. C. Die Neronische Christenverfolgung. Eine kritische Untersuchung zur Geschichte der ältesten Kirche (La persecuzione di Nerone. Ricerche critiche per la storia della Chiesa nei primi tempi). *Leipzig, Richter,* 1888.

295. AUER H. Der Tempel der Vesta und das Haus der Vestalinnen am Forum Romanum (Il tempio di Vesta e la casa delle Vestali al Foro Romano). *Wien, Teupsky im Comm.* 1888.

296. Avvenimenti tragici e giustizie clamorose seguite in Roma, raccolte per opera e studio del direttore del *Cracas* (Costantino Maes). *Roma, Metastasio,* 1888.

297. BABUDER G. Riflessioni morali e politiche di tre grandi sto-

rici ed uomini di Stato: Tucidide, Cornelio Tacito e Nicolò Machiavelli. Studio. Programma di Capodistria.   1888.

298. BALZANI UGO. The popes and the Hohenstaufen (I papi e gli Hohenstaufen).   *London, Longmans, Green and Co.* 1889.

299. BARACCONI G. I rioni di Roma. *Città di Castello, Lapi,* 1889.

300. Benedicts XIV Briefe an den Canonicus Pier Francesco Peggi in Bologna (1729-1758) nebst Benedicts Diarium des Conclaves von 1740, herausgegeben von Franz Xavier Kraus. 2. Ausgabe vermehrt mit Flaminio Scarselli's, Biographie des Papstes und einer Bibliographie seiner Werke. Mit den Bildnissen des Papstes und des Canonicus Francesco Peggi (Le lettere di Benedetto XIV al can. P. F. Peggi in Bologna, col diario del conclave del 1740 scritto da Benedetto, pubblicati da F. X. K. Seconda edizione, aumentata della biografia di Benedetto, scritta da Flaminio Scarselli, e da una bibliografia delle opere scritte da quel pontefice. Con i ritratti del papa e del Peggi.   *Freiburg, Mohr,* 1888.

301. BÉRARD E. Appendice aux antiquités romaines et du moyen-âge dans la vallée d'Aoste.   *Turin, Paravie,* 1888.

302. BESSON (Mgr.). Frédéric-François-Xavier de Mérode, ministre et aumônier de Pie IX. Sa vie et ses œuvres. 3e édition.
                                                                Besançon, Jacquin, 1888.

303. BORALEVI G. I primi mesi del pontificato di Paolo IV; studio.
                                                                Livorno, Giusti, 1888.

304. BURN R. Roman literatur in relation to Roman art (La letteratura romana nei suoi rapporti coll'arte romana).
                                                                London, Macmillan, 1888.

305. BUSIRI-VICI A. La colonna santa del tempio di Gerusalemme ed il sarcofago di Probo Anicio, prefetto di Roma; notizie storiche con documenti e disegni.   *Roma, Civelli,* 1888.

306. CAGNAT R. Épigraphie gallo-romaine de la Moselle. 3e fascicule.   *Paris, Dumoulin et Cie,* 1888.

307. CANOVA A. Lettere inedite al cardinale Ercole Consalvi, pubblicate da Alessandro Ferraioli (Trattano del trasporto dei monumenti romani a Parigi).   *Roma, Forzani,* 1888.

308. CARLE G. Le origini del diritto romano: ricostruzione storica

dei concetti çhe stanno a base del diritto pubblico e privato di Roma. *Torino, Bona, 1888.*

309. CARRÉ DE MALBERG R. Histoire de l'exception en droit romain. *Saint-Amand, Destenay, 1888.*

310. CAVALCASELLE G. B. Storia della pittura in Italia dal secolo II al secolo XVI. Vol. IV (Cap. XI: Pittori nel Napoletano, nella Sicilia e nella provincia di Roma del secolo XIV e parte del XV). *Firenze, Le Monnier, 1888.*

311. Cenni sulla vita di S. S. Leone XIII desunti dalla stampa cattolica settimanale di Perugia e da altri periodici religiosi. *Monza, Paolini ed Annoni, 1888.*

312. CHAMBALU A. Die Verhältnisse der 4. Katilinarischen Rede zu den von Cicero in der Senatssitzung des 5 Dezember 63 wirklich gehaltenen Reden (I rapporti tra la 4ª Catilinaria e i discorsi realmente pronunciati da Cicerone nella seduta del Senato del 5 dicembre 63). *Neuwied, Heuser, 1888.*

313. COCHIN H. Note sur Stefano Colonna, prévôt de Saint-Omer et cardinal. *Saint-Omer, Omont, 1888.*

314. COGLIOLO P. Storia del diritto privato romano dalle origini all'impero. Vol. I. *Firenze, Barbèra, 1889.*

315. COLA (DE) F. Lo stretto diritto e l'equità nel diritto romano. *Messina, tip. dell'Avvenire, 1888.*

316. COLOMIATTI E. Codex iuris pontificii seu canonici. *Torino, Derossi, 1888.*

317. CORROYER E. L'architecture romaine. *Paris, Quantin, 1888.*

318. COUTURIER G. Huitième centenaire de Grégoire VII. Discours. *Solosmes, Schmith, 1888.*

319. COVINO A. Storia romana. Quinta edizione. *Torino, Paravia, 1888.*

320. CROSTAROSA F. La croce in Campidoglio. *Roma, Befani, 1888.*

321. CZYCZKIEWIEZ A. Zycie rodzinne danynch Rzymiam (La vita di famiglia degli antichi Romani). Programma di Tarnopol. 1887.

322. DAHMEN J. Das Pontifikat Gregors II nach den Quellen bearbeitet (Il pontificato di Gregorio II studiato sulle fonti).
Dusseldorf, Schwann, 1888.

323. DECKER (DE) P. La Chiesa e l'ordine sociale cristiano. Prima traduzione italiana autorizzata dall'autore. *Firenze, Ciardi,* 1888.

324. Decreto di condanna di Galileo, stato pronunciato dalla suprema Congregazione del S. Ufficio, secondo il testo delle opere di Galileo Galilei, pubblicate in Padova nel secolo scorso nella stamperia del Seminario. *Milano, Ranza,* 1888.

325. DELAUNAY D. Les institutions de l'ancienne Rome. III. Économie politique et lois agraires: Gouvernement et administration de l'empire. *Châteauroux, Majesté,* 1888.

326. DE LEVA G. Paolo Paruta nella sua legazione di Roma.
Venezia, 1888.

327. DELTOUR F. Histoire de la littérature romaine. Première partie. *Bar-le-Duc, Comte-Jacquet,* 1888.

328. DEMOLE E. Histoire d'un aureus inédit de l'empereur Quintille. *Genève, Georg,* 1887.

329. DENZINGER H. Enchiridion symbolorum et definitionum, quae de rebus fidei et morum a conciliis oecumenicis et summis pontificibus emanarunt. Editio VI aucta et emendata ab Ign. Stahl.
Würzburg, Stahel, 1888.

330. DESCHAMPS DU MANOIR G. Leone XIII ed il suo pontificato. Traduzione dal francese.
Firenze, tip. dei Minorenni corrigendi, 1888.

331. Die römische Campagna. Eine kulturhistorische Studie von einem Priester aus der Diozëse Breslau (La campagna romana. Studio di storia della civiltà, per un prete della diocesi di Breslavia). *Neisse, Huch,* 1888.

332. DILLON G. F. Unsere liebe Frau vom guten Rathe. Eine kurze Geschichte und Beschreibung des uralten Heiligthums in Genazzano und der wunderbaren Uebertragung des Gnadenbildes im Jahre 1467. Deutsch bearbeitet von R. v. Baumbach (La Madonna del Buon Consiglio. Breve storia dell'antichissimo santuario di Genazzano e della miracolosa traslazione dell'immagine nel 1467). *Einsielden, Benziger und C.* 1887.

333. Drechsler F. I. Ein Beitrag zur Kritik lateinischer Schriftsteller (Contributo alla critica degli scrittori latini). Programma
di Olmütz.   1887.

334. Dübi H. Die alten Berner und die römischen Alterthümer
(I vecchi Bernesi e le antichità romane).
Bern, Huber und C. 1888.

335. Ducrocq T. Étude d'histoire financière et monétaire (Contiene, fra altro, articoli sulle monete consolari romane, sulla storia
del sesterzio, sulla monetazione di Costantino, ecc.).
Poitiers, Oudin, 1888.

336. Esmarch K. Römische Rechtsgeschichte (Storia giuridica di
Roma). 3ª edizione.   *Cassel, Vigaud,* 1888.

337. Fabbri F. Brevis explanatio constitutionis Apostolicae Sedis
a romano pontifice Pio IX anno 1869 editae. Editio secunda.
Lucae, Paulini, 1888.

338. Feis (De) L. B. La Bocca della Verità in Roma e il Tritone
di Properzio.   *Genova, tip. Sordo-muti,* 1888.

339. Ferroglio G. Sunto delle lezioni di statistica, dettate nella
regia università di Torino (Cap. IV: La proprietà territoriale e
i coltivatori della terra presso i Romani).   *Torino, Bruno,* 1888.

340. Fisch A. Les origines du catholicisme romain, ou comment
l'Église chrétienne des premiers siècles est-elle devenue romaine,
païenne et persécutrice ?   *Alençon, Lepage,* 1888.

341. Frate (Del) Oronte. Scene e costumi medievali di Civita-
Castellana. Parte I.   *Nepi, Ruggieri,* 1888.

342. Freida A. Il papato e la civiltà; conferenza tenuta nel sa-
lone del consolato operaio di Milano la sera del 19 gennaio 1888.
Milano, Guerra, 1888.

343. Gaddi L. Le origini dello Stato romano: studio storico intorno al primitivo ordinamento politico di Roma.
Milano, Bellini, 1888.

344. Gaetani d'Aragona don Onorato. Istoria generale della
casa Gaetani.   *Caserta, Turi,* 1888.

345. Giesebrecht W. Geschichte der deutschen Kaiserzeit. 5 Band,
2 Abth. Friedrich I. Kämpfe gegen Alexander III, den Lombar-

denbund und Heinrich den Löwen (Storia dell'èra imperiale tedesca. 5 vol. par, 2ª: Federico I, lotte contro Alessandro III,
la lega Lombarda ed Enrico il Leone).

Leipzig, Duncker und C. 1888.

346. GOTTLOB A. Aus der Camera Apostolica des 15 Jhs.
Innsbruck, Wagner, 1888.

347. GREIF F. De l'origine du testament romain. Thèse.
Paris, Noizette, 1888.

348. Guida nuovissima di Roma secondo gli scavi più recenti, corredata di una carta topografica conforme alle ultime trasformazioni della città. *Roma, Vidoni,* 1888.

349. HABEL P. De pontificum Romanorum inde ab Augusto usque
ad Aurelianum condicione publica. *Breslau, Koebner,* 1888.

350. HÖFER P. Die Varusschlacht, ihr Verlauf und Schauplatz
(La battaglia di Varo, come e dove ebbe luogo).
Leipzig, Duncker und C. 1888.

351. Inscriptiones christianae urbis Romae septimo saeculo antiquiores. Edidit Ioannes Bapt. De Rossi. Vol. II, pars I.
Romae, ex off. libr. P. Cuggiani, 1888.

352. JAFFÈ L. Regesta pontificum Romanorum ab condita Ecclesia
ad annum post Christum natum MCXCVIII. Ed. II, fasc. 13-15
(ultimus). *Leipzig, Veit und C.* 1888.

353. JUGE W. R. Society in Rome under the Caesars (La società
a Roma sotto i Cesari). *London,* 1888.

354. KLIMENT J. Orlivu verejného zivota rimského na vyvin a
ráz rimského recnictivi (Dell'influenza della vita pubblica romana
sulla formazione e sul tipo dell'arte oratoria romana). Programma
di Trebitzsch. 1887.

355. KOPRIVSÉK L. Die Gegner des Hellenismus in Rom bis zur
Zeit Cicero's (Gli avversari dell'ellenismo in Roma fino ai tempi
di Cicerone). Programma di Rudolfswerth. 1887.

356. KÖRBER. Römische Münzen des mainzer Centralmuseums
(Monete romane del museo Centrale di Magonza). Programma
di Magonza. 1887.

357. KRIEGER B. Quibus fontibus Valerius Maximus usus sit in eis exemplis enarrandis quae ad priora rerum romanarum tempora pertinent. Dissertatio inauguralis.
Berlin, Mayer und Müller, 1888.

358. KRIPPNER P. Jak prospívalo rimské básnictíví v prvním století po Kr.? (Quale utile arrecò la poesia romana nei primi secoli dopo Cristo?). Programma di Prerau. 1887.

359. KRÜGER P. Geschichte der Quellen und Litteratur des römischen Rechts (Storia delle fonti e letteratura del diritto romano).
Leipzig, Duncker und Humblot, 1888.

360. LACOUR-GAYET. Antonin le Pieux et son temps; essai sur l'histoire de l'empire romain au milieu du IIe siècle.
Paris, Thorin, 1888.

361. LACOUR-GAYET. De P. Clodio Pulchro tribuno plebis.
Paris, Thorin, 1888.

362. LÉCRIVAIN C. De agris publicis imperatoriisque ab Augusti tempore usque ad finem imperii romani.
Toulouse, Chauvin, 1888.

363. LÉCRIVAIN C. Le Sénat romain depuis Dioclétien à Rome et à Còstantinople. *Toulouse, Chauvin,* 1888.

364. LEMAIRE H. Rome: Basilique de Saint-Pierre au Vatican.
Paris, Roussel, 1888.

365. LEROY-BEAULIEU A. Un empereur, un roi, un pape, une restauration. *Sceaux, Charaire et fils,* 1888.

366. LIVIUS T. S. Peter, bishop of Rome, or the Roman episcopate of the prince of the apostles (S. Pietro, vescovo di Roma, o l'episcopato romano del principe degli apostoli).
London, Burns and Oates, 1888.

367. MARCELLINO p. DA CIVEZZA. Il romano pontificato nella storia d'Italia. Seconda edizione riveduta e curata dall'autore.
Prato, Giachetti, 1888.

368. MARQUARDT J. De l'organisation financière chez les Romains (Forma il tomo X del « Manuel des antiquités romaines », par T. Mommsen et J. Marquardt).
Chatillon-sur-Seine, Pichat, 1888.

369. MEFISTOFELE. Vent'anni prima: impressioni e ricordi di Roma papale. *Perugia, Bartelli, 1888.*

370. MERKEL J. Abhandlungen aus dem Gebiete des römischen Rechts. 3. Ueber die Entstehung des römischen Beamtengehaltes und über römische Gerichtsgebühren (Dissertazioni nel campo del diritto romano. Dispensa 3ᵃ: Sull'origine dello stipendio degli impiegati e delle spese giudiziarie a Roma). *Halle, Niemeyer, 1888.*

371. MEYER W. Epistolae imperatorum Romanorum ex collectione canonum Avellanae editae. *Göttingen, Dieterich's Verlag, 1888.*

372. MOMMSEN T. Le provincie romane da Cesare a Diocleziano. Par. I. Trad. di E. De Ruggiero. *Roma, Pasqualucci, 1888.*

373. NIEMIEC W. De quaestoribus romanis. Programma di Kolomea. *1887.*

374. PAIS E. Straboniana. Contributo allo studio delle fonti dell'amministrazione romana (Dalla Rivista di filologia classica, 1886).

374ᵇⁱˢ. — Alcune osservazioni sulla storia e sull'amministrazione della Sicilia durante il dominio romano. *Palermo, 1888.*

375. PARRINI C. Storia di Roma antica dalle origini italiche sino alla caduta dell'impero di occidente, corredata di tavole cronologiche. Seconda edizione. *Firenze, Paggi, 1889.*

376. PARUTA P. La legazione di Roma (1592-1595). Monumenti storici pubblicati dalla Regia Deputazione Veneta di storia patria. Serie IV: Miscellanea. Vol. VII-IX. *Venezia, Visentini, 1888.*

377. PASINETTI S. L'opera di Leone XIII pel rinnovamento e la pacificazione della società: discorso letto nella solenne accademia tenuta in Bergamo in onore di S. S. Leone XIII il 5 aprile 1888. *Bergamo, S. Alessandro, 1888.*

378. PASTOR L. Histoire des papes depuis la fin du moyen âge. Ouvrage écrite d'après un grand nombre de documents inédits extraits des archives secrètes du Vatican et autres. Traduit de l'allemand par Furcy Raynaud. *Paris, Plon, 1888.*

379. PORENA F. La geografia in Roma e il mappamondo Vaticano: conferenza tenuta alla Società geografica italiana il giorno 27 novembre 1887. *Roma, Civelli, 1888.*

380. PRAMMER I. Sallustianische Miscellen (Miscellanea Sallu_
stiana). Programma di Vienna.   1887.

381. PROU M. Étude sur les relations politiques du pape Urbain V
avec les rois de France Jean II et Charles V (1362-1370).
Maçon, Protat frères, 1888.

382. RAGNAU (Mgr). La « Société de Rome » du comte Vasili.
Lyon, Vitte et Perrussel, 1888.

383. RALPHINGE W. Society in Rome under the Caesars (La società a Roma sotto i Cesari).   *London, 1888.*

384. RAU L. Ein römischer Pflüger. Vortrag über eine unbeach-
tete Antike römische Marmorgruppe in Berliner K. Museum (Un
aratore romano. Conferenza intorno ad un gruppo marmoreo romano fin qui inosservato e conservato nel Regio museo di Berlino).   `   *Frankfürt, Keller, 1888.*

385. Registres (Les) d'Innocent IV, recueil des bulles de ce pape,
publiées ou analysées d'après les manuscrits originaux du Vatican
et de la bibliothèque Nationale par Élie Berger. 8e fascicule.
Introduction: Saint-Louis et Innocent IV.
Chatillon-sur-Seine, Pichot, 1888.

386. Resoconto delle conferenze dei cultori di archeologia cristiana
in Roma dal 1875 al 1887.   *Roma, tip. della Pace, 1888.*

387. RIBERI G. Vita di S. Santità Leone XIII, esposta ad esempio
del vivere familiare, civile e religioso. Seconda edizione.
Torino, tip. Salesiana, 1888.

388. RIVALTA V. Discorso sopra la scuola delle leggi romane in
Ravenna e il collegio dei giureconsulti ravennati.
Ravenna, tip. S. Apollinare, 1888.

389. ROBERT P. M. Épigraphie gallo-romaine de la Moselle. 3e fascicule.   *Paris, Dumoulin et Cie, 1888.*

390. ROBIOU F. Les institutions de l'ancienne Rome. III. Économie politique et lois agraires; gouvernement et administration
de l'empire.   *Châteauroux, Majesté, 1888.*

391. ROSA U. Lapidi, terrecotte e monete romane recentemente
trovate in Susa.   *Torino, Paravia, 1888.*

392. SCARSELLI F. Biografia di Benedetto XIV. Vedi n. 299.

393. SCHWARZ W. De vita et scriptis Iuliani imperatoris. Dissertazione di Bonna. *Bonn, Behrend,* 1888.

394. SEPTEM NOTIS CAROLUS. Il papato ed il giudizio dei più grandi uomini italiani. (Ai fautori della conciliazione).
Cremona, Ronzi e Signori, 1888.

395. SOMMERFELDT G. Die Romfahrt Kaiser Heinrichs VII, 1310-1313 (Il viaggio a Roma dell'imperatore Enrico VII).
Konigsberg, Gräfe und Unzer, 1888.

396. SONDERMÜHLEN M. Spuren der Varusschlacht (Traccie della battaglia di Varo). *Berlin, Issleib,* 1888.

397. SONNINO G. Di uno scisma in Roma ai tempi di Valentiniano I. *Livorno,. Giusti,* 1888.

398. STEINWENDER T. Die römische Bürgerschaft in ihrem Verhältniss zum Heere (La cittadinanza romana ne' suoi rapporti coll'esercito). Programma di Danzig. 1888.

399. STEPHENS W. R. W. Hildebrand and his times (Ildebrando e i suoi tempi). *London, Longmans,* 1888.

400. STOCCHI G. La prima conquista della Britannia per opera dei Romani. *Firenze, Cellini,* 1888.

401. TAINE H. Essai sur Tite-Live. 5e édition revue et corrigée.
Paris, Lahure, 1888.

402. TAMASSIA G. Longobardi, Franchi e Chiesa romana fino ai tempi di re Liutprando. *Bologna, Zanichelli,* 1888.

403. TOLRA DE BORDAS I. Le comte Pellegrino Rossi.
Amiens, Delattre-Lenoel, 1888.

404. TORRACA F. Discussioni e ricerche letterarie (Cola di Rienzo e la canzone « Spirto gentil » di Petrarca).
Livorno, Vigo, 1888.

405. VALENTINI W. Iscrizioni doliari latine, di alcuni voti, auguri e acclamazioni di antichi cocci romani; dissertazione.
Orvieto, Tosini, 1888.

406. Vita di s. Leone Magno papa e dottore di S. Chiesa.
Asti, Michelerio, 1888.

407. WAGNER F. De ominibus quae ab Augusti temporibus usque ad Diocletiani aetatem Caesaribus facta traduntur. Dissertatio inauguralis. *Jena, Neuenhahn,* 1888.

408. WALTER F. Studien zu Tacitus und Curtius. Programma di Monaco. 1887.

409. WECKERLING A. Die römische Abtheilung des Paulus-Museums der Stadt Worms (La sezione romana del museo Paulus della città di Worms). Programma di Worms. 1887.

410. WEISE P. Quaestiònum Catonianarum capita quinque. Dissertazione di Gottingen. 1887.

411. WIERZBOWSKI T. Vincent Laureo, évêque de Mondovì, nonce apostolique en Pologne 1574-1578, et ses dépêches au cardinal de Côme, ministre secrétaire d'État du pape Grégoire XIII, éclarcissantes la politique du Saint-Siège dans les années susdites relativement à la Pologne, la France, l'Autriche et la Russie, recueillies aux archives secrètes du Vatican. *Varsavia, Berger,* 1888.

412. WISTULANUS H. Gregor VII. und Heinrich IV. Kritische Beleuchtung der Schrift « Heinrich IV. und Gregor VII. » von D.ʳ W. Martens (Gregorio VII ed Enrico IV. Esame critico dello scritto di W. Martens: « Enrico IV e Gregorio VII »). *Danzig, Lehmannsche,* 1887.

413. WLASSAK M. Römische Processgesetze. Ein beitrag zur Geschichte des Formularverfahrens (Leggi processuali romane. Contributo alla storia della procedura formulare). *Leipzig, Duncker und Humblot,* 1888.

414. ZALLA A. Storia di Roma antica dalle origini italiche fino alla caduta dell'impero d'occidente, corredata di tavole cronologiche. Seconda edizione. *Firenze, Paggi,* 1889.

415. ZELLER B. Henri IV, le Saint-Siège et l'Espagne. L'édit de Nantes et la paix de Vervins (1594-1598). *Coulommiers, Brodard et Gallois,* 1888.

416. ZIMMERMANN A. Der Kulturgeschichtliche Werth der römischen Inschriften (Il valore che hanno, per la storia della civiltà, le iscrizioni romane). *Hamburg, J. F. Richter,* 1888.

417. ZINZOW A. Der Vaterbegriff bei den römischen Gottheiten. Eine Religionsgeschichtliche Darstellung (Il concetto della paternità nelle divinità romane. Studio di storia della religione). Programma di Pyritz. 1887.

INDICE SISTEMATICO

DELLE PUBBLICAZIONI RELATIVE A ROMA

REGISTRATE NEL PRESENTE VOLUME.

IV. STORIA DELLE ISTITUZIONI E DELLA COLTURA IN ROMA.

a) Diritto civile e canonico e istituzioni politiche e civili: 13, 21, 22, 25, 30, 38, 44, 64, 68, 74, 81, 94, 95, 99, 107, 108, 111, 123, 140, 167, 168, 171, 172, 186, 202, 206, 210, 211, 212, 216, 217, 219, 221, 222, 236, 242, 256, 268, 271, 272, 280, 281, 283, 287, 288, 291, 308, 309, 314, 315, 316, 325, 329, 336, 337, 339, 347, 353, 359, 362, 363, 368, 370, 373, 388, 390, 398, 413.

b) Lettere, scienze ed arti: 2, 3, 35, 53, 54, 56, 57, 80, 85, 115, 135, 141, 144, 146, 161, 162, 168, 176, 180, 193, 200, 231, 232, 241, 248, 262, 263, 270, 282, 285, 291, 297, 304, 307, 310, 317, 327, 333, 354, 355, 358, 364, 401, 404.

c) Usi e costumi: 14, 58, 147, 173, 213, 225, 238, 248, 254, 321, 341, 353, 369, 382, 383.

d) Controversia: 10, 15, 16, 23, 27, 28, 42, 43, 84, 105, 129, 145, 160, 255, 318, 323, 342, 365, 366, 377, 394.

V. DISCIPLINE AUSILIARI.

a) Archeologia: 4, 7, 11, 17, 19, 26, 29, 41, 46, 48, 59, 76, 78, 79, 85, 89, 96, 98, 101, 107, 113, 126, 130, 136, 143, 151, 156, 157, 158, 159, 165, 169, 173, 189, 198, 250, 253, 270, 289, 301, 305, 320, 334, 338, 384, 386, 391, 409, 410, 417.

b) Epigrafia: 49, 73, 78, 114, 306, 351, 389, 391, 405, 416.

c) Numismatica: 18, 163, 328, 335, 356, 391.

d) Paleografia: 153, 267.

e) Diplomatica: 37, 65, 75, 86, 87, 124, 183, 184, 245, 352, 385.

f) Geografia e topografia: 5, 6, 8, 12, 20, 39, 40, 52, 54, 62, 72, 93, 100, 112, 128, 132, 133, 134, 155, 166, 179, 185, 196, 203, 209, 238, 240, 259, 274, 277, 295, 299, 331, 332, 348, 364, 379, 396.

g) Genealogia e biografia: 71, 102, 118, 125, 146, 148, 152, 178, 199, 204, 220, 227, 266, 300, 302, 311, 313, 344, 403.

INDICE GENERALE

delle materie contenute nei quattro fascicoli

del volume XI

FINE DEL VOLUME XI.